Office软件透视系列

启典文化 刘文杰 杨小丽 编著

表格的艺术

Excel核心关键技术解析

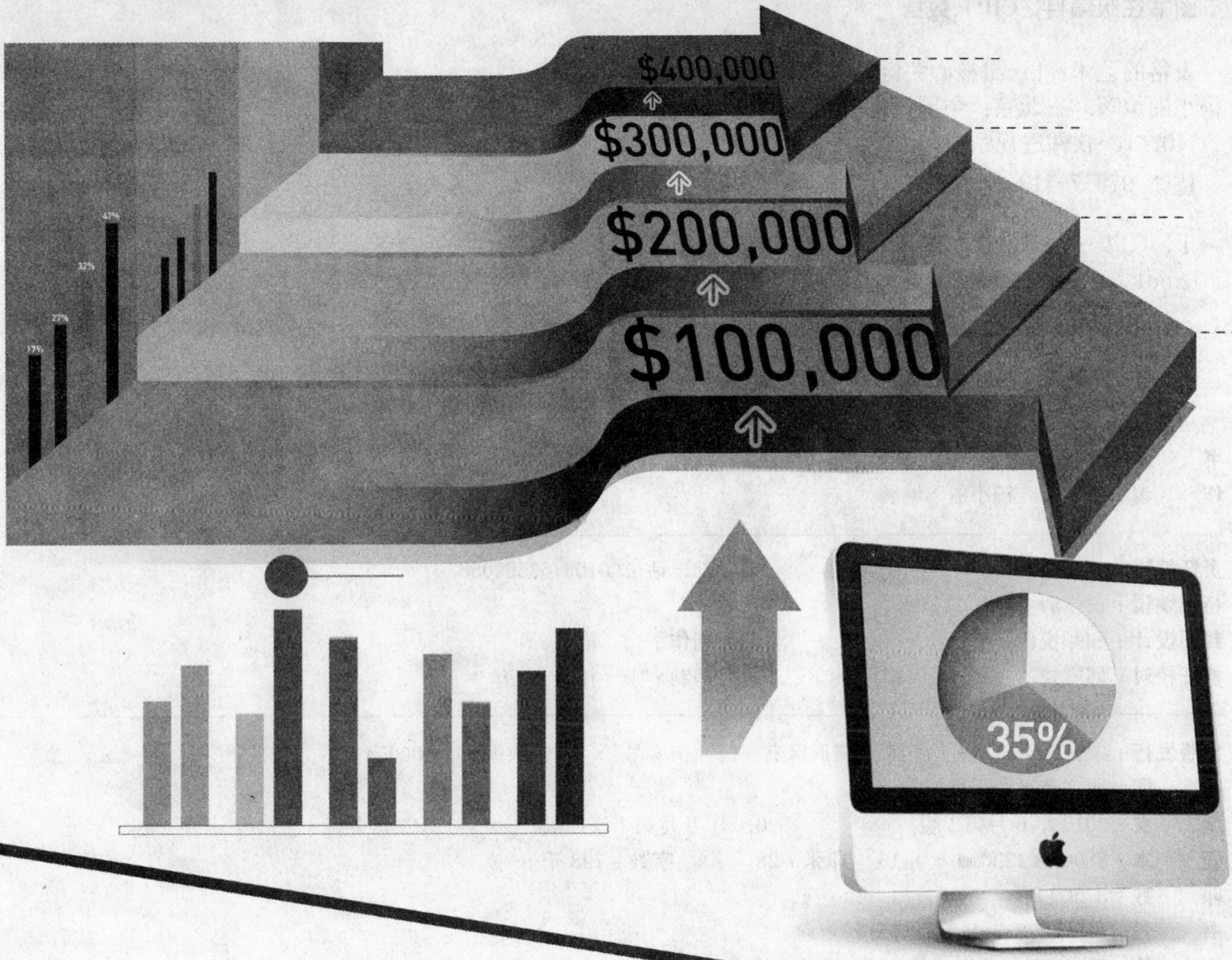

中国铁道出版社
CHINA RAILWAY PUBLISHING HOUSE

内 容 简 介

本书是一本现代办公人员必备的、系统学习 Excel 2007 的应用教程。全书对 Excel 2007 软件知识进行了详细的分类整理，归纳成各项关键技术，并配合多个案例进行了详细讲解，涉及的主要知识点包括表格制作与格式化技术，数据常规管理与分析技术，数据保护、共享与输出技术，公式与函数运算技术，艺术文本与插图技术，数据图形化分析技术以及开发与扩展应用技术等，最后 3 章还以综合案例来进一步巩固与提高所学知识。另外，随书光盘还提供了 Excel 2007 的教学视频，并精选了多个案例的视频演示及丰富的模板文件。

本书采用了自由的单双栏混合加边栏的排版方式，以知识点结合案例操作，图文并茂、以图析文、讲解详细，并在边栏中穿插了大量实用的说明、技巧和疑难问答等内容，实时地解决读者在学习过程中遇到的问题，拓展了读者的知识面。

本书主要针对 Excel 的初、中级用户，适合不同年龄段的公司管理人员、行政人员、文秘、财务人员、教师及国家公务员使用，也可作为大、中专院校及各类计算机培训班的教材。

图书在版编目（CIP）数据

表格的艺术：Excel核心关键技术解析/刘文杰，杨小丽编著. —北京：中国铁道出版社，2010.6
（Office软件透视系列）
ISBN 978-7-113-11175-5

Ⅰ. ①表… Ⅱ. ①刘… ②杨… Ⅲ. ①电子表格系统，Excel Ⅳ. ①TP391.13

中国版本图书馆CIP数据核字（2010）第044651号

书　　名： 表格的艺术　Excel 核心关键技术解析
作　　者： 刘文杰　杨小丽　编著

责任编辑： 苏　茜　　**编辑部电话：**（010）63560056
特邀编辑： 田学清
封面设计： 和颜悦色　　**封面制作：** 白　雪
责任校对： 邱雪姣　　**责任印制：** 李　佳

出版发行： 中国铁道出版社（北京市宣武区右安门西街 8 号　　**邮政编码：** 100054）
印　　刷： 北京市兴顺印刷厂
版　　次： 2010 年 6 月第 1 版　　2010 年 6 月第 1 次印刷
开　　本： 880mm×1230mm　1/16　**印张：** 28　**字数：** 798 千
印　　数： 3 500 册
书　　号： ISBN 978-7-113-11175-5
定　　价： 59.00 元（附赠光盘）

Preface

丛书序

当今，Office软件已成为人们在办公、学习以及生活中不可或缺的工具，为了帮助读者能轻松地学习该软件，在历经长时间的准备工作之后，众多专业作者精心打造了Office软件透视系列丛书。本套丛书极具针对性，根据读者学习目标与学习方式的不同，每本书的体系结构与讲解方式各具特色。如果您希望找到一本最适合自己的Office应用书籍，请耐心阅读下面几段文字，它将帮助您了解本丛书的特点以及学习方法。

一、系列书名

第一批Office软件透视系列丛书共包括以下5本。

《变身PPT高手　PowerPoint核心关键技术解析》

《表格的艺术　Excel核心关键技术解析》

《十全十美　Office现代办公技术大全》

《上班族必备　Office办公与商务模板手到擒来》

《办公疑难有“救”了　Office常见问题速查大全》

二、读者定位

本系列丛书主要针对的是Office软件在现代商务办公领域中的应用，不仅系统地介绍了各软件的操作知识，还结合行业应用对大量的实际工作案例进行了分析与详细操作。它适用于希望全面深入地掌握Office系列软件的使用方法，并迅速提高自身在实际工作中应用能力的各类读者。

三、丛书特点

本套Office软件透视系列丛书具有以下一些特点。

※深度解析，知识详尽细致

《十全十美　Office现代办公技术大全》、《变身PPT高手　PowerPoint核心关键技术解析》、《表格的艺术　Excel核心关键技术解析》3本书以办公应用过程中所需要掌握的核心关键技术为基本出发点，深入浅出地对Office的各项知识点进行了归纳整理和分析讲解；以灵活多变的版式提升读者的阅读质量，用特色边栏实时提供关联技巧、说明和拓展知识；在各项知识点讲解之后还通过大量的案例，在实战中提升读者对Office知识的办公应用能力。

※省时省力，技巧快速查找

《办公疑难有“救”了　Office常见问题速查大全》一书中涵盖了Office各个组件在商务办公中经常遇到的589条疑难问题和使用技巧，以及781条辅助知识点、说明和拓展内容。全书以简洁明了的方式答疑解惑，使用双栏排版区分问题主次，通过主副目录可轻松查找各类常见疑难问题。在快节奏的工作环境中，本书能帮助读者快速高效地解决办公问题，并能在解决问题的同时提升软件使用能力。

※即学即用，模板信手拈来

在《上班族必备 Office办公与商务模板手到擒来》一书中，我们为读者精心挑选了380多个Office模板，涵盖Office主要组件在商务领域中的47个应用方向，且每个应用方向精选一个综合模板进行分析和详细制作，然后罗列多个同类模板供读者选用。清晰明确的应用方向分类，精练扼要的制作方式讲解，结合众多参考模板，可帮助读者举一反三，快速制作出各类精美实用的办公文件。

※丰富超值，光盘配套馈赠

在本系列图书的配套光盘中，均提供了播放时长达20多小时的Office组件知识讲解视频，以及多个办公案例的全程操作视频。其内容除本书知识之外，还涉及了书中未介绍的其他Office组件。通过对视频光盘的学习，读者可以更加系统、全面地学习Office系列软件。另外，光盘中还为读者精心挑选了大量Office组件的商务模板文件，使用这些文件作为素材，可快速制作出专业的办公文档。

四、结束语

在长期的计算机图书编写过程中我们意识到，机械的、填鸭式的讲解已经无法满足读者的实际需求，多元化的应用方向注定要推出多元化的图书作品。因此，我们以读者在工作中的实际应用为起点，致力于打造方便实用、针对性强的系列图书，希望每一位读者都能在书海中更快地寻找到最适合自己的学习捷径。

与此同时，我们也希望读者在学习本丛书的过程中能发挥主观能动性，从作者的经验总结中提炼出适合自己的方法，通过书中的案例举一反三，获取解决知识盲点的方法。我们也会在以后的图书编写过程中不断改进。相信在以后的共同学习中，我们定能一起成长，创造辉煌。

编 者

2010年3月

Foreword 前言

Excel已经成为现代商务办公领域中不可或缺的工具，各行业人员都在使用它制作各种公司管理、人事管理、产品控制、财务会计方面的表格，并进行各种数据的分析。在大家都需要掌握这样一门必备的办公技能的情况下，如何能够更准确、更有效地掌握Excel的各项功能并将其应用于工作中，如何让自己制作的电子表格更加专业、规范，如何让表格的数据处理与分析功能更加强大，这就需要大家在各项繁杂的软件功能与技巧中抓住学习的关键点，总结与分析各项知识的相关性与共通点，并能举一反三、触类旁通，只有这样才能迅速学以致用。

为此，我们编写了这本《表格的艺术　Excel核心关键技术解析》，本书立足于Excel在现代商务办公领域中的各种应用，对软件的庞大功能进行了仔细的梳理与归纳，针对软件的各项关键知识，通过大量的案例进行了演练与拓展，力求让读者掌握使用Excel的精髓，从而迅速成长为电子表格应用高手，能够制作出各种商务数据管理表格。

1. 本书内容

本书共分为8篇27章，其中Part 1~7的各章分别对Excel的各项关键技术进行了详细介绍，Part 8为多个精选综合案例的详细分析与制作。下面分别介绍各篇的内容。

Part 1（Chapter 1~5）：主要介绍表格制作与格式化技术，包括掌控Excel 2007新环境、管理工作簿与工作表、管理单元格、输入与编辑数据以及美化电子表格等。

Part 2（Chapter 6~7）：主要介绍数据常规管理与分析技术，包括设置数据有效性、用条件格式实现智能标示，以及通过排序、筛选和分类汇总对数据进行管理和分析等。

Part 3（Chapter 8~9）：主要介绍数据保护、共享和输出技术，包括保护单元格、工作表和工作簿、链接数据、共享电子表格、设置表格页面布局以及打印输出等。

Part 4（Chapter 10~16）：主要介绍公式与函数运算技术，包括认识公式与函数，逻辑、信息与文本函数、日期和时间函数，数学、查询和引用函数，统计与数据库函数以及财务函数等多种函数的应用，另外还介绍了数据求解分析运算。

Part 5（Chapter 17~19）：主要介绍艺术文本与插图技术，包括在电子表格中使用形状对象、使用文本框和艺术字、使用图片与SmartArt图形等。

Part 6（Chapter 20~22）：主要介绍数据图形化分析技术，包括创建、编辑与美化图表，了解各种图表的应用场合以及使用数据透视表和数据透视图来分析数据。

Part 7（Chapter 23~24）：主要介绍开发与扩展应用技术，包括在Excel中使用宏和控件，以及对VBA基础知识进行介绍。

Part 8（Chapter 25~27）：对多个综合案例进行了详细的分析与制作，包括人事行政管理表格、企业生产管理以及产品年度销量统计表等多个精彩案例。

2. 读者对象

本书主要定位于Excel的初、中级用户，适合不同年龄段的公司管理人员、行政人员、文秘、财务人员、教师及国家公务员使用，也可作为各大、中专院校及各类计算机培训班的教材。

3. 本书特点

系统精要的知识：本书涵盖了Excel电子表格制作的各项知识，并对所有内容进行了分别整理，归纳成几类关键技术。对需要重点掌握的关键知识点进行了系统深入的解析，对其他有用的相关知识也有所涉及，点面结合、主次分明，力求让读者在最短的时间内掌握最有效、最精要的技术。

灵活实用的版式：本书结合了基础书版式和专业书版式的优点，采用了比较灵活的单双栏混合形式，并且增加了特色的边栏，适时地为读者提供了与当前学习内容相关的技巧、说明、疑难问答等内容，帮助读者拓展知识面。

详尽细致的操作：本书在知识讲解部分和最后的综合案例部分均安排了大量的实例，并通过详尽的操作讲解，带领读者在实战中对知识进行巩固与加强，把实用作为学习的最终目标。

丰富实用的光盘：本书将书中涉及的所有素材、效果文件均归类收集到了光盘中，方便读者查找和使用。还为读者提供了大量实用漂亮的模板文件，读者可利用这些文件制作出自己需要的专业电子表格。除此之外，光盘中还为读者提供了一套Excel知识讲解视频教学系统以及书中多个案例的全程视频讲解，通过该视频系统的语音和动画教学，结合书本知识，可帮助读者更加系统、全面地学习Excel。

4. 创作队伍

本书由刘文杰、杨小丽编著。其他参与本书资料整理、多媒体开发及程序调试的人员有刘畅、刘益杰、刘海燕、邱银春、黄小红、祝彬、张秋阳、肖华磊、王小芳、司嵬、黄德平、陈香、许小平、董洁瑜、任波、刘霞、任莹莹、薜丹、杨凯、程泽、廖昂、王朋、范兴建、王颖等。全书由余洋主编并审校，在此对大家的辛勤工作表示衷心的感谢！

由于编者经验有限，加之时间仓促，书中难免会有疏漏和不足之处，恳请专家和读者不吝赐教。

编 者

2010年3月

Part 1
表格制作与格式化技术

Chapter 1 掌控Excel 2007新环境

1.1 Excel的历史背景及其应用 2
1.1.1 Excel的历史背景 2
1.1.2 Excel的应用领域 3
1.2 启动与退出Excel 2007 6
1.2.1 启动Excel 2007 6
1.2.2 退出Excel 2007 6
1.3 熟悉Excel 2007的工作环境 7
1.3.1 Office按钮 7
1.3.2 快速访问工具栏 7
1.3.3 标题栏 8
1.3.4 功能区 8
1.3.5 编辑栏 9
1.3.6 工作表编辑区 9
1.3.7 状态栏 9
1.3.8 迷你工具栏 10
1.3.9 快捷菜单 10
1.4 打造适合自己的工作环境 10
1.4.1 自定义快速访问工具栏 11
1.4.2 最小化功能区 12
1.4.3 禁用或启用浮动工具栏 13
1.4.4 定义状态栏中要显示的项目 13
1.4.5 设置文档主题 14
1.4.6 设置工作界面风格 15
1.5 Excel文件的组成元素 16
1.5.1 单元格 16
1.5.2 工作表 16
1.5.3 工作簿 17
1.6 善于使用Excel的帮助系统 17
1.6.1 逐级浏览帮助信息 17
1.6.2 通过关键字搜索帮助信息 18
1.6.3 查看对话框参数的含义 19

Chapter 2 管理工作簿与工作表

2.1 管理工作簿 20
2.1.1 新建工作簿 20
2.1.2 保存工作簿 22
2.1.3 关闭工作簿 24
2.1.4 打开工作簿 25
2.1.5 多工作簿的操作 26
2.2 管理工作表 28
2.2.1 插入工作表 28
2.2.2 选择工作表 29
2.2.3 重命名工作表 30
2.2.4 移动和复制工作表 30
2.2.5 隐藏或显示工作表 32
2.2.6 调节工作表显示比例 32
2.2.7 设置工作表标签颜色 33
2.2.8 删除工作表 33

Chapter 3 管理单元格

3.1 选择单元格 34
3.2 插入单元格 35
3.3 删除单元格 36
3.4 移动与复制单元格 37
3.4.1 使用鼠标拖动法移动与复制单元格 37
3.4.2 通过功能区按钮移动与复制单元格 38
3.5 合并与拆分单元格 39
3.5.1 合并单元格 39
3.5.2 拆分单元格 40
3.6 定义与使用单元格名称 40
3.6.1 定义单元格名称 40
3.6.2 使用单元格名称 41
3.6.3 用名称管理器管理名称 42
3.7 设置行高与列宽 42
3.7.1 用鼠标拖动法设置 43
3.7.2 通过对话框精确设置 43
3.7.3 设置自动适合内容的行高与列宽 44

Chapter 4 输入与编辑数据

4.1 Excel中的数据类型 45
4.2 输入数据的方法 46
4.3 输入不同类型的数据 46
4.3.1 输入普通数据 46
4.3.2 输入特殊数据 48
4.4 快速填充批量数据 50
4.4.1 使用填充柄填充数据 50
4.4.2 通过功能区填充数据 52
4.4.3 通过对话框填充数据 52
4.5 其他输入技巧 53
4.5.1 记忆式键入 54
4.5.2 自动输入小数点 54
4.5.3 使用“记录单”输入数据 54
4.6 编辑数据 57
4.6.1 修改错误的数据 57
4.6.2 移动或复制数据 58
4.6.3 查找和替换数据 58
4.6.4 删除数据 60
4.7 撤销和恢复操作 61
4.7.1 撤销操作 61
4.7.2 恢复操作 61

Chapter 5 美化电子表格

5.1 设置单元格格式 62
5.1.1 设置数值显示格式 62
5.1.2 设置字体格式 67
5.1.3 设置对齐方式 70
5.1.4 设置单元格边框 73
5.1.5 设置单元格背景 77
5.2 快速应用单元格格式 80
5.2.1 复制单元格格式 80
5.2.2 通过创建样式设置格式 82
5.2.3 自动套用单元格格式 85
5.3 设置工作表背景 87

Part 2 数据常规管理与分析技术

Chapter 6 数据输入限制与智能标示

6.1 设置数据有效性 89
6.1.1 设置数据有效范围 89
6.1.2 设置输入信息 91
6.1.3 设置出错提示信息 92
6.1.4 自动切换输入法 92
6.1.5 清除数据有效性设置 95
6.2 用条件格式实现智能标示 96
6.2.1 突出显示单元格规则 96
6.2.2 项目选取规则 100
6.2.3 用数据条突出显示 101
6.2.4 用色阶突出显示 101
6.2.5 用图标集突出显示 102
6.2.6 新建格式规则 102
6.2.7 管理格式规则 105
6.2.8 清除格式规则 105

Chapter 7 管理与分析数据

7.1 排序数据 106
7.1.1 简单排序 106
7.1.2 高级排序 107
7.1.3 序列排序 112
7.2 筛选数据 114
7.2.1 自动筛选 114
7.2.2 自定义筛选 114
7.2.3 高级筛选 116
7.3 分类汇总 118
7.3.1 创建分类汇总 118
7.3.2 显示或隐藏分类汇总 119
7.3.3 清除分类汇总 120
7.4 组合数据 120
7.4.1 组合数据 121
7.4.2 取消组合 122
7.5 合并计算 122
7.6 删除重复数据项 124

Part 3 数据保护、共享与输出技术

Chapter 8 保护与共享数据

8.1 保护表格数据 126
8.1.1 保护单元格 126
8.1.2 保护工作表 127
8.1.3 保护工作簿 128
8.1.4 加密工作簿文件 129
8.2 引用数据 130
8.2.1 引用Excel数据 130
8.2.2 引用其他文件数据 132
8.2.3 管理外部引用 136
8.3 链接数据 137
8.3.1 认识超链接 137
8.3.2 创建超链接 137
8.3.3 编辑超链接 138
8.3.4 设置超链接提示信息 139
8.3.5 删除超链接 139
8.4 共享与审阅工作簿 139
8.4.1 在局域网中共享工作簿 139
8.4.2 修订工作簿 140
8.4.3 在工作表中添加批注 142
8.5 控制工作簿窗口 145
8.5.1 拆分工作簿窗口 145
8.5.2 冻结工作表区域 148
8.5.3 对比不同工作簿中的工作表 149

Chapter 9 打印表格数据

9.1 设置页面布局 150
9.1.1 设置页面大小 150
9.1.2 设置页边距 151
9.1.3 设置页面方向 151
9.1.4 设置页眉与页脚 152
9.2 查看页面布局效果 156
9.2.1 页面布局视图 156
9.2.2 分页预览视图 158
9.2.3 打印预览视图 158
9.3 打印输出 160
9.3.1 区域打印 160
9.3.2 缩放打印 162
9.3.3 添加标题行打印 162

Part 4 公式与函数运算技术

Chapter 10 认识公式与函数

10.1 使用公式进行运算 166
10.1.1 公式的构成 166
10.1.2 输入公式 167
10.1.3 编辑公式 167
10.2 Excel中的运算符 169
10.2.1 运算符的类型 169
10.2.2 运算符的优先级 170
10.2.3 使用嵌套括号 170
10.3 使用函数进行运算 171
10.3.1 函数的结构 171
10.3.2 函数的类型 171
10.3.3 函数参数的类型 172
10.3.4 输入函数 172
10.3.5 函数的作用 176
10.4 Excel中的引用类型 177
10.4.1 相对引用 177
10.4.2 绝对引用 177
10.4.3 混合引用 177
10.5 处理公式与函数中的错误值 178
10.5.1 Excel中的常见错误值 178
10.5.2 设置公式检查规则 180
10.5.3 显示与隐藏公式 181
10.5.4 追踪单元格 182

Chapter 11 逻辑、信息与文本函数

11.1 逻辑函数 184
11.1.1 返回逻辑值(FALSE和TRUE) 184

11.1.2 对逻辑值求反（NOT）....185
11.1.3 进行交集运算（AND）....185
11.1.4 进行并集运算（OR）....185
11.1.5 返回条件值（IF）....185

11.2 信息函数....188

11.2.1 返回单元格信息（CELL）....188
11.2.2 判断单元格是否为空（ISBLANK）....189
11.2.3 判断单元格中是否为错误值（ISERR）....190
11.2.4 判断错误类型（ERROR.TYPE）....191
11.2.5 判断参数是否为逻辑值（ISLOGICAL）....191
11.2.6 判断参数是否为引用（ISREF）....191
11.2.7 判断参数是否为数字（ISNUMBER）....191
11.2.8 判断参数是否为文本（ISTEXT）....192
11.2.9 判断参数是否为非字符串（ISNONTEXT）....192
11.2.10 判断数值类型（TYPE）....192

11.3 文本函数....192

11.3.1 转换字符串....193
11.3.2 合并字符串（CONCATENATE）....194
11.3.3 比较字符串（EXACT）....194
11.3.4 复制文本（REPT）....194
11.3.5 查找与替换字符串....196
11.3.6 返回指定位置的字符....198
11.3.7 返回字符串长度（LEN）....199

Chapter 12 日期和时间函数

12.1 使用公式计算数据....203

12.1.1 Excel中的日期系统....203
12.1.2 返回日期（DATE）....204
12.1.3 返回日期序列号（DATEVALUE）....205
12.1.4 显示当前日期（TODAY）....205
12.1.5 返回序列日期的年份（YEAR）....206
12.1.6 返回序列日期的月份（MONTH）....206
12.1.7 返回序列日期的号数（DAY）....206
12.1.8 返回序列日期的星期数（WEEKDAY）....206

12.2 时间函数....208

12.2.1 返回时间（TIME）....208
12.2.2 返回时间序列号（TIMEVALUE）....208
12.2.3 返回当前日期和时间（NOW）....209
12.2.4 返回小时数（HOUR）....209
12.2.5 返回分钟数（MINUTE）....209
12.2.6 返回秒数（SECOND）....209

Chapter 13 数学、查询和引用函数

13.1 数学函数....213

13.1.1 对数据进行求和（SUM）....213
13.1.2 对数据按条件求和（SUMIF）....214
13.1.3 对数据求积（PRODUCT）....214
13.1.4 返回相除两数的余数（MOD）....214
13.1.5 对数据求绝对值（ABS）....214
13.1.6 返回随机数（RAND）....215
13.1.7 对数据进行舍入取值....215

13.2 三角函数....216

13.2.1 正三角函数的应用....216
13.2.2 反三角函数的应用....216
13.2.3 转换角度和弧度....216

13.3 数组函数....217

13.3.1 计算矩阵行列式值（MDETERM）.217
13.3.2 计算矩阵乘积（MMULT）....217

13.4 查询函数....217

13.4.1 使用LOOKUP函数查找数据....217
13.4.2 水平查询（HLOOKUP）....219

13.5 引用函数....221

13.5.1 返回引用的列标与行号....221
13.5.2 返回引用的行、列数....221
13.5.3 返回指定内容....221
13.5.4 返回偏移引用位置....222

Chapter 14 统计与数据库函数

14.1 统计函数....223

14.1.1 常规统计函数....223
14.1.2 数理统计函数....228

14.2 数据库函数....229

14.2.1 计算满足条件的数值之和（DSUM）....229

14.2.2 计算满足条件的数值之积（DPRODUCT）......230
14.2.3 计算满足条件的数值的平均值（DAVERAGE）......230
14.2.4 返回符合条件的最值（DMAX/DMIN）......231
14.2.5 返回符合条件的数字单元格数量（DCOUNT）......231

Chapter 15 财务函数

15.1 投资预算函数......232
15.1.1 预测投资效果（FV）......232
15.1.2 计算投资现值（PV）......233
15.1.3 计算非固定回报投资（NPV）......233
15.2 本金和利息函数......234
15.2.1 计算每期还贷额（PMT）......234
15.2.2 计算还款额中的本金（PPMT）......235
15.2.3 计算还款额中的利息（IPMT）......235
15.3 报酬率函数......235
15.3.1 计算现金流的内部收益率（IRR）..236
15.3.2 计算现金流的修正内部收益率（MIRR）......239
15.4 资产折旧函数......239
15.4.1 用工作量法折旧（DB）......239
15.4.2 用双倍余额递减法折旧（DDB）......241
15.4.3 用年数总和法折旧（SYD）......241
15.4.4 用年限平均法折旧（SLN）......242

Chapter 16 数据的高级分析运算

16.1 单变量求解......243
16.2 数据表......244
16.2.1 单变量数据表......244
16.2.2 双变量数据表......245
16.3 方案管理器......246
16.3.1 优选方案......247
16.3.2 显示方案......249
16.3.3 修改方案......250
16.4 规划求解......251
16.4.1 安装“规划求解”分析工具......251
16.4.2 使用“规划求解”工具......252
16.4.3 将可变值保存为方案......255

Part 5 艺术文本与插图技术

Chapter 17 在Excel中使用形状对象

17.1 在工作表中插入形状......257
17.1.1 Excel中形状的类型......257
17.1.2 插入形状......258
17.2 编辑形状......259
17.2.1 选择形状......259
17.2.2 改变形状的大小与位置......262
17.2.3 改变形状的特性......264
17.2.4 更改形状类型......267
17.2.5 编辑线条类型的形状......268
17.2.6 添加文本......270
17.3 设置形状样式......272
17.3.1 快速应用形状样式......273
17.3.2 设置形状填充......274
17.3.3 设置形状轮廓......277
17.3.4 设置形状效果......279

Chapter 18 创建文本框与艺术字

18.1 使用文本框容纳文字......281
18.1.1 插入文本框......281
18.1.2 选择文本框......282
18.1.3 在文本框中输入文字......283
18.1.4 设置文本框格式......284
18.2 插入艺术字......286
18.2.1 创建艺术字......287
18.2.2 编辑艺术字......288
18.2.3 设置艺术字文本格式......293

Chapter 19 使用图片与SmartArt图形

19.1 使用图片......296

19.1.1 插入图片 296
19.1.2 编辑图片 299
19.1.3 设置图片样式 305

19.2 编排浮动对象 307

19.2.1 对齐对象 308
19.2.2 旋转对象 308
19.2.3 改变图片的叠放次序 310
19.2.4 组合或解散对象 310

19.3 使用SmartArt图形 311

19.3.1 插入SmartArt图形 312
19.3.2 在SmartArt图形中添加文字 312
19.3.3 设置SmartArt图形格式 314

Part 6
数据图形化分析技术

Chapter 20 制作图表

20.1 创建图表 317

20.1.1 了解图表的组成部分 317
20.1.2 创建常用功能图表 318
20.1.3 创建特殊效果图表 319

20.2 编辑与美化图表 321

20.2.1 改变图表的位置和大小 322
20.2.2 设计图表 323
20.2.3 设置图表的具体布局 327
20.2.4 美化图表 330

Chapter 21 各种图表的应用场合

21.1 柱形图的应用 333

21.1.1 比较不同项目的数据 335
21.1.2 比较同类别数据 336

21.2 条形图的应用 337

21.3 饼图的应用 337

21.4 圆环图的应用 339

21.5 折线图的应用 339

21.6 XY 散点图的应用 340

21.7 其他类型图表的应用 342

21.7.1 气泡图的应用 342
21.7.2 面积图的应用 342
21.7.3 曲面图的应用 344
21.7.4 雷达图的应用 344
21.7.5 股价图的应用 345

21.8 制作组合图表 345

Chapter 22 制作数据透视图表

22.1 数据透视表的应用 348

22.1.1 创建数据透视表 348
22.1.2 使用数据透视表 350
22.1.3 设置数据透视表的格式 352
22.1.4 显示或隐藏数据 353
22.1.5 设置明细数据 354

22.2 数据透视图的应用 354

22.2.1 创建数据透视图 354
22.2.2 使用数据透视图 356

Part 7
开发与扩展应用技术

Chapter 23 宏与控件

23.1 使用宏 360

23.1.1 宏的概念与功能 360
23.1.2 录制宏 361
23.1.3 编辑宏 362
23.1.4 运行宏 363
23.1.5 宏的安全性 364

23.2 使用控件 366

23.2.1 控件的基本类型 366
23.2.2 使用表单控件 366
23.2.3 使用ActiveX控件 367

Chapter 24 VBA基础

24.1 VBA编程基础 368

24.1.1 VBA的基本概念 368
24.1.2 Visual Basic编辑器入门 368
24.1.3 配置编辑器界面 371

24.2 VBA中的过程 372

24.2.1 Sub过程 372
24.2.2 Function过程 373
24.2.3 Property过程 374

24.3 常量和变量 375

24.3.1 常量的概念 375
24.3.2 常量的使用 375
24.3.3 变量的概念 376
24.3.4 变量的定义 376

24.4 消息框函数与常用语句 377

24.4.1 消息框函数 377
24.4.2 VBA中的常用语句 378

24.5 VBA中的对象和集合 380

24.5.1 对象和集合的基本概念 380
24.5.2 对象的属性、方法和事件 381

Part 8
Excel技术的综合应用

Chapter 25 人事行政管理表格

25.1 案例最终效果 383

25.2 案例特点分析 384

25.3 案例制作详解 385

25.3.1 制作招聘人员登记表 385
25.3.2 制作面试评分标准表 388
25.3.3 制作新员工任用表 391
25.3.4 制作新员工报到注册程序 393
25.3.5 制作员工资料表 394
25.3.6 制作转正申请表 394
25.3.7 制作离职申请表 395
25.3.8 制作公司组织结构图 395

Chapter 26 企业生产管理

26.1 案例最终效果 399

26.2 案例特点分析 400

26.3 案例制作详解 400

26.3.1 制作产品生产计划表 401
26.3.2 制作生产进度监控表 404
26.3.3 制作产品质量检验报告表 407
26.3.4 制作产品库存管理表 412

Chapter 27 产品年度销量统计表

27.1 案例最终效果 415

27.2 案例特点分析 416

27.3 案例制作详解 417

27.3.1 制作各季度和年度销售统计表 417
27.3.2 统计季度各产品和各分店销售情况 423
27.3.3 统计年度总销量 425
27.3.4 制作产品年度总销量图表 428
27.3.5 制作分店年度销量总额比例图表 430

Part 1

表格制作与格式化技术

Excel 2007是目前应用最为广泛的电子表格制作软件。本篇将先介绍其相关基础知识，包括工作环境，工作簿、工作表与单元格3个重要元素的操作以及表格中数据的输入和格式化设置。这些内容是使用Excel的基础，是应最先掌握的技术。

1 Chapter 掌控Excel 2007新环境

READERS' GUIDE

Excel是美国Microsoft公司推出的现代化办公软件包Office的核心组件之一，利用它不仅可以方便地制作出美观大方、规范实用的电子表格，还能通过它对数据进行各种运算和多方面的分析与管理。由于Excel 2007的界面与之前版本相比较发生了巨大的变化，因此对于初学者来说，有必要先来熟悉Excel 2007的新环境，并了解一些与Excel相关的基础知识。

MAIN CASES

Excel的历史背景及其应用 P2

启动与退出Excel 2007 P6

熟悉Excel 2007的工作环境 P7

打造适合自己的工作环境 P10

Excel文件的组成元素 P16

善于使用Excel的帮助系统 P17

1.1 Excel的历史背景及其应用

Excel 2007是Microsoft（微软）公司推出的智能化办公软件包Office 2007的常用组件之一，使用它不但可以制作出美观大方的表格，还能够进行大量的数据运算与分析。它操作简单，容易上手，广泛应用于财务、税务、统计等多个领域。下面首先学习一下Excel的历史背景及其在办公方面的主要应用。

1.1.1 Excel的历史背景

自1985年以来，Microsoft就一直致力于Excel的研究和开发，最初的版本为Excel 1.01。随着版本的不断提高，Excel在工作界面的外观、组件功能、操作简易性等方面也都在不断改进。

从1995年开始，Excel放弃了以数字作为版本号的方式，开始使用年份定义版本。其软件架构从Excel 5.0的16位升级到32位，并依托于Windows 95视窗操作系统来提升性能。

1997年，Microsoft推出的Excel 97加强了VBA功能，并首次出现Office助手。1999年底推出的Excel 2000、2002年推出的Excel 2002、2003年发布的Excel 2003在Excel 97的基础之上不断改变外观界面，增强了稳定性，并增加了许多网络功能，也增强了对其他文件的兼容性。不过在主要功能和整体风格

要点提示：Excel 2007的人性化变化

Excel 97~Excel 2003版本的工作环境都是类似的。但Excel 2007的工作环境发生了相当大的改变。

Excel 2007的各项功能被设计成比以前更直观、更容易访问的功能区选项卡，免去了以往版本集成功能的菜单栏，同时还为日常用户提供了充分利用其数据所需的工具。

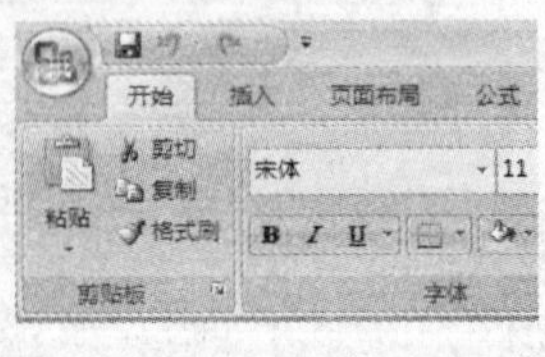

上，从Excel 97到Excel 2003的变化都不大，掌握了其中某个版本的操作，也就能熟练使用其他几个版本。

而2007年带着全新的Ribbon界面闪亮登场的Excel 2007无论从外观风格上，还是从界面布局上都发生了天翻地覆的变化，它用面板的方式代替了之前版本中的菜单，而且新增了许多人性化的功能，使其更加智能，使图表、分析以及加载项等功能也更加强大。

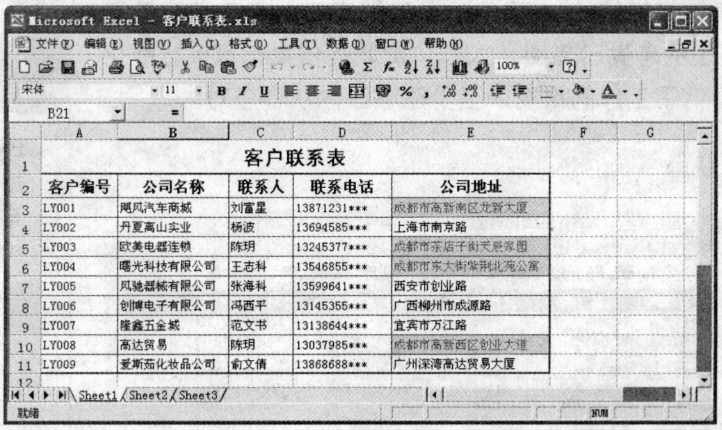

Excel 2000的工作界面■

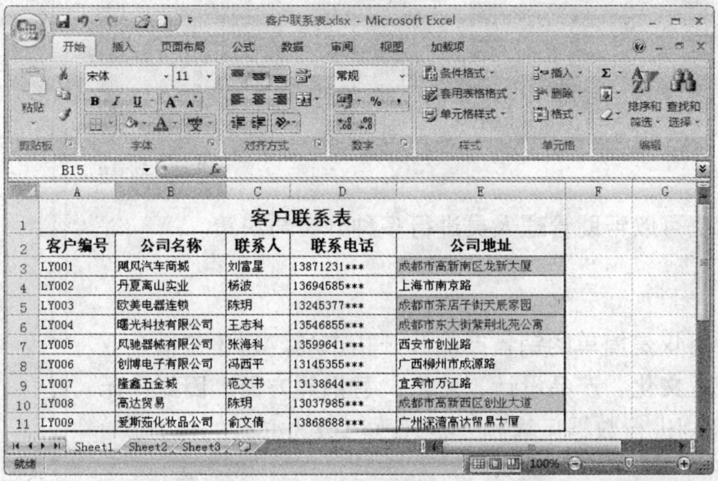

Excel 2007的工作界面■

要点提示：Excel 2007对电脑配置的要求

随着Excel功能越来越强大，它对电脑配置的要求也越来越高。要流畅地运行Excel 2007，最好拥有1GB以上的内存，另外，对电脑CPU和主板的要求也较高。

Excel 2007配置要求

	最低配置	推荐配置
操作系统	Microsoft Windows XP SP 2 或更新	Microsoft Windows Vista 或更新
CPU	500MHz 或更高	1.6GHz或更高
内存	256MB	1GB
剩余空间	1GB	3GB

1.1.2 Excel的应用领域

Excel以其强大的表格制作与数据处理功能，广泛应用于现代化办公、教育教学与家庭生活中。在办公领域，企业的日常开支、收支情况及各种管理，处处都离不开Excel；在教育教学中也常用它来进行学籍管理、成绩统计等；而脱下严谨单调的办公"外衣"，回到家中后，Excel也可以用来管理家庭收支、进行个人理财预决算等。总结起来，Excel大致可用于以下几个方面。

要点提示：Excel主要用于办公领域

Excel在办公领域方面的应用最为普遍，小到日常办公用品的申领、员工考勤的记录，大到财务预算、企业资产管理等。因此，本书在讲解过程中主要列举其在办公中的应用案例，对教育教学和家庭生活方面涉及较少。

1. 行政与人事管理

公司的行政人事管理人员担负着重要的流通、出入、文件、会议、人事调动、绩效考核等管理工作，时常会遇到很多繁杂的事务。如果将Excel运用到工作中，你就会发现原来制作员工绩

人事资料管理表■

效考核表、培训意见调查表、加班统计/申请表、员工档案表、文件编码登记表等都不再是难事，而且员工的考勤、借阅、入职、离职等信息都可以智能化地用Excel实现查询，大大降低了工作的难度，至少能够让你从容应对。

要点提示：分析生产数据的意义

Excel提供了众多的数据工具，使用这些工具可以对生产数据进行分析与预测，这些可以为公司的投入产出提供依据，并且及时掌握供需关系，明确各阶段生产计划。

2. 运营生产

企业的生产管理机构履行着制订生产计划、分析生产效率和工作量分析、控制和安排生产进度、人员配备、完成生产通知和记录等重要职责。用Excel可以实时填写数据并快速整理成在生产目标范围内的数据表。从此以后，就连数据统计都成为了一件令人轻松愉悦的工作，其更可以帮助管理人员进行多种分析与决策。

产品生产计划表.xlsx

德兴阀门制造有限公司产品生产计划表

产品编号	名　称	生产数量	生产单位	计划完工时间	备　注
Z004	美标闸阀	1500	一车间第一生产线	2009年8月13日	
K003	蒸汽减压阀	1550	一车间第一生产线	2009年8月31日	
ZH003	美标止回阀	1520	一车间第二生产线	2009年8月13日	
ZH007	锻钢止回阀	1490	一车间第二生产线	2009年8月31日	
J005	美标截止阀	1380	一车间第三生产线	2009年8月12日	
ZH006	对夹式止回阀	1250	一车间第三生产线	2009年8月30日	
S001	偏心半球阀	950	二车间第一生产线	2009年8月9日	紧急
K002	流量控制阀	1560	二车间第一生产线	2009年8月31日	
S002	美标球阀	1480	二车间第二生产线	2009年8月10日	
ZH009	旋启式止回阀	1150	二车间第二生产线	2009年8月31日	
K007	液压水位控制阀	1130	二车间第三生产线	2009年8月12日	
K008	水力电动控制阀	1620	二车间第三生产线	2009年8月30日	
J008	锻钢截止阀	1450	三车间第一生产线	2009年8月11日	
Z002	软密封闸阀	1080	三车间第一生产线	2009年8月28日	
D005	软密封蝶阀	800	三车间第二生产线	2009年8月10日	紧急
ZH010	升降式止回阀	1370	三车间第二生产线	2009年8月31日	
S006	金属硬密封球阀	750	三车间第三生产线	2009年8月8日	紧急
XH001	500X型泄压阀	1400	三车间第三生产线	2009年8月29日	

七月份　八月份　九月份　三季度计划任务汇总

生产计划表■

3. 销售统筹

现代公司的销售系统已不仅是简单的销售产品和开拓市场，它还包括企业全部的经济活动，贯穿了企业文化、产品设计、生产、营销等方面。因此，无论您身处何种岗位，利用Excel进行数据运算和分析几乎已成为必备的能力。

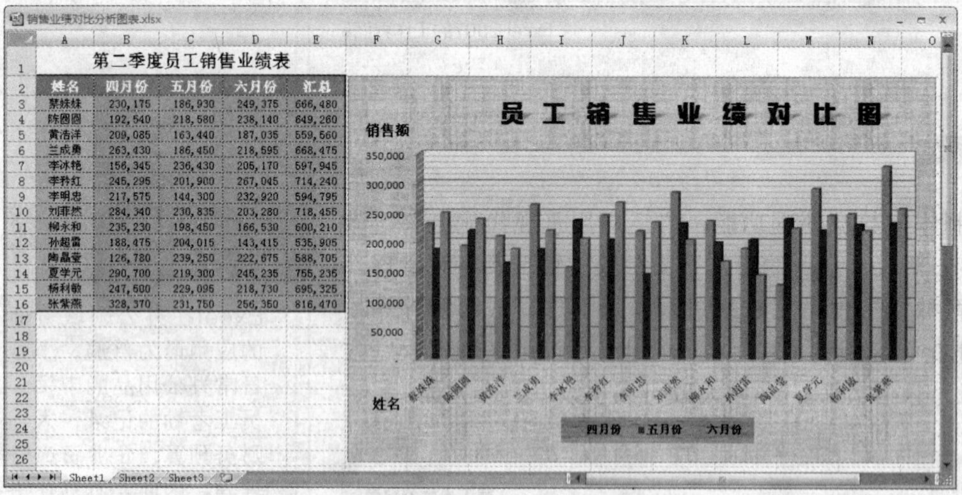

第二季度员工销售业绩表

姓名	四月份	五月份	六月份	汇总
蔡妹妹	230,175	186,930	249,375	666,480
陈圆圆	192,540	218,580	238,140	649,260
黄浩洋	209,085	163,440	187,035	559,560
兰成勇	263,430	186,450	218,595	668,475
李冰艳	156,345	236,430	205,170	597,945
李矜红	245,295	201,900	267,045	714,240
李明忠	217,575	144,300	232,920	594,795
刘菲然	284,340	230,835	203,280	718,455
柳永和	235,230	198,450	166,530	600,210
孙超雷	188,475	204,015	143,415	535,905
陶晶莹	126,780	239,250	222,675	588,705
夏学元	290,700	219,300	245,235	755,235
杨利敏	247,500	229,095	218,730	695,325
张紫燕	328,370	231,750	256,350	816,470

销售业绩表与分析图■

要点提示：可以用Excel完成的销售工作

无论是从事采购、销售、财务分析还是统筹决策，Excel都能够帮助你筛选销售数据、分析销售前景；利用Excel的图表与数据展示功能更能将你的数据实时展示给客户及上司，增强说服力；或者利用数据透视图表快速分析出向高层汇报的信息，把复杂的表格数据简单化。

4. 财务会计

财务会计工作中庞大的数字群会让人感到枯燥和乏味。表格中漫天的数字不知何时才能计算完，工作内容纷繁复杂，计算结果又必须精确。比如说，一个大型企业折旧处理固定资产需要计算的工作量相当庞大，如果仅靠手工来完成全部工作，结算人员的工作量会很大。而随着Excel的出现，财务会计的工作便会事半功倍。

固定资产管理表.xlsx

银甲第三施工部固定资产折旧处理表

编号	日期	凭证号	名称	规格	使用部门	固定资产类别	购置金额	残值率	年限	月折旧	本月折旧	累计折旧	净值	折旧类别
A001	1992年7月25日	N001	存储室	1间	库房部	生产经营用	350000	6%	50	548	548	112408	237592	制造费用
A002	1995年8月25日	N004	仓库	1座	库房部	生产经营用	1360000	6%	40	2663	2663	447440	912560	制造费用
A003	2000年1月18日	N013	电脑室	1间	办公室	生产经营用	840000	8%	40	1610	1610	185150	654850	制造费用
B001	2002年4月2日	N015	压路机	20t	工程部	生产经营用	120000	10%	12	750	750	66750	53250	管理费用
B002	2002年7月14日	N020	挖掘机	15t	工程部	生产经营用	480000	10%	12	3000	3000	255000	225000	管理费用
B003	2002年11月18日	N021	装载机	30t	工程部	生产经营用	210000	10%	12	1313	1313	106313	103688	管理费用
B004	2002年12月5日	N025	自卸汽车	15t	工程部	生产经营用	140000	10%	10	1050	1050	85050	54950	管理费用
B005	2004年1月6日	N008	拆卸机	12t	工程部	生产经营用	320000	10%	12	2000	2000	134000	186000	管理费用
C001	2006年1月18日	N030	计算机	戴尔	办公室	非生产经营用	125000	25%	5	1563	1563	67188	57813	管理费用
C002	2005年3月16日	N016	扫描仪	惠普	办公室	非生产经营用	3200	22%	5	42	42	2205	995	管理费用
C003	2005年4月4日	N026	传真机	夏普	销售部	非生产经营用	900	13%	5	13	13	692	208	管理费用
C004	2006年4月9日	N012	激光打印机	惠普	财务部	非生产经营用	4200	24%	5	53	53	2128	2072	管理费用
C005	2006年4月16日	N011	空调	格力	办公室	非生产经营用	4600	16%	5	64	64	2576	2024	管理费用

固定资产折旧处理表 / 固定资产折旧汇总表 / 固定资产减少记录表

固定资产折旧计算■

5. 投资预算

使用Excel中的多种财务函数可以进行本量利分析，为经营决策提供最大方便，其内置的模拟运算表、方案管理器、规划求解和数据分析等多种分析方法和分析工具将Excel构建成了功能强大的计算分析与开发平台。

比如，你可以用年金相关函数来计算资金的时间价值，建立长期借款分析基本模型以及模拟运算表分析模型等；如果你要对租赁筹资与借款筹资进行衡量，则可建立方案比较分析模型。通过Excel的图表或数据透视图表则可建立更直观、动态的预算体系建模方式，或者根据约束条件求得最佳方案。

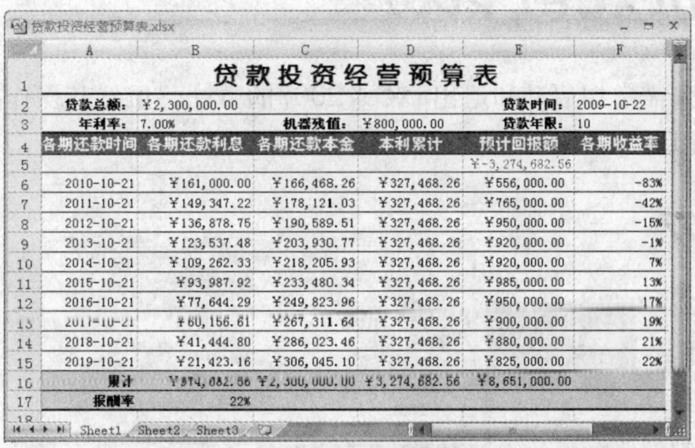

贷款投资经营预算表.xlsx

贷款投资经营预算表

贷款总额：	¥2,300,000.00			贷款时间：	2009-10-22
年利率：	7.00%	机器残值：	¥800,000.00	贷款年限：	10
各期还款时间	各期还款利息	各期还款本金	本利累计	预计回报额	各期收益率
				¥-3,274,682.56	
2010-10-21	¥161,000.00	¥166,468.26	¥327,468.26	¥556,000.00	-83%
2011-10-21	¥149,347.22	¥178,121.03	¥327,468.26	¥765,000.00	-42%
2012-10-21	¥136,878.75	¥190,589.51	¥327,468.26	¥950,000.00	-15%
2013-10-21	¥123,537.48	¥203,930.77	¥327,468.26	¥920,000.00	-1%
2014-10-21	¥109,262.33	¥218,205.93	¥327,468.26	¥920,000.00	7%
2015-10-21	¥93,987.92	¥233,480.34	¥327,468.26	¥985,000.00	13%
2016-10-21	¥77,644.29	¥249,823.96	¥327,468.26	¥950,000.00	17%
2017-10-21	¥60,156.61	¥267,311.64	¥327,468.26	¥900,000.00	19%
2018-10-21	¥41,444.80	¥286,023.46	¥327,468.26	¥880,000.00	21%
2019-10-21	¥21,423.16	¥306,045.10	¥327,468.26	¥825,000.00	22%
累计	¥974,682.56	¥2,300,000.00	¥3,274,682.56	¥8,651,000.00	
报酬率	22%				

Sheet1 / Sheet2 / Sheet3

贷款投资经营预算■

6. 学籍与成绩管理

在教育教学领域中，Excel也有着广泛的应用。如老师可以用它来建立学生档案、进行学籍管理、制作教学计划表、安排课程、计算与统计学生成绩等；学生可以用它来制作课程表、学习计划、求职应聘简历等。

7. 家庭收支管理与理财

虽然Excel是办公软件，但这并不意味着它就只能应用于办公领域。对于普通人群而言，Excel也能成为一个贴心的家庭财务管理帮手。比如，利用Excel可以将所有家庭财产分门别类地记录下来，既轻松又

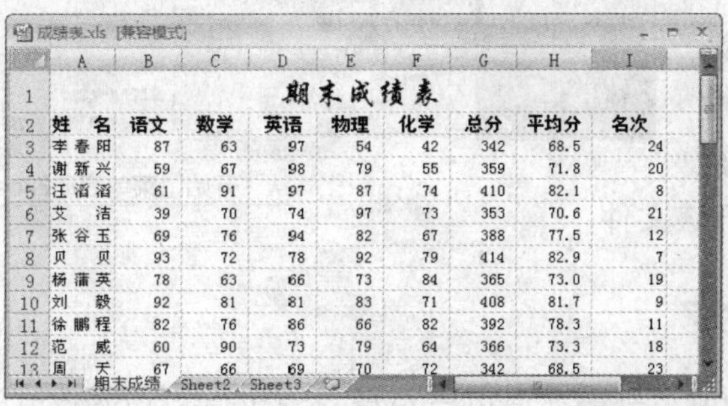

成绩表.xls [兼容模式]

期末成绩表

姓　名	语文	数学	英语	物理	化学	总分	平均分	名次
李春阳	87	63	97	54	42	342	68.5	24
谢新兴	59	67	98	79	55	359	71.8	20
汪滔滔	61	91	97	87	74	410	82.1	8
艾　洁	39	70	74	97	73	353	70.6	21
张谷玉	69	76	94	82	67	388	77.5	12
贝　贝	93	72	78	92	79	414	82.9	7
杨蒲英	78	63	66	73	84	365	73.0	19
刘　毅	92	81	81	83	71	408	81.7	9
徐鹏程	82	76	86	66	82	392	78.3	11
范　威	60	90	73	79	64	366	73.3	18
周　天	67	66	69	70	72	342	68.5	23

期末成绩 / Sheet2 / Sheet3

学生成绩表■

要点提示：Excel对财会人员的帮助

目前，财务会计人员常用Excel审核原始凭证、编制记账凭证、结账、编制会计报表等。另外还可以进行查账审计、结算员工工资、分析利润、盘点资本交易等。

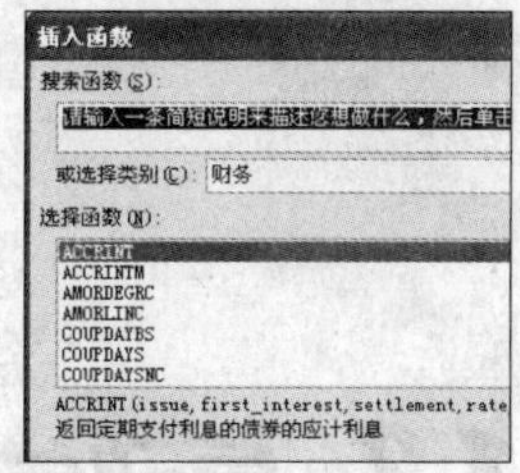

要点提示：Excel在教育教学中的主要应用

Excel在教育教学领域中的应用主要用于记录学生成绩、统计考试结果、管理学生档案等，一般情况下仅需使用到Excel的数学统计功能。

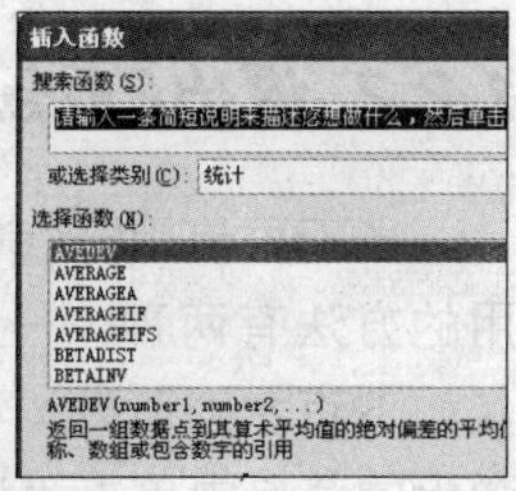

便于查找。利用Excel可以制作家庭亲友联系表，可以做备忘录，可以管理基金、股票、国债和保险等投资项目，月末还可以通过记账盘点当月的生活开支和收入情况等。

2009年股票投资收益表.xlsx

股票投资收益统计表

股票名称	买入价	股数	买入时间	卖出时间	卖出价	手续费	盈亏
上海建工600170	11.200	2400	2009年2月3日	2009年2月4日	11.550	138.92	701.08
西昌电力600505	4.990	5000	2009年2月10日	2009年2月11日	4.910	125.55	-525.55
恒顺醋业600305	9.120	1000	2009年2月16日	2009年2月19日	9.460	48.62	291.38
万向德农600371	13.140	3000	2009年2月18日	2009年2月19日	13.660	203.78	1356.22
长安汽车000625	6.500	8000	2009年2月23日	2009年2月24日	7.140	277.36	4842.64
浙江龙盛600352	11.310	3000	2009年3月6日	2009年3月10日	10.790	166.97	-1726.97
美都控股600175	5.140	6000	2009年3月19日	2009年3月31日	5.210	157.46	262.54
双良股份600481	7.270	5000	2009年3月20日	2009年3月31日	8.320	198.6	5060.80
深天马A 000050	4.640	5000	2009年4月1日	2009年4月9日	4.370	111.95	-1461.95
长城电工600192	10.710	3000	2009年4月1日	2009年4月10日	11.170	166.79	1213.21
康强电子002119	6.640	3000	2009年4月13日	2009年4月20日	6.610	101.33	-191.33
太原刚玉000795	4.810	3000	2009年4月20日	2009年4月24日	4.860	72.6	[illegible]40
城投控股600649	12.440	2000	2009年5月6日	2009年5月7日	12.380	126.04	-246.04
大元股份600146	7.130	6000	2009年5月12日	2009年5月19日	7.700	226.16	3193.84
高鸿股份000851	7.850	4000	2009年5月14日	2009年5月22日	7.410	151.72	-1911.72
营口港 600317	9.910	2000	2009年5月15日	2009年5月22日	9.640	99.48	-639.48
熊猫烟花600599	11.140	3000	2009年5月20日	2009年5月25日	10.980	167.66	-647.66
内蒙华电600863	5.120	4000	2009年6月23日	2009年7月20日	6.370	119.4	4880.60
江淮动力000816	7.550	3000	2009年6月29日	2009年7月6日	7.770	115.23	544.77
紫江企业600210	6.170	5000	2009年7月10日	2009年7月15日	6.370	159.25	-840.75

基金 股票 Sheet3

股票投资收益表■

> **要点提示：想成为Excel高手的路径**
>
> 要想深入学习Excel，首先需端正学习态度，再循序渐进地学习。学习Excel绝不是一蹴而就的事情，需经过大量的案例实践、归纳总结来慢慢积累经验。
>
> 初学者急于想要学习Excel新功能的想法是很正常的，但是要成为真正的Excel高手，还得系统地学习，扎扎实实记住Excel的每一个功能，切勿急于求成。

1.2 启动与退出Excel 2007

要使用Excel 2007，首先需掌握启动和退出Excel 2007的方法。虽然其操作方法很简单，但对于初次使用Excel 2007的用户来说仍是必须掌握的。

1.2.1 启动Excel 2007

当在电脑中安装好Excel 2007程序后，要启动使用它时，只需单击“开始”按钮，从弹出的菜单栏中选择“程序/Microsoft Office/Microsoft Office Excel 2007”命令，系统就会将其启动。

从“开始”菜单启动Excel 2007■

在“我的电脑”或资源管理器中打开存放Excel文件（后缀名为.xlsx或.xls）的文件夹，然后双击Excel文件或选择该文件后按【Enter】键也可以启动Excel，同时打开该文件。

> **要点提示：退出Excel前应先保存操作**
>
> 在退出Excel 2007之前，最好先对打开的工作簿进行保存。如果尚未保存修改过的工作簿就退出Excel 2007，将出现提示对话框，询问是否保存对工作簿进行的编辑，如果打开并编辑了多个工作簿而未保存，Excel将逐一询问。关于保存工作簿的方法将在第2章中介绍。
>
> 
>

1.2.2 退出Excel 2007

当不再使用Excel 2007时，就需要退出该程序。退出Excel 2007程序最常用的方法有两种，一种是单击Excel 2007窗口标题栏右端的“关闭”按钮（如下页左图所示）；另一种是单击Excel 2007窗口左侧的Office按钮，从弹出的菜单中单击“退出Excel”按钮（如下页右图所示）。

■通过“关闭”按钮退出 Excel 2007

通过Office菜单退出 Excel 2007■

1.3 熟悉Excel 2007的工作环境

在使用Excel 2007之前，必须先熟悉其工作环境，只有熟悉了它的工作界面各组成部分的功能，在以后的操作中才能得心应手，提高工作效率。

启动Excel 2007后，其工作界面如下图所示。它主要由Office按钮、快速访问工具栏、标题栏、功能区、编辑栏、工作表编辑区和状态栏等几部分组成。

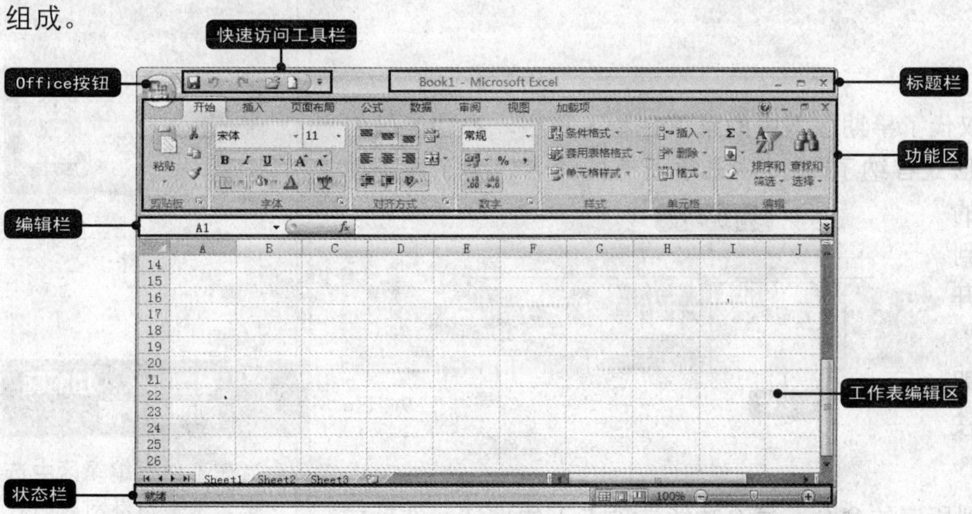

Excel 2007的工作界面■

1.3.1 Office按钮

Office 2007的组件窗口左上角都有一个按钮，称为“Office按钮”。单击该按钮将弹出一个菜单，其中包含了一些与文件操作相关的常用命令，如新建、保存、打开、打印等。在菜单右侧还会列出最近使用过的文件（与传统软件中的“文件”菜单功能类似），选择某个文件的名称就可以快速将其打开。

1.3.2 快速访问工具栏

快速访问工具栏位于Office按钮右侧，该工具栏中默认包括“保存”、

要点提示：两种退出Excel方法的区别

如果打开了多个工作簿窗口，单击Excel 2007窗口标题栏右侧的“关闭”按钮时，将只关闭当前工作簿。如果只打开了一个工作簿，单击该按钮则可关闭该工作簿并退出Excel 2007；而单击Office菜单中的“退出Excel”按钮，将关闭打开的所有工作簿窗口并退出Excel 2007。

使用技巧：固定常用的工作簿

在Office菜单中的“最近使用的文档”列表中单击某个经常使用的工作簿右侧的按钮，可以将该工作簿固定到“最近使用的文档”列表中，以后可以随时通过Office菜单来打开该工作簿。

“撤销”和“恢复”3个按钮，用户在编辑的过程中可以通过单击这3个按钮来快速实现保存文件、撤销或恢复操作，提高工作效率。该工具栏中的按钮可以自定义，在后面将详细讲解自定义快速访问工具栏的方法。

1.3.3 标题栏

标题栏位于快速访问工具栏右侧，其中显示了当前打开工作簿的名称、程序的名称和“窗口控制”按钮组，包括“最小化”按钮、“最大化”按钮（或“还原”按钮）和“关闭”按钮，如右图所示。通过这几个控制按钮可以对Excel 2007进行如下几种控制。

标题栏■

- 单击标题栏右侧的“最小化”按钮，可将Excel窗口最小化为任务栏中的一个图标按钮。
- 单击“最大化”按钮，可将Excel窗口最大化为整个显示屏的大小，并且该按钮变为形状（即还原状态）。单击“还原”按钮，可将窗口恢复到用户自定义的大小。
- 单击“关闭”按钮，可关闭当前工作簿窗口。如果当前只打开一个工作簿，则将退出Excel程序。

1.3.4 功能区

Excel 2007的功能区取代了早期版本中的菜单栏和工具栏，在功能区中以按钮、选项或列表框的形式容纳了Excel中几乎所有的命令。为了便于使用，Excel 2007根据它们的功能将其分门别类地放置到8个功能选项卡中，如“开始”、“插入”、“公式”等，单击某个功能选项卡即可显示该类别下的各功能按钮、选项或列表框。

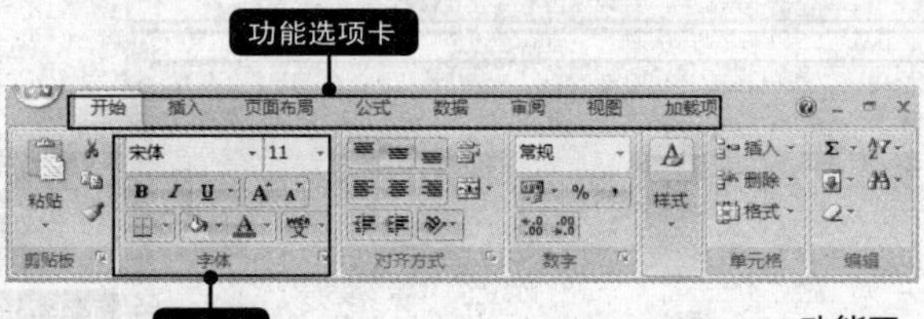

功能区■

为了让用户更快地找到所需的命令，每个功能选项卡下的按钮、选项或列表框等又细化为多个组，如“数字”、“对齐方式”、“字体”等。这些组不但可以自动根据窗口的大小变化而变化，还会根据用户的使用频率自动调整显示按钮、选项或列表框。

某些组的右下角有一个“对话框启动”按钮，单击该按钮将打开相应的对话框或任务窗格，用于在其中对相关参数进行更详细的设置。

在功能区上也有几个与Excel窗口控制按钮外观相同的按钮，它们是用于控制工作簿窗口的。在同时处理多个工作簿时可能会用到它们，其具体使用方法将在第2章中介绍。

要点提示：对Excel工作窗口的控制

当Excel窗口处于非最大化时，将鼠标光标移动到窗口任意一边，当鼠标光标变为↔或↕形状时，按住鼠标左键不放左右或上下拖动可以改变窗口的宽度或高度。

将鼠标光标移动到窗口四角的任意一角上，当光标变为⤢或⤡形状时，按住鼠标左键不放并向任意方向拖动，可同时改变窗口的宽度和高度。

在Excel窗口标题栏按住鼠标左键不放并拖动，可以移动Excel窗口在屏幕上的位置。

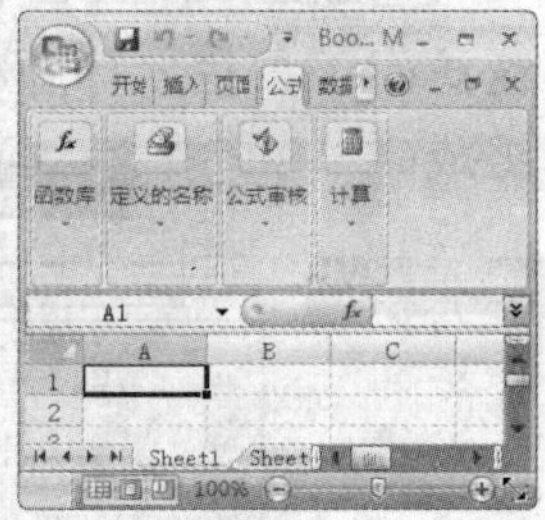

要点提示：功能区的智能扩展

当在工作表编辑区中选中了某些特殊对象时，功能区中还会扩展出相应的工具及功能选项卡。如选择了插入的图片，将自动出现“图片工具 ‘格式’ 选项卡，专门用于对图片进行各类操作。

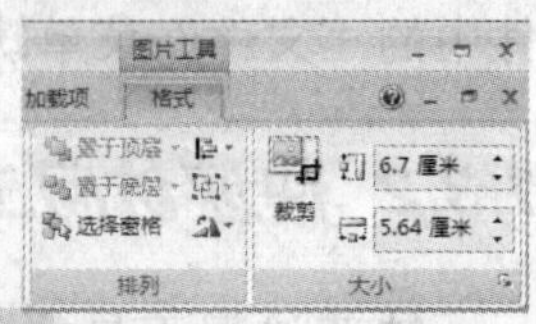

1.3.5 编辑栏

编辑栏主要用于显示和编辑工作表数据，由名称框、编辑按钮组和编辑框3部分组成，如右图所示。其作用分别如下。

编辑栏■

- **名称框**：显示当前单元格的地址，如果为单元格或单元格区域定义了名称，则将显示定义的名称（为单元格或单元格区域定义名称的方法将在第2章中讲解）；如果选择了图片或图表等对象时，则将在名称框中显示图片或图表的名称。
- **编辑按钮**：在默认状态下只显示“插入函数”按钮，单击该按钮可以打开“插入函数”对话框，用于选择要使用的函数；当将光标插入点定位到单元格后，还将出现“取消”按钮和“输入”按钮。前者用于取消在当前单元格中的编辑，后者用于确认在当前单元格中的编辑。
- **编辑框**：显示在当前单元格中输入的内容，可在编辑框中输入和编辑当前单元格中的内容。

要点提示：在合适的位置停放鼠标的作用

将鼠标光标指向并停放在组中的按钮上或指向某个按钮下拉菜单的命令项上时，将出现一个浮动框显示该按钮或命令的作用。

在为选择的对象应用样式时，将鼠标光标移到某个样式上稍等片刻就可以预览到应用后的效果，而不必应用样式后才能看到效果，从而提高工作效率。

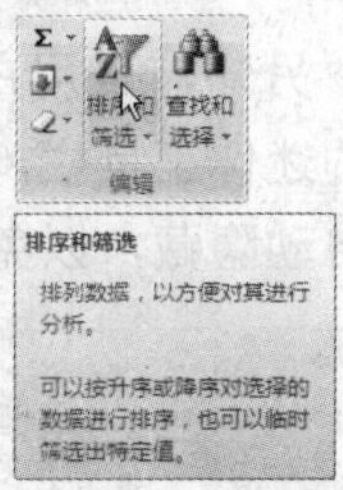

1.3.6 工作表编辑区

工作表编辑区是Excel窗口的主体部分，它由单元格、列标、行号、工作表标签栏和滚动条等部分组成。

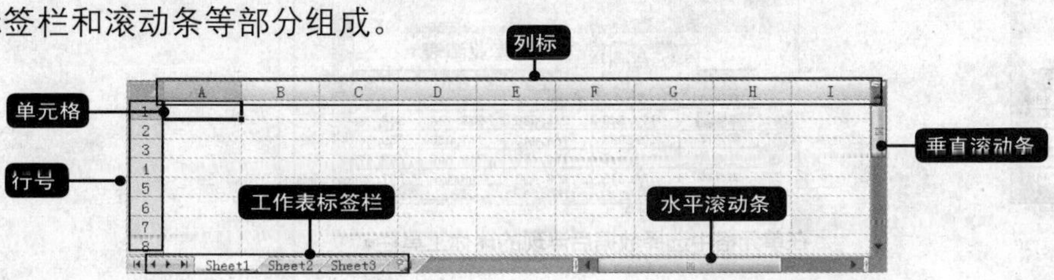

工作表编辑区■

各部分介绍如下。

- **行号与列标**：行号位于工作表编辑区左侧，用阿拉伯数字形式显示单元格的行数；列标位于工作表编辑区上方，用字母序号的方式显示单元格的列数，列标和行号是用来标记单元格的。
- **单元格**：单元格是Excel中输入数据的最小单位，在工作表中显示的每一个小方格就是一个单元格。
- **滚动条**：分为竖直滚动条和水平滚动条，将鼠标光标移动到滚动条上按住鼠标左键进行拖动，可快速移动显示工作表中的内容；单击滚动条两端的、、、按钮也可移动显示工作表内容。
- **工作表标签栏**：工作表标签栏位于工作表编辑区底部，由工作表标签和工作表切换按钮组成，分别用于对工作表进行切换和显示等操作，具体方法将在第2章中讲解。

要点提示：Excel版本界面变化但核心不变

Excel 2007的界面变化虽然大，但许多功能的使用方法与以前版本大同小异，只是用功能选项卡的形式对各个命令进行了分类。以前版本中“插入”菜单下的许多命令，在Excel 2007的“插入”选项卡中基本上都能找到。

1.3.7 状态栏

状态栏位于Excel 2007界面底端，其左侧主要提供相关命令的说明或显示当前的操作情况等信息。默认情况下显示“就绪”，表明系统处于预备状态，在不同的操作状态下，显示的信息也不同。

状态栏右侧是视图栏，这是Excel 2007新增的功能，它包括视图按钮组、显示比例和显示比例调节滑块3部分。单击不同的视图按钮可以用不同的视图模式显示工作表内容（在后面涉及视图的操作时再详细讲解）；拖动显示比例控制杆上的滑块可以改变当前工作表的显示比例。

视图栏

要点提示：状态栏信息的智能化

状态栏左侧显示的信息会随操作而变化，如在空白单元格中输入内容时会显示“输入”，在有数据的单元格更改数据时会显示“编辑”，选择多个包含数据的单元格会显示这些数据的平均值和所选单元格的数量等。

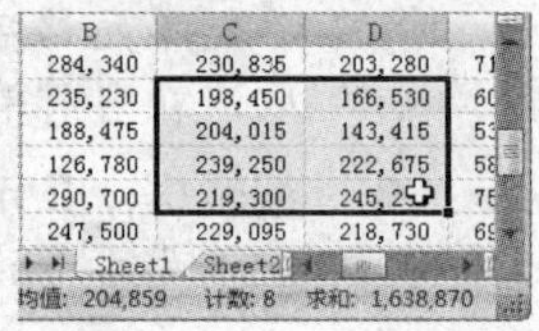

1.3.8 迷你工具栏

迷你工具栏是Office 2007的一个创新设计，作为Office 2007核心组件的Excel 2007自然会采用这一新设计。

在Excel 2007中，设置单元格内容字体格式时，在单元格中右击，就会在弹出快捷菜单的同时出现如左下图所示的迷你工具栏，通过迷你工具栏可以快速对选择内容的字体、字号、字形、颜色等方面进行设置，而无须通过功能区来设置，而且使用后它会自动隐藏，这可大大提高工作效率。

另外，当用户在单元格中选择了数据内容后，还将自动浮出一个若隐若现的迷你工具栏，将鼠标指针接近它则会清晰显示（如右下图所示），否则就会自动隐藏，以免影响用户的正常输入等编辑操作。

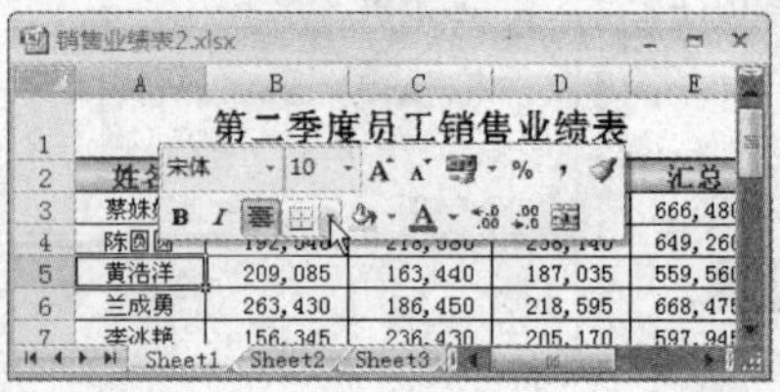

通过右击显示的迷你工具栏

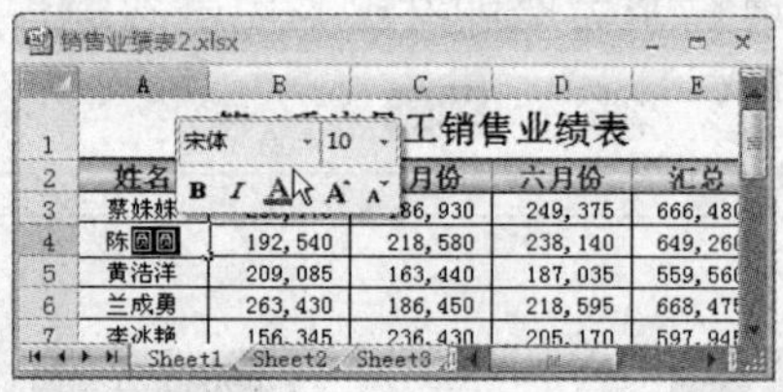

在单元格中选择数据后浮现的迷你工具栏

1.3.9 快捷菜单

在上一节中，我们知道在单元格中右击除了会出现迷你工具栏外，还会弹出一个包含一些命令的快捷菜单。在Excel中除了通过Office菜单、功能区和迷你工具栏来执行命令外，还可通过快捷菜单来执行常用命令。

Excel 2007提供了多个快捷菜单，在不同的情况下或不同的位置处右击，就会弹出包含与当前操作相关的常用命令的快捷菜单，选择快捷菜单中的某个命令就可以执行相应的操作，而不必通过其他方式来进行。

迷你工具栏和快捷菜单虽然并非Excel 2007工作界面的组成部分，但根据情况合理使用迷你工具栏和快捷菜单均可以大大提高制作工作表的效率，这需要初学者在使用的过程中多加练习，熟悉之后就能运用自如了。

使用技巧：缩放工作表视图的几种技巧

单击控制杆左侧的⊖按钮可以10%的比例缩小视图显示比例；单击控制杆左侧的⊕按钮可以10%的比例放大视图显示比例。

按住【Ctrl】键不放的同时滚动鼠标滚轮，则可以15%的比例逐步缩小或放大工作表视图。

1.4 打造适合自己的工作环境

为了方便不同的用户，Excel 2007允许用户按自己常用的功能和使用习惯对界面的一些组成部分或文档主题进行自定义，主要包括改变快速访问工具栏的位置和其中的命令按钮，最小化功能区、禁止或启动浮动工具栏，定义状态栏中要显示的项目、主题或工作界面颜色等方面。

1.4.1 自定义快速访问工具栏

可能不少用户会发觉使用Excel 2007新增的快速访问工具栏的确方便，不过也会抱怨Microsoft在快速访问工具栏上放置的按钮太少了。

不用急，Microsoft早已为你考虑到这个问题，因此提供了自定义的功能。用户不但可以根据自己的需要在快速访问工具栏中添加自己常用的按钮，还可以改变快速访问工具栏在Excel 2007界面上的位置。

1. 在快速访问工具栏中添加常用的命令按钮

在快速访问工具栏中添加常用的命令按钮的方法是:单击快速访问工具栏右侧的下拉按钮，在弹出的下拉菜单中选择要添加的命令即可，如可以将“新建”、“打开”等命令添加进来。

如果该下拉菜单中没有想要添加的命令，则需通过“Excel选项”对话框来添加。如经常需要在工作表中插入超链接，就可以在快速访问工具栏中添加“插入超链接”命令，其具体操作如下。

Step 01 单击快速访问工具栏右侧的下拉按钮，在弹出的下拉菜单中选择“其他命令”命令。

Step 02 系统自动打开“Excel选项”对话框的“自定义”选项卡，在“从下列位置选择命令”下拉列表框中选择要添加的命令所属的类型，这里选择“插入 选项卡”选项。

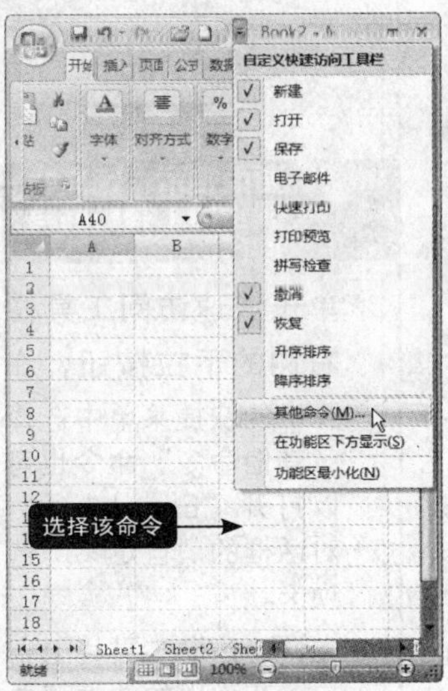

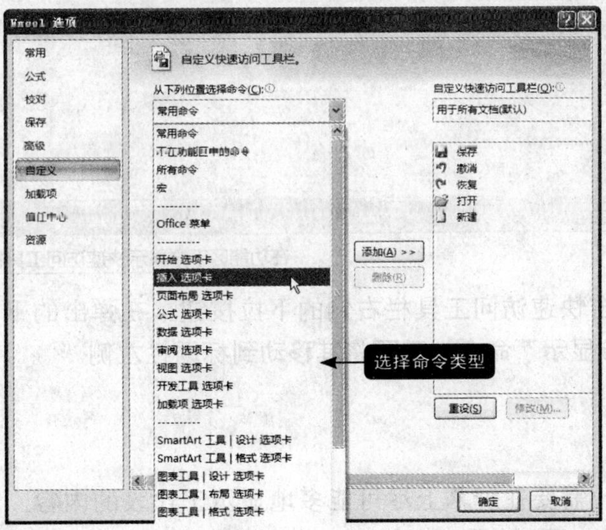

Step 03 在下面的列表框中选择要添加的命令，这里选择“插入超链接”命令，再单击“添加”按钮将其添加到右侧列表框中。

Step 04 添加完所需的命令后，单击“确定”按钮关闭对话框，就会在快速访问工具栏中出现添加命令的按钮了。

要点提示：自定义软件工作环境的意义

一些功能强大、操作复杂的软件，往往需要在界面中提供多种功能块或工具栏等，而不同的用户使用软件功能的侧重点不同。为了方便不同用户的不同使用需求，大多数功能复杂的软件都提供了界面自定义功能，Excel 2007也不例外。

要点提示：取消自己添加的快速访问按钮

单击快速访问工具栏右侧的下拉按钮，弹出的下拉菜单中若有此按钮对应命令，则再次选择该命令以取消其前面的✓标志即可。

再次打开“Excel选项”对话框的“自定义”选项卡，在右侧的列表框中选择要取消的命令选项，再单击“删除”按钮将其删除，最后单击“确定”按钮。

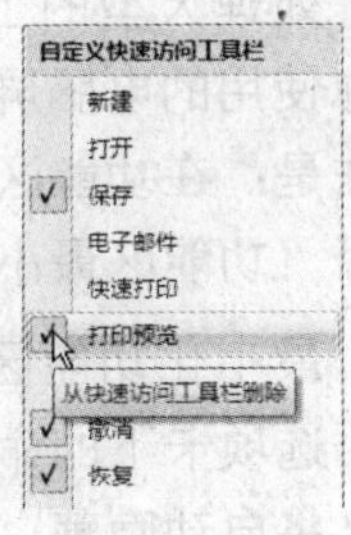

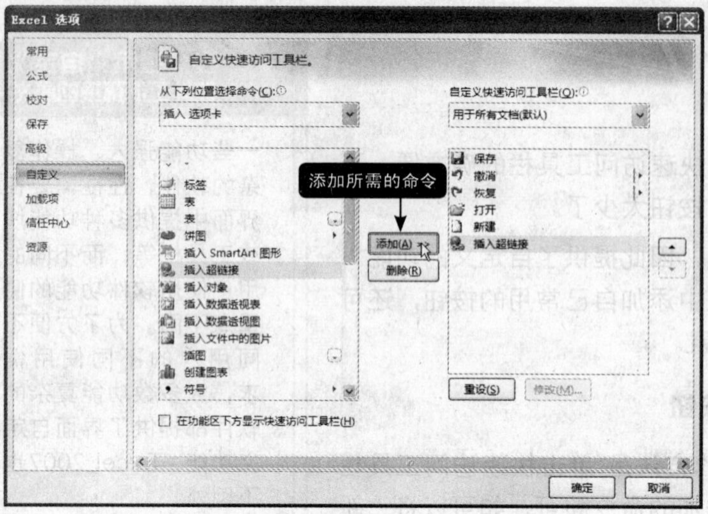

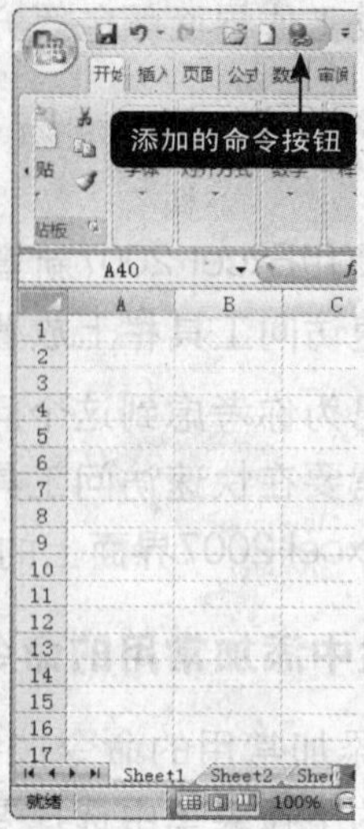

2. 改变快速访问工具栏的位置

如果在快速访问工具栏中添加了较多的按钮，则标题栏的位置将向右移。如果仍不能显示添加的所有按钮，则在快速访问工具栏右端将出现 » 按钮，使用时需单击该按钮才能显示出更多的按钮。

为了操作方便，可以将快速访问工具栏移至功能区的下方，以便显示出所有的按钮。其方法是：单击快速访问工具栏右侧的下拉按钮，在弹出的下拉菜单中选择“在功能区下方显示”命令。

快速访问工具栏显示在功能区的下方后，其宽度将变得和操作界面相同，如右图所示。

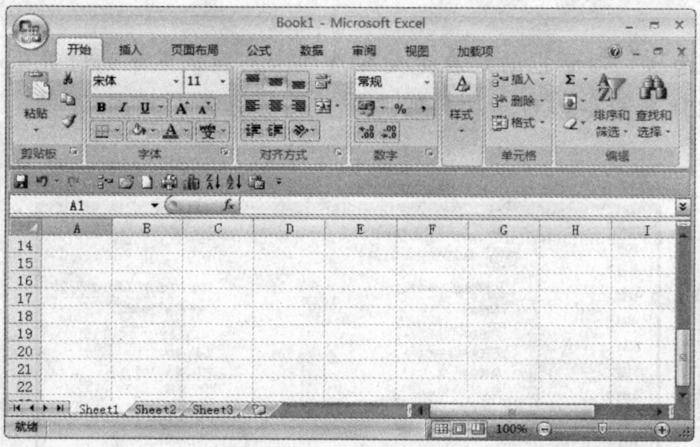

在功能区下方显示快速访问工具栏

改变位置后，再次单击快速访问工具栏右侧的下拉按钮，在弹出的下拉菜单中选择“在功能区上方显示”命令，又可将其移动到标题栏左侧。

1.4.2 最小化功能区

处理大型的工作表时，需要在屏幕上尽可能多地显示工作表的内容。如果你使用的电脑屏幕不够大，可以将Excel 2007工作界面的功能区最小化。其方法是：在功能区的任意位置或快速访问工具栏上右击，在弹出的快捷菜单中选择“功能区最小化”命令。

最小化功能区后，系统将隐藏所有组，只显示各个选项卡的名字，使用某个选项卡下的命令时，单击其名字后才会弹出该选项卡下的组，使用完毕后组又将自动隐藏。

要点提示：改变快速访问工具栏的按钮位置

如果在快速访问工具栏中添加了多个按钮，可将最常用的按钮排列在最前面。其方法是：打开“Excel选项”对话框的“自定义”选项卡，在最右侧的列表框中选择要移动位置的选项，单击右侧的▲或▼按钮调整其位置，完成后单击“确定”按钮。

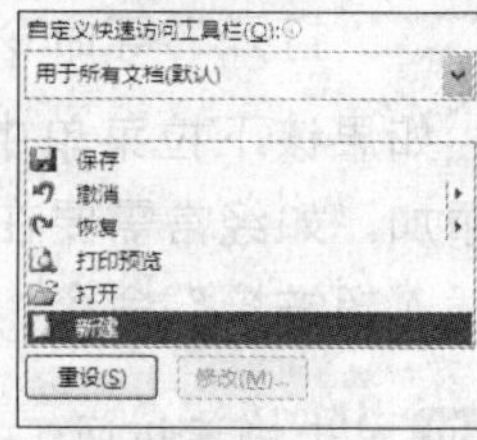

要点提示：定义快速访问工具栏的其他方法

单击快速访问工具栏右侧的下拉按钮，在弹出的快捷菜单中选择“其他命令”命令也可以打开“Excel选项”对话框的“自定义”选项卡。

在快速访问工具栏上右击，在弹出的快捷菜单中也可选择将快速访问工具栏放置在功能区的下方或是上方。

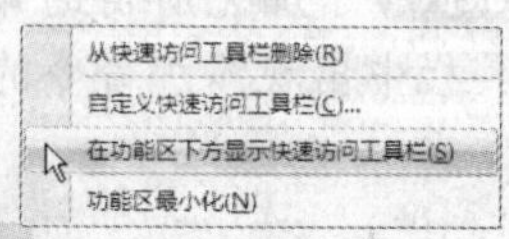

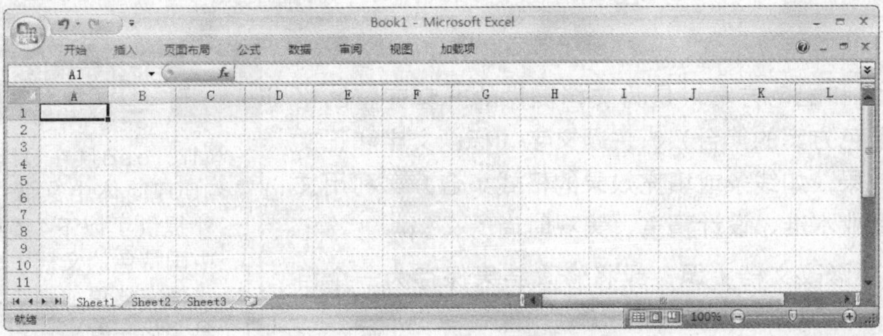

最小化功能区后的Excel 2007工作界面■

1.4.3 禁用或启用浮动工具栏

虽然Excel 2007增加了在选择单元格中的数据时会自动浮现迷你工具栏的功能，但一些习惯使用Excel老版本的用户就会觉得其比较碍事。如果不太习惯使用自动浮现的迷你工具栏，也可将其禁止，其操作方法如下。

Step 01 单击Office按钮，在弹出的菜单中单击下方的“Excel选项”按钮。

Step 02 系统自动打开“Excel选项”对话框的“常用”选项卡。在右侧的“使用Excel时采用的首选项”区域中取消选中“选择时显示浮动工具栏”复选框，再单击“确定”按钮应用设置，即可禁止选择数据时自动出现的迷你工具栏。

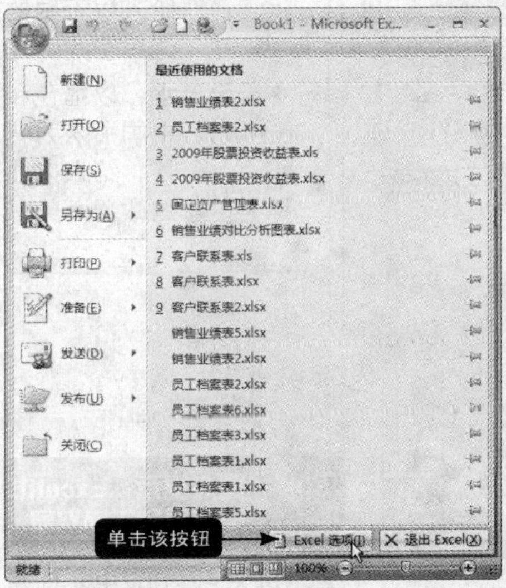

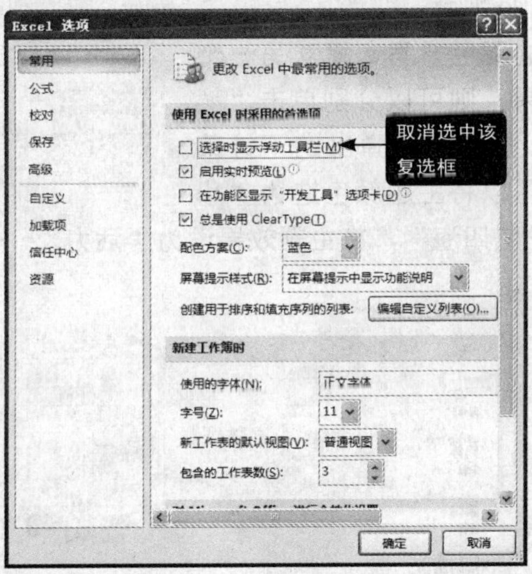

1.4.4 定义状态栏中要显示的项目

需要在状态栏中显示的信息和项目也可以自定义，甚至可以设置是否在状态栏中显示视图控制按钮、显示比例调节滑块等。其方法是：在状态栏上右击，在弹出的“自定义状态栏”快捷菜单中选择需要的信息项。

某项命令前有✓标志表示该项信息在满足操作条件时将会在状态栏中显示；再次选择该命令，取消其前面的✓标志则可取消该项信息的显示。

要点提示：通过对话框移动快速访问工具栏

打开“Excel选项”对话框的“自定义”选项卡，选中“在功能区下方显示快速访问工具栏”复选框，单击“确定”按钮也可将快速访问工具栏移到功能区下方；取消选中该复选框则将快速访问工具栏恢复到标题栏左侧显示。

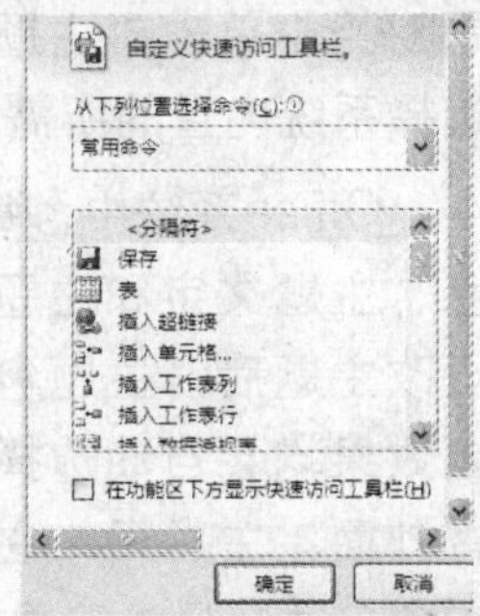

使用技巧：将最小化的功能恢复显示

在快速访问工具栏或功能区选项卡名称上右击，在弹出的快捷菜单中选择“功能区最小化”命令，取消选中该命令前的✓标志，即可恢复功能区面板组。

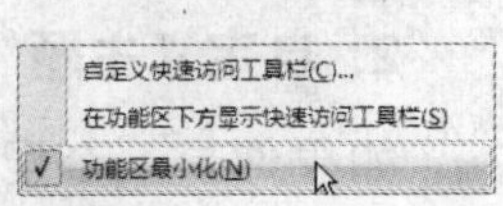

1.4.5 设置文档主题

主题是一套统一的设计元素和配色方案，是为文档提供的一套完整的格式集合，其中包括主题颜色（配色方案的集合）、主题文字（标题文字和正文文字的格式集合）和相关主题效果（如线条或填充效果的格式集合）。利用文档主题，可以轻松地创建具有专业水准、设计精美、美观时尚的文档。

当然，用户也可以根据需要修改文档主题，或将修改结果保存为一个自定义的文档主题。

1. 修改主题

Excel的默认主题是Office主题，要改变默认使用的主题，方法是：在“页面布局”选项卡下“主题”组中单击“主题”按钮，在弹出的下拉菜单中选择系统内置的所需的主题，如右图所示。

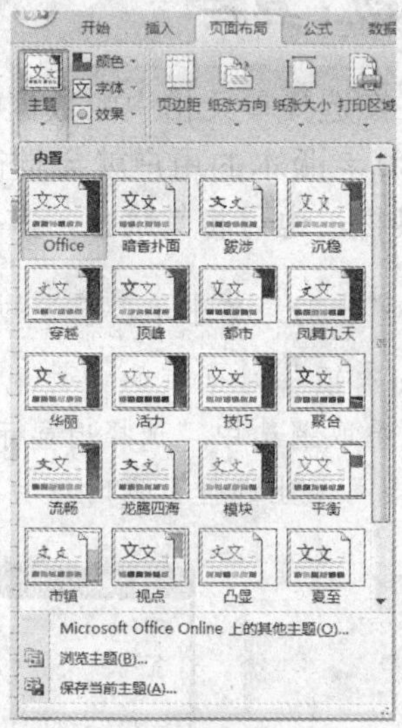

“主题”下拉菜单

Office系统中，每个主题都包含了配套的主题颜色、主题文字和主题效果，在“主题”下拉菜单中更改主题后，主题包含的主题颜色、主题文字和主题效果均会自动选择相应的配置选项。如选择“暗香扑面”主题后，主题颜色、主题文字和主题效果均会自动选择“暗香扑面”选项。

如果你喜欢一个主题的配色方案，喜欢另一个主题的文字格式或主题效果，则可以分别单击“颜色”、“文字”或“效果”按钮，在弹出的下拉菜单中选择所需的选项。如可以将主题颜色选为“华丽”，将主题文字设为“龙腾四海”，将主题效果设为“活力”。

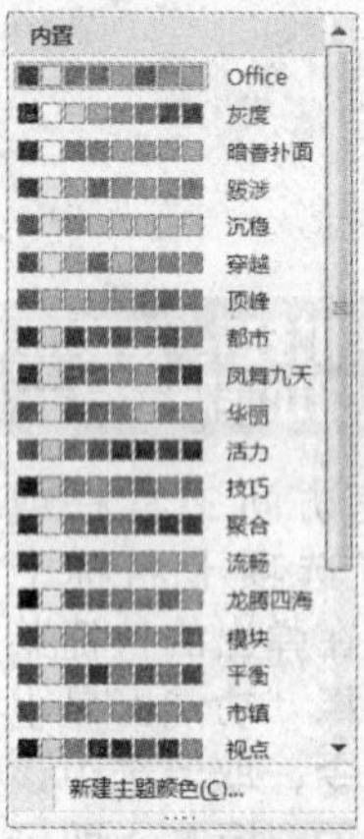

“颜色”下拉菜单

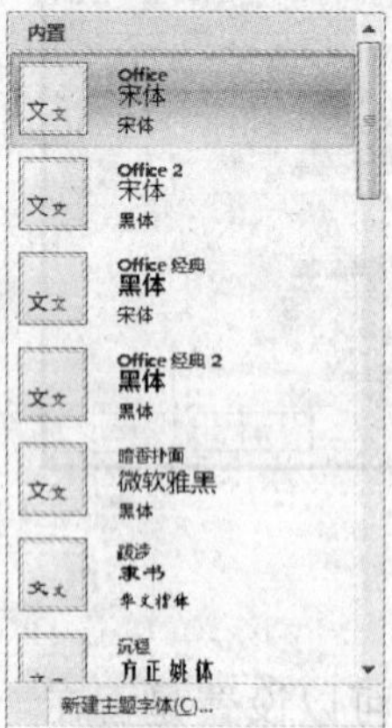

“字体”下拉菜单

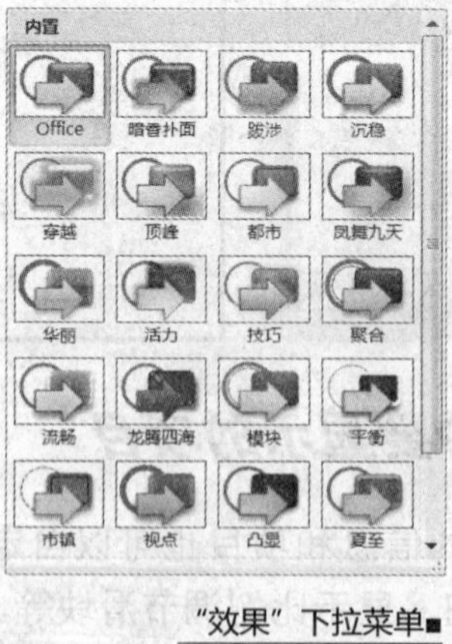

“效果”下拉菜单

2. 自定义主题

如果你是一个配色高手，或对文字格式的搭配有着较深的认识，也可以自定义主题的配色方案和文字格式集合，方法分别如下。

◆ 在“主题”组中单击“颜色”按钮，在弹出的下拉菜单中选择“新建主

要点提示：中国特色的文档主题

Microsoft在Office 2007简体中文版中额外提供了以下4套具有中国特色的文档主题，可使文档更加别致，更具文化底蕴。

◆**暗香扑面**：以乌黑色和中国独特的扇面书画为背景，给人以古朴、清新之感。

◆**凤舞九天**：以水色和中国民间被誉为百鸟之王的凤凰为背景，给人以粗犷、奔放、生机勃勃之感。

◆**龙腾四海**：以淡蓝色和龙为背景，给人以无限的遐想空间。

◆**行云流水**：以缁色和中国书法为背景，给人以曲波微澜之美。

要点提示：Excel中与主题有关的对象

在Excel 2007中，创建图表、绘制图形、插入SmartArt图形或艺术字等对象时，生成的图表、图形或文字对象默认采用的一系列颜色都是由主题颜色来决定的；而图表、SmartArt图形或艺术字中的一系列默认文字字体格式也是由主题字体所决定的。

题颜色”命令，打开如左下图所示的“新建主题颜色”对话框。在“主题颜色”选项组中分别在各项目后面的颜色下拉列表中选择所需的颜色，在下面的“名称”文本框中为自定义的主题颜色命名。

◆ 单击“字体”按钮，在弹出的下拉菜单中选择“新建主题字体”命令，打开如右下图所示的“新建主题字体”对话框。分别设置标题和正文的中文和西文字体，在下面的“名称”文本框中为自定义的主题字体命名。

■“新建主题颜色”对话框

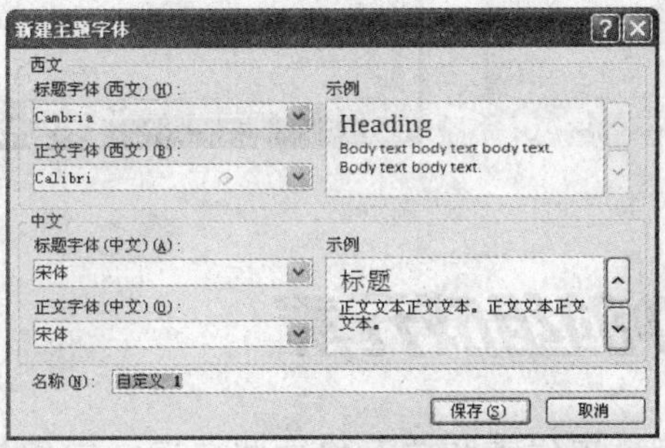

“新建主题字体”对话框■

在自定义了主题颜色和字体，或在选择了不同的主题颜色和字体后，如果重新在“主题”下拉菜单中选择其他主题，主题颜色和字体仍会自动变为与所选主题相匹配的选项。如果经常需要更改主题，可以将自定义的主题保存起来，以后直接选择自定义的主题即可，无须再次设置。

保存自定义主题的方法是：设置好所需的主题颜色、字体和效果后，单击“主题”按钮，在弹出的下拉菜单中选择“保存当前主题”命令，打开如右图所示的“保存当前主题”对话框。在“文件名”中输入要保存的名称，单击“保存”按钮。

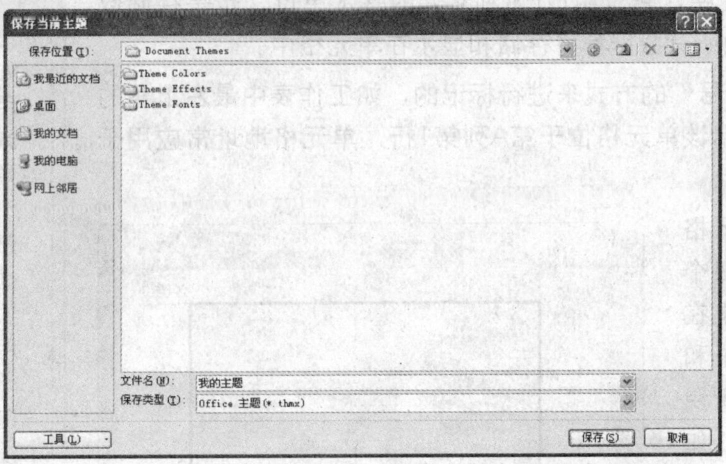

“保存当前主题”对话框■

1.4.6 设置工作界面风格

工作界面的风格是指Excel 2007的界面外观，有蓝色、黑色和银色3种风格。设置界面颜色仅针对个人喜好，对使用效率上没有帮助。

设置工作界面风格的方法是：单击Office按钮，在弹出的菜单中单击下方的“Excel选项”按钮，打开“Excel选项”对话框的“常用”选项卡，在右

要点提示：使用自定义的主题

保存自定义的主题后，单击“主题”按钮，在弹出的下拉菜单中可以看到新增了一个“自定义”栏，在该栏中将列出用户自定义的主题名称。选择某个名称即可应用自定义的主题。

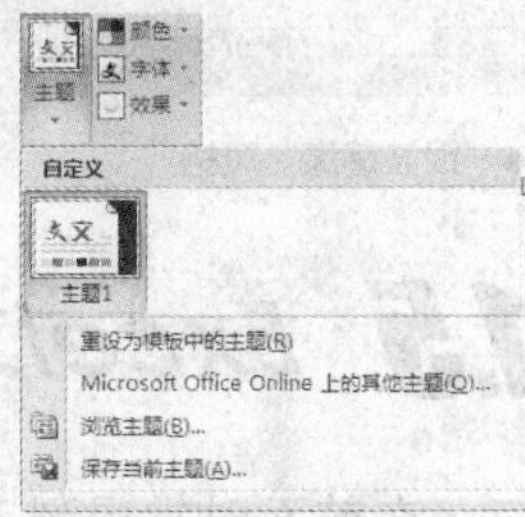

要点提示：如何获取更多的主题

如果对当前系统内置的主题不够满意，还可以通过可单击“主题”按钮，在弹出的下拉菜单中选择“Microsoft Office Online上的其他主题”命令，到网上下载更多漂亮的主题文件。

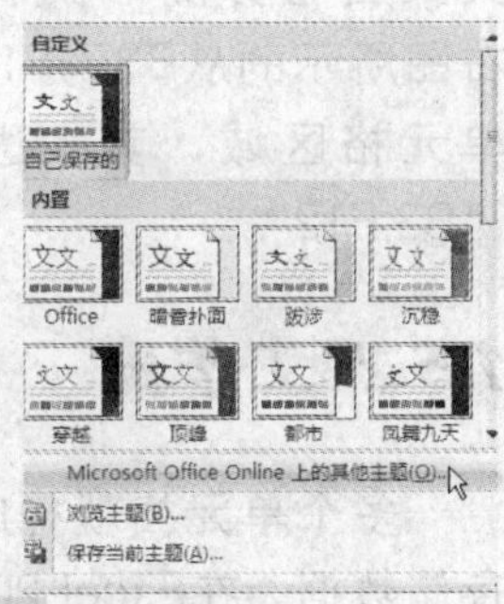

侧的“配色方案”下拉列表框中选择所需的方案，默认为蓝色，选择“银波荡漾”或“黑色”选项可以将Excel 2007的界面设为银色或黑色外观风格。

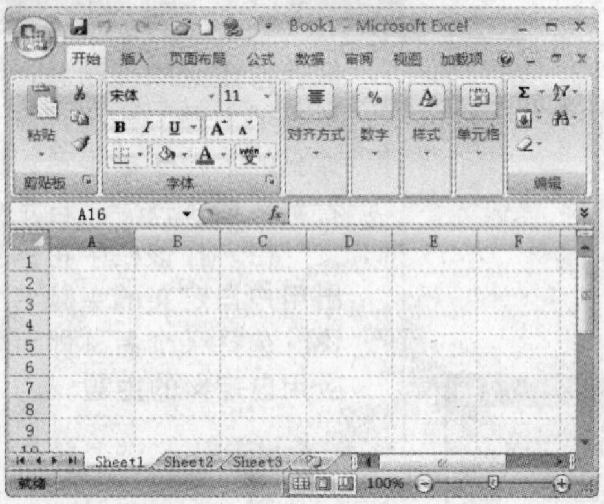

■ “银波荡漾”风格

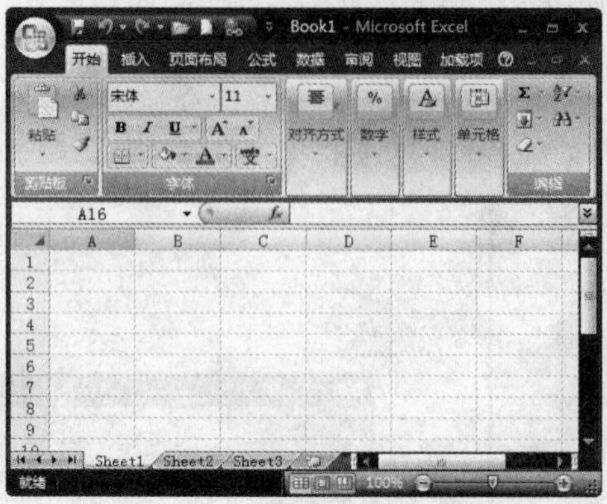

“黑色”风格■

1.5 Excel文件的组成元素

在前面时常提到工作簿、工作表和单元格这些名词，它们与Excel到底有什么关系呢？可能初学者还不太不明白，下面先来对Excel文件的组成进行介绍，便于以后的学习。

1.5.1 单元格

前面已经初步认识了单元格。我们知道，启动Excel 2007后，工作表编辑区中的多个小方格就是单元格，它是组成Excel文件的基本单位，也是存储数据的最小单元，用户输入的所有数据都将存储和显示在单元格中。

单元格是用“列标+行号”的方式来进行标记的，如工作表中最左上角的单元格地址为“A1”，表示该单元格位于第A列第1行，单元格地址常应用于公式或地址引用中。

如果要引用某个单元格区域，并不是将该区域的每个单元格地址罗列出来，而是在该区域左上角的单元格地址和右下角的单元格地址之间用英文冒号分隔形式表示，如右图所示的从B3到F12之间的单元格区域，其表达方式为“B3:F12”。

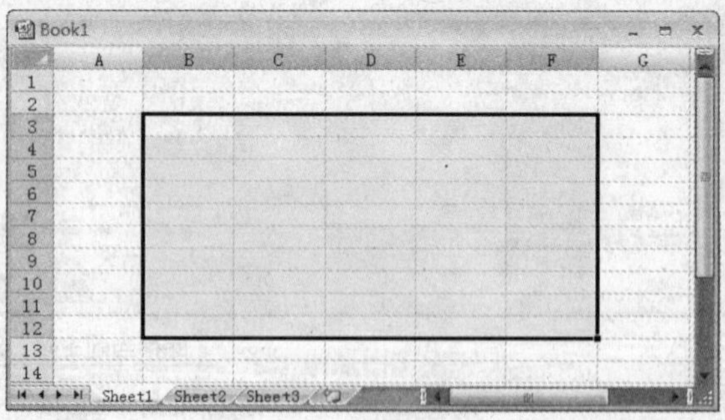

单元格区域■

1.5.2 工作表

多个单元格就构成了工作表，工作表是Excel的工作平台，用来处理和存储数据。在Excel 2007中，一张工作表最多可由1 048 576（行）×16 384

要点提示：单元格地址的R1C1引用样式

单元格地址也可以用R1C1引用样式。使用R1C1引用样式时，行和列均使用数字标签，R代表行，C代表列，如R1C1表示工作表的第1列第1行相交处的单元格；R3C2表示工作表的第5行与第4列相交处的单元格，即A1样式下的B3单元格。

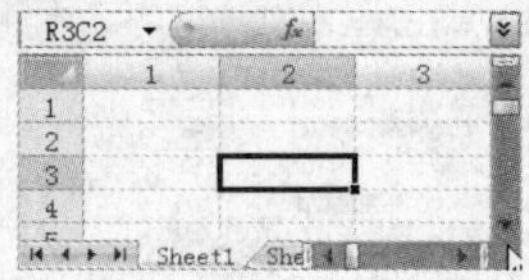

要点提示：如何开启R1C1引用样式

如果要在工作表中使用R1C1引用样式，需单击Office按钮，在弹出的菜单中单击的“Excel选项”按钮打开“Excel选项”对话框。单击“公式”选项卡，在右侧的“使用公式”区域中选中“R1C1引用样式”复选框，再单击“确定”按钮。

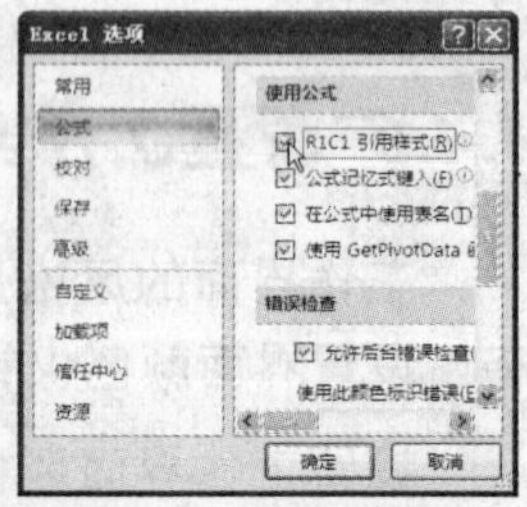

（列）个单元格组成，这比早期版本有了大幅度的提高（Excel 2007之前版本一张工作表最多只能有65 536×256个单元格）。

1.5.3 工作簿

工作簿就是Excel默认的文件，它通常由多张工作表组成（每个工作簿至少包含一张工作表）。默认情况下新建的工作簿中只有名称为“Sheet1”、“Sheet2”和“Sheet3”的3张工作表，以工作表标签的形式显示在工作表编辑区左下方。在工作簿中可以进行创建、删除、移动或复制工作表等，其具体方法将在第2章中讲解。

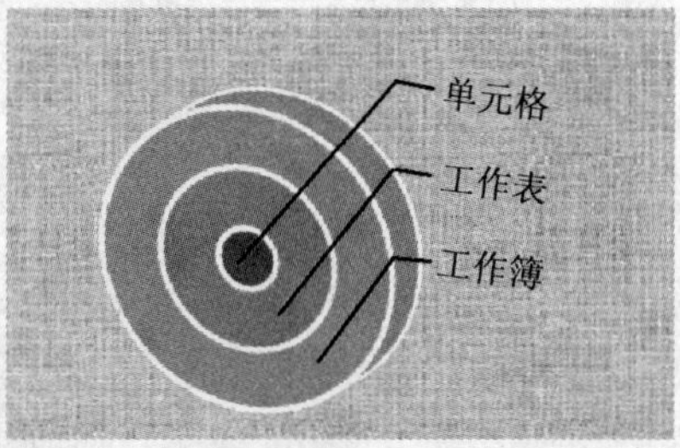

工作簿、工作表和单元格之间的关系■

由此可见，单元格、工作表和工作簿之间是包含与被包含的关系。

1.6 善于使用Excel的帮助系统

对于初学者来说，除了要有一本好的学习教材之外，学会使用软件本身的帮助功能也是非常重要的。Excel的帮助系统就是我们身边最直接的老师，一定要好好利用。

使用Excel 2007的帮助系统不仅可以用浏览逐级目录的方式进行，也可以用搜索关键字的方法快速查找相关的帮助信息，还可以通过对话框来快速查看参数项的帮助信息。

1.6.1 逐级浏览帮助信息

在功能区右侧有一个“帮助”按钮，单击该按钮将打开“帮助”窗口。在“帮助”窗口中单击“浏览Excel帮助”中的帮助信息超链接就可以逐步找到需要的帮助信息。

如要查看Excel 2007新增功能中关于Excel 2007文件格式的帮助信息，其具体操作如下。

Step 01 单击Excel 2007工作界面中功能区右侧的“帮助”按钮启动帮助系统，自动打开“Excel帮助”窗口。在“浏览Excel帮助”中单击“新增功能”超链接。

Step 02 在打开的页面中显示了“新增功能”主题下的几项子主题，单击“Microsoft Office Excel 2007中的新功能”超链接。

疑难解答：R1C1引用样式有什么作用

问：在Excel中使用R1C1引用样式有什么作用呢?

答：R1C1引用样式原本是Lotus 1-2-3中的单元格引用样式，Excel为了兼容Lotus 1-2-3而保留了该引用样式。若不使用Lotus 1-2-3的文件，则最好不要使用该引用样式，因为这种引用样式在相对引用时相当麻烦。如活动单元格是A2，则单元格的相对引用R[1]C[1]将引用下方一行和右侧一列相交的单元格，即B3单元格。关于活动单元格与相对引用的知识将在以后的章节中详细讲解。

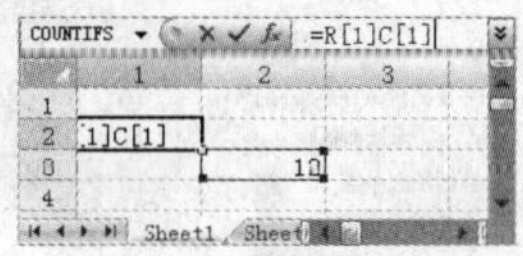

要点提示：关于帮助系统的知识

在安装Excel程序的同时，系统将自动安装其联机帮助系统。它比较系统地介绍了Excel各部分功能的用法，在遇到不懂的功能或设置项时，可以随时向帮助系统进行求助，以获取最有用的帮助信息。

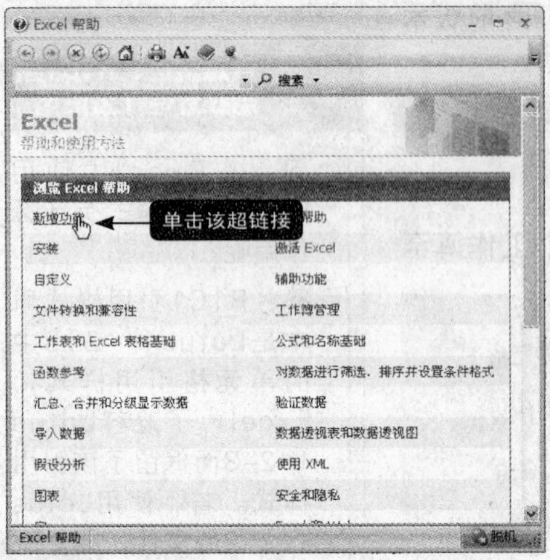

Step 03 在打开的页面中显示了Excel 2007中的新功能目录，在此选择要查看的帮助主题，单击“新的文件格式”超链接。

Step 04 在打开的页面中显示了Excel 2007的文件格式的详细说明信息。浏览完后，用同样的方法查看其他主题的帮助信息即可。

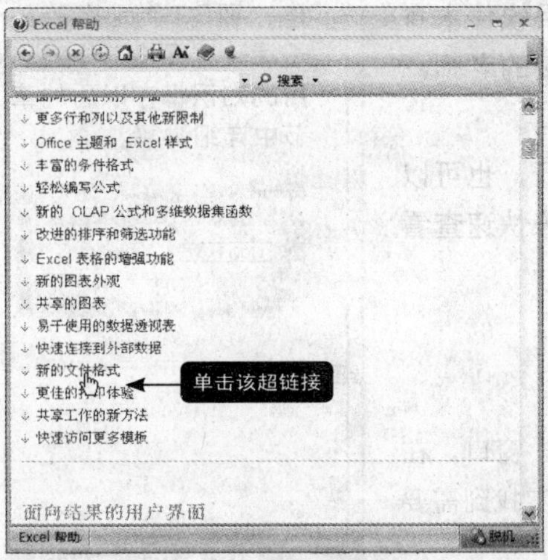

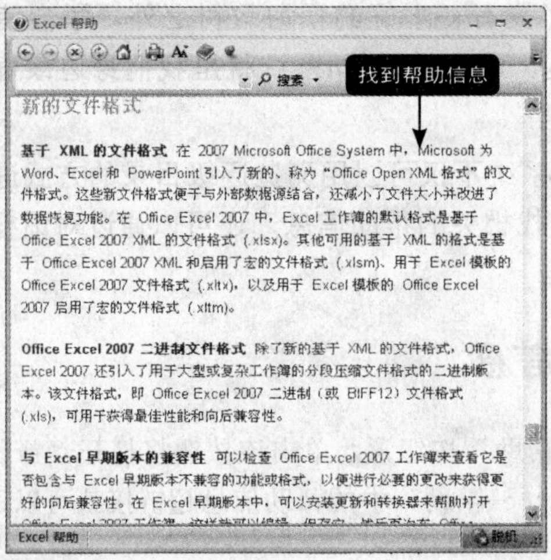

1.6.2 通过关键字搜索帮助信息

如果要查找某项功能的帮助信息，又不知道该项功能归属于哪个主题时，可以使用关键字搜索的方式进行快速查找。例如，查找“条件格式”功能的帮助信息，其具体操作如下。

Step 01 单击Excel 2007工作界面中功能区右侧的“帮助”按钮打开“Excel帮助”窗口，在“搜索”文本框中输入关键字“条件格式”，单击后面的“搜索”按钮。

Step 02 在打开的页面中显示了与“条件格式”功能相关的主题目录，单击所需的主题打开相应的页面显示帮助说明信息。

要点提示：帮助系统的类型

Excel有脱机帮助（信息存储在本地计算中）和Office Online帮助两种。Office Online帮助即连接到Microsoft技术支持网站查找最新的帮助信息。计算机必须接入了互联网才可以使用该类帮助，它可以获取更多、更新及更详细的帮助信息。

疑难解答：如何使用Office Online帮助

问：在Excel中，如何使用系统提供的Office Online帮助呢？

答：在“Excel帮助”窗口右下角单击“脱机”按钮，在弹出的菜单中选择“显示来自Office Online的内容”命令即可使用联机帮助系统。在使用联机帮助系统时，该按钮变成“已连接到Office Online”按钮，单击该按钮，在弹出的菜单中选择“仅显示来自此计算机的内容”命令，则将使用脱机帮助系统。

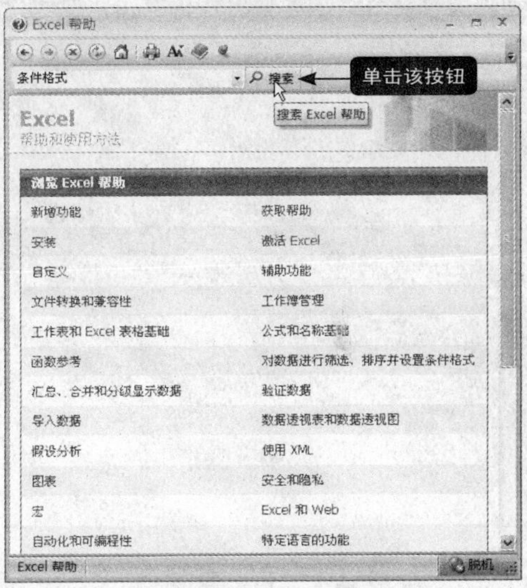

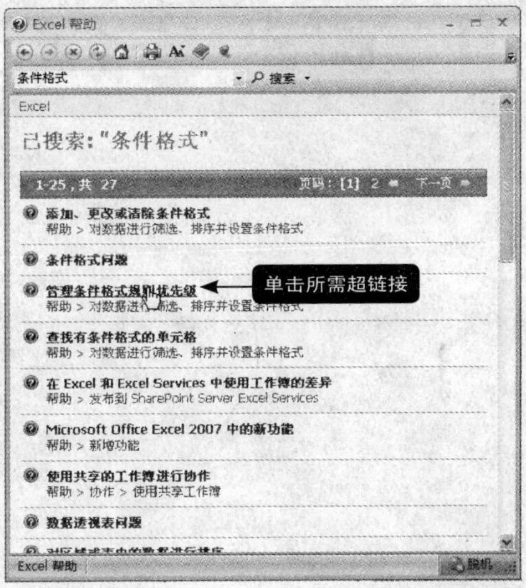

1.6.3 查看对话框参数的含义

如果打开某个对话框后，不明白对话框中参数项的作用，可以单击该对话框右上角的?按钮来有针对性地获得这些参数项的帮助信息。

如要查看“字体”对话框中的参数项的帮助信息，只需打开“设置单元格格式”对话框，然后单击右上角的?按钮（如左下图所示），系统就会在打开的“Excel帮助”窗口中自动显示设置单元格格式主题下的目录（如右下图所示）。单击“字体”超链接就可以在打开的页面中查看关于字体设置对话框中的各参数项的含义。

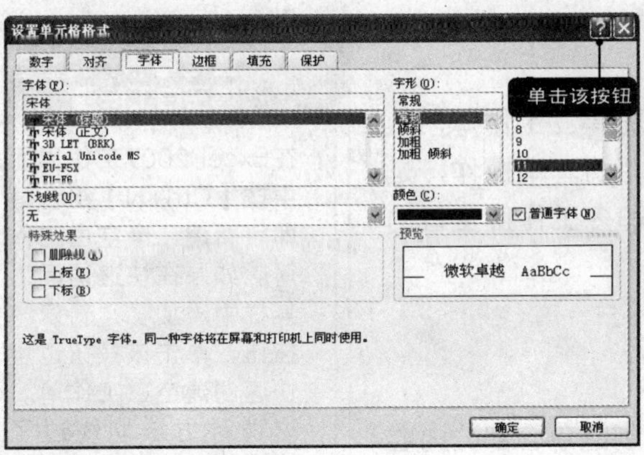

■“设置单元格格式”对话框

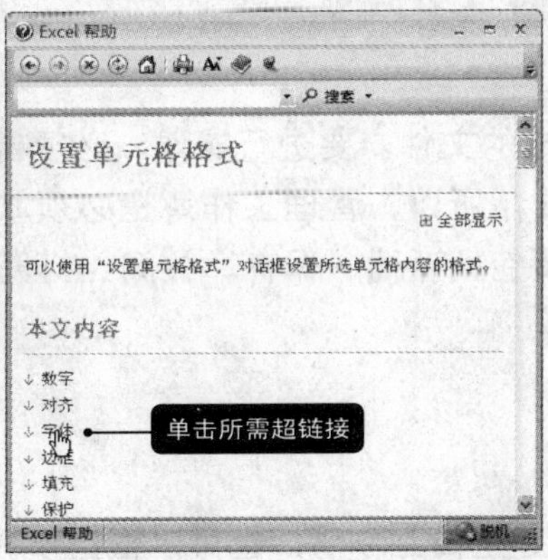

打开与对话框相关的帮助信息目录■

要点提示：单元格地址的R1C1引用样式

在脱机状态下输入帮助关键字后，单击“搜索”按钮的下拉按钮，在弹出的下拉菜单中选择“来自Office Online的内容”栏下的“Excel帮助”命令，系统也将启用Office Online帮助系统，并查找到与关键字相关的帮助信息目录。

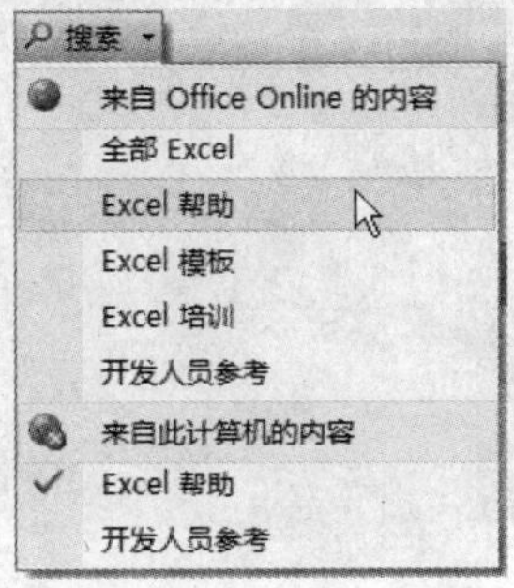

要点提示：浏览多个帮助页面的方法

在“Excel帮助”窗口中浏览完一个帮助主题后，单击窗口工具栏中的按钮可以返回上一个浏览过的页面；单击按钮将前进到浏览过的下一个页面；单击按钮可以刷新当前页，单击按钮可以返回帮助信息最开始的页面。

2 Chapter 管理工作簿与工作表

READERS' GUIDE

通过第1章的学习，我们知道了Excel文件的组成元素从小到大是单元格组成工作表，工作表组成工作簿，皮之不存，毛将焉附？因此，从本章开始我们将从大到小来详细了解这些元素的操作方法。本章主要讲解对工作簿和工作表的操作，包括新建、保存、关闭和打开工作簿，插入、删除、移动和复制工作表等管理操作，这也是Excel 2007中的基本操作。

MAIN CASES

新建工作簿 P20
保存工作簿 P22
关闭工作簿 P24
打开工作簿 P25
插入工作表 P28
移动和复制工作表 P30
调节工作表显示比例 P32

2.1 管理工作簿

工作簿是Excel程序生成的文件，要进行操作，必须首先建立工作簿，然后才能在其中进行其他操作。所以，管理工作簿是必须掌握的基本操作，是进行其他操作的前提，主要包括新建、保存、关闭、打开和多工作簿窗口的操作。

2.1.1 新建工作簿

在Excel 2007中可以新建空白工作簿，也可以根据模板创建包含部分内容和格式的工作簿，还可以创建与已有的工作簿内容和格式相同的工作簿。

1. 新建空白工作簿

启动Excel 2007时将自动新建一个名为“Book1”的空白工作簿，如果还需新建空白工作簿，其方法较简单：单击Office按钮，在弹出的菜单中选择“新建”命令，在打开的“新建工作簿”对话

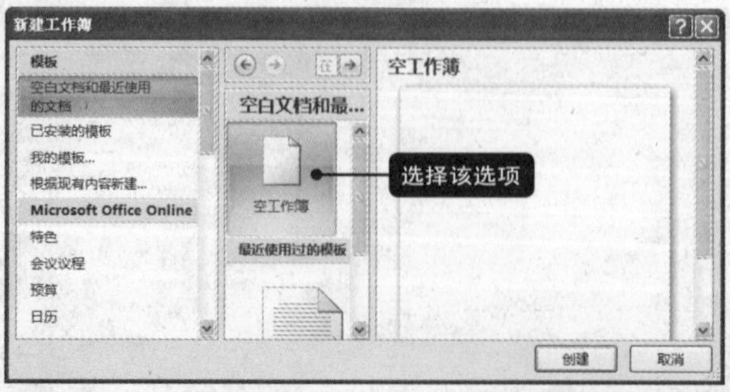

“新建工作簿”对话框

使用技巧：快速创建空白工作簿

在Excel 2007工作界面中按【Ctrl+N】组合键即可新建一个空白工作簿。如果在快速访问工具栏中添加了“新建”按钮，单击该按钮也可快速创建空白工作簿。这两种方法均绕过了“新建工作簿”对话框直接创建工作簿，提高了工作效率。

框左侧的“模板”下拉列表框中选择“空白文档和最近使用的文档”选项，在中间的窗格中选择“空工作簿”选项后再单击“创建”按钮，或直接双击“空工作簿”选项均可新建一个空白工作簿。

2. 新建基于模板的工作簿

Excel 2007中内置了许多工作簿模板，如账单、销售报告、资产负债表等。通过模板可以快速建立包含一定样式和内容的工作簿，新建好后只需在其中更改和完善就可以快速完成相应工作簿的制作，从而提高工作效率。

Excel中的模板有两大类型，一种是安装在本地电脑上的Excel内置模板，在默认情况下安装软件时将自动安装这些模板；另一种是网络模板（Microsoft Office Online），需要连接到互联网并下载后才能使用这些模板。

下面根据本地电脑上的“个人月度预算”模板新建一个工作簿，以此为例介绍根据模板新建工作簿的方法，其具体操作方法如下：

Step 01 单击Office按钮，在弹出的菜单中选择“新建”命令，在打开的“新建工作簿”对话框左侧的“模板”下拉列表框中选择“已安装的模板”选项，然后在中间的窗格中选择“个人月预算”选项，此时可在右侧的窗格中预览该模板的大体格式。

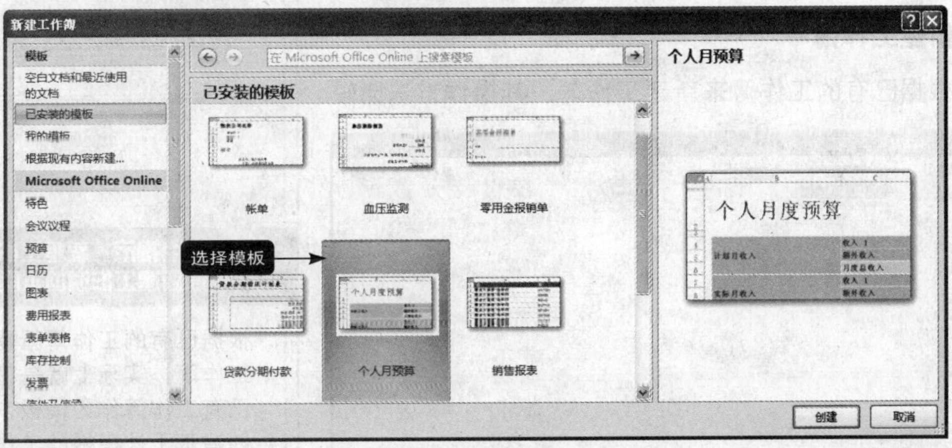

Step 02 单击“创建”按钮，系统立即根据“个人月预算”模板创建出一个新的工作簿，该工作簿中已经自动包含了账单所需的内容及格式。

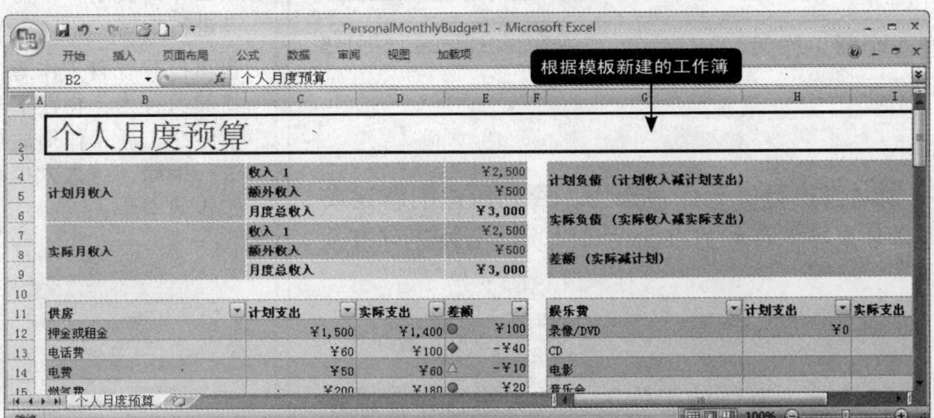

要点提示：新建工作簿的命名规律

在不退出Excel 2007程序的情况下，新建的空白工作簿将自动以“Book2”、“Book3”……的规律进行命名。如果退出Excel程序后重启程序，新建的空白工作簿又将以该方式从“Book2”开始命名。根据模板创建的工作簿则用该模板名加序号的方式作为新建工作簿的名称，如“Personal Monthly Budget 1”、“Personal Monthly Budget 2”等。

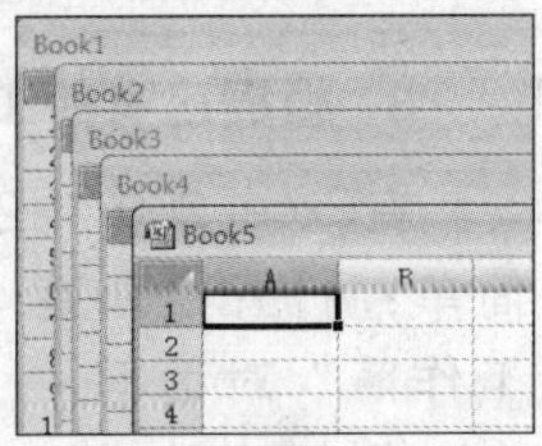

要点提示：使用模板的自动记忆功能

当使用模板新建工作簿后，在“新建工作簿”对话框的“空白文档和最近使用的文档”选项中，将出现最近使用过的模板选项。若以后还需根据该模板创建工作簿时便可选择该选项中的模板。

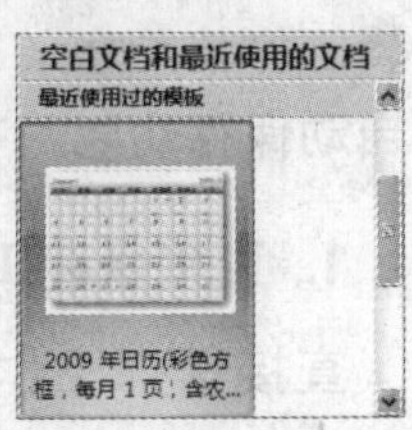

如果在“新建工作簿”对话框左侧选择了“Microsoft Office Online”选项后，系统将自动连接Microsoft 的官方网站，然后在中间的窗格中显示该类的模板的列表。选择某个模板后，“创建”按钮将变成“下载”按钮，单击该按钮，系统将自动从Microsoft官方网站下载该模板，下载完成后自动基于该模板创建一个新工作簿（如选择费用报表类型下的“差旅费报销单4”模板，新建的工作簿如右下图所示）。

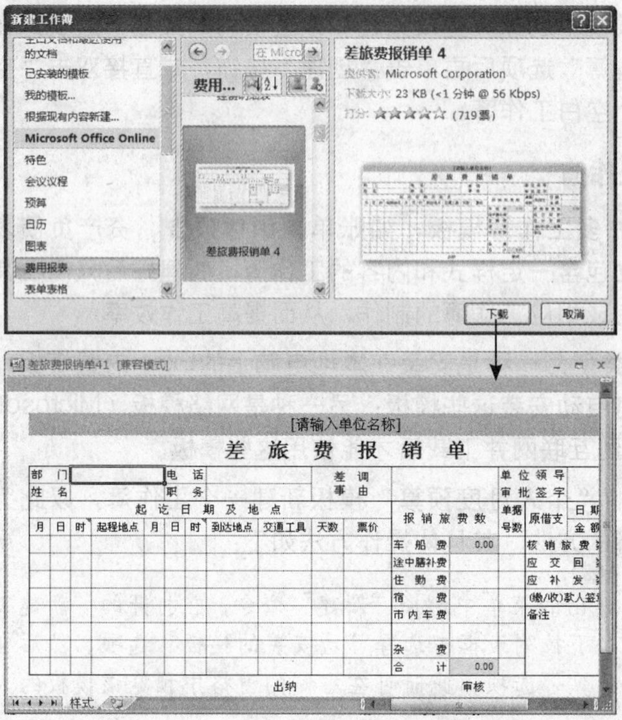

下载网络模板创建工作簿

3. 根据已有的工作簿新建工作簿

在Excel 2007中还可以根据已有的工作簿来新建工作簿，其操作方法比较简单：打开“新建工作簿”对话框，在左侧的“模板”下拉列表框中选择“根据现有内容新建”选项，系统将自动打开“根据现有工作簿新建”对话框，找到并选择要使用的工作簿后，单击“新建”按钮即可基于所选工作簿新建一个新工作簿。

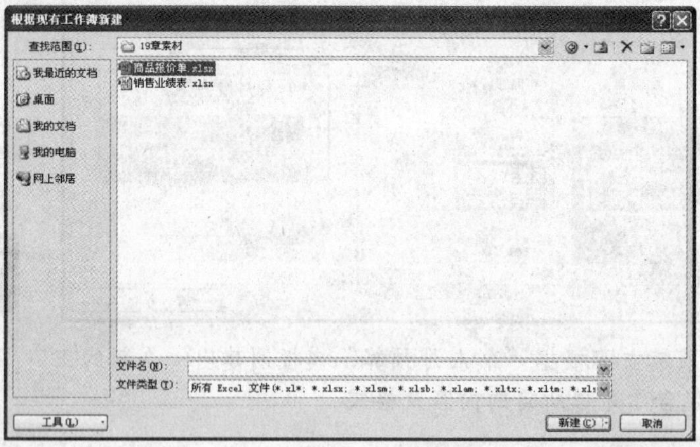

“根据现有工作簿新建”对话框

2.1.2 保存工作簿

新建或编辑工作簿后，必须对其执行进行保存操作，否则所做的新建或编辑工作就无意义。保存工作簿分直接保存和另存为两种情况，另外还可以设置自动保存功能。

1. 直接保存工作簿

直接保存工作簿又分为两种情况，当新建工作簿后首次执行保存操作时，将打开“另存为”对话框，用户选择好保存位置并为工作簿命名后，单击

要点提示：通过关键字搜索模板

如果想要创建的工作簿在“新建工作簿”对话框中找不到匹配的模板，可以在对话框中间窗格上方的文本框中输入关键字，然后单击右侧的“搜索”按钮➔，从Microsoft官方网站查找是否有该类工作簿的模板（Office 2007的正版用户才能下载官方网站上的模板）。

要点提示：根据工作簿新建工作簿的本质

根据已有的工作簿新建工作簿，实际上就是将已有工作簿作为模板，创建基于该模板的工作簿，新工作簿与源工作簿完全相同，相当于将该工作簿复制一个再打开进行编辑。

也可打开现有工作簿，将其另存为（将在下一节介绍）新工作簿后再进行编辑，可大大提高工作效率。

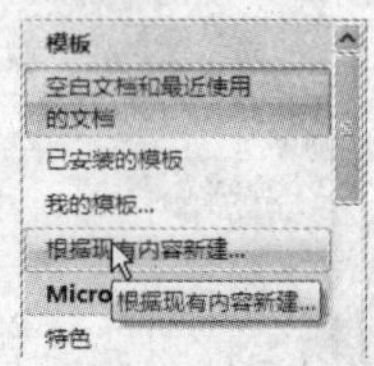

"保存"按钮即可进行保存。下面将使用"个人月预算"模板新建的工作簿保存到F盘的"我的文件"目录下为例进行讲解，其具体操作方法如下。

Step 01 单击Office按钮，在弹出的菜单中选择"保存"命令或单击快速访问工具栏中的"保存"按钮，打开"另存为"对话框。

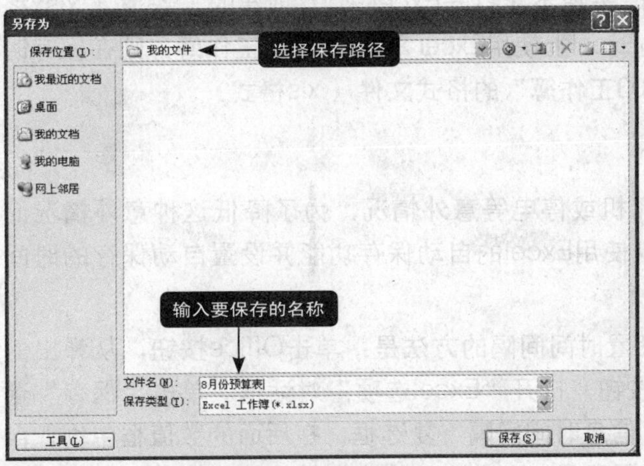

Step 02 在"保存位置"下拉列表中选择保存该工作簿的位置为F盘的"我的文件"文件夹，在"文件名"下拉列表中输入文件名"8月份预算表"，在"保存类型"下拉列表中选择保存类型（一般保持默认的"Excel工作簿"选项），单击"保存"按钮，系统便将该工作簿以指定的名称和类型保存到指定的目录，保存后窗口标题栏将显示设置的工作簿名称。

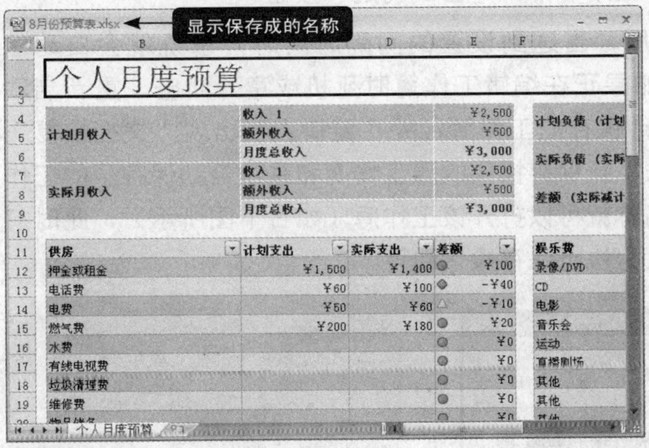

要点提示：保存工作簿的注意事项

保存新建的工作簿时，设置的文件名最好与表格内容相关，方便以后使用时查找。编辑已保存过的工作簿后，再次执行保存操作时，不会打开任何对话框，而是直接将所做的更改保存到该工作簿中，修改前的工作簿内容将被新内容覆盖。

2. 另存工作簿

前面已经提到，当再次保存已经保存过的工作簿时，系统会直接将所做的编辑保存到该文档中，修改前的工作簿内容将被覆盖，如果要将工作簿修改前后的内容均保存下来，可以使用"另存为"命令。

另存的方法是：单击Office按钮，从弹出的菜单中选择"另存为/Excel工作簿"命令，打开"另存为"对话框，按首次保存工作簿的方法设置保存位置、类型和名称，然后单击"保存"按钮进行另存。

在Office菜单的"另存为"子菜单下还有其他一些命令，选择其中的"启用宏的Excel工作簿"命令可以将当前工作簿存储为启用宏的工作簿模板文件，以后便可根据该模板新建文件（如果经常要创建一系列类型的工作簿则可先制作好一个工作簿后将其另存为模板，以

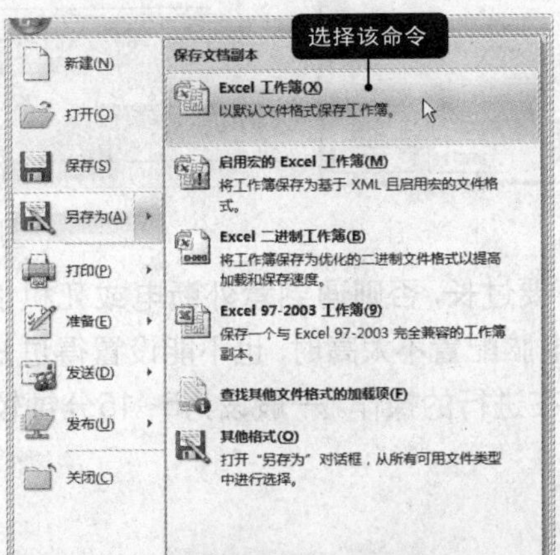

选择"另存为/Excel工作簿"命令

要点提示：另存工作簿时的注意事项

如果另存为的工作簿要保持与源工作簿相同的名称，则必须选择与源工作簿不同的保存路径；如果要与源工作簿保存在同一个文件夹中，则必须取不同的名称，否则将弹出是否替换文件的提示框。

后根据该模板创建新的工作簿）；选择“Excel 97—2003工作簿”命令可以将工作簿保存为老版本的工作簿文件，在Excel 2007中可以打开以前版本的工作簿，但以前版本的Excel一般来说不能打开Excel 2007创建的工作簿（.xlsx格式）。如果要在以前版本的Excel上使用Excel 2007创建的工作簿，则在保存时必须保存成“Excel 97—2003工作簿”的格式文件（.xls格式）。

3. 设置自动保存功能

在工作中难免会遇到死机或停电等意外情况，为了降低这种意外情况而导致的未存盘的损失，可以使用Excel的自动保存功能并设置自动保存的时间间隔。

开启自动保存功能并设置时间间隔的方法是：单击Office按钮，从弹出的菜单中单击“Excel选项”按钮，打开“Excel选项”对话框。单击“保存”选项卡，选中“保存自动恢复信息时间间隔”复选框，在后面的数值框中输入自动保存的时间间隔（如左下图所示），单击“确定”按钮。

开启自动保存功能之后，当达到设置的间隔时间时，系统就会自动保存对工作簿所做的编辑。如果正在编辑工作簿时死机或意外断电，重新启动Excel时，系统就会恢复自动保存的工作簿，并在窗口左侧出现“文档恢复”窗格，其中列出了用户尚未执行保存操作的源工作簿和系统自动保存了的工作簿名称，单击某个工作簿名称就可以打开该工作簿（如右下图所示），此时打开自动保存过的工作簿再人为执行保存操作即可。

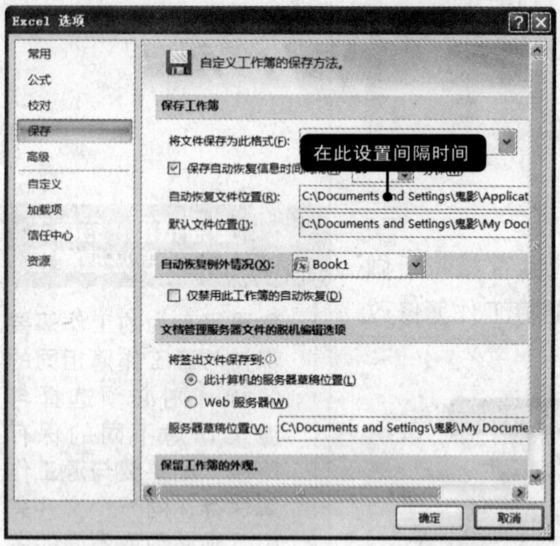

■“Excel选项”对话框

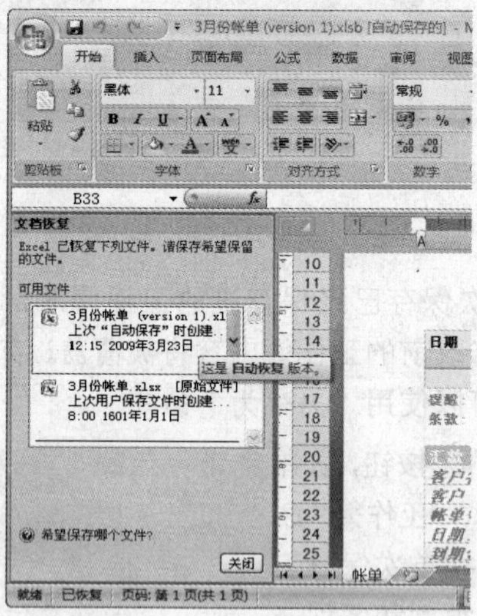

打开自动恢复的工作簿■

设置自动保存的时间不要过长，否则遇到意外断电或死机情况时，丢失的工作就有可能会很多；但如果电脑配置不太高时，也不能设置得过短，因为频繁地自动保存操作可能会影响到正在进行的操作。一般设为5～15分钟较合适。

2.1.3 关闭工作簿

编辑完工作簿并进行了保存之后，应该将其关闭。关闭工作簿有以下几种常用方法。

使用技巧：快速保存和另存工作簿

单击Excel 2007窗口上快速访问工具栏中的“保存”按钮或按【Ctrl+S】组合键也可执行保存命令。按【F12】键可以快速打开“另存为”对话框。

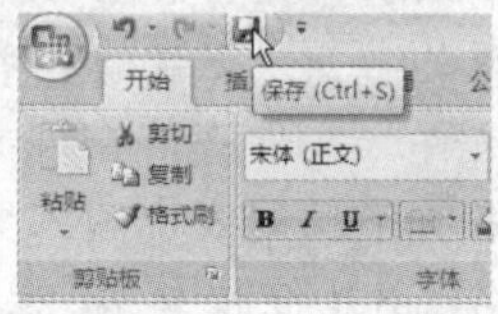

疑难解答：找回自动保存的工作簿内容

问：Excel意外关闭后，要怎样找回未保存文件的内容呢?

答：首先将系统的隐藏文件与文件夹显示出来。

打开“C:\Documents and Settings\用户名\Application Data\Microsoft\Excel”文件夹（Windows 2000/XP操作系统中为该目录，其中文件名带“version”的就是Excel自动保存的工作簿，打开此类文件再进行保存即可。

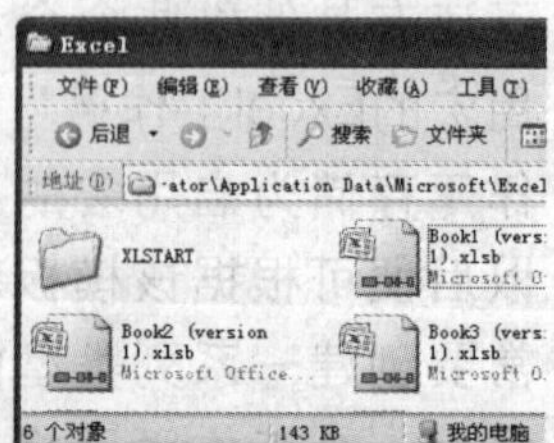

- ◆ 单击Office按钮，从弹出的菜单中选择“关闭”命令。
- ◆ 按【Ctrl+F4】组合键（如果要关闭所有工作簿并退出Excel 2007，可以按【Alt+F4】组合键，在只打开了一个工作簿的情况下，按【Ctrl+F4】组合键将关闭工作簿窗口而不退出Excel 2007程序）。
- ◆ 单击功能选项卡右侧的“关闭”按钮（注意不是Excel 2007窗口右上角的“关闭”按钮）。
- ◆ 右击任务栏上要关闭的工作簿的图标，在弹出的快捷菜单中选择“关闭”命令。

在关闭Excel工作簿时，如果尚未对修改过的工作簿执行保存操作，将打开如右图所示的提示框询问是否保存对其进行的更改，单击“是”按钮将保存所做的修改并关闭工作簿；单击“否”按钮将不保存所做的修改并关闭工作簿；单击“取消”按钮将不进行任何操作。

提示框

2.1.4 打开工作簿

当要编辑或查阅已有的工作簿时，必须先在Excel中将该工作簿打开。用Excel 2007打开工作簿通常是单击Office按钮，从弹出的菜单中选择“打开”命令，弹出“打开”对话框。在“查找范围”下拉列表框中选择保存工作簿的文件夹，然后在中间的列表中选择要打开的工作簿（如右图所示），再单击“打开”按钮即可打开该工作簿。

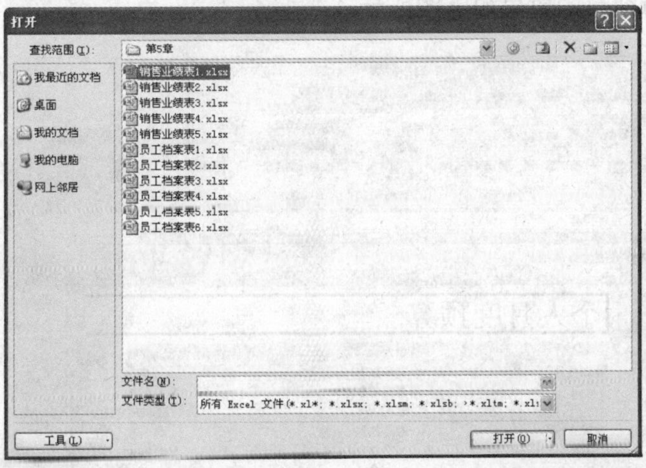

“打开”对话框

另外也可以在“我的电脑”或“资源管理器”窗口中找到要打开的工作簿，双击该工作簿文件的图标将其打开。通过“打开”对话框打开工作簿时，还可以选择其他打开方法，方法是：单击“打开”按钮的下拉按钮，在弹出的下拉菜单中可以选择直接打开工作簿、以只读方式打开工作簿、以副本方式打开和以修复方式打开工作簿等几种打开方式，这几种打开方式的意义如下。

- ◆ **打开**：与直接单击“打开”按钮的功能相同。
- ◆ **以只读方式打开**：对工作簿进行的修改无法保存到该工作簿中，如果要对所做的修改进行保存，必须采用另存工作簿的方法。
- ◆ **以副本方式打开**：系统自动为源工作簿复制一份副本，并打开该副本，对其所做的修改将保存到副本中，不会对源工作簿产生影响。
- ◆ **以修复方式打开**：如果是受损的工作簿，选择“打开并修复”命令可以对该工作簿进行修复，如样式错误等。

使用技巧：更改自动恢复文件的路径

在不同的操作系统或操作系统安装在不同的磁盘中时，Excel自动恢复文件的保存位置也不同。为了便于自己查找，可以打开“Excel选项”对话框的“保存选项卡”，在“自动恢复文件位置”文本框中将其保存路径更改为易于查找的路径，如“E:\自动恢复”等。

使用技巧：快速打开“打开”对话框

按【Ctrl+O】组合键可以快速打开“打开”对话框。最好将“打开”按钮添加到快速访问工具栏中，通过单击该按钮打开“打开”对话框也非常方便。

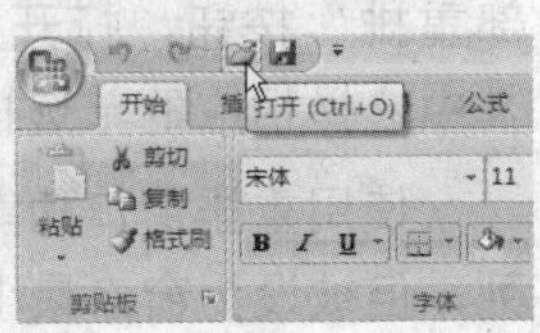

2.1.5 多工作簿的操作

在Excel 2007中可以同时打开多个工作簿，在默认情况下，打开的每个工作簿都以最大化方式显示在Excel 2007窗口中，因此只能看到一个工作簿。但每个工作簿都会在Windows操作系统的任务栏中显示一个任务按钮，单击这些任务按钮就可以在Excel 2007窗口中切换显示工作簿。

如果要同时显示两个或两个以上的工作簿，可以通过手动或自动排列的方法进行排列，也可根据需要隐藏暂时不使用的工作簿窗口。

1. 手动排列工作簿窗口

当需要同时在Excel 2007窗口中显示两个或两个以上的工作簿时，可以通过工作簿窗口右上角的“最大化”、“最小化”和“还原”3个按钮来对工作簿窗口进行操作。

当最大化工作簿窗口时，“最小化”和“还原”按钮出现在功能选项卡区右端；当最小化工作簿窗口时，工作簿将以任务按钮的形式依次排列在Excel 2007窗口下端；当还原工作簿窗口时，可以在Excel 2007窗口中任意移动工作簿窗口的位置和改变其大小（与第1章中任意改变Excel 窗口大小的方法相同）。最小化和还原工作簿窗口的效果如下图所示。

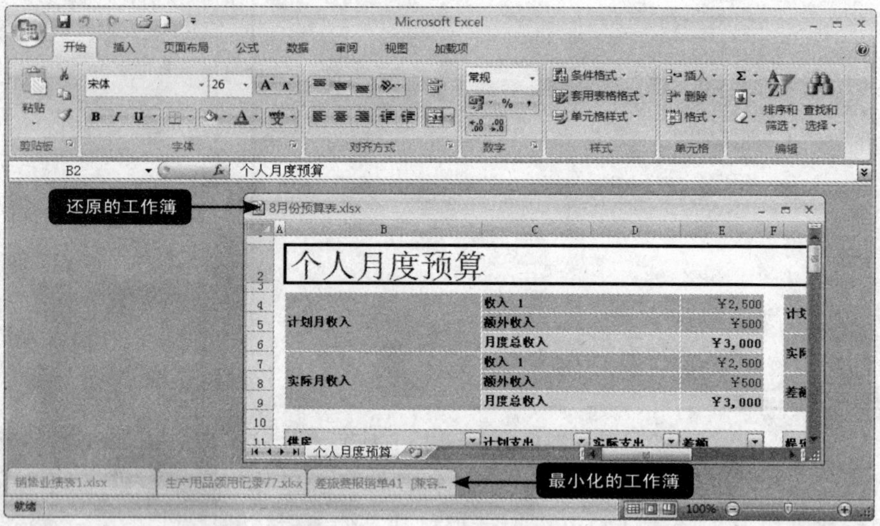

在Excel 2007窗口中操作多个工作簿

2. 自动排列工作簿窗口

当需要在多个工作簿之间来回操作时，也可用Excel 2007的自动排列功能将这些工作簿根据需要以不同的方式排列在Excel 2007窗口中。其方法是：在“视图”选项卡下“窗口”组中单击“全部重排”按钮，打开如右图所示的“重排窗口”对话框，在其中选择相应的单选按钮后，单击“确定”按钮。

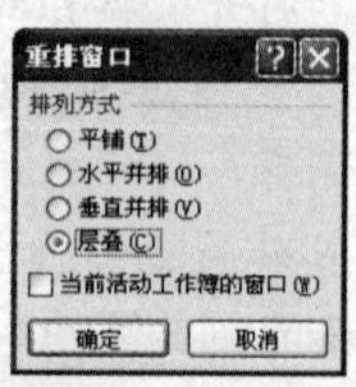

“重排窗口”对话框

使用重排窗口功能将对打开的所有工作簿窗口进行重新排列，但被设为窗口最小化的工作簿窗口将不参与重排，最大化和还原状态的工作簿窗口都将参与重排。4种排列方式的效果如下图所示。

使用技巧：更改保存和打开工作簿的默认路径

在Excel中保存和打开工作簿时，默认位置均为系统盘的“我的文档”文件夹，而实际使用中一般不会将文件存储在此文件夹中。为了使用方便，可以将Excel的默认存储路径更改为自己常用的文件夹。

打开“Excel选项”对话框的“保存”选项卡，在“默认文件位置”文本框中输入所需的文件夹路径，然后单击“确定”按钮即可。

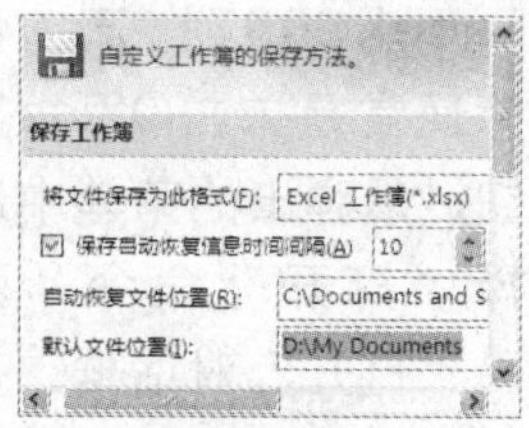

疑难解答：窗口排列功能有什么用

问：怎样方便地在工作簿之间移动或复制工作表，或对比查看多个工作簿中的数据呢？

答：若要频繁地在多个工作簿窗口之间切换，不但极不方便还不利于对比查看，而通过Excel 2007提供的窗口排列功能则可为这些工作带来极大方便。

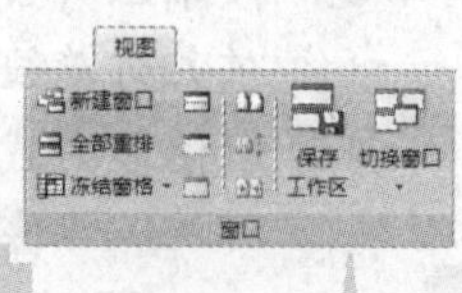

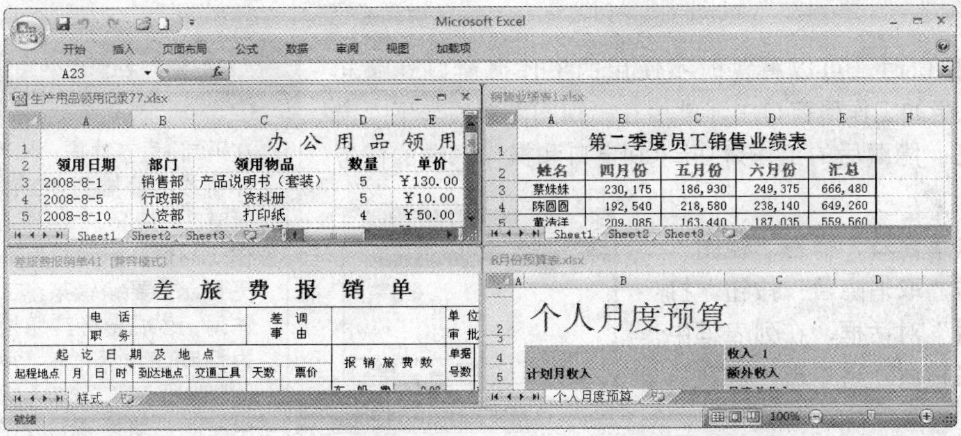

平铺■

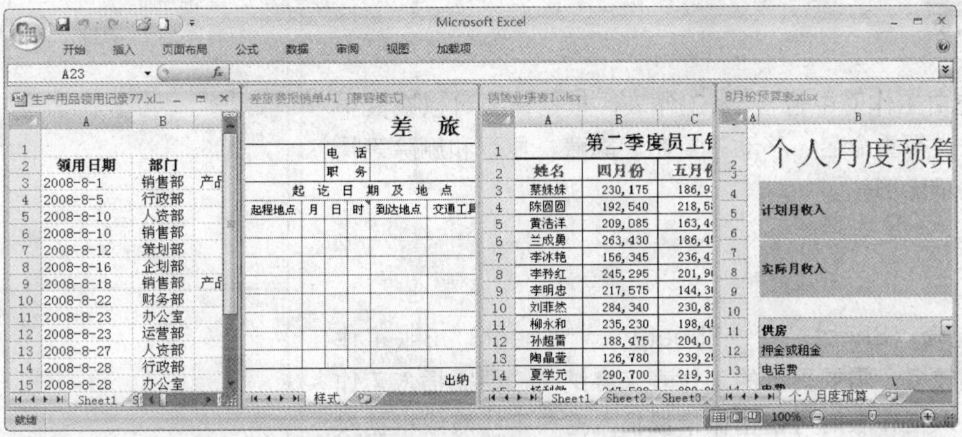

垂直并排■

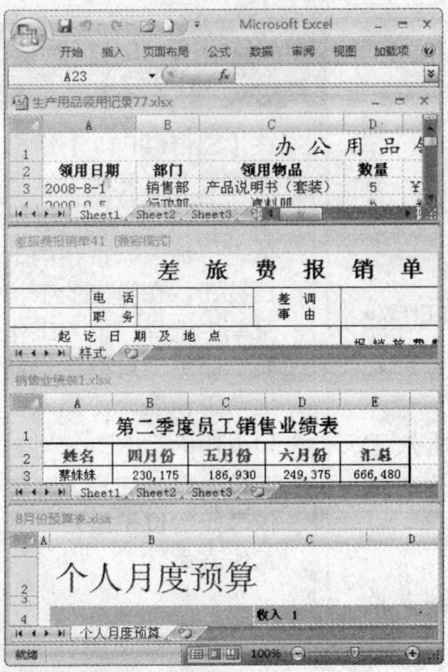

■水平并排

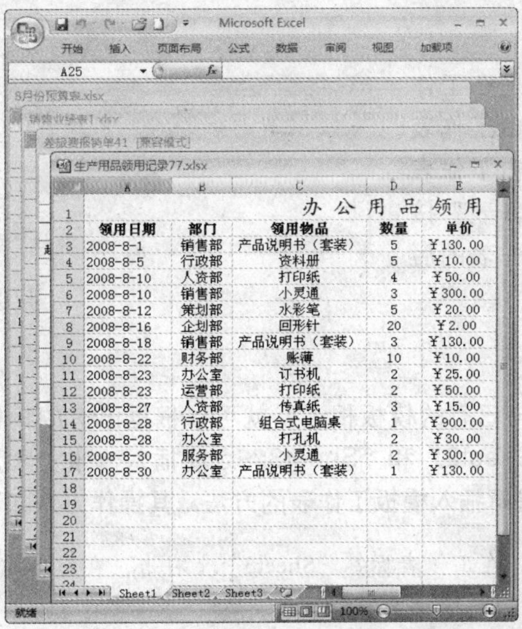

层叠■

要点提示：通过功能区切换工作簿窗口

当打开了多个工作簿时，在“视图”选项卡下“窗口”组中单击“切换窗口”按钮，在弹出的下拉菜单中选择某个工作簿的名称也可以将该工作簿窗口切换为当前工作簿窗口。

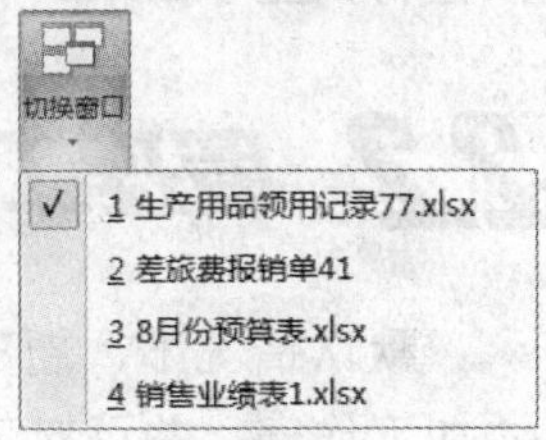

要点提示：多工作簿窗口排列时的切换

从4种排列方式的效果来看，这4种排列方式的作用如下。

◆**平铺**：将多个非最小化的工作簿窗口均等地平铺在Excel窗口中。

◆**垂直并排**：将多个非最小化的工作簿窗口在水平方向上均等地排列在Excel窗口中。

◆**水平并排**：将多个非最小化的工作簿窗口在垂直方向上均等地排列在Excel窗口中。

◆**层叠**：将多个非最小化的工作簿窗口从最左上角开始向右下方依次排列在Excel窗口中。

3. 隐藏工作簿窗口

当打开了多个工作簿窗口时，可以将暂时不使用的工作簿窗口隐藏起来。其方法是：切换到要隐藏的工作簿窗口中，然后在“视图”选项卡下“窗口”组中单击“隐藏”按钮。隐藏后的工作簿在Excel窗口和操作系统的任务栏中均无法找到。

如果要显示隐藏的工作簿窗口，需在“视图”选项卡下“窗口”组中单击“取消隐藏”按钮，打开如右图所示的“取消隐藏”对话框，在列表框中选择要取消隐藏的工作簿名称后，再单击“确定”按钮将其显示出来。

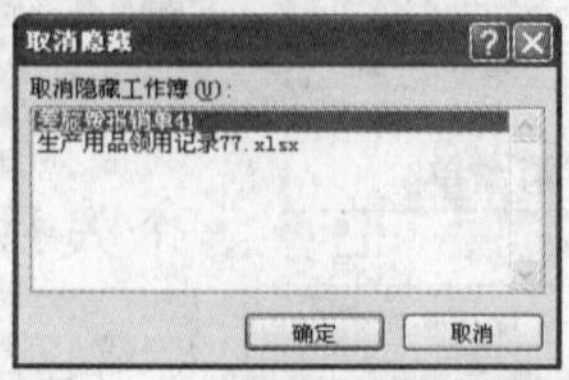

“取消隐藏”对话框■

2.2 管理工作表

默认情况下，新建的空白工作簿中包含3张工作表，根据需要可以在其中添加工作表，并可对工作表进行重命名、移动、复制、隐藏、显示和删除等操作，还可以调节工作表的显示比例。

2.2.1 插入工作表

默认新建的工作簿中包含“Sheet1”、“Sheet2”、“Sheet3”3张工作表。如果要记录的数据类别较多，需要更多的工作表来容纳时，便需插入工作表。同创建工作簿一样，插入工作表时可以根据情况插入空白工作表或根据模板插入工作表。

1. 插入空白工作表

插入工作表实际上就是在工作簿中添加工作表。插入空白工作表的方法非常简单，只需单击工作表标签栏后面的“插入新工作表”按钮，就可在最后一张工作表的后面插入工作表。

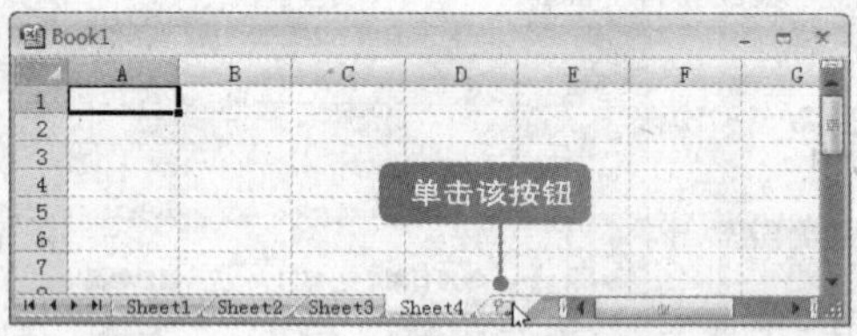

插入空白工作表■

2. 插入模板工作表

如果要添加的工作表与已有的模板相近，就可以根据已有的模板插入工作表。下面以在工作表“Sheet2”和“Sheet3”之间插入一张“零用金报销单”格式的工作表为例，讲解插入模板工作表的方法，其操作方法如下。

Step 01 新建一个空白工作簿，在工作表标签“Sheet3”上右击，在弹出的快捷菜单中选择“插入”命令。

Step 02 在打开的“插入”对话框中选择要使用的工作表模板，这里单击“电子表格方案”选项卡，选择“零用金报销单”工作表模板。

要点提示：多工作簿窗口排列时的切换

在平铺、垂直并排、水平并排或层叠排列多工作簿窗口的情况下，活动工作簿的窗口标题栏呈高亮显示。要编辑某个工作簿，必须先将其切换为活动工作簿。在“视图”选项卡下“窗口”组中单击“切换窗口”按钮，在弹出的下拉菜单中选择相应选项可在各工作簿间进行切换。

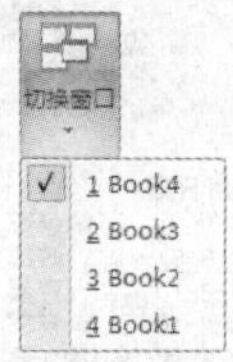

使用技巧：快速插入空白工作表

按【Shift+F11】组合键或者在“开始”选项卡下“单元格”组中单击“插入”按钮的下拉按钮，在弹出的下拉菜单中选择“插入工作表”命令，可以在当前活动工作表之前插入空白工作表。

而单击按钮插入的工作表始终位于最后一张工作表之后。

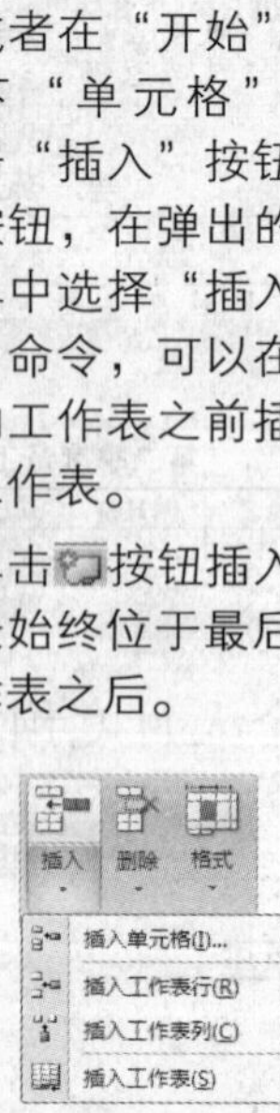

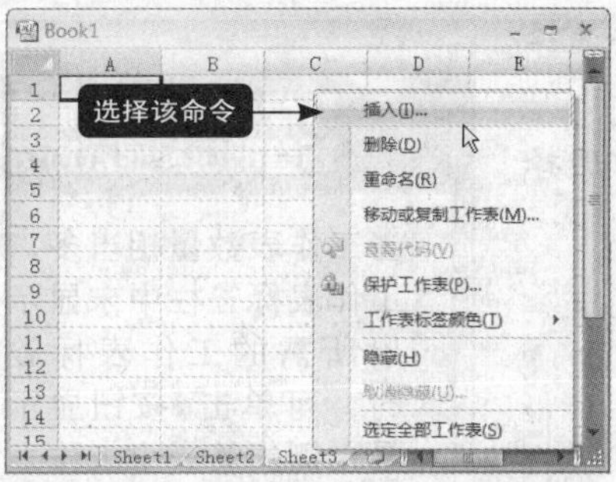

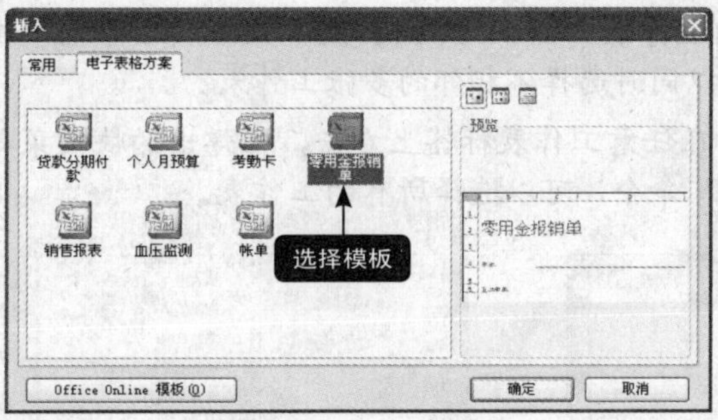

Step 03 单击“确定”按钮，在Sheet3前面插入一张名为“零用金报销单”的工作表，且该工作表已包含模板中的内容和格式。

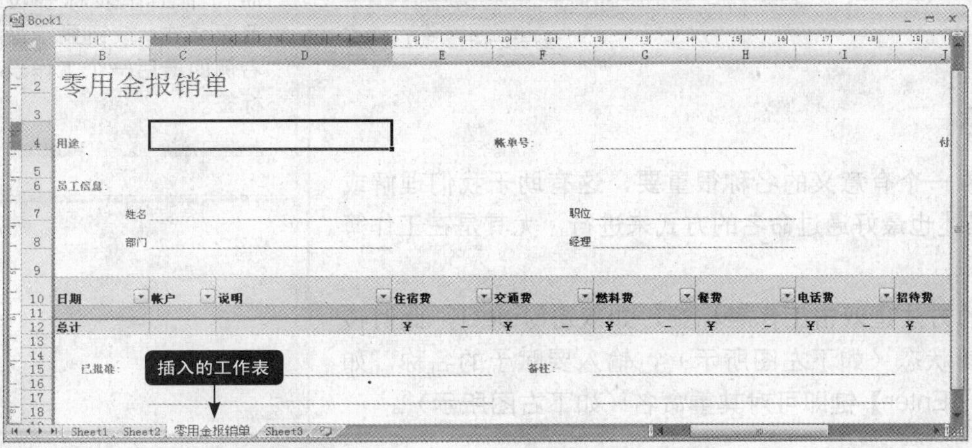

2.2.2 选择工作表

当工作簿中包含的工作表较多时，要对工作表进行重命名、移动、复制、隐藏、显示和删除等管理操作，因此首先必须学会选择工作表；要在工作表中输入数据，也必须将其置为当前工作表后才能进行编辑操作。

在工作表标签栏中，当前工作表的标签以加亮的方式突出显示在最前面，要对工作表进行管理操作，需先进行选择，选择工作表有如下几种情况。

- **选择单张工作表**：直接单击某张工作表的标签即可选择该工作表，同时将其置为当前。如果工作簿中包含的工作表数量相当多，工作表的标签区不能全部显示，而要选择的工作表标签又未显示出来，可以在工作表标签切换按钮栏上右击，在弹出的快捷菜单中进行选择。
- **选择相邻的多张工作表**：单击要选择的第一张工作表标签，然后按【Shift】键的同时单击要选择的最后一张工作表标签，可以同时选择这两张工作表及其之间的所有工作表。

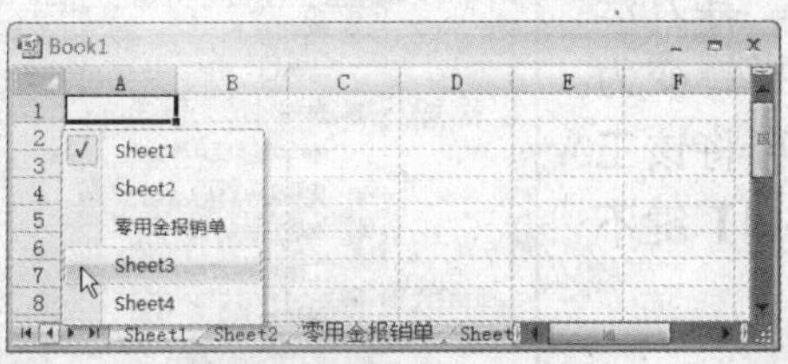

■选择单张工作表

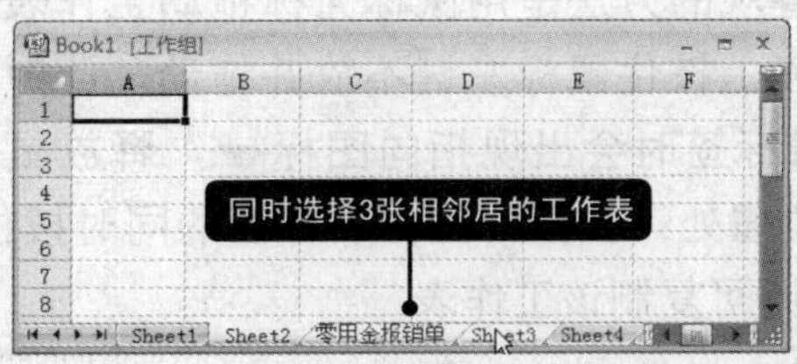

选择相邻的多张工作表■

要点提示：关于工作表模板的知识

在“插入”对话框中单击“Office Online模板”按钮也可打开Microsoft官方网站查找所需的模板。

工作表模板与工作簿模板是相同的对象，如果在插入工作表时使用，则仅用于工作表而不应用于工作簿。本地计算机上的所有Excel模板，都将在“插入”对话框中显示出来。

要点提示：同时编辑多张工作表

当选择多张工作表时，Excel的窗口标题栏上将会出现“[工作组]”字样，此时输入数据或进行单元格格式设置，所做的编辑将同时应用于选择的每张工作表。如果要取消工作表组的编辑状态，可单击任意一张未选择的工作表标签。

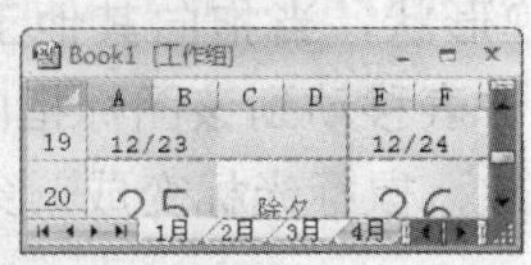

- ◆ 选择多张不相邻的工作表：按住【Ctrl】键不放，然后分别单击要选择的工作表标签，可以同时选择不相邻的多张工作表。
- ◆ 选择全部工作表：在任意工作表标签上右击，在弹出的快捷菜单中选择“选定全部工作表”命令，可以选择所有的工作表。

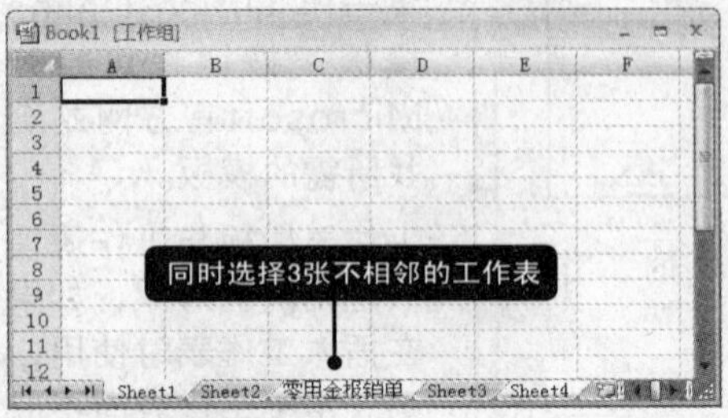

■选择单张工作表

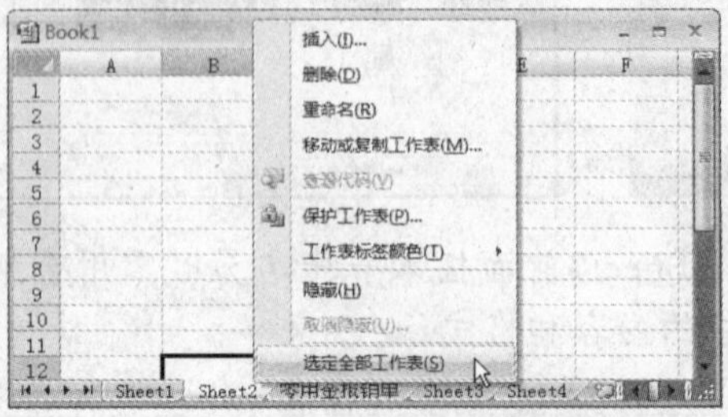

选择相邻的多张工作表■

要点提示：多工作表标签的切换显示方法

当工作表数量相当多，工作表标签栏中未显示出所需的工作表标签时，可单击按钮显示最左侧的第一个工作表标签；单击按钮向右移动一个工作表标签位置；单击按钮向左移动一个工作表标签位置；单击按钮显示最右侧的最后一个工作表标签。

2.2.3 重命名工作表

在日常生活中赋予对象一个有意义的名称很重要，这有助于我们理解或记忆这个对象。工作表的描述也最好通过命名的方式来进行，尤其是在工作簿中包含多张工作表的情况下。

为工作表命名最常用的方法是双击工作表标签，如双击Sheet1，此时该工作表标签的名称呈可编辑状态（如下左图所示），输入要赋予的名称，如“7月份预算表”，然后按【Enter】键即可对其重命名（如下右图所示）。

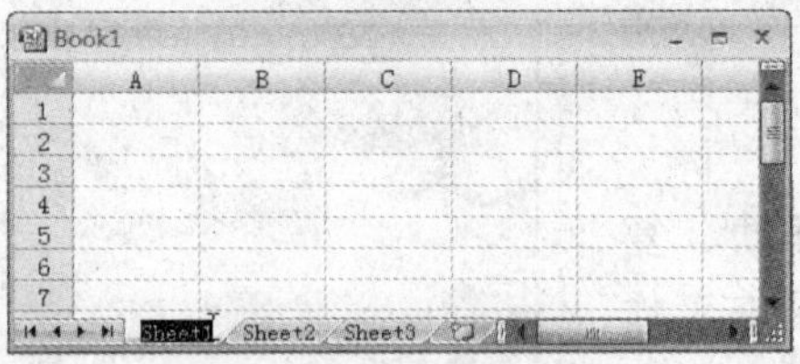

■双击工作表标签进入编辑状态

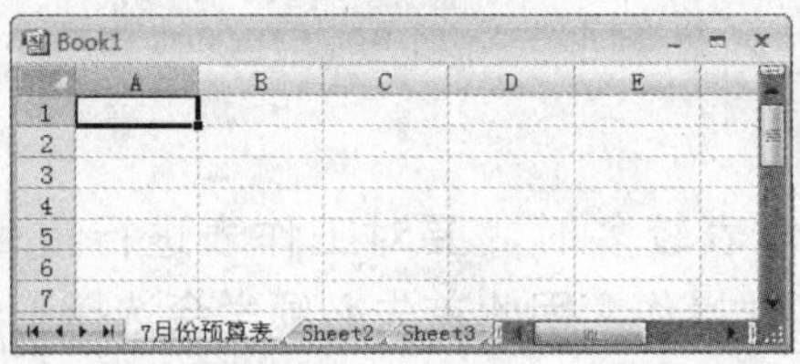

输入工作表名称■

要点提示：重命名工作表的其他方法

在需重命名的工作表标签上右击，在弹出的快捷菜单中选择“重命名”命令也可以将工作表标签设置为可编辑状态。更改工作表名称后，单击其他工作表标签或任意单元格也可完成重命名。

如果更改名称后，没进行任何操作就切换到了其他工作簿中，则重命名操作无效。

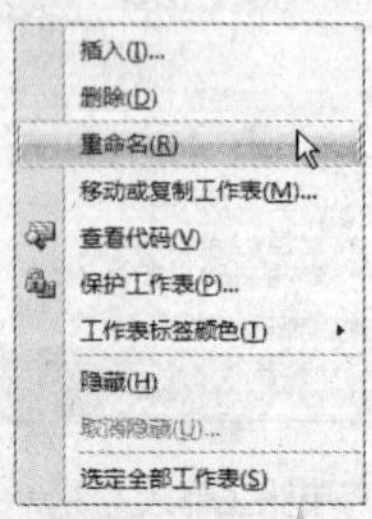

2.2.4 移动和复制工作表

在制作表格的过程中，可能需要制作相似的工作表，或要改变已有工作表的排列顺序，这可以通过移动和复制功能来完成。

移动和复制工作表有两种方法，一是通过鼠标拖动法来移动或复制，另一种是通过对话框来进行移动或复制。

1. 用鼠标拖动法移动或复制

移动或复制工作表最直观的方法是用鼠标光标拖动工作表标签。其方法是：在要移动的工作表标签上按住鼠标左键不放并拖动，此时鼠标指针变为形状，当拖向其他工作表标签时会出现指向图标，释放鼠标即可将该工作表移动到该图标指向的位置处；在拖动工作表标签的同时按住【Ctrl】键不放，鼠标光标变成形状，则可复制该工作表。

移动和复制工作表的过程如下页图中所示。

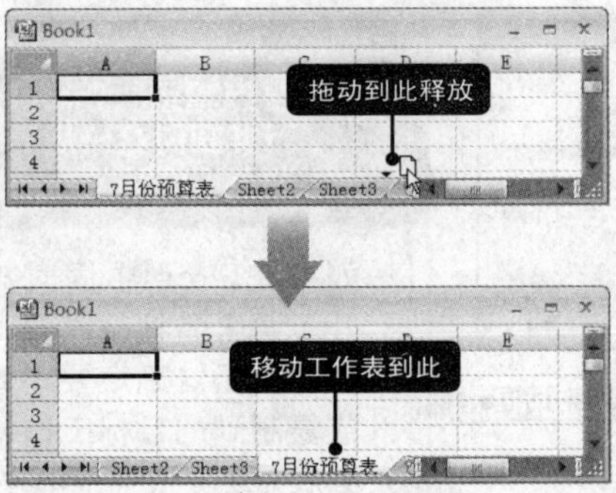

■移动工作表

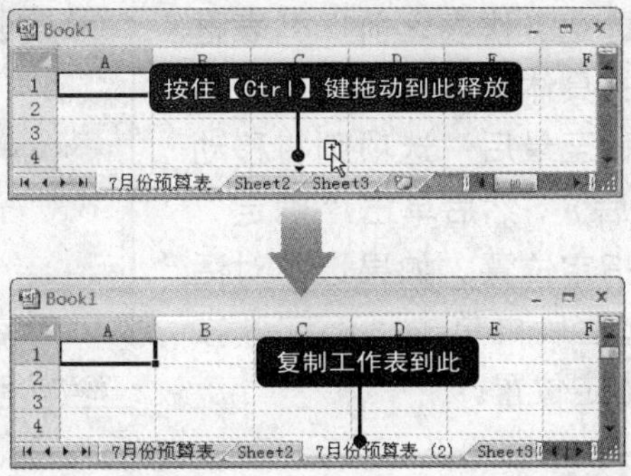

复制工作表■

如果要将工作表从一个工作簿中移动或复制到另一个工作簿中，则可用前面讲解的方法先将这两个工作簿窗口并列显示在Excel 2007窗口中，然后再用鼠标拖动法进行移动或复制，如下图所示为在不同工作簿之间移动工作表的操作示意图。

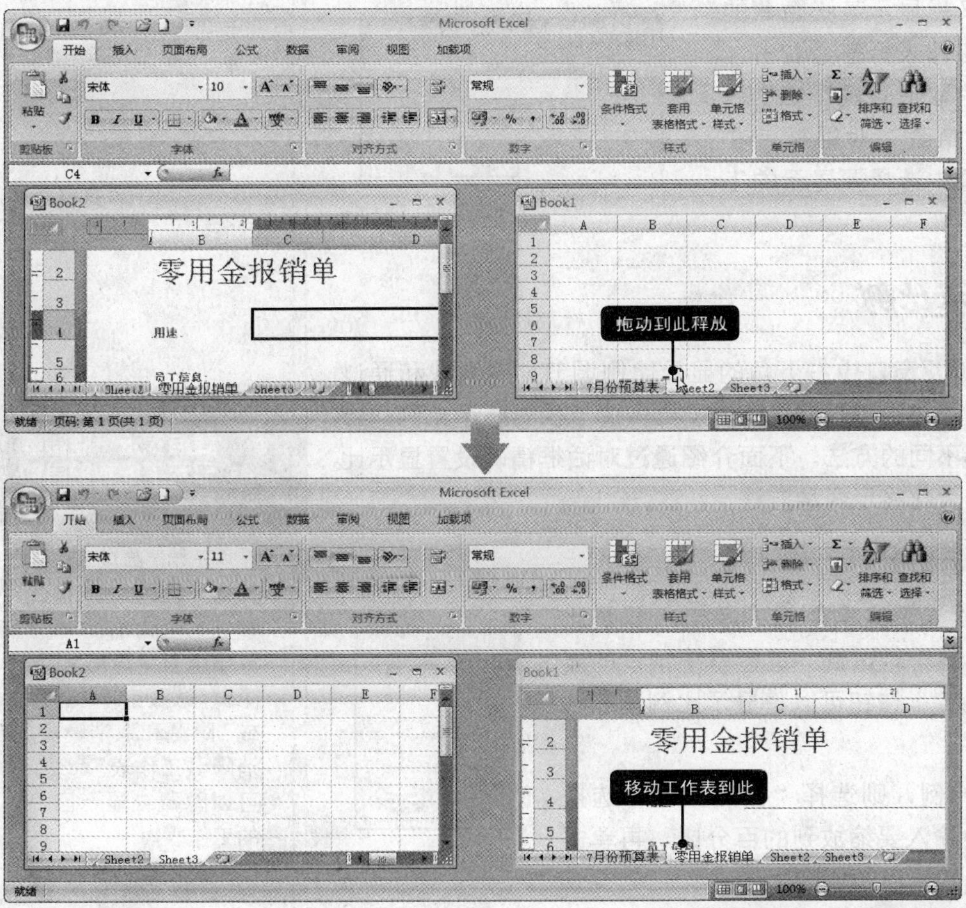

在不同的工作簿之间移动工作表 ■

2. 通过对话框移动或复制

通过对话框移动或复制工作表的方法是：在要移动或复制的工作表标签上右击，在弹出的快捷菜单中选择“移动或复制工作表”命令，打开“移动或复制工作表”对话框，在“将选定工作表移至工作簿”下拉列表中选择要将其

使用技巧：更改默认工作表的数量

如果经常需要创建多工作表的工作簿，可打开“Excel选项”对话框，单击“常用”选项卡，在“包含的工作表数”数值框中输入所需的工作表数量，设置完毕单击“确定”按钮关闭对话框即可。

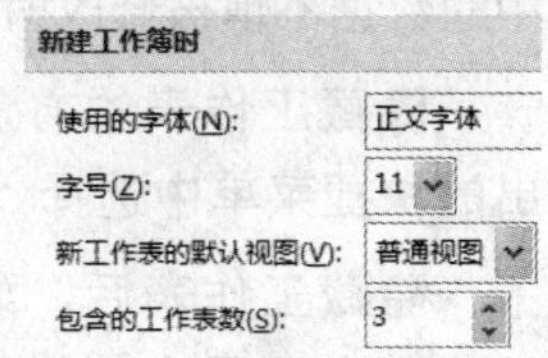

要点提示：用适当的方法移动或复制工作表

通常情况下，如果在同一个工作簿中移动或复制工作表时，采用鼠标拖动的方法比较方便快捷。如果在不同工作簿之间移动或复制工作表，可采用通过对话框方式来进行操作。

使用鼠标拖动的方法在不同工作簿间移动或复制工作表，要求工作簿不能处于最大化状态。

移动到的工作簿，在“下列选定工作表之前”列表框中选择要移动到该工作簿中的具体位置（移动到指定的工作表之前，如果选择“移至最后”选项则将移动到该工作簿中所有工作表之后），然后单击“确定”按钮即可将该工作表移动到指定位置。如果选中对话框下面的“建立副本”复选框后再单击“确定”按钮，则可将该工作表复制到指定位置。

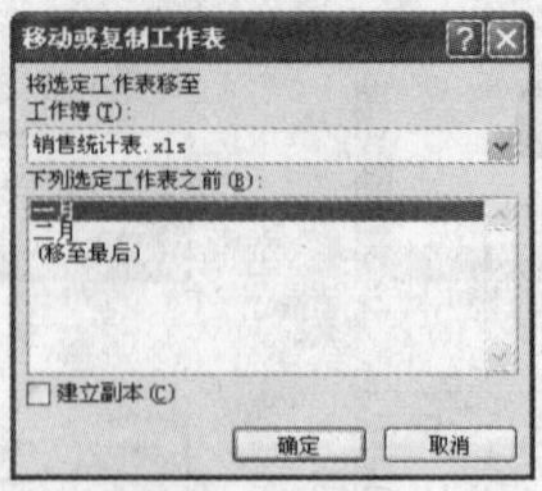

“移动或复制工作表”对话框

要点提示：Excel不能同时打开两个同名工作簿

如果在Excel中同时打开了两个名称相同的工作簿，无法确定要移动或复制到的目标工作簿到底是哪一个。因此在打开两个名称相同的工作簿时，Excel将出现提示信息。

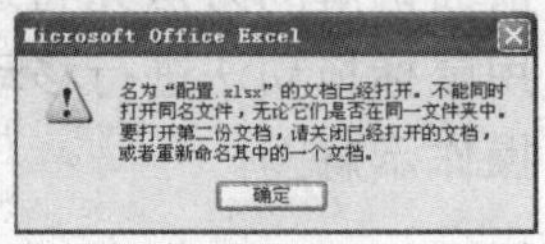

2.2.5 隐藏或显示工作表

在某些特殊情况下不希望他人看到工作簿中的某张工作表，或担心该工作表中的数据不慎被修改时，可以将其隐藏起来，需要使用时再将其显示出来。

隐藏工作表的方法非常简单，只需在要隐藏的工作表标签上右击，在弹出的快捷菜单中选择“隐藏”命令，即可将该工作表隐藏起来。

隐藏工作表后，如果又想显示某张隐藏的工作表，只需在其他任意工作表标签上右击，在弹出的快捷菜单中选择“取消隐藏”命令，打开如右图所示的“取消隐藏”对话框，在“取消隐藏工作表”列表框中选择要显示的工作表后，单击“确定”按钮。

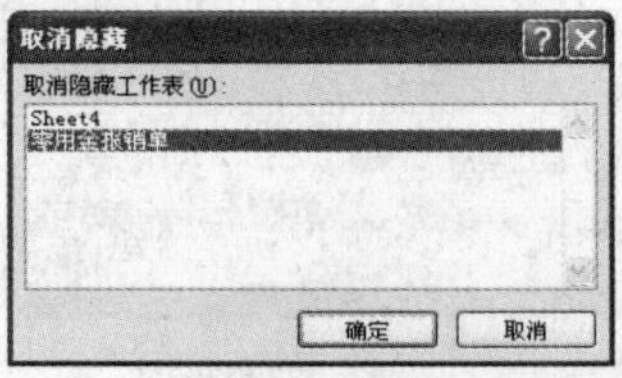

“取消隐藏”对话框

2.2.6 调节工作表显示比例

我们可以通过Excel 2007窗口中右下角的显示比例调节控制滑块和通过鼠标滚轮来改变显示比例，不过Excel 2007提供了更多调节视图显示比例的方法，可以根据具体情况采用不同的方法。下面介绍通过对话框精确设置显示比例和将所选区域在窗口中最大化显示两种方法。

1. 通过对话框调节显示比例

在“视图”选项卡下“显示比例”组中单击“显示比例”按钮，打开“显示比例”对话框。选择系统预设的显示比例单选按钮后单击“确定”按钮可以将显示比例调节到相应的大小。

如果要精确设置显示比例，则选择“自定义”单选按钮，然后在后面的文本框中输入要缩放到的百分比，再单击“确定”按钮，如右图所示。

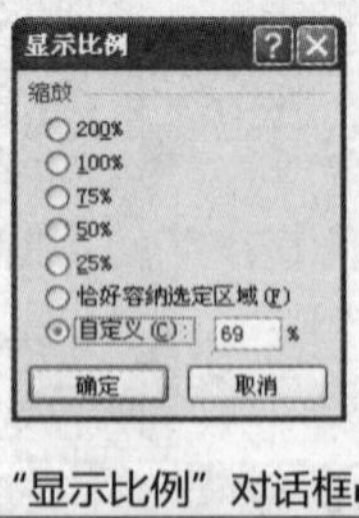

“显示比例”对话框

2. 最大化显示指定区域

在Excel中可将所选择的单元格区域缩放到最适合当前窗口大小的显示比例。其方法是：选择要缩放显示的单元格区域，在“视图”选项卡下“显示比例”组中单击“缩放到选定区域”按钮，此时有如下两种情况。

- 如果选择的单元格区域小于当前工作簿窗口，则会放大选择的区域，使工作簿窗口刚好容纳选择的单元格区域，如下页图中所示。

要点提示：隐藏或显示工作表的其他方法

在“开始”选项卡下“单元格”组中单击“格式”按钮，在弹出的下拉菜单中选择“隐藏和取消隐藏/隐藏工作表”命令或“隐藏和取消隐藏/取消隐藏工作表”命令，也可以隐藏或显示已隐藏的工作表。

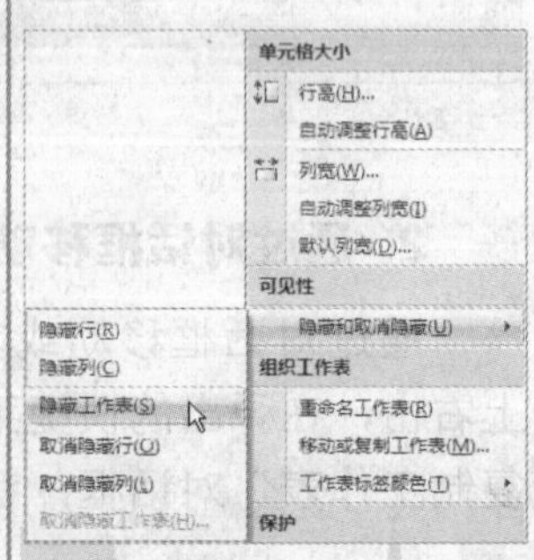

◆ 如果选择的单元格区域大于当前工作簿窗口，则会缩小选择的区域，使其完全显示在工作簿窗口中。

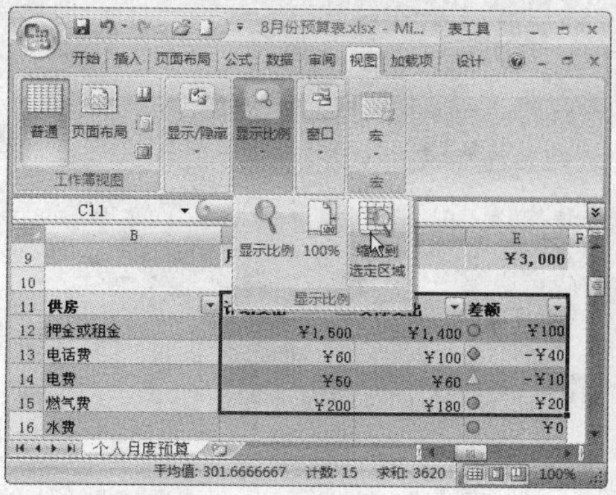

■选择的区域小于工作簿窗口

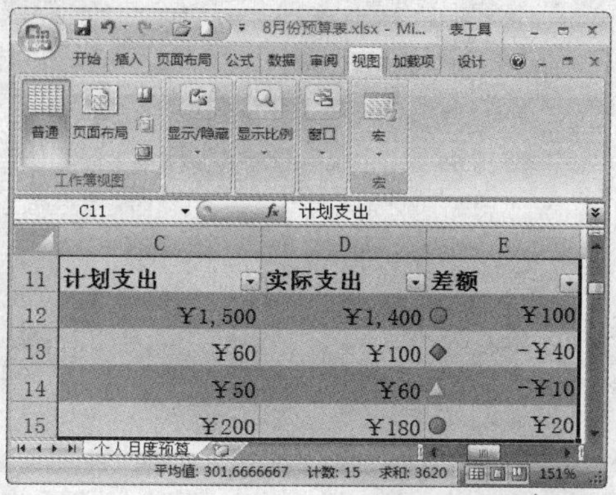

放大显示选择的区域■

2.2.7 设置工作表标签颜色

设置工作表标签颜色可以突出显示某些重要的工作表，方便用户在多张工作表中快速找到重要的工作表。设置工作表标签颜色主要有以下两种方法。

◆ 在要设置的工作表标签上右击，在弹出的快捷菜单中选择“工作表标签颜色”命令，再在弹出的子菜单中选择所需的颜色。

◆ 选择要设置颜色的工作表标签，在“开始”选项卡下“单元格”组中单击“格式”按钮，在弹出的菜单中选择“工作表标签颜色”命令下的颜色。

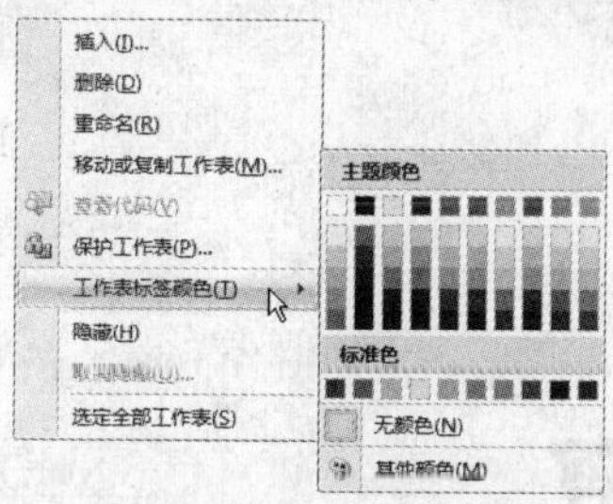

通过快捷菜单设置工作表标签颜色■

2.2.8 删除工作表

当不再需要某张工作表时可以将其删除。其方法是：在该工作表标签上右击，在弹出的快捷菜单中选择“删除”命令。

如果删除的是一张没有任何内容的空白工作表，Excel会将其直接删除；如果要删除的工作表中包含有数据，Excel将弹出如右图所示的提示框询问是否确实要删除，单击“删除”按钮即可将其删除。

提示框■

需要注意的是，由于对工作表的删除操作是不能撤销的，因此对于有数据的工作表一定要谨慎确认后再决定是否删除。

要点提示：快速打开“显示比例”对话框

在状态栏的视图栏中双击当前的显示比例也可以打开“显示比例”对话框，在“显示比例”对话框中选择“恰好容纳选定区域”单选按钮后单击“确定”按钮，其效果与单击“显示比例”组中的“缩放到选定区域”按钮相同。

要点提示：了解改变工作表显示比例

改变显示比例只针对于当前工作表。如果同时选择了一组工作表，则显示比例将同时应用于这组工作表，没选择的工作表不受显示比例调节的影响。

无论采用哪种方式改变了默认的显示比例，在“视图”选项卡下“显示比例”组中单击“100%”按钮都可以快速将显示比例恢复到默认大小。

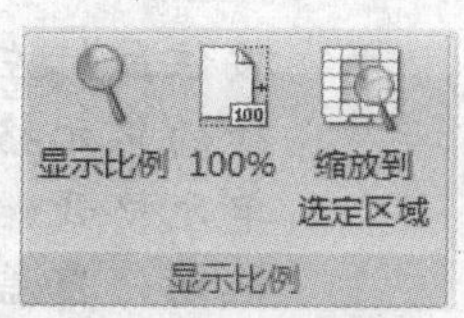

3 Chapter 管理单元格

READERS' GUIDE

虽然单元格是Excel文档中最小的元素，但它是存储与处理数据的基本单元。我们在Excel中进行的大多数操作都是以单元格为基础的，主要包括单元格的选择、插入、删除、移动、复制、合并、拆分，以及设置单元格的行高、列宽和定义单元格区域的名称等，因此必须掌握单元格的各种基本操作。

MAIN CASES

选择单元格 P34
插入单元格 P35
移动与复制单元格 P37
合并与拆分单元格 P39
定义与使用单元格名称 P40
设置行高与列宽 P42

3.1 选择单元格

要向单元格中输入内容或进行其他编辑，首先需选择目标单元格或单元格区域。默认创建的工作簿中，Excel最初选择的是A1单元格，将鼠标光标移动到任意单元格上时将变成✥形状，此时直接单击即可选择该单元格，被选择的单元格以黑色边框突出显示，其所在的行号和列标也将用黄色底纹突出显示，如右图所示。

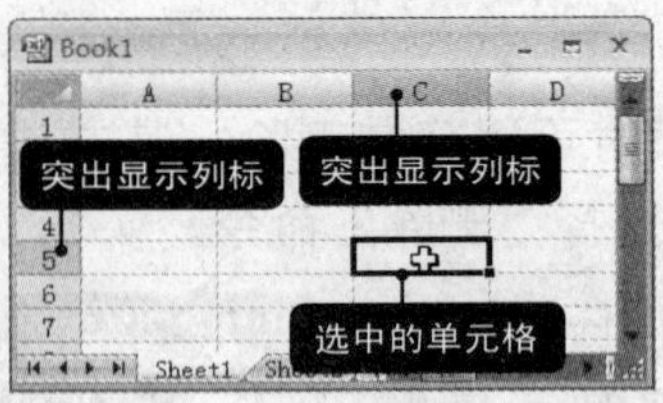

选择一个单元格

如果要选择多个单元格或单元格区域，则有多种不同的选择方法，常用的有如下几种方法。

- 按住鼠标左键不放，从要选择的单元格区域内一个角的单元格开始往对角的单元格拖动，覆盖过的区域呈淡蓝色显示，到达目标位置后释放鼠标即可选择覆盖过的单元格区域。

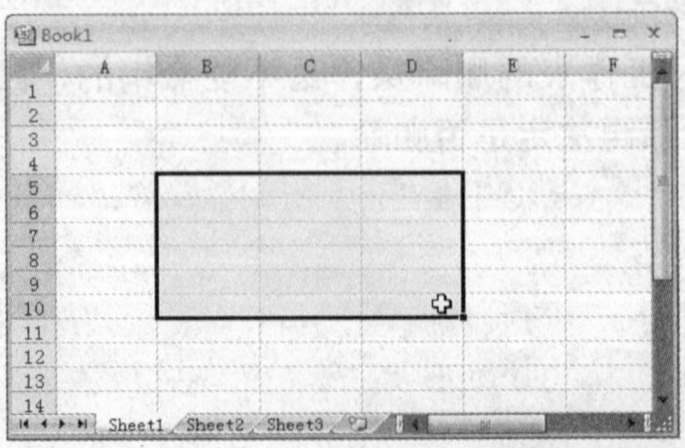
拖动鼠标选择单元格区域

- 单击要选择区域的第一个单元格，然后按住【Shift】键的

要点提示：关于选择单元格区域的知识

在用鼠标光标拖动选择单元格区域的过程中，编辑栏的名称框中将显示选择区域的行列数，如“4R x 3C”表示当前操作选择了4行3列；释放鼠标后，名称框中将显示单元格区域的第一个单元格地址。

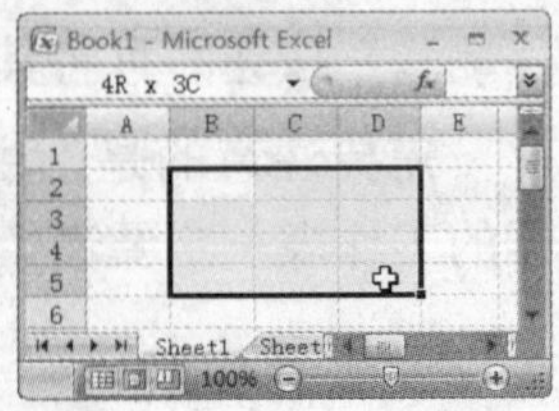

同时单击其他单元格，以这两个单元格为对角的矩形单元格区域便可被选择。

◆ 按住【Ctrl】键不放，然后单击要选择的单元格或拖动鼠标选择单元格区域，可以同时选择多个不连续的单元格或单元格区域。

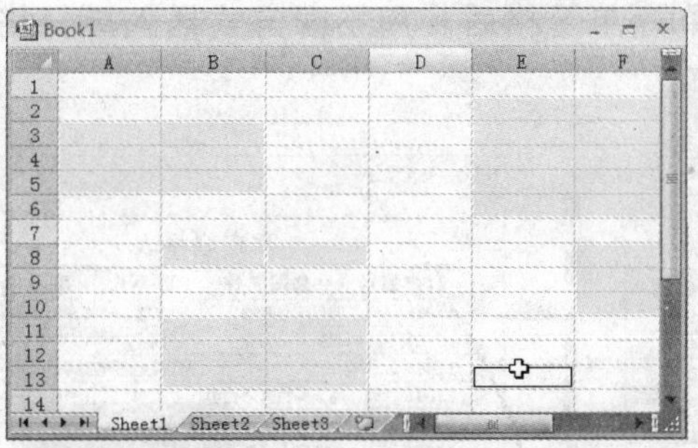

利用【Ctrl】键选择不连续的单元格及单元格区域■

◆ 单击行号将选择该行的所有单元格；单击列标将选择该列的所有单元格。

◆ 用鼠标光标按住行号或列标拖动可以选择连续的多行或多列单元格；按住【Ctrl】键的同时用该方法则可选择不连续的多行与多列。

◆ 单击工作表区左上角行号与列标交叉处的矩形框，可选择该工作表中的所有单元格。

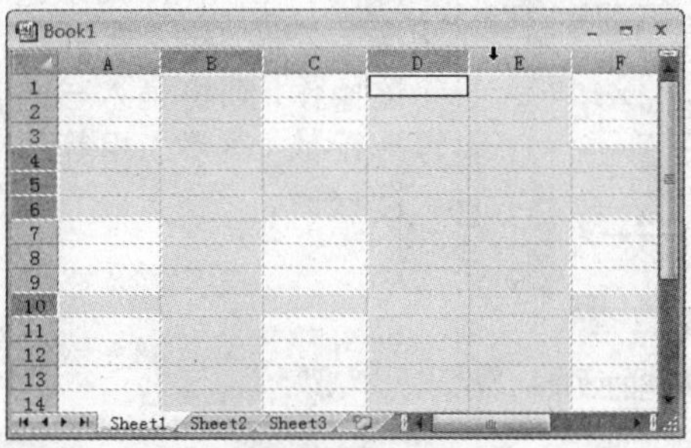

■选择不连续的多行与多列

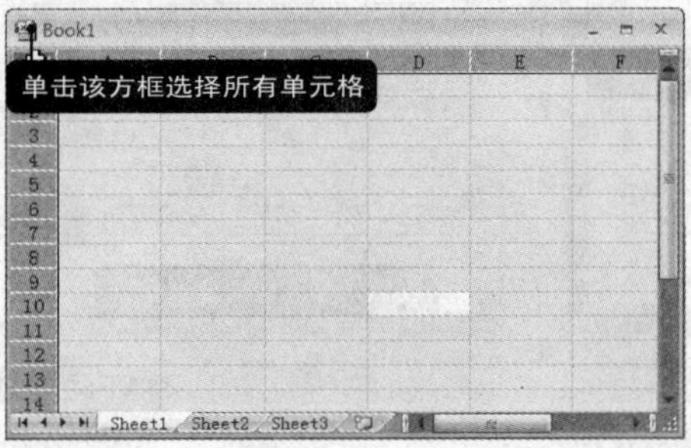

选择所有单元格■

使用技巧：使用快捷键选择单元格

按【Ctrl+A】组合键可以选择当前工作表的所有单元格。

按【Ctrl+Shift+Home】组合键可以选择A1单元格到当前单元格的区域。

按【Ctrl+Shift+→（或←）】组合键可以选择当前单元格至行尾或行首单元格之间的区域。

按【Ctrl+Shift+↑（或↓）】组合键可以选择当前单元格至列尾或列首单元格之间的区域。

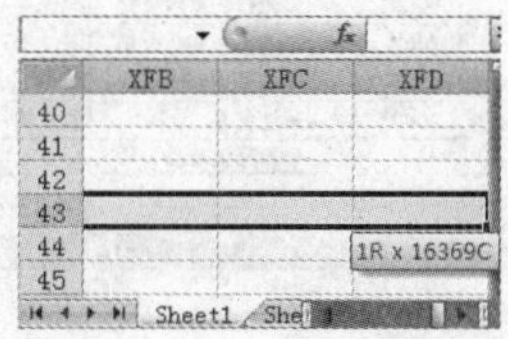

3.2 插入单元格

如果发现已制作好的工作表中漏输了某个数据，可以在适当位置插入新的单元格，然后再添加内容。其方法是：选择目标单元格，在“开始”选项卡下“单元格”组中单击“插入”按钮，在弹出的下拉菜单中选择“插入单元格”命令，打开“插入”对话框，选择插入方式后单击“确定”按钮。

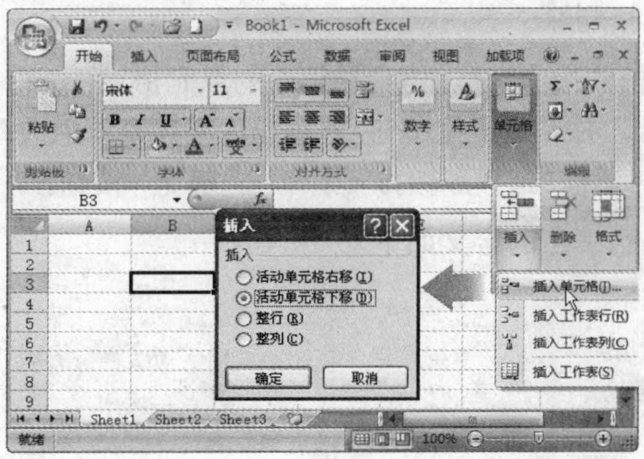

插入单元格■

“插入”对话框中各单选按钮的含义如下。

◆ **活动单元格右移**:在选择单元格的左侧插入空白单元格，选择的单元格向右移动。

◆ **活动单元格下移**:在选择单元格的上方插入空白单元格，选择的活动单元格向下移动。

◆ **整行**:在选择的单元格上方插入整行单元格。

◆ **整列**:在选择的单元格左侧插入整列单元格。

要点提示：通过快捷菜单插入单元格

在要插入单元格的目标单元格上右击，在弹出的快捷菜单中选择“插入”命令，也可打开“插入”对话框。

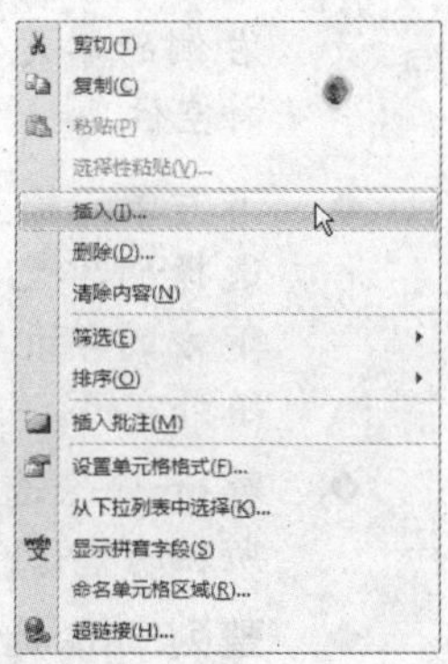

如在客户联系表中选择B5单元格后，用不同方式插入单元格的效果分别如下图所示。

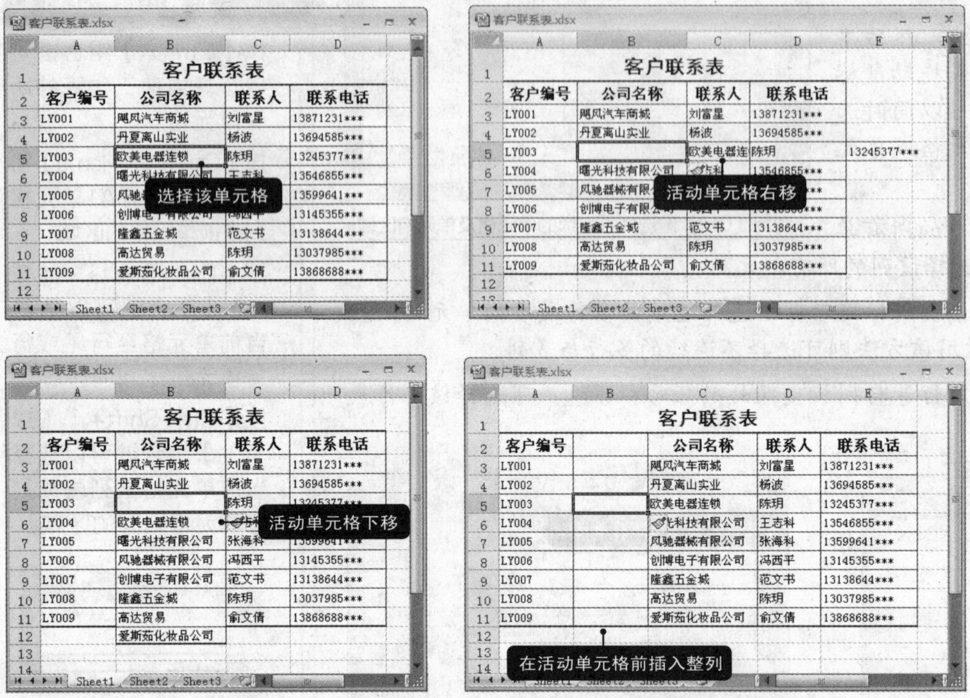

3种不同方式插入单元格的效果

使用技巧：快速插入整行或整列单元格

选择整行（或整列）单元格后，在“开始”选项卡下“单元格”组中单击“插入”按钮的下拉按钮，在弹出的下拉菜单中选择“插入单元格”命令，或在所选区域内右击，在弹出的快捷菜单中选择“插入”命令，可直接在所选的行（或列）上方（左侧）插入一行（列）单元格；如果选择了多行（列）后进行该操作，则将插入与选择行数（列数）相等的行（列）。

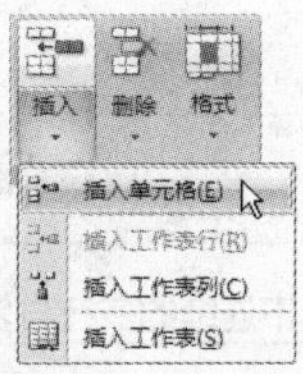

3.3 删除单元格

如果发现工作表中某些数据项无用，或者某列多输入了一项数据时，就可以将存放这些数据的单元格删除。

删除单元格与插入单元格的操作相反：选择要删除的单元格，在“开始”选项卡下“单元格”组中单击“删除”按钮的下拉按钮，在弹出的下拉菜单中选择“删除单元格”命令，打开“删除”对话框，选择删除方式后单击“确定”按钮。

“删除”对话框中各单选按钮的含义如下。

- **右侧单元格左移**：删除选择的单元格后，其右侧的单元格左移填补空位。
- **下方单元格上移**：删除选择的单元格后，其下方的单元格上移动填补空位。
- **整行**：删除选择单元格所在的整行。
- **整列**：删除选择单元格所在的整列。

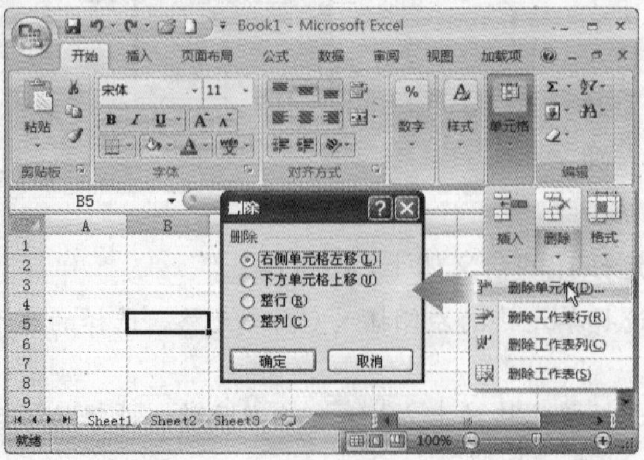

删除单元格

要点提示：通过快捷菜单删除单元格

右击要删除的单元格，在弹出的快捷菜单中选择“删除”命令也可打开“删除”对话框。选择整行或整列单元格后执行“删除”命令将不打开“删除”对话框，而是直接删除选择的行或列。

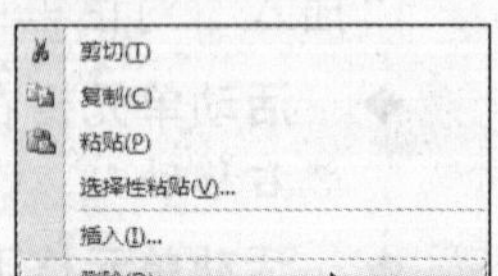

3.4 移动与复制单元格

当输入数据后，却发现输错了位置时，不必删除数据后再在正确位置的单元格中输入，只需移动单元格即可；当要在某个单元格中输入的数据与已有的单元格中的数据相同时，则可采用复制单元格的方法来提高工作效率。

移动和复制单元格可以通过鼠标拖动法来完成，也可以通过功能选项卡中的按钮来完成。

3.4.1 使用鼠标拖动法移动与复制单元格

用鼠标拖动法移动与复制单元格和用拖动法移动与复制工作表的方法相似，只不过针对的对象是单元格。下面以在“员工工资表1”中复制单元格为例练习用鼠标拖动法移动与复制单元格的方法，其操作方法如下。

素材 光盘:\素材\第3章\员工工资表1.xlsx

效果 光盘:\效果\第3章\员工工资表1.xlsx

Step 01 打开素材文件，选择B3单元格，将鼠标指针移到该单元格的边框上，当指针变成✥形状时，按住鼠标左键进行拖动。

Step 02 移动到目标单元格B10单元格中释放鼠标，B3单元格及其中的数据便被移动到了B10单元格位置处。

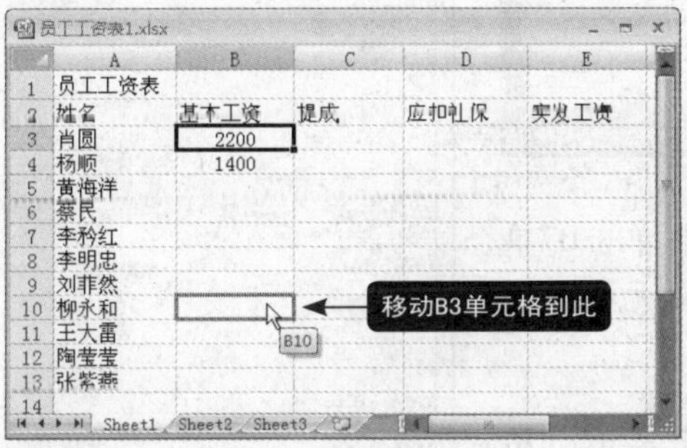

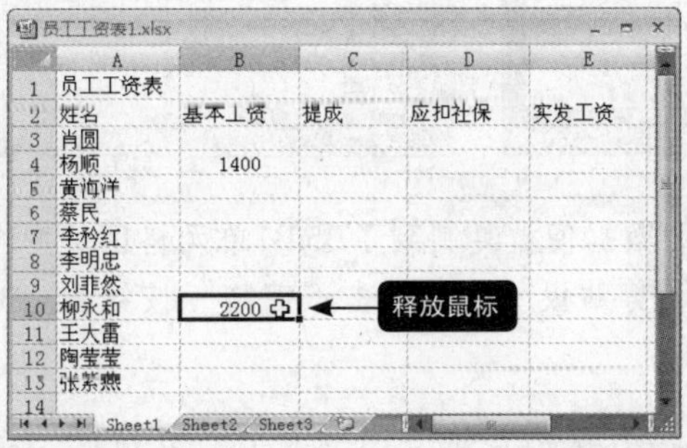

Step 03 单击B4单元格，将鼠标指针移到该单元格的边框上，当指针变成✥形状时，按住鼠标左键向下拖动。

Step 04 移动到目标单元格B12单元格时，再按住【Ctrl】键不放，此时鼠标指针变为形状，在B12单元格处释放鼠标，B3单元格及其中的数据便被复制到了B12单元格位置处。

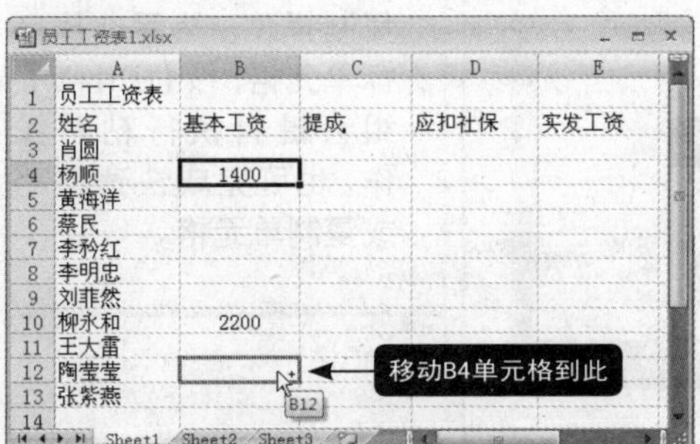

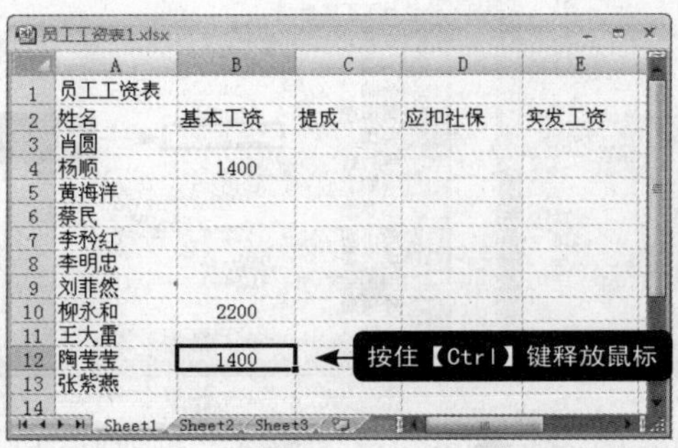

要点提示：通过快捷菜单插入单元格

在用鼠标拖动法移动单元格时，如果目标单元格中存在数据，将会弹出如下图所示的提示框询问是否要替换目标单元格中的内容，单击“确定”按钮将替换目标单元格及其中的数据，单击“取消”按钮将取消移动操作。

要点提示：移动、复制单元格与移动、复制单元格数据的不同之处

移动或复制单元格将把源单元格的数据以及所设置的单元格格式、填充颜色等都应用到目标单元格中。

移动或复制单元格数据则仅将源单元格的数据内容应用到目标单元格中，不会包含源单元格的各种格式设置。

3.4.2 通过功能区按钮移动与复制单元格

通过功能区中的“剪切（或复制）”与“粘贴”按钮也可以移动或复制单元格。下面以在“员工工资表2”中复制单元格为例，练习通过功能区按钮复制与移动单元格的方法。其操作方法如下。

素材 光盘:\素材\第3章\员工工资表2.xlsx

效果 光盘:\效果\第3章\员工工资表2.xlsx

Step 01 选择B10:B12单元格，在“开始”选项卡下“剪贴板”组中单击“复制”按钮，选择的单元格区域周围出现虚线框。

Step 02 单击目标单元格B5，然后在“开始”选项卡下“剪贴板”组中单击“粘贴”按钮。

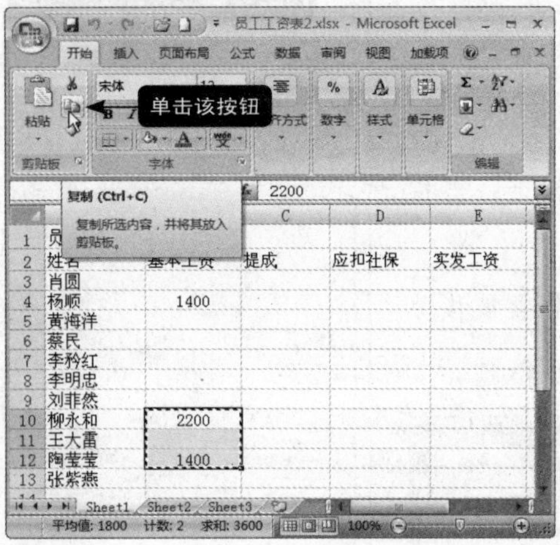

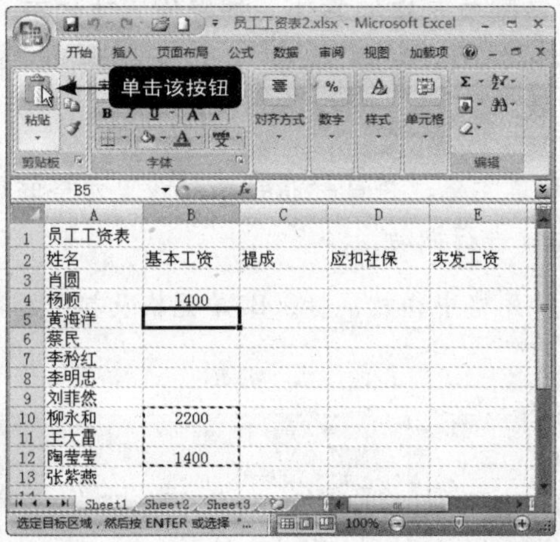

Step 03 B10:B12单元格及其中的数据便被复制到了B5:B7单元格区域中。再单击B7单元格，在“开始”选项卡下“剪贴板”组中单击“剪切”按钮，B7单元格周围出现虚线框。

Step 04 单击目标单元格B6，然后在“开始”选项卡下“剪贴板”组中单击“粘贴”按钮，B7单元格及其中的数据便被移动到了B6单元格的位置处。

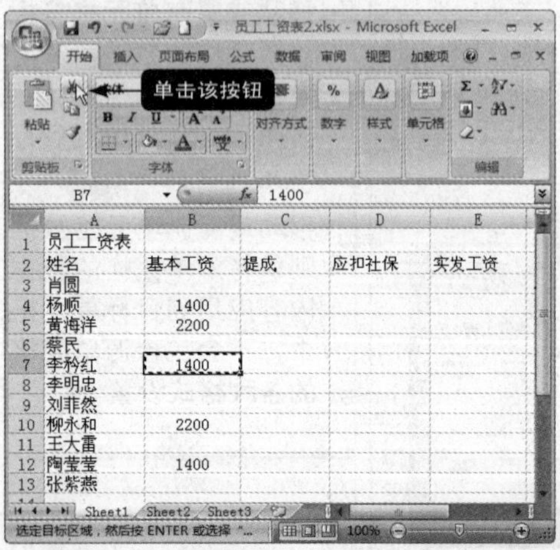

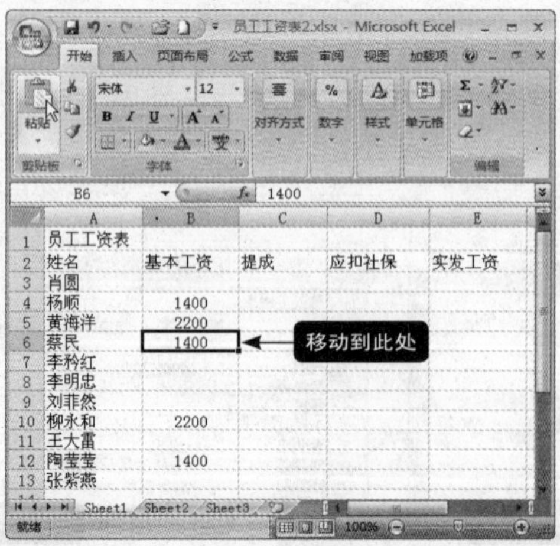

要点提示：通过快捷菜单移动或复制单元格

在要移动的单元格上右击，在弹出的快捷菜单中选择“剪切”命令，或选择“复制”命令，将源单元格放入剪贴板中。

选择目标单元格后，在目标单元格上右击，在弹出的快捷菜单中选择“粘贴”命令也可分别实现对单元格的移动或复制操作。

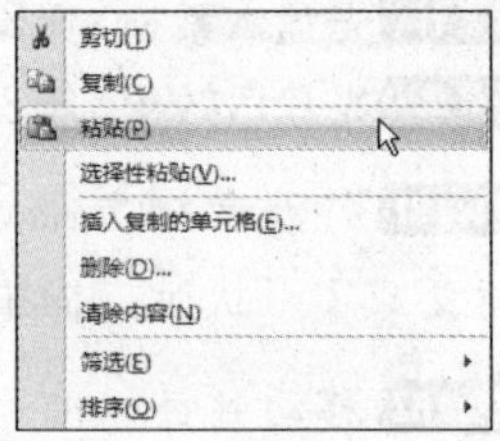

使用技巧：用快捷键移动或复制单元格

选择要移动的单元格后，按【Ctrl+X】组合键执行剪切操作，或按【Ctrl+C】组合键执行复制操作。然后选择目标单元格，按【Ctrl+V】组合键将执行粘贴操作，也可完成快速移动或复制单元格。

3.5 合并与拆分单元格

在制作表格标题或特殊表格时需要合并单元格，合并后的单元格又可根据需要进行拆分。

3.5.1 合并单元格

合并单元格可以将几个相邻的单元格合并成一个单元格，如经常需要将几个单元格合并起来放置表格标题。

合并单元格区域的方法是：在“开始”选项卡下“对齐方式”组中单击“合并后居中”按钮的下拉按钮，在弹出的下拉菜单中选择相应的命令。该菜单中关于合并的命令作用如下。

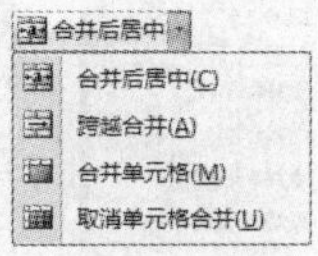

合并单元格下拉菜单

- **合并后居中**：选择该命令后会将选择的单元格区域合并为一个单元格，且合并后单元格中的数据自动变为居中对齐。该命令与直接单击“对齐方式”组中的“合并后居中”按钮的效果相同。
- **跨越合并**：选择该命令后可以只合并选择区域中的各行单元格，而不合并在列方向上的单元格。
- **合并单元格**：选择该命令后会将选择的单元格区域合并为一个单元格，但合并后单元格的数据将保持原来的对齐方式而不会变为居中对齐。

下面以在“员工工资表3”中的A1:F1单元格区域进行居中合并，将E列和F列进行跨越合并为例，练习合并单元格的方法。其操作方法如下。

素材 光盘:\素材\第3章\员工工资表3.xlsx

效果 光盘:\效果\第3章\员工工资表3.xlsx

Step 01 在“员工工资表”中选择A1:F1单元格区域，在“开始”选项卡下“对齐方式”组中单击“合并后居中”按钮。

Step 02 此时A1:F1单元格区域便被合并为一个单元格，并且其中的文字自动变为居中对齐。

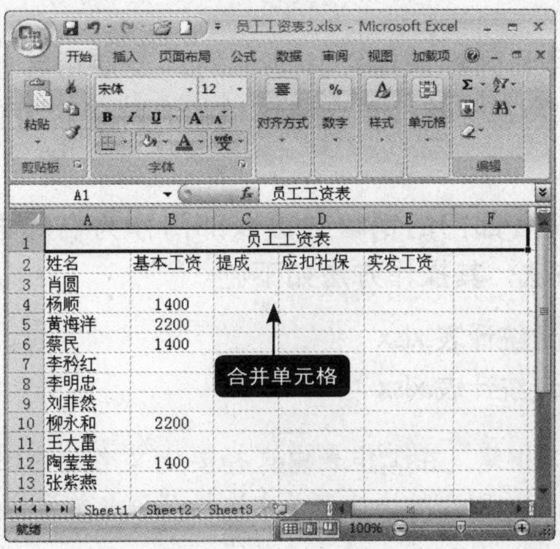

使用技巧：快速复制大量相同的数据

选择要复制的单元格并执行复制操作后，可以选择多个单元格或单元格区域后，再执行粘贴操作，便可以将复制的单元格一次性粘贴到多个单元格或单元格区域中。

若使用剪切命令移动单元格时，只能粘贴到与源单元格相同数量的单元格中，并且只能粘贴一次，而复制单元格可以粘贴多次。

要点提示：合并单元格的注意事项

要合并的单元格必须是相邻单元格。如果选择了多个不相邻的单元格区域，则只有两个或两个以上相邻的单元格区域会被合并。如果对多个已输入数据的相邻单元格进行合并，合并后的单元格中将只保留合并区域中最左上角的单元格中的数据。

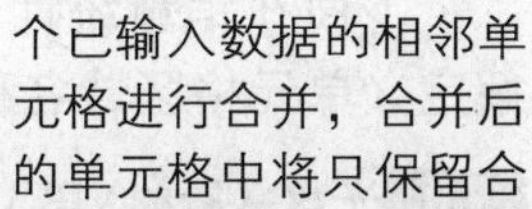

Step 03 选择E2:F13单元格区域，在“开始”选项卡下“对齐方式”组中单击“合并后居中”按钮的下拉按钮，在弹出的下拉菜单中选择“跨越合并”命令。

Step 04 E2:F13单元格区域中各行的两个单元格均被合并成为一个单元格，并保持原来的对齐方式不变。

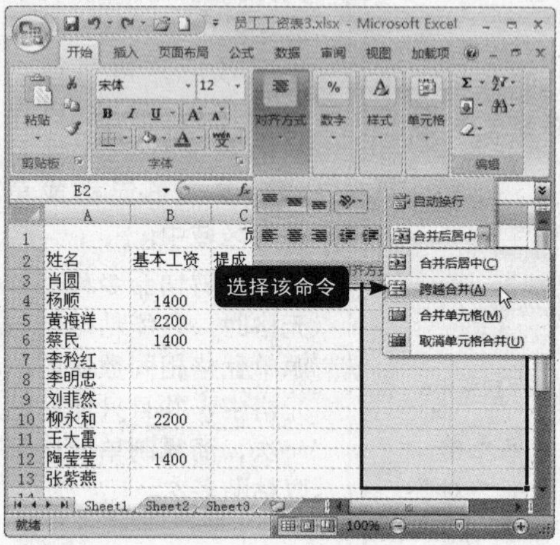

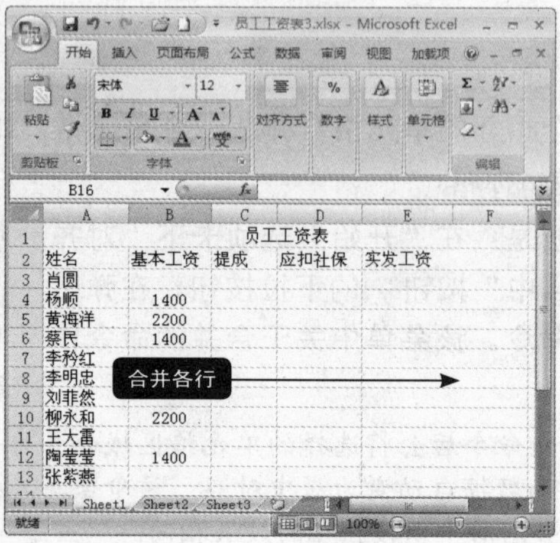

要点提示：拆分单元格的其他方法

选择合并后的单元格，在“开始”选项卡下“对齐方式”组中单击“合并后居中”按钮的下拉按钮，在弹出的下拉菜单中选择“取消单元格合并”命令，即可将合并后单元格拆分为合并前的状态。

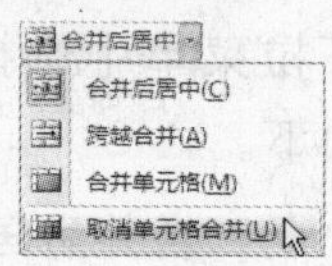

3.5.2 拆分单元格

当不需要已经合并的单元格时，又可以对其进行拆分。拆分单元格的方法非常简单，只需选择要拆分的已合并单元格，再在“开始”选项卡下“对齐方式”组中单击“合并后居中”按钮即可取消单元格的合并。

3.6 定义与使用单元格名称

在Excel中，当需经常引用某个单元格区域时，可以为该单元格或单元格区域命名，方便以后的查找和引用，就如同给人取了名字后就可以直接通过姓名来称呼人一样。

3.6.1 定义单元格名称

默认的单元格是以行号和列标来定义其地址的。要使用其他的名称，必须先为其定义名称，你可以将单元格或单元格区域的名称理解为它们在工作表中的标识。

下面在销量统计表中将各部门的销售数据以部门作为名称进行定义，讲解定义单元格区域名称的方法，其操作方法如下。

素材 光盘:\素材\第3章\销量统计表.xlsx
效果 光盘:\效果\第3章\销量统计表.xlsx

Step 01 打开“销量统计表”工作簿，在工作表中选择要定义名称的B3:D3单元格区域，然后在选择的区域内右击，在弹出的快捷菜单中选择“命名单元格区域”命令。

Step 02 在打开的“新建名称”对话框的“名称”文本框中输入要设置的名称“一

要点提示：定义名称的其他方法

选择要命名的单元格或单元格区域后，在“公式”选项卡下“定义的名称”组中单击“定义名称”按钮，也可打开“新建名称”对话框。在该对话框中定义名称时还可以更改要定义的单元格或单元格区域，方法是选择“引用位置”参数框中的地址后，重新在工作表中选择单元格。

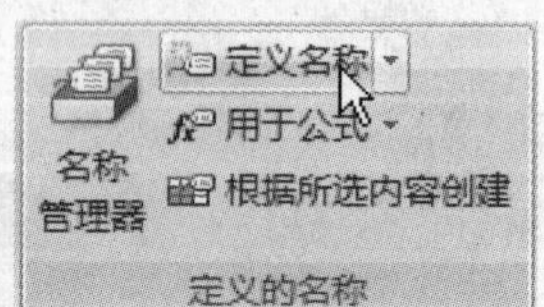

分部”，在“范围”下拉列表框中选择该名称可使用于整个工作簿中还是当前工作表中，在“备注”文本区中输入说明信息（最多255 个字符，也可不进行说明），然后单击“确定”按钮。

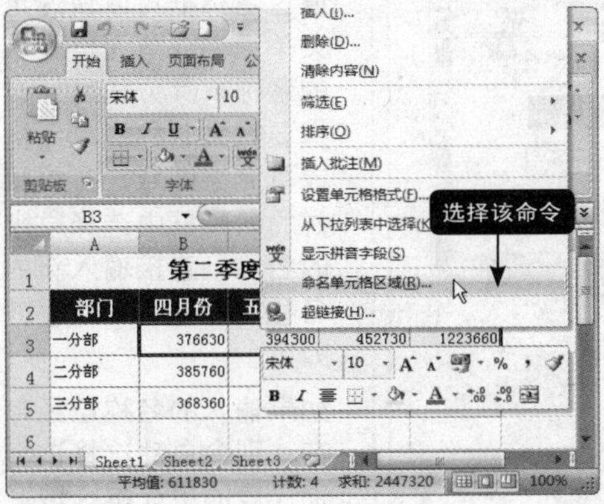

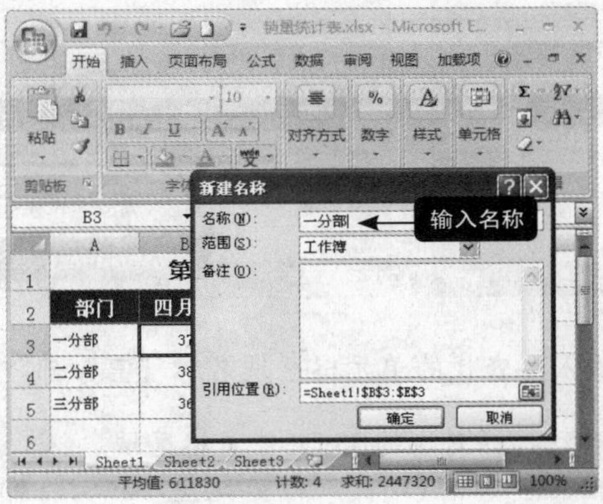

Step 03 此时在编辑栏的名称框中即可看到B3:D3单元格区域的名称变为定义的名称“一分部”。

Step 04 用同样的方法将B4:D4和B5:D5单元格区域分别定义为“二分部”和“三分部”。

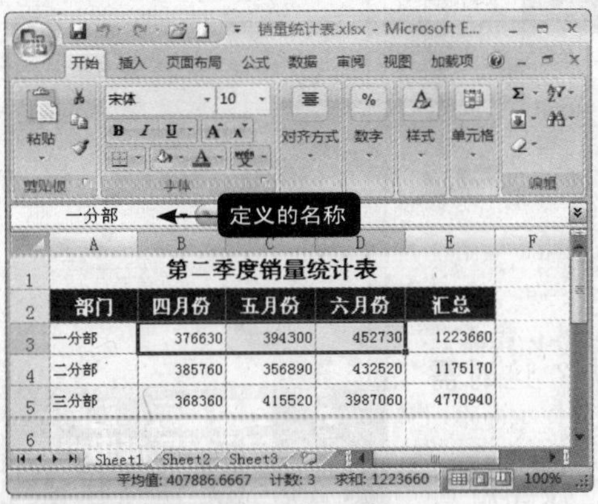

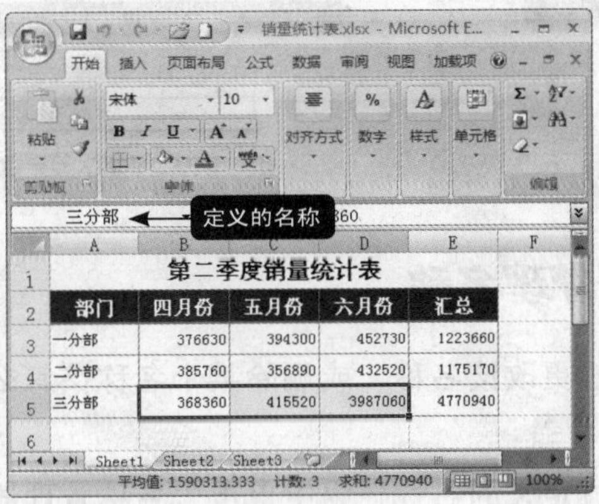

3.6.2 使用单元格名称

为单元格或单元格区域定义了名称之后，就可以通过定义的名称快速查找或引用该单元格或单元格区域了。在查找定义了名称的区域时，有通过在名称框中输入名称查找和通过下拉列表查找两种方法，下面演示这两种方法的操作过程，其具体方法如下。

效果 光盘:\效果\第3章\销量统计表.xlsx

Step 01 打开定义了名称的“销量统计表”工作簿，单击编辑栏中名称框右侧的下拉按钮，在弹出的下拉列表中选择要查找的单元格区域的名称“二分部”。

Step 02 Excel自动选择对应的B4:D4单元格区域，同时在编辑栏的名称框中显示该单元格区域的名称。

要点提示：定义单元格名称的规则

在定义单元格或单元格区域的名称时，名称必须遵守如下规则。

◆名称中的第一个字符必须是字母、下画线（_）或反斜杠（\），名称中的其余字符可以是字母、数字、句点和下画线。

◆不能将字母“C”、“c”、“R”或“r”用作已定义名称。因为当在“名称”或“定位”文本框中输入这些字母中的两个时，系统会将它们用作当前选择的单元格所在行或列的简略表示法。

◆不允许的单元格引用，名称不能与单元格引用相同，如Z$100或R1C1等。

◆一个名称最多可以包含 255 个字符，但不允许有空格，如果要使用单词分隔符，请使用下画线（_）和英文句点（.），如 Sales_Tax 或 First.Quarter。

◆如果名称中包含字母时，可以不区分大小写。如创建了名称为Sales的单元格区域，然后又在同一工作簿中创建另一个名称SALES，则Excel会提示只能选择一个唯一的名称。

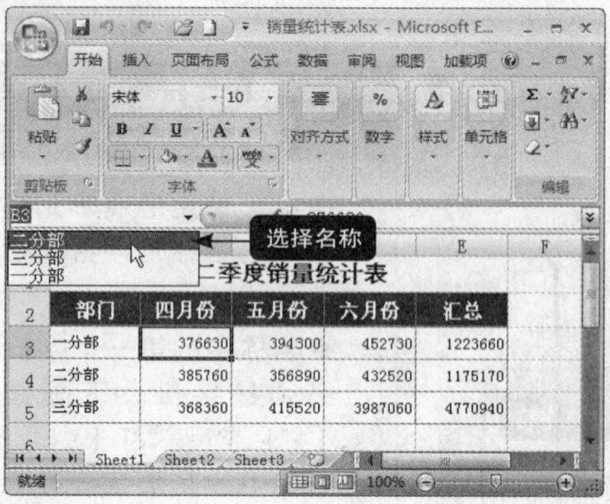

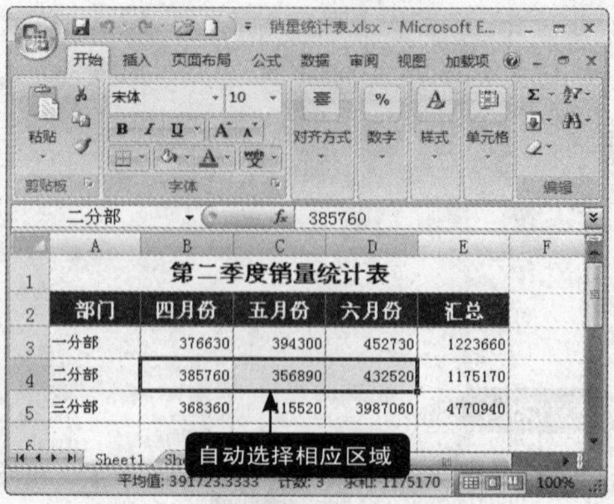

Step 03 在编辑栏的名称框中输入要查找的单元格区域名称“三分部”。

Step 04 按【Enter】键，系统自动选择对应的B5:D5单元格区域。

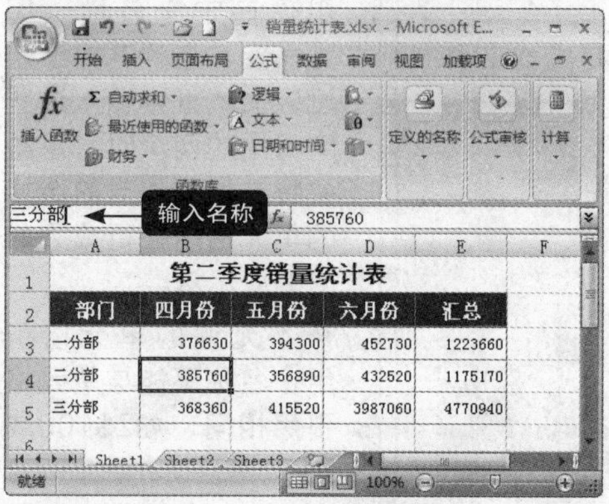

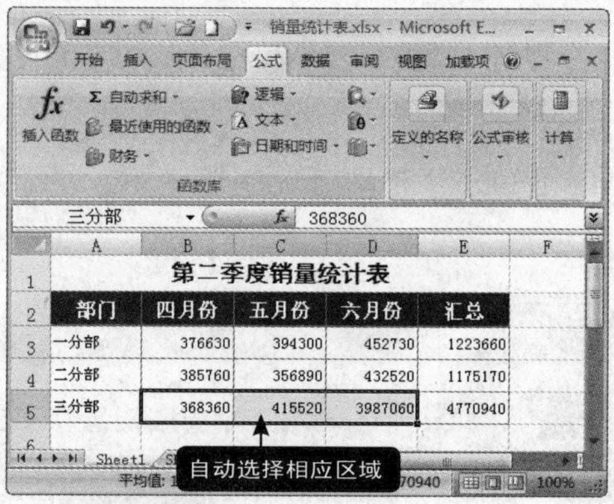

3.6.3 用名称管理器管理名称

如果定义了名称后又想更改该名称，或删除某个名称该怎么办？这时需要使用Excel 2007的名称管理器。

在“公式”选项卡下“定义的名称”组中单击“名称管理器”按钮就可打开“名称管理器”对话框。在该对话框的列表框中显示了该工作簿定义的所有名称，选择某个名称后，单击“编辑”按钮则可在打开的对话框中更改该名称，单击“删除”按钮可删除该名称。

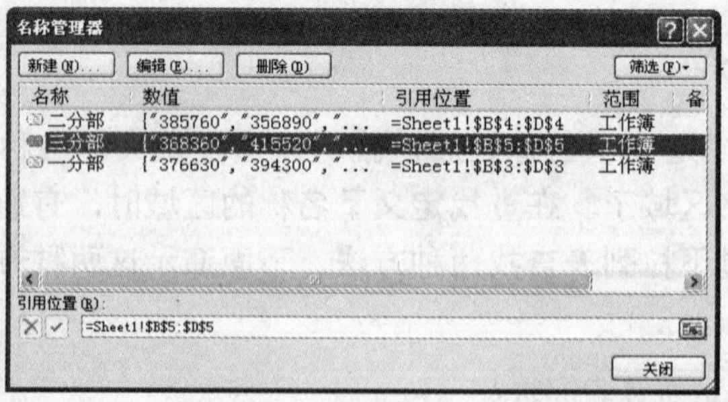

名称管理器

3.7 设置行高与列宽

如果单元格的高度或宽度不能完全显示其中的数据时，就需要调整该单元格所在行的行高和所在列的列宽。

调整行高与列宽的常用方法有3种，一是通过拖动鼠标粗略设置；二是通

使用技巧：快速定义名称

通过名称框可以快速定义单元格或单元格区域的名称，其方法是：选择要定义名称的单元格或单元格区域，在编辑栏的名称框中选择原来的名称，直接输入新的名称，按【Enter】键即可。

如果输入的名称已经存在，则会自动选择该名称代表的单元格区域，而不会再将该名称赋予当前选择的欲命名的单元格区域。

要点提示：对同一单元格区域进行多重命名

对同一个单元格或单元格区域可以定义多个名称，定义的方法与前面所讲的方法相同。但需注意的是，同一个名称不能赋予给不同的单元格或单元格区域。如果通过“新建名称”对话框定义名称时，输入的名称已经存在，则会弹出如下图所示的提示框提示该名称已存在。

过对话框精确设置数值；三是让系统自动设定适合内容的行高和列宽。下面分别讲解这几种设置行高和列宽的具体方法。

3.7.1 用鼠标拖动法设置

用鼠标拖动法设置某行单元格的行高或某列单元格的列宽是最快捷的方法，操作起来也非常方便，其操作方法分别如下。

◆ 将鼠标光标移到行号上要调整的行的分隔线上，当光标变为+形状时按住鼠标左键不放上下拖动。往下拖动将增大行高，往上拖动则减小行高，到达合适的高度时释放鼠标即可。用该方法调整的是分隔线上方行的行高。

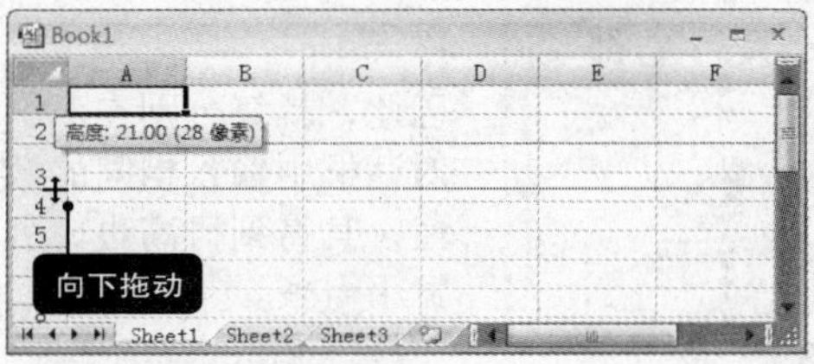

■向下拖动行号间的分隔线

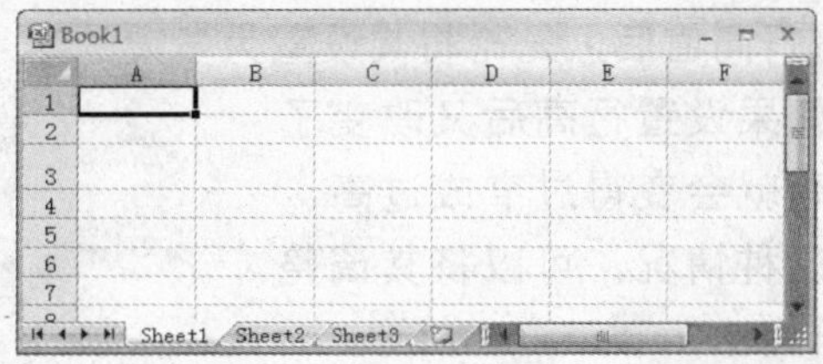

行高被改变■

◆ 将鼠标光标移到列标上要调整的列的分隔线上，当光标变为+形状时按住鼠标左键不放左右拖动。往右拖动将增大列宽，往左拖动则减小列宽，到达合适的宽度时释放鼠标即可。用该方法调整的是分隔线左侧列的列宽。

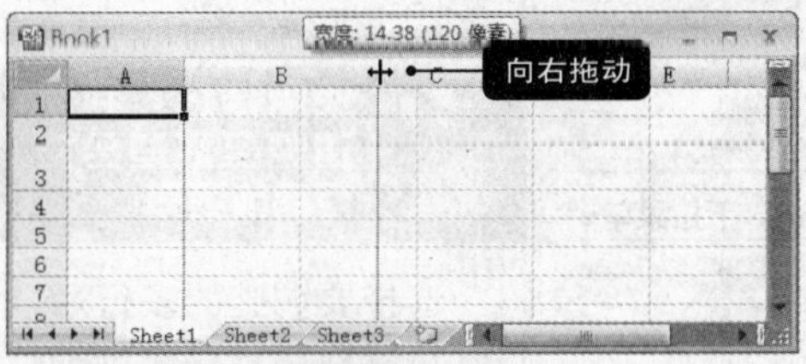

■向右拖动列标间的分隔线

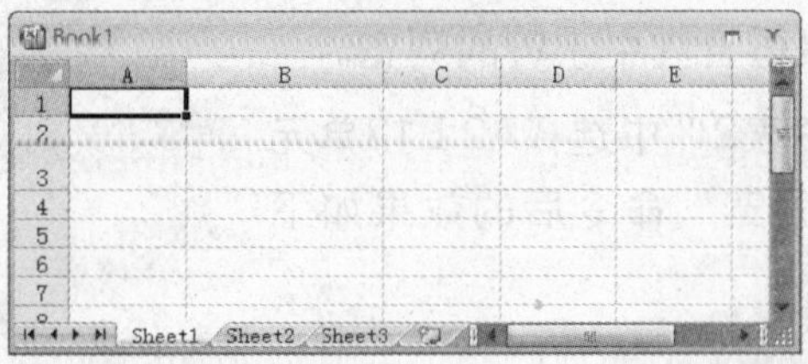

列宽被改变■

3.7.2 通过对话框精确设置

通过对话框可以用指定具体值的方法为单元格设置精确的行高和列宽值。通过对话框设置行高和列宽的操作方法分别如下。

◆ 选择要设置行高的行，在选择的行中右击，在弹出的快捷菜单中选择“行高”命令，打开“行高”对话框。在“行高”文本框中输入所需的行高值，单击“确定”按钮。

◆ 选择要设置列宽的列，在选择的列内右击，在弹出的快捷菜单中选择“列宽”命令，打开“列宽”对话框。在“列宽”文本框中输入所需的列宽值，单击“确定”按钮。

在“开始”选项卡下“单元格”组中单击“格式”按钮，在弹出的下拉菜单中选择“行高”或“列宽”命令也可打开“行高”或“列宽”对话框。如果选择的是不相邻的行或列，则右击时弹出的快捷菜单中没有“行高”或“列宽”命令，此时就必须通过“单元格”组的“格式”下拉菜单命令来精确设置

使用技巧：调整多行行高或多列列宽

选择多行或多列后，将鼠标光标移到其中任意一行下方的分隔线或任意一列右侧的分隔线上，当鼠标光标变成+或+形状时按下鼠标左键不放，并拖动到需要的高度或宽度时释放鼠标即可。

选择多行或多列后，在“开始”选项卡下“单元格”组中单击“格式”按钮，在弹出的下拉菜单中选择相应的命令也能实现相同的效果。

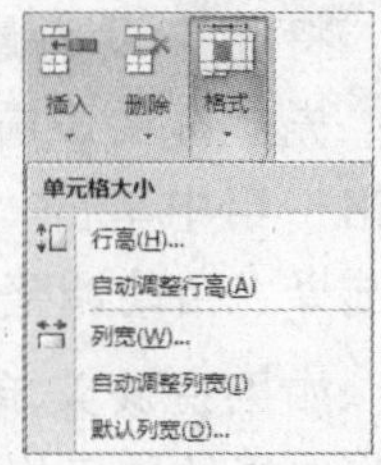

要点提示：采用适当的方法设置行高与列宽

通过鼠标拖动调整大小的方法设置行高或列宽，能比较直观地看到单元格大小的变化，适合在设置不要求特别精确的单元格大小时使用。

通过在“行高”与“列宽”对话框中设置单元格大小，能精确调整单元格大小。

在日常工作中，两种方法结合使用，更能达到事半功倍的效果。

单元格的高度及宽度值了。

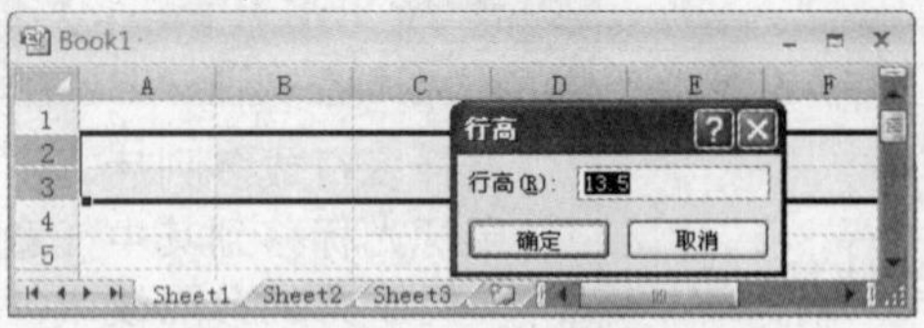

■设置行高值

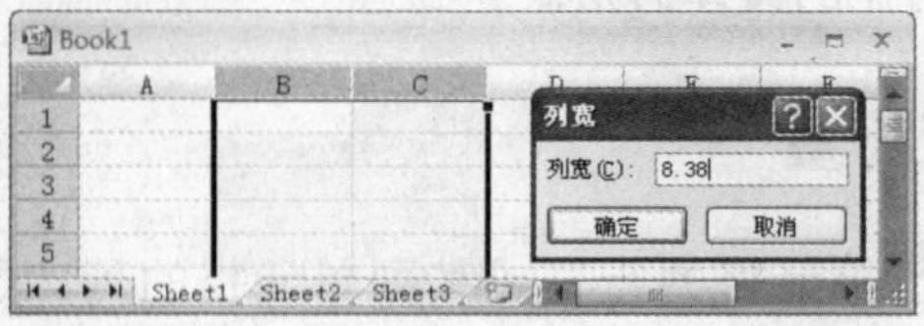

设置列宽值■

3.7.3 设置自动适合内容的行高与列宽

在默认情况下设置单元格中字符的字号，当设置的字号大于默认的11号时，系统会自动增加该行的行高，其高度刚好容纳其中的字符。但通过鼠标拖动法和“行高”对话框设置行高值后，无论将其设置为多大的字号，其行高都将固定不变。这样一来，如果设置行高后又改变了单元格中字符的字号，行高就会变得过窄或过高，显得很不协调。如果出现这种情况，可以将其调整为最适合其中字符高度的行高。

将行高设为最适合其中字符高度行高的方法是：先选择要设置的行，在“开始”选项卡下“单元格”组中单击“格式”按钮，在弹出的下拉菜单中选择“自动调整行高”命令（如下左图所示）。

如果在该菜单中选择“自动调整列宽”命令则可将选择的单元格设置成最适合其中字符的列宽。

如在前面的“员工工资表2”中选择A2:E13单元格区域，执行“自动调整列宽”命令后的效果如下右图所示。

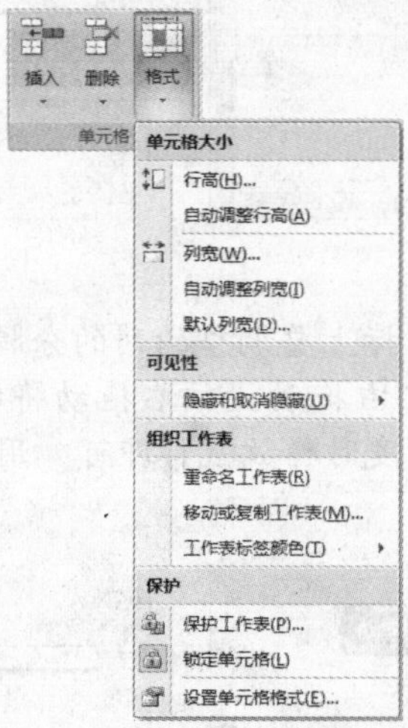

“格式”下拉菜单■

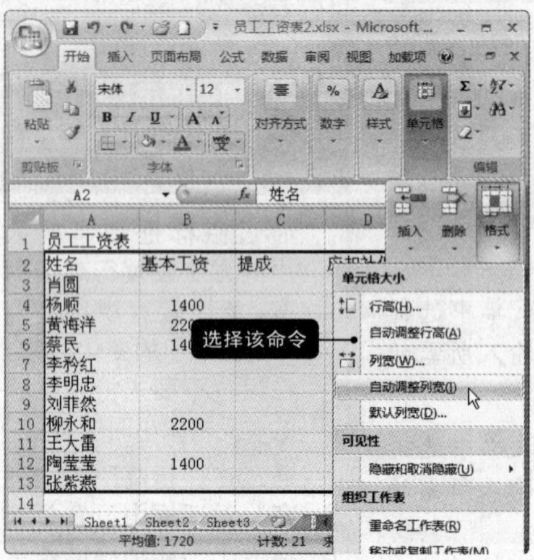

■选择要设置的区域

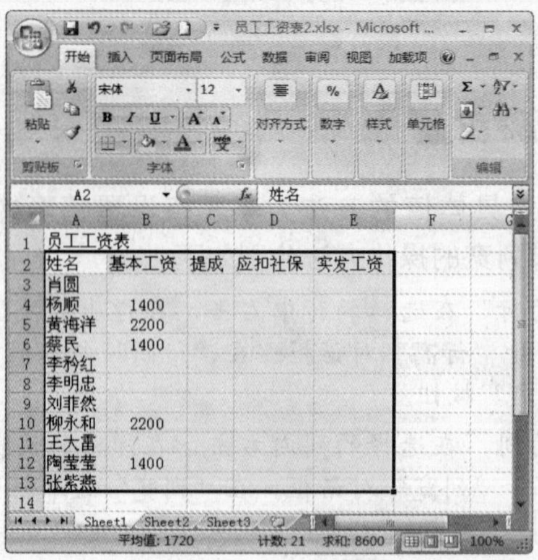

自动调整列宽后的效果■

要点提示：行高与列宽值的关系

行高的数值是以“点”为单位（1点等于1/72英寸）的，它依赖于Excel默认定义的字体样式（如刚好放置11号的宋体）。

列宽的数值则以1/10英寸为一个单位（如刚好放置8个英文字母或4个汉字）。

因此，就算分别在两个对话框中输入相同的数值，其得到行高也比列宽小得多。

使用技巧：快速调整至最适合的行高或列宽

选择要调整的多行后，将鼠标指针移到选择行的任意行分隔线上，当鼠标光标变成+形状时，双击即可将这些行的行高调整到最合适的高度。

选择要调整的多列后，将鼠标指针移到选择列的任意列分隔线上，当鼠标光标变成+形状时，双击即可将这些列的列宽调整到最合适的宽度。

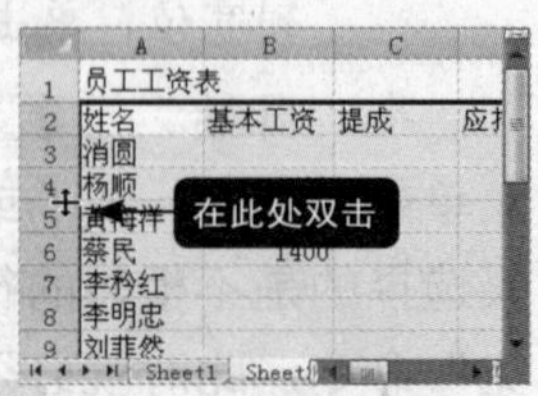

4 Chapter 输入与编辑数据

READERS' GUIDE

通过前面的学习，我们已经知道，电子表格是用来保存数据的。因此要制作电子表格，输入数据是必不可少、也是最基础的环节。在Excel中，除了可以直接输入数据之外，还能插入特殊字符和符号，并可快速输入一些有规律的数据，并使用记忆式输入等技巧来提高工作效率。输入数据后还可根据需要进行修改、移动、复制、查找与替换等操作，并可方便地撤销或恢复这些输入与编辑操作。

MAIN CASES

Excel中的数据类型 P45
输入数据的方法 P46
输入不同类型的数据 P46
快速填充批量数据 P50
编辑数据 P57
撤销和恢复操作 P61

4.1 Excel中的数据类型

Excel中可以使用的数据类型比较多，常见的有数值、文本、日期、时间、货币、百分数、分数、邮政编码、公式等。从其本质上来分，可以将这些数据分为数值、文本和公式三大类，下面先来了解一下这些数据类型的含义，便于以后操作。

- **数值**：概括地说，数值可以理解为一些数据类型的数量。数值有一个共同的特点，就是常常用于各种数学计算中，如学生成绩、员工年龄、销售金额、百分比等数据都属于数值类型，我们常常使用的日期和时间数据也属于数值类型的数据，因为它们可以参与数学计算。
- **文本**：具有说明性和解释性的数据描述，称之为文本类型。在Excel中，汉字、英文字母、空格、特殊字符等都属于文本类型的数据。但在有些时候，文本和数值容易混淆，比如银行账号、手机号码、身份证号码等，它们从外表上来看是由数字组成的，但实际上应当作为文本处理，这需要我们告诉Excel把它们作为文本处理，因为它们并不是数量，而是描述性的文本。
- **公式**：公式是不同于"数值"和"文本"之外的第3种数据类型，其共同特点是以"="开头，它可以是简单的数学表达式，也可以是包含各种Excel函数的表达式。

要点提示：关于数据类型的知识

公式不是基本形式的数据，而公式返回的结果大多也是以数值或文本等形式显示的，因此也可以说数据基本形式只有数值和文本两种。

常用的有多种数据类型，在"开始"选项卡下"数字"组的"数字格式"下拉列表中显示的便是Excel中常用的数据类型。

4.2 输入数据的方法

要在工作表中输入数据，首先选择一个单元格输入，再激活其他单元格进行输入。在单元格中输入数据通常有以下两种方法。

- **选择单元格后输入数据**：选择要输入数据的单元格，使其呈激活状态，然后切换到所需的输入法进行数据的输入。
- **在编辑栏中输入数据**：先选择要输入数据的单元格，再在编辑栏的编辑框中单击，将光标插入点定位到编辑栏中再输入数据。

无论用哪种输入方法，在编辑栏和单元格中都将同步显示输入内容，如右图所示。

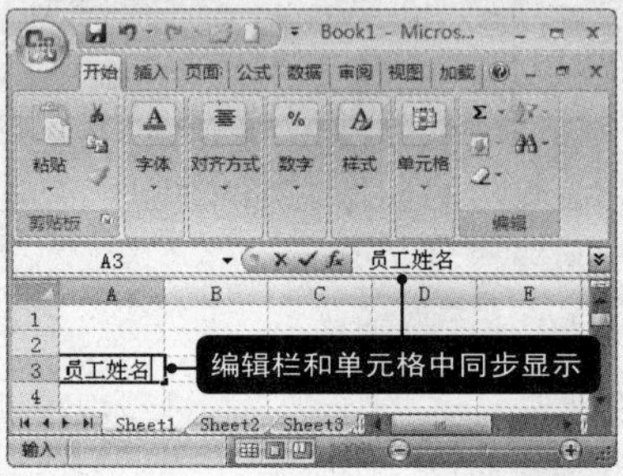

输入数据

在一个单元格中输入数据后，再激活其他单元格进行输入。根据结束输入情况的不同，激活下一个单元格的方式也不同，主要有如下几种情况。

- 按【Enter】键激活与当前单元格同列的下一个单元格。
- 按【Tab】键激活与当前单元格同行中的后一个单元格。
- 按键盘上的【↑】、【↓】、【←】、【→】键激活相应方向的下一个单元格。
- 输入数据后单击编辑栏中的“输入”按钮✓完成输入，仍保持当前单元格为激活状态。

要点提示：输入数据时采用适当的确认方式

在单元格中输入数据后采用哪种方式确认输入的内容，可根据用户的输入习惯和实际操作时的便捷性来决定。

如要输入一行表格表头字段“序号”、“姓名”及“性别”等内容，利用【Tab】键来确认输入并激活下一单元格就比较快捷；若要激活的单元格离当前单元格较远时，则采用鼠标单击的方式更快捷；若输入数据后还需对当前单元格进行其他操作时，则可采用单击编辑栏中的“输入”按钮✓完成输入，使当前单元格仍为活动单元格。

4.3 输入不同类型的数据

学习了在工作表的单元格中输入数据的方法后，就可以正式开始输入数据了。但对于不同类型的数据，在输入时采用的方法也不同，有些数据直接就可以输入，有些特殊字符，如“©”、“™”、“®”、“∑”等则需通过其他方式输入，下面分别介绍其输入方法。

4.3.1 输入普通数据

普通数据就是通过键盘直接就能输入的数据，如文字、字母以及数字等，其输入方法比较简单，选择单元格后用4.2节介绍的数据输入方法直接进行输入就可以了。

下面在新建的工作簿中用上述两种输入数据的方法在“客户信息表1”工作表中输入数据，以此练习输入普通数据的方法，其具体操作如下。

应用案例——输入“客户信息表1”

效果 光盘:\效果\第4章\客户信息表1.xlsx

要点提示：注意不同标准的数据类型

4.3节所说的不同类型的数据是指数据的常用性和特殊性。由于可以将数据按不同的分类标准进行多种形式的分类，因此读者需注意这里所说的数据类型的意思与4.1节所指的不同。

Step 01 新建一个工作簿，系统默认选择A1单元格，输入表格的名称“客户信息表”，输入的内容同时显示在该单元格和编辑栏的编辑框中。

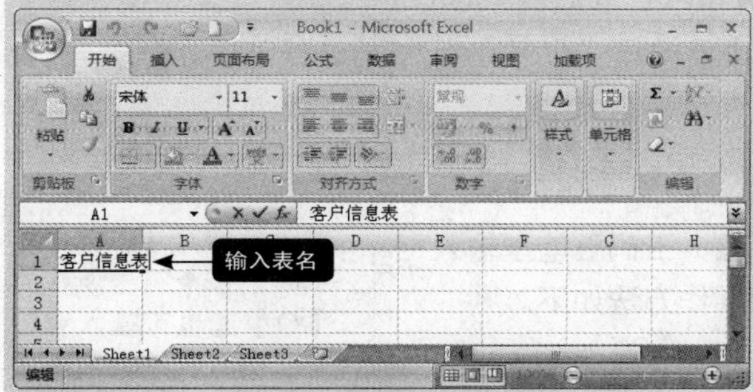

Step 02 输入完毕后按【Enter】键确认输入的内容，同时自动激活第1列的第2个单元格，输入表头第一个字段“客户编号”。

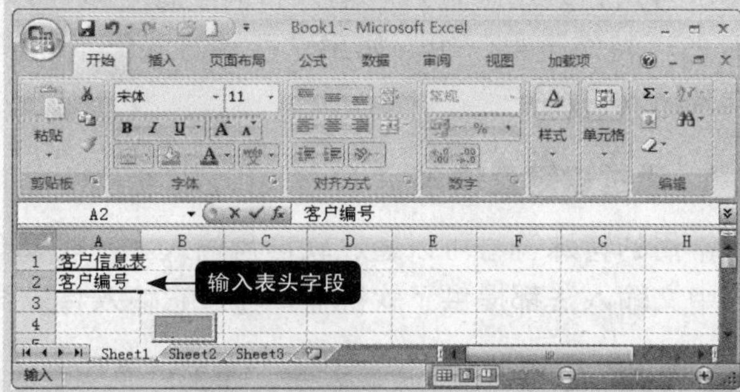

Step 03 输入完毕，按【Tab】键确认输入的内容，同时激活A2单元格右侧的B2单元格，输入表头字段“公司名称”。

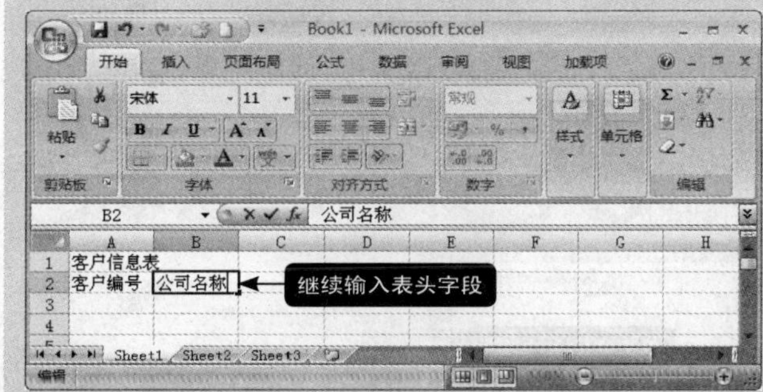

Step 04 输入完毕，继续向右激活单元格输入其他表头字段。输入所有表头后，选择B3单元格，将光标插入点定位到编辑框中，输入第一个公司的名称。

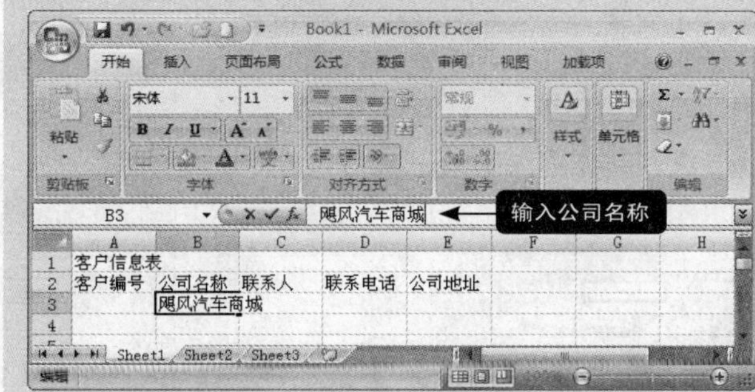

Step 05 输入完毕，按【↓】键激活B4单元格，输入第2个公司的名称。然后综合使用以上方法完成客户信息表的数据输入。此时一些单元格中的文字较多而不能完全显示，需要调整单元格的列宽。选择A~E列单元格，在“开始”选项卡下“单元格”组中单击“格式”按钮，在弹出的下拉菜单中选择“自动调整列宽”命令。

Step 06 选择的列根据单元格中的字符数自动调整列宽。然后选择A1:E1单元格区域，在“开始”选项卡下“对齐方式”组中单击“合并后居中”按钮，将其合并为一个单元格，同时表格标题文字自动居中。最后将该工作簿以“客户信息表1”为名进行保存。

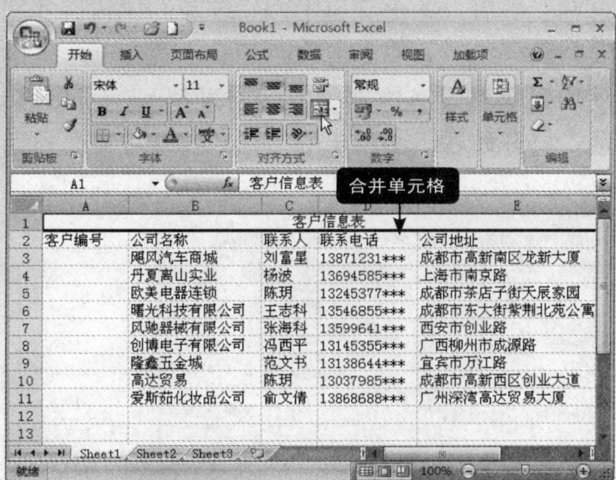

4.3.2 输入特殊数据

对于如“β”、“ω”、“®”、“§”等不能直接输入的特殊符号，则需用特别的方法来输入。输入特殊字符可以通过软键盘输入，或通过Excel 2007的“特殊符号”组。如果这两种方式仍不能满足，还可通过“符号”对话框来插入特殊符号。

1. 通过软键盘输入

常用的特殊符号可以通过软键盘输入。智能ABC输入法、王码五笔型输入法等中文输入法都提供了软键盘，通过它输入特殊符号的操作方法如下。

Step 01 切换到任意一种中文输入法，如王码五笔型输入法86版，在出现的输入状态条的⌨按钮上右击，在弹出的快捷菜单中选择所需符号的类型，如这里选择“特殊符号”选项。

Step 02 此时在屏幕右下角出现一个类似于键盘的软键盘，其中显示了常用的特殊符号，用☝形状的鼠标光标单击所需的符号，如这里单击◆即可在光标位置处输入该符号。

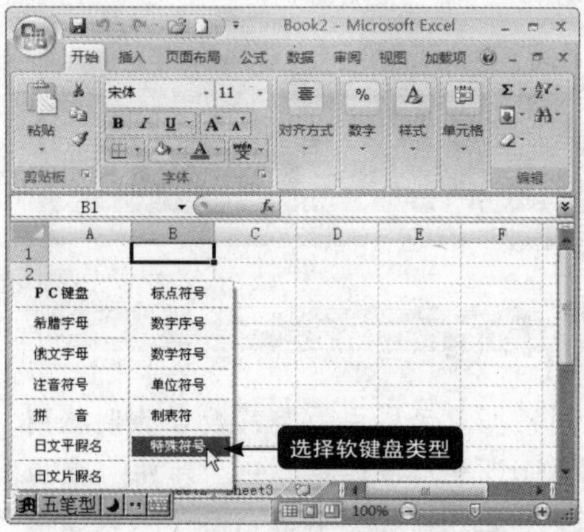

要点提示：关于使用软键盘的知识

在软键盘开启的情况下，直接在键盘上输入特殊符号所对应键位上的字符，也可输入相应的特殊符号。

如在特殊符号软键盘显示时，按◆符号所在的【O】键也可输入◆符号。输入完毕，需再次单击输入法状态条上的⌨按钮或按【Esc】键返回正常普通输入状态。

2. 通过“特殊符号”组输入

Excel 2007提供了插入特殊符号的功能。在需要输入特殊符号时，在“插入”选项卡下“特殊符号”组中单击所需的特殊符号即可将其插入到当前光标位置处。单击“文本”组中的“符号”按钮，在弹出的下拉列表中还可以选择更多的特殊符号，如左下图所示。

如果仍然没有需要输入的特殊符号，可以在该下拉列表中选择“更多”选项，打开如右下图所示的“插入特殊符号”对话框选择特殊符号。

■特殊符号下拉列表

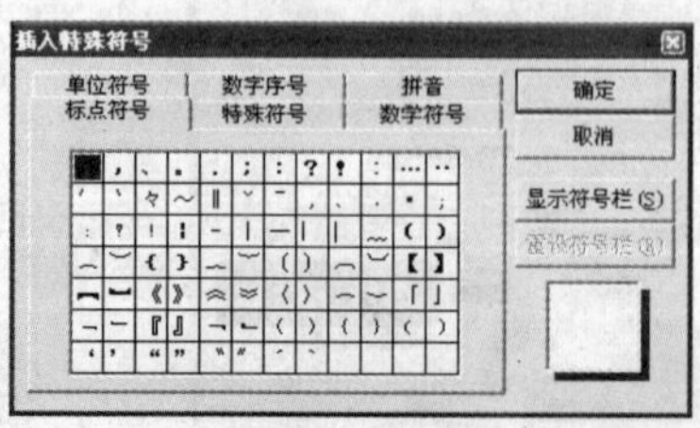

“插入特殊符号”对话框■

要点提示：“插入特殊符号”对话框的使用

“插入特殊符号”对话框将常用的特殊符号按不同分类放置在不同的选项卡中。单击某个选项卡，在列表框中找到并选择要插入的符号，单击“确定”按钮（或直接双击要插入的特号）即可将其插入到光标插入点所在的位置并关闭“插入特殊符号”对话框。

3. 通过“符号”对话框输入

通过软键盘和“插入特殊符号”对话框输入的特殊字符与符号数量有限。如果要输入的特殊符号不能在软键盘和“插入特殊符号”对话框中找到，就需要通过Office的“符号”集来输入了。

在“插入”选项卡下“文本”组中单击“符号”按钮Ω，即可打开“符号”对话框。在相应的选项卡中选择所需的字符或特殊符号后，单击“插入”按钮便将其插入到光标插入点位置处了。

“符号”对话框有“符号”和“特殊字符”两个选项卡，其中包含的字符和符号类型及使用方法如下。

- **“符号”选项卡**：该选项卡提供了许多的字符集和各类特殊符号，实际上所有的字母、数字和汉字（包括无法直接用输入法输入的生僻字）都可以通过该选项卡来输入。使用时在“字体”下拉列表中选择所需的字体或字符集，在后面的“子集”下拉列表中选择子集，在下面的列表框中就会显示该类型的符号，如右上图所示。
- **“特殊字符”选项卡**：该选项卡提供了常用的特殊符号，如商标符（™）、版权符（©）等，如右下图所示。使用时直接选择所需的特殊字符后单击“插入”按钮即可。

“符号”选项卡

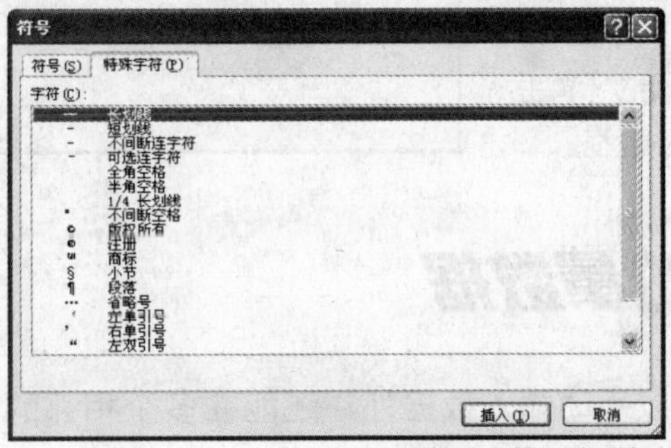
“特殊字符”选项卡

如要在单元格中插入特殊符号“♂”、“☑”和“§”，其操作方法如下。

Step 01 将光标插入要输入特殊符号“♂”的位置处，在“插入”选项卡下“文本”组中单击“符号”按钮Ω打开“符号”对话框。在“子集”下拉列表中选择“几何图形符”子集。

Step 02 此时在下面的列表框中就会出现该子集包含的符号，选择“♂”符号，单击“插入”按钮可将其插入到光标位置处。

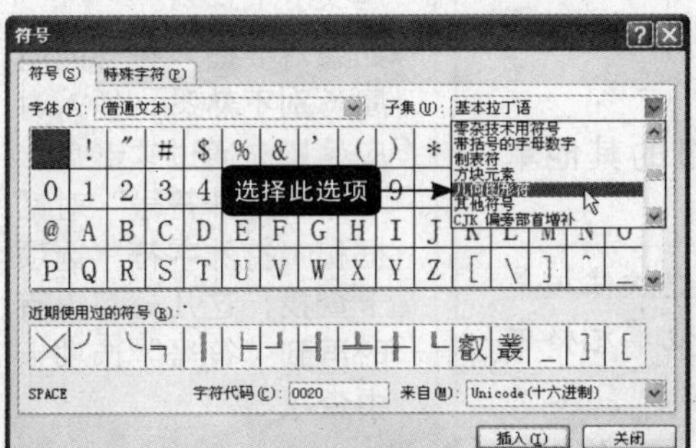

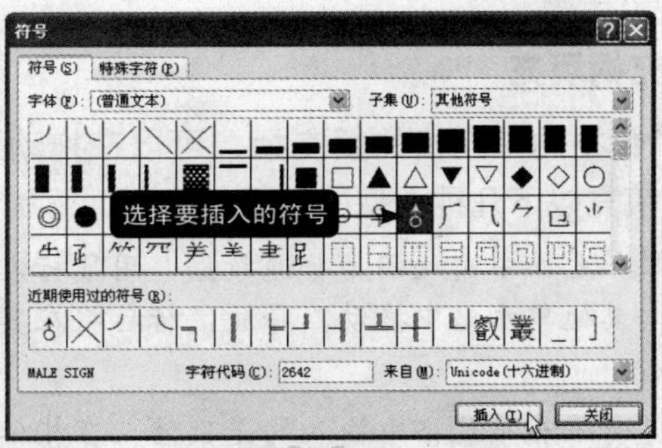

要点提示：关于“符号”选项卡的知识（一）

在“符号”选项卡的“字体”下拉列表中默认选择的是“普通文本”选项，即Excel的默认字体。如果在该下拉列表中选择了其他字体，则下面所有符号的字体将发生改变，再向单元格插入的符号也将采用此字体。

如果所选择的字符集不含子集时，右侧的“子集”下拉列表将自动消失。

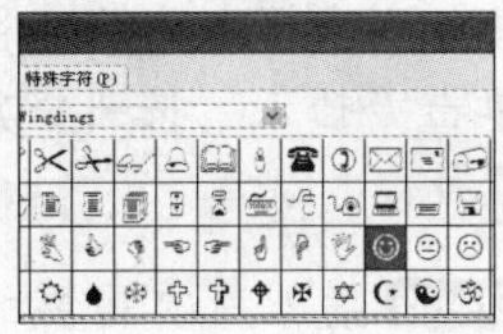

要点提示：关于“符号”对话框的知识（二）

单击“插入”按钮插入所选符号到工作表中后，该对话框将不会自动关闭，可继续选择其他符号进行插入。

对话框下面将自动记录最近插入过的16个符号，为用户在需要重复使用某特殊符号提供了很大的方便。

插入完毕要关闭对话框时，只需单击“关闭”按钮或单击对话框右上角的☒按钮即可。

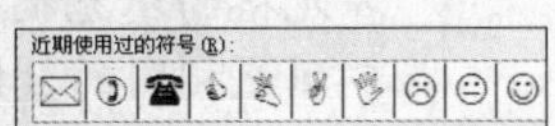

Step 03 将光标插入要输入特殊符号“☑”的位置处，在“符号”对话框的“字体”列表框中选择字符集“Wingdings 2”选项。

Step 04 此时在下面的列表框中出现该字符集包含的符号。选择“☑”符号，单击“插入”按钮将其插入到光标位置处。

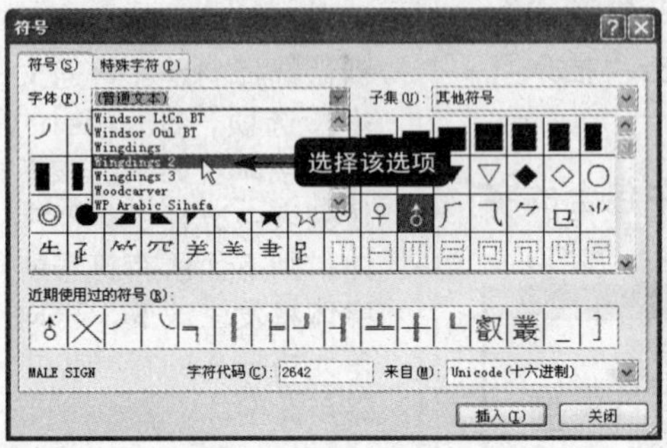

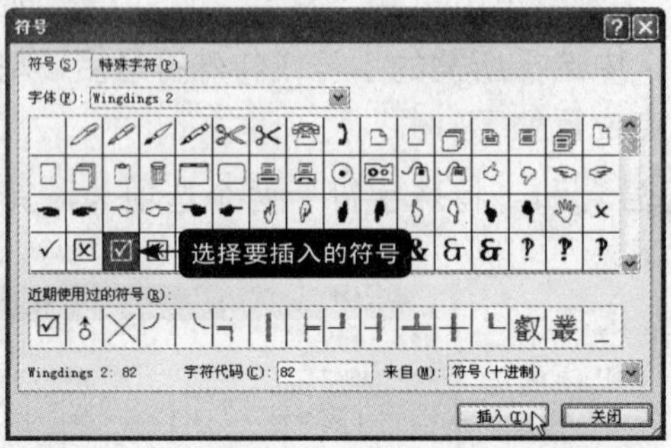

Step 05 将光标插入要输入特殊字符“§”的位置处，在“符号”对话框中单击“特殊字符”选项卡，在“字符”列表框中选择“§ 小节”选项，单击“插入”按钮将其插入到光标位置处。

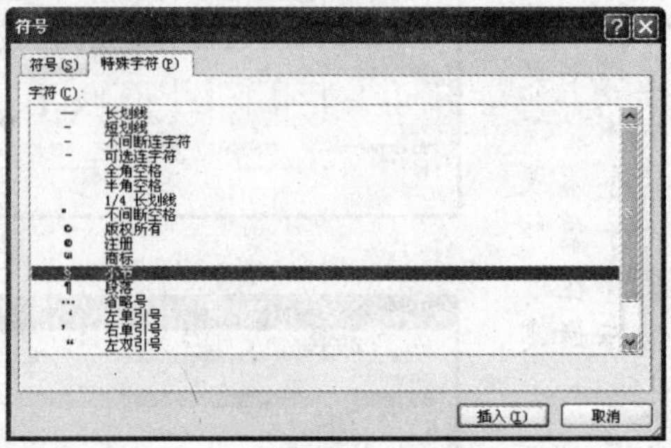

Step 05 插入所有需要的符号后，单击“关闭”按钮关闭“符号”对话框。

要点提示：输入的特殊符号显示为英文

不包含子集的字符集（如Wingdings等）也是字体的一种，只不过这类字体包含的都是固定的符号，其中许多符号对应于键盘上的一个英文或符号键。

当在某单元格中插入了如“☑”之类的特殊符号，而单元格字体格式却是正常文字的字体时，则会将特殊符号显示为与其对应的键盘上的字符。

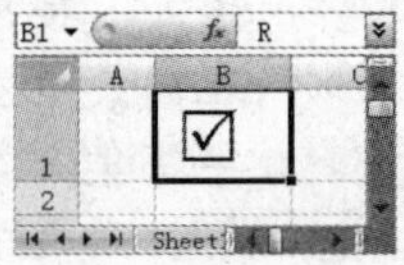

4.4 快速填充批量数据

在Excel 2007中除了可以手动输入数据外，还能在多个相邻的单元格中填充相同或具有一定规律的数据。

填充数据有用填充柄填充、通过功能区填充和通过对话框填充3种方法，可以在不同的情况下采用不同的方法，下面分别介绍这3种填充方法。

4.4.1 使用填充柄填充数据

选择某个单元格后，其右下角将出现一个黑色的小方块，将鼠标光标移动到小方块上，光标会变为+形状，这就是Excel中的填充柄。拖动鼠标左键或右键就可以进行数据的填充了。

1. 用鼠标左键拖动填充柄填充

用鼠标左键拖动输入了数据的单元格的填充柄，可以在拖动过的其他单元格中快速填充数据。可以填充以下几种类型的数据。

- **填充相同数据**：如果单元格中输入的是普通数据，用鼠标左键按住该单元格的填充柄不放向其他单元格中拖动，释放鼠标后将在其他单元格中填充相同的数据。
- **填充有规律的数据**：如果在单元格中输入的是数值，在相邻的两个单元

要点提示：插入符号的技巧

无论是软键盘中的符号，还是“插入特殊符号”对话框中的符号，或是“符号”对话框的“特殊字符”选项卡中的字符，都可以在“符号”对话框的“符号”选项卡中找到。

如果对要插入符号的所属类别不熟悉，插入时应尽量先通过软键盘、“插入特殊符号”对话框和“特殊字符”选项卡查找，这几处都没有时再到“符号”选项卡中查找。

格中输入不同的数值（如45、47），然后选择这两个单元格，用鼠标指针向其他单元格中拖动第二个单元格的填充柄，释放鼠标后可在拖动范围内快速填充递增或递减的数据。

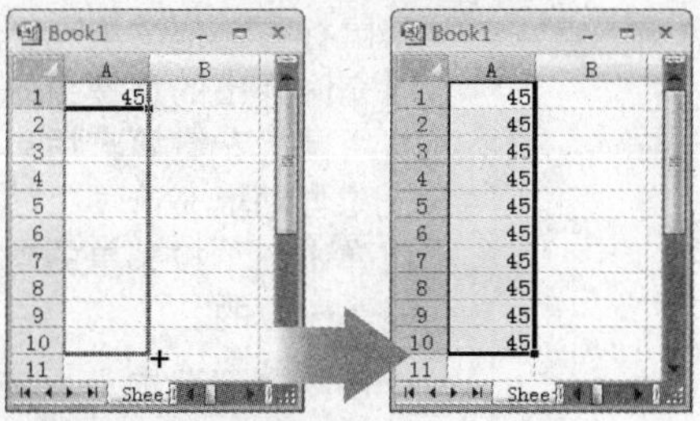

■填充相同数据

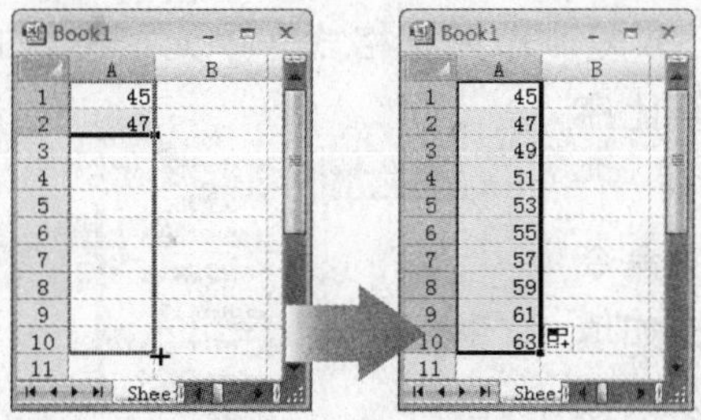

填充递增数据■

◆ **填充序列数据**：在Excel中，星期、日期和时间等数据属于系统内定的序列数据。如果在单元格中输入的是星期数或日期等数据，用鼠标左键按住该单元格的填充柄不放向其他单元格中拖动，释放鼠标后将在其他单元格中填充依次增加的星期数或日期。

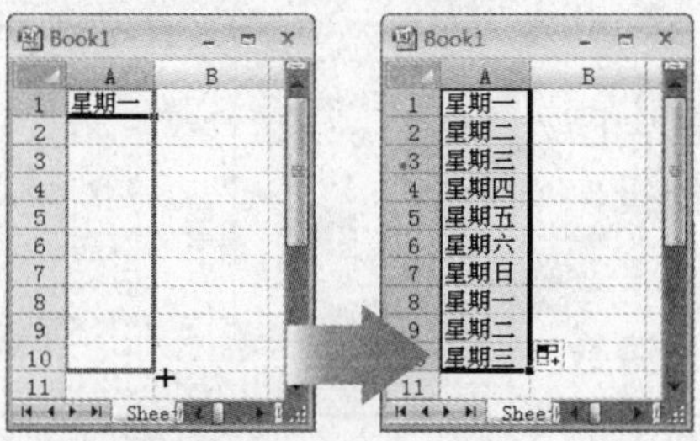

■填充星期数

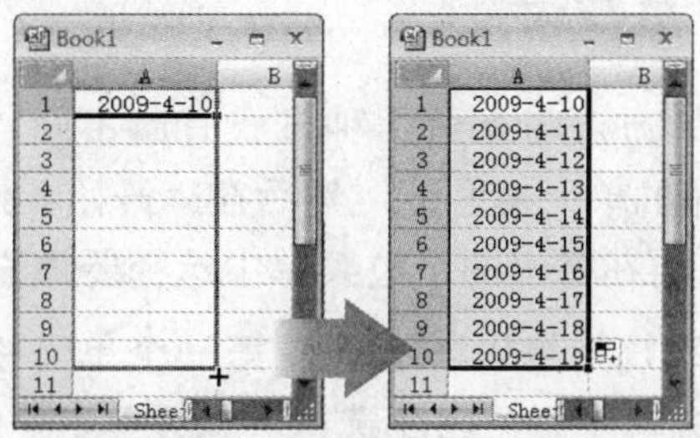

填充日期数■

对于编号形式的数据，Excel也会自动识别为有规律的数据，拖动时将填充序列。如在前面的客户信息表中对客户进行编号，其操作方法如下。

素材 光盘:\素材\第4章\客户信息表2.xlsx

效果 光盘:\效果\第4章\客户信息表2.xlsx

Step 01 单击A3单元格，输入第一个客户的编号“LY001”，然后用鼠标左键按住其右下角的填充柄不放向下拖动。

Step 02 拖动到A12单元格处时释放鼠标，完成其他客户编号的自动填充。

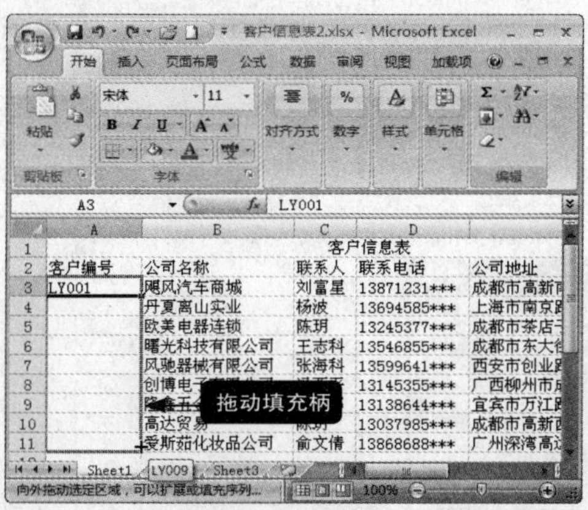

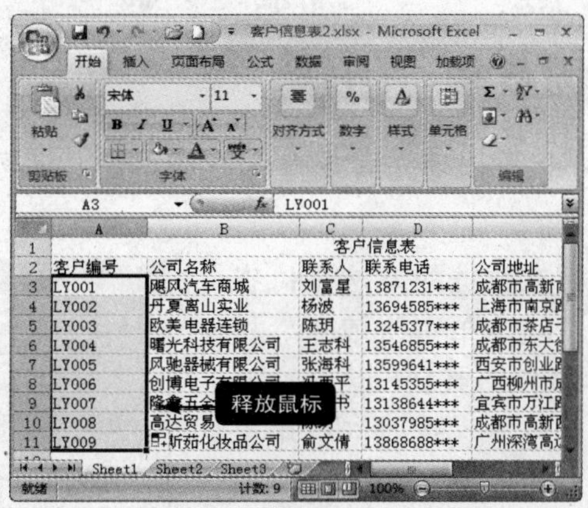

要点提示：使用“自动填充”选项

拖动填充柄并释放鼠标后，将在填充区域的最后一个单元格处出现一个“自动填充选项”按钮。单击该按钮，在弹出的下拉菜单中可以选择不同的填充方式。如只复制单元格或是以序列形式填充，或是只复制单元格格式等。填充的数据类型不同，该下拉列表中的选项也不同。比如，输入的不是日期数据，就不会有“以天数填充”及“以月填充”等选项。

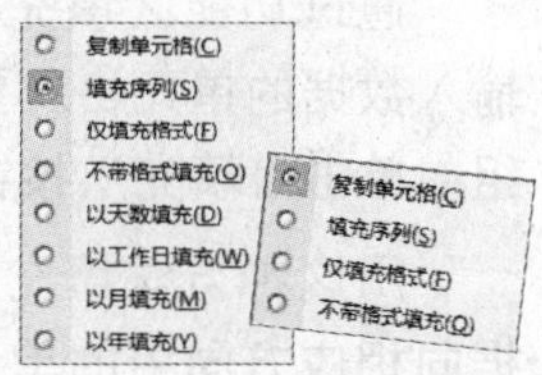

使用技巧：快速输入相同数据

选择要输入相同数据的多个单元格或单元格区域后，在编辑栏中直接输入数据，按【Ctrl+Enter】组合键结束输入，相同内容将被同时输入到当前选择的所有单元格中。

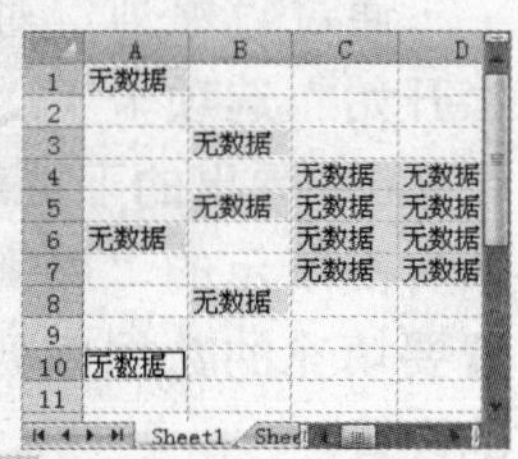

2. 用鼠标右键拖动填充柄填充

填充数据时，如果在填充柄上按住鼠标右键进行拖动，释放鼠标右键后将弹出一个快捷菜单，在该菜单中可以选择用哪种方式填充数据，有只复制数据、以序列方式填充数据、仅复制单元格格式（单元格格式的设置将在第5章中讲解）、以等差序列或等比序列方式填充等，如右图所示。

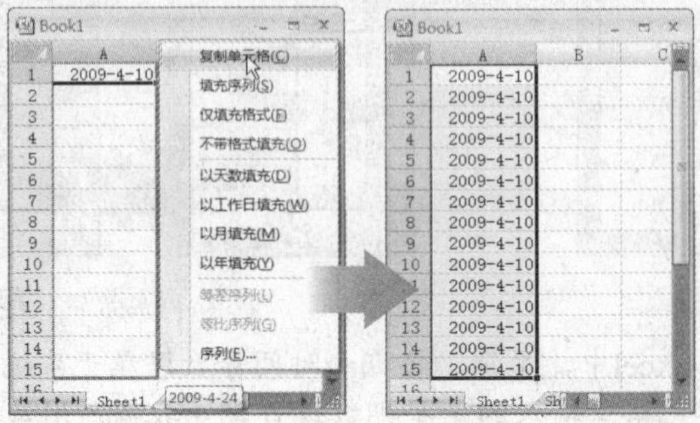

通过快捷菜单只复制数据■

当然，该快捷菜单中的命令并非任何时候都可使用，比如填充的数据不是日期时，“以天数填充”等命令就呈不可用的灰色显示状态；如果拖动的单元格数据不满足等差和等比条件时，等差和等比命令就不可用。

要点提示：右键拖动填充柄填充的实质

用鼠标右键拖动填充柄填充时弹出的快捷菜单与用鼠标左键填充后单击“自动填充选项”按钮弹出的下拉菜单的功能是一致的。

“自动填充选项”下拉菜单可根据单元格数据类型自动屏蔽一些不能使用的选项，用户可根据自己的习惯采用不同的方式进行填充。

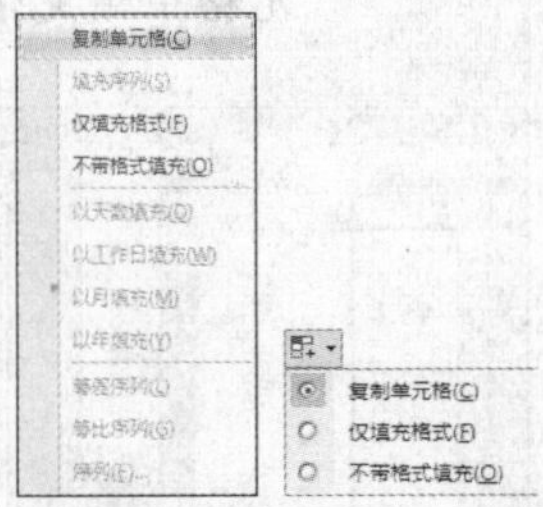

4.4.2 通过功能区填充数据

通过功能区填充数据的方法与上面两种方式有所不同，需先选择包含已输入数据的单元格及要填充的单元格区域，然后在“开始”选项卡下“编辑”组中单击“填充”按钮，再在弹出的下拉菜单中选择要填充的方向。

用这种方法填充时，系统始终以所选区域第一个单元格中的数据为源数据向相应方向中的单元格进行复制，因此选择“向左”、“向右”、“向上”和“向下”命令填充只能复制数据，而不能填充有规律的数据序列。

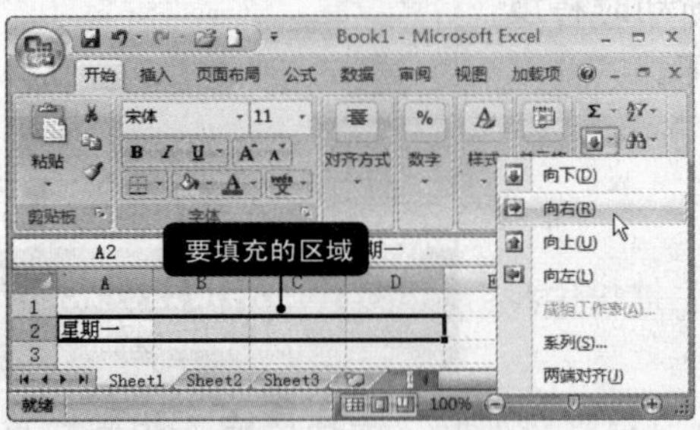

■选择填充区域和方向

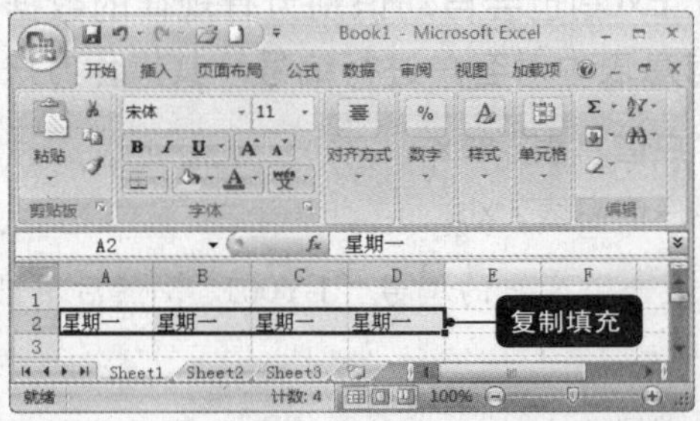

填充结果■

要点提示：填充序列的其他方法

用鼠标右键填充数据时，在弹出的快捷菜单中选择“序列”命令也可以打开“序列”对话框。通过该对话框，可以对填充的序列进行更详细的设置。

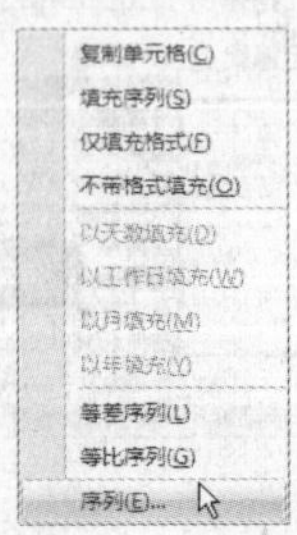

4.4.3 通过对话框填充数据

通过“序列”对话框不但可以填充有规律的数据序列，还可以设置序列的产生方式或步长等。

通过“序列”对话框填充数据的方法是：在“开始”选项卡下“编辑”组中单击“填充”按钮，在弹出的下拉菜单中选择“系列”命令打开如右图所示的“序列”对话框。在该对话框中设置要填充的数据序列规则，可以进行如下几方面的设置。

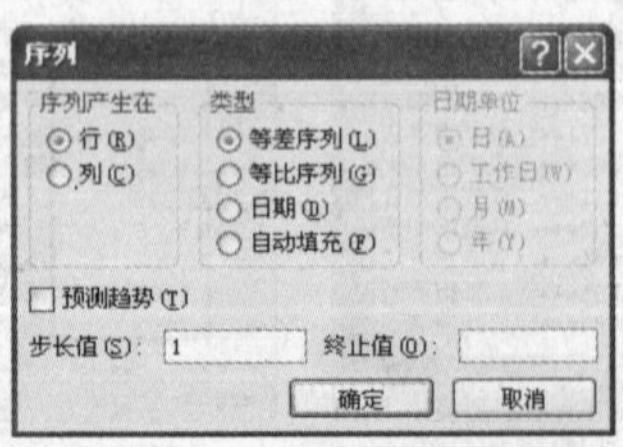

“序列”对话框■

- **序列产生的方向**：选择序列是产生在行还是列。
- **序列类型**：设置序列的类型，如等差序列、等比序列、日期、自动等。
- **时间单位**：如果选择的是日期类型，将激活该栏内容，在该栏中可以选择以哪种日期单位来计量。
- **预测趋势**：选中该复选框表示按照默认的步长为1的预测趋势进行自动填充。
- **步长值**：设置填充时相邻两个单元格中数据的差值。
- **终止值**：指序列的最后一个数据，用于设置填充数据序列时，填充至哪个数值处终止填充。

下面通过一个实际操作来体验“序列”对话框的使用方法。如某公司每周五都需统计客户的订货量，在输入日期时以某个星期五的日期为基准，以7天为步长值进行等差序列填充，其操作方法如下。

Step 01 输入表格内容，在输入统计日期时，在A3单元格中输入2009年9月份第一个星期五的日期数据“2009年9月4日”，然后在“开始”选项卡下“编辑”组中单击“填充”按钮，在弹出的下拉菜单中选择“系列”命令。

Step 02 在打开“序列”对话框的“系列产生在”选项组中选择“列”单选按钮，在“步长值”文本框中输入“7”，在终止值文本框中输入10月份最后一个星期五的日期“2009年10月30日”。

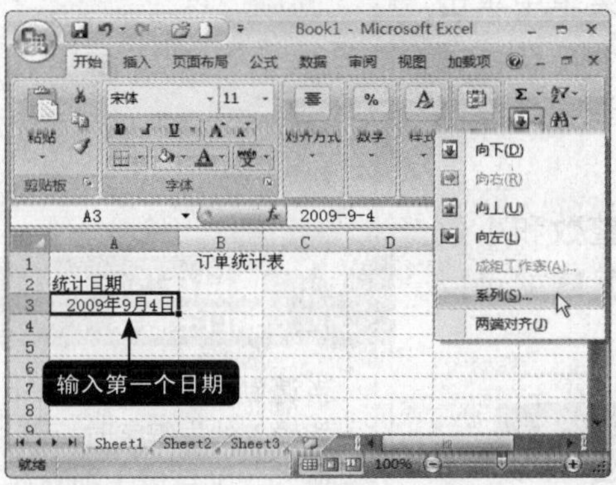

Step 03 保持其他选项为默认值，单击“确定”按钮，系统自动在A3单元格下面的单元格中输入2009年9月和10月所有星期五的日期。

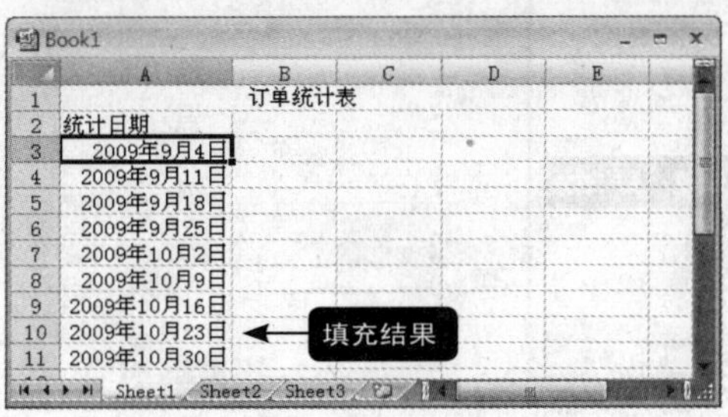

4.5 其他输入技巧

在制作表格时，输入数据是最常见的操作，除了必须熟练掌握前面介绍的各种输入方法外，还应该掌握一些输入技巧或其他输入数据的方法。如通过Excel的记忆功能快速输入曾经输入过的数据、通过设置小数位让系统自动输入小数点等。另外，还可以用Excel提供的记录单功能来输入数据。

要点提示：自动填充类型的含义

如果在“序列”对话框的“类型”选项组中选择“自动填充”单选按钮，则系统将自动根据所选单元格中的数据类型判断采用哪种方式填充，这与用鼠标左键拖动填充柄进行填充的效果相同。

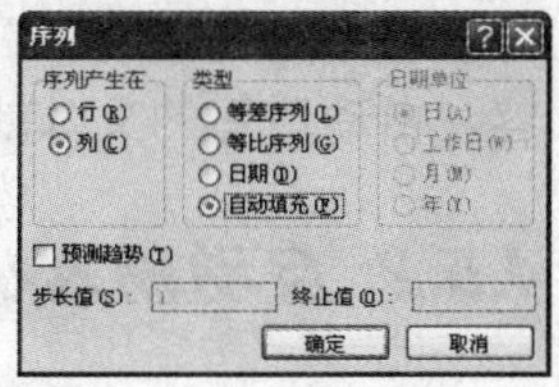

要点提示：关于“序列”对话框填充的知识

通过“序列”对话框填充数据时可以只选择已输入数据的一个单元格进行填充，也可以选择要填的单元格区域后再用该方法填充。

如果选择单元格区域后又在“序列”对话框中设置了终止值，当已经填充满选择的区域时还未到达设置的终止值，则只填充至选择的区域尾；当已到达终止值时还未填充满选择的区域，则只填充至设定的终止值而不会填充满选择的区域。

4.5.1 记忆式键入

Excel具有记忆式输入功能，如果在某个单元格输入一个数据后，当在该列的其他单元格中输入的前几个字符与该列中已有的项相匹配时，系统就会自动填写其余的文本，自动填写的文本将以黑底白字形式显示。如右图中在C12单元格中输入“打”字，系统便自动填写前面输入过的“打印机”。

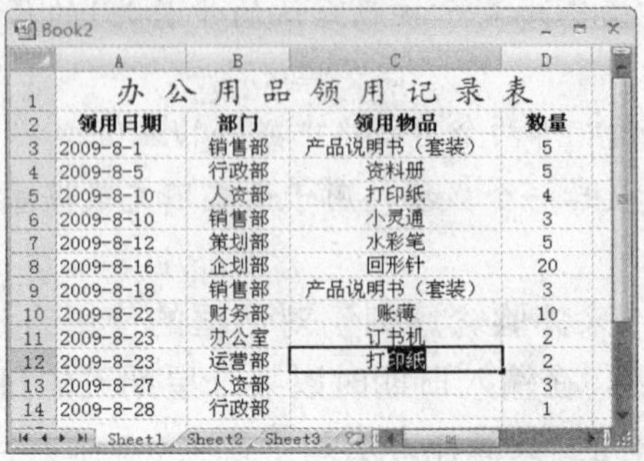

	A	B	C	D
1	办公用品领用记录表			
2	领用日期	部门	领用物品	数量
3	2009-8-1	销售部	产品说明书（套装）	5
4	2009-8-5	行政部	资料册	5
5	2009-8-10	人资部	打印纸	4
6	2009-8-10	销售部	小灵通	3
7	2009-8-12	策划部	水彩笔	5
8	2009-8-16	企划部	回形针	20
9	2009-8-18	销售部	产品说明书（套装）	3
10	2009-8-22	财务部	账薄	10
11	2009-8-23	办公室	订书机	2
12	2009-8-23	运营部	打印纸	2
13	2009-8-27	人资部		3
14	2009-8-28	行政部		1

记忆输入

如果要输入这个曾经输入过的数据，直接按【Enter】键确认即可，如果并非要输入该数据，只是它们的前几个字符相同时，则直接输入后面的内容，自动填写的文本就会被替换。

要点提示：取消记忆式输入功能

要取消记忆式输入功能，可打开“Excel选项”对话框，单击“高级”选项卡，在“编辑选项”区域中取消选中“为单元格值启用记忆式键入”复选框。如果经常会在同列单元格中输入相同的字段，建议不要取消该功能。

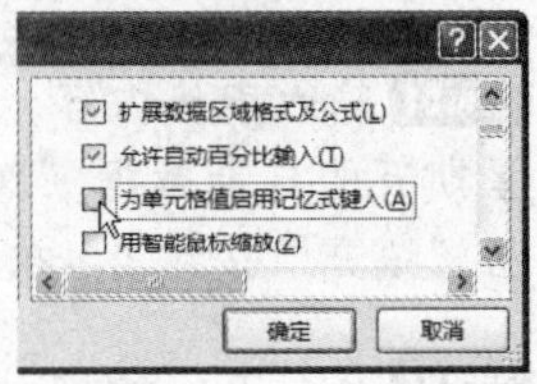

4.5.2 自动输入小数点

在输入财务会计所用表格的数据时，经常需要输入小数。如果遇到输入大量带小数数据的情况时，可以通过设置让系统自动输入小数点，从而提高输入效率。

如输入带两位小数的数据，就可以单击Office按钮，从弹出的菜单中单击“Excel选项”按钮打开“Excel选项”对话框，单击“高级”选项卡，在“编辑选项”区域中选中“自动插入小数点”复选框，并在下面的“位数”数值框中将小数位设为“2”，如左下图所示。

进行该设置后，当以后在工作表中输入数据时直接连续输入整数和小数部分即可。如要输入“23.45”，只需输入“2345”后按【Enter】键就可以了；如果要输入整数12，则需输入“1200”。

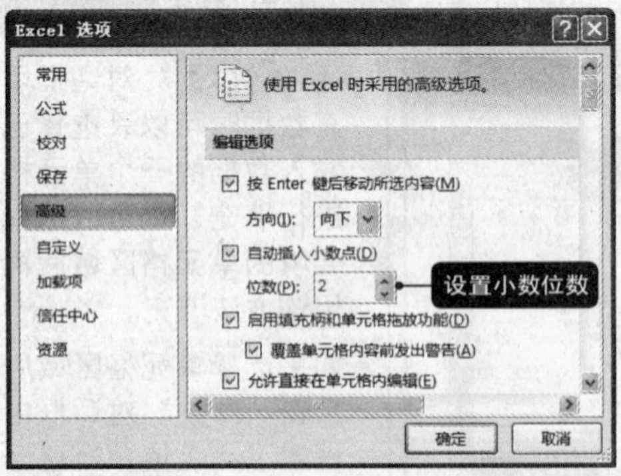

设置小数位

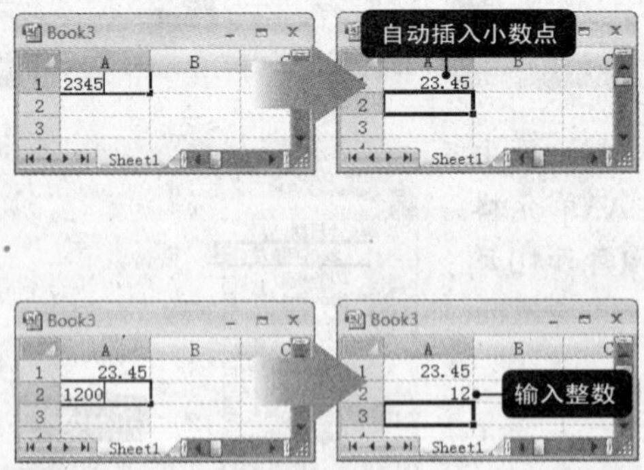

输入小数和整数

4.5.3 使用“记录单”输入数据

在Excel中还可以使用“记录单”功能来输入数据，但启动记录单的命令在Excel 2007的功能区中无法找到，需加载到快速访问工具栏中才能使用。

使用记录单输入数据有个必要前提条件，那就是在表格中至少输入了列标签字段。对此可能部分读者不解其意，因此有必须要先了解相关知识。

使用技巧：巧妙输入生僻字

当遇到大多数输入法不能输入的生僻字时，可以输入一个与该字部首相同，笔画数相等或相近的字，然后进行替换。

如要输入“愔”字，可先输入“愎”字并选择它，打开“符号”对话框，系统自动选择“愎”字，在“愎”字附近可找到“愔”字，双击该字即可将其插入单元格中并替换“愎”字。

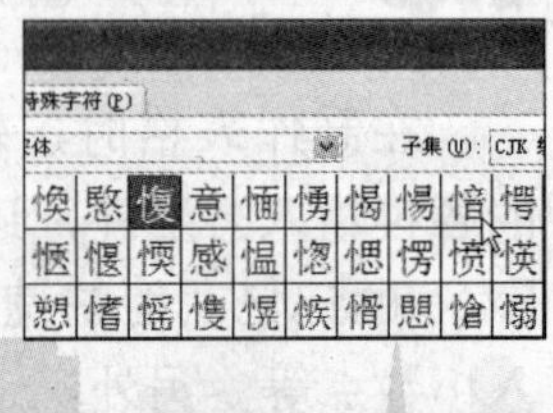

在Excel中系统会将包含列标签的数据清单视作数据库，用它来组织数据，并使用字段、字段名称和记录。

在数据清单中，列被称作是数据库中的字段，列标签就是数据库中的字段名称，如客户信息表中的“公司名称”、“联系电话”都是列标签，也就是我们通常所说的表头；数据清单中的每一行对应数据库中的一个记录，如客户信息表中从第3行起的每行都是一条记录。

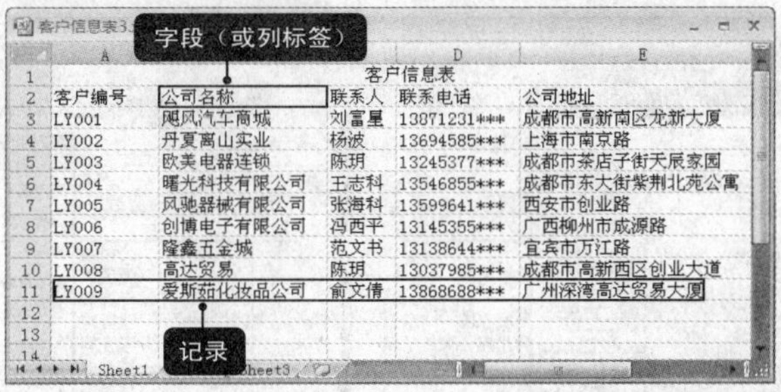

客户信息表

下面通过记录单功能在“客户信息表3”工作簿中添加几条记录，以此练习记录单功能的使用，其操作方法如下。

要点提示：记录单功能的应用

在Excel 2000~Excel 2003版本中，选择“数据/记录单”命令就可以启动记录单进行记录的添加。

记录单只是输入数据的另一种方式，一般在数据量较多，看不到列标签的时候使用，以防止输入的数据错位。

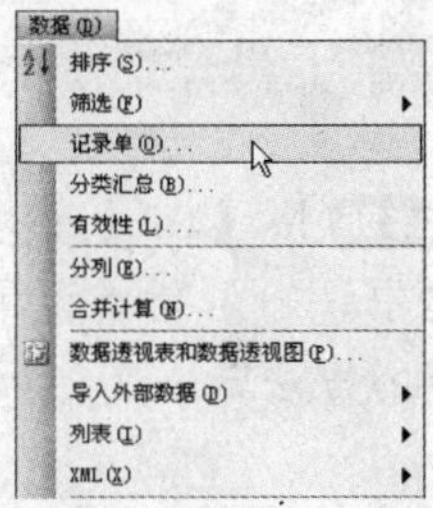

应用案例——用记录单为“客户信息表3”添加记录

素材 光盘:\素材\第4章\客户信息表3.xlsx

效果 光盘:\效果\第4章\客户信息表3.xlsx

Step 01 打开素材文件，单击快速访问工具栏右侧的下拉按钮，在弹出的下拉菜单中选择“其他命令”命令。打开“Excel选项”对话框的“自定义”选项卡，在“从下列位置选择命令”下拉列表中选择“不在功能区中的命令”选项，然后在下面的列表框中找到并选择“记录单”选项，单击“添加”按钮将其添加到右侧的列表框中，再单击“确定”按钮关闭对话框。

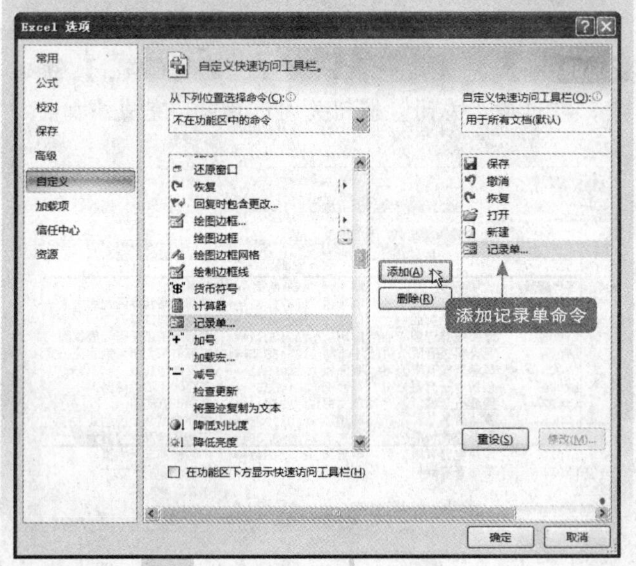

Step 02 在“客户信息表3”中选择A2:E11单元格区域，然后单击添加到快速访问工具栏中的“记录单”按钮。

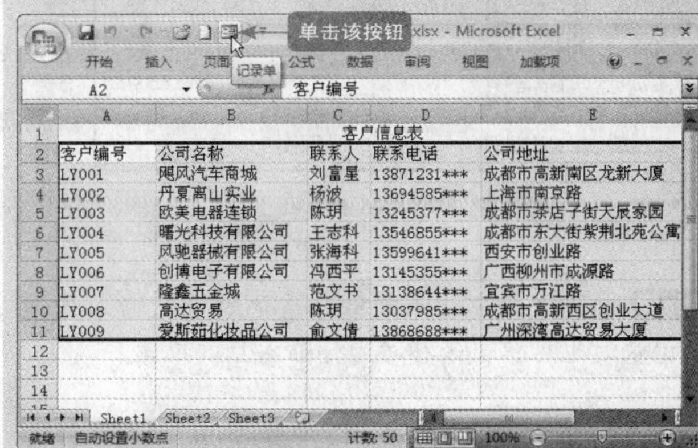

Step 03 此时背景出一个提示框提示无法确定选定区域哪一行包含列标签，单击“确定”按钮用选定区域的首行作为列标签。

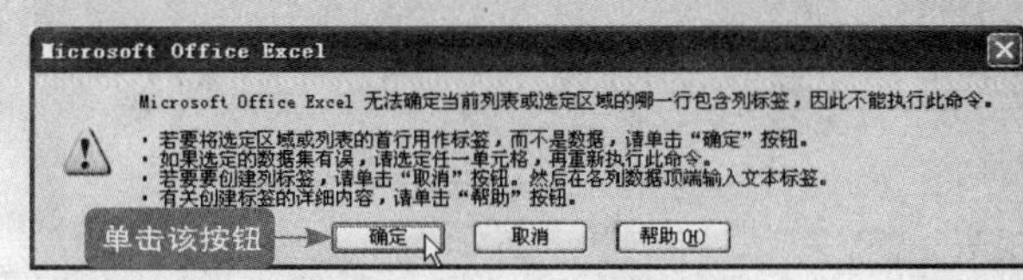

Step 04 打开记录单对话框，此时自动显示选择区域中第一位员工的记录单，单击“新建”按钮。

Step 05 在新建空白记录单的“客户编号”文本框中输入“LY010”。

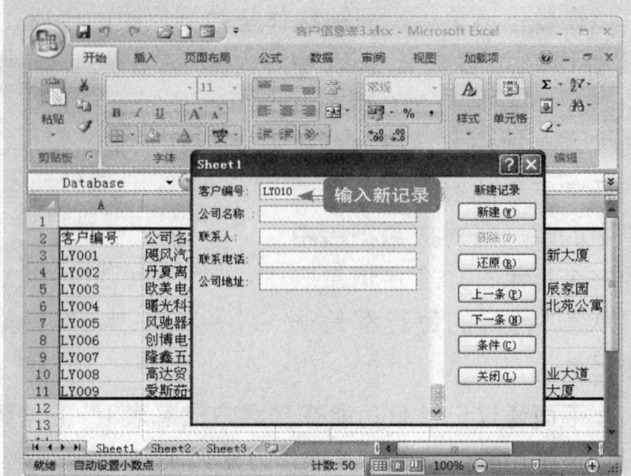

Step 06 按【Tab】键将光标插入到“公司名称”文本框中，输入新增记录的“公司名称”记录，再用同样的方法输入其他列标签下对应的记录。

Step 07 一条记录输入完毕，单击“新建”按钮再新建一张空白记录，同时刚才输入的记录自动添加到选择区域下方的行中。

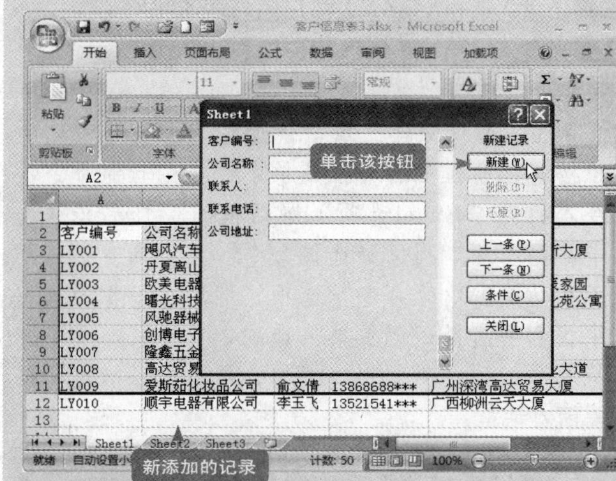

Step 08 用同样的方法添加第二条记录（在输入列标签记录时也可单击来移动光标插入点的位置）。

Step 09 添加完最后一条记录后，按【Enter】键确定，再单击“关闭”按钮关闭记录单，完成添加。

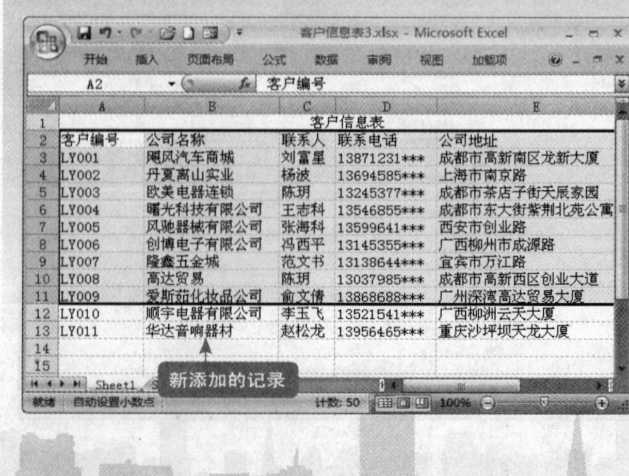

4.6 编辑数据

在工作表中输入数据时难免会输错，或过一段时间后又需要更改某些数据，这时就需要编辑数据。编辑数据同输入数据的方法相似，另外还可以根据情况移动或复制数据、查找或替换数据，或者删除不需要的数据。

4.6.1 修改错误的数据

由于输入数据既可以在单元格中输入，也可以在编辑栏中输入，所以修改数据理所当然也有这两种方式。如果要修改单元格中的全部数据，只需选择该单元格后重新输入所需的数据即可；如果只需更改单元格中的部分数据，则可采用如下两种方式进行修改。

- **在单元格中修改**：双击需要修改其中部分数据的单元格，将光标插入点定位到单元格中，拖动鼠标选择需要修改的部分，输入正确的数据然后按【Enter】键完成修改。
- **在编辑栏中修改**：选择需要修改其中数据的单元格，然后在编辑栏中单击，将光标插入点定位到编辑框中，拖动鼠标选择需要修改数据，输入正确的数据，然后按【Enter】键完成修改。

下面分别使用在单元格中修改和通过编辑栏修改数据两种方法对“客户联系表4”中错误的文本进行修改，其具体操作如下。

要点提示：关于记录单的使用知识

在打开记录单之前，选择的单元格区域下方应是空白行，否则无法新建记录。

记录单对话框中显示的项目与在工作表中选择的区域有关，选择的列越多项目就越多。

用记录单输入最后一条记录后一定要单击“新建”按钮或按【Enter】键确认才能将该记录添加到工作表中；如果不确认就直接关闭记录单，则最后一条记录不会被添加到工作表中。

使用技巧：快速启用记录单

按【Alt+D+O】组合键可以快速启动记录单。

应用案例——修改“客户信息表4”工作簿中的数据

素材 光盘:\素材\第4章\客户信息表4.xlsx

效果 光盘:\效果\第4章\客户信息表4.xlsx

Step 01 打开“客户信息表4”工作簿，双击C12单元格将光标插入点定位到该单元格中，拖动鼠标选择要修改的文字“飞”，选择的文字呈反白显示。

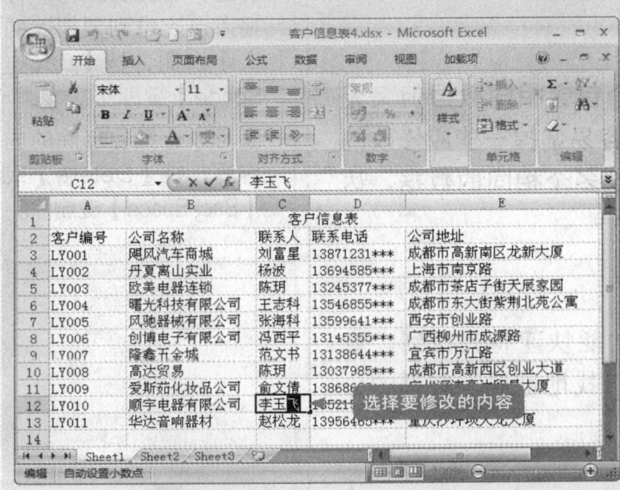

Step 02 输入正确的文字“菲”，在输入的同时编辑栏中的内容也发生了变化。修改完毕按【Enter】键确认。

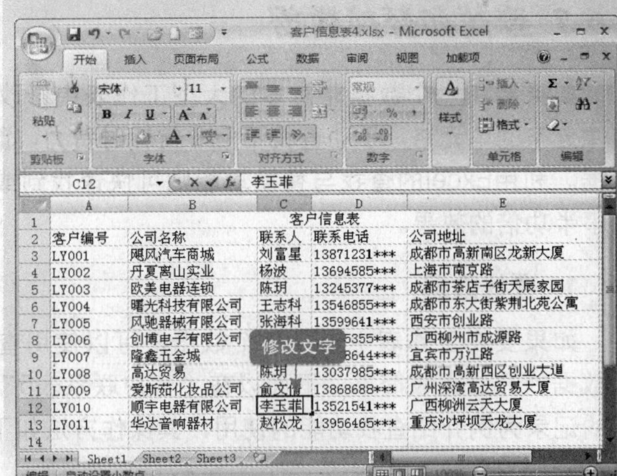

Step 03 单击E13单元格，然后在编辑栏的编辑框中单击，将光标插入点定位到编辑框中，拖动鼠标选择要修改的文字“天龙”，选择的文字呈反白显示。

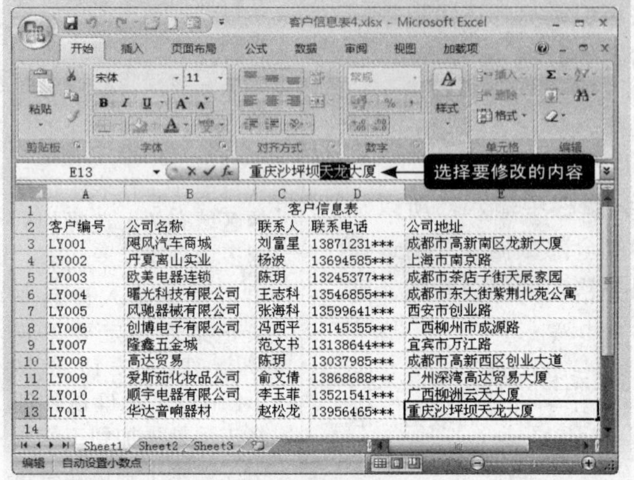

Step 04 输入正确的内容“腾跃”，在输入的同时E13单元格中的内容也一同发生了变化。修改完毕后按【Enter】键完成修改。

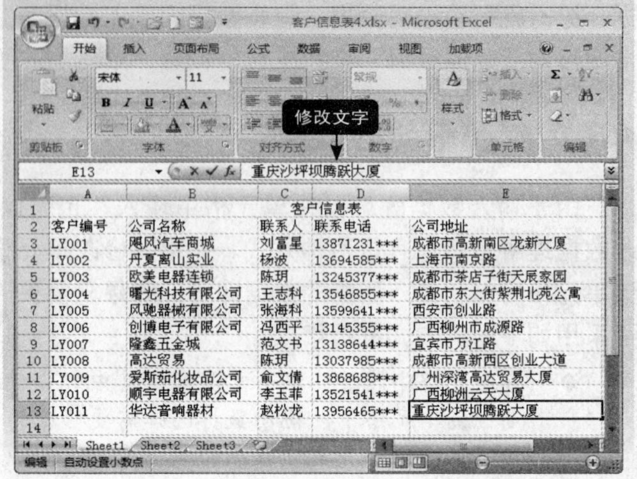

4.6.2 移动或复制数据

如果单元格中的部分数据输入错了位置，可以通过剪切和粘贴数据的方法来移动这部分数据；如果部分数据要重复输入为多个单元格数据的一部分，可以通过复制和粘贴数据的方法来复制这部分数据。

需要注意的是，这里所说的移动和复制针对的对象是单元格中的部分数据内容，而非单元格本身。如果要移动或复制整个单元格中的数据，则需采用第3章中介绍的方法移动或复制单元格。

移动或复制数据只需双击单元格将光标插入点定位到单元格中（或将光标插入编辑栏中），选择其中要移动或复制的数据内容后，再将光标定位到目标单元格中的指定位置处进行粘贴。虽然针对的对象不同，但其操作方法与移动和复制整个单元格的方法相似，在此不再赘述。

要点提示：在单元格中添加或删除部分数据

如果需要在单元格现有数据的基础上补充内容，则在单元格或编辑栏中将光标插入点定位到需补充内容的位置右侧，再输入所需数据即可。

要删除单元格中的部分内容时，将光标插入点定位到需删除的内容左侧，按【Delete】键进行删除，或将光标插入点定位到要删除的文字右侧，按【Back_Space】键即可。

还可以选择要删除的内容后，按【Delete】或【BackSpace】键删除。

4.6.3 查找和替换数据

如果要在一个数据非常多的大型工作表中修改多个包含相同数据但又无规律分布的单元格，手动查找不但非常耗时费力，而且容易漏掉一些应修改的数据。利用Excel的查找与替换功能则可快速找到或修改多个相同的数据，达到事半功倍的效果。

1. 查找数据

如果要在工作表中查找某个数据，可以使用查找功能快速将其找到。查找数据的方法比较简单，下面以在“客户联系表5”中查找地址属于成都的公司的记录为例介绍查找功能的使用，其操作方法如下。

素材 光盘:\素材\第4章\客户信息表5.xlsx

Step 01 打开“客户信息表5”工作簿，在“开始”选项卡下“编辑”组中单击“查找和选择”按钮，在弹出的下拉菜单中选择“查找”命令。

Step 02 打开“查找和替换”对话框的“查找”选项卡，在“查找内容”下拉列表中输入“成都”，然后单击“查找下一个”按钮。

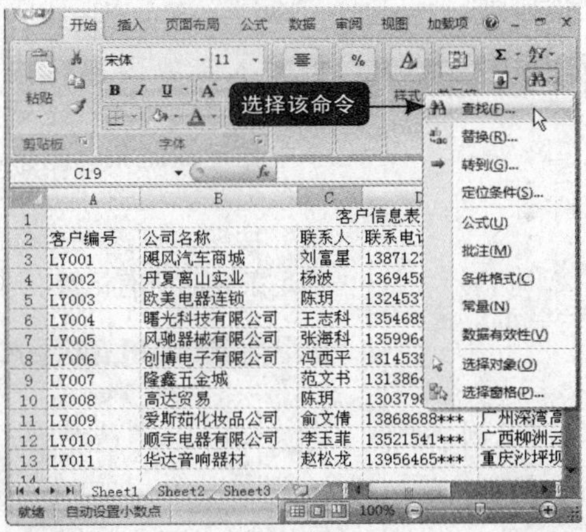

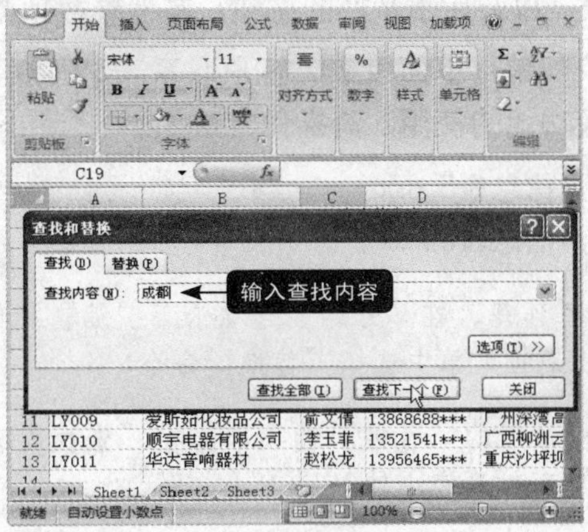

Step 03 系统自动从当前单元格位置处向后查找到第一个包含内容“成都”的单元格，并自动选择该单元格。

Step 04 继续单击“查找下一个”按钮，系统查找到第二个包含数据“成都”的单元格并将其选择（当“查找和替换”对话框挡住找到的单元格时，对话框会自动改变其在屏幕上的位置）。用同样的方法即可查找出所有符合查找内容的数据。

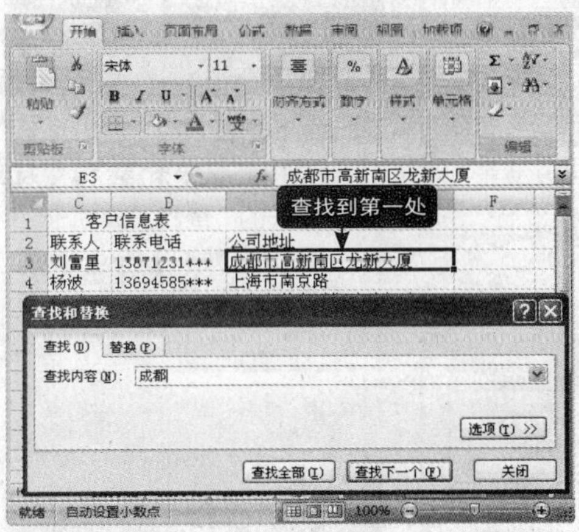

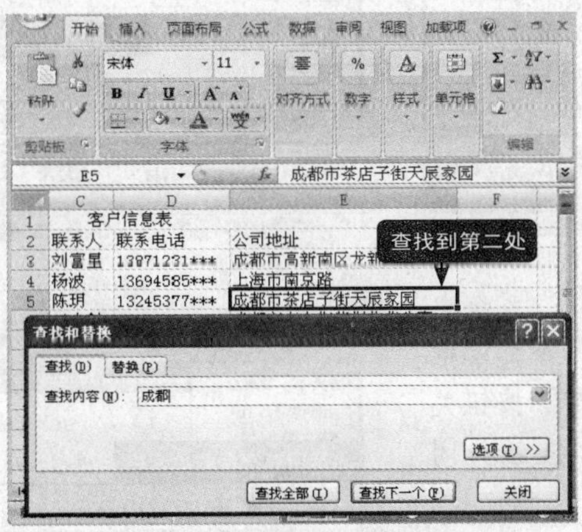

Step 05 单击“查找全部”按钮，将在对话框下方出现一个列表框，以列表的形式显示工作表中所有符合查找内容的单元格，包括所在的工作表、单元格及值。选择列表框中的某条记录，系统就会在工作表中自动选择对应的单元格。查找完毕，单击“关闭”按钮关闭“查找和替换”对话框。

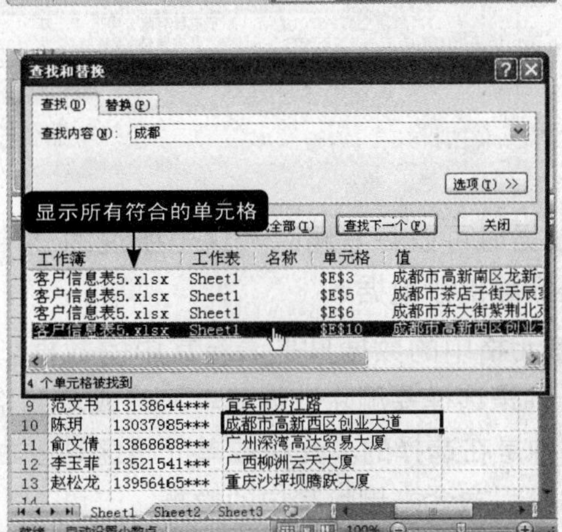

要点提示：设置查找选项

在“查找和替换”对话框中单击“选项”按钮，在该对话框下面将扩展出用于限制查找范围的选项，通过设置查找范围可以使查找的结果更加精确，其中各参数项的含义如下。

◆范围：在该下拉列表中选择查找范围，如工作簿或当前工作表。

◆搜索：在该下拉列表中选择搜索方式，如按行或按列。

◆查找范围：在该下拉列表中选择要查找的数据类型，如公式、值或批注。如果工作表中没有任何批注，则没有“批注”选项。

◆区分大小写：选中该复选框可在查找时区分“查找内容”的大小写，默认情况下不区分大小写。

◆单元格匹配：选中该复选框可以查找数据相同，并且单元格格式也相同的数据。这需要单击“格式”按钮来设置查找内容的格式。

◆区分全/半角：选中该复选框，在查找时会严格按照字母的全半角来进行区分。

2. 替换数据

如果要将工作表中多次出现的相同数据修改为其他数据，则可使用替换功能来快速完成任务。

“查找和替换”对话框的“替换”选项卡相对于“查找”选项卡，只是增加了“替换为”下拉列表，以及用于替换的按钮，其他参数项都相同。

替换数据的方法也比较简单，下面以在“客户联系表5”中将客户编号中的LY替换为SP为例介绍替换功能的使用，其操作方法如下。

素材 光盘:\素材\第4章\客户信息表5.xlsx

效果 光盘:\效果\第4章\客户信息表5.xlsx

Step 01 打开“客户信息表5”工作簿，在“开始”选项卡下“编辑”组中单击“查找和选择”按钮，在弹出的下拉菜单中选择“替换”命令。

Step 02 打开“查找和替换”对话框的“替换”选项卡，在“查找内容”下拉列表中输入“LY”，在“替换为”下拉列表中输入“SP”。

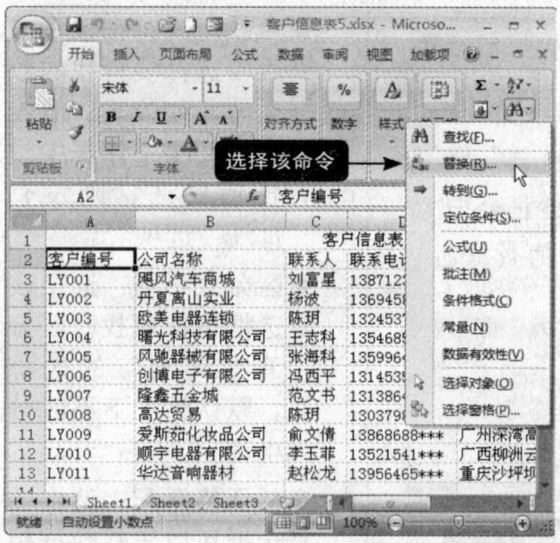

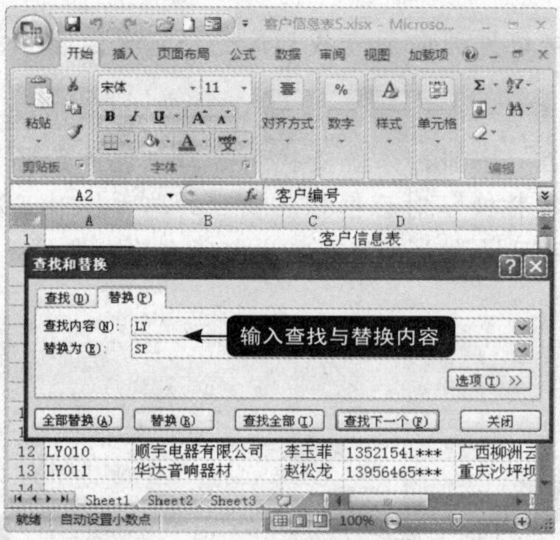

Step 03 单击“全部替换”按钮，系统自动完成数据的替换，并打开一个提示框显示替换的数量，单击“确定”按钮关闭提示框，再单击“关闭”按钮关闭“查找和替换”对话框。

4.6.4 删除数据

当表格中有不需要的数据时可以将其删除，这里所说的删除是指删除整个单元格中的数据，而不是删除部分数据。

需要注意的是，删除单元格中的数据只是清除其中的数据，而不是删除单元格。其方法有两种，一种是选择要删除数据的单元格或单元格区域，然后按【Delete】键即可；另一种是在选择的单元格或单元格区域上右击，在弹出的快捷菜单中选择“清除内容”命令来删除其中的数据。

要点提示：用记录单查找记录

打开记录单，单击“条件”按钮，在要查找内容所在列的列标签右侧输入查找内容，按【Enter】键即可在记录单中显示满足条件的第一条记录。单击“下一条”按钮，可逐一查看满足条件的所有记录。

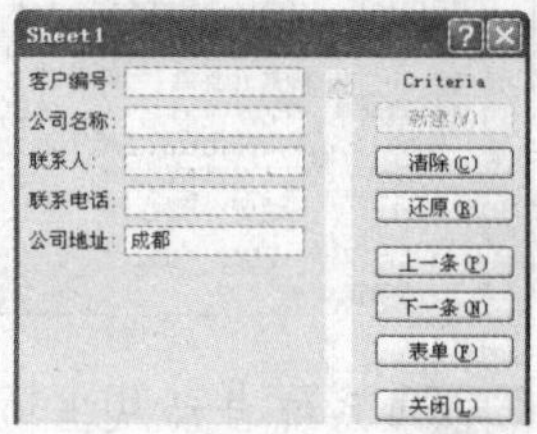

使用技巧：快速打开“查找和替换”对话框

按【Ctrl+F】组合键将打开“查找和替换”对话框的“查找”选项卡；按【Ctrl+H】组合键将打开“替换”选项卡。

要点提示：如何实现仅替换部分内容

在多个相同的数据中，有些需要替换，有些不需要替换时，可通过单击“查找下一个”按钮跳过不需要替换的数据，找到需要替换的数据时单击“替换”按钮进行替换即可。

如果单元格设置了格式，用这两种方法删除其中的数据后，将保留单元格格式。而在“开始”选项卡下“编辑”组中单击“清除”按钮，在弹出的下拉菜单中选择不同的命令可以清除不同的信息，这几个命令的功能如下。

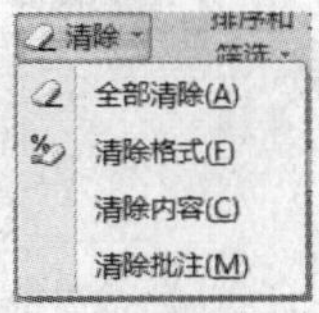

清除命令

- **清除内容：** 选择该命令只清除数据，与直接按【Delete】键的功能相同。
- **清除格式：** 如果选择的单元格或单元格区域设置了格式，选择该命令将清除为单元格设置的格式，将其恢复为默认的格式。
- **清除批注：** 如果为选择的单元格或单元格区域添加了批注，选择该命令将清除这些批注。
- **全部清除：** 选择该命令将同时清除内容、格式和批注。

4.7 撤销和恢复操作

在制作表格的过程中，如果进行了误操作（如修改了不该修改的内容或删除了不该删除的内容，以及设置单元格格式等）后又想使用原来的内容，但却不记得修改了哪些单元格时，可使用Excel的撤销与恢复功能。

4.7.1 撤销操作

在Excel工作表中输入数据或设置单元格格式时，系统会自动记录进行过的操作。因此，当进行了误操作时，可以通过该功能将误操作撤销。

撤销操作的方法是：单击快速访问工具栏上的“撤销”按钮撤销最近一次的操作，连续单击该按钮可以连续撤销最近执行过的多次操作，也可以单击“撤销”按钮的下拉按钮，在弹出的下拉菜单中选择要撤销到的操作，如右图所示。

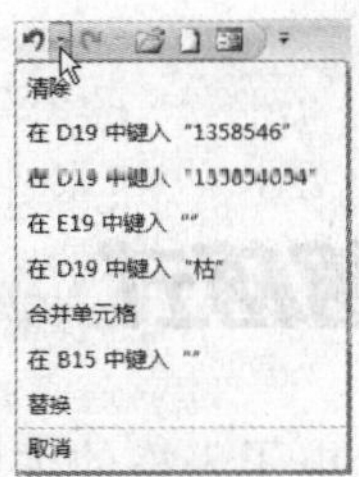

撤销列表

4.7.2 恢复操作

执行了撤销操作后，在没有进行其他操作之前还可以再将撤销的操作恢复回来。比如多撤销了操作或要对比前后两种设置的效果时，便可用此方法来恢复操作。

恢复操作的方法是：单击快速访问工具栏上的“恢复”按钮恢复最近一次撤销的操作，连续单击该按钮可以恢复最近撤销过的多次操作。也可以单击“恢复”按钮的下拉按钮，在弹出的下拉菜单中选择要恢复到的操作，如右图所示。

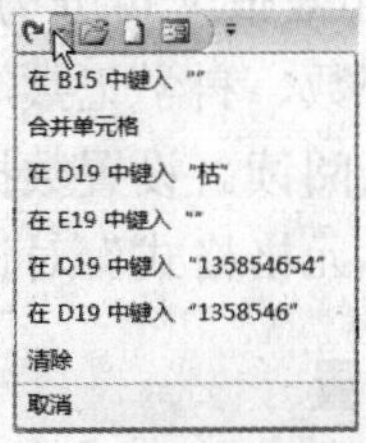

恢复列表

使用技巧：使用通配符进行模糊查找

如果用户不是很明确地知道要查找数据的全称，在不能完全匹配的情况下可以使用通配符进行模糊查找。

Excel可用的通配符有“?”和“*”，其中“?”能代替任何单个字符，“*”代替任意多个连续的字符。

如要查找包含12的所有数据，可在“查找内容”下拉列表中输入“*12*”；要查找字母数为3且以A开头的单词，则可输入“A??”。

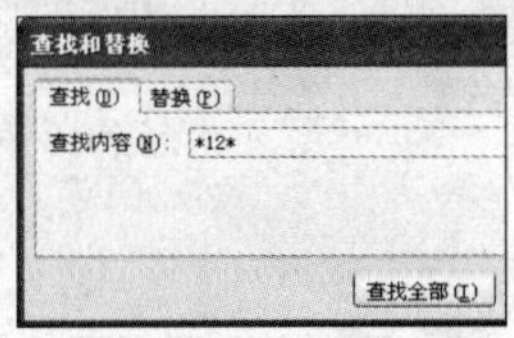

使用技巧：快速撤销或恢复操作

按【Ctrl+Z】组合键可以撤销最近的一次操作；连续按该组合键可以撤销最近执行过的多次操作。

按【Ctrl+Y】组合键可以恢复最近一次撤销的操作；连续按该组合键可以恢复最近撤销过的多次操作。

5 Chapter 美化电子表格

READERS' GUIDE

在默认创建的工作簿中输入大量数据会显得枯燥而毫无生趣，因此一般还需对电子表格进行美化设置。由于电子表格中最基本的元素是单元格，因此美化电子表格首先要从单元格格式上入手，如设置单元格的数据显示形式、字体格式、对齐方式、边框和背景等；而对于整张工作表来说，也可以为其套用格式或设置背景。通过这些手段可以制作出美观大方、易于阅读的电子表格。

MAIN CASES

设置数值显示格式 P62

设置字体格式 P67

设置对齐方式 P70

设置单元格边框 P73

设置单元格背景 P77

5.1 设置单元格格式

设置单元格格式是美化电子表格的主要手段，因为表格都是由单元格组成的。设置单元格格式不但可以让表格看起来更加美观，还能够突出显示重点，既便于阅读，又利于后期进行管理和分析。设置单元格格式包括设置数据类型、字体样式、对齐方式、边框和底纹等。

5.1.1 设置数值显示格式

按不同的标准，文本和数值又可分为汉字、英文单词、日期、时间、货币、会计专用、百分比、分数、科学记数等类型，因此输入数据后通常需将其设为恰当的格式，便于他人阅读。设置数据类型可以通过迷你工具栏、功能区中的“数字”组和“设置单元格格式”对话框3种方式进行设置。

1. 通过迷你工具栏设置

通过迷你工具栏可以快速对数值型的数据进行常用格式的设置，以提高工作效率。方法是在需要设置数值类型的单元格上右击，在弹出的如右图所示的迷你工具栏中单击相应的按钮进行设置。其中用于设置数值格式的按钮及其作用如下。

迷你工具栏

◆ ：单击该按钮可将单元格中的数值设为会

要点提示：设置数值显示格式的意义

在Excel单元格输入数值数据后，默认以常规方式显示，即数值不分间隔、其他符号以及超过11位用科学记数法显示等。

设置数值显示格式即为数值设置小数位数、显示百分号、给数字加上千位分隔符等，使数值更具有可读性。

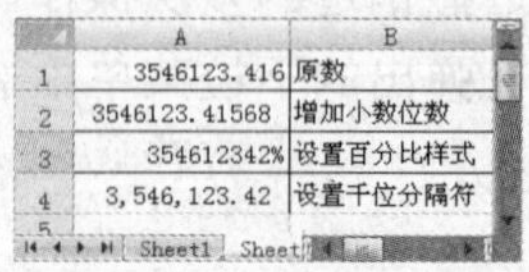

计专用样式，其默认为“￥0.00”形式的中国货币样式，但系统会自动将小数部分四舍五入取整。单击该按钮的下拉按钮，在弹出的下拉菜单中可以选择几种常用的货币样式，如人民币、欧元、英磅、瑞士法郎等。在该下拉菜单中选择某种形式后，系统不会将小数部分取整，会将一系列数值进行货币符号与小数位的对齐。

- %：单击该按钮可将单元格中的数值设为“0%”形式的百分数样式。
- ,：单击该按钮可将单元格中的数值设为“10,000”形式的千分位分隔符样式，但系统会自动将小数部分四舍五入取整。
- ←.0 .00：单击该按钮可以增加单元格中数值小数点后显示的小数位数。
- .00 →.0：单击该按钮可以减少单元格中数值小数点后显示的小数位数，减少小数位数时，系统会自动对减少的部分进行四舍五入。

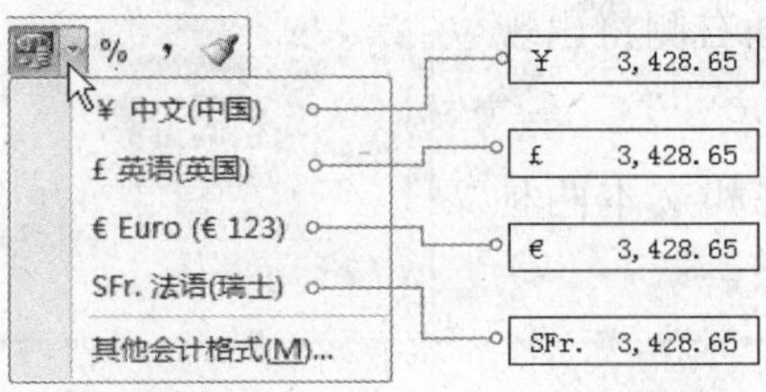

■几种常见货币表示形式

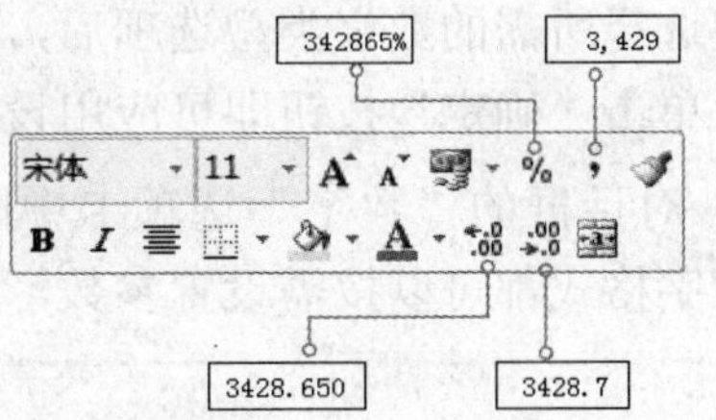

百分比、千位分隔符、增加和减少小数位表示形式■

2. 通过“数字”组设置

通过功能区中“开始”选项卡下“数字”组也可以设置数值型数据的样式。在“数字”组中，不但包含迷你工具栏中用于设置数值样式的所有按钮，还有一个下拉列表，单击该下拉列表的下拉按钮，在弹出的下拉列表中可以选择多种数值表现形式。除了前面提到过的类型外，还可以将单元格中的数据设为如下一些类型。

- 常规：系统默认的样式。在默认情况下，系统会自动根据输入到单元格中的数据判断用哪种类型显示。
- 数字：该选项将以整数形式显示数值，正数默认以黑色显示，负数默认以带括号的红色显示。
- 货币和会计专用：这两种类型的数据样式相似。不同的是，会计专用样式默认始终以黑色显示，且负数用负号“-”表示；而货币样式的正数默认与会计专用样式相同，负数将显示为带括号的红色样式。
- 短日期：该选项将数值设为“2009-4-10”形式。
- 长日期：该选项将数值设为“2009年4月10日”形式。
- 时间：该选项将带小数位的数值设为“0:00:00”形式。
- 分数：该选项将带小数部分设为“1/2”形式。
- 科学记数：默认情况下，大于11位的数值将显示为科学记数法样式，选

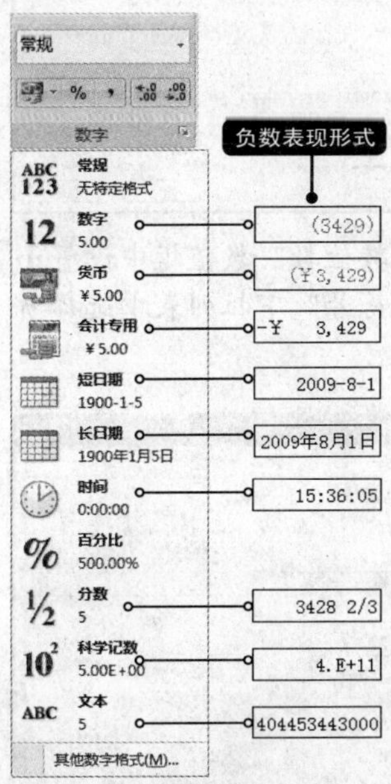

“数字”组及多种数值表现形式■

要点提示：用其他货币形式表示数值

单击迷你工具栏中按钮的下拉按钮，在弹出的下拉菜单中选择“其他会计格式”命令，在打开的“设置单元格格式”对话框的“数字”选项卡中可以选择更多国家的货币样式，其方法将在本小节稍后内容中介绍。

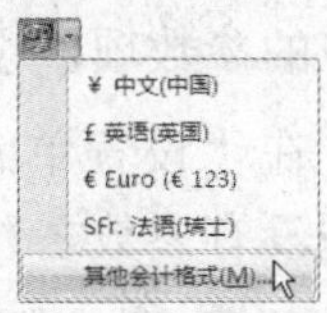

要点提示：设置单元格格式的操作顺序

在设置单元格格式时，操作顺序没有严格的规定，用户既可以输入数据后再进行单元格格式设置，也可先设置好单元格式后再输入数据。

一般情况下，为了直观地看到设置效果，都采用先输入数据，再设置单元格格式的顺序。

择该选项后，即使数值位数小于11位也将采用科学记数法的形式表示。

◆ **文本**：该选项将单元格中的数据全部设为文本类型的数据，如输入的身份证号码默认会以科学记数法显示数值，此时就需将其设为文本类型。

3. 通过对话框设置

无论是通过迷你工具栏，还是通过“数字”组设置数据类型，其效果都将采用系统定义的形式来显示。如果想得到不同的显示样式，比如要将货币的负数形式也显示为带负号的黑色字体，或需要显示两位以上的小数位，则需通过“设置单元格格式”对话框来实现。

选择要设置数字格式的单元格或单元格区域后，单击“数字”组右下角的“对话框启动”按钮，在“数字”组的下拉列表中选择“其他数字格式”选项，在“分类”列表框中选择所需的数字类型选项后，在对话框右侧将出现相应的参数项，设置完毕后单击“确定”按钮即可应用设置。

在“设置单元格格式”对话框的“数字”选项卡中除了常规和文本两种类型没有参数之外，其他数字格式都可以按需设置参数，分别如下。

使用技巧：快速打开“设置单元格格式”对话框

在选择的单元格或单元格区域上右击，在弹出的快捷菜单中选择“设置单元格格式”命令也可打开“设置单元格格式”对话框。

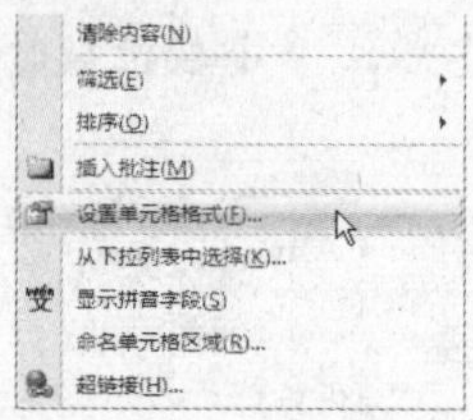

◆ **数值**：在“小数位数”数值框中设置数值的小数位数；在“负数”列表框中选择负数的表达形式；选中“使用千位分隔符”复选框可以在长数值中添加千位分隔符。

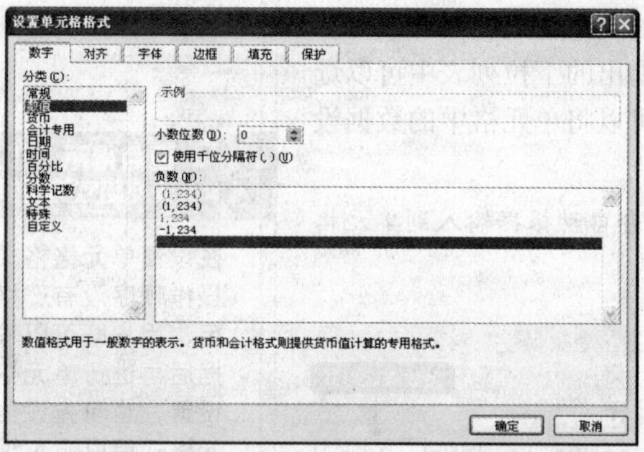

◆ **货币**：在“小数位数”数值框中设置货币的小数位数；在“货币符号”下拉列表中选择货币的类型，如人民币、欧元、加元等；在“负数”列表框中选择负数的表达形式。

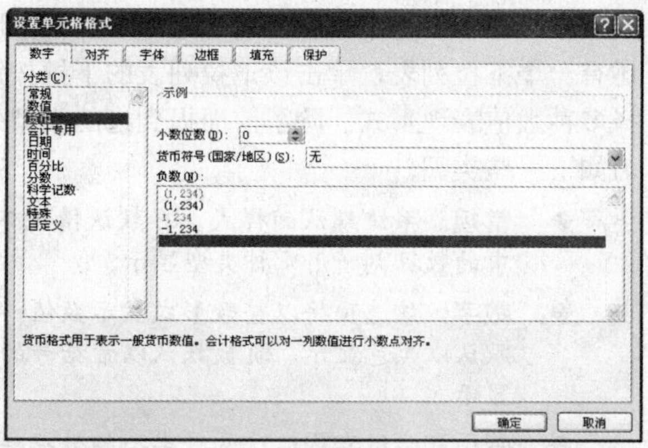

◆ **会计专用**：在“小数位数”数值框中设置小数位数；在“货币符号”下拉列表中选择货币种类。

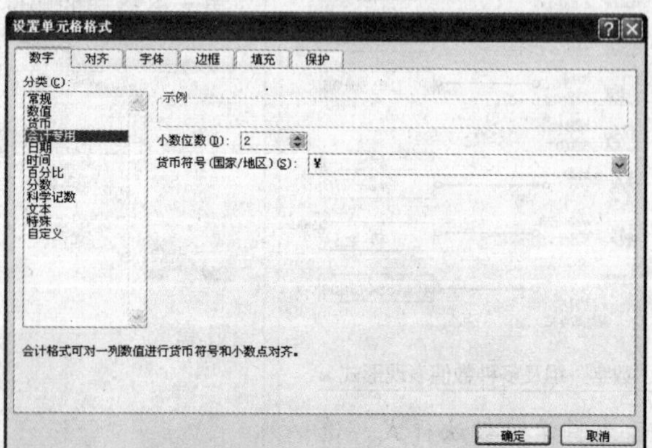

◆ **日期**：在“区域设置”下拉列表中选择国家或地区；在“类型”列表框中选择日期的表达形式。

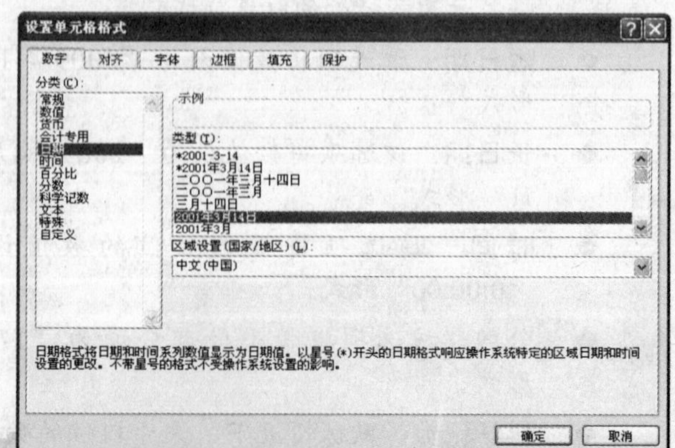

◆ 时间：时间有多种表达形式，如“14:30”、“14时30分”等，设置时在“区域设置”下拉列表中选择国家或地区；在“类型”列表框中选择表达形式。

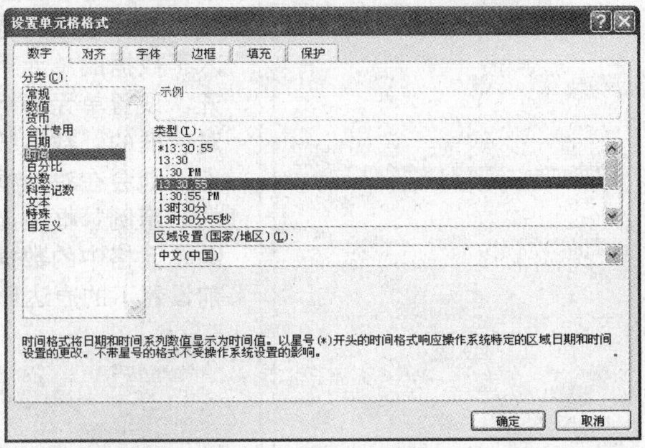

◆ **科学记数**：默认情况下，在单元格中输入大于11位的数字后将以科学记数形式表示，并保持5位小数位。如果需要更改小数位，可以在“小数位数”数值框中设置其小数位数。

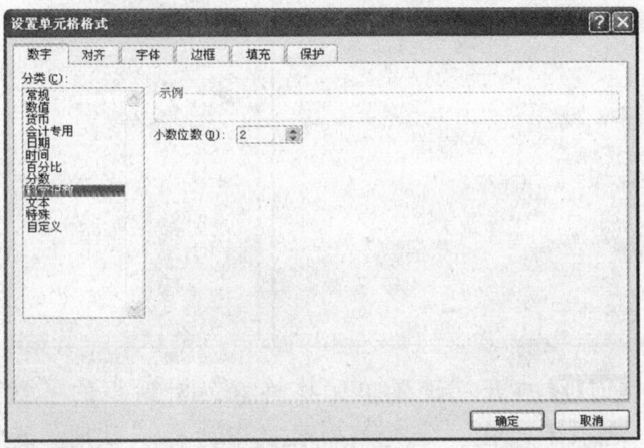

◆ **特殊**：在“类型”列表框中可以设置单元格中的数值是否为邮政编码，或者用中文小写或大写数字表示。如果在“区域设置”下拉列表中选择了不同的国家或地区，“类型”列表框中的选项也会有相应的变化。

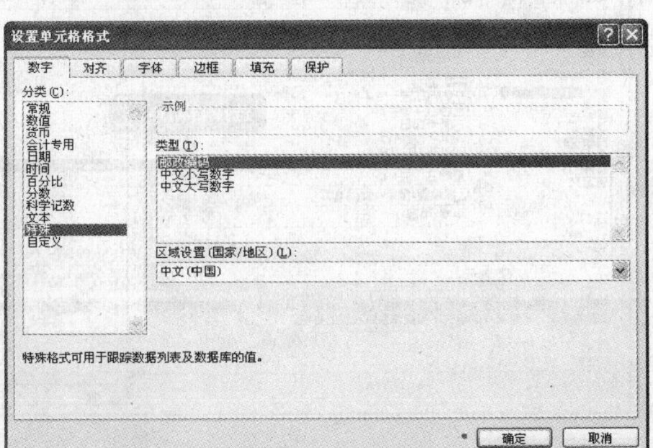

◆ **百分比**：如果需要在百分比数据后设置小数位，可以在“分类”列表框中选择“百分比”选项后，在右侧的“小数位数”数值框中设置其小数位数。

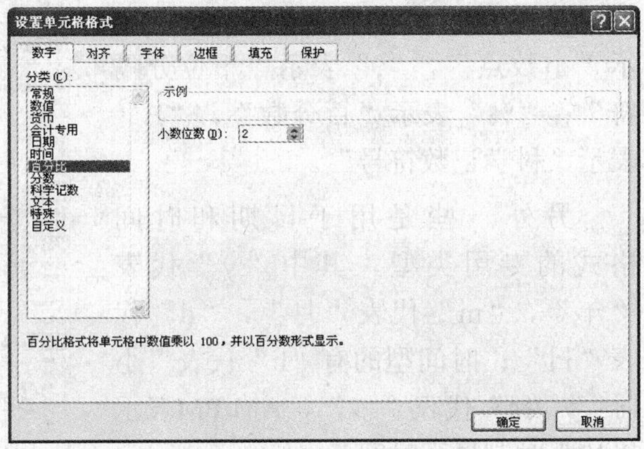

◆ **分数**：选择该选项后，在右侧的“类型”列表框中选择分母的形式。

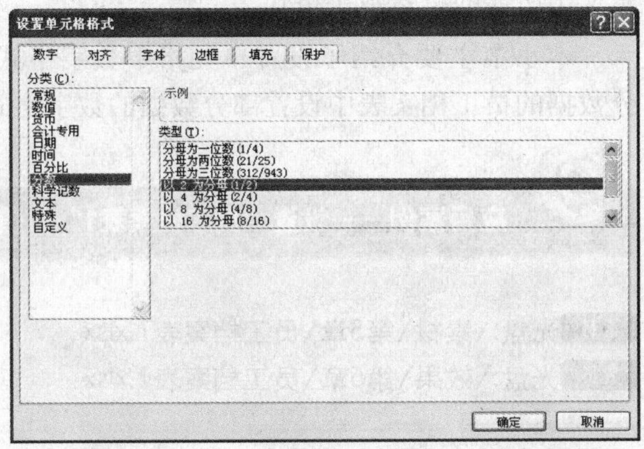

◆ **自定义**：在“类型”列表框中选择数据的表达形式后，可以在上面的文本框中自定义该类型的表达形式，只要符合Excel内置的代码组成的规则，想要任何形式的数据几乎都可以办到。如在单元格中输入一些前面带有0的编号，或设置一种有个性的日期显示方式，或为数值添加前缀或后缀，或在固定位置使用固定文本等。

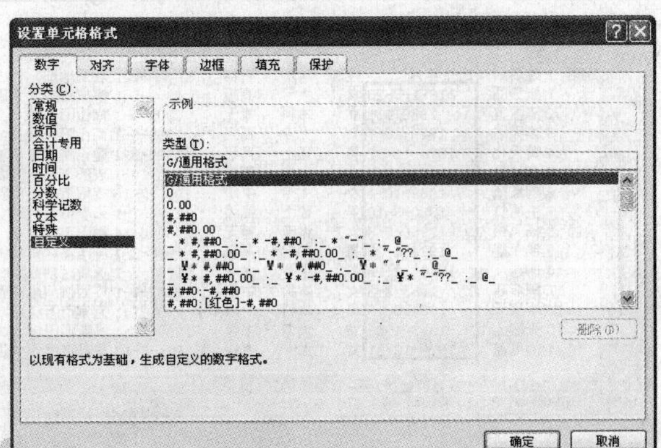

实际上，在“自定义”选项卡的“类型”列表框中包含了其他所有数据类型的表达方式代码，其中“G/通用格式”代码表示“对数据不设置任何格式，按原始输入显示”。还有其他几个简单意义的代码，如“.”表示“小数点”，“,”表示“千位分隔符”；“%”表示“百分数”，“E”表示“科学记数符号”。

另外一些是用于日期和时间格式的专用类型，其中“y”代表“年”，“m”代表“月”，“d”代表“日”；时间型的有“h”代表“小时”，“s”代表“秒”，AM/PM表示以12小时制显示时间。

在各种代码中添加字符便可以自定义出所需的特殊数字格式。

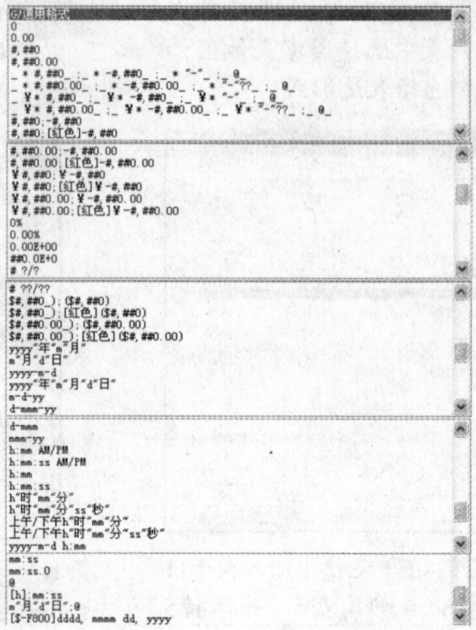

多种自定义代码

要点提示：显示当前单元格的数据示例

在设置任意一种数据样式时，如果是先选择输入了数据的单元格再打开“设置单元格格式”对话框的“数字”选项卡，则会在对话框顶部的“示例”框中显示活动单元格中的数据在当前设置下的表达形式。

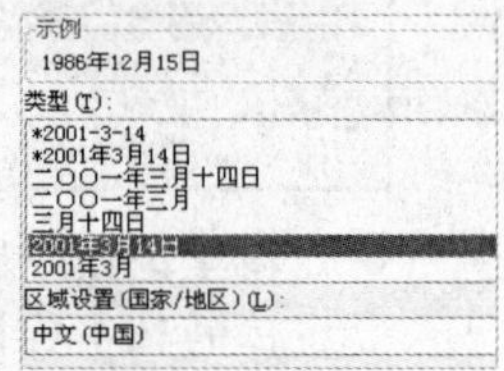

本小节主要介绍了设置单元格中数字格式的多种方法，下面在已输入部分数据的员工档案表中设置部分数据的数字格式，其操作方法如下。

应用案例——设置“员工档案表1”数值格式

素材 光盘:\素材\第5章\员工档案表1.xlsx

效果 光盘:\效果\第5章\员工档案表1.xlsx

Step 01 打开“员工档案表1”工作簿，选择员工出生日期所在的C3:C16单元格区域，在“开始”选项卡下“数字”组中单击右下角的“对话框启动”按钮。

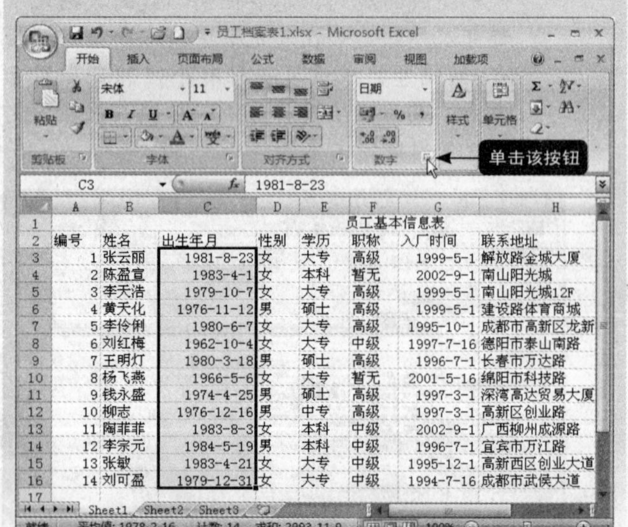

Step 02 打开“设置单元格格式”对话框的“数字”选项卡，在“分类”列表框中选择“日期”选项，在右侧“类型”列表框中选择代表“月-日”的“3月14日”日期类型选项，单击“确定”按钮将员工出生日期列中的年份隐藏起来，只显示月份和日期。

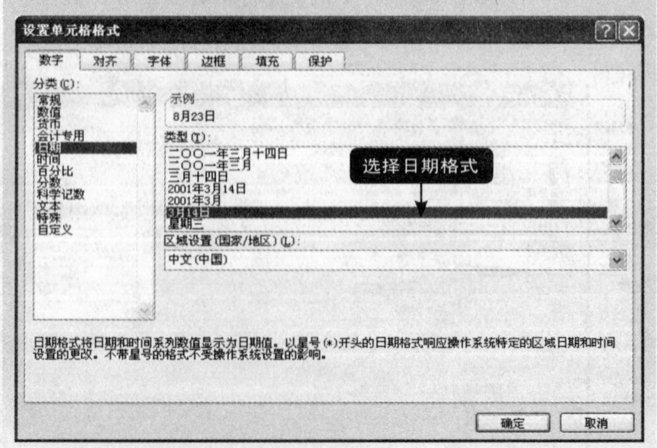

Step 03 选择G3:G16单元格区域，在“开始”选项卡下“数字”组中单击下拉列表的下拉按钮，在弹出的下拉列表中选择“长日期”选项。

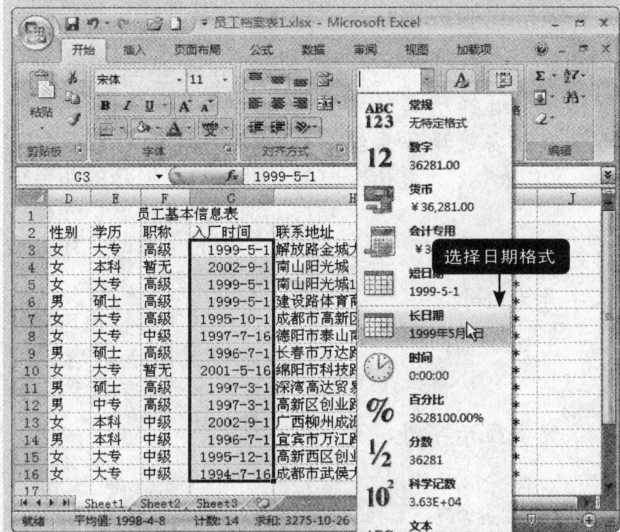

Step 04 设为长日期样式后需调整G列单元格的列宽，将其中的数据完全显示出来。然后选择A3:A16单元格区域，在其上右击，在弹出的快捷菜单中选择“设置单元格格式”命令。

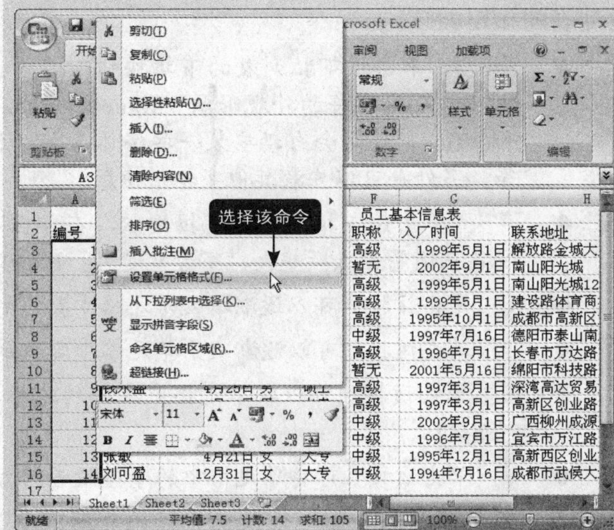

Step 05 打开“设置单元格格式”对话框中的“数字”选项卡，在“分类”列表框中选择“自定义”选项，在“类型”列表框选择“0”选项，在上方的文本框中便出现选择的“0”。再在后面输入3个“0”，使其变为“0000”，单击“确定”按钮。

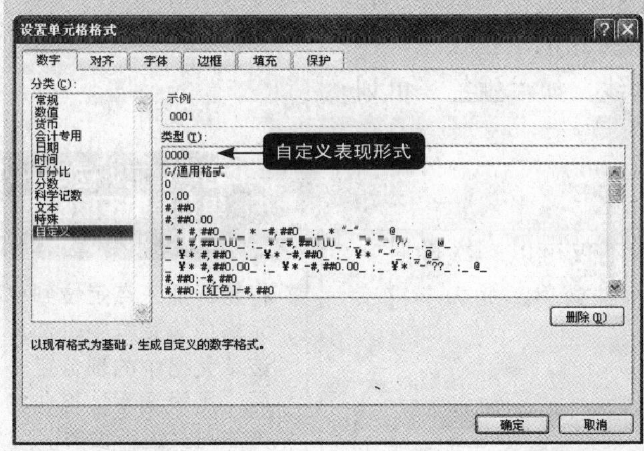

Step 06 A3:A16单元格区域中的数值均变为4位数，不足4位的自动在前面加“0”补足。再适当调整各列单元格的列宽，完成该表格的数字格式设置。

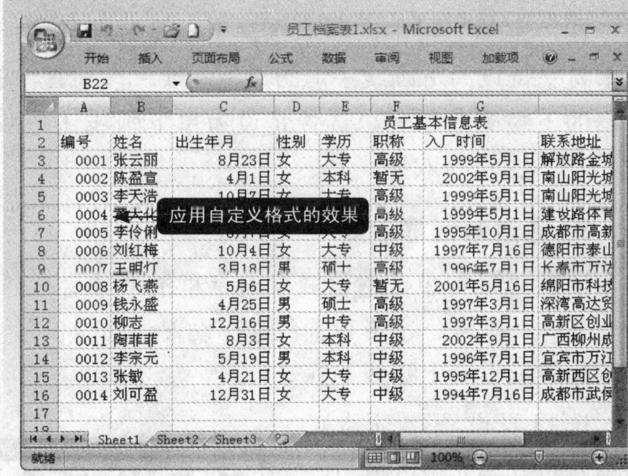

5.1.2 设置字体格式

这里所说的“字体”是广义的字体，指字符的外形特征。在表格设置中，字体格式化是很常见的操作。比如将表格标题设为不同的外形，以使其显得更加突出，或对字符的大小进行调节，使其更加醒目。

字体格式主要包括字体、字号、字形、字符颜色这几方面的设置，设置时可以通过迷你工具栏、功能区中的“字体”组或“设置单元格格式”对话框3种方式来进行设置。

要点提示：在数值前面加0的其他方法

在上面的案例中也可将A列设为“文本”类型的数据后，再手动在编号前面添加0，但用上例的方法设置不会改变数值的类型。

1. 通过迷你工具栏设置

通过迷你工具栏可以快速对单元格中的数据进行字体常规设置，其方法是：在要设置其中字体格式的单元格上右击，在弹出的迷你工具栏中单击相应的按钮，或在下拉列表中选择所需的选项。其中用于设置字体格式的按钮和下拉列表的作用如下。

- 宋体：单击该下拉列表的下拉按钮，在弹出下拉列表中选择所需的字体可以改变字符的外观形状。Excel的默认字体为宋体。安装操作系统和Office软件时会自动安装一些字体，如“楷体”、“宋体”、“黑体”等，另外也可以安装其他字体供使用。
- 11：单击该下拉列表的下拉按钮，在弹出下拉列表中选择字号。字号以点来衡量，点数越大，字号就越大，Excel的默认字号为11号。
- A˄：单击该按钮可以逐渐增大单元格中数据的字号。
- A˅：单击该按钮可以逐渐减小单元格中数据的字号。
- B：单击该按钮可以将单元格中字符的轮廓加粗，以突出显示字符，如“**姓名**”。
- I：单击该按钮可将单元格中的字符设置为倾斜，字形如“*姓名*”。
- A：单击该按钮可以改变字符的显示颜色为该按钮下方当前显示的颜色。Excel的默认字体颜色为黑色，单击该按钮的下拉按钮，在弹出的下拉菜单中可以选择其他颜色来改变字符的颜色。

要点提示：使用浮动迷你工具栏

当用户将光标插入点定位到单元格中并选择了部分或全部数据内容后，将浮现出一个更加简捷的迷你工具栏。此工具栏显示的颜色很淡，只有将鼠标光标移动到它上方时，才会清晰地显示出来。

通过该工具栏也可以快速设置所选内容的字体、字号、字形和颜色等格式。

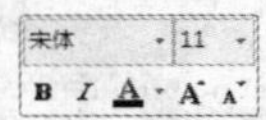

2. 通过“字体”组设置

通过功能区中“开始”选项卡下“字体”组也可以设置数据的字体格式。在“字体”组中，不但包含用于设置字体的所有下拉列表和按钮，还有一个将字符设为下画线字形的“下画线”按钮U。单击该按钮的下拉按钮，在弹出的下拉菜单中可以选择是设为单下画线还是双下画线，如“姓名（单划线）”、姓名（双划线）。

3. 通过对话框设置

通过“设置单元格格式”对话框的“字体”选项卡不仅可以一次性对字符的字体、字号、字形和颜色进行设置，还能设置一些特殊效果，如为字符添加删除线或设置上标或下标等。

选择要设置字体格式的单元格或单元格区域后，单击“字体”组右下角的“对话框启动”按钮，将打开“设置单元格格式”对话框的“字体”选项卡（如右图所示）。在“字体”列表框中选择字体，在“字形”列表框中选择字形，在“字号”列表框中选择字号，在“下画线”下拉列表

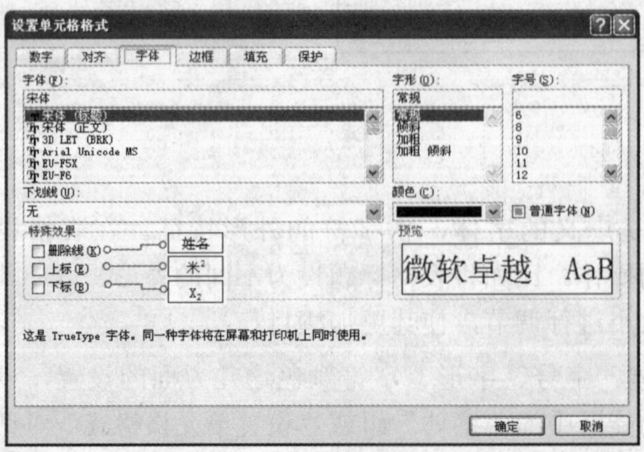

“字体”选项卡及几种特殊效果

要点提示：在同一单元格中设置不同字体

将光标插入点定位到单元格或编辑框中，选择该单元格中的部分字符后，用设置字体格式的方法对其进行设置。

完成后再选择其他字符进行相应设置，就可在同一个单元格中设置出不同字体格式的字符。

中选择下画线，在“颜色”下拉列表中选择字符的颜色，在“特殊效果”选项组中设置字符的特殊效果。设置完毕后单击“确定”按钮即可应用设置。

本小节主要介绍了设置单元格字体格式的多种方法，下面在前面已完成数字格式设置的员工档案表中设置各部分的字体格式，其操作方法如下。

使用技巧：快速设置字形

选择某单元格或单元格中部分字符后，按【Ctrl+B】组合键可将字符设为加粗字形；按【Ctrl+I】组合键可将字符设为倾斜字形；按【Ctrl+U】组合键可为字符添加单下画线。

应用案例——设置“员工档案表2”字体格式

素材 光盘:\素材\第5章\员工档案表2.xlsx

效果 光盘:\效果\第5章\员工档案表2.xlsx

Step 01 打开“员工基本档案表2”工作簿，选择除表格标题和列标签外的数据单元格区域A3:H16。在“开始”选项卡下“字体”组的“字号”下拉列表中选择“10”号字号。

Step 02 再在“字体”组中单击“字体颜色”按钮的下拉按钮，在弹出的下拉菜单中选择“红色，强调文字颜色2，深色25%”的颜色，将这些单元格中的字符设为该颜色。

Step 03 选择列标签所在的A2:H2单元格区域，在选择的单元格区域中右击，在弹出的迷你工具栏中单击“加粗”按钮**B**，将列标签的字形设为加粗形。再单击“字体颜色”按钮的下拉按钮，在弹出的下拉菜单中选择“水绿色，强调文字颜色5，深色50%”的颜色，将标签字符设为该颜色。

Step 04 选择表格标题所在的A1单元格，在“开始”选项卡下“字体”组中单击右下角的“对话框启动”按钮，打开“设置单元格格式”对话框中的“字体”选项卡。在“字体”列表框中选择“方正隶书简体”字体，在“字号”列表框中选择“18”号字号，在“颜色”下拉列表中选择紫色作为字符颜色，其他参数保持默认。

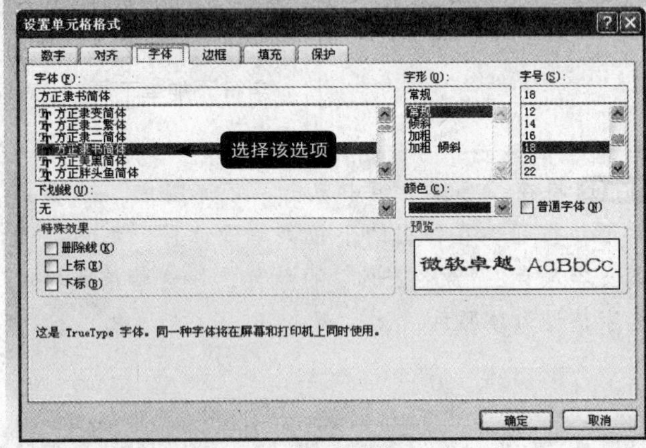

Step 05 单击“确定”按钮完成对表格标题的字体格式设置。由于数据部分的字体缩小了，因此适当调整各列列宽，并适当调整标题行和第2行的行高，完成该表格字体格式的设置。

5.1.3 设置对齐方式

在输入数据的过程中，我们发现默认情况下在单元格中输入数值型的数据会自动靠右对齐，输入文本型的数据会自动靠左对齐。在实际工作中，为了版面的美观，有时需要统一某些单元格区域中数据的对齐方式，还可以设置单元格中的数据与单元格边框之间的距离，以及数据的方向。

设置单元格中数据的对齐方式可以通过迷你工具栏、功能区中的“对齐方式”组和“设置单元格格式”对话框的“对齐”选项卡3种方式进行。

1. 通过迷你工具栏设置

在右击单元格弹出的迷你工具栏中，只有一个“居中”按钮是用于设置单元格对齐方式的，单击该按钮可将所选单元格区域中的数据设为居中对齐。

2. 通过“对齐”组设置

通过功能区中“开始”选项卡下“对齐方式”组也可以设置单元格数据的对齐方式。在“对齐方式”组中可以设置单元格中数据在垂直方向和水平方向上的对齐方式、文字的方向、缩进量及是否自动换行。各按钮的作用如下。

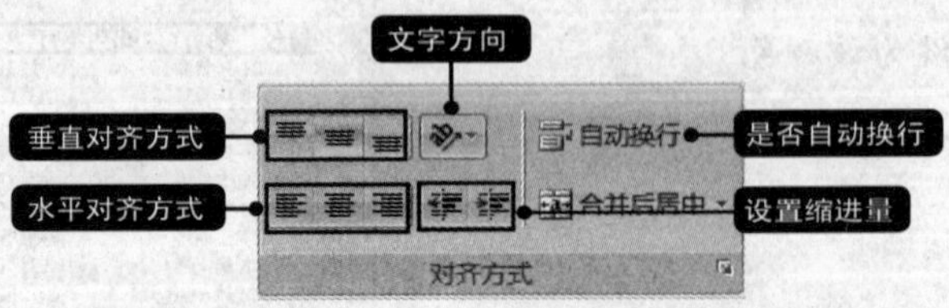

“对齐方式”组

- ：单击这3个按钮可将单元格中的内容分别设为顶端对齐、垂直居中和底端对齐，垂直方向上默认为居中对齐。

要点提示：采用适当的字体设置方法

在功能区的“字体”组中为单元格设置字体、字号及文本颜色时，用鼠标光标指向某一选项后，在单元格中将实时显示选择此选项后的效果。此方法用于设置目标不很明确的文字格式，能有效避免设置后不满意的重复操作。

如果明确地知道要将文字格式设置成什么样的格式，且需设置的方面较多，则通过“设置单元格格式”对话框中的“字体”选项卡进行设置更加快捷。

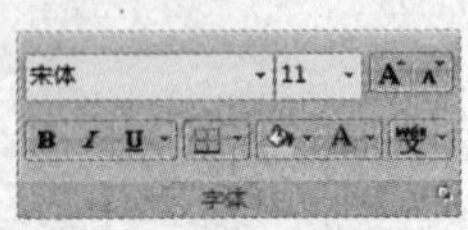

◆ ：单击这3个按钮可将单元格中的内容分别设为左对齐、水平居中和右对齐。

◆ ：单击该按钮的下拉按钮，在弹出的下拉菜单中可选择将单元格中的字符沿对角或垂直方向旋转，各命令对应的效果如右图所示。

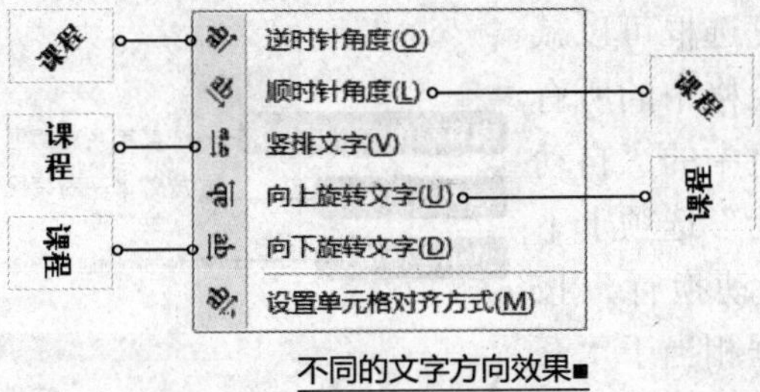

不同的文字方向效果

◆ ：当单元格中的内容过长超过单元格的显示宽度时，单击该按钮可以使单元格中的内容自动换行显示，默认情况下单元格中的内容不会换行显示。

◆ ：单击按钮将减少单元格中内容的缩进量，单击按钮将增加单元格中内容的缩进量。

3. 通过对话框设置

通过“设置单元格格式”对话框的“对齐”选项卡不但可以设置单元格在垂直和水平方向上的对齐方式，还可以设置精确的缩进量和字符方向的角度值。其方法是：选择要设置字体格式的单元格或单元格区域后，单击“对齐方式”组右下角的“对话框启动”按钮，即可打开“设置单元格格式”对话框的“对齐”选项卡。

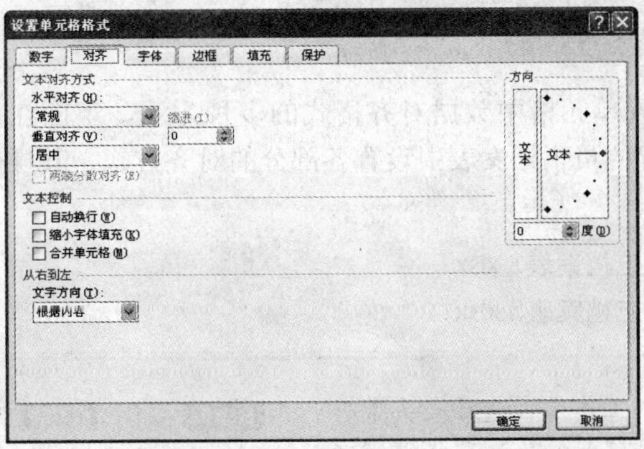

“对齐”选项卡

在该选项卡的“水平对齐”和“垂直对齐”下拉列表中，除了包含“对齐方式”组中的对齐选项之外，还有以下一些对齐方式。

◆ 常规：Excel的默认对齐方式，文本居左数值靠右，逻辑和错误值居中。

◆ 填充：当单元格中的内容较少不能填充满整个单元格时，系统将重复单元格中的内容直到单元格宽度被填满。

◆ 两端对齐：如果设置了单元格自动换行，该对齐方式将使单元格中各行内容向左右两侧对齐（“垂直对齐”下拉列表中的该选项则使单元格中各行内容向上下两端对齐），但最后一行靠左（或靠上）对齐。

◆ 跨列居中：所选单元格区域内的各行单元格将被合并，并且其中的内容居中对齐，与“对齐方式”组中“合并单元格”下拉菜单中的“合并后居中”命令效果相同。

◆ 分散对齐：单元格中的内容将在水平方向上平均分布在整个单元格列宽范围之内（“垂直对齐”下拉列表中的该选项则使单元格中各行内容在垂直方向上平均分布在整个单元格行高范围之内）。

当在“水平对齐”下拉列表中选择了“靠左”、“靠右”和“分散对齐”选项时，可以在右侧的“缩进”数值框中设置内容在单元格中的缩进量。

在“方向”选项组中设置单元格中的文本方向时，既可以在下面的“度”数值框中输入具体的倾斜度数，也可通过拖动方向指针来调节文本的倾斜度。

要点提示：通过“方向”按钮打开对话框

在“常规”选项卡下“对齐方式”组中单击“方向”按钮的下拉按钮，在弹出的下拉菜单中选择“设置单元格对齐方式”命令，也可打开“设置单元格格式”对话框的“对齐”选项卡。

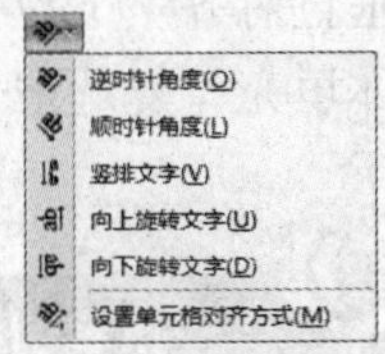

要点提示：实现所有方向的排列

将“对齐”选项卡中的“方向”选项组和“从右到左”选项组配合使用，便可以实现“开始”选项卡下“对齐方式”组中“方向”下拉菜单中的所有排列方向，而且通过对话框还可以设置具体的倾斜度数，这是通过“开始”选项卡下“对齐方式”组所不能达到的。

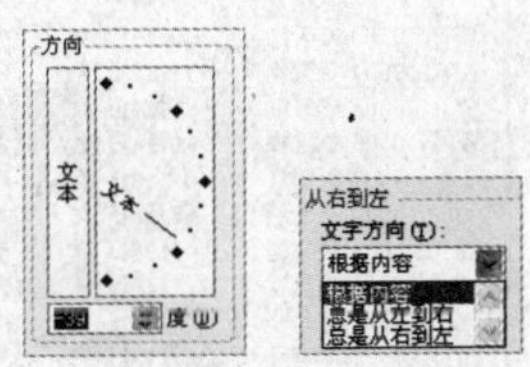

当单元格中的内容过多而无法全部显示出来时，在“文本控制”选项组中选中“缩小字体填充”复选框可以减小字符的外观尺寸，将单元格中的所有内容都显示出来。该选项组中的“自动换行”复选框相当于“开始”选项卡下“对齐方式”组中的“自动换行”按钮；“合并单元格”复选框相当于“开始”选项卡下“对齐方式”组中的“合并后居中”按钮。

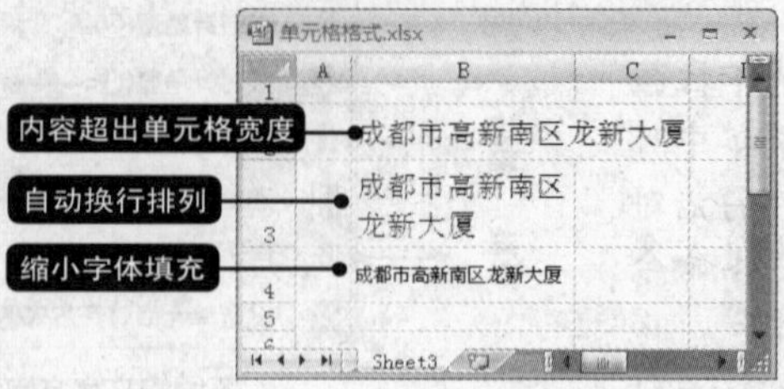

特殊排列方式

自动换行和缩小字体填充两种方式只能任选其一，当选中了“自动换行”复选框时，“缩小字体填充”复选框将变得不可用；当在“水平对齐”或“垂直对齐”下拉列表中选择了“分散对齐”或“两端对齐”选项时，“缩小字体填充”复选框也会变得不可用。

要点提示：合理使用“缩小字体填充”

缩小字体填充只适合于内容稍微超过单元格宽度但又不允许改变单元格列宽的情况。

当单元格中的字符数超过单元格宽度过多时，使用“缩小字体填充”会使字符变得非常小，不易于阅读。此时可以采用自动换行的显示方法来排列单元格内容。

应用案例——设置“员工档案表3”对齐格式

本小节主要介绍了设置单元格中数据对齐格式的多种方法，下面在前面已完成数字和字体格式设置的员工档案表中设置各部分的对齐方式，其操作方法如下。

素材 光盘:\素材\第5章\员工档案表3.xlsx

效果 光盘:\效果\第5章\员工档案表3.xlsx

Step 01 打开“员工档案表3”工作簿，选择表头数据所在的A2:I2单元格区域。在“开始”选项卡下“对齐方式”组中单击水平方向上的“居中”按钮，将其设为居中对齐。

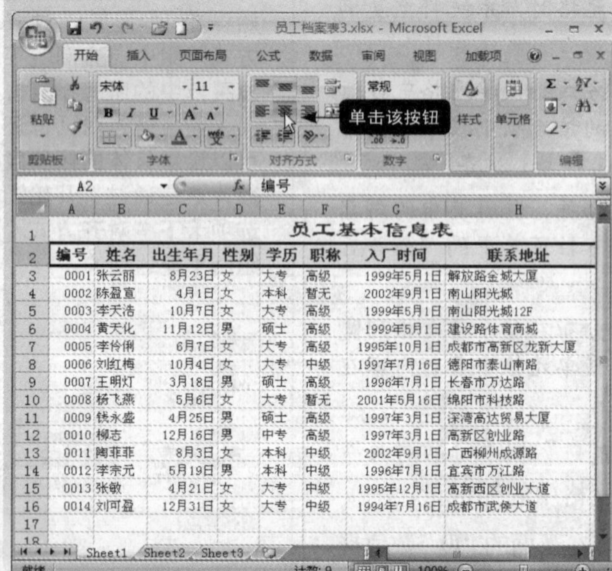

Step 02 按住【Ctrl】键不放，选择A3:B16、D3:F16、I3:I16单元格区域，再在选择的区域中右击，在弹出的迷你工具栏中单击“居中”按钮将这些数据设为居中对齐。

Step 03 选择C3:C16和G3:G16单元格区域，在“开始”选项卡下“对齐方式”组中单击右下角的“对话框启动”按钮，打开“设置单元格格式”对话框的“对齐”选项卡。在“水平对齐”下拉列表中选择“靠右（缩进）”选项，然后在右侧的“缩进”数值框中输入“1”，单击“确定”按钮将日期数据设为靠右对齐且缩进（即数据距单元格右边框保持1个字符的距离）。

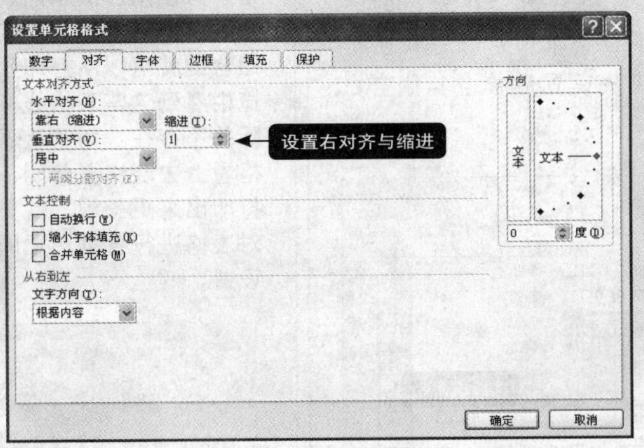

Step 04 选择H3:H16单元格区域，在“开始”选项卡下“对齐方式”组中单击右下角的“对话框启动”按钮，打开“设置单元格格式”对话框中的“对齐”选项卡。在“水平对齐”下拉列表中选择“靠左（缩进）”选项，然后在右侧的“缩进”数值框中输入“1”，单击“确定”按钮将联系地址设为靠左对齐且缩进（即数据距单元格左边框保持1个字符的距离）。

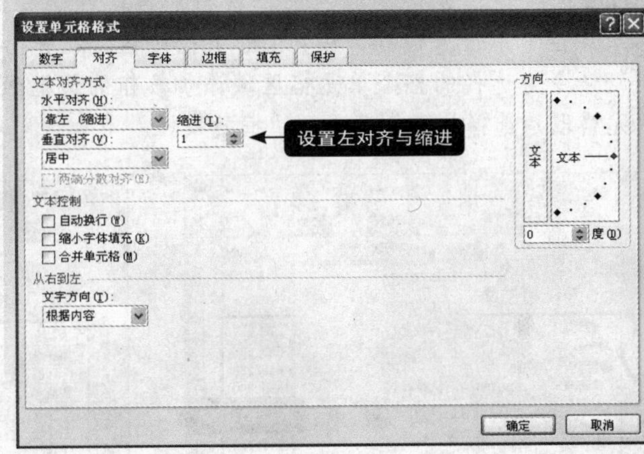

Step 05 由于增加缩进量后部分单元格中的文字不能完全显示出来，因此用鼠标拖动法适当调整各列列宽，完成该表格对齐格式的设置。

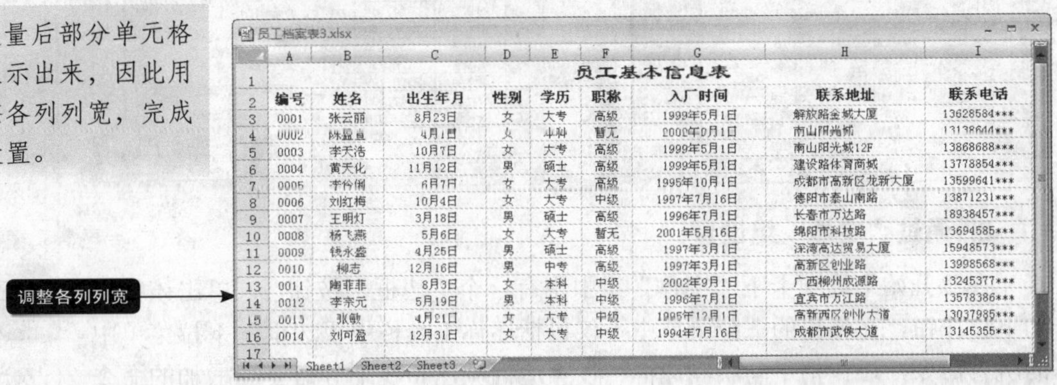

员工基本信息表

编号	姓名	出生年月	性别	学历	职称	入厂时间	联系地址	联系电话
0001	张云丽	8月23日	女	大专	高级	1999年5月1日	解放路金城大厦	13628584***
0002	陈显贞	4月1日	女	本科	暂无	2002年9月1日	南山阳光城	13138644***
0003	李天浩	10月7日	女	大专	高级	1999年5月1日	南山阳光城12F	13868688***
0004	黄天化	11月12日	男	硕士	高级	1999年5月1日	建设路体育商城	13778854***
0005	李伶俐	6月7日	女	大专	高级	1995年10月1日	成都市高新区龙新大厦	13599641***
0006	刘红梅	10月4日	女	大专	中级	1997年7月16日	德阳市泰山南路	13871231***
0007	王明灯	3月18日	男	硕士	高级	1996年7月1日	长春市万达路	18938457***
0008	杨飞燕	5月6日	女	大专	暂无	2001年5月16日	绵阳市科技路	13694585***
0009	钱永盛	4月25日	男	硕士	高级	1997年3月1日	深湾高达贸易大厦	15948573***
0010	柳志	12月16日	男	中专	高级	1997年3月1日	高新区创业路	13998568***
0011	陶菲菲	8月3日	女	本科	中级	2002年9月1日	广西柳州成源路	13245377***
0012	李宗元	5月19日	男	本科	中级	1996年7月1日	宜宾市万江路	13578386***
0013	张敏	4月21日	女	大专	中级	1995年12月1日	高新西区创业大道	13037985***
0014	刘可盈	12月31日	女	大专	中级	1994年7月16日	成都市武侯大道	13145355***

5.1.4 设置单元格边框

设置单元格边框可以把表格分成经络清楚的行列或单元格区域，使表格的结构更加清晰，重点内容更加突出。在需要打印表格时最好加上边框。

设置单元格边框可以通过迷你工具栏、功能区中的“对齐方式”组或“设置单元格格式”对话框的“边框”选项卡3种方式进行。

1. 通过迷你工具栏设置

在单元格中右击弹出的迷你工具栏中有一个“边框”按钮，单击该按钮的下拉按钮，在弹出的下拉菜单中选择所需的命令，即可为选择的单元格或单元格区域添加相应的边框。

“边框”下拉菜单

> **使用技巧：快速设置缩进量**
>
> 按【Ctrl+Alt+Tab】组合键可以增加单元格中内容的缩进量；按【Ctrl+Alt+Shift+Tab】组合键可以减少单元格中内容的缩进量。

下面通过为“销售业绩表1”设置较粗的外边框和较细的内边框为例，讲解设置单元格边框的方法，其具体操作如下。

素材 光盘:\素材\第5章\销售业绩表1.xlsx

效果 光盘:\效果\第5章\销售业绩表1.xlsx

Step 01 选择除表格标题外的所有数据单元格区域A2:E16，在选择的单元格区域中右击，在弹出的迷你工具栏中单击“边框”按钮⊞的下拉按钮，在弹出的下拉菜单中选择“所有框线”命令，为所有选择的单元格添加边框线。

Step 02 保持该单元格区域的选择状态，再次在选择的区域中右击，在弹出的迷你工具栏中单击“边框”按钮⊞的下拉按钮，在弹出的下拉菜单中选择“粗匣框线”命令为选择的整个单元格区域添加较粗的边框线，完成设置后单击其他空白单元格取消选择状态便可看到边框效果。

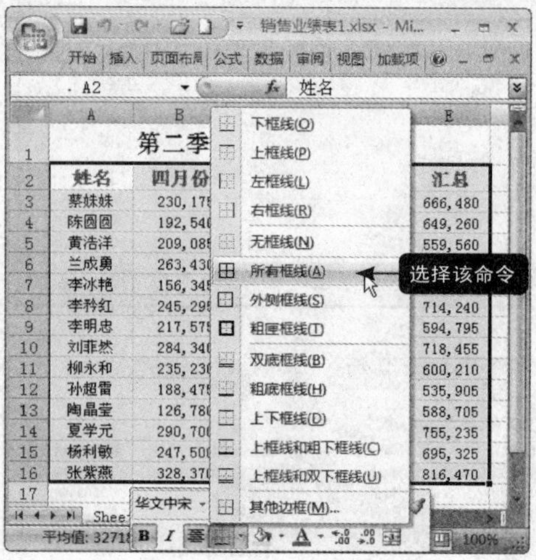

2. 通过“字体”组设置

在“开始”选项卡下“字体”组中也有一个“边框”按钮⊞，单击该按钮的下拉按钮，在弹出的下拉菜单中不仅包括迷你工具栏中“边框”下拉菜单中的所有命令，还包括手动绘制边框、设置边框颜色和线型等命令。增加的命令如右图所示，各命令的作用分别如下。

- **绘图边框**：选择该命令后，鼠标光标将变成✎形状。此时用鼠标光标沿单元格边线拖动，被拖动过的位置将绘制出边框线，也可以沿单元格的对角线拖动绘制斜线。
- **绘图边框网格**：选择该命令后，鼠标光标将变成✎⊞形状。此时鼠标光标选择要添加边框的单元格，被选择的单元格四周均会被添加边框线。
- **擦除边框**：选择该命令后，鼠标光标将变成◇形状。此时用鼠标光标沿已有的边框线拖动，可以擦除拖动过位置处的边框线。
- **线条颜色**：选择该命令，在弹出的子命令中可以设置边框线的颜色。选择某种颜色后再绘制边框线或边框网格时，就会采用设置的颜色。

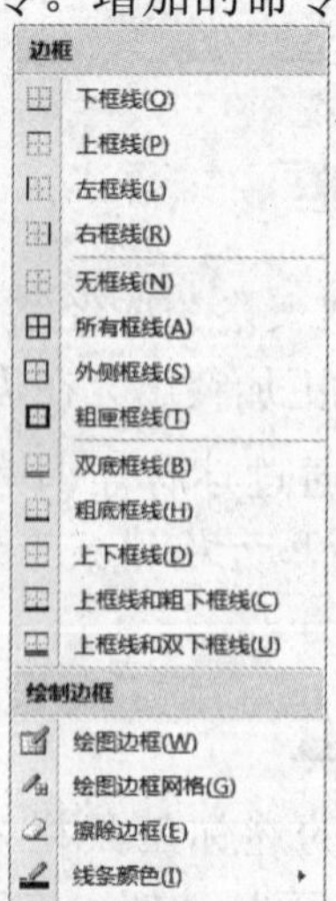

“边框”下拉菜单

疑难解答：为何要设置单元格边框

问：为什么要为工作表中的数据单元格设置边框呢?

答：默认情况下Excel中显示的单元格边框是为了方便用户编辑而设置的，按【Ctrl+F2】组合键就可以从打印预览中看到这些表格线实际并不存在。为了让表格看上去层次更分明，打印出来更美观，就要对表格进行各种边框的设置。

要点提示：采用适当的方法设置边框

当需要为整个数据单元格区域添加较简单的边框线时，可通过迷你工具栏或功能区中“对齐方式”组的“边框”按钮来快速设置；

若需设置其他样式或形状的边框时，则需通过“设置单元格格式”对话框的“边框”选项卡进行设置。

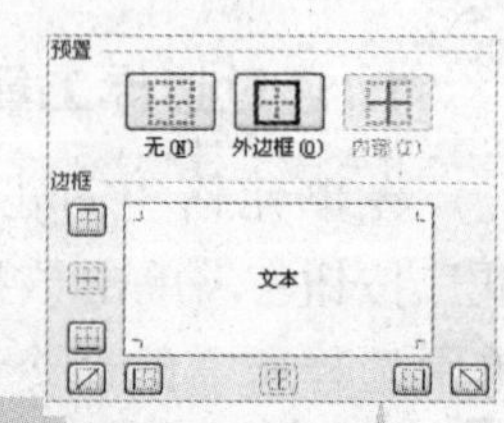

◆ 线型：选择该命令，在弹出的子命令中可以设置边框线的样式，如虚线、双划线、点划线等。选择某种线型后再绘制边框线或边框网格时，就会采用设置的线型。

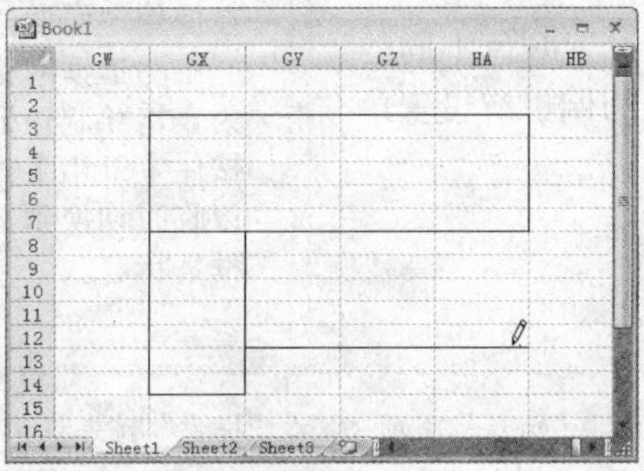

■用“绘制边框”命令绘制

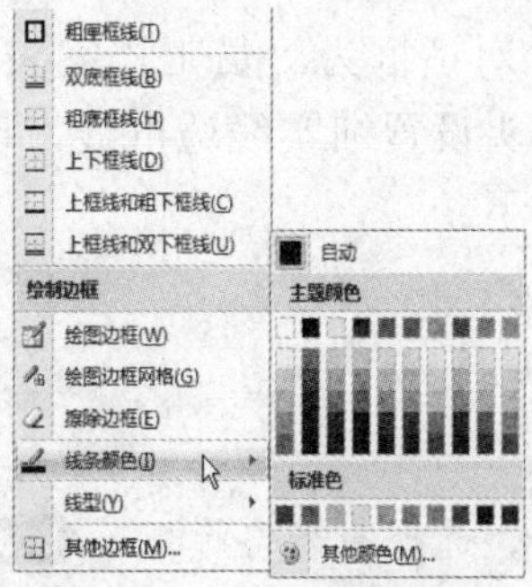

设置边框线颜色■

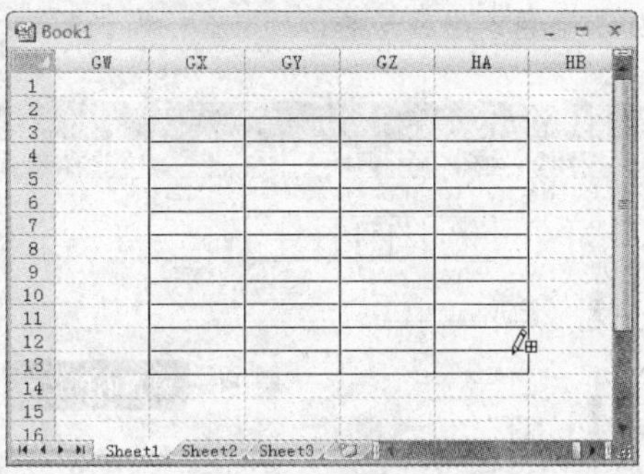

■用“绘制边框网格”命令绘制

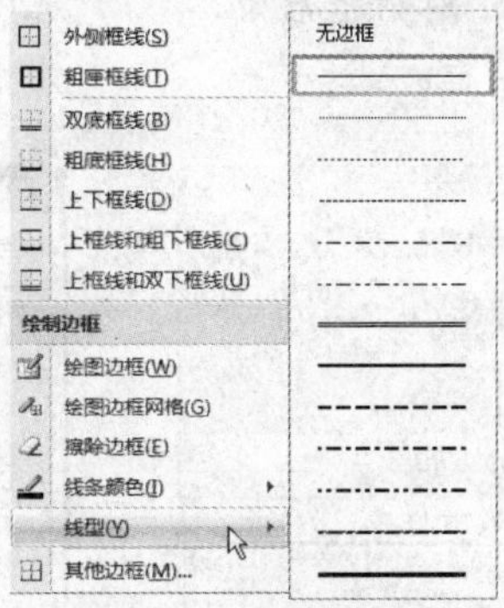

设置边框线线型■

3. 通过对话框设置

通过“设置单元格格式”对话框的“边框”选项卡不仅可以一次性对边框的颜色和线型进行设置，还能设置要将边框线添加到选择单元格区域的某处，如只添加到内部、只添加到左侧边等。

选择要设置字体格式的单元格或单元格区域后，单击“字体”组中“边框”按钮的下拉按钮，在弹出的下拉菜单中选择“其他边框”命令将打开“设置单元格格式”对话框的“边框”选项卡（也可用前面讲解的任意方法打开“设置单元格格式”对话框后，再单击“边框”选项卡）。在“样式”列表框中选择边框线线型，在“预置”选项组中选择要将设置应用于选择区域的外部还是内部（如果只选择了一个单元格，则“内部”按钮不可用）。如果要自定义添加边框线的位置，则在“边框”选项组中单击代表相应位置的按钮。设置完毕后单击“确定”按钮即可应用设置。

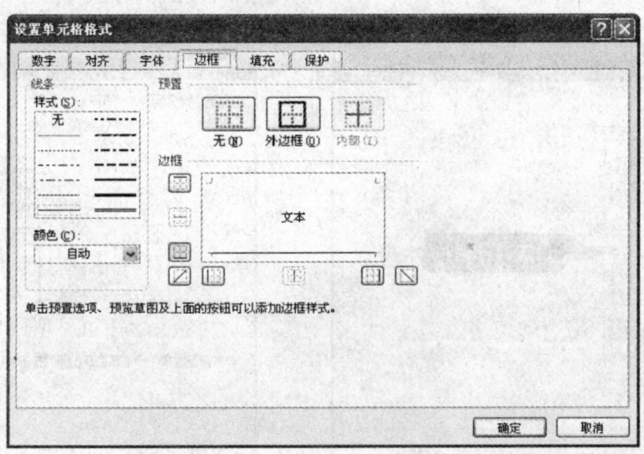

“边框”选项卡■

要点提示：不同位置的“边框”按钮的区别

在“开始”选项卡下“字体”组使用“边框”按钮与迷你工具栏中的“边框”按钮时稍有区别。

在“字体”组中的“边框”下拉菜单中选择某个命令后，“边框”按钮就会变为该命令的相应按钮，以后直接单击该按钮就可直接使用上次使用过的边框命令；而迷你工具栏中的“边框”按钮始终是“下框线”按钮。

要点提示：如何取消边框线

在“字体”组中单击“边框”按钮的下拉按钮，在弹出的下拉菜单中选择“无边框”命令即可取消为单元格区域添加的所有框线。

如果只取消某个位置的框线，则需在“设置单元格格式”对话框“边框”选项卡的“边框”选项组中单击代表相应位置的按钮即可。

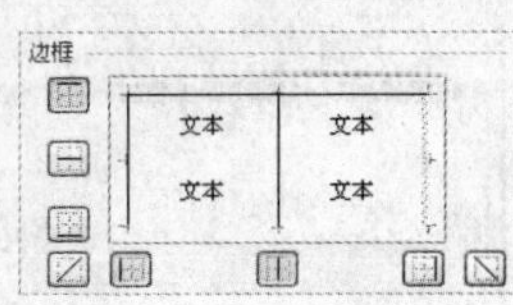

应用案例——设置“员工档案表”边框格式

下面通过“设置单元格格式”对话框为“员工档案表4”设置颜色不同的较粗外边框和虚线内边框，并为表头设置细实线边框线，以此为例讲解设置单元格边框线的方法，其具体操作如下。

素材 光盘:\素材\第5章\员工档案表4.xlsx

效果 光盘:\效果\第5章\员工档案表4.xlsx

使用技巧：临时切换为擦除表格线状态

在使用“绘图边框”和“绘图边框网格”命令为表格绘制边框线时，按住【Shift】键不放可以临时切换到“擦除边框”状态。

Step 01 打开“员工档案表4”工作簿，选择除表格标题外的所有数据单元格区域A2:I16。在“开始”选项卡下“字体”组中单击右下角的“对话框启动”按钮，打开“设置单元格格式”对话框。

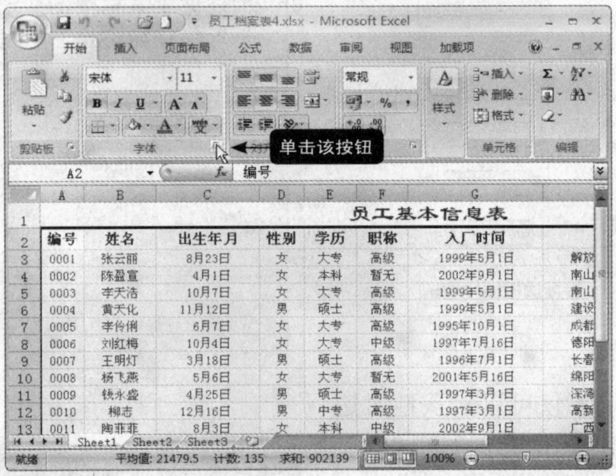

Step 02 单击“边框”选项卡，在“样式”列表框中选择虚线，在“颜色”下拉列表中选择浅蓝色，然后单击“预置”选项组中的“内部”按钮，为所选单元格区域内的所有单元格添加浅蓝色的虚线边框。

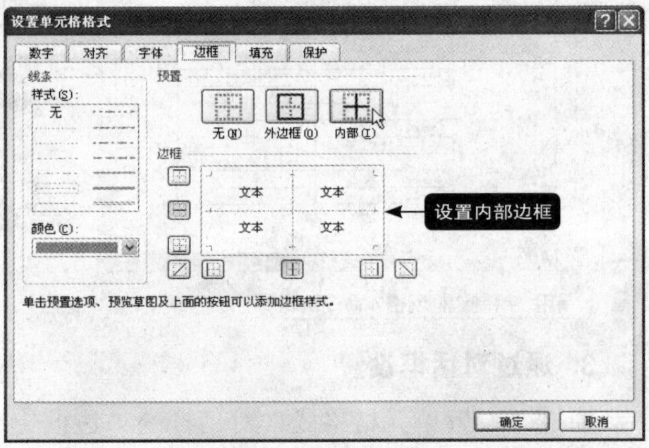

Step 03 在“样式”列表框中选择较粗的实线，在“颜色”下拉列表中选择紫色，然后单击“预置”选项组中的“外边框”按钮，为所选的整个单元格区域添加紫色的粗实线边框。设置完毕后单击“确定”按钮应用设置。

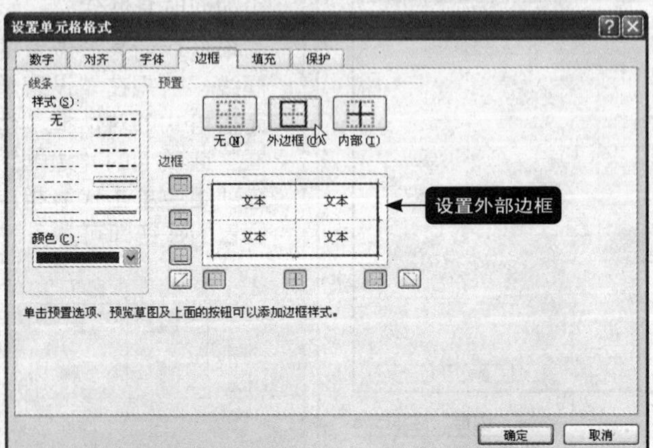

Step 04 选择A2:I2单元格区域，打开“设置单元格格式”对话框。单击“边框”选项卡，在“样式”列表框中选择细实线，在“颜色”下拉列表中选择浅蓝色，然后在“边框”选项组中单击代表下框线的按钮和代表内部垂直方向上边框的按钮，将表头单元格的内部边框设为浅蓝色的细实线边框。

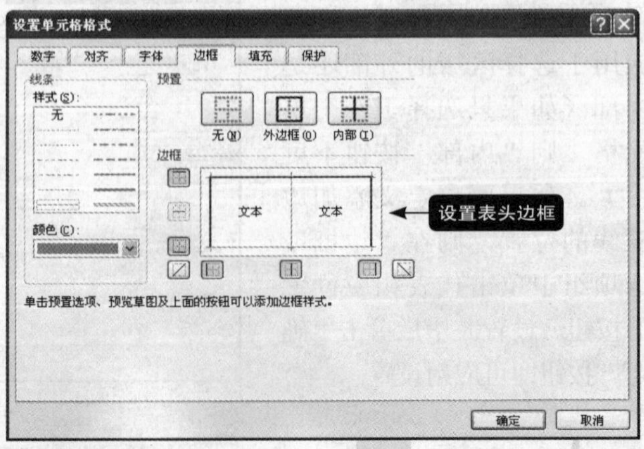

Step 05 设置完毕，单击“确定”按钮为表头部分应用所做的设置，再用鼠标拖动法适当调整表头行的行高。

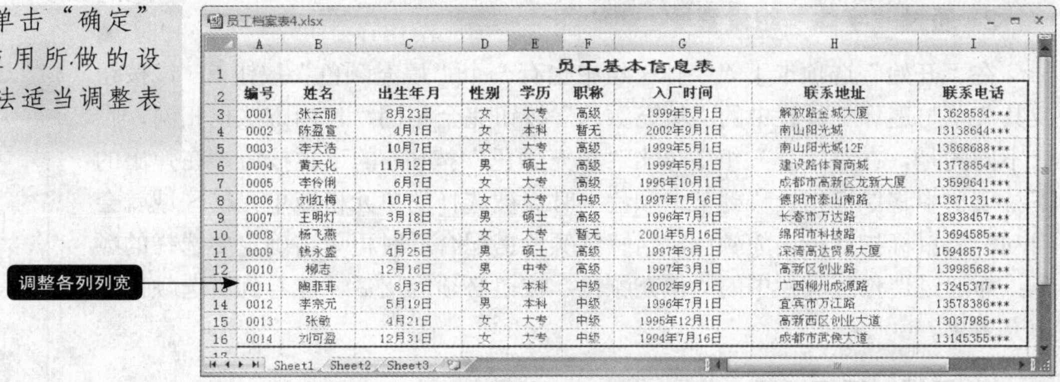

员工基本信息表

编号	姓名	出生年月	性别	学历	职称	入厂时间	联系地址	联系电话
0001	张云丽	8月23日	女	大专	高级	1999年5月1日	解放路金城大厦	13628584***
0002	陈盈宣	4月1日	女	本科	暂无	2002年9月1日	南山阳光城	13138644***
0003	李天浩	10月7日	女	大专	高级	1999年5月1日	南山阳光城12F	13868688***
0004	黄天化	11月12日	男	硕士	高级	1999年5月1日	建设路体育商城	13778854***
0005	李伶俐	6月7日	女	大专	高级	1995年10月1日	成都市高新区龙新大厦	13599641***
0006	刘红梅	10月4日	女	大专	中级	1997年7月16日	德阳市泰山南路	13871231***
0007	王明灯	3月18日	男	硕士	高级	1996年7月1日	长春市万达路	18938457***
0008	杨飞燕	5月6日	女	大专	暂无	2001年5月16日	绵阳市科技路	13694585***
0009	钱永盛	4月25日	男	硕士	高级	1997年3月1日	深湾高达贸易大厦	15948573***
0010	柳志	12月16日	男	中专	高级	1997年3月1日	高新区创业路	13998568***
0011	陶菲菲	8月3日	女	本科	中级	2002年9月1日	广西柳州成源路	13245377***
0012	李宗元	5月19日	男	本科	中级	1996年7月1日	宜宾市万江路	13578386***
0013	张敏	4月21日	女	大专	中级	1995年12月1日	高新西区创业大道	13037985***
0014	刘可盈	12月31日	女	大专	中级	1994年7月16日	成都市武侯大道	13145355***

5.1.5 设置单元格背景

在Excel中为单元格设置背景称作设置填充格式，这可以美化表格或突出显示某些数据。设置单元格的背景可以通过迷你工具栏、功能区中的“字体”组或“设置单元格格式”对话框的“填充”选项卡3种方式进行。

1. 通过迷你工具栏设置

在单元格中右击，在弹出的迷你工具栏中有一个“填充颜色”按钮，单击该按钮的下拉按钮，在弹出的下拉菜单中选择所需的颜色即可为选择的单元格或单元格区域填充所选的颜色。

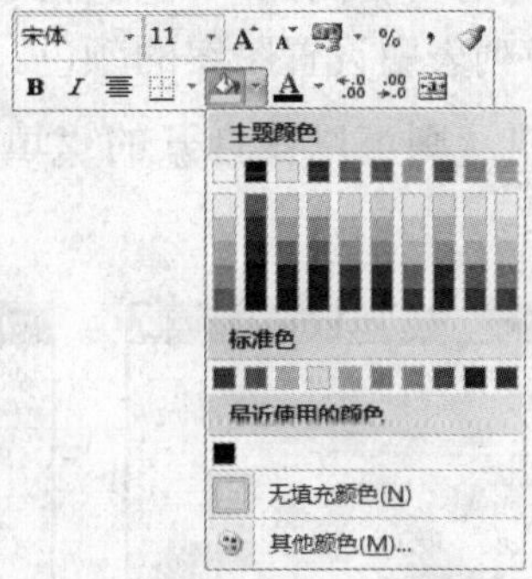

“填充颜色”下拉菜单

在“填充颜色”菜单中有“主题颜色”和“标准色”两栏。“主题颜色”栏提供了Office系统中定义的主题颜色及各色系的变化色，“标准色”栏中提供的是标准颜色，使用时用鼠标指针单击所需的颜色块即可选择该颜色。

如果“主题颜色”和“标准色”提供的颜色不能满足需要，还可以在该菜单中选择“其他颜色”选项，打开“颜色”对话框，默认显示“标准”选项卡。该选项卡中提供了256种颜色。如果切换到“自定义”选项卡中，还可以自定义更加丰富的颜色。方法是在所需的色谱上单击或按住鼠标左键进行拖动来选择颜色，也可以在“颜色模式”下拉列表中选择“RGB”或“HSL”两种模式之一，然后在下面的数值框中指定具体的数值来配置所需的颜色。

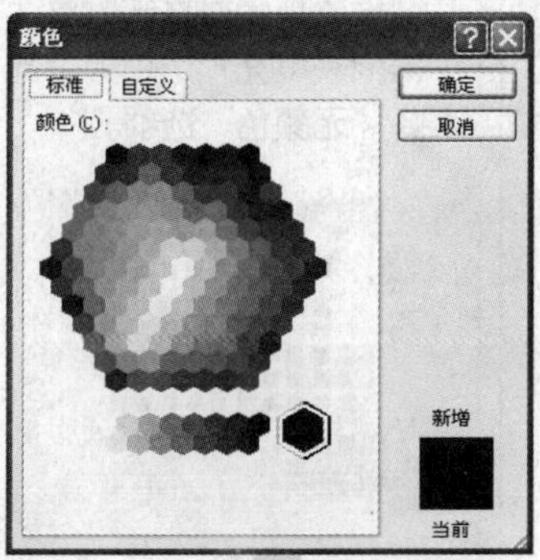

“颜色”对话框的“标准”选项卡

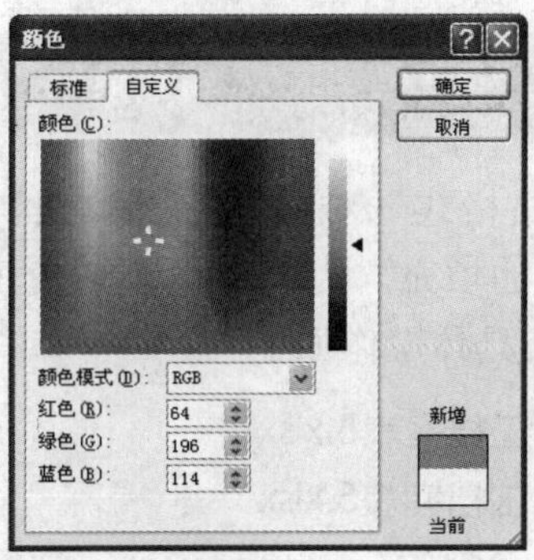

“颜色”对话框的“自定义”选项卡

要点提示：退出绘制或擦除边框线状态

在使用“绘图边框”、“绘图边框网格”和“擦除边框”命令完毕后，需按【Esc】键或执行其他命令退出绘制或擦除状态。

要点提示：RGB与HSL颜色模式的区别

RGB模式是公认编辑图像的最佳色彩模式，它是由红、绿、蓝3种颜色组成的，每种颜色都有256个亮度级。因此3种色彩的叠加可以形成1 670万种颜色，即通过常说的真彩色。

HSL模式是以人类对颜色的感觉为基础，描述了颜色的色相、饱和度和亮度3种基本特性。若要了解更加专业和详尽的色彩知识，可以查阅美术知识的相关书籍进行了解。

2. 通过“字体”组设置

在“开始”选项卡下“字体”组中也有一个“填充颜色”按钮，该按钮及其菜单与迷你工具栏中的“填充颜色”按钮完全相同，使用方法也相同，唯一不同的是，在“字体”组中单击“填充颜色”按钮的下拉按钮，在弹出的下拉菜单中将鼠标指针移到某个颜色上时，被选择的单元格或单元格区域就会自动变为鼠标指针指向的颜色。当感觉颜色搭配合适时再单击确定要选择的颜色；而通过迷你工具栏中的“填充颜色”按钮必须应用后才能看到所选颜色的填充效果。

3. 通过对话框设置

通过“设置单元格格式”对话框的“填充”选项卡不仅可以填充某种颜色，还能设置背景图案或渐变填充效果。

选择要设置填充效果的单元格或单元格区域后，用前面讲解的任意方法打开“设置单元格格式”对话框，再单击“填充”选项卡，在“背景色”选项组中选择所需的颜色便可用该颜色的单元格背景。设置完毕后，单击“确定”按钮应用设置。

如果要设置图案填充，则在右侧的“图案样式”下拉列表中选择一种图案，并在“图案颜色”下拉列表中设置图案的颜色。

单击“填充效果”按钮，则可以在打开的“填充效果”对话框中选择两种颜色来设置渐变填充效果。

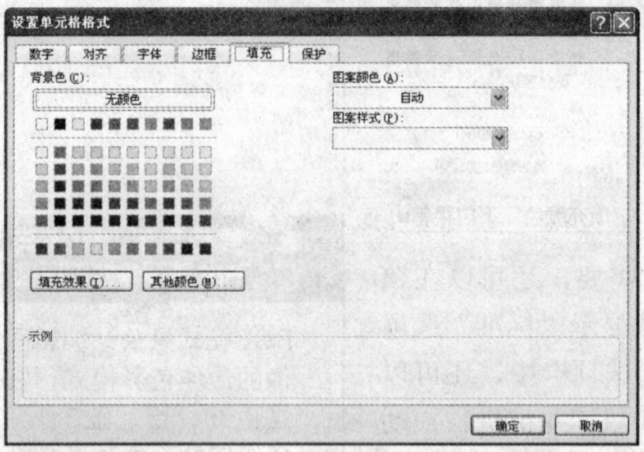

■“填充”选项卡

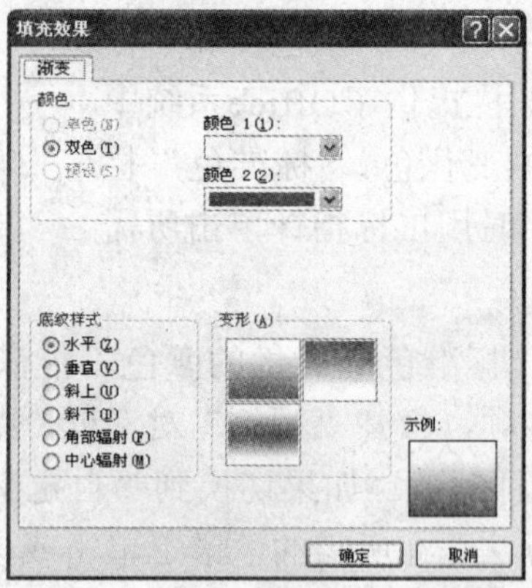

“填充效果”对话框■

应用案例——设置“员工档案表5”背景效果

下面通过“设置单元格格式”对话框的“填充”选项卡为“员工档案表5”的数据区域设置带图案的填充，为表头设置渐变填充效果，以此为例讲解设置单元格背景的方法，其具体操作如下。

素材 光盘:\素材\第5章\员工档案表5.xlsx

效果 光盘:\效果\第5章\员工档案表5.xlsx

要点提示：其他自定义颜色的方法

在“设置单元格格式”对话框的“填充”选项卡中单击“其他颜色”按钮或在“填充效果”对话框的“颜色1”和“颜色2”下拉列表中选择“其他颜色”选项，都可打开“颜色”对话框自定义颜色。

使用过自定义颜色后，在“颜色”下拉菜单中将增加一个“最近使用过的颜色”栏来保存用户最近使用过的10种自定义颜色。

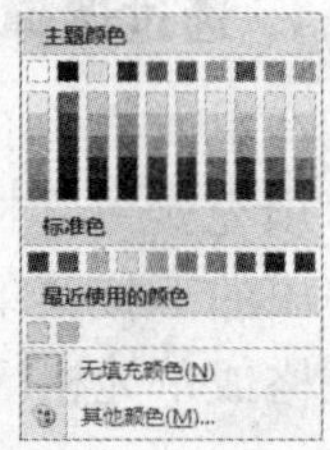

要点提示：如何取消填充背景

选择要取消填充颜色的单元格或单元格区域，在“字体”组或迷你工具栏中单击“填充”按钮的下拉按钮，在弹出的下拉菜单中选择“无填充颜色”命令，或在“设置单元格格式”对话框的“填充”选项卡中选择“无颜色”选项。

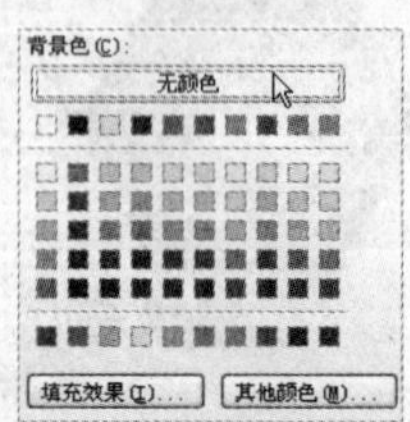

Step 01 打开“员工档案表5”工作簿，选择A3:I16单元格区域。在“开始”选项卡下“字体”组中单击右下角的“对话框启动”按钮，打开“设置单元格格式”对话框，单击“填充”选项卡切换到该选项卡中。选择“橙色，强调文字颜色6，淡色80%”，然后在右侧的“图案样式”下拉列表中选择“6.25%灰色”图案。

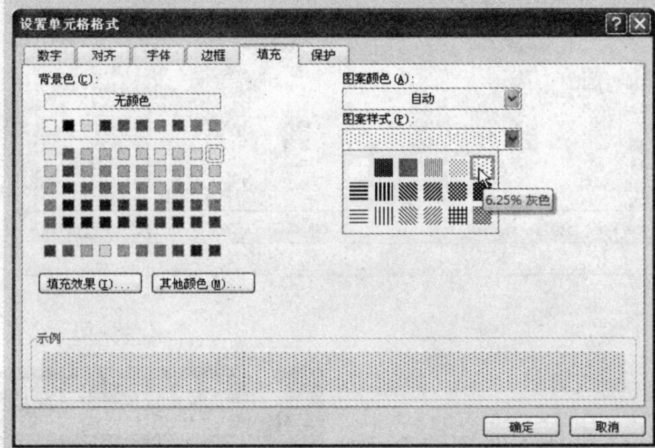

Step 02 在“图案颜色”下拉列表中选择浅绿色作为图案的颜色。设置完毕后单击“确定”按钮应用设置。

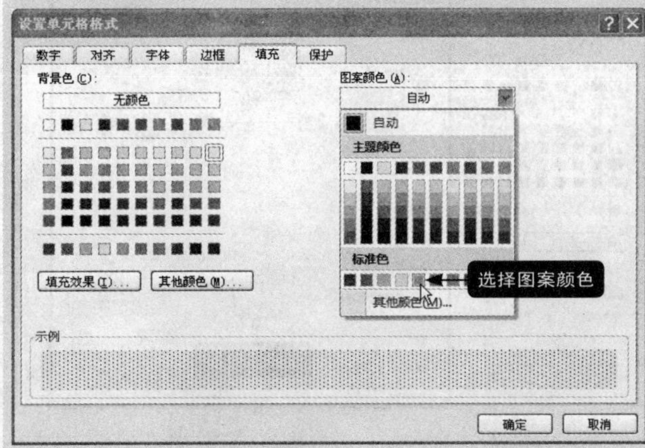

Step 03 选择表头所在的单元格区域A2:I2，打开“设置单元格格式”对话框的“填充”选项卡，单击“填充效果”按钮打开“填充效果”对话框，在“颜色1”下拉列表中选择浅绿色。

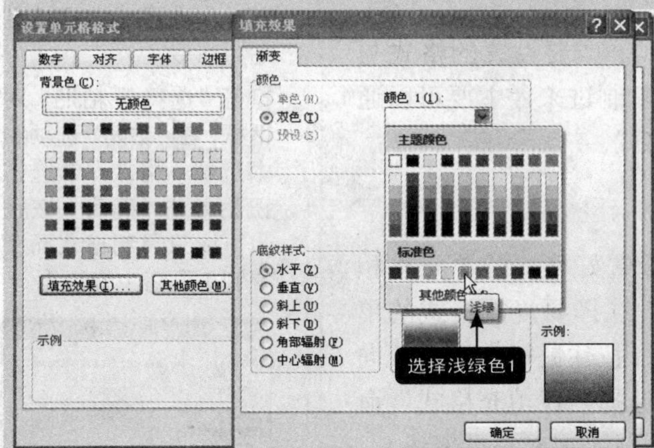

Step 04 在“颜色2”下拉列表中选择“其他颜色”选项。

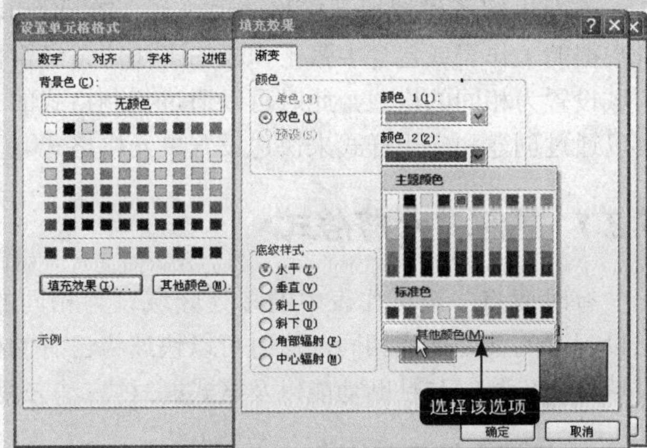

Step 05 打开“颜色”对话框，单击“标准”选项卡，选择浅黄色作为自定义的颜色，然后单击“确定”按钮返回“填充效果”对话框。

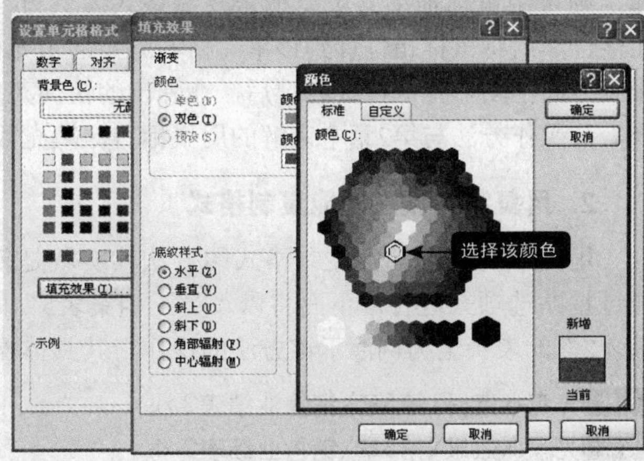

Step 06 在“底纹样式”选项组中选择“水平”单选按钮，在“变形”选项组中选择第3种变形效果。

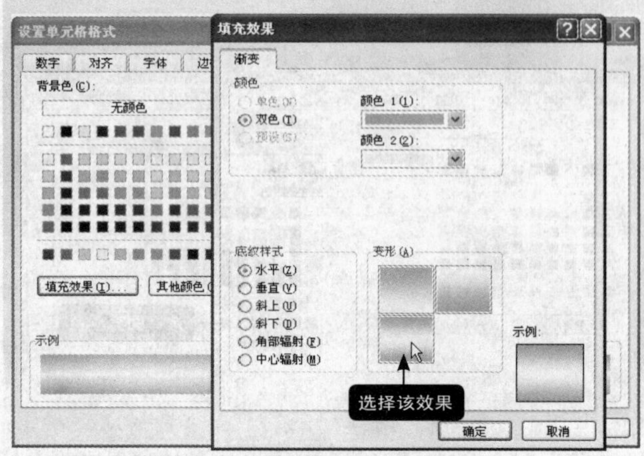

Step 07 设置完毕，单击“确定”按钮返回“设置单元格格式”对话框，再次单击“确定”按钮为对表头应用所做的渐变填充效果。

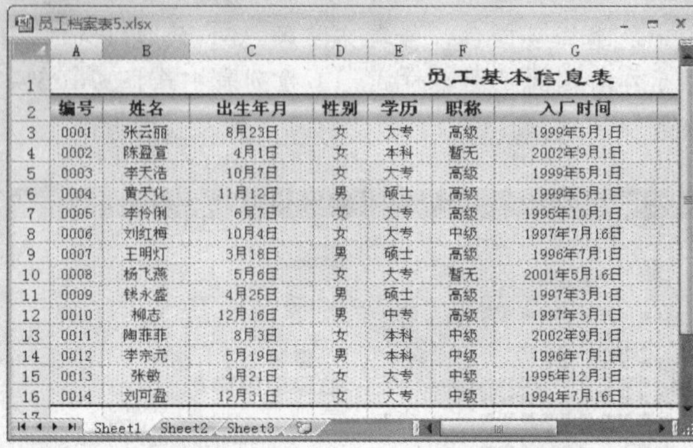
员工档案表5.xlsx

	A	B	C	D	E	F	G
1	员工基本信息表						
2	编号	姓名	出生年月	性别	学历	职称	入厂时间
3	0001	张云丽	8月23日	女	大专	高级	1999年5月1日
4	0002	陈盈宣	4月1日	女	本科	暂无	2002年9月1日
5	0003	李天浩	10月7日	女	大专	高级	1999年5月1日
6	0004	黄天化	11月12日	男	硕士	高级	1999年5月1日
7	0005	李怜俐	6月7日	女	大专	高级	1995年10月1日
8	0006	刘红梅	10月4日	女	大专	中级	1997年7月16日
9	0007	王明灯	3月18日	男	硕士	高级	1996年7月1日
10	0008	杨飞燕	5月6日	女	大专	暂无	2001年5月16日
11	0009	铁永盛	4月25日	男	硕士	高级	1997年3月1日
12	0010	柳志	12月16日	男	中专	高级	1997年3月1日
13	0011	陶菲菲	8月3日	女	本科	中级	2002年9月1日
14	0012	李宗元	5月19日	男	本科	中级	1996年7月1日
15	0013	张敏	4月21日	女	大专	中级	1995年12月1日
16	0014	刘可盈	12月31日	女	大专	中级	1994年7月16日

Sheet1 Sheet2 Sheet3

5.2 快速应用单元格格式

前面讲解了设置单元格格式的方法，在实际操作中，有时会遇到包含大量数据的工作表或包含多张工作表的工作簿，经常需要将不同位置处的单元格区域设置为相同的格式，此时可以通过复制格式的方法快速设置相同格式，也可以通过创建和应用样式来快速设置单元格格式。

5.2.1 复制单元格格式

有时要将一篇工作表中的多处区域设为相同的格式，或要设置的格式与已设置过的某处格式相同，这时可以快速将已有的格式复制过来，主要可以通过填充柄、复制与粘贴功能以及格式刷3种方法来复制格式。

1. 用填充柄复制格式

如果要设为相同格式的单元格或单元格区域与已设置好格式的单元格相邻，则可用鼠标拖动其填充柄来复制格式。其方法是：选择要复制格式的单元格，然后将鼠标指针移到该单元格右下角的填充柄上，按住鼠标右键不放向相应方向拖动，释放鼠标右键后，在弹出的快捷菜单中选择“仅填充格式”命令，其操作方法与第2章中讲解的用鼠标右键填充数据相似，在此不再赘述。

2. 用复制和粘贴功能复制格式

用复制和粘贴功能复制格式的方法其实就是复制单元格的方法，但需要通过粘贴选项来进行。下面将以“员工档案表5”的表头格式复制到“销售业绩表2”的表头上为例演示该方法的操作，其具体操作如下。

素材 光盘:\素材\第5章\销售业绩表2.xlsx

效果 光盘:\效果\第5章\销售业绩表2.xlsx

Step 01 打开“销售业绩表2”和前面已完成单元格格式设置的“员工档案表5”工

要点提示：用选择性粘贴功能复制格式

选择要复制其格式的单元格并执行复制命令后，在“开始”选项卡下“剪贴板”组中单击“粘贴”按钮的下拉按钮，在弹出的下拉菜单中选择“选择性粘贴”命令。

打开“选择性粘贴”对话框，在“粘贴”选项组中选择“格式”单选按钮后单击“确定”按钮也可以只复制格式而不复制单元格中的数据。

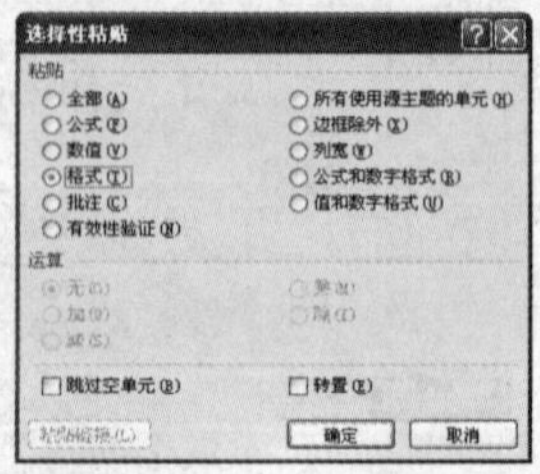

作簿，在“员工档案表5”工作簿中选择表头中的某个单元格。这里单击B2单元格，然后在“开始”选项卡下“剪贴板”组中单击“复制”按钮，B2单元格周围出现虚线框。

Step 02 切换到“销售业绩表2”工作簿中，选择表头所在的A2:C2单元格区域，在“开始”选项卡下“剪贴板”组中单击“粘贴”按钮。

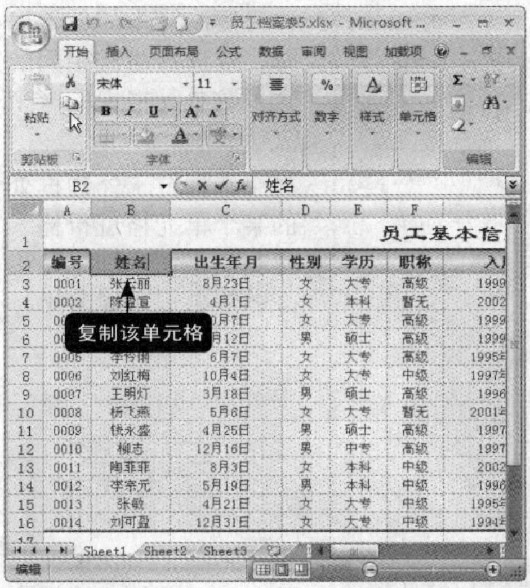

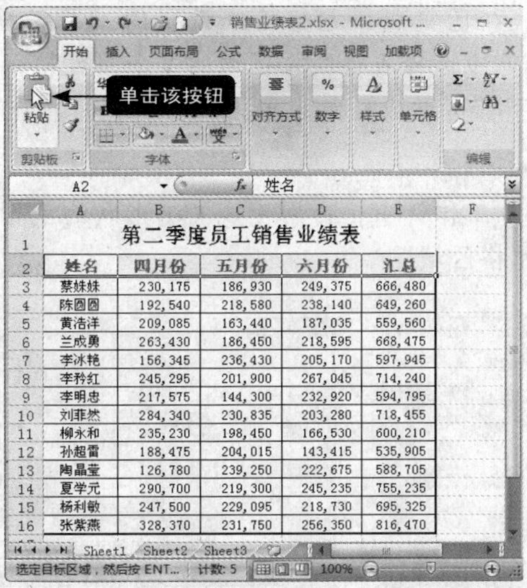

Step 03 此时B2单元格中的数据和格式便被复制到了A2:C2单元格区域的每个单元格，并在E2单元格右下角出现一个“粘贴选项”按钮。单击该按钮，在弹出的下拉菜单中选择“仅格式”单选按钮。

Step 04 A2:C2单元格区域中的数据恢复为原来的数据，但格式已经变为与“员工档案表5”工作簿中B2单元格相同的格式。

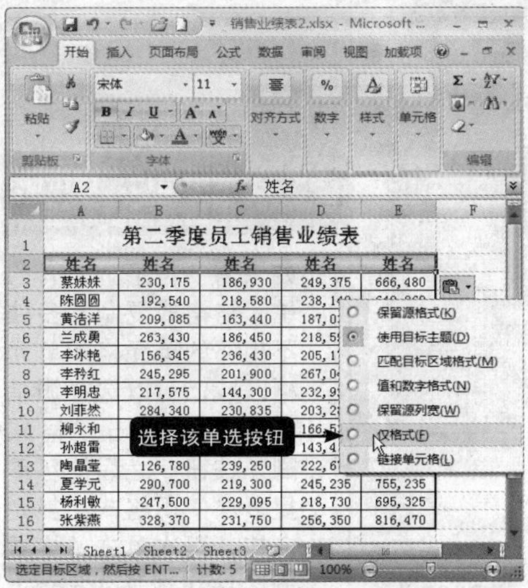

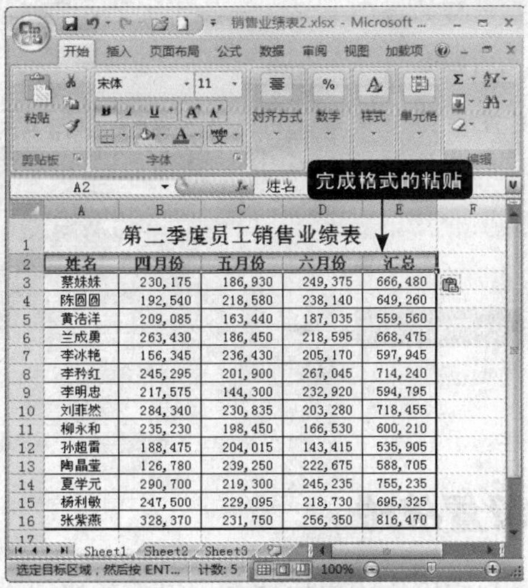

3. 用格式刷功能复制格式

如果要应用格式的单元格或单元格区域与已设置好格式的单元格不相邻或相距甚远时，还可以利用Excel的格式刷来复制单元格格式。其方法是：先选择要使用其格式的单元格，然后在“常规”选项卡下“剪贴板”组中单击“格式刷”按钮，再用变成✚🖌形状的鼠标光标选择要应用该格式的单元

要点提示：其他几种复制与粘贴格式的方法

通过右击弹出的快捷菜单中的“复制”命令和“粘贴”命令或通过按【Ctrl+C】组合键和【Ctrl+V】组合键进行复制与粘贴单元格操作后，粘贴区域右下角同样会出现“粘贴选项”按钮，可进行保留原格式粘贴。

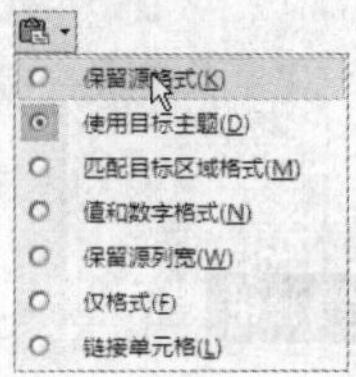

要点提示：复制和粘贴格式的注意事项

需要注意的是，使用“复制”和“粘贴”功能粘贴单元格后，在粘贴区域右下角出现“粘贴选项”按钮时，如果进行了其他操作，该按钮将自动消失。

因此，如果要使用粘贴选项中的某个选项，应该即时选择，然后再执行其他操作。

格或单元格区域，即可复制格式。

下面通过格式刷将“员工档案表5”中数据单元格的格式复制到“销售业绩表3”的相应部分，演示格式刷的使用方法，其具体操作如下。

素材 光盘:\素材\第5章\销售业绩表3.xlsx

效果 光盘:\效果\第5章\销售业绩表3.xlsx

Step 01 打开“销售业绩表3”和已完成单元格格式设置的“员工档案表5”工作簿，在“员工档案表5”工作簿中选择表格数据区域的某个单元格，这里单击B7单元格，然后在“开始”选项下“剪贴板”组中单击“格式刷”按钮，B7单元格周围出现闪烁的虚线框。

Step 02 切换到“销售业绩表3”工作簿中，再用变成形状的鼠标指针选择除表头和表格标题外的A3:E16单元格区域。

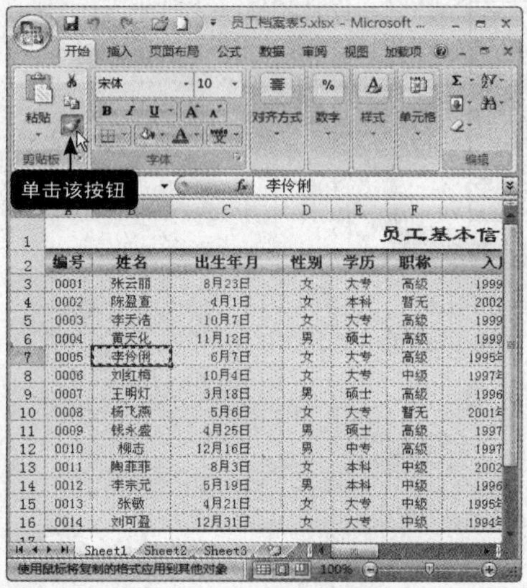

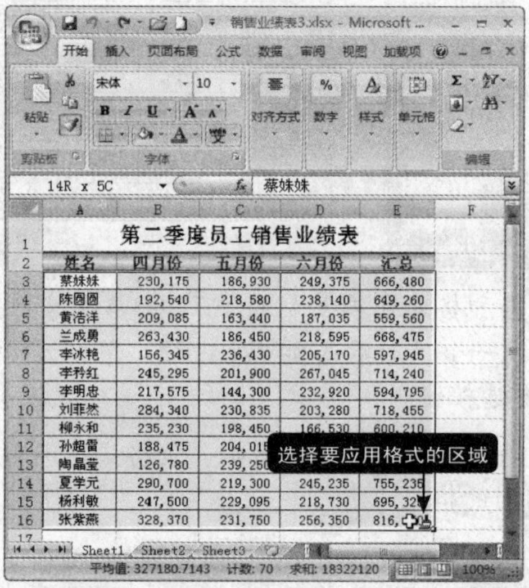

Step 03 释放鼠标，“销售业绩表3”工作簿中的A3:E16单元格区域便被设为与“员工档案表5”工作簿中B7单元格相同的格式。

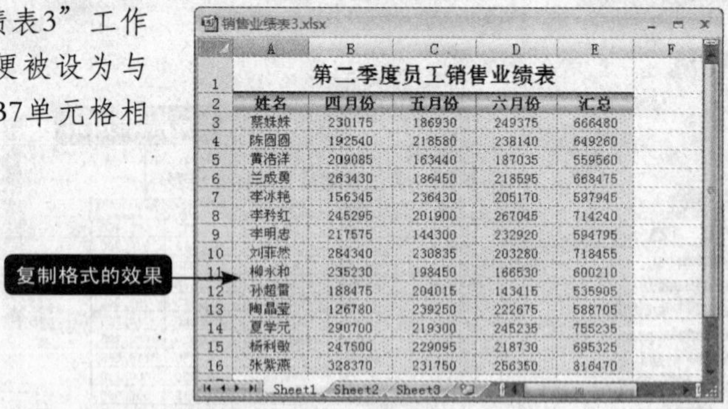

要点提示：关于带边框单元格的复制

如果被复制格式的单元格区域的外边框与内部框线设置不同，在选择作为复制样本的单元格时，应选择格式相同的大多数单元格中的一个进行复制。

如果选择位于外边框处的某个单元格进行格式复制的操作，则粘贴出来的效果很可能会不尽人意。

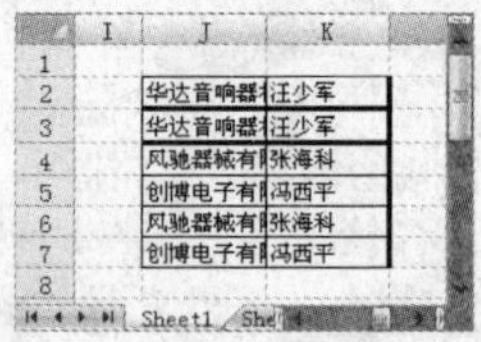

使用技巧：连续使用格式刷复制格式

如果需要将某个已有的单元格格式复制到多处不相邻的单元格或单元格区域，可以选择源单元格后，双击“格式刷”按钮，之后便可重复多次使用格式。复制完毕，再次单击“格式刷”按钮或按【Esc】键退出格式复制状态。

5.2.2 通过创建样式设置格式

在Excel中可以通过创建与应用样式来快速使用已有的格式。Excel 2007为用户提供了一些系统预设的样式，用户也可根据需要自行创建所需的样式。

1. 应用单元格样式

使用Excel 2007预设单元格样式的方法是：选择要应用样式的单元格，在“开始”选项卡下“样式”组右侧的单元格样式列表框中选择要应用的样式。

该列表框默认显示了4个样式，可以单击右侧的▼和▲按钮向下或向上滚动显示其他样式，也可以单击下拉按钮，在弹出的单元格样式下拉菜单中选择所需的样式，被选择的单元格区域会应用所选的样式，如下图所示。

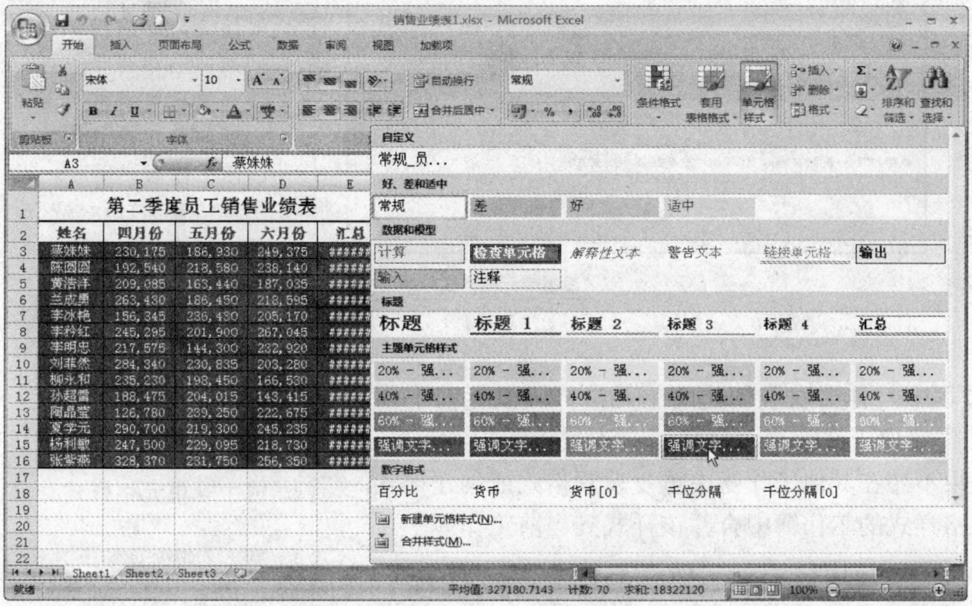

为单元格区域应用样式■

2. 创建单元格样式

系统内置的样式只包含数据、字体和填充格式，这还体现不出样式的优势，样式最大的优势在于用户能自行创建并应用。

比如用户在制作表格时发现有多个分散的单元格需要设置为相同的特殊格式，只需先创建一个集合了数字、字体、对齐、边框和背景效果的样式，并为其赋予一个名称，以后就可以使用该样式快速设置其他单元格的格式了。

创建样式有两种方法，一种是直接创建，另一种是根据已有的格式创建，其方法分别如下。

- **直接创建**：在“开始”选项卡下“样式”组中单击右侧的下拉按钮，在弹出的下拉菜单中选择“新建单元格样式”命令，打开如下页左图所示的“样式”对话框。在“样式名”文本框中命名样式，在“包括样式”选项组中选择要包含的格式，然后单击“格式”按钮打开如下页右图所示的“设置单元格格式”对话框，对格式进行设置，完成后单击“确定”按钮。
- **根据已有的格式创建**：对某个单元格按所需的要求对其数字、字体等方面的格式进行设置。设置完毕，选择已设置好格式的单元格，在“开始”选项卡下“样式”组中单击右侧的下拉按钮，在弹出的下拉菜单中选择“新建单元格样式”命令，打开“样式”对话框，在“样式名”文本框中为要创建的样式命名，在“包括样式”选项组选择该样式要包含哪些方面的格式属性，然后单击“确定”按钮。

要点提示：样式和格式的区别

Excel中的样式是事先定义好的字体、字形、对齐方式、边框和背景等格式设置的组合，系统将其作为集合来存储和应用。

格式是一个个构成样式的元素，可以单独应用于字符或单元格上。

要点提示：功能区折叠时如何使用样式

如果显示器的屏幕分辨率不高，或对Excel窗口进行了缩小操作后，功能区被折叠起来，其单元格样式列表框会变成“单元格样式”按钮，使用样式时需单击该按钮，在弹出的下拉菜单中选择所需的样式选项。

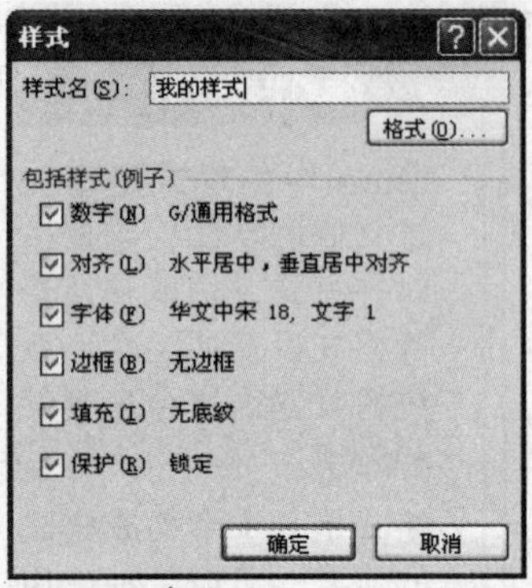

■“样式”对话框

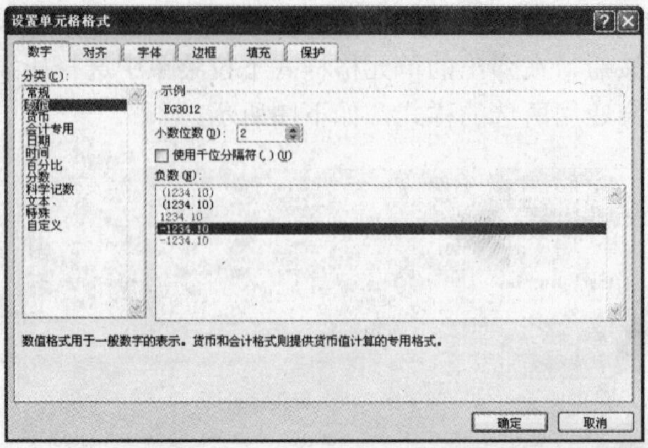

“设置单元格格式”对话框■

3. 合并单元格样式

在创建和使用样式的过程中，你会发现创建的单元格样式仅存在于创建时的工作簿中，打开其他工作簿便无法使用该样式了。不过不用担心，Excel提供了移植样式的功能，如果不想在其他工作簿中重复设置格式或创建样式，可以从一个已经建立了单元格样式的工作簿中合并该样式到当前工作簿中。

合并样式的方法是：打开要使用样式的工作簿和包含已创建好样式的工作簿，在“开始”选项卡下“样式”组中单击右侧的下拉按钮，在弹出的下拉菜单中选择“合并样式”命令，打开“合并样式”对话框。在“合并样式来源”列表框中选择要使用其中样式的工作簿，然后单击“确定”按钮，Excel就会将该工作簿中自定义的样式复制到当前工作簿中。

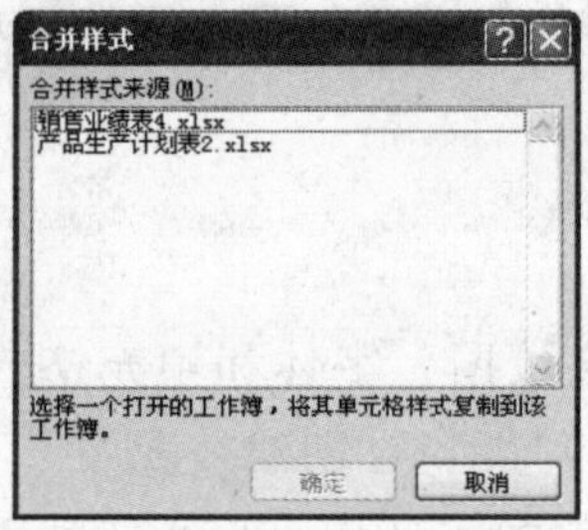

“合并样式”对话框■

下面将“员工档案表5”的表头标题创建成名为“表格标题”的样式，并应用到“销售业绩表4”工作簿的表格标题中，其具体操作如下。

素材 光盘:\素材\第5章\销售业绩表4.xlsx

效果 光盘:\效果\第5章\销售业绩表4.xlsx

Step 01 打开已完成单元格格式设置的“员工档案表5”工作簿，选择表格标题所在的A1单元格，在“开始”选项卡下“样式”组中单击右侧的下拉按钮，在弹出的下拉菜单中选择“新建单元格样式”命令。

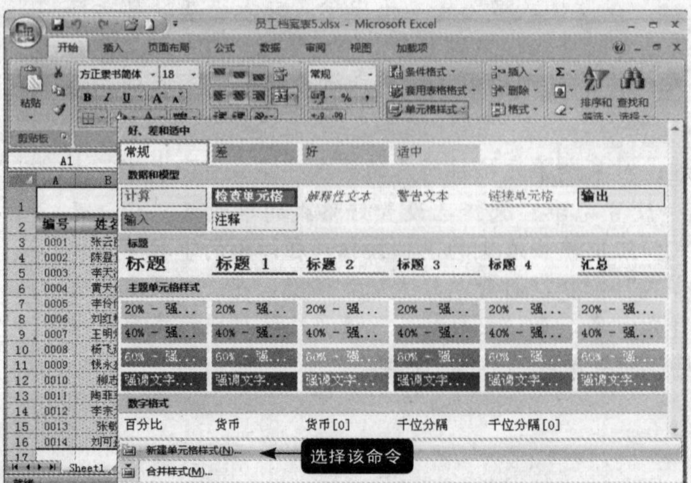

要点提示：合理使用系统预置的单元格样式

系统在单元格样式的下拉菜单中预置了多种样式，并将其进行分类，合理使用正确的样式可以使工作表更美观。

如在设置表格标题的样式时就可以选择一种标题样式，设置表头的样式时就可以选择一种主题单元格样式。但这并不是成文的规定，对于普通数据单元格来说，同样可以为其应用标题或主题单元格样式。

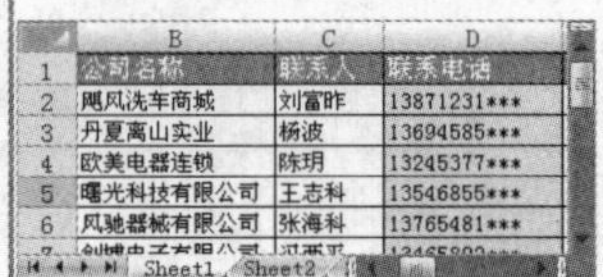

要点提示：如何使用自定义的样式

创建样式后，单击“样式”组右侧的下拉按钮，在弹出的下拉菜单中会自动增加一个“自定义”栏，在该栏下显示的便是用户创建的样式列表，使用时与使用系统预设样式的方法相同。

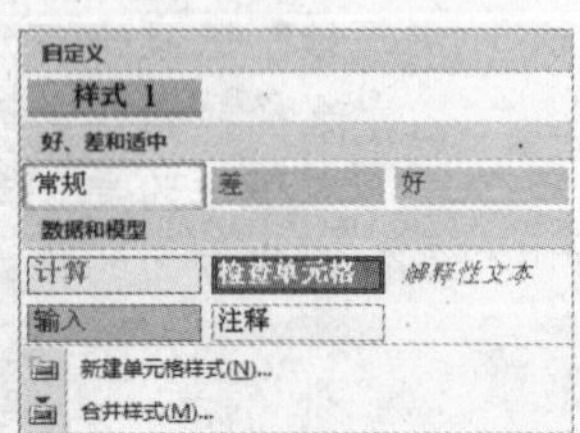

Step 02 打开“样式”对话框，在“样式名”文本框中输入新建样式的名称“表格标题”，在“包括样式”选项组选中“数字”、“对齐”和“字体”复选框，单击“确定”按钮。

Step 03 打开“销售业绩表4”工作簿，在“开始”选项卡下“样式”组中单击右侧的下拉按钮，在弹出的下拉菜单中选择“合并样式”命令，打开“合并样式”对话框，在“合并样式来源”列表框中选择“员工档案表5”工作簿，单击“确定”按钮。

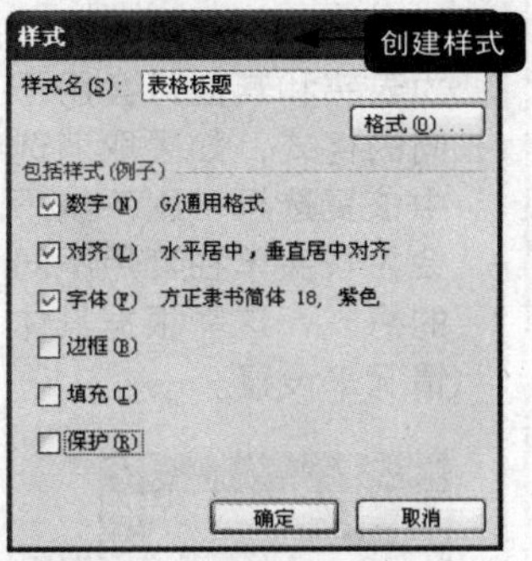

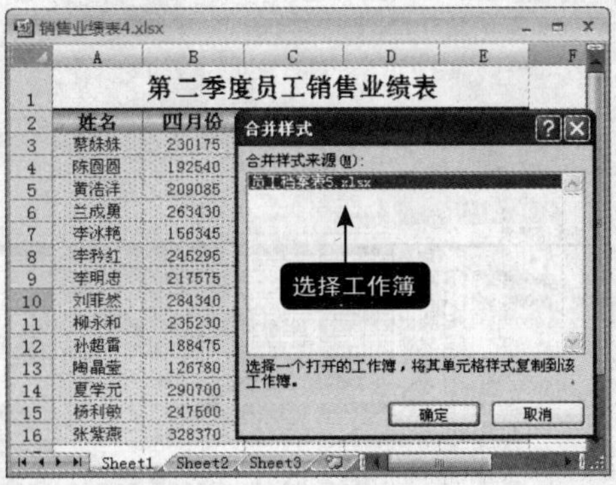

Step 04 在“销售业绩表4”中选择A1单元格，然后在“开始”选项卡下“样式”组中右侧的下拉按钮，在弹出的下拉菜单中选择“表格标题”样式。

Step 05 此时，系统自动为“销售业绩表4”中的表格标题文本应用创建的表格样式，至此完成整个操作。

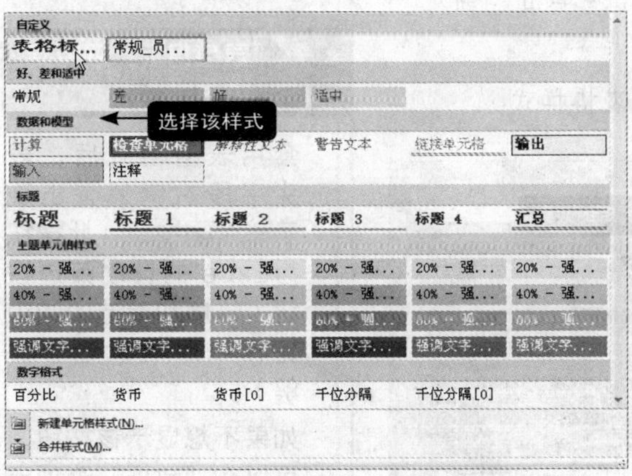

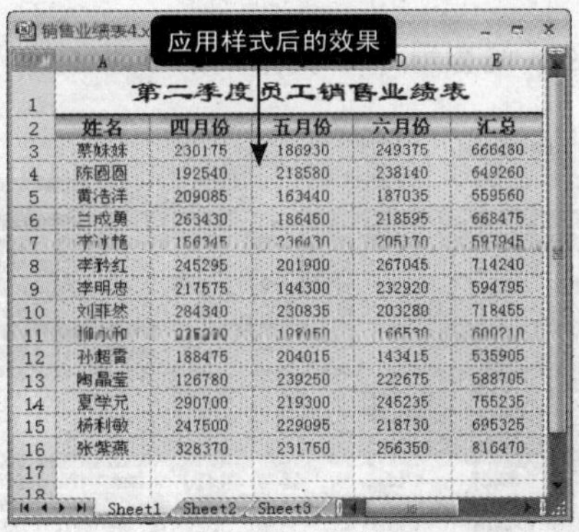

5.2.3 自动套用单元格格式

使用上面讲解的几种方法复制格式或应用样式，目标对象的格式都会设置得与源对象完全相同，而在实际工作中，通常情况下我们会为表格的不同部分设置不同的格式，如表头、表格外边框和和内框线等。

利用Excel的自动套用格式功能不但可以快速应用已设好的格式，系统还能自动识别表格边界，并分析表格中的数据类型，对其进行相应的格式处理，非常智能化，套用格式后，还可根据需要再对不满意的格式进行更改。

下面为“员工档案表2”工作簿中的工作表除表格标题以外的其他部分套

要点提示：修改自定义的样式

修改自定义样式可通过单击“样式”组右侧的下拉按钮，在弹出的下拉菜单中要修改的自定义样式上右击，在弹出的快捷菜单中选择“修改”命令，在打开的“样式”对话框中即可进行样式更改。

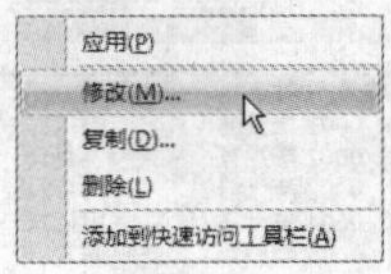

要点提示：快速创建相似样式

单击“样式”组右侧的下拉按钮，在弹出的下拉菜单中要修改的自定义样式上右击，在弹出的快捷菜单中选择“复制”命令，系统将复制该样式并打开复制后样式的“样式”对话框，在其中修改所需的格式即可快速创建新的样式。

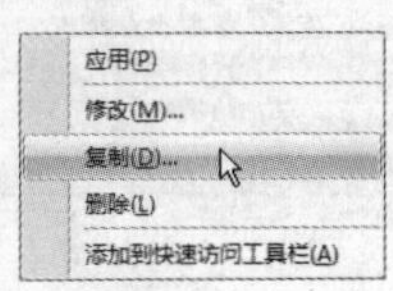

用“表样式深浅中等12”，其具体操作如下。

素材 光盘:\素材\第5章\员工档案表2.xlsx

效果 光盘:\效果\第5章\员工档案表6.xlsx

Step 01 打开素材文件“员工档案表2.xlsx”工作簿，选择除表格标题以外的所有数据单元格A2:I16。在“开始”选项卡下“样式”组中单击“套用表格格式”按钮，在弹出的下拉菜单中选择“中等深浅”栏下的“表样式中等深浅12”样式。

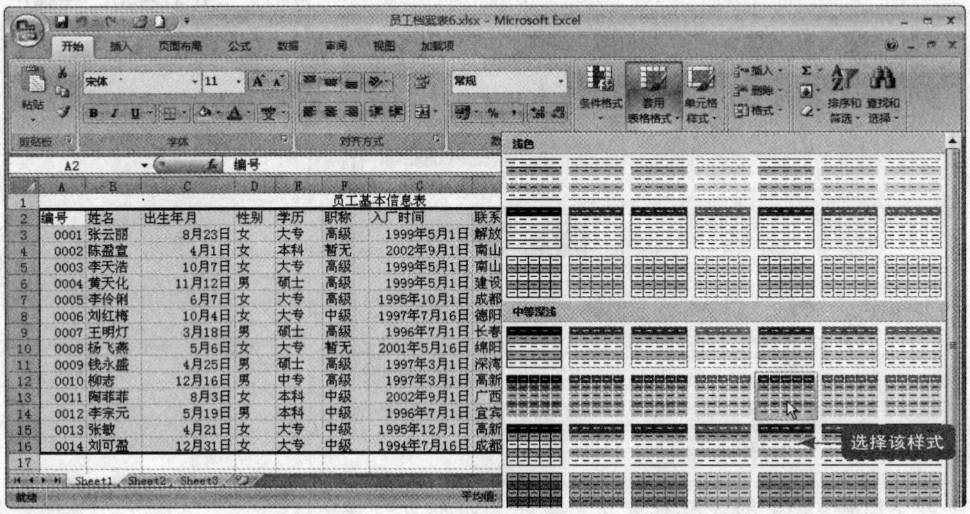

Step 02 打开“套用表格式”对话框，该对话框中显示了要套用该格式的数据来源区域，此时可以重新在工作表中选择套用格式的区域，这里直接单击“确定”按钮。

Step 03 工作表中所选单元格区域便套用了“表样式中等深浅12”表格样式。

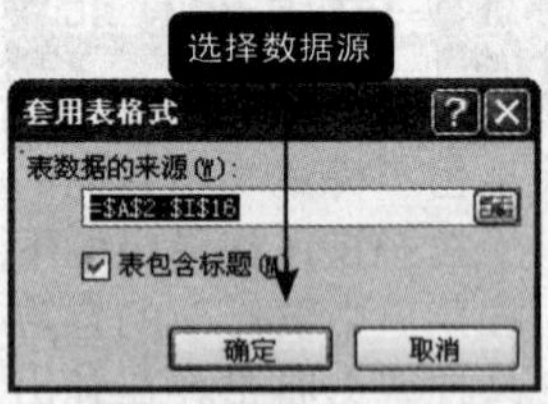

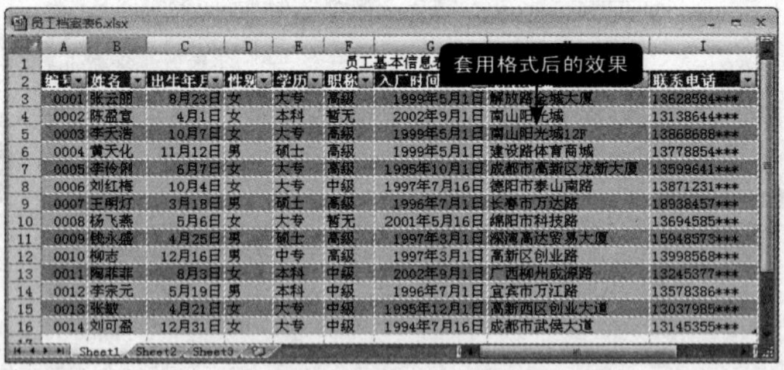

当选择套用了格式的单元格区域时，将在Excel窗口标题栏中出现一个“表工具 设计”选项卡（如下图所示），在该选项卡下“表样式选项”组中可以通过选中或取消选中相应的复选框来有选择性地套用所选样式中的部分格式，还可以重新选择所需的样式。

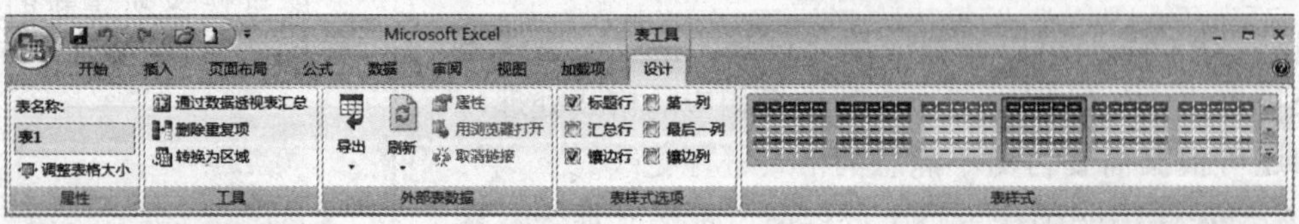

“表工具 设计”选项卡■

要点提示：套用格式是否包含标题行

在“套用格式”对话框中，默认选中了“表包含标题”复选框，此处“标题”是指表头行。

如果选择的单元格区域包含表头，则需选中该复选框，以便系统自动为表头和其他行套用不同的格式；如果取消选中该复选框，则系统不会为表头单独套用不同的格式，这需根据具体情况来设置。

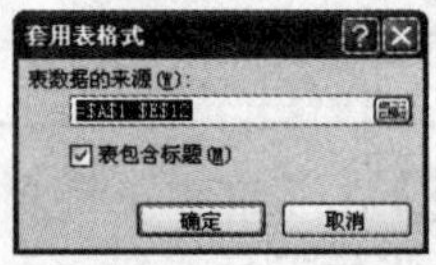

要点提示：取消筛选按钮

套用表格格式后，表头字段右侧都会出现了一个▾按钮，此按钮为Excel的自动筛选按钮（排序和筛选的知识将在以后的章节中讲解）。

如果不想显示该按钮，可以在“数据”选项卡下“编辑”组中单击“排序和筛选”按钮，在弹出的下拉菜单中选择“筛选”命令取消该按钮。

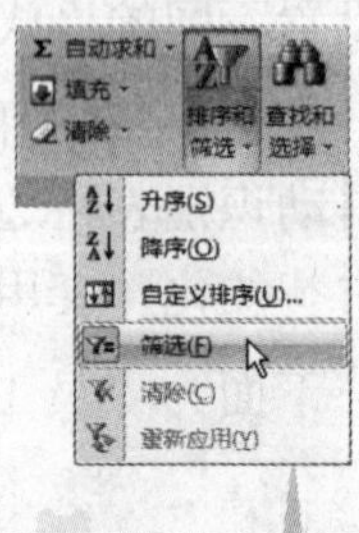

5.3 设置工作表背景

本章前面讲解的都是设置单元格或单元格区域的格式，对于整张工作表来说，可以选择一幅图片作为其背景来进行美化。选择的图片将以重复填充的方式布满整张工作表，单元格背景将显示在工作表背景的前面。

下面以为一张工作表添加背景图片为例，讲解设置工作表背景的方法，其具体操作如下。

素材 光盘:\素材\第5章\销售业绩表2.xlsx、背景.jpg

效果 光盘:\效果\第5章\销售业绩表5.xlsx

Step 01 打开“销售业绩表2”工作簿，在“页面布局”选项卡下“页面设置”组中单击“背景”按钮。

Step 02 打开“工作表背景”对话框，找到并选择所需的图片“背景.jpg”，单击“插入”按钮。

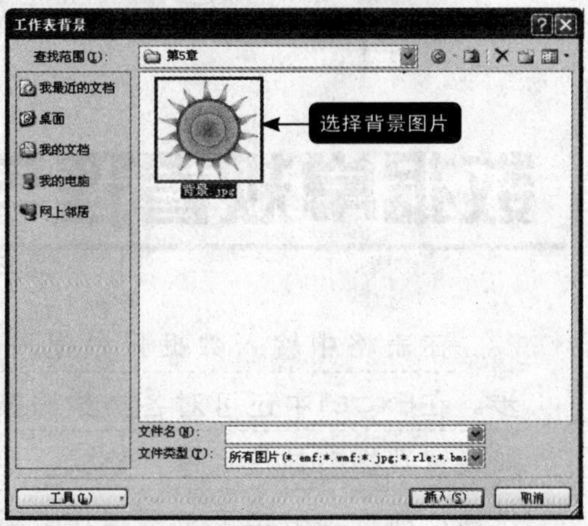

Step 03 选择的图片便以重复填充的方式填满整张工作表作为其背景。

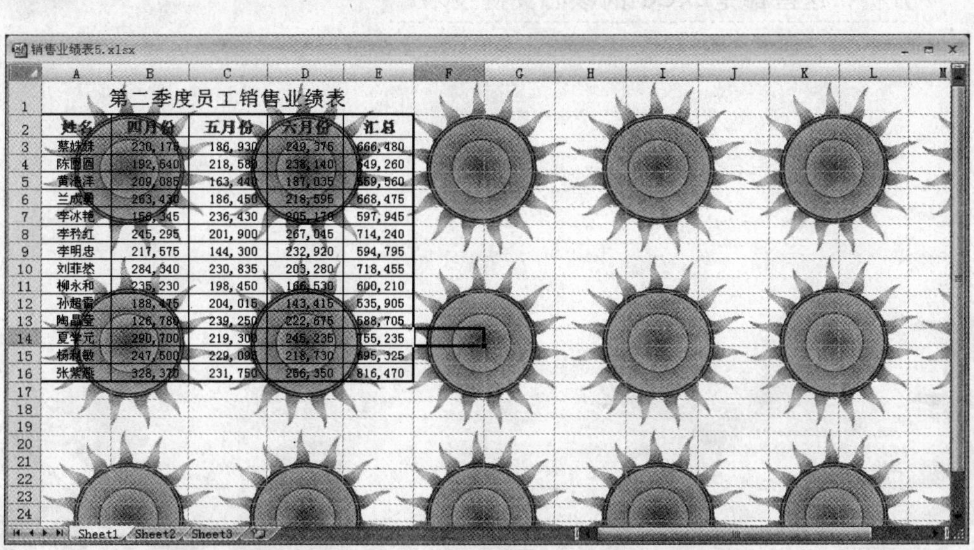

要点提示：工作表背景的应用场合

为工作表设置背景只能在显示效果上对其进行美化，工作表背景并不能被打印出来，对于只需要在电脑上显示的表格，可以采用这种方法使工作表更美观。

需注意的是，在为工作表设置背景图片时，选择的图片颜色不要与工作表中字体的颜色太接近，否则会影响到工作表的可读性。

要点提示：如何删除已添加的工作表背景

为工作表添加背景图片后，在“页面布局”选项卡下“页面设置”组中，“背景”按钮将变成“删除背景”按钮，单击“删除背景”按钮则可删除为工作表添加的背景。

Part 2

数据常规管理与分析技术

在表格中输入数据只是电子表格应用的第一步。在Excel中还可对各类数据按需要进行管理，如设置数据有效性和条件格式，另外通过对数据的排序、筛选、分类汇总等操作，可对数据进行各种分析，这些都是Excel的核心关键技术。

6 Chapter 数据输入限制与智能标示

READERS' GUIDE

对于要求客户或员工填写的工作表，可以通过条件格式的设置来限制他人只能在指定的单元格中输入符合条件的内容；而通过Excel 2007的多元化条件格式功能则可以自动将符合指定条件的数据用不同的格式自动突出显示出来，不但可以增加工作表的阅读性，还能自动标示出符合条件的单元格数据。

MAIN CASES

设置数据有效性 P89
突出显示单元格规则 P96
项目选取规则 P100
新建格式规则 P102
管理格式规则 P105
清除格式规则 P105

6.1 设置数据有效性

在用电子表格形式的方式要求客户或员工填写表单中的某些内容时，为了避免填写者因为数据较多或分神造成的输入失误，可以利用Excel中的有效性功能来避免输入错误的信息。如通过设置数据有效性功能设置需填写身份证号码的单元格中只能输入18位的数字编码，填写者漏输或多输时就会弹出设置的出错警告，以便用户确认，从而及时更正。

要点提示：数据有效性的应用意义

在创建的许多面对客户等对象的工作表中，用户需要输入数据以获得所需的计算和结果。确保用户输入有效数据是一项重要的任务。通过数据有效性功能就能将数据输入限制在某个日期范围、使用列表限制选择或确保只输入正整数。并在用户输入了无效数据时给其提供即时帮助以便对用户进行指导并清除相应的无效信息，这对于数据输入的顺利进行是必不可少的。

6.1.1 设置数据有效范围

限制数据有效性可以将指定单元格中的数据限制为允许范围内的数值、文本、日期和时间等，当用户输入许可范围之外的数据就弹出警告对话框。

设置数据有效性的方法大体相同，都是先选择要进行数据有效性限制的单元格，然后在“数据”选项卡下“数据工具”组中单击“数据有效性”按钮，打开“数据有效性”对话框的“设置”选项卡，在“允许”下拉列表中选择要设置的选项，在“数据”下拉列表中选择限制类型，然后在下面的参数框中设置具体的范围，最后单击“确定”按钮即可完成数据有效性的设置。

1. 设置数值有效范围

在Excel中可以限制在指定单元格中只能输入许可范围内的整数或小数。

设置整数或小数数据有效性的方法基本相同。方法是：选择要进行数值有效性限制的单元格后，打开"数据有效性"对话框的"设置"选项卡，在"允许"下拉列表中选择"整数"或"小数"选项，在"数据"下拉列表中选择所需的限制类型，如介于、等于、大于、小于等限制条件，然后在下面出现的相应参数框中设置具体的数值范围，完成后单击"确定"按钮。

如在B4单元格中只能输入1～12的月份数字，则选择B4单元格，打开"数据有效性"对话框进行如左下图所示的设置；在D3单元格中只允许输入10以下的小数，则选择该单元格，在"数据有效性"对话框进行如右下图所示的设置。

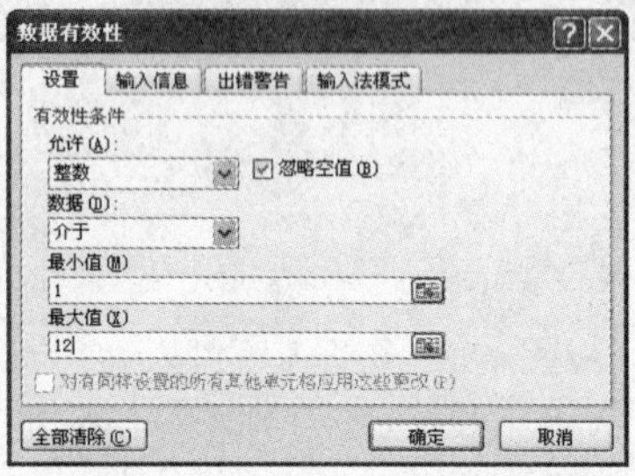

■设置整数有效性

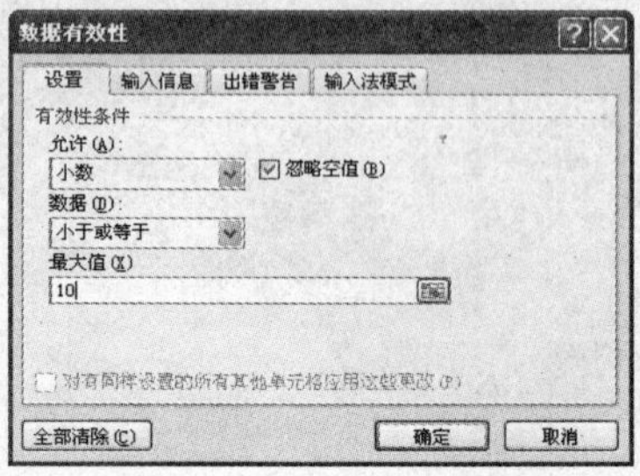

设置小数有效性■

2. 设置日期和时间有效范围

在某些场合需要将日期和时间限制在一定的范围内，如在制作计划表时，就可以将时间范围限制在规定的日期或时间内，当填写各项计划的完成日期和时间超出设定的范围时，系统就会自动提示，以示纠正。

设置日期和时间有效范围的方法与设置整数或小数有效性的方法基本相同。打开"数据有效性"对话框的"设置"选项卡后，需在"允许"下拉列表中选择"日期"或"时间"选项，其他设置参数相似，在此不再赘述。

3. 设置文本长度有效范围

在输入手机号码或身份证号码等特殊数据时，为了防止漏输或多输入数字，可以通过设置文本长度的有效范围来进行约束。

如选择要输入手机号码的单元格，打开"数据有效性"对话框的"设置"选项卡，在"允许"下拉列表中选择"文本长度"选项，在"数据"下拉列表中选择"等于"选项，再在下面的"长度"参数框中输入"11"（如右图所示），单击"确定"按钮应用该设置，当以后在该单元格中输入的数字位数不是11位时均会弹出警告对话框，提示填写者要输入符合设定范围的数据。

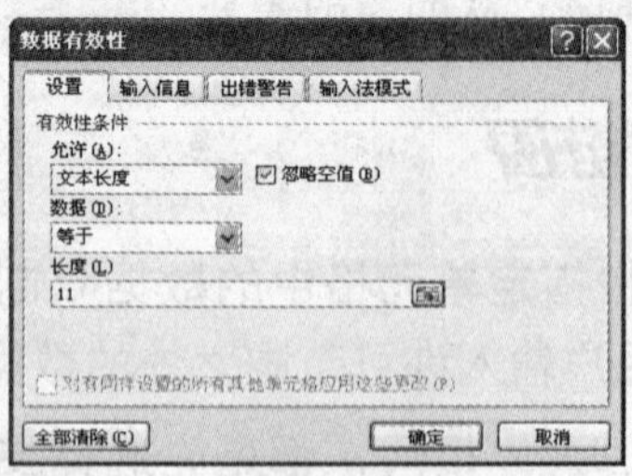

设置文本长度范围■

4. 设置序列范围

在前面的章节中我们知道了Excel中序列的意义，在设置数据有效性时也可以用自己设置的序列作为输入数据的约束范围，并且用该方式设置数据有效性除了可以输入序列内的数值外，还可以通过下拉按钮选择序列中的某个数据，省去手动输入的麻烦。

要点提示：设置数据有效性的注意事项

在"数据有效性"对话框的"允许"和"数据"下拉列表中选择的选项不同，下面出现的参数框也不同。默认情况下，设置了数据有效性的单元格中可以为空，但如果取消选中了"允许"下拉列表右侧的"忽略空值"复选框，当设置的许可范围不包含0值时（Excel中的空值默认为0），则不能删除该单元格中的数据，因为空值也不在许可范围内。

使用技巧：快速更改有效性设置

对工作表中的多个单元格进行了相同的数据有效性设置后，如果以后要想更改这些设置，不需一一选择这些单元格进行更改。只需选择其中一个单元格，打开"数据有效性"对话框重新设置有效性条件后，选中对话框下面的"对有同样设置的所有其他单元格应用这些更改"复选框，再单击"确定"按钮即可一次性更改该工作表中具有相同有效性设置的所有设置。

设置序列有效性的前提条件是必须在工作表中的某个位置处填充好要使用的序列数据，再进行数据有效性的设置。如要使表单中填写部门的单元格可以通过下拉列表来选择所在的部门而不用手动输入，其操作方法如下。

素材 光盘：\素材\第6章\职位说明表.xlsx

效果 光盘：\效果\第6章\职位说明表.xlsx

Step 01 打开“职位说明表”工作表，在数据区域外的空白列（这里为G列）中输入该公司所有部门的名称，然后单击B4单元格，再在“数据”选项卡下“数据工具”组中单击“数据有效性”按钮打开“数据有效性”对话框的“设置”选项卡。

Step 02 在“允许”下拉列表中选择“序列”选项，选中右侧的“提供下拉箭头”复选框，然后将光标插入点插入“来源”参数框中，在工作表中选择第1步输入的部门名称所在的单元格区域。

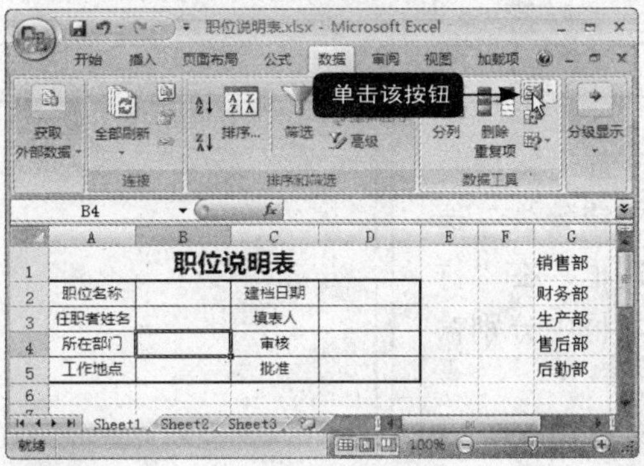

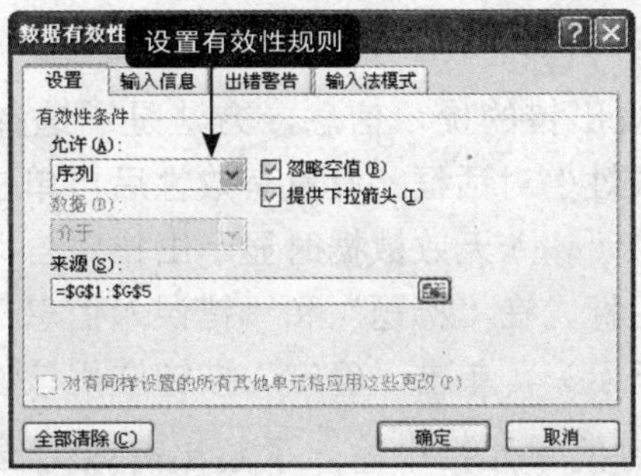

Step 03 单击“确定”按钮应用该设置。以后选择B4单元格时，右侧将出现一个下拉按钮，单击该按钮，在弹出的下拉列表中便可选择所需的部门名称了。当然也可以手动输入某个部门的名称，但不能输入序列来源区域以外的部门名称，否则也会弹出警告对话框。

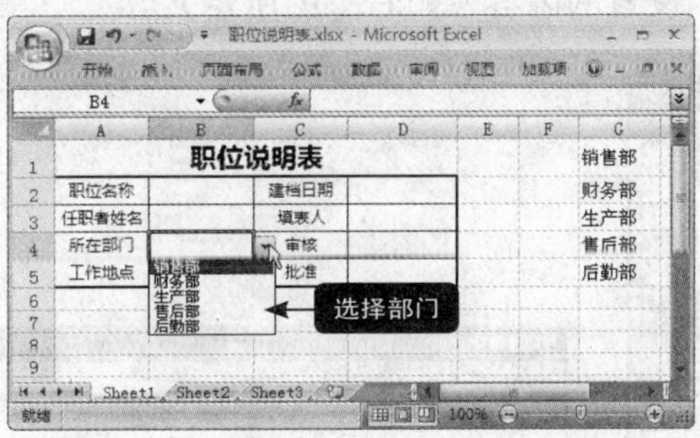

6.1.2 设置输入信息

在要求客户或员工填写电子表格形式的表单时，有些项目客户或员工并不一定知道该如何填写，或者某些填写项目需要特别加以说明，这时可以设置选择单元格时要显示的输入信息，以提示填写者应该输入什么样的数据。

设置输入提示信息的方法是：选择要设置提示信息的单元格，打开“数据有效性”对话框，单击“输入信息”选项卡，此时系统自动选中了“选定单元格是显示输入信息”复选框。在“标题”和“输入信息”文本框中分别输入所需的说明信息（如下页左图所示），单击“确定”按钮应用该设置。以后当单击设置了输入信息的单元格时，系统就会用浮动条的方式显示设置的提示信息（如下页右图所示）。

要点提示：设置序列有效性不添加下拉按钮

设置序列有效性时，如果在“数据有效性”对话框中取消选中“允许”下拉列表右侧的“提供下拉箭头”复选框，则设置后只能通过手动输入的方式输入序列范围内的数据，而不会出现下拉按钮▼。

疑难解答：设置数据有效性的方法

问：“自定义”数据有效性是怎样设置的？

答：当选择该选项后，对话框下面将出现“公式”参数框，在其中可以输入或引用已有的公式（但计算结果必须为逻辑值）来定义有效性规则（关于公式的知识将在以后的章节中详细讲解）。

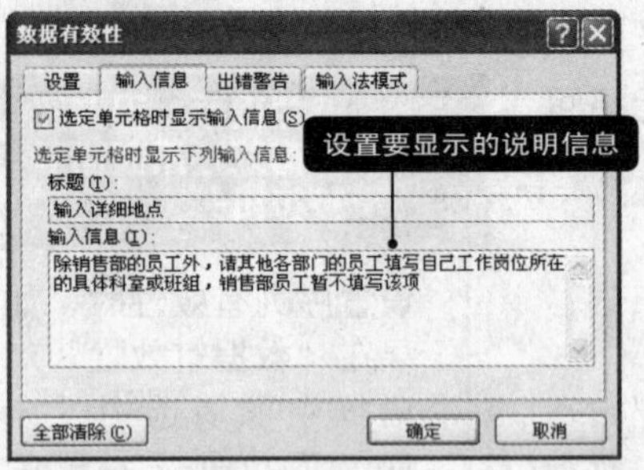

■设置输入信息

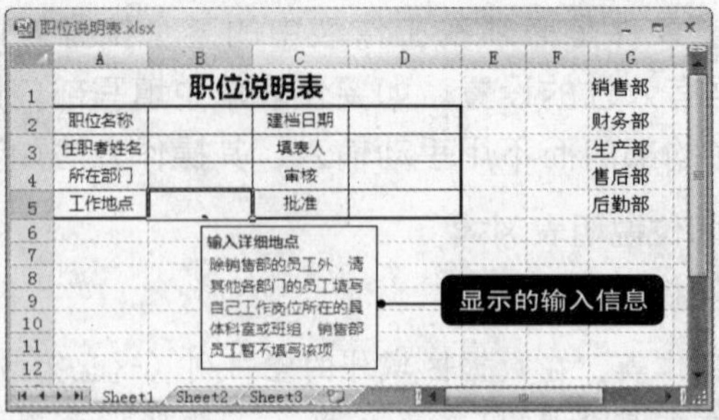

显示输入信息■

6.1.3 设置出错提示信息

对单元格设置数据有效性范围后，当在设置的单元格中输入了所设范围之外的数据时，系统将弹出如右图所示的提示框提示输入了值非法，需单击“取消”按钮关闭该对话框后重新输入规定范围内的值。

错误提示■

表格制作者也可以设置出错的提示信息，方法是：选择要设置出错提示的单元格，打开“数据有效性”对话框，设置有效性后再单击“出错警告”选项卡，此时系统自动选中了“输入无效数据时显示出错警告”复选框，在“样式”下拉列表中选择提示图标，在“标题”和“错误入信息”文本框中分别输入所需的信息（如左下图所示），单击“确定”按钮应用该设置。

当以后在设置了该信息的单元格中输入了超出有效范围的单元格时，弹出的出错提示框中就会显示设置的内容（如右下图所示）。

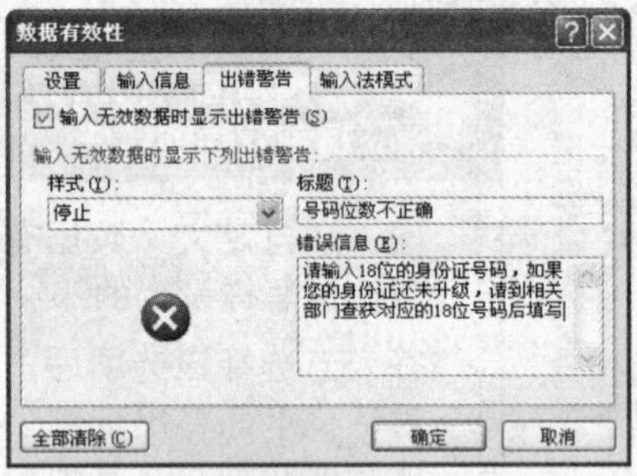

■设置出错提示

出错提示框■

在“出错警告”选项卡的“样式”下拉列表中可以选择停止、警告或信息3种样式。选择的样式不同，出错对话框前面显示的图标也不同，几种警告图标的样式如右图所示。

警告提示图标■

6.1.4 自动切换输入法

通过数据有效性功能还可以自动切换输入法，如通过设置可以在选择需要输入中文的单元格时，让输入法自动切换为中文输入法；单击需要输入英文的单元格时，自动切换为英文输入法。这样不但可以方便对电脑使用不太熟悉的填写者，还可以节省切换输入法的时间，提高输入效率。

疑难解答：设置出错提示的原因

问：输入不合范围的数据时，系统不是会弹出提示框吗？为什么还要设置出错提示？

答：因为有时即使出现了该提示，填写者也可能并不知道为什么填写错了，不明白错在哪里。因此对于较复杂的表单，还应设置输入出错时的提示信息，提示用户输入时需要注意哪些方面才符合要求。

要点提示：设置数据有效性的经验总结

在“数据有效性”对话框的“设置”、“输入信息”和“输入法模式”选项卡中可以单独设置某一方面，也可以同时设置多个方面。如并不需要对输入的数据进行任何限制，但需要给填写者提一定要求可只设置“输入信息”。

“数据有效性”对话框的“出错警告”选项卡中虽然也可以单独设置，但如果没有在“设置”选项卡中设置许可范围，则在“出错警告”选项卡中的设置将变得无意义。

设置输入法自动切换的方法是：选择要设置的单元格，打开“数据有效性”对话框，单击“输入法模式”选项卡。在“模式”下拉列表中选择所需的模式（如右图所示），如果要在该单元格中输入英文，则选择“关闭（英文模式）”选项；需要在该单元格中输入中文时，则选择“打开”选项，设置后单击“确定”按钮。

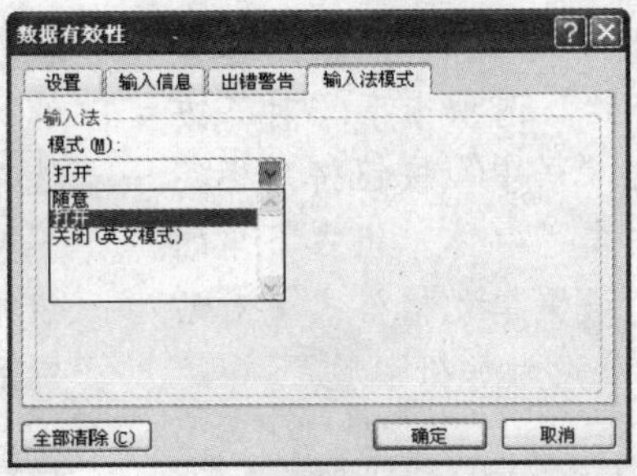

打开或关闭中文输入法■

默认情况下，输入法模式为“随意”，即在当前Excel工作簿窗口中切换到了哪种输入法，则选择任何单元格均默认采用该输入法。而设置输入法模式后，当选择的单元格不同，输入法就会自动改变，自动改变后仍可以手动切换为其他输入法。

需要注意的是，如果你的电脑中同时添加了两种或两种以上的输入法，当选择设为“打开”输入法模式的单元格时，系统会自动切换为先添加的中文输入法；如果你将其中一种输入法设置成了系统的默认输入法，则无论该输入法是否先添加，系统均会优先选择该种输入法。

要点提示：设置默认输入法的方法

设置默认输入法的方法是：在Windows系统语言栏上右击，在弹出的快捷菜单中选择“设置”命令，打开“文字服务和输入语言”对话框，在“默认输入语言”选项组的下拉列表中选择要作为系统默认输入法的输入法。设置默认输入法后需重新启动Excel 2007才能让数据有效性的输入法模式设置生效。

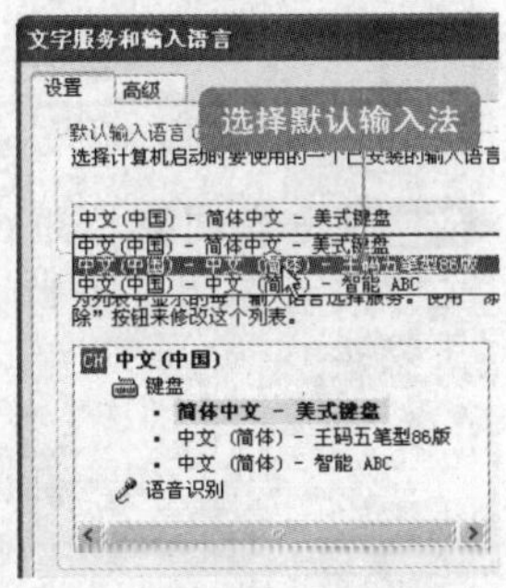

应用案例——设置“员工基本信息表”的有效性

本节主要介绍了数据有效性的设置，下面制作一个员工基本信息表。制作时综合应用上述知识对部分项目进行数据有效性的限制，以尽量减少以后输入错误。由于本例主要练习数据有效性的设置方法，因此对单元格格式的设置只给出重要步骤的操作，对不重要步骤的单元格设置将略讲。其具体操作方法如下。

效果 光盘:\效果\第6章\员工基本信息表1.xlsx

Step 01 新建一个空白工作簿并将其保存成名为“员工基本信息表1”的工作簿，选择A1:G1单元格区域，在“开始”选项卡下“对齐方式”组中单击“合并后居中”按钮将其合并，输入表格标题“员工基本信息表”。然后选择A1:G2单元格区域，单击“字体”组右下角的“对话框启动”按钮。

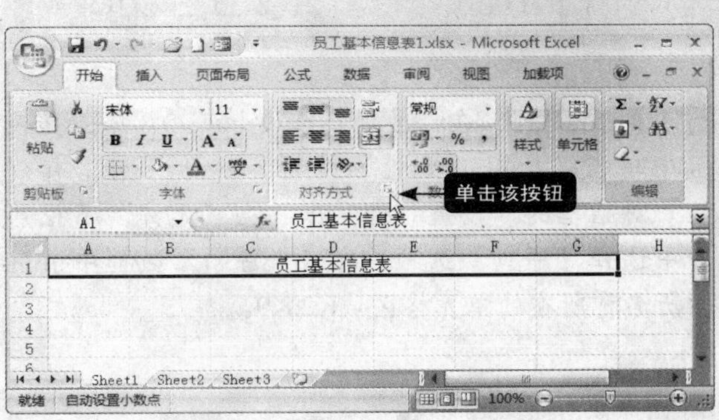

Step 02 打开“设置单元格格式”对话框的“字体”选项卡，在“字体”列表框中将字体设为方正隶书简体，在“字号”列表框中将字号设为20号，其他参数保持默认，单击“确定”按钮。

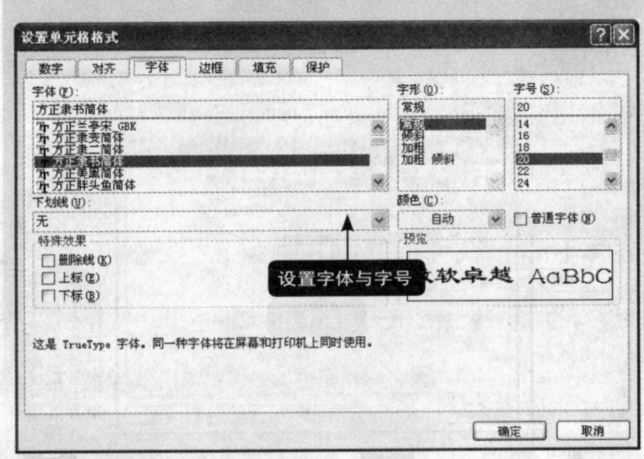

Step 03 在A2:G2单元格区域中输入列标签，选择A2:G2单元格区域。在“开始”选项卡下“对齐方式”组中单击水平对齐栏的“居中”按钮将列标签设为水平居中对齐，然后单击“字体”组右下角的“对话框启动”按钮打开“设置单元格格式”对话框的“字体”选项卡，将字形设为加粗字形。

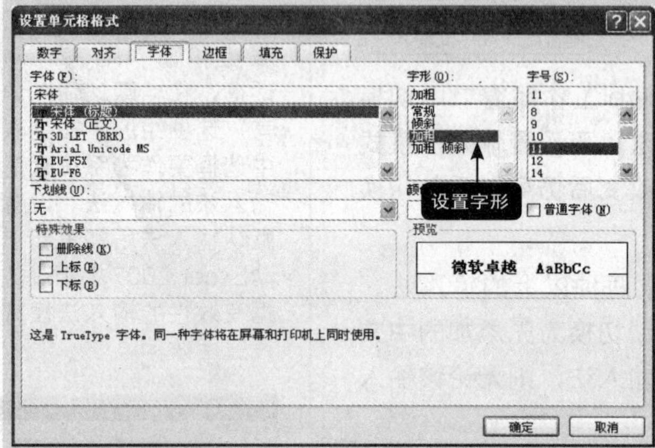

Step 04 单击“边框”选项卡，在“样式”列表框中选择细实线，然后单击“边框”栏中的田按钮为所选单元格区域内的下边添加黑色细实线边框。再在“样式”列表框中选择粗实线，单击“边框”选项组中的田按钮为其上边添加黑色的粗实线边框，设置后单击“确定”按钮。

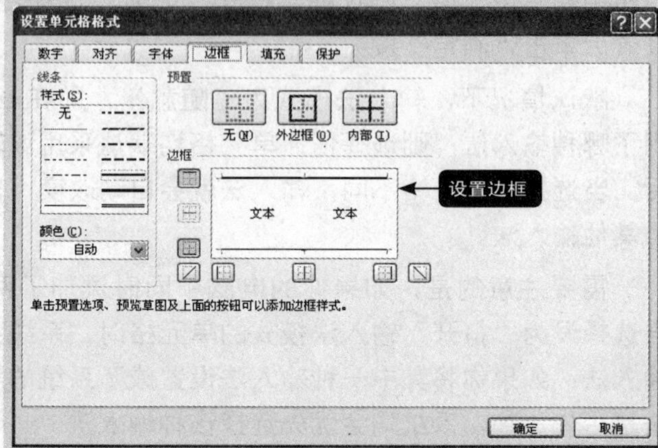

Step 05 适当调整标题行和列标签行的行高，然后在工作表右侧的空白列中输入性别，在另一列输入学历名称。

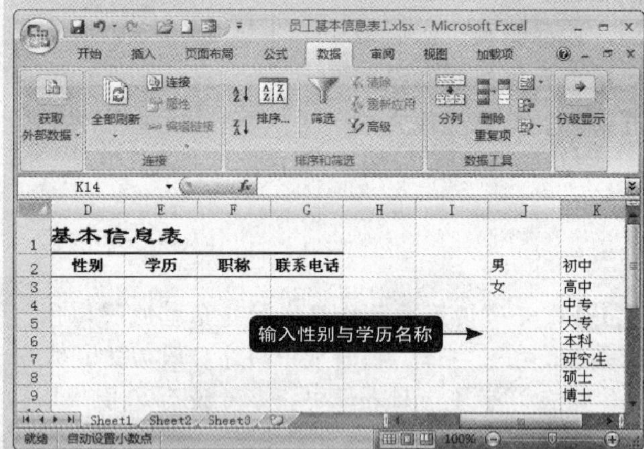

Step 06 选择D列，在“数据”选项卡下“数据工具”组中单击“数据有效性”按钮，打开“数据有效性”对话框的“设置”选项卡，在“允许”下拉列表中选择“序列”选项。然后将光标插入“来源”参数框，在工作表中选择J2:J3单元格区域，完成设置后单击“确定”按钮。

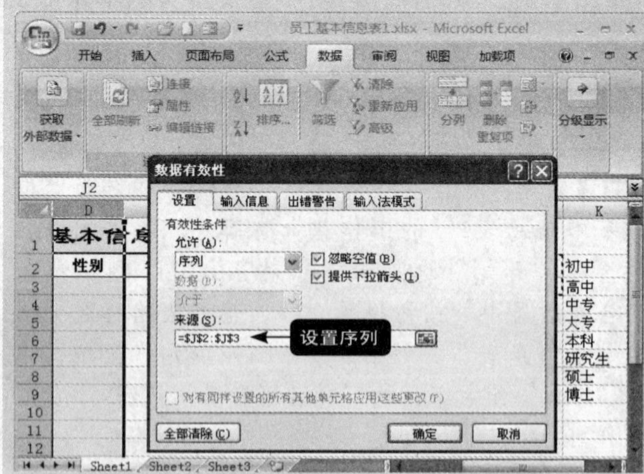

Step 07 选择E列，在“数据”选项卡下“数据工具”组中单击“数据有效性”按钮，打开“数据有效性”对话框的“设置”选项卡。在“允许”下拉列表中选择“序列”选项，在“来源”参数框中引用学历名称所在的单元格区域K2:K9。

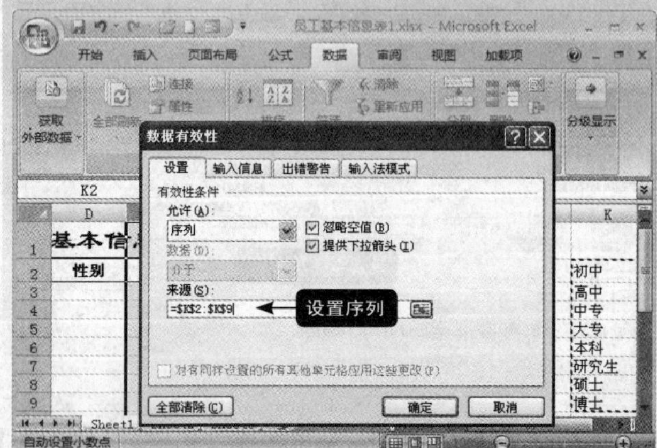

Step 08 选择G列，在“数据”选项卡下“数据工具”组中单击“数据有效性”按钮，打开“数据有效性”对话框的“设置”选项卡。在“允许”下拉列表中选择“文本长度”选项，在“数据”下拉列表中选择“等于”选项，在“长度”参数框中输入“11”，单击“确定”按钮。

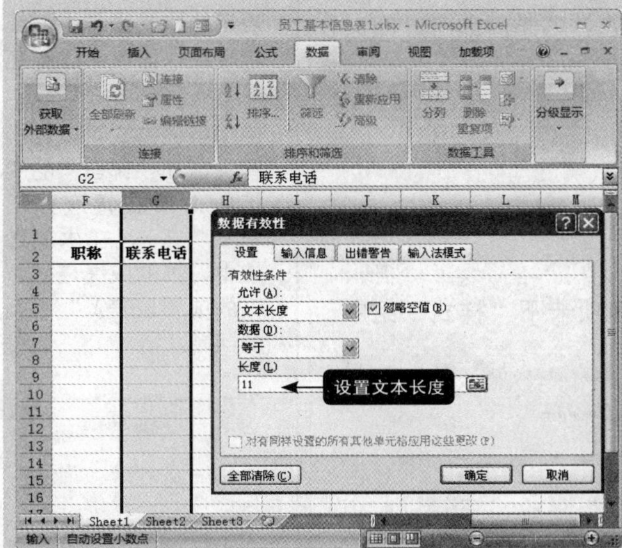

Step 09 在该工作表中输入第一位员工的基本信息资料。在输入性别时，选择D3单元格后，单击单元格右侧出现的下拉按钮，在弹出的下拉列表中选择“女”选项。

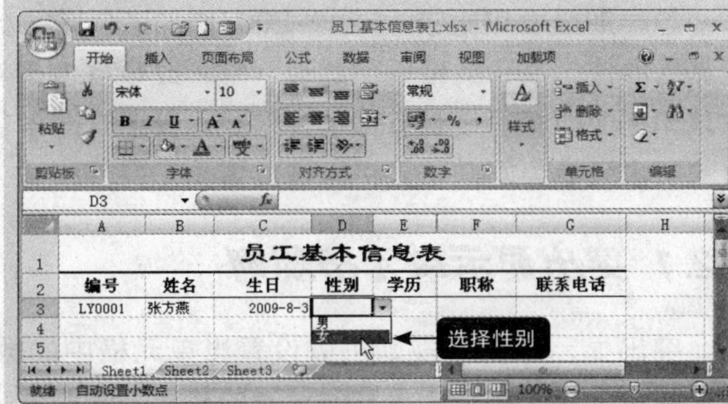

Step 10 在输入学历时，选择E3单元格后，单击单元格右侧出现的下拉按钮，在弹出的下拉列表中选择“大专”选项。

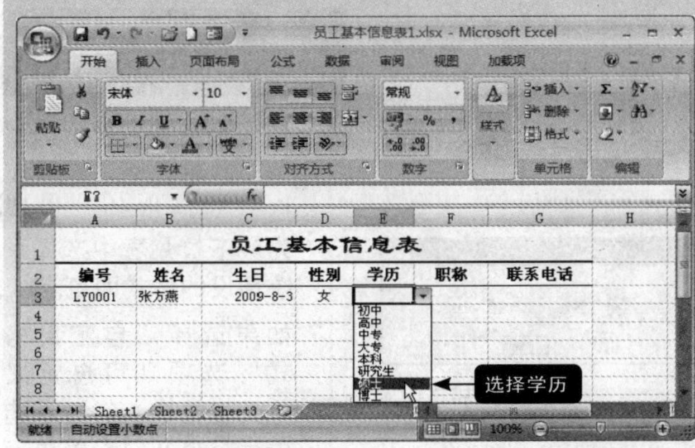

Step 11 用同样的方法输入其他员工的基本资料（在填写手机号时必须输入11位数值）。输入完毕，选择A3:G16单元格区域，通过“常规”选项卡下“字体”组将其设为10号大小，再将A、D、E、F列的数据设为水平方向居中对齐，将C列设为只显示月和日的日期格式（由于只输入月和日，系统会自动将其认作是当前年份，自动添加了2009，因此需设置为只显示月份和日期的格式），并适当调整各列列宽，完成员工基本信息的输入。

6.1.5 清除数据有效性设置

设置数据有效性后，又想取消设置时，只需选择要清除数据有效性的单元格后，打开“数据有效性”对话框，单击底部的“全部清除”按钮即可清除其数据有效性的所有设置。如果只想清除某一方面的设置，则需进入相应的选项卡更改设置。

要点提示：关于设置数据有效性的知识

如果是需要他人填写的表单，可以通过设置来约束和规范填写内容；如果是自己填写，则不必设置数据有效性。

6.2 用条件格式实现智能标示

处理单元格中的数据时，我们可以自行设立一个条件规则来标示某些需要特别注意的数据，即条件格式。

与早期版本相比较，Excel 2007增加了色阶、数据条、图标集、排名靠前或靠后的值、高于或低于平均值、唯一或重复值等新条件格式，并且可以为同一单元格区域重复设置多个条件格式。只要这些条件格式并不矛盾即可，而以前的版本只能为同一单元格区域设置一个条件格式。

要点提示：关于设置条件格式的知识

对某一个区域应用条件格式后，当某个单元格中的数据满足设定的条件时，便会以条件格式规定的格式显示（如红色底纹、蓝色字体颜色等）。

使用条件格式可以轻松解决诸如“哪些产品的年收入增长幅度大于10%？”、“在本次考核中，谁的成绩最好，谁的成绩最差？”之类的问题。

6.2.1 突出显示单元格规则

突出显示单元格规则可以设置当单元格中的数据大于、小于、等于某个值，或包含某个字符或日期时设置的格式。

设置突出显示单元格规则的方法是：在“开始”选项卡下“样式”组中单击“条件格式”按钮，在弹出的下拉菜单中选择“突出显示单元格规则”命令下的子命令（如右图所示），在打开的相应对话框中进行设置。

“突出显示单元格规则”命令下的“大于”、“小于”、“介于”和“等于”命令通常用于设置数值；“文本包含”用于文本型数据的突出显示；“发生日期”用于日期的突出显示；“重复值”命令可用于快速查找工作表中的重复数据。

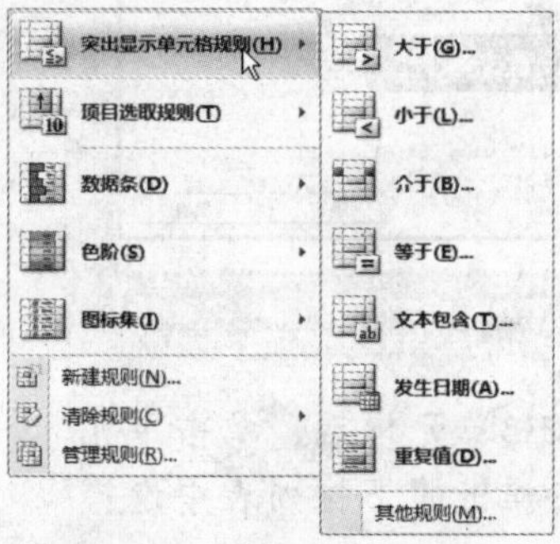

突出显示单元格规则

1. 突出显示符合条件的数值

当需要让Excel自动突出显示符合指定条件的数值单元格时，用“突出显示单元格规则”命令下的“大于”、“小于”、“介于”或“等于”命令便可达到目的。

选择这几个命令后，将打开类似于右图所示的对话框，在前面的参数框中指定条件，在后面的“设置为”下拉列表中选择要突出显示的格式即可。

设置条件与格式

要点提示：自定义突出显示的格式

如果只想突出显示指定条件的单元格，一般在打开对话框的“设置为”下拉列表中选择系统预设的格式即可。

如果选择“自定义格式”选项则可自定义单元格格式，选择该选项后将打开“设置单元格格式”对话框，但在这里只能设置数字、字体、边框和图案4方面的格式，而且在“字体”选项卡中只能设置字形、下画线、颜色和删除线效果，不能设置字号和字体。

应用案例——自动突出显示不及格的学生成绩

下面在学生成绩统计表中通过设置让系统自动将不及格的成绩用加粗形字形和红色填充效果显示出来，以此演示突出显示符合条件的数值单元格的方法，其操作方法如下。

素材 光盘:\素材\第6章\学生成绩统计表1.xlsx

效果 光盘:\效果\第6章\学生成绩统计表1.xlsx

Step 01 打开素材文件，选择B3:F19单元格区域，在“开始”选项卡下“样式”组中单击“条件格式”按钮，在弹出的下拉菜单中选择“突出显示单元格规则/小于”命令。

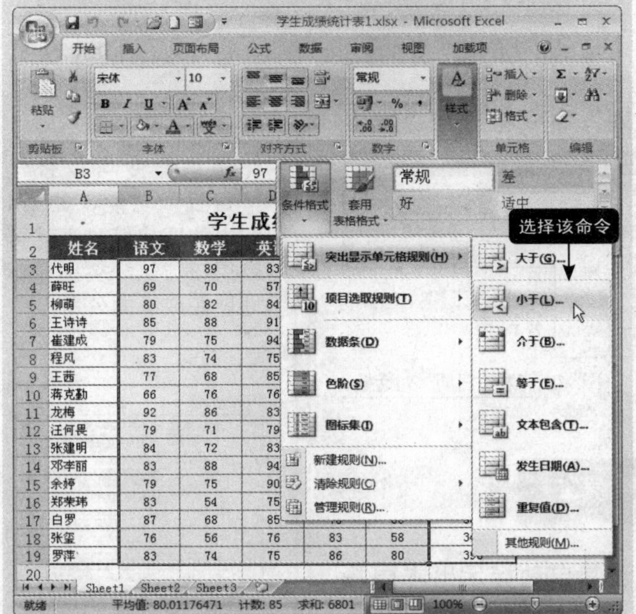

Step 02 打开“小于”对话框，在前面的参数框中输入“60”，此时工作表中小于60的数值已经自动采用默认的填充效果与字体颜色显示出来，但由于这里需要的格式没有直接的选项，因此在“设置为”下拉列表中选择“自定义格式”选项。

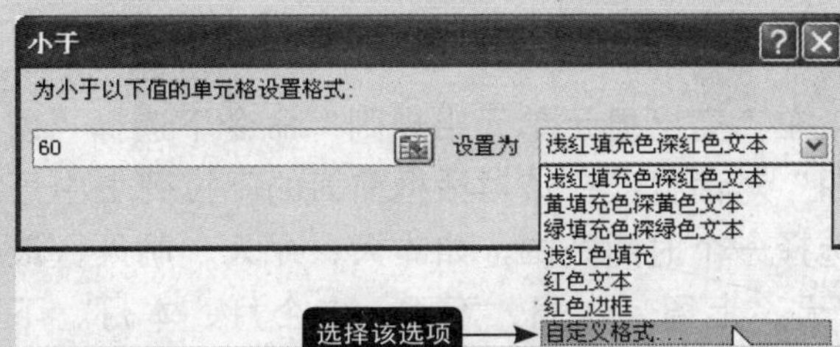

Step 03 在打开的“设置单元格格式”对话框中单击“字体”选项卡，在“字形”列表框中选择“加粗”选项。

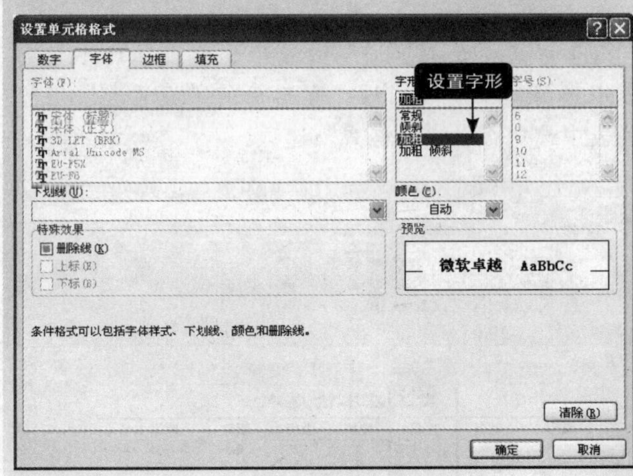

Step 04 在“填充”选项卡下“背景色”选项组中选择红色作为填充，单击“确定”按钮返回“小于”对话框。

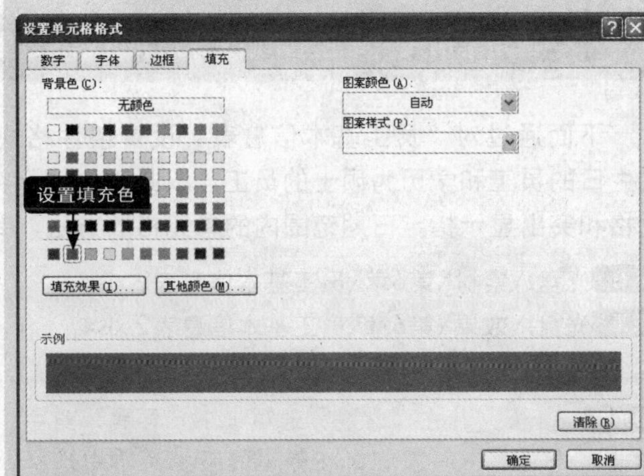

Step 05 再次单击“确定”按钮返回工作表中，可以看到符合指定条件单元格的格式已经发生了变化。

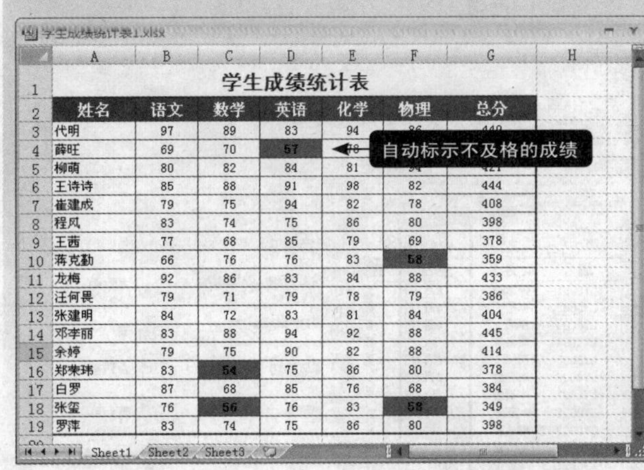

2. 突出显示包含指定文本的单元格

当要让Excel自动突出显示包含某个字符串的单元格时，就可以在“突出显示单元格规则”命令下选择“文本包含”命令来达到目的。

选择该命令后，将打开如右图所示的“文本中包含”对话框，在前面的文本框中输入包含的文本内容，在后面的“设置为”下拉列表中选择要突出显示的格式即可。

“文本中包含”对话框■

3. 突出显示指定日期范围内的单元格

在“突出显示单元格规则”命令下选择“发生日期”命令将打开“发生日期”对话框。在该对话框前面的下拉列表中可以选择一个时间范围，如昨天、今天、明天、最近7天、上周、本周、下周、上个月、本月、下个月等。如果被设置该规则的单元格中包含的日期属于选择的日期范围，则该单元格会被自动设为在“设置为”下拉列表中设置的格式。

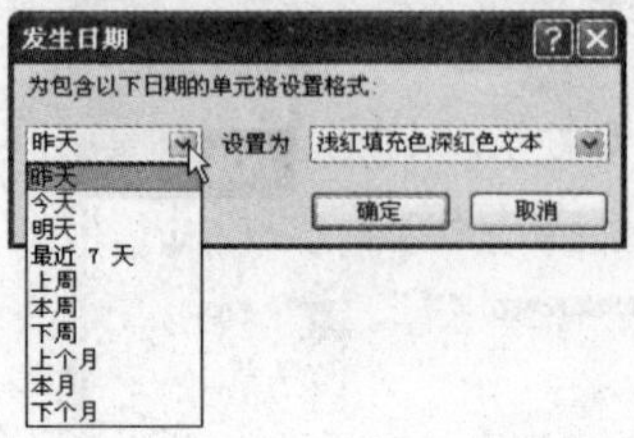

“发生日期”对话框■

要点提示：设置文本包含内容的作用

设置文本包含的内容后，无论是整个单元格正好是设置的包含内容还是单元格中的部分数据符合包含内容，该单元格都将被突出显示。使用该命令可以替代“查找”功能，如第4章中的客户信息表就可以用该方法来突出显示地址在成都的公司。

应用案例——突出显示硕士学历和近期将过生日的员工

下面通过对“员工基本信息表”设置条件格式，让其自动标示出本周将过生日的员工和学历为硕士的员工，以此为例演示突出显示包含指定文本的单元格和突出显示指定日期范围内的单元格的方法，其具体操作如下。

素材 光盘:\素材\第6章\员工基本信息表2.xlsx

效果 光盘:\效果\第6章\员工基本信息表2.xlsx

Step 01 选择C列，在“常规”选项卡下“样式”组中单击“条件格式”按钮，在弹出的下拉菜单中选择“突出显示单元格规则/发生日期”命令。

Step 02 打开“发生日期”对话框，在前面的下拉列表中选择“下周”选项，在后面的“设置为”下拉列表中选择“自定义格式”选项。

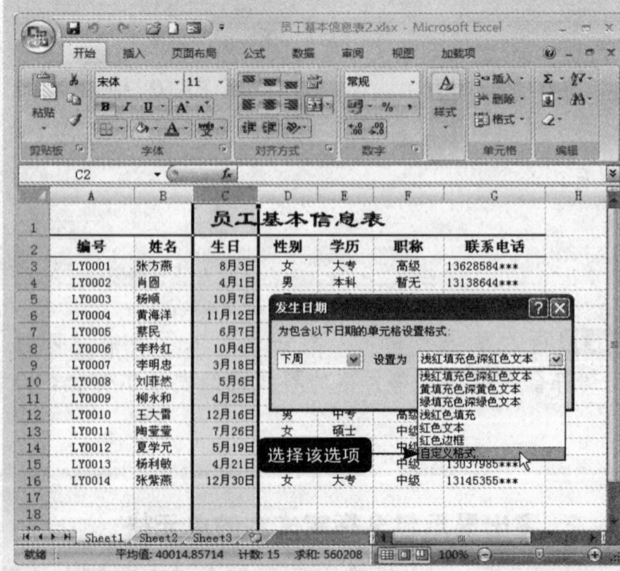

Step 03 在打开的“设置单元格格式”对话框中单击“字体”选项卡。将字形设为加粗形，将字体颜色设为红色，单击“确定”按钮返回“发生日期”对话框，再单击“确定”按钮应用设置。

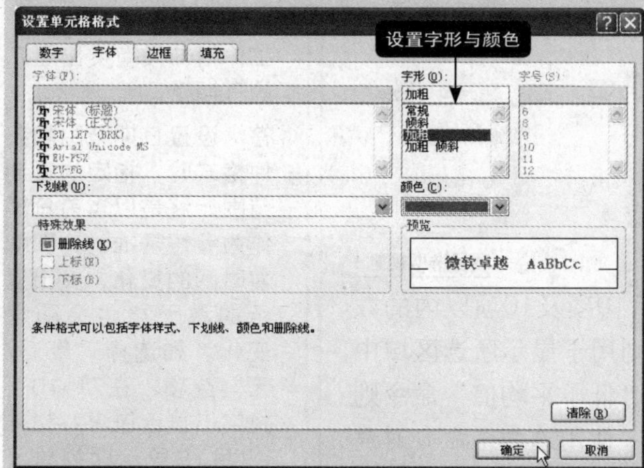

Step 04 选择E列，在“常规”选项卡下“样式”组中单击“条件格式”按钮，在弹出的下拉菜单中选择“突出显示单元格规则/文本包含”命令，打开“文本中包含”对话框。在前面的文本框中输入“硕士”，在“设置为”下拉列表中选择“绿填充色深绿色文本”选项，单击“确定”按钮。

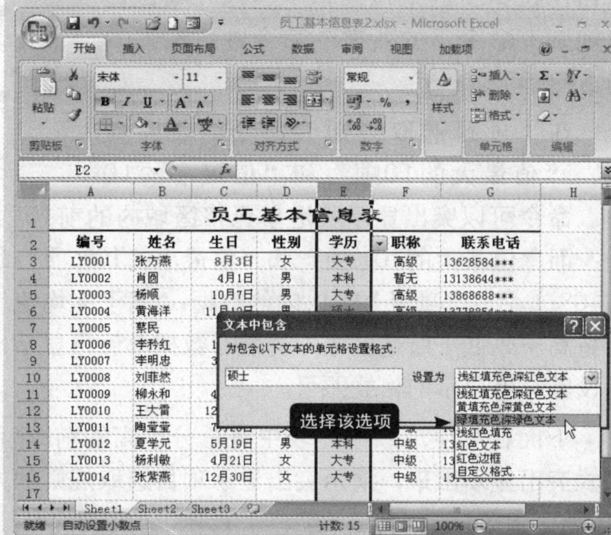

Step 05 保持E列的选择状态，再次打开“文本中包含”对话框，在前面的文本框中输入“硕士”，在“设置为”下拉列表中选择“红色边框”选项，单击“确定”按钮。

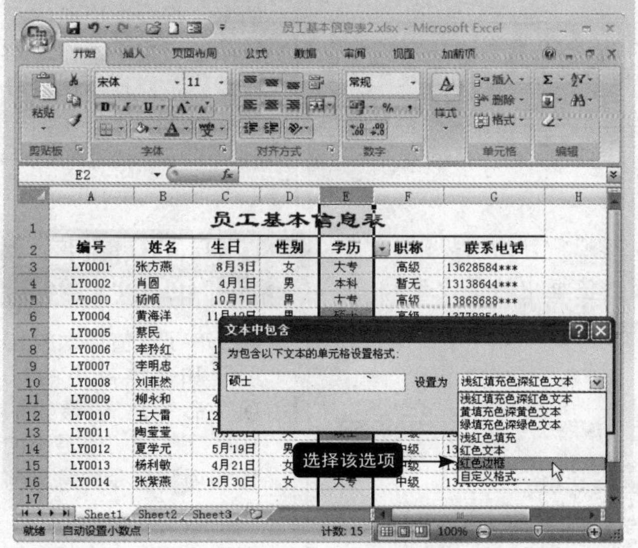

Step 06 学历为“硕士”的单元格便被突出显示为绿填充色、深绿色文本和红色边框效果；当生日列中包含的日期在打开该工作簿当日的下周范围之内时也将以加粗的红色字体显示。

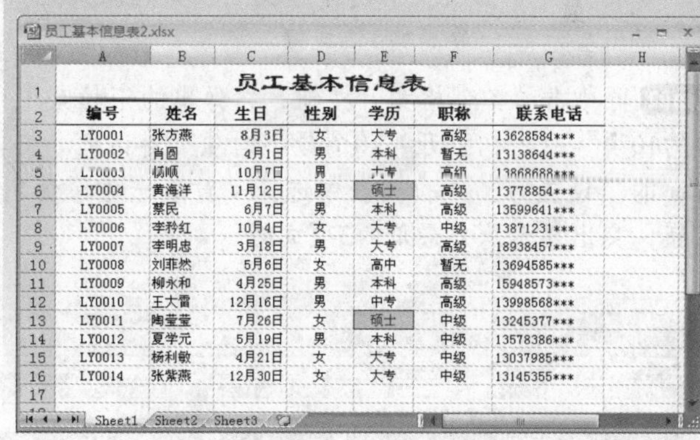

4. 突出显示重复值或唯一值

如果在某列单元格中，绝大多数数据均不相同，但偶尔会出现相同值时，则可通过设置突出重复值将其自动标示出来（如要查找出重复输入的记录）；反之，当在同列相同数据中偶尔会出现一个不同的值时，也可以自动将其标示出来。方法是：在“突出显示单元格规则”命令下选择“重复值”命令，打开“重复值”对话框，在该对话框前面的下拉列表中选择“重复”或“唯一”选项，在后面的“设置为”下拉列表中设置突出显示的格式，单击“确定”按钮。

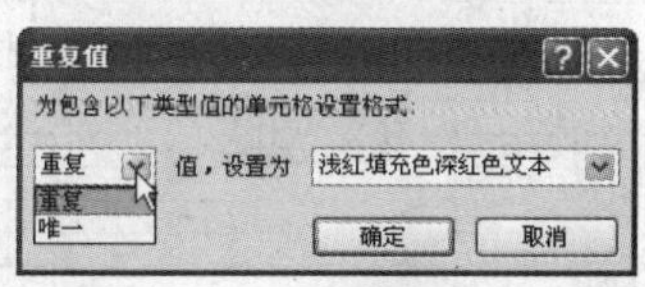

“重复值”对话框

6.2.2 项目选取规则

项目选取规则可以突出显示某个单元格区域中值最大/最小的多项数据，或高于/低于平均值的数据。方法是：在“开始”选项卡下“样式”组中单击“条件格式”按钮，在弹出的下拉菜单中选择“项目选取规则”命令下的所需子命令进行设置，如右图所示。

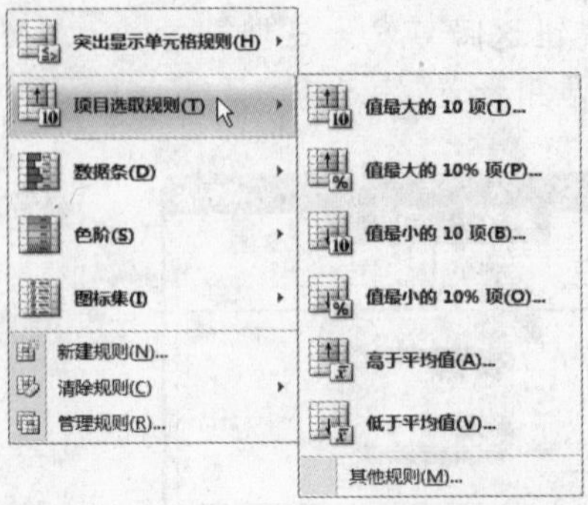

项目选取规则

在“项目选取规则”命令的子命令中，“值最大的10项”和“值最小的10项”命令可以突出显示所选单元格区域内的前10项或后10项及10项以内的数据；而“值最大的10%项”和“值最小的10%项”命令则用于显示所选区域中前10%或后10%项及10%以内的数据；“高于平均值”和“低于平均值”命令则会将高于或低于所选区域内的所有数据单元格显示出来，使用这两个命令时只需设置突出显示的格式即可。

下面在学生成绩统计表中将总分最高的前3个和最低的3个成绩用不同的格式突出显示出来，演示突出显示项目选取规则的方法，其操作方法如下：

素材 光盘:\素材\第6章\学生成绩统计表2.xlsx

效果 光盘:\效果\第6章\学生成绩统计表2.xlsx

Step 01 打开素材文件，选择G3:G19单元格区域，在“开始”选项卡下“样式”组中单击“条件格式”按钮，在弹出的下拉菜单中选择“项目选取规则/值最大的10项”命令，打开“10个最大的项”对话框。将前面数值框中的值设为3，在后面的“设置为”下拉列表中选择“浅红填充色深红色文本”选项，单击“确定”按钮，突出显示总分最高的3项成绩。

Step 02 再单击“条件格式”按钮，在弹出的下拉菜单中选择“项目选取规则/值最小的10项”命令，打开“10个最小的项”对话框。将前面数值框中的值设为3，在后面的“设置为”下拉列表中选择“黄填充色深黄色文本”选项，单击“确定”按钮，突出显示总分最低的3项成绩。

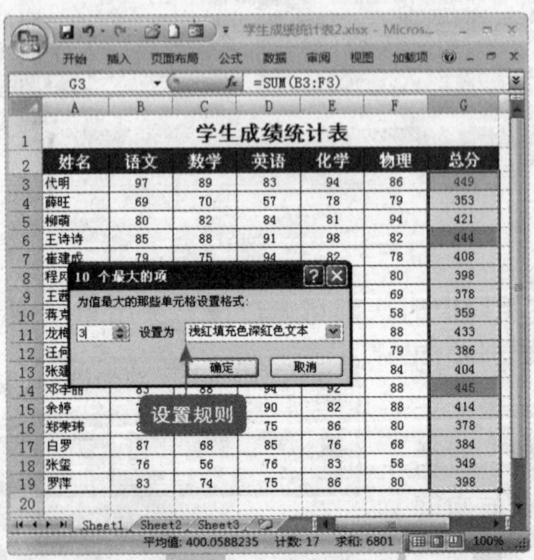

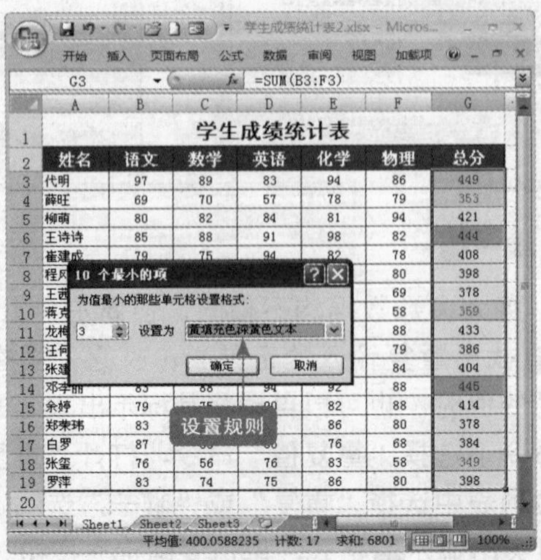

疑难解答：工作簿没有突出显示日期的原因

问：为何设置突出显示的日期范围后，再打开工作簿却没有突出显示的日期了？

答：设置日期范围的条件格式时，指定的日期范围始终是以当前日期作为参照基准的，即随着时间的变化，突出显示的单元格也会随之变化。如选择“最近7天”选项，在7月10号将突出显示包含7月4号~7月10号日期的单元格；但在7月20号再打开该工作表，则将突出显示包含7月14号~7月20号日期的单元格。前面的案例是在含7月29号进行的，因此8月3日的单元格会突出显示。该功能可用于工作计划等表格，以提示用户将要进行的工作。

疑难解答：设置值的10%项的意义

问：有了“值最大的10项”和“值最小的10项”命令，“值最大的10%项”和“值最小的10%项”命令的意义何在呢？

答：前两个命令将突出显示10个最大或最小的项，但如果所选区域的单元格数量大于100个，选择10%项则可以突出显示多于10项的数据。如要从一批数据中按一定的比例选出排列在最前或最后的数据，就需用到后两个命令。

6.2.3 用数据条突出显示

利用数据条功能可以根据单元格中数值的大小自动设置颜色条的长度，数据条越长，表示值越高；数据条越短，表示值越低。

以数据条方式显示的方法是：选择包含数据的单元格区域后，在“开始”选项卡下“样式”组中单击“条件格式”按钮，在弹出的下拉菜单中选择“数据条”命令下所需颜色的数据条，所选区域中的数据便立即采用所选的颜色以填充色长短的方式突出显示，如右图所示。

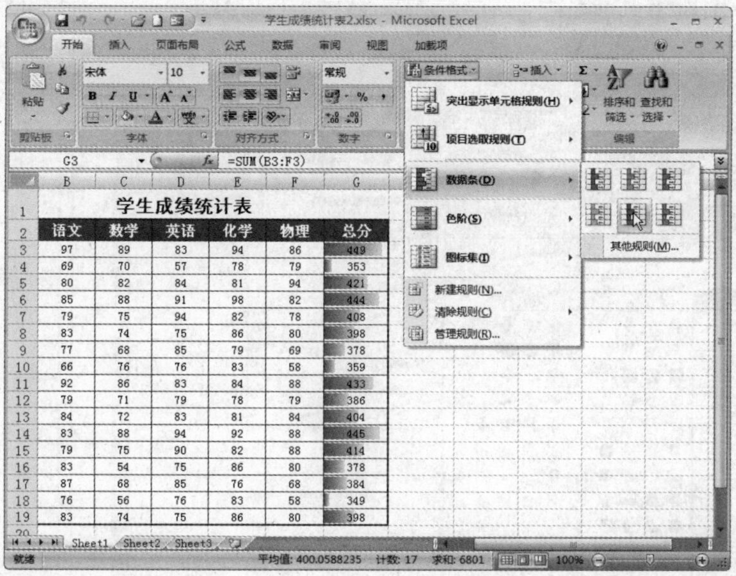

用数据条显示

6.2.4 用色阶突出显示

利用色阶功能可以根据单元格中数值的大小自动为单元格填充相应的颜色。用颜色刻度作为一种直观的指示，帮助用户从视觉上了解数据分布和数据变化。比如在绿色、黄色和红色的三色刻度中，可以指定较高值单元格的颜色为绿色，中间值单元格的颜色为黄色，而较低值单元格的颜色为红色。

设置色阶条件格式的方法是：选择包含数据的单元格区域后，在“开始”选项卡下“样式”组中单击“条件格式”按钮，在弹出的下拉菜单中选择“色阶”命令下所需的色阶选项，如右图所示。

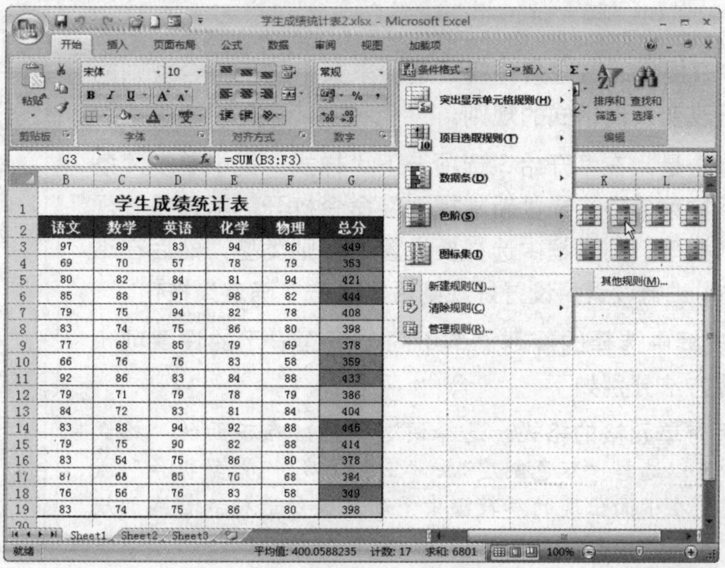

用色阶显示

疑难解答：通过颜色条的长短区分数据的作用

问：不是有具体的数值吗，为何还要通过颜色条的长短来区分呢？

答：在实际操作中，利用数据条可以直观地查看出各个单元格之间值的变化。在观察大量数据中的较高值和较低值时，数据条更加直观和便于查找。如查看节假日销售报表中最畅销和最滞销的玩具。

要点提示：关于色阶条件格式的知识

单击“条件格式”按钮，选择“色阶”命令，在弹出的子命令中，上面一排色阶是三色刻度，用3种颜色来表示数据的大小变化；下面一排色阶是双色刻度，用两种颜色来表示数据的大小变化。

默认情况下越大的数值被填充的颜色越深，如红色、蓝色等；越小的数值被填充的颜色越浅，如草绿色、淡黄色等。

6.2.5 用图标集突出显示

使用图标集对数据进行注释，并可以按阈值将数据分为3~5个类别。其设置方法是：选择包含数据的单元格区域后，在“开始”选项卡下“样式”组中单击“条件格式”按钮，在弹出的下拉菜单中选择“图标集”命令，再在子菜单中选择所需的图标，如下图所示。

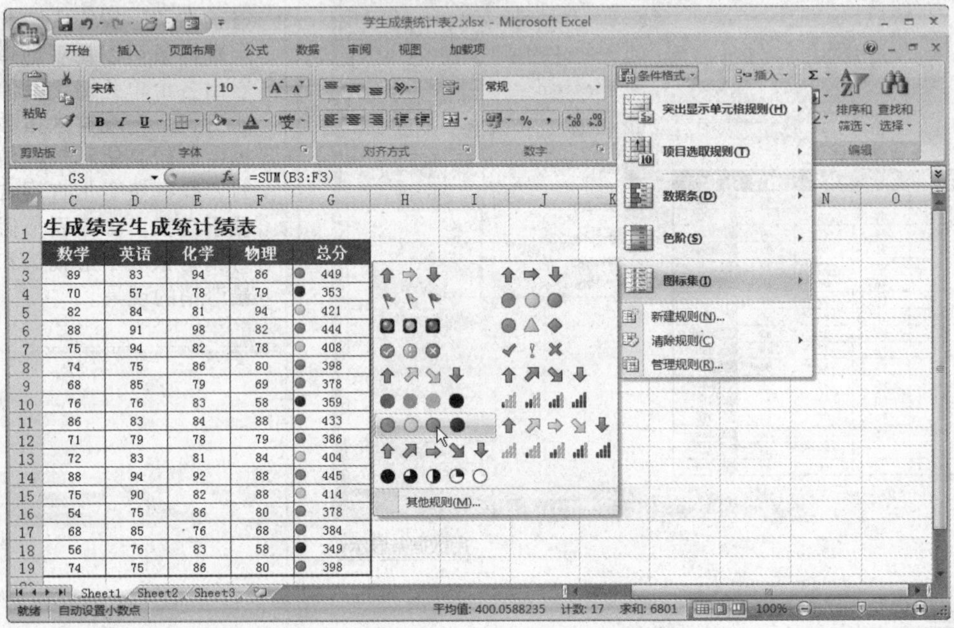

用图标集显示

选择图标后，单元格前面将根据数值大小出现该集合中的相应图标，每个图标代表一个值的范围。比如在“三向箭头”图标集中，红色的上箭头代表较高值，黄色的横向箭头代表中间值，绿色的下箭头代表较低值。

6.2.6 新建格式规则

除了直接使用Excel 2007提供的这些条件格式选项来突出显示符合规则的单元格外，用户还可以自行改变条件格式的规则。

改变条件格式规则的方法是：在“开始”选项卡下“样式”组中单击“条件格式”按钮，在弹出的下拉菜单中选择“新建规则”命令打开“新建格式规则”对话框。在“选择规则类型”列表框中选择要设置的规则类型，然后在下面的“编辑规则说明”区域中进行设置，设置好规则后，单击“确定”按钮。

在该对话框上面的列表框中选择的规则类型不同，下面显示的设置项也不同，各项规则类型的设置方法分别如下。

- **基于各自值设置所有单元格的格式：**选择该选项时，在下面的“格式样式”下拉列表中可以选择“双色刻度”、“三色刻度”、“数据条”或“图标集”选项，并在下面出现的参数项中重新定义所选格式样式的规则，如下页左图所示。
- **只为包含以下内容的单元格设置格式：**选择该选项时，可以在下面设置单元格中的值大于、小于、介于、等于或包含特定文本、发生日期等方

要点提示：关于设置条件格式的经验

突出显示单元格规则和项目选取规则两方面的格式设置方法相似，都需手动设置规则，再设置要突出显示单元格的格式。

色阶、数据条和图标集方式的格式规则设置方法相似，选择所需的选项后系统即会自动根据所选区域的数值进行判断并应用相应的格式。

要点提示：可以叠加和不能叠加的条件格式

色阶、数据条和图标集3种类型条件格式规则的各自子类型不能重复应用于同一单元格区域，否则后应用的格式规则会替换先应用的格式规则。

如对某个单元格区域应用了三色交通灯图标集格式规则后，再对其应用其他图标集格式规则，三色交通灯图标集就会被替换，色阶和数据条也是如此。

但这三大类型之间的子类型可以叠加应用。如应用了某种图标集格式规则后，还可以对其应用某种色阶和数据条格式规则。除了这三大类型之外，其他格式规则均可叠加应用于同一单元格区域。

面的条件，设置好条件后单击对话框底部的“格式”按钮，在打开的“单元格格式”对话框中设置突出显示时的格式。该项设置对应于单击“条件格式”按钮时弹出的下拉菜单中的“突出显示单元格规则”命令下的各个子命令（“重复值”选项除外）。

■设置基于各自值设置所有单元格的格式

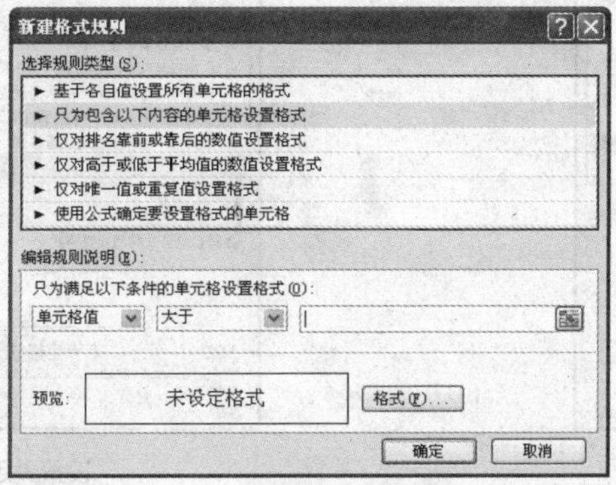

设置包含指定内容的单元格格式■

- **仅对排名靠前或靠后的数值设置格式**：选择该选项时，在下面的“格式样式”下拉列表中可以对排名靠前或靠后的10项数值（可以在中间的文本框中自定义项目数，如要在一大批数据中选出前100个数据就可设置为100）设置条件格式；如果选中后面的“所选范围的百分比”复选框，则可按所选数据数量自定义排名靠前或靠后的百分比。此选项与单击“条件格式”按钮时弹出的下拉菜单中的“突出显示单元格规则”命令下的前4项命令相对应。
- **仅对高于或低于平均值的数值设置格式**：选择该选项时，可以在下面设置单元格中的值高于、高于或等于、低于、低于或等于所选范围数值平均值的数据单元格设置条件格式。如可以在年度业绩审核中查找业绩高于平均水平的人员，此选项对应于单击“条件格式”按钮时弹出的下拉菜单中的“突出显示单元格规则”命令下的“高于平均值”和“低于平均值”命令。不过在此对话框中自定义时，还可以设置标准偏差高于或低于所选范围平均值的多少时突出显示。如在质量评级中查找低于两倍标准偏差的制造材料。

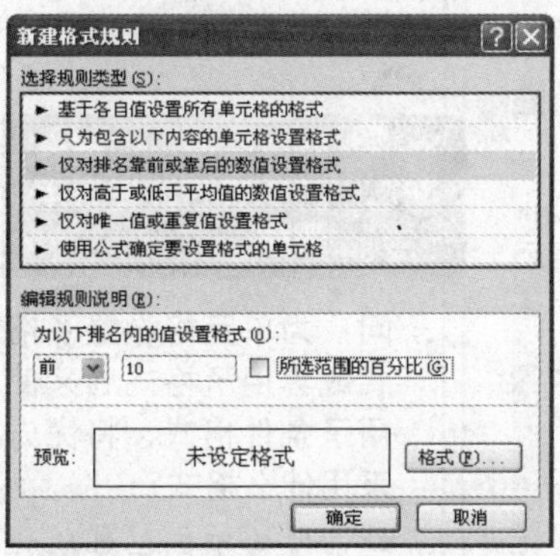

■设置排名靠前或靠后的数值格式

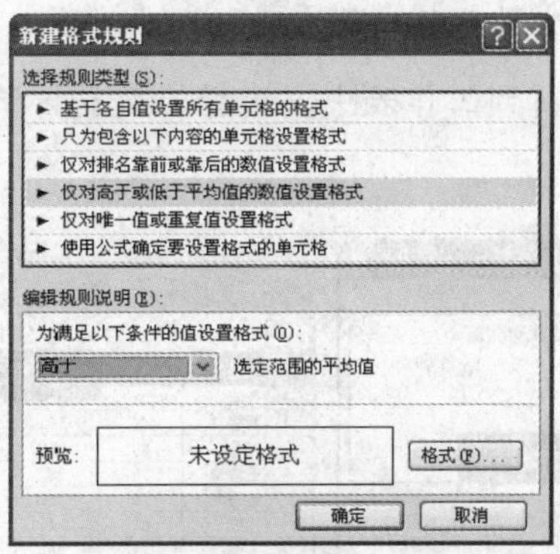

设置高于或低于平均值的数值格式■

- **仅对唯一值或重复值设置格式**：选择该选项时，在下面的下拉列表中可以选择“重复”或“唯一”选项，并对其设置突出显示的格式。此选项与单击“条件格式”按钮时弹出的下拉菜单中的“突出显示单元格规则”命令下的“重复值”命令相对应。

要点提示：关于条件格式的设置总结

单击“条件格式”按钮，在弹出的下拉菜单中每种类型的条件格式菜单下均有一个“其他规则”命令，选择该命令都将打开“新建格式规则”对话框。但在不同的菜单下选择该命令打开“新建格式规则”对话框时，“选择规则类型”列表框中自动选中的选项也不相同。

选择“色阶”、“数据条”和“图标集”命令下的“其他规则”命令时，打开的“新建格式规则”对话框都会有“基于各自值设置所有单元格的格式”选项，并在“格式样式”下拉列表中自动选择相应的图标方式。

要点提示：对条件格式的不同分类方法

色阶、数据条和图标集方式的格式规则其实可以归结为一个类型，即“新建格式规则”对话框中的“基于各自值设置所有单元格的格式”类型。

该对话框的“选择规则类型”列表框中相当于是对各种条件格式进行的另一种分类方法。

单击“条件格式”按钮弹出的下拉菜单中的分类方式主要是从设置方法的类似性方面来进行分类的。

◆ 使用公式确定要设置格式的单元格：选择该选项时，可以在下面的参数框中输入或引用逻辑公式来指定格式设置的条件，以创建出更加复杂的条件格式。

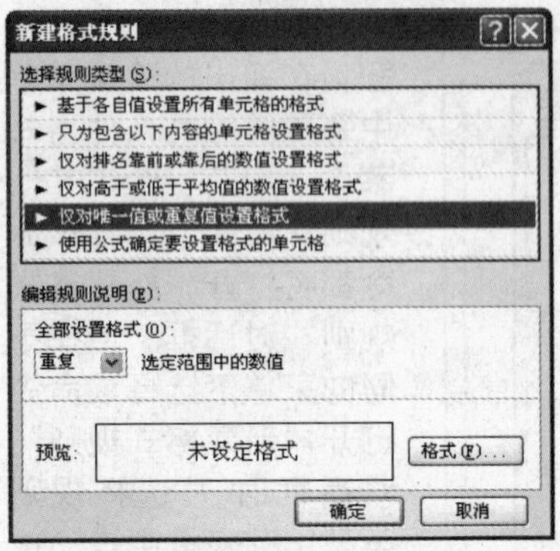

■设置唯一值或重复值设置格式

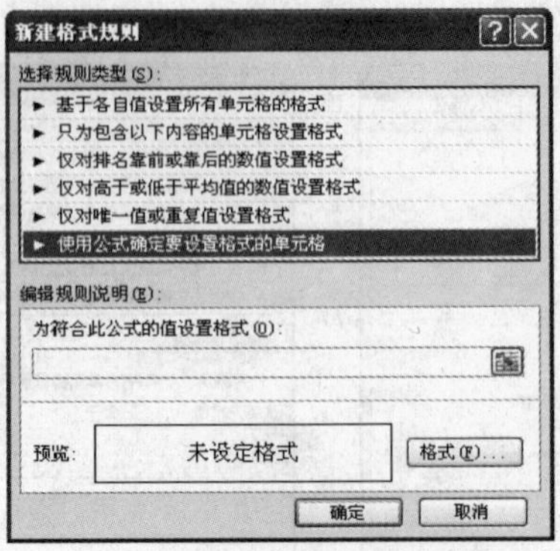

设置满足公式的值的格式■

如在条件格式图标集中的三色交通灯默认情况下是当值>=67%时显示为绿灯、67%>值>=33%时显示为黄灯、值<33%时显示为红灯。现在因特殊需要，要在>=90%的数值前面显示红灯、在<=10%的数值面前显示绿灯，在其他数值面前显示黄灯。下面据此创建一个新的图标集条件格式规则，其操作方法如下。

素材 光盘:\素材\第6章\学生成绩统计表3.xlsx

效果 光盘:\效果\第6章\学生成绩统计表3.xlsx

Step 01 开素材文件，选择G3:G19单元格区域，在“开始”选项卡下“样式”组中单击“条件格式”按钮，在弹出的下拉菜单中选择“新建格式规则”命令，打开“新建格式规则”对话框，在“选择规则类型”列表框中选择“基于各自值设置所有单元格的格式”。

Step 02 在下面的“格式样式”下拉列表中选择“图标集”选项，在“图标样式”下拉列表中选择“三色交通灯（无边框）”选项，并选中后面的“反转图标次序”复选框，然后将红灯图标后面参数框中的值设为90，将黄灯图标后面参数框中的值设为10，并将前面下拉列表中的选项更改为“>”。

Step 03 单击“确定”按钮返回到工作表中，选择的数据区域的数值前面便根据值的大小出现三色交通灯图标。

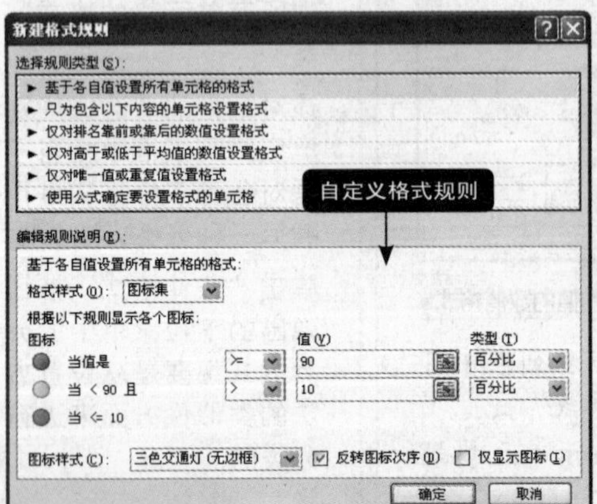

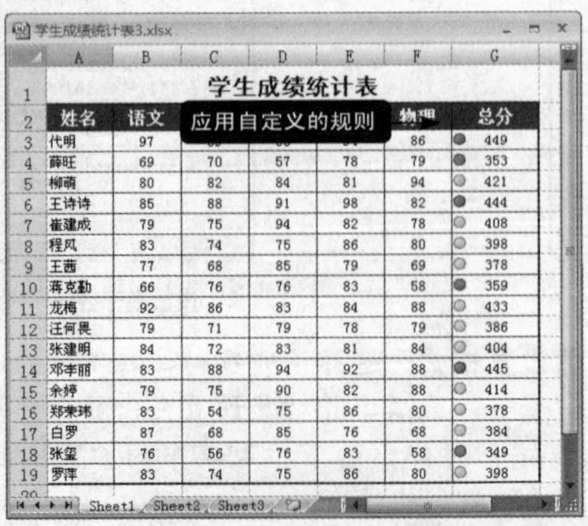

要点提示：多重条件格式的优先级

当为同一个单元格区域应用了多个条件格式规则时，这些规则可能冲突，也可能不冲突，当发生冲突时将应用优先级较高的规则。

如一个规则将单元格格式设置为字体加粗，而另一个规则将同一个单元格的格式设置为红色，因为这两种格式间没有冲突，因此则该单元格格式将被设置为字体加粗且为红色。

如果一个规则将单元格字体颜色设置为红色，而另一个规则将单元格字体颜色设置为绿色，由于这两个规则冲突，所以只应用一个规则。默认情况下优先显示最后使用的格式规则。

疑难解答：设置多种格式后优先采用哪种

问：为单元格设置了格式或套用了格式后又使用了条件格式，将优先采用什么格式？

答：优先采用条件格式中设置的格式，然后采用用户设置的单元格格式，最后采用套用的表格格式。

6.2.7 管理格式规则

在工作表中为同一单元格区域添加了多个条件格式后，还可以对条件格式进行编辑或删除等操作。

管理格式规则的方法是：在“开始”选项卡下“样式”组中单击“条件格式”按钮，在弹出的下拉菜单中选择“管理规则”命令，打开如右图所示的“条件格式规则管理器”对话框，在该对话框中可以进行如下几方面的操作。

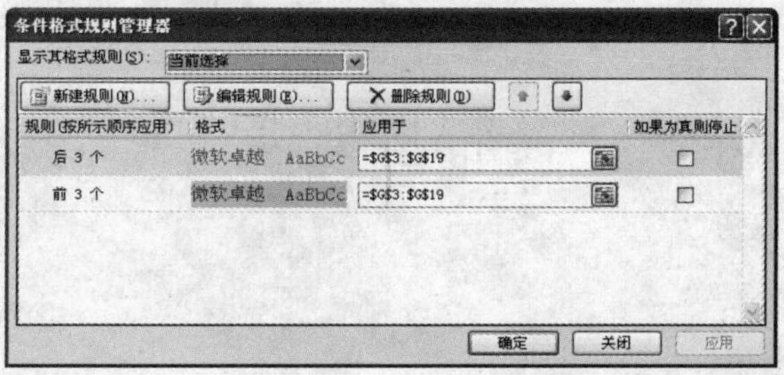

条件格式规则管理器

- 在“显示其格式规则”下拉列表中选择要管理的格式规则的范围，默认为“当前选择”选项，即只对当前选择的单元格区域中拥有的条件格式进行管理；在该下拉列表中还可以选择“当前工作表”选项来对当前整个工作表中的条件格式规则进行管理，或选择其他工作表名称来管理其他工作表中的条件格式规则。
- 单击“新建规则”按钮可以打开“新建格式规则”对话框，创建新的条件格式规则。
- 在下面的列表框中选择显示的某个格式规则后，单击“编辑规则”按钮可以打开“编辑格式规则”对话框对该条件格式规则进行修改。
- 如果对同一区域应用了多个条件格式，在“条件格式规则管理器”对话框的规则列表框中可以提高某个条件格式的优先级，方法是：选择要优先应用的规则，单击“上移”按钮⬆将其移动到格式规则列表的最上面；要降低优先等级则单击“下移”按钮⬇。
- 在下面的列表框中选择某个格式规则后，单击“删除规则”按钮可以将该条件格式规则删除。

6.2.8 清除格式规则

如果要清除应用了条件格式规则的单元格中的条件格式，只需选择要清除条件格式规则的单元格区域后，在“开始”选项卡下“样式”组中单击“条件格式”按钮，在弹出的下拉菜单中选择“清除规则/清除所选单元格规则”命令即可。

如果选择“清除规则/清除整个工作表规则”命令，则会将当前工作表中所有应用的条件格式规则清除。当一个大型工作表中多处应用了条件格式规则，要想全部取消时，使用该命令就可快速清除所有格式规则，以提高工作效率。

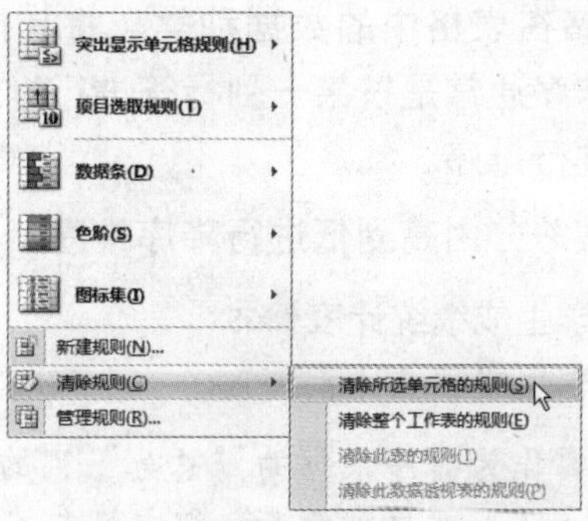

清除格式规则命令

要点提示：条件格式与早期版本兼容的方法

在“条件格式规则管理器”对话框的某个条件格式规则后选中“如果为真则停止”复选框，可实现与不支持多个条件格式规则的Excel早期版本的兼容性。

如对某个单元格区域应用了3个条件格式规则，默认情况下Excel 2007之前的Excel版本将优先应用最后一个规则，如果要在早期版本中打开该工作簿，而早期版本又不支持该条件格式规则，则可在该规则后面选中“如果为真则停止”复选框。

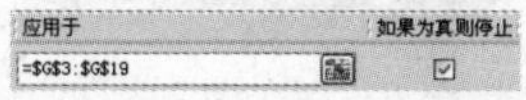

疑难解答：为什么要清除条件格式

问：在“条件格式规则管理器”对话框中就能删除条件格式规则，为什么还要清除呢？

答：如果对某个单元格区域应用了条件格式后，又想取消其中一部分单元格的条件格式而非全部，则需通过“清除规则/清除所选单元格规则”命令来清除；而在“条件格式规则管理器”对话框中删除某个格式规则会清除所有应用了该条件格式的单元格格式。

Chapter 7

管理与分析数据

READERS' GUIDE

在大型工作表中，并不是输入了数据并设置好格式就万事大吉了，还需要在数据表中查看数据或对数据进行分析。本章将讲解对表格中的数据进行管理与分析的多种常规方法，主要包括对数据进行排序、筛选、分类汇总和组合。如果是多张同一布局结构的工作表，还可以进行合并计算。通过对表格数据的管理与分析，可以使表格数据更加直观，让人轻松地看明白表格中的数据关系。

MAIN CASES

排序数据 P106
筛选数据 P114
分类汇总 P118
组合数据 P120
合并计算 P122

7.1 排序数据

数据排序也属于查询技术的一种，在工作表中可以对有多行记录的数据表中的某一列或多列字段按某种依据进行排序，便于查看。Excel的数据排序包括简单排序、高级排序和序列排序3种方式。

7.1.1 简单排序

数据排序是指根据存储在表格中的数据种类，将其按照指定的依据或一定的规律重新排列，简单排序通常是按某一列标签进行排序的，除表头外的各行记录都将以该列为依据进行排序。

如要在学生成绩表中按总分由高到低进行降序排序，其操作方法如下。

素材 光盘：\素材\第7章\学生成绩统计表1.xlsx

效果 光盘：\效果\第7章\学生成绩统计表1.xlsx

Step 01 打开素材文件，单击要作为排序依据的“总分”列的任何一个单元格，如G6单元格。在“数据”选项卡下“排序和筛选”组中单击“降序”按钮。

Step 02 所有的学生成绩记录便以总分大小从高到低的顺序进行排列。

要点提示：升序与降序的含义

只按单一的某个列标签进行排序就是简单排序，通过“数据”选项卡下“排序和筛选”组中的“升序”或“降序”按钮便可完成。升序是指将数据按从小到大、从低到高的顺序进行排列；降序与升序排列方式相反，将数据按从大到小、从高到低的顺序进行排列。

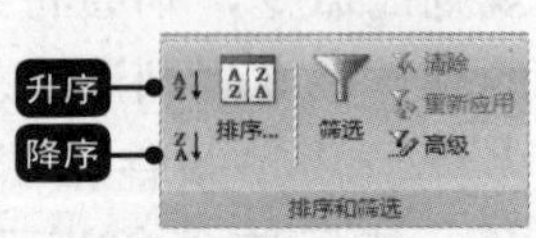

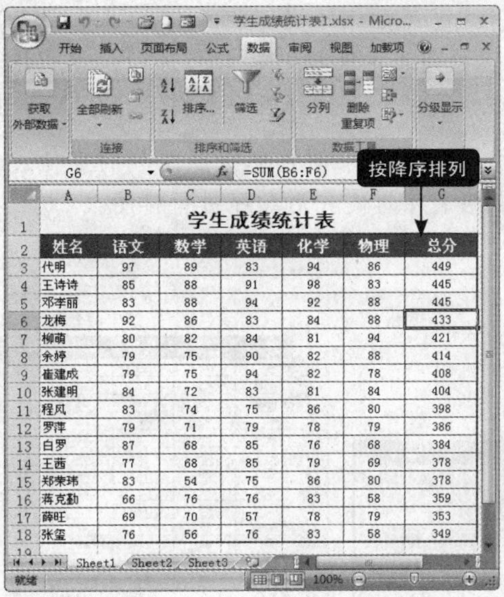

7.1.2 高级排序

数据的高级排序是指可以按照多个条件或不同的分类依据对数据进行排序。在Excel 2007中除了根据数值进行排序外，还可以按单元格的填充颜色、字体颜色或按图标进行排序。

1. 多字段排序

多字段排序是指可以按照多个条件对数据进行排序，这需要指定主要排序依据（即主关键字）和次要排序依据（即次关键字）。

如在前面对学生成绩按总分排序时，有两次总分数相同的情况，此时便可以再指定次要排序依据对总分相同的记录进行排序。下面对总分相同的记录按姓名的升序进行排序，其操作方法如下。

素材 光盘：\素材\第7章\学生成绩统计表1.xlsx

效果 光盘：\效果\第7章\学生成绩统计表2.xlsx

Step 01 打开素材文件，单击任意有数据的单元格，再在“数据”选项卡下“排序和筛选”组中单击“排序”按钮。

Step 02 打开“排序”对话框，在“主要关键字”后的下拉列表中选择“总分”选项，在“排序依据”下拉列表中选择“数值”选项，在“次序”下拉列表中选择“降序”选项。

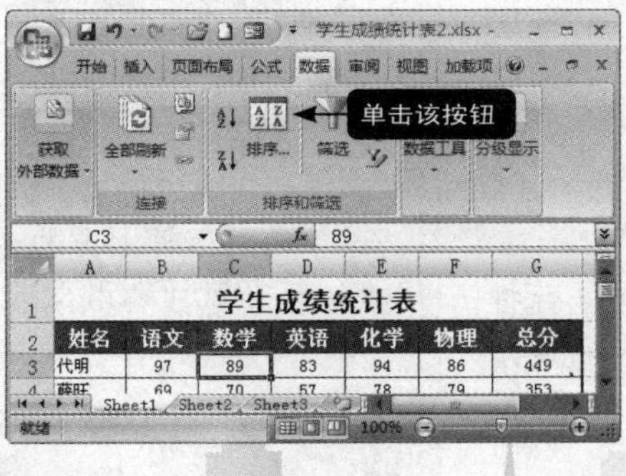

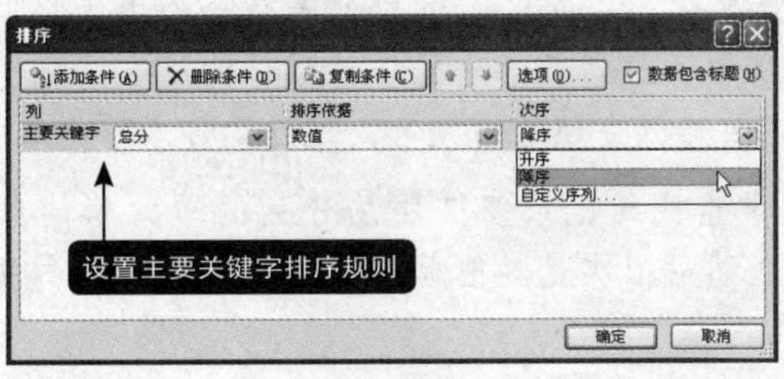

要点提示：排序的默认规则

排序的对象不同，在排序时系统会按照不同的规律进行排列。

比如升序排列，若排序的对象是数字，则从最小的负数到最大的正数进行排序；若对象是英文，则按英文字母A~Z的顺序进行排序；若对象是中文，则按中文首字拼音字母A~Z的顺序进行排序；若对象是逻辑值，则按FALSE值在TRUE值前的方式进行排序，空格排在最后。降序排列则与此相反。

要点提示：排序时包含标题行的意义

在“排序”对话框中默认选中了“数据包含标题”复选框，表示如果数据表或选择的单元格区域中包含列标志，而又不需该行参与排序，从而将该行排除在外，这样列标签的位置始终不变。

如果取消选中该复选框，则数据表的首行也将参与排序，当对没有列标签的数据表排序时，可以取消选中该复选框。

Step 03 单击“添加条件”按钮，在“排序”对话框中增加一个“次要关键字”列表，在“次要关键字”后的下拉列表中选择“姓名”选项，在“排序依据”下拉列表中选择“数值”选项，在“次序”下拉列表中选择“升序”选项。

Step 04 单击“确定”按钮，学生成绩记录便首先按照总分的高低进行排序，当遇到总分相同的记录时，再按姓名首字母的先后顺序进行排序。

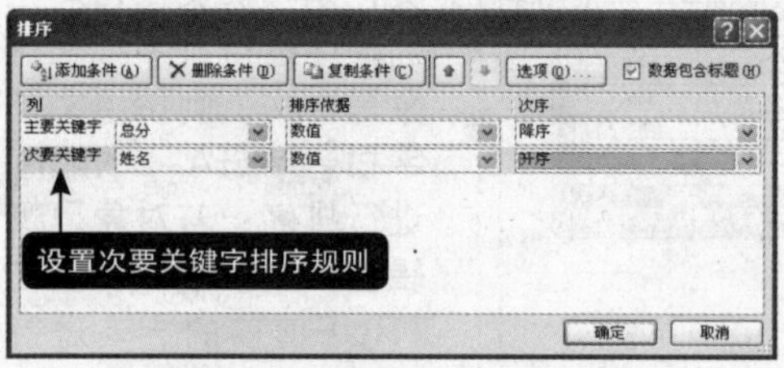

学生成绩统计表2.xlsx

姓名	语文	数学	英语	化学	物理	总分
代明	97	89	83	94	86	449
邓李丽	83	88	94	92	88	445
王诗诗	85	88	91	98	83	445
龙梅	92	86	83	84	88	433
柳萌	80	82	84	81	94	421
余婷	79	75	90	82	88	414
崔建成	79	75	94	82	78	408
张建明	84	72	83	81	84	404
程风	83	74	75	86	80	398
罗萍	79	71	79	78	79	386
白罗	87	68	85	76	68	384
王茜	77	68	85	79	69	378
郑棠玮	83	54	75	86	80	378
蒋克勤	66	76	76	83	58	359
薛旺	69	70	57	78	79	353
张玺	76	56	76	83	58	349

2. 按单元格颜色排序

如果对不同记录行的单元格设置了不同的填充颜色，则可以按照单元格的填充颜色来进行排序。如对学生成绩表的总分列的记录应用了色阶条件格式后，便可按照单元格的填充颜色进行排序，其操作方法如下。

素材 光盘：\素材\第7章\学生成绩统计表3.xlsx

效果 光盘：\效果\第7章\学生成绩统计表3.xlsx

Step 01 打开素材文件，单击任意有数据的单元格，再在“数据”选项卡下“排序和筛选”组中单击“排序”按钮。

Step 02 打开“排序”对话框，在“主要关键字”后的下拉列表中选择“总分”选项，在“排序依据”下拉列表中选择“单元格颜色”选项。

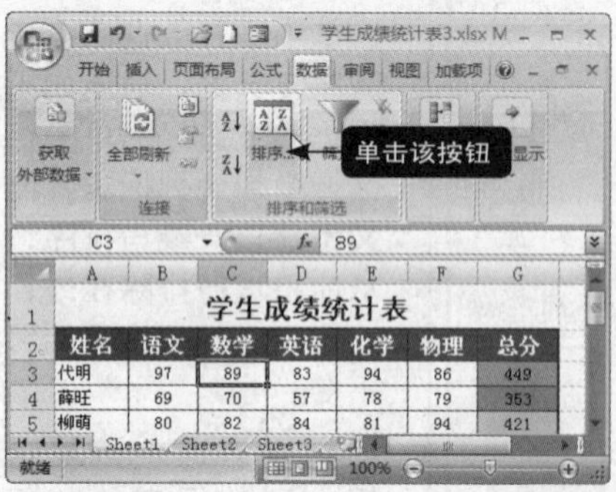

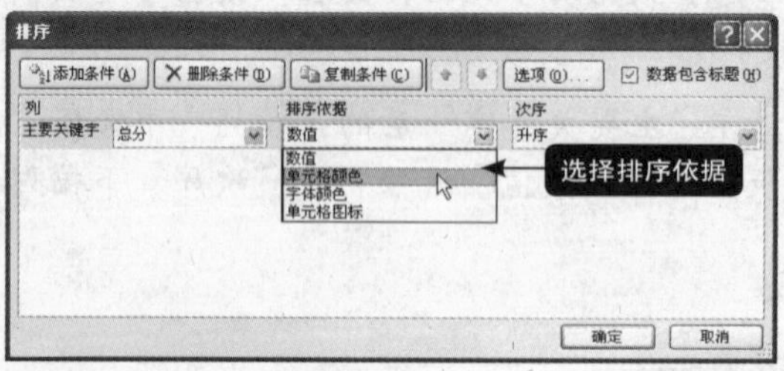

Step 03 此时对话框中发生一点变化，“次序”下拉列表有一个用于将所指定的颜色排列在数据表顶端或是底端的下拉列表，这里保持默认的“在顶端”选项。然后在“次序”下拉列表中指定要排列在顶端的颜色，这里选择最深的绿色。

Step 04 单击“确定”按钮，学生成绩记录便按照总分列的单元格的颜色进行排序，最深的绿色排在最顶端，然后依次是其他颜色的最深颜色。各种颜色的最浅颜色排在数据表底端。

要点提示：复制或删除排序规则

在“排序”对话框中可以通过“添加条件”按钮添加多个次要关键字。如果要添加的规则与已有的规则基本相同，也可以在选择已有的规则后单击“复制条件”按钮，再改变复制条件的排序规则。

添加多个排序规则后，排序时将先按照列表框中前面的规则进行排序，再对前一关键字的相同记录按下一个规则进行排序。

如果添加了不需要的规则，可以选择该条件后，单击“删除条件”按钮将其删除。

疑难解答：改变排序规则的顺序

问：在“排序”对话框中添加了多个排序规则后，发现将中间某条规则的顺序弄错了，需要先删除下面的规则后再重新添加排序规则吗？

答：不用，选择要改变顺序的排序规则后，通过单击对话框上方的或按钮就可以改变关键字的优先顺序。

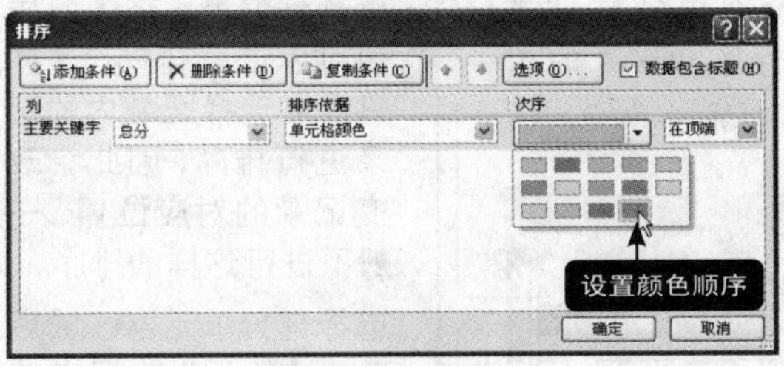

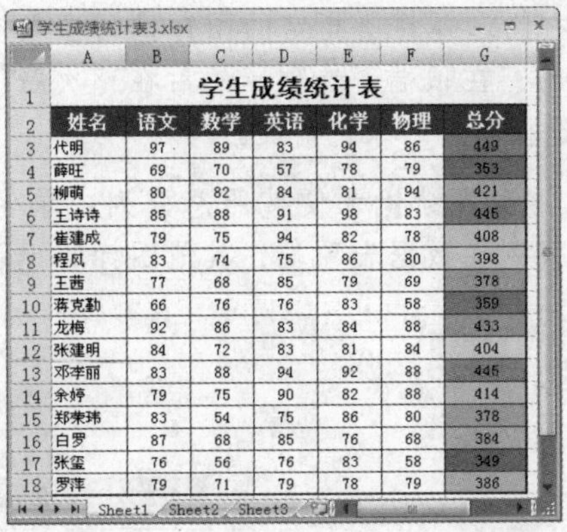

3. 按字体颜色排序

如果对某列单元格中数据设置了不同的字体颜色，也可以按照字体颜色进行排序。

根据字体颜色排序的方法与单元格填充色排序的操作方法基本相同，不同的只是需在“排序依据”下拉列表中选择“字体颜色”选项，再在“次序”下拉列表中指定要排列在顶端或底端的颜色（如右图所示），在此不再赘述。

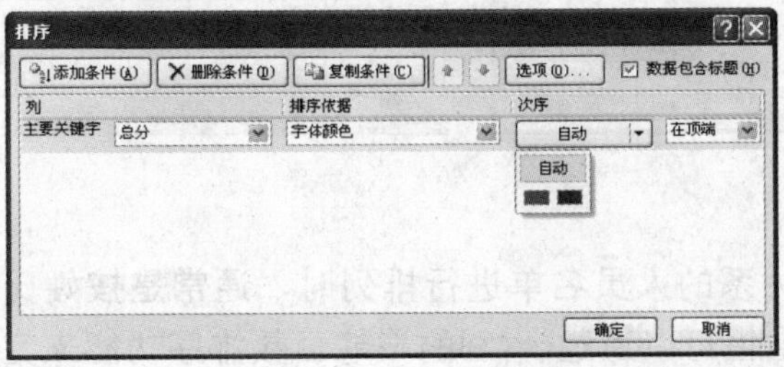

根据字体颜色排序■

4. 按图标排序

如果对某列的单元格应用图标集条件格式，也可以按照图标进行排序。如对学生成绩表的总分列的记录应用了五向箭头后，便可按照单元格图标进行排序，其操作方法如下。

素材 光盘：\素材\第7章\学生成绩统计表4.xlsx

效果 光盘：\效果\第7章\学生成绩统计表4.xlsx

Step 01 打开素材文件，单击任意有数据的单元格，再在“数据”选项卡下“排序和筛选”组中单击“排序”按钮。

Step 02 打开“排序”对话框，在“主要关键字”后的下拉列表中选择“总分”选项，在“排序依据”下拉列表中选择“单元格图标”选项。

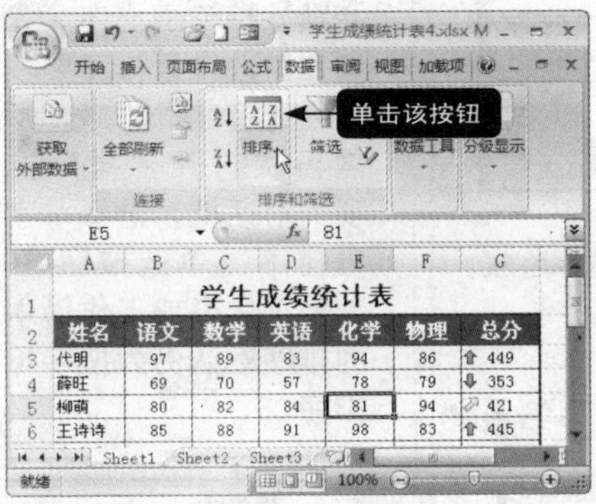

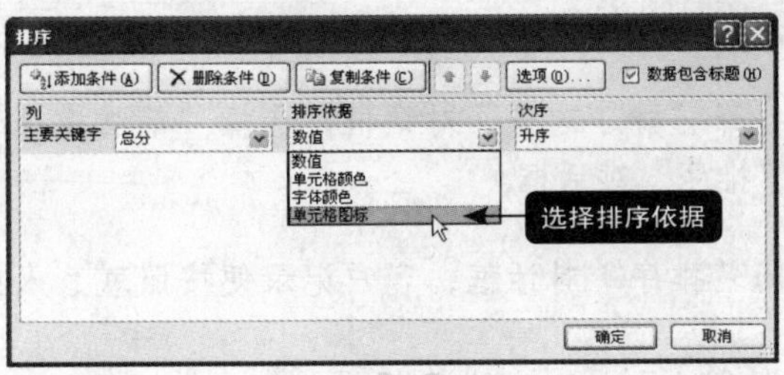

疑难解答：“排序”对话框中没有列标签

问：为何打开的“排序”对话框在关键字选择的下拉列表中只有“列A、列D”等选项，而没有列标签呢？

答：遇到这种情况，首先需要检查是否选中了“排序”对话框右上角的“数据包含标题”复选框，如果没有选中，则需选中。

如果选中后仍然不显示列标志，则需手动选择数据表区域（包括列标签行和各行记录）再打开“排序”对话框。

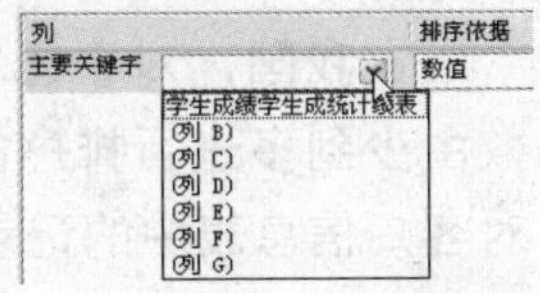

要点提示：关于高级排序的知识

按单元格的填充颜色排序、按单元格中数据字体颜色排序和按图标排序时也可以指定多个排序规则。

这3种排序方法是Excel 2007中才有的，在之前的版本中没有这3种排序方法。

Step 03 在“次序”下拉列表右侧选择将所指定的图标排列在数据表顶端还是底端的下拉列表，这里保持默认的“在顶端”选项。然后在“次序”下拉列表中指定要排列在顶端的图标，这里选择向上的绿色箭头。

Step 04 单击“确定”按钮，学生成绩记录便按照总分列中单元格的图标进行排序，有绿色向上箭头的记录排列在数据表顶端，其他图标的记录行保持原来的相对位置不变。

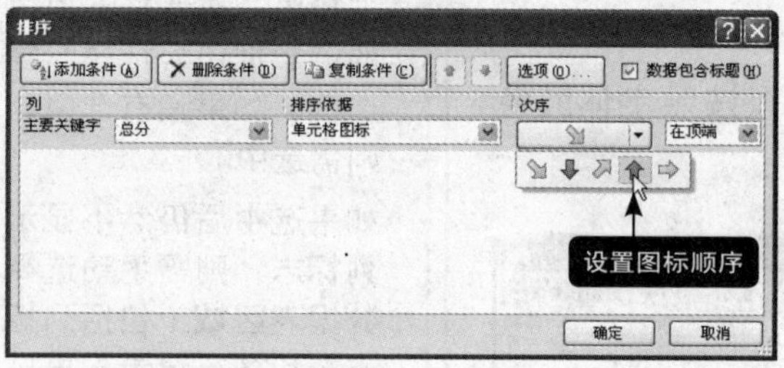

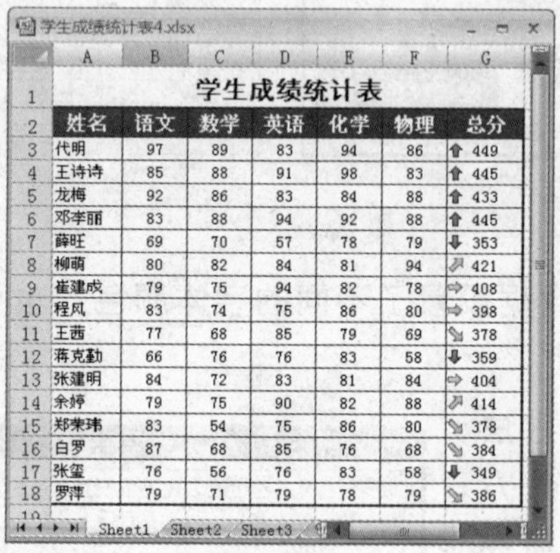

5. 按笔画排序

在我国，对于无主次关系的人员名单进行排列时，通常是按姓氏的笔画数由少到多进行排序的。这也可以通过Excel的按笔画数排序功能来完成，如对客户信息表中的记录按客户名称的姓氏笔画数进行排序的操作方法如下。

素材 光盘：\素材\第7章\客户信息表1.xlsx

效果 光盘：\效果\第7章\客户信息表1.xlsx

Step 01 打开素材文件，单击任意有数据的单元格，再在“数据”选项卡下“排序和筛选”组中单击“排序”按钮。

Step 02 打开“排序”对话框，在“主要关键字”下拉列表中选择“联系人”选项，在“排序依据”下拉列表中选择“数值”选项，在“次序”下拉列表中选择“升序”选项。

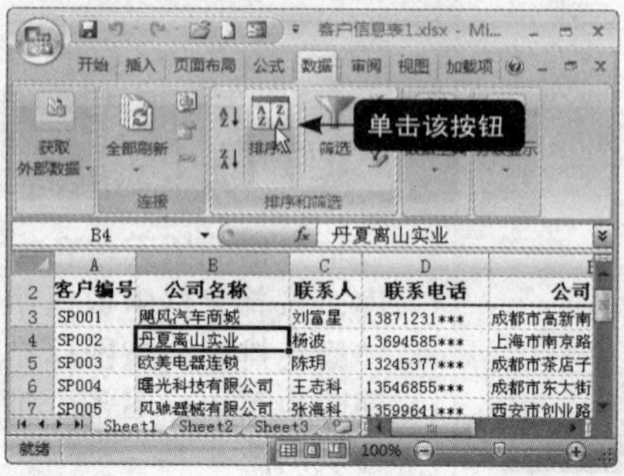

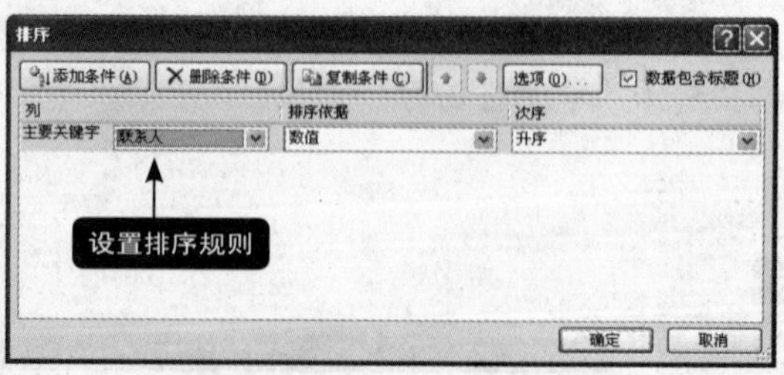

Step 03 单击“选项”按钮，打开“排序选项”对话框，选择“笔画排序”单选按钮，单击“确定”按钮返回“排序”对话框。

Step 04 单击“确定”按钮关闭“排序”对话框，客户记录便按照联系人姓氏笔画数由少到多进行排序。

要点提示：对所选单元格区域排序

选择部分单元格区域后也可以进行排序，这样只会对选择区域内的记录进行排序，因此会改变记录的对应位置，一般不进行这样的排序。

选择部分单元格区域后单击“数据”选项卡下“排序和筛选”组中的“排序”按钮，有时会弹出“排序提醒”对话框，默认选择“扩展选定区域”单选按钮，表示将自动扩展为对整个数据表进行排序；如果选择“以当前选定区域排序”单选按钮，则只对选定区域内的记录排序。

要点提示：关于排序方法的知识

设置为按笔画排序后，在当前工作表中的其他位置进行排序操作时都会默认按笔画排序。如果在其他位置排序要按首字拼音字母排序，则需再次打开“排序选项”对话框，选择“字母排序”单选按钮；在其他工作表或工作簿中的排序默认仍为按字母排序。

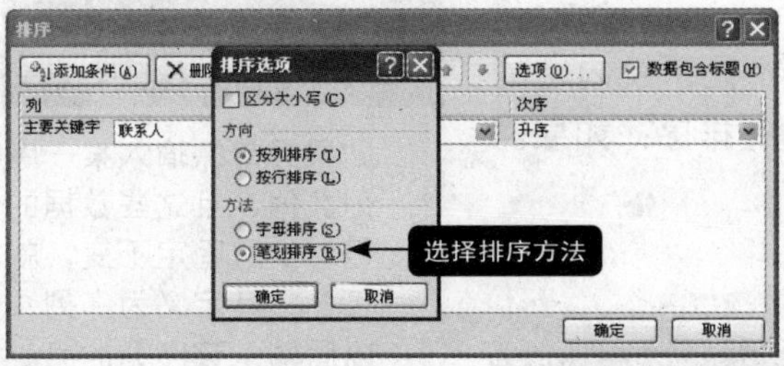

	A	B	C	D	
1	客户信息表				
2	客户编号	公司名称	联系人	联系电话	公
3	SP004	曙光科技有限公司	王志科	13546855***	成都市东
4	SP006	创博电子有限公司	冯西平	13145355***	广西柳州
5	SP001	飓风汽车商城	刘富星	13871231***	成都市高
6	SP005	风驰器械有限公司	张海科	13599641***	西安市创
7	SP010	顺宇电器有限公司	李玉菲	13521541***	广西柳洲
8	SP002	丹夏离山实业	杨波	13694585***	上海市南
9	SP003	欧美电器连锁	陈玥	13245377***	成都市茶
10	SP008	高达贸易	陈玥	13037985***	成都市高
11	SP007	隆鑫五金城	范文书	13138644***	宜宾市万
12	SP009	爱斯茹化妆品公司	俞文倩	13868688***	广州深湾
13	SP011	华达音响器材	赵松龙	13956465***	重庆沙坪

6. 按行对列排序

默认情况下进行的排序都是根据某个列标签为排序依据，对该列下的各行记录进行排序的。在必要时也可以对某行各单元格的数据进行排序，排序后参与排序的列的位置将发生改变，而行的位置保持不变。

如要在学生成绩表中将第一位学生“代明”的各科成绩按从低到高进行排序，其操作方法如下。

素材 光盘：\素材\第7章\学生成绩统计表1.xlsx

效果 光盘：\效果\第7章\学生成绩统计表5.xlsx

Step 01 打开素材文件，选择B2:F18单元格区域，再在“数据”选项卡下“排序和筛选”组中单击“排序”按钮。

Step 02 打开“排序”对话框，单击“选项”按钮，打开“排序选项”对话框，选择“按行排序”单选按钮。

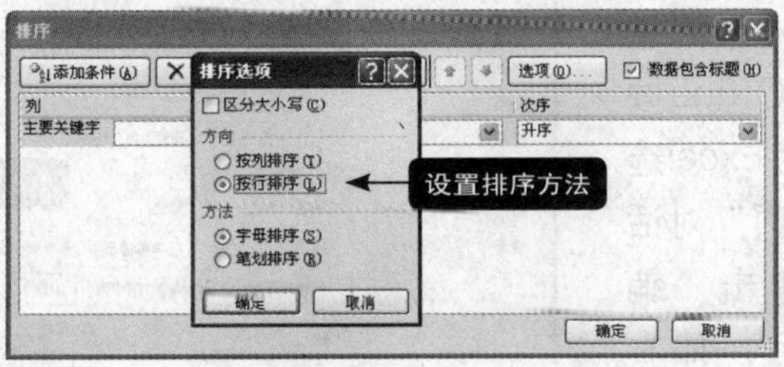

Step 03 返回“排序”对话框，在“主要关键字”后的下拉列表中选择“行3”选项，在“排序依据”下拉列表中，选择“数值”选项，在“次序”下拉列表中选择“升序”选项。

Step 04 单击“确定”按钮，便按代明的各科成绩由低到高进行排序。

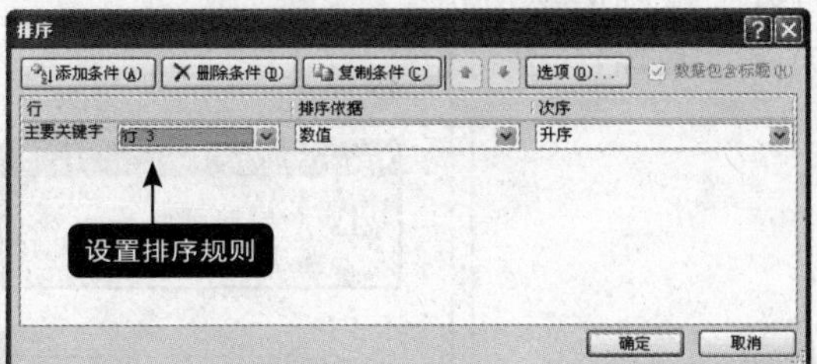

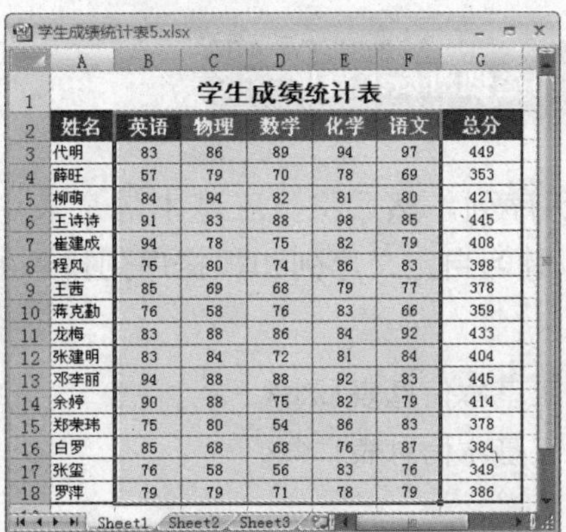

	A	B	C	D	E	F	G
1	学生成绩统计表						
2	姓名	英语	物理	数学	化学	语文	总分
3	代明	83	86	89	94	97	449
4	薛旺	57	79	70	78	69	353
5	柳萌	84	94	82	81	80	421
6	王诗诗	91	83	88	98	85	445
7	崔建成	94	78	75	82	79	408
8	程风	75	80	74	86	83	398
9	王茜	85	69	68	79	77	378
10	蒋克勤	76	58	76	83	66	359
11	龙梅	83	88	86	84	92	433
12	张建明	83	84	72	81	84	404
13	邓李丽	94	88	88	92	83	445
14	余婷	90	88	75	82	79	414
15	郑棠玮	75	80	54	86	83	378
16	白罗	85	68	68	76	87	384
17	张玺	76	58	56	83	76	349
18	罗萍	79	79	71	78	79	386

疑难解答：要求合并单元格具有相同大小

问：为何在按行排序时却出现“此操作要求合并单元格具有相同大小”的提示呢？

答：如果数据表包括标题，则在排序时必须选择要排序的区域后再按行排序，因为标题单元格通常是合并单元格。即使是没有标题的数据表，也应选择要排序的列，因为对整个数据表按行排序时，系统会将第一列也进行排序。

要点提示：关于排序方向的知识

设置为按行排序后，在当前工作表中的其他位置进行排序操作时都会默认按行排序。如果在其他位置排序要按列排序，则需再次打开“排序选项”对话框，选择“按列排序”单选按钮。在其他工作表或工作簿中排序时默认仍为按行排序。

7.1.3 序列排序

我们知道在Excel中，星期数、十二时辰、月份或季度等都是系统内定的序列，在表格中如果包含这些序列，在排序时也可以按序列进行排序；如果需要按某种特殊的规律进行排序，还可以自定义序列。

1. 根据系统内设的序列排序

如果按系统内设的某个序列排序，其方法是：打开“排序”对话框，在“次序”下拉列表中选择“自定义序列”选项，打开“自定义序列”对话框。在“自定义序列”列表框中选择所需的序列后单击“确定”按钮返回“排序”对话框。

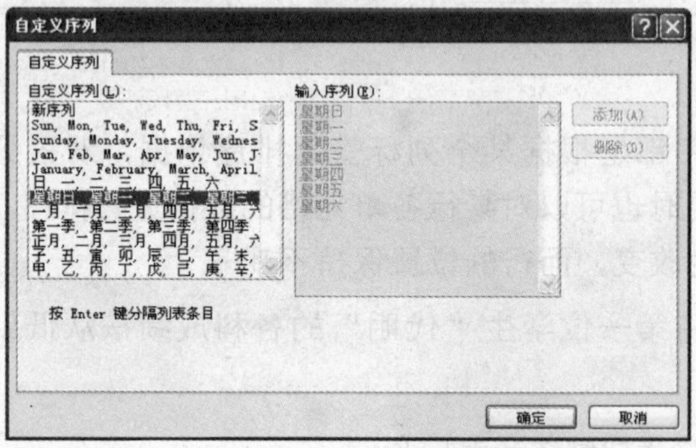

“自定义序列”对话框■

2. 自定义序列

如果经常需要输入一系列类似的数据，如学历、职称等，就可以将这些数据定义为序列，以后不但可以用输入序列的方式快速输入这些数据，还可以根据自定义的序列进行排序。

自定义序列需通过“自定义序列”对话框进行。打开“自定义序列”对话框的方法除了上一个问题介绍的以外，还可以单击Office按钮，在弹出的菜单中单击“Excel选项”按钮，打开“Excel选项”对话框的“常用”选项卡，单击“编辑自定义列表”按钮即可，如右图所示。

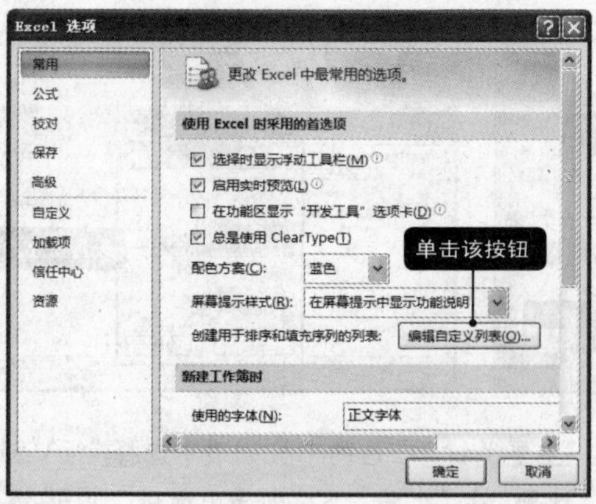

“Excel选项”对话框■

应用案例——按学历高低对员工排序

下面先自定义一个学历序列，然后将员工基本信息表中的员工按学历从低到高的顺序进行排序，以练习自定义序列和根据序列排序的方法，其操作方法如下。

素材 光盘:\素材\第7章\员工基本信息表1.xlsx

效果 光盘:\效果\第7章\员工基本信息表1.xlsx

要点提示：自定义序列可提高输入效率

如果经常需输入某一序列数据，且这些数据的相对位置固定不变，就可先将其定义为序列，以后输入该序列的第一个数据，然后用填充序列的方法快速输入其他数据。

制作学生成绩表时学科的排列顺序一般保持不变，如“语文、数学、英语、物理、化学”，这时就可将其定义为序列，以后只需在第一个单元格中输入“语文”后就可用填充序列的方法输入后面的学科名称。

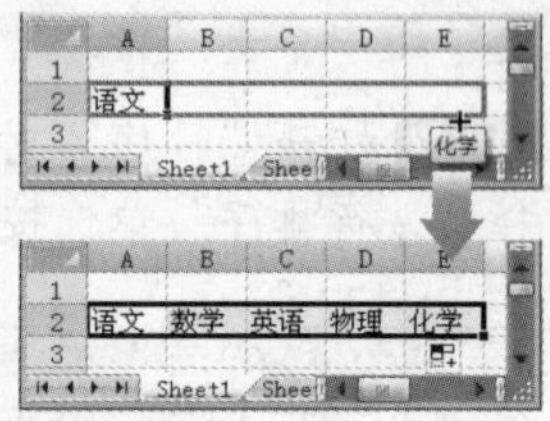

要点提示：删除自定义的序列

如果不需要某个自定义的序列，可以在“自定义序列”对话框左侧的“自定义序列”列表框中选择要删除的序列，单击“删除”按钮将其删除。

序列删除后不能恢复，因此删除时将弹出提示框，需确认删除，但系统内设的序列不能被删除。

Step 01 打开素材文件，选择单元格，再在“数据”选项卡下“排序和筛选”组中单击“排序”按钮。

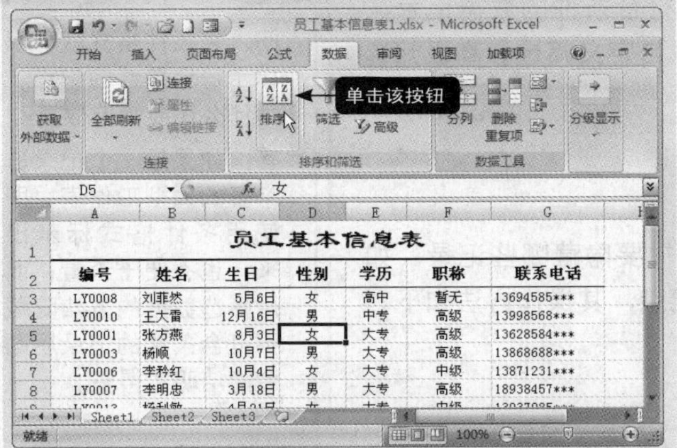

Step 02 打开“排序”对话框，在“次序”下拉列表中选择“自定义序列”选项。

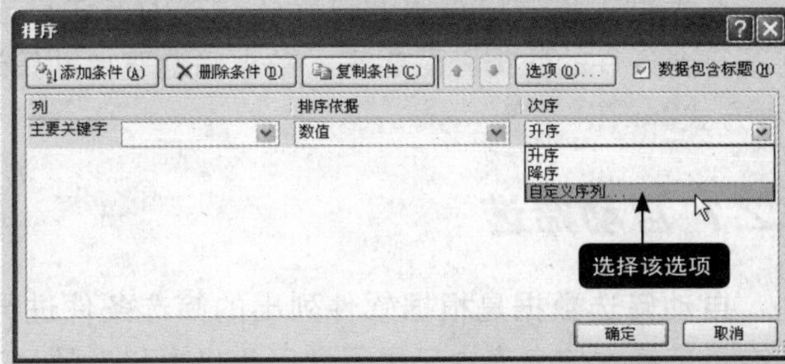

Step 03 打开“自定义序列”对话框，在左侧的“自定义序列”列表框中选择“新序列”选项，在“输入序列”列表框中输入从初中到博士的学历名称，输入每个名称后按【Enter】键分隔。

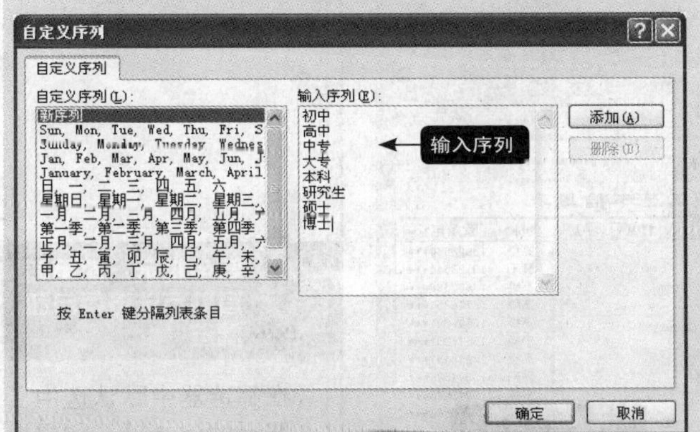

Step 04 输入完毕，单击“添加”按钮将其添加到左侧的“自定义序列”列表框中。选择该序列，单击“确定”按钮返回“排序”对话框。

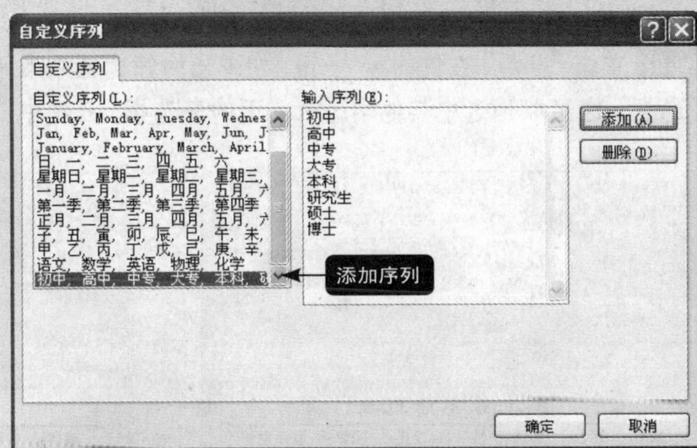

Step 05 此时“排序”对话框的“次序”下拉列表中便出现了自定义的序列选项。在“主要关键字”后的下拉列表中选择“学历”选项，在“排序依据”下拉列表中选择“数值”选项，再单击“确定”按钮应用设置。

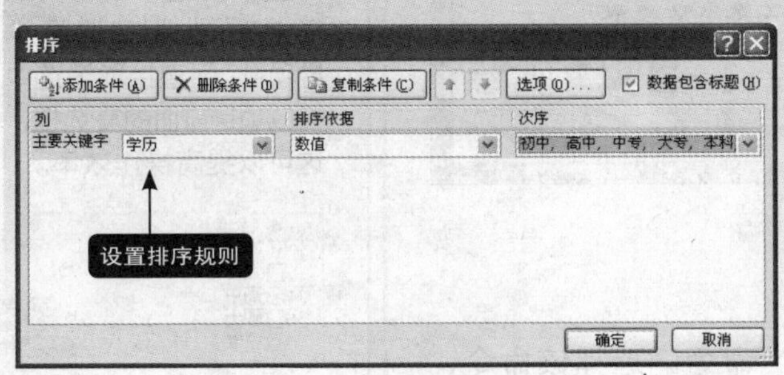

Step 06 员工基本信息表中的记录便按照员工的学历从最低到最高排列(如果要将学历由高到低排列，则定义序列时应颠倒输入学历的顺序）。

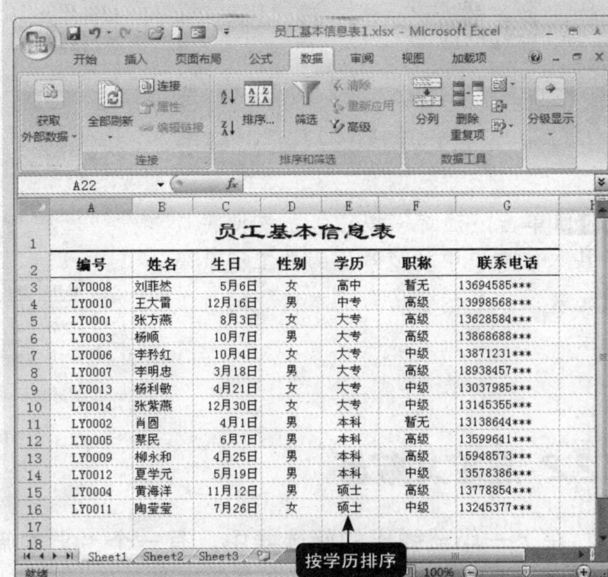

7.2 筛选数据

在大型工作表中可以通过筛选数据的方法只显示符合条件的数据记录，将不符合条件的数据隐藏起来。数据筛选有自动筛选、自定义筛选和高级筛选3种方式。

7.2.1 自动筛选

自动筛选数据是根据软件列出的筛选条件进行选择要隐藏哪些记录。如要在员工基本信息表中只显示学历为“本科”的员工记录，其操作方法如下。

素材 光盘:\素材\第7章\员工基本信息表1.xlsx

效果 光盘:\效果\第7章\员工基本信息表2.xlsx

Step 01 打开素材文件，单击任意有数据的单元格，再在“数据”选项卡下“排序和筛选”组中单击“筛选”按钮，各列标签后面将出现按钮。

Step 02 单击“学历”右侧的按钮，在弹出的筛选器中取消选中不需显示的记录项前面的复选框。这里取消选中其他学历录前面的复选框，只选中“本科”复选框。

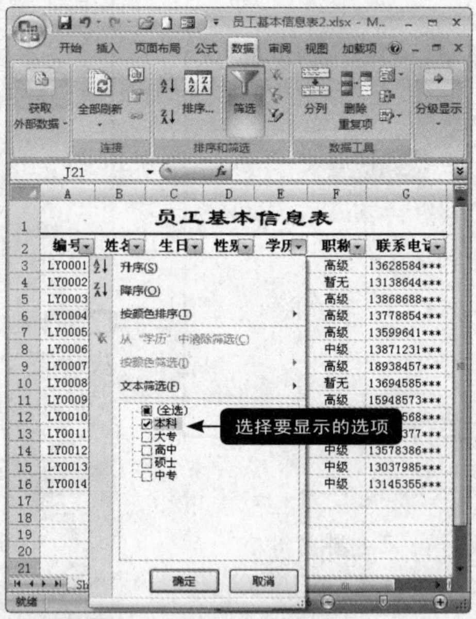

Step 03 单击“确定”按钮，系统便将员工基本信息表中其他学历的员工记录隐藏起来，只显示学历为“本科”的员工记录。

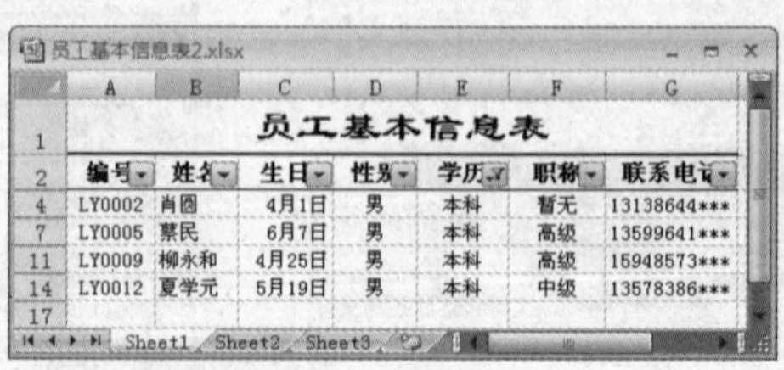

7.2.2 自定义筛选

在上一小节弹出的筛选器中，有一个“文本筛选”命令。选择该命令，在弹出的子命令中可以指定更多的筛选条件，如可以通过设置筛选出包含指定

疑难解答：筛选数据的好处

问：用条件格式就可以标示符合条件的记录，为什么还要筛选数据?

答：如果是一个记录非常多的大型工作表，即使用条件格式标示出来，也不便于查看，而用筛选数据的方法隐藏不符合条件的记录后则会简洁明了得多。

要点提示：使用适宜的方法进行自动筛选

在筛选器中默认选中了所有的记录项，如果取消选中“全部”复选框，则会取消选中所有记录项前面的复选框。

当需在多个复选框中选中其中一个时，便可取消选中“全部”复选框，再选中要显示项目前的复选框；如果只隐藏少量项目，则直接取消选中相应项目前面的复选框，这可以提高操作效率。

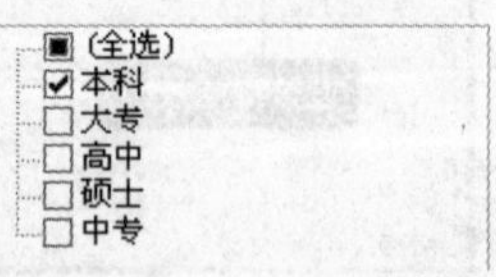

的文本的记录、开头或结尾是指定文本的记录等，并可以同时设置两个筛选条件。

列数据的类型不同，单击该列标签后面的▼按钮弹出的筛选器中的命令也不同。如该列数据为日期，则筛选器中的该命令为“日期筛选”；如该列数据为数值，则筛选器中的该命令为“数字筛选”。

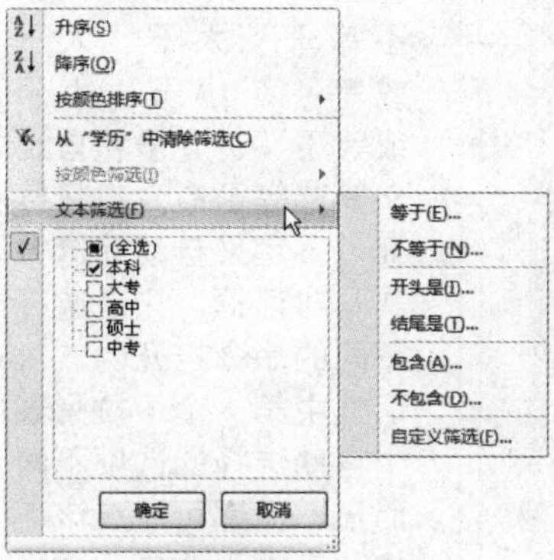

■文本数据的筛选器

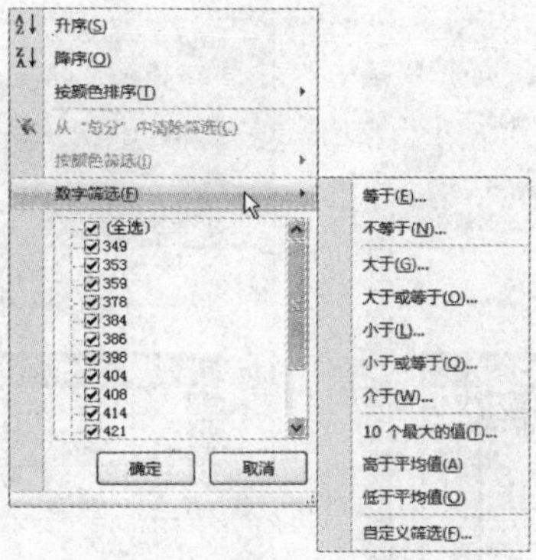

数值的筛选器■

要点提示：按不同列标签进行多重筛选

按某个列标签筛选后，还可以继续以其他列标签为依据进行筛选，这样可以筛选出满足多个条件的记录。

以某个列标签为依据进行了筛选后，其右侧的▼按钮将变为筛选按钮，将鼠标停放在此按钮上会有相应的提示信息。

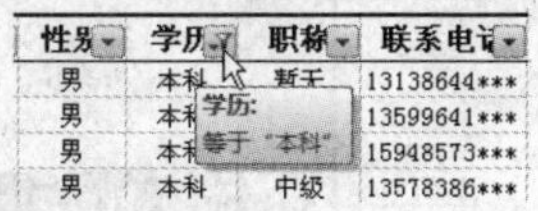

选择筛选器中的“XX筛选”命令后弹出的子命令也不同，不过这些命令与第6章中设置条件格式中的“突出显示单元格规则”和“项目选取规则”命令下的相同命令的含义一样，在此不再赘述。

下面以在学生成绩统计表中筛选出英语成绩在90分以上和在60分以下的学生记录为例，演示自定义筛选的方法，操作方法如下：

素材 光盘:\素材\第7章\学生成绩统计表1.xlsx

效果 光盘:\效果\第7章\学生成绩统计表6.xlsx

Step 01 打开素材文件，单击任意有数据的单元格，再在“数据”选项卡下“排序和筛选”组中单击“筛选”按钮，各列标签后面将出现▼按钮。单击“英语”右侧的▼按钮，在弹出的筛选器中选择“数字筛选/大于或等于”命令。

Step 02 打开“自定义自动筛选方式”对话框，此时第一个下拉列表中自动选择了“大于或等丁”选项，在后面的下拉列表中输入第一个筛选条件“90”。

要点提示：设置筛选项数量

选择“10个最大的值”命令将打开“自动筛选前10个”对话框，在其中可以设置筛选出最大或最小的前几项记录（在中间的数值框中设置项目数量）。

在后面的下拉列表中可以选择“百分比”选项，从而按指定的比例筛选出最大或最小的记录。

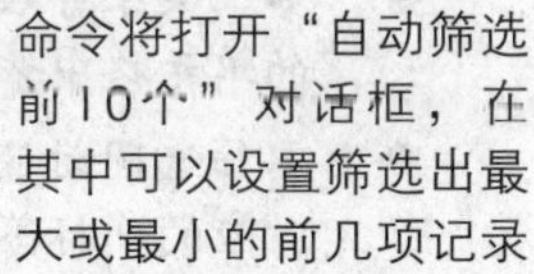

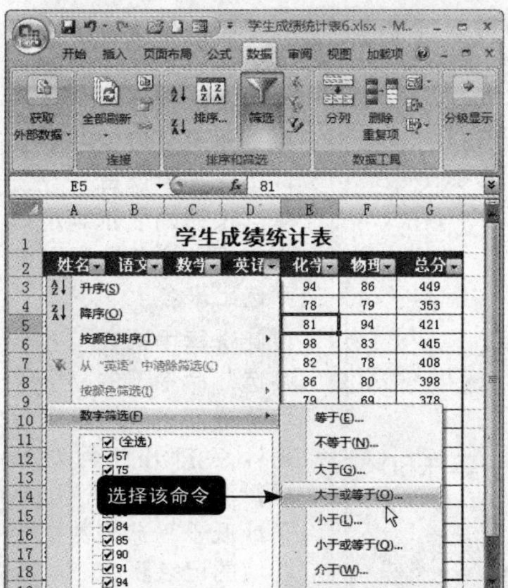

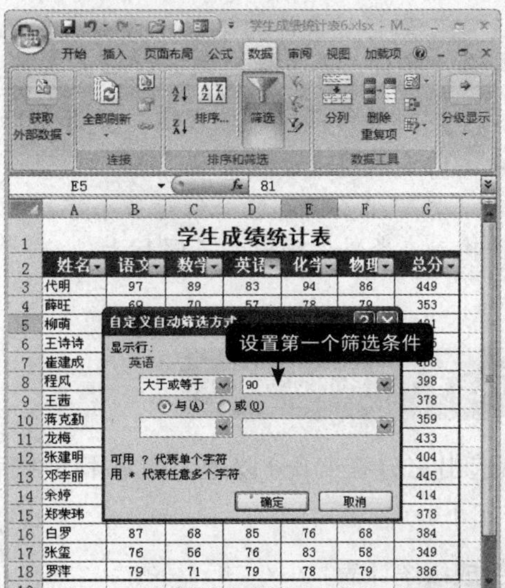

Step 03 选择“或”单选按钮，然后在下面的第一个下拉列表中选择“小于”选项，在后面的下拉列表中输入第二个筛选条件“60”。

Step 04 单击“确定”按钮，筛选出英语成绩大于等于90分及英语成绩不及格的学生记录。

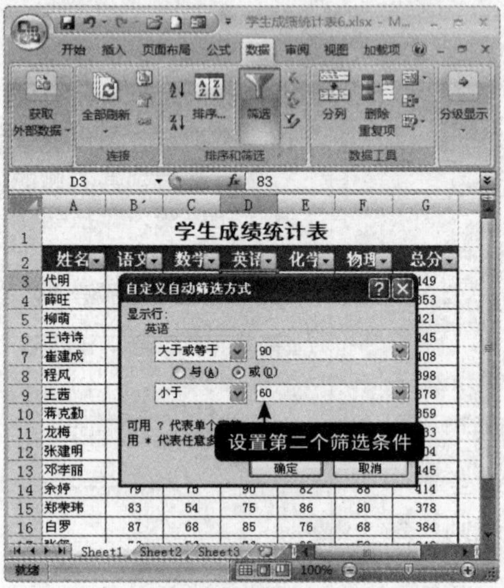

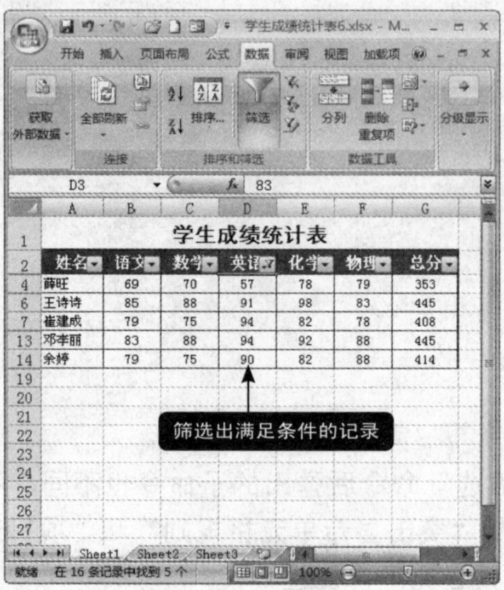

7.2.3 高级筛选

当要筛选出同时满足两个及两个以上条件的数据时，使用自定义筛选的方法可能难以达到要求，此时就需要使用更高级的筛选方法。

使用高级筛选功能时，必须先在数据表外的某个区域手动输入筛选条件，并且在输入筛选条件时还应遵循以下规则。

- 条件区域的第一行为条件的列标签行，为数据表的各列标签名，条件标志行下至少有一行用来定义搜索条件。
- 如果某个字段具有两个以上筛选条件，可在条件区域中对应的列标签下的单元格中依次输入各个条件，各条件之间的逻辑关系为“或”。
- 要筛选同时满足两个以上列标签条件的记录，可在条件区域的同一行中对应的列标签下输入各个条件，各条件之间的逻辑关系为“与”。
- 要筛选满足两个或多个列标签条件之一的记录，可在条件区域中的不同行输入各个条件，各条件之间的逻辑关系为“或”。
- 要筛选满足多组条件（每一组条件都包含针对多个字段的条件）之一的记录，可将各组条件输入在条件区域中的不同行上。

应用案例——筛选满足多个条件的优等生

下面在学生成绩表中筛选出总分在410分以上，且各科成绩都大于等于80分的学生记录，其操作方法如下。

素材 光盘:\素材\第7章\学生成绩统计表1.xlsx

效果 光盘:\效果\第7章\学生成绩统计表7.xlsx

要点提示：关于数字筛选的知识

在筛选器中选择“数字筛选”命令下的等于、不等于、大于、大于或等于、小于、小于或等于”、介于和自定义筛选等子命令都将打开“自定义自动筛选方式”对话框，只是选择不同的命令打开的该对话框中第一个下拉列表中自动选择的选项不同而已，但都可以在该下拉列表中更改自动选择的选项。

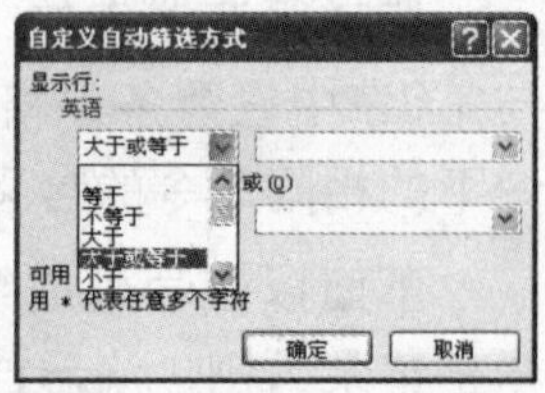

要点提示：关于筛选的设置

“自定义自动筛选方式”对话框中默认选择“与”单选按钮，表示需满足上、下设置的两个条件才能被筛选出来（也可只设置一个条件）；如果选择“或”单选按钮则表示满足其中任意一个条件即可被筛选出来。

在筛选器中选择“数字筛选”命令下的高于平均值或低于平均值命令将不会打开任何对话框，而是直接筛选出高于或低于筛选列数据平均值的记录。

Step 01 打开素材文件，选择B2:G2单元格区域，按【Ctrl+C】组合键复制，再单击B20单元格，按【Ctrl+V】组合键粘贴，粘贴后单击G20单元格右下角出现的“粘贴选项”按钮，在弹出的列表中选择“值和数字格式”单选按钮。

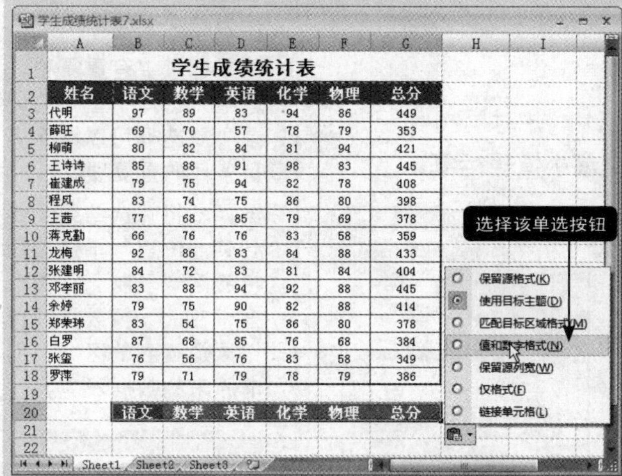

Step 02 选择B21:F21单元格区域，输入“>=80”，按【Ctrl+Enter】组合键在该区域中输入相同的数据。再单击G21单元格，输入“>=410”，按【Enter】键确认输入。

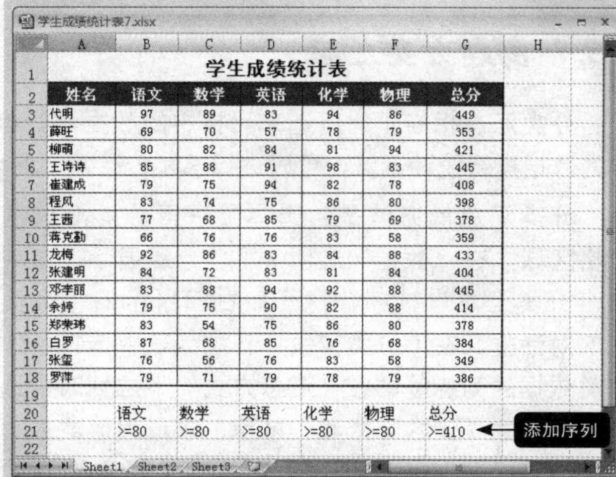

Step 03 单击任意有数据的单元格，再在“数据”选项卡下“排序和筛选”组中单击“高级”按钮。

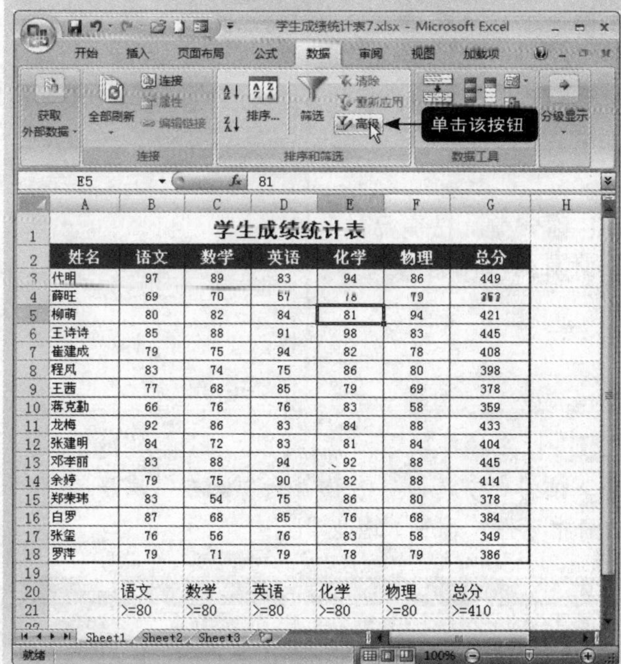

Step 04 打开“高级筛选”对话框，在“列表区域”参数框中自动选择除了标题外的整个数据表区域，将光标插入“条件区域”参数框中，然后在工作表中选择输入的条件区域B21:G21。

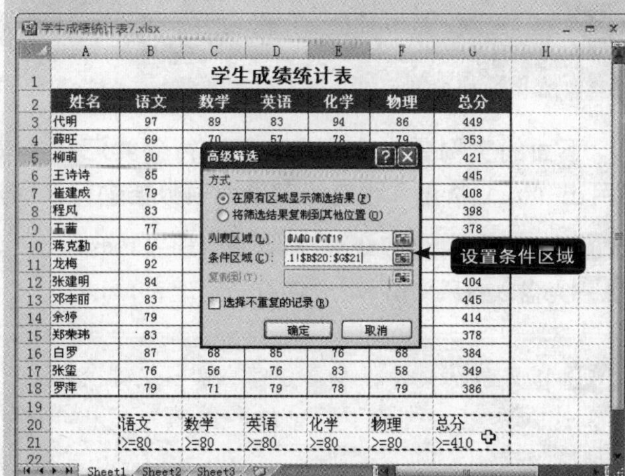

Step 05 单击“确定”按钮，筛选出总分在410分以上，且各科成绩都大于等于80分的学生记录。

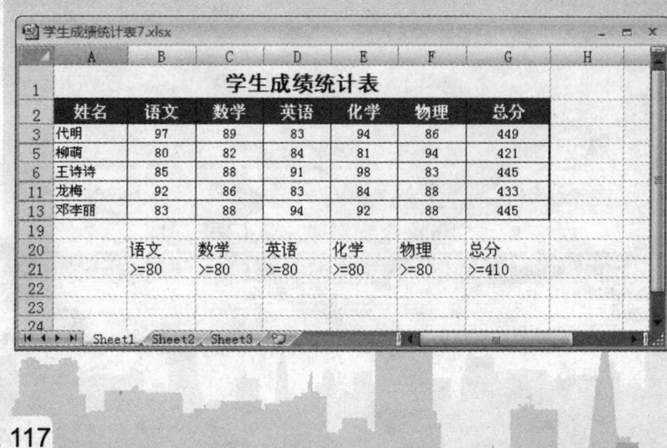

7.3 分类汇总

通过分类汇总功能可以在按某一列标签进行分类的同时进行求和或计数等统计。而且分类汇总后，还可以分级显示数据的汇总项或明细项，便于用户管理数据。

7.3.1 创建分类汇总

分类汇总相当于对所选单元格中的数据进行分类统计，并对同一类记录中的数据进行统计运算，可以进行求和、计数、最大值、最小值等运算。

分类汇总的方法是：选择要进行分类汇总的单元格区域，在“数据”选项卡下“分级显示”组中单击“分类汇总”按钮，打开如右图所示的“分类汇总”对话框。在“分类字段”下拉列表中选择要作为分类依据的列标签，在“汇总方式”下拉列表中选择汇总的方式（计数、求和、求积、求最大值或最小值等），在“选定汇总项”列表框中选择需汇总的项目，再单击“确定”按钮。

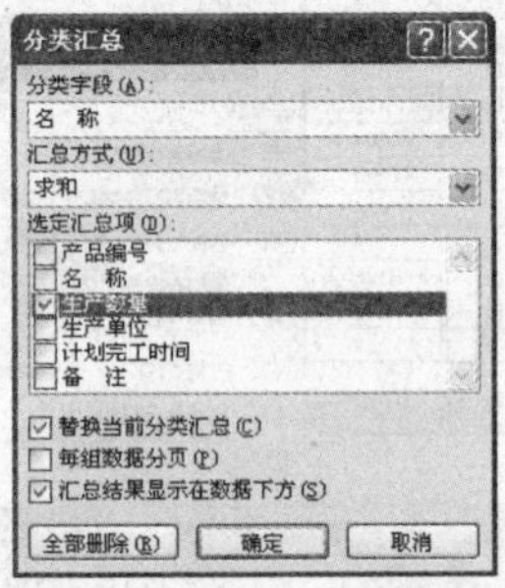

“分类汇总”对话框■

在进行分类汇总之前必须对要汇总的单元格区域按要分类的列标签进行排序，将相同的记录集中到一起，否则分类汇总时只对相邻且相同的数据项进行汇总，不相邻但相同的数据项将分开汇总，这就达不到分类汇总的效果。

要点提示：关于高级筛选的知识

在“高级筛选”对话框的“列表区域”参数框中也可以选择部分区域作为筛选区域。

如果记录中有重复项，选中“选择不重复的记录”复选框可以剔除满足条件的重复项。

选择“将筛选结果复制到其他位置”单选按钮将激活“复制到”参数框，在此设置要将筛选结果放置到的区域，而非原来的数据表中。

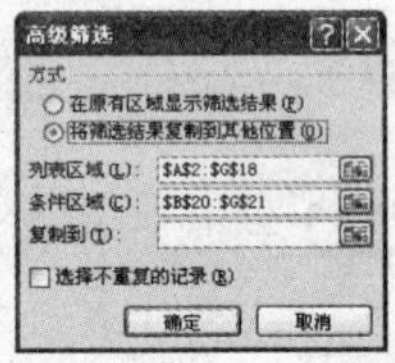

应用案例——分类汇总仓库存货

下面的实例要对商品库存量进行分类汇总，按商品名称分类，按商品的当月出（入）货量和现有库存量两项数据进行求和汇总，其具体操作如下。

素材 光盘:\素材\第7章\仓库存货管理表1.xlsx

效果 光盘:\效果\第7章\仓库存货管理表1.xlsx

Step 01 打开素材文件，单击任意有数据的单元格，再在“数据”选项卡下“排序和筛选”组中单击“排序”按钮。

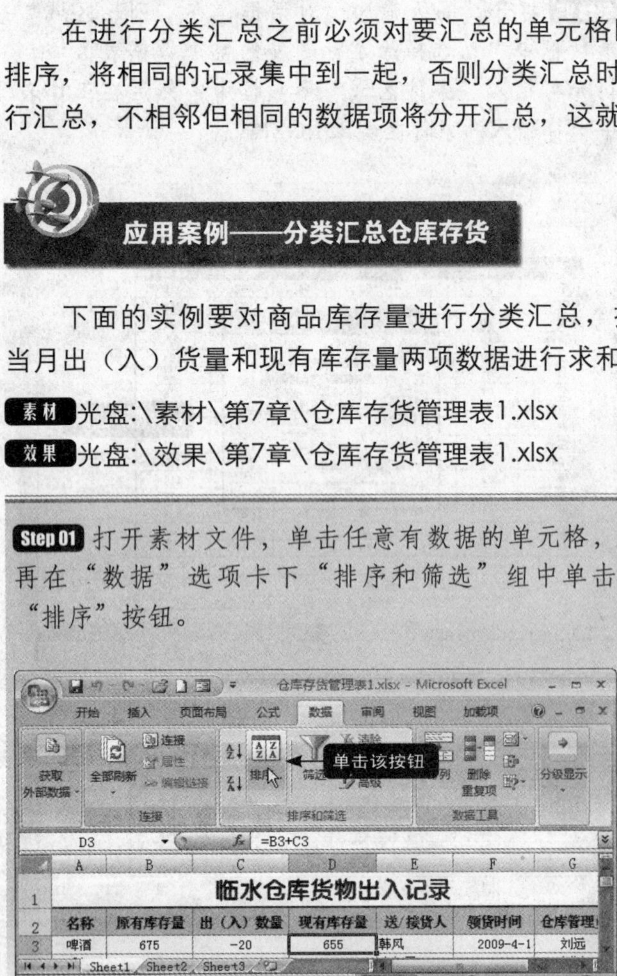

Step 02 打开“排序”对话框，在“主要关键字”后的下拉列表中选择“名称”选项，在“次序”下拉列表中选择“升序”选项。

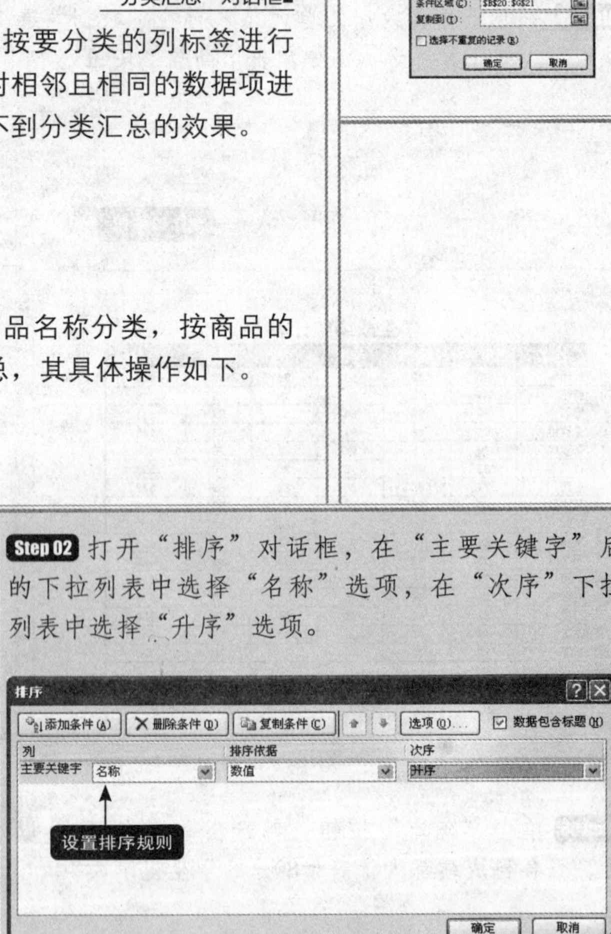

Step 03 单击“添加条件”按钮添加一个“次要关键字”列表，在“次要关键字”后的下拉列表中选择“领货时间”选项，在“次序”下拉列表中选择“升序”选项。

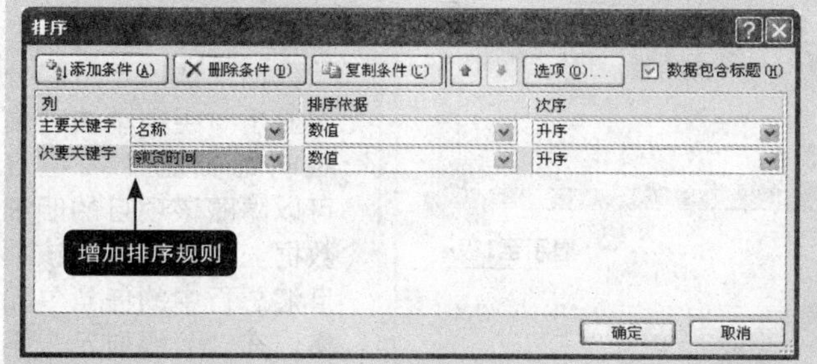

Step 04 单击“确定”按钮将所有记录按设置的规则进行排序。然后在“数据”选项卡下“分级显示”组中单击“分类汇总”按钮。

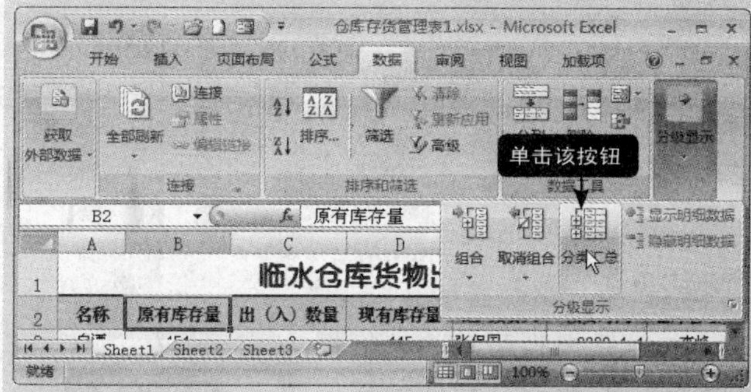

Step 05 打开“分类汇总”对话框，在“分类字段”下拉列表中选择“名称”选项，在“汇总方式”下拉列表中选择“求和”选项，在“选定汇总项”列表框中选中“出（入）数量”和“现有库存量”复选框。

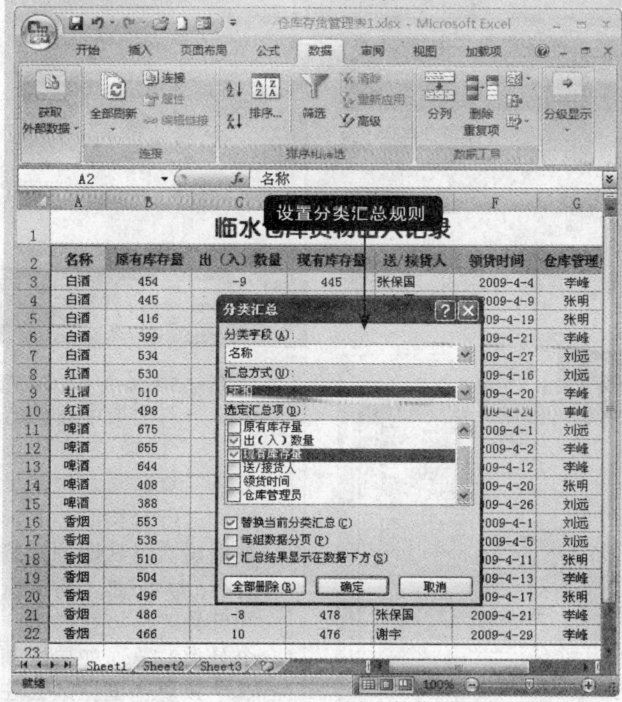

Step 06 单击“确定”按钮，将记录按货物名称进行汇总，在相同的货物下方将出现该类产品的“出（入）数量”和“现有库存量”的总和，并在表格最下方显示所有货物的这两项数据之和。

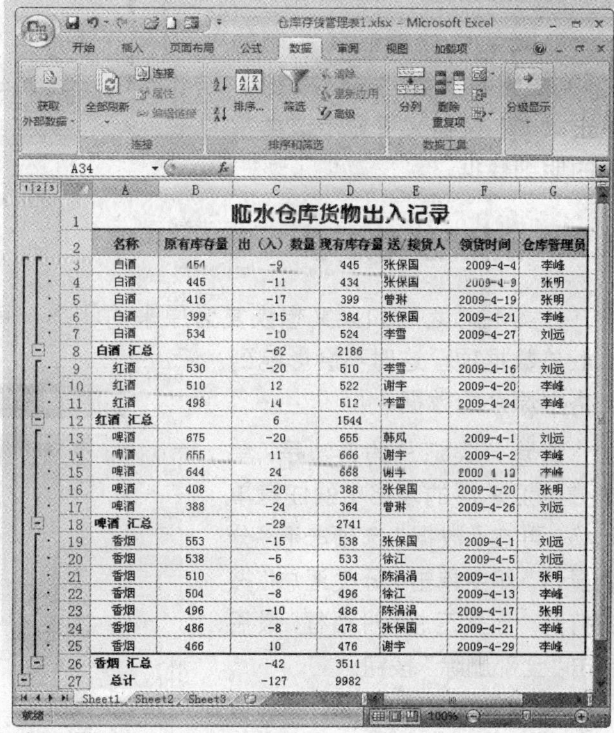

7.3.2 显示或隐藏分类汇总

通常进行分类汇总的表格都包含有较多的数据，当进行分类汇总后，还会多出一些汇总数据项，使得表格中的数据显得更多。此时可根据需要对分类汇总的明细情况进行选择性隐藏，需要时再显示出来，以方便查看。

单击分类汇总后的表格左侧的数字按钮即可在表格中显示至相应级别的数据，但分类汇总后的所有总计记录是无法隐藏的。如在前面的分类汇总结果中单击左上角的 2 按钮将隐藏各项货物的明细项，只显示各类货物的汇总项和所有货物的汇总项；单击 1 按钮将只显示所有货物的汇总项，效果分别如下。

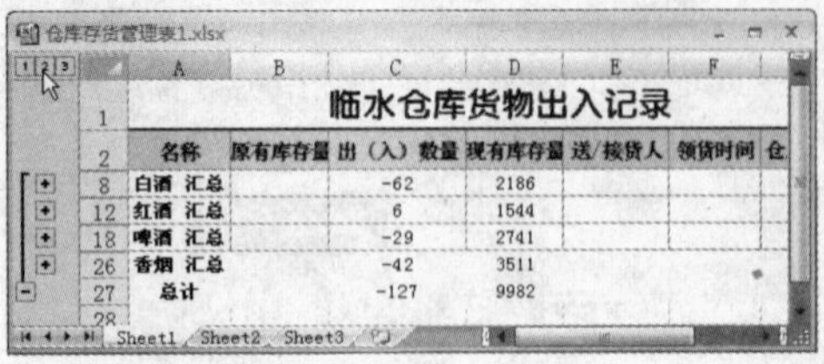

■显示至2级

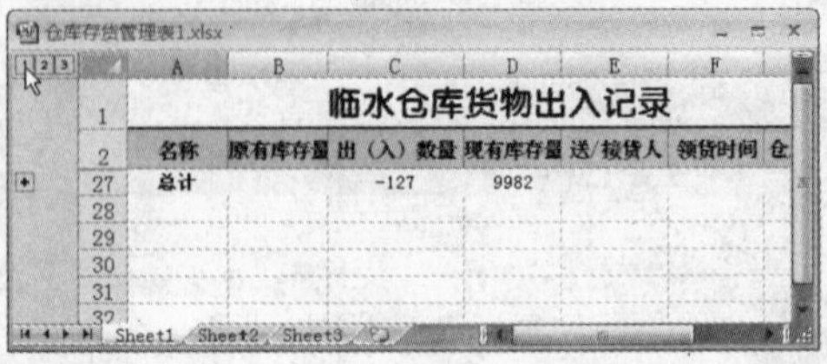

显示至1级■

如果只想隐藏某一类货物的明细项，而要显示其他货物的明细数据，其方法是：在分类汇总后的表格左侧单击相应货物（如白酒）组前面的“-”按钮将该组商品的明细数据隐藏起来，只显示其汇总数据，如右图所示。

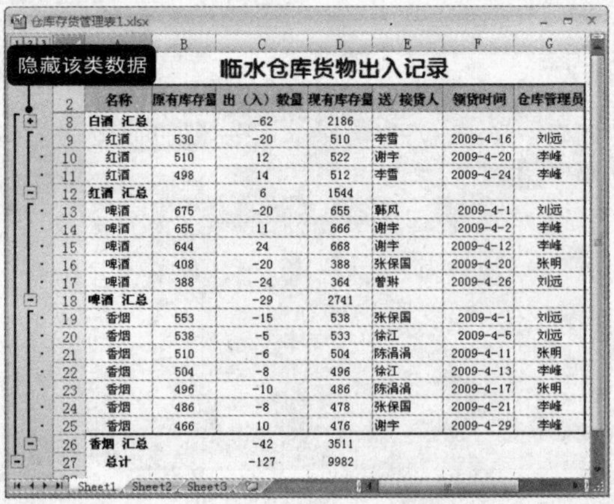

隐藏白酒的明细数据■

隐藏某类数据后其左侧的“-”按钮将变为“+”按钮，单击“+”按钮又可显示该类货物的明细数据。

7.3.3 清除分类汇总

分类汇总之后如果又想恢复为原来的状态，可以通过清除分类汇总来删除汇总数据项，这时不会影响到表格中原来的数据。

清除分类汇总的方法是：单击分类汇总后的表格中的任意单元格，再在“数据”选项卡下“分级显示”组中单击“分类汇总”按钮打开“分类汇总”对话框，最后单击“全部删除”按钮。

如果选择汇总后的一部分单元格区域后清除分类汇总，则只会清除选择区域中的汇总，而保留未选择区域中的汇总项，如右图所示。

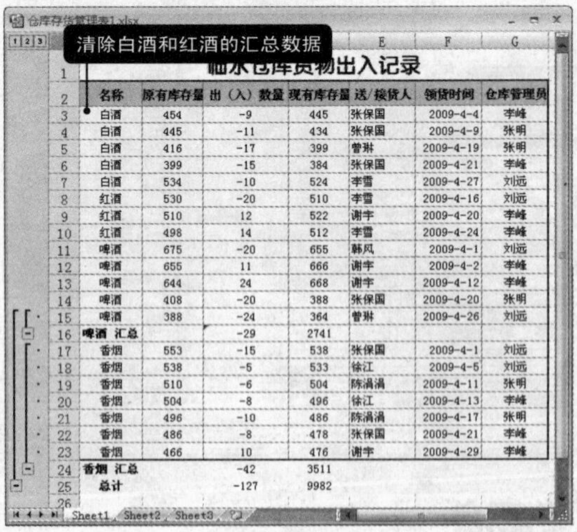

清除部分汇总项■

7.4 组合数据

如果想将某些类别的记录组合在一起，但并不想对其进行汇总，则可通

要点提示：隐藏和显示明细数据的其他方法

单击要隐藏的数据组中的某个单元格后，在“数据”选项卡下“分级显示”组中单击“隐藏明细数据”按钮也可以隐藏该项目的明细数据。隐藏后单击该项目汇总行中的任意单元格，在“分级显示”组中单击“显示明细数据”按钮又可以显示该组明细数据。

要点提示：关于分类汇总的知识

在默认情况下，“分类汇总”对话框中自动选中了“替换当前分类汇总”复选框。也就是说，进行分类汇总后，如果再次以其他列标签进行分类汇总，后进行的分类汇总将替换前一个分类汇总。如果取消选中该复选框，则会在上一次分类汇总的基础之上再按新指定的列标签进行分类汇总。

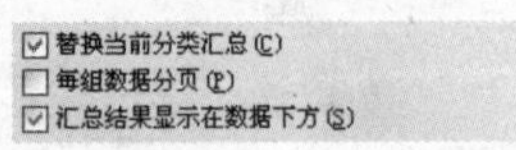

过组合功能来实现。组合后也将以分级方式显示，而且用组合功能不仅可以组合记录行，还可以对标签列进行组合。

7.4.1 组合数据

组合数据的方法是：选择要组合的行或列，在“数据”选项卡下“分级显示”组中单击“组合”按钮进行组合。

如果选择的是部分单元格而非行或列，则将打开如右图所示的“创建组”对话框。在其中选择以列或以行方式进行组合后，单击“确定”按钮，将所选单元格所在的行或列进行组合。

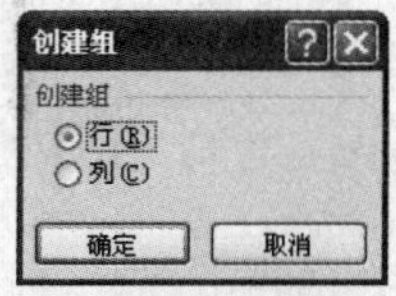

“创建组”对话框

组合行或列后，在该组合内部还可以继续进行更细级别的组合，最初组合的数据为1级，在该级内进行的组合为2，以此类推，最多可以有8个级别。

如要在仓库存货管理表中将库管员李峰的管理记录组合到一起，再将其管理的酒类组合到一起，最后将酒类中的红酒组合到一起，操作方法如下。

素材 光盘：\素材\第7章\仓库存货管理表1.xlsx

效果 光盘：\效果\第7章\仓库存货管理表2.xlsx

Step 01 打开素材文件，单击任意有数据的单元格，再在“数据”选项卡下“排序和筛选”组中单击“排序”按钮，打开“排序”对话框。在“主要关键字”后的下拉列表中选择“仓库管理员”选项，在“次序”下拉列表中选择“升序”选项。

Step 02 单击“添加条件”按钮添加一个“次要关键字”列表，在“次要关键字”后的下拉列表中选择“名称”选项，在“次序”下拉列表中选择“升序”选项。

Step 03 选择第3~11行，在“数据”选项卡下“分级显示”组中单击“组合”按钮，将李峰的管理记录进行组合，组合后前面出现左侧的分级图标。

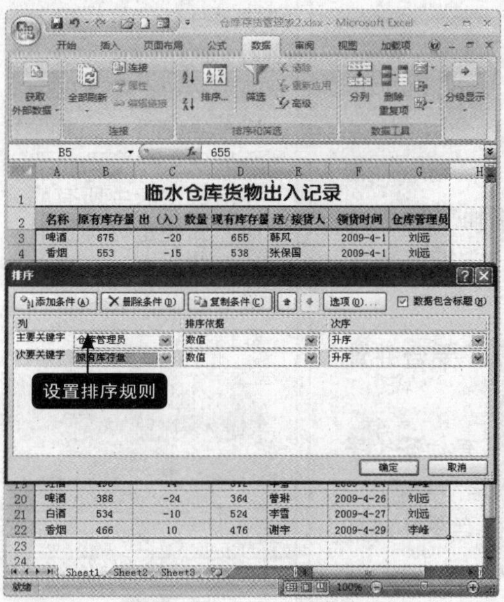

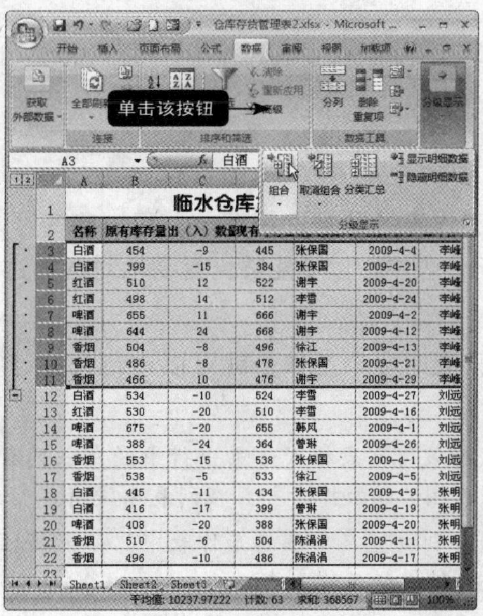

Step 04 再选择第3~8行，在“数据”选项卡下“分级显示”组中单击“组合”按钮

要点提示：关于分类汇总的知识

在默认情况下，“分类汇总”对话框中的“汇总结果显示在数据下方”复选框呈选中状态，表示将汇总的数据显示在各类数据下方。

如果选中“每组数据分页”复选框，则分类汇总结果将自动分成多页显示，同类数据的汇总结果显示在同一页中。

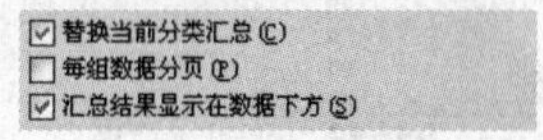

要点提示：自动建立分级显示

如果在“数据”选项卡下“分级显示”组中单击“组合”按钮的下拉按钮，在弹出的下拉菜单中选择“自动建立分级显示”命令，则系统会自动根据数据表中各行与各列数据的类型建立分级。如连续几列数据的类型相同，系统就会自动将其组合起来。

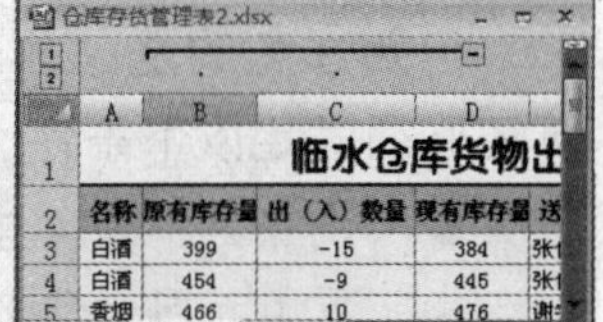

将酒类记录组合，此组合为第3步的下一个分级。

Step 05 再选择第5~6行，在“数据”选项卡下“分级显示”组中单击“组合”按钮将红酒记录组合，该组合为第4步的下级分类。

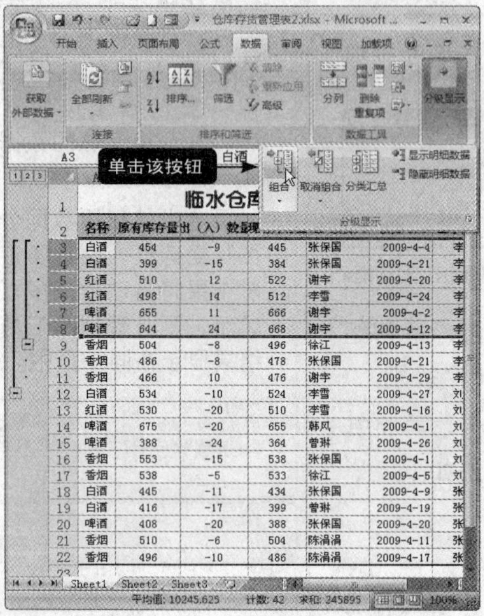

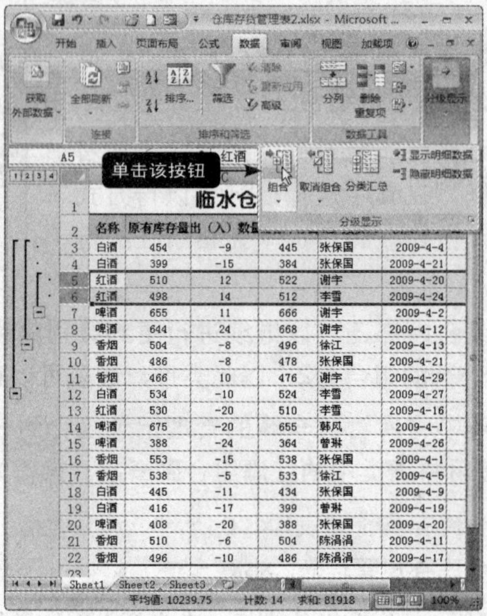

7.4.2 取消组合

组合行或列后，如果以后不需要某个组合，可以将其取消。方法是：选择要取消组合的行或列，在“数据”选项卡下“分级显示”组中单击“取消组合”按钮将其取消。

如果选择的是部分单元格而非行或列，则将打开如右图所示的“取消组合”对话框。在其中选择取消列或行方向上组合后，单击“确定”按钮，取消所选单元格所在的行或列的组合。

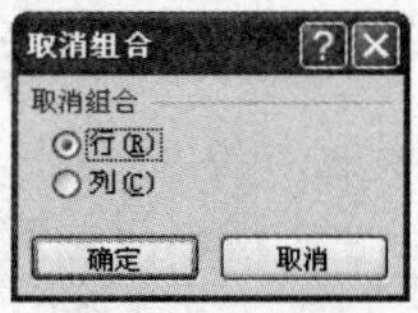

“取消组合”对话框

7.5 合并计算

如果要将多个同系列工作表的数据进行汇总，可以将每个单独工作表中的数据合并计算到一个主工作表中，以便能够更容易地对数据进行定期或不定期的更新和汇总。

但要注意的是，并非只要有多个工作表就可以进行合并计算，要合并计算还必须满足以下条件。

- 确保每个数据区域都采用列表格式：第一行中的每一列都具有标签（字段），同一列中包含相似的数据，并且在列表中没有空行或空列。
- 要合并的数据区域分别放置在单独的工作表中，不能将任何要合并的区域放在需要放置合并结果的工作表中。
- 确保每个区域都具有相同的布局。如某张工作表中要合并的数据区域含有合并单元格，则要合并的每张工作表中该位置均应为合并单元格。

要点提示：套用表格格式后不能分类汇总

需注意的是，在自动套用了格式的数据表中，只能通过组合数据来进行分级显示，而无法对其进行分类汇总。因此在制作表格时如果打算对表格进行分类汇总，则不要为其套用系统自带的表格格式。

要点提示：清除所有分级显示

如果在“数据”选项卡下“分级显示”组中单击“取消组合”按钮的下拉按钮，在弹出的下拉菜单中选择“清除分级显示”命令则将取消当前数据表中所有的分组。即使是分类汇总功能自动产生的分级也将被清除，但会保留汇总数据项。

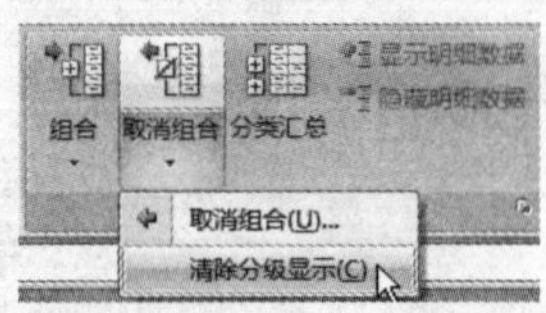

当有两张或两张以上满足上述条件的工作表时，便可以进行合并计算。如已有7~9月份的销售数据表，这3张数据表中包含的商品名称与位置完全相同，下面对三季度的销售数据进行合并计算，操作方法如下：

素材 光盘：\素材\第7章\商品销售报表.xlsx

效果 光盘：\效果\第7章\商品销售报表.xlsx

Step 01 打开素材文件，按住【Ctrl】键不放，同时用鼠标光标按住“九月份”工作表标签向右拖动，复制一张工作表。

Step 02 将该工作表重命名为“第三季度销售汇总”，将表格标题更改为“三季度商品批发销售报表”。然后选择B3:C16单元格区域，按【Delete】键删除其中的数据。再在“数据”选项卡下“数据工具”组中单击“合并计算”按钮。

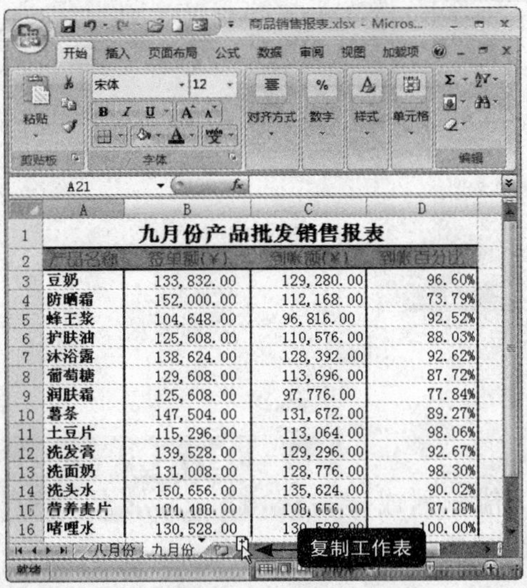

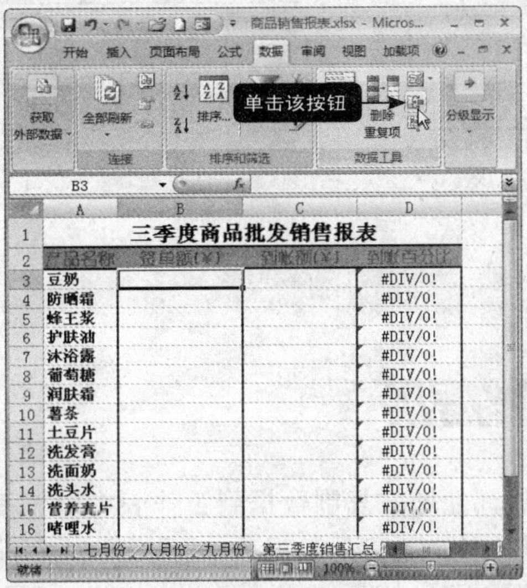

Step 03 打开“合并计算”对话框，在“函数”下拉列表中选择“求和”选项，然后将光标插入点定位到“引用位置”参数框中，在“七月份”工作表中选择B3:C16单元格区域。

Step 04 单击“添加”按钮将其添加到下面的“所有引用位置”列表框中，再切换到“八月份”的工作表中，选择B3:C16单元格区域。

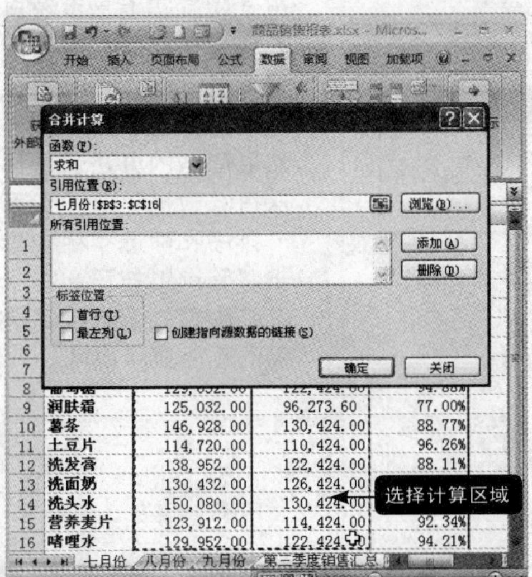

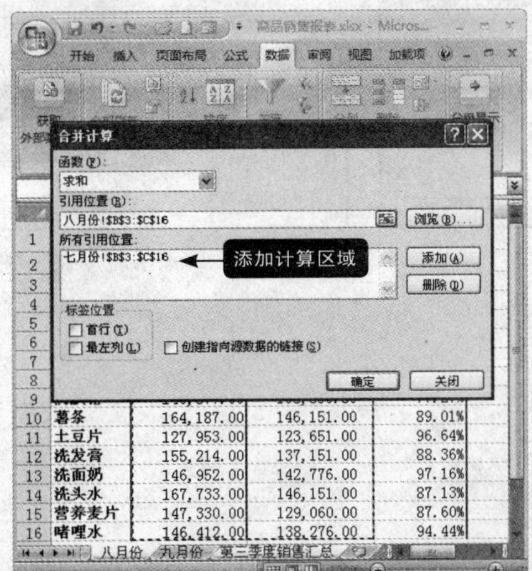

要点提示：合并计算不同工作簿中的工作表

要进行合并计算的工作表可以与主工作表在同一个工作簿中，也可位于不同的工作簿中。如果位于不同的工作簿中，则需在“合并计算”对话框中单击“浏览”按钮打开“浏览”对话框来添加该工作簿的地址，再手动输入参与计算的区域。

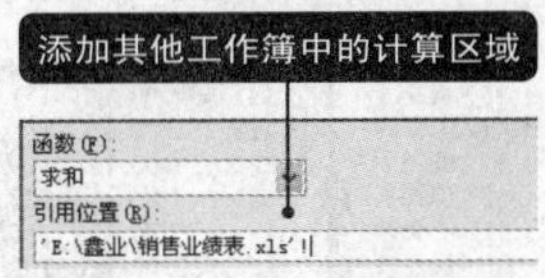

要点提示：链接到合并计算的源数据

如果在“合并计算”对话框中选中“创建指向源数据的链接”复选框，则当参与合并计算的源数据发生变化时，合并结果也将更新。只有当存放源数据的工作表位于其他工作簿中时，才选中此复选框。但若要对合并后的数据进行修改，则应取消选中该复选框。

Step 05 单击“添加”按钮将其添加到下面的“所有引用位置”列表框中，再切换到“九月份”的工作表中。选择B3:C16单元格区域，单击“添加”按钮将其添加到下面的“所有引用位置”列表框中。

Step 06 添加完毕，单击“确定”按钮，在“第三季度销售汇总”工作表的B3:C16区域中完成商品销售数据的合并计算。

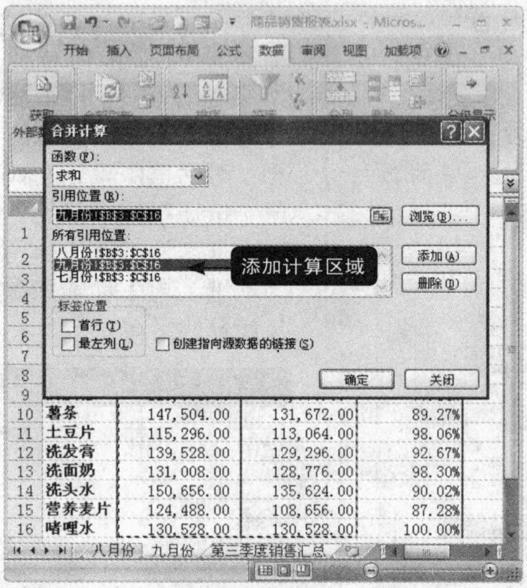

要点提示：关于合并计算的知识

在“合并计算”对话框中的“标签位置”选项组中可以选择合并后要将标签字段放置到合并结果的首行还是最左列。如果要合并的工作表中列标签的位置并不完全相同，就不要选中这两个复选框，如果需要添加标签，请从某个源区域复制。

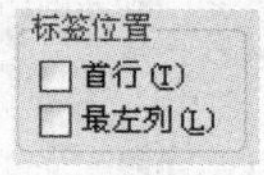

7.6 删除重复数据项

在表格中输入数据或从其他地方复制数据到工作表中时，有可能输入或复制了重复的记录。为了防止输入重复的数据项，可以通过Excel 2007提供的功能自动查找并删除重复的数据项。

删除重复数据项的方法是：在“数据”选项卡下“数据工具”组中单击“删除重复项”按钮，打开如左下图所示的“删除重复项”对话框。选中包含重复项列的复选框，单击“确定”按钮，系统便自行查找。如果找到重复项后将自动删除重复项，并弹出提示框显示删除的数量，如右下图所示。

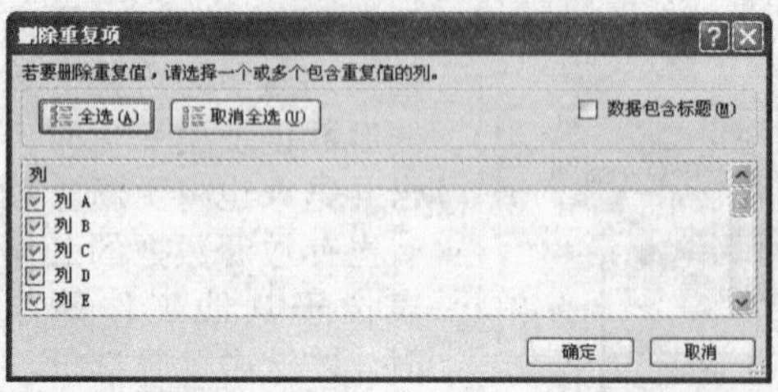

■“删除重复项”对话框

提示删除的重复项数量■

疑难解答：关于筛选隐藏的记录

问：筛选数据后，筛选出来的数据记录将保持原来的行号不变，不符合条件的记录被隐藏了起来，为什么用取消隐藏的方法却不能将其显示出来?

答：用筛选功能隐藏的记录，其实上是系统自动将不符合条件的行高设置成了0，可以通过拖动行标显示出来。当然最简洁的办法还是再次在“数据”选项卡下“排序和筛选”组中单击“筛选”按钮，将所有被隐藏的记录按筛选前的顺序显示出来。

Part 3

数据保护、共享与输出技术

电子表格中的数据通常都是各类重要的商务数据，因此对于这些数据需要增加其安全性能，防止被任意地查看或修改。根据需要还要对各种数据进行共享，实现多用户的协同办公。另外还要将电子表格中的内容按各种不同的需要以纸质的形式打印输出。这些都是本篇要讲解的内容。

8 Chapter 保护与共享数据

READERS' GUIDE

在商务办公中，有些工作簿具有保密性或者只供其他用户阅览而不能被随意修改，这就需要对工作簿进行保护或加密；而许多报表类的表格则需要共享，这就需要对数据进行共享。本章所说的“共享”包含两层意思，一层是指Excel自身及其他程序之间的数据相互使用；另一层是指在局域网中多人协作办公时将Excel工作簿共享出来以便他人查阅或编辑，这还将涉及到修订与批注工作簿等操作。

MAIN CASES

保护表格数据 P126
引用Excel数据 P130
链接数据 P137
共享与审阅工作簿 P139
控制工作簿窗口 P145

8.1 保护表格数据

在实际工作中，有些数据需要保密（如财务数据），有些报表则可以允许他人查看但不能对其进行更改。因此可以根据情况对电子表格进行保护，包括对单元格、工作表和工作簿的保护，用户可以根据实际情况选择不同的保护方法。

8.1.1 保护单元格

如果不想让他人修改单元格中的数据，或者想隐藏单元格中输入的公式，就需要对单元格进行保护。

保护单元格的方法是：用第5章中介绍的任意方法打开“设置单元格格式”对话框，单击“保护”选项卡，选中“锁定”复选框后单击“确定”按钮。

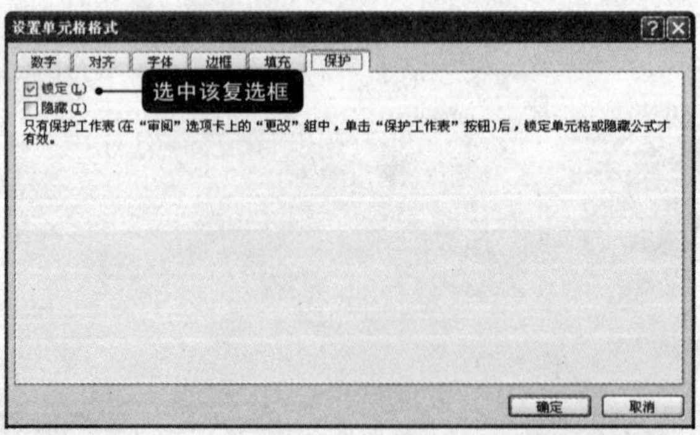

“保护”选项卡■

实际上在默认状态下，选择任意单元格后打开“设置单元格格式”对话框的

要点提示：通过“格式”菜单锁定或取消锁定单元格

选择单元格区域后，在“开始”选项卡下“单元格”组中单击“格式”按钮，在弹出的下拉菜单中选择“锁定单元格”命令可以在锁定或取消锁定之间切换。

由此可以看出，在没有保护工作表的状态下，任何人都可以修改被锁定的单元格中的数据。因此，只有保护工作表以后，保护单元格的操作才会变得有意义。

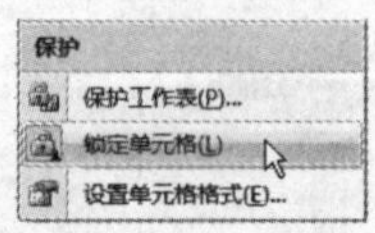

“保护”选项卡，“锁定”复选框已自动被选中，但为何能修改单元格中的内容呢？这是因为要使单元格的锁定生效，还必须将工作表也保护起来，因此，当务之急是学会如何保护工作表。

8.1.2 保护工作表

保护工作表需要设置密码，并可限制他人对该工作表进行哪些方面操作，因此可以防止非授权用户更改受保护的单元格的内容。保护工作表的具体操作方法如下。

素材 光盘：\素材\第8章\销售业绩表1.xlsx

Step 01 打开素材文件，切换到要保护的Sheet1工作表中。在“开始”选项卡下“单元格”组中单击“格式”按钮，在弹出的下拉菜单中选择“保护工作表”命令。

Step 02 在打开的“保护工作表”对话框中选中“保护工作表及锁定的单元格内容”复选框，在“取消工作表保护时使用的密码”文本框中设置密码，然后在“允许此工作表的所有用户进行”列表框中选择允许其他用户可以进行哪些操作，选中某项操作前面的复选框则表示允许。

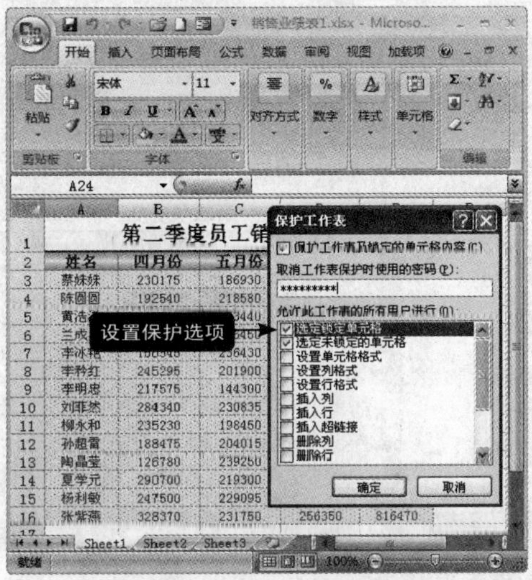

Step 03 设置完毕，单击“确定”按钮，将打开一个“确认密码”对话框。在“重新输入密码”文本框中再次输入设置的密码（必须输入与前一步相同的密码），再单击“确定”按钮，该工作表便被保护起来。此后在该工作表中进行未经允许的操作时便会弹出一个提示框提示该工作表已被保护，只能进行许可范围内的操作。

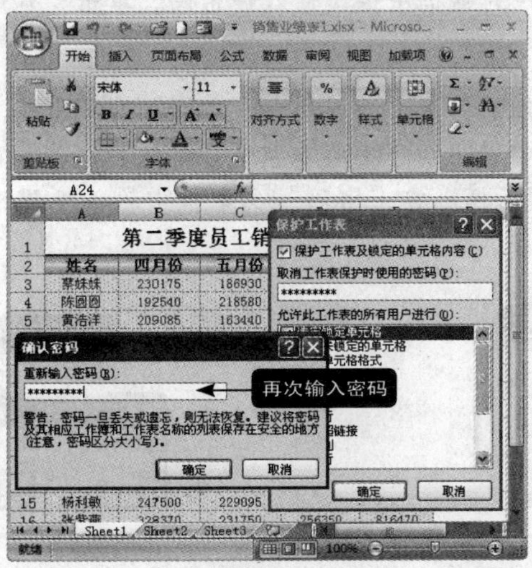

要点提示：保护工作表的其他方法

在要保护的工作表标签上右击，在弹出的快捷菜单中选择“保护工作表”命令也可以打开“保护工作表”对话框。

在“审阅”选项卡下“更改”组中单击“保护工作表”按钮，也可以打开“保护工作表”对话框。

疑难解答：怎样撤销受保护的工作表

问：保护工作表后，如果自己要更改工作表中的内容，怎样撤销工作表的保护？

答：切换到被保护的工作表中，在“开始”选项卡下“单元格”组中单击“格式”按钮，在弹出的下拉菜单中选择“撤销工作表保护”命令，打开“撤销工作表保护”对话框，在“密码”文本框中输入设置的密码，单击“确定”按钮取消保护。

8.1.3 保护工作簿

保护工作簿功能可以保护工作簿的结构不被更改或让工作簿每次打开时都有固定的窗口大小和位置，防止他人更改工作簿的结构，可以保护工作簿中的工作表不被新建、移动、删除或取消隐藏等。

如果只保护工作表，他人仍可以对受保护的工作表进行上述操作。因此需对工作簿进行保护，自己编辑时再撤销保护。保护与撤销工作簿的具体操作如下。

素材 光盘：\素材\第8章\销售业绩表1.xlsx

Step 01 打开要保护的工作簿，在“审阅”选项卡下“更改”组中单击“保护工作簿”按钮，在弹出的下拉菜单中选择“保护结构和窗口”命令。

Step 02 打开“保护结构和窗口”对话框，如果要保护工作簿的结构，则选中“结构”复选框；如果要保护工作簿窗口，以便每次打开工作簿时都具有固定的位置和大小，则选中“窗口”复选框。然后在“密码”文本框中设置密码，单击“确定”按钮。

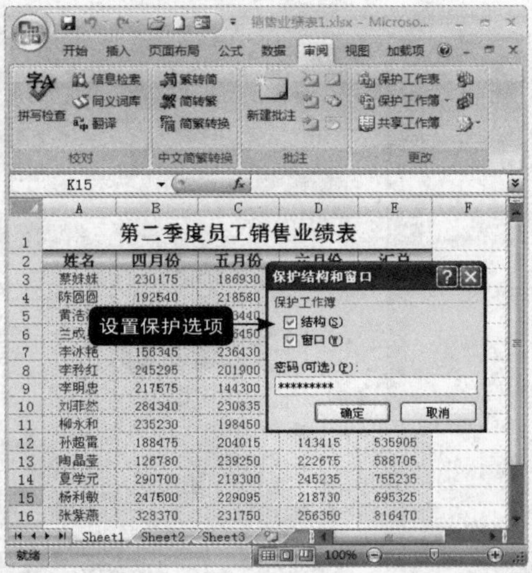

Step 03 在打开的“确认密码”对话框中再次输入该密码，单击“确定”按钮即可将该工作簿保护起来。

Step 04 如果以后要取消工作簿的保护，需再次在“审阅”选项卡下“更改”组中单击“保护工作簿”按钮，在弹出的下拉菜单中选择“保护结构和窗口”命令，打开“撤销工作簿保护”对话框。在“密码”文本框中输入设置密码，再单击“确定”按钮撤销保护。

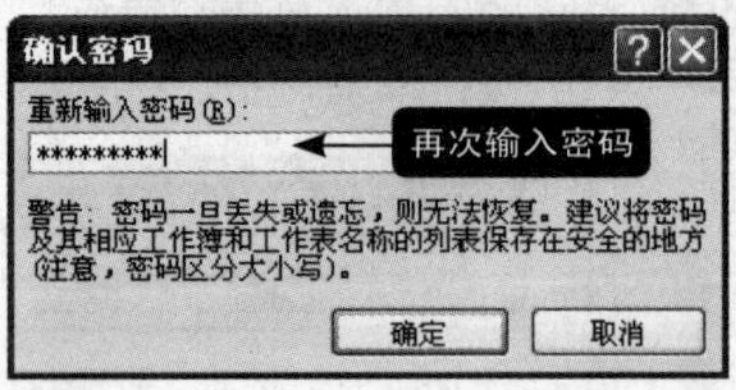

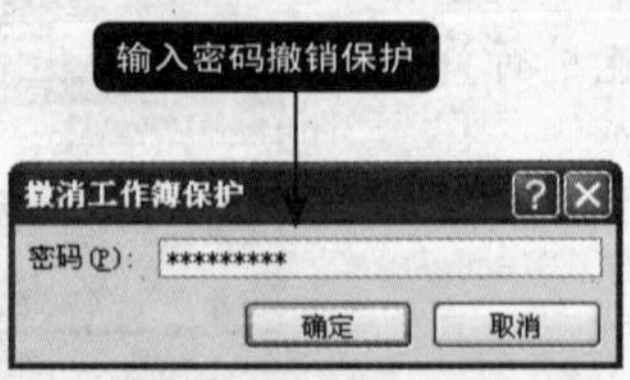

疑难解答：关于保护工作簿结构

问：保护了工作表就可以防止更改，为什么还要保护工作簿的结构？

答：保护工作表用于防止他人修改工作表中的数据。如果一个工作簿中有些工作表的数据可供他人查看，有些工作表的数据不允许他人查看，可以将存放保密数据的工作表隐藏起来，再对整个工作簿进行保护，防止别人撤销对工作表的隐藏。这样就可以在同一工作簿中同时存放允许和禁止他人查看的数据。

要点提示：关于保护工作簿的知识

与保护工作表不同的是，保护工作簿时可以不设置密码而直接单击“确定”按钮，但这样任何用户都可以取消对工作簿的保护并更改受保护的元素。在需要防止误操作删除工作表时可以采用该方法，如果要防止他人更改工作簿结构，最好设置密码。

8.1.4 加密工作簿文件

以上方法都是针对工作簿、工作表或单元格这些Excel文档元素的保护的。对于整个Excel文件，也可以为其设置打开权限密码和修改权限密码来进行保护。

设置打开权限密码和修改权限密码的方法基本相同，下面以设置打开权限密码为例，讲解加密整个工作簿文件的方法，具体操作如下。

Step 01 打开要加密的工作簿，单击Office按钮，从弹出的菜单中选择“另存为”命令（如果是新建工作簿后首次进行保存，则直接选择“保存”命令），打开“另存为”对话框。单击对话框左下角的“工具”按钮，在弹出的下拉菜单中选择“常规选项”命令。

Step 02 在打开的“常规选项”对话框的“打开权限密码”文本框中输入打开该工作簿需要的密码，单击“确定”按钮。

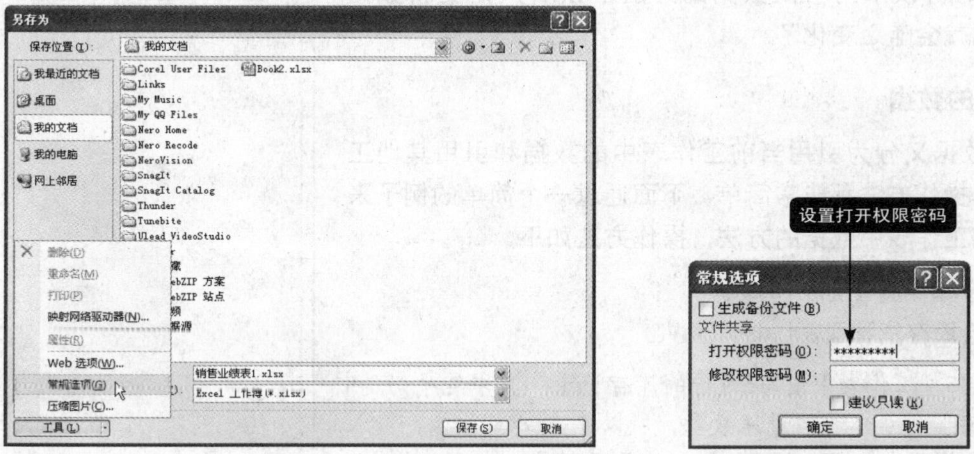

Step 03 在打开的“确认密码”对话框中再次输入该密码，单击“确定”按钮确认设置的密码。

Step 04 返回“另存为”对话框，单击“保存”按钮为该工作簿添加密码。以后打开该工作簿时，将弹出一个“密码”对话框提示该工作簿有密码保护，必须在“密码”文本框中输入正确的密码后单击OK按钮才能将其打开。

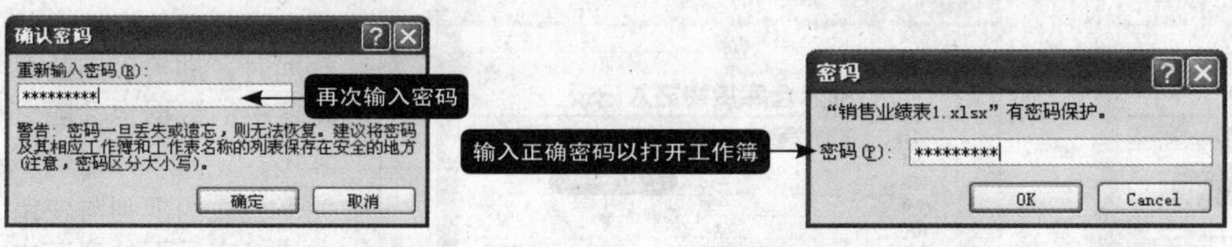

设置修改权限密码的方法与设置打开权限密码的方法相同，只是需在“常规选项”对话框的“修改权限密码”文本框中设置密码而已。

对Excel文档设置了打开权限密码，必须由知道该密码的用户才能够打开该工作簿文件；如果还对其设置了修改权限密码，则可以打开该工作簿，但只能阅读，而不能对其进行任何编辑操作。

要点提示：设置密码的注意事项

设置打开权限密码一般用于绝密文件。设置密码的长度应大于或等于8个字符，最好使用包括14个或更多字符的密码，否则容易被破解。

设置的打开权限必须牢牢记住，否则一旦忘记，自己也无法打开文件。

要点提示：设置工作簿为只读文件

在“常规选项”对话框中也可以不设置打开或修改权限密码，而进行其他操作。如选中“建议只读”复选框并单击“确定”按钮，则可将该工作簿文件设为只读属性（用于防止工作簿被编辑），以后打开该工作簿时将弹出提示框询问是否以只读方式打开，如果单击“是”按钮则以只读方式打开，将在工作簿标题后面显示“只读”字样。

8.2 引用数据

Excel程序可以同其他许多应用程序之间共享数据，如用第2章中介绍的方法将工作簿存为诸如.html、.txt、.xml、.prn等格式的文件后就可以在其他一些字处理软件或表格处理程序中使用。

本节主要讲解在Excel中引用数据的方法，主要包括引用Excel内部数据和引用其他程序的数据两方面。

8.2.1 引用Excel数据

在前面的学习中，我们知道如果要输入的数据与已有的数据相同，可以通过复制的方法来进行。但如果这些数据经常需要更新，而要保持多处数据相同，是否每次更新后都需要将更新后的数据再一一复制到其他位置呢？

这样未免太麻烦，此时可以采用引用数据的方法，以后只需更新数据源，其他引用位置处的数据就会随之变化了。

1. 引用同一工作簿中的数据

在同一工作簿中引用数据又分为引用当前工作表中的数据和引用其他工作表中的数据两种情况。其操作方法都非常简单，下面通过一个简单的例子来演示引用同一工作表和不同工作表中数据的方法，操作方法如下。

素材 光盘：\素材\第8章\仓库存货管理表1.xlsx

效果 光盘：\效果\第8章\仓库存货管理表1.xlsx

Step 01 打开素材文件，切换到5月工作表中填写5月份的库存记录。其中纯牛奶是5月新增的商品，因此现有库存量等于本月的进库数量，所以单击D7单元格，输入“=”，再单击C7单元格，C7单元格的地址自动输入到等号后面。

Step 02 按【Enter】键，D7单元格中便出现与C7单元格中相同的数据。

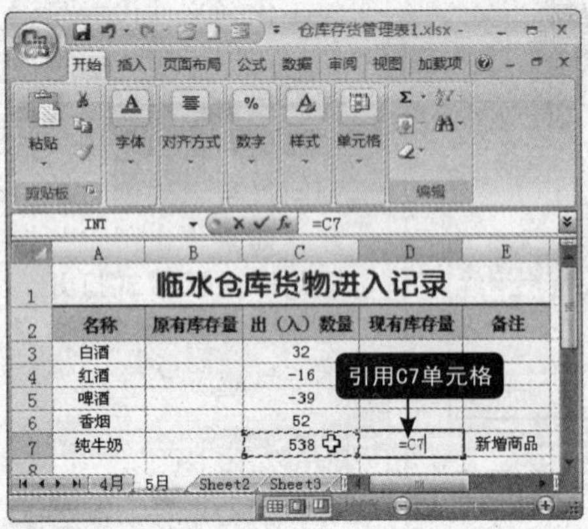

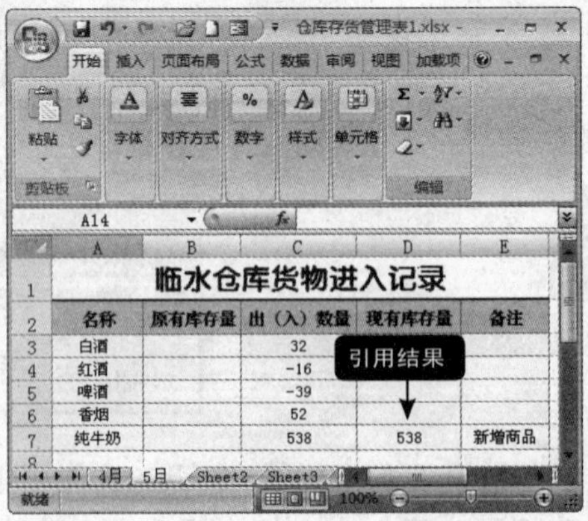

Step 03 其他商品的“原有库存量”等于上月末统计的“现有库存量”，因此单击B3单元格，输入“=”。

Step 04 单击4月工作表标签切换到4月工作表中，再单击D3单元格，系统自动在等号后面输入地址“'4月'!D3”。

疑难解答：如何取消设置的密码

问：如何取消为工作簿设置的打开权限密码和修改权限密码？

答：首先需通过密码打开已加密的工作簿。然后打开“常规选项”对话框，在“打开权限密码”和“修改权限密码”文本框中删除设置的密码，单击“确定”按钮，最后对工作簿执行保存操作。

要点提示：关于引用Excel文件数据的知识

用等号引用Excel文件数据，其实是使用的Excel中的公式。引用后当改变源单元格中的数据时，进行引用的单元格中的数据也会随之变化。

关于公式的规则与使用方法将在后面的章节中具体讲解。

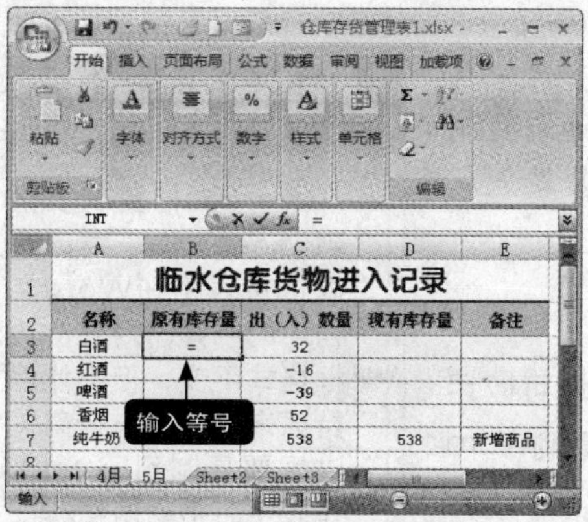

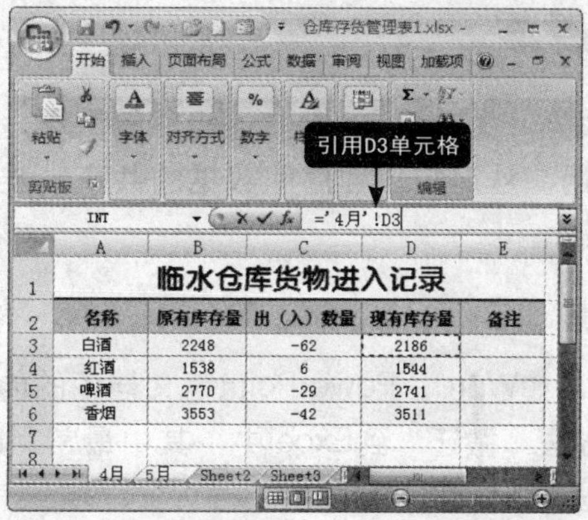

Step 05 按【Enter】键返回5月份工作表中，在B3单元格中便出现与4月份工作表的D3单元格相同的数据。

Step 06 用同样的方法在5月份工作表的B列中将其他几种商品在4月末的库存量引用过来，完成数据的引用。

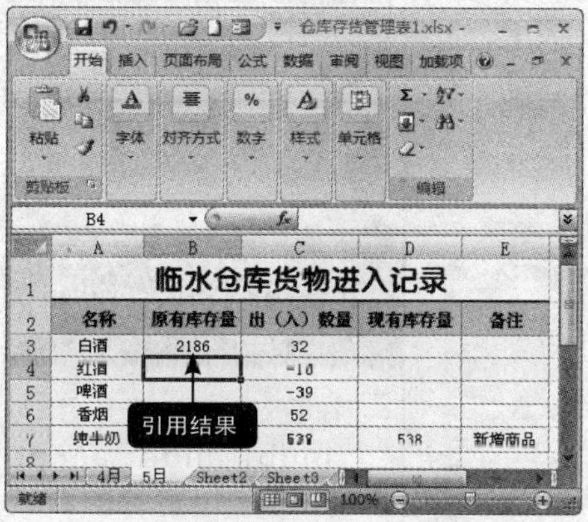

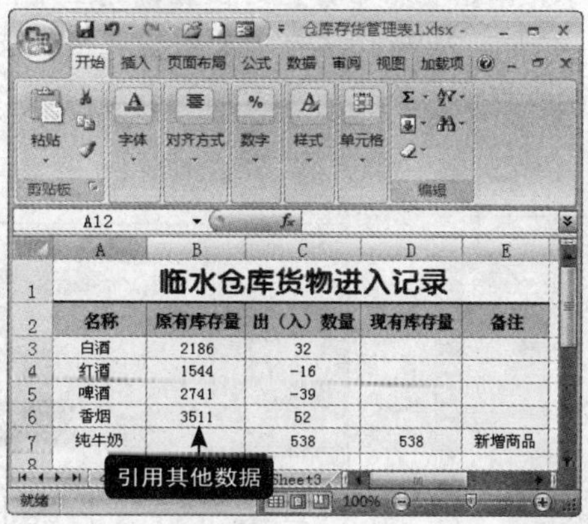

2. 引用不同工作簿中的数据

如果要引用的源数据位于其他工作簿中，也可以进行引用。其引用方法与引用不同工作表中数据的方法相似，只不过事先必须打开要引用数据的工作簿和被引用的工作簿，引用时在目标单元格中输入“=”后，切换到源工作簿的工作表中，选择要引用其数据的单元格。

需要说明的是，在默认情况下Excel 2007禁止自动更新外部工作簿的引用。当打开引用了其他工作簿数据的工作簿时，将会在功能区下方出现安全警告提示，单击安全警告提示后面的“选项”按钮，将打开如右图所示的“Microsoft Office安全选项”对话框，需选择“启用此内容”单选按钮后单击“确定”按钮才会进行更新。

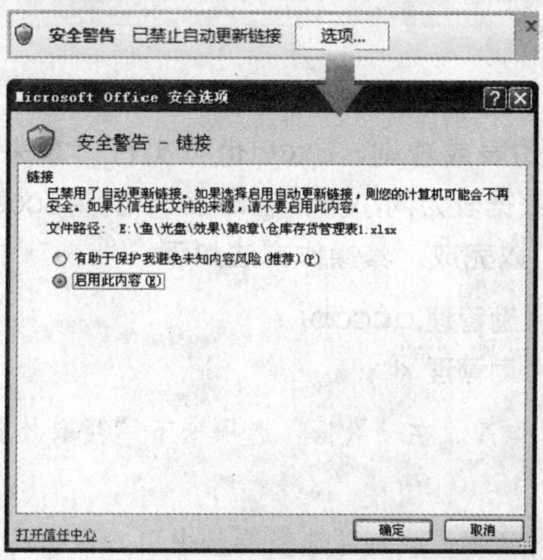

“Microsoft Office安全选项”对话框

要点提示：关于引用单元格数据的知识

引用其他工作簿中的数据时，系统填写的地址格式为“=[工作簿文件名]工作表名!单元格地址”，如“=[销售业绩表1.xlsx]Sheet1!$E$13”。在引用其他单元格中的数据时也可以手动输入引用地址，但显然只有在当前工作表中引用时手动输入比较方便，引用其他工作表与工作簿中的数据时还是用鼠标选择的方法更加快捷。

要点提示：引用其他工作簿数据的注意事项

在一个工作簿中引用了其他工作簿中的数据后，如果源工作簿中的数据经常需要更新，则需注意不能移动源工作簿在硬盘上的保存位置。如果移动或删除了源工作簿，引用工作簿中的数据将无法更新。

8.2.2 引用其他文件数据

对于其他一些程序的数据，尤其是Office其他组件的数据，可以通过复制或引用的方法在Excel中使用，从而实现程序间数据的共享，避免重复输入。下面介绍几种常见的引入操作。

要点提示：关于复制表格数据的知识

从Word文档复制表格到Excel工作表中，可以保持表格在Word文档中的字体、对齐、边框格式不变，但不能保持原来的列宽与行高，这需要复制到Excel工作表中后手动调整。

从PowerPoint中复制表格，以及从Excel中向Word与PowerPoint中复制表格数据的方法基本相同。

1. 从Word中复制数据

对于Office的其他组件，如Word、PowerPoint等文档中的内容，均可以用前面介绍的复制与粘贴的方法“搬迁”到Excel中，其中最常用的是复制Word表格到Excel中，其操作方法如下。

素材 光盘：\素材\第8章\通讯录.docx

效果 光盘：\效果\第8章\通讯录.xlsx

Step 01 在Word 2007中打开素材文件“通讯录.docx”，选择要复制的表格内容，按【Ctrl+C】组合键进行复制。

Step 02 切换到Excel 2007窗口中，单击要粘贴数据的位置，这里单击A2单元格，按【Ctrl+V】组合键进行粘贴。稍后，从Word文档中复制的表格便被粘贴到了Excel工作簿中，并保持原来的字体与边框等格式。适当调整各行行高和各列列宽，完成Word表格数据的复制。

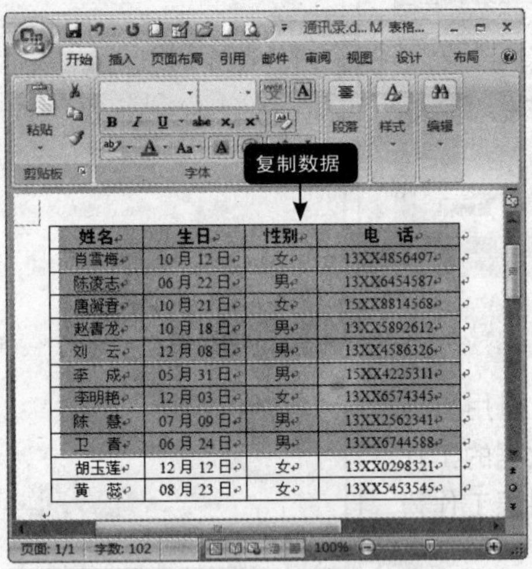

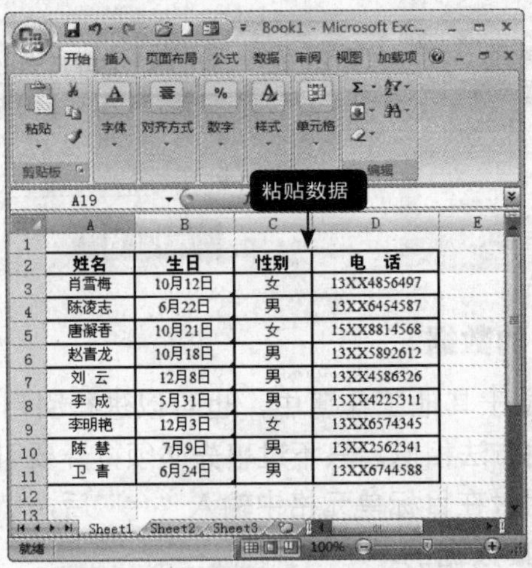

要点提示：关于引入Access数据的知识

在Excel中可以引入.mdb、.mde、accdb和.accde格式的数据库文件中的数据，其中，accdb和.accde格式是Access 2007的数据库文件格式；.mdb和.mde是Access 2003及之前版本的Access数据库文件。

如果选择的数据库文件中包含多个表或查询，还将打开一个“选择表格”对话框，列出该文件中包含的表和查询列表，需选择要从中引入数据的表或查询。

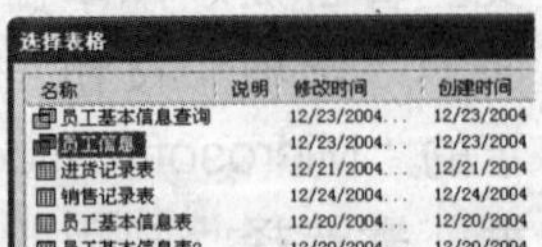

2. 引入Access数据

对于Access程序建立的表或查询，Excel也可实行“拿来主义”。因为Access中的表与Excel中的数据表大同小异。在Excel中引用Access文件的表数据不需打开Access程序就可以完成，其操作方法如下。

素材 光盘：\素材\第8章\考勤管理.accdb

效果 光盘：\效果\第8章\考勤管理.xlsx

Step 01 打开要引用Access的工作簿，在“数据”选项卡下“获取外部数据”组中单击“自Access”按钮。

Step 02 打开“选择数据源”对话框，找到并选择要从中引入数据的Access文件，这里为“考勤管理.accdb”，单击“打开”按钮。

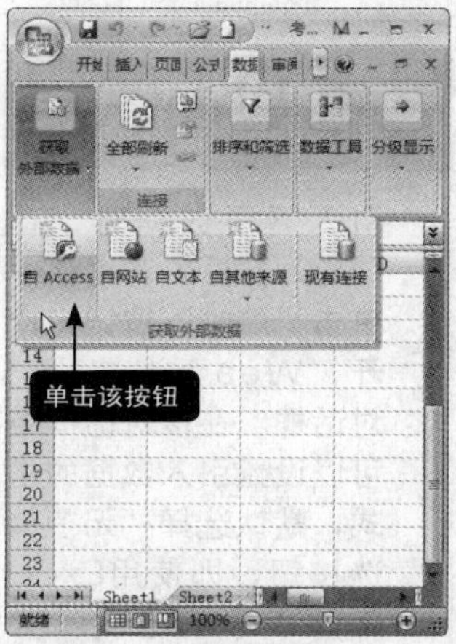

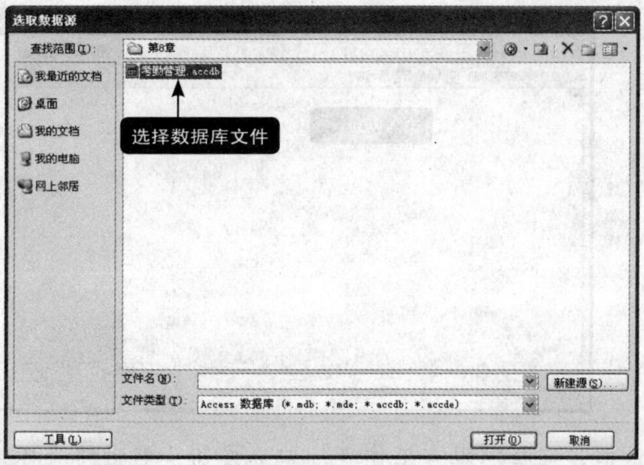

Step 03 打开“导入数据”对话框，选择“表”单选按钮和“现有工作表”单选按钮，然后将光标插入下面的参数框中，在工作表中选择存放引入数据最左上角的单元格，这里在Sheet1工作表中单击A2单元格。

Step 04 单击“确定”按钮，Access文件中的数据便被引用到了Excel工作表中指定的位置处。

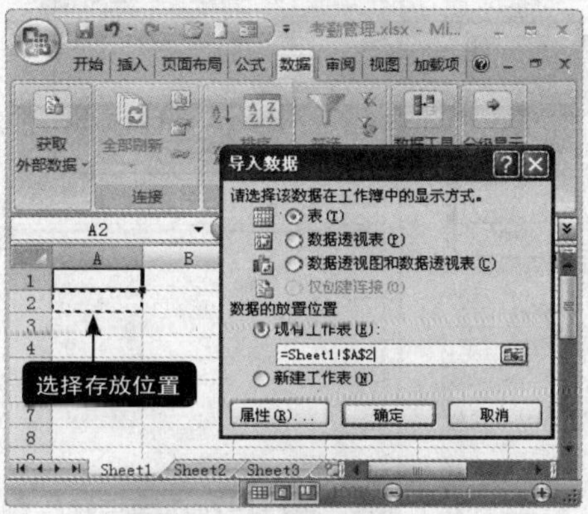

3. 引入网页数据

由于许多网页都是用表格来布局结构的，因此对于表格形式的网页数据，也可以引入到Excel工作表中。

通常一个网页都包含多个表格，在引入时系统会自动分析网页，并在每个表格最左上角显示一个➡图标，单击该图标就可以选择该表格。如下面从网页中引入某只基金近期的历史净值数据，其操作方法如下。

效果 光盘：\效果\第8章\华夏大盘基金历史净值.xlsx

Step 01 打开要引用网页数据的工作簿，在“数据”选项卡下“获取外部数据”组中单击“自网站”按钮。

Step 02 打开“新建Web查询”对话框，在“地址”下拉列表中输入或粘贴入要引用其数据的网页，单击“转到”按钮或按【Enter】键。

Step 03 打开网页后，网页中的表格左上角将出现➡图标，单击要引用其数据的表格左上角的➡图标，使其呈✔状态，然后单击“导入”按钮。

要点提示：引入数据的显示方式

在“导入数据”对话框的上方可以选择导入的数据在工作表中的表现形式，如果选择“数据透视表”单选按钮，将以数据透视表的形式导入；选择“数据透视图和数据透视表”单选按钮，在以数据透视表形式显示引入数据的同时，还将自动创建一个数据透视图（关于数据透视表和数据透视图的知识已在第6篇中详细讲解）。

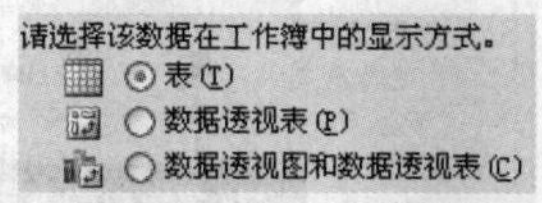

要点提示：引入数据的放置位置

在“导入数据”对话框中默认选择“现有工作表”单选按钮，并自动将单击“自Access”按钮前选择的单元格作为放置引入数据的起始位置，因此也可以先选择要放置数据的位置，再进行引入操作。

如果选择“新工作表”单选按钮，则系统会新建一张工作表，将引入的Access数据存放到新工作表中。

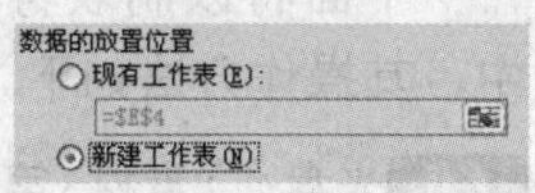

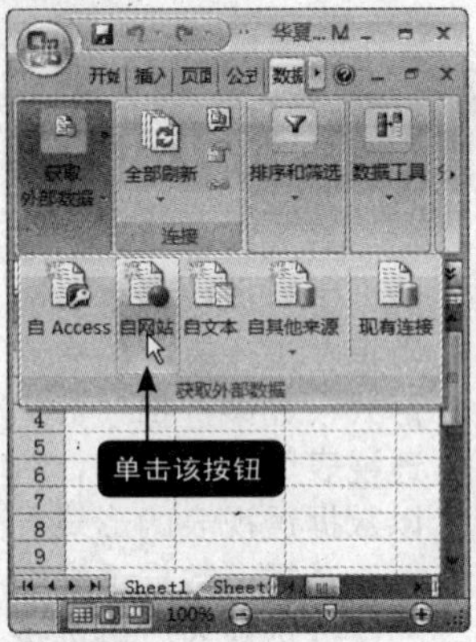

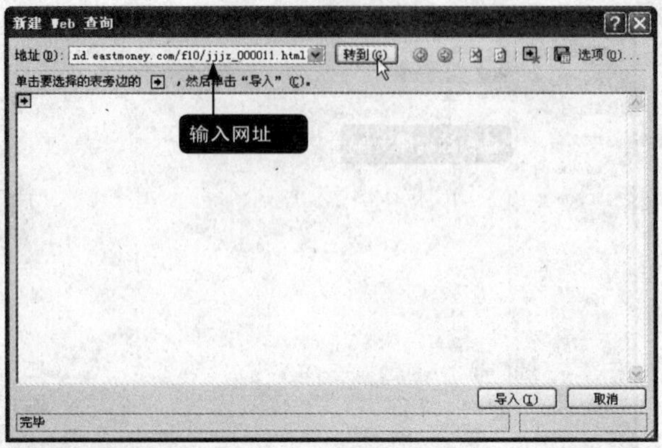

Step 04 打开“导入数据”对话框，选择“现有工作表”单选按钮，然后将光标插入下面的参数框中，在Sheet1工作表中单击A2单元格。

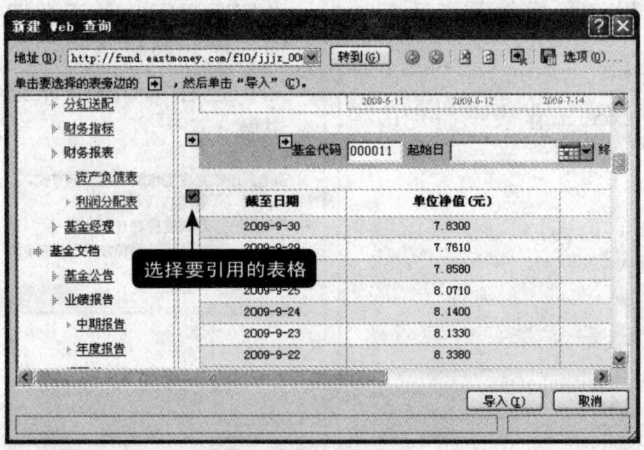

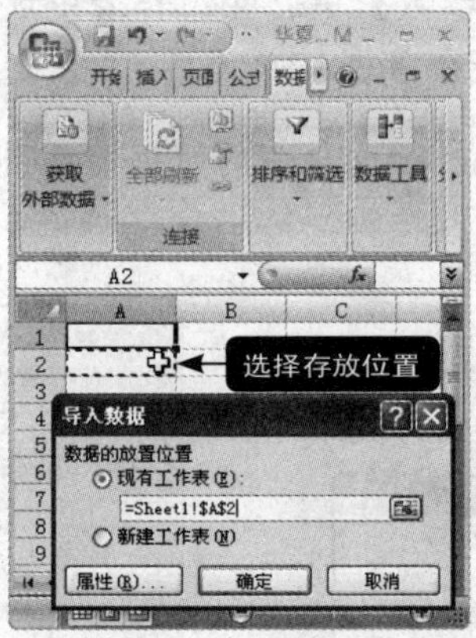

Step 05 单击“确定”按钮，系统开始从网页中导入表格数据（导入的快慢与网速以及所选表格内容的多少有关），稍后，在网页中所选表格的数据便被成功导入到Excel工作表中了。

4. 引入文本文件数据

Excel工作簿可以另存为.txt格式的文本文件。同样，在Excel工作簿中也可引入文本文件中的数据。

要引入Excel的文本文件中的数据，最好是用制表符、空格、分号或逗号（英文状态下的分号和逗号）分隔文本的每个字段，这样导入到工作表中时系统才能准确地将各字段和记录以分隔符为段放置到不同的单元格中。

下面将以制表符分隔邮箱地址的文本文件中的数据导入到Excel工作表中，其操作方法如下。

素材 光盘：\素材\第8章\邮箱地址.txt

效果 光盘：\效果\第8章\邮箱地址.xlsx

Step 01 打开要引用文本文件数据的工作簿，在“数据”选项卡下“获取外部数据”组中单击“自文本”按钮。

要点提示：设置Web查询选项

引入网页数据时，在“导入数据”对话框中单击“属性”按钮将打开“Web查询选项”对话框。在该对话框中可以设置引入数据的格式，默认选择“无”单选按钮，即使用Excel工作表中的格式；如果选择“完全HTML格式”单选按钮，则导入的数据将保持在网页中的格式。

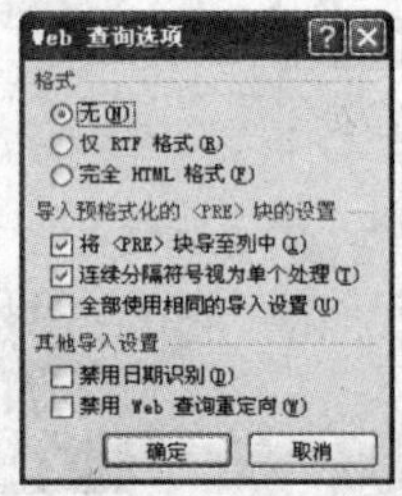

要点提示：导入其他文件的数据

在“数据”选项卡下“获取外部数据”组中单击“自其他来源”按钮，在弹出的下拉菜单中还可以选择导入SharePoint Server、SharePoint Services、XML等形式的数据。

Step 02 打开“导入文本文件”对话框，找到并选择要从中引入数据的文本文件，这里为“邮箱地址.txt”，单击“导入”按钮。

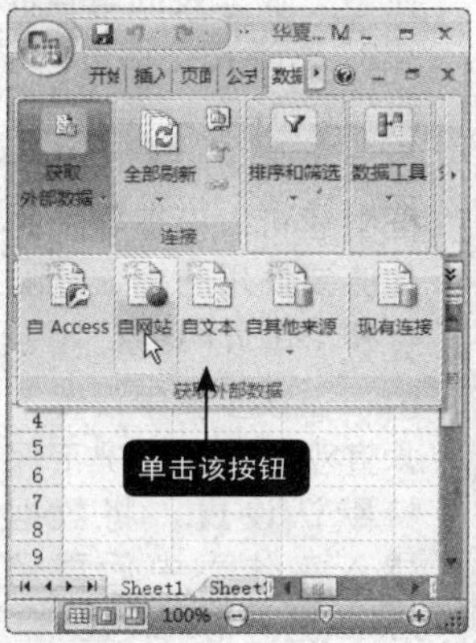

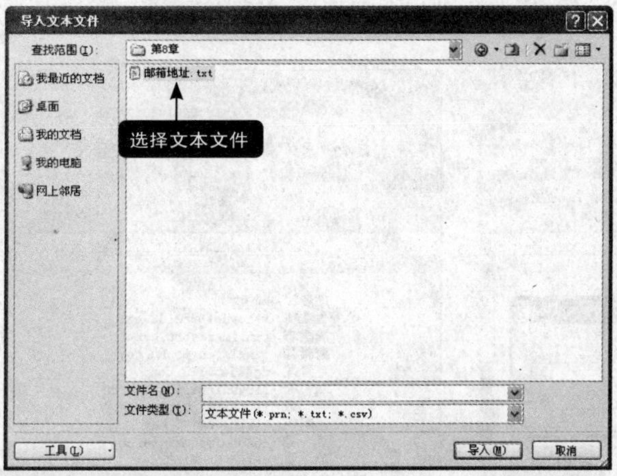

Step 03 打开“文本导入向导-步骤1”对话框，在“导入起始行”数值框中设置要从文本文件的第几行开始导入，这里设置为1；在“文件原始格式”下拉列表中选择文本文件的语言类别，这里选择“简体中文”选项，单击“下一步”按钮。

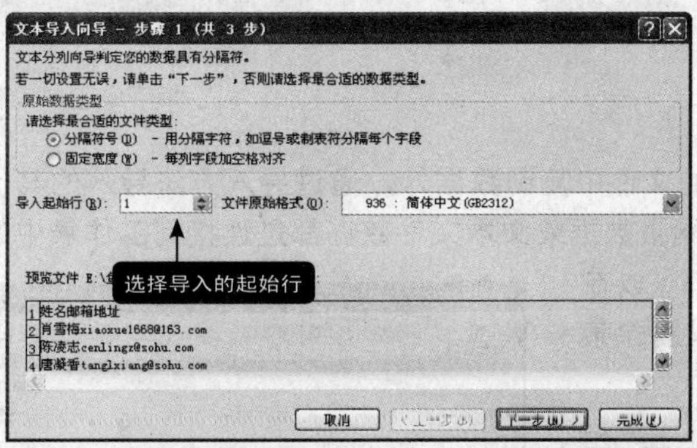

Step 04 打开“文本导入向导-步骤2”对话框，在“分隔符号”选项组中选择文本文件中数据的分隔符，由于本案例的文本文件中的字段是用制表符来分隔的，因此这里选中“Tab键”复选框。此时在“数据预览”列表框中可以看到设置分隔符后的效果。单击“下一步”按钮。

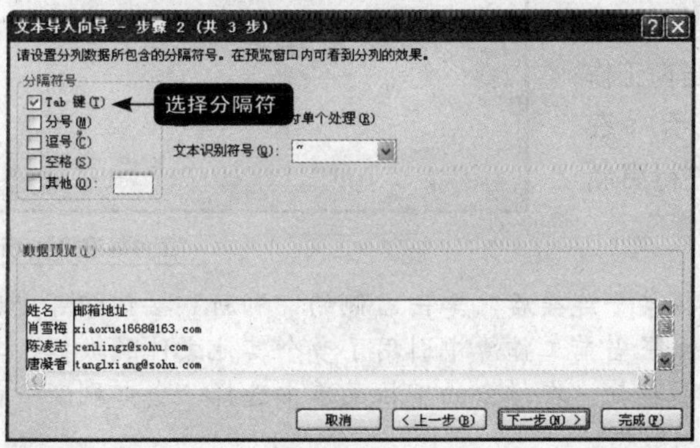

Step 05 打开“文本导入向导-步骤3”对话框，此时在“数据预览”列表框中自动选择第一列，在“列数据格式”选项组中可以设置该列的数据格式。设置后还可以在“数据预览”列表框中选择其他列数据再进行设置。保持默认选择的“常规”单选按钮，单击“完成”按钮。

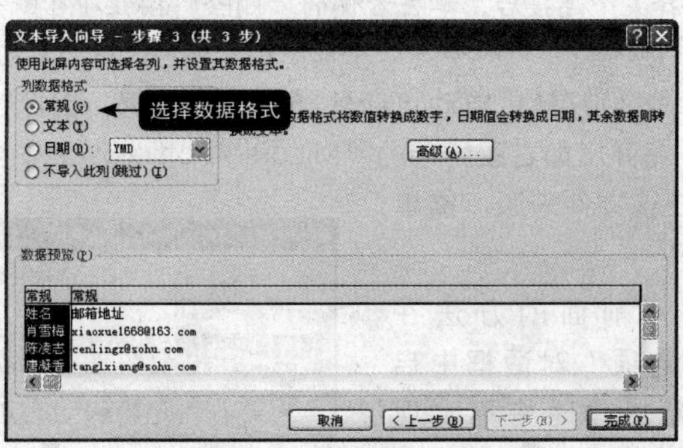

要点提示：设置字段分隔应根据情况

在“文本导入向导-步骤2”对话框中，需根据文本文件中使用的分隔符选择相应的复选框，如果使用的是除制表符、分号、逗号和空格之外的符号进行分隔，可以选中“其他”复选框，并在后面的文本框中输入该分隔符号。

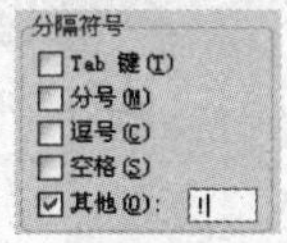

使用技巧：处理不等数量的分隔符

如果用户在文本文件中是用空格来分隔字段的，为了对齐同类数据，可能每行字段之间输入的空格数据不同，而系统将每个空格认作一个分隔符，这样导入到Excel工作表中的数据的位置就会变得混乱。此时可以在“文本导入向导-步骤2”对话框中选中后面的“连续分隔符号视为单个处理”复选框，将连续的空格视为一个分隔符，导入到工作表中的数据位置就正确了。

Step 06 打开“导入数据”对话框，选择“现有工作表”单选按钮，然后将光标插入下面的参数框中，在Sheet1工作表中单击B2单元格。

Step 07 单击“确定”按钮，文本文件中的数据便被导入到工作表中。

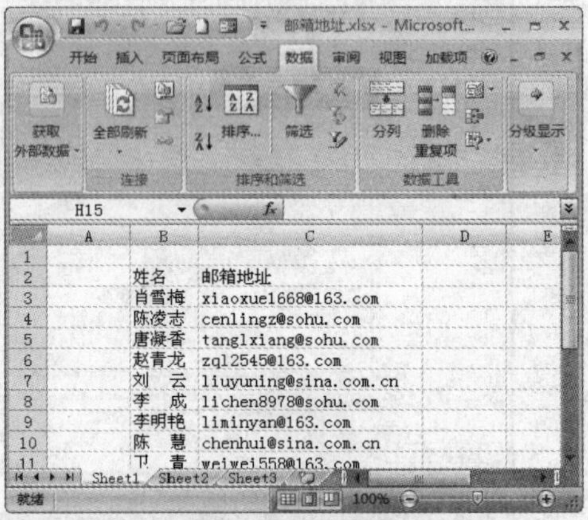

> **要点提示：导入数据时设置数字格式**
>
> 在“文本导入向导–步骤3”对话框中单击“高级”按钮，在打开的“高级文本导入设置”对话框中还可以设置导入的数值要使用的小数分隔符和千位分隔符。
>
> 由于在该步骤中设置不太直观，通常情况下保持默认设置，将数据导入工作表中后再用Excel进行格式设置。

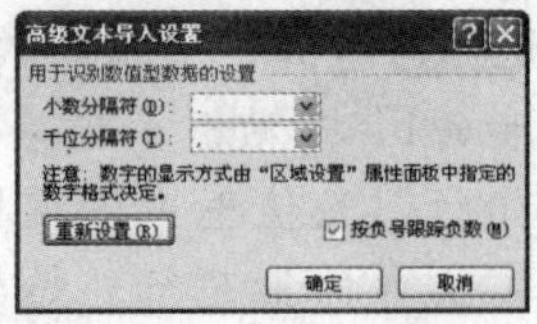

8.2.3 管理外部引用

除了直接从其他程序的文件中复制数据外，通过导入方法导入的其他工作簿数据、Access数据、网页数据或文本文件数据都是连接到工作表中的，更改源文件中的数据后，都可以在Excel中进行更新，也可以删除某个引用。

在“数据”选项卡下“连接”组中单击“连接”按钮，在打开的“工作簿连接”对话框中将列出当前工作簿中的所有连接（如右图所示），在该对话框中便可以对连接进行更新或删除等管理操作，其内容如下。

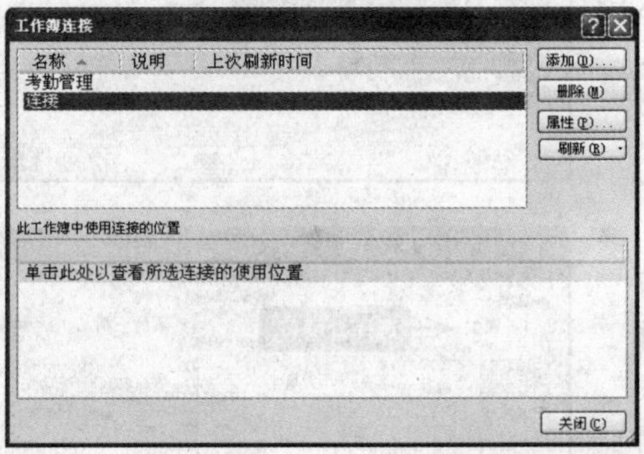

“工作簿连接”对话框

- **更新连接数据**：选择某个连接后，单击右侧的“刷新”按钮即可更新该引用区域的数据；如果当前工作簿中引用了多个其他文件的数据，单击“刷新”按钮的下拉按钮，在弹出的下拉菜单中选择“全部刷新”命令即可更新所有的引用数据。
- **删除连接数据**：选择某个连接后，单击右侧的“删除”按钮即可断开该数据区域与源数据的连接，断开连接后将不能随源数据的更改而更新。

由于默认情况下，Excel 2007禁止自动更新外部引用的数据，因此当进行更新引用数据的操作时，将弹出如右图所示的“Micorsoft offic Excel安全声明”对话框，询问是否信任该文件来源，需单击“确定”按钮才能更新。

如果打开工作簿时用前面的方法在“Micorsoft Office安全选项”对话框中启用了连接，则再进行刷新操作时将不出现“Micorsoft offic Excel安全声明”对话框。

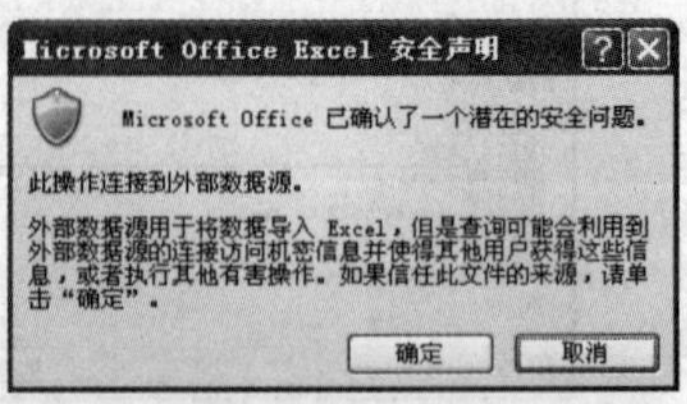

Micorsoft offic Excel “安全声明”对话框

> **要点提示：更新引用数据的快捷方法**
>
> 单击引用数据区域中的任意单元格，在“数据”选项卡下“连接”组中单击“刷新”按钮也可更新该引用区域的数据；单击“全部刷新”按钮的下拉按钮，在弹出的下拉菜单中选择“全部刷新”命令可以更新所有引用的数据。

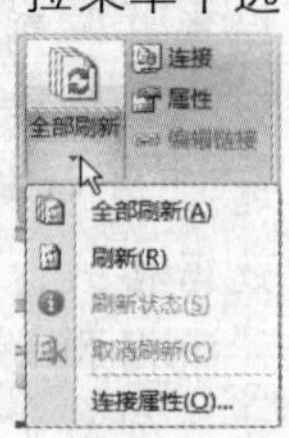

8.3 链接数据

除了引用的方法外，通过超链接也可以将Excel工作簿同其他文件联系起来，而且通过创建超链接的方式不论什么文件均可进行链接。

8.3.1 认识超链接

超链接是从一个位置指向另一个目的端的链接，通常又被称为链接或超级链接。通过它可以快速跳转到超链接指定的目标文件或一个文件中的具体位置处，比如可以在工作簿内部将不同的工作表链接起来或与外部工作簿或其他文件链接在一起，是建立快速跳转到其他文档或其他位置的捷径。

每个超链接都由超链接源与超链接目标两部分构成，其意义分别如下。

- **超链接源**：即超链接的载体，通常称为超链接。它可以是一段文本、一幅图片或其他对象，通过超链接源可以打开超链接的目标。将鼠标指针移到被创建为超链接的对象上时，将显示一个浮动提示条提示其链接位置，同时鼠标指针将变形状。
- **超链接目标**：单击超链接源时会打开的文件、网页、程序或会跳转到的书签等。

8.3.2 创建超链接

在Excel中可以为单元格、单元格区域或插入到工作表中的图片、图形、图表等对象创建超链接。

创建超链接的方法是选择要创建超链接的单元格、单元格区域或图片等对象。在“插入”选项卡下“链接”组中单击“超链接”按钮，在打开的“插入超链接”对话框中选择链接目标，根据链接目标类型的不同，在该对话框中可以创建以下几种类型的超链接。

- **文件或网页**：在“插入超链接”对话框左侧单击“链接到”选项组下的“原有的文件或网页”按钮，然后在“地址”下拉列表中输入已有的文件及路径或网页的网址，单击“确定”按钮即可链接到文件或网页。如果是存储在电脑中的文件，可以通过在“查找范围”下拉列表中查找并选择要链接到的文件。选择文件后，其路径及文件名会自动出现在下面的地址列表框中。

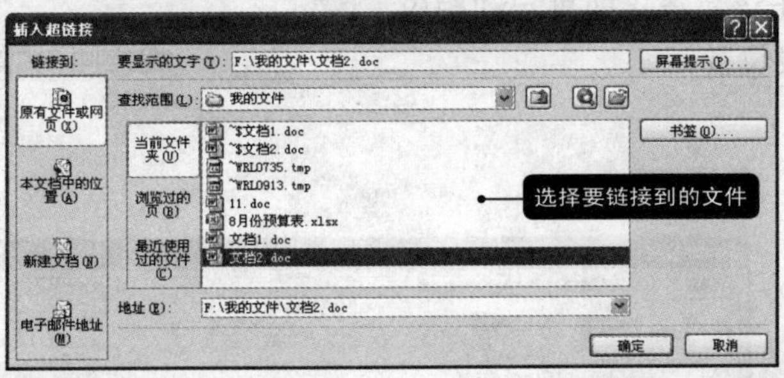

链接到文件或网页

- **本文档中的其他位置**：在“链接到”选项组中单击“本文档中的位置”按钮后，可以在右侧的“或在这篇文档中选择位置”列表框选择要链接到的工作表（如果定义了单元格名称，也可以选择定义的名称），在“请键入单元格引

疑难解答：关于禁止自动更新外部数据

问：为什么Excel 2007要禁止自动更新外部引用的数据呢？

答：因为一些病毒或恶意程序可以通过此方法入侵电脑，如果不经用户确认就自动更新，有可能连接到包含病毒的数据源。

在“Excel选项”对话框中单击“信任中心”选项卡中的“信任中心设置”按钮，打开“信任中心”对话框，单击“受信任位置”选项卡，在其中可以添加受信任的位置，添加后引用受信任位置的文件数据，就可以自动更新，而不会出现安全声明。

使用技巧：快速打开“插入超链接”对话框

在单元格、单元格区域或图片等对象上右击，在弹出的快捷菜单中选择“超链接”命令或直接按【Ctrl+K】组合键也可以打开“插入超链接”对话框。

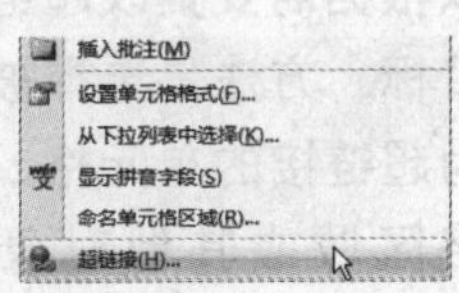

用”文本框中输入要引用的单元格或单元格区域。

◆ **空白文档**：在“链接到”选项组中单击“新建文档”按钮后，在右侧的“新建文档名称”文本框中输入要新建的工作簿名称（若要更改新建工作簿的保存位置，可以单击“更改”按钮进行设置），单击“确定”按钮可以新建一个工作簿，并将新建的工作簿作为链接目标。

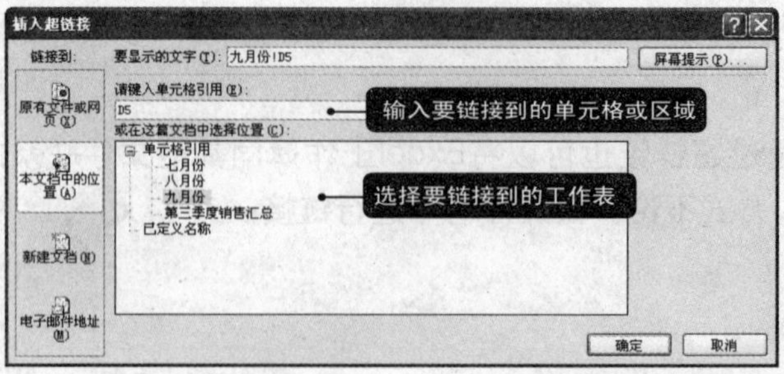

链接到本文档中的位置

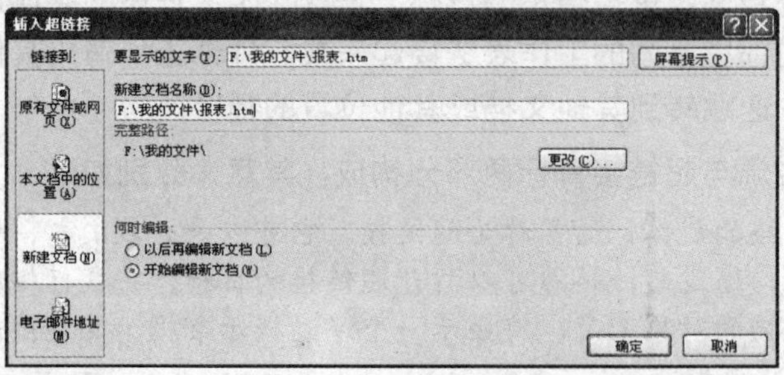

链接到新建文档

◆ **电子邮件**：在“链接到”选项组中单击“电子邮件地址”按钮，在右侧的“电子邮件地址”文本框中输入电子邮箱地址，然后单击该超链接将启动默认的邮件软件，打开写邮件窗口并自动填写接收人的邮箱地址。

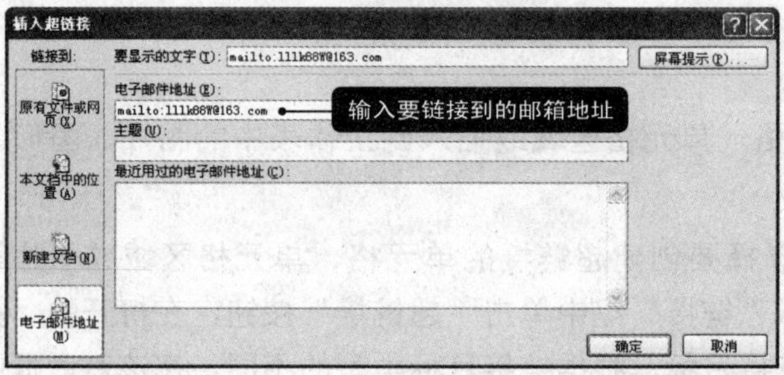

链接到电子邮箱

为单元格创建超链接后，单元格中的数值会自动变为蓝色下画线格式，将鼠标光标移到被创建为超链接的单元格或图片等对象上时，将显示一个浮动提示条显示超链接位置，同时鼠标光标将变为手形状（如右图所示），此时单击该超链接即可启动相应的程序打开链接到的文件或位置。

链接到电子邮箱

8.3.3 编辑超链接

创建超链接后，可以根据需要更改超链接的目标。方法是选择被创建为超链接的单元格、单元格区域或其他对象，在“插入”选项卡下“链接”组中单击“超链接”按钮，打开“编辑超链

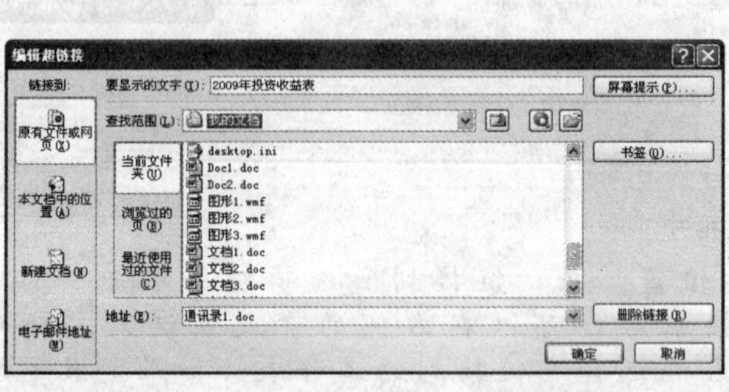

“编辑超链接”对话框

要点提示：创建书签链接

在链接到文件或网页的“插入超链接”对话框中，单击“书签”按钮将打开“在文档中选择位置”对话框。在该对话框中也可以选择当前工作簿中某张工作表中的单元格或单元格区域，选择后单击“确定”按钮将创建书签。书签可用于以后快速定位，如果创建到书签的链接，则与链接到本文档中的位置效果相同。

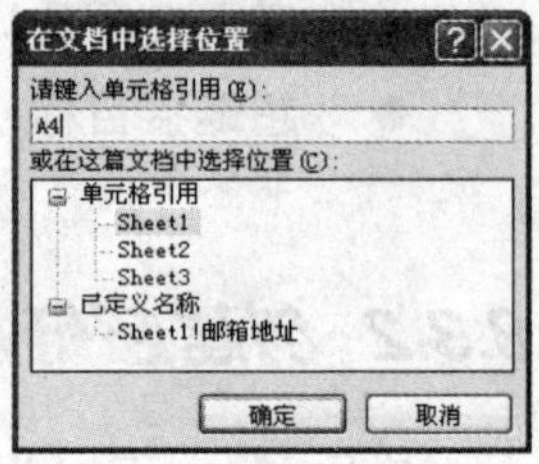

要点提示：关于超链接的知识

访问过（即单击打开链接目标）的超链接将变为紫色下画线格式。

可以对超链接的格式进行手动设置而不改变其超链接功能。

默认情况下，在单元格中手动输入的网址或电子邮箱地址会自动变成超链接形式（粘贴或引用的不会）。

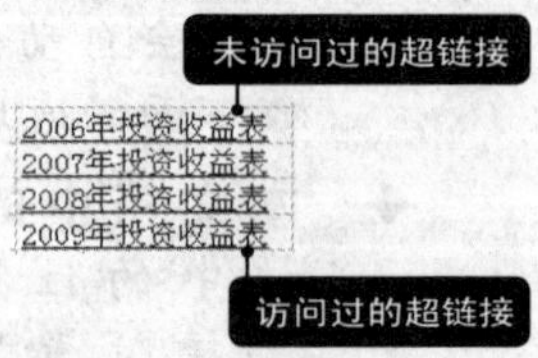

接”对话框（与“插入超链接”对话框基本相同，只是多了一个“删除链接”按钮），重新选择链接目标后单击“确定”按钮。

在超链接上右击，在弹出的快捷菜单中选择“编辑超链接”命令或直接按【Ctrl+K】组合键也将打开“编辑超链接”对话框。

8.3.4 设置超链接提示信息

在默认情况下，将鼠标光标移到超链接对象上时，将出现浮动提示条显示链接目标的位置，可以设置该提示信息中要显示的文字内容。

设置超链接提示信息的方法是：在“插入超链接”或“编辑超链接”对话框中单击右上角的“屏幕提示”按钮，打开“设置超链接屏幕提示”对话框，输入所需的提示文字，单击“确定”按钮。

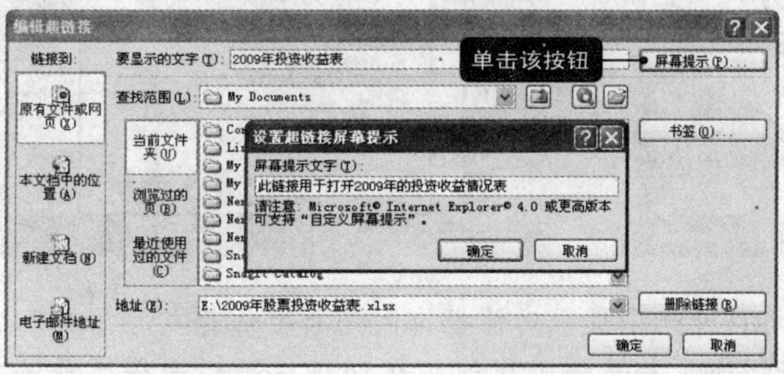

设置超链接屏幕提示信息

8.3.5 删除超链接

当不再需要某个超链接时，可以取消其超链接功能。取消超链接的方法非常简单，只需在超链接上右击，在弹出的快捷菜单中选择“取消超链接”命令即可；也可打开“编辑超链接”对话框，单击“删除链接”按钮取消超链接。

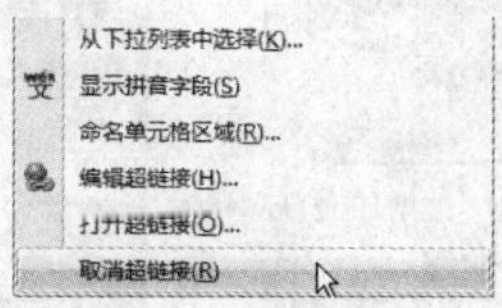

通过快捷菜单取消超链接

8.4 共享与审阅工作簿

在编辑包含海量数据的工作簿时，可以通过共享工作簿的方法让多人同时参与电子表格的编辑。编辑后再由主编人员对工作簿进行修订或插入批注来指示其他参与人员的操作。

8.4.1 在局域网中共享工作簿

要实现在局域网中共享Excel工作簿让多人同时参与编辑，首先需要将工作簿设为共享状态，再将其保存到局域网中的共享文件夹中供其他用户访问编辑。将工作簿设为共享状态的操作方法如下。

素材 光盘：\素材\第8章\仓库存货管理表2.xlsx

效果 光盘：\效果\第8章\仓库存货管理表2.xlsx

Step 01 打开要共享让多人同时编辑的工作簿，在“审阅”选项卡下“更改”组中单击“共享工作簿”按钮，打开“共享工作簿”对话框。在“编辑”选项卡中选中“允许多用户同时编辑，同时允许工作簿合并”复选框。

疑难解答：如何更方便地选择超链接

问：编辑或取消超链接时需要先选择它们，但在选择时经常一单击就直接跳转到目标位置了，怎么操作最方便？

答：在选择创建了超链接的单元格或单元格区域时，可以先单击该单元格或区域旁边的单元格，再通过方向键进行选择。如果为单元格区域定义了名称，也可以直接在名称框中输入名称来进行选择。

单击创建了超链接的单元格后按住不放，稍后再松开鼠标也可以选择该单元格而不会打开超链接目标。

使用技巧：粘贴为超链接

选择要作为超链接目标的单元格或单元格区域后，按【Ctrl+C】组合键进行复制，然后单击要创建超链接的位置处（可以是本工作簿中也可以是其他本工作簿中），在“开始”选项卡下“剪贴板”组中单击“粘贴”按钮的下拉按钮，在弹出的下拉菜单中选择“粘贴为超链接”命令，也可以创建链接到复制单元格或区域处的超链接。

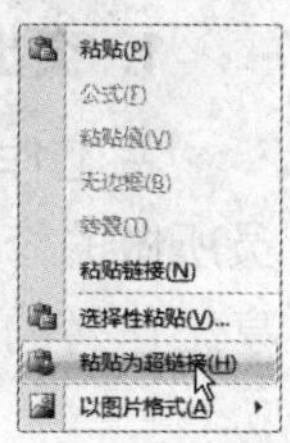

Step 02 单击“高级”选项卡，在“修订”选项组中选择“保存修订记录”单选按钮，在其后的数值框中输入要保存修订记录的天数；然后在“更新”选项组中选择“自动更新间隔”单选按钮，在其后的数值框中设置自动保存该工作簿的时间间隔。

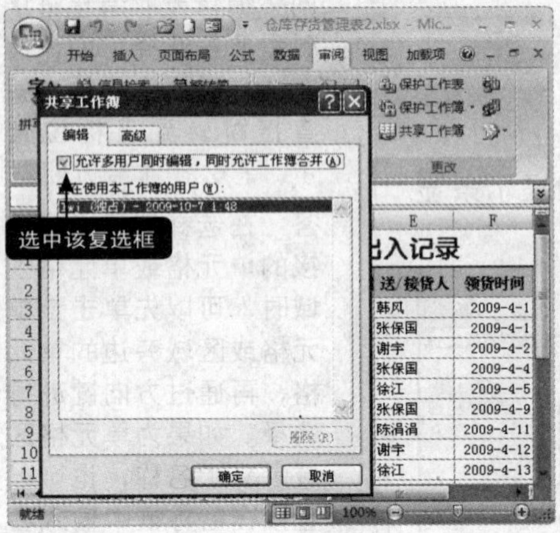

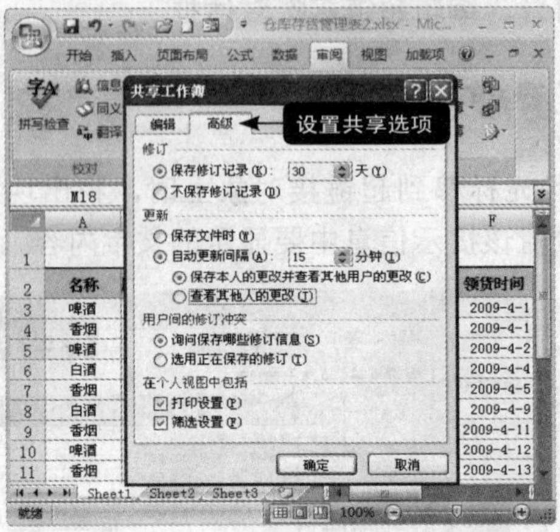

Step 03 单击“确定”按钮，将打开一个提示对话框询问是否要保存文档（如下左图所示）。单击“确定”按钮即可共享该工作簿，在窗口标题栏上将显示“共享”标识（如下右图所示）。

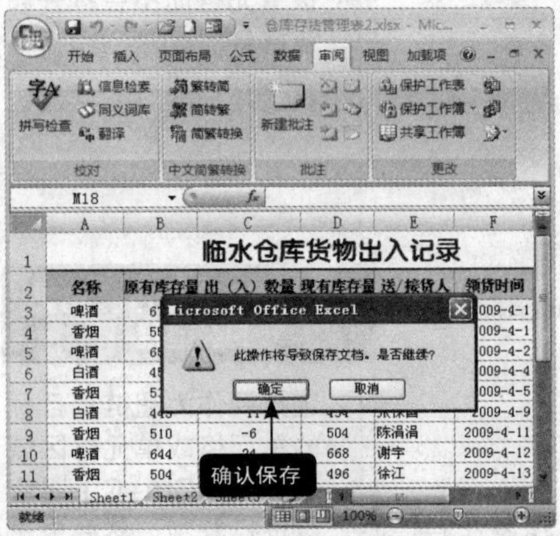

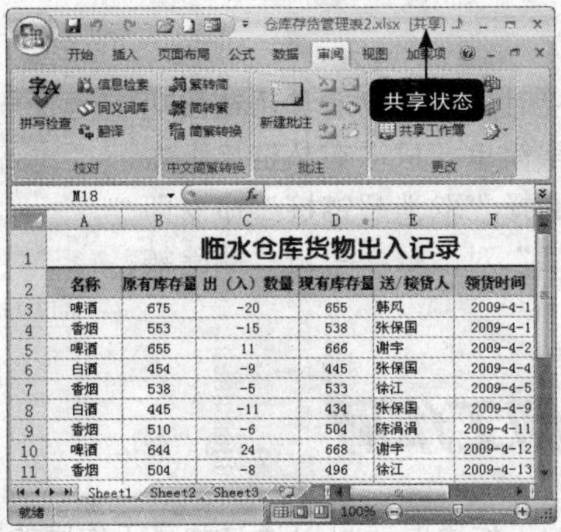

8.4.2 修订工作簿

允许其他人修改共享工作簿后，可以指定将某人的修订突出显示，还可以指定突出显示修订中的某项或多项具体内容。他人编辑时，有可能编辑错误或产生因两个人对同一处进行编辑而造成的冲突问题，这就需要主编人员审阅修订后做出接受还是拒绝修订的决定。

1. 突出显示修订

将工作簿共享并允许其他人编辑工作簿后，不仅可以指定将某个编辑人员所做的修订突出显示，还可以指定突出显示修订中的具体内容，使编辑该共享工作簿的用户及时了解和掌握对该工作簿所做的修改。

要点提示：关于多人修订产生冲突的设置

在“共享工作簿”对话框的“高级”选项卡中，可以在“用户间的修订冲突”选项组中设置当多人编辑同一位置产生冲突时采取的措施，一般情况下选择“询问保存哪些修订信息”单选按钮，以便主编人员查看所有修订后再进行决择。

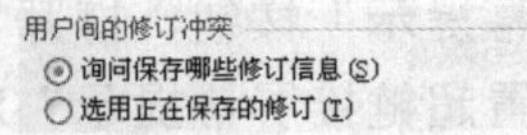

要点提示：保存共享工作簿

如果要避免共享工作簿的共享状态及修订记录被局域网中的其他人关闭，还需保护共享工作簿。方法是：在“审阅”选项卡下“更改”组中单击“保护共享工作簿”按钮，打开“保护共享工作簿”对话框，选中“以追踪修订方式共享”复选框。

如果在设置共享前单击“保护并共享工作簿”按钮，则在打开的“保护共享工作簿”对话框中还可以设置密码，只有知道密码的用户才能取消共享。

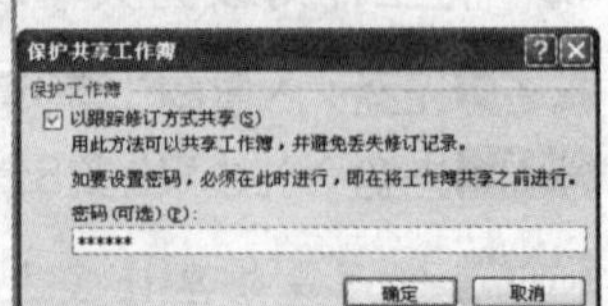

下面在前面设置了共享的工作簿中，进一步设置将所做的修订突出显示，其具体操作如下。

素材 光盘：\素材\第8章\仓库存货管理表3.xlsx

效果 光盘：\效果\第8章\仓库存货管理表3.xlsx

Step 01 打开设为共享状态的工作簿，在“审阅”选项卡下“更改”组中单击“修订”按钮，在弹出的下拉菜单中选择“突出显示修订”命令。

Step 02 打开“突出显示修订”对话框，选中“修订人”复选框，在其后的下拉列表中选择要突出显示哪位编辑人员的修订，这里选择“每个人”选项；选中“位置”复选框，在其后的文本框中设置要突出显示哪个范围内的修订，这里选择A3:G30单元格区域。设置完毕，单击“确定”按钮。

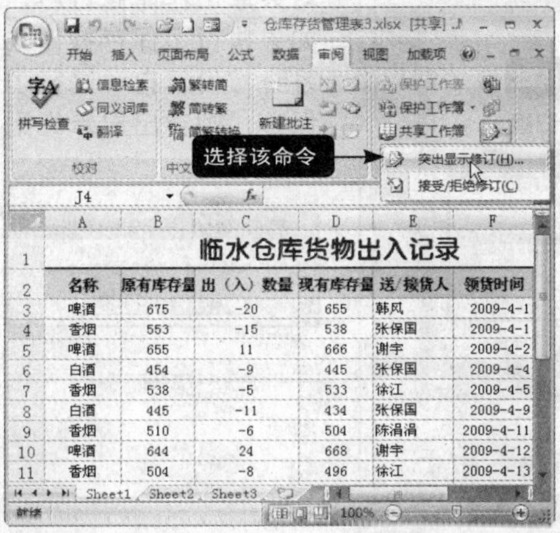

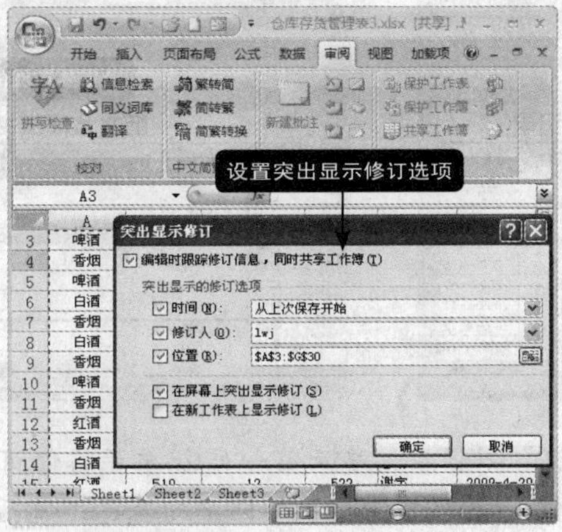

Step 03 在打开的提示框中单击“确定”按钮，完成突出显示修订的设置。

Step 04 以后如果指定的人员在指定的范围内进行了修订，该单元格的左上角将出现一个三角形符号，表示该单元格被修订过。单击该单元格将自动弹出浮动提示框，显示该处内容在何时由谁进行了什么样的修改。

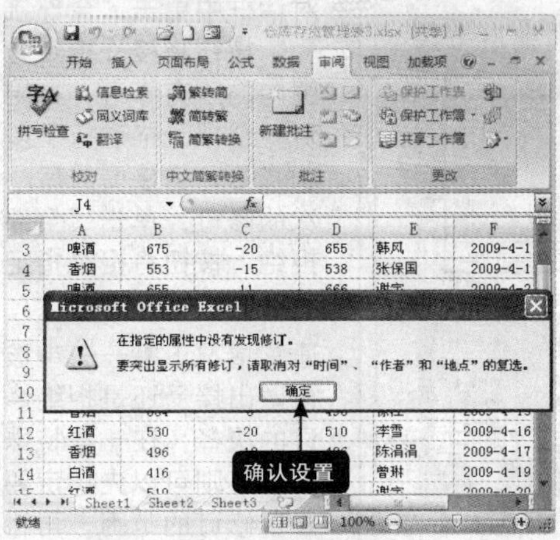

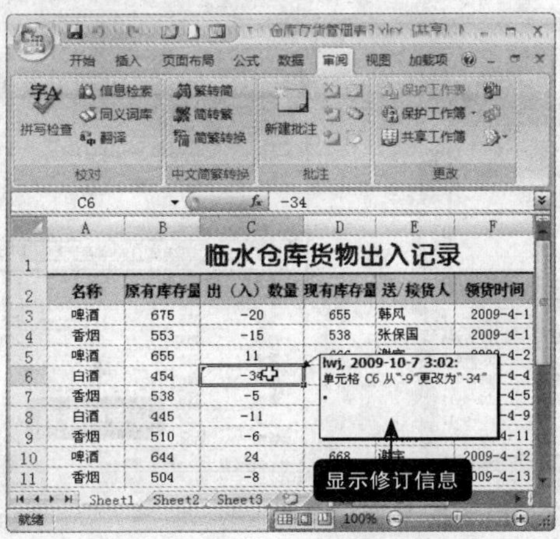

2. 接受或拒绝修订

在多人编辑共享工作簿时，有可能出现几个人在同一个单元格中进行了几次修订的情况，就会产生修订冲突。这时可由工作簿的原作者或主编来决定是否接受这些修订。其操作方法如下。

要点提示：关于突出显示修订设置的知识

在“突出显示修订”对话框中，系统默认选中了“编辑时跟踪修订信息，同时共享工作簿”复选框，表示在显示修订时会同时跟踪修订信息与共享工作簿。

在设置要突出显示的修订人时，如果要突出显示所有的修订，则应选择“每个人”选项；若不需显示自己进行的修订，则可选择“除我之外每个人”选项，这样将只显示其他用户的修订信息。

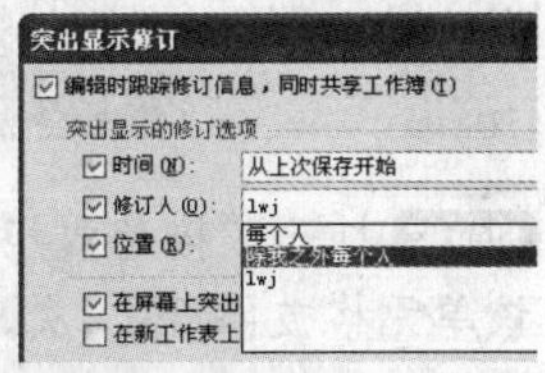

疑难解答：如何取消共享工作簿

问：不需要再共享工作簿了，怎么取消共享呢？

答：首先确定其他用户都保存并关闭了共享工作簿，然后在自己的计算机中打开该工作簿，单击“审阅”组下“共享工作簿”按钮，打开“共享工作簿”对话框。单击“编辑”选项卡，取消“允许多用户同时编辑，同时允许工作簿合并”复选框，单击“确定”按钮，将弹出一个提示框，单击“是”按钮即可。

素材 光盘：\素材\第8章\仓库存货管理表4.xlsx

效果 光盘：\效果\第8章\仓库存货管理表4.xlsx

Step 01 当局域网中的其他人对共享工作簿进行了编辑之后，在“审阅”选项卡下“更改”组中单击“修订”按钮，在弹出的下拉菜单中选择“接受/拒绝修订”命令。

Step 02 打开“接受或拒绝修订”对话框，在此可以设置要审阅的修订时间、修订人和位置。这里选中“修订人”复选框，并在其后的下拉列表中选择“每个人”选项，单击“确定”按钮。

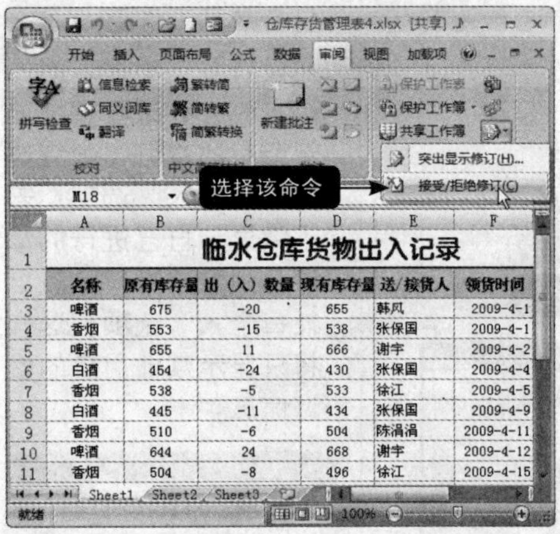

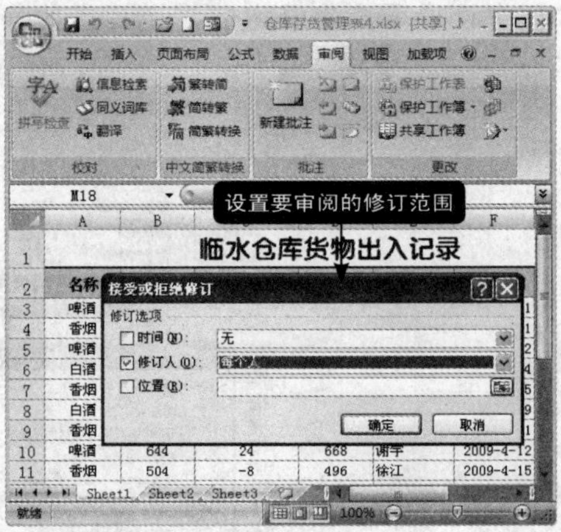

Step 03 打开“接受或拒绝修订”对话框，显示第一处C6单元格修订的信息。由于该单元格被修订了3次，因此在其列表框中显示了详细的信息，包括修订人、修订日期以及修订内容等。选择要接受的修订，单击“接受”按钮。

Step 04 接受后C6单元格中的数据变为接受的修订输入的数据，同时在对话框中继续显示下一处F11单元格的修订信息。由于对F11单元格只修订了一次，因此不用选择修订。根据情况单击“接受”或“拒绝”按钮继续进行后面的审阅即可。

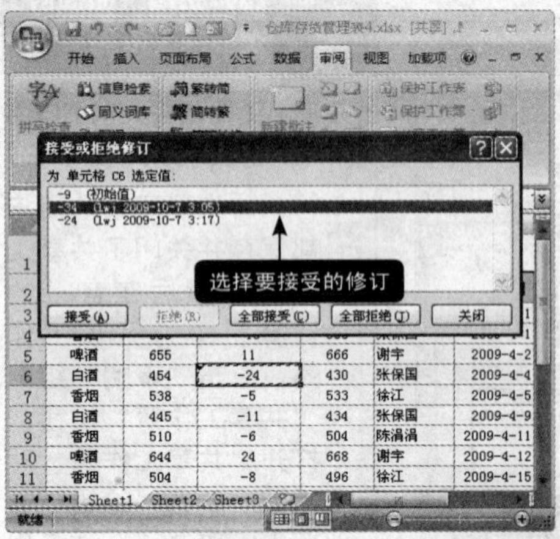

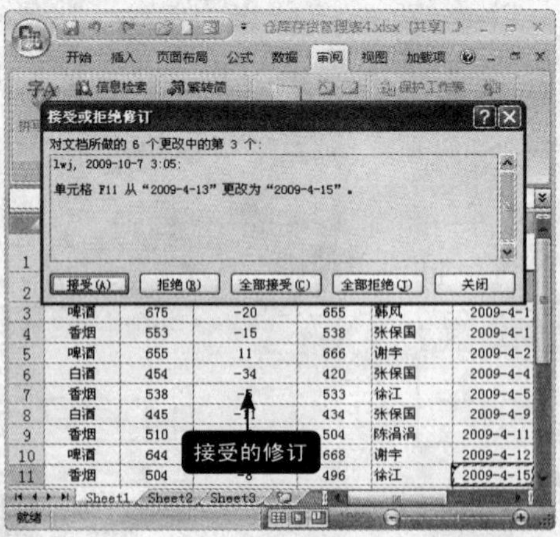

要点提示：关于保存修订的知识

在选择“接受/拒绝修订”命令时，如果尚未对修订进行保存，还将弹出一个提示框提示该操作将保存文档，询问是否继续，单击“确定”按钮将保存修订并打开“接受或拒绝修订”对话框。

对共享工作簿修订后，如果执行了保存操作或系统按设置自动进行了保存，则突出显示标记也将消失。

要点提示：全部接受或拒绝修订

在“接受或拒绝修订”对话框中单击“全部接受”按钮将接受指定范围内的所有修订，如果对一个单元格进行了多次修订，将接受最后一次的修订；单击“全部拒绝”按钮将拒绝指定范围内的所有修订。

通常情况下需一一审核再做出接受还是拒绝修订的决择，在一些特殊情况下则可以先指定要显示修订的范围，再将该范围内的修订全部接受或拒绝。

8.4.3 在工作表中添加批注

批注是一种弹出式说明信息，它主要对需要输入数据的单元格起提示说明的作用。如对需要他人填写的单元格添加批注，或在共享的工作簿中对部分单元格添加批注指定要某人编辑，或指定某些单元格不需要编辑等。

1. 插入批注

批注与数据有效性中的“设置输入信息”的作用类似，都是用提示说明的方式提示用户对指定的单元格进行符合要求的操作。

下面在仓库存货管理表中为部分单元格插入批注，其操作方法如下。

素材 光盘：\素材\第8章\仓库存货管理表5.xlsx

效果 光盘：\效果\第8章\仓库存货管理表5.xlsx

Step 01 单击要添加批注的单元格，这里单击B3单元格。在“审阅”选项卡下“批注”组中单击“新建批注”按钮，在B3单元格的右上角出现一个红色三角形符号，并出现一个用箭头指向B3单元格的批注编辑框。

Step 02 编辑框中自动显示了添加批注人员的名字（该名字是安装Office软件时输入的用户名），可以直接将光标插入批注编辑框中名字的下面添加批注内容，也可以删除自动添加的名字再输入批注内容。这里直接在名字下面输入要对B3单元格进行的批注说明“此数据来自于上月末的统计，不需更改”。

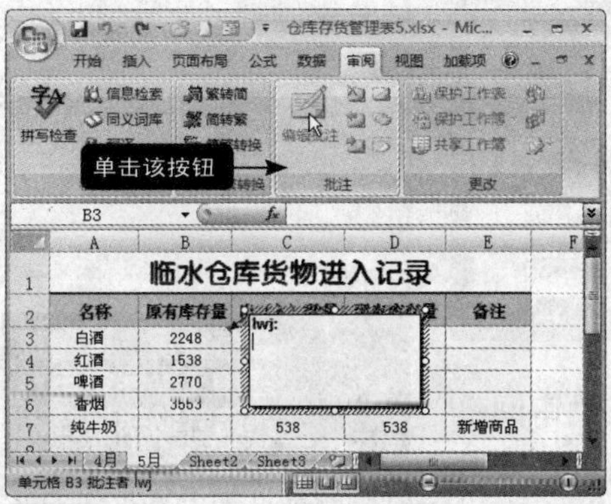

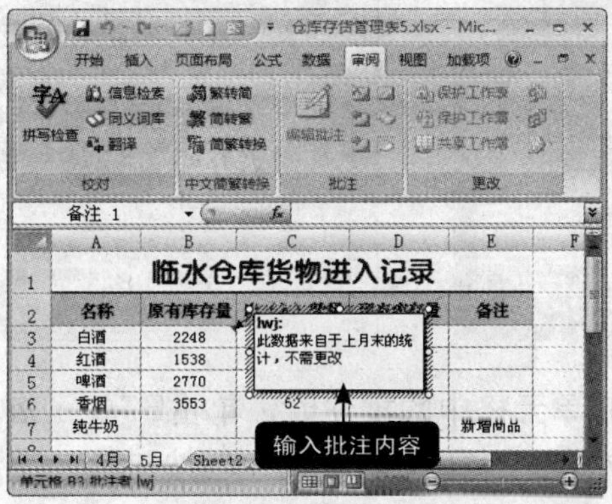

Step 03 输入完毕后，在编辑框中选择输入的内容，按【Ctrl+C】组合键。然后单击编辑框以外的位置，完成该处批注的插入，该编辑框自动隐藏起来。再单击B4单元格，单击“新建批注”按钮，将光标插入出现的批注编辑框中，按【Ctrl+V】组合键粘贴批注内容。

Step 04 用同样的方法为B5、B6单元格添加相同的批注。最后单击B7单元格，再单击“新建批注”按钮，将光标插入出现的批注编辑框中，输入“此为本月新增商品，上月没有此项数据，留空”，完成所有批注的添加。

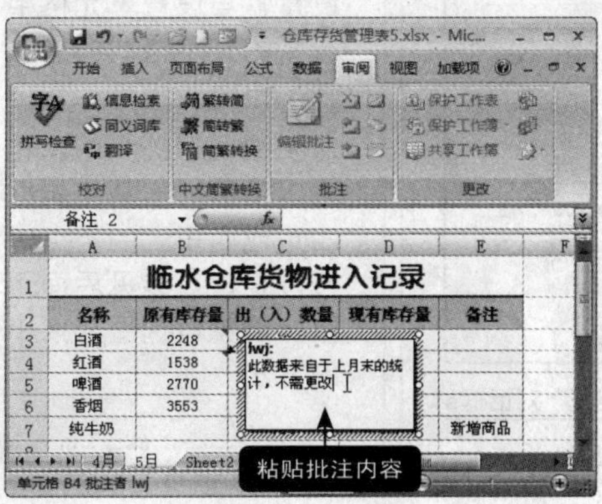

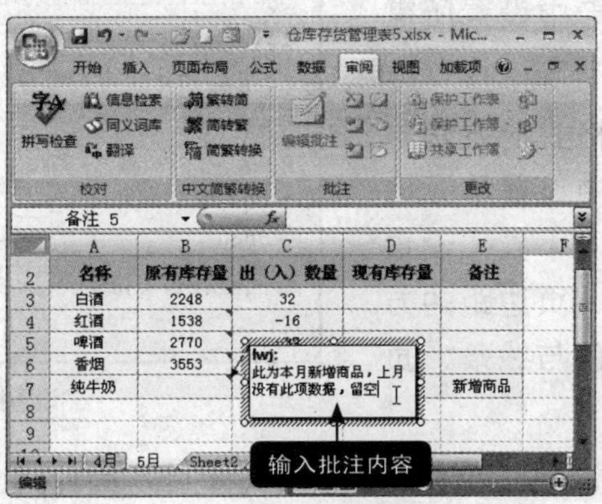

疑难解答：如何在局域网中共享文件夹

问：将工作簿设为共享状态后，还需放入共享文件夹中，如何在局域网中共享文件夹？

答：需要通过以下3步来完成文件夹的共享。

step01 在要共享的文件夹上右击，在弹出的快捷菜单中选择“属性”命令，打开该文件夹的属性对话框。单击“共享”选项卡，在“网络共享和安全”选项组中单击“如果您知道在安全方面的风险，但又不想运行向导就共享文件，请单击此处”超链接。

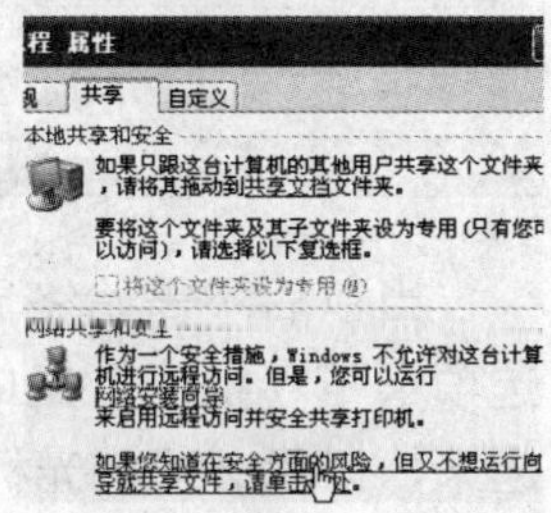

step02 在打开的“启用文件共享”对话框中选择“只启用文件共享”单选按钮，单击“确定”按钮返回属性对话框。

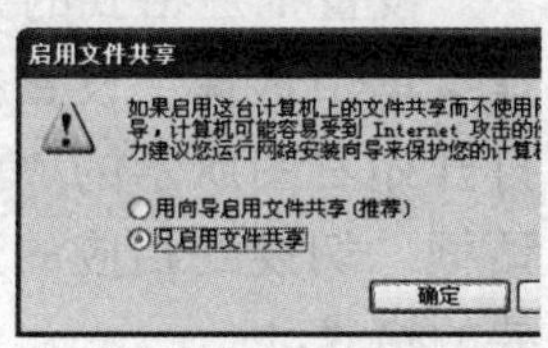

step03 选中“在网络上共享这个文件夹”与“允许网络用户更改我的文件”复选框，单击“确定”按钮。

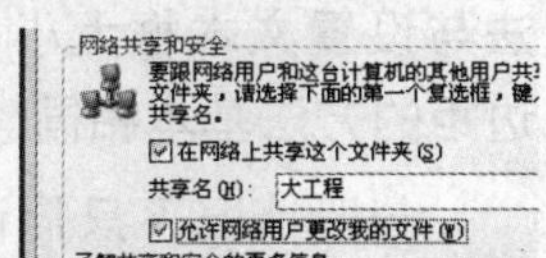

2. 显示或隐藏批注

在单元格中插入的批注默认情况下是隐藏的，只有当鼠标光标移动到该单元格上时，插入的批注才会显示出来。如果要让他人注意某个批注，可以设置将该批注始终显示出来，不需要时再隐藏起来。

如要将前面添加了批注的B7单元格中的批注始终显示出来，其具体操作方法如下。

素材 光盘：\效果\第8章\仓库存货管理表5.xlsx

Step 01 单击要始终显示其中批注的B7单元格，在“审阅”选项卡下“批注”组中单击“显示/隐藏批注”按钮。

Step 02 将光标移开该单元格进行其他操作时，该单元格的批注将始终显示。

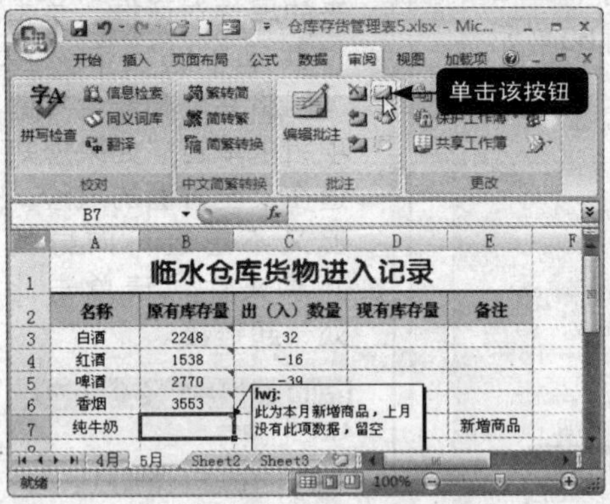

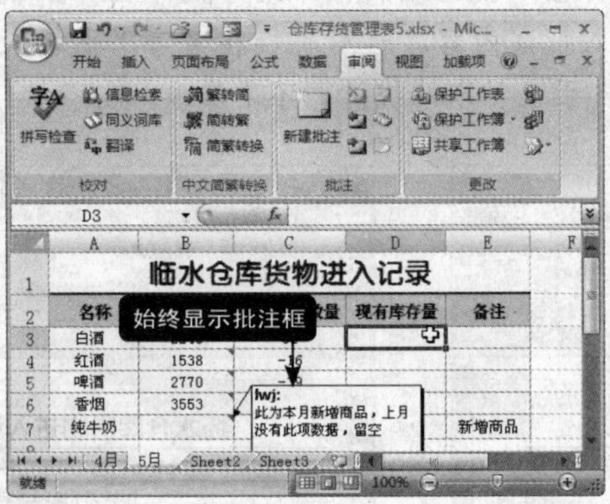

当以后不需始终显示B7单元格中的批注时，单击B7单元格，在“审阅”选项卡下“批注”组中再次单击“显示/隐藏批注”按钮，即可将批注隐藏起来，以后必须将光标移动到该单元格上时才显示批注。

3. 设置批注格式

批注的编辑框以及其中的文本并不是一成不变的，可以根据需要对批注编辑框的填充颜色、边框以及其中文本的字体格式进行设置。

设置批注格式的方法是显示出批注，在批注编辑框上右击，在弹出的快捷菜单中选择“设置批注格式”命令，打开如右图所示的“设置批注格式”对话框，切换到相应的选项卡中设置所需要的格式。

其中设置字体和对齐格式的方法与在“单元格格式”对话框中设置单元格字体与对齐格式的方法大同小异；设置编辑框大小、颜色与线条、页边距的方法与设置文本框大小、颜色与线条、页边距的方法基本相同。

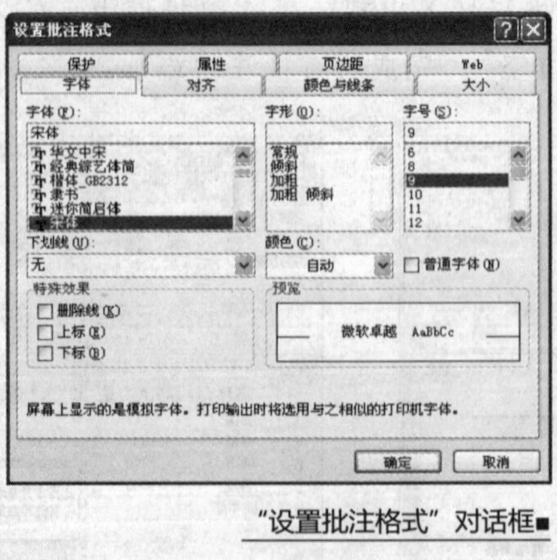

“设置批注格式”对话框

一般情况下只需设置批注的字体与对齐格式即可，因此这里不再赘述其他方面的设置方法。如有需要，可以参照后面关于文本框格式的设置方法。

要点提示：显示/隐藏所有批注

在“审阅”选项卡下“批注”组中单击“显示所有批注”按钮可以将工作表中的所有批注显示出来；全部显示后再次单击该按钮又将隐藏所有批注。

要点提示：设置批注中文字字体与对齐格式的快捷方法

如果只需设置批注的字体和对齐格式，也可以选择添加了批注的单元格后，在“审阅”选项卡下“批注”组中单击“编辑批注”按钮，然后选择批注框中要设置格式的文本内容，通过“常规”选项卡下“字体”和“对齐”组进行设置，与设置单元格中选择的文字格式的方法基本相同。

对于编辑框的大小，也可以用鼠标拖动编辑框四边或四角上的控点进行调整，可参见后面用鼠标调整自选图形大小的方法。

4. 删除批注

当不再需要某个批注后，可以将其删除。删除批注的方法非常简单：首先单击要删除批注的单元格，在“审阅”选项卡下“批注”组中单击“删除批注”按钮，即可删除为该单元格添加的批注。

选择添加了批注的多个单元格后，在“批注”组中单击“删除批注”按钮，则可同时删除选择单元格的批注。

要点提示：删除批注的其他方法

选择要删除其中批注的单元格后右击，在弹出的快捷菜单中选择“删除批注”命令，也可以删除所选单元格中的批注。

选择要删除其中批注的单元格后，在“开始”选项卡下“编辑”组中单击“清除”按钮，在弹出的下拉菜单中选择“清除批注”命令也可以删除所选单元格中的批注。

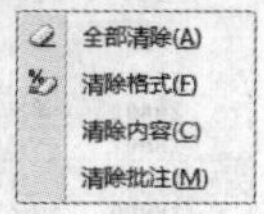

8.5 控制工作簿窗口

当工作表中的数据相当多时，要在同一工作簿中对比前面与后面位置相距较远的数据，或者要在不同的工作簿中对比查看数据，可以通过窗口拆分、冻结工作表区域或同步查看等功能来控制工作簿窗口。

8.5.1 拆分工作簿窗口

拆分窗口功能可以将Excel窗口拆分为2个或4个窗格，拆分后可以在任意一个窗格中对工作表进行编辑等操作，从而实现将大型工作表前后或左右的数据对照编辑查看。

拆分工作表有通过功能区中的“拆分”按钮拆分和通过鼠标拖动法拆分两种方法，下面分别讲解。

1. 用“拆分”按钮拆分窗口

在“视图”选项卡下“窗口”组中单击“拆分”按钮可以对当前工作簿窗口进行拆分操作。下面通过一个例子来演示操作方法。

素材 光盘：\素材\第8章\生产进度监控表.xlsx

Step 01 打开素材文件，选择要从其位置处拆分窗口的单元格，这里选择E9单元格。然后在“视图”选项卡下“窗口”组中单击“拆分”按钮。

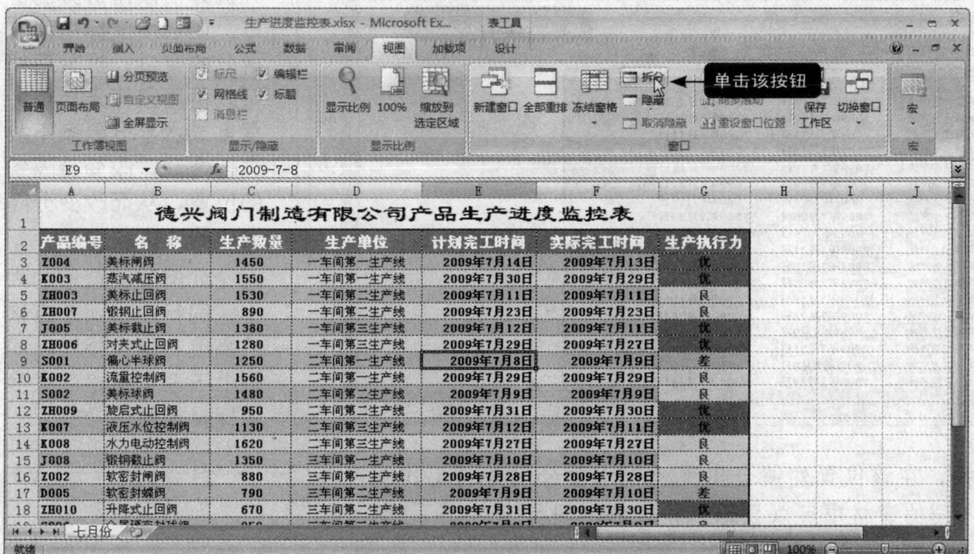

要点提示：拆分窗口的应用场合

如果工作表中的数据相当多，要比较前面与后面位置相距较远处的数据时，则需来回翻动工作表。这样不仅非常费时，还不能对照查看，此时就可以利用窗口拆分功能前后对照查看工作表中的数据。

Step 02 此时系统从E9单元格的上方与左侧将窗口拆分为4个部分，在拆分出的4个窗格中显示的都是同一张工作表，可以在任意窗格中滚动显示工作表的不同位置，从而可以实现前后或左右的对照查看。

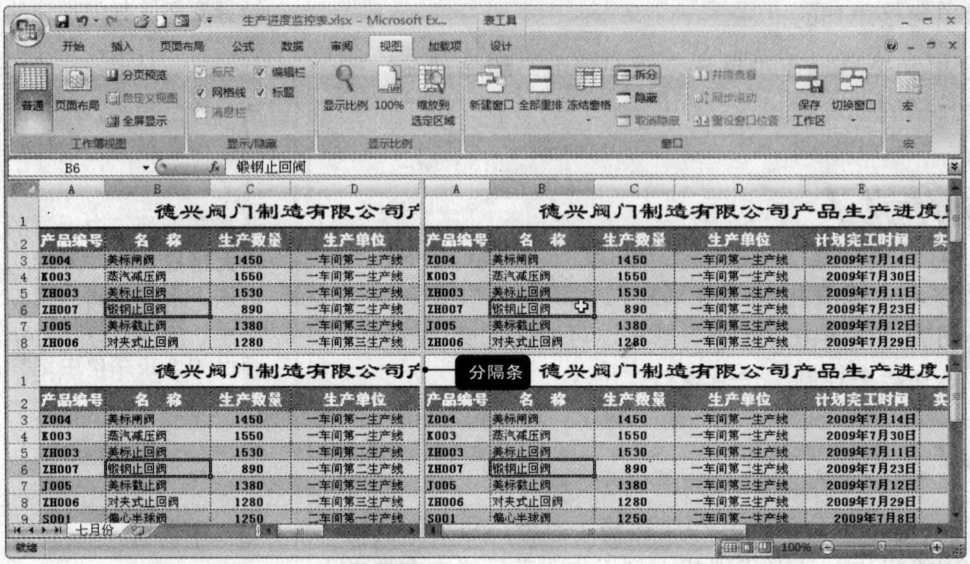

2. 用鼠标拖动法拆分窗口

通过鼠标拖动法可以快速将窗口拆分成2个或4个窗格，并可随意移动窗格之间分隔条的位置，下面通过例子来演示操作方法。

素材 光盘：\素材\第8章\生产进度监控表.xlsx

Step 01 打开素材文件，将鼠标光标移动到垂直滚动条上端的标记上，当其变为形状时按住鼠标左键不放向下拖动，将出现一根虚线跟随鼠标指针移动。

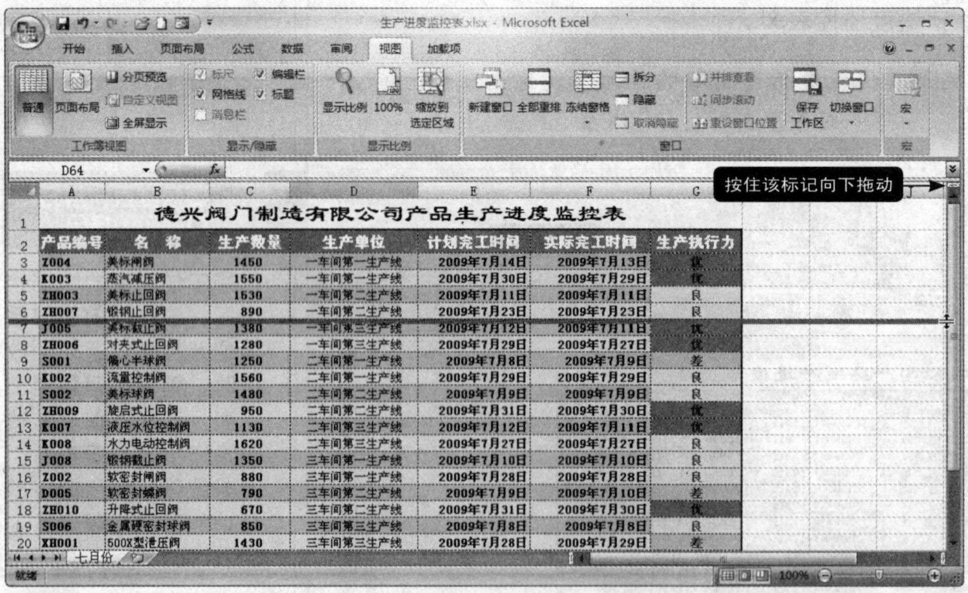

Step 02 在适当位置处释放鼠标，在该位置处便会出现一根水平分隔条将工作簿窗口分隔为上下两个窗格，在不同的窗格中可以显示工作表的不同行。

要点提示：关于拆分窗口的知识

在执行拆分窗口操作前，如果选择的活动单元格位于当前窗口显示的范围之外，则单击“拆分”按钮后不会从活动单元格处拆分窗口，而是将当前窗口接近均等地拆分为4个大小几乎相同的窗格（由于列宽不同，因此不可能完全均等，而是接近均等）。

要点提示：关于拆分窗口的知识

无论是通过功能区中的“拆分”按钮拆分的窗口，还是用鼠标拖动法拆分的窗口，拆分后都可以再用鼠标光标按住垂直或水平分隔条不放进行拖动，改变分隔条的位置，从而改变分隔窗口的大小。

无论如何改变窗格的大小，同行左右两个窗格的高度将保持相同；同列上下两个窗格的宽度将保持相同。

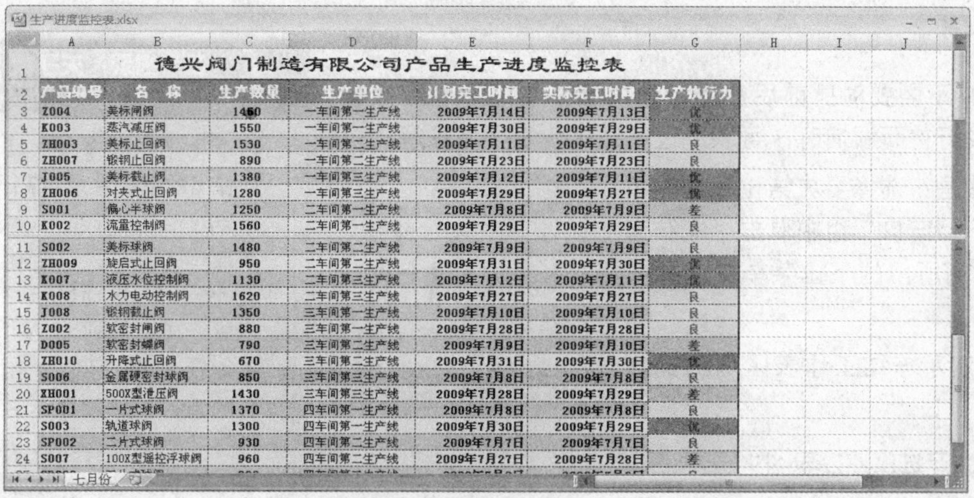

Step 03 再将鼠标光标移动到水平滚动条右端的▯标记上，当其变为↔形状时按住鼠标左键不放向左拖动，将出现一根虚线跟随鼠标指针移动。

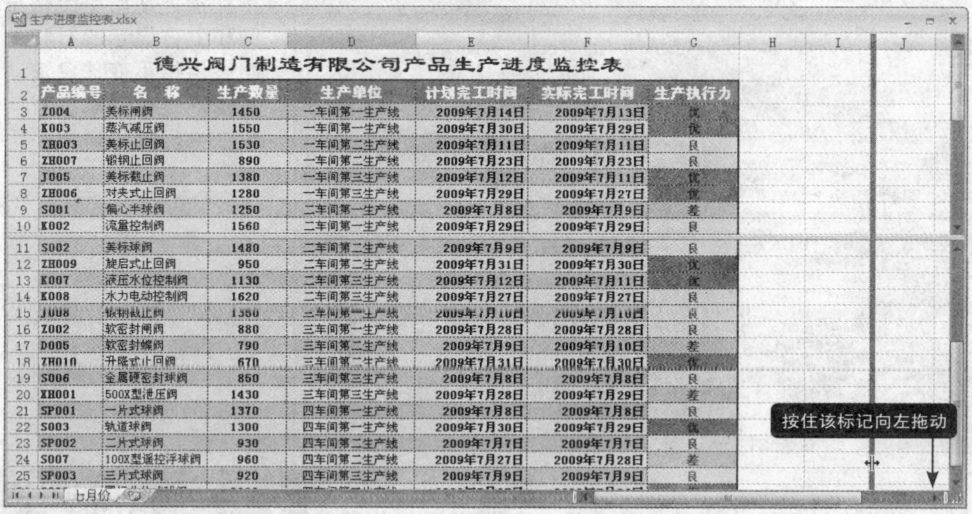

Step 04 在适当位置处释放鼠标，在该位置处便会出现一根垂直分隔条将工作簿窗口分隔为左右两个部分，由于窗格已经被垂直平分，因此出现4个窗格。

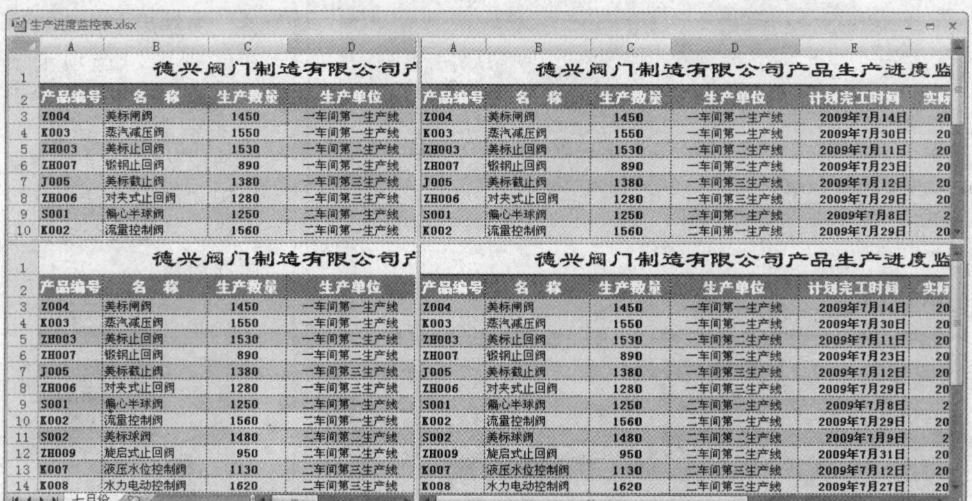

要点提示：删除窗口分隔条或取消拆分

拆分窗口后，用鼠标光标按住垂直分隔条不放，将其拖动至窗口的最左端或最右端释放，则将删除垂直分隔条。

用鼠标光标按住水平分隔条不放将其拖动至窗口的最上端或最下端释放，则将删除水平分隔条。如果将两根分隔条均删除，则将取消窗口拆分。

在“视图”选项卡下“窗口”组中单击“拆分”按钮也可以取消窗口拆分。

使用技巧：快速拆分或取消拆分窗口

在工作表中单击某个单元格后，双击垂直滚动条上端的▭标记，可从该单元格上方将窗口拆分为上、下两个窗格；双击水平滚动条右端的▯标记可从活动单元格的左侧将窗口拆分为左、右两个窗格。

拆分窗口后，双击水平分隔条或垂直分隔条均可使其还原至原来的位置，即取消相应方向上的窗口拆分。

8.5.2 冻结工作表区域

如果在大型工作表中并不需要对比前后数据，而因要查看靠后的数据却无法看到工作表的列标签或行首而烦恼时，可以通过冻结工作表区域来解决。

冻结工作表区域的方法是：选择要冻结位置处的单元格，在“视图”选项卡下“窗口”组中单击“冻结窗格”按钮，在弹出的如右图所示的下拉菜单中选择所需的冻结方式。

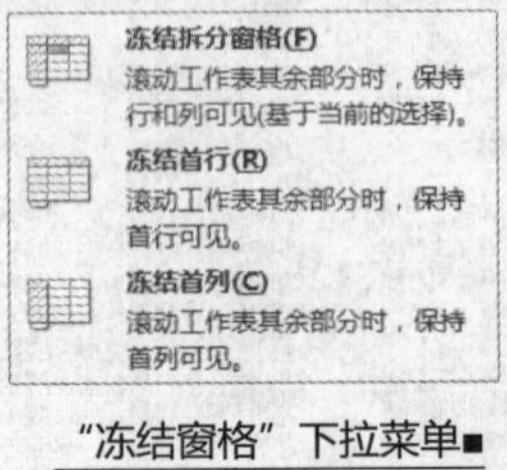

“冻结窗格”下拉菜单

下面通过一个例子来演示冻结工作表区域的操作方法。

素材 光盘：\素材\第8章\生产进度监控表.xlsx

Step 01 打开素材文件，选择B3单元格。然后在“视图”选项卡下“窗口”组中单击“冻结窗格”按钮，在弹出的下拉菜单中选择“冻结拆分窗格”命令。

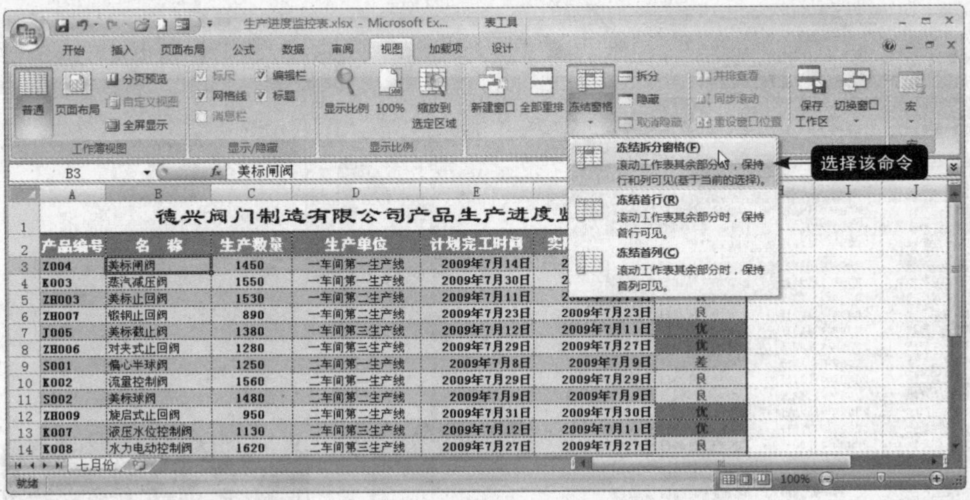

Step 02 此时B3单元格上方的行与左侧的列便被冻结了，滚动显示工作表的其他部分，可以看到B3单元格左侧的A列与上方的第1、2行将始终显示在窗口中。

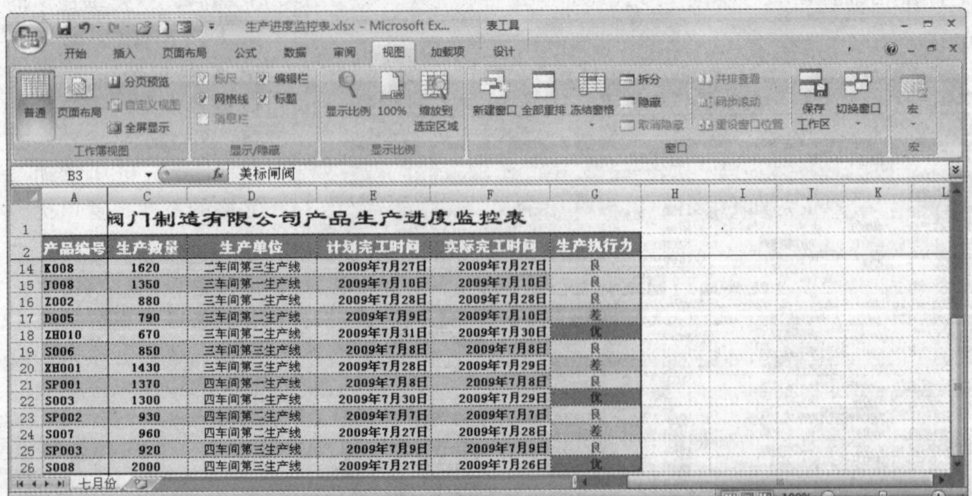

要点提示：关于拆分窗口的知识

在单击“冻结窗格”按钮弹出的下拉菜单中3个命令的作用分别如下。

- ◆冻结首列：冻结工作表的首列，滚动显示时将始终显示首列。
- ◆冻结首行：冻结工作表的首行，滚动显示时将始终显示首行。
- ◆冻结拆分窗格：以活动单元左侧和上方的边框线为边界将窗口分为4个部分，冻结后拖动滚动条，活动单元格左侧和上方显示的行和列始终保持不变，只滚动显示活动单元格及右侧和下方的行和列。

疑难解答：如何取消冻结的工作表

问：如何取消冻结的工作表区域呢？

答：冻结后工作表后，在“视图”选项卡下“窗口”组中再次单击“冻结窗格”按钮，在弹出的下拉菜单中将出现“取消冻结窗格”命令，选择该命令即可解冻窗格。

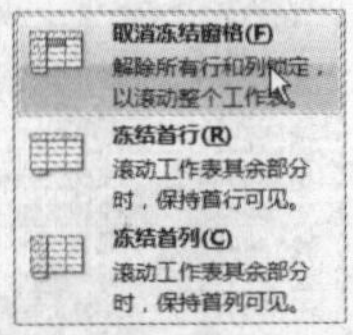

8.5.3 对比不同工作簿中的工作表

如果要对比的数据位于不同的工作簿中（如对比两个不同月份的生产计划任务），则可通过并排查看的方式进行。

下面通过一个例子来演示同步对比工作表的方法。

素材 光盘：\素材\第8章\七月份生产计划表.xlsx、八月份生产计划表.xlsx

Step 01 同时打开两个素材文件，切换到要进行对比的工作表中。在“视图”选项卡下“窗口”组中单击“并排查看”按钮，系统立即自动将这两个工作簿窗口按上下位置关系排列在Excel窗口中。

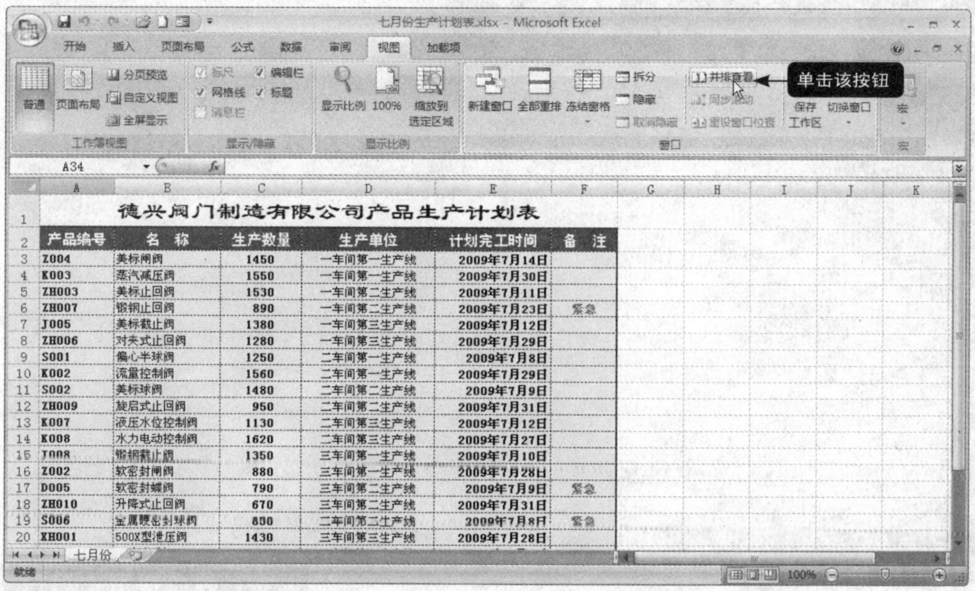

Step 02 滚动鼠标，两个工作簿窗口中的内容将同步滚动显示（单击“同步滚动”按钮可以取消或应用同步滚动功能），便于对比相应位置的数据。

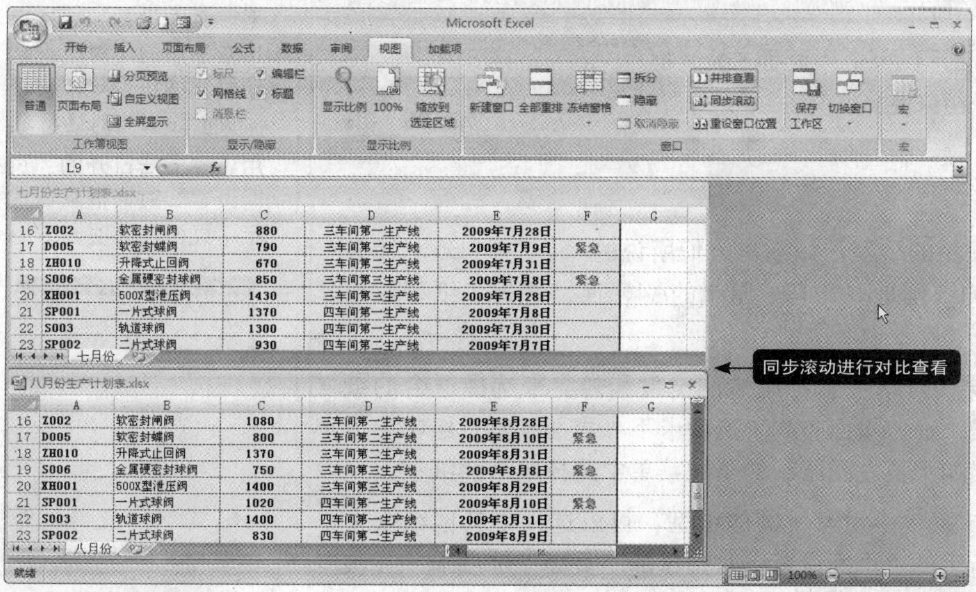

要点提示：关于并排查看的知识

如果当前打开了两个以上的工作簿，则单击“并排查看”按钮还将打开“并排查看”对话框。需要在该对话框中选择将哪个工作簿窗口与当前工作簿进行并排查看。

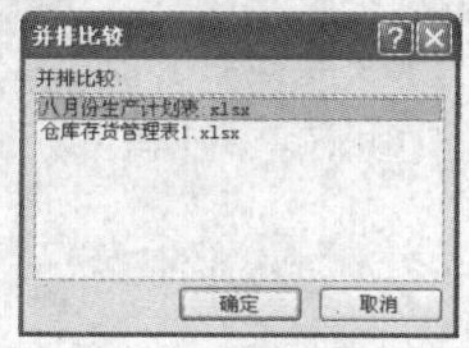

要点提示：取消或使用同步滚动

默认情况下，在使用并排查看功能时，滚动鼠标滚轮或拖动任意窗口中的滚动条时，进行比较的两个窗口中的工作表将同时滚动，且始终保持相同的滚动频率。

如果进行比较的两张工作表中数据的位置有所不同，可以在“视图”选项卡下“窗口”组中单击“同步滚动”按钮取消同步滚动，手动滚动到所需位置后，再次单击“同步滚动”按钮又可以进行同步滚动。

9 Chapter

打印表格数据

Readers' Guide

在实际工作中经常需要将一些制作好的电子表格打印到纸张上，为了得到满意的打印效果，在打印之前一般需要进行页面设置，如设置纸张大小、页边距和打印方向等，还可以添加页眉与页脚信息。设置好页面布局后再通过打印预览功能预览打印效果是否满意，当设置的效果达到需要的效果后再进行打印。在打印时还可根据情况使用一些打印技巧，如缩放打印、添加标题行打印等。

Main Cases

设置页面布局 P150

查看页面布局效果 P156

打印输出 P160

9.1 设置页面布局

设置页面可以使电子表格的布局更加合理，不但打印到纸张上的表格更加易于阅读，还可以节省打印纸张。设置页面包括设置页面的大小和方向、设置页边距以及页眉页脚信息等。

页面布局的各设置项都可通过“页面布局”选项卡下“页面设置”组来完成。

“页面设置”组

9.1.1 设置页面大小

页面大小就是选择要使用的纸型，如平常人们所说的A3、A4、B5、16开等就是指纸型，系统默认的纸型是21×19.7厘米的A4幅面。选择了纸型，也就确定了页面的大小。

打印电子表格时应根据工作表中数据区域的宽度和内容来选择适合的纸张。设置纸张大小的方法是：在“页面布局”选项卡下“页面设置”组中单击“纸张大小”按钮，在弹出如下页左图所示的下拉菜单中选择所需的纸型。

如果“纸张大小”下拉菜单中没有所需的纸型，可以选择“其他纸张大小”命令打开如下页右图所示的“页面设置”对话框的“页面”选项卡，在该选项卡的“纸张大小”下拉列表中也可以选择纸型。

要点提示：打开“页面设置”对话框的其他方法

在“页面布局”选项卡下“页面设置”组中单击右下角的“对话框启动器”按钮也可以打开“页面设置”对话框。用这种方法打开的“页面设置”对话框默认显示“页面”选项卡。

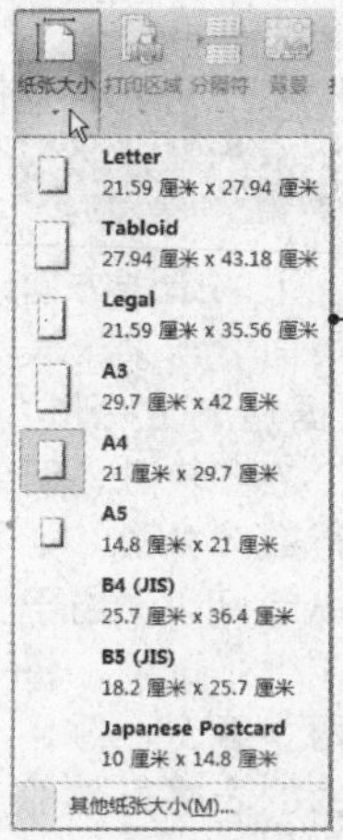

■ “纸张大小”下拉菜单

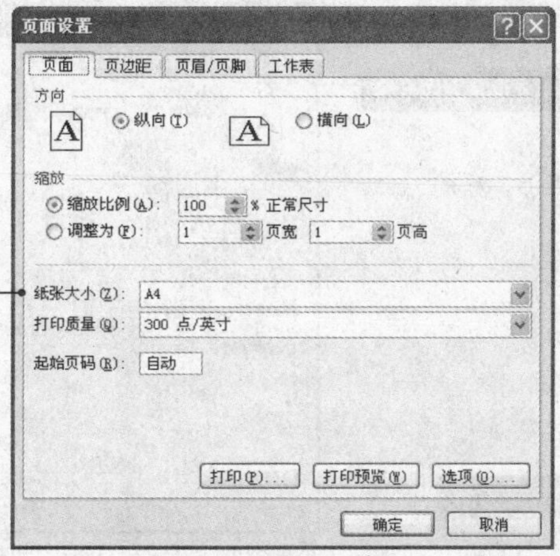

“页面设置”对话框的“页面”选项卡■

9.1.2 设置页边距

页边距是指页面中的打印内容与页面上、下、左、右边缘的距离。设置页边距方法是：在“页面布局”选项卡下“页面设置”组中单击“页边距”按钮，在弹出如左下图所示的下拉菜单中选择所需的页边距设置。

在该下拉菜单中只能选择系统预设的页边距，如果要自行设置页边距，可以在该下拉菜单中选择“自定义页边距”命令，打开如右下图所示的“页面设置”对话框的“页边距”选项卡，在该选项卡上方的各个数值框中输入所需的页边距，单击“确定”按钮。

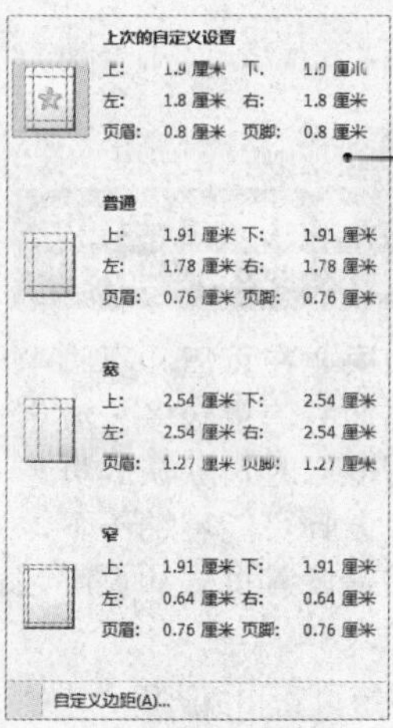

■ “页边距”下拉菜单

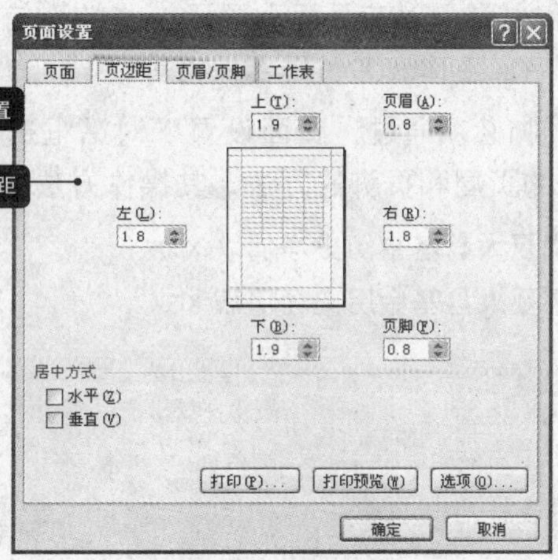

“页面设置”对话框的“页边距”选项卡■

9.1.3 设置页面方向

页面方向即将表格打印到纸张上时的方向。设置页面方向的方法是：在“页面布局”选项卡下“页面设置”组中单击“纸张方向”按钮，在弹出的下拉菜单中选择方向；打开“页面设置”对话框，单击“页面”选项卡，在“方向”选项组中选择“纵向”或“横向”单选按钮也可以设置纸张方向。

要点提示：设置打印质量

单击“页面”选项卡，在“打印质量”下拉列表中还可以选择打印质量。

默认的打印质量为300点/英寸，这种分辨率一般为正式出版物的质量，如果只是需将表格打印出来查看放在纸张上的效果，或者打印出来校对，则可以选择较低的分辨率，如100点/英寸或200点/英寸。

选择低分辨率进行打印可以提高打印的速度。对于小型的表格，感觉不明显，打印大型工作表或多张工作表时就能体会到打印速度的提高了。

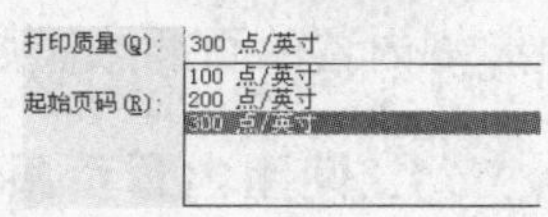

要点提示：排序时包含标题行的意义

在“页边距”选项卡的“居中方式”选项组中可以设置打印内容在页面上始终居中。如果选中“水平”复选框，则无论打印内容有多少，都将始终位于页面水平方向的中央；如果选中“垂直”复选框，则无论打印内容有多少，都将始终位于页面垂直方向的正中央。

通常情况下可以选中“水平”复选框，垂直方向一般是靠上布置的。

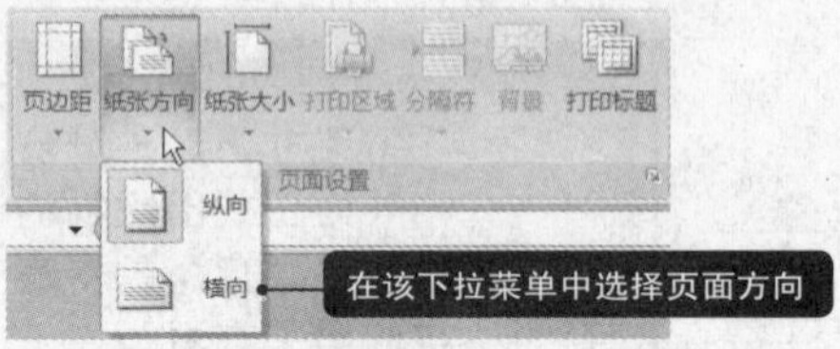

■ “纸张方向”下拉菜单

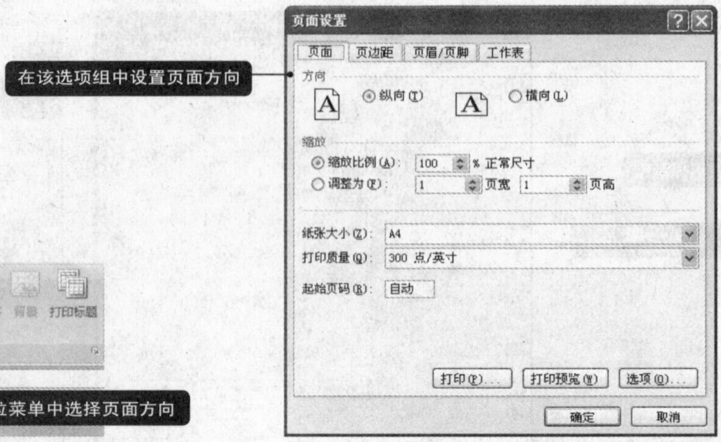

“页面设置”对话框的“页面”选项卡■

要点提示：横向页面的应用场合

默认情况下的纸张方向是纵向页面。当某个表格中数据区域的列较多，整个内容较宽，而表格的行数较少时，如果采用纵向打印，由于宽度超过纸张宽度，将打印到两张纸上，并且每张纸上的表格行数都较少，这样不但不利于阅读，也浪费纸张。在这种情况下就应采用横向打印，以节省纸张，并使表格便于阅读。

9.1.4 设置页眉与页脚

在实际工作中，我们会看到有些公司打印的表格的每一页顶端都有公司名称、文件编号等；每页的底端也都有页码、日期等信息，而在工作表却没有输入这些信息，这就是用页眉和页脚形式添加的信息。

添加页眉和页脚信息不但可以使页面更加美观且便于阅读，而且在打印多页表格时，只需设置一次便可自动出现在每页上。设置页眉和页脚时可使用Excel内置的页眉或页脚信息，也可以自定义设置。

1. 使用内置页眉页脚

利用Excel内置的页眉和页脚可以在页面上显示一些特殊信息，如页码、日期和时间、作者、工作簿名、工作表名、是否保密等。

为工作表添加页眉和页脚必须通过“页面设置”对话框进行。下面通过一个例子演示添加系统内置的页眉和页脚的方法，其操作方法如下。

素材 光盘：\素材\第9章\华夏大盘基金历史净值表.xlsx

效果 光盘：\效果\第9章\华夏大盘基金历史净值表.xlsx

Step 01 打开素材文件，切换到要添加页眉和页脚的工作表中。然后在“页面布局”选项卡下“页面设置”组中单击右下角的“对话框启动器”按钮。

Step 02 打开“页面设置”对话框，单击“页眉/页脚”选项卡。在“页眉”列表框中选择系统预设的选项，这里选择工作簿名称作为页眉信息。

Step 03 在“页脚”列表框中选择“第X页共X页”形式的页脚信息选项（打开的工作簿不同、或当前工作表不同，在“页眉”和“页脚”列表框中的有关工作簿名和工作表名的选项也不同），选择后单击“确定”按钮即可为该工作表添加选择的页眉和页脚信息。

要点提示：设置页眉和页脚区的大小

如果要在页眉和页脚中添加的信息较多，或者有多行时，默认的页眉和页脚可能容纳不下，则需设置页眉和页脚区的大小。

设置页眉和页脚区大小的方法是：打开“页面设置”对话框，单击“页边距”选项卡，在“页眉”和“页脚”数值框中进行设置。

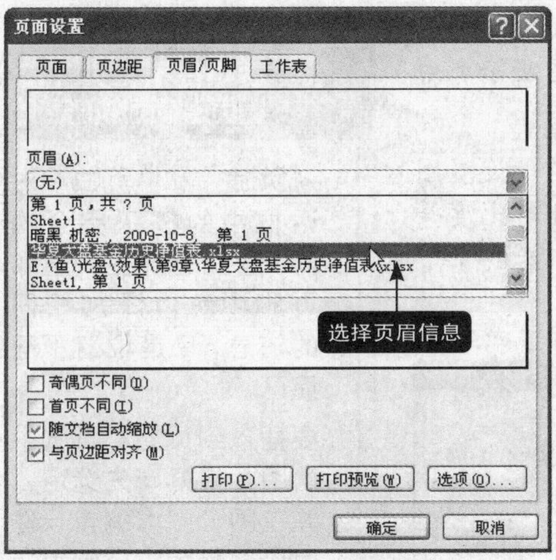

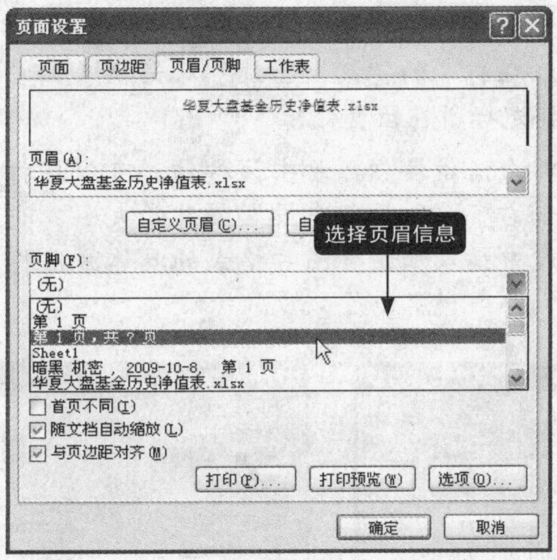

2. 自定义页眉和页脚

若想自定义页眉和页脚中的信息，可以在“页面设置”对话框的“页眉/页脚”选项卡中单击“自定义页眉”或“自定义页脚”按钮，打开如右图所示的“页眉”或“页脚”对话框进行自定义。

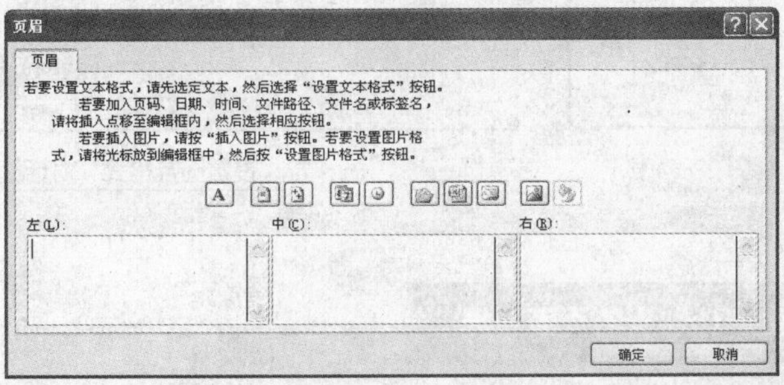

“页眉”对话框

在“页眉”或“页脚”对话框中，将光标插入点定位到“左”、“中”或“右”文本框中后，可以单击上方的按钮在页面的相应位置处插入对应信息的代码，这些按钮的作用如下。

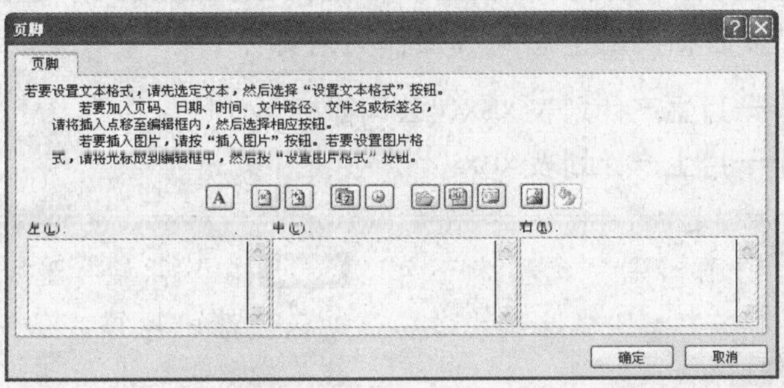

“页脚”对话框

- A：单击该按钮可以在打开的“字体”对话框中设置页眉或页脚信息的字体格式。
- ：单击该按钮可以在光标所在位置处插入页码信息。
- ：单击该按钮可以在光标所在位置处插入工作表总页数信息。
- ：单击该按钮可以在光标所在位置处插入日期信息，该日期会随系统日期的变化而变化。
- ：单击该按钮可以在光标所在位置处插入时间信息，该时间会随系统时间的变化而变化。
- ：单击该按钮可以在光标所在位置处插入该工作簿的存储路径及文件名信息。
- ：单击该按钮可以在光标所在位置处插入当前工作簿的文件名。

要点提示：为不同的页面设置不同的页眉和页脚信息

如果是多页的大型工作表，在“页面设置”对话框的“页眉/页脚”选项卡中选中“奇偶页不同”复选框，可以为奇数页和偶数页的页面设置不同的页眉与页脚；选中“首页不同”复选框，可以为电子表格首页的页面设置与其他页不同的页眉与页脚。

如果要将多页表格打印出来装订成册，可以选中这两个复选框，以在不同的页面上设置不同的页眉和页脚信息。

要点提示：关于设置页眉和页脚的知识

在“页面设置”对话框的“页眉/页脚”选项卡中，“随文档自动缩放”复选框默认呈现选中状态，说明在预览或页面视图中缩放工作表的显示比例时，页眉和页脚中的内容将同步缩放。

如果取消选中该复选框，则改变工作表的显示比例时，页眉和页脚中的信息将保持原大小不变。

- ◆ ：单击该按钮可以在光标所在位置处插入当前工作表标签名称。
- ◆ ：单击该按钮可以在打开的“插入图片”对话框（如左下图所示）中选择一幅图片插入到光标所在位置处。
- ◆ ：当插入图片后将激活该按钮。单击该按钮，可以在打开的“设置图片格式”对话框（如右下图所示）中设置图片的大小、亮度和对比度等格式（关于在工作表中插入和设置图片格式的具体方法将在以后的章节中详细讲解）。

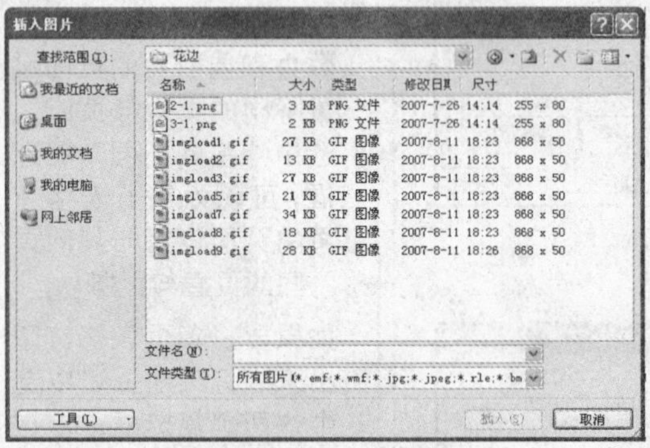

■ “插入图片”对话框

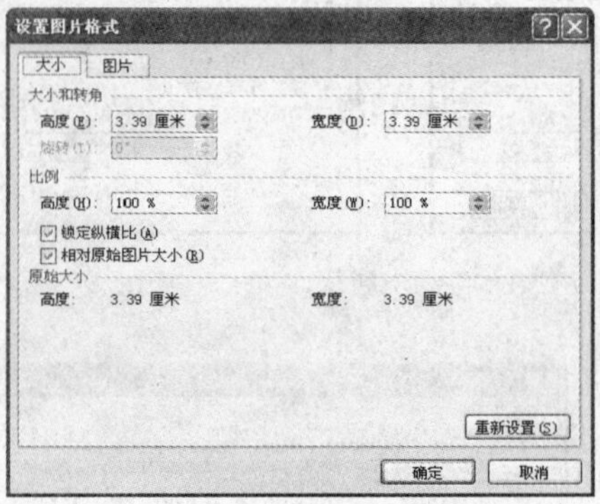

“设置图片格式”对话框■

要点提示：关于设置页眉和页脚的知识

“页眉”和“页脚”对话框中的按钮完全相同，也就是说在页眉和页脚中可以添加相同的信息，只是位置不同而已。

要插入到页眉和页脚中的图片最好事先选定，并在图形图像编辑软件中设置好大小，因为通过对话框设置不太直观，有可能要设置多次才能调整到适当的大小。

应用案例——设置生产计划表的页面布局

下面对“十一月生产计划表”进行页面设置，根据其数据区域大小选择B5纸型、横向放置，并添加页眉和页脚信息，其操作方法如下。

素材 光盘：\素材\第9章\十一月生产计划表.xlsx、公司徽标.wmf

效果 光盘：\效果\第9章\十一月生产计划表.xlsx

Step 01 打开素材文件，在“页面布局”选项卡下“页面设置”组中单击“纸张大小”按钮，在弹出的下拉菜单中选择“B5”纸型。

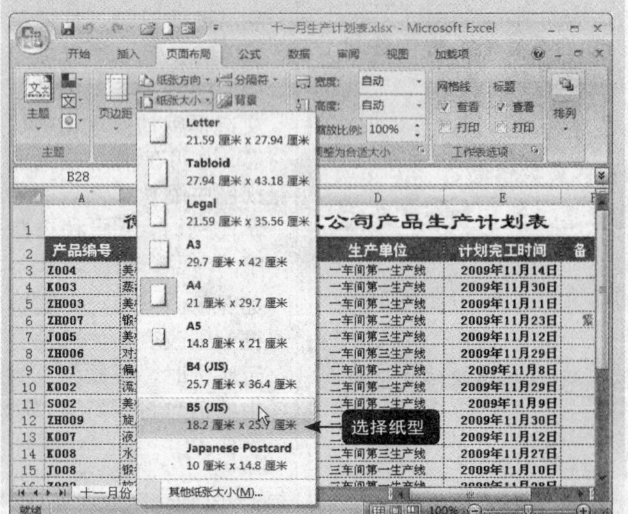

Step 02 在“开始”选项卡下“页面设置”组中单击“页边距”按钮，在弹出的下拉菜单中选择“宽”样式的页边距设置。

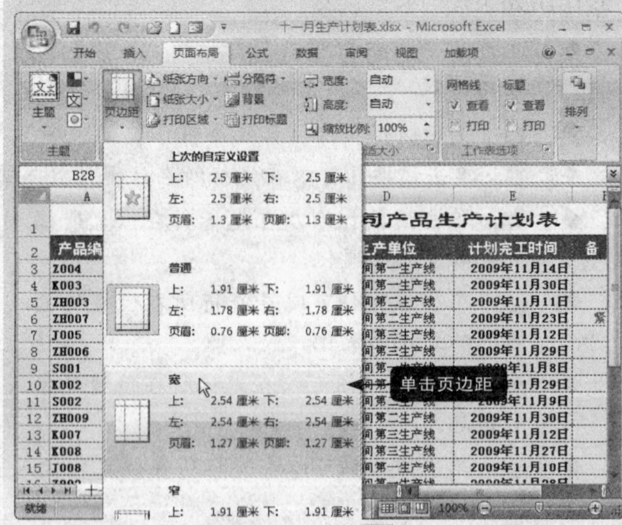

Step 03 在“页面布局”选项卡的“页面设置”组中单击“纸张方向”按钮，在弹出的下拉菜单中选择“横向”命令。

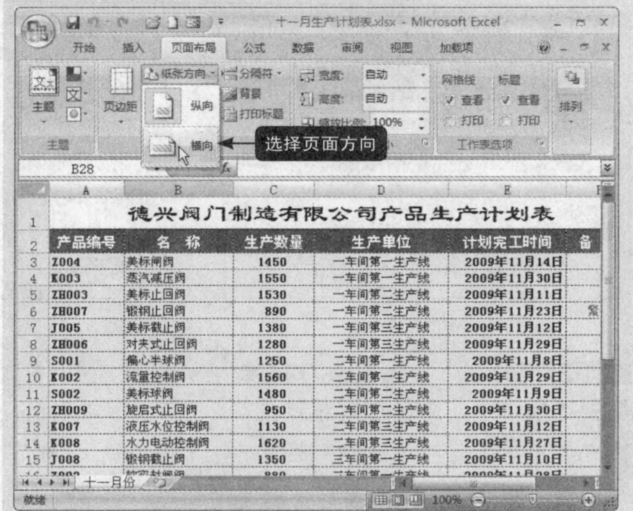

Step 04 单击“页面设置”组右下角的“对话框启动器”按钮，打开“页面设置”对话框，单击“页眉/页脚”选项卡。

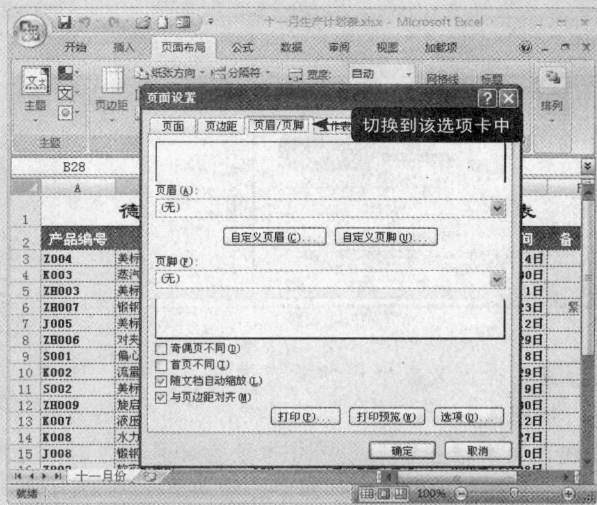

Step 05 再单击“自定义页眉”按钮，打开“页眉”对话框，将光标插入点定位到“左”文本框中，然后单击上面的“插入图片”按钮。

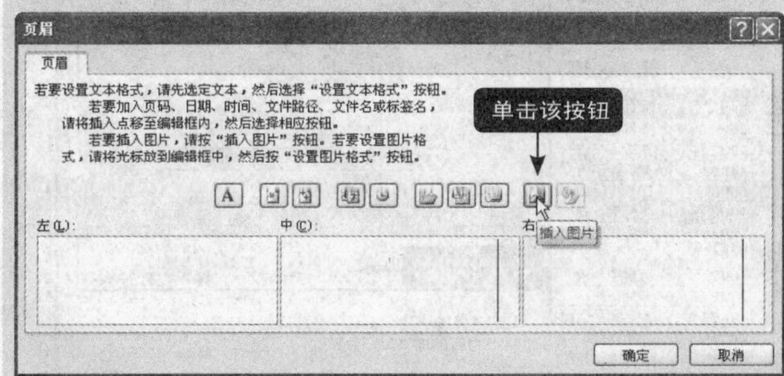

Step 06 打开“插入图片”对话框，找到并选择要插入的“公司徽标”图片，单击“插入”按钮。

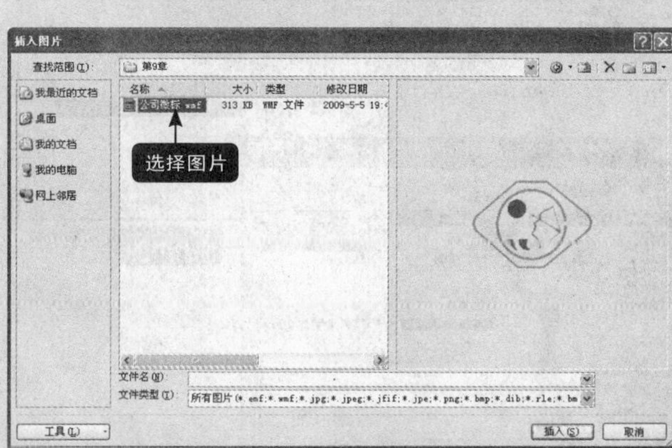

Step 07 返回“页眉”对话框后，单击“设置图片格式”按钮，打开“设置图片格式”对话框。在“比例”选项组中将高度和宽度比列设为“85%”，单击“确定”按钮返回“页眉”对话框。

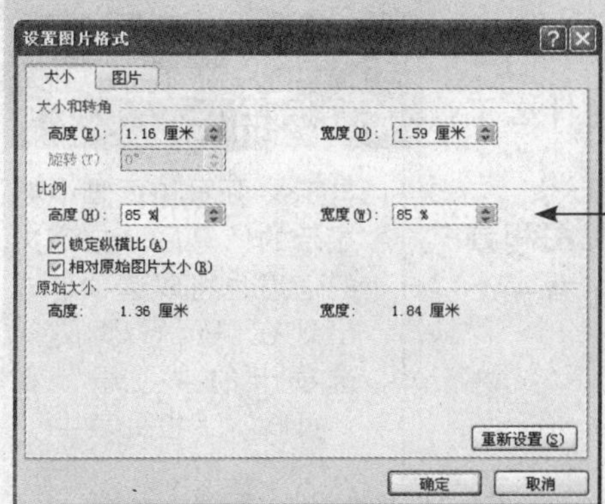

Step 08 单击“确定”按钮返回“页面设置”对话框。再单击“自定义页脚”按钮打开“页脚”对话框，将光标插入点定位到“中”文本框中，输入“十一月生产计划表”，选择输入的文本，单击“格式文本”按钮**A**。

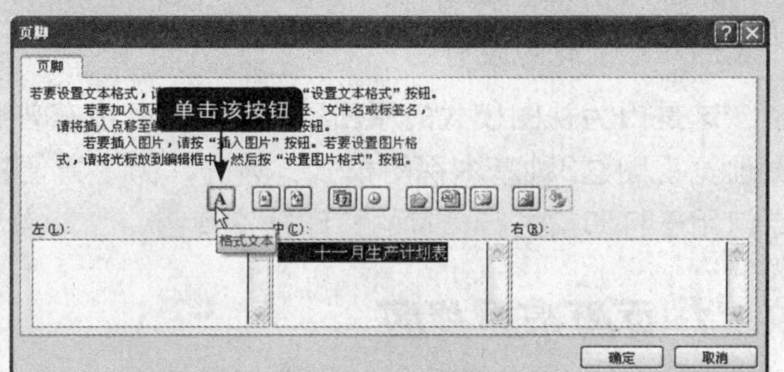

Step 09 打开“字体”对话框，在“大小”列表框中选择“10”号大小的字号，然后单击“确定”按钮返回“页脚”对话框。

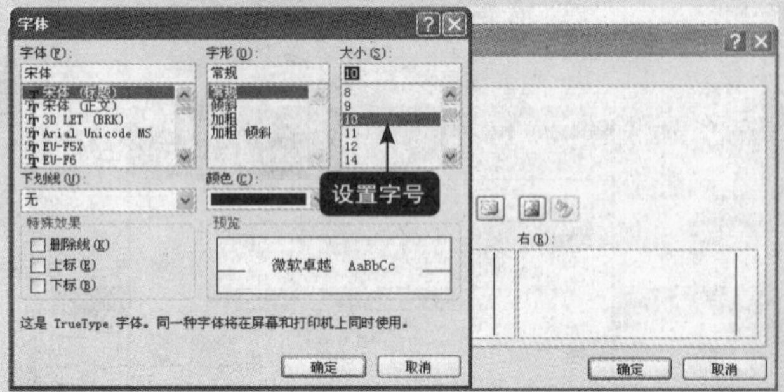

Step 10 将光标插入点定位到“右”文本框中，输入“任务下达时间：”，然后单击上面的“插入日期”按钮，在后面插入日期信息代码。

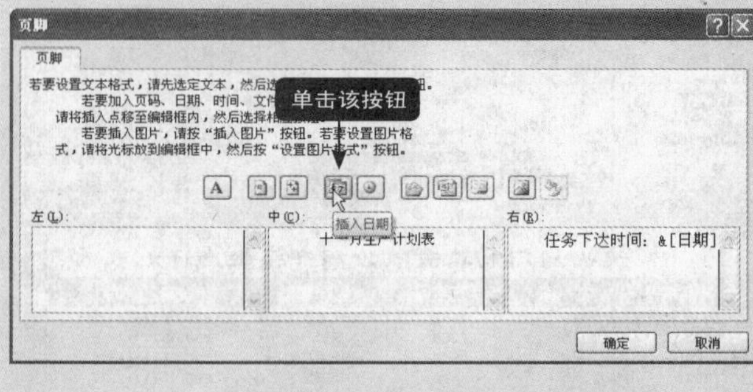

Step 11 选择该文本框中的所有内容，单击“格式文本”按钮**A**打开“字体”对话框，用第9步的方法将“右”文本框中信息的字号也设为10号字号，单击“确定”按钮。

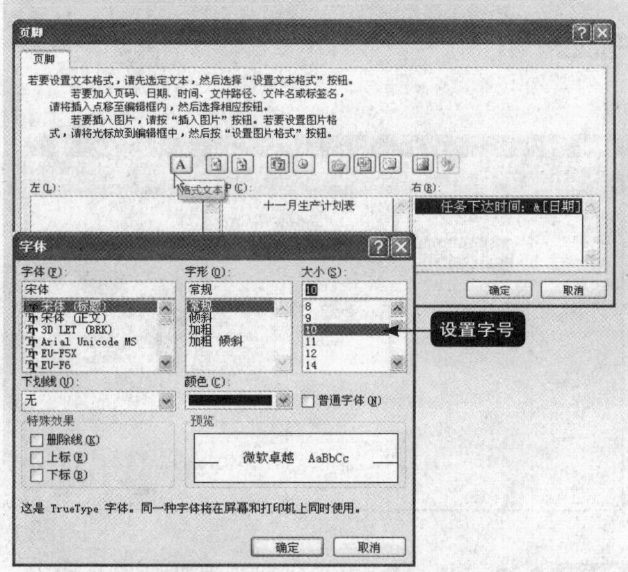

Step 12 返回“页面设置”对话框，单击“页眉/页脚”选项卡中，此时可以看到在“页眉”和“页脚”框中显示了设置的页眉和页脚信息，单击“确定”按钮即可为该工作表添加自定义的页眉和页脚信息。

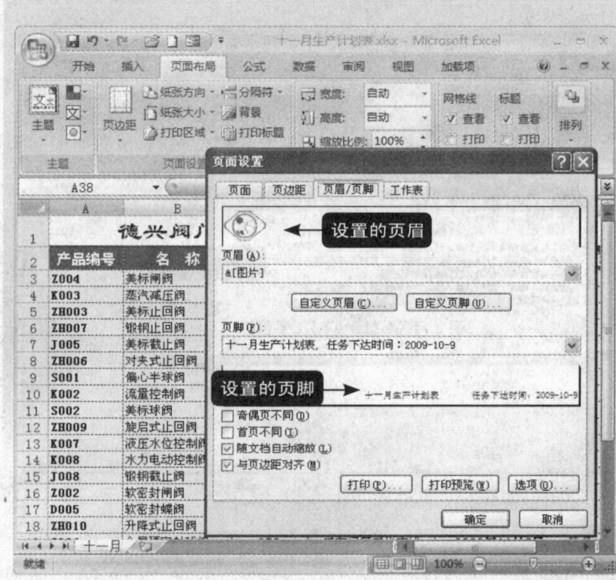

9.2 查看页面布局效果

可能有人会觉得奇怪，为设置页面布局进行了许多操作，可是为什么工作表却一点变化也没有呢？

这是因为视图模式的原因。Excel 2007中有普通视图、页面布局视图和分页预览视图这3种基本视图模式。另外，为了方便打印和节省纸张，还有一个专门用于打印前进行预览的打印预览视图。

要点提示：关于自定义页眉和页脚的知识

自定义页眉和页脚中要显示的信息后，自定义的信息也将以选项形式出现在“页眉/页脚”选项卡的“页眉”和“页脚”下拉列表中。

9.2.1 页面布局视图

单击Excel 2007窗口状态栏右侧的“页面布局视图”按钮，或在“视图”选项卡下“工作簿视图”组中单击“页面布局”按钮，都可以切换到页面布局视图中。

页面布局视图模式按设置的页面布局效果进行显示，并且提供了一个水平标尺和一个垂直标尺（如下图所示），用户可以利用它们来精确地度量单元格、区域、对象、页边距或定位对象，并直接在工作表上查看或编辑页边距。

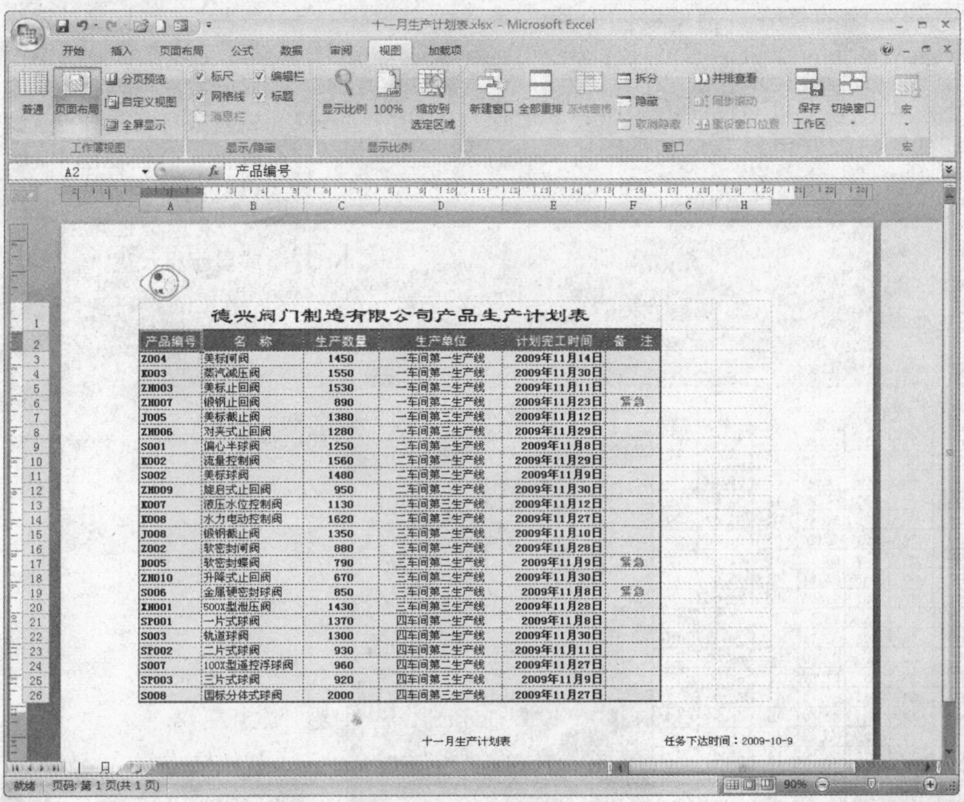

页面布局视图

在页面布局视图模式下，可以直接将光标插入点定位到页眉和页脚区输入所需的信息或插入图片等。当光标处于页眉和页脚区中时，在功能区右侧将出现“页眉和页脚工具 设计”选项卡，如下图所示。

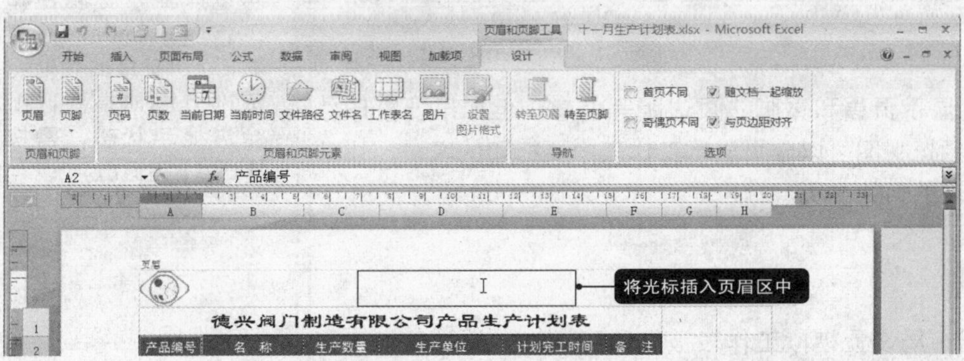

“页眉和页脚工具 设计”选项卡

在“页眉和页脚工具 设计”选项卡中可以选择系统预设的页眉和页脚信息，或通过“页眉和页脚元素”组手动添加信息，或在“选项”组中设置奇偶页不同、首页不同等，功能与“页面设置”对话框的“页眉/页脚”选项卡的

要点提示：关于视图模式的知识

Excel 2007默认是以普通视图来显示工作表的，该视图只显示工作表中的内容，而不会显示页脚页眉、页面大小等其他信息。

因此在设置页面布局或打印工作表之前，可以切换到其他视图中来观察设置的效果并进行调整。

要点提示：页面布局视图模式下没有内容的页眉和页脚

如果页眉区和页脚区中尚未添加任何信息，切换到页面布局视图模式后，将在页眉和页脚位置处显示提示文字“单击可添加页眉”或“单击可添加页脚”，如果不添加页眉和页脚信息，这些提示文字并不会被打印出来。

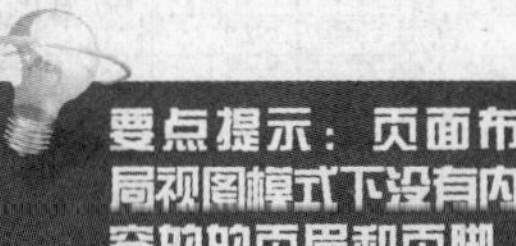

功能完全相同，只不过用不同的方式来显示设置项目。

显然，在页面布局视图模式下设置页眉和页脚信息更加直观，初学者可以通过该视图进行设置，有经验的用户可选自己熟悉的方法设置。

9.2.2 分页预览视图

单击Excel 2007窗口状态栏右侧的“分页预览视图”按钮，或在“视图”选项卡下“工作簿视图”组中单击“分页预览”按钮都可以切换到页面布局视图中。在分页预览模式中，工作表中将要打印的单元格以白色显示，并提示当前为第几页，不会被打印的区域以灰色显示，如下图所示。

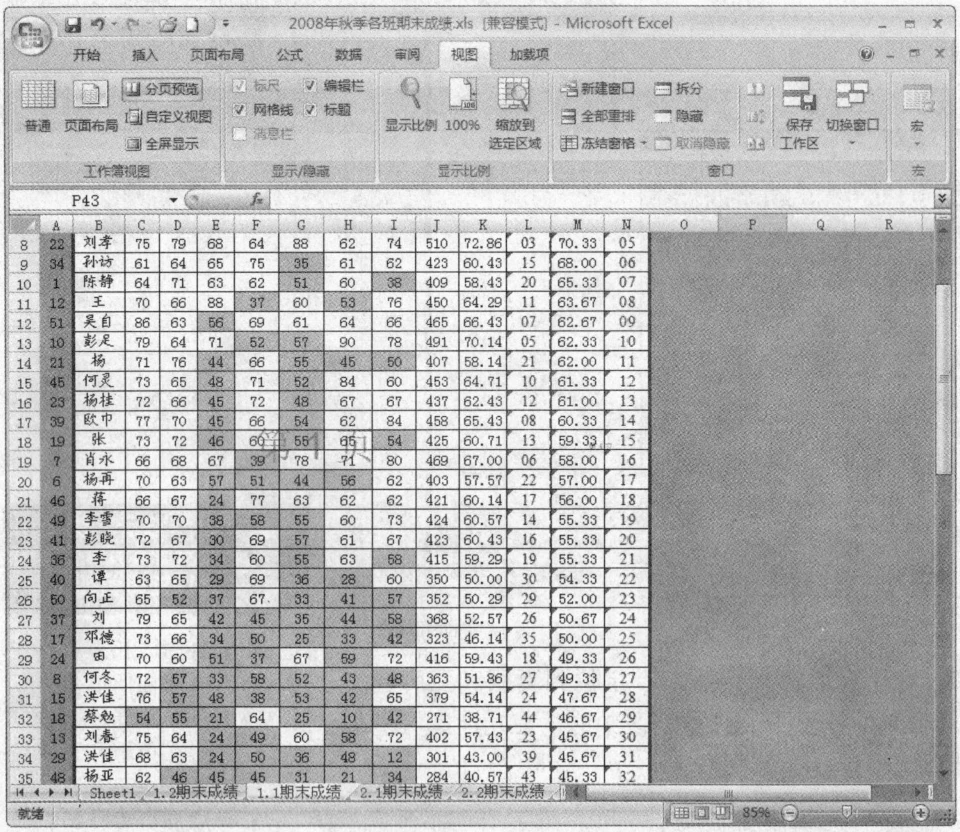

分页预览视图■

分页预览视图模式不会显示页眉和页脚、页边距等信息，但如果要打印的工作表有多页时，用分页预览视图可以分页显示工作表中要打印的区域，让用户知道打印时将会从工作表的何处分页。

9.2.3 打印预览视图

打印预览视图可以根据布局设置模拟工作表被打印到纸张上的效果，因此在打印工作表之前一般应先进行打印预览。如果对打印效果不满意，还可以及时对页面设置进行调整，直到对效果满意再进行打印，以免浪费纸张。

单击Office按钮，从弹出的菜单中选择“打印/打印预览”命令，或在“页面设置”对话框中单击“预览”按钮便可切换到打印预览视图中。

要点提示：设置视图中的显示元素

在“视图”选项卡下“显示/隐藏”组中选中或取消选中“网格线”、“编辑栏”或“标题”复选框，可以在普通视图中显示或隐藏网格线、编辑栏或行号与列标。如果是在页面视图中，通过取消选中或选中“标尺”复选框还可以取消或显示标尺。

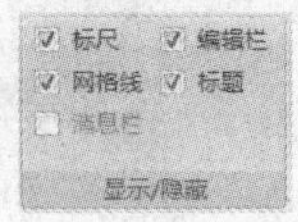

要点提示：全屏显示工作表编辑区

在“视图”选项卡下“工作簿视图”组中单击“全屏显示”按钮，可以只显示标题栏和工作表编辑区，而隐藏Excel窗口的其他组成部分。如果要退出全屏显示状态，需按【Esc】键退出。

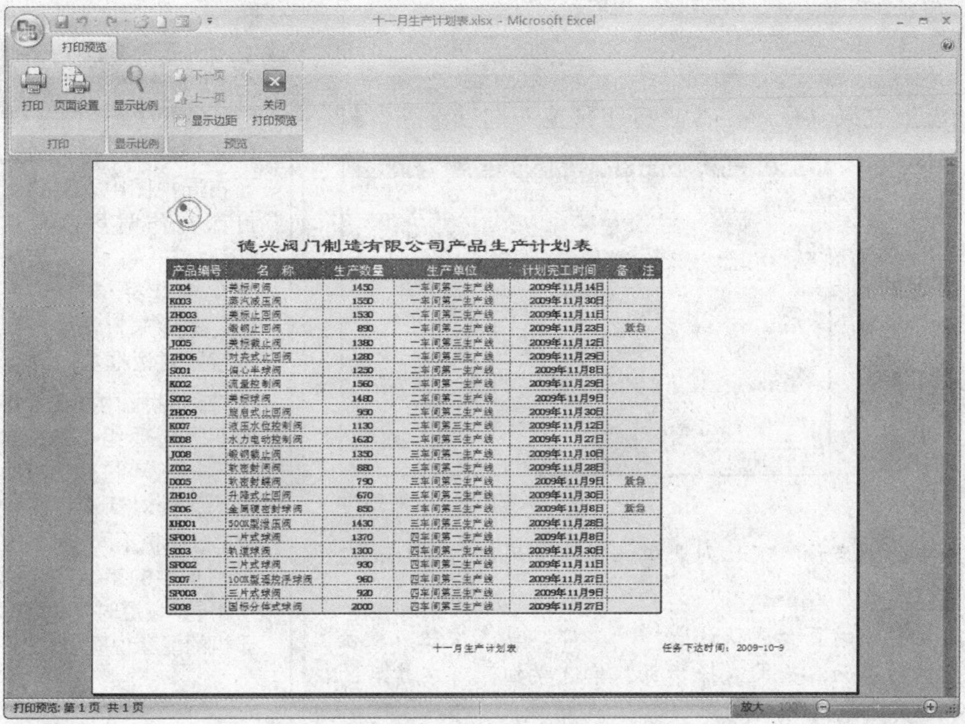

打印预览视图

打印预览视图中的“显示比例”按钮默认呈凹陷状态，此时鼠标光标为形状，用该形状的鼠标光标在页面中任意位置处单击都可以使该打印页面在完整显示和100%显示之间切换。当以100%方式显示时，鼠标光标变成形状；以完整显示方式显示时，鼠标光标变成形状。

如果要调整页边距或页眉和页脚区的大小，可以在打印预览视图功能区的“预览”组中选中“显示边距”复选框，在视图中显示出页边距和页眉页脚区，然后用鼠标光标拖动页边距和页眉页脚区的界线调整相应区域的大小。

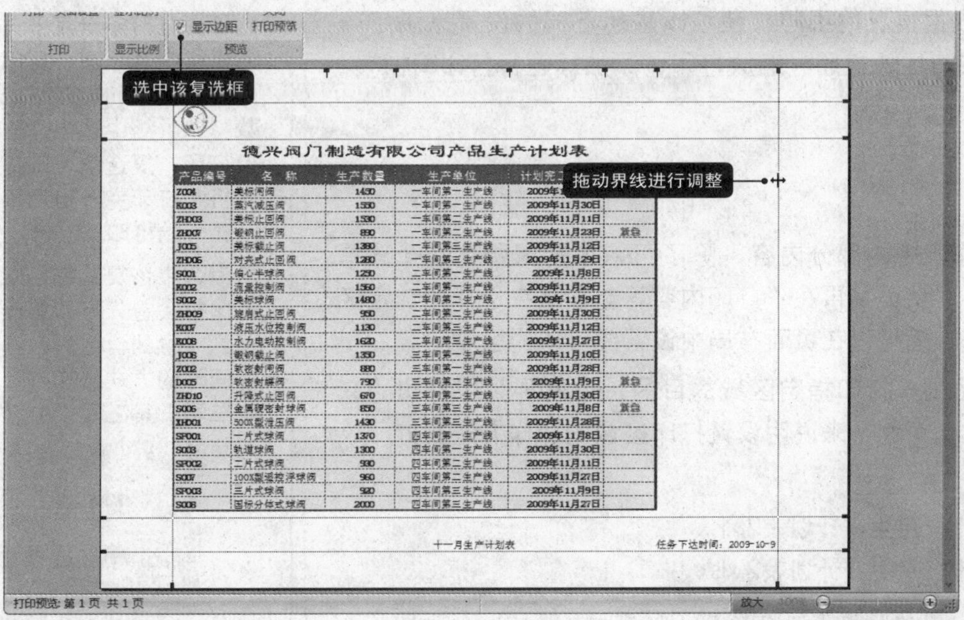

调整区域大小

要点提示：关于打印预览的知识

在打印预览视图中如果对页面布局效果不满意，可以单击打印预览视图上方的“页面设置”按钮，打开“页面设置”对话框调整页面设置参数。

如果还需编辑表格内容，则单击“关闭打印预览”按钮或按【Esc】键退出打印预览视图，返回到原来的视图模式中。

要点提示：打印预览视图的缩放方法

在打印预览视图中只能通过功能区中的“显示比例”按钮或按住【Ctrl】键滚动鼠标滚轮两种方式来缩放显示比例，不能通过Excel 2007窗口右下角的视图缩放滑块来调节显示比例。

9.3 打印输出

当时打印预览视图中的设置效果满意后，在“打印预览”选项卡下“打印”组中单击“打印”按钮即可打开如右图所示的“打印内容”对话框。对打印选项进行设置后，单击“确定” 按钮将指定的内容打印到纸张上。

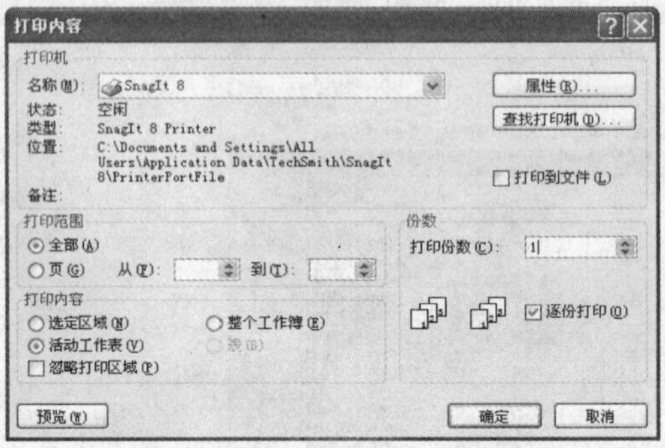

“打印内容”对话框■

“打印内容”对话框包括“打印机”、“打印范围”、“打印内容”和“份数”4个选项组，各选项组中主要项目的作用分别如下。

- **打印机**：在该选项组中的“名称”下拉列表中选择要使用的打印机（在安装了多台打印机的情况下）。
- **打印范围**：用于设置要打印的页面。默认选择“全部”单选按钮，表示打印工作表所有有数据的页面；如果选择“页”单选按钮，可在其后的数值框中输入要打印的页码范围。
- **打印内容**：在该选项组中指定要打印的内容。默认选择“选定区域”单选按钮，即打印当前选择的工作表；如果选择“整个工作簿”单选按钮，则会打印工作簿中所有有数据的工作表，包括图表；如果选择工作表的某个单元区域后打开“打印内容”对话框，并在该选项组中选择“选定区域”单选按钮，则只打印选择的区域。如果选择工作表中的图表（关于图表的制作将在以后的内容中详细讲解）再打开“打印内容”对话框，则在该栏中会自动选择“选定图表”单选按钮。
- **份数**：若要同时打印多份相同的电子表格，则可在“打印份数”数值框中设置需要打印的份数。

在打印表格内容时，根据情况的不同，还可以采用不同的设置来满足一些特殊场合下的打印，主要有区域打印、缩放打印、添加标题行打印3种特殊情况，下面分别讲解。

9.3.1 区域打印

如果只需打印某张工作表中的部分内容，除了可以如前面所述选择该单元区域后打开“打印内容”对话框，再在“打印内容”选项组中选择“选定区域”单选按钮来进行打印外，还可以在页面布局中设置要打印的区域。

虽然这两种方法都能达到只打印指定区域的目的，但两种区域打印的意义相差却相当大。下面通过一个例子来说明设置打印区域的操作方法及打印效果，其操作方法如下。

素材 光盘：\素材\第9章\十一月生产计划表2.xlsx

效果 光盘：\效果\第9章\十一月生产计划表2.xlsx

Step 01 打开素材文件，在十一月的工作表中选择A2:E14单元格区域，然后在“页面布局”选项卡下“页面设置”组中单击“打印区域”按钮，在弹出的下拉菜单

要点提示：关于打印设置的知识

如果切换回了普通或页面布局视图中，要执行打印操作时可以单击Office按钮，从弹出的菜单中选择“打印/打印”命令来打开“打印内容”对话框。

在该对话框中单击“打印机”选项组中的“属性”按钮，可打开该打印机的属性对话框进行设置。打印机不同，其属性对话框中的参数项也有所不同，设置时可参见打印机的配套说明书。

要点提示：关于逐份打印的知识

如果要打印多份且多页的表格内容，在“打印内容”对话框的“份数”选项组中选中“逐份打印”复选框，则打印机会打印完一份后再从头开始打印第二份。

取消选中该复选框，则打印机会首先打印第一页到设置的份数后，再用同样的方式依次打印第二页、第三页……，直至完成。

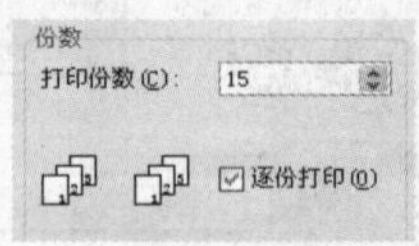

中选择“设置打印区域”命令。

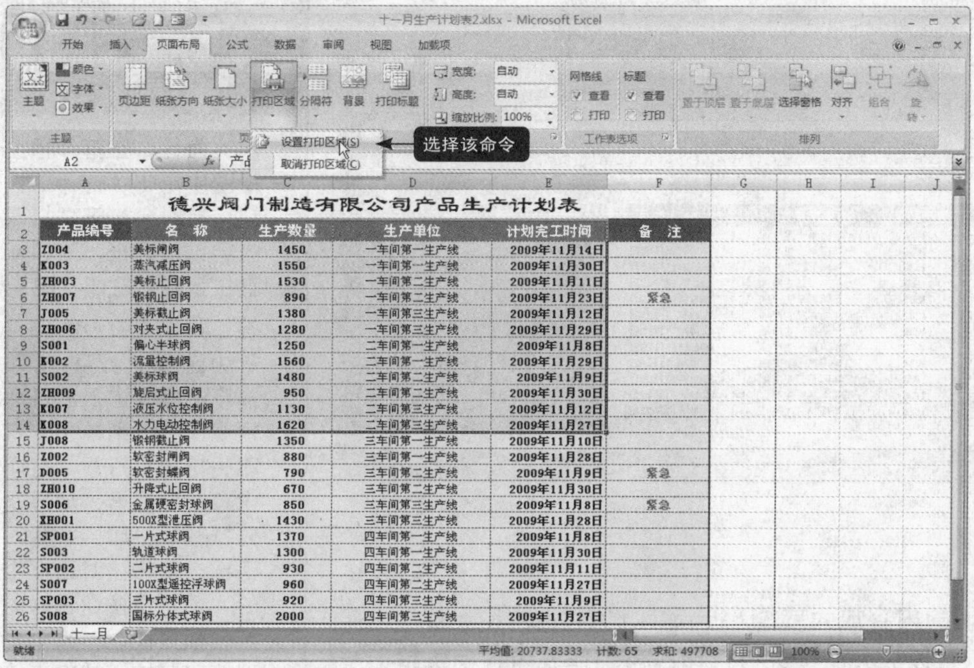

Step 02 被选择的单元格区域即被设为要打印的区域，其周围将出现虚线框。然后单击Office按钮，从弹出的菜单中选择“打印/打印”命令。

Step 03 在打开的“打印内容”对话框的“打印机”选项组的下拉列表框中选择要使用的打印机，其他参数项均保持默认设置，然后单击“预览” 按钮。

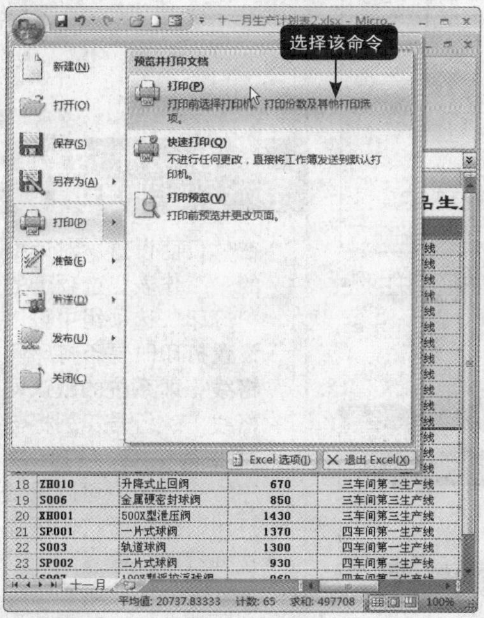

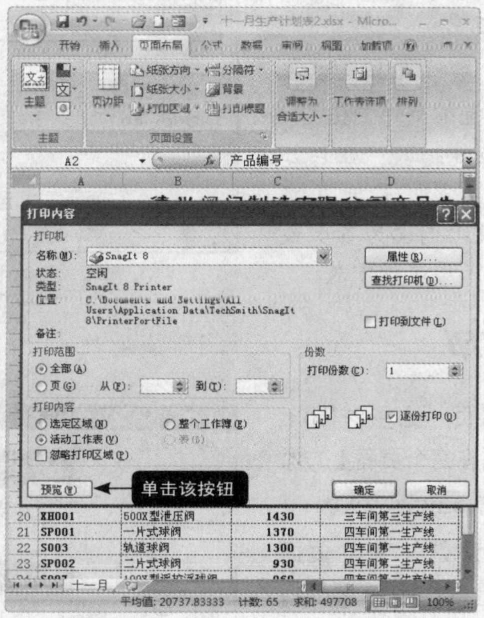

Step 04 在出现的打印预览视图中可以看到，虽然在“打印内容”对话框的“打印内容”选项组中选择的是“活动工作表”单选按钮，但将被打印的内容并不是整张工作表，而是被设为打印区域的单元格区域。此时单击打印预览视图中的“打印”按钮即可将该区域的内容打印到纸张上。

疑难解答：设置打印区域的作用

问：既然可以通过选择区域后在“打印内容”对话框中指定只打印选择的区域，为何还要用设置打印区域这种方式来打印单元格区域呢?

答：如果经常要打印工作表中的某个固定单元格区域，就可以将其设置为打印区域，这样可避免每次打印时都要手动选择的麻烦。

疑难解答：如何打印整张或者整个工作簿

问：设置打印区域后，如果又想打印整张工作表或整个工作簿该怎么操作呢?

答：设置打印区域后如果又需打印整张工作表或整个工作簿，可以在“打印内容”对话框的“打印内容”选项组中选中“忽略打印区域”复选框来使本次打印操作忽略设置的打印区域，下次打印时仍会只打印设置的区域。

如果以后都不再打印该区域，可以在“页面布局”选项卡下“页面设置”组中单击“打印区域”按钮，在弹出的下拉菜单中选择“取消打印区域”命令将其取消。

9.3.2 缩放打印

缩放打印可以将要打印的内容放大或缩小一定比例打印到纸张上。比如当工作表中的数据太少时，可以放大比例进行打印；当工作表内容稍微超出一页纸的大小时，可以将其缩小打印到一张纸上，以节省纸张。

缩放打印的方法是：在“页面布局”选项卡下“页面设置”组中单击右下角的“对话框启动器”按钮，打开“页面设置”对话框的“页面”选项卡，在“缩放”选项组中设置，缩放方法有以下两种。

- 选择“缩放比例”单选按钮，再在后面的数值框中设置缩放比例值。
- 选择“调整为”单选按钮，然后在后面设置要将缩放成几页宽几页高。当不知道缩放比例设为多少最合适的情况下可以采用这种方式。

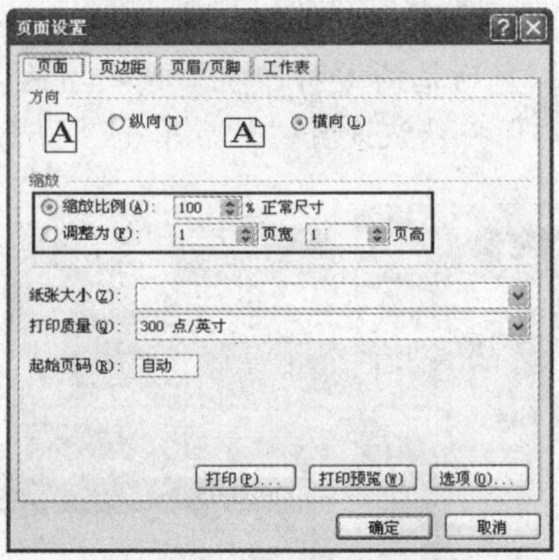

设置缩放打印比例

9.3.3 添加标题行打印

如果要打印的工作表有多页，要想在打印出的每页上均显示列标签，不需在每个页面上方添加列标签，只需添加要打印的标题行即可实现。

添加标题行打印的方法是：在“页面布局”选项卡下“页面设置”组中单击“打印标题”按钮，打开“页面设置”对话框的“工作表”选项卡，在“打印标题”选项组的“顶端标题行”参数框中设置要打印在每页上的行；在“左端标题列”参数框中设置要打印在每页上的列。

设置标题行打印

疑难解答：在打印预览视图中单击“打印”按钮的不同效果

问：为什么在打印预览视图中单击“打印”按钮，有时会打开“打印内容”对话框，有时却直接就开始打印了呢？

答：如果是在Office菜单中选择“打印/打印预览”命令进入的打印预览视图，则单击“打印”按钮将打开“打印内容”对话框；如果是先打开“打印内容”对话框，单击该对话框中的“预览”按钮进入的打印预览视图，则单击“打印”按钮就将直接开始打印。

要点提示：设置打印项目与顺序

在“页面设置”对话框的“工作表”选项卡的“打印”选项组中可以设置打印时是否打印网格线（即系统的默认网格线）、行号、列标与批注等；在“打印顺序”选项组中可以设置打印时是按行打印还是按列打印。

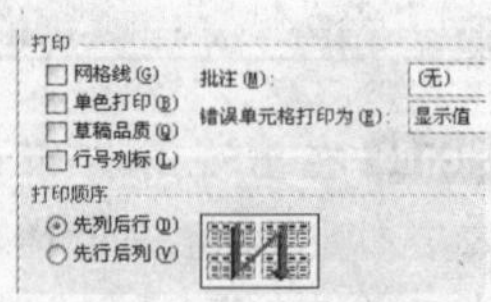

将标题行打印和打印所选单元格区域相结合，可以实现特殊的打印要求。如要从记录多个员工的工资表中为每一名员工单独打印工资条，就可以在打印时依次选择每位员工工资记录，给每个记录行加上列标签。

> **要点提示：快速打印**
>
> 按【Ctrl+P】组合键也可以打开“打印内容”对话框。如果只需打印草稿就不用进行打印设置，可以在Office菜单中选择“打印/快速打印”命令，采用默认的设置进行打印。

应用案例——打印生产任务下达条

下面用标题行打印和选择区域的方法，在生产计划表中给每个生产单位打印工作任务，其操作方法如下。

素材 光盘：\素材\第9章\十一月生产计划表2.xlsx

效果 光盘：\效果\第9章\十一月生产计划表3.xlsx

Step 01 在“页面布局”选项卡下“页面设置”组中单击“打印标题”按钮，打开“页面设置”对话框的“工作表”选项卡。

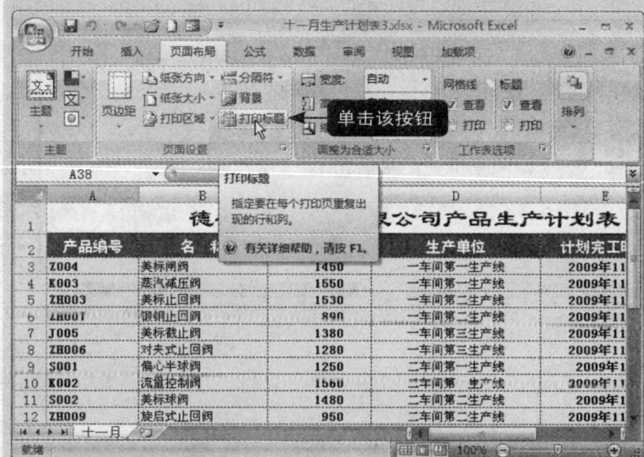

Step 02 将光标插入“顶端标题行”参数框中，然后在十一月份的工作表中选择第二行的任意单元格，系统自动在该参数框中填入第二行的地址。

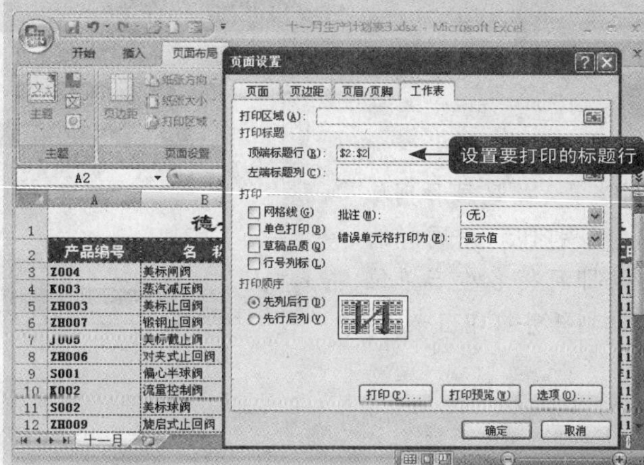

Step 03 单击“确定” 按钮应用设置，然后在工作表中选择一车间第一生产线的计划任务区域A3:F4单元格区域。单击Office按钮 ，从弹出的菜单中选择“打印/打印” 命令。

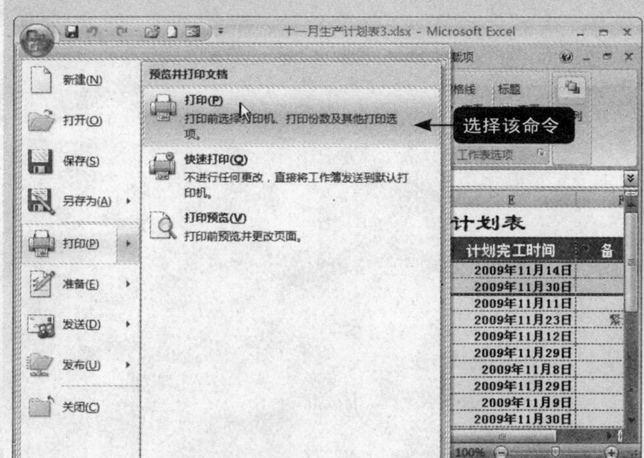

Step 04 在打开的“打印内容”对话框的“名称”下拉列表中选择要使用的打印机，在“打印内容”选项组中选择“选定区域”单选按钮，然后单击“预览” 按钮。

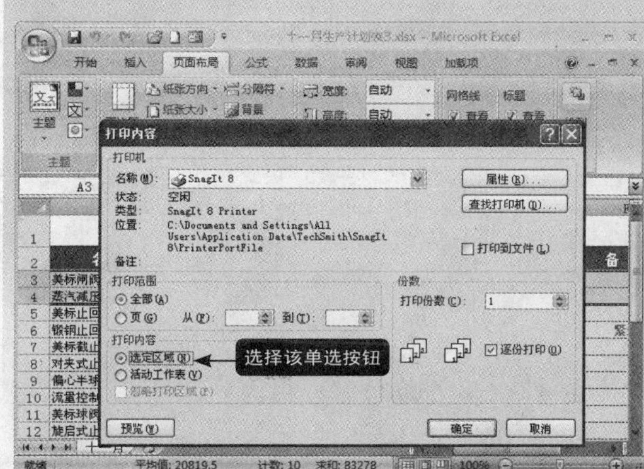

Step 05 在出现的打印预览视图中可以看到，第二行的列标签和选择的A3:F4单元格区域将被打印。单击打印预览视图中的“打印”按钮打印一车间第一生产线的11月份生产任务。

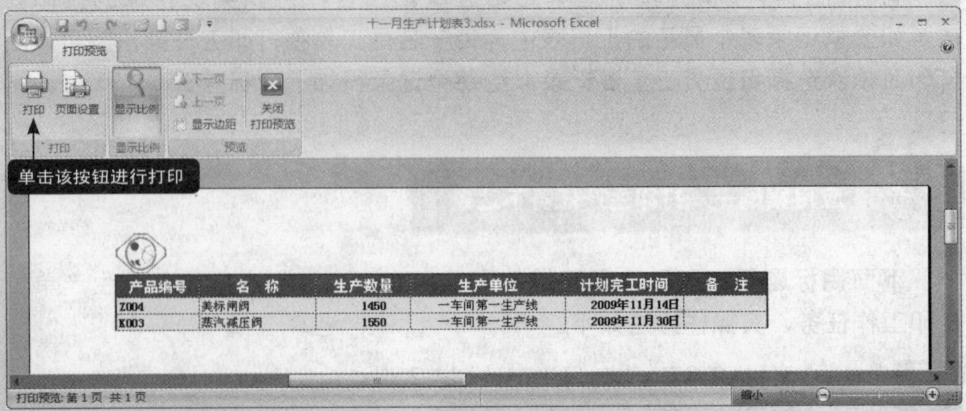

Step 06 打印后再选择一车间第二生产线的计划任务A5:F6单元格区域。然后在Office菜单中选择“打印/打印”命令打开“打印内容”对话框，选择“选定区域”单选按钮，单击“预览”按钮，可以看到A5:F6单元格区域和列标签将被打印。用同样的方法即可将各生产单位的计划任务打印出来。

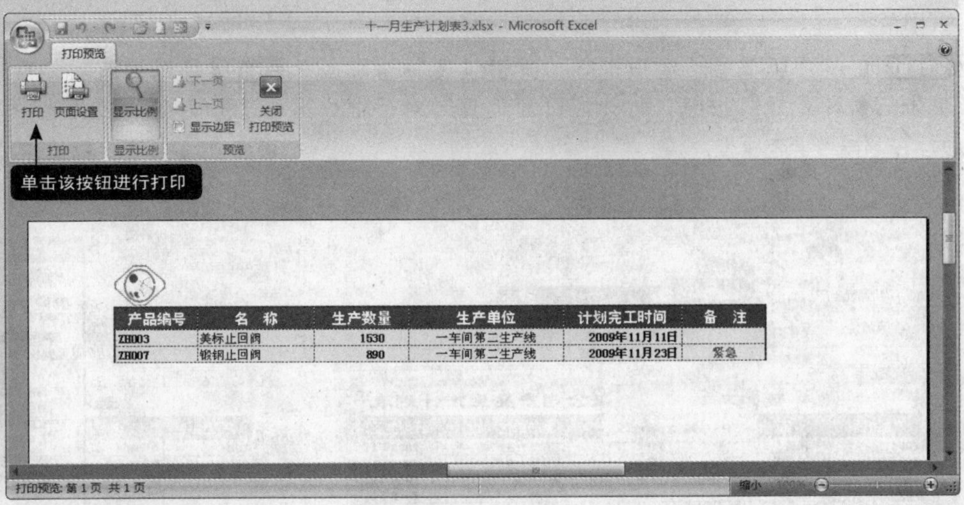

Part 4

公式与函数运算技术

Excel的重要功能之一是对数据的计算和分析，而使用其中的公式和各种类型的函数，可轻松实现数据的复杂运算。另外，Excel提供的各项分析功能，可用于对数据进行处理分析，得出对工作有用的结果。

10 Chapter 认识公式与函数

READERS' GUIDE

Excel有着强大的运算能力，相信不少人都在Excel中使用公式计算过数据。不过许多人并不是很了解Excel中公式的规则，更不知道运算能力更加强大的函数应该如何使用。本章将系统地讲解Excel中公式与函数的语法结构、函数的类别、运算符、引用类型等知识，并对如何处理使用公式与函数过程中产生的错误值进行剖析，为以后熟练使用公式与函数打下坚实的基础。

MAIN CASES

使用公式进行运算 P166

Excel中的运算符 P169

使用函数进行运算 P171

Excel中的引用类型 P177

处理公式与函数中的错误值 P178

10.1 使用公式进行运算

在Excel中，公式是能让Excel进行计算的表达式。要使用公式计算数据，就必须遵守Excel中公式的规则，否则无法完成数据的运算。因此必须先了解公式的语法规则、输入与使用方法。

10.1.1 公式的构成

Excel中的公式必须遵守如下语法：最前面是“＝”（等号），后面是参与计算的元素，通过运算符将参与计算的元素隔开。可以输入到公式中的元素有5种，这些元素及其含义分别如下。

- **运算符**：公式的基本元素，利用它可对公式中的元素进行特定类型的运算。不同的运算符代表着不同的运算，如“+”（加）、“-”（减）、“*”（乘）、“/”（除）和“&”（文本连接符）等。
- **数值或字符串**：数值或任意字符串，如2.53、优秀、Fd43、miss等。
- **括号**：用于控制公式中各表达式被处理的先后次序。
- **单元格引用**：指定要参与运算的区域，它们可以是单元格区域、命名的单元格、同一工作簿内其他工作表中的单元格或其他工作簿中某张工作表上的单元格。
- **函数及其参数**：公式中可以包含函数及其参数，如ROUNDUP(C2,2)。

要点提示：关于公式的知识

在Excel中，公式是一系列值、单元格引用、名称或运算符的组合，可以生成新的值。

Excel公式的语法描述了计算的过程，公式中元素的结构或次序决定了最终的计算结果。

10.1.2 输入公式

要用公式计算数据，首先必须输入公式。在第4章中介绍数据类型时提到公式属于特殊的数据类型，因此其输入方法与第4章中介绍的在单元格中输入数据的方法相同，既可以在编辑栏中输入，也可以在单元格中输入。

当然，公式也有其特殊性，由于公式中通常包含单元格的引用，因此在输入要引用的单元格时，既可以直接输入其地址，也可以用鼠标光标选择要引用的单元格，让系统自动输入地址。与第8章中讲解的引用其他Excel数据的方法相同，因此这里不再赘述。

与普通数据有所不同的是，当单击输入了公式的单元格时，在单元格中默认显示公式的计算结果，但在编辑栏中将显示公式的具体内容，如右图所示。

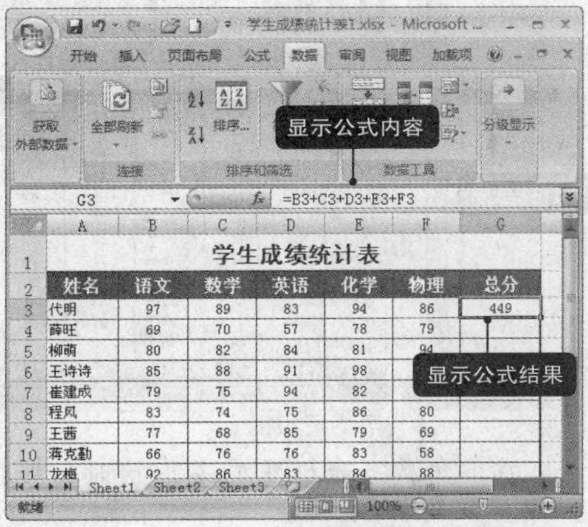

选择包含公式的单元格■

> **要点提示：既显示公式结果又查看公式内容的方法**
>
> 输入公式后确认输入的方法与输入普通数据的方法相同，只不过输入公式后确认的同时将计算出公式的结果。
>
> 由于输入公式后经常既要查看公式结果，又要在编辑栏中查看公式的内容，因此可以按【Ctrl+Enter】组合键来确认输入，计算出公式结果的同时仍保持该单元格的激活状态，便于查看公式内容。

10.1.3 编辑公式

在单元格中输入公式后，可根据需要对公式进行修改；当需要计算大量类似情况的数据时，可以用复制公式的方法快速进行计算；还可以根据需要将公式转化成数值。

1. 修改公式

输入公式后，如果发现输入错误或以后情况发生变动时，就需要修改公式。修改公式与第4章中介绍的修改普通数据的方法相同，只需选择公式中要修改的部分，输入所需内容后确认即可。

2. 复制公式

复制公式与复制普通数据的操作方法相同，既可以通过复制与粘贴功能复制，也可以通过填充柄复制。但使用这两者复制的结果就大不一样了，因为在复制公式的过程中，Excel会自动改变引用单元格的地址。

当要输入的多个公式结构相同，仅引用的单元格不同时，就可以只输入一个公式，然后采用复制公式的方法快速输入其他公式。下面通过在学生成绩统计表中根据各科成绩计算考试总成绩来体验复制公式的自动变化，其操作方法如下。

素材 光盘：\素材\第10章\学生成绩统计表1.xlsx

效果 光盘：\效果\第10章\学生成绩统计表1.xlsx

Step 01 打开素材文件，单击G3单元格，输入公式“=B3+C3+D3+E3+F3”，按【Ctrl+ Enter】组合键，在G3单元格中计算出第一位学生的总分。

Step 02 保持G3单元格的选择状态，按【Ctrl+C】组合键进行复制。再单击G4单元

> **要点提示：纠正错误引用，采取适当方法**
>
> 在输入或编辑公式时，如果选择要引用的单元格时，引用错误（如单击了不需要引用的单元格）时，在尚未进行其他操作前，再单击正确的单元格即可更正过来。
>
> 一般引用本工作表中的单元格，直接输入要引用的单元格地址更加快捷；引用其他工作表或其他工作簿中的地址时用鼠标选择要引用的单元格更方便。

格，按【Ctrl+V】组合键进行粘贴，计算出第二位学生的总分，通过编辑栏可以看到，G4单元格中的公式自动变成了“=B4+C4+D4+E4+F4”。

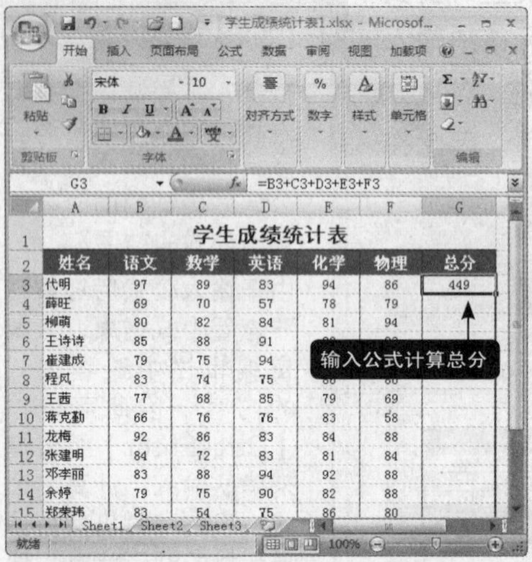

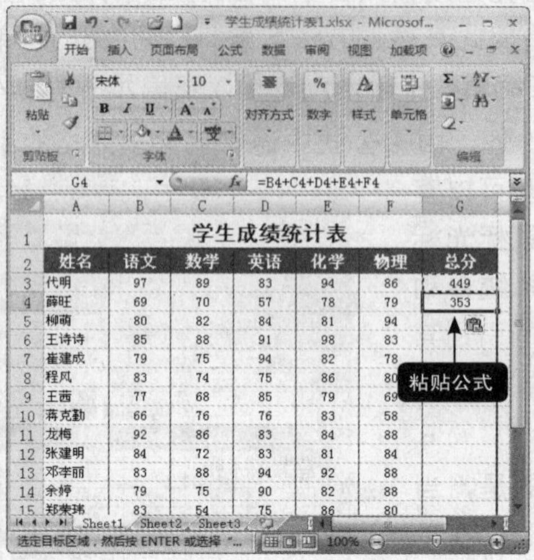

Step 03 将鼠标光标移至G4单元格右下角，当光标变成✚形状时，按住鼠标左键不放向下拖动至G18单元格处。

Step 04 在G18单元格位置处释放鼠标左键，计算出其他学生的总分，此时选择G18单元格，在编辑栏中便可看出其公式中引用的单元格地址也自动发生了变化。

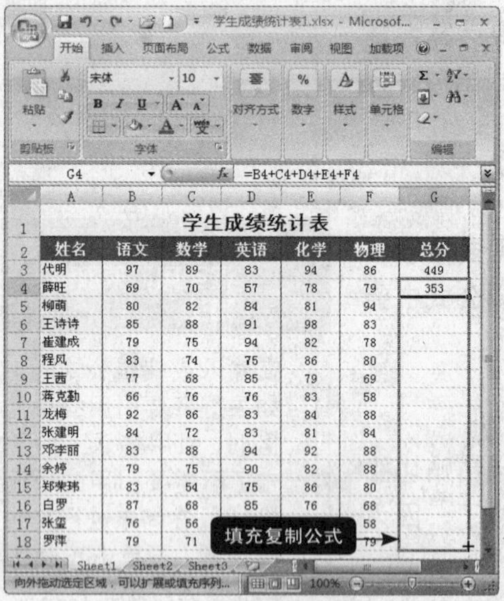

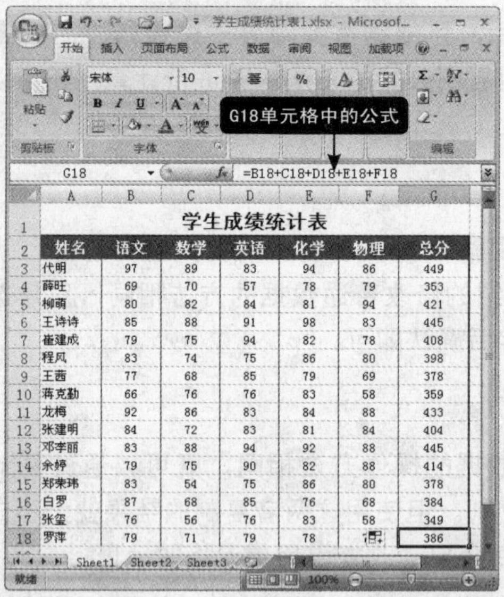

3. 将公式结果转化成数值

如果单元格中的公式不再需要修改，可以利用Excel的选择性粘贴功能将公式结果转化为数值。转化后，即使更改公式中引用的单元格中的数据，其结果值也不会随之变化。

如将前面计算的学生成绩总分的公式结果转换成数值而非公式，其操作方法如下。

素材 光盘：\素材\第10章\学生成绩统计表2.xlsx

效果 光盘：\效果\第10章\学生成绩统计表2.xlsx

要点提示：采用适当的方法复制公式

如果要复制公式的单元格是连续的单元格区域时，采用拖动填充柄的方法复制更加方便；如果要复制公式的单元格是非连续的单元格时，则使用快捷键复制和粘贴公式更加方便。

使用技巧：快速输入同结构的公式

选择单元格区域并在选择区域中的某个单元格中输入公式后，按【Enter】键可以在选择区域的所有单元格内输入同一结构的公式。如在复制公式的案例中，选择G3:G18单元格区域后，在G3单元格中输入公式“=B3+C3+D3+E3+F3”，按【Ctrl+ Enter】组合键就可以一次性计算出所有学生的总分。

Step 01 打开素材文件，选择要转化为数值的公式所在的G3:G18单元格区域，按【Ctrl+C】组合键进行复制。再在“开始”选项卡下“剪贴板”组中单击“粘贴”按钮的下拉按钮，在弹出的下拉菜单中选择“粘贴值”命令。

Step 02 复制的公式便被转换为数值并粘贴到原来的位置处。此时单击G3:G18单元格区域中的任意一个单元格，从编辑栏中可以看到显示的是数值而非公式。

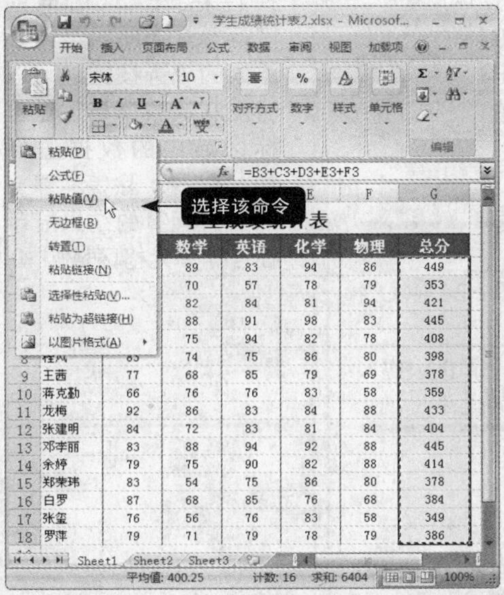

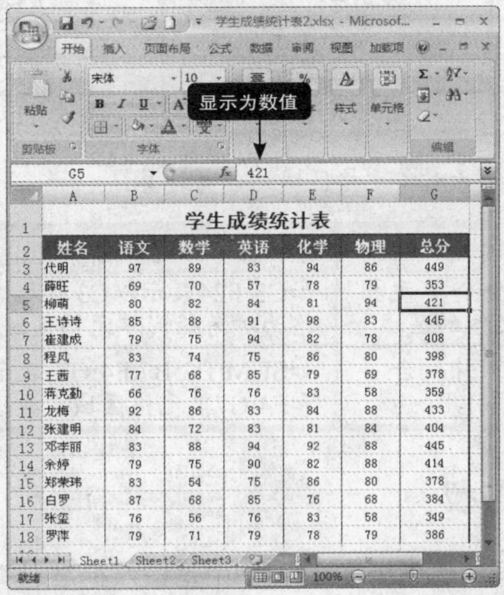

要点提示：通过“选择性粘贴”对话框粘贴

在“剪贴板”组中单击“粘贴”按钮的下拉按钮，在弹出的下拉菜单中选择“选择性粘贴”命令，打开“选择性粘贴”对话框。在“粘贴”选项组中还可以选择更多的粘贴选项，如只复制批注、只复制数据有效性设置等。

其中“数值”单选按钮的意义与菜单中的“粘贴值”命令作用相同。

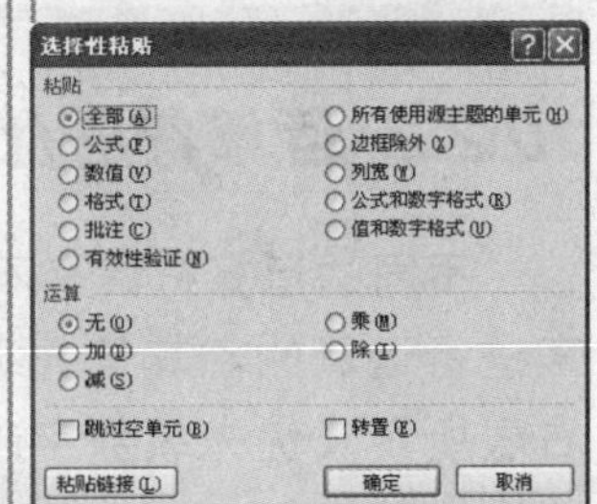

10.2 Excel中的运算符

提到公式，就不得不说Excel公式中的运算符了。运算符是构成公式的基本元素之一，也是影响运算结果的重要因素之一，在函数的参数中也经常会用到运算符，因此有必要详细了解运算符的意义及作用。

10.2.1 运算符的类型

Excel中的运算符可分为算术运算符、文本运算符、比较运算符和引用运算符4种类型，不同的运算符代表着不同的运算，其意义和作用分别如下。

◆ 数学运算符：用于进行基本的数学运算，如加、减、乘和除等。

算术运算符	含　义	示例
+（加号）	加	5+6
-（减号）	减	6-1-4
*（星号）	乘	5*3
/（斜杠）	除	6/2
%（百分号）	百分比	50%
^（脱字符）	乘方	5^2（相当于5*5）

◆ 文本运算符：Excel中的文本运算符只有和号（&），也被称为文本串联符。

文本运算符	含　义	示例
&（和号）	将两个文本值连接起来产生一个连续的文本值	如输入“="7月"&"3日"”得到的结果将是“7月3日”

要点提示：关于选择性粘贴的知识

在“选择性粘贴”对话框中选择“值和数字格式”单选按钮，在将公式结果转换成值进行粘贴的同时，还将保持原来的数字格式不变；而选择“数值”单选按钮进行粘贴时，值将自动匹配目标单元格的数字格式。在粘贴时可根据实际需要选择相应的单选按钮。

◆ 比较运算符：用于比较两个不同数据的值，其结果将返回逻辑值FALSE或TRUE。

算术运算符	含 义	示例
=（等号）	等于	A1=B1
>（大于号）	大于	A1>B1
<（小于号）	小于	A1<B1
>=（大于等于号）	大于等于	A1>=B1
<=（小于等于号）	小于等于	A1<=B1
<>（不等于）	不等于	A1<>B1

◆ 引用运算符：主要用于对单元格区域的合并计算。

算术运算符	含 义	示例
:（区域运算符）	引用两个单元格及其之间的区域	如C3:F24表示以C3单元格及F24单元格为对角矩形单元格区域
,（半角的逗号）	将多个引用合并为一个引用	如SUM(B3:B7,F4:G7)表示计算B3:B7和F4:G7单元格区域中数值的总和

10.2.2 运算符的优先级

不同的运算符具有不同的优先级，在Excel中是按照标准运算符优先次序来进行运算的，其优先级如右表所示（优先级数字越小的优先级越高）。

运 算 符	优先级
:（冒号） ,（逗号）	1
－（负号）	2
%（百分号）	3
^（求幂）	4
*（乘） /（除）	5
+（加） －（减）	6
&（文本连接符）	7
= >< >= <= <>（比较运算符）	8

这里所列的优先级是在没有括号的公式中的优先次序。括号在Excel中具有最高优先级，如果公式中包含括号，将先计算括号内的表达式，再计算括号外的表达式。

10.2.3 使用嵌套括号

在数学表达式中，除了圆括号外，还使用方括号和大括号来控制运算的顺序。而在Excel中均用圆括号来控制运算顺序，因此在多级运算中就会出现多对圆括号的情况。

将括号放到括号之内，这就称为嵌套括号。遇到这种情况时，Excel将按照先内后外的顺序优先处理最内部括号中的内容，然后依次向外扩展。

如公式“=(((C2+C3)-(D2+D3))/(F3*A3))*G2”中使用了5组括号，在计算时将先用C2+C3与D2+D3的值相减，接着计算F3*A3的乘积，再用相减得到的值除以F3*A3的乘积，最后用得到的商与G2单元格的值相乘。

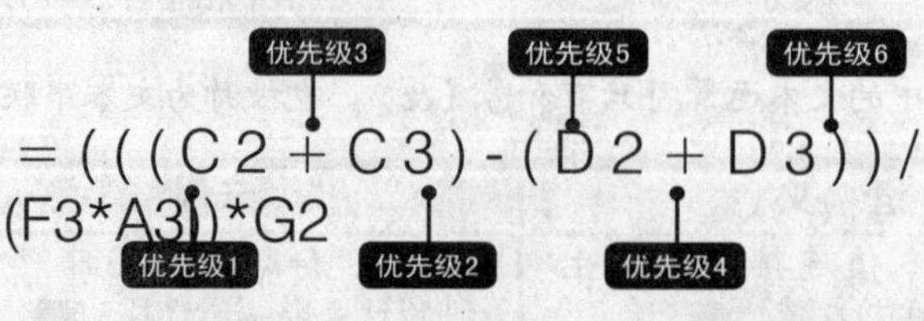

使用技巧：快速更改有效性设置

如果要粘贴到的目标区域中存在数据，在“选择性粘贴”对话框的“运算”选项组中选择不同的单选按钮还可以将复制的数据与粘贴目标区域中的数据进行加、减、乘、除等运算，然后将运算的结果显示在目标单元格区域中。

要点提示：关于排序方法的知识

不论是使用公式，还是使用函数，其中的所有运算符号都需要在半角状态下输入，而且左括号和右括号都必须成对出现（在Excel 2007中，系统已能够自动将公式中的全角括号转化为半角的括号）。特别是在使用多层嵌套括号时需注意。

如果输入的括号不匹配，在确认输入时，Excel将弹出提示框说明公式中缺少括号，必须加以更正后才能执行出结果。

10.3 使用函数进行运算

理解了公式的含义，对函数就比较容易理解了，因为函数是Excel系统预先定义好的公式，是一种在需要时可以直接调用的表达式，它们使用一些被称为参数的特定数值按照特定的顺序或结构进行计算，因此使用函数可以轻松地完成各种复杂的运算。

10.3.1 函数的结构

函数的一般结构为：函数名(参数1,参数2,…)，如“IF(B2<10000,3%*B2,5%*B2)”，其中各部分的含义如下。

- **函数名**：即函数的名称，每个函数都有唯一的函数名，如条件函数IF、求和函数SUM和求平均值函数AVERAGE等。
- **参数**：函数中用来执行操作或计算的值，不同的函数，其参数的数量也不同。按参数的数量和使用方式区分，函数有不带参数、只有一个参数、参数数量固定、参数数量不固定和具有可选参数之分。在后面学习函数的过程中会见到各种情况。

10.3.2 函数的类型

Excel 2007中提供了多种函数，按照函数的功能来划分，大致可以将其分为以下9类。

- **逻辑函数**：用来测试是否满足某个条件，并判断逻辑值。该类函数只包含AND、FALSE、IF、IFERROR、NOT、OR和TRUE这7个函数，其中IF函数的应用非常广泛。
- **信息函数**：用来帮助用户鉴定单元格中的数据所属的类型或单元格是否为空等。
- **文本函数**：用来处理公式中的文本字符串。如TEXT函数可将数值转换为文本；VALUE函数可将代表数字的文本字符串转换成数字。
- **日期和时间函数**：用来分析或处理与日期和时间有关的数据。如DATE函数用来返回代表特定日期的序列号；TIME函数用来返回某一特定时间的小数值。
- **数学和三角函数**：用来计算数学和三角方面的数据，其中三角函数采用弧度作为角的单位，而不是角度。如ABS函数用来返回数字的绝对值；RADIANS函数可以把角度转换为弧度。
- **统计函数**：用来统计分析一定范围内的数据，如AVERAGE函数用来统计多个数据的平均值，MAX函数用来统计一组值中的最大值。
- **查找与引用函数**：用来查找或引用列表或表格中的指定值。如LOOKUP函数用来从单行、单列区域，或者从一个数组查找值；ROW函数用来返回引用的行号。
- **数据库函数**：用于对存储在数据清单中的数值进行分析，判断其是否符合特定的条件等，如DSTDEVP函数可计算数据的标准偏差。
- **财务函数**：用于计算与财务相关的数据。如DB函数可计算固定资产折旧值；FV函数可基于固定利率及等额分期付款方式返回某项投资的未来值。

要点提示：函数与公式的联系和区别

函数与公式既有区别又相互联系。如果说函数是Excel预定义好的特殊公式，那么用户编辑的公式就是由用户自行设计的对数据进行计算和处理的表达式。

要点提示：关于工程与多维函数的知识

在Excel 2007中还可直接查看到工程函数和多维数据集，而在Excel 2003及之前的版本中，默认状态下是不显示这些函数的。要使用这些函数需要自定义或加载宏控件才能进行使用。

工程函数用来处理复杂的数字，并在不同的计数体系和测量体系中进行转换；多维数据集则是用来计算多维数据集合中的相应数据，如CUBEMEMBER函数用来验证成员或元组存在于多维数据集中，并返回多维数据集中的成员或元组。

由于这两类函数用于专业的领域，大多数领域和人士不会用到，因此本篇不介绍这两类函数的使用方法。

10.3.3 函数参数的类型

函数的参数可以是常量、表达式、单元格引用、数组、逻辑值、错误值或嵌套函数，其含义分别如下。

- ◆ **常量**：是指在计算过程中不会发生改变的值。如数字“35”、文本“销售单价”、Video等。
- ◆ **表达式**：表达式指一个公式中的公式。用表达式作为函数的参数时，将先计算这个表达式，再用结果作为函数的参数值。如在公式“=COS((A2－B3)－(A3+B2))”中将先计算(A2－B3)－(A3+B2)的值，再用COS函数计算其余弦值。
- ◆ **逻辑值**：即真值（TRUE）或假值（FALSE）。
- ◆ **错误值**：即形如“#N/A”、“#NAME?”等的值。
- ◆ **单元格引用**：这在函数计算中也运用得相当多。引用时可以引用单个单元格、单元格区域、整列、整行、同一工作簿中其他工作表中的单元格区域或其他工作簿中的单元格区域。
- ◆ **嵌套函数**：有些函数可以用作其他函数的参数，这称为嵌套函数。当出现这种情况时，将首先计算最深层的嵌套表达式，然后逐渐向外扩展。如在计算公式“=COS(RADIANS (A1))”时会先用RADIANS函数将A1单元格中的度数值转换成弧度，再用COS函数计算该角度的余弦值。

要点提示：创建自定义函数

懂VBA语言的用户还可以自行创建所需的工作表函数。但自己创建的函数不能通过插入函数对话框的方式插入（将在10.3.4节中讲解通过对话框插入函数的方法），只能手动输入。

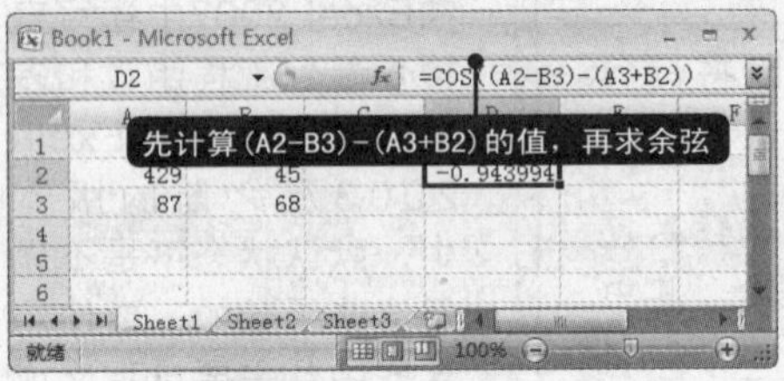

■用表达式作参数

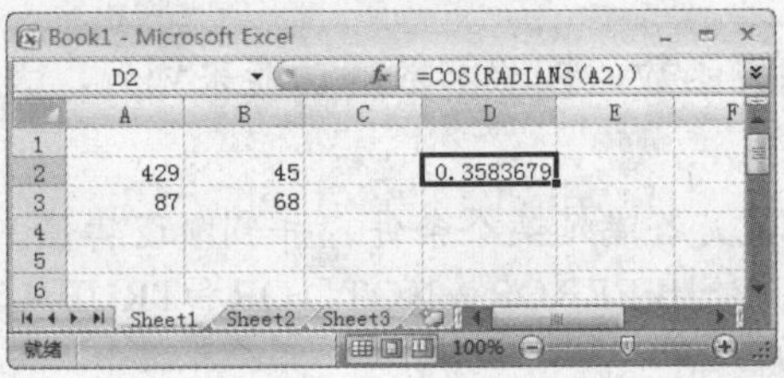

用嵌套函数作参数■

- ◆ **数组**：数组就是一组数值，分别用逗号和括号来分隔，用数组可大大简化公式。如用公式“=SUMPRODUCT (A2:B4,E2:F4)”计算右图两数组中对应数据乘积之和，作用相当于公式“=4*8+6*6+5*2+2*4+7*5+3*9”。

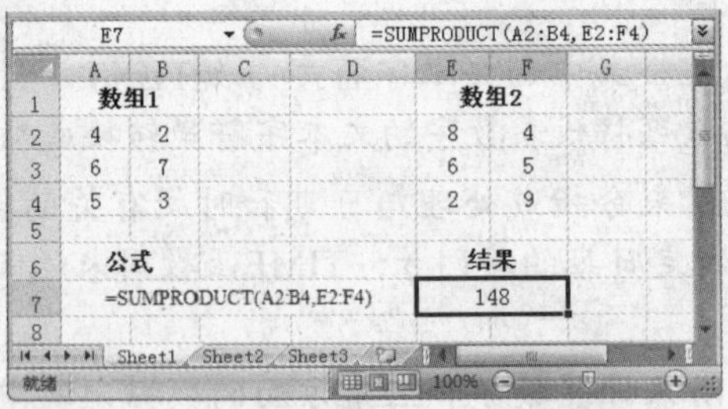

用数组作参数■

要点提示：关于函数中的等号

由于函数是预定义的公式，因此使用函数进行计算时也必须以等号开始。

当在空白单元格中输入了“=”（等号）后，Excel就会认为用户在其中输入了公式。输入以“@”开头，后面跟着函数的内容时，Excel也会将其认作公式，并将“@”转化为等号。

10.3.4 输入函数

要在工作表中使用函数，除了可以像输入公式那样直接在单元格或编辑栏中输入之外，还可以通过“公式”选项卡或通过“插入函数”的对话框来输入函数并设置其参数。

如果对要使用函数的语法结构非常熟悉，并且对其参数也比较了解时，可以直接在单元格中输入函数及其参数。如果并不熟悉、不了解函数语法结构及参数的含义，则可采用后两种方法输入所需的函数。

1. 通过“公式”选项卡插入函数

如果知道要使用的函数类别，只是对其语法结构或参数的含义不太清楚，则可在“公式”选项卡下“函数库”组中单击所需函数的类别按钮，在弹出的下拉菜单中选择要使用的函数，再在打开的“函数参数”对话框中设置函数参数。

“函数库”组

要点提示：关于函数参数的知识

函数的参数必须用括号括起来，即使某个函数不带任何参数，也必须在函数名后面添加一对括号。

Excel中的公式最多可以包括7级嵌套函数，嵌套超过7级将无法进行运算。

应用案例——评定员工考核成绩

如要在员工技能考核成绩表中用IF函数（已经知道该函数属于逻辑函数类型）将成绩小于60分的记录标记为“补考”，将成绩大于等于60分的记录标记为“合格”，其操作方法如下。

素材 光盘：\素材\第10章\员工技能考核成绩表.xlsx

效果 光盘：\效果\第10章\员工技能考核成绩表.xlsx

Step 01 打开素材文件，单击E3单元格。在“公式”选项卡下“函数库”组中单击“逻辑”按钮，在弹出的下拉菜单中选择“IF”函数。

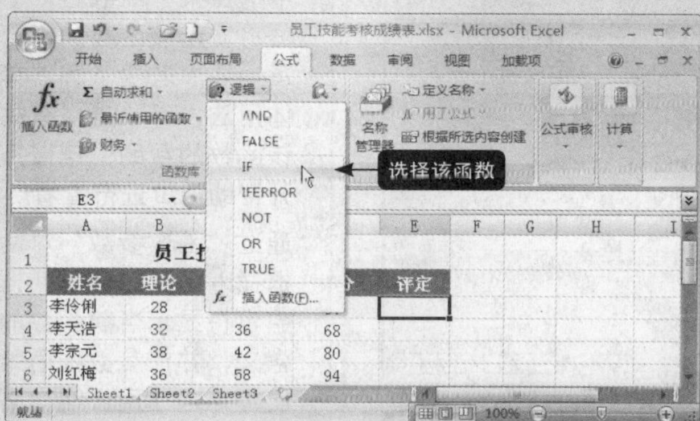

Step 02 系统自动在单元格和编辑栏中输入“=IF()”，并打开“函数参数”对话框。单击第一个参数框后面的“压缩对话框”按钮。

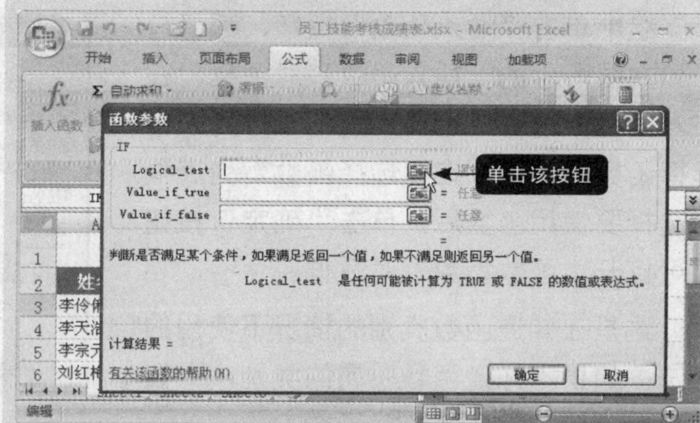

Step 03 此时对话框最小化，在工作表中单击D3单元格，该单元格的格地址自动填入参数框中，再单击参数框右侧的按钮还原对话框。

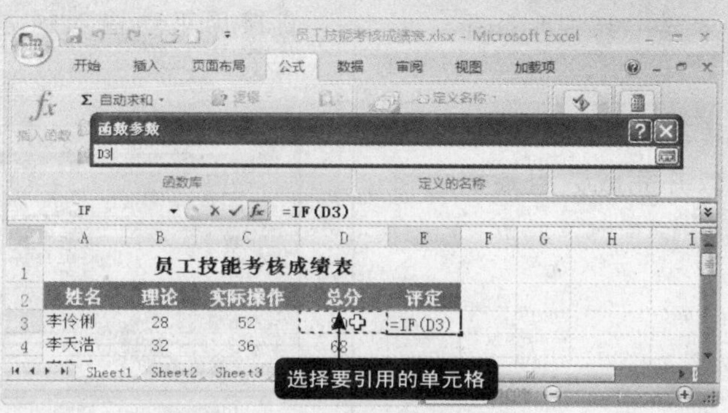

Step 04 在自动输入的单元格地址后面输入“<60”，再在下面的两个参数框中分别输入“补考”和“合格”，系统自动在输入完的文字两侧添加引号。

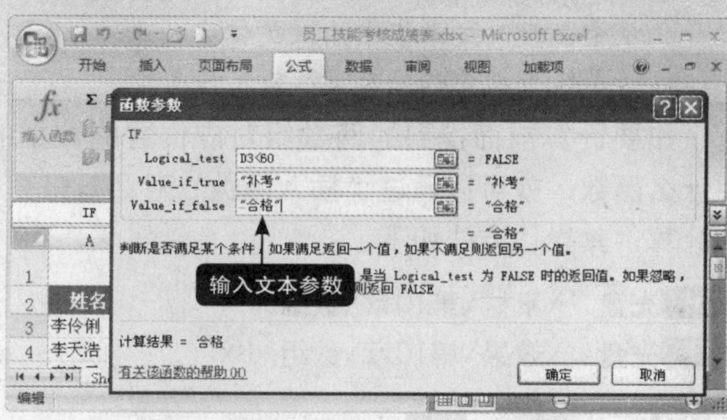

Step 05 输入完毕，单击“确定”按钮。系统按设定的参数完成公式的输入，并返回公式结果。

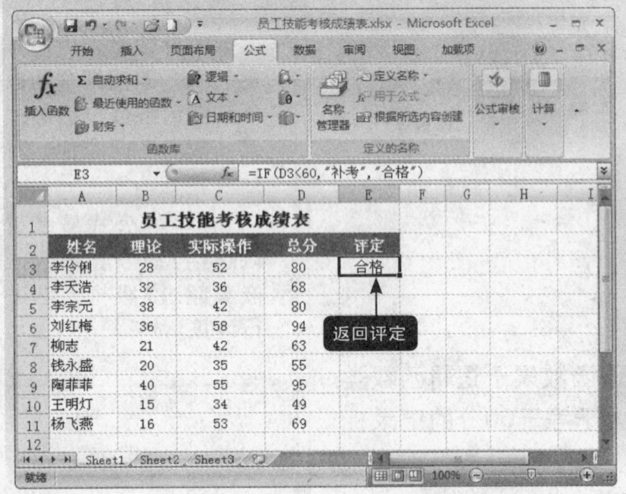

Step 06 用鼠标拖动E3单元格的填充柄至E11单元格处释放，填充其他员工的考评评定。

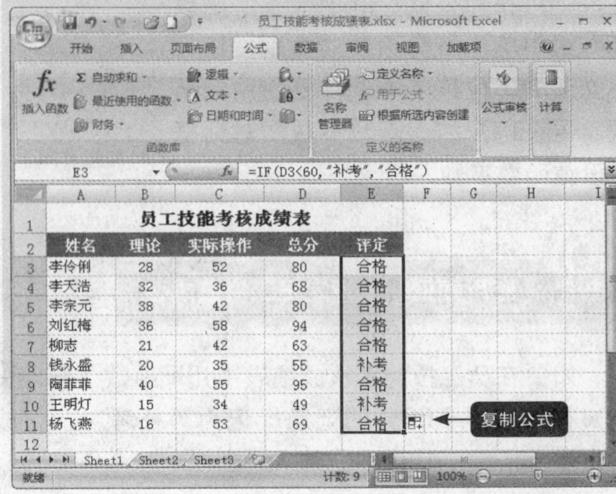

2. 通过“插入函数”对话框插入函数

如果要使用函数来完成某项计算任务，但不知道函数所属的类别，甚至不知道用什么函数合适，则可以通过“插入函数”对话框来选择或查找函数。

单击编辑栏中的“插入函数”按钮，或在“公式”选项卡下“函数库”组中单击“插入函数”按钮，都将打开如右图所示的“插入函数”对话框。在该对话框中的“或选择类别”下拉列表中选择函数的类别，在“选择函数”列表框中选择要使用函数后，单击“确定”按钮即可打开“函数参数”对话框。

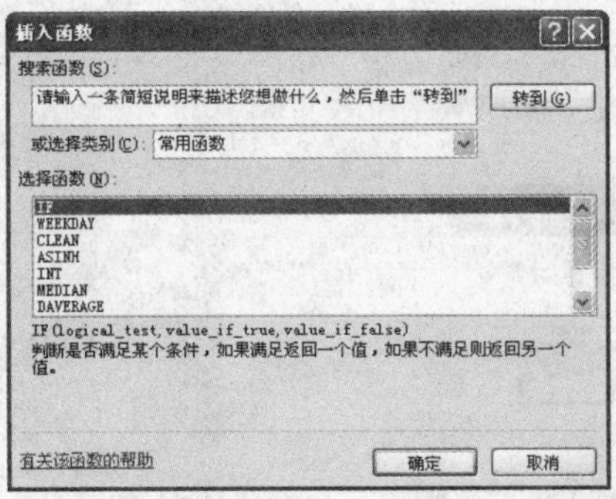

“插入函数”对话框

这是在知道函数类别的情况下使用的方法；如果不知道函数所属的类别，可以通过以下两种方法来查找函数。

- 如果知道函数的名称，但不知道其所属的类别，可以先在“选择函数”列表框中选择任意函数，然后在键盘上按函数的前几个字母对应的键，便可自动跳到以该字母开头的函数处。
- 如果要完成某项计算，但不知道要使用什么函数比较合适，可以在“搜索函数”文本框中输入关键字（如“求幂”）后单击“转到”按钮，让系统自动查找与关键字相关的函数。

如要计算前面提到的两数组对应位置的数据的乘积之和，却不知道该使用什么函数，就可以通过“插入函数”对话框来查找函数并完成数组乘积之和的计算，其操作方法如下。

素材 光盘：\素材\第10章\数组.xlsx

效果 光盘：\效果\第10章\数组.xlsx

要点提示：通过对话框插入函数的优点

在“插入函数”对话框中选择某个函数后，下方将显示该函数的作用及语法。若要了解其具体用法，可单击“有关该函数的帮助”链接打开帮助窗口进行查看。

通过“函数参数”对话框插入函数时，对话框中也将显示当前函数的含义，并在参数项后给出提示，让用户明白需输入什么类型的参数。

这对不熟悉函数含义及语法规则的用户来说非常方便。当然对某个函数熟悉之后，就可以直接用手动输入的方法了。

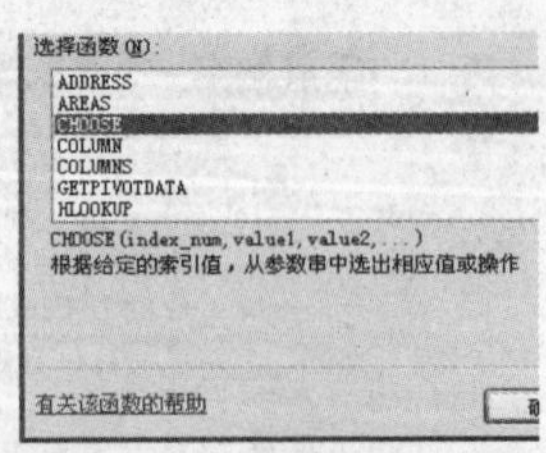

Step 01 打开素材文件，单击要输入函数公式的H4单元格，再单击编辑栏中的“插入函数”按钮f_x打开“插入函数”对话框。在“搜索函数”文本框中输入“数组积”（在“数组”和“积”之间留一个空格），单击“转到”按钮，在“选择函数”列表框列出与数组和求积相关的函数。

Step 02 选择不同的函数，在列表框下面查看其作用。当选择到SUMPRODUCT 函数时，发现其可以达到目的，于是选择该函数，单击“确定”按钮。

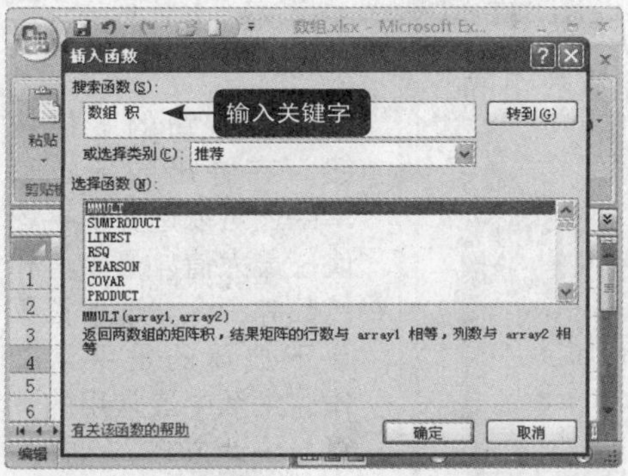

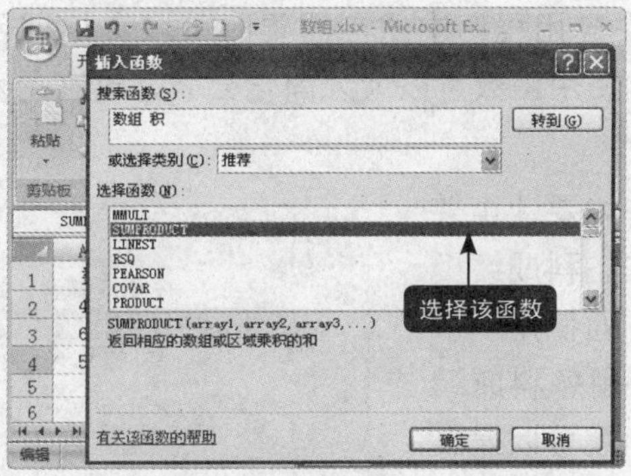

Step 03 系统自动在单元格和编辑栏中输入“=SUMPRODUCT()”，并打开“函数参数”对话框。单击第一个参数框后面的“压缩对话框”按钮。

Step 04 最小化对话框后，在工作表中选择第一个数组区域A2:B4单元格区域，参数框中自动出现“数组1”。

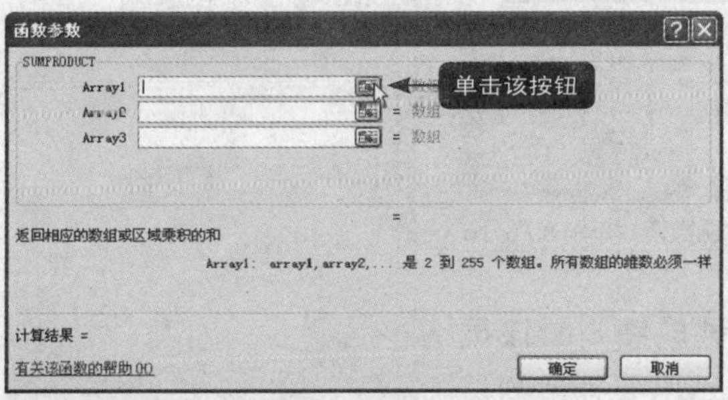

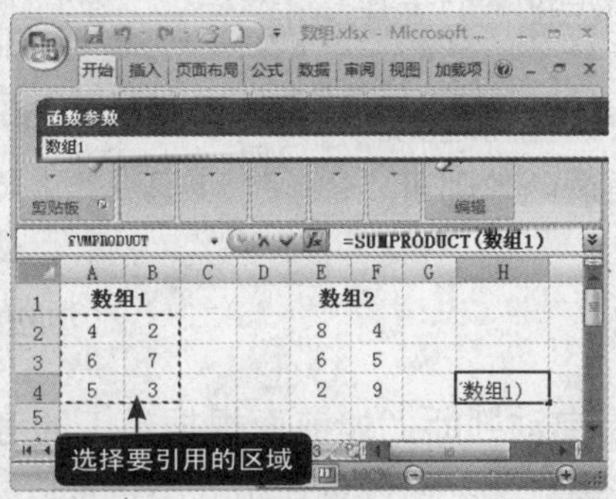

Step 05 单击参数框右侧的按钮还原对话框，然后用同样的方法在第二个参数框中引用E2:F4单元格区域。

Step 06 单击“确定”按钮，即可在H4单元格中计算出两个数组对应位置的数值的乘积之和。

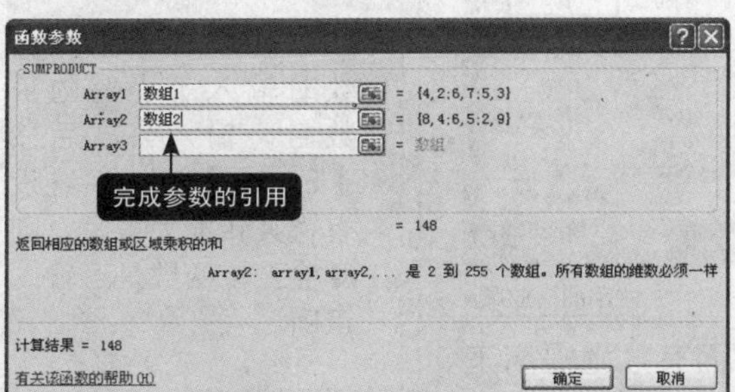

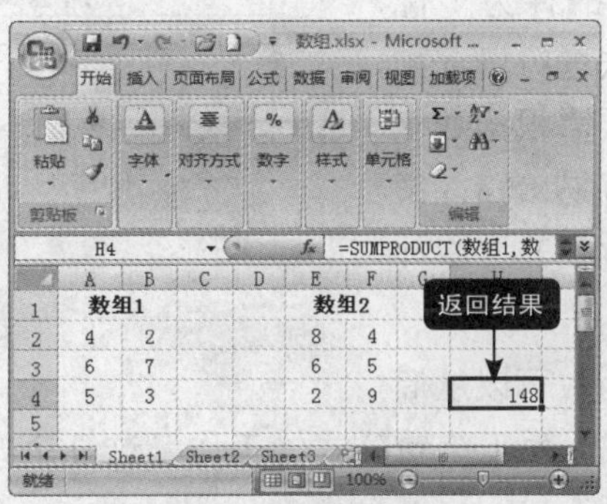

要点提示：快速使用最近使用过的函数

系统会自动记录下用户最近使用过的10个函数名称。当近期使用过某个函数后，要再次使用该函数时，可以在“公式”选项卡下“函数库”组中单击“最近使用的函数”按钮，在弹出的下拉菜单中选择近期使用过的函数，避免再次查找函数。

要点提示：引用单元格时根据情况采用适当的方法

在参数框中引用单元格区域时，如果对话框较大不便选择，可单击参数框后的按钮压缩对话框后进行选择；如果对话框未遮住工作表中要选择的数据区域，也可以直接用鼠标在工作表中选择；如果知道引用的地址，也可直接在参数框中输入。

本书后面需要使用函数时，均采用手动输入的方法，以节约篇幅。

10.3.5 函数的作用

通过前面的讲解，相信大家已经对函数的作用有了初步的体验。但函数是系统预定好的公式，也可以手动编辑公式，就不需去记忆函数的语法规则了。下面就来详细地讲解函数都有哪些作用。

1. 简化公式

由于函数是一种包含在应用程序中的在需要时可以直接调用的表达式，是预先定义好的公式，因此使用函数可以大大简化公式，这在前面计算数组的例子中可以深刻体会到。

再举一个常见的例子。如要计算某位学生的平均成绩，需将其各科成绩相加，再用和值除以科目数。而使用求平均值函数AVERAGE只需引用各科成绩所在的单元格作为其参数，就可以得出结果了，如右图所示。

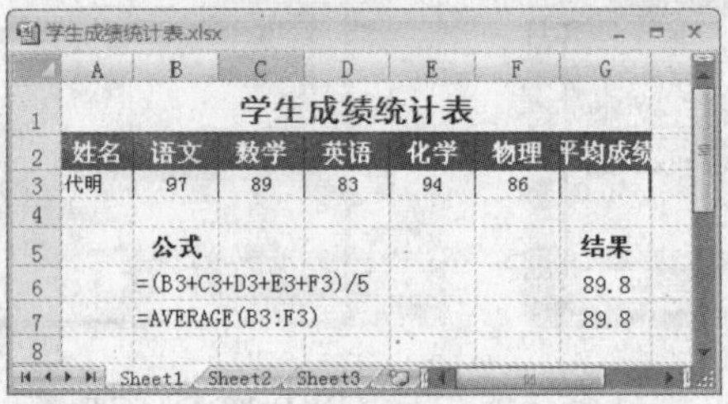

学生成绩统计表.xlsx

	A	B	C	D	E	F	G
1	学生成绩统计表						
2	姓名	语文	数学	英语	化学	物理	平均成绩
3	代明	97	89	83	94	86	
4							
5		公式					结果
6		=(B3+C3+D3+E3+F3)/5					89.8
7		=AVERAGE(B3:F3)					89.8
8							

用不同的方式完成同一任务

2. 实现特殊运算

使用函数可以实现一些常规公式无法进行的运算。如对计算结果按指定的位数进行四舍五入、将转换英文大、小写字母、返回单元格中指定位置的字符串或查找出多个数据中的最大值等问题。如果使用常规公式解决这些问题就会感到根本无从下手，而通过函数则可轻松解决。

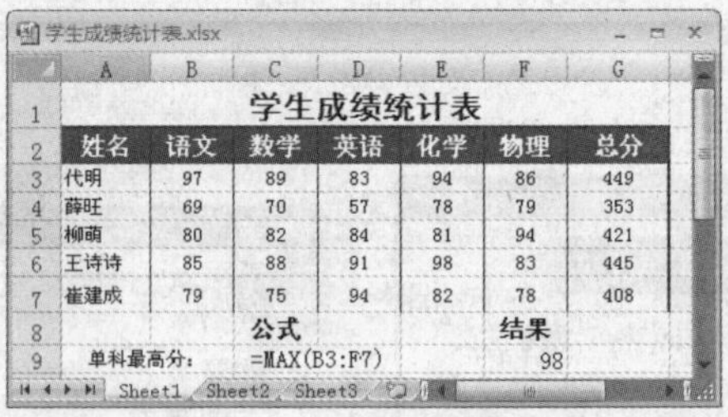

学生成绩统计表.xlsx

	A	B	C	D	E	F	G
1	学生成绩统计表						
2	姓名	语文	数学	英语	化学	物理	总分
3	代明	97	89	83	94	86	449
4	薛旺	69	70	57	78	79	353
5	柳萌	80	82	84	81	94	421
6	王诗诗	85	88	91	98	83	445
7	崔建成	79	75	94	82	78	408
8			公式			结果	
9	单科最高分:		=MAX(B3:F7)			98	

用MAX函数查找单科最高分

3. 进行智能判断

通过某些函数可以进行自动判断，如前面根据员工的考试成绩判断该员工是否需要补考。可能有人会说了，通过条件格式不也可以标示出要补考的员工吗？是这样的，但是如果情况再复杂点，就必须用到函数了。

如对销售人员的月销售额进行业绩评定，销售量小于3 000的评为“差”，在3 000~5 000之间的评为“合格”，在5 000~10 000之间的评为“良好”，大于10 000的评为“优秀”。通过条件格式就无法进行情况如此复杂的判断；而人为判断需根据数值一一核定，不仅麻烦，还容易出错；使用IF函数便可进行智能判断，并返回评定结果。

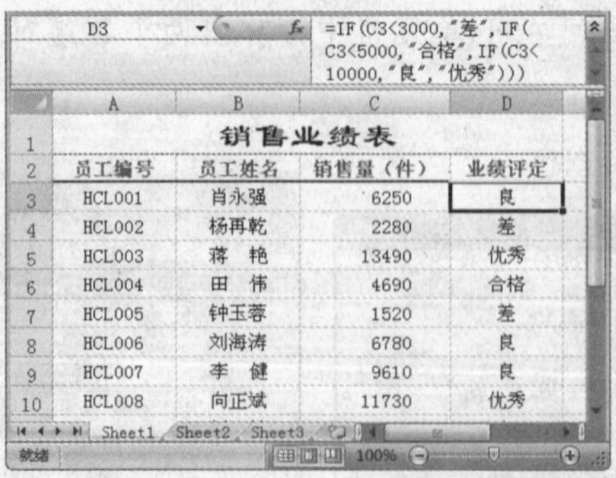

D3 =IF(C3<3000,"差",IF(C3<5000,"合格",IF(C3<10000,"良","优秀")))

	A	B	C	D
1	销售业绩表			
2	员工编号	员工姓名	销售量（件）	业绩评定
3	HCL001	肖永强	6250	良
4	HCL002	杨再乾	2280	差
5	HCL003	蒋　艳	13490	优秀
6	HCL004	田　伟	4690	合格
7	HCL005	钟玉蓉	1520	差
8	HCL006	刘海涛	6780	良
9	HCL007	李　健	9610	良
10	HCL008	向正斌	11730	优秀

评定销售业绩

由此可以看出，使用函数可以从简化公式、进行智能判断和减少手工编辑公式的工作量这几个方面有效地提高工作效率，并可实现特殊运算。

要点提示：关于数字筛选的知识

在“公式”选项卡下“函数库”组中有一个“自动求和”按钮，单击该按钮可以对选择单元格区域内的数值进行求和。

单击该按钮的下拉按钮，在弹出的下拉菜单中还可以选择求平均值、最大值、最小值和计数等命令。该下拉菜单下放置的是平常工作、生活中最常用的计算与统计方式。选择某个命令后，系统将自动调用相应的函数进行运算，不需手动输入或插入函数，可提高工作效率。

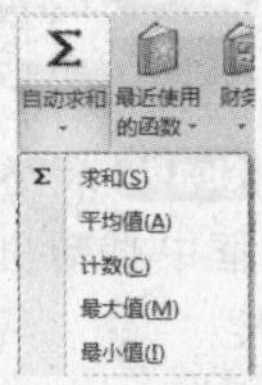

要点提示：输入函数名称时的大小写

在公式中输入函数名时可以输入大写或小写字母。如果输入的是小写字母，Excel会自动将其转换成大写。

如果在公式中输入函数时输入了小写的函数名，输入公式后按【Enter】键，系统没有将其转换为大写，则应检查该函数是否输入正确。

10.4 Excel中的引用类型

在复制包含公式的单元格时，公式中引用的单元格地址会自动改变，而引用其他工作簿中的单元格时，地址中又会出现“$”符号。这涉及了Excel中的引用类型问题。

在Excel中，引用有相对引用、绝对引用和混合引用3种类型，要使用好公式和函数，就必须理解Excel中的引用类型。

要点提示：手动输入函数时查看函数功能

在Excel 2007的公式中输入函数名时，当输入前几个字母后，系统会自动出现一个下拉列表显示以输入的字母开头的函数列表，选择某个函数名将显示其作用。

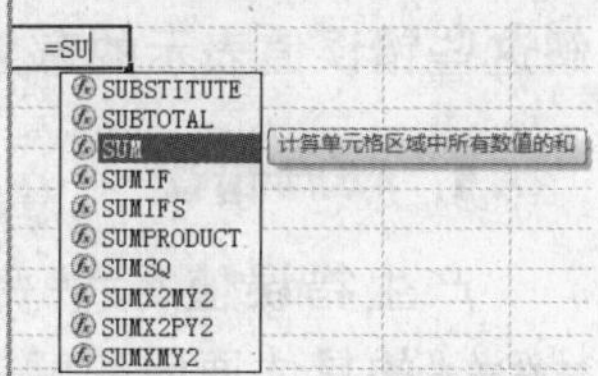

10.4.1 相对引用

相对引用是指当前单元格与公式所在单元格的相对位置。

默认情况下复制公式将采用相对引用方式。将公式复制到其他单元格中时，目标单元格中公式的引用位置会发生相应变化，但引用的单元格与包含公式的单元格的相对位置保持不变。

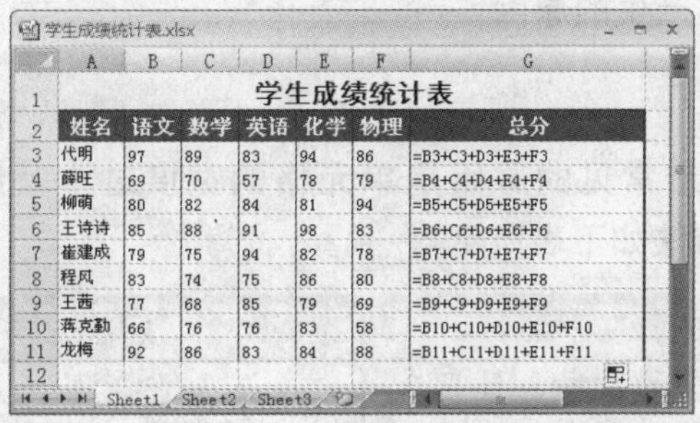

学生成绩统计表

姓名	语文	数学	英语	化学	物理	总分
代明	97	89	83	94	86	=B3+C3+D3+E3+F3
薛旺	69	70	57	78	79	=B4+C4+D4+E4+F4
柳萌	80	82	84	81	94	=B5+C5+D5+E5+F5
王诗诗	85	88	91	98	83	=B6+C6+D6+E6+F6
崔建成	79	75	94	82	78	=B7+C7+D7+E7+F7
程凤	83	74	75	86	80	=B8+C8+D8+E8+F8
王茜	77	68	85	79	69	=B9+C9+D9+E9+F9
蒋克勤	66	76	76	83	58	=B10+C10+D10+E10+F10
龙梅	92	86	83	84	88	=B11+C11+D11+E11+F11

相对引用下复制公式

10.4.2 绝对引用

绝对引用是指将公式复制到任意位置时，公式中的引用单元格地址始终固定不变，与目标单元格所处的位置无关。

引用其他工作簿中的单元格时，默认采用绝对引用。如果要将相对引用变为绝对引用，在相对引用单元格的列标和行号之前分别添加“$”符号就可使其变为绝对引用。

复制绝对引用的公式到其他单元格中，绝对引用地址始终不会发生改变，因此计算结果也不变。

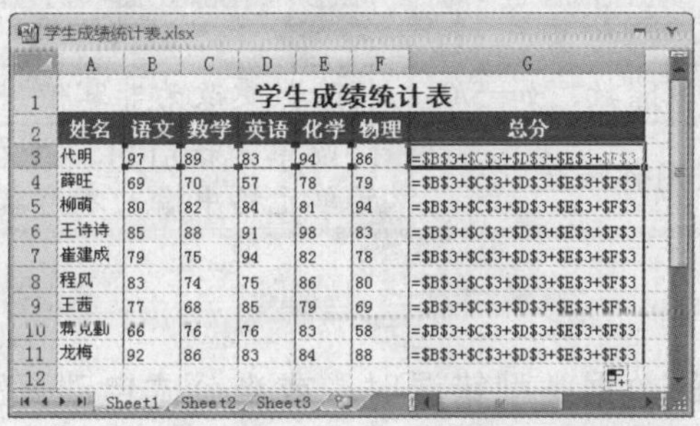

学生成绩统计表

姓名	语文	数学	英语	化学	物理	总分
代明	97	89	83	94	86	=$B$3+$C$3+$D$3+$E$3+$F$3
薛旺	69	70	57	78	79	=$B$3+$C$3+$D$3+$E$3+$F$3
柳萌	80	82	84	81	94	=$B$3+$C$3+$D$3+$E$3+$F$3
王诗诗	85	88	91	98	83	=$B$3+$C$3+$D$3+$E$3+$F$3
崔建成	79	75	94	82	78	=$B$3+$C$3+$D$3+$E$3+$F$3
程凤	83	74	75	86	80	=$B$3+$C$3+$D$3+$E$3+$F$3
王茜	77	68	85	79	69	=$B$3+$C$3+$D$3+$E$3+$F$3
蒋克勤	66	76	76	83	58	=$B$3+$C$3+$D$3+$E$3+$F$3
龙梅	92	86	83	84	88	=$B$3+$C$3+$D$3+$E$3+$F$3

绝对引用下复制公式

使用技巧：快速改变引用类型

将光标插入单元格地址中，按【F4】键可以使对地址的引用在相对引用、绝对引用、仅对行号使用绝对引用、仅对列标使用绝对引用之间循环切换。

如将光标插入A3单元格中，第一次按【F4】键将变为“$A$3”，第二次按【F4】键将变为“A$3”，第3次按【F4】键将变为“$A3”，第4次按【F4】键又变为“A3”，如此循环。

10.4.3 混合引用

顾名思义，混合引用就是指在同一个公式中既包含相对引用，又包含绝对引用。

当复制使用了混合引用的公式到其他单元格中时，公式中的相对引用将发生变化，而绝对引用不发生变化。

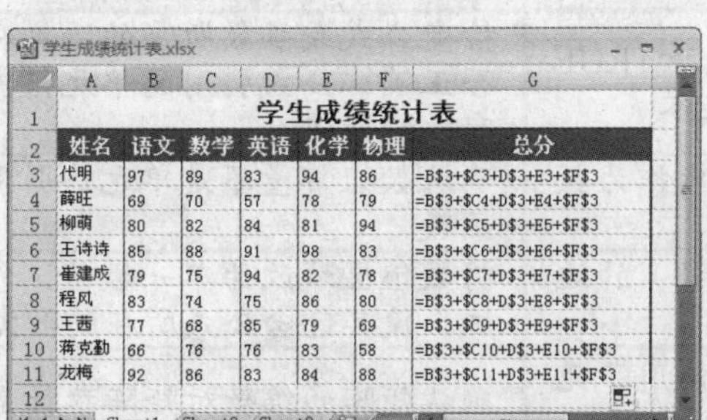

学生成绩统计表

姓名	语文	数学	英语	化学	物理	总分
代明	97	89	83	94	86	=B$3+C3+D$3+E3+$F$3
薛旺	69	70	57	78	79	=B$3+C4+D$3+E4+$F$3
柳萌	80	82	84	81	94	=B$3+C5+D$3+E5+$F$3
王诗诗	85	88	91	98	83	=B$3+C6+D$3+E6+$F$3
崔建成	79	75	94	82	78	=B$3+C7+D$3+E7+$F$3
程凤	83	74	75	86	80	=B$3+C8+D$3+E8+$F$3
王茜	77	68	85	79	69	=B$3+C9+D$3+E9+$F$3
蒋克勤	66	76	76	83	58	=B$3+C10+D$3+E10+$F$3
龙梅	92	86	83	84	88	=B$3+C11+D$3+E11+$F$3

混合引用下复制公式

10.5 处理公式与函数中的错误值

Excel具有自动转变括号等纠错功能。但如果出现较复杂的错误，则只能手动纠错了。下面先对Excel中的错误值类型及解决方法进行归纳总结，再通过设置公式检测规则和追踪引用单元格等方法辅助纠错的方法进行讲解。

要点提示：了解常见错误值的意义所在

在Excel中使用公式与函数时，常常会遇到这样那样的错误值，要想快速找出原因，首先必须对Excel中常见的错误值及产生的原因进行了解，以后遇到错误时才能对症下药，迅速查出错误的根源所在。

10.5.1 Excel中的常见错误值

在使用公式与函数的过程中，可能出现####、#DIV/0！、#N/A、#NAME?、#NULL!、#NUM！、#REF!和#VALUE！8种错误值，下面分别讲解这些错误值表示的意义及产生的原因。

1. ####错误

产生错误值####的最常见的原因是单元格的宽度过小。出现错误值####的具体原因和解决方法如下表所示。

错误原因	解决方法
单元格的宽度小于其中包含的数字、日期或时间这几种类型数据的宽度	增加列宽
计算日期和时间的公式产生了负值	检查日期与时间公式是否正确

2. #DIV/0！错误

当使用0作除数时，就会产生错误值#DIV/0!。出现错误值#DIV/0!的具体原因和解决方法如下表所示。

错误原因	解决方法
输入的公式中包含明显的用零除数，如=5/0	将除数更改为非零值
用对包含零值的单元格的引用作除数	修改单元格引用，或在用作除数的单元格中输入不为零的值

要点提示：不要引用空白单元格作除数

在Excel中，如果参与运算的单元格为空白单元格，系统会将其值默认为零，所以也不能引用空白单元格作除数。

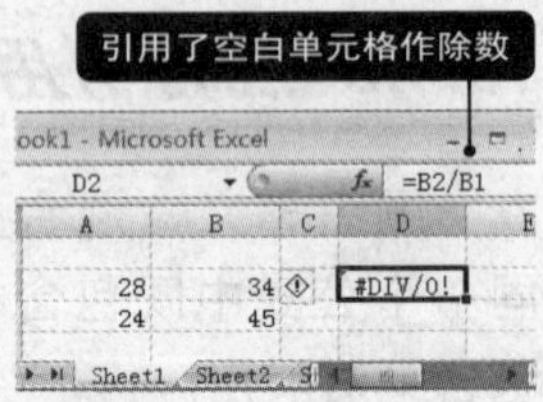

3. #VALUE!错误

当使用的参数或操作的数据类型错误时，或当公式自动更正功能不能更正公式时，就会产生错误值#VALUE!。如将数值与文本相加就会出现#VALUE!错误。出现错误值#VALUE!的具体原因和解决方法如下表所示。

错误原因	解决方法
当公式需要数字或逻辑值（如TRUE或FALSE）时，却输入了文本	检查公式或函数所需的运算符或参数是否正确，公式引用的单元格中是否包含有效的数值
将单元格引用、公式或函数作为数组常量输入	确认数组常量不是单元格引用、公式或函数
为需要单个值（而不是区域）的运算符或函数提供了区域	将数值区域改为单一数值。修改数值区域，使其包含公式所在的数据行或列
在某个矩阵工作表函数中使用了无效的矩阵	确认矩阵的维数对矩阵参数是否正确

4. #N/A错误

当在函数或公式中没有可用数值时，就会产生错误值#N/A。出现错误值#N/A的具体原因和解决方法如下表所示。

错误原因	解决方法
为HLOOKUP、LOOKUP、MATCH或VLOOKUP函数的lookup_value参数赋予了不适当的值	检查lookup_value参数值的类型是否正确，如应该引用值或单元格却引用了区域
在没有排序的数据表中，使用VLOOKUP、HLOOKUP或MATCH工作表函数来查找值	在默认情况下，使用这些函数在其中查找信息的数据表必须按升序排序
数组公式中使用的参数的行数或列数与包含数组公式区域的行数或列数不一致	如果要在多个单元格中输入数组公式，应确认被公式引用的区域与数组公式占用的区域具有相同的行数和列数，或者减少包含数组公式的单元格
内部函数或自定义工作表函数中缺少一个或多个必要的参数	在函数中输入必须的全部参数
使用的自定义工作表函数不可用	确认包含此工作表函数的工作簿已经打开，并且函数工作正常

5. #NAME?错误

如果在公式中使用了Excel不能识别的文本，将会产生错误值#NAME?，如函数名拼写错误导致的#NAME?错误。出现错误值#NAME?的具体原因和解决方法如下表所示。

错误原因	解决方法
公式中引用的名称不存在	确认使用的名称是否确实存在，如果不存在，需要添加名称或修改引用
函数名称拼写错误	修改为正确的拼写
函数参数类型错误	修改为正确的参数类型
在公式中输入文本时没有使用双引号	Excel会将这种情况理解为单元格区域名称，在公式中引用文本时应将文本括在双引号中
漏输了区域引用中的冒号（:）	检查公式中引用的区域是否使用了冒号
引用未包含在单引号中的另一张工作表	如果在公式中引用了其他工作表或工作簿中的单元格，而这些工作簿或工作表的名称中又包含非字母字符或空格，就必须用单引号（'）将其引起来

6. #REF!错误

当单元格引用无效时就会产生#REF!错误，出现该错误值的具体原因和解决方法如下表所示。

错误原因	解决方法
删除了其他公式所引用的单元格，或将已移动的单元格粘贴到其他公式所引用的单元格上	更改公式的引用
使用的超链接所指向的程序未处于运行状态	启动超链接所指向的程序
链接了不可用的动态数据交换（DDE）主题（如系统）	确保使用的是正确的DDE主题

要点提示：关于使用#N/A错误值的知识

如果要参与计算的某些单元格中暂时没有数值，可以在单元格中输入“#N/A”，当其他公式引用这些单元格时就不会进行计算，而是返回#N/A值；当以后有数值时便可方便地查找到要输入数值的单元格。有数值以后输入数值即可更新公式结果。

要点提示：手动输入函数时查看语法结构

在Excel 2007的公式中输入函数名后，再输入括号时，系统将出现提示条显示该函数的语法结构，提示参数类型。此时如果单击提示条中的函数或参数，如“SUM(number1, [number2], ...)”，单击提示信息中的函数名或参数超链接都将打开帮助窗口，显示该函数的详细说明和使用方法。

7. #NUM!错误

当公式或函数中的数值过大或无效时，就会出现#NUM!错误。出现错误值#NUM!的具体原因和解决方法如下表所示。

错误原因	解决方法
在需要数字参数的函数中使用了无法接受的参数	确保函数中使用的参数是数字。即使需要输入的值是“$2,400”，也应在公式中输入“2400”
使用了迭代计算的工作表函数，如IRR或RATE，并且函数无法得到有效的结果	为工作表函数使用不同的初始值更改Excel迭代公式的次数
输入的公式产生的数字太大或太小，无法在Excel中表示	更改公式，使其结果介于－1E307~1E307之间

要点提示：引用相交与不相交区域的规则

在函数与公式中，如果要引用不相交的两个区域，需使用联合运算符，即逗号（，），如引用不相交的数组、不同的单元格及不相交的单元格区域；如果要引用连续的单元格区域，则需使用冒号（：）分隔引用区域中的首尾单元格。

8. #NULL!错误

当指定并不相交的两个区域的交点时，就会出现错误值#NULL!，出现错误值#NULL!的具体原因和解决方法如下表所示。

错误原因	解决方法
使用了不正确的区域运算符	检查并更改为正确的区域运算符
区域不相交	更改引用，使其相交

10.5.2 设置公式检查规则

为了确保公式和函数的正确性，可以启动系统的自动检测功能来检查公式和函数中是否出现错误，用户可以根据需要事先设置这些检查规则。

设置检查规则的方法是：单击Office按钮，从弹出的菜单中单击“Excel选项”按钮，打开“Excel选项”对话框。单击“公式”选项卡，在右侧的“错误检查”选项组中选中“允许后台错误检查”复选框开启错误检查功能，然后在“错误检查规则”选项组中设置要让系统自动检查哪些方面的错误，如右图所示。

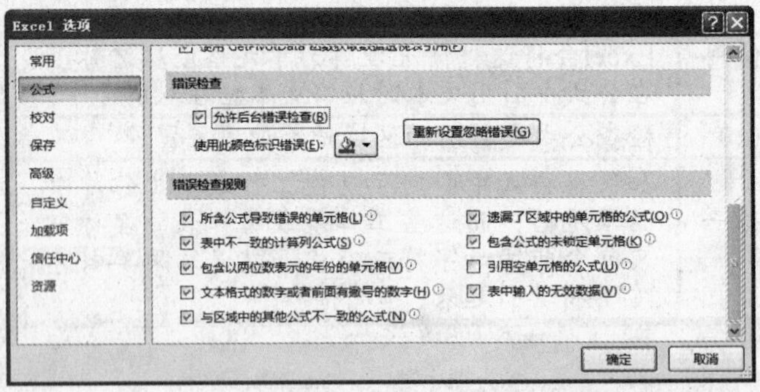

设置错误检查规则■

要点提示：关于错误检查的知识

选中“允许后台错误检查”复选框后，在输入公式的同时，系统就会按照“错误检查规则”选项组中的设置对公式进行检查。

如果手动忽略了检查出来的错误，单击“错误检查”选项组中的“重新设置忽略错误”按钮又可以重新标记出工作表中忽略掉的错误。

在Excel中可以设置以下方面的错误检查规则。

- **所含公式导致错误的单元格**：对出现计算错误的单元格进行错误处理，并显示警告。
- **表中不一致的计算列公式**：将在工作表中同一列内与同列其他公式不同的公式视为错误，并显示警告。
- **包含以两位数表示的年份的单元格**：将包含用两位数表示年份日期格式的公式视为错误，并显示警告。
- **文本格式的数字或者前面有撇号的单元格**：将设置为文本格式的数字或前面加“’ ”号的数字视为错误，并显示警告。

- **与区域中的其他公式不一致的公式**：如果在某个区域的单元格中公式都相互匹配（如结构完全相同，只是相对引用的地址发生改变），但其中某个单元格中的公式与前后或左右的其他公式不同时，将其视为错误，并显示警告。
- **遗漏了区域中的单元格的公式**：将遗漏了区域中的单元格的公式视为错误，并显示警告。如单元格区域A2:A20中均有数据，但某个函数在引用时只引用了A2:A18，就会显示错误警告。
- **包含公式的未锁定单元格**：将包含公式而又未锁定的单元格视为错误，并显示警告（默认情况下所有单元格均为锁定状态）。
- **引用空单元格的公式**：将引用空单元格的公式视为错误，并显示警告。
- **表中输入的无效数据**：将超出设置有效性范围的单元格视为错误，并显示警告。

设置检查规则后，当出现检查规则所指的情况时，将在单元格的左上角显示一个绿色三角形的错误标记，单击该单元格后将在左侧出现一个◈标记，单击该标记将弹出一个下拉菜单。其中第一个命令显示了该错误的类型，其他命令提出了修改意见及帮助等，如右图所示（不同错误的提示也不相同）。

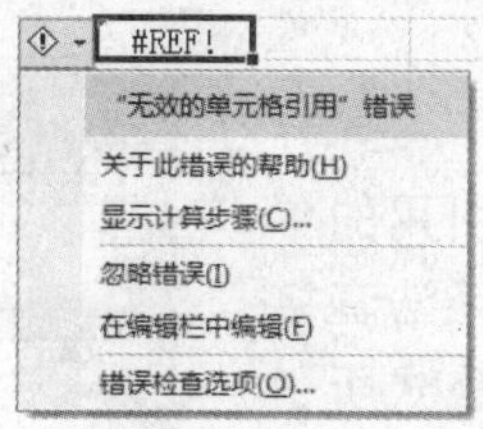

错误检查标记及命令■

要点提示：错误标记菜单中的命令

在错误标记下拉菜单中选择除第一个命令外的其他命令可以进行相应的操作。

如果是特殊用法则可选择其中的“忽略错误”命令忽略该单元格中的错误。忽略后单元格左上角的绿色三角形标记将消失。

选择“关于此错误的帮助”命令可以在打开的帮助窗口中查看关于该错误的帮助信息。

选择“错误检查选项”命令，将打开“Excel选项”对话框的“公式”选项卡。

10.5.3 显示与隐藏公式

如果公式和函数的结果出现错误值，首先要检查的便是公式的编辑是否正确、函数的语法是否正确。

检查单个公式与函数只需选择其所在的单元格后，在编辑栏中便可以查看公式。但如果要查看多个公式，逐一用此方法查看就太耗时了，此时可以将工作表中的所有公式显示出来。

显示公式的方法是：切换到要显示所有公式的工作表中，在“公式”选项卡下“公式审核”组中单击“显示公式”按钮，工作表中所有包含公式的单元格便将显示出公式的本身而非结果值。

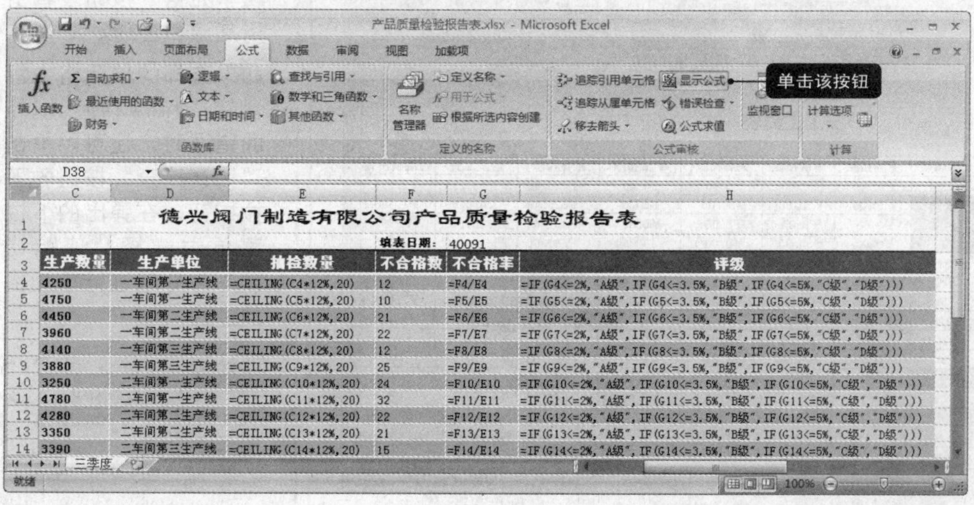

显示公式■

要点提示：更改错误标记颜色

默认的错误标记颜色为绿色，在“Excel选项”对话框中单击“公式”选项卡，在右侧的“错误检查”选项组中单击“使用此颜色标记错误”后面的按钮，在弹出的下拉列表中就可以更改错误标记的颜色。

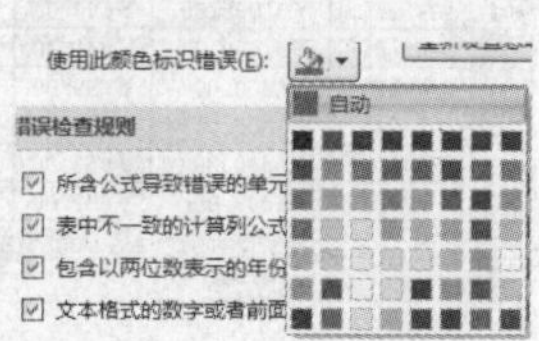

检查完毕，再次在“公式审核”组中单击“显示公式”按钮又可隐藏显示公式的结果值。不过需注意的是，显示公式后，工作表中各列列宽将发生相当大的变化，需手动调整。

要点提示：追踪单元格的应用场合

当在使用公式或函数的计算过程中产生了错误，而函数的参数设置与公式的结构又都正确，Excel也不能自动进行更正时，则说明是函数或公式引用的单元格中有错误，此时需要查找到出现错误的引用单元格才能修改函数或公式。

10.5.4 追踪单元格

通过Excel提供的单元格追踪功能可以追踪公式引用的单元格和被引用的单元格。追踪单元格有在同一工作表中追踪和在不同工作表中追踪两种情况。

1. 在同一工作表中追踪单元格

在使用公式的过程中我们发现，当将光标插入包含公式的单元格中时，该公式引用的单元格周围会自动出现不同颜色的边框，以表示这些单元格被该公式引用，如右图所示。

不过在大型工作表中，当存放公式的单元格与该公式引用的单元格位置相距较远时，就无法直接观察到哪些单元格被当前公式所引用，此时就需借助Excel的公式审核功能来快速检查公式与单元格之间的相互关系，以帮助用户找出产生错误的原因。

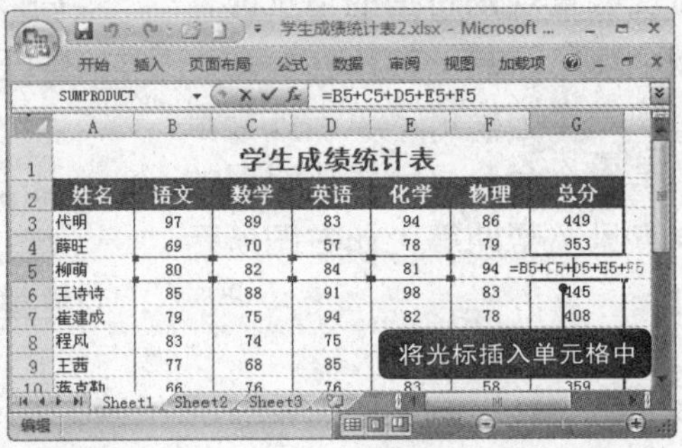

选择被公式引用的单元格

追踪单元格的方法是：通过“公式”选项卡下“公式审核”组中的“追踪引用单元格”和“追踪从属单元格”按钮来追踪，有以下两种情况。

- **追踪引用单元格**：选择要包含公式的单元格后，在“公式审核”组中单击“追踪引用单元格”按钮，在工作表中将出现由引用单元格指向存放公式的单元格的箭头，如下图所示。

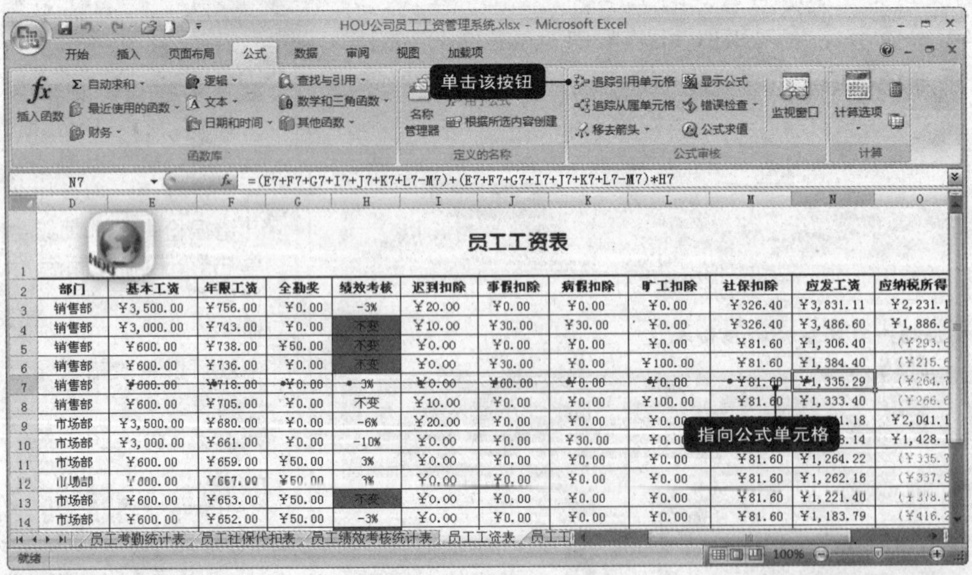

追踪引用单元格

要点提示：通过“追踪错误”命令追踪

无论公式是否发生错误，都可使用“追踪引用单元格”和“追踪从属单元格”按钮查看引用来源和去向。

如果选择的单元格中包含除“#######”以外的错误时，还可以单击“错误检查”按钮的下拉按钮，在弹出的下拉菜单中选择“追踪错误”命令来进行单元格的追踪。

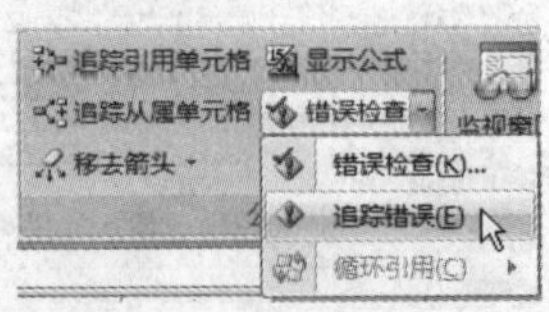

- **追踪从属单元格**：如果当前激活的单元格中的公式结果又被引用到其他

单元格，单击“追踪从属单元格”按钮将会出现由活动单元格指向引用该单元格的公式的箭头，如下图所示。

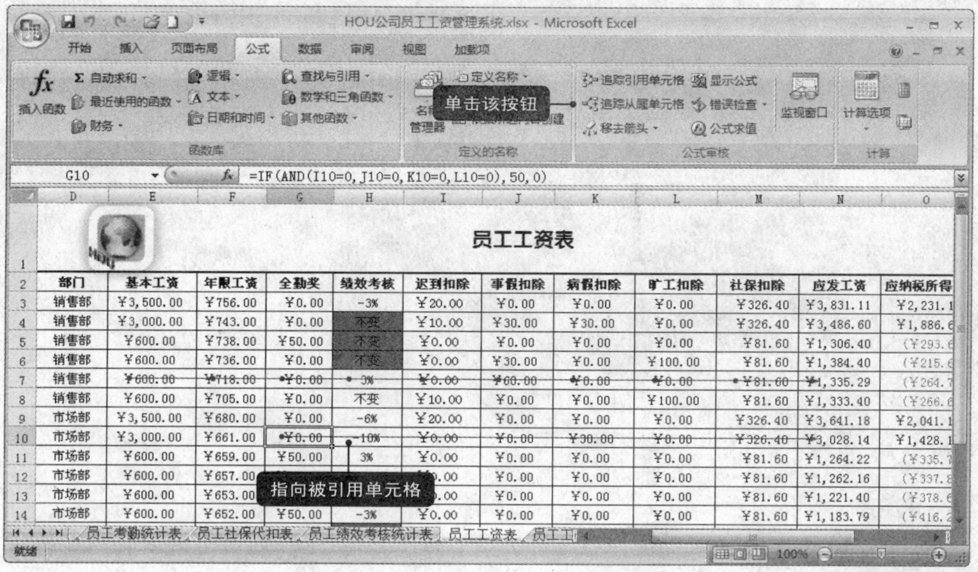

追踪从属单元格■

2. 在不同的工作表中追踪单元格

如果要追踪的引用单元格位于同一工作簿的其他工作表中，当单击“追踪引用单元格”按钮时，将出现一个工作表图标和一个由工作表图标指向该单元格的箭头。双击箭头，在打开的“定位”对话框中选择要追踪的位置（如左下图所示），单击“确定”按钮就会自动切换到相应的工作表中，并选择被引用的单元格（如右下图所示）。

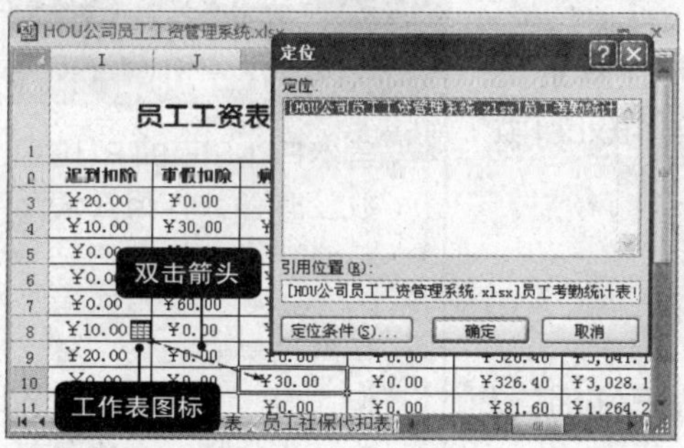

■选择要追踪的位置

显示追踪到的单元格■

单击“追踪从属单元格”按钮时，将出现一个工作表图标和一个由该单元格指向工作表图标的箭头，其后的追踪方法与追踪引用单元格的方法相同。

如果要追踪的单元格位于其他工作簿中，方法与追踪同一工作簿不同工作表中的方法相同，但必须在追踪前打开该工作簿，否则不能进行追踪。

要点提示：追踪至最上级或最下级

如果引用的单元格又是通过公式引用其他单元格中的数据计算而来的，则可再次单击“追踪引用单元格”按钮继续向上一级追踪，直到查找出数据的最初来源。

如果从属单元格又被引用到其他公式中，再次单击“追踪从属单元格”按钮可以继续向下一级追踪，直到查找出数据的最终结果。

疑难解答：如何去除单元格追踪箭头

问：进行单元格追踪后，如何去掉箭头呢？

答：单击“公式审核”组中的“移去箭头”按钮可取消所有的箭头。

如果单击“移去箭头”按钮的下拉按钮，在弹出的下拉菜单中可以选择“移去引用单元格追踪箭头”或“移去从属单元格追踪箭头”命令只移除某类箭头。

如果对追踪单元格中的公式进行了更改、插入或删除了行、列、单元格，所有的追踪箭头也将自动移除。

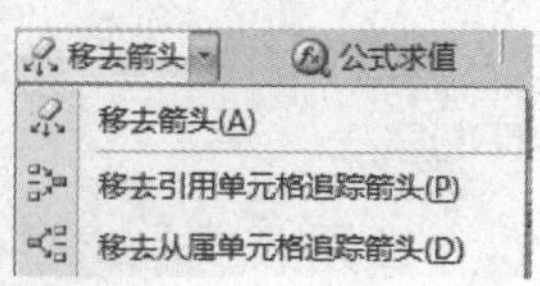

11 Chapter 逻辑、信息与文本函数

READERS' GUIDE

在理解公式与函数的语法规则，掌握了公式与函数的使用方法后，从本章开始将学习各类具体函数的使用。本章将介绍逻辑、信息与文本这3类函数中常用函数的应用场合及使用方法，相对而言，这3类函数较简单，其中逻辑函数除了IF外的其他几个逻辑函数常用作其他函数的嵌套函数，因此需首先掌握；信息函数可以确定存储在单元格中的数据类型，有些还能够返回逻辑值；文本函数用于处理公式中的文本字符串。

MAIN CASES

逻辑函数 P184
信息函数 P188
文本函数 P192

11.1 逻辑函数

逻辑函数用于在条件匹配、真假值判断后返回的不同数值中进行多重复合检验。逻辑函数通常都不单独使用，而与其他函数联合起来使用。Excel中的逻辑函数包含FALSE、TRUE、IF、AND、OR和NOT这6个函数。

11.1.1 返回逻辑值(FALSE和TRUE)

FALSE（假）函数和TRUE（真）函数的功能是分别返回逻辑值FALSE和TRUE。它们的语法结构分别如下。

- FALSE: FALSE()。
- TRUE: TRUE()。

FALSE和TRUE函数都没有参数，函数FALSE()直接返回逻辑值FALSE()；TRUE()直接返回逻辑值TRUE。

当用公式输入的表达式成立时也将返回TRUE值；不成立则返回FALSE值，如右图所示。

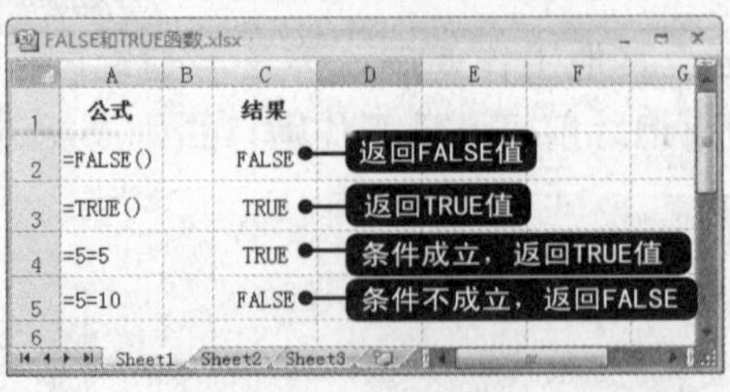

FALSE和TRUE函数示例

要点提示：使用函数FALSE和TRUE的注意事项

虽然FALSE和TRUE函数没有参数，但在使用时必须输入后面的括号()。如果不输入括号，虽然结果看起来一样，但实际上Excel将其作为文本处理，而不是当作函数处理，在用作其他函数的参数时就会出现错误。

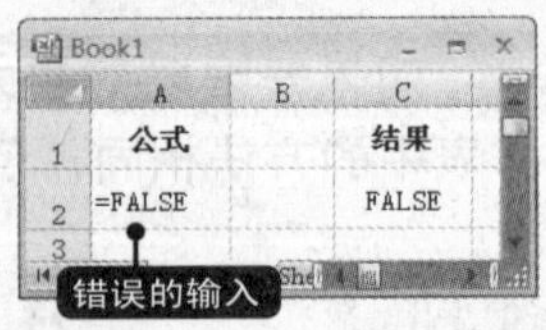

11.1.2 对逻辑值求反（NOT）

NOT函数用于对参数值进行求反计算，其表达式为：NOT (logical)。

NOT函数只有一个参数logical，它可以是一个能够计算出TRUE或FALSE的逻辑值或逻辑表达式，如公式“=NOT（TRUE）”相当于对逻辑值TRUE求反，因此其结果为FALSE。

当要确保某个单元格中的值不等于某一个值时，就可以使用NOT函数进行判断，如保证用作除数的值不为0。

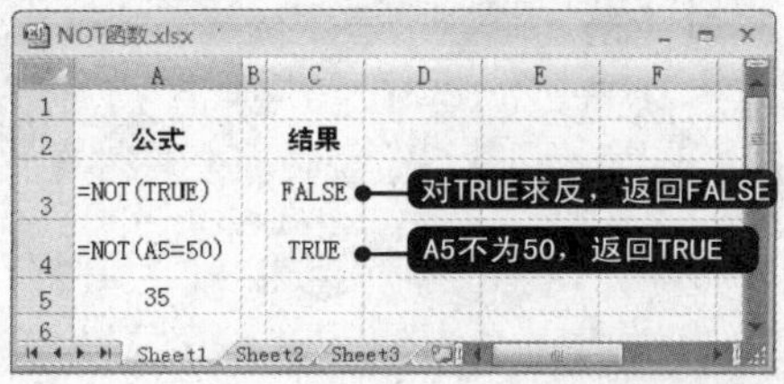

NOT函数示例

11.1.3 进行交集运算（AND）

AND函数可以对多个逻辑值进行交集计算，其语法结构为：AND (logical 1,logical 2,…)。

AND函数的参数数量具有可选性，参数的个数可以为1~30个，函数的返回值为逻辑值。

如果AND函数所有参数的逻辑值为真，则返回TRUE；其中只要有一个参数的逻辑值为假，就会返回FALSE，如右图所示。

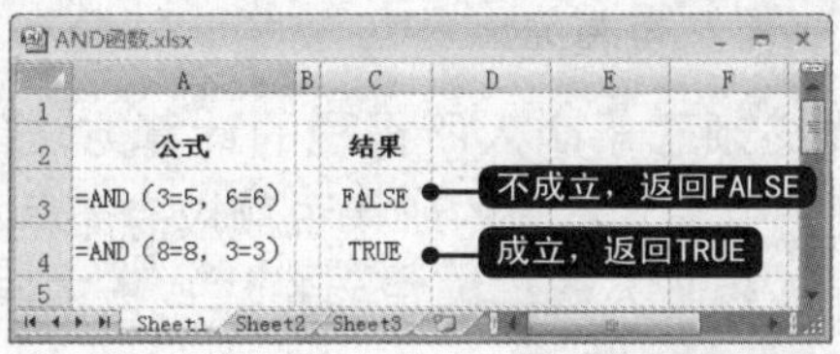

AND函数示例

11.1.4 进行并集运算（OR）

OR函数用于对多个逻辑值进行并集计算，其表达式为：OR(logical 1,logical 2，…)。

OR函数与AND函数结构类似，其参数数量也是可选的，为1~30个，函数的返回值也为逻辑值。

OR函数与AND函数的最大区别在于：OR函数只需满足其中一个条件就会返回TRUE，只有所有参数均为FALSE时才会返回FALSE；而AND函数则需所有条件都成立时才会返回TRUE。

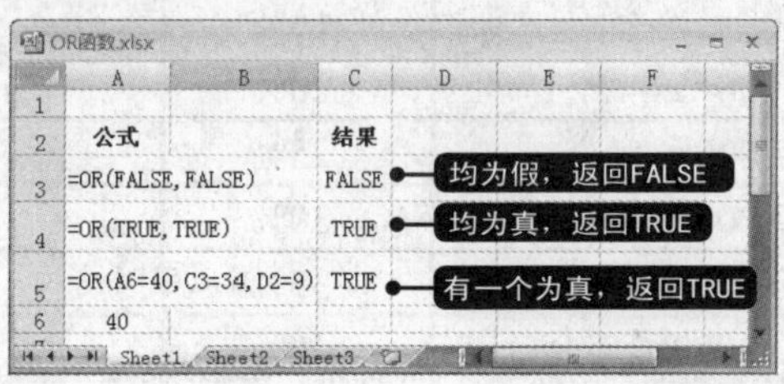

OR函数示例

11.1.5 返回条件值（IF）

IF函数是一个非常常用的函数，它能根据执行真假值判断，并根据逻辑计算的真假值返回不同结果。

IF函数的语法结构为：IF(logical_test,value_if_true,value_if_false)，其中3个参数的意义分别如下。

◆ logical_test：表示计算结果为TRUE或FALSE的任意值或表达式。

要点提示：使用AND函数的注意事项

使用AND函数时，如果数组或引用的参数中包含文本或空白单元格，这些值将被忽略；如果指定的单元格区域内包括非逻辑值，则将返回错误值#VALUE！。

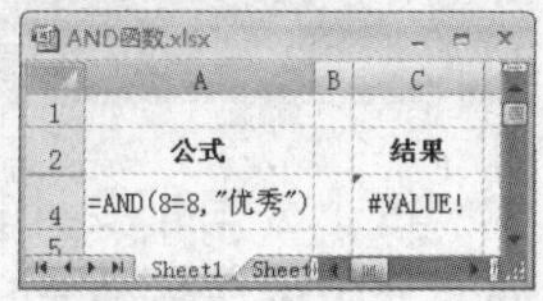

要点提示：理解IF函数的含义

IF函数参数的含义看起来显得太过抽象，可以将IF函数简单地理解为“IF（条件，真值，假值）”。它表示：当“条件”成立时，结果取“真值”，否则取“假值”，如公式“IF(C2<60,"不合格","合格")”表示，如果C2单元格中的值小于60，则返回文本“不合格”，否则返回文本“合格”。

◆ value_if_true：表示logical_test为TRUE时要返回的值。

◆ value_if_false：表示logical_test为FALSE时要返回的值。

IF函数虽然只有3个参数，但可以进行嵌套，即logical_test（条件）参数可以是另一个IF函数，从而实现多种情况的判断与选择，因此应用率非常高。

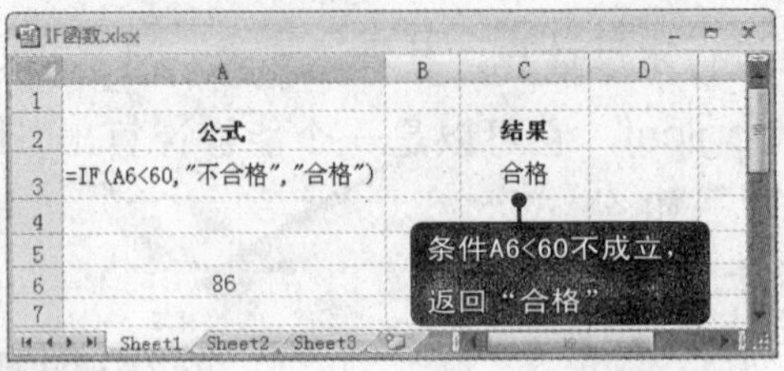

IF函数示例

要点提示：用文本作为参数的注意事项

在用文本作为函数参数时，文本内容必须用英文状态下的双引号引起来，否则Excel会认为函数或参数错误，将返回#NAME?错误。

应用案例——计算员工的税后工资

每个公司都要计算员工工资，按照有关规定，个人月收入超出规定金额的部分应依法缴纳一定数量的个人所得税。下面在已输入初始数据的员工工资表中计算员工的税后工资。

素材 光盘：\素材\第11章\员工工资表.xlsx

效果 光盘：\效果\第11章\员工工资表.xlsx

要计算税后工资，首先必须了解个人所得税的计算方法。个人收入所得税的计算方法是一个超额累进税率，不同的所得税额应有不同的税率和速算扣除数。在不同的城市，根据人均收入水平确定的起征点也不同，本例以2 000元为个人所得税的起征点进行计算。

如果规定个税起征点金额为2 000元，则超过2 000元的部分应根据超出的数额按下表所示的税率进行计算。

级数	全月应纳所得税额	税率	速算扣除数
1	低于500元部分	5%	0
2	500~2 000元部分	10%	25
3	2 000~5 000元部分	15%	125
4	5 000~20 000元部分	20%	375
5	20 000~40 000元部分	25%	1375
6	40 000~60 000元部分	30%	3375
7	60 000~80 000元部分	35%	6375
8	80 000~100 000元部分	40%	10375
9	高于100 000元部分	45%	15375

个人应缴纳所得税的计算公式为"每月应纳所得税额=全月应纳所得税额*税率－速算扣除数"，其中速算扣除数与全月应纳所得税额的含义如下。

◆ 速算扣除数=前一级的最高所得额*（本级税率－前一级税率）+前一级速算扣除数。

◆ 全月应纳所得税额=当月实际收入－2 000。

根据上面的知识便可完成员工税后工资的计算。计算时先计算出每位员工的应发工资，再根据应发工资计算个人所得税，最后用应发工资减去个人所得税便得到税后工资，其操作方法如下。

要点提示：用IF函数计算个税的局限性

在本案例中，由于该公司员工中应纳税所得额没有达到第5级的标准，所以只需考虑前5种情况。利用IF函数的嵌套功能就能完成计算，在编辑公式时就不用将9级标准全部编辑成公式。

由于嵌套函数不能超过7级，因此如果某公司存在超过7级标准的情况，则需要使用其他方法来进行计算，如LOOKUP函数（在后面的章节中将介绍该函数的使用方法）。

Step 01 打开素材文件，单击F3单元格，输入公式“=C3+D3−E3”，按【Ctrl+Enter】组合键得到第一位员工的应发总工资。

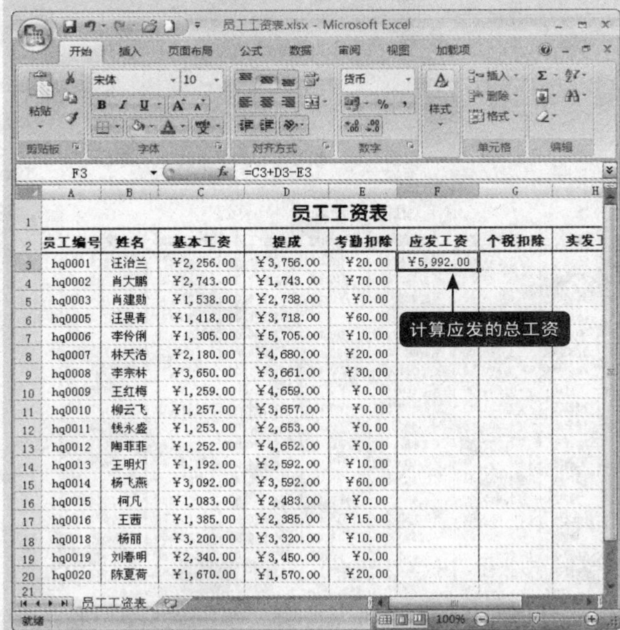

Step 02 用鼠标拖动F3单元格右下角的填充柄至F18单元格处，释放鼠标左键，计算出其他员工的应发工资。

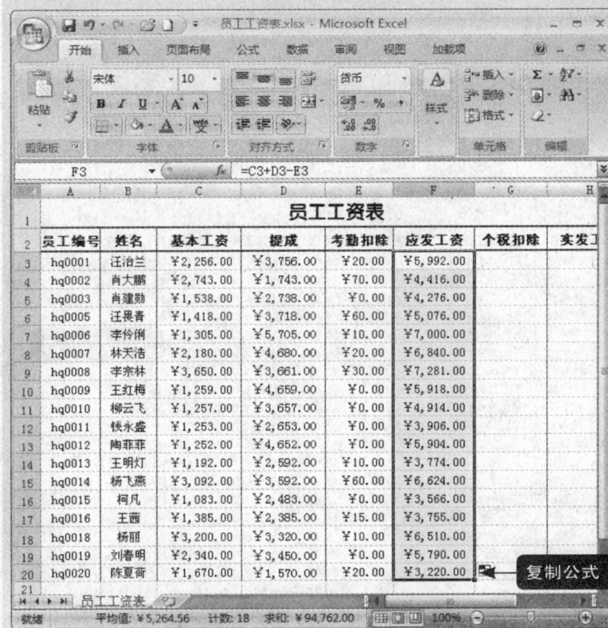

Step 03 单击G3单元格，输入公式“=IF(F3−2 000<0, 0,IF(F3−2 000<500,0.05*(F3−2 000),IF(F3−2 000<2000,0.1*(F3−2 000)−25,IF(F3−2 000<5000,0.15*(F3−1 500)− 125, IF(F3−2 000<20000,0.2*(F3−2 000) −375)))))”，按【Ctrl+Enter】组合键得到第一位员工应缴纳的个人所得税。

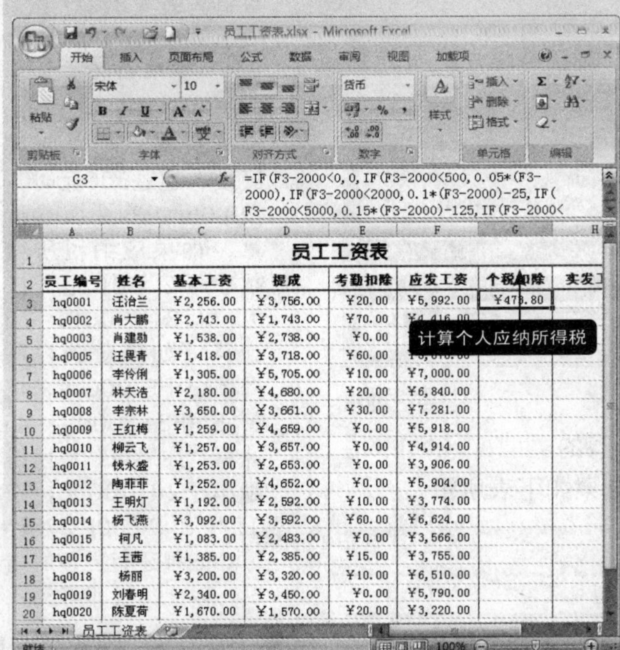

Step 04 用鼠标拖动G3单元格右下角的填充柄至G20单元格处，释放鼠标左键，计算出其他员工应缴纳的个人所得税。

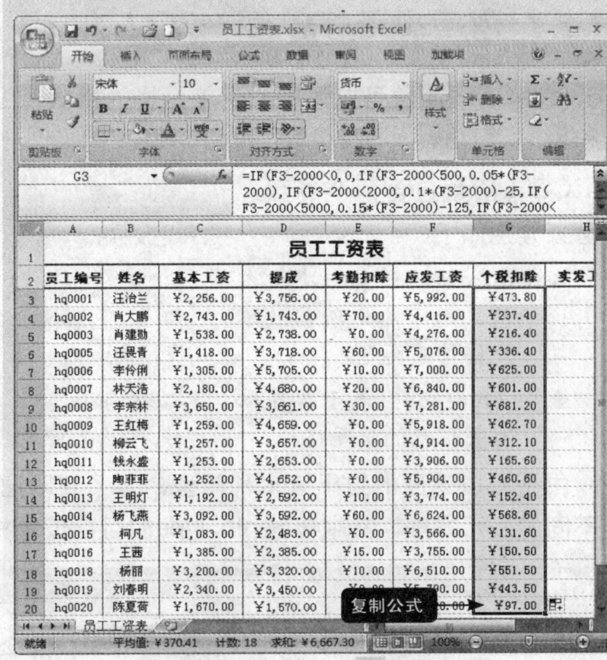

Step 05 单击H3单元格，在其中输入公式“=F3-G3”，按【Ctrl+Enter】组合键计算出第一位员工的税后工资。

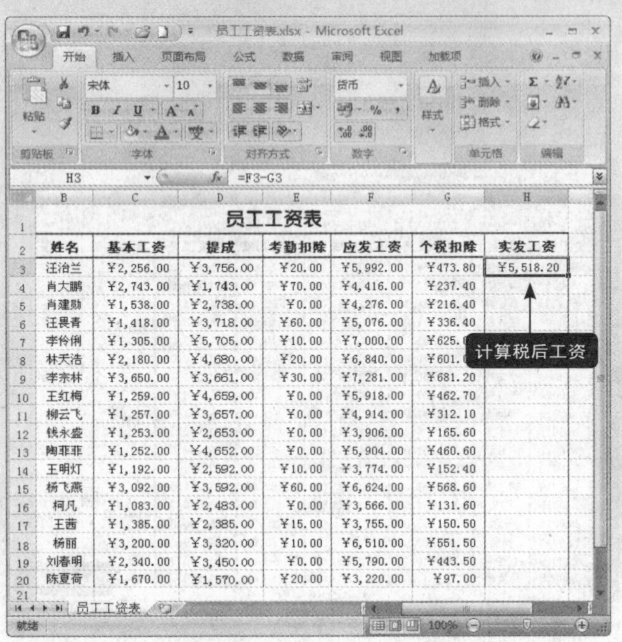

Step 06 用鼠标拖动H3单元格右下角的填充柄至H20单元格处，释放鼠标左键，计算出其他员工应缴纳的税后工资。

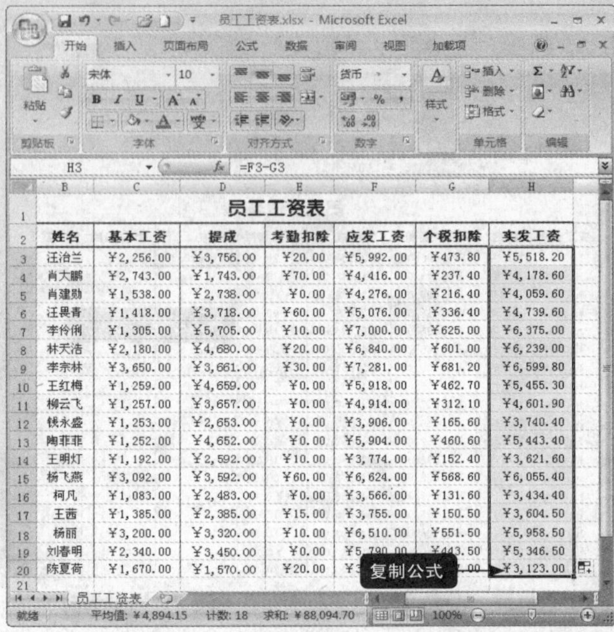

11.2 信息函数

信息函数主要用于确定存储在单元格中的数据类型，有些还能够在满足条件时返回逻辑值。下面挑选一些比较常用的信息函数进行介绍。

11.2.1 返回单元格信息（CELL）

使用CELL函数可以返回指定单元格的格式、位置或内容等信息，其语法结构为：CELL(info_type,reference)。

CELL函数包含两个参数，其含义分别如下。

- info_type：为一个文本值，用于指定所需的单元格信息类型。
- reference：表示要获取有关信息的单元格。

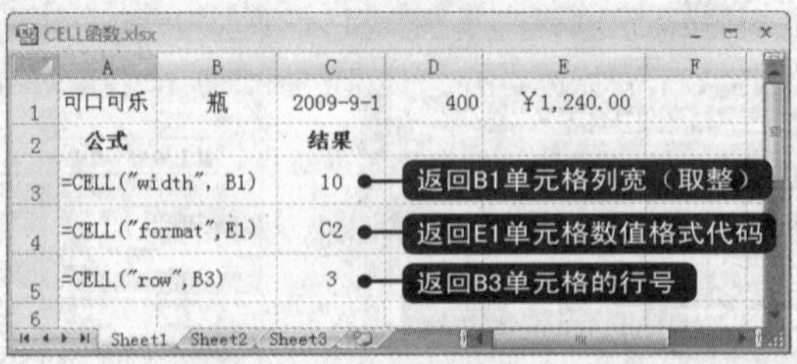

CELL函数示例

由于可以返回的结果有多种类型，为了表示这些不同的类型，Excel采用了不同的表示方法。其中参数info_type的可能值及相应结果如下表所示。

info_type参数	返回值
address	引用中第一个单元格的地址，文本类型
col	引用中单元格的列标

要点提示：计算个人所得税公式的含义

在计算工资的第3步中，计算应纳所得税额公式的意思是：如果当月收入小于2 000元，个人收入所得税为0；如果月收入减去2 000元小于500元，也就是当应纳税所得额没有超过500元时，按0.05*(F3-2 000)计算；如果应纳税所得额小于2 000元，按0.1*(F3-2 000)-25计算；如果应纳税所得额小于5 000元，按0.15*(F3-2000)-125计算；如果应纳税所得额小于20 000元，按0.2*(F3-2 000)-375计算。如果还有更多的情况，以此类推即可。

续表

color	如果单元格中的负值以不同颜色显示，则为1，否则返回0
contents	引用中左上角单元格的值
filename	包含引用的文件名（包括全部路径）和文本类型。如果包含目标引用的工作表尚未保存，则返回空文本（" "）
format	单元格中不同的数字格式相对应的文本值。如果单元格中负值以不同颜色显示，则在返回的文本值的结尾处加"-"；如果单元格中为正值或所有单元格均加括号，则在文本值的结尾处返回"()"
parentheses	如果单元格中为正值或全部单元格均加括号，则为1，否则返回0
prefix	与单元格中不同的"标志前缀"相对应的文本值。如果单元格文本为左对齐，则返回单引号（'）；右对齐则返回双引号（"）；居中对齐则返回插入字符（^）；两端对齐则返回反斜线（\）；如果是其他情况，则返回空文本（" "）
protect	如果单元格没有锁定，则为0；如果单元格锁定，则为1
row	引用中单元格的行号
type	与单元格中的数据类型相对应的文本值。如果单元格为空，则返回"b"；如果单元格包含文本常量，则返回"l"；如果单元格包含其他内容，则返回"v"
width	取整后的单元格的列宽。列宽以默认字号一个字符的宽度为单位

当info_type参数为format时，CELL函数将返回表示单元格格式的文本值；如果引用的单元格是通过"单元格格式"对话框进行设置的，则可能出现多种不同的格式，为了表达并简化返回的信息，Excel使用代号来表示返回的格式，其对应关系如下表所示。

单元格格式	返回值	单元格格式	返回值
常规	"G"	0.00E+00	"S2"
0	"F0"	# ?/? 或 # ??/??	"G"
#,##0	",0"	m/d/yy或m/d/yyh:mm或mm/dd/yy	"D4"
0.00	"F2"	d-mmm-yy或dd-mmm-yy	"D1"
#,##0.00	",2"	d-mmm或dd-mmm	"D2"
$#,##0_);($#,##0)	"C0"	mmm-yy	"D3"
$#,##0_);[Red]($#,##0)	"C0-"	mm/dd	"D5"
$#,##0.00_);($#,##0.00)	"C2"	h:mm:ss AM/PM	"D6"
$#,##0.00_);[Red]($#,##0.00)	"C2-"	h:mm AM/PM	"D7"
0%	"P0"	h:mm:ss	"D8"
0.00%	"P2"	h:mm	"D9"

11.2.2 判断单元格是否为空（ISBLANK）

ISBLANK函数用于判断指定的单元格是否为空白，其语法结构为：ISBLANK (value)。

ISBLANK函数只有一个参数value，表示需要进行检验的内容。如果参数value为无数据的空白时，ISBLANK函数将返回TRUE，否则返回FALSE。

要点提示：关于函数CELL的使用知识

如果指定CELL函数的reference参数时引用的是某个单元格区域，则CELL函数将返回该单元格区域最左上角的单元格的信息。

使用该函数时也可以忽略参数reference。如果忽略该参数，则会返回最后更改的单元格所指定的信息。

要点提示：关于单元格格式代码的知识

打开"单元格格式"对话框，单击"自定义"选项卡，在右侧的"类型"列表框中就可能看到各种单元格格式的代码。而CELL函数为了简化返回的信息，又用更简洁的代号对这些单元格格式的代码进行简化。

如果不是经常使用该函数，则不需记忆这些代号对应的单元格格式，需要时再到表格中查看即可。

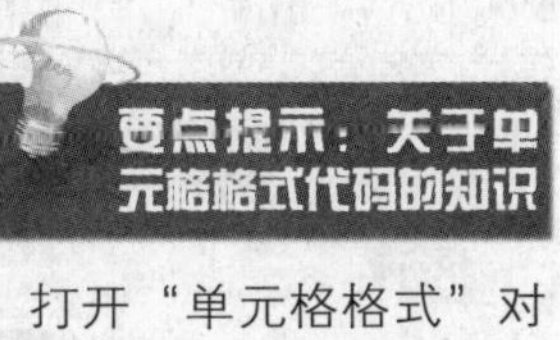

虽然ISBLANK函数的功能很单一，但如果与其他函数组合起来使用则可以实现许多功能。如将其作为IF函数的嵌套函数就可由空白单元格返回信息。

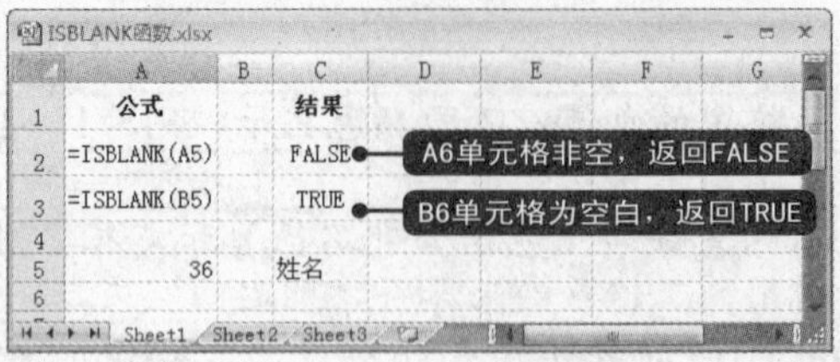

ISBLANK函数示例

如某公司对员工进行技能考核，考核分为理论和实际操作两部分。考核完毕后，需要计算平均分，但在理论和实际操作时均有人缺席，因此只计算参加了两项考核的员工的总分，有任意一项缺考者都记为“缺考”，其操作方法如下。

素材 光盘：\素材\第11章\员工技能考核成绩表.xlsx

效果 光盘：\效果\第11章\员工技能考核成绩表.xlsx

Step 01 打开素材文件，单击D3单元格，在其中输入公式“=IF(OR(ISBLANK(B3), ISBLANK(C3)),"缺考",B3+C3)”，按【Ctrl+Enter】组合键计算第一位员工的总成绩。

Step 02 用鼠标拖动D3单元格右下角的填充柄至D11单元格处，释放鼠标左键，完成其他员工的技能考核平均分计算，可以看到有3位员工有缺考现象。

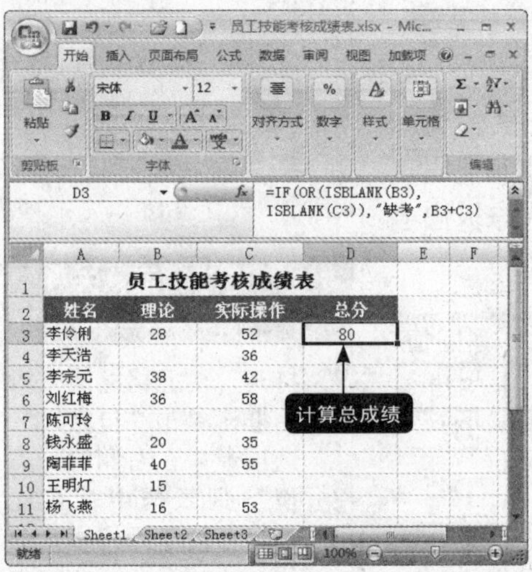

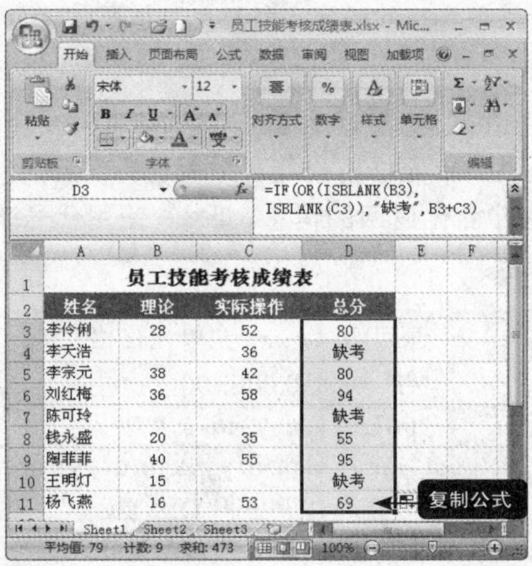

11.2.3 判断单元格中是否为错误值（ISERR）

ISERR函数可以判断指定单元格中的值是否为错误值（除#N/A错误之外的任意错误值），其语法结构为：ISERR (value)。

ISERR函数只有一个参数value，表示要进行检验的内容。如果用ISBLANK函数检验的内容是除#N/A之外的其他任意错误值，都将返回TRUE；否则返回FALSE。

ISERR函数的功能也较单一，常将它与其他函数组合起来使用。如上面的员工技能考核表中，如果在记录单项成绩时，在缺考人员该项成绩的单元格中输入了“缺席”，就不能使用ISBLANK函数来判断了，但在计算总分时就会出现文本与数值相加的情况，此时就会产生错误值，因此需要通过ISERR和IF函数的组合来进行判断，并进行有选择性的计算。

要点提示：案例公式的含义

本案例公式“=IF(OR(ISBLANK(B3), ISBLANK (C3)),"缺考",(B3+C3)/2)”表示，如果B3和C3中有任意一个单元格为空白单元格（OR(ISBLANK(B3), ISBLANK(C3))）时，就返回文本“缺考”，否则计算总分（B3+C3））。

疑难解答：如何解决#N/A错误

问：ISERR函数不能判断#N/A错误，那如果遇到值为#N/A错误时怎么办呢?

答：Excel中有一个专门用于判断指定单元格中的值是否为#N/A错误值的函数ISNA，其表达式为：ISNA（value）。如果参数value的内容为错误值#N/A，则返回TRUE；否则返回FALSE。

11.2.4 判断错误类型（ERROR.TYPE）

ERROR.TYPE函数用于判断Excel中的错误值类型，其语法结构为：ERROR.TYPE (error_val)。

ERROR.TYPE函数只有一个参数error_val，可以为实际的错误值。但通常为一个单元格引用，如果没有错误则返回#N/A。

用ERROR.TYPE函数并不是直接返回的错误的类型，而是代号，错误类型代号与错误类型的对应关系如下面的左表所示。

错误类型	代号
#NULL!	1
#DIV/0!	2
#VALUE!	3
#REF!	4
#NAME?	5
#NUM!	6
#N/A	7
其他	#N/A

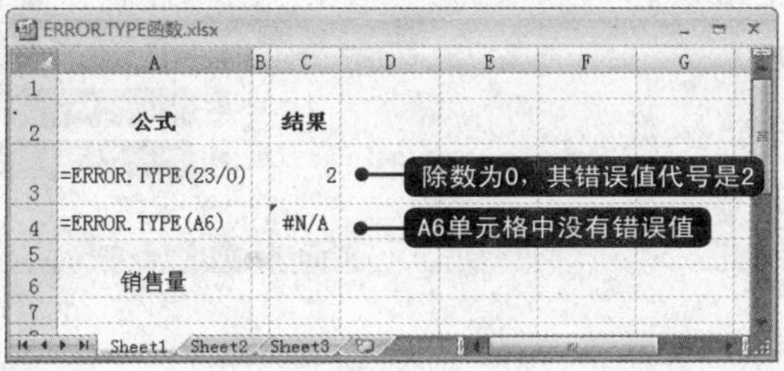

ERROR.TYPE函数示例

要点提示：用函数ISERROR判断单元格中是否为错误值

Excel中还有一个用于判断指定单元格中的值是否为错误值的函数ISERROR。它与ISERR函数的功能基本相同，但它包括#N/A错误，相当于ISERR和ISNA两个函数，其语法结构为：ISERROR(value)。

11.2.5 判断参数是否为逻辑值（ISLOGICAL）

ISLOGICAL函数用于判断参数或指定的单元格中的值是否为逻辑值，其语法结构为：ISLOGICAL (value)。

ISLOGICAL函数只有一个参数value，表示要进行检验的内容。如果检验的内容为逻辑值，将返回TRUE；否则返回FAISE。

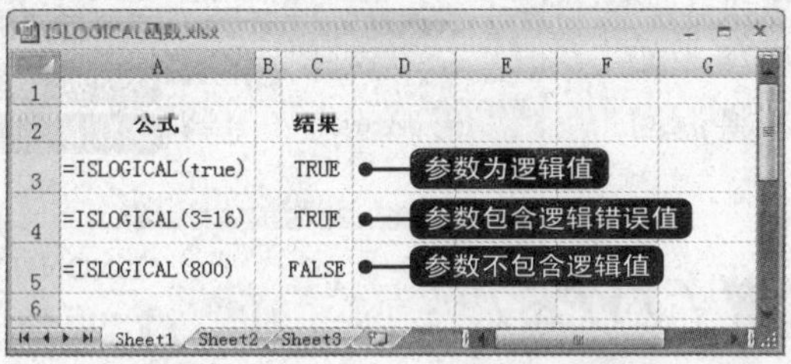

ISLOGICAL函数示例

11.2.6 判断参数是否为引用（ISREF）

ISREF函数用于判断参数或指定单元格中的值是否为引用，其语法结构为：ISREF(value)。

ISREF函数只有一个参数value，表示待测试的内容。如果测试的内容为引用，将返回TRUE；否则返回FALSE。

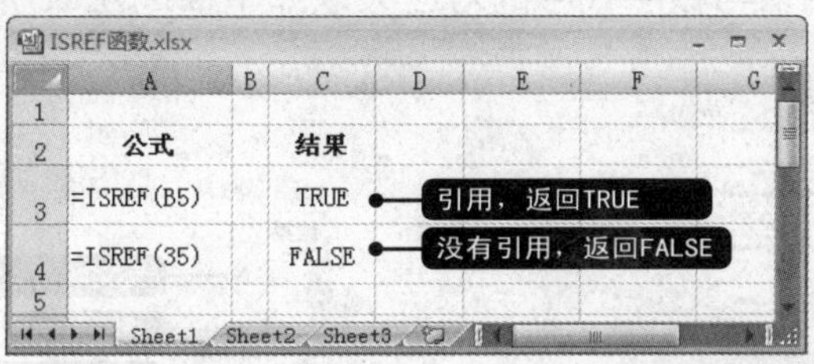

ISREF函数示例

要点提示：IS类函数的一般用法

在信息函数中，以IS开头的函数被概括为IS类函数。IS类函数通常都不单独使用，单独使用的意义不大。

将IS类函数和IF函数结合在一起使用的情况比较多，这在用公式检验计算结果时非常有用。

11.2.7 判断参数是否为数字（ISNUMBER）

ISNUMBER函数可以判断引用的参数或指定单元格中的值是否为数字，其语法结构为：ISNUMBER（value）。

ISNUMBER函数只有一个参数value，表示需要进行检验的内容。如果检验的内容为数字，将返回TRUE；否则返回FALSE。

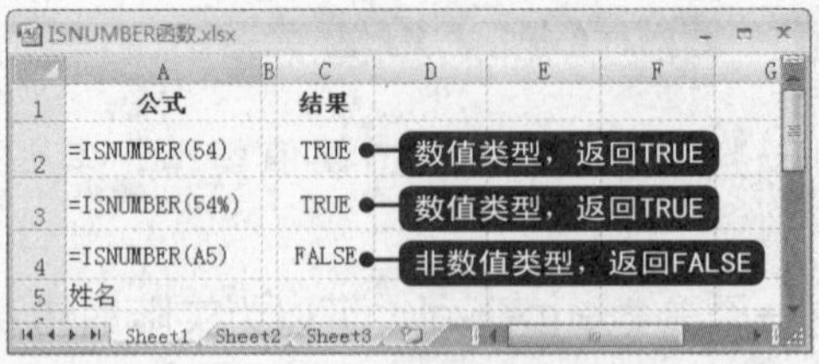

ISNUMBER函数示例

11.2.8 判断参数是否为文本（ISTEXT）

ISTEXT函数用于判断参数或指定单元格中的内容是否为文本，其语法结构为：ISTEXT（value）。

ISTEXT函数只有一个参数value，表示待测试的内容。如果测试的内容为文本，将返回TRUE；否则返回FALSE。

ISTEXT函数示例

11.2.9 判断参数是否为非字符串（ISNONTEXT）

ISNONTEXT函数可以判断引用的参数或指定单元格中的内容是否为非字符串，其语法结构为：ISNONTEXT（value）。

ISNONTEXT函数只有一个参数value，表示待测试的内容。如果测试的内容为非字符串，将返回TRUE；否则返回FALSE。

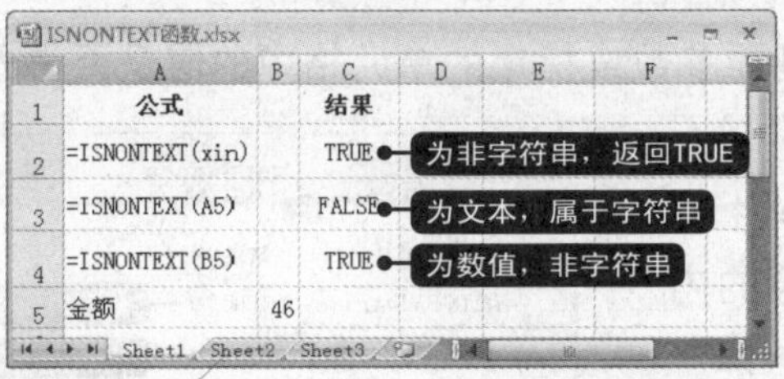

ISNONTEXT函数示例

要点提示：IS类函数的不可转换性

IS类函数的value参数是不可转换的。如在其他大多数需要数字的函数中，文本值“24”会被转换成数字24，而在公式“=ISNUMBER("24")”中，“24”并不会由文本值转换成其他类型的值，因此函数ISNUMBER会返回FALSE值，认为该参数不是数字。

11.2.10 判断数值类型（TYPE）

TYPE函数用于判断数值的类型，其语法结构为：TYPE（value）。

TYPE函数只有一个参数value，表示待测试的内容。TYPE函数返回的值为数值类型的代号。由于Excel中的数值有多种类型，Excel将返回的数值类型以数字代号进行表示，返回的值与数字代号的对应关系如下面的左表所示。

数字类型	代号
数值	1
文本	2
逻辑值	4
错误值	16
数组	64

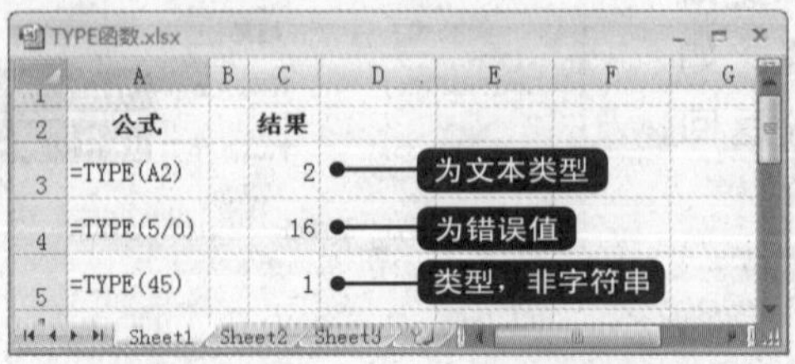

TYPE函数示例

要点提示：文本属于字符串

文本属于字符串，所以凡是用ISTEXT函数判断为文本类型的测试内容，用ISNONTEXT函数判断时就为字符串，它们返回的逻辑值刚好相反。

在公式“=ISTEXT(ai)”中，由于输入的文本没有使用双引号，因此Excel将其认作是非字符串。

11.3 文本函数

文本函数在办公中的应用较多，如合并、比较、查找、替换、复制、返回及转换字符串等。下面详细介绍Excel中较常用的文本函数。

11.3.1 转换字符串

利用文本函数中的转换字符串函数可以将数值和文本进行类型的转换，也可以对英文字母的大小写进行转换。

1. 将数值转换为文本（TEXT）

用TEXT函数可以将数值转换为按指定数字格式表示的文本，其语法结构为：TEXT(value, format_text)。

TEXT函数包含两个参数，其含义分别如下。

- value：表示需要转换成文本格式的数值，既可以是数值、对包含数值的单元格的引用，也可以是计算结果为数值的公式。
- format_text：表示需要转换成的文本形式，可以是货币、日期、时间、分数、百分比等格式的文本。

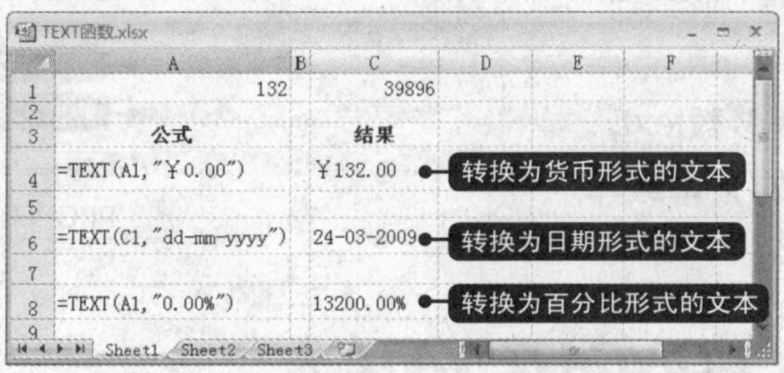

TEXT函数示例

如果不知道要转换成的数字格式在format_text参数上该如何表示，可以打开“单元格格式”对话框的“数字”选项卡，在“分类”列表框中选择“自定义”选项，在右侧的“类型”列表框中查看各种格式的表示方式。

2. 将文本转换为数值（VALUE）

用VALUE函数可以将文本类型的数字字符串转换成数值，其语法结构为：VALUE (text)。

VALUE函数只有一个参数text，表示需要转换成数值格式的文本。text参数既可以用双引号直接引用文本，也可以引用其他单元格中的文本。

在文本格式下才能输入以0开头的数字，将其转换为数值格式后，系统就会自动去掉开头的0，如右图所示。

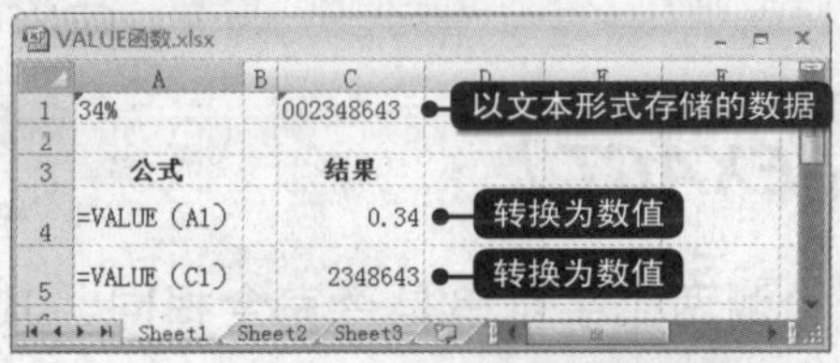

VALUE函数示例

3. 将字母转换为小写（LOWER）

LOWER函数可以将一个文本字符串中的所有大写字母转换为小写字母，其语法结构为：LOWER (text)。

LOWER函数只有一个参数text，表示需要转换成小写形式的文本。

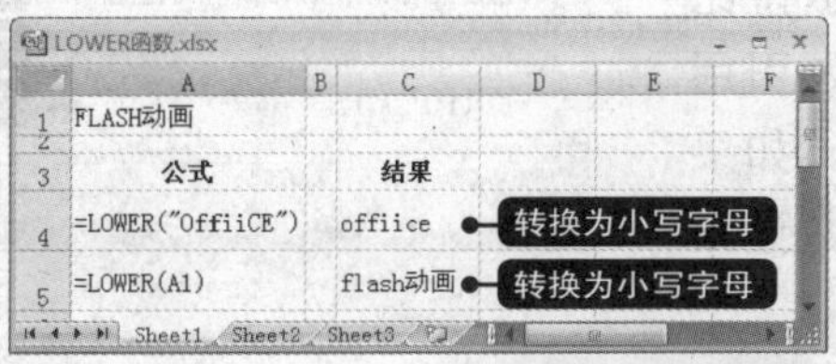

LOWER函数示例

4. 将字母转换为大写（UPPER）

UPPER函数与LOWER函数的功能相反，用于将文本字符串中的所有小写字母转换为大写字母，其语法结构为：UPPER (text)。

疑难解答：在“数字”选项卡中设置数值格式

问：在“单元格格式”对话框的“数字”选项卡中不是也可以设置数值格式吗？

答：这是达到同一目的的不同方法。不过也有区别，如果要通过“单元格格式”对话框转换成各种形式的文本，需先将数值设置成所需的表现形式后，再将其设置为文本类型。这需要通过两步，而用TEXT函数只需一步便可完成。

另外还需注意的是，将数值转换为文本后，其结果将不能再作为数值参与计算。

要点提示：英文大小写转换的应用场合

在需要要批量转换大小写时，UPPER与LOWER函数的作用便显现出来了。

如要将多个单元格中大写形式的网址组织域标识（如COM、CN、GOV、NET、EDU等）全部转换为小写字母，就可以用LOWER函数来快速达到目的。

要将小写的星期数转换成大写形式的星期数，就可以用UPPER函数来快速完成任务。

UPPER函数只有一个参数text，表示需要转换成大写形式的文本或单元格引用。

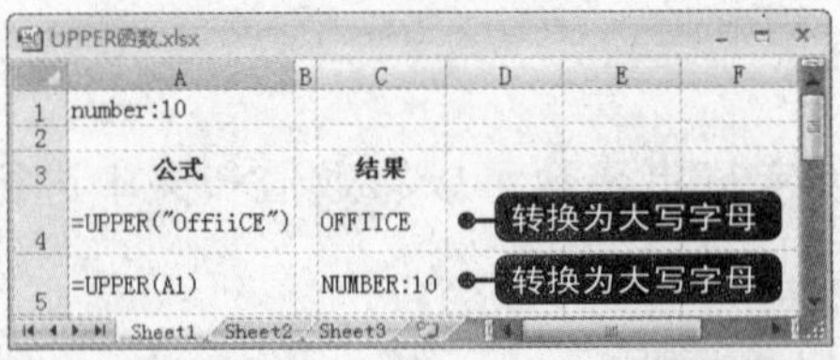

UPPER函数示例■

5. 将字母转换为适当的大小写（PROPER）

用PROPER函数可以将英文文本字符串的首字母和任何非字母字符之后的首字母转换成大写，将其余的字母转换成小写，其语法结构为：PROPER (text)。

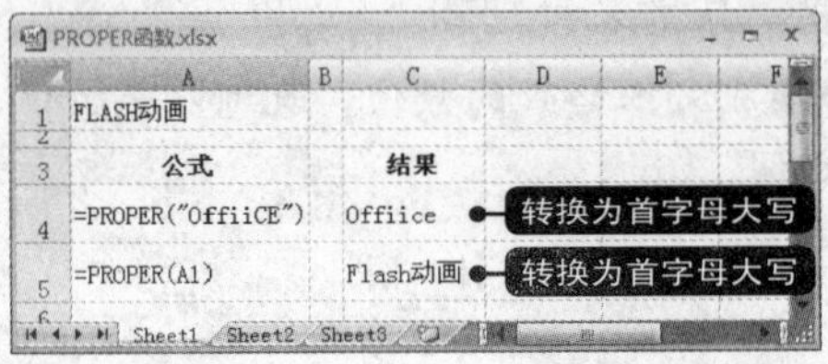

PROPER函数示例■

PROPER函数只有一个参数text，表示需要转换成大写形式的文本或单元格引用。

11.3.2 合并字符串（CONCATENATE）

用CONCATENATE函数可以将几个字符串合并为一个字符串（与“&”运算符的作用相同），其语法结构为：CONCATENATE (text1, text2,…)。

CONCATENATE函数的参数数量是可选的，数量为2～255个，表示要合并的文本项，既可以是要合并的文本字符串，也可是引用的单元格中的文本字符串。

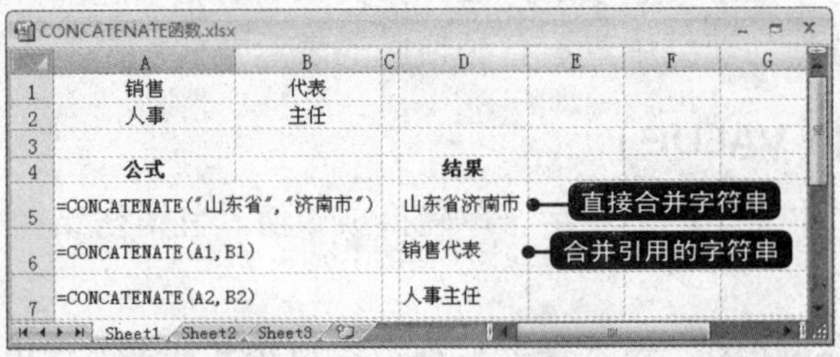

CONCATENATE函数示例■

11.3.3 比较字符串（EXACT）

使用EXACT函数可以检测两个字符串是否完全相同，其语法结构为：EXACT (text1,text2)。

EXACT函数有参数text1和text2两个参数，分别表示待比较的文本字符串，也可以是引用的单元格中的文本字符串。如果两个参数完全相同，则函数返回TRUE；否则返回FALSE。

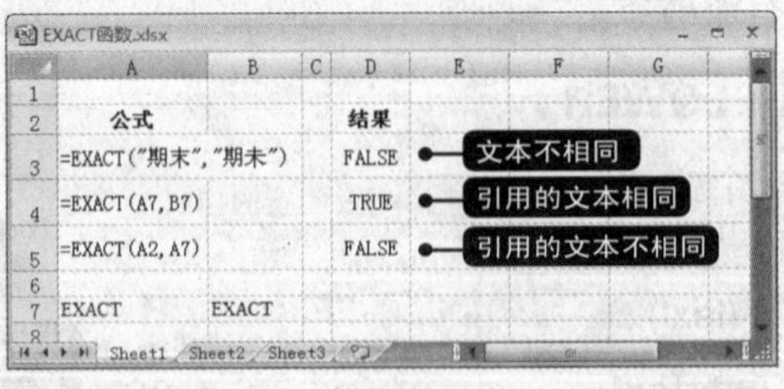

EXACT函数示例■

11.3.4 复制文本（REPT）

使用REPT函数可以按照指定的次数重复显示文本，相当于复制文本。其语法结构为：REPT(text, number_times)。

疑难解答：PROPER函数处理非字母字符

问：如何理解PROPER函数可以将“任何非字母字符之后的首字母转换成大写”中的非字母字符？

答：就是英文字母之外的任何字符，比如两个单词之间间隔了空格或其他符号，则用该函数转换后，空格或其他符号后面单词的首字母也会被转换为大写，如果英文字母之前是中文字符，则无论英文字符是大写还是小写，都将被转换为小写。

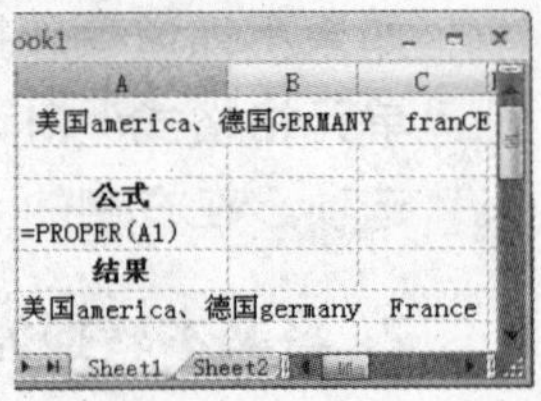

要点提示：关于函数EXACT的知识

用EXACT函数比较时不管文本字符串的格式，只管内容。如果被比较的两个文本字符串内容完全相同，仅格式不同，EXACT函数将返回TRUE。

但如果被比较的两个文本字符串内容完全相同，仅字母大小写不同，EXACT函数将返回FALSE。

REPT函数有两个参数，其中text表示需要重复显示的文本，number_times表示指定文本重复显示的次数。

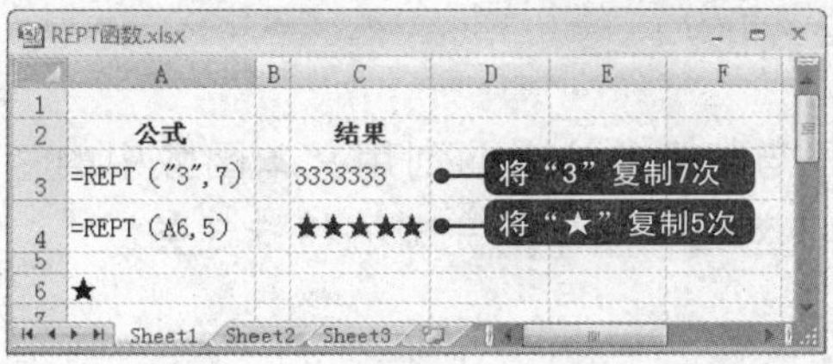

REPT函数示例■

REPT函数可用在一些特殊场合，如用REPT函数模拟绘出简单的条形图来反映数值的大小比例，达到与条件格式中“数据条”相似的作用。如下面在销售业绩表中将销售数据用图形表现出来，其操作方法如下。

素材 光盘：\素材\第11章\销售业绩表.xlsx

效果 光盘：\效果\第11章\销售业绩表.xlsx

Step 01 打开素材文件，单击A16单元格，在“插入”选项卡下“文本”组中单击“符号”按钮。

Step 02 打开“符号”对话框，在“字体”下拉列表中选择“（普通文本）”选项，在“子集”下拉列表中选择“方块元素”选项，然后在下面的列表框中选择如图所示的方块字符，单击“插入”按钮。

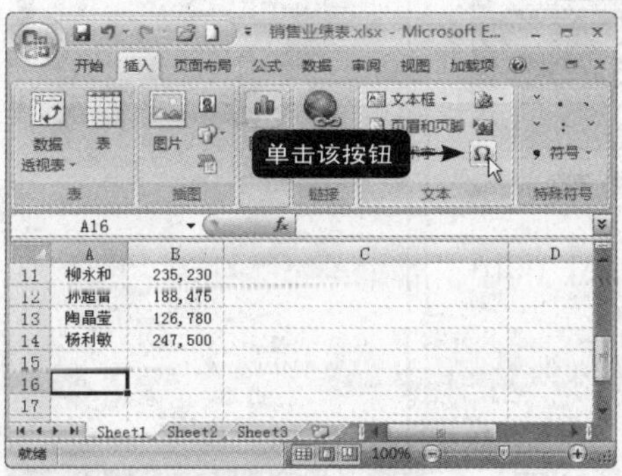

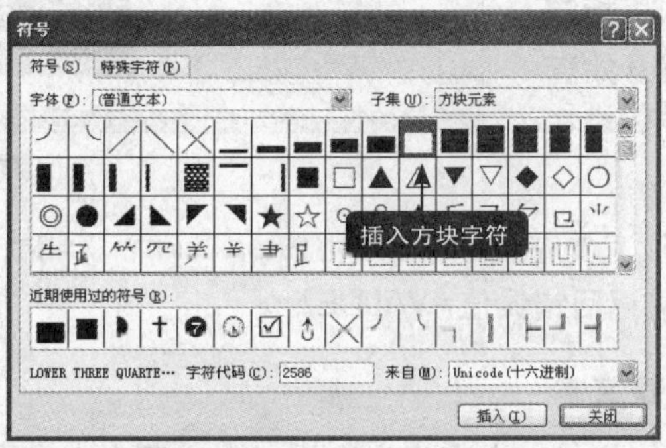

Step 03 关闭“符号”对话框，单击C3单元格，输入公式“=REPT($A$16,(B3/15000))”，按【Ctrl+Enter】组合键得到第一位销售人员的销售条形图。

Step 04 用鼠标拖动C3单元格右下角的填充柄至C14单元格处，释放鼠标左键，得到其他销售人员的销售条形图。

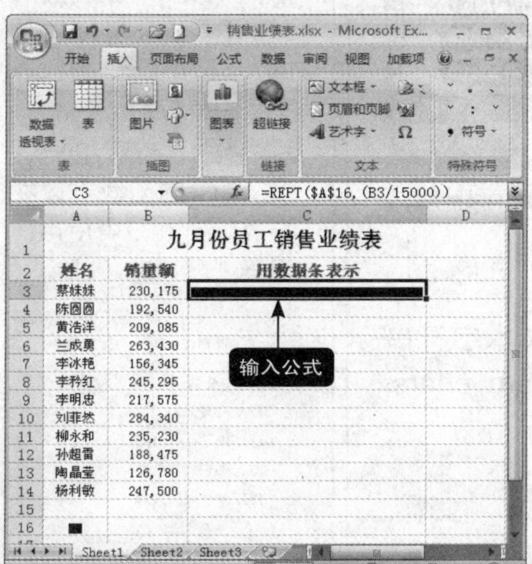

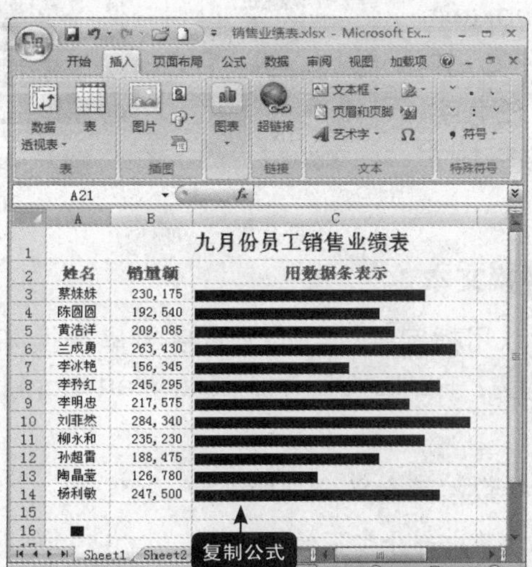

疑难解答：案例中公式的含义

问：在案例的公式“=REPT($A$16,(B3/15 000))”中，为何要用B3单元格除以15 000呢?

答：如果直接用销售量来表示复制的个数显示，数量太多，因此选择一个适合的除数，用得到的商作为显示次数，降低重复显示的次数。如果除以选择的除数后得到的是小数，函数会舍去小数部分取整数。

疑难解答：解决用公式显示方框出现不连续的情况

问：为什么按照案例操作，用公式重复显示的方块不是连续的呢?

答：在选择方块字符时需选择较宽的方块，否则方块字符之间就会出现间隙，使条形图在外观上显得不连续。

11.3.5 查找与替换字符串

前面学习过Excel的查找与替换方法，而利用文本函数中的查找与替换函数还可以完成“查找和替换”对话框所不能完成的特殊任务。

1. 用FIND函数查找文本

使用FIND函数可以搜索一个字符串在另一个字符串中的出现位置，其语法结构为：FIND (find_text, within_text, start_num)。

FUND函数包含3个参数，其含义分别如下。

- find_text：表示要查找的字符串。
- within_text：表示包含要查字符的字符串。
- start_num：表示开始进行查找的字符位置。

start_num参数也可以省略，省略时表示从 within_text的第一个字符开始查找。如果查找的字符串中有两处相同的查找内容，将返回第一处查找内容的位置；如果指定查找位置，则会从指定位置开始查找，但返回的值都表示查找内容在整个字符串中的位置。

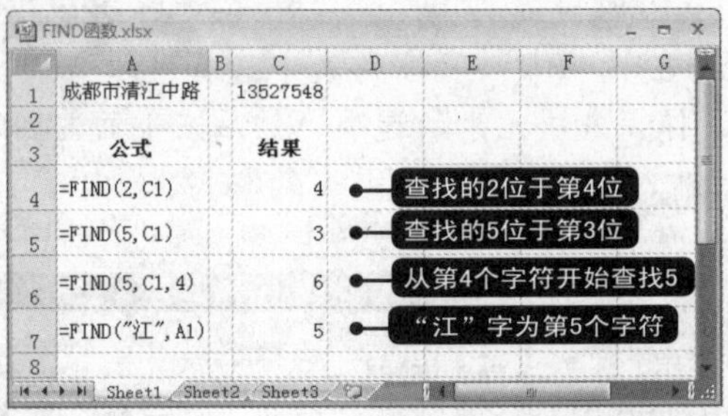

FIND函数示例

如果参数within_text中没有要查找的字符串、start_num＜＝0或start_num大于within_text的长度，都将返回错误值#VALUE！。

2. 用SEARCH函数查找文本

使用SEARCH函数也可以查找一个字符串在另一个字符串中出现的位置，其语法结构为：SEARCH(find_text, within_text, start_num)。

SEARCH函数与FIND函数的功能及包含的参数都相同，唯一不同之处在于，使用SEARCH函数查找指定内容时可以在参数find_text中使用通配符“*”和“？”，其中通配符“？”代表一个任意字符，通配符“*”可以代表多个任意字符。

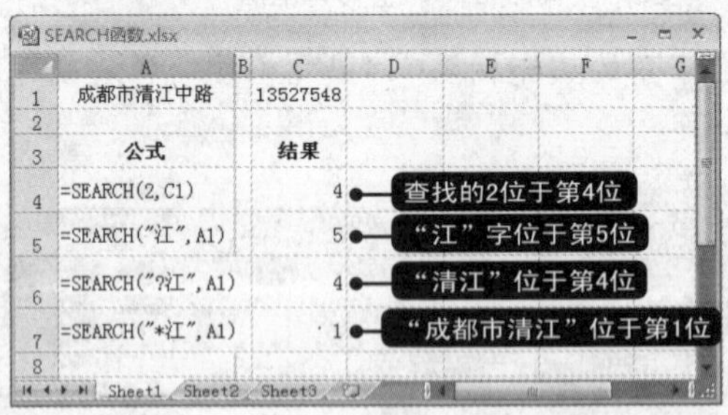

SEARCH函数示例

3. 用REPLACE函数替换文本

使用REPLACE函数可以用指定字符数的文本字符串替换某文本字符串中的部分文本。其语法结构为：REPLACE (old_text, start_num, num_chars, new_text)。

REPLACE函数包含4个参数，其含义分别如下。

- old_text：表示要替换其中部分字符的文本。

要点提示：用FINDB函数查找文本

FINDB函数具有与FIND函数相同的功能和语法结构，唯一不同的是：在查找时，FUND函数是以字符为单位，而FINDB函数是以字节为单位的。

英文、数字、符号与汉字都是字符，一个英文或数字占一个字节，一个汉字占两个字节。

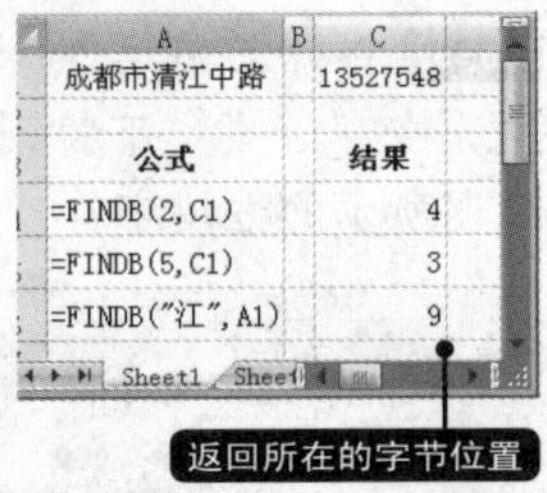

要点提示：用函数SEARCHB查找文本

SEARCHB函数与SEARCH函数具有相同的功能和语法结构。不同的是，在查找时SEARCH以字符为单位，SEARCHB函数以字节为单位。

与FINDB函数相比，SEARCHB函数可以在参数find_text中使用通配符“*”和“？”。

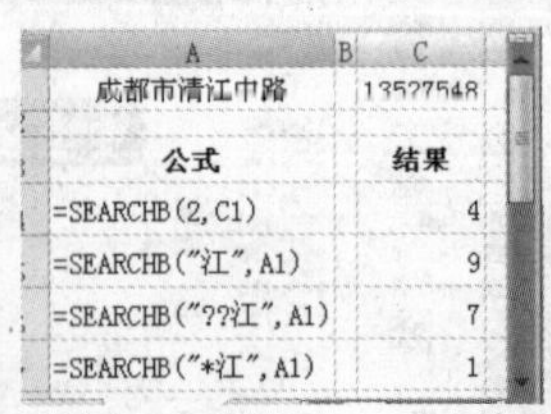

◆ start_num：表示要替换的字符的起始位置。

◆ num_chars：表示使用new_text替换old_text中字符的个数。

◆ new_text：表示要替换成的文本。

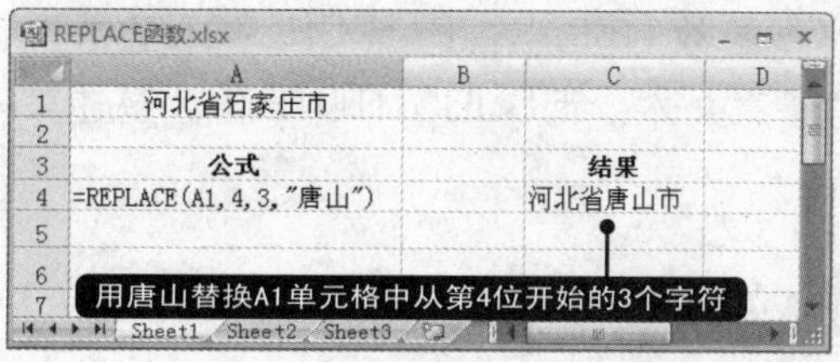

REPLACE函数示例

要替换成的内容（new_text）与被替换的内容（old_text）的字符数可以相同，也可以不相同。

如成都市的电话号码升为8位后，需要在原电话号码的区号后加“8”，因此必须更改原有的联系方式记录，此时使用REPLACE函数便可解决此问题，其操作方法如下。

素材 光盘：\素材\第11章\升位前的电话号码记录表.xlsx

效果 光盘：\效果\第11章\升位后的电话号码记录表.xlsx

Step 01 打开素材文件，单击C2单元格，输入公式“=REPLACE (B2,1,3,"0288")”，按【Ctrl+ Enter】组合键升级第一个电话号码。

Step 02 用鼠标拖动C2单元格右下角的填充柄到C8单元格处释放，在所有区号后面添加“8”，而号码中其他位置处的“028”不会被替换。

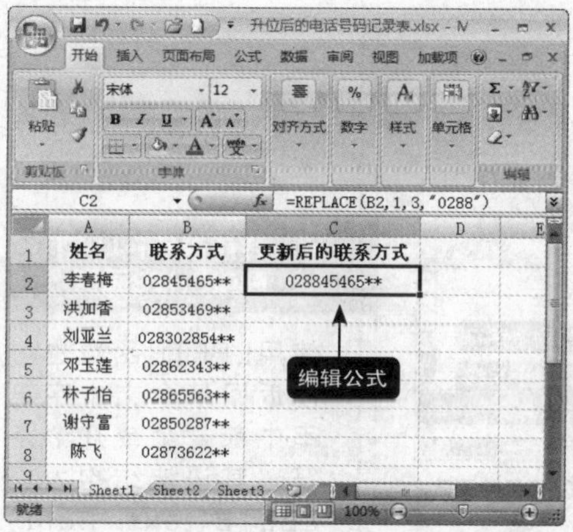

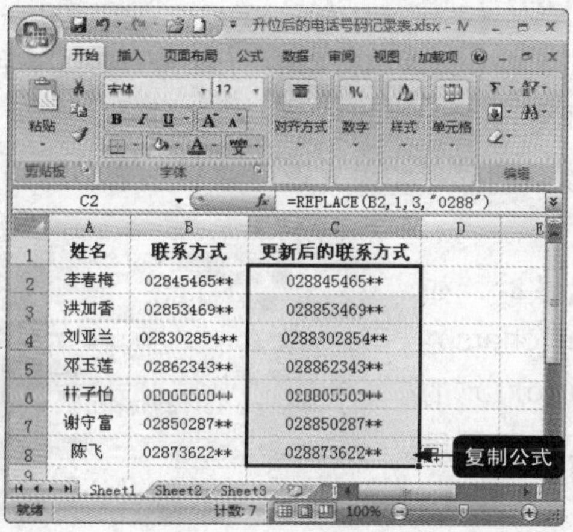

4. 用SUBSTITUTE函数替换文本

SUBSTITUTE函数也用于替换文本，其语法结构为：SUBSTITUTE (text, old_text, new_text, instance_num)。

SUBSTITUTE函数包含4个参数，其含义分别如下。

◆ text：表示需要替换字符的文本。

◆ old_text：表示需要替换的旧文本。

◆ new_text：表示要替换成的文本。

◆ instance_num：表示用来指定以new_text替换第几次出现的old_text。

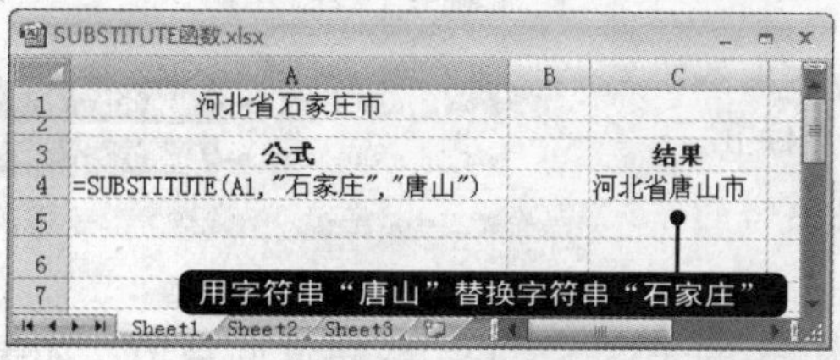

SUBSTITUTE函数示例

疑难解答：在SEARCHB函数中使用通配符

问：为何用SEARCHB函数查找“清江”时要输入“??江”，而不是“?江”？

答：因为SEARCHB是以字节为单位的，那么在该函数中的一个“?”只代表1字节，而一个汉字占2字节，因此这里需输入两个“？”才能代表一个汉字。如果在查找汉字字符串中的汉字时，输入奇数个“？”将产生#VALUE!错误，因为没有半个汉字。

要点提示：使用函数REPLACE替换文本的优势

公式“=REPLACE(B2,1,3,"0288")”的意思是：将B2单元格中的内容从第一位开始的3个字符替换为“0288”，因此号码中其他位置处的“028”不会被替换。如果直接用前面介绍的替换功能将“028”替换为“0288”，会将非区号中的“028”也一并替换掉，只能逐一查找替换，而用REPLACE函数则可快速完成替换。

SUBSTITUTE与REPLACE函数的区别在于：REPLACE函数是在某一文本字符串中替换指定位置处的任意文本；而SUBSTITUTE函数是在某一文本字符串中替换指定的文本。

要点提示：替换第几次出现的内容

如果文本字符串中包含几处要替换为的内容，在SUBSTITUTE函数中需要用instance_num参数来指定，如果省略该参数，将替换text中出现的所有旧文本。

如果要替换的内容在text中只出现了一次，就可以省略参数instance_num。

11.3.6 返回指定位置的字符

利用文本函数中的LEFT、RIGHT和MID函数可以返回指定位置的字符，下面分别讲解。

1. 返回左边字符（LEFT）

使用LEFT函数可以返回某个文本字符串中的前一个或几个字符（与指定的字符数有关），其语法结构为：LEFT(text,num_chars)。

LEFT函数包含两个参数，其含义分别如下。

- text：表示包含要提取字符的文本字符串。
- num_chars：用于指定要提取的字符数，如果要返回第一个字符，可以省略num_chars参数。

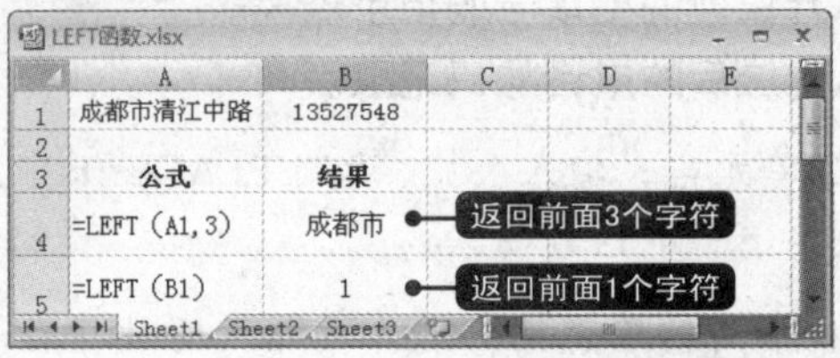

LEFT函数示例

2. 返回右边字符（RIGHT）

使用RIGHT函数可以返回某个文本字符串中的最后一个或最后几个字符，其语法结构为：RIGHT (text, num_chars)。

RIGHT与LEFT函数的参数相同，如果只返回最后一个字符，可省略num_chars参数。

使用LEFT和RIGHT函数时，如果指定返回的字符数（num_chars）大于或等于文本字符串（text）的字符数，都将返回整个文本字符串（text）。

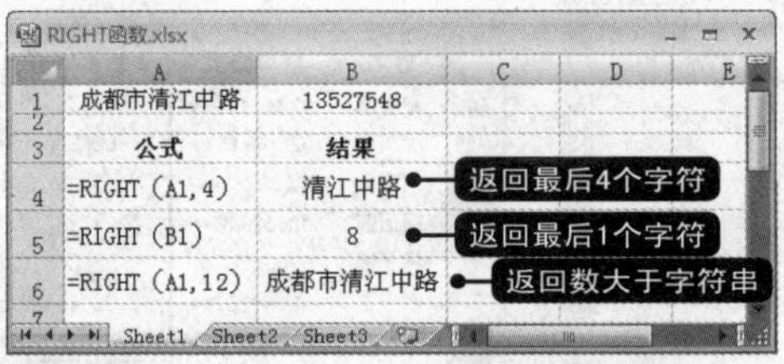

RIGHT函数示例

要点提示：LEFTB和RIGHTB函数

使用LEFTB函数也可以返回某个文本字符串中前一个或几个字符，其语法结构为：LEFTB(text, num_bytes)。

使用RIGHTB函数也可返回文本字符串中最后一个或几个字符，其语法结构为：RIGHTB (text, num_bytes)。

不同的是，LEFT和RIGHT函数以字符为单位，LEFTB和RIGHTB函数以字节为单位。

3. 返回指定位置的字符（MID）

使用MID函数用于返回文本字符串中从指定位置开始的特定数目的字符，其语法结构为：MID (text, start_num, num_chars)。

MID函数包含3个参数，其含义分别如下。

- text：表示包含要提取字符的文本字符串。
- start_num：表示要从文本中提取的第一个字符的位置。
- num_clars：表示要返回的字符的个数。

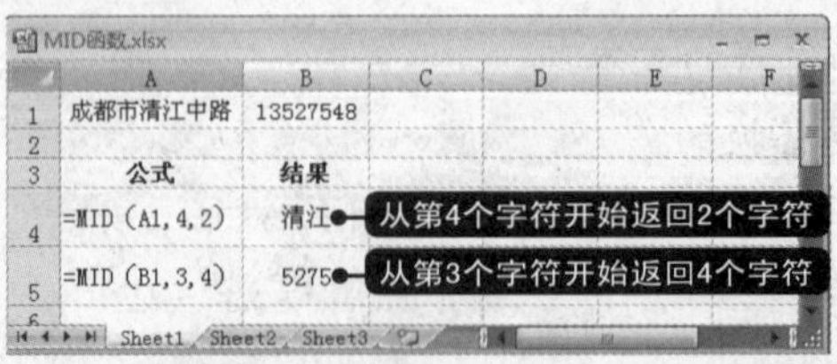

MID函数示例

如果start_num大于文本text的长度，MID函数将返回空值；如果start_num小于文本长度，但start_num加num_chars的长度超过了文本text的长度，MID

函数将返回开始位置至文本末的字符；如果start_num小于1或num_chars为负数，将返回错误值#VALUE!。

11.3.7 返回字符串长度（LEN）

使用LEN函数可以返回字符串的长度，其语法结构为：LEN (text)。

LEN函数只有一个参数text，表示要查找长度的文本。

单独使用LEN函数并没有多少意义，它一般与其他函数合用，来达到特殊目的。如根据身份证号码的长度判断身份证是否升位等。

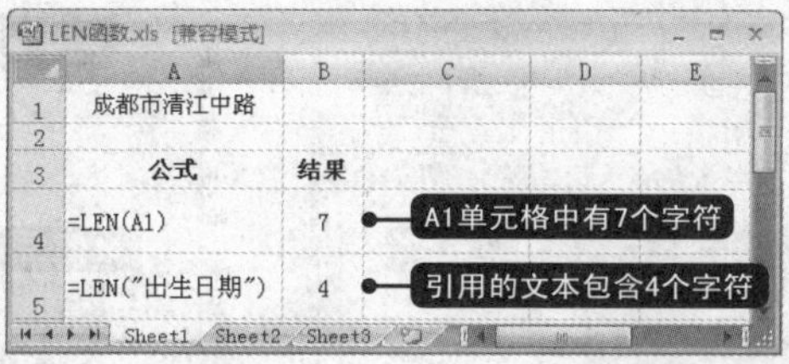

LEN函数示例■

应用案例——从客户信息表中生成用户称谓

某公司10月份周年庆典，要从客户记录表中提取出10月份过生日的客户为其赠送礼品。但由于当初记录不周全，只记录了用户姓名、大概地址和身份证号码，现在要从中提取出10月份出生的客户，并以“某某（地市）XXX（姓名）X先生（或女士）”的名单形式在公司网站上公布出来。

要完成该任务就需综合运用IF和部分文本函数，先从身份证号码中提取出生月份数，然后判断用户的性别，再提取姓氏，最后合并出用户称谓。其操作方法如下。

素材 光盘：\素材\第11章\客户信息表.xlsx

效果 光盘：\效果\第11章\客户信息表.xlsx

要点提示：用MIDB函数返回指定位置字符

使用MIDB函数也可以返回从指定位置开始的字符串，其语法结构为：MIDB(text, start_num, num_bytes)。

MID函数以字符为单位，MIDB函数以字节为单位，它们的3个参数缺一不可，即使要返回从指定的开始位置后的所有字符，也不能省略num_chars参数。

要点提示：用LENB函数返回字符串长度

使用LENB函数也可以返回字符串的长度，其语法结构为：LENB (text)。

不同的是：LEN函数以字符为单位，而LENB函数以字节为单位。

Step 01 打开素材文件，在数据表后面增加“出生月份”、“性别”和“称谓”3个列标签，然后使用格式刷功能将这3列的格式设置为与前面同行单元格的格式相同。

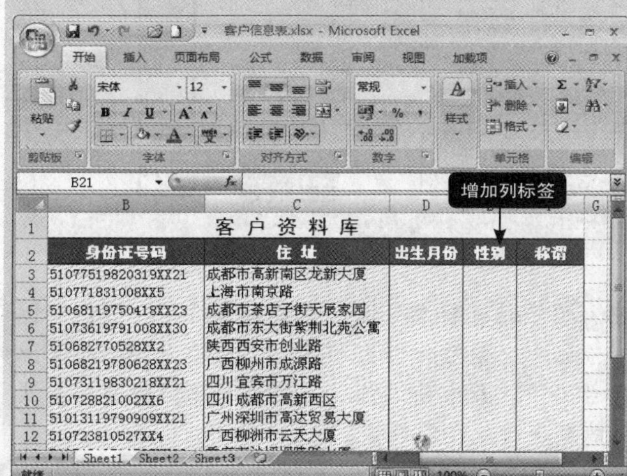

Step 02 在D3单元格中输入公式“=IF(LEN(B3)=15,MID(B3,9,2),MID(B3,11,2))”（由于表中的身份证号码有15位和18位两种情况，因此需返回长度再用MID函数返回代表月份的数字），按【Ctrl+Enter】组合键得到第一个客户的出生月份数。

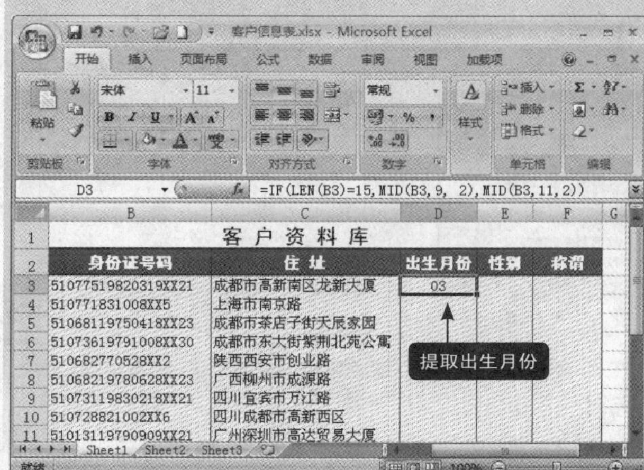

Step 03 用鼠标拖动D3单元格右下角的填充柄至D18单元格处，释放鼠标左键，提取出其他客户的出生月份。

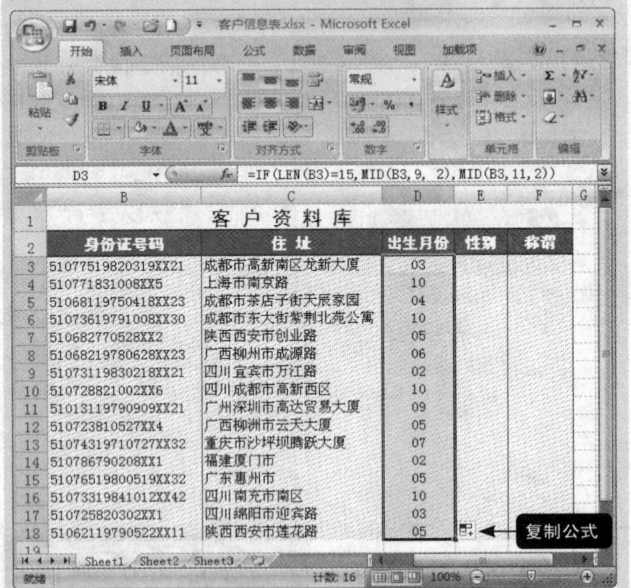

Step 04 单击D列的任意单元格，然后在“数据”选项卡下“排序和筛选”组中单击“降序”按钮，将客户名单按出生月份排序。

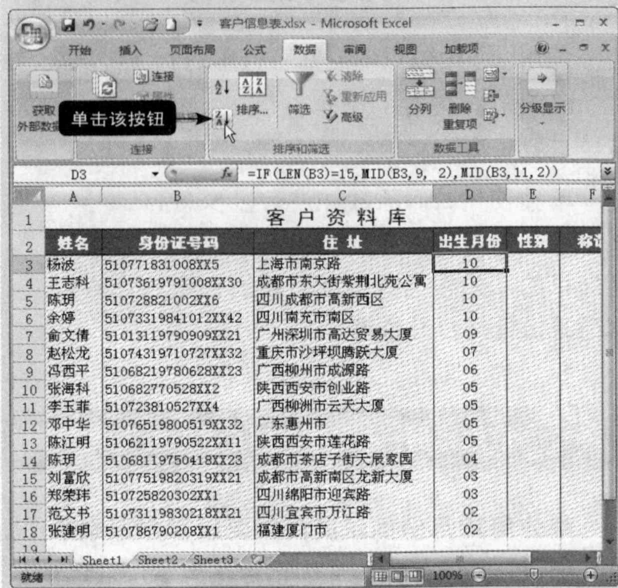

Step 05 下面从身份证号码中提取判断性别的顺序码。单击H3单元格，输入公式“=VALUE(IF(LEN(B3)=15,RIGHT(B3,1) ,MID(B3,17,1)))”（由于直接用MID函数返回的是文本型数据，不便于后面作为其他函数的数字参数，因此这里用VALUE函数将其转换为数值型），按【Ctrl+Enter】组合键得到第一个顺序码，并转换为数值。

Step 06 用鼠标拖动H3单元格右下角的填充柄至H18单元格处，释放鼠标左键，提取出其他客户的出生月份，并转换为数值。

注： 顺序码奇数为男性，偶数为女性。在15位身份证号码中，最后一位为顺序码；升级为18位的身份证号码中，最末处添加了一位校验码，因此判断性别的顺序码就在倒数第二位。

Step 07 单击E3单元格，输入公式“=IF(OR(H3=1,H3=3,H3=5,H3=7,H3=9),"男","女")”，按【Ctrl+Enter】组合键判断出第一个客户的性别。

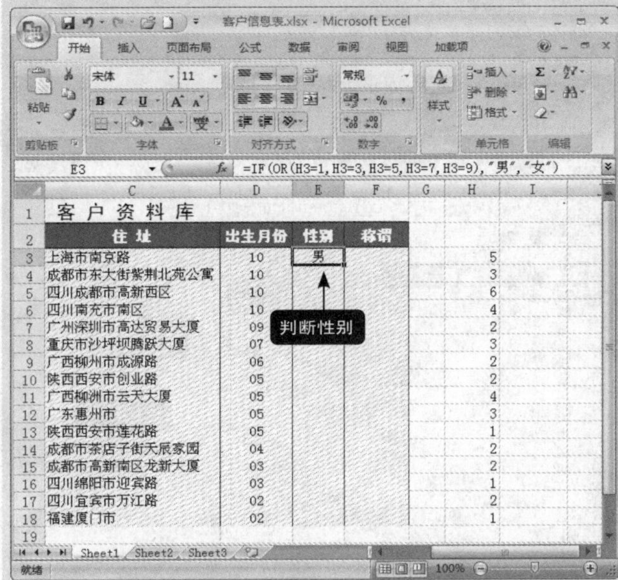

Step 09 下面先生成“XXX（姓名）X先生（或女士）”形式的称谓。单击I3单元格，输入公式“=CONCATENATE(A3,LEFT(A3,1),IF(E3="男","先生","女士"))”，按【Ctrl+Enter】组合键提取并合并出第一个客户的称谓。

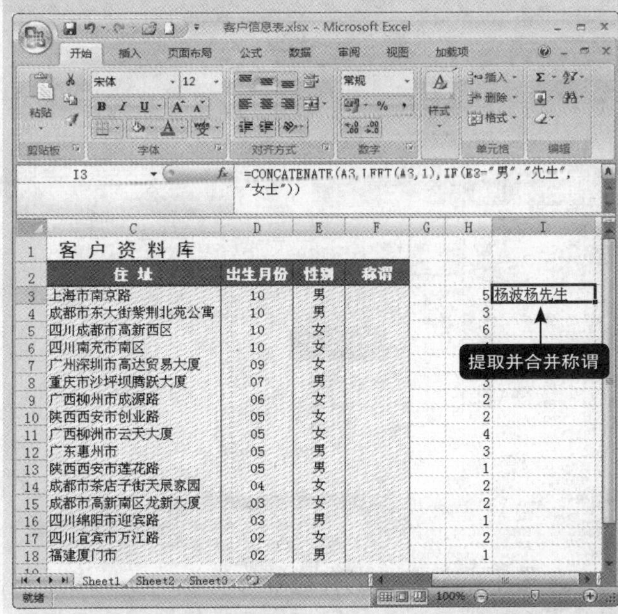

注：该称呼由3段字符构成。第一段字符直接引用A列中的姓名），第二段需用LEFT函数提取姓氏，第三段需用IF函数根据性别判断后返回“先生”或“女士”（IF(E6="男","先生","女士")）。

Step 08 用鼠标拖动E3单元格右下角的填充柄至E18单元格处，释放鼠标左键，判断出其他客户的性别。

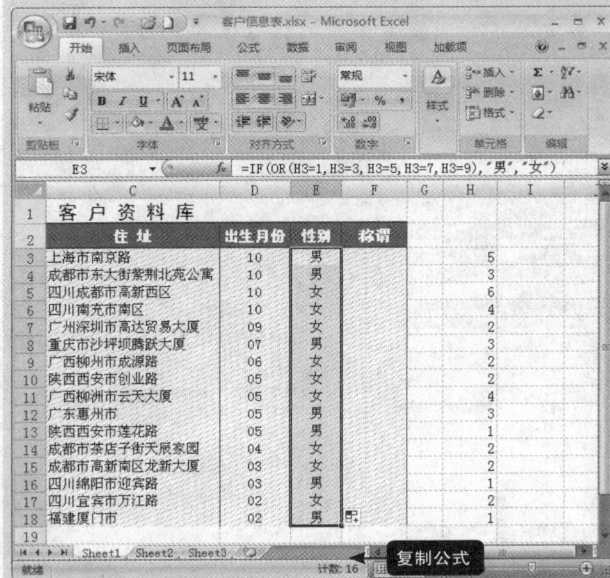

Step 10 用鼠标拖动I3单元格右下角的填充柄至I6单元格处，释放鼠标左键，提取并合并出另外几个10月份出生的客户的称谓。

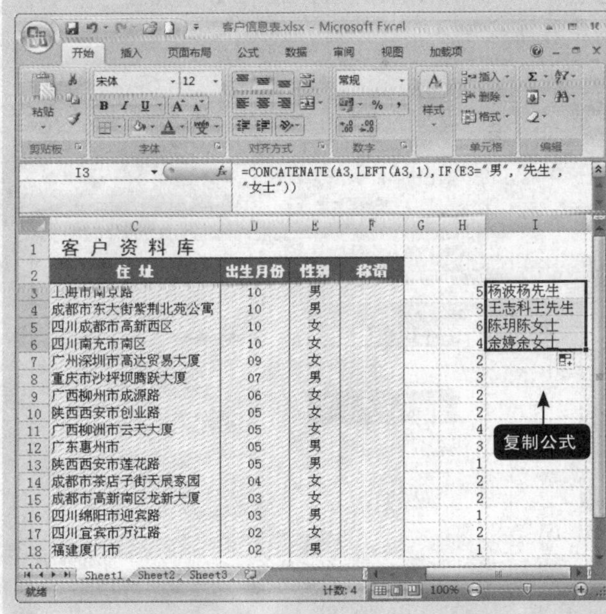

注：由于直接用一个公式生成“某某（地市）XXX（姓名）X先生（或女士）”形式的最终称谓，不但嵌套的函数相当多，也不便于读者理解，因此本案例分为几步来完成最终称谓的合并。由于只需公布10月份出生的客户，因此后面的操作只对出生月份为10月份的记录进行操作。

Step 11 下面从地址中提取出“某某（地市）”形式的字段。单击J3单元格，输入公式“=LEFT(C3,(FIND("市",C3)))”，按【Ctrl+Enter】组合键返回第一个客户所在的城市。

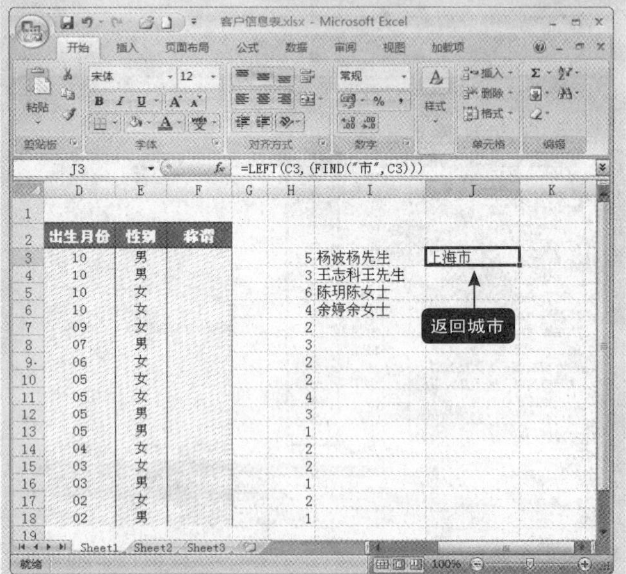

Step 12 用鼠标拖动J3单元格右下角的填充柄至J6单元格处，释放鼠标左键，返回其他几个10月份出生的客户所在的城市。

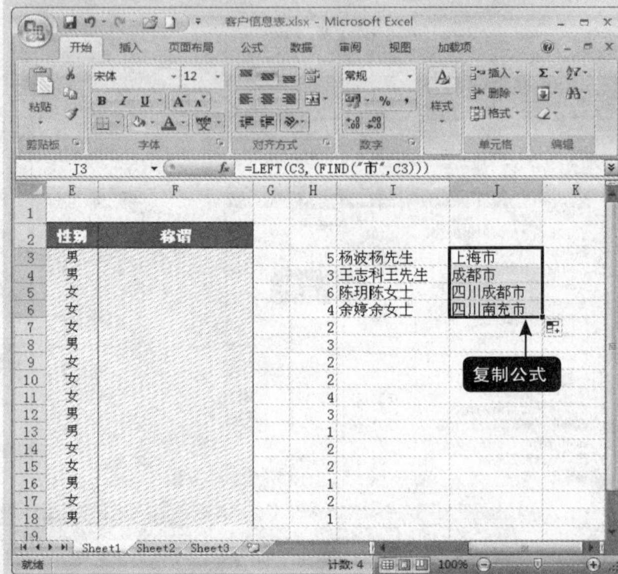

Step 13 下面合并出最终称谓。单击F3单元格，输入公式“=J3&I3”，按【Ctrl+Enter】组合键合并出第一个最终称谓。

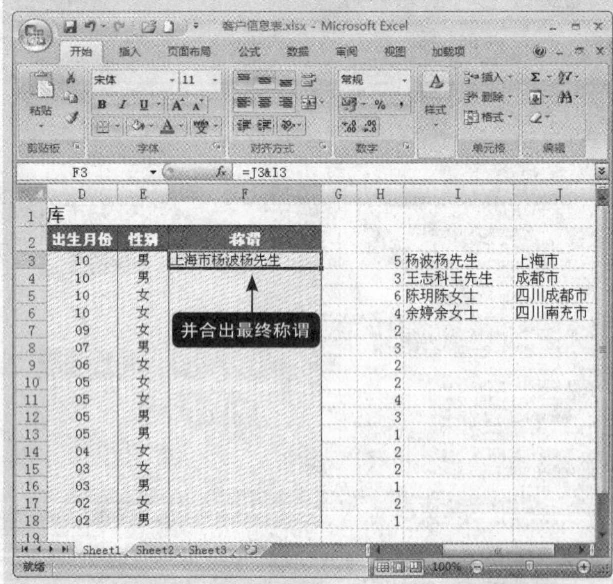

Step 14 用鼠标光标拖动F3单元格右下角的填充柄至F6单元格处，释放鼠标左键，合并出另外几个10月份出生的客户的最终称谓。

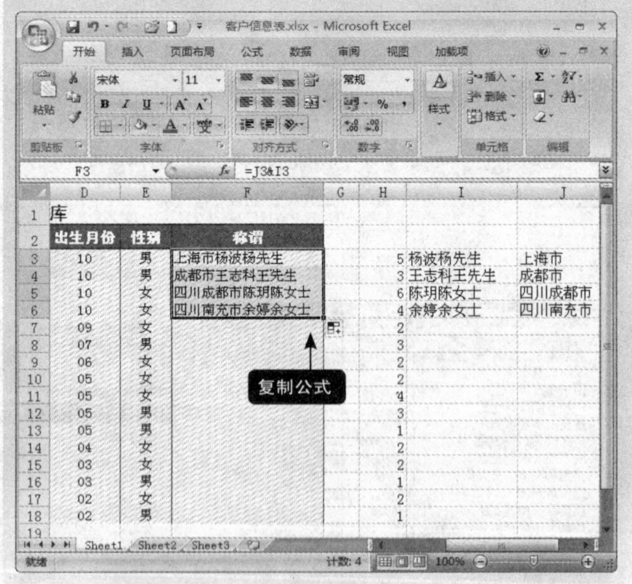

注：由于记录的地址格式不统一，有些只记录了市级城市，有些还有省份，造成“市”字前面的字符数量不统一，因此先用“FIND("市",C3)”函数返回“市”字在地址中的位置，再用返回的值作为LEFT的参数，就可以提取“市”字及前面的字符。

注：如果不希望表格中有辅助的数据，可以选择最后得出的称谓数据，复制后用选择性粘贴的方法将其转换为值，再删除辅助的数据。

12 Chapter 日期和时间函数

READERS' GUIDE

日期和时间函数主要用于分析或操作公式中与日期和时间有关的值等。本章将挑选出常用的日期和时间函数，讲解如何使用常见的日期函数转换日期及编号，返回序列日期所在的年、月、日、星期数，以及用时间函数返回时间序列数所在的时、分、秒等。

MAIN CASES

使用公式计算数据 P203

时间函数 P208

12.1 使用公式计算数据

日期函数用于分析或操作公式中与日期有关的值，如返回与转换日期等。不过在使用日期函数之前，最好先了解一下Excel中的日期系统。

12.1.1 Excel中的日期系统

Excel支持1900年和1904年两种日期系统，这两种日期系统使用了不同的日期作为参照基础，其差异如下。

- **1900年日期系统**：该日期系统规定1900年的1月1日为第一天，其存储的日期系列编号为1，最后一天是9999年12月31日。
- **1904年日期系统**：该日期系统规定1904年的1月1日为第一天，其存储的日期系列编号为0，最后一天也是9999年12月31日。

由于不同日期系统的起始参照日期不同，因此在涉及与日期相关的计算时，必须先明确使用的是哪种日期系统。Excel默认采用1900年日期系统，如有需要，可以通过设置改变默认的日期系统，其操作方法如下。

Step 01 在要使用1904年日期系统的工作簿中单击Office按钮，从弹出的菜单中单击“Excel选项”按钮，打开“Excel选项”对话框。

Step 02 单击“公式”选项卡，在右侧的“计算此工作簿时”选项组中选中“使用

要点提示：采用不同日期系统的原因

默认状态下，Excel for Windows的用户使用1900年日期系统，Excel for Macintosh（苹果机）的用户使用1904年日期系统。为了与Macintosh的文件兼容，Excel for Windows也支持1904年日期系统。

如果确定在Excel中制作的文档肯定不会在Macintosh上使用，则采用默认的1900年日期系统即可。

1904年日期系统"复选框，单击"确定"按钮，以后在该工作簿中涉及到日期的计算时便会采用1904年日期系统。

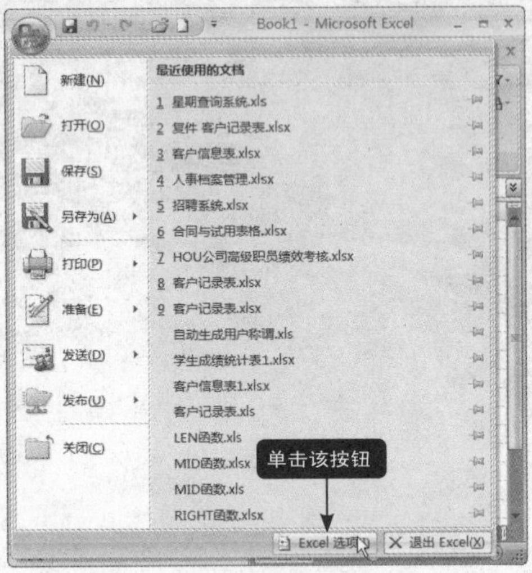

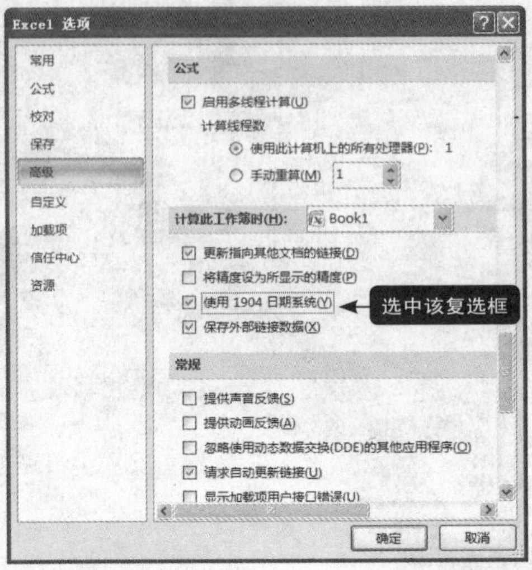

12.1.2 返回日期（DATE）

使用DATE函数可以将指定的年、月、日合并为完整的日期格式，其语法结构为：DATE （year, month, day）。

DATE函数包含3个参数，其含义分别如下。

- year：表示年份。
- month：表示月份。
- day：表示天。

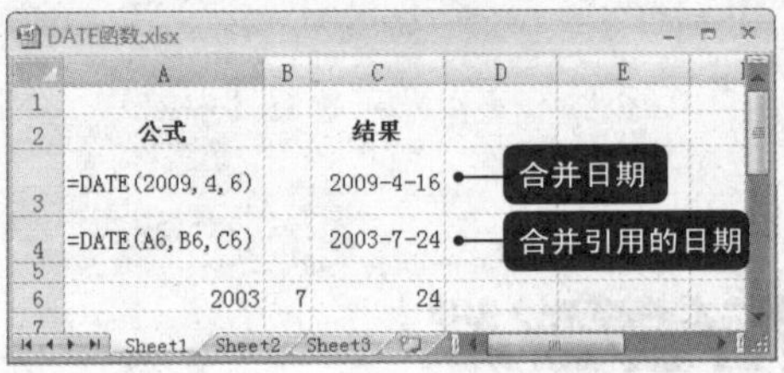

DATE函数示例

在使用DATE函数时，除了需注意选择的日期系统外，还应注意年、月份和日期的溢出问题，下面分别进行讲解。

1. 年份溢出

在1900年日期系统中，如果输入或引用的year参数在0～1899年之间，则Excel会自动在年份上加上1 900再进行计算；如果year参数值小于0或大于等于10 000，函数将返回错误值#NUM！。

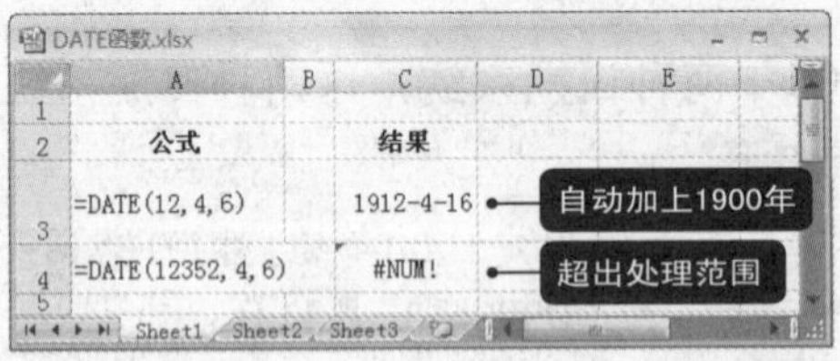

年份溢出

2. 月份溢出

如果输入或引用的month参数大于12，系统将从year参数所在年的下一年的1月份往上加，推算出确切的月份；如果month参数等于或小于0，则从year参数所在年上一年的12月开始往下减，推算出确切的月份。

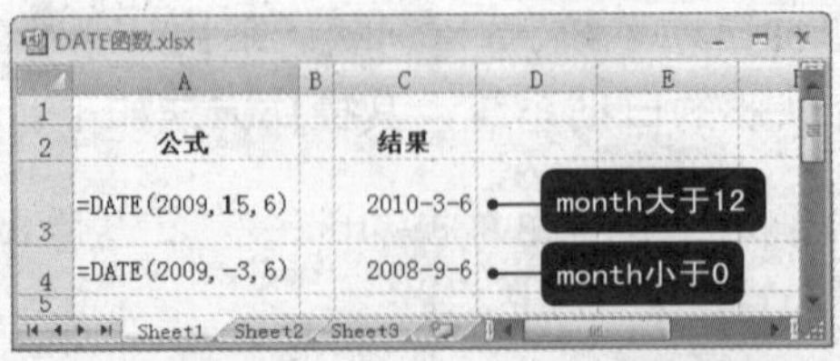

月份溢出

要点提示：输入日期的注意事项

默认情况下输入的日期靠右对齐，如果在Excel中输入的日期不在其日期系统支持的范围内（如2009年11月31日），Excel只会将其识别成文本格式。因此当你输入的日期变成自动靠左对齐时，就需注意检查输入的日期是否正确。

如果用日期函数处理超出日期系统范围的日期将会出错。

要点提示：1904年日期系统的年份溢出

如果使用的是1904年日期系统，当年份溢出时，如果year参数位于4和1899年之间，Excel会自动在年份值上加上1 900后再进行计算；如果year参数值小于4或者大于等于10 000，或位于1900和1903年之间，则函数将返回错误值#NUM！。

3. 日期溢出

如果day参数大于month参数所在月份的实际天数，将从该月的第一天往上加，推算出确切的月份和日；如果day参数等于或小于0，则系统将从month参数所在月前一月的最后一天开始往下减，推算出确切的月份和日。

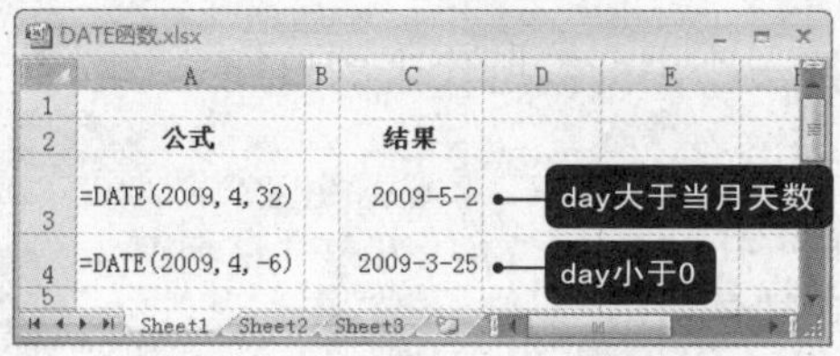

日期溢出■

12.1.3 返回日期序列号（DATEVALUE）

在Excel中，日期实际上是以数值形式存储的，所以日期就是一个简单的数字。由于日期具有连续性，因此也可以说日期是一个“序列号”。每个序列号代表着从1900年1月1日（如果采用1900年日期系统）起的一个有关天数的数字。默认情况下，1900 年1月1日的序列号是1，而2008 年 1 月 1 日的序列号是 39448，这是因为它距 1900 年 1 月 1 日有39 448 天。

使用DATEVALUE函数可以返回某一指定日期的序列号，其语法结构为：DATEVALUE (date_text)。

DATEVALUE函数只有一个date_text参数，表示要转换为序列号方式显示日期的文本字符串。

DATEVALUE函数的date_text参数只能是表示日期的文本字符串，而不能以引用单元格的方式进行引用，因此在使用时只能手动输入，而不能引用。

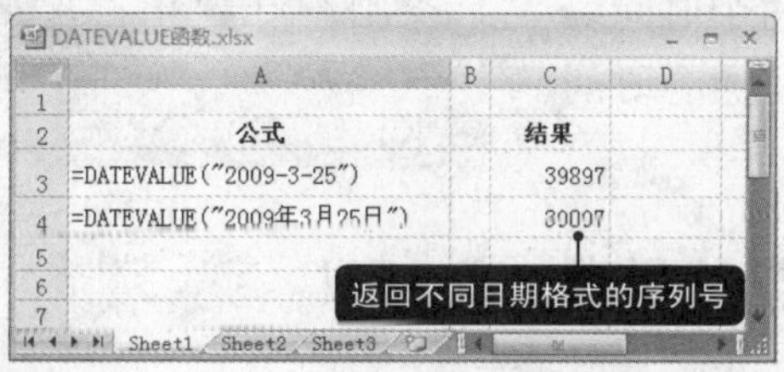

DATEVALUE函数示例■

12.1.4 显示当前日期（TODAY）

使用TODAY函数可以返回当前系统日期的序列号，其语法结构为：TODAY()。

TODAY函数没有参数，它返回的是电脑系统的当前日期，因此这个日期会根据日期的变化而变化。

在默认情况下，以后重新打开工作簿时Excel都会自动更新TODAY函数返回的日期。如果要让它始终停留在最后一次保存时返回的日期上，可以通过更改设置的方法来实现。

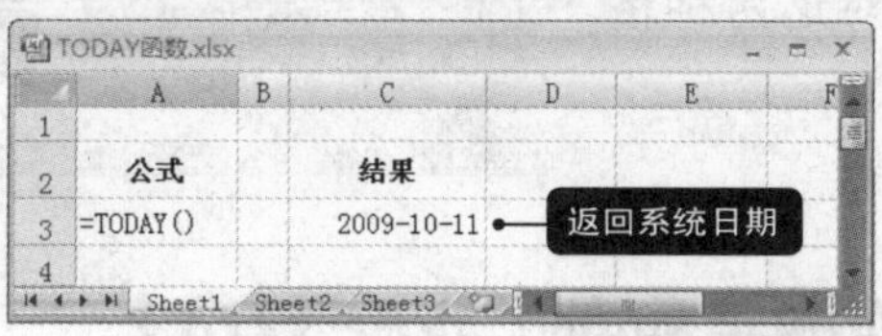

TODAY函数示例■

设置方法是：打开“Excel选项”对话框，单击“公式”选项卡，在右侧的“计算选项”选项组中选择“手动重算”单选按钮，并取消选中下面的“保存工作簿前重新计算”复选框。

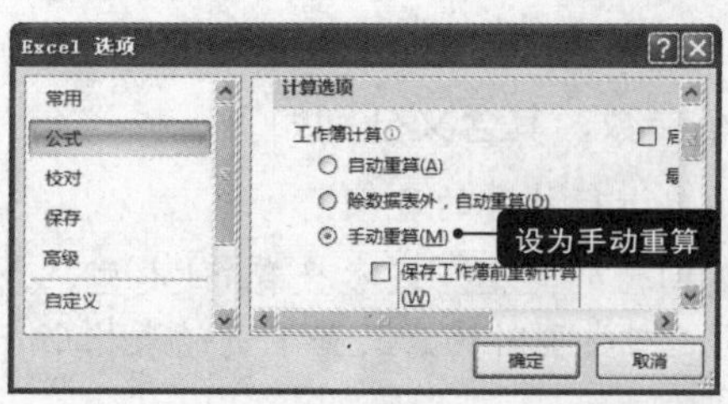

设置计算选项■

要点提示：函数DATEVALUE可以识别的日期格式

date_text参数的外在形式为Excel的日期格式，只要是Excel可以识别的日期形式都可以返回日期序列号。

打开“设置单元格格式”对话框，在“数字”选项卡左侧的“分类”列表框中选择“日期”选项，在右侧的“类型”列表框中将列出用于表示日期的所有形式。

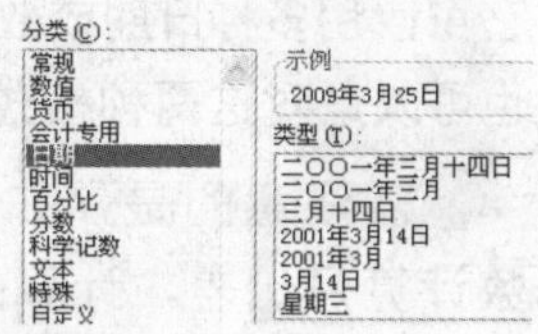

疑难解答：将日期转换为序列号的意义

问：将日期转换为序列号有什么意义呢？

答：人们平常习惯以年月日的形式来表示和查看日期，但在需要计算某个日期段之间的天数差时，则通过日期序列号的方式来计算会更加方便。

实际上，将输入了日期的单元格设置为常规或数值格式，也可以将日期以序列号的形式显示。

12.1.5 返回序列日期的年份（YEAR）

使用YEAR函数可以返回一个序列数所代表的日期的年份数，其语法结构为：YEAR (serial_number)。

YEAR函数只有一个serial_number参数，表示将要返回其年份数的日期，它可以用多种日期或数值格式来表示，也可以是对这两种格式的引用。

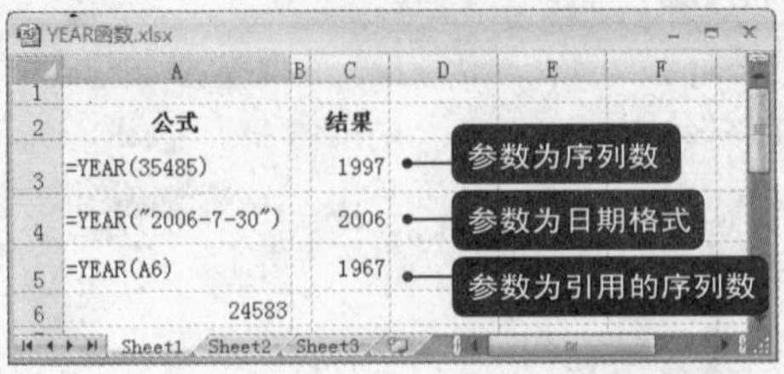

YEAR函数示例■

12.1.6 返回序列日期的月份（MONTH）

使用MONTH函数可以返回一个序列数所代表的日期的月份数，其语法结构为：MONTH (serial_number)。

MONTH函数只有一个serial_number参数，表示将要返回其月份数的日期，它可以用多种日期或数值格式来表示，也可以是对这两种格式的引用。

需注意的是，如果用MONTH函数计算月份差，计算的是两个时间之间不足整年的月份数，并非两个时间之间的总月数。

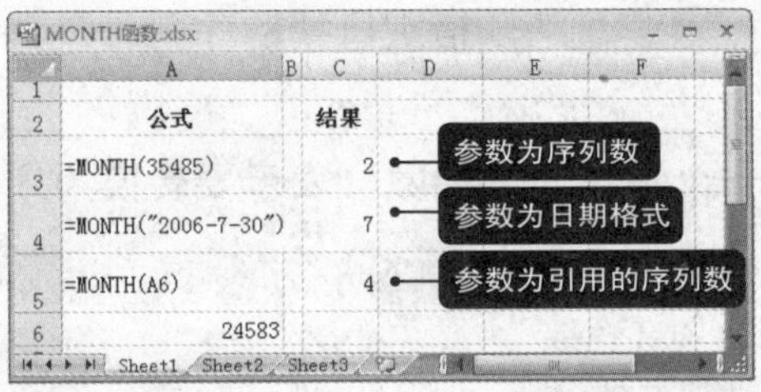

MONTH函数示例■

12.1.7 返回序列日期的号数（DAY）

使用DAY函数可以返回一个序列数所代表的日期在其当月中的号数，其语法结构为：DAY (serial_number)。

DAY函数只有一个serial_number参数，表示要计算其所在当月天数的日期，它可以用多种日期或数值的输入格式来表示，也可以是对这两种格式的引用。

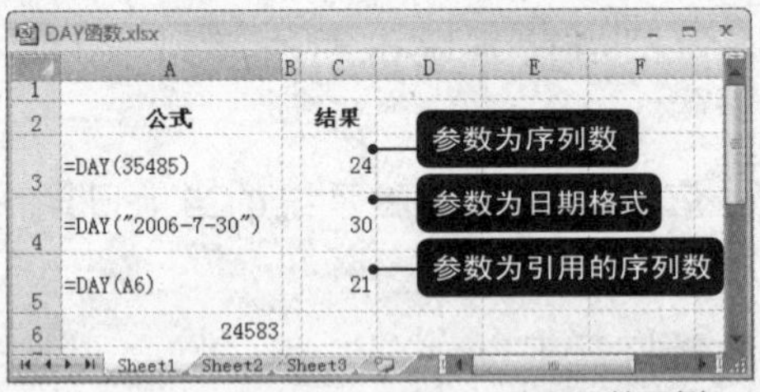

DAY函数示例■

12.1.8 返回序列日期的星期数（WEEKDAY）

使用WEEKDAY函数可以返回一个序列数所代表的日期为星期几，其语法结构为：WEEKDAY (serial_number, return_type)。

WEEKDAY函数包含两个参数，其含义分别如下。

- serial_number：表示要进行计算的日期。
- return_type：表示返回值的类型。该参数有3种类型，分别用数字1、2、3来表示，选择不同返回类型时的意义如下页的表格所示。

对于大多数中国用户来说，显然采用第2种返回类型比较符合习惯。

要点提示：TODAY函数的应用场合

由于TODAY函数始终返回系统的当前日期，因此在需要随时间推移而自动更新日期的公式中使用该函数非常有用。如要查看从贷款之日起至今的应还款金额，就可用公式“=DATEVALUE(TODAY())-DATEVALUE("起贷日期")”来计算，这样无论以后何日打开该工作簿，系统都会自动以当前日期为截止日期进行计算。

疑难解答：日期函数返回的格式由单元格格式设置决定

问：用DATEVALUE转换某个日期后，返回的为什么仍然是“2009-3-25”形式的日期格式呢？

答：本章讲解DATE、DATEVALUE和TODAY函数时的示例都是在默认情况下进行的，如果用来存放公式结果的单元格事先设置成了某种日期格式，则在该单元格中使用上述函数得到的结果也会采用单元格的格式，因此不要事先设置单元格的格式。

return_type	返回值
1	数字1（星期日）~7（星期六）
2	数字1（星期一）~7（星期日）
3	数字0（星期一）~6（星期日）

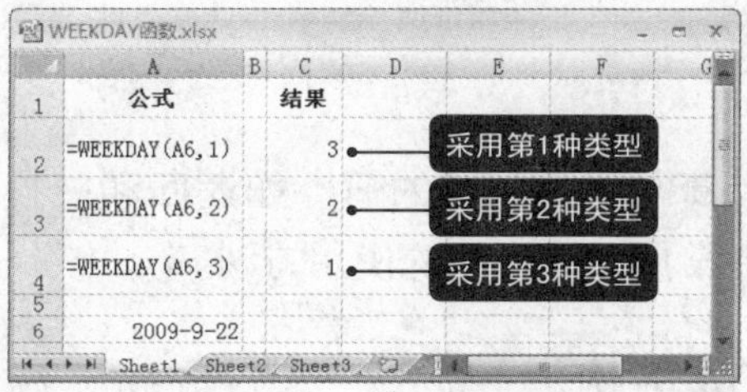

WEEKDAY函数示例

用WEEKDAY和DATE函数可以制作一个查询全年节日所在星期数的查询系统，在使用时只需更改查询的年份即可自动返回该年节日的星期数。其操作方法如下。

效果 光盘：\效果\第12章\节日所在星期数查询表.xlsx

Step 01 新建一个工作簿，将其以“节日所在星期数查询表”为名进行保存，输入全年的节日及节日的月和日（月份数和日期数分成两列放置），并设置好表格的单元格格式。

Step 02 单击E2单元格，输入公式“=WEEKDAY(DATE($A$2,C2,D2),2)”，按【Ctrl+Enter】组合键确认。

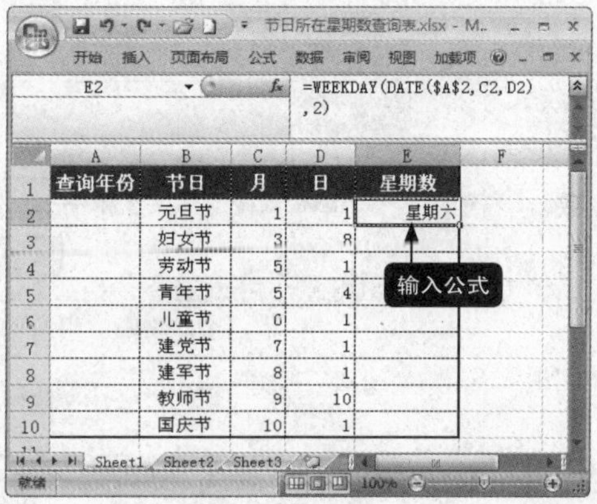

Step 03 用鼠标拖动E2单元格右下角的填充柄至E10单元格处，释放鼠标左键，返回其他节日的星期数。

Step 04 以后需要查询某个年份中节日对应的星期数时，在A2单元格中输入要查询的年份即可。这里在A2单元格中输入要查询的年份“2009”，按【Ctrl+Enter】组合键，E列便返回2009年中各个节日对应的星期数。

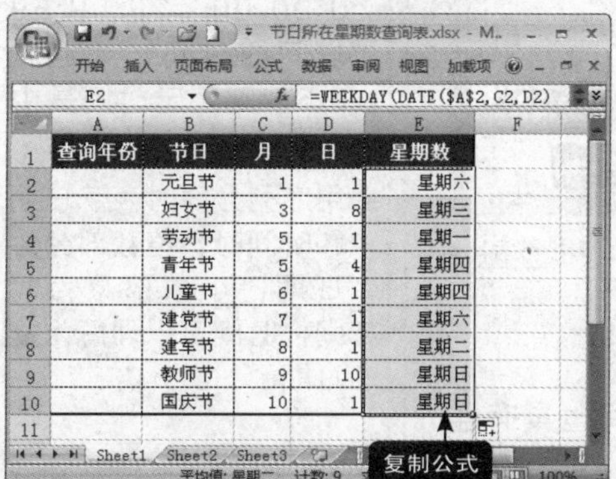

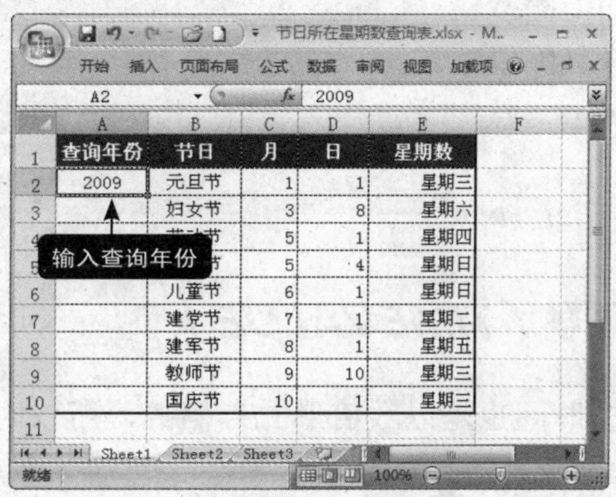

要点提示：善于函数WEEKDAY的知识

WEEKDAY函数的return_type参数也可以省略。如果省略该参数，系统将自动采用第1种类型（即数字1为星期日，数字7为星期六）。

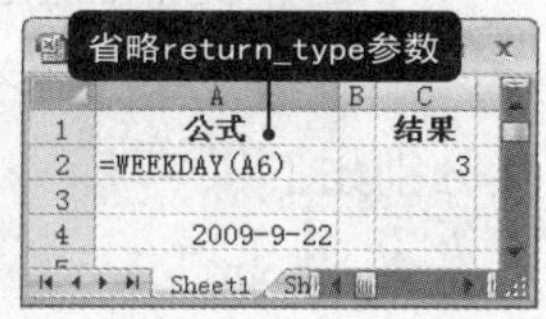

疑难解答：空值默认为1900年1月1日

问：在输入要查询的年份之前，为什么也会返回星期数？

答：本案例中的公式“=WEEKDAY(DATE($A$2,C2,D2),2)”是先用DATE函数合并年月日，再由WEEKDAY函数返回星期数。如果不指定年份，系统自动认为年份是1900年（在1900年日期系统中）。

12.2 时间函数

时间函数用于分析或计算与时间相关的值，如返回和转换小时、分钟、秒等。下面详细介绍Excel中常用时间函数的使用方法。

12.2.1 返回时间（TIME）

TIME函数可以将指定的小时、分钟和秒合并为时间，其语法结构表达式为：TIME (hour,minute, second)。

TIME函数包含3个参数，其含义分别如下。

- hour：表示小时。
- minute：表示分。
- second：表示秒。

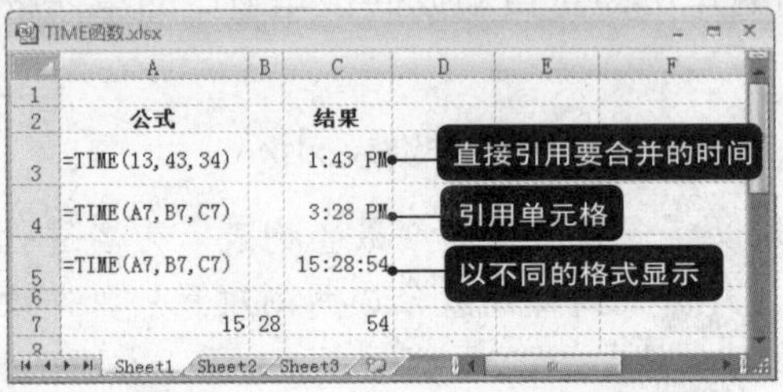

TIME函数示例

在使用TIME函数的时候，也会涉及到时、分、秒的溢出问题，下面分别讲解。

1. 小时溢出

如果TIME函数的hour参数大于或等于24，则系统会将其除以24，然后取余数作为返回的小时数。

用hour参数除以24得到的整数实际上就是天数。

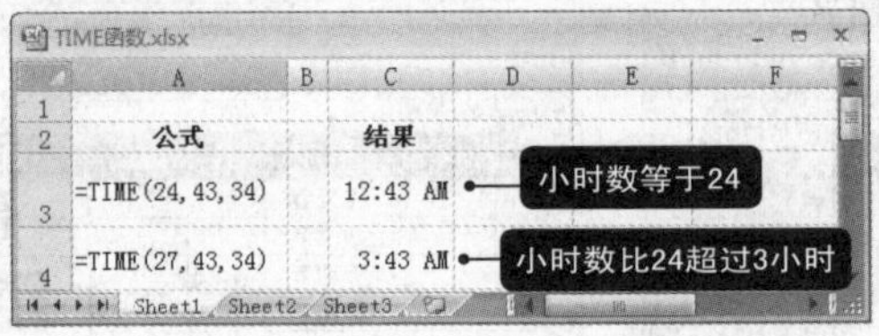

小时溢出

2. 分钟溢出

如果TIME函数的minute参数大于或等于60，则系统会将其除以60，将商取整添加到hour上，然后取余数作为返回的分钟数。

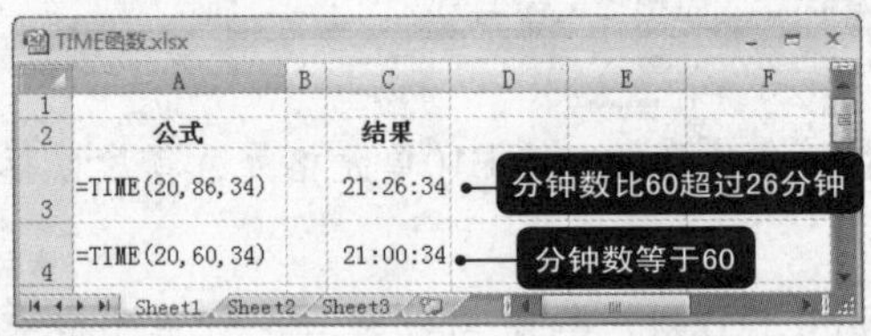

分钟溢出

3. 秒数溢出

如果TIME函数的second参数大于或等于60，则系统会将其除以60，将商取整添加到minute上，然后取余数作为返回的秒数。

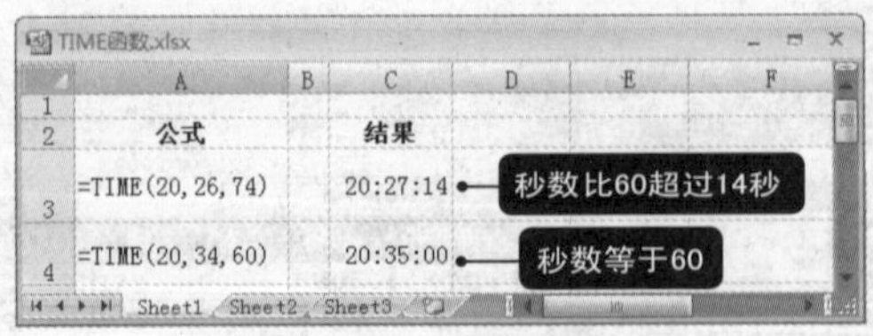

秒数溢出

12.2.2 返回时间序列号（TIMEVALUE）

同时间一样，Excel中的时间也是以数值形式存储的，所以时间也具有连续性，因此可以说时间也是一个“序列号”。

要点提示：关于时间格式的知识

TIME函数返回的时间与单元格格式的数字格式有关，默认情况下是返回“3:28:00 AM”或“3:28:00 PM”形式的日期格式。其中AM表示早晨的3点28分；PM表示下午的3点28分。

如果要设置返回的时间格式，可打开“设置单元格格式”对话框，在“数字”选项卡左侧的“分类”列表框中选择“时间”选项，在右侧的“类型”列表框中选择所需的时间形式。

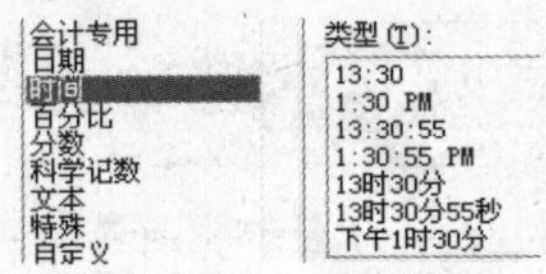

要点提示：关于时间序列号的知识

如果将单元格设为常规格式，则TIME函数将返回0~0.99999999之间的数值，代表从0:00:00~23:59:59之间的时间，如返回0.5，则表示时间是中午12点。

用序列号同时表示日期和时间时，整数部分为日期，小数部分为时间，时间可以理解为是日期的一部分。

使用TIMEVALUE函数可以将表示时间字符串转换为该时间的序列号，其语法结构为：TIMEVALUE (time_text)。

TIMEVALUE函数只有一个time_text参数，它是以Excel时间格式表示的时间，只要是Excel能够识别的时间格式都可以进行转换。

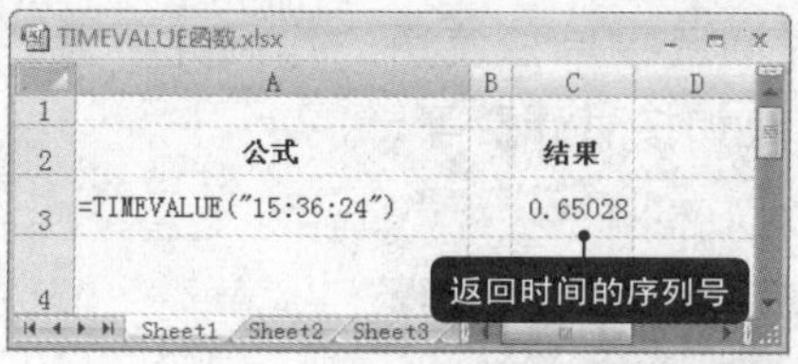

TIMEVALUE函数示例■

12.2.3 返回当前日期和时间（NOW）

使用NOW函数可以返回电脑系统内部时钟的当前日期和时间，其语法结构为：NOW()。

NOW函数没有任何参数，如果包含公式的单元格格式设置得不同，则返回的日期和时间格式也不同，默认返回形如“2001-3-14 1:30”的日期格式。

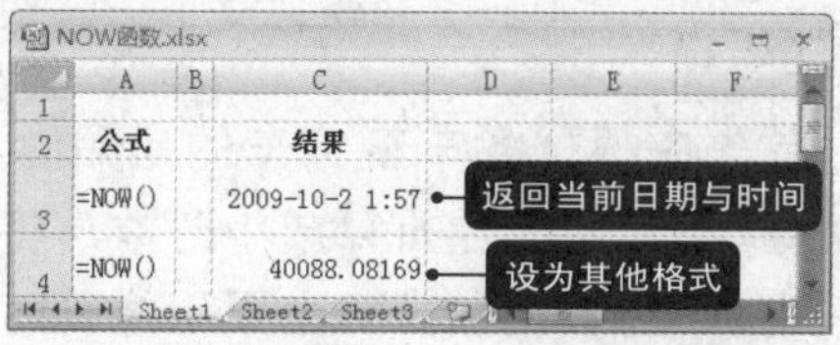

NOW函数示例■

12.2.4 返回小时数（HOUR）

使用HOUR函数可以返回某一时间值或代表时间的序列号所对应的小时数，其语法结构为：HOUR (serial_number)。

HOUR函数只有一个serial_number参数，表示需要返回小时数的时间，只要是能被Excel识别的时间格式均可。

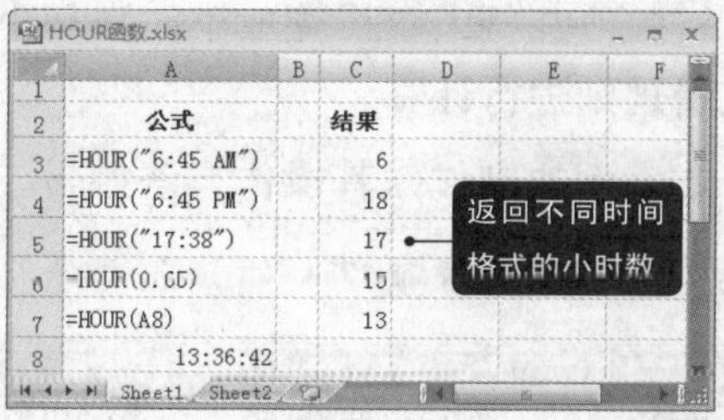

HOUR函数示例■

12.2.5 返回分钟数（MINUTE）

使用MINUTE函数可以返回某一时间值或代表时间的序列号所对应的分钟数，其语法结构为：MINUTE (serial_number)。

MINUTE函数只有一个serial_number参数，表示需要返回分钟数的时间。只要是能被Excel识别的时间格式均可。

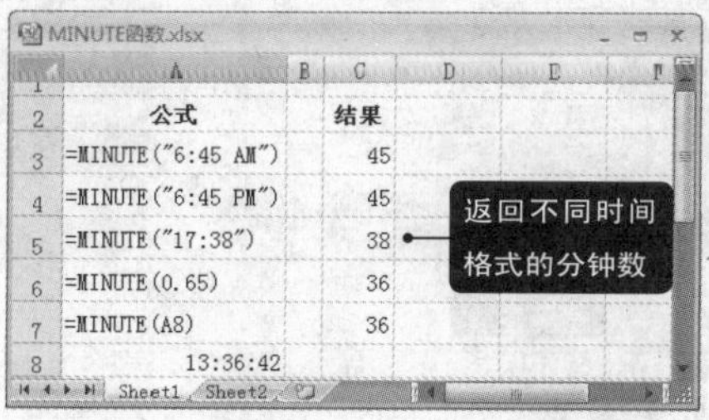

MINUTE函数示例■

12.2.6 返回秒数（SECOND）

使用SECOND函数可以返回某一时间值或代表时间的序列号所对应的秒数，其语法结构为：SECOND (serial_number)。

SECOND函数只有一个serial_number参数，表示需要返回秒数的时

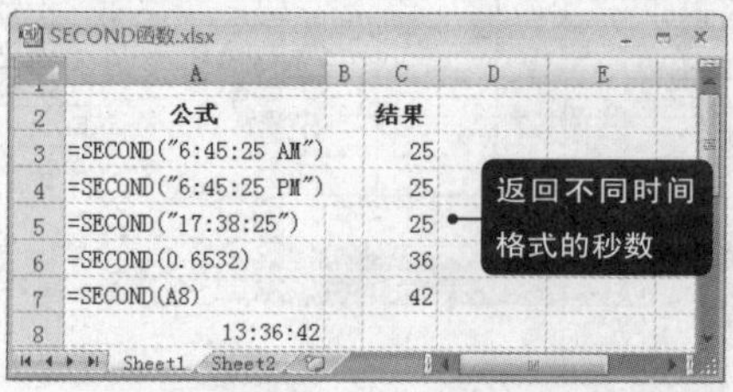

SECOND函数示例■

要点提示：关于函数TIMEVALUE的知识

TIMEVALUE函数的time_text参数也可以是一个日期加时间的字符串（如2005-06-15 2:15 PM）。遇到这种情况时，TIMEVALUE函数会忽略日期部分，只转换其中的时间为序列数字。

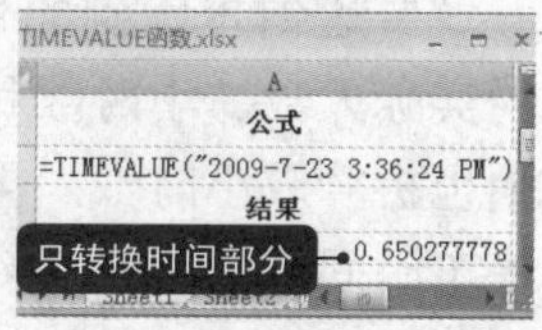

使用技巧：快速输入当前日期和时间

按【Ctrl+;】组合键可以在活动单元格中输入当前系统日期，按【Ctrl+Shift+;】组合键可以在活动单元格中输入当前系统时间。但用这种方式输入的日期不包含公式，所以不具备像TODAY和NOW函数返回的日期和时间那样随时间推移而自动更新的功能。

间。只要是能被Excel识别的时间格式均可。

一般情况下，日期和时间函数单独使用的作用并不大。但在计算时间差时，它们就显得相当有用了，如按时计费等。

应用案例——制作停车场收费计算表

某停车场按3元/小时收取停车费。如果停车的分钟数不足15分钟，则不收费；如果停车时间大于或等于15分钟而小于45分钟，则按0.5小时收费；大于或等于45分钟则按1小时收费。现在需要设计一个可以在车辆离开时立即计算出各辆汽车应缴纳的停车费的表格。

要达到本案例的目的，首先应根据各车辆停车的起始时间差计算出停车的实际天数、小时数和分钟数，然后将天数折算成小时数，将分钟数按取舍规则也折算成小时数，再将得到的小时数相加计算出累积停车时间。最后用累积停车时间乘以3得到停车费用。

由于记录停车时间是按照人们日常习惯的日期格式记录，为了遵循这一习惯，在计算时间差时需分别用DAY、HOUR和MINUTE函数由时间差返回停车的实际天数、小时数和分钟数，并将天数折算成小时数与小时数相加，得到停车的总小时数，再根据收费规则进行计算。

下面按照以上分析进行本案例的制作，其操作方法如下。

效果 光盘:\效果\第12章\停车场收费记录表.xlsx

疑难解答：如何更改系统日期和时间

问：我使用的计算机系统日期和时间不正确，如何更改？

答：双击屏幕右下角的时间标志，打开“日期和时间 属性”对话框的“时间和日期”选项卡，在“日期”选项组中选择月份、年份和日期，在表示时间的数值框中设置具体的时间。设置完毕，单击“确定”按钮即可更改系统日期和时间。

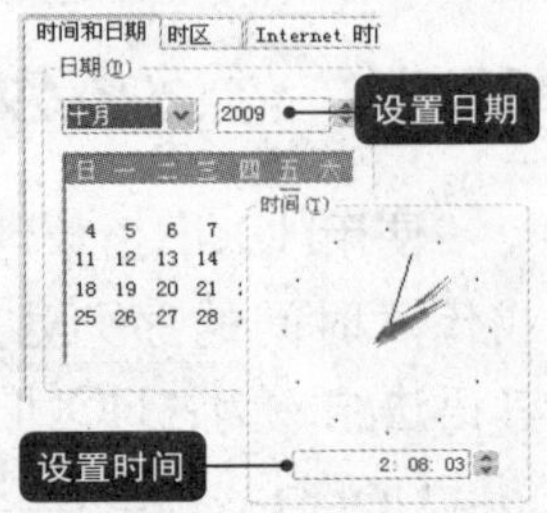

Step 01 根据已有的停车时间记录，制作出停车收费表的样式，并输入停车的时间记录，设置好表格的格式。

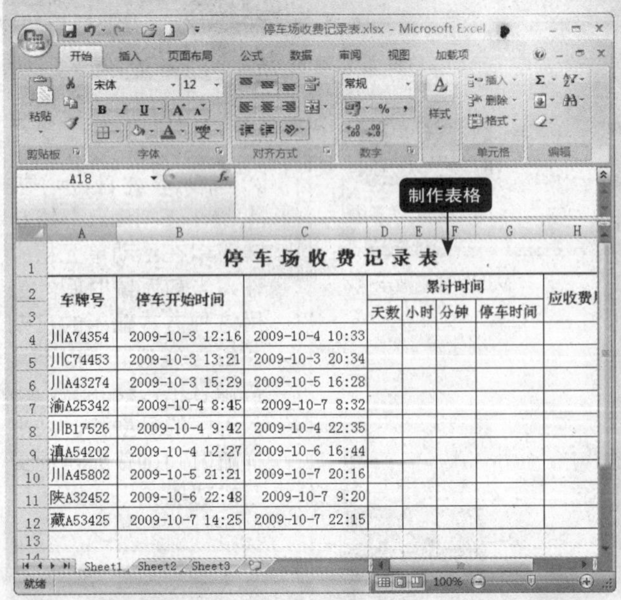

Step 02 单击D4单元格，输入公式“=DAY(C4－B4)”，按【Ctrl+Enter】组合键计算出第一辆汽车的停车天数。

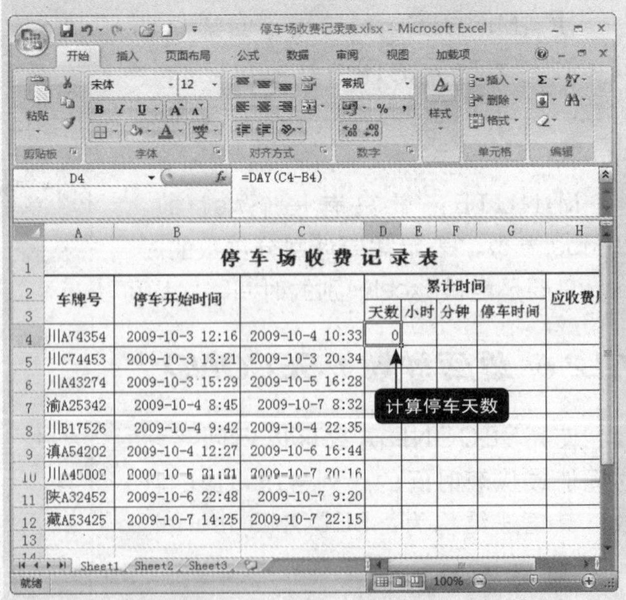

Step 03 用鼠标拖动D4单元格右下角的填充柄至D12单元格处，释放鼠标左键，计算出其他车辆的停车天数。

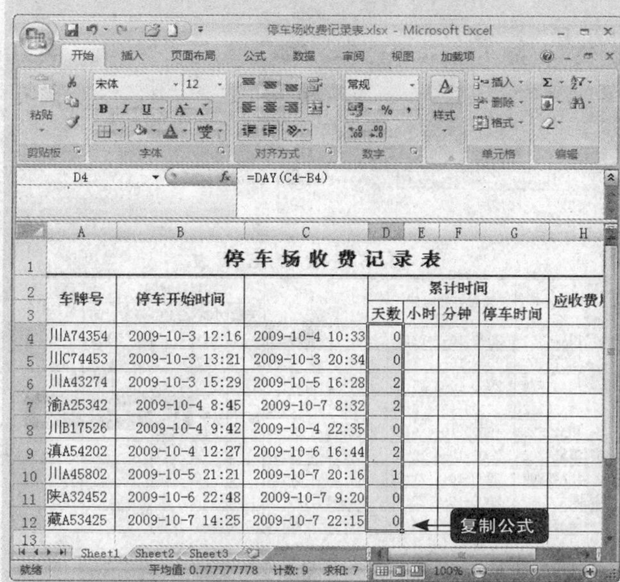

Step 04 单击E4单元格，在其中输入公式“=HOUR(C4－B4)”，按【Ctrl+Enter】组合键得到停车不足一天的小时数。

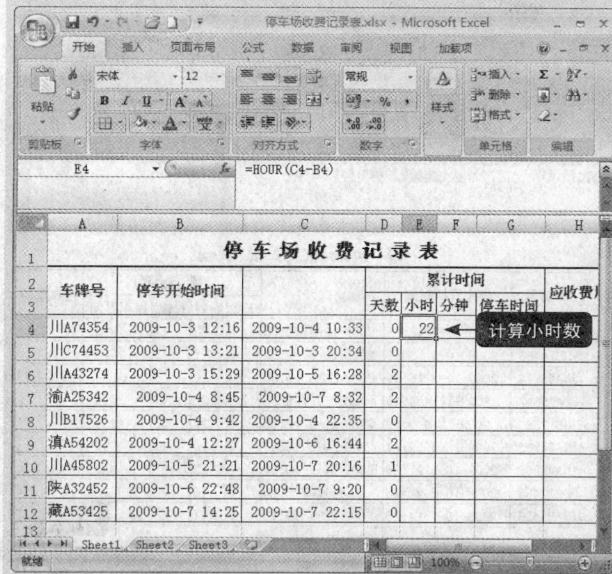

Step 05 用鼠标拖动E4单元格右下角的填充柄到E12单元格处释放，计算出其他车辆停车不足一天的小时数。

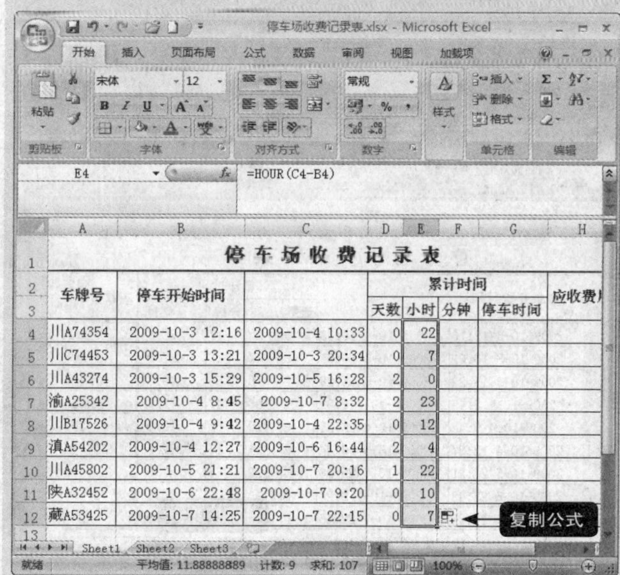

Step 06 单击F4单元格，在其中输入公式“=MINUTE(C4－B4)”，按【Ctrl+Enter】组合键得到停车不足一小时的分钟数。

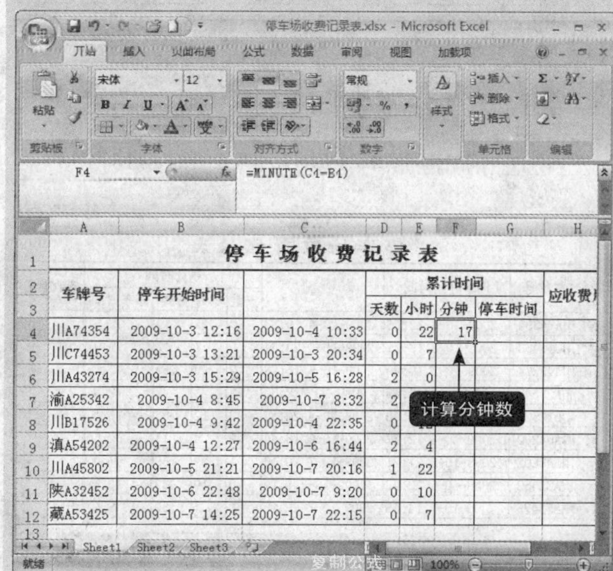

注： 计算出车辆停车的天数、小时数和分钟数后，计算每辆车的累计停车时间就很简单了，只需用天数差*24小时+小时差+分钟差即可。

注： 由于有规定，如果分钟数大于或等于15分钟而小于45分钟，则按0.5小时计算；大于或等于45分钟则向上取整到小时数，因此不能简单地累加时间，还需用IF函数实现智能判断。

Step 07 用鼠标拖动F4单元格右下角的填充柄到F12单元格处释放，计算出其他车辆停车不足一小时的分钟数。

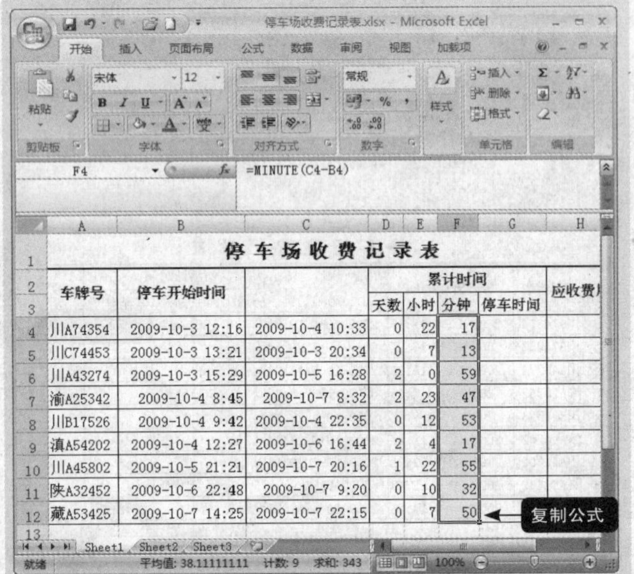

Step 08 单击G4单元格，在其中输入公式“=(D4*24+E4+IF(F4<15,0,IF(F4<45,0.5,1))”，按【Ctrl+Enter】组合键得到第一辆车累计停车的小时数。

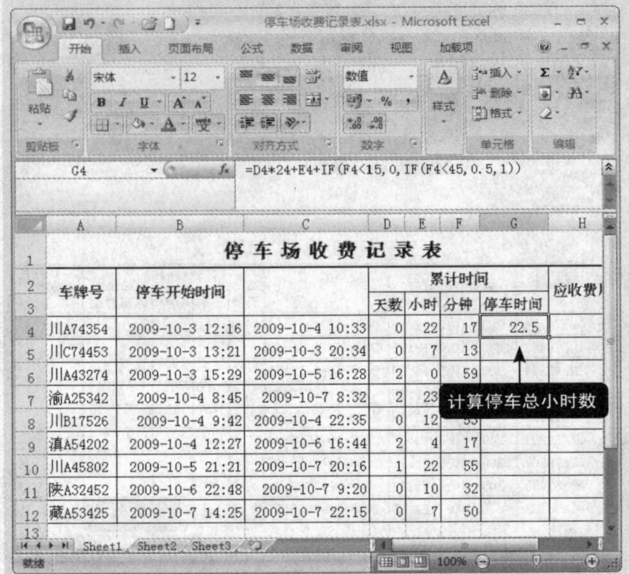

Step 09 用鼠标拖动G4单元格右下角的填充柄到G12单元格处释放，计算出其他车辆累计停车的总小时数。

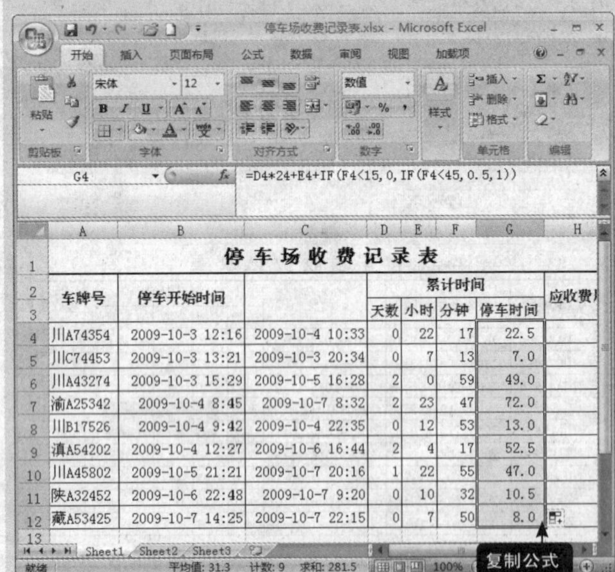

Step 10 单击H4单元格，输入公式“=G4*3”，按【Ctrl+Enter】组合键得到第一辆车应缴纳的停车费。再用鼠标拖动法将公式复制到H列的其他单元格中，计算出其他车辆应缴纳的停车费。

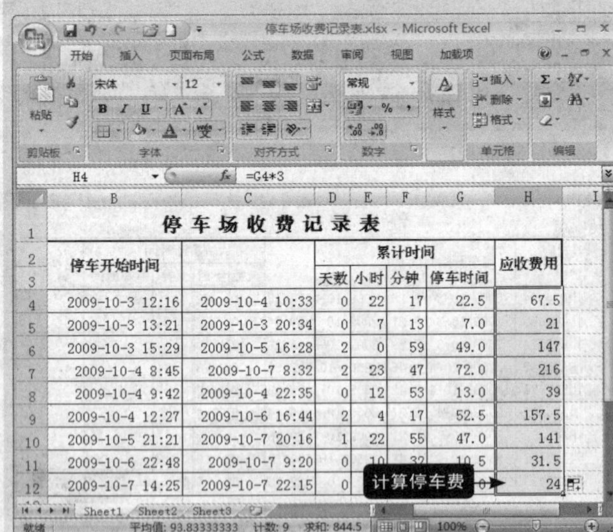

13 Chapter 数学、查询和引用函数

READERS' GUIDE

为避免手动计算繁杂的数据，Excel提供了许多数学与三角函数。另外，查询与引用函数也可在工作表或数据清单中查找或引用某个特定的数值。若能灵活使用这些函数，在工作中将会取得事半功倍的效果。本章将对这几类函数中的常用函数逐一进行介绍。

MAIN CASES

数学函数 P213
三角函数 P216
数组函数 P217
查询函数 P217
引用函数 P221

13.1 数学函数

使用Excel中的数学函数可以处理包括对数字舍入、对单元格区域中的数值求和、求乘积等简单的数学运算，还可以进行一些较为复杂的数学运算。下面详细介绍其中常用数学函数的使用方法。

13.1.1 对数据进行求和（SUM）

SUM函数用于计算某一单元格区域中所有或部分数字的总和，其语法结构为：SUM (number 1, number 2, …)，其中number1,number2…为1~30个需要求和的参数，也可以是对单元格或单元格区域的引用，如下图所示。

SUM函数示例

> **要点提示：只计算参数中的数字**
>
> 如果SUM函数的参数是一个数组或引用，则只计算其中的数字。数组或引用中的空白单元格、逻辑值或文本将被忽略。

13.1.2 对数据按条件求和（SUMIF）

SUMIF函数与SUM函数相比多了一个IF，指它除了具有SUM函数的求和功能之外，还将按指定的条件进行求和，即只对求和区域中满足指定条件的数据进行求和计算。语法结构为：SUMIF (range, criteria, sum_range)，其中各参数的含义如下。

- range：表示要用于条件判断的单元格区域。
- criteria：表示要进行求和的条件，其形式可以为数字、表达式或文本。
- sum_range：表示需要求和的实际单元格。

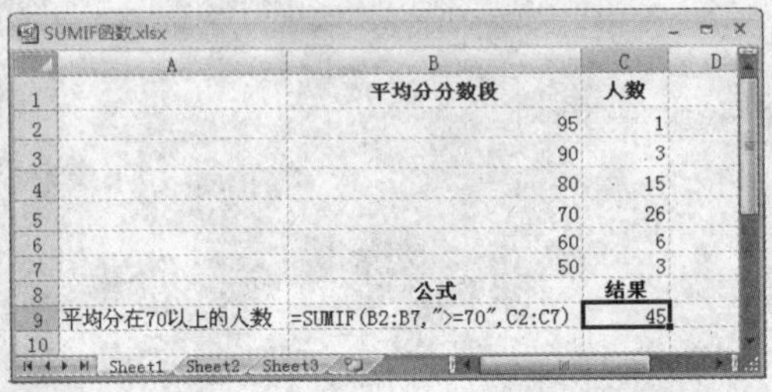

SUMIF函数示例

如右图所示为使用SUMIF函数计算平均分在70以上的人数总和。

> **要点提示：省略函数中的sum_range参数**
>
> SUMIF函数的sum_range参数可以省略。如果省略该参数，则当区域中的单元格符合条件时，它们既按条件计算，也执行相加操作。
>
> 另外，在输入求和条件时，可在其中使用通配符——问号(?)和星号(*)。问号匹配任意单个字符；星号匹配任意一串字符。

13.1.3 对数据求积（PRODUCT）

PRODUCT函数用于返回给出的参数数字的乘积，语法结构为：PRODUCT(number 1, number 2, …)。其中的number参数数量是可选的，个数为1~30个。使用该函数不用编辑很长的相乘公式，操作很方便。

如下图所示为两个不同的示例。

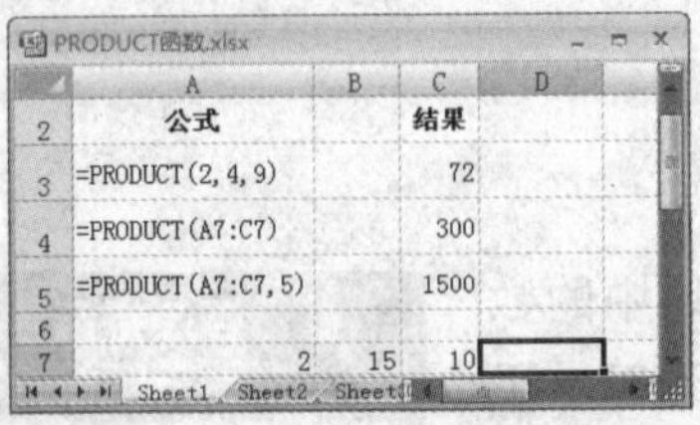

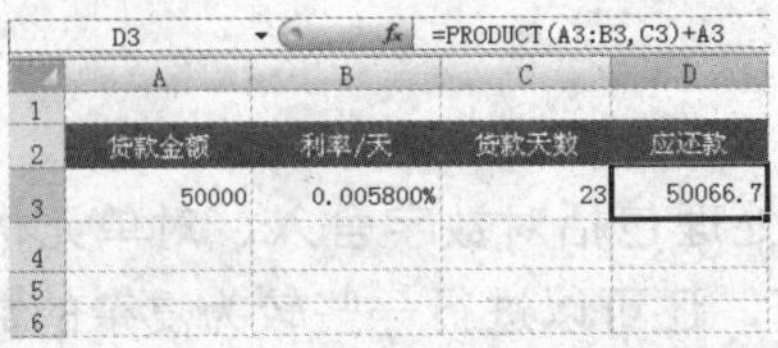

PRODUCT函数示例

13.1.4 返回相除两数的余数（MOD）

MOD函数用于返回两个数相除后的余数，其结果的正负号与除数相同。语法结构为：MOD(number,divisor)，其中number表示被除数，divisor表示除数，如右图所示。

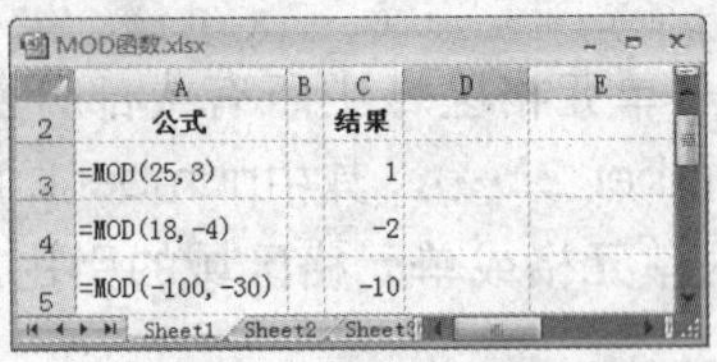

MOD函数示例

> **要点提示：除数不能为0**
>
> 因为除数不能为0，所以divisor必须为非0数值。如果divisor为0，则将返回错误值#DIV/0！。

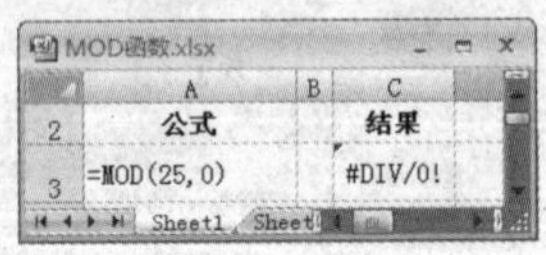

13.1.5 对数据求绝对值（ABS）

ABS函数用于返回一个数值的绝对值，其语法结构为：ABS(number)。该函数只有一个参数number，表示需要返回其绝对值的实数，也可以是引用其他单元格中的实数，结果为实数的表达式也可以，如右图所示。

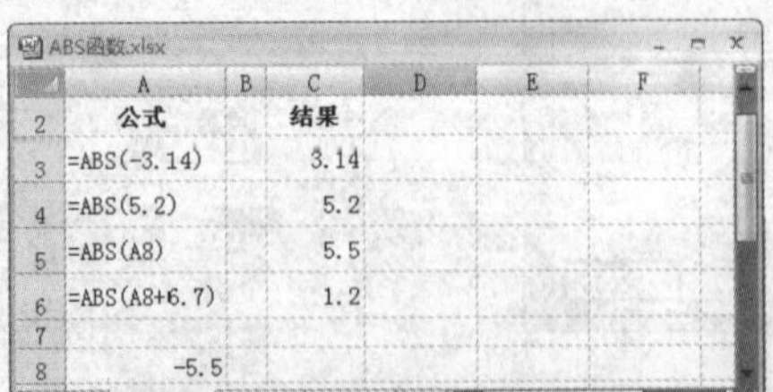

ABS函数示例

13.1.6 返回随机数（RAND）

在Excel中，使用RAND函数可以随机返回0~1之间的任意小数。该函数没有参数，其语法结构为：RAND()。对于同一个工作表，即使获取随机数的公式相同，函数返回的数据也不相同。如果修改了RAND函数的公式，甚至重新打开该工作簿，该函数都将返回一个新的随机数据进行计算，如图所示。

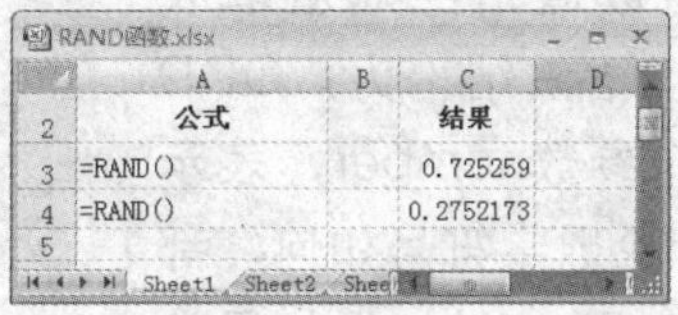

RAND函数示例■

使用技巧：巧用RAND函数返回10~11的随机数

使用RAND函数只能随机返回0~1之间的数值，如果用户希望返回其他大小的数值（如10~11），则可对RAND返回的数值加上10即可。

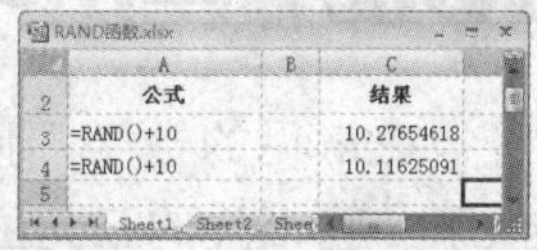

13.1.7 对数据进行舍入取值

对数据进行舍入取值函数就是按指定的条件将数值中不需要的部分舍去，再进行计算。在Excel中有多个用于舍入取值的函数，下面分别进行介绍。

1. 按位四舍五入（ROUND）

ROUND函数最为常用，它用于返回某个数字按指定位数进行四舍五入后得到的数值。语法结构为：ROUND(number,num_digits)。其中两个参数的含义分别如下。

- number：表示需要进行四舍五入的数字。
- num_digits：表示进行四舍五入的位数。

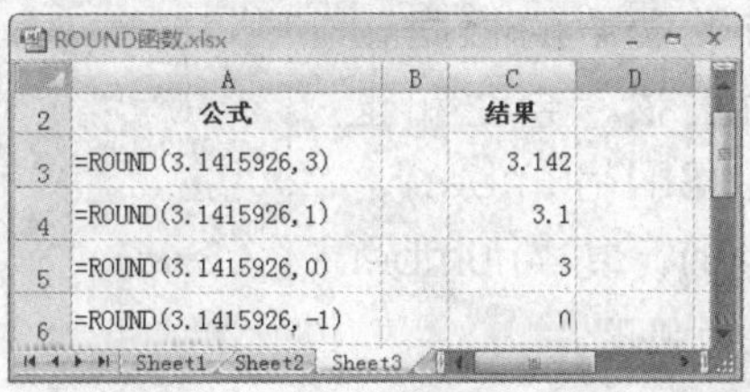

ROUND函数示例■

要点提示：关于ROUND函数中的num-digits参数

当num_digits参数等于0时，表示在小数点右侧的第一位进行四舍五入运算；当num_digits参数大于0时，表示在小数点右侧的指定位进行四舍五入运算；当num_digits参数小于0时，表示在小数点左侧的指定位进行四舍五入运算。

2. 按条件向上舍入（CEILING）

CEILING函数用于对某个数值进行向上舍入（沿绝对值增大的方向），并达到最接近某数值倍数，语法结构为：CEILING (number,significance)。其中包含两个参数，其含义分别如下。

- number：表示要进行计算的数值。
- significance：表示需要进行舍入的倍数，即舍入基准。

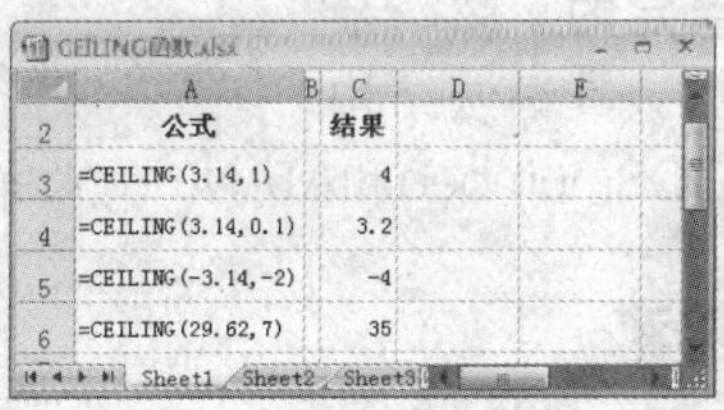

CEILING函数示例■

要点提示：按条件向下舍入（FLOOR）

FLOOR函数用于对某个数值按指定的条件向下舍入（沿绝对减小的方向），语法结构为：FLOOR(number, significance)。其中包含两个参数，含义和CEILING函数中的一样。

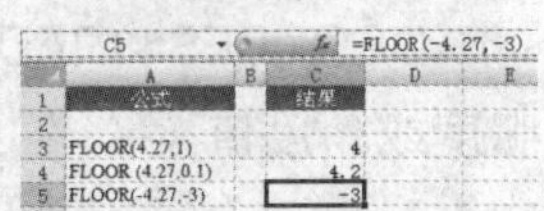

3. 向下取整（INT）

INT函数可以将数字向下舍入到最接近的整数，语法结构为：INT (number)。该函数只有一个参数number，表示需要进行取整的数值。如果要取整的数值是负数，则将向绝对值增大的方向进行取整，如右图所示。

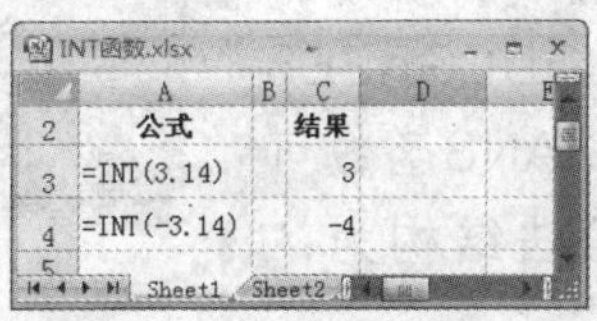

INT函数示例■

4. 将数值舍入为奇数（ODD）

ODD函数用于对某个数值沿绝对值增大方向取整到最接近的奇数，语法结构为：ODD(number)。该函数只有一个参数number，表示需要取整到奇数的数值。无论数字符号如何，都按远离0的方向向上舍入。如果number恰好是奇数，则不需要进行任何舍入处理，如右图所示。

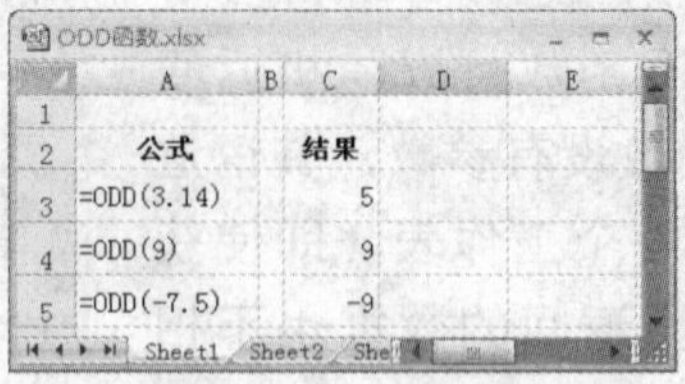

ODD函数示例

13.2 三角函数

在常见的数学几何领域，三角运算也是应用比较频繁的。在Excel中也提供了一些相关的三角函数，主要包括正三角函数、反三角函数以及将角度和弧度进行相互转换的三角函数，下面进行简要介绍。

13.2.1 正三角函数的应用

Excel中的SIN、COS和TAN函数都属于正三角函数，其用途与数学中的相同，分别用于计算给定角度的正弦、余弦和正切值。其语法结构分别为：SIN(number)、COS(number)和TAN(number)，其中number表示需要计算的角度，单位为弧度。

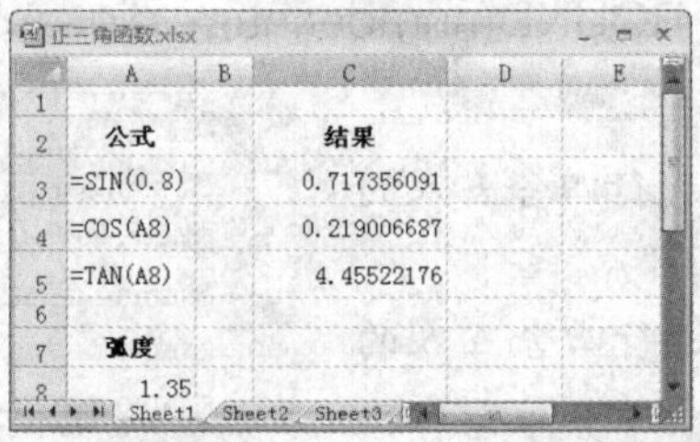

正三角函数示例

13.2.2 反三角函数的应用

Excel中的ASIN、ACOS和ATAN函数属于反三角函数。与正三角函数的作用相反，使用它们主要是计算给定的正弦、余弦和正切值所对应的角度值。其语法结构分别为：ASIN(number)、ACOS(number)和ATAN(number)。

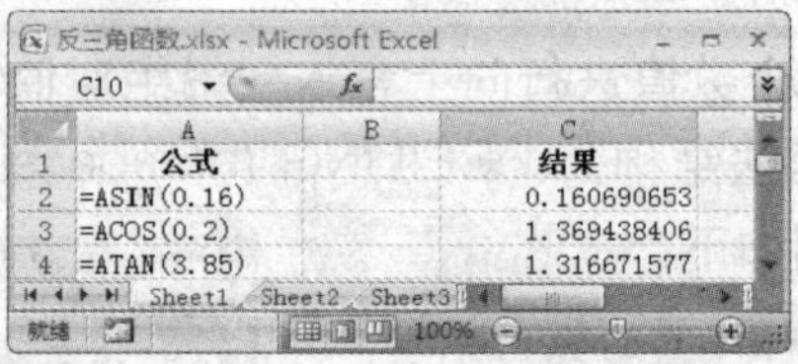

反三角函数示例

13.2.3 转换角度和弧度

前面三角函数的结果值单位都为弧度，而使用DEGREES函数可将弧度转换为角度，其语法结构为：DEGREES(angle)；另外，使用RADIANS函数可将角度转换为弧度，其语法结构为：RADIANS (angle)。

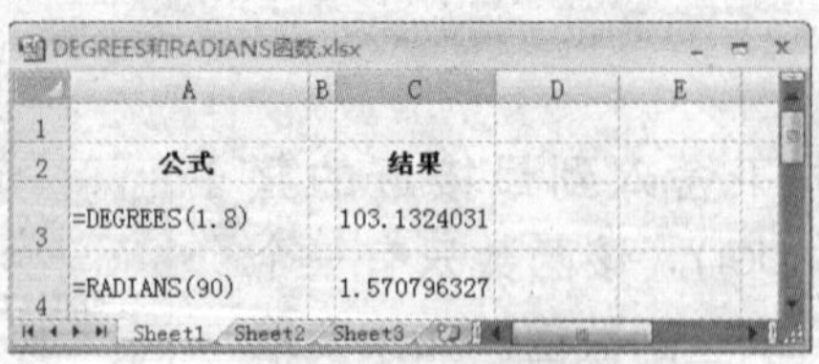

转换角度和弧度函数示例

DEGREES和RADIANS函数都只有一个参数angle，分别表示需要转换的弧度或角度值。

要点提示：将数值舍入为偶数（EVEN）

EVEN函数用于对某个数值沿绝对值增大方向取整到最接近的偶数，语法结构为：EVEN(number)，其中参数number的含义和ODD一样。

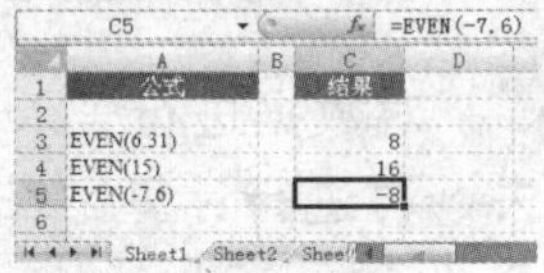

要点提示：将阿拉伯数字转换为罗马数字（ROMAN）

ROMAN函数可将阿拉伯数字转换为文本形式的罗马数字，语法结构为：MAN(number,form)。其中form参数表示转换后的罗马数字类型。其中0为经典类型，1~3为简明类型，4为简化类型。有些罗马数字的简明样式与简化样式相同，有些罗马数字的所有样式完全相同。

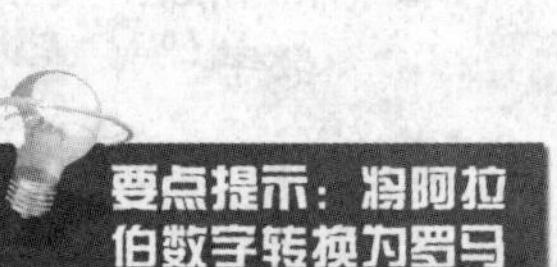

13.3 数组函数

数组函数与数学函数的区别是：数组函数的参数类型都是数组，下面介绍几个常用数组函数的使用方法。

13.3.1 计算矩阵行列式值（MDETERM）

MDETERM函数用于返回一个数组的矩阵行列式值，其语法结构为：MDETERM(array)。其参数array表示行数和列数相等的数值数组，可以是单元格区域（如A2:D6）、一个数组常量（如{1,2,3;4,5,6;7}，其中同列的数值之间需要用逗号“,”隔开，不同行的数值之间则要用分号“;”隔开）或是区域、数组常量的名称，如右图所示。

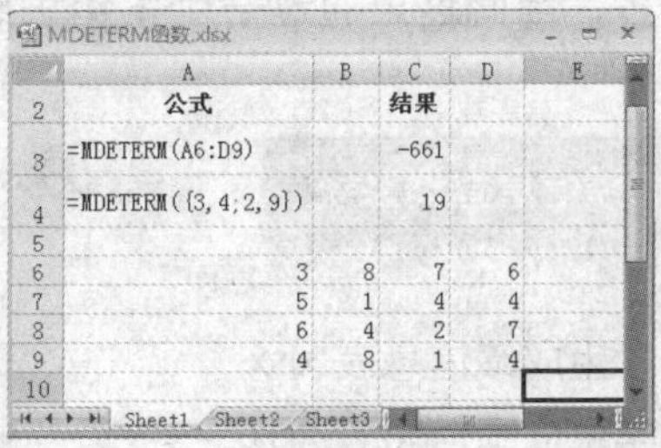

MDETERM函数示例

13.3.2 计算矩阵乘积（MMULT）

MMULT函数用于返回两个数组的矩阵乘积，其语法结构为：MMULT (array 1, array 2)。该函数中的两个参数均表示要进行矩阵乘法运算的数组。

参数array 2的行数必须与array 1的列数相同，而且两个数组中都只能包含数值。得到结果矩阵的行数与array 1的行数相同，矩阵的列数与 array 2 的列数相同。

例如在工作表中输入需要计算的矩阵，然后选择F6:I9单元格区域作为结果区域，在编辑栏中输入“=MMULT(A1:C4,F1:I3)”，再按【Ctrl+Shift+Enter】组合键即得到一个4行4列的矩阵。

MMULT函数示例

13.4 查询函数

查询函数主要用于在给定的数据表中查找指定的数据，它可以按行查找数据，也可以按列查找数据。下面将详细介绍Excel中几个比较常用的查询函数的具体功能与使用方法。

13.4.1 使用LOOKUP函数查找数据

在Excel中，LOOKUP函数主要有两种类型，分别为向量型和数组型。不同类型的语法结构和用法也有一定的区别，下面分别进行介绍。

要点提示：计算数据乘积之和（SUMPRODUCT）

SUMPRODUCT函数可以在给定的几组数组中，将数组间对应的元素相乘，然后再将所有乘积相加得到结果，其语法结构为：SUMPRODUCT (array 1, array 2, array 3,…)。应用该函数时要求数组参数必须具有相同的行列数，否则函数结果将返回错误值#VALUE!。

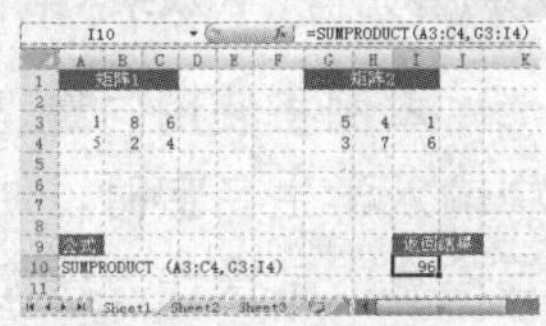

要点提示：计算差的平方和（SUMXMY2）

SUMXMY2函数用于返回两个数组中对应数值之差的平方和，其语法结构为：SUMXMY2 (array_x, array_y)。其中array_x参数表示第一个数组或数值区域，array_y参数表示第二个数组或数值区域。

1. 向量型LOOKUP函数

如果具体的在某一列或者某一行中根据指定数据查找相关的多个数据的时候，就需要使用向量型的LOOKUP函数，其语法结构为：LOOKUP(lookup_value,lookup _vector,result_vector)。该函数参数的含义分别如下。

- ◆ lookup_value: 参数指定根据哪个数据进行查找。
- ◆ lookup_vector: 参数指定lookup_value参数应该在哪个范围中进行查找。
- ◆ result_vector: 参数表示需要查找的相关数据的范围。

由于该函数使用得比较多，因此这里通过一个案例讲解其用法。

> **要点提示：只包含单行或单列区域**
>
> 向量型LOOKUP函数的lookup_vector与result_vector参数必须是只包含单行或单列的区域，且它们所指定的区域大小必须相同，否则将无法正常查找。
>
> 另外，lookup_vector的数据必须是升序排列的，否则查询出来的结果会出错。

应用案例——学生成绩信息查询系统

素材 光盘：\素材\第13章\学生成绩信息表.xlsx
效果 光盘：\效果\第13章\学生成绩信息表.xlsx

本例将使用向量型LOOKUP函数制作一个查询系统，使在学生成绩信息表中输入学生名字时，便可在其他单元格中显示该学生的学号、性别和平均成绩等信息，其操作方法如下。

Step 01 打开“学生成绩信息表.xlsx”文件，由于本例将依据学生名字进行查询，因此应先对名字所在列的数据进行升序排列。选择B3:B12单元格区域，然后在“开始”选项卡下“编辑”组中单击“排序和筛选”按钮，在弹出的下拉菜单中选择“升序”命令，在打开的对话框中选择“扩展选定区域”单选按钮，再单击“确定”按钮，完成数据的排序操作。

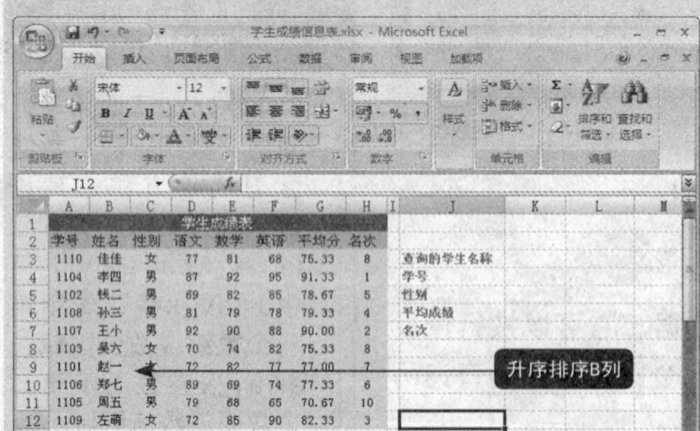

Step 02 下面选择K3单元格，输入需要查询学生的名字，这里先输入“左萌”。然后选择K4单元格，将文本插入点定位到其中，输入公式“=LOOKUP(K3,B3:B12,A3:A12)”，按【Ctrl+Enter】组合键返回学生“左萌”所对应的学号“1109”。

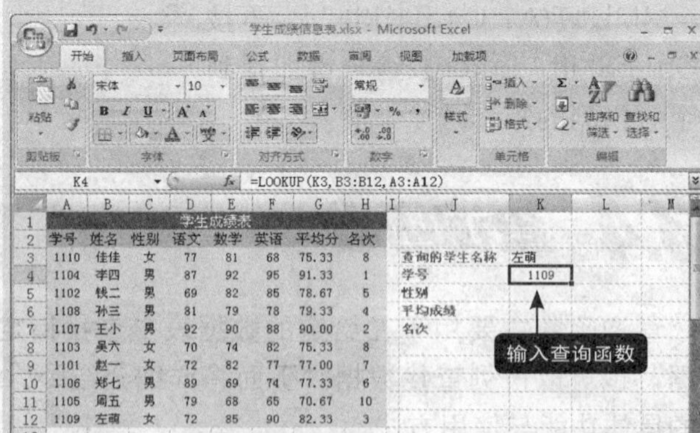

Step 03 选择K5单元格，将文本插入点定位到其中，输入公式“=LOOKUP(K3,B3:B12,C3:C12)”，按【Ctrl+Enter】组合键返回该学生的性别。

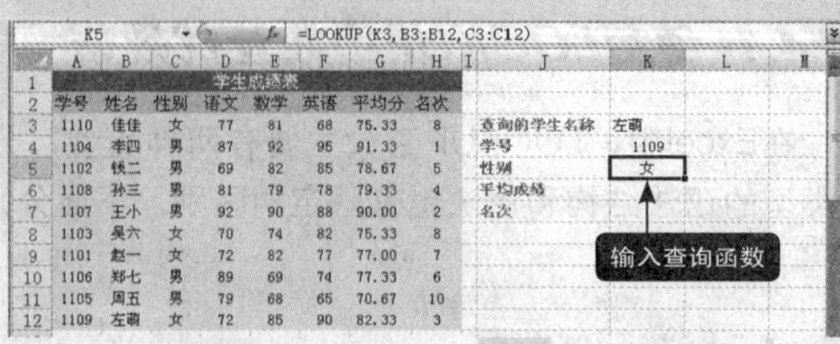

Step 04 选择K6单元格，将文本插入点定位到其中，输入公式“=LOOKUP(K3,B3:B12,G3:G12)”，按【Ctrl+Enter】组合键返回该学生的平均成绩。

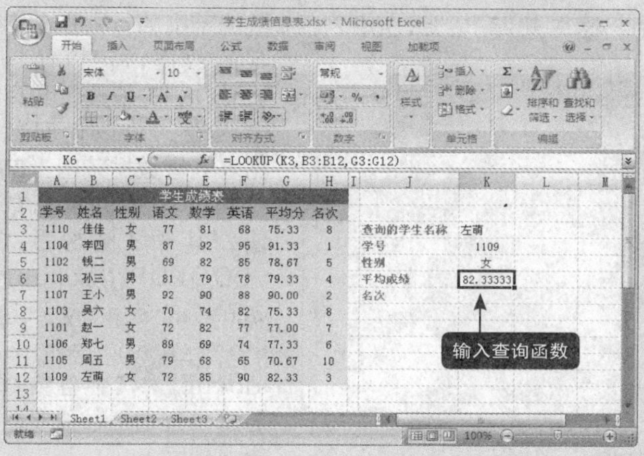

Step 05 将文本插入点定位于K7单元格，在其中输入公式“=LOOKUP(K3,B3:B12,H3:H12)”，按【Ctrl+Enter】组合键返回该学生的名次。

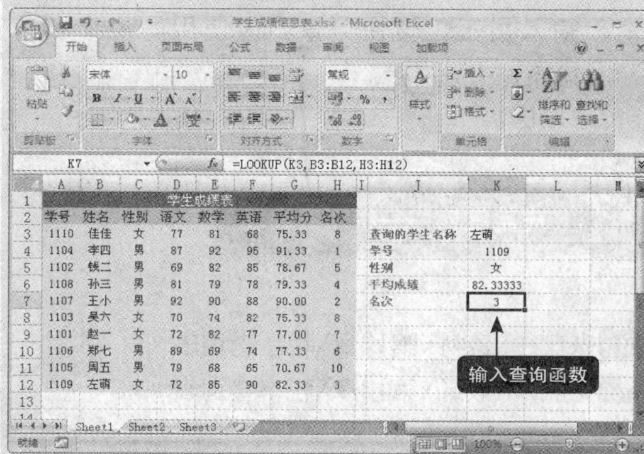

Step 06 若要通过学生名称查询该学生的其他情况，只需在K3单元格中输入要查询的名称，例如“孙三”，按【Ctrl+Enter】组合键，其他相应的单元格中将自动显示该学生所对应的具体情况。

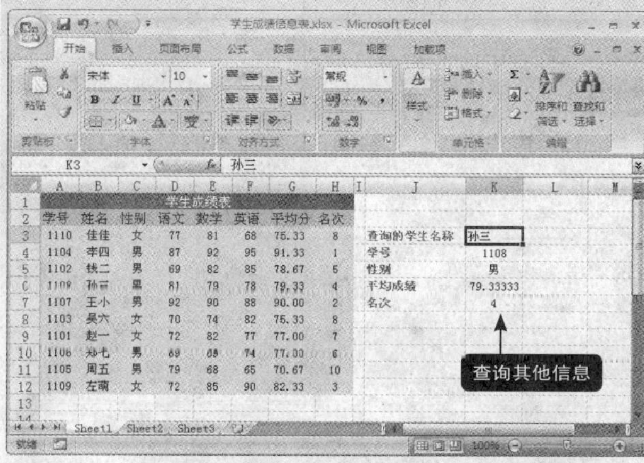

2. 数组型LOOKUP函数

如果在指定的第一行或第一列中根据指定查找某个相关的数据，可以使用数组型的LOOKUP函数，其语法结构为LOOKUP (lookup_value, array)。该函数的参数含义分别如下。

- ◆ lookup_value：参数表示指定根据哪个数据进行查找。
- ◆ array：表示根据lookup_value参数进行查找的数据所在的范围。

要点提示：只能从前向后查询

由于数组型LOOKUP函数始终返回最后一行或最后一列中的数值，因此只能通过前面的列或行记录查找后面的列或行记录，不能同向量型一样通过后面的行或列查找前面行或列中相应位置的记录。

13.4.2 水平查询（HLOOKUP）

如果需要在数据表或者数据范围的首行查找指定的数据，可以使用HLOOKUP函数，利用该函数可以返回数据表或者数据范围当前列中指定行位置的数值，其语法结构为：HLOOKUP (lookup_value, table_array, row_index_num, range_lookup)。该函数的参数含义分别如下。

- ◆ lookup_value：该参数指定在数据范围的第一行中需要查找的数据。
- ◆ table_array：该参数指定数据查找的范围。
- ◆ row_index_num：表示table_array参数中待返回的匹配值的行号。例如，输入“2”表示返回第2行。

- range_lookup：用于指明HLOOKUP函数在查找时是精确匹配，还是近似匹配。

下面使用HLOOKUP函数制作一个个人所得税的税率和速算扣除数速查表，输入员工工资便可查出应使用的税率和速算扣除数（起征点为1500元），其操作方法如下。

要点提示：竖直查询（VLOOKUP）

如果需要在数据表或者数据范围的首列查找指定的数据，可以使用VLOOKUP函数。利用该函数，可以返回数据表或者数据范围当前行中指定列位置的数值，其语法结构为：VLOOKUP (lookup_value, table_array, col_index_num, range_lookup)，其中各参数与水平查询函数的参数含义相同。

应用案例——税率查询表

素材 光盘：\素材\第13章\税率查询表.xlsx
效果 光盘：\效果\第13章\税率查询表.xlsx

Step 01 打开“税率查询表.xlsx”文件，选择B8单元格，在其中输入某位员工本月的收入金额，如“4 800”。

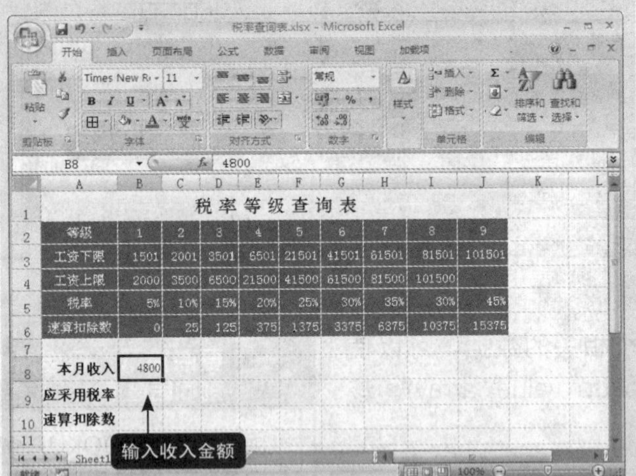

Step 02 将文本插入点定位于B9单元格，在其中输入公式“=HLOOKUP(B8,B3:J5,3,TRUE)”，按【Ctrl+Enter】组合键返回应采用的税率。

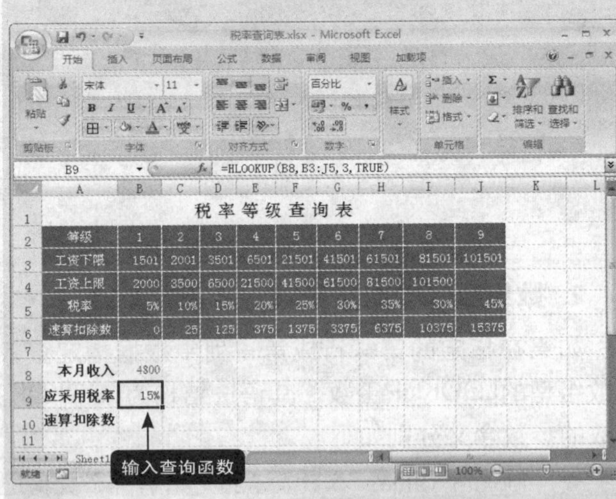

Step 03 将文本插入点定位于B10单元格中，输入公式“=HLOOKUP(B8,B3:J6,4,TRUE)”，按【Ctrl+Enter】组合键返回相应的速算扣除数。

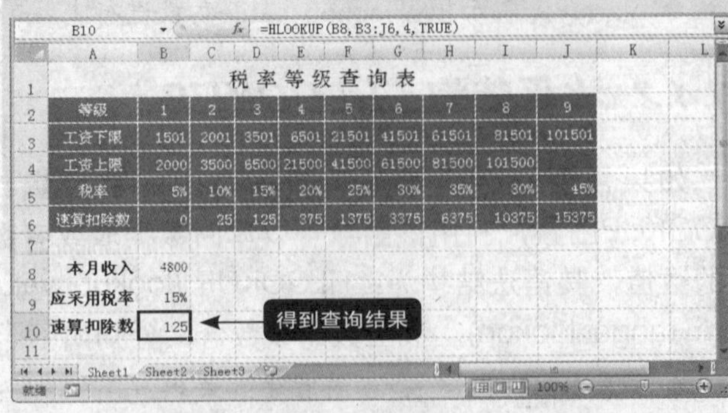

Step 04 如果要查询其他数据，则在B8单元格中输入需要查询的数据，下面的单元格便会直接返回相应的税率和速算扣除数。

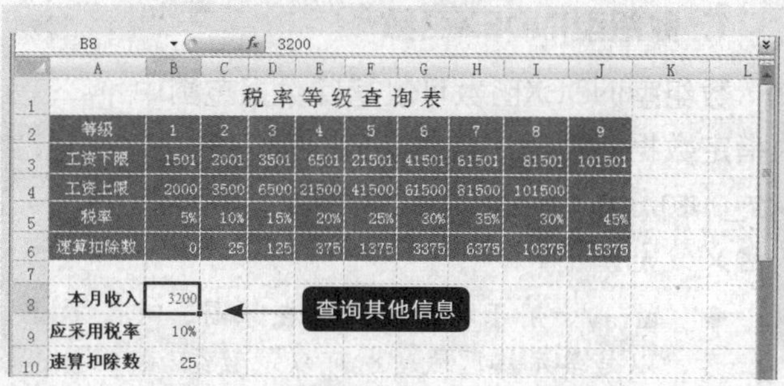

13.5 引用函数

在处理数据的过程中，有时候需要只获取指定单元格的数据，此时就可以使用Excel提供的引用函数来引用指定的单元格，下面介绍Excel中常用引用函数的使用方法。

13.5.1 返回引用的列标与行号

如果要获取指定单元格的列标，可以使用COLUMN函数来完成，该函数的语法结构为：COLUMN(reference)。其中，reference参数用于指定需要获取列标的单元格，如果该参数为指定的单元格区域，则函数返回指定单元格区域中第一个单元格的列标的索引编号（如下左图所示）。

同样，如果要获取指定单元格的行号，可以使用ROW函数来完成，该函数的语法结构为：ROW(reference)。其中，reference参数用于指定需要获取行号的单元格，如果该参数为指定的单元格区域，则函数返回指定单元格区域中第一个单元格的列标的索引编号（如下右图所示）。

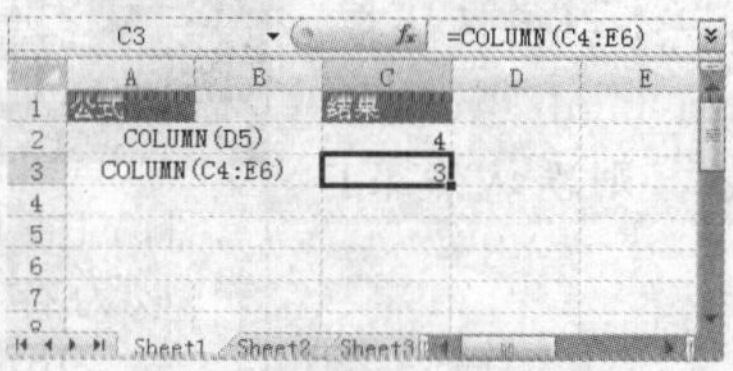

■返回引用的列标示例

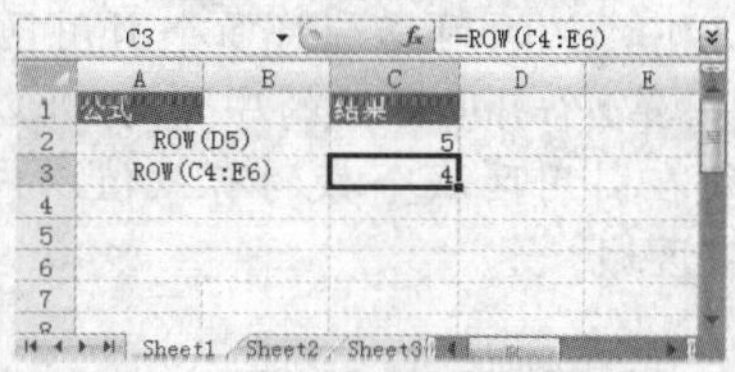

返回引用的行号示例■

13.5.2 返回引用的行、列数

如果要统计当前指定单元格或者单元格区域中引用的行数，可以使用ROWS函数来完成，其语法结构为：ROWS(array)。其中，array参数用于指定需要统计行数的单元格区域。

同样，如果要统计当前指定单元格或者单元格区域中引用的列数，可以使用COLUMNS函数来完成，其语法结构为：COLUMNS(array)。其中，array参数用于指定需要统计列数的单元格区域。

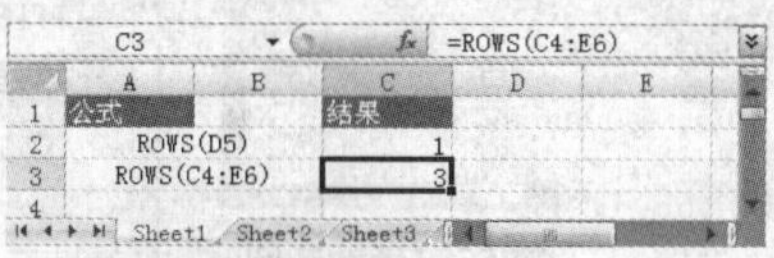

■返回引用的行数示例

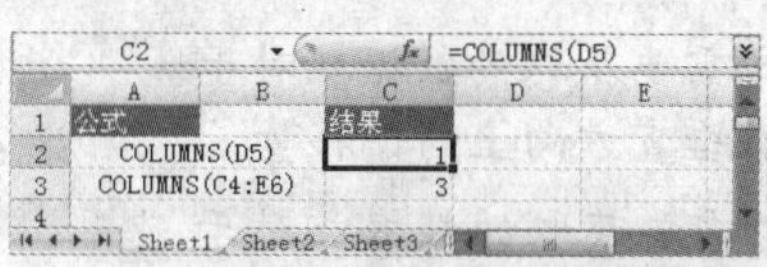

返回引用的列数示例■

13.5.3 返回指定内容

在Excel中，INDEX函数主要有两种类型，分别是数组型和引用型。对于不同的类型，其语法结构和使用方法都有一定的差异，下面分别进行介绍。

1. 数组型INDEX函数

数组型INDEX函数可以返回数据范围中的指定数据。其语法结构为：INDEX (array, row_num, column_num)。该函数的具体参数含义分别如下。

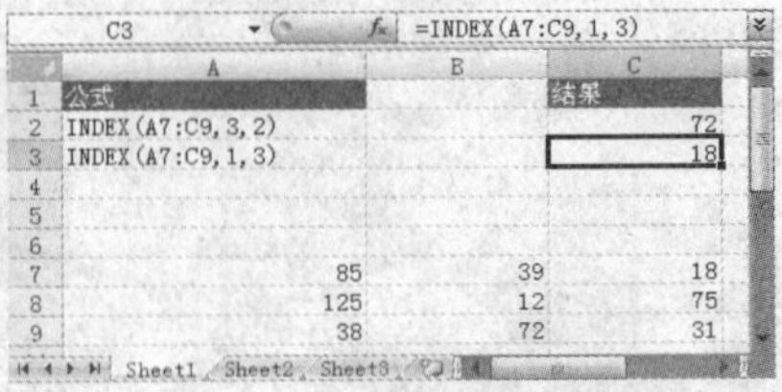

数组型INDEX函数示例■

- array：用于指定数据所在范围，可以是单元格区域，也可以是数组。
- row_num：用于指定数据所在的行号。
- colum_num：用于指定数据所在的列标索引编号。

2. 引用型INDEX函数

引用型INDEX函数主要是针对具有多个数据范围的数据的查找，但与INDEX函数不同的是，该函数返回的是引用。其语法结构为：INDEX (reference, row_num, area_num)。该函数包含4个参数，表示的含义分别如下。

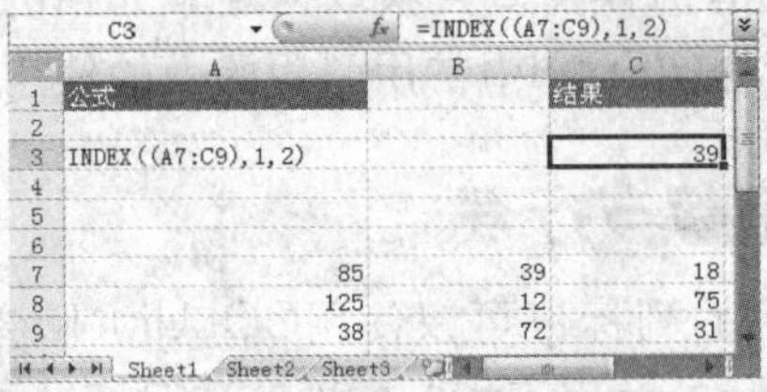

引用型INDEX函数示例■

- reference：用于指定多个引用范围的具体范围。
- row_num：用于指定数据所在的行号。
- colum_rum：用于指定数据所在的列标索引编号。
- area_num：用于指定查找的数据所在的引用区域。对于引用范围有多个的情况下，必须用括号将多个引用区域括起来，并且第一个引用区域序号为1，第2个引用区域的序号为2，以此类推。此外，area_num参数的取值必须在引用区域个数的有效值以内，如果省略该参数，则默认为第1个引用区域。

13.5.4 返回偏移引用位置

在Excel中，如果需要通过当前指定数据所在单元格的偏移量来获取下一个数据，可以使用OFFSET函数来完成，其语法结构为：OFFSET (reference, rows, cols, height, width)，该函数具体参数的含义分别如下。

- reference：指定参照数据，该数据可以是单元格，也可以是连续的单元格区域。
- rows：指定需要获取的数据相对于参照数据在垂直方向上的偏移量。
- cols：指定需要获取的数据相对于参照数据在水平方向上的偏移量。

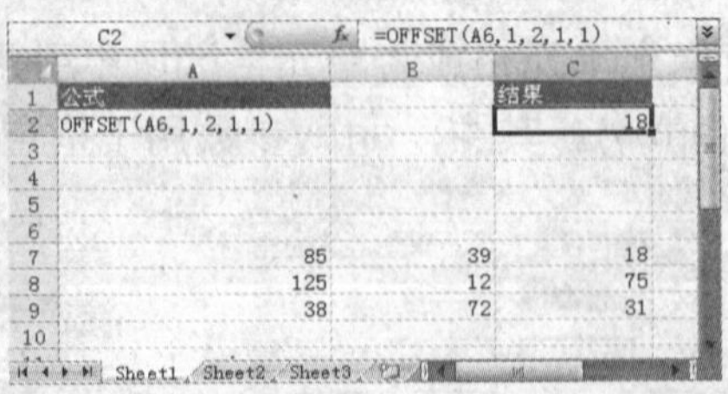

OFFSET函数示例■

- height：指定返回的数据范围的行数。
- width：指定返回的数据范围的列数。

如图所示，使用OFFSET函数返回偏移引用位置，以A6为参照系的引用区域，向下偏移一行，向右偏移两列，然后返回一行一列。

要点提示：自动返回公式单元格行号与列标

如果省略了COLUMN函数和ROW函数中的reference参数，则函数将会自动返回当前输入该公式的单元格的列标索引编号或单元格的行号。

要点提示：实现数据位置的快速跳转（HYPERLNK）

HYPERLNK函数可以为存储在网络服务器、Intranet或主机中的文件创建一个超链接，从而实现快速跳转，其语法结构为：HYPERLINK (link_location, friendly_name)。

其中，link_location表示输入的超链接地址，friendly_name表示要在单元格中显示的跳转文本值或数字值。

14 Chapter 统计与数据库函数

READERS' GUIDE

在实际工作与生活中经常涉及到与统计相关的操作，如统计平均值、最大/最小值、分布频率等，这可以通过Excel提供的常规统计函数和数理统计函数来完成；而统计与分析通常又是联系在一起的，统计的目的通常就是为了更好地分析数据，可以使用Excel中的数据库函数对数据进行分析，并可判断是否是符合给定条件的函数。本章就将讲解用这两大类函数进行数据统计与分析的方法。

MAIN CASES

常规统计函数 P223

数理统计函数 P228

数据库函数 P229

14.1 统计函数

在工作与生活中经常会遇到需要统计最大/最小值、平均值等情况，可以通过Excel中的统计函数来完成。Excel中的统计函数分为常规统计函数和数理统计函数两大类，下面分别进行讲解。

14.1.1 常规统计函数

常规统计是指计数、求最大/最小值、平均值等日常生活与工作中常见的统计操作。Excel中的常规统计函数较多，下面介绍常用的常规统计函数。

1. 返回最大/最小值（MAX/MIN）

使用MAX和MIN函数可以返回最大或最小值，其含义分别如下。

- MAX：从指定的单元格区域中返回其中数值最大的值，其语法结构为：MAX (number 1, number 2, …)。
- MIN：从指定的单元格区域中返回其中数值最小的值，其语法结构为：MIN (number 1, number 2, …)。

MAX和MIN函数的number参数表示要筛选的数值或引用，它的数量是可选的，个数可以为1~255。如果引用的单元格区域中包含文本、逻辑值或空白单元格，都将被忽略。

要点提示：关于统计函数的知识

从统计函数可以实现的功能可以看出，统计函数的功能与数据筛选、条件格式中的突出显示单元格和项目选择规则的功能相似。不过使用统计函数可以将这些值提取到其他单元格中，并可以实现一些特殊的功能，如求最大/最小值时加上一定的约束条件，并可以统计数据的分布频率。

如要在学生成绩表中统计各科成绩的最高和最低分，其操作方法如下。

素材 光盘：\素材\第14章\学生成绩统计表1.xlsx

效果 光盘：\效果\第14章\学生成绩统计表1.xlsx

Step 01 打开素材文件，在A20单元格中输入“最高分：”。单击B20单元格，输入公式“=MAX(B3:B18)”，按【Ctrl+Enter】组合键返回语文成绩的最高分，然后用鼠标光标拖动B20单元格右下角的填充柄至F20单元格处，返回其他学科的最高成绩。

Step 02 在A21单元格中输入“最低分：”。单击B21单元格，输入公式“=MIN(B3:B18)”，按【Ctrl+Enter】组合键返回语文成绩的最低分，然后用鼠标光标拖动B21单元格右下角的填充柄至F21单元格处，返回其他学科的最低成绩。

学生成绩统计表

姓名	语文	数学	英语	化学	物理	总分
代明	97	89	83	94	86	449
薛旺	69	70	57	78	79	353
柳萌	80	82	84	81	94	421
王诗诗	85	88	91	98	83	445
崔建成	79	75	94	82	78	408
程风	83	74	75	86	80	398
王茜	77	68	85	79	69	378
蒋克勤	66	76	76	83	58	359
龙梅	92	86	83	84	88	433
张建明	84	72	83	81	84	404
邓李丽	83	88	94	92	88	445
余婷	79	75	90	82	88	414
郑荣玮	83	54	75	86	80	378
白罗	87	68	85	76	68	384
张玺	76	56	76	83	58	349
罗萍	79	71	79	78	79	386
最高分：	97	89	94	98	94	

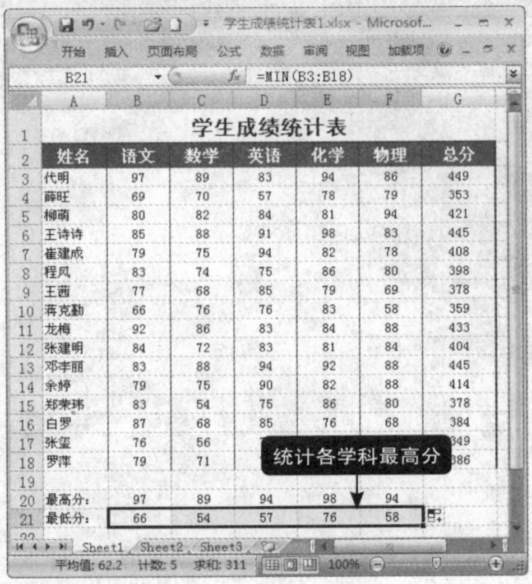

学生成绩统计表

姓名	语文	数学	英语	化学	物理	总分
代明	97	89	83	94	86	449
薛旺	69	70	57	78	79	353
柳萌	80	82	84	81	94	421
王诗诗	85	88	91	98	83	445
崔建成	79	75	94	82	78	408
程风	83	74	75	86	80	398
王茜	77	68	85	79	69	378
蒋克勤	66	76	76	83	58	359
龙梅	92	86	83	84	88	433
张建明	84	72	83	81	84	404
邓李丽	83	88	94	92	88	445
余婷	79	75	90	82	88	414
郑荣玮	83	54	75	86	80	378
白罗	87	68	85	76	68	384
张玺	76	56				349
罗萍	79	71				386
最高分：	97	89	94	98	94	
最低分：	66	54	57	76	58	

2. 按条件返回最大/最小值（LARGE/SMALL）

如果要返回的并非最大或最小值，而是名列前茅或垫后的值，则需用LARGE和SMALL函数来指定返回第几个最大或最小值，其含义分别如下。

- LARGE：返回给定数值集合中的第k个最大值，其语法结构为：LARGE (array, k)。如要在前面的学生统计表中返回各科成绩第二名的分数，公式为“=LARGE(B3:B18,2)”。
- SMALL：返回给定数值集合中的第k个最小值，其语法结构为：SMALL (array,k)。如要在前面的学生统计表中返回各科成绩倒数第三名的分数，公式为“=SMALL(B3:B18,3)”。

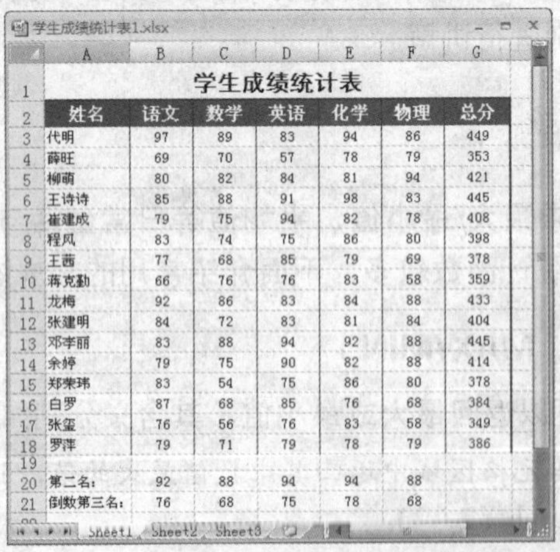

学生成绩统计表

姓名	语文	数学	英语	化学	物理	总分
代明	97	89	83	94	86	449
薛旺	69	70	57	78	79	353
柳萌	80	82	84	81	94	421
王诗诗	85	88	91	98	83	445
崔建成	79	75	94	82	78	408
程风	83	74	75	86	80	398
王茜	77	68	85	79	69	378
蒋克勤	66	76	76	83	58	359
龙梅	92	86	83	84	88	433
张建明	84	72	83	81	84	404
邓李丽	83	88	94	92	88	445
余婷	79	75	90	82	88	414
郑荣玮	83	54	75	86	80	378
白罗	87	68	85	76	68	384
张玺	76	56	76	83	58	349
罗萍	79	71	79	78	79	386
第二名：	92	88	94	94	88	
倒数第三名：	76	68	75	78	68	

LARGE和SMALL函数应用示例

LARGE和SMALL函数的参数含义相同，其中array表示需要进行筛选的数组或数组区域；k表示返回的值在数组或数据区域中的位置。

要点提示：用函数MAXA统计最大值

使用MAXA函数可以返回所选区域中所有非空白单元格中的最大值，其语法结构与MAX函数完全相同。

与MAX函数不同的是：MAXA函数只统计非空单元格，如果所选区域中包含空白单元格将被忽略。如果包含TRUE值，将作为1计算；若包含FALSE值，将作为0计算。

要点提示：用函数MINA统计最小值

使用MINA函数可以返回所选区域中所有非空白单元格中的最小值，其语法结构与MIN函数完全相同。

与MIN函数不同的是：MINA函数只统计非空单元格，如果所选区域中包含空白单元格将被忽略，如果包含TRUE值，将作为1计算；如果包含FALSE值，将作为0计算。

3. 统计平均值（AVERAGE）

使用AVERAGE函数可以计算指定的数字集中所有数值的平均值，其语法结构为：AVERAGE (number 1, number 2,…)。

AVERAGE函数的number参数表示要计算平均值的数值或引用的数值，它的数量是可选的，个数为1~255。

如要在前面的学生统计表中统计各位学生的平均成绩，需为第一位学生编辑公式“=AVERAGE(B3:F3)”，再将公式复制到同列的其他单元格中即可，如右图所示。

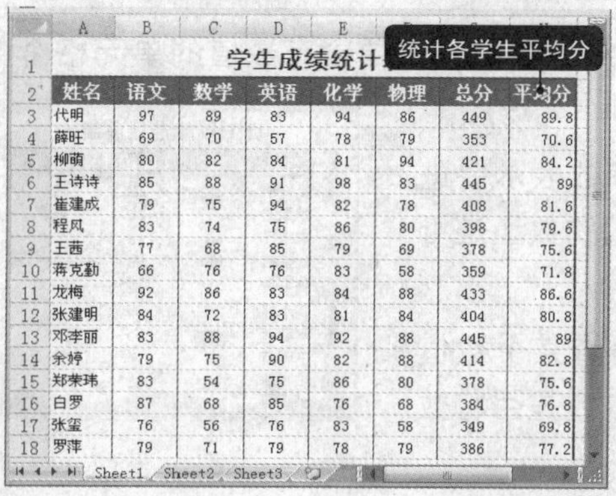

学生成绩统计表

姓名	语文	数学	英语	化学	物理	总分	平均分
代明	97	89	83	94	86	449	89.8
薛旺	69	70	57	78	79	353	70.6
柳萌	80	82	84	81	94	421	84.2
王诗诗	85	88	91	98	83	445	89
崔建成	79	75	94	82	78	408	81.6
程风	83	74	75	86	80	398	79.6
王茜	77	68	85	79	69	378	75.6
蒋克勤	66	76	76	83	58	359	71.8
龙梅	92	86	83	84	88	433	86.6
张建明	84	72	83	81	84	404	80.8
邓李丽	83	88	94	92	88	445	89
余婷	79	75	90	82	88	414	82.8
郑荣玮	83	54	75	86	80	378	75.6
白罗	87	68	85	76	68	384	76.8
张玺	76	56	76	83	58	349	69.8
罗萍	79	71	79	78	79	386	77.2

AVERAGE函数应用示例

> **要点提示：用函数AVERAGEA统计平均值**
>
> 使用AVERAGEA函数可以计算所有非空单元格的平均值，其语法结构与AVERAGE函数完全相同。
>
> 与AVERAGE函数不同的是：AVERAGEA函数只统计非空单元格，如果所选区域中包含空白单元格将被忽略，如果包含TRUE值，将作为1计算；如果包含FALSE值，将作为0参与计算。

4. 返回中值（MEDIAN）

使用MEDIAN函数可以返回给定数值集合的中值（即在这组数据中，有一半的数据比它大，有一半的数据比它小。注意中值与平均值是截然不同的两个概念），其语法结构为：MEDIAN (number 1, number 2, …)。

MEDIAN函数的number参数表示要筛选的数值或引用，它是可选的，个数为1~255。参数中包含的文本、逻辑值或空白单元格将被忽略。

如果number参数引用的数值个数为奇数，则MEDIAN函数将取数值大小位于中间的那个数；如果MEDIAN函数的参数个数为偶数，则MEDIAN函数将取数值大小位于中间的两个数的平均值。

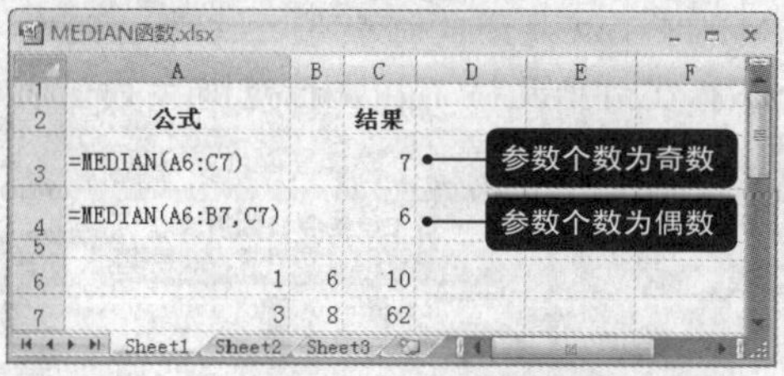

公式			结果
=MEDIAN(A6:C7)			7
=MEDIAN(A6:B7,C7)			6
1	6	10	
3	8	62	

MEDIAN函数示例

5. 返回数值的排序位置（RANK）

RANK函数可以返回某个数值在一组数值中的名次，其语法结构为：RANK (number, ref, order)。

RANK函数有3个参数，其含义分别如下。

- number：表示需要进行排位的数字。
- ref：表示数字列表数组或对数字列表的引用。
- order：表示对ref进行排位的方式。用数字表示，也可以省略。省略为0表示对ref按照降序排列；不为0时均表示对ref按照升序排列。

如果要在前面的学生统计表中对各位学生按成绩总分进行排序，则需要为第一位学生编辑公式

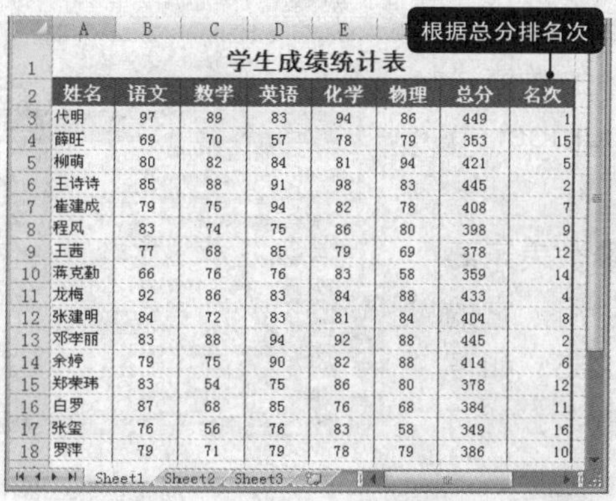

学生成绩统计表

姓名	语文	数学	英语	化学	物理	总分	名次
代明	97	89	83	94	86	449	1
薛旺	69	70	57	78	79	353	15
柳萌	80	82	84	81	94	421	5
王诗诗	85	88	91	98	83	445	2
崔建成	79	75	94	82	78	408	7
程风	83	74	75	86	80	398	9
王茜	77	68	85	79	69	378	12
蒋克勤	66	76	76	83	58	359	14
龙梅	92	86	83	84	88	433	4
张建明	84	72	83	81	84	404	8
邓李丽	83	88	94	92	88	445	2
余婷	79	75	90	82	88	414	6
郑荣玮	83	54	75	86	80	378	12
白罗	87	68	85	76	68	384	11
张玺	76	56	76	83	58	349	16
罗萍	79	71	79	78	79	386	10

RANK函数应用示例

> **要点提示：RANK函数的应用场合**
>
> 前面我们知道使用排序功能也可实现排序，但如果需排出各项记录的名次，但又不能改变记录原来的排列顺序，就可以用RANK函数来进行排序。
>
> RANK函数的缺点是：只能对数值型数据排序，如果要对文本型数据排序，还需使用前面讲解的Excel排序功能进行。

“=RANK(G3,$G$3:$G$18 ,0)”（由于要进行排序的数值列表不变，因此ref需使用绝对引用），再将公式复制到同列的其他单元格中。

6. 统计数值单元格数量（COUNT）

使用COUNT函数可以统计参数列表中含有数值的单元格个数，其语法结构为：COUNT (value 1, value 2,…)。

COUNT函数的value参数表示要进行统计的单元格区域，它们的数量是可选的，个数为1~255。

COUNT函数可用于检查某个数值区域中是否存在漏输现象，或是否将数值设成了非数值格式。

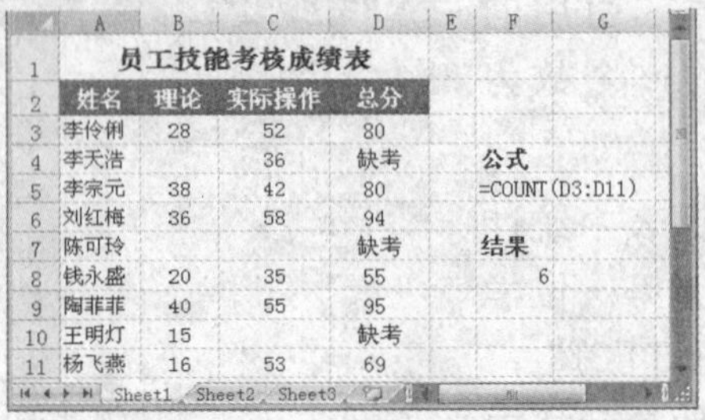

COUNT函数示例

7. 统计空白/非空白单元格数量（COUNTBLANKT/COUNTA）

使用COUNTBLANKT和COUNTA函数可以统计指定区域中空白单元格与非空白单元格的数量，其作用与语法结构分别如下。

- COUNTBLANK：统计指定的单元格区域中空白单元格的个数，其语法结构为：COUNTBLANK (range)。range参数表示需要统计其中空白单元格数量的区域。
- COUNTA：统计参数列表中非空值单元格的个数。与COUNTBLANK函数的功能相反，COUNT可以统计包括数值、文本、逻辑值和错误值在内的单元格个数，只有空白单元格不在统计范畴之内。其语法结构为：COUNTA (value 1, value 2,…)。value参数表示要进行统计的单元格区域，它们的数量是可选的，个数为1~255。

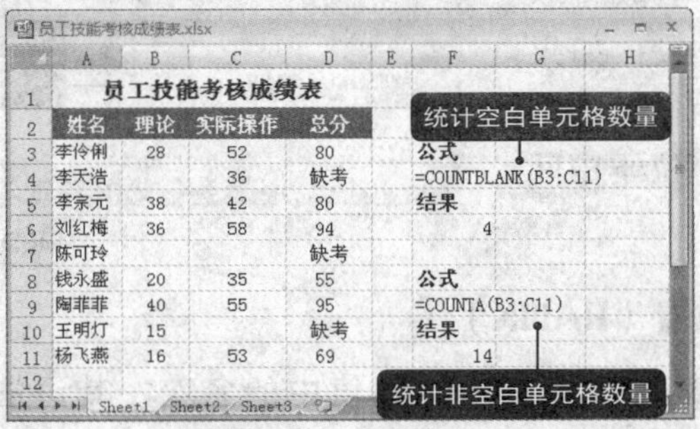

COUNTBLANK和COUNTA函数可以进行一些特殊情况的统计，如在员工技能考核成绩表中统计缺考的人数。

COUNTBLANKT和COUNTA函数示例

8. 统计出现频率最高的数值（MODE）

使用MODE函数可以返回在某一数组或区域中出现频率最多的数值，其语法结构为：MODE (number 1, number 2,…)。

MODE函数的number参数表示要从中返回的数组或单元格引用，它的数量是可选的，个数为1~255。如要查看哪个月过生日的人数最多，就可以用MODE函数来完成。

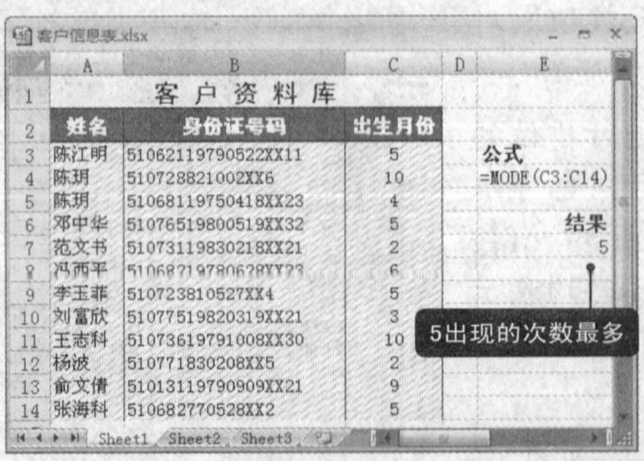

MODE函数示例

疑难解答：为什么会出现空缺的名称序号

问：为什么对学生成绩总分排名次后，会出现空缺的名次序号呢？

答：因为有总分完全相同的记录。RANK函数在重复数的排位相同时，会影响后续数值的排位。如在升序排列的整数列中，总分445出现了两次，其排位均为2，则下一个数的排位为4（即没有排位为3的数值）。

要点提示：关于函数MODE的知识

MODE函数的参数可以是数字，或者是包含数字的名称、数组或引用。数组或引用参数包含的文本、逻辑值或空白单元格将被忽略，包含零值的单元格将被计算在内。

如果MODE函数引用的数据集合中不含有重复的数值，将返回错误值N/A；如果数据集合中有两个出现频率相等且最高的数据，则返回最先出现的那个频率最高的数据。

9. 按条件进行统计（COUNTIF）

使用COUNTIF函数可以统计单元格区域中满足给定条件的单元格数量，其语法结构为：COUNTIF (range, criteria)。

COUNTIF函数有两个参数，其含义分别如下。

- range：表示需要统计其中满足条件的单元格数目的单元格区域。
- criteria：表示统计任务指定的条件，可以为数字、表达式或文本，但为表达式或文本时必须用引号，如"32"、">32"、"red"等。

COUNTIF函数在统计应用中非常有用，如用COUNTIF函数统计平均成绩大于或等于86分的学生记录。

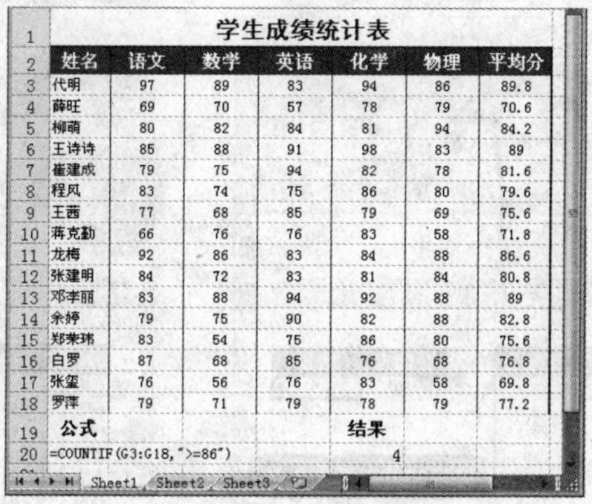

学生成绩统计表						
姓名	语文	数学	英语	化学	物理	平均分
代明	97	89	83	94	86	89.8
薛旺	69	70	57	78	79	70.6
柳萌	80	82	84	81	94	84.2
王诗诗	85	88	91	98	83	89
崔建成	79	75	94	82	78	81.6
程风	83	74	75	86	80	79.6
王茜	77	68	85	79	69	75.6
蒋克勤	66	76	76	83	58	71.8
龙梅	92	86	83	84	88	86.6
张建明	84	72	83	81	84	80.8
邓李丽	83	88	94	92	88	89
余婷	79	75	90	82	88	82.8
郑荣玮	83	54	75	86	80	75.6
白罗	87	68	85	76	68	76.8
张玺	76	56	76	83	58	69.8
罗萍	79	71	79	78	79	77.2
公式			结果			
=COUNTIF(G3:G18,">=86")			4			

COUNTIF函数应用示例

要点提示：函数COUNTIF与筛选功能的异同点

从COUNTIF函数的功能可以知道，该函数与前面讲解过的Excel的筛选功能相似。不同的是：筛选是将满足条件的记录筛选出来，而COUNTIF函数是统计满足条件的记录的数量。

10. 统计区间分布频率（FREQUENCY）

使用FREQUENCY函数可以统计某个区域中数据的频率分布，其语法结构为：FREQUENCY (data_array, bins_array)。

FREQUENCY函数有两个参数，其含义分别如下。

- data_array：表示用来计算频率的数组。
- bins_array：为间隔的数组或对间隔的引用，该间隔用于对data_array中的数值进行分组。

FREQUENCY函数也可以返回数组，但在输入公式时必须以数组公式的形式输入（按【Ctrl+Shift+Enter】组合键即可输入数组公式）。

要点提示：关于函数FREQUENCY的知识

如果FREQUENCY函数的bins_array参数仅指定了一个分隔点，则FREQUENCY函数将data_array分为两组；如果bins_array参数指定的数组包含多个分隔点，且在输入公式时以数组公式的形式输入，则FREQUENCY函数会同时将data_array分为多个组。

应用案例——统计各分数段的学生人数

下面在学生成绩统计表中先统计出平均分在80分以下的学生人数，然后用数组公式统计平均分在60以下、60~70分、70~80分、80~86分、86~90分和90分以上的学生人数，其操作方法如下。

素材 光盘：\素材\第14章\学生成绩统计表2.xlsx

效果 光盘：\效果\第14章\学生成绩统计表2.xlsx

Step 01 打开素材文件，在I2单元格中输入“分隔点”，在J2单元格中输入“数量”，在I3单元格中输入分隔点“80”。

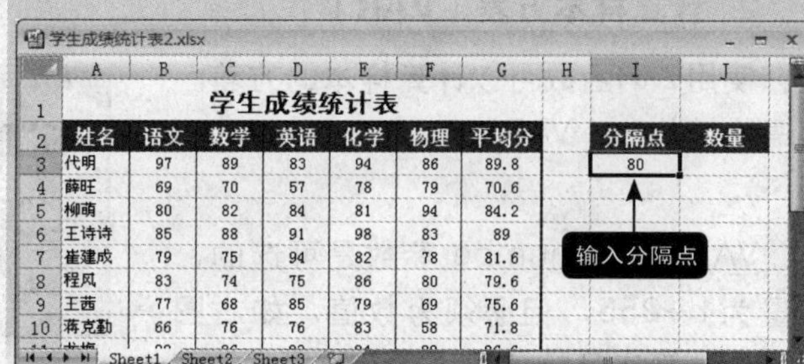

学生成绩统计表								分隔点	数量
姓名	语文	数学	英语	化学	物理	平均分		分隔点	数量
代明	97	89	83	94	86	89.8		80	
薛旺	69	70	57	78	79	70.6			
柳萌	80	82	84	81	94	84.2			
王诗诗	85	88	91	98	83	89			
崔建成	79	75	94	82	78	81.6			
程风	83	74	75	86	80	79.6			
王茜	77	68	85	79	69	75.6			
蒋克勤	66	76	76	83	58	71.8			

Step 02 单击J3单元格，输入公式“=FREQUENCY(G3:G19,I3)”，按【Ctrl+Enter】组合键统计出平均分低于80分的学生人数为8人。

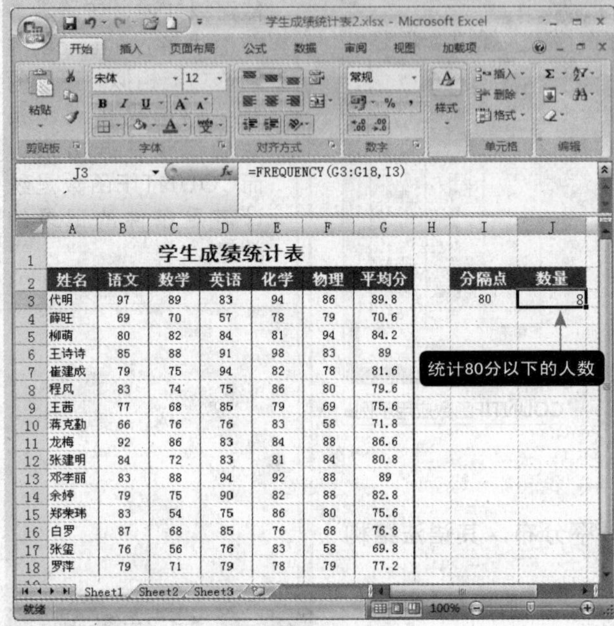

Step 03 在I6:I10单元格区域中分别输入分隔点“60”、“70”、“80”、“86”和“90”，然后选择J5:J10单元格区域，输入公式“=FREQUENCY(G3:G18,I6:I10)”，按【Ctrl+ Shift+Enter】组合键统计出各分数段的学生人数。

14.1.2 数理统计函数

由于大部分数理统计函数只在特殊领域中才会用到，而且有时还会涉及到与概率论相关的知识，因此下面只介绍两个在统计工作中常用的函数。

1. 求样本的标准偏差（STDEV）

使用STDEV函数可以计算样本的标准偏差，其语法结构为：STDEV (number 1, number 2, …)。

STDEV函数的number参数是可选的，数量为1～30，但必须为数值。如右图所示为用STDEV函数计算产品销售量的标准偏差结果。

STDEV函数示例

2. 计算样本方差（VAR）

使用VAR函数可以计算样本的方差，其语法结构为：VAR (number 1, number 2, …)。

VAR函数的number参数是可选的，数量为1～255，但必须为数值。如右图所示为计算产品销售量的方差结果。

VAR函数示例

要点提示：用函数FREQUENCY进行多区段统计的注意事项

在用数组方式输入公式时，由于统计的结果会比分隔点多一项数据，因此在输入数组公式前应比分隔点多选择一个单元格。虽然选择的区域位置可以在任意位置，但为了便于理解，最好选择与分隔点相对应的位置。由于本案例的第一个单元格统计的是60分以下的人数，因此选择放置数组公式的第一个单元格位于分隔点60上方更便于理解。

3. 分析相关系数（CORREL）

使用CORREL函数可以返回单元格区域array 1和array 2之间的相关系数，从而分析两种属性之间的关系，其语法结构为：CORREL (array 1, array 2)。

CORREL函数的两个参数array 1和array 2表示要确定其相关系数的两个单元格区域。

如有某电器商场空调和彩电销量的各月份统计量，现在要分析这两种商品销售量与当地各月份气温的相关系数，其操作方法如下。

素材 光盘：\素材\第14章\家电销售与季度关系分析.xlsx

效果 光盘：\效果\第14章\家电销售与季度关系分析.xlsx

Step 01 单击C16单元格，在其中输入公式“=CORREL（$B$3:$B$14, C3:C14)”，按【Ctrl+Enter】组合键计算出彩电销量与气温的相关系数，可以看出彩电销量与气温基本上没什么关系。

Step 02 用鼠标光标拖动C16单元格右下角的填充柄至D16单元格处释放，计算出空调销量与气温的相关系数。显然空调销量与气温的相关程度远大于彩电销量。

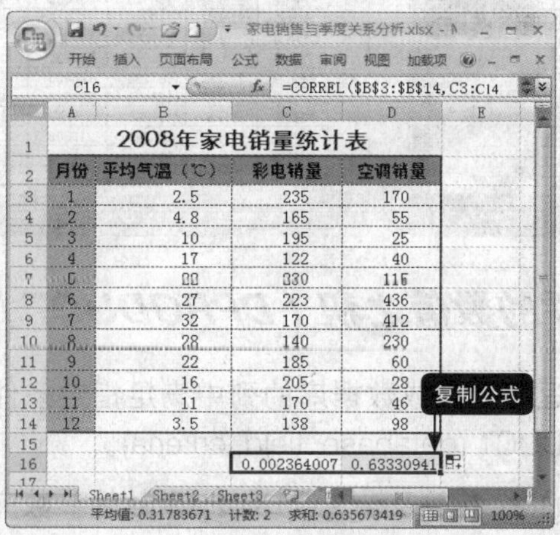

> **要点提示：使用函数CORREL的注意事项**
>
> CORREL函数的array 1和array 2参数输入或引用的参数中包含的文本、逻辑值或空白单元格都将被忽略，但包含零值的单元格将被计算在内。
>
> CORREL函数的array 1和array 2参数输入或引用的数据点个数必须相等，否则CORREL函数将返回错误值#N/A。

14.2 数据库函数

数据库函数是用于对存储在数据清单中的数据进行分析，并判断是否符合给定条件的函数。下面讲解用常见的数据库函数管理数据清单的方法。

14.2.1 计算满足条件的数值之和（DSUM）

DSUM函数可以返回列表或数据库的列中满足指定条件的数字之和，其语法结构为：DSUM (database, field, criteria)。

DSUM函数包含3个参数，其含义分别如下。

- database：表示构成列表或数据库的单元格区域。
- field：用于指定函数所使用的数据列。
- criteria：表示包含给定条件的单元格区域。

下面用DSUM函数在“员工销售业绩表”中统计二分部员工六月份的总销

> **要点提示：数据库函数的优势**
>
> 数据库函数的功能与前面介绍的筛选和分类汇总功能相似，但又有其独特的用途。
>
> 使用数据库函数与数据的高级筛选功能的前提相似，都需要先用一个区域来放置要指定的条件，但筛选功能只是筛选出满足指定条件的记录，而数据库函数中的一些函数在筛选出满足指定条件记录的同时，还能进行求最大/最小值、平均值等运算。

售业绩，其操作方法如下。

素材 光盘:\素材\第14章\员工销售业绩表1.xlsx

效果 光盘:\效果\第14章\员工销售业绩表1.xlsx

Step 01 打开素材文件，在G3单元格中输入列标签“部门”，在G4单元格中输入限制条件“二分部”。

Step 02 单击G8单元格，输入公式“=DSUM(A2:E16,5,G3:G4)”，按【Ctrl+Enter】组合键键计算出二分部所有员工六月份的总销售业绩。

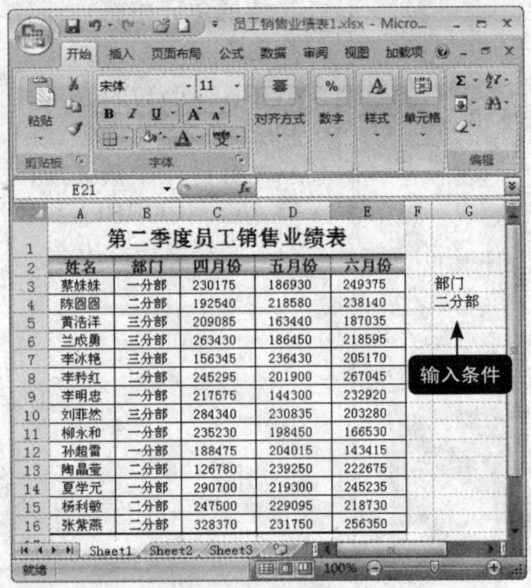

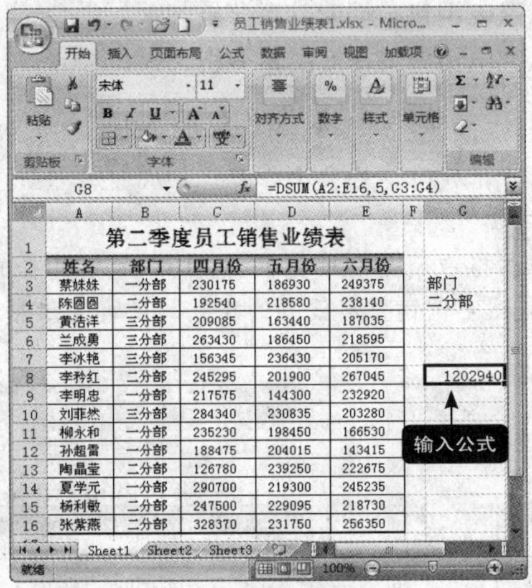

14.2.2 计算满足条件的数值之积（DPRODUCT）

DPRODUCT函数用于返回列表或数据库的列中满足指定条件的数值的乘积，其语法结构为：DPRODUCT (database, field, criteria)。

DPRODUCT函数包含的3个参数及含义与DSUM函数的参数完全相同，不同的只是用DPRODUCT函数返回的是满足条件的数值的乘积，而非和值。

14.2.3 计算满足条件的数值的平均值（DAVERAGE）

使用DAVERAGE函数可以返回列表或数据库中满足指定条件的列中数值的平均值，其语法结构为：DAVERAGE (database, field, criteria)。

DAVERAGE函数包含的3个参数及含义与DSUM函数的参数完全相同，不同的只是用DPRODUCT函数返回的是满足条件的数值的平均值，而非和值，如右图所示为计算出二分部所有员工六月份的平均销售业绩。

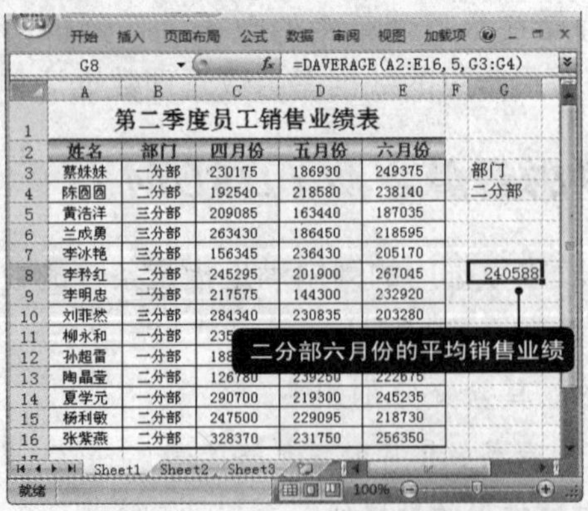

DAVERAGE函数应用示例

疑难解答：返回错误值#VALUE！的原因

问：为什么用DSUM函数求和时，明明有满足条件的记录，但总返回错误值#VALUE！？

答：如果有满足条件的记录，则需检查database参数的引用是否正确。数据库函数的database参数必须引用完整的数据库区域，即必须包含列标签所在的行，如果不包含列标签，就会出现#VALUE！错误。

疑难解答：DSUM函数与SUMIF的差异

问：DSUM函数与数学函数中的SUMIF都是对满足条件的数值进行求和，作用完全相同吗?

答：使用DSUM函数可以完成SUMIF函数能够完成的任务，但使用SUMIF函数并不一定能完成DSUM函数可以完成的任务。因此SUMIF函数的求和条件只有一个，而DSUM函数的求和条件可以有多个。因此在需要同时满足多个条件的情况下，必须采用DSUM函数进行求和，而在单个条件下求和则用SUMIF函数更方便。

14.2.4 返回符合条件的最值（DMAX/DMIN）

用DMAX和DMIN函数可以返回满足条件的最大或最小值，其意义与语法结构分别如下。

- DMAX：返回列表或数据库的列中满足指定条件的最大数值，其语法结构为：DMAX (database, field,criteria)。
- DMIN：返回列表或数据库的列中满足指定条件的最小数值，其语法结构为：DMIN (database, field, criteria)。

DMAX和DMIN函数包含的3个参数及含义与DSUM函数的参数完全相同，不同的只是用DMAX和DMIN返回的是最大和最小值。与MAX和MIN函数相比，DMAX和DMIN函数又增加了条件，只从符合条件的区域中选择最大和最小值。

如要在前面的员工销售业绩表中选出三分部五月份销售业绩最好和最差的值，其公式与结果如右图所示。

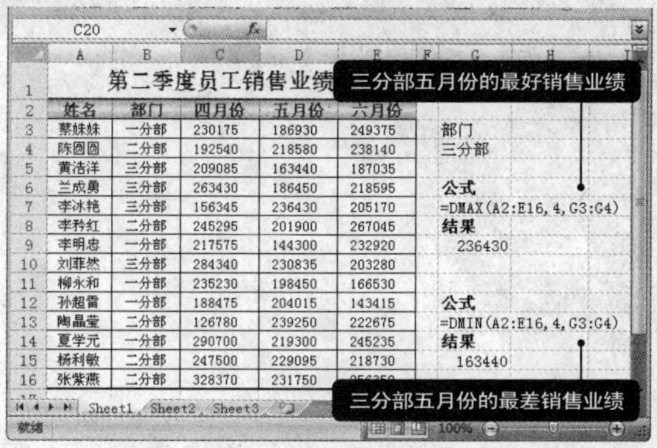

DMAX和DMIN函数应用示例

要点提示：数据库函数field参数的表示方法

数据库函数的field参数可以用两端带引号（半角状态）的列标签表示（如"六月份"），也可以用代表列表中数据列位置的列数表示（1表示第1列，2表示第2列，以此类推）。

虽然field参数可以用两种不同的方式表示，但最好用代表数据位置的数字表示。如果直接输入字段名表示，在进行数据查询的时候有可能会找不到符合条件的记录。

14.2.5 返回符合条件的数字单元格数量（DCOUNT）

使用DCOUNT函数可以返回数据库或列表的列中满足指定条件并且包含数字的单元格的个数，其语法结构为：DCOUNT (database, field, criteria)。

DCOUNT函数的3个参数及含义与DSUM函数的参数完全相同，不同的只是用DCOUNT函数统计的是满足条件的单元格中数字单元格的数量，而非和值。

如在员工销售业绩表中统计一分部员工在五月份中销售业绩超过200 000的员工数量，其公式与结果如右图所示。

DCOUNT函数应用示例

要点提示：数据库函数的criteria参数

数据库函数的criteria参数可以包含多个条件，但这些条件的列标签必须是数据库中拥有的列标签，否则将返回错误值。另外还需保证条件区域criteria与数据列表database没有重叠。

15 Chapter 财务函数

READERS' GUIDE

财务函数就是专门用于进行有关财务计算的函数。Excel中的财务函数大致可以分为投资预算函数、折旧计算函数、报酬率计算函数和本金利息计算函数四大类。本章将从这几类函数中挑选最常用的一些函数进行讲解。

MAIN CASES

投资预算函数 P232

本金和利息函数 P234

报酬率函数 P235

资产折旧函数 P239

15.1 投资预算函数

投资预算函数主要用于计算投资与收益，在进行投资前对未来的收益进行预测，以供在投资决策时进行参考。下面介绍Excel中几个常用投资函数的使用方法。

15.1.1 预测投资效果（FV）

使用FV函数可以基于固定利率及等额分期付款方式，返回某项投资的未来值，其语法结构为：FV(rate, nper, pmt, pv, type)。

FV函数包含5个参数，其含义分别如下。

- rate：表示各期利率。
- nper：表示总投资期。
- pmt：各期应支付的金额。
- pv：本金，即从该项投资开始计算时已入账的款项。
- type：用于指定各期的付款时间（期初或期末）。

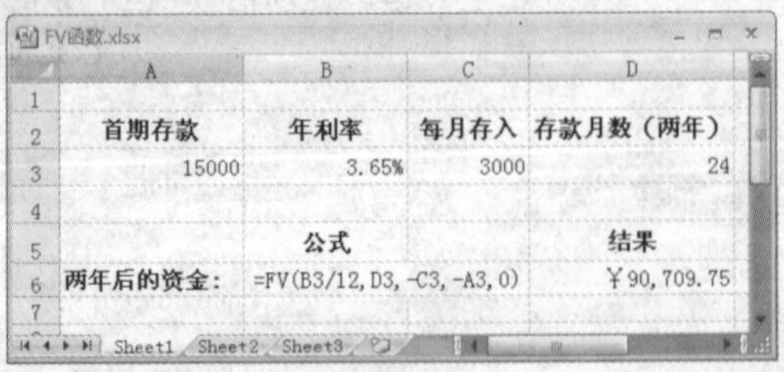

	A	B	C	D
1				
2	首期存款	年利率	每月存入	存款月数（两年）
3	15000	3.65%	3000	24
4				
5		公式		结果
6	两年后的资金：	=FV(B3/12, D3, -C3, -A3, 0)		￥90, 709. 75
7				

FV函数示例

如某人先将15 000元存入账户，以后每月存入3 000元，年利率为3.65%，用FV函数计算存满两年时该账户的资金额，公式和结果如图所示。

要点提示：财务函数的结果自动为货币格式

在使用财务函数进行计算时，如果最后返回的数据是金额类型的数值，系统都会自动以货币形式表示，在数据前面添加“￥”符号，如果数值超过3位数，还会在数据中添加千位分隔符“,”。如果得到的是负值，还会以红色显示。

当然，如果要用其他格式显示结果值，也可以通过设置单元格数字格式的方法进行设置。

15.1.2 计算投资现值（PV）

使用PV函数可以返回投资的现值，其语法结构为：PV(rate,nper,pmt,fv, type)。

PV函数包含5个参数，其含义分别如下。

- rate：表示各期利率。
- nper：表示总投资期。
- pmt：表示各期所应支付的金额。
- fv：表示最后一次支付后希望得到的现金余额。
- type：用于指定各期的付款时间是在期初还是期末。

FV和PV函数的type参数可以为0或1，0表示期末，1表示期初。type参数也可以省略，如果省略，则系统假设其值为零，即默认为期末。

如有一项保险投资，需要缴付150 000元，投资回报率为5.25%。购买该保险后，可以在今后的20年内每月末领取900元，现用PV函数计算这笔保险投资是否值得购买，其公式和结果如右图所示。

计算出该保险金的回报额为￥133，562.04元，而购买这笔保险需要花费150 000元，因此仅从投资角度来讲，这笔保险不值得购买。

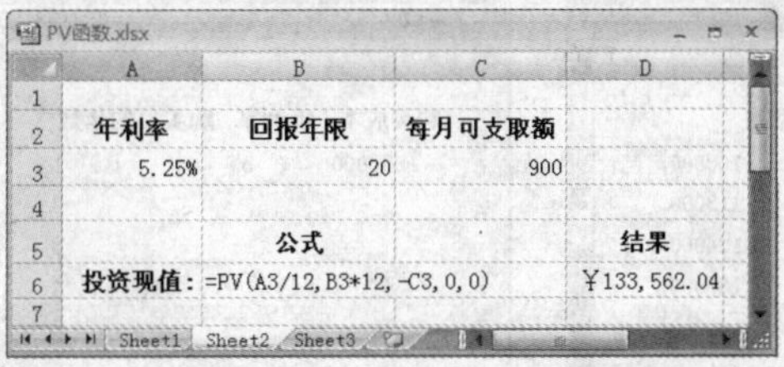

	A	B	C	D
1				
2	年利率	回报年限	每月可支取额	
3	5.25%	20	900	
4				
5		公式		结果
6	投资现值：	=PV(A3/12,B3*12,-C3,0,0)		￥133,562.04
7				

PV函数示例

15.1.3 计算非固定回报投资（NPV）

使用NPV函数可以通过使用贴现率以及一系列未来支出（负值）和收入（正值），返回一项投资的净现值，其语法结构为：NPV (rate, value 1, value 2,…)。

NPV函数包含 个固定参数和29个可选参数，其含义分别如下。

- rate：为固定参数，表示某一期间的贴现率，相当于投资的利率。
- value：为可选参数，个数可以为1~29，分别用value 1、value 2……表示支出及收入。

在使用NPV函数时需要注意以下几点。

- 由于NPV函数使用value 1,value 2 …的顺序来解释现金流的顺序，因此必须保证支出和收入的数额也是按正确顺序输入的。
- NPV函数假定投资开始于value1现金流所在日期的前一期，并结束于最后一笔现金流的当期，它依据未来的现金流进行计算。如果第一笔现金流发生在第一个周期的期初，则第一笔现金必须添加到函数NPV的结果中，而不应包含在value参数中。
- NPV函数与PV函数（现值）相似，但也有差别，其主要差别在于：PV函数允许现金流在期初或期末开始，与可变的NPV的现金流数值不同；PV函数的每一笔现金流在整个投资中必须是固定的，而NPV函数允许在投资中的现金流出现变化。

要点提示：使用FV函数的注意事项

FV函数的pmt参数可以省略，如果省略该参数，则必须包括pv参数；如果省略pv参数，则假设其值为0，而且必须包括pmt参数。

另外，FV函数的rate和nper参数的单位必须保持一致。

疑难解答：关于参数前面的负号

问：在用FV和PV函数计算时，为什么要在有些参数前添加负号呢？

答：在投资计算中将存款额看作是投资，所以系统会将其看作是支出，支出就为负。因此在FV函数中将先期存款和每月存款额输入为负数。如果输入为正数，则最后得到的存款额就为负数。

在PV函数中，虽然每月支取900应该为正，但这里仍使用负号，是为了使得到的结果为正。当然也不一定要添加负号，只要自己明白函数运算结果的含义就可以了。

如某人想贷款购买一个商铺以出租的形式收取租金，购买该店铺需要资金650 000元，但随着年限的增长，该店铺也会增值，估计今后5年内该店铺的租金收入分别为：100 000元、113 000元、124 000元、135 000元和142 000元，购买商铺时的贷款利率为5%。现在用NPV函数计算购买该店铺后5年内能否收回投资，其操作方法如下。

效果 光盘：\效果\第15章\商铺投资预算.xlsx

Step 01 根据商铺投资的情况制作出如图所示的表格，将各项条件包含在内。

Step 02 在D9单元格中输入公式“=NPV(B3,D3:D7)”，按【Ctrl+Enter】组合键得到该项投资在5年到期时的回报净值。可以看到回报仍小于购买成本，因此5年内还不能收回投资成本。

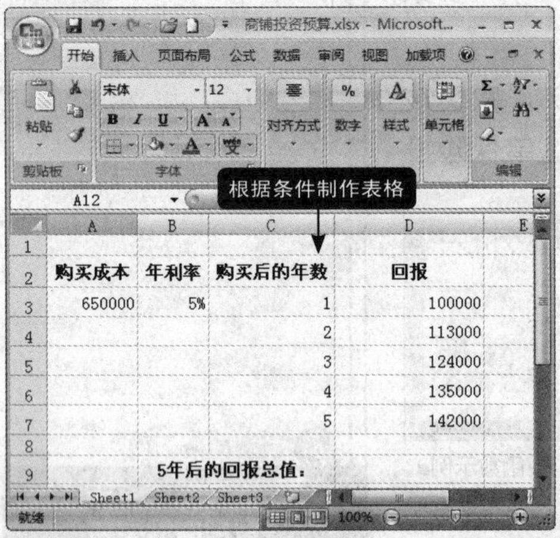

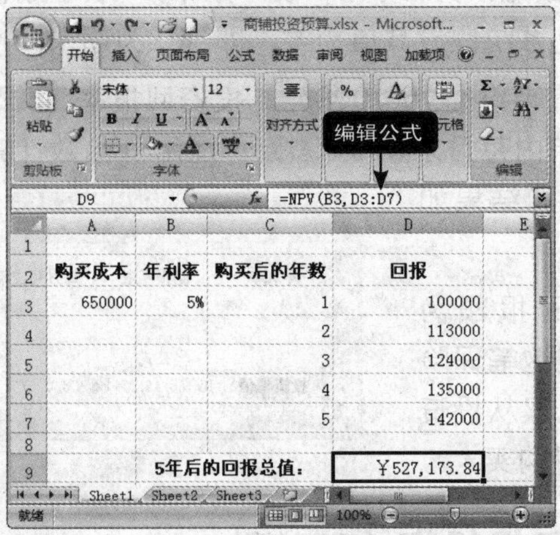

> **要点提示：使用NPV函数的注意事项**
>
> NPV函数的参数可以为数值、空白单元格、逻辑值或数字的文本表达式。如果参数是错误值或不能转化为数值的文本，则将被忽略；如果是一个数组或引用，则只计算其中的数字。
>
> 另外还需注意，NPV函数的value 1,value 2等参数在时间上必须具有相等的间隔期，并且都发生在期末。

15.2 本金和利息函数

本金和利息计算函数是用于计算本金和利息的函数，其中本金是指未来各期年金现值的总和。下面讲解几个常用的本金和利息计算函数。

15.2.1 计算每期还贷额（PMT）

使用PMT函数可以基于固定利率及等额分期付款方式，计算货款的每期付款额，其语法结构为：PMT (rate, nper, pv, fv, type)。

PMT函数包含5个参数，其含义分别如下。

- rate：表示货款利率。
- nper：表示该项货款的付款时间数。
- pv：表示本金，或一系列未来付款的当前值的累计和。
- fv：表示在最后一次付款后希望得到的现金余额。
- type：用以指定各期的付款时间是在期末还是期初。

如某公司因资金运转不畅想贷款400 000元，还款期限为10年，年利率为6.58%。下面用PMT函数分别计算按年偿还和按月偿还两种还款方式下，每年或每月应偿还的金额，其操作方法如下。

> **要点提示：关于使用PMT函数的知识**
>
> PMT函数的rate和nper参数的单位应该相同；fv参数可以省略，如果省略该参数，则假设其值为零。
>
> type参数输入数字0时表示是期末，输入数字1时表示是期初。该参数可以省略，如果省略，则表示期末。

效果 光盘：\效果\第15章\分期还款计算表.xlsx

Step 01 根据贷款情况和信贷方案制作一个表格，将各项条件包含在内。然后单击A6单元格，在其中输入公式“=PMT (B3,C3,A3)”，按【Ctrl+Enter】组合键计算出按年还款方式偿还时，每年的应还款金额。

Step 02 单击C6单元格，在其中输入公式“=PMT (B3/12,C3*12,A3)”，按【Ctrl+Enter】组合键计算出按月方式偿还时，每月的应还款的金额。

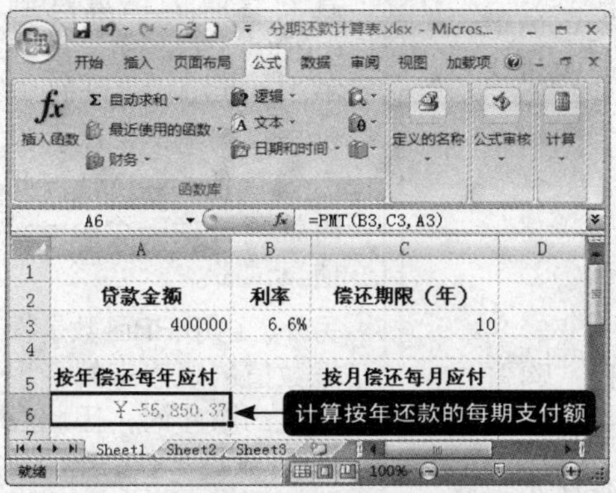

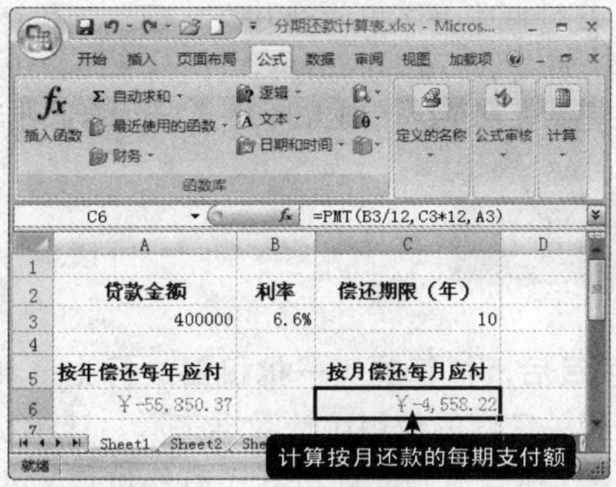

要点提示：关于函数PMT的知识

PMT函数返回的支付款项包括本金和利息，但不包括税款、保留支付或某些与贷款有关的费用。

在贷款运算中，还款行为属于支出，因此结果为负。

15.2.2 计算还款额中的本金（PPMT）

使用PPMT函数可以基于固定利率及等额分期付款方式，计算投资在某一给定期间内的本金偿还额，其语法结构为：PPMT (rate, per, nper, pv, fv, type)。

PPMT函数包含6个参数，其含义分别如下。

- rate：表示贷款利率。
- per：表示用于计算其利息数额的期数。
- nper：表示该项贷款的付款时间。
- pv：表示本金。
- fv：表示在最后一次付款后希望得到的现金余额。
- type：用于指定各期的付款时间是在期末还是期初。

15.2.3 计算还款额中的利息（IPMT）

使用IPMT函数可以基于固定利率及等额分期付款方式，计算给定期数内对投资的利息偿还额，其语法结构为：IPMT (rate, per, nper, pv, fv, type)。

IPMT函数与PPMT函数的参数及参数含义完全相同，不同的是IPMT函数计算的是每期还款额中的利息部分，PPMT函数计算的是每期还款额中的本金部分。

要点提示：PPMT、IPMT和PMT函数的联系

由于IPMT和PPMT函数计算的是每期还款额中的利息和本金部分，PMT函数计算的是每期付款额的总数，所以用这3个函数计算同一信贷问题时，用IPMT函数得到每期利息与用PPMT函数返回的每期本金之和应始终等于用PMT函数返回的每期付款额。

PPMT和IPMT函数也可计算按月偿还方式下的每期本金和利息，此时需将年利率除以12作为rate参数，将偿还年限乘以12作为nper参数。

15.3 报酬率函数

报酬率计算函数用于计算内部资金流量的回报率。下面详细介绍Excel中两个常用报酬率函数的使用方法。

15.3.1 计算现金流的内部收益率（IRR）

使用IRR函数可以返回由数值代表的一组现金流的内部收益率，其语法结构为：IRR (values, guess)。IRR函数包含两个参数，其含义分别如下。

- values：表示用来计算返回的内部收益率的数字，必须输入为数组类型，且必须包含至少一个正值和一个负值才能计算返回的内部收益率。
- guess：表示对函数IRR计算结果的估计值。guess是对函数IRR计算结果的估计值，在大多数情况下并不需要为IRR函数的计算提供guess值。如果省略该值，系统假定它为0.1（10%），但如果函数IRR返回错误值#NUM!，或结果没有靠近期望值，则需用另一个guess值再试。

要点提示：关于IRR函数的知识

Excel使用迭代法计算IRR函数，从估计值guess开始，函数IRR进行循环计算，直到结果的精度达到0.00001%，如果函数IRR经过20次迭代计算仍未找到结果，就会返回错误值#NUM!，此时就需更换一个guess值再试了。

另外，由于IRR函数是根据数值的顺序来解释现金流的顺序的，因此应保证values参数引用的数组是按需要的顺序输入支付和收入数值的。

应用案例——贷款投资预算

某工厂考察一个生产项目后，打算购买一批机器进行生产加工。购置这批机器需要230万元，根据相关厂商的使用统计数据来看，该批机器的使用寿命是10年，在10年后的残值（即寿命到期后机器还有的价值）为80万元。在这10年中用这批机品产生的回报额分别为556 000、765 000、950 000、920 000、920 000、985 000、950 000、900 000、880 000、825 000元。

由于该厂现金不足，欲从2009年10月22日向银行贷款购买这批机器，一家银行愿意提供2 300 000贷款，贷款年限为10年，年利率为7.00%。下面预算该项投资在贷款年限内能产生的回报，以及按年还款时各期的应还款总额、还款本金和利息等详尽数据，从而决定是否贷款投资，其操作方法如下。

效果 光盘：\效果\第15章\贷款投资经营预算表.xlsx

Step 01 根据要解决的问题及各项条件制作一个表格，将其以“贷款投资经营预算表”为名进行保存。

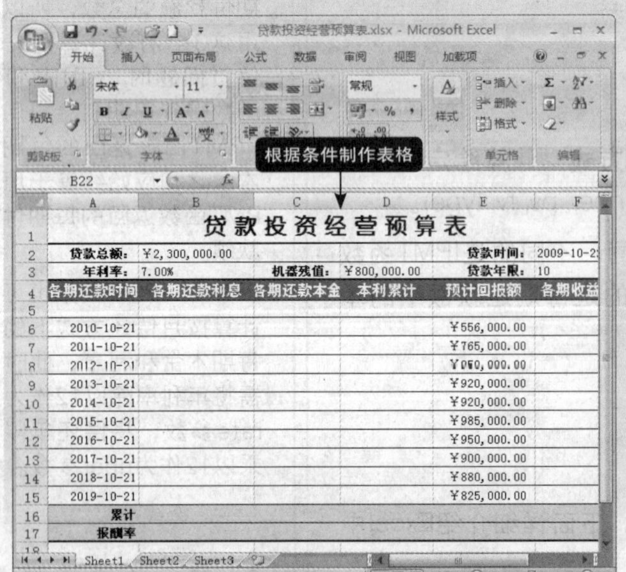

Step 02 在B6单元格中输入“=-IPMT($B$3, YEAR(A6)-YEAR($F$2),$F$3,$B$2)”，按【Ctrl+Enter】组合键计算出贷款一年到期时的期末应付利息。

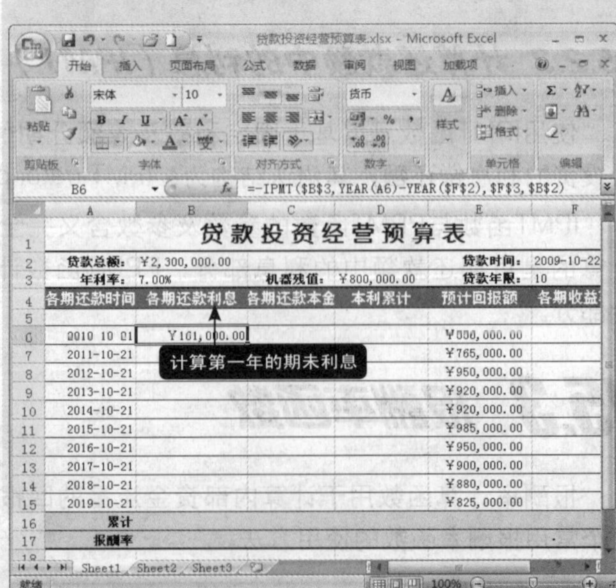

Step 03 用鼠标光标拖动B6单元格右下角的填充柄至B15单元格处释放，计算出其他各年期末的应付利息数。

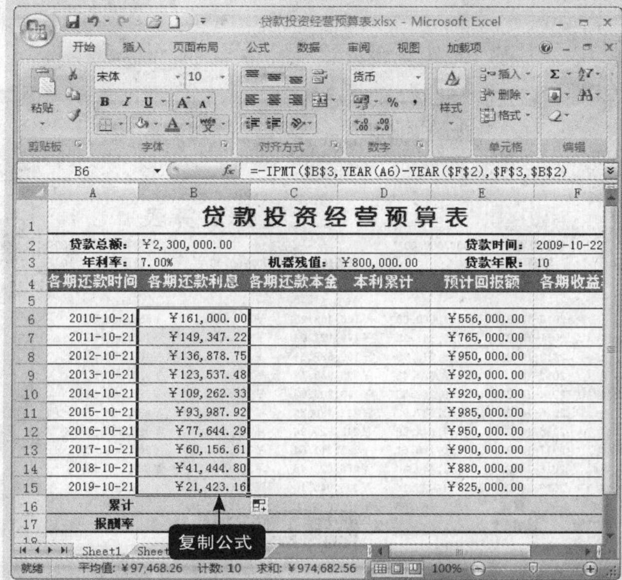

Step 04 在C6单元格中输入“=－PPMT($B$3,YEAR(A6)－YEAR($F$2),$F$3,$B$2)”，按【Ctrl+Enter】组合键计算出贷款一年到期时的期末应付本金。然后用鼠标光标拖动C6单元格右下角的填充柄至C15单元格处释放，计算出其他各年期末的应付本金数。

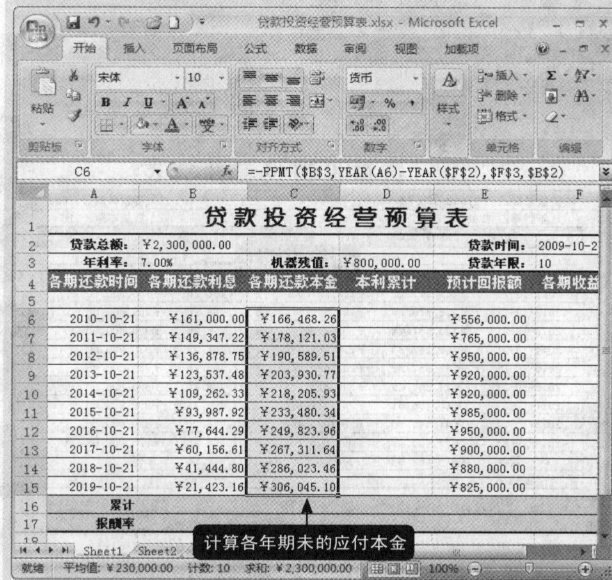

Step 05 在D6单元格中输入“=SUM(B6:C6)”，按【Ctrl+Enter】组合键计算出贷款一年到期时的期末应款额（利息与本金之和）。然后用鼠标光标拖动D6单元格右下角的填充柄至D15单元格处释放，计算出其他各年期末的应还款额。

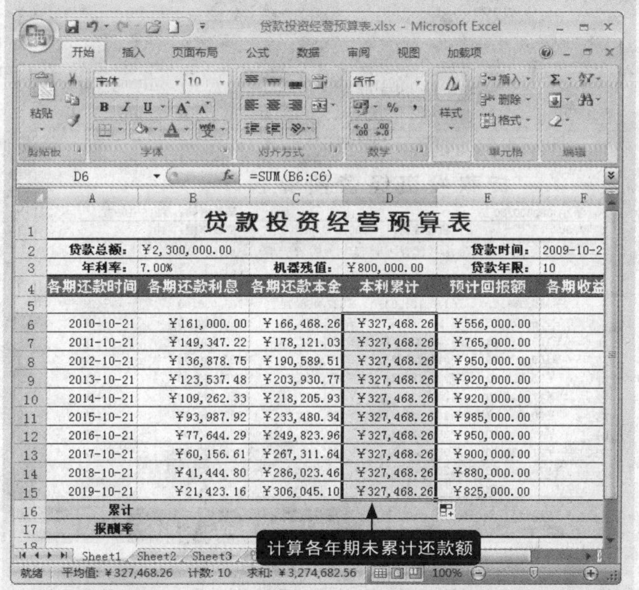

注：用固定利率及等额分期付款方式还款时，由于是等额还款，所以每期的总还款额不变。但随着时间的推移，每期付的利息会逐期减少，应付的本金则会相应地逐期增多。

Step 06 在B16单元格中输入“=SUM(B6:B15)”，按【Ctrl+Enter】组合键计算出该笔贷款要付的总利息，然后用鼠标光标拖动B16单元格右下角的填充柄至D16单元格处释放，计算出该笔贷款要还的总本金数，以及累计还款总额。

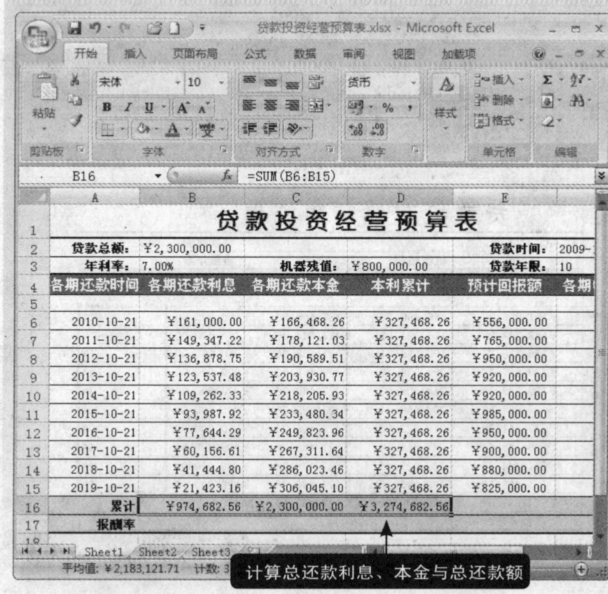

Step 07 用单击E5单元格，输入“=－D16”，返回该笔贷款要支付的总金额（由于用IRR函数计算现金流的内部收益率引用的数组中必须包含正数和负数，所以这里引入时添加负号）。

Step 09 单击F6单元格，输入公式“=IRR($E$5:E6,－0.7)”，按【Ctrl+Enter】组合键计算出该项投资后在第一年的内部收益率。然后用鼠标光标拖动F6单元格右下角的填充柄至F15单元格处释放，计算出该项投资在各年期结束后的内部收益率，可以看到该项投资是从第5年起开始产生盈利的。

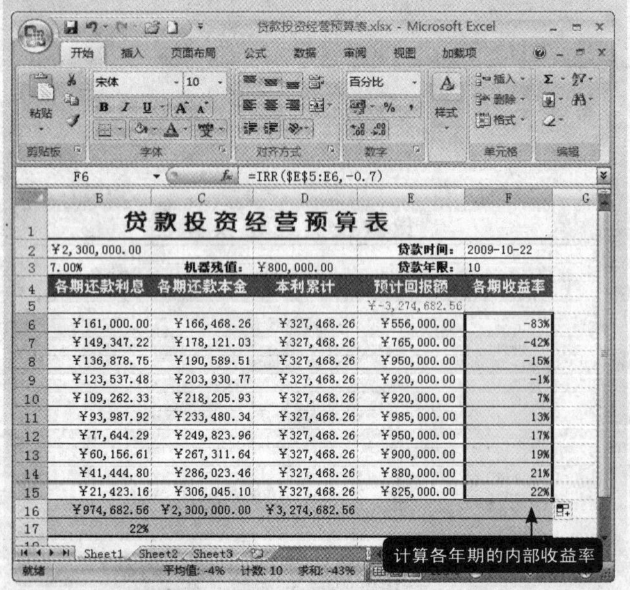

Step 08 单击B17单元格，在其中输入公式“=IRR(E5:E15)”，按【Ctrl+Enter】组合键计算出该项投资的内部收益率。

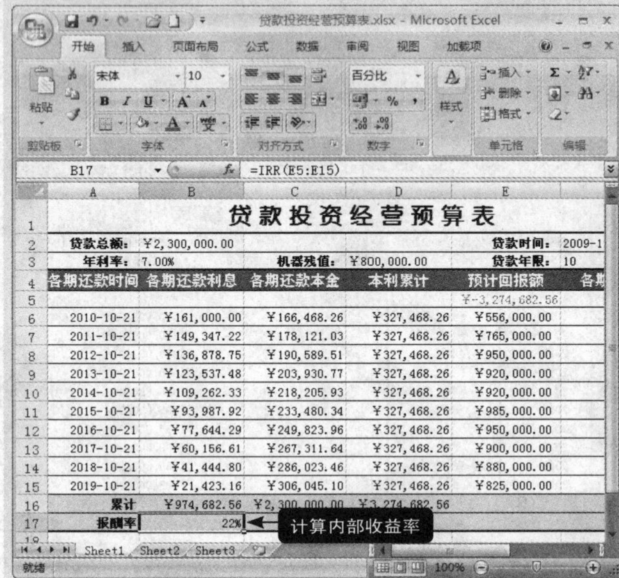

Step 10 用鼠标光标拖动E16单元格右下角的填充柄至F16单元格处释放，计算出该项投资在10年内产生的总回报额。由于总回报额与机器残值之和远大于贷款应偿还额因此判定该投资值得贷款购买。

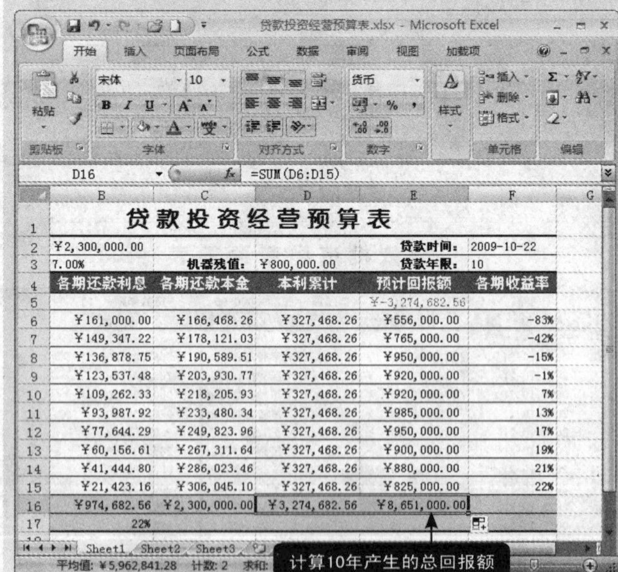

注： IRR函数的guess参数是预算前对IRR函数计算结果的估计值，本例经过测试后输入为“－0.7”，因为如果输入的值大于该值将返回#NUM!错误。从第2年开始的计算公式中也可以省略guess参数。

15.3.2 计算现金流的修正内部收益率（MIRR）

使用MIRR函数可以计算某一连续期间内现金流的修正内部收益率，其语法结构为：MIRR (values, finance_rate, reinvest_rate)。

MIRR函数包含3个参数，其含义分别如下。

- values：表示用来计算返回的内部收益率的数字，输入为数组类型。
- finance_rate：表示现金流中使用的资金支付的利率。
- reinvest_rate：表示将现金流再投资的收益率。

MIRR函数同时考虑了投资的成本和现金再投资的收益率。如在上面的例子中，该公司从第3年起，将投资产生的收益又投资到其他项目上，收益率为10%，现在从第5年开始计算现金流的修正内部收益率，其操作方法如下。

素材 光盘：\素材\第15章\贷款投资经营预算表2.xlsx

效果 光盘：\效果\第15章\贷款投资经营预算表2.xlsx

Step 01 打开素材文件，在G8单元格中输入再投资的收益率“10%”。然后单击G10单元格，输入公式“=MIRR($E$5:E10,$B$3,$G$8)”，按【Ctrl+Enter】组合键计算出投资5年后的修正内部收益率。

Step 02 用鼠标光标拖动G10单元格右下角的填充柄至G15单元格处释放，计算出其后各年的修正内部收益率。

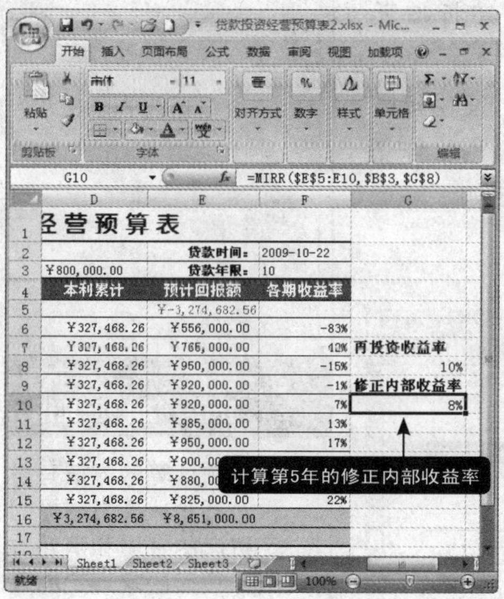

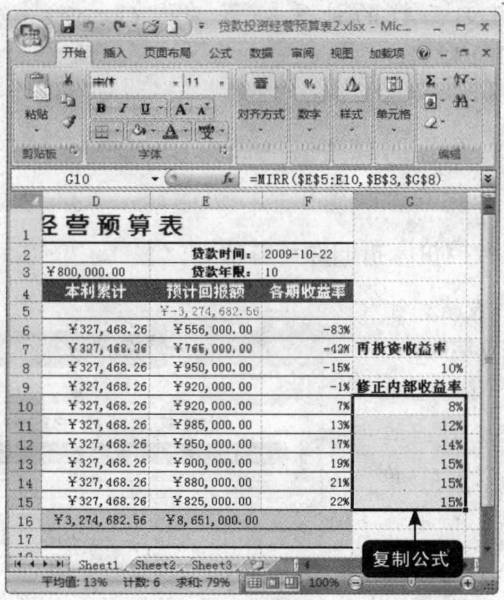

15.4 资产折旧函数

折旧值函数是用于计算固定资产折旧值的函数。对固定资产的折旧处理方法主要有年限平均法、工作量法、双倍余额递减法和年数总和法等。

15.4.1 用工作量法折旧（DB）

DB函数使用工作量法计算一笔资产在给定期间内的折旧值，其语法结构

要点提示：使用函数MIRR的注意事项

MIRR函数的values参数中必须至少包含一个正值和一个负值才能计算修正后的内部收益率，否则MIRR函数将返回错误值#DIV/0!。

输入values参数时，如果输入的数组或引用中包含文本、逻辑值或空白单元格，这些数值将同IRR函数一样被忽略，但包含零值的单元格将被计算在内。

疑难解答：两种计算投资回报的函数

问：报酬率计算函数与投资预测函数都是用于计算投资回报的，为什么却分成两类不同的函数类型呢?

答：投资预测函数返回的是回报值，需要将返回的值进行比较分析才能得出某项投资是否值得；而报酬率计算函数直接返回回报比率，从而可以快速判断投资是否值得。

为：DB (cost, salvage, life, period, month)。

DB函数包含5个参数，其含义分别如下。

- cost：表示资产原值。
- salvage：表示资产在折旧期末的价值，即残值。
- life：表示折旧期限。
- period：表示需要进行折旧值计算的期间。
- month：表示第一年的月份数。

工作量法是根据实际工作量计提折旧额的一种方法，其计算公式如下。

- 每一工作量折旧额=固定资产原值*（1－净残值率）/预计工作总量
- 某项固定资产月折旧额=该项固定资产当月工作量*每一工作量折旧额

使用DB函数，只要已知条件足够就可以自动按规定的方法进行，不需会计人员去编制复杂的公式。

如果购买资产的时间正好是1月份，可以省略month参数（系统默认其值为12）。但在实际工作中，购买固定资产的日期并不一定恰好是1月份，计算折旧额的日期也并不一定恰好就是12月份，因此DB函数对第一个周期和最后一个周期的折旧算法与其他周期的算法不同，这两个周期的计算方法如下。

- **第一个周期**：DB函数的计算公式为“cost*rate*month/12”，其中month/12表示使用的月数占全年月数的比例。
- **最后一个周期**：DB函数的计算公式为“((cost－前期折旧总值)*rate*(12－month))/12”。

某工厂在1999年5月份购买了一台价值840 000元的数控机床，使用年限为10年（即2008年5月份），到期时其残值估计为185 000元。下面用工作量法计算该机器在使用期间内每年的折旧额和累计折旧额，其操作方法如下。

效果 光盘：\效果\第15章\数控机床折旧额计算表.xlsx

Step 01 根据各项条件制作一个表格，由于数控机床的购买时间为1999年5月，因此第一期1999年的使用月数为7个月，最后一期的使用月数为5个月，其他各年的使用月数为12。所以在C3单元格中输入“7”，在C12单元格中输入“5”，在C4:C11单元格区域中输入“12”，将其以“数控机床折旧额计算表”为名进行保存。

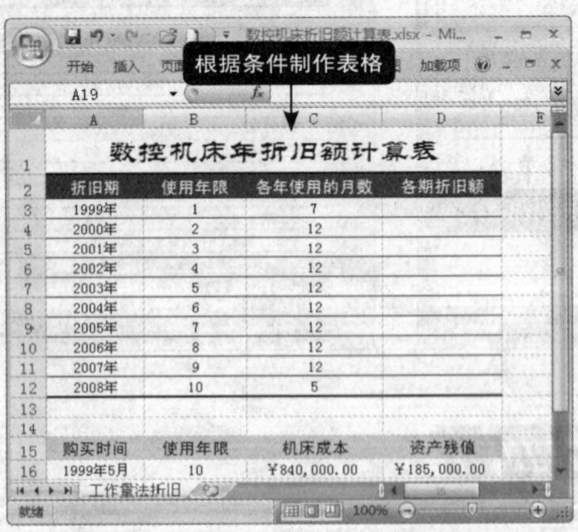

Step 02 在D3单元格中输入公式“=DB($C$16,$D$16,$B$16,B3,C3)”，按【Ctrl+Enter】组合键计算出1999年数据控机床的折旧额，然后用鼠标光标拖动D3单元格右下角的填充柄至D12单元格处释放，计算出其他使用年份末的折旧额。

Step 03 在A13单元格中输入“累计折旧额”，通过“开始”选项卡下“字体”组将其设为加粗字形。再在D13单元格中输入公式“=SUM(D3:D12)”，按【Ctrl+Enter】组合键计算出10年的累计折旧额。

疑难解答：关于什么叫残值

问：什么叫残值?

答：残值是指假定固定资产预计使用寿命已满并处于使用寿命终结时的预期状态，企业目前从该项资产处置中获得的扣除预计处置费用后的金额。通俗地讲就是当这个固定资产报废时，处理废品还值多少钱。

机器的使用年限是根据某种标准衡定的。在实际工作中，根据使用强度的不同，实际寿命可能会高于或低于预计的使用年限。

要点提示：关于固定资产折旧的知识

折旧额计算的方法有多种，各企业应当根据固定资产的性质和消耗方式，按照国家规定的原则，合理预计固定资产的使用年限、预计净残值，并选择合理的固定资产折旧计算方法。

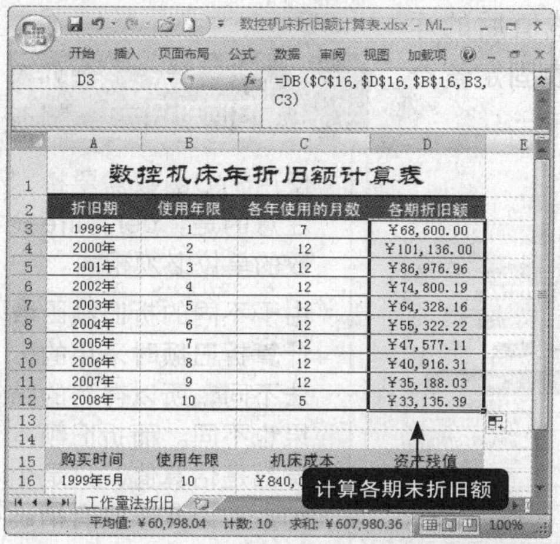

要点提示：工作量法的累计折旧额加残值应约等于原值

用工作量法计算的累计折旧额加上固定资产的残值应约等于固定资产的成本。如本案例的累计折旧额607 980+残值185 000=792 980,结果≈原值。

15.4.2 用双倍余额递减法折旧（DDB）

DDB函数使用双倍余额递减法或其他指定方法计算一笔资产在给定期间内的折旧值，其语法结构为：DDB (cost, salvage, life, period, factor)。

DDB函数包含5个参数，其中cost、salvage、life和period参数与DB函数的这4个参数的含义完全相同， factor参数表示余额递减速率。

双倍余额递减法是在不考虑固定资产残值的情况下，根据每一期期初固定资产账面净值和双倍直线法折旧额计算固定资产折旧的一种方法。其计算公式如下。

- 年折旧率＝2/预计的折旧年限×100％
- 月折旧率＝年折旧率÷12
- 月折旧额＝固定资产账面净值×月折旧率

DDB函数的factor参数可以被省略。如果省略则默认为2，此时就采用双倍余额递减法进行折旧计算，如果指定为其他值，则按指定的递减速率折旧。用这种方法计算的累计折旧额加固定资产残值与机床成本完全相等。

用DDB函数计算上个案例的数控机床各期折旧额，D3单元格中的公式应该为“＝DDB($C$16,$D$16,$B$16,B3)”，计算各期末折旧与累计折旧后的效果如右图所示。

用DDB函数折旧

15.4.3 用年数总和法折旧（SYD）

SYD函数使用年数总和折旧法计算某项资产在指定期间的折旧值，其语法结构为：SYD(cost, salvage,life,per)。

SYD函数包含4个参数，其中per参数表示期间，其他参数的含义与DB函数中相同参数的含义相同。

疑难解答：最后几年的折旧值为何为0

问：为什么用双倍余额递减法折旧计算本案例，最后几年的折旧值为0?

答：因为双倍余额递减法是在不考虑固定资产残值的情况下，用直线法折旧率的两倍作为固定的折旧率乘以逐年递减的固定资产期初净值，从而得出各年应提折旧额。它是加速折旧法的一种，是假设固定资产的服务潜力在前期消耗较大，在后期消耗较少。一般用于前期损耗非常大的固定资产折旧，由计算结果可以看出，该方法并不适用于本案例的机床折旧计算。

年数总和法也称为合计年限法，是将固定资产的原值减去净残值后的净额和以一个逐年递减的分数计算每年的折旧额，这个分数的分子代表固定资产尚可使用的年数，分母代表使用年数的逐年数字总和。计算公式如下。

- ◆ 年折旧率 = 尚可使用年限/预计使用年限折数总和

或：年折旧率 = （预计使用年限 - 已使用年限）/（预计使用年限 *{预计使用年限 + 1} ÷ 2 × 100％

- ◆ 月折旧率 = 年折旧率 ÷ 12
- ◆ 月折旧额 = （固定资产原值 - 预计净残值）× 月折旧率

用SYD函数计算前面案例中数控机床的各期折旧额，D3单元格中的公式为“=SYD($C$16,$D$16,$B$16,B3)”，计算各期末折旧与累计折旧后的效果如右图所示。

用SYD函数折旧

要点提示：关于折旧的知识

使用SYD函数需要特别注意的是，per与life参数的单位必须相同。

由于不同的折旧额函数计算折旧额时采用的方法不同，所以得到的结果也不同。而折旧额本身都是估算值，只是个约数，因此不会有精确的结果。

15.4.4 用年限平均法折旧（SLN）

SLN函数使用年限平均法返回某项资产在一个期间内的线性折旧值，其语法结构为：SLN (cost, salvage, life)

SLN函数包含3个参数，与DB函数中相同参数的含义也相同。

年限平均法是最简单的一种折旧计算方法，它是将固定资产的折旧平均地分摊到各期的一种方法，因此采用这种方法计算的每期折旧额均是相等的。其计算公式如下。

- ◆ 年折旧率 = （1 - 预计净利残值率）/预计使用年限 × 100％
- ◆ 月折旧率 = 年折旧率 ÷ 12
- ◆ 月折旧额 = 固定资产原价 × 月折旧率

上述计算的折旧率是按个别固定资产单独计算的，称为个别折旧率，即某项固定资产在一定期间的折旧额与该固定资产原价的比率。

通常，企业按分类折旧来计算折旧率，计算公式如下。

- ◆ 某类固定资产年折旧额 = （某类固定资产原值 - 预计残值 + 清理费用）/该类固定资产的使用年限
- ◆ 某类固定资产月折旧额 = 某类固定资产年折旧额/12
- ◆ 某类固定资产年折旧率 = 该类固定资产年折旧额/该类固定资产原价 × 100％

用SLN函数计算前面案例中的数控机床各期折旧额，每期的折旧额是相等的，各期折旧额的公式与结果如右图所示。

用SLN函数折旧

要点提示：用年限平均法折旧的缺点

采用年限平均法计算固定资产折旧虽然简单，但却存在一些局限性。如固定资产在不同使用年限提供的经济效益不同，或者固定资产在不同使用年限发生的维修费用也不一样，年限平均法根本没有考虑这一因素。

16 Chapter
数据的高级分析运算

READERS' GUIDE

Exccel 2007中还提供了一些高级分析运算的工具，如单变量求解、规划求解和方案管理器等。虽然这些工具不是纯粹的公式与函数，但通过它们与公式或函数的结合使用，可以帮你解决复杂的数学计算问题，这是单独使用公式与函数所不能达到的。

MAIN CASES

单变量求解 P243

数据表 P244

方案管理器 P246

规划求解 P251

16.1 单变量求解

如果已知公式的结果，但却不知道得到这个结果所需的输入值，就可以使用单变量求解功能。

如某项投资的年利润率为5.4%，现在想要一年获得7 000.00元的利润，却不知道需投入多少本金，下面用单变量求解功能来求出所需的本金，其操作方法如下。

效果 光盘：\效果\第16章\单变量求解.xlsx

Step 01 在工作表中根据要解决问题的已知条件输入各项内容。其中在“投入本金”行的B2单元格中输入一个假设值“20 000”，在“投资收益”后面的B6单元格中输入公式“=B2*B4”。在“数据”选项卡下“数据工具”组中单击“假设分析”按钮，在弹出的下拉菜单中选择“单变量求解”命令。

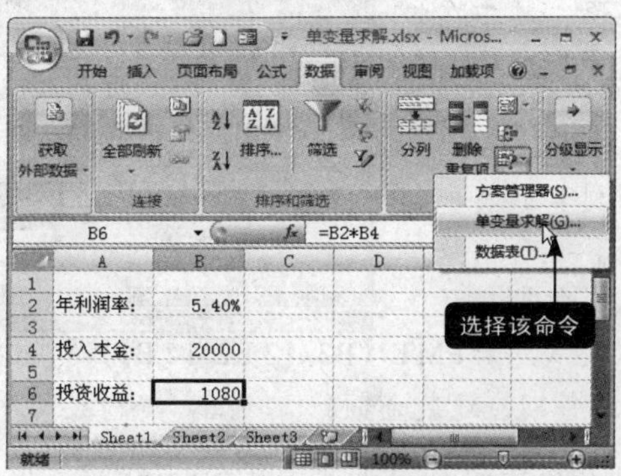

Step 02 打开“单变量求解”对话框，将光标插入“目标单元格”参数框中，在工作表中单击B6单元格将其绝对地址输入该参数框中，再在“可变单元格”参数框

要点提示：单变量求解的工作原理

进行单变量求解时，Excel将不断改变某个特定单元格中的数值，直到引用了这个单元格的公式并返回了预期的结果为止。

在求解过程中数值不断被改变的单元格被称为“可变单元格”，即变量。

中引用B4单元格，在“目标值”文本框中输入所需的结果“7 000”。

Step 03 单击“确定”按钮，单变量求解工具便在B4单元格中计算出应投入的本金，并打开“单变量求解状态”对话框显示求解结果，再单击“确定”按钮关闭对话框即可。

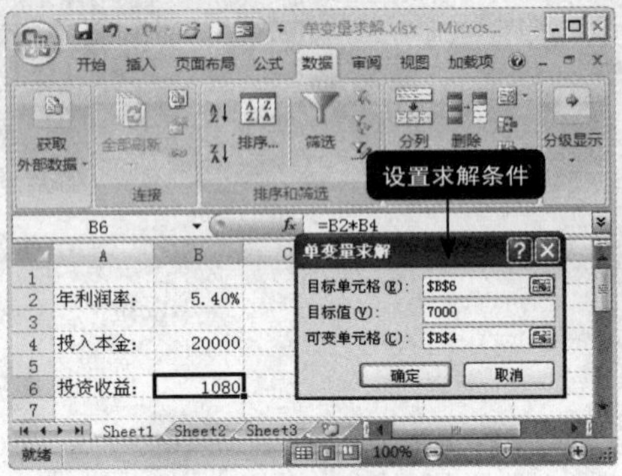

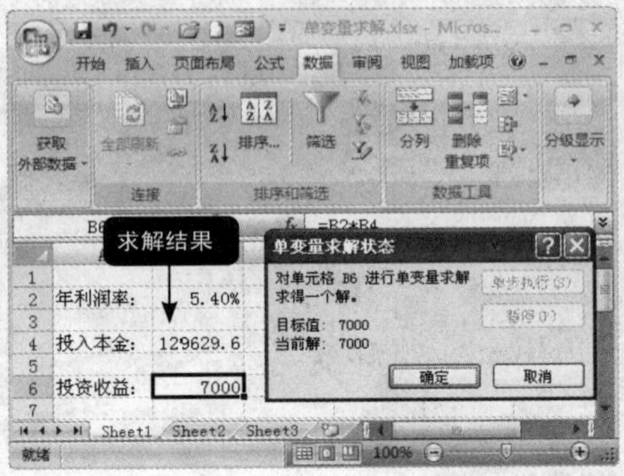

16.2 数据表

数据表是一个单元格区域，用于显示公式中某些值的变化对公式结果的影响。数据表分为单变量数据表和多变量数据表两种类型，下面将分别讲解。

16.2.1 单变量数据表

顾名思义，单变量数据表就是公式中只有一个值发生变化。单变量数据表的结构特点是其输入数值被排列在一列（列引用）或一行中（行引用）。单变量数据表中使用的公式必须引用输入单元格（输入单元格是指单元格数据将被其他的输入数据序列替换的单元格）。

例如，要贷款300万元，贷款年限为8年，现在要分析不同的贷款利率（假设年利率可在4.5%~8%之间变动）对每月还款额产生的影响，就用单变量数据表来进行计算，其操作方法如下。

效果 光盘：\效果\第16章\单变量数据表.xlsx

Step 01 在工作表中根据贷款的已知条件输入要贷款的金额、还贷年限，其中在“年利率”后面的B3单元格中暂时输入一个假设的年利率“5.5%”。

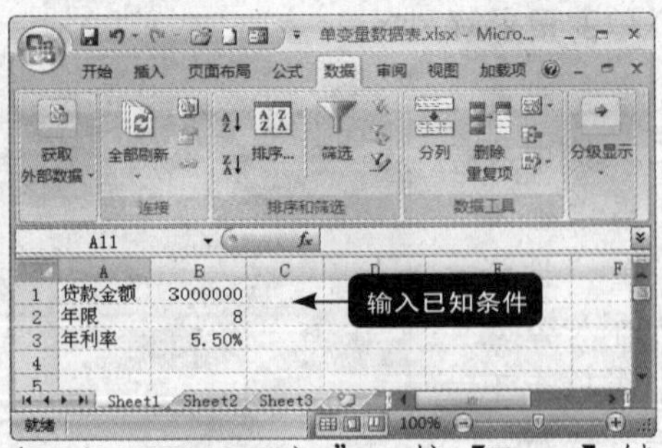

Step 02 在D列输入不同的年利率，其中第一个年利率D2单元格中不要输入数据；然后在E1单元格中输入“每期应还款额”，在E2单元格中输入公式“=PMT（B3/12,B2*12,B1）”，按【Enter】键计算出假设年利率为5.5%时的每期应还款金额。

Step 03 选择包含要被替换的数值序列和公式范围的D2:E11单元格区域，在“数据”选项卡下“数据工具”组中单击“假设分析”按钮，在弹出的下拉菜单中选

要点提示：关于单变量求解的知识

单变量求解实际上相当于数学运算中的一元一次方程。对于一元一次方程都可以用该工具来求解，只是在目标单元格中输入的公式不同而已。另外用该工具求解时需事先假设一个值。

如果是一个无解的方程式，用该工具计算后将在打开的“单变量求解状态”对话框中提示没有满足条件的解，如下图所示。

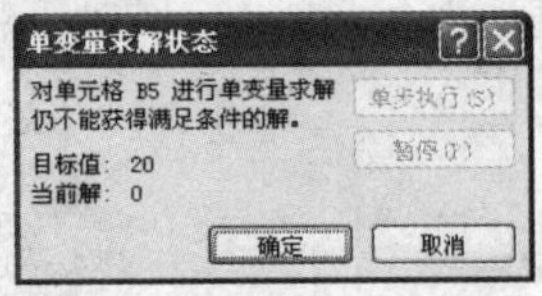

要点提示：关于数据表分析工具的知识

数据表在Excel 2007之前的版本中叫模拟运算表，分为单变量和双变量模拟运算表。

数据表为同时求解运算中所有可能的变化值组合提供了一种快捷手段，它可以通过一步操作计算出多种情况下的值。同时它还是一种有效的方法，可以查看和比较由工作表中不同变化所引起的各种结果。

择“数据表”命令。

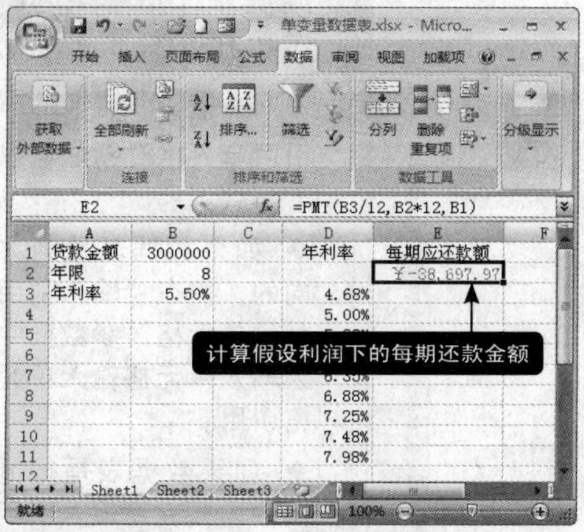

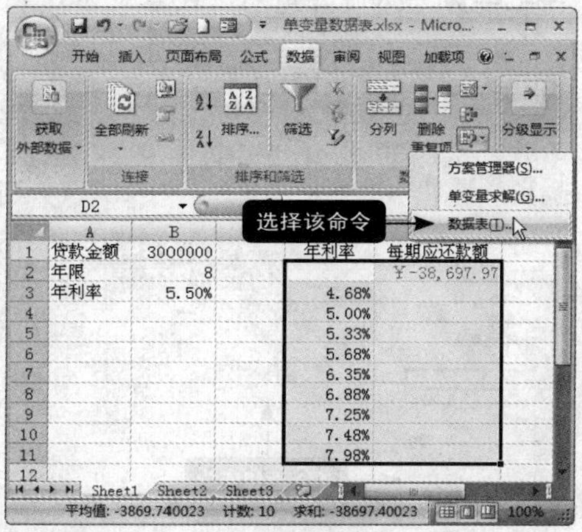

Step 04 打开“数据表”对话框，将光标插入“输入引用列的单元格”参数框中，在工作表中单击B3单元格将其绝对地址输入该参数框中。

Step 05 单击“确定”按钮，在E3:E11单元格中计算出贷款300万元，年限为8年的条件下，不同贷款年利率下的每期应还贷款额，再用鼠标填充法将计算出的数值设为与B2单元格中相同的格式。

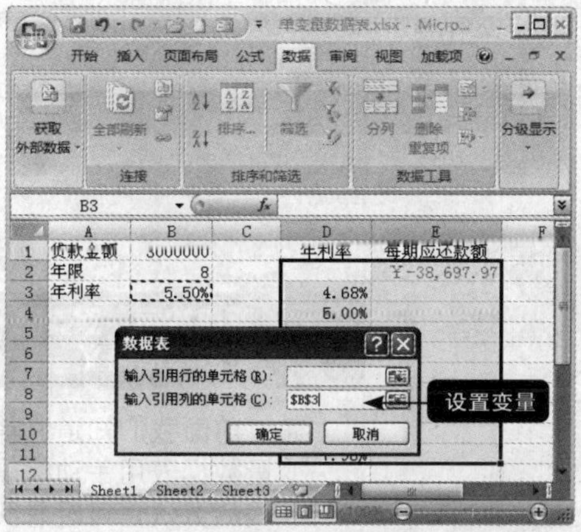

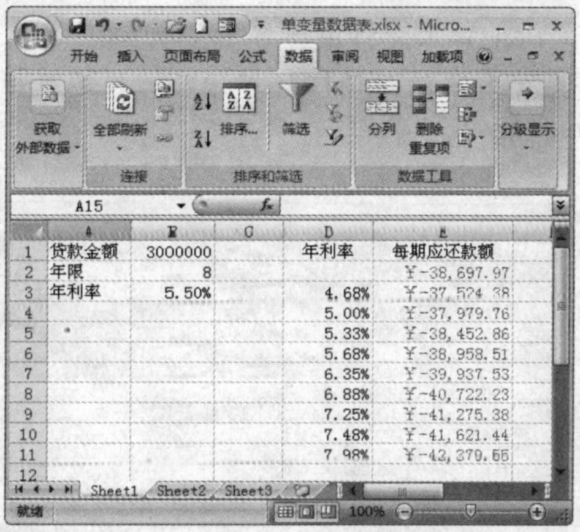

16.2.2 双变量数据表

双变量数据表中有两个变量，因此有两个输入单元格，要有两组数据才能进行运算，并且这两个不同的输入单元格必须被同一个公式引用。

如在前面变量数据表的案例中，除了年率利的变化，还要查看不同付款年限（可在4~10年之间变动）对每期等额还款金额产生的影响，即不同的贷款利率和付款年限共同作用对每期还款金额产生的影响，其操作方法如下。

效果 光盘：\效果\第16章\双变量数据表.xlsx

Step 01 在工作表中根据贷款的已知条件输入要贷款的金额，其中在“还贷年限”后面的B2单元格中暂时输入一个假设的还款年限“8”，在“年利率”后面的B3单元格中暂时输入一个假设的年利率“5.5%”。

Step 02 在A6:A14单元格中输入不同的年利率，在B5:H5单元格中输入不同的还款年

要点提示：使用数据表的注意事项

在使用数据表进行单变量运算前，需注意以下两点。

◆ 如果数据表是列方向的（如本例中的可变年利率），必须在第一个数值的上一行且位于数值列右边的单元格中输入公式（如本案例中的E2单元格）。

◆ 如果数据表是行方向的，必须在第一个数值左边一列且位于数值行下方的单元格中输入公式。

要点提示：手动编辑公式求解单变量

通过操作可以发现，其实单变量数据表相当于将公式中的不变值的单元格设为绝对引用，将可变值设为相对引用进行计算。

如16.2.1节的案例中，若在D2单元格中输入假设的年利率5.50%，在E2单元格中输入公式“=PMT(D2/12,$B$2*12,$B$1)”，然后用鼠标拖动法向下复制该公式也可达到与本案例相同的效果。不过用本案例的方法可以不必输入复杂的公式，不习惯编辑公式的用户可以采用此方法。

限，然后在A5单元格中输入公式“＝PMT（B3/12,B2*12,B1）”，按【Enter】键计算出假设还款年限为8年、年利率为5.5%时的每期应还款金额。

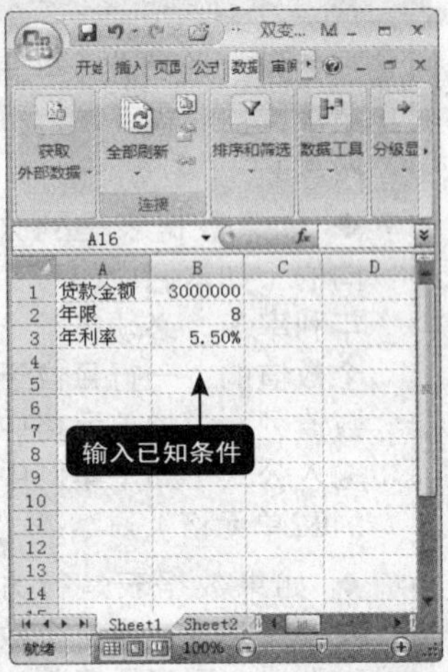

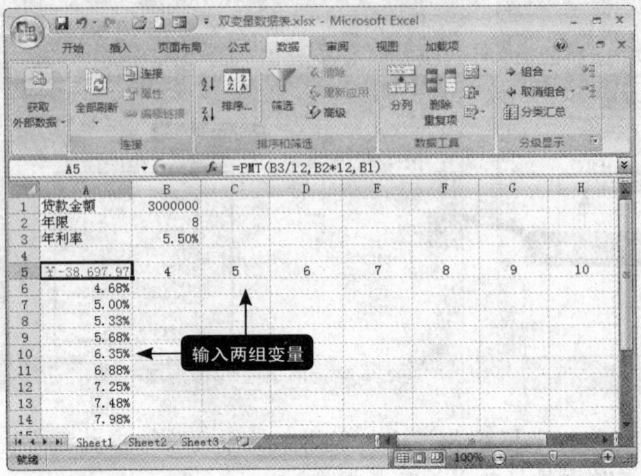

Step 03 选择包含要被替换的数值序列和公式范围的A5:H14单元格区域，在“数据”选项卡下“数据工具”组中单击“假设分析”按钮，在弹出的下拉菜单中选择“数据表”命令，打开“数据表”对话框，将光标插入“输入引用列的单元格”参数框中，在工作表中单击B3单元格将其绝对地址输入该参数框中。

Step 04 单击“确定”按钮，在B6:H14单元格中计算出贷款300万元，年限在4~10年的不同还款年限下，不同贷款年利率的每期应还贷款额，再用鼠标填充法将计算出的数值设为与A5单元格中相同的格式。

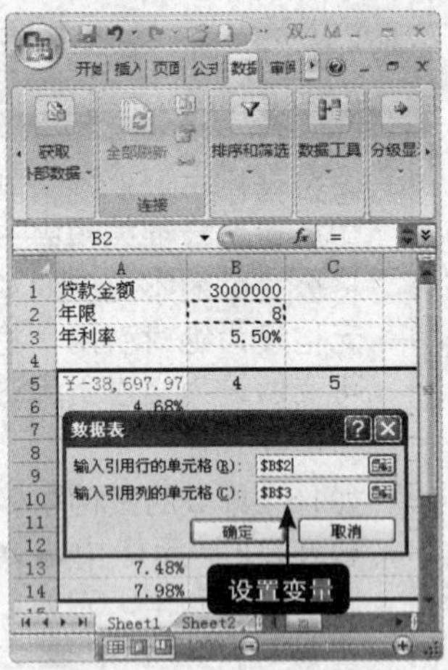

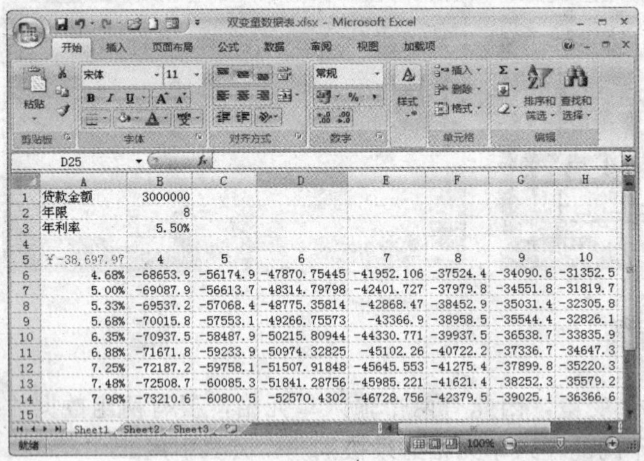

要点提示：使用数据表的注意事项

在“数据表”对话框中引用单元格时需注意以下两点。

◆ 如果数据表是列方向的，需在“输入引用列的单元格”参数框中为输入单元格输入单元格引用。

◆ 如果数据表是行方向的，需在“输入引用行的单元格”参数框中为输入单元格输入单元格引用。

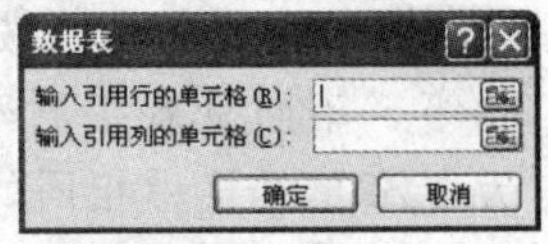

要点提示：双变量数据表的意义

通过前面我们知道，单变量数据表用手动编辑公式的方法也可轻易实现，那么在两个变量的情况下包含了多种不同的组合。

如果用手动编辑公式计算需要在不同的方向上填充复制公式，并且编辑公式时还需考虑哪些单元格应该用相对引用，哪些单元格要使用绝对引用，而使用双变量数据表则可快速计算出结果，大大提高工作效率。

16.3 方案管理器

方案是一组由Excel保存在工作表中并可进行自动替换的值，可根据需要使用方案来预测工作表模型的输出结果，还可以在工作表中创建并保存不同的数值组，然后切换到任何新方案中以查看不同的结果。

在实际应用中，当需要从若干个方案中选择一种最佳方案时，可以利用Excel提供的方案管理器作出判断，再进行优选。

16.3.1 优选方案

Excel 2007提供的方案管理器可帮助用户在多变量情况下分析数据，建立多套方案，并选出最佳方案。

要从多种方案中选择最优方案，首先当然是创建方案。在“数据”选项卡下“数据工具”组中单击“假设分析”按钮，在弹出的下拉菜单中选择“方案管理器”命令即可打开如右图所示的“方案管理器”对话框。在没有创建方案之前，该对话框中只有“添加”和“合并”按钮可以使用，其他按钮均呈灰度显示，只有创建了方案后才能查看摘要，从而进行确定要优选的方案。

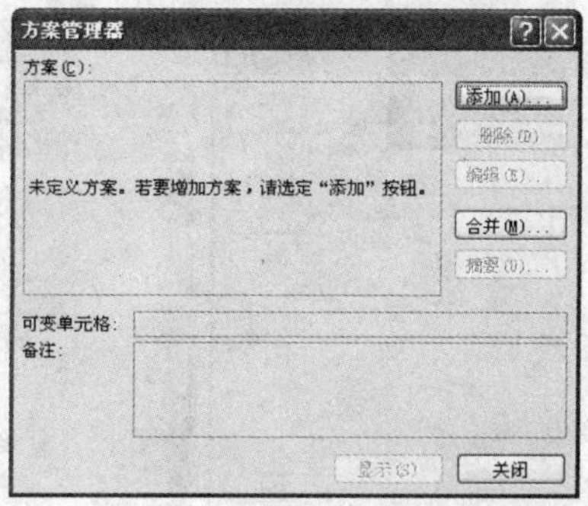

“方案管理器”对话框

应用案例——优选最佳银行贷款方案

某公司因扩建需要向银行贷款，有4家银行愿意提供每年等额还款的固定利率信贷方案，如下表所示。

提供信贷的银行	可贷金额	还款年限	年利率
甲银行	1 500 000.00	5	6.00%
乙银行	1 800 000.00	7	6.50%
丙银行	2 200 000.00	10	7.00%
丁银行	2 300 000.00	12	7.50%

现在需要通过分析从4家银行中选择最优的信贷方案进行贷款，可以通过方案管理器来创建方案摘要，从而确定向哪家银行贷款，其操作方法如下。

效果 光盘：\效果\第16章\优选信贷方案1.xlsx

要点提示：合并方案

运用“合并方案”功能可以将不同工作表或不同工作簿中的多个方案合并到一起，并在当前工作表中查看它们，这有利于方案之间的对比。

合并方案的方法为：在“方案管理器”对话框中单击“合并”按钮，打开“合并方案”对话框，选择要从中合并方案的工作簿（只能选择当前打开的工作簿）及工作表后，单击“确定”按钮进行合并。

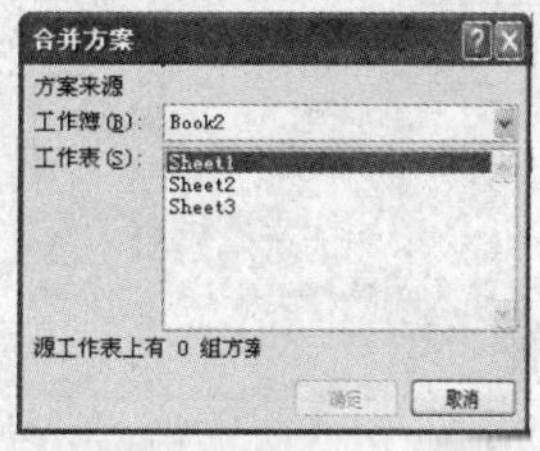

Step 01 新建一个空白工作簿，将其保存成名为“优选信贷方案”的工作簿，在A2:B4单元格中根据甲银行的信贷方案输入第一个方案的已知条件，再在A5单元格中输入“每期应还款额：”，并适当调整各列列宽。

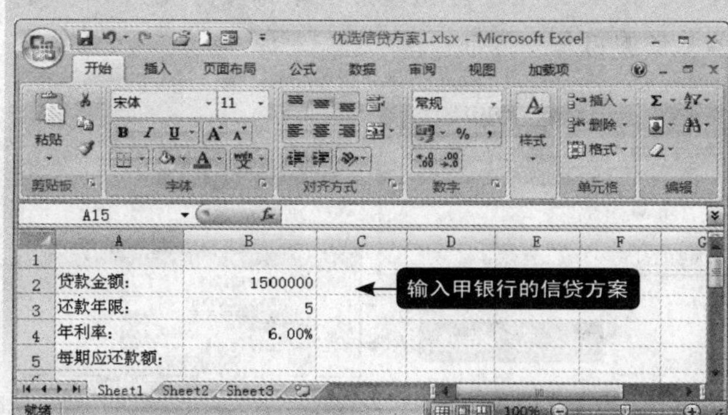

Step 02 在B5单元格中输入公式“=PMT（B3/12，B2*12，B1）”，按【Enter】键计算出甲银行的贷款方案每期应还款金额。然后在“数据”选项卡下“数据工具”组中单击“假设分析”按钮，在弹出的下拉菜单中选择“方案管理器”命令。

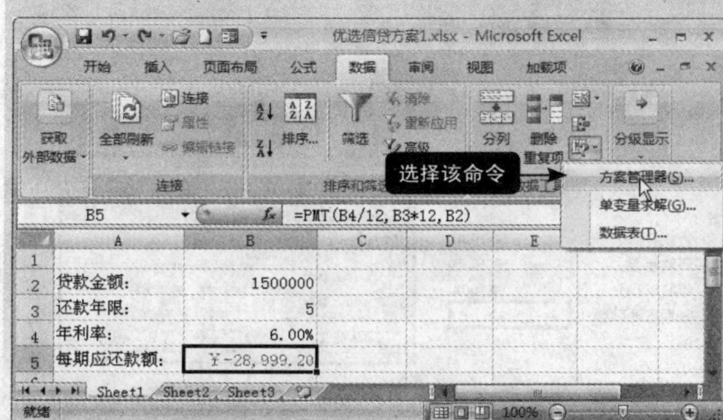

Step 03 打开“方案管理器”对话框，单击该对话框右侧的“添加”按钮。

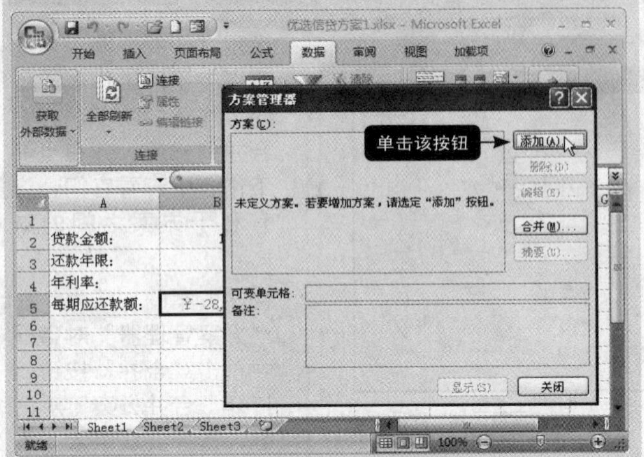

Step 04 打开“添加方案”对话框，在“方案名”文本框中为该方案命名，这里输入“甲银行”。将光标插入“可变单元格”参数框中，然后在工作表中选择B2:B4单元格区域填入该区域的绝对地址。

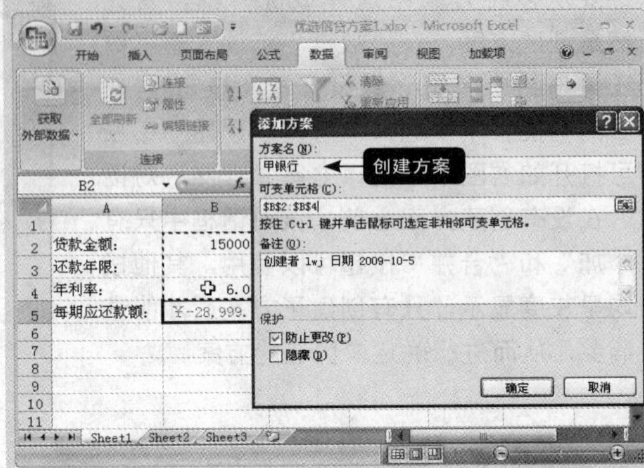

Step 05 单击“确定”按钮，打开“方案变量值”对话框，系统自动在各个可变单元格框中输入了甲银行提示的贷款方案的对应值，单击“添加”按钮。

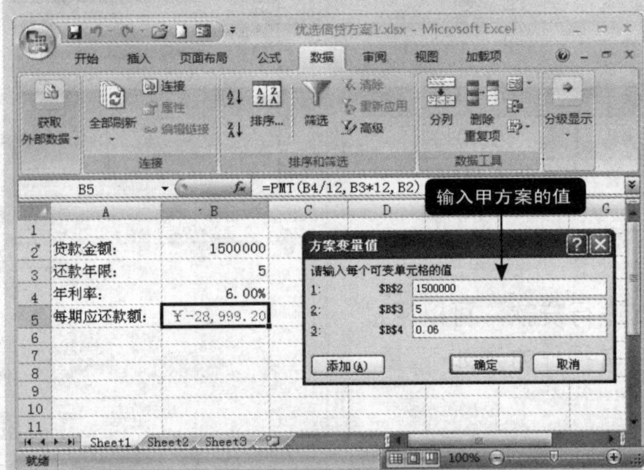

Step 06 添加该方案后，系统再次打开“添加方案”对话框，在“方案名”文本框中输入“乙银行”，“可变单元格”参数框中此时自动引用了B2:B4单元格区域，保持该引用，单击“确定”按钮。

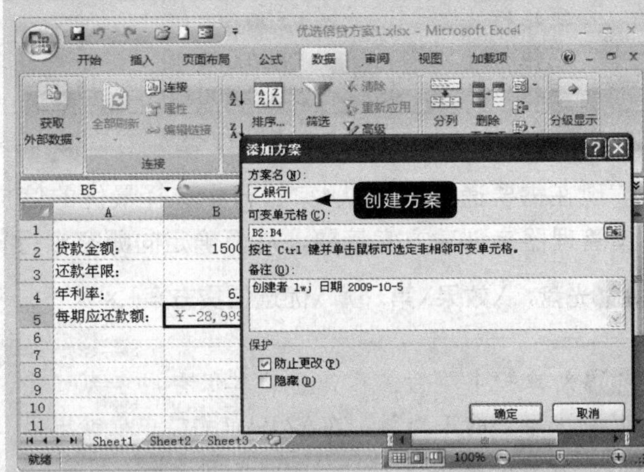

Step 07 单击“确定”按钮，打开“方案变量值”对话框，将各个可变单元格后面的文本框中的值更改为乙银行提示的贷款方案的对应值。

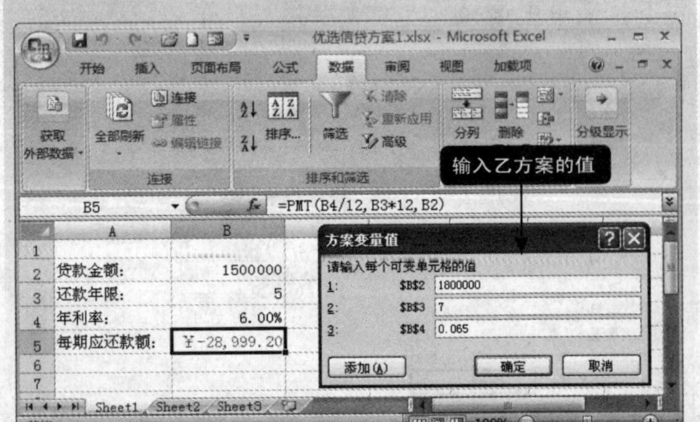

Step 08 用同样的方法建立名为“丙银行”和“丁银行”的方案，在设置完最后一个方案丁银行的可变单元格的值后，单击“确定”按钮。

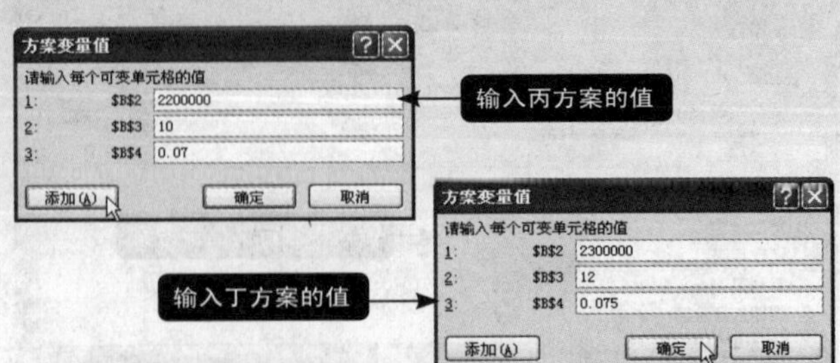

Step 09 在返回的“方案管理器”对话框中便可以看到添加的方案列表，单击“摘要”按钮。

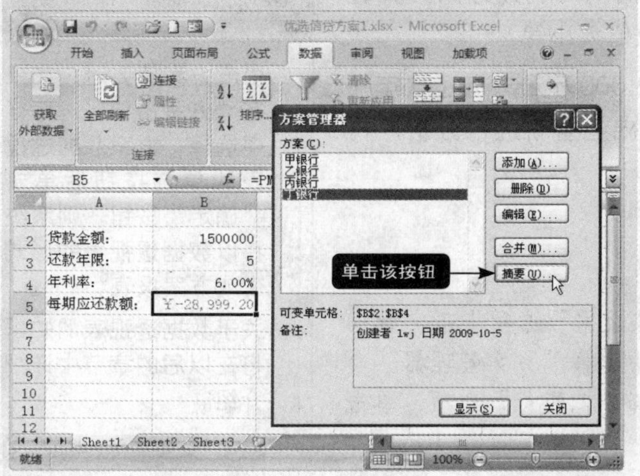

Step 10 打开“方案摘要”对话框，在此选择报表类型，这里保持默认选择的“方案摘要”单选按钮。

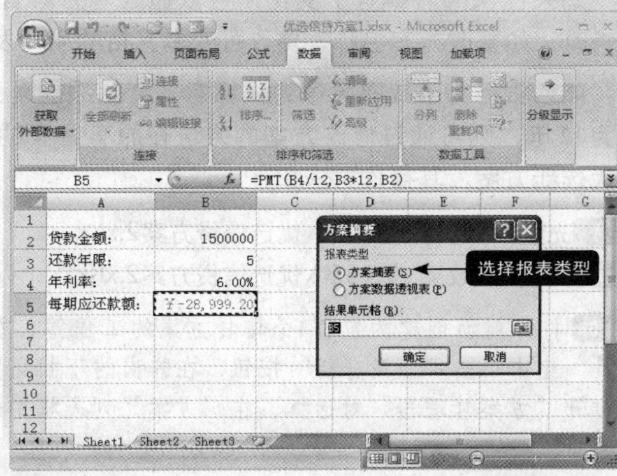

Step 11 单击“确定”按钮，Excel自动在当前工作表前面建立了一个名为“方案摘要”的工作表，并在该工作表中列举了各种方案的变量值和结果值，供用户优选银行进行贷款。从“方案摘要”表中可看出，从丁银行贷款时，每期付款比其他银行少得多，因此，在丁银行贷款是最佳方案。

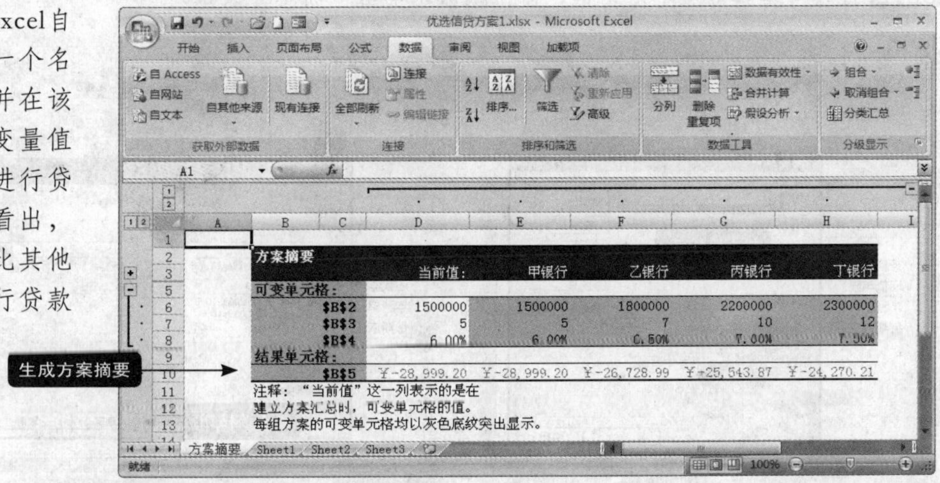

16.3.2 显示方案

创建方案后，方案管理器中存放了多组可变数值，以后通过它也可以查看相应的方案，将其在工作表中显示出来。

显示方案的方法是：打开前面创建了方案的工作簿，打开“方案管理器”对话框，单击想要显示的方案的名称，如“丙银行”，再单击“显示”按钮，工作表中B2:B4单元格区域中的数值便自动显示出该方案的数据，并在B5单元格中计算出该方案的每期的应还款额。

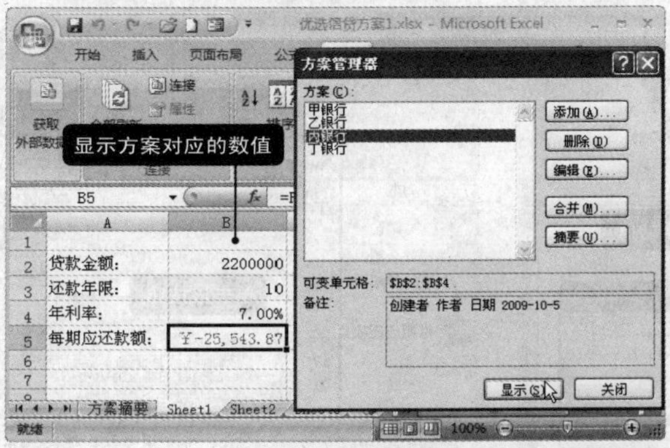

显示方案

要点提示：生成方案摘要时的注意事项

生成方案摘要时，在“方案摘要”对话框的“结果单元格”参数框中需引用存放公式结果的单元格，由于本案例在创建方案之前选择的是B5单元格。

因此打开“方案摘要”对话框时系统自动引用了B5单元格。用户在操作时应注意如果默认引用的不是公式结果单元格，则需更改。

16.3.3 修改方案

如果提供的方案有了变化，可以通过“方案管理器”对创建好的方案进行修改，如更改方案名称、更改可变单元格的引用及数值大小等。

如乙银行为了提高竞争力，愿意将贷款额提升为2 000万元，将还款年限变为11年，则可通过修改方案的方法在原有方案的基础上重新进行分析，再次优选新方案，其操作方法如下。

素材 光盘：\素材\第16章\优选信贷方案2.xlsx

效果 光盘：\效果\第16章\优选信贷方案2.xlsx

Step 01 打开前面创建的包含4个信贷方案的工作簿，在“数据”选项卡下“数据工具”组中单击“假设分析”按钮，在弹出的下拉菜单中选择“方案管理器”命令打开“方案管理器”对话框，在“方案”列表框中选择“乙银行”选项，单击“编辑”按钮。

Step 02 打开“编辑方案”对话框，保持默认，单击“确定”按钮。

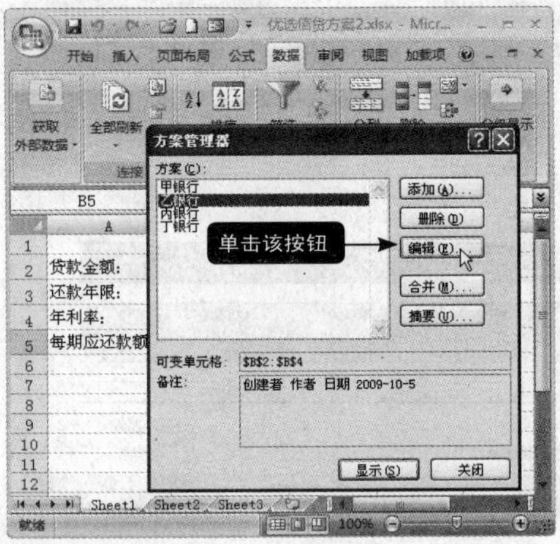

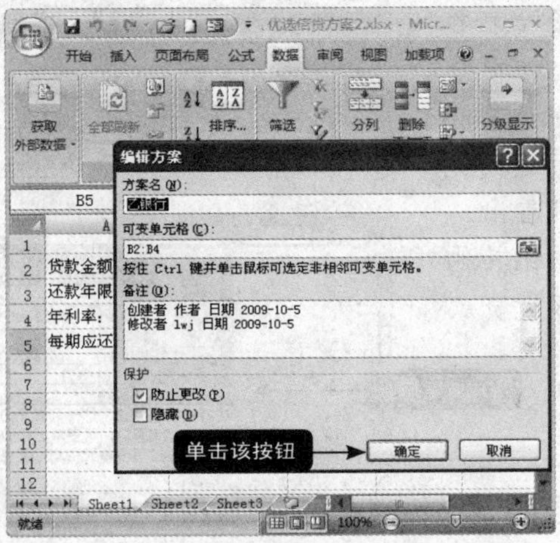

Step 03 打开“方案变量值”对话框，将B2文本框中的数值更改为“2 000 000”，将B3文本框中的数值更改为“11”。

Step 04 单击“确定”按钮，返回“方案管理器”对话框，再单击该对话框中的“摘要”按钮。

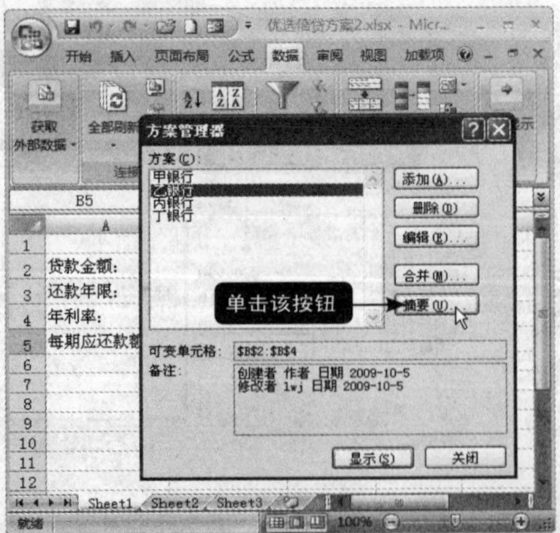

要点提示：创建数据透视表形式的方案报表

生成方案摘要时，如果在“方案摘要”对话框中选择“方案数据透视表”单选按钮后单击“确定”按钮，则系统将以数据透视表的形式生成方案报表。

关于数据透视表的知识将在以后的章节中详细介绍。

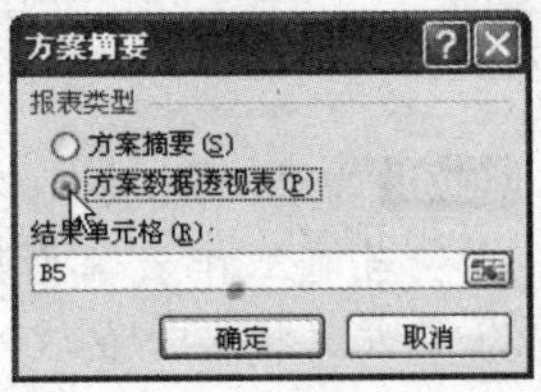

要点提示：删除方案

如果以后不需要某个方案，可以打开“方案管理器”对话框，在“方案”列表框中选择不需要的方案，单击右侧的“删除”按钮将其从方案管理器中删除。

Step 05 打开“方案摘要”对话框，保持默认选择的“方案摘要”单选按钮，在“结果单元格”参数框中引用B5单元格。

Step 06 单击“确定”按钮，Excel自动在当前工作表前面建立一个名为“方案摘要”的工作表，从“方案摘要”表中可看出，乙银行改变信贷方案后，向乙银行贷款将是最佳方案。

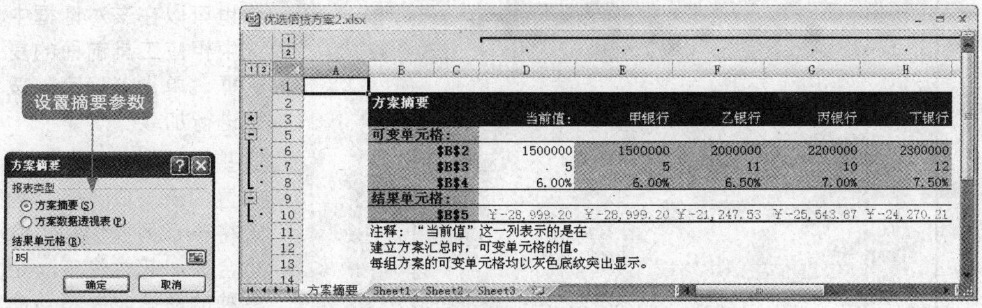

16.4 规划求解

当需要同时改变多个单元格中的数值，并且要求同时满足给定的多个约束条件，以获得目标单元格中的指定值时，可以使用“规划求解”分析工具来完成。需要用该工具操作的各个单元格必须通过公式相关联。

16.4.1 安装“规划求解”分析工具

由于默认安装的Excel 2007中没有安装“规划求解”分析工具，因此要使使用该工具，首先必须将其加载到Excel 2007中，其操作方法如下。

Step 01 单击Office按钮，从弹出的菜单中单击“Excel选项”按钮，打开“Excel选项”对话框。单击“加载项”选项卡，选择“规划求解加载项”选项，单击下面的“转到”按钮。

Step 02 打开“加载宏”对话框，选中“规划求解加载项”复选框，单击“确定”按钮。

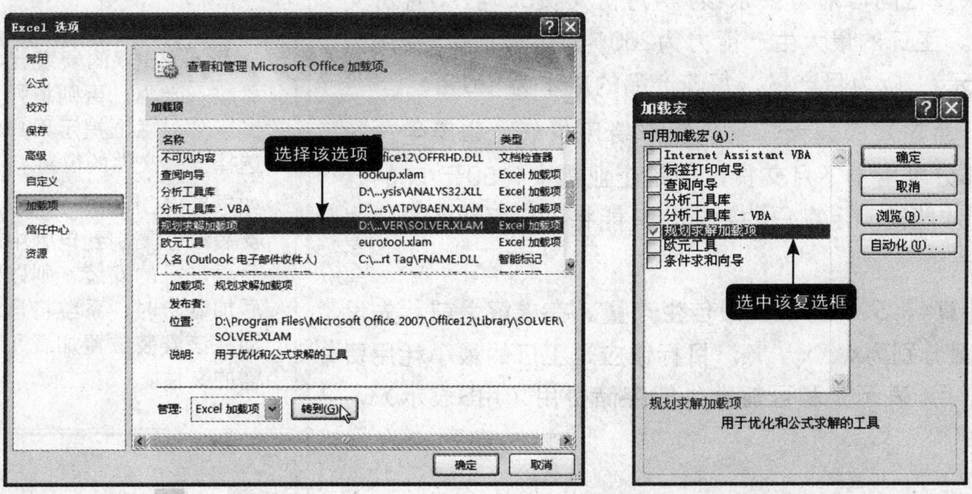

疑难解答：利用本金和利息函数创建方案

问：用第15章中的本金和利息函数也可以计算出各种方案的每期应还款金额吗？

答：当然可以，达到同样的目的通常有多种不同的方法。相比之下，方案管理器生成的摘要比手动编辑公式计算每期应还款金额更加直观，可阅读性强。另外在方案发生改变时，修改方案重新生成摘要也非常方便。

要点提示：关于加载项的知识

在“Excel选项”对话框的“加载项”选项卡中，“加载项”列表框的“非活动应用程序加载项”下显示的是可以加载到Excel中，但当前尚未加载的项目。

由于非专业人士对这些工具使用得较少，故在Excel中默认将其隐藏，需要用户再将其加载到工具组中。

Step 03 此时将打开一个对话框，提示该项功能尚未安装，询问是否安装，单击“是”按钮，系统开始自动安装该功能。

Step 04 安装完毕，在“数据”选项卡下“分析”组中便会出现“规划求解”按钮，单击该按钮将打开“规划求解参数”对话框。

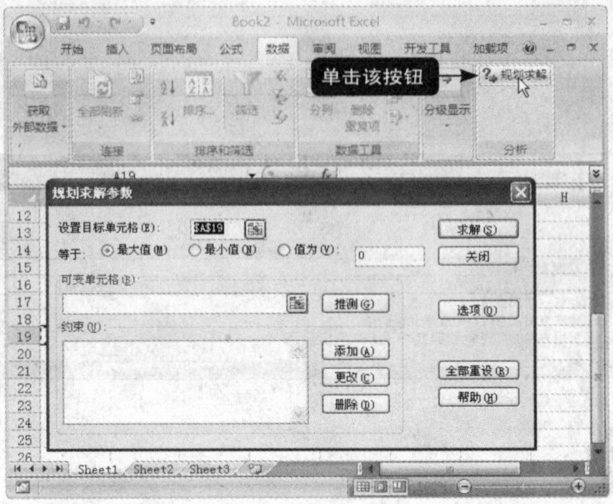

16.4.2 使用“规划求解”工具

安装了“规划求解”工具后，便可以用它来进行复杂的分析运算了，最终通过“规划求解”为工作表上目标单元格中的公式找到一个最优化的值。但使用“规划求解”求解数据需遵循下列准则。

- “规划求解”工具可以对直接或间接与目标单元格中公式相联系的一组单元格中的数值进行调整，最终在目标单元格公式中求得期望的结果。这些在求解过程中可以修改其中数值的单元格称为可变单元格。
- 在创建规划求解模型的过程中，可以对模型中的可变单元格数值应用约束条件，并且约束条件还可以引用其他影响目标单元格公式的单元格。

应用案例——制订最适宜的生产计划

某厂签订了一份临时供货合同，对方要求该厂4月份交货80吨，5月份交货130吨，6月份交货150吨，工厂的最大生产能力为260吨/月，月生产费用为“f（x）=（120x+0.2x2）元”（x为月产量，每吨产品的成本为120元）。

现在要解决的问题是：生产规模越大，平均生产费用越低，如果生产数量大于交货数量，多余的部分可用于下月交货，但是企业需支付50元/吨的仓储费用。如何制订生产计划才能既满足客户的要求，又能将工厂所耗费的成本降到最低？

下面用规划求解功能计算4、5、6月份的最佳生产量。在求解之前，先设4月份、5月份、6月份的产量分别为x_1、x_2、x_3，目标值应是工厂的最小耗用费用，该费用包括生产费用（用P表示）和可能发生的存储费用（用S表示），用公式表示为：

要点提示：关于加载项的知识

在“加载宏”对话框中还集成了其他几项工具，如果要加载这些工具也可以在该对话框中选中相应工具前面的复选框，单击“确定”按钮进行加载。

这些工具其实都是系统内置的宏。Office中的宏将一系列操作和指令组合在一起，形成一个单独的命令，并将该命令保存起来，以后执行该命令时就可自动进行设定的一系列操作。

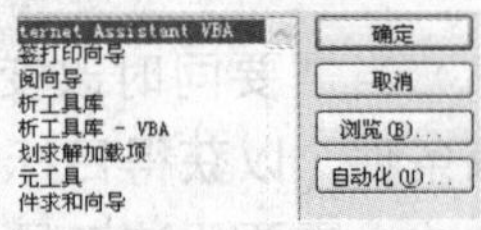

要点提示：关于加载规划求解的知识

如果在安装Excel时是通过光盘进行安装的，则在加载规划求解等加载宏时，需事先将Office 2007的安装光盘放入光驱，否则将弹出一个对话框提示用户选择安装文件的位置。

如果是将Office 2007安装程序复制到电脑中后再进行的安装，则以后加载宏时，系统将自动从该安装位置加载所需的文件。

$P=(120x_1+0.2x_1^2)+(120x_2+0.2x_2^2)+(120x_3+0.2x_3^2)$

$S=30(x_1-100)+30(x_1+x_1-80-130)$

因此，目标值为：min(P+S)

本问题还有两方面的约束条件，分别如下。

- 生产能力约束条件：$x_1<=260$、$x_2<=260$、$x_3<=260$。
- 交货数量的约束条件：$x_1>=100$；$x_2>=130$；$x_3>=150$。

下面根据案例目的和分析进行预算，预算时先根据合同指定的条件制作初始表格，再用规划求解工具进行预算，其操作方法如下：

素材 光盘：\效果\第16章\生产计划预算.xlsx

Step 01 新建一个空白工作簿并将其保存成名为“生产计划预算”的工作簿，在A4:D4单元格区域中输入各项条件名称，然后选择A4:D4单元格区域，在“开始”选项卡下“对齐方式”组中单击水平方向上的“居中”按钮将其设为居中对齐。

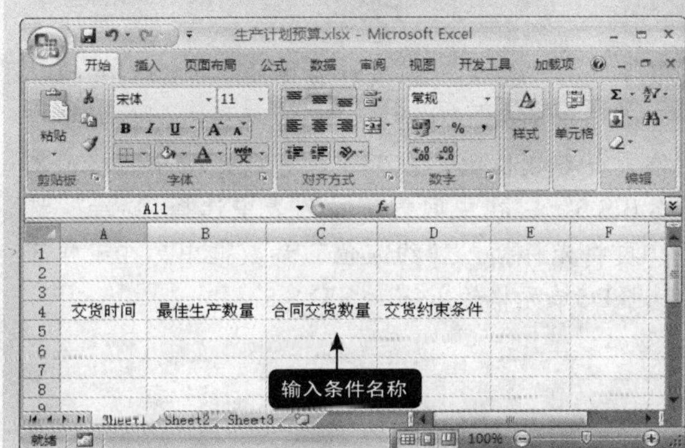

Step 02 适当调整各列列宽，然后在“交货时间”、“最佳生产数量”与“合同交货数量”列中输入本次生产计划要遵循的条件，“最佳生产数量”暂时输入与“合同交货数量”相同的数值。

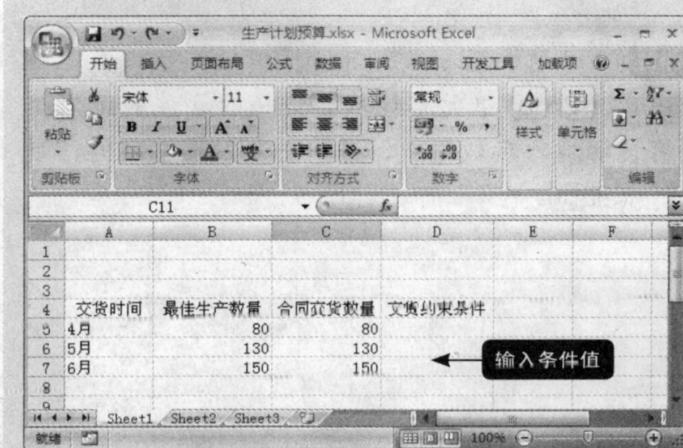

Step 03 在D5单元格中输入4月份的交货约束条件“80”，然后单击D6单元格，输入公式“=C5+C6”,按【Ctrl+Enter】组合键计算出5月份的交货约束条件。

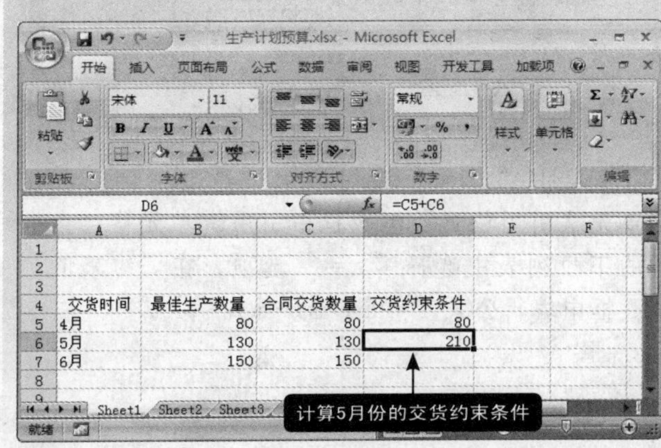

Step 04 单击D7单元格，输入公式“=C5+C6+C7”，按【Ctrl+Enter】键计算出6月份的交货约束条件。

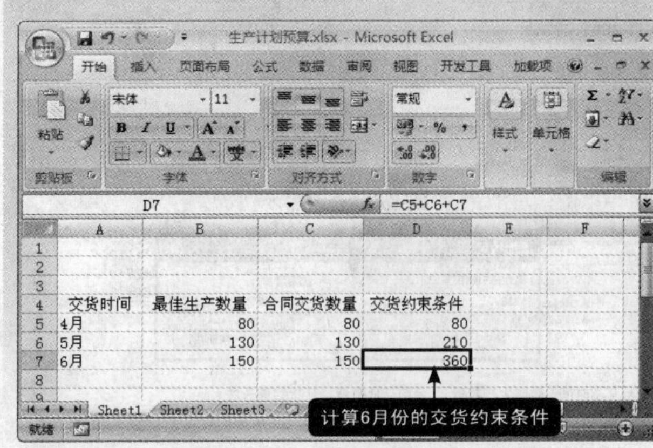

Step 05 在A2单元格中输入“生产费用”，然后单击B2单元格，根据前面的分析在B2单元格中编辑公式“=(120*B5+0.2*B5^2)+(120*B6+0.2*B6^2)+(120*B7+0.2*B7^2)+50*(B5-C5)+50*(B6+B5-C5-C6)”,按【Ctrl+Enter】组合键计算出按当前输入的生产数量所需的生产费用。

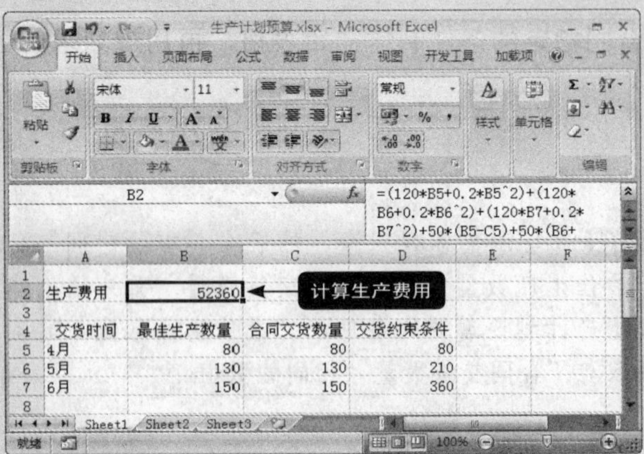

Step 06 单击B2单元格，在“数据”选项卡下“分析”组中单击“规划求解”按钮，打开“规划求解参数”对话框，在“设置目标单元格”参数框中自动填入B2单元格的绝对地址。选择“等于”后面的“最小值”单选按钮，然后将光标插入“可变单元格”参数框中，单击右侧的“压缩”按钮。

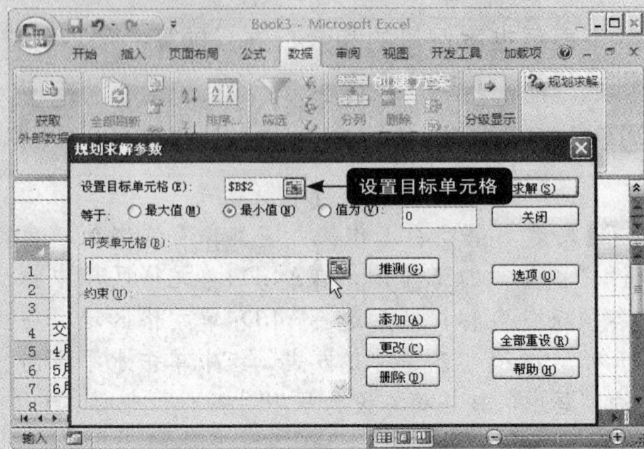

Step 07 “规划求解参数”对话框被压缩后，在工作表中选择B5:B7单元格区域，选择的区域的绝对地址将自动填入参数框中，再单击参数框右侧的“展开”按钮。

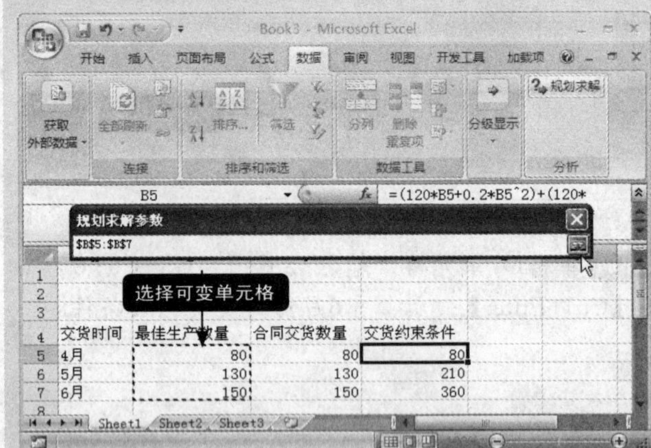

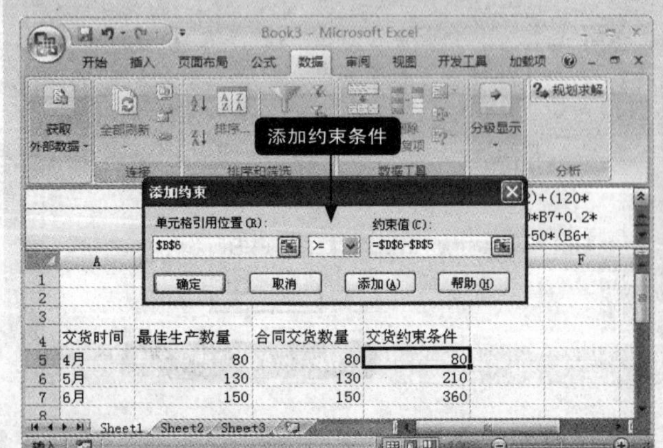

Step 08 单击“约束”列表框右侧的“添加”按钮，打开“添加约束”对话框，将光标插入“单元格引用位置”参数框中，在工作表中选择B5单元格输入“$B$5”，在中间的下拉列表中选择“>=”选项，再将光标插入“约束值”参数框中，在工作表中选择D5单元格输入“=$D$5”。

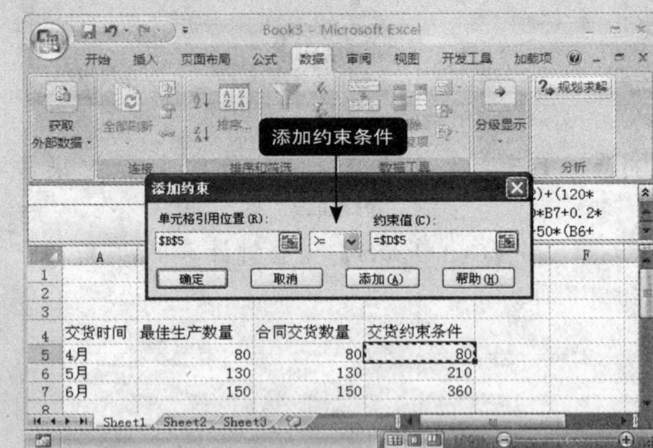

Step 09 单击“添加”按钮添加该约束条件，再在“单元格引用位置”参数框中引用B6单元格，在中间的下拉列表中选择“>=”选项，在“约束值”参数框中编辑公式“=$D$6-$B$5”。

Step 10 单击“添加”按钮添加该约束条件，再在“单元格引用位置”参数框中引用B7单元格，在中间的下拉列表中选择“>=”选项，在“约束值”参数框中编辑公式“=$D$7-$B$6-$B$5”。

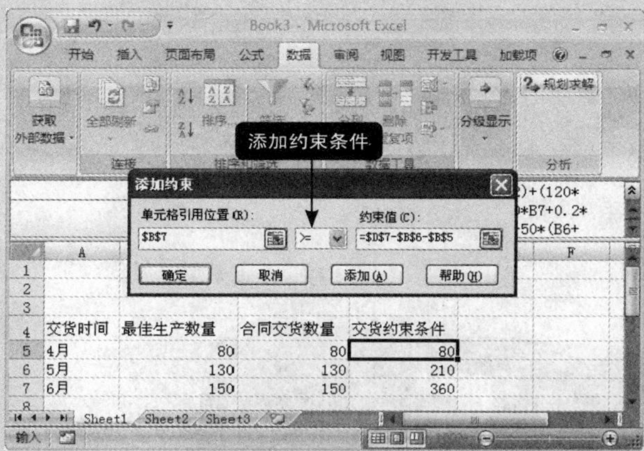

Step 11 单击“添加”按钮添加该约束条件，再分别添加B5<=260、B6<=260、B7<=260的3个生产力条件（手动输入约束值），添加完毕单击“确定”按钮返回“规划求解参数”对话框，在“约束”列表框中列出了刚才添加的条件。

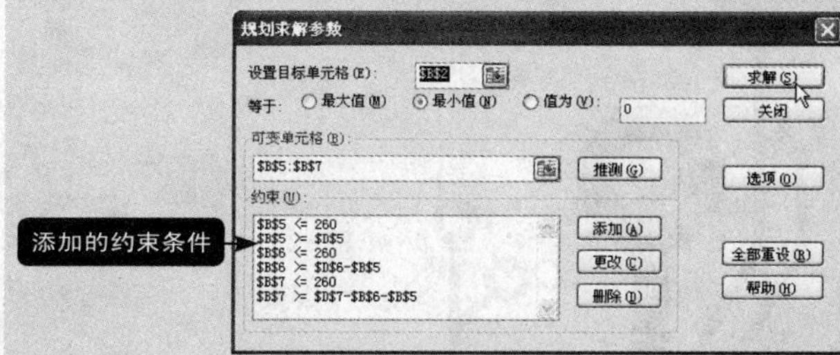

Step 12 单击“求解”按钮，打开“规划求解结果”对话框，选择“保存规划求解结果”单选按钮，并在“报告”列表框中选择“运算结果报告”选项。

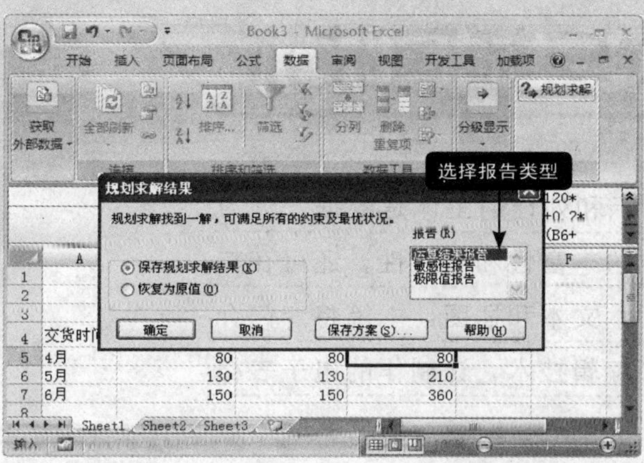

Step 13 单击“确定”按钮，计算出各月的最佳生产数量，同时在当前工作表前面生成一张名为“运算结果报告1”的工作表。在该工作表中显示了运算报告，从运算结果中可以看出，最佳生产安排为4、5、6月分别生产80吨、105吨和175吨。

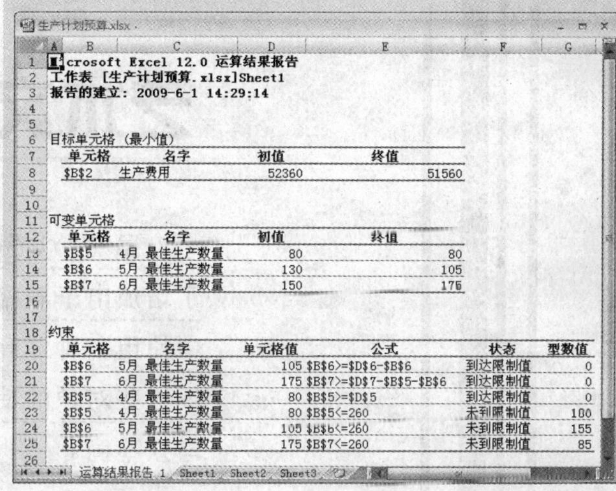

Microsoft Excel 12.0 运算结果报告
工作表 [生产计划预算.xlsx]Sheet1
报告的建立: 2009-6-1 14:29:14

目标单元格 (最小值)

单元格	名字	初值	终值
$B$2	生产费用	52360	51560

可变单元格

单元格	名字	初值	终值
$B$5	4月 最佳生产数量	80	80
$B$6	5月 最佳生产数量	130	105
$B$7	6月 最佳生产数量	150	175

约束

单元格	名字	单元格值	公式	状态	型数值
$B$6	5月 最佳生产数量	105	$B$6>=$D$6-$B$6	到达限制值	0
$B$7	6月 最佳生产数量	175	$B$7>=$D$7-$B$5-$B$6	到达限制值	0
$B$5	4月 最佳生产数量	80	$B$5>=$D$5	到达限制值	0
$B$5	4月 最佳生产数量	80	$B$5<=260	未到限制值	180
$B$6	5月 最佳生产数量	105	$B$6<=260	未到限制值	155
$B$7	6月 最佳生产数量	175	$B$7<=260	未到限制值	85

16.4.3 将可变值保存为方案

当需要运用“规划求解”对建立的模型进行多个方案的求解时，每求解一次，求解结果都会被刷新一次，这样将不便于方案间的比较。因此可将各次求解结果用不同的名称将其保存为方案。

保存规划求解的可变值为方案的方法时，在“规划求解结果”对话框中单击“保存方案”按钮，打开如右图所示的“保存方案”对话框。在“方案名”文本框中输入方案名称，然后单击“确定”按钮。

“保存方案”对话框

要点提示：关于规划求解的注意事项

虽然在本案例中，即使不设置B5<=260、B6<=260、B7<=260的3个生产力条件，最终结果也相同，但还是应该按规则进行设置，因为在其他问题中有可能会出现超出约束条件的解，通过限制可以得到符合条件的解。

Part 5

艺术文本与插图技术

虽然Excel中展示和处理的主体是数据，但为了增加电子表格内容的丰富性和美观性，还可在其中使用各种漂亮的艺术文本和插图。本篇将专门介绍这些对象的使用和编辑技术，让制作的电子表格与众不同。

17 Chapter

在Excel中使用形状对象

READERS' GUIDE

在Excel 2007中，有时在表格中无法使用数字表达数据之间的关系，此时就可以使用系统提供的形状对象来实现。本章将主要讲解如何在表格中使用形状对象，包括插入形状、编辑形状、设置形状的样式等的相关知识及操作。

MAIN CASES

在工作表中插入形状 P257
改变形状的大小与位置 P262
改变形状的特性 P264
编辑线条类型的形状 P268
设置形状填充 P274

17.1 在工作表中插入形状

在Excel中，系统将可绘制的图形称为形状。用户也可以像在Word中一样，根据实际需要在工作表中插入形状，然后对其进行编辑，从而制作出符合需求的工作表。在工作表中插入形状之前，首先需要了解一下Excel 2007中到底包含哪些形状类型。

17.1.1 Excel中形状的类型

在Excel 2007中，形状并不完全由用户自行绘制，而是用户通过选择系统提供的形状样式，从而快速绘制出需要的形状。下面将具体介绍Excel 2007中形状的种类。

- **线条**：Excel中的线条形状主要包括不同形状的线条或由线条组成的图形，如直线、箭头、双向箭头、肘形连接符、肘形箭头连接符、肘形双向箭头连接符、曲线连接符、曲线、任意多边形以及自由曲线等。
- **矩形**：矩形形状主要包括矩形以及各种角效果的矩形，如矩形、圆角矩形、减去单角的矩形等。

■ 线条形状

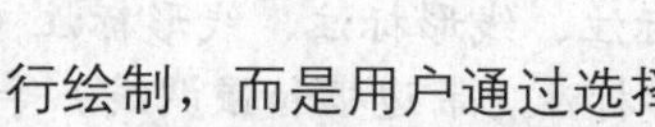

矩形形状 ■

要点提示：形状中的文本框选项

在“形状”下拉菜单的“基本形状”栏中包含了横排文本框和垂直文本框选项。由此可见，文本框实际上也属于形状的一种，并且在工作表中绘制文本框后，系统自动将光标插入点定位到文本框形状中。对于文本框的相关知识，将在本书后面的章节中详细讲解。

◆ **基本形状**：在Excel中，基本形状是所有形状中最为常用的图形集合。如文本框、平行四边形、梯形、菱形、等腰三角形、直角三角形、椭圆、六边形、十字形、正五边形、圆柱形、正方体、棱台、折角形、笑脸、空心圆、禁止符、空心弧、心形、闪电形、太阳形、新月形、弧形、双括号、双大括号、缺角矩形、左小括号、右小括号、左大括号以及右大括号等。

◆ **箭头汇总**：箭头汇总形状主要包括各种类型的箭头图形。如右箭头、左箭头、上箭头、下箭头、左右箭头、上下箭头、十字箭头、圆角右箭头、直角双向箭头、直角上箭头、左弧形箭头、右弧形箭头、上弧形箭头、下弧形箭头、虚尾箭头、右箭头标注、左箭头标注、上箭头标注、下箭头标注、左右箭头标注、上下箭头标注、十字箭头标注以及环形标注等。

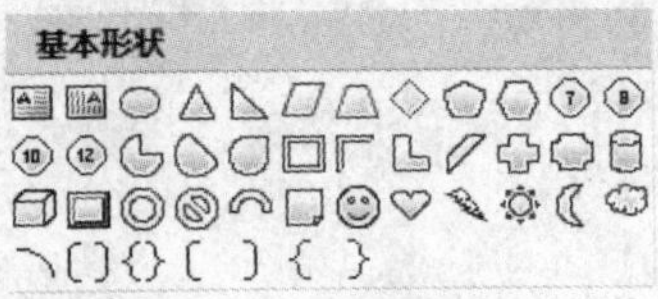

■ 基本形状

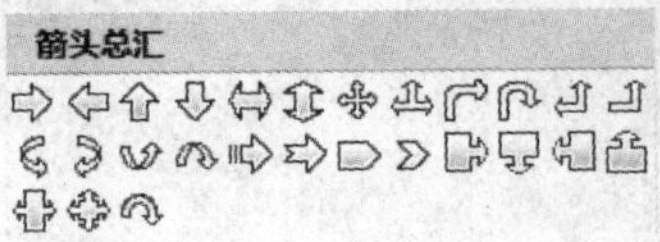

箭头汇总形状 ■

◆ **公式形状**：公式形状主要包括几种常用的公式运算符形状。如加、减、乘以及除等。

◆ **流程图**：流程图形状主要包括一些在流程图制作过程中会涉及的图形。如过程、决策、数据、预定义过程、内部存储、文档、多文档、终止、准备、手动输入、联系、离页连接符、卡片、资料带、汇总连接、对照、排序、摘录、合并、库存数据、顺序访问存储器、磁盘、直接访问存储器以及显示等。

■ 公式形状

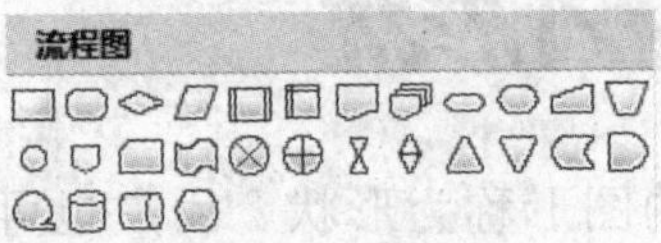

流程图形状 ■

◆ **星与旗帜**：星与旗帜形状主要包括各种星形的图形与旗帜图形。如爆炸形、十字星、五角星、八角星、十六角星、二十四角星、上凸带形、前凸带形、前凸弯带形、竖卷形、横卷形、波形以及双波形等。

◆ **标注**：标注形状主要包括各类标注或云形图形，如矩形标注、圆角矩形标注、椭圆标注、云形标注、线形标注、线形标注（带强调线）、线形标注（无边框）以及线形标注（带边框和强调线）等。

■ 星与旗帜形状

标注形状 ■

17.1.2 插入形状

在Excel中，插入形状是通过“插入”选项卡来完成的。其方法是：在“插入”选项卡下“插图”组中单击“形状”按钮，在弹出的下拉菜单中选择

使用技巧：利用最近使用的形状绘制形状

在Excel中绘制形状后，系统会将最近几次使用过的形状在“形状”下拉列表中的“最近使用的形状”栏中显示。用户可以通过该栏，快速选择最近使用过的形状选项，然后按住鼠标左键不放，在目标位置进行拖动即可绘制相应的形状。

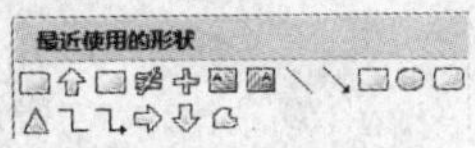

使用技巧：利用“插入形状”组插入形状

在Excel 2007中插入形状后，系统将自动打开“绘图工具 格式”选项卡，在该选项卡的“插入形状”组中的列表框中选择需要的选项也可以在工作表中快速插入相应的形状。

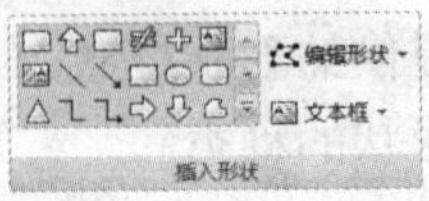

需要的选项，按住鼠标左键不放进行拖动即可绘制相应的形状。

下面以绘制类型为“基本形状”的“太阳形”形状为例，讲解绘制形状的具体操作。

Step 01 在“插入”选项卡下“插图”组中单击“形状”按钮，在弹出的下拉菜单的“基本形状”栏中选择“太阳形”选项。

Step 02 当鼠标光标变为＋形状时，按住鼠标左键不放，在工作表的目标位置处拖动鼠标绘制选择的形状，当绘制完成后，释放鼠标左键完成操作。

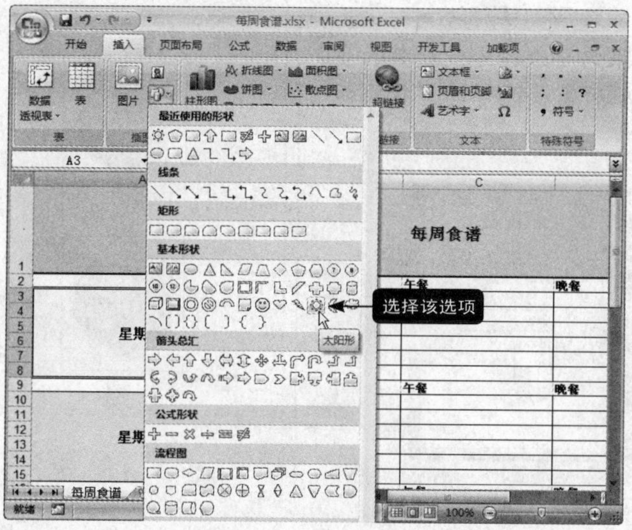

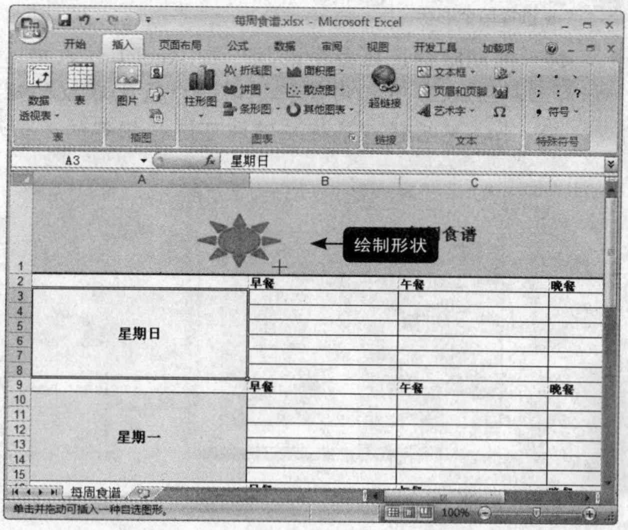

17.2 编辑形状

在Excel中插入形状后，还需要对形状进行各种编辑操作，包括选择形状、改变形状大小和位置、改变形状特性、转换形状类型以及在形状中添加文本等操作，下面分别进行详细讲解。

17.2.1 选择形状

在Excel中编辑形状，首先要选择需要进行编辑操作的形状对象，然后再进行编辑。

Excel 2007中选择形状的常用方法有两种，一种是通过手动选择，另一种是通过“选择和可见性”任务窗格进行选择。

1. 手动选择形状

利用手动选择工作表中的图表主要分为选择指定形状和拖动鼠标选择连续的多个形状，下面分别进行讲解。

◆ **选择指定形状**：与选择单元格一样，在Excel中，如果需要选择指定的形状，直接将鼠标光标移动到形状上，单击选择指定的单个形状。如果按住【Ctrl】键再选择其他的形状，即可选择多个不连续的形状。

使用技巧：利用菜单命令选择形状

如果在工作表中需要选择的形状不好操作，可以通过菜单命令的方式选择形状。

在“开始”选项卡下“编辑”组中单击“查找和替换”按钮，在弹出的下拉菜单中选择“选择对象”命令，此时利用鼠标只能在工作表中选择图形对象。

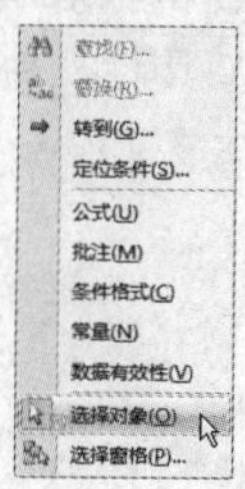

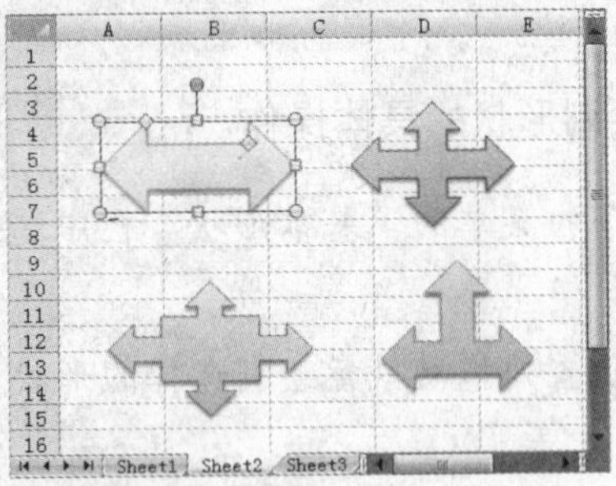

■ 选择单个形状

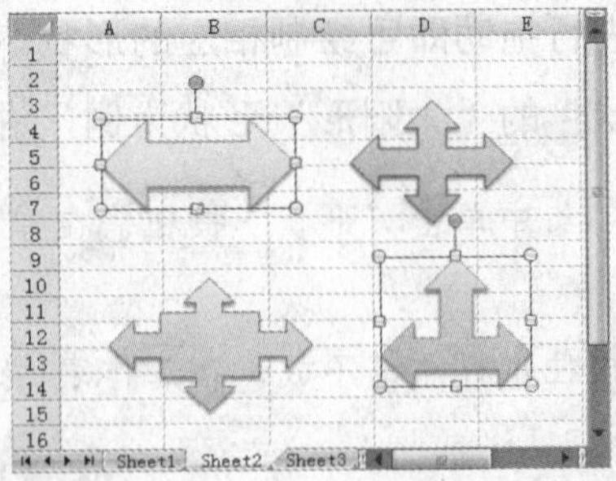

选择不连续的形状 ■

◆ **拖动鼠标选择多个形状**：在Excel工作表中，如果需要选择连续相邻的多个形状，直接用鼠标拖动一个蓝色底纹的矩形框将需要选择的形状框起来，然后释放鼠标左键即可选择相邻的多个形状。

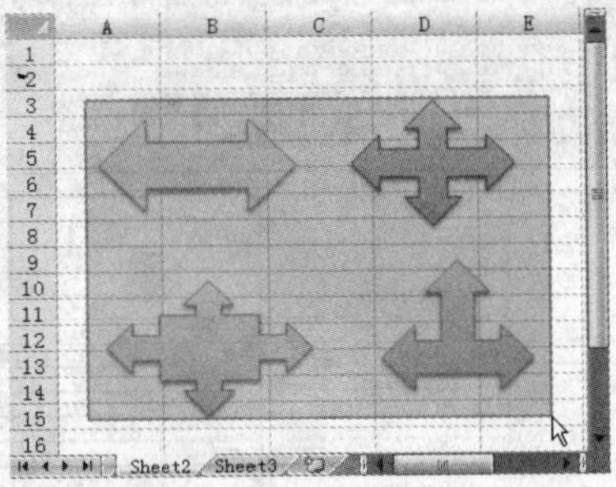

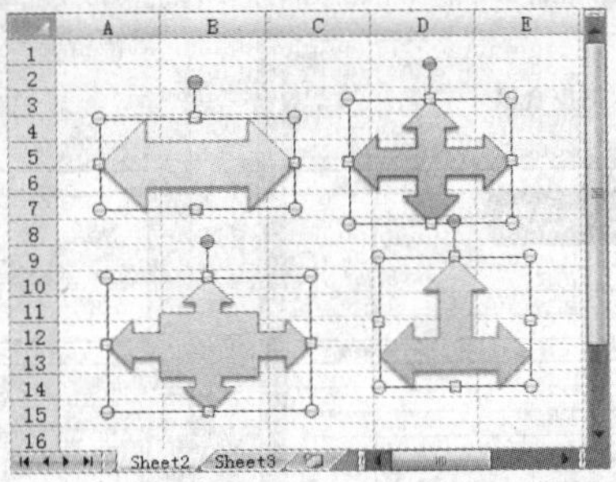

■ 选择相邻的多个形状

要点提示：取消选择形状

在Excel中，如果需要取消选择的形状，只需再次单击被选择的形状，或者单击任意空白位置即可取消选择该形状。

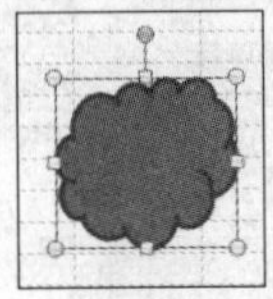

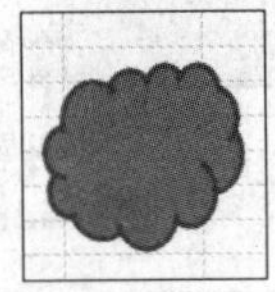

2. 通过任务窗格选择形状

在Excel中，如果工作表中插入的形状太多，此时只需要选择性地选择其中的指定形状，可以通过任务窗口快速选择需要的形状。

在“绘图工具 格式”选项卡的“排列”组中单击“选择窗格”按钮可以打开相应的任务窗格，然后在进行选择。如果用户经常使用该功能，也可以将其对应的按钮添加到快速访问工具栏中，方便操作。

下面以在“每周食谱”工作簿中选择同心圆形状为例，讲解利用任务窗格选择形状的方法。

应用案例——选择“每周食谱”工作簿中的所有同心圆形状

素材 光盘:\素材\第17章\每周食谱.xlsx

Step 01 打开“每周食谱”工作簿，在快速访问工具栏上右击，在弹出的快捷菜单中选择“自定义快速访问工具栏”命令。

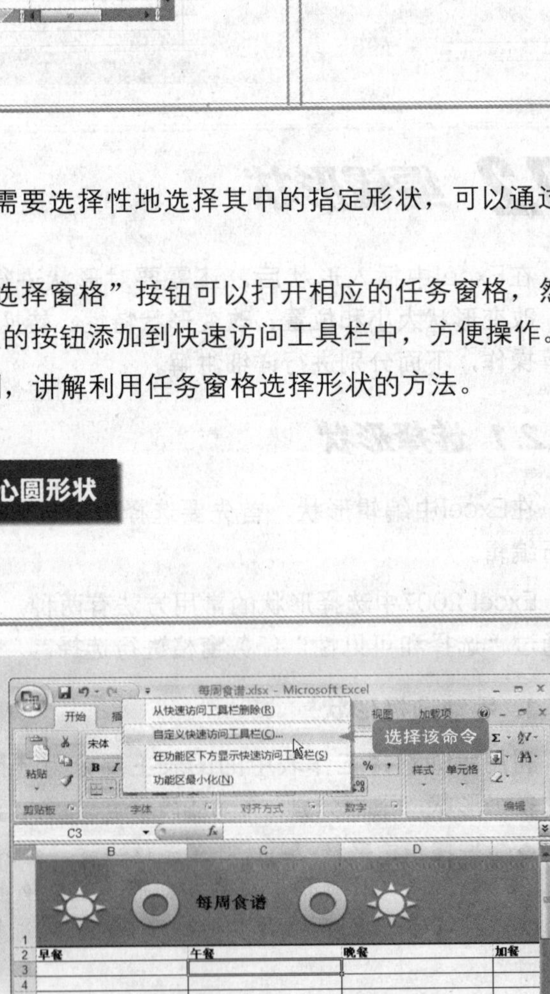

Step 02 在打开的“Excel选项”对话框中，系统自动选择左侧窗格中的“自定义”选项卡，在“从下列位置选择命令”下拉列表中选择“所有命令”选项。

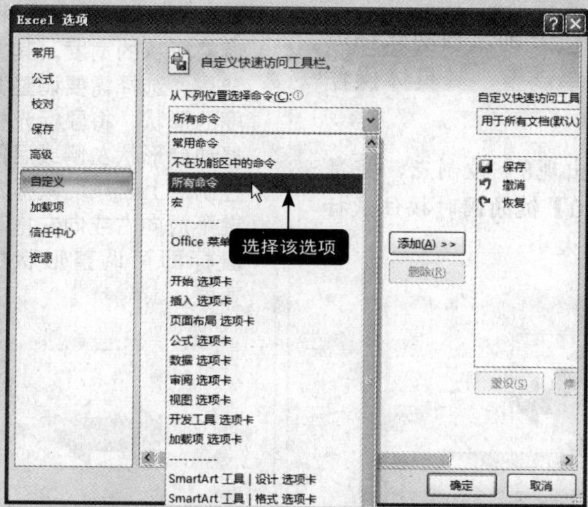

Step 03 在“从下列位置选择命令”下拉列表下方的列表框中选择“选择窗格”选项，单击“添加”按钮将其添加到右侧的列表框中，单击“确定”按钮在快速访问工具栏中添加该按钮，启动选择窗格功能。

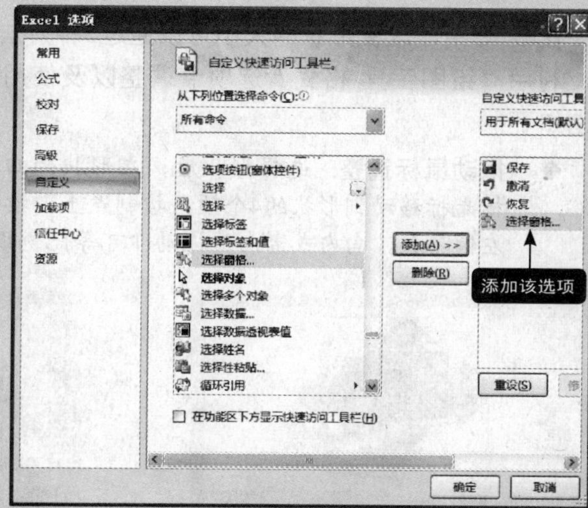

Step 04 返回Excel工作界面，在快速访问工具栏中单击“选择窗格”按钮，系统自动在工作界面的右侧打开“选择和可见性”任务窗格，在其中按类别列举了工作表中的所有对象。

Step 05 按住【Ctrl】键不放，在“选择和可见性”任务窗格的列表框中选择所有的同心圆形状。此时，在工作表的对应位置即可查看到选择形状的效果。

Step 06 如果需要将其他不需要操作的形状暂时隐藏起来，直接在该任务窗格中单击对应形状右侧的按钮即可；如果需要将隐藏的形状显示出来，直接单击隐藏形状右侧的按钮即可。此外，单击任务窗格下方的“全部显示”和“全部隐藏”按钮可以将工作表中的形状快速全部显示或者全部隐藏起来。

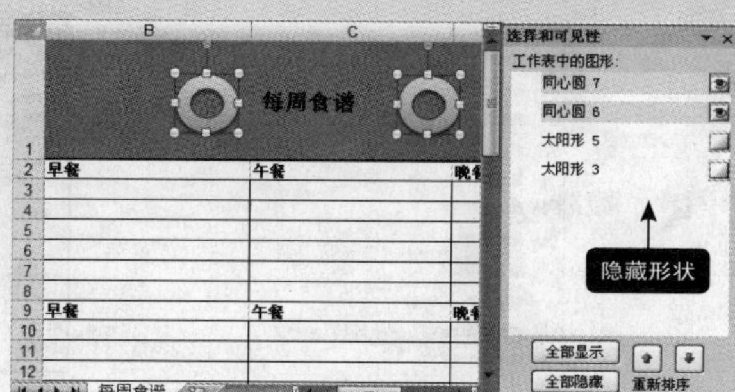

17.2.2 改变形状的大小与位置

在工作表中插入形状后，如果对其大小与位置不满意，可以根据需要进行修改，下面分别讲解改变形状的大小与位置的具体操作。

1. 改变形状的大小

在Excel中，改变形状的大小可以通过3种方法来实现，分别是拖动鼠标调整、利用“绘图工具 格式”选项卡调整以及使用快捷菜单调整，其具体操作分别如下：

◆ **拖动鼠标调整**：选择形状后，在形状的四周将会出现8个控制点，将鼠标光标移动到形状的4个顶角控制点上，按住【Shift】键的同时按住鼠标左键不放，向内或者向外拖动即可等比例调整形状大小。

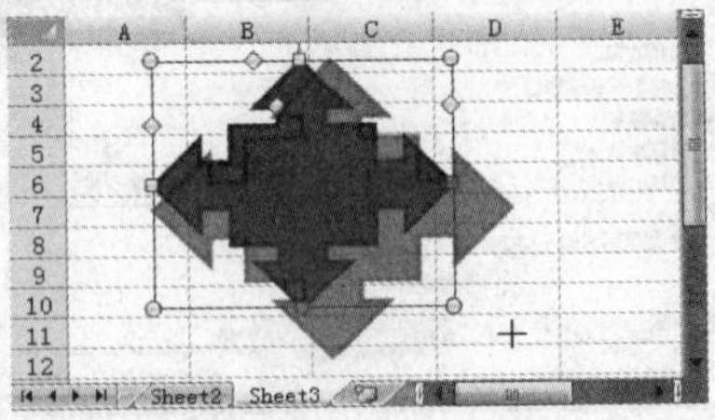

■ 等比例放大形状

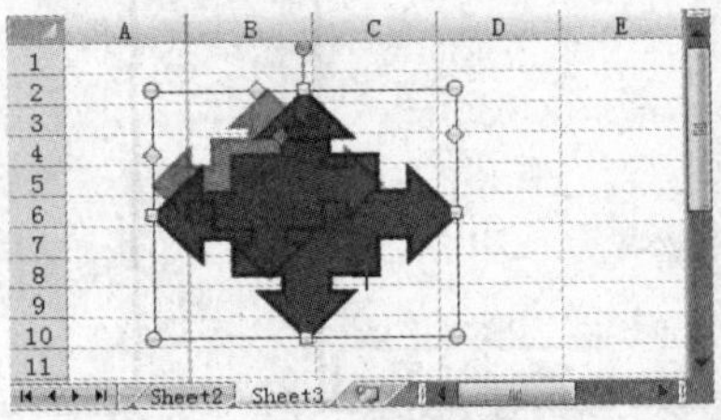

等比例缩小形状 ■

◆ **利用“绘图工具 格式”选项卡调整**：选择形状，系统自动打开“绘图工具 格式”选项卡，在该选项卡的“大小”组的“高度”和“宽度”数值框中即可对形状大小进行精确设置。

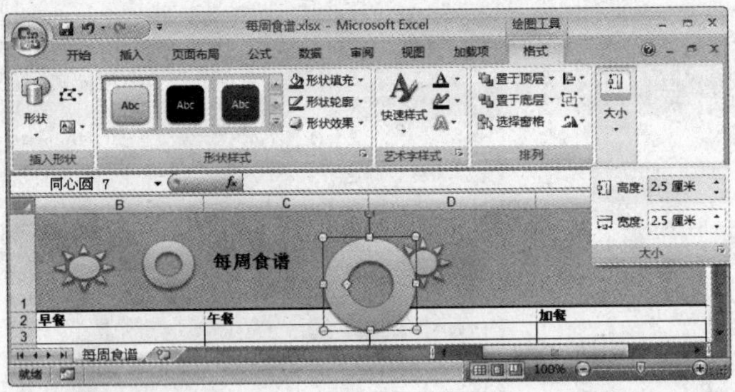

■ 精确设置形状大小

◆ **利用快捷菜单调整**：选择形状，在其上右击，在弹出的快捷菜单中选择“大小和属性”命令，在打开的“大小和属性”对话框的“高度”和“宽度”数值框中即可进行设置。

■ 选择命令

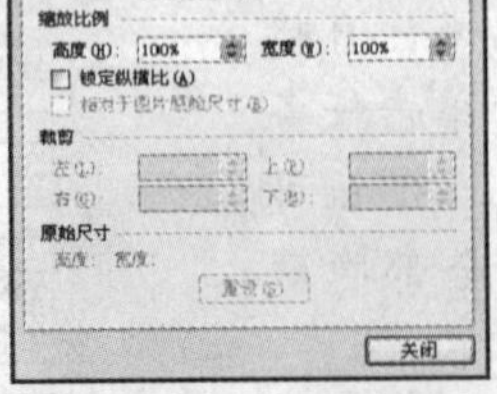

“大小和属性”对话框 ■

使用技巧：拖动鼠标调整形状宽度

如果需要通过拖动鼠标调整形状的宽度，其方法是：选择需要调整宽度的形状，将鼠标光标移动到形状左侧或后侧控制点上，按住鼠标左键不放向右或向左拖动鼠标即可调整形状的宽度。

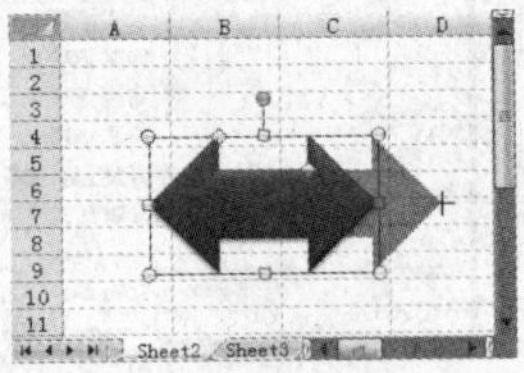

使用技巧：拖动鼠标调整形状高度

如果需要通过拖动鼠标调整形状的高度，其方法是：选择需要调整高度的形状，将鼠标光标移动到形状上方或下方控制点上，按住鼠标左键不放向下或向上拖动鼠标即可调整形状的高度。

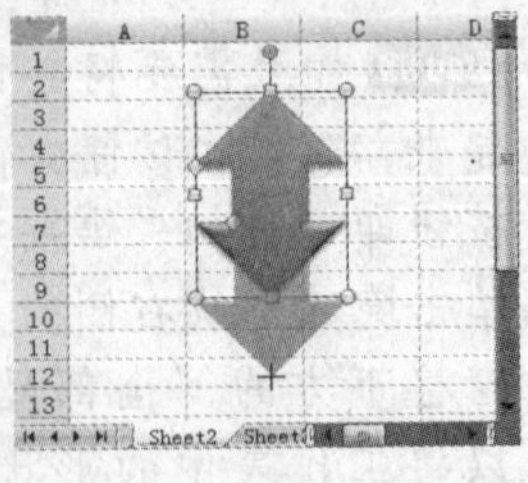

2. 改变形状的位置

在Excel中，如果需要改变创建的形状的位置，可以使用4种方法来完成，分别是通过菜单命令、通过按快捷键、通过快捷菜单和通过拖动鼠标来改变，下面分别对其进行讲解。

- **通过菜单命令改变**：选择需要更改位置的形状，在“开始”选项卡下“剪贴板”组中单击“剪切”按钮，然后选择目标位置，在“剪贴板”组中单击“粘贴”按钮的下拉按钮，在弹出的下拉菜单中选择“粘贴”命令即可将选择的形状移动到该位置。

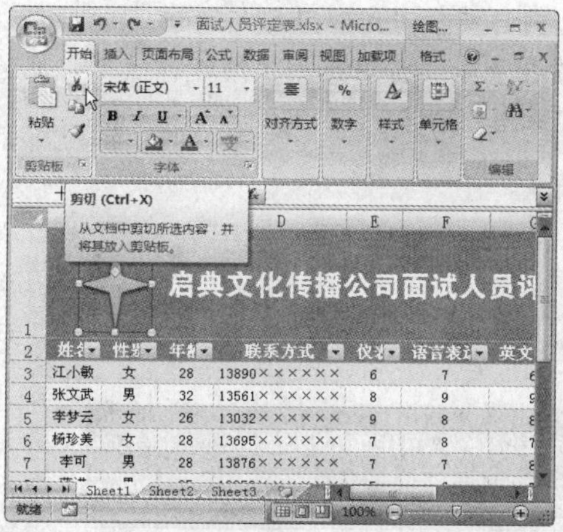

■ 单击“剪切”按钮

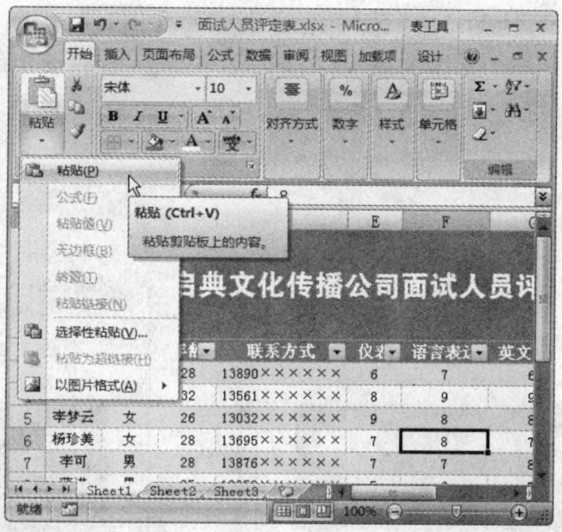

改变形状位置 ■

- **通过按快捷键改变**：选择需要移动的形状，按【Ctrl+X】组合键将其剪切到剪贴板，选择目标位置后按【Ctrl+V】组合键即可移动形状到该位置。
- **通过菜单命令改变**：选择需要更改位置的形状，在其上右击，在弹出的快捷菜单中选择“剪切”命令，选择目标位置右击，在弹出的快捷菜单中再选择“粘贴”命令即可。

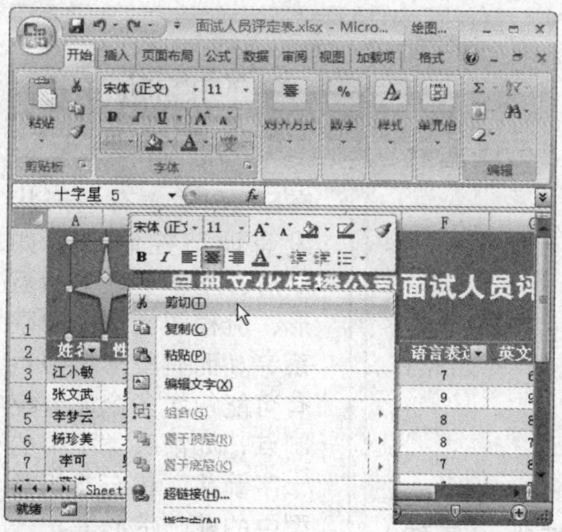

■ 选择“剪切”命令

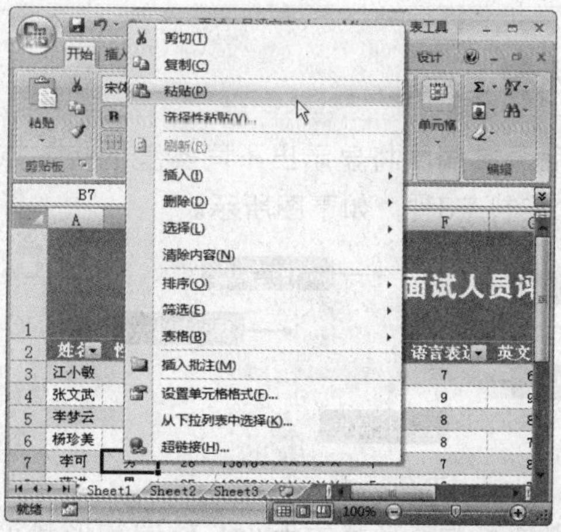

选择“粘贴”命令 ■

- **通过拖动鼠标改变**：选择需要移动的形状，然后按住鼠标左键不放，并进行拖动，当移动到目标位置时，释放鼠标左键即可。在移动形状的过程中，如果按住【Shift】键的同时拖动鼠标，此时即可将选择的形状在水平或者垂直方向上进行移动。

下面以拖动“绩效考核表”工作簿中的形状为例，讲解通过拖动鼠标改

要点提示：选择目标位置的注意事项

假设需要形状的原位置在合并单元格的左侧，此时需要将形状移动到合并单元格的右侧，利用菜单命令、快捷键和快捷菜单选择目标位置为合并单元格时，进行移动操作后，形状被粘贴在原位置。

因此，只能通过拖动鼠标的方式将形状移动到合并单元格的右侧。

由此可见，在选择目标位置时，必须选择除原位置所在单元格的其他单元格。

使用技巧：复制指定的形状

在工作表中，如果需要复制某个形状，其方法是：选择需要复制的形状，单击“复制”按钮、按【Ctrl+C】组合键、或者在快捷菜单中选择“复制”命令，然后在目标位置选择“粘贴”命令或者按【Ctrl+V】组合键都可复制形状。

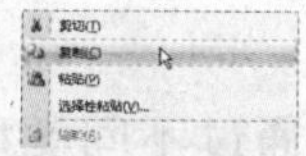

此外，选择需要复制的形状后，按住【Ctrl】键的同时拖动鼠标也可以复制形状。

变形状位置的具体操作。

应用案例——更改“绩效考核表”工作簿中形状的位置

素材 光盘:\素材\第17章\绩效考核表.xlsx

效果 光盘:\效果\第17章\绩效考核表.xlsx

Step 01 打开“绩效考核表”工作簿，将鼠标光标移动到需要更改位置的形状上，单击将其选中，然后按住【Shift】键的同时拖动鼠标。

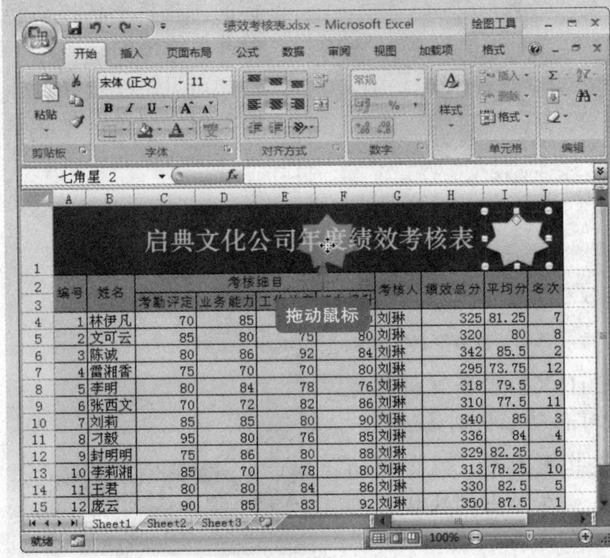

Step 02 当拖动到目标位置时释放鼠标左键，然后单击工作表中的任意单元格退出形状的选择状态，完成移动形状的操作。

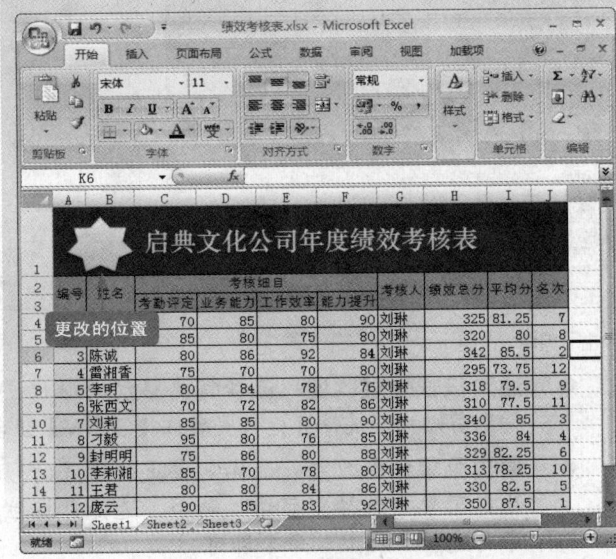

17.2.3 改变形状的特性

在Excel中，选择形状后，其周围将显示出不同类型的控制点，包括调节控制点、旋转控制点和尺寸控制点3种，如下图所示。

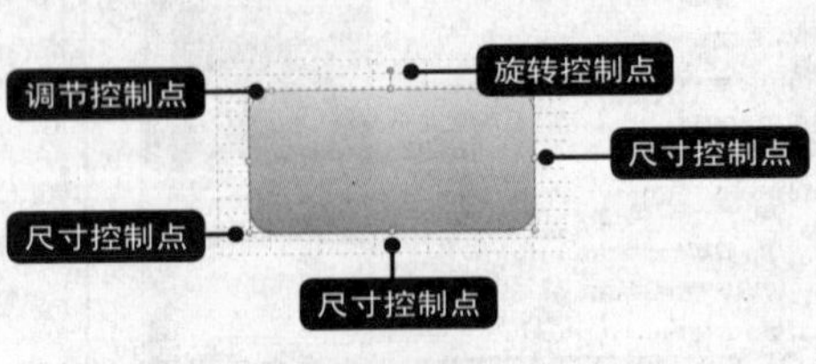

■ 形状中的控制点

通过不同类型的控制点便可改变形状的大小、位置和形状等特性，各种控制点的作用分别如下。

1. 调节控制点

选择形状后，显示为黄色菱形的控制点就是调节控制点，在该控制点上按住鼠标左键进行拖动可以调整形状的外观。如更改箭头的箭尖大小、圆角矩

要点提示：形状中的调节控制点

在Excel中，有些形状没有调节控制点，如矩形、基本类型中的菱形、流程图类型中的联系等。而有些形状中也有可能包含多个调节控制点，如箭头类型中的十字箭头、星与旗帜类型中的前凸带形等。

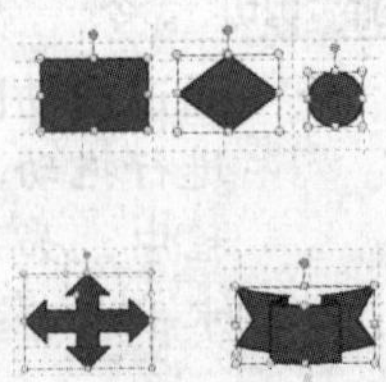

形的圆角大小等。

下面将以调整圆角矩形形状的圆角大小为例，讲解利用调节控制点改变形状特征的具体操作。

要点提示：将圆角矩形调整为矩形形状

如果在调整圆角矩形的外形时，按住鼠标左键不放，向左侧拖动调节控制点，此时即可将圆角矩形形状调整为矩形形状。

应用案例——调整“绩效考核表1”工作簿中形状的外形

素材 光盘:\素材\第17章\绩效考核表1.xlsx

效果 光盘:\效果\第17章\绩效考核表1.xlsx

Step 01 打开“绩效考核表1”工作簿，将鼠标光标移动到调节控制点上，按住鼠标左键不放，并向右侧拖动鼠标。

Step 02 当拖动到合适的位置时释放鼠标左键，然后单击工作表中的任意单元格退出形状的选择状态，完成调整形状外观的操作。

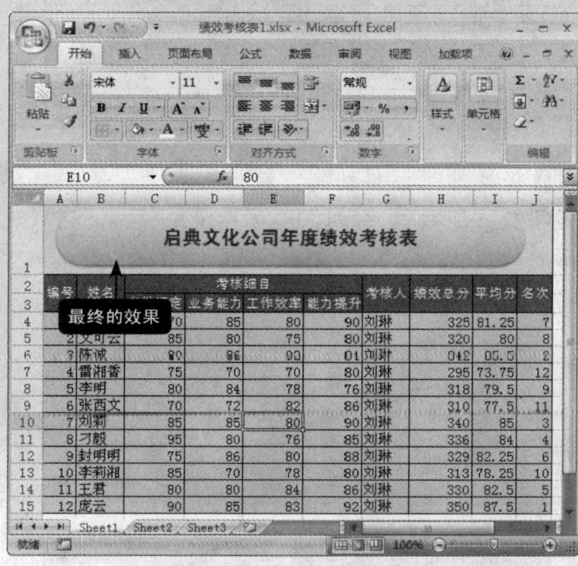

2. 旋转控制点

选择形状后，显示为绿色的小圆点就是旋转控制点。将鼠标光标移到该控制点上时，其将变为形状，此时按住鼠标左键进行拖动可以旋转该形状。在Excel中，并不是所有的形状都包含旋转控制点，对于不闭合的线条类型，如直线、曲线、连接线等就没有旋转控制点。

下面将通过旋转“绩效考核表2”工作簿中的形状为例，讲解利用旋转控制点改变形状特征的具体操作。

要点提示：形状的旋转方向

选择形状中的旋转控制点，按住鼠标左键不放顺时针移动即可将形状按顺时针方向旋转；如果按逆时针方向移动鼠标，此时即可将形状按逆时针方向旋转。

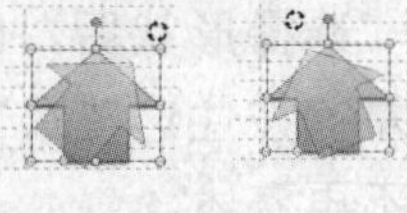

应用案例——旋转“绩效考核表2”工作簿中形状

素材 光盘:\素材\第17章\绩效考核表2.xlsx

效果 光盘:\效果\第17章\绩效考核表2.xlsx

Step 01 打开“绩效考核表2”工作簿，选择A1单元格中的半闭框形状，按住【Ctrl+Shift】组合键的同时，按住鼠标左键不放水平向右拖动鼠标。

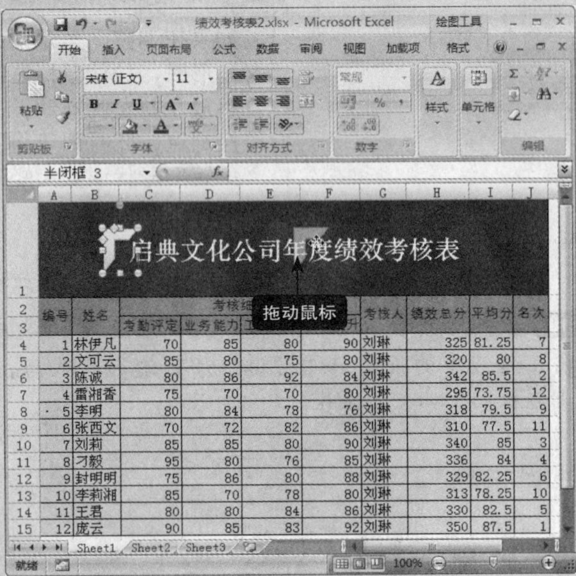

Step 02 当拖动到目标位置时，释放鼠标左键将半闭框形状复制到该位置。

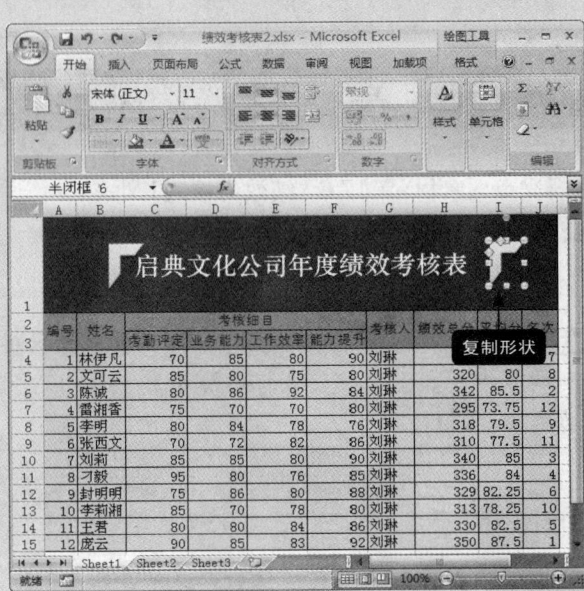

Step 03 将鼠标光标移动到旋转控制点上，按住鼠标左键不放，逆时针旋转180°后释放鼠标左键完成旋转形状的操作。

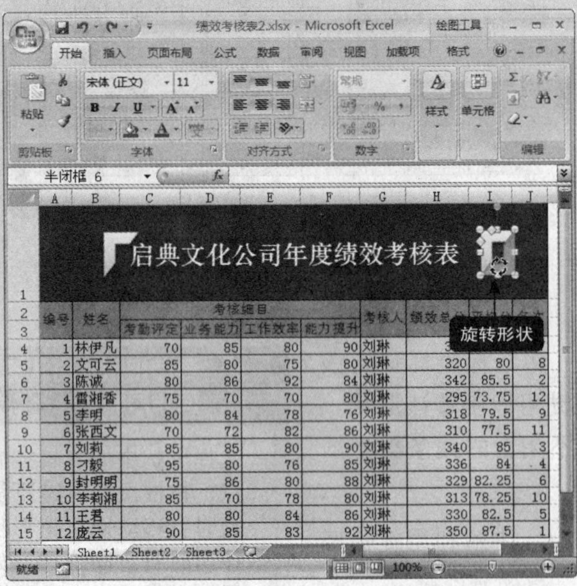

Step 04 选择旋转后的形状，按【←】键，或者按住【Shift】键的同时按住鼠标左键，并水平向左移动鼠标，调整形状到合适的位置，然后单击任意单元格退出形状的选择状态。

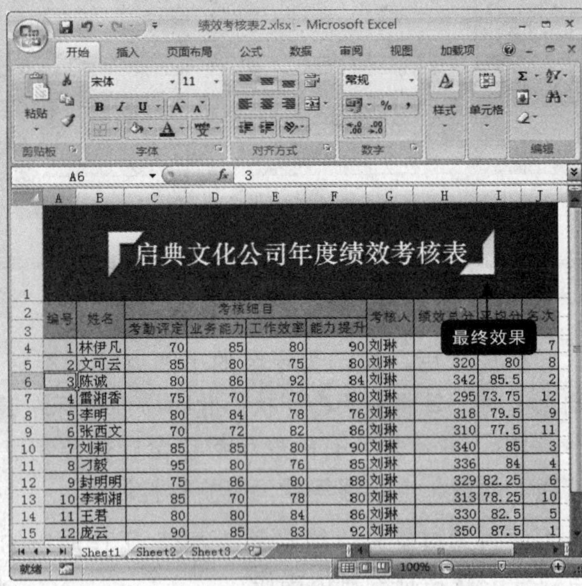

3. 尺寸控制点

选择形状后，出现在形状各边和各个顶角上的小方点或小圆点就是尺寸控制点。用户可以通过用鼠标左键按住这些尺寸控制点进行拖动调整形状大小，其具体操作在17.2.2节的第1个问题中已经讲过，这里不再赘述。

17.2.4 更改形状类型

插入形状后，如果觉得所选的类型不太适合，用户还可以根据需要将其更改为其他类型的形状。在Excel中，更改形状类型主要是通过“绘图工具 格式”选项卡下“插入形状”组进行的。

下面通过更改“绩效考核表3”工作簿中形状的类型为例，讲解更改形状类型的具体操作。

疑难解答：解决不能转换线条形状类型的问题

问：为什么不能将线条形状转换为其他类型的形状呢？

答：在Excel中，并非所有类型的形状都可以相互转换，有些形状只能在同种类型之间进行转换，例如线条形状。

应用案例——更改“绩效考核表3”工作簿中形状的类型

素材 光盘:\素材\第17章\绩效考核表3.xlsx

效果 光盘:\效果\第17章\绩效考核表3.xlsx

Step 01 打开“绩效考核表3”工作簿，选择A1单元格左侧的形状，利用拖动鼠标的方法在该单元格的右侧复制一个形状，然后按住【Shift】键的同时选择这两个形状。

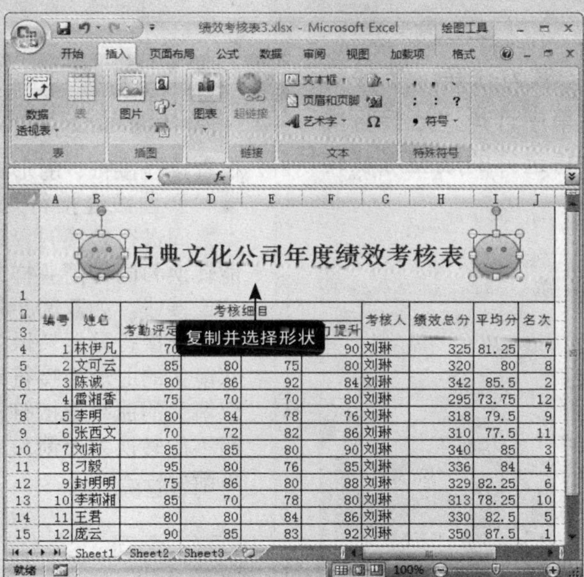

Step 02 在“绘图工具 格式”选项卡下“插入形状”组中单击“编辑形状”按钮，在弹出的下拉菜单中选择“更改形状”命令，再在弹出的子菜单中选择需要更改的形状，这里选择“基本形状”栏中的“禁止符”形状。

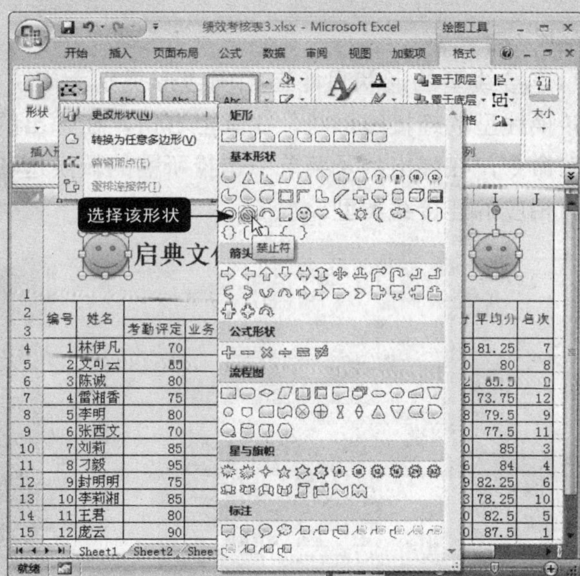

Step 03 此时即可查看到选择的形状被更改为其他形状。将鼠标光标移动到旋转控制点上，按住鼠标左键不放，顺时针旋转45° 后释放鼠标左键完成旋转形状操作。然后单击任意单元格退出形状的选择状态。在快速访问工具栏中单击“保存”按钮将所做的操作进行保存即可。

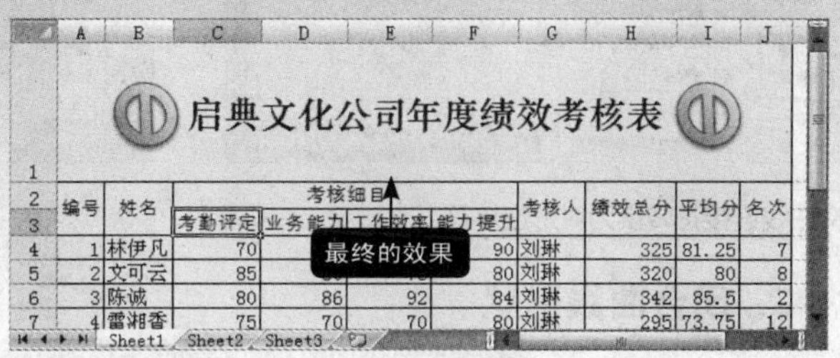

17.2.5 编辑线条类型的形状

在Excel中，线条类型的形状是比较特殊的形状，它不能在其他类型的形状之间自由更换，但是可以在同类的形状之间进行更改。线条类型的形状转换分为连接线型形状的转换、闭合曲线形状以及开放曲线形状。下面分别进行讲解。

1. 连接线型形状的转换

在Excel中，线条类型中的连接线型形状按线型可以分为直接连接符、肘形连接符和曲线连接符3类；按有无箭头又可以分为无箭头、单箭头和双箭头3种样式。

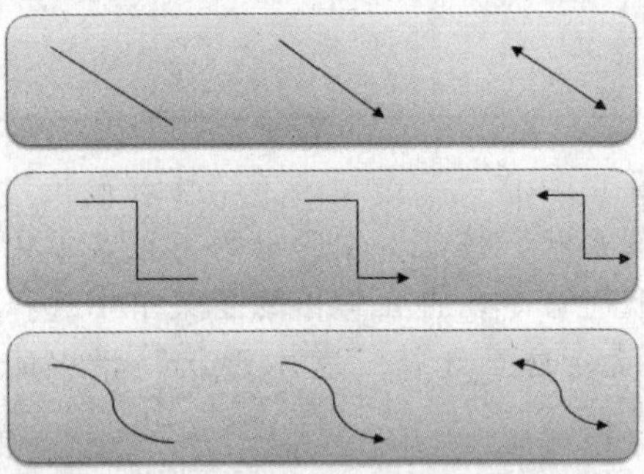

■ 按线形分类

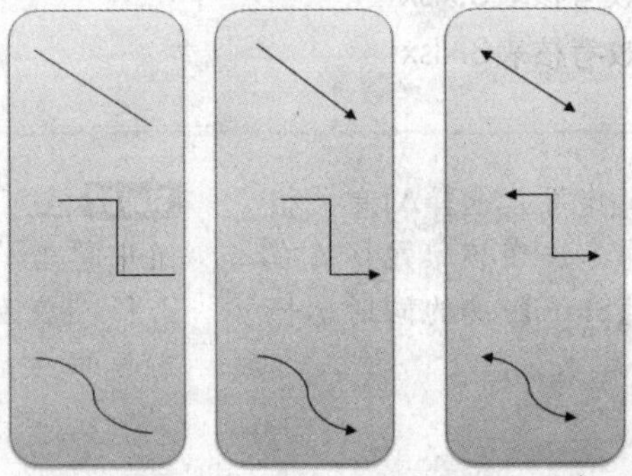

按有无箭头分类 ■

连接线型的形状只能在相同线形类别之间进行转换，其方法是：选择需要转换线型的连接线形状，在其上右击，在弹出的快捷菜单中选择“连接符类型”命令，在弹出的子菜单中选择所需的转换选项，即可将选择的线型形状转换为相应的连接线类型。

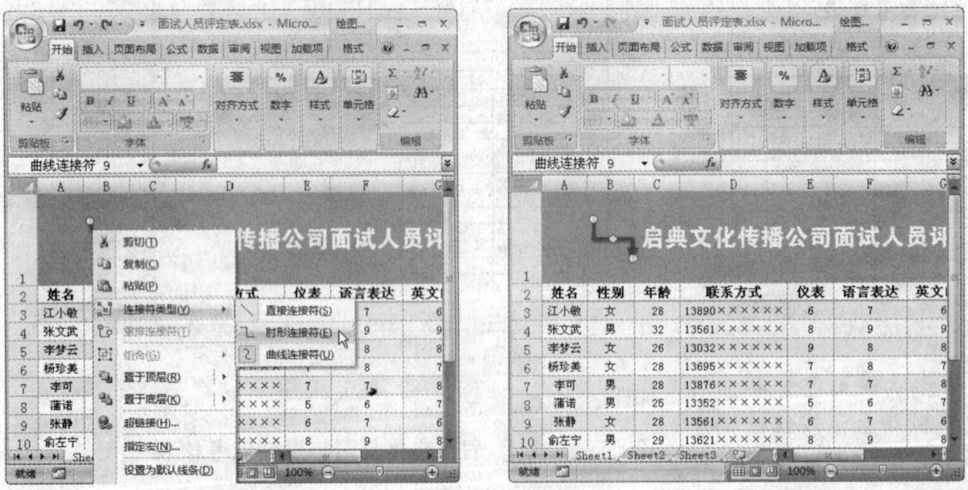

■ 将曲线连接符转换为肘形连接符

2. 闭合曲线形状

在Excel中，对于非封闭的曲线形状，用户可以使用“关闭路径”命令将该形状封闭。下面通过一个实例具体介绍闭合曲线形状的方法。

要点提示：更改闭合线条形状的类型

利用线条形状中的曲线、任意多边形和自由曲线形状绘制闭合的形状，也可以利用“绘图工具 格式”选项卡将其改变为其他类型的形状。例如，用自由曲线形状绘制的“任意多边形28”闭合形状被更改为“正五边形28”。

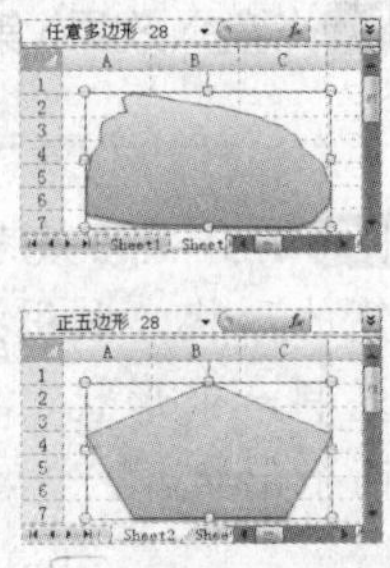

要点提示：连接符的转换规则

在直接连接符、肘形连接符和曲线连接符这3类之间进行转换时，只能转换为同种箭头样式的连接线。如双箭头的直接连接符只能转换为双箭头的肘形连接符或双箭头的曲线连接符，而不能转换为无箭头或单箭头样式。

要点提示：曲线形状的转换类型

在线条形状中，曲线形状的转换主要是通过编辑顶点的方式在开放图形与闭合图形之间进行转换。

Step 01 在工作表中选择需要闭合的非闭合形状，在其上右击，在弹出的快捷菜单中选择“编辑顶点”命令将非闭合形状转换为可编辑状态。

Step 02 选择任意一个顶点或者任意一条线段，在其上右击，在弹出的快捷菜单中选择“关闭路径”命令将非闭合的形状闭合。

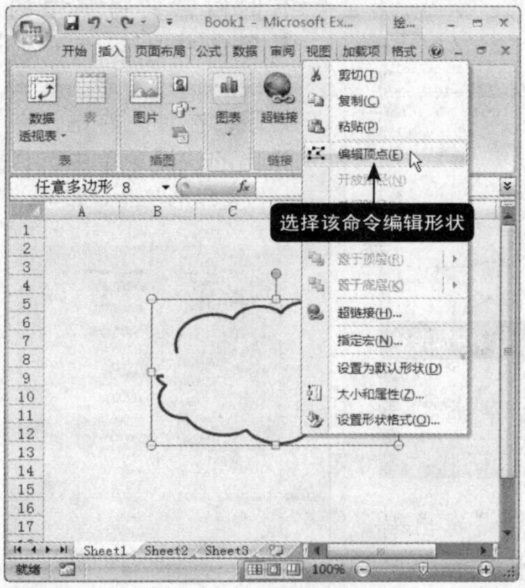

Step 03 再次选择任意一个顶点，在其上右击，在弹出的快捷菜单中选择“退出编辑顶点”命令，或者直接单击工作表中的其他单元格退出形状的编辑状态，此时即可查看到绘制的非闭合形状被转换为闭合的形状。

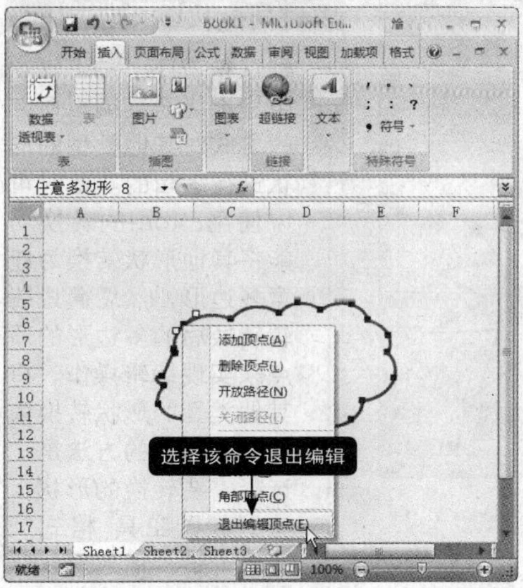

3. 开放曲线形状

在Excel中，用户也可以使用“开放路径”命令将闭合的曲线形状转换为非闭合的曲线，下面通过一个实例具体讲解开放曲线形状的操作。

Step 01 在工作表中选择需要开放的闭合形状，在“绘图工具 格式”选项卡下“插入形状”组中单击“编辑形状”按钮，在弹出的下拉菜单中选择“编辑顶点”命令将闭合形状转换为可编辑状态。

使用技巧：调整顶点平滑度

在编辑线条形状的时候，如果需要使形状的某个顶点变得平滑一些，可以在编辑状态选择该顶点后右击，在弹出的快捷菜单中选择“平滑顶点”命令，将该顶点转换为平滑顶点，然后拖动顶点两侧的调节杆即可调整顶点的平滑程度。

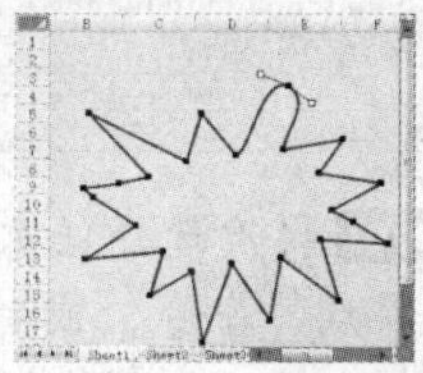

要点提示：删除顶点和线段

在编辑曲线的时候，如果需要删除某个顶点，或者某条线段，直接选择顶点或者线段后右击，在弹出的快捷菜单中选择“删除顶点”或者“删除线段”命令即可。

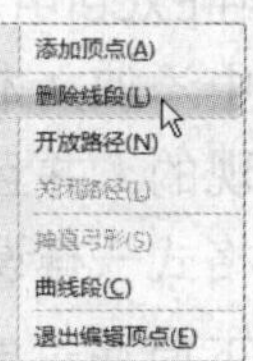

Step 02 选择任意一个顶点，在其上右击，在弹出的快捷菜单中选择“开放路径”命令将闭合的形状开放。

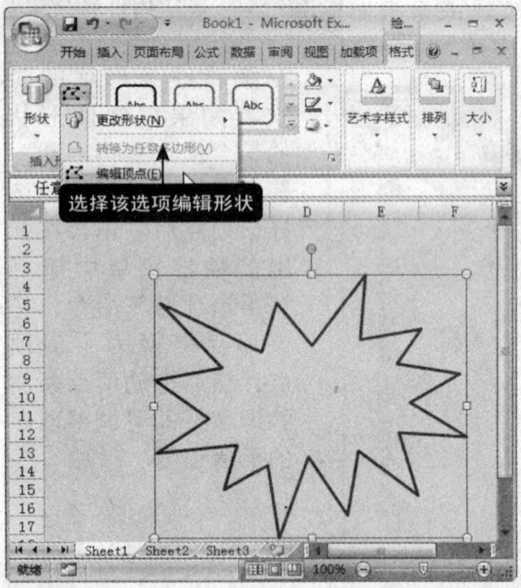

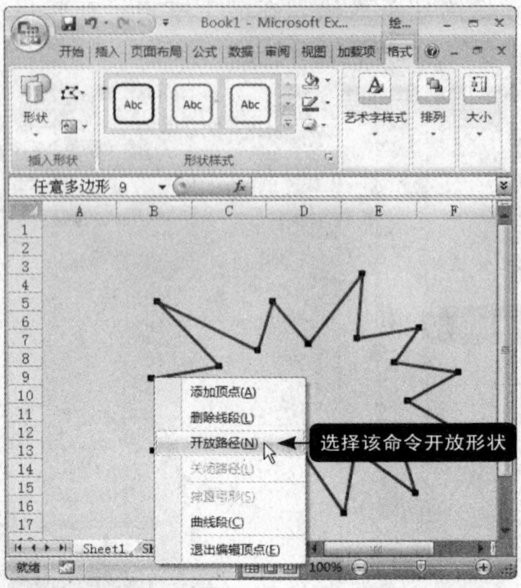

Step 03 再次选择任意一个顶点，在其上右击，在弹出的快捷菜单中选择“退出编辑顶点”命令，或者直接单击工作表中的其他单元格退出形状的编辑状态，此时即可查看到绘制的闭合形状被转换为非闭合的形状。

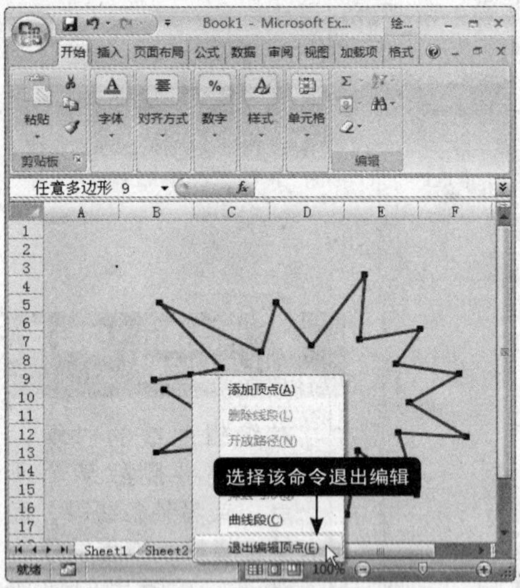

17.2.6 添加文本

在Excel中，除了线条类型中的非闭合形状以外，其他的所有形状都可以在其中添加文本，其添加的方法都是通过快捷菜单命令中的“添加文字”命令来实现的。并且在形状中添加文本后，用户可以根据需要，像设置单元格中的字体格式一样设置形状中的文本格式。

下面通过制作“职位说明”工作簿为例，讲解如何在形状中添加文本的具体操作。

使用技巧：将部分曲线段变为直线

在编辑曲线的过程中，有时候需要将其中的某条曲线段拉伸变为直线。此时只需选择该线段，在其上右击，在弹出的快捷菜单中选择“拉直弓形”命令即可。

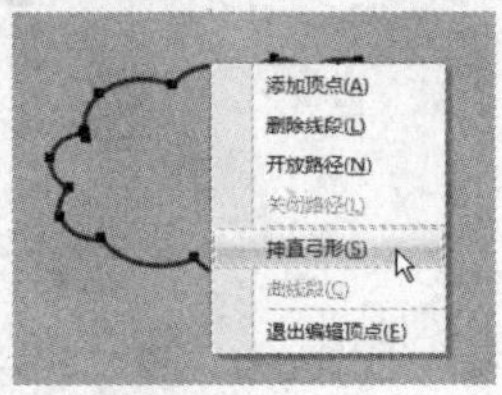

使用技巧：利用顶点编辑其他形状

默认情况下，在Excel中是不能通过编辑顶点的方式对其他类型的形状进行编辑的。此时可以使用Excel的转换功能将其他形状转换为任意多边形，然后通过编辑转换后的多边形的顶点来实现编辑操作。将其他类型的形状转换为任意多边形的方法是：选择需要转换的形状，在“绘图工具 格式”选项卡下“插入形状”组中单击“编辑形状”按钮，在弹出的下拉菜单中选择“转换为任意多边形”命令即可。

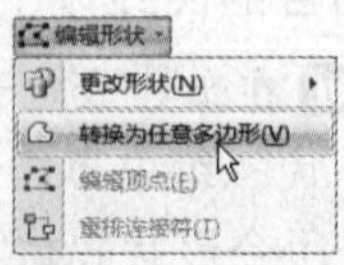

应用案例——制作“职位说明”工作簿

效果 光盘:\效果\第17章\职位说明.xlsx

Step 01 新建一个“职位说明”工作簿，在“视图”选项卡下“显示/隐藏”组中取消选中“网格线”复选框。在“插入”选项卡下“插图”组中单击“形状”按钮，在弹出的下拉菜单的“基本形状”栏中选择“椭圆”形状。

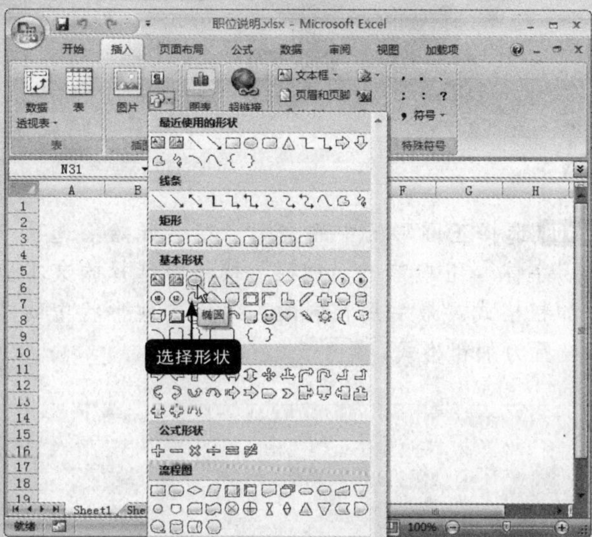

Step 02 按住【Shift】键不放，拖动鼠标绘制一个正圆形状，用相同的方法在正圆形状的右侧和上方分别绘制一个箭头形状和圆角矩形形状。

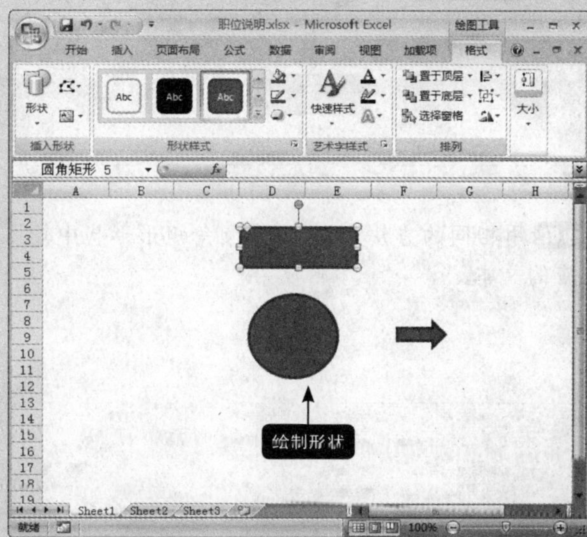

Step 03 选择圆角矩形形状，分别在正圆形状的左侧、右侧和下方复制3个相同的形状。

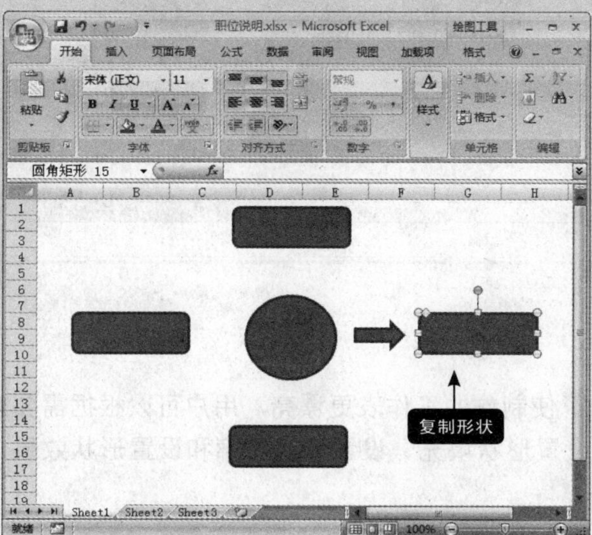

Step 04 用相同的方法在圆角矩形的上方、下方和左侧复制3个箭头形状，并按住每个箭头形状的旋转控制点对形状进行旋转操作，调整所有形状的位置。

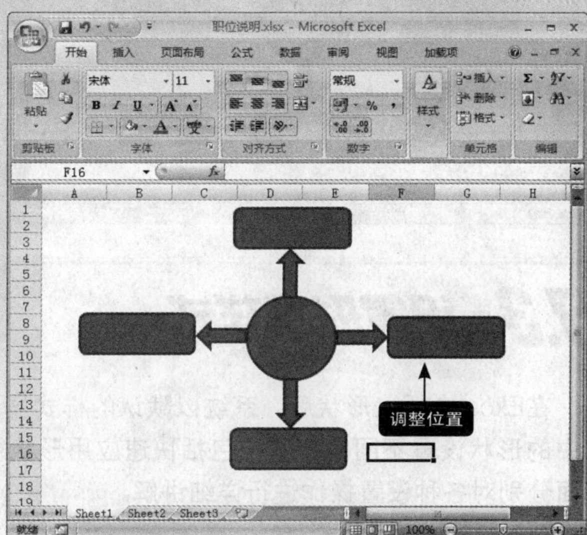

Step 05 选择中间的正圆形状，在其上右击，在弹出的快捷菜单中选择“编辑文字”命令。

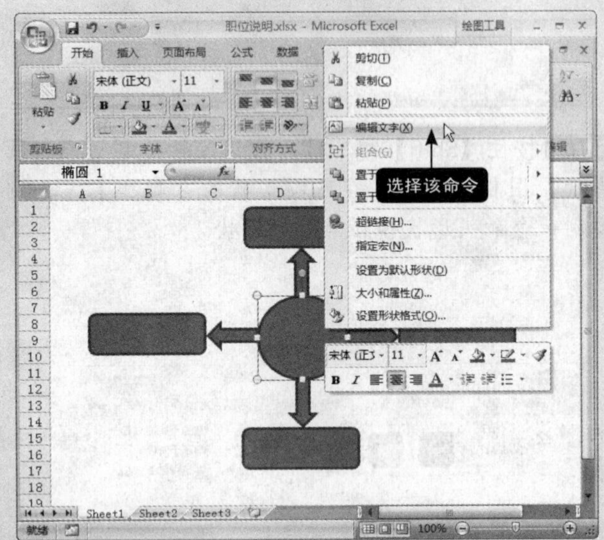

Step 06 此时系统自动将光标插入点定位到该形状中，直接在其中输入文本，这里输入“总经理职责”文本。

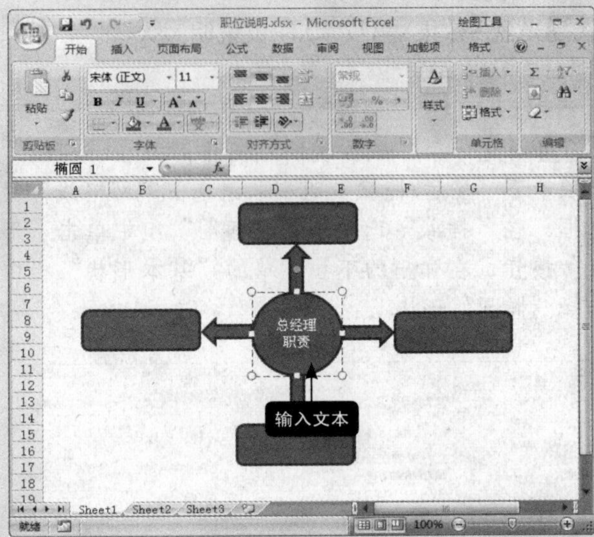

Step 07 用相同的方法分别在4个圆角矩形形状中输入相应的文本。

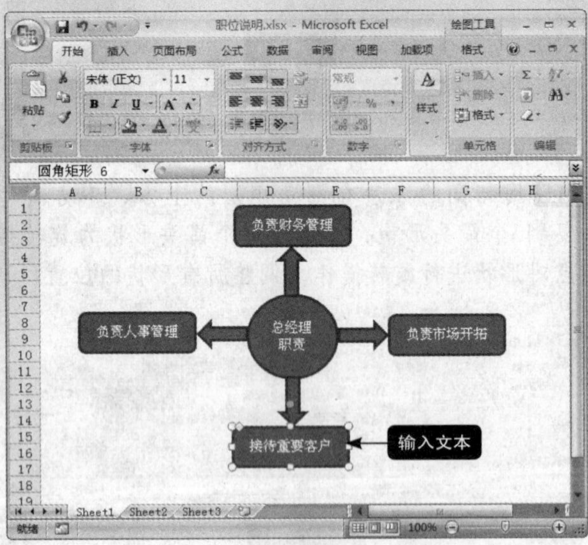

Step 08 选择正圆形状中的文本，在“开始”选项卡下“字体”组中单击“加粗”按钮将选择的文本应用加粗格式。最后用相同的方法将其他形状中的文本设置为加粗格式。

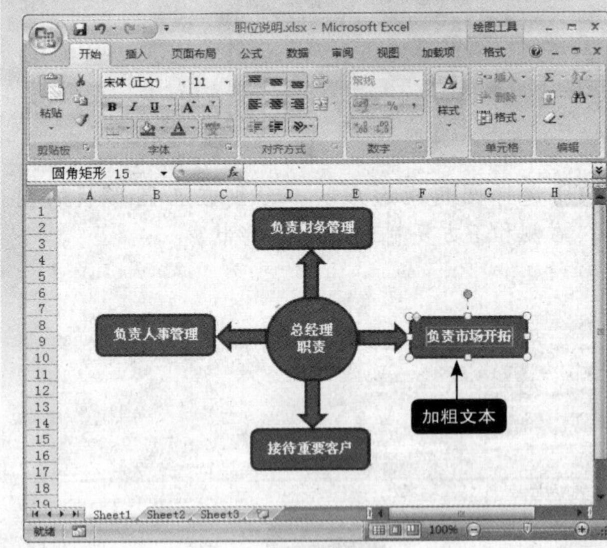

17.3 设置形状样式

在Excel中插入形状后，系统以默认的样式显示。为了使制作的工作表更漂亮，用户可以根据需要对其中的形状设置不同的样式，包括快速应用形状样式、设置形状填充、设置形状轮廓和设置形状效果。下面分别对各种设置操作进行详细讲解。

17.3.1 快速应用形状样式

在Excel中，系统也为用户提供了多种预设的形状外观，只要选择需要应用样式的形状，在“绘图工具 格式”选项卡下“形状样式”组中的下拉菜单中选择相应的选项即可。

下面以为“职位说明1”工作簿中的形状应用样式为例，讲解快速应用形状样式的具体操作。

要点提示：应用其他主题样式

在“形状样式”组的下拉菜单中选择“其他主题填充”命令，在弹出的子菜单中选择相应的选项可以为形状应用更多的样式。

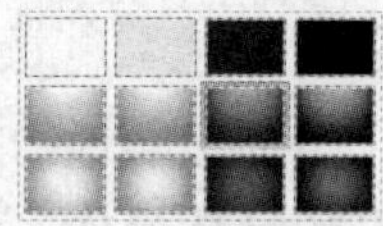

应用案例——为“职位说明1”工作簿的形状快速应用样式

素材 光盘:\素材\第17章\职位说明1.xlsx

效果 光盘:\效果\第17章\职位说明1.xlsx

Step 01 打开“职位说明1”工作簿，选择“总经理职责”正圆形状。在“绘图工具 格式”选项卡下，在“形状样式”组中单击右侧的“其他”按钮，在弹出的下拉菜单中选择需要的样式，这里选择“细微效果-强调颜色3”样式。

Step 02 按住【Shift】键选择工作表中的所有箭头形状，在“形状样式”组中单击右侧的“其他”按钮，在弹出的下拉菜单中选择“细微效果-强调颜色4”样式。

Step 03 按住【Shift】键选择工作表中的所有圆角矩形形状。在“形状样式”组中单击右侧的“其他”按钮，在弹出的下拉菜单中选择“细微效果-强调颜色1”样式。然后单击任意单元格退出形状的选择状态。在快速访问工具栏中单击“保存”按钮将所做的操作进行保存即可。

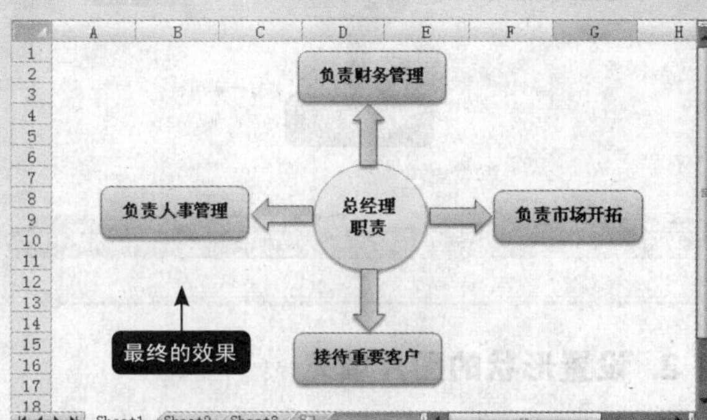

17.3.2 设置形状填充

对于闭合的形状，用户均可以对其设置相应的填充样式，即设置形状的背景。在Excel中，形状的填充设置包括4个方面，分别是设置纯色填充、设置图片填充、设置渐变填充以及设置纹理填充，下面分别对其进行详细介绍。

1. 设置形状的纯色填充

默认情况下插入闭合的形状后，系统自动以纯色填充形状，用户可以根据需要，通过“绘图工具 格式”选项卡下“形状样式”组更改相应的填充颜色。

下面以更改“职位说明2”工作簿中形状的颜色为例，讲解设置形状纯色填充的具体操作。

使用技巧：通过对话框设置纯色填充

选择形状后，单击“形状样式”组中的对话框启动器按钮，在打开的“设置形状格式”对话框的“填充”选项卡中选择“纯色填充”单选按钮，再单击“颜色”按钮的下拉按钮，在弹出的下拉列表中选择相应的颜色即可进行设置。

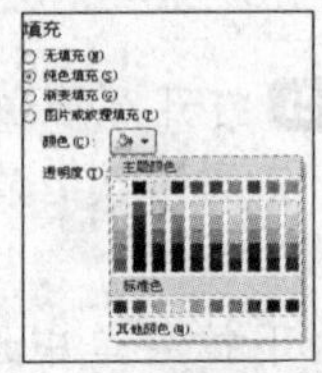

应用案例——为“职位说明2”工作簿的形状快速应用样式

素材 光盘:\素材\第17章\职位说明2.xlsx

效果 光盘:\效果\第17章\职位说明2.xlsx

Step 01 打开“职位说明2”工作簿，选择“总经理职责”正圆形状。在“绘图工具 格式”选项卡下“形状样式”组中单击“形状填充”按钮的下拉按钮，在弹出的下拉菜单的“主题颜色”栏中选择“橄榄色,强调文字颜色3,深色25%”选项。

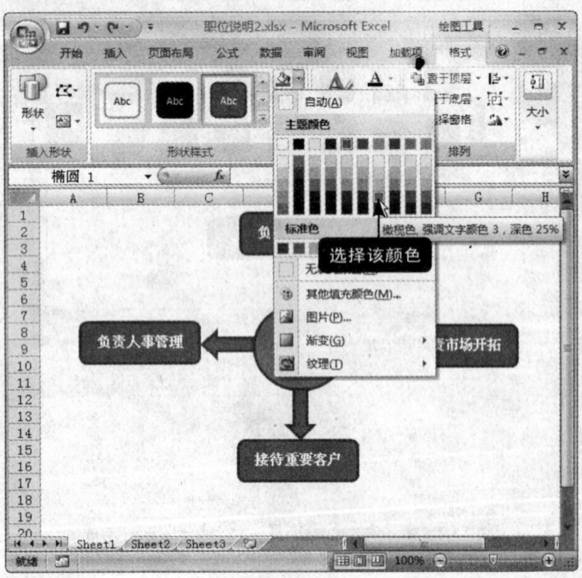

Step 02 用相同的方法分别将所有的箭头形状和所有的圆角矩形形状的颜色填充为“橄榄色,强调文字颜色3,淡色40%”和“水绿色,强调文字颜色5,淡色40%”，然后单击工作表的其他单元格退出形状的选择状态，完成整个操作。

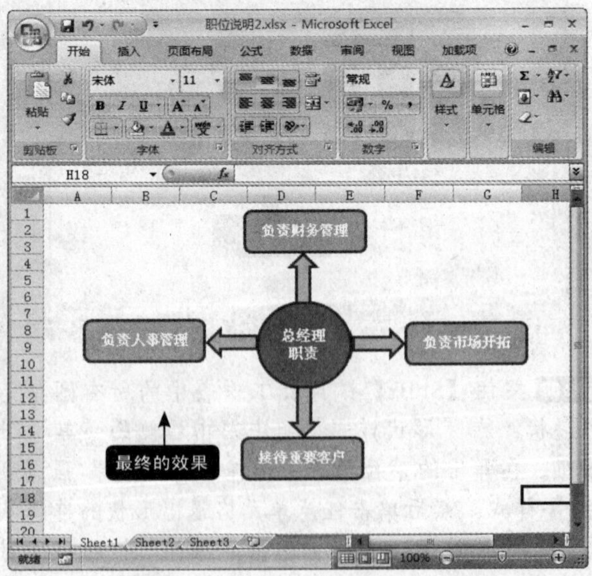

2. 设置形状的图片填充

通过“形状填充”下拉菜单中的“图片”命令可以将存储在电脑中的JPG、BMP、WMF、TIFF等格式的图片设置为形状的填充背景。下面通过在“每周食谱1”工作簿中为形状设置图片背景为例，讲解为形状设置图片填充的具体操作。

应用案例——为“每周食谱1”工作簿的形状设置图片填充

素材 光盘:\素材\第17章\每周食谱.xlsx

效果 光盘:\效果\第17章\每周食谱1.xlsx

Step 01 打开“每周食谱1”工作簿，选择第一个椭圆形状。在“绘图工具 格式”选项卡下“形状样式”组中单击“形状填充”按钮的下拉按钮，在弹出的下拉菜单中选择“图片”命令。

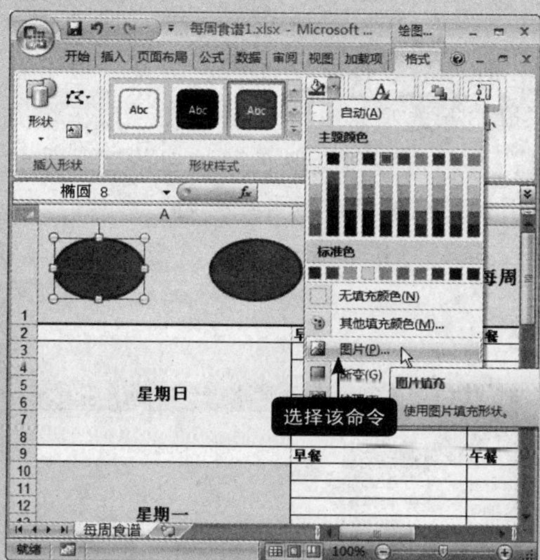

Step 02 在打开的“插入图片”对话框的“查找范围”下拉列表中选择图片保存的路径，再选择需要的图片，这里选择“1.JPG”图片，单击“插入”按钮，或者双击选择的图片。

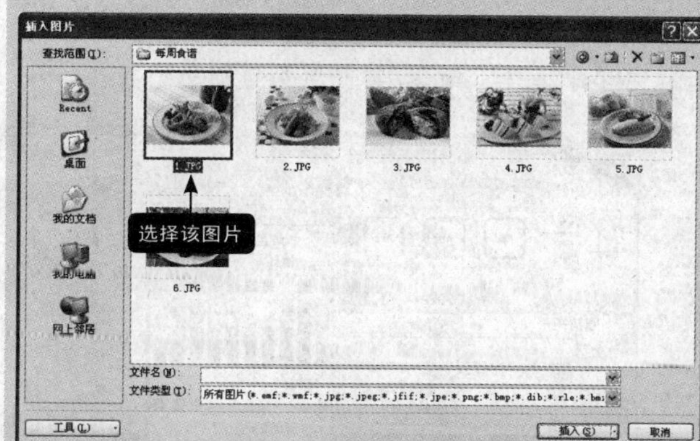

Step 03 在返回的工作表中即可查看到系统自动为选择的形状设置了图片填充的效果。

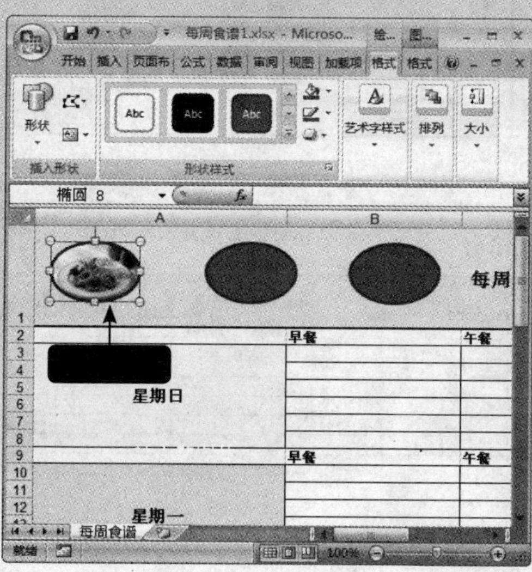

Step 04 用相同的方法为工作表中的其他形状设置相应的图片填充效果，并将修改过的工作簿进行保存。

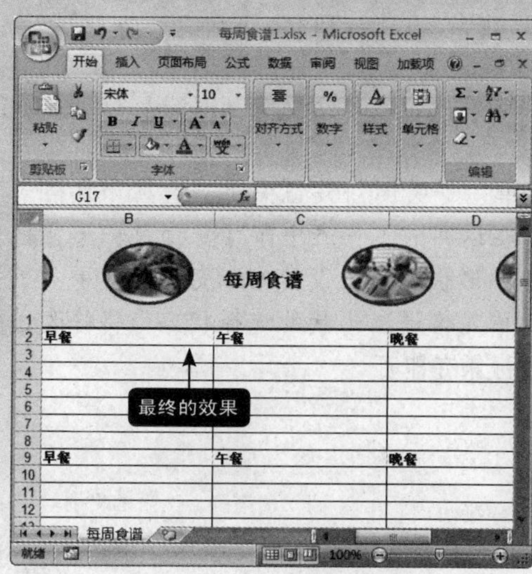

3. 设置形状的渐变填充

在设置纯色填充的时候，用户也可以根据需要，利用“形状填充”下拉菜单中的“渐变”命令再对设置的纯色填充背景添加一个渐变效果。此外，还可以通过“渐变”子菜单中的“其他渐变”命令打开“设置形状格式”对话框，在其中设置更多的渐变效果。

下面通过设置“绩效考核表4”工作簿中形状的填充格式为例，讲解设置形状渐变填充的具体操作。

要点提示：打开“设置形状格式”对话框

在“绘图工具 格式”选项卡下“形状样式”组中单击对话框启动器按钮，也可以打开“设置形状格式”对话框。

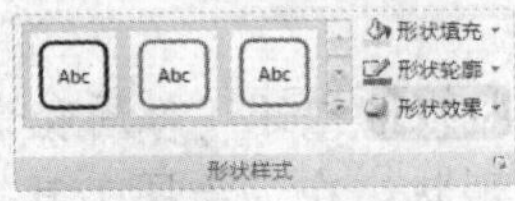

应用案例——为“绩效考核表4”工作簿的形状设置渐变填充

素材 光盘:\素材\第17章\绩效考核表4.xlsx

效果 光盘:\效果\第17章\绩效考核表4.xlsx

Step 01 打开“绩效考核表4”工作簿，选择圆角矩形形状。在“绘图格式 工具”选项卡下“形状样式”组中单击“形状填充”按钮的下拉按钮，在弹出的下拉菜单中选择“渐变/其他渐变”命令。

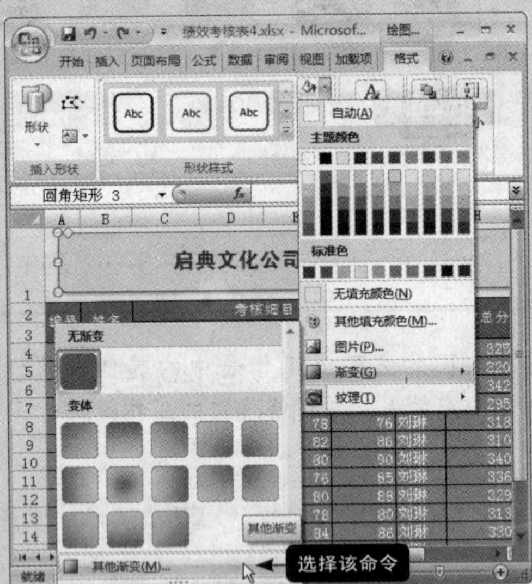

Step 02 在打开的“设置形状格式”对话框中单击左侧的“填充”选项卡，在右侧选择“渐变填充”单选按钮，再单击“预设颜色”按钮的下拉按钮，在弹出的下拉菜单中选择“雨后初晴”选项。

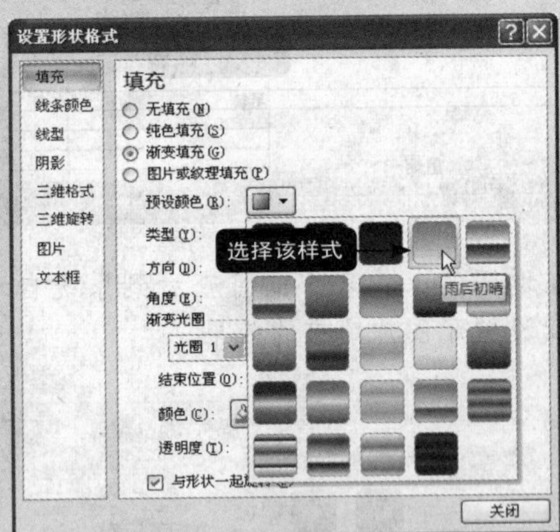

Step 03 单击“关闭”按钮关闭“设置形状格式”对话框。在返回的工作表中即可查看到A1单元格中的圆角矩形形状应用了设置的渐变填充效果。单击其他任意单元格退出形状的选择状态，将修改过的工作簿进行保存即可。

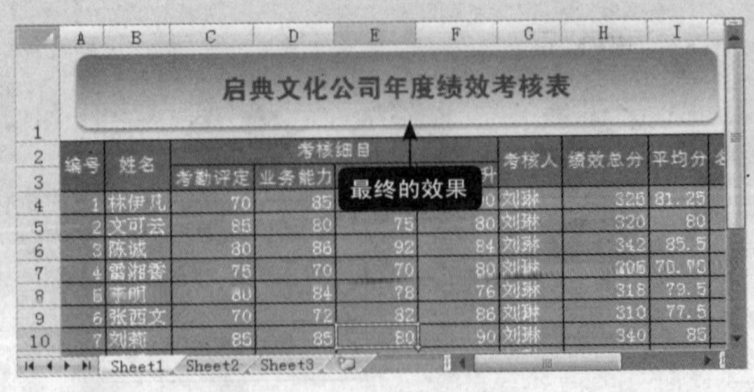

4. 设置形状的纹理填充

在Excel中，除了可以为形状设置纯色填充、图片填充和渐变填充以外，还可以为形状设置相应的纹理填充，为形状设置纹理填充的操作也是在“形状填充”下拉菜单中完成的。

下面以设置“绩效考核表5”工作簿中形状的填充格式为例，讲解设置形状纹理填充的具体操作。

使用技巧：通过快捷菜单打开对话框

选择形状后右击，在弹出的快捷菜单中选择“设置图片格式”命令也可打开“设置图片格式”对话框。

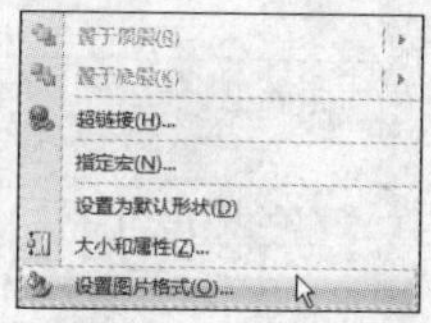

应用案例——为“绩效考核表5”工作簿的形状设置纹理填充

素材 光盘:\素材\第17章\绩效考核表5.xlsx

效果 光盘:\效果\第17章\绩效考核表5.xlsx

Step 01 打开“绩效考核表5”工作簿，选择A1单元格中的圆角矩形形状。在“绘图格式 工具”选项卡下“形状样式”组中单击“形状填充”按钮的下拉按钮，在弹出的下拉菜单中选择“纹理”命令，再在弹出的子菜单中选择“蓝色面巾纸”选项。

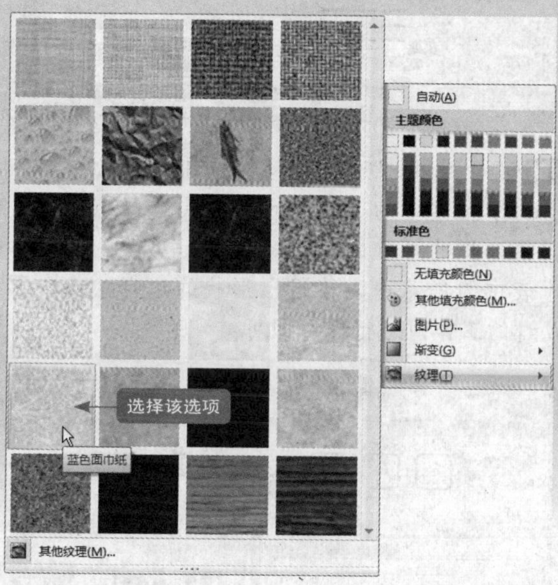

Step 02 返回工作表，此时即可查看到A1单元格中的圆角矩形形状应用了设置的纹理效果。单击工作表的其他单元格退出形状的选择状态，然后将修改过的工作簿进行保存即可。

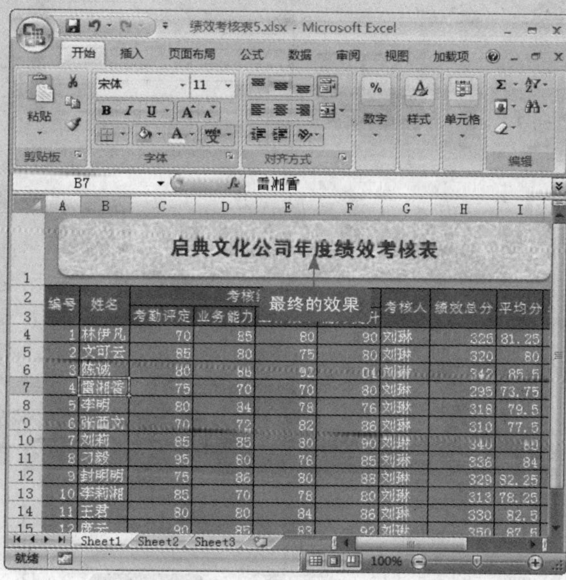

17.3.3 设置形状轮廓

在Excel中，所有的形状都可以设置相应的轮廓效果，包括设置轮廓颜色、粗细和虚线等。此外，对于箭头来说，还可以设置箭头的形状和方向。下面通过实例具体介绍设置轮廓形状的操作方法。

应用案例——设置“每周食谱2”工作簿中形状的轮廓格式

素材 光盘:\素材\第17章\每周食谱2.xlsx

效果 光盘:\效果\第17章\每周食谱2.xlsx

Step 01 打开“每周食谱2”工作簿，按住【Shift】键的同时选择所有的椭圆形状。在“绘图工具 格式”选项卡下“形状样式”组中单击“形状轮廓”按钮的下拉按钮，在弹出的下拉菜单中选择“粗细”命令，再在弹出的子菜单中选择“2.25磅”选项。

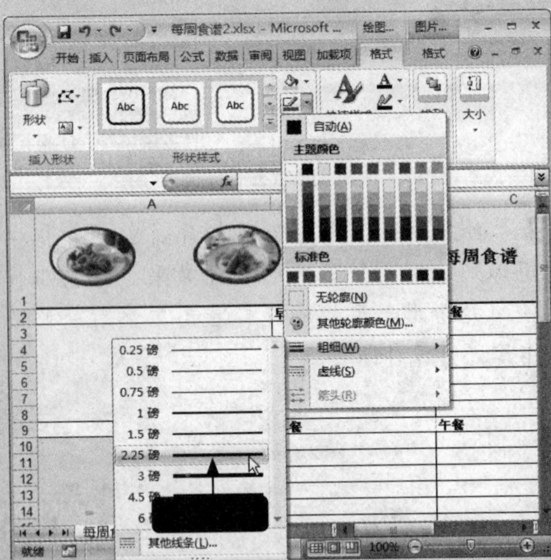

Step 02 再次单击“形状轮廓”按钮的下拉按钮，在弹出的下拉菜单中选择“虚线/其他线条”命令。

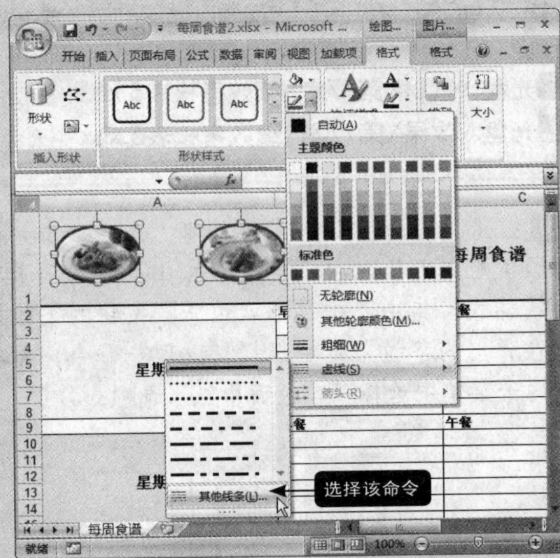

Step 03 在打开的“设置形状格式”对话框中单击“复合类型”按钮的下拉按钮，在弹出的下拉菜单中选择“双线”选项。单击“关闭”按钮关闭该对话框，系统自动为选择的形状应用设置的双线格式。

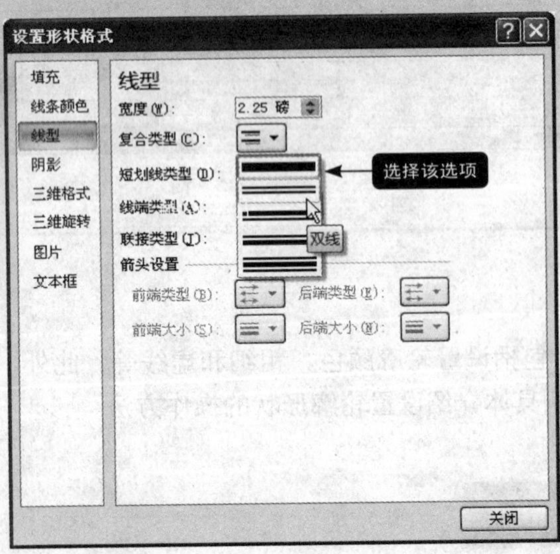

Step 04 再次单击“形状轮廓”按钮的下拉按钮，在弹出的下拉菜单的“标准色”栏中选择“紫色”选项，将选择的形状的轮廓颜色进行更改。然后单击工作表中的任意单元格退出形状的选择状态，再将修改过的工作簿进行保存即可。

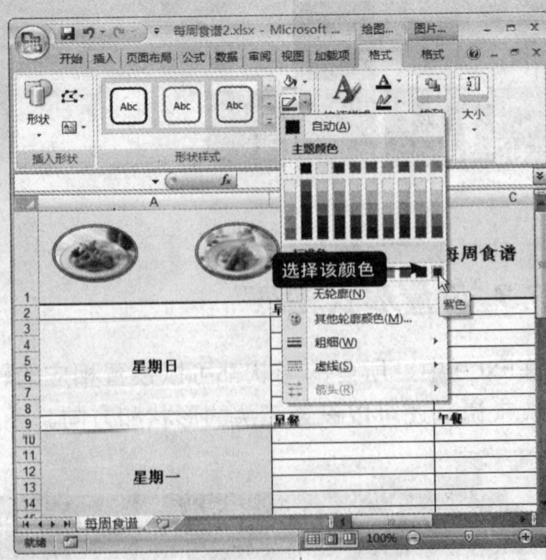

17.3.4 设置形状效果

在Excel中，系统还预定义了各种三维效果，包括预设、阴影、映像、发光、柔化边缘、棱台和三维旋转等，用户可以根据需要更改形状的三维效果。下面通过实例具体介绍设置轮廓形状的操作方法。

应用案例——设置“每周食谱3”工作簿中形状的三维效果

素材 光盘:\素材\第17章\每周食谱3.xlsx

效果 光盘:\效果\第17章\每周食谱3.xlsx

Step 01 打开“每周食谱3”工作簿，选择所有椭圆形状。在“绘图工具 格式”选项卡下“形状样式”组中单击“形状效果”按钮，在弹出的下拉菜单中选择“预设”命令，再在弹出的子菜单中选择“预设3”选项。

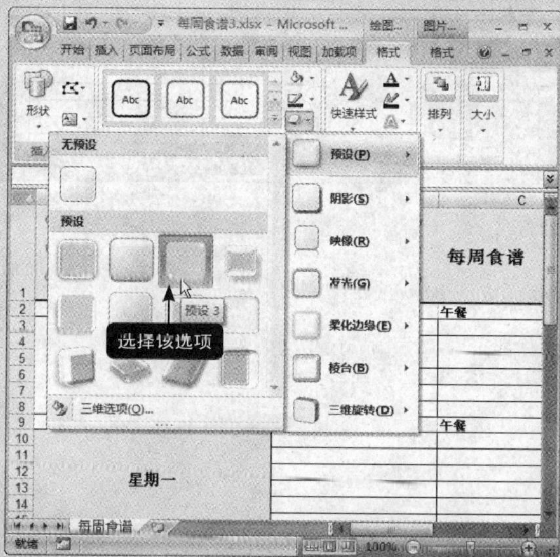

Step 02 单击其他任意单元格退出形状的选择状态。选择第2个椭圆形状，单击“形状效果”按钮，在弹出的下拉菜单中选择“阴影”命令，再在弹出的子菜单中选择“向右偏移”选项。

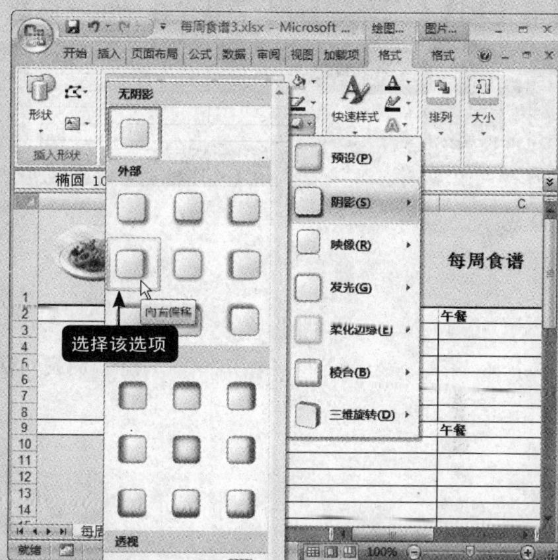

Step 03 选择第3个椭圆形状，单击“形状效果”按钮，在弹出的下拉菜单中选择“映像”命令，再在弹出的子菜单中选择“半映像，接触”选项。

Step 04 选择第4个形状，单击“形状效果”按钮，在弹出的下拉菜单中选择“发光”命令，再在弹出的子菜单中选择“强调文字颜色4,8pt发光”选项。

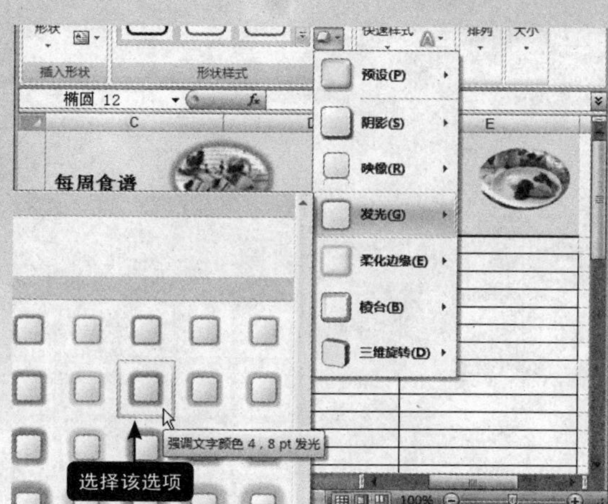

Step 05 选择第5个椭圆形状，单击“形状效果”按钮，在弹出的下拉菜单中选择“棱台”命令，再在弹出的子菜单中选择“角度”选项。

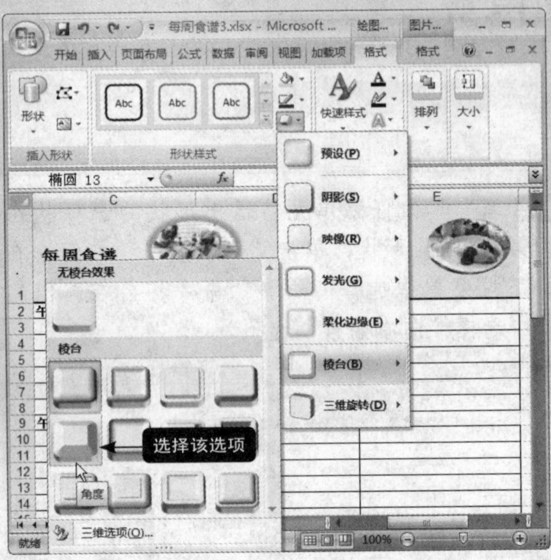

Step 06 选择第6个椭圆形状，单击“形状效果”按钮，在弹出的下拉菜单中选择“三维旋转”命令，再在弹出的子菜单中选择“上透视”选项。单击其他任意单元格退出形状的选择状态，然后将修改的工作簿进行保存即可。

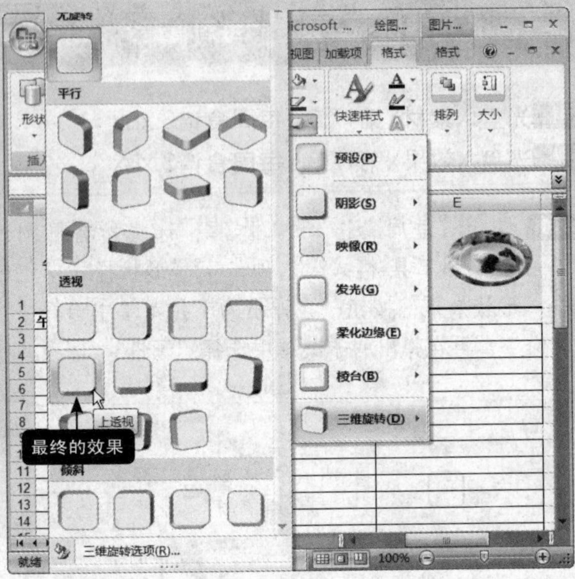

18 Chapter 创建文本框与艺术字

READERS' GUIDE

在Excel表格设计中，有时候需要输入一段文本对表格数据进行说明。此时可以使用Excel中的文本框功能来实现。另外，为了增加表格的艺术性，还可以使用艺术字来制作标题。

MAIN CASES

插入文本框 P281
在文本框中输入文字 P283
设置文本框格式 P284
创建艺术字 P287
编辑艺术字 P288

18.1 使用文本框容纳文字

文本框是一类比较特殊的对象，它可以在工作表的任意位置进行移动，而且可以在文本框中输入文本、艺术字等。下面分别介绍在Excel中插入文本框、在文本框中输入文字，以及设置文本框格式和链接文本框的相关操作。

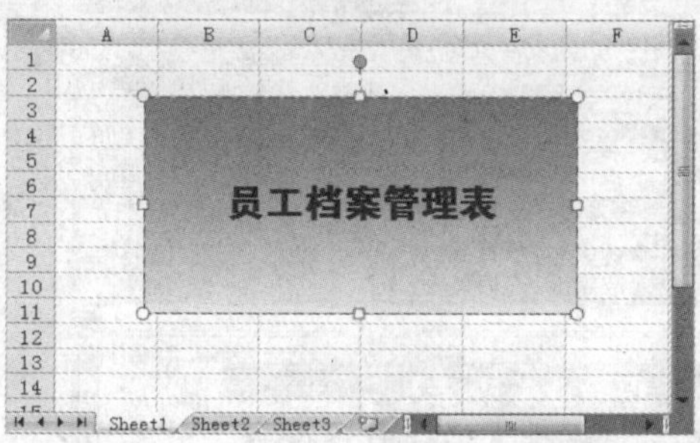

■在文本框中插入文字

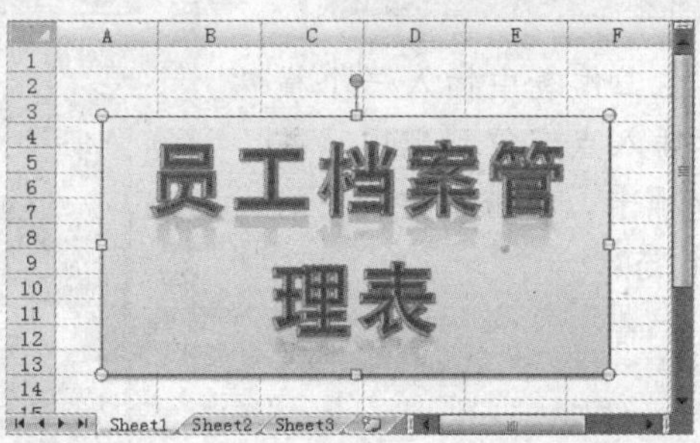

在文本框中插入艺术字■

18.1.1 插入文本框

在Excel中，文本框可以分为横排文本框和竖排文本框两种。其中，在横排文本框中输入的文本以横向进行排列，在竖排文本框中输入的文本以竖向进行排列。用户可以根据需要选择插入相应的文本框。

疑难解答：解决在文本框中不能插入艺术字的问题

问：为什么在工作表中插入一个文本框后，不能在其中插入艺术字呢？

答：在Excel中，手动的插入文本框后，再在其中插入艺术字是不能实现的。因为，在使用插入艺术字功能的时候，系统会自动添加一个文本框。

在工作表中插入文本框的方法有两种，一种是在“插入”选项卡下“插图”组中单击“形状”按钮，在弹出的下拉菜单的“基本形状”栏中选择文本框形状后，通过绘制形状的方法插入文本框；另一种方法是通过“插入”选项卡下“文本”组进行插入。

下面通过“插入”选项卡插入一个横排文本框为例，讲解插入文本框的具体方法。

要点提示：插入竖排文本框

在“文本框”下拉菜单中选择“竖排文本框”选项，然后拖动鼠标即可绘制一个竖排文本框。

应用案例——插入横排文本框

Step 01 打开需要插入横排文本框的工作簿，在“插入”选项卡下“文本”组中单击“文本框”按钮的下拉按钮，在弹出的下拉菜单中选择“横排文本框”命令。

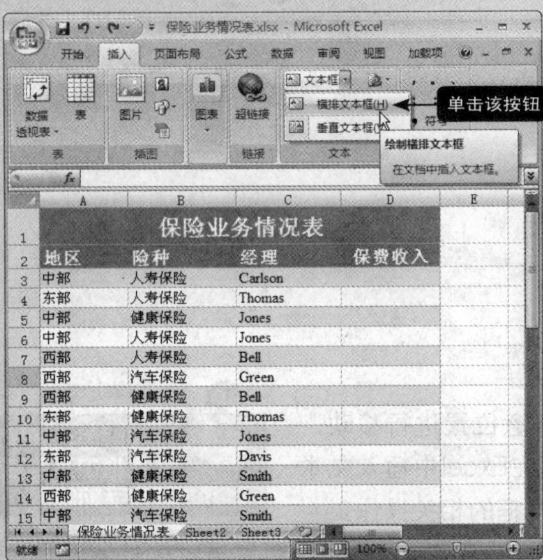

Step 02 此时鼠标光标变为↓形状，按住鼠标左键不放，拖动鼠标，绘制出一个矩形框。

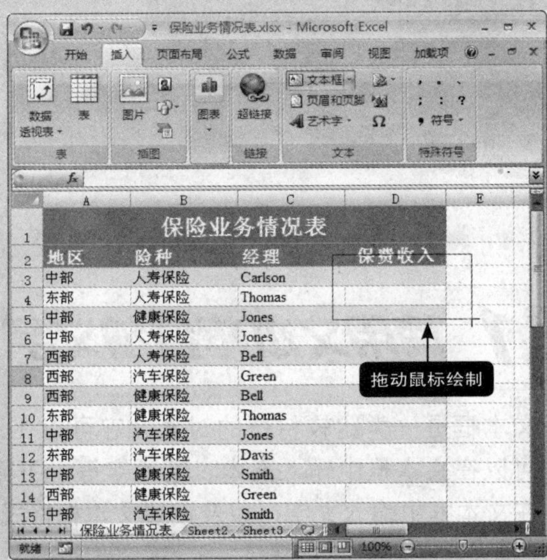

Step 03 释放鼠标左键后即可在工作表中插入一个横排文本框。系统自动将光标插入点定位到其中，并且打开“绘图工具 格式”选项卡，单击工作表中的任意位置退出文本框的选择状态。

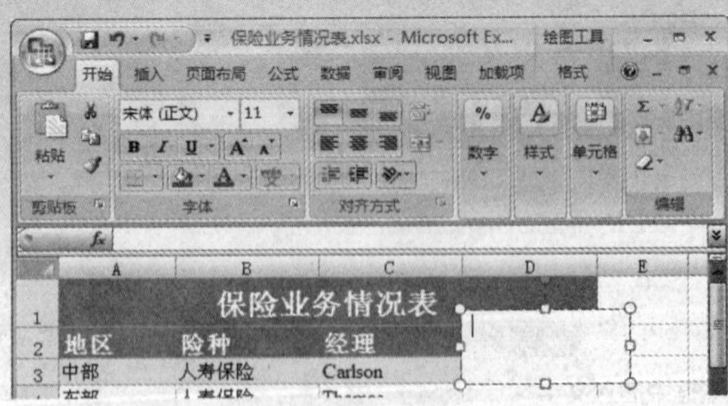

18.1.2 选择文本框

在对文本框进行操作之前，首先需要选择文本框。其常用的选择方法主要有两种，下面分别进行讲解。

◆ **直接选择文本框**：将鼠标光标移动到文本框的边框上，双击即可选择该文本框。如果用户正在编辑文本框中的文本，也可以将鼠标光标移动到文本框边框上，当其变为✥形状时，单击即可。

- **通过快捷菜单选择文本框**：将鼠标光标移动到文本框中，单击将光标插入点定位到文本框中，然后右击，在弹出的快捷菜单中选择“退出文本编辑”命令即可。

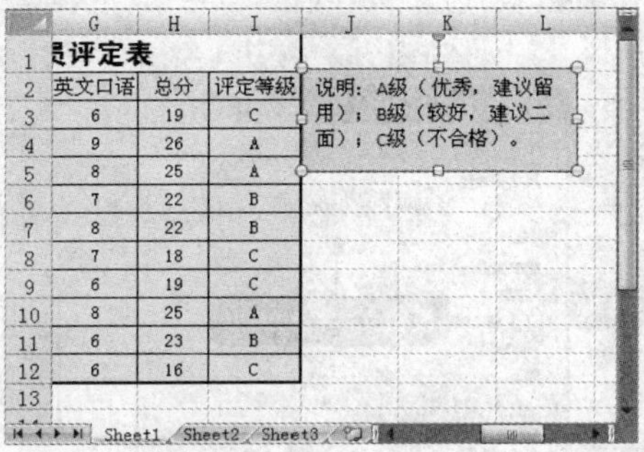

■ 直接选择文本框

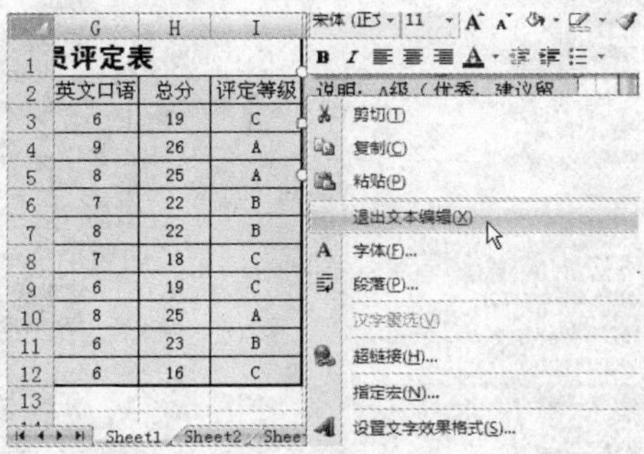

通过快捷菜单选择文本框 ■

18.1.3 在文本框中输入文字

在工作表中插入文本框后即可直接在其中输入文字。如果已经在工作表中插入了文本框，此时可以选择该文本框，在其上右击，在弹出的快捷菜单中选择“编辑文字”命令将文本插入点定位到其中，然后输入文本。

下面将以在“社保代扣表”工作簿中的文本框中输入文字为例，讲解在文本框中输入文字的方法。

应用案例——在文本框中输入文本

素材 光盘:\素材\第18章\社保代扣表.xlsx

效果 光盘:\效果\第18章\社保代扣表.xlsx

使用技巧：移动文本框的位置

在Excel中，插入的文本框的默认版式是浮于文字上方。可以选择该文本框后，将鼠标光标移动到文本框上，当其变为✥形状时，按住鼠标左键进行拖动即可移动文本框到任意位置。

通过拖动控制点调整、使用“绘图工具 格式”选项卡下“大小”组调整，以及在“大小和属性”对话框中进行调整，具体的操作与调整形状大小的方法完全相同。

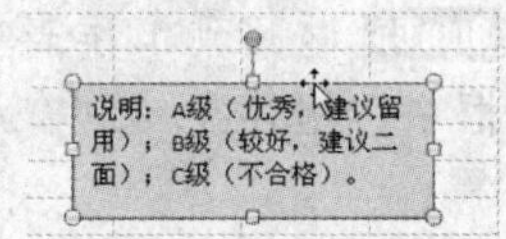

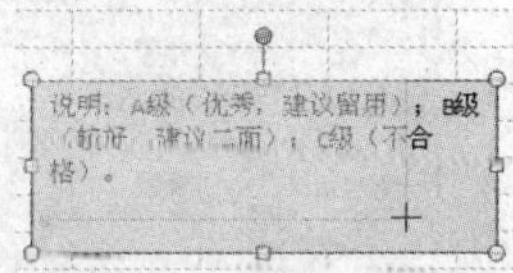

Step 01 打开“社保代扣表”工作簿，选择其中的文本框，在其上右击，在弹出的快捷菜单中选择“编辑文字”命令，将光标插入点定位到文本框中。

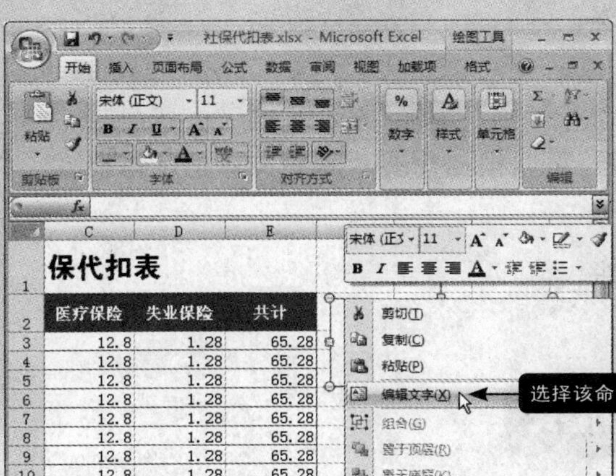

Step 02 此时即可在文本框中输入需要的文本。这里输入“社保缴费说明：”文本。

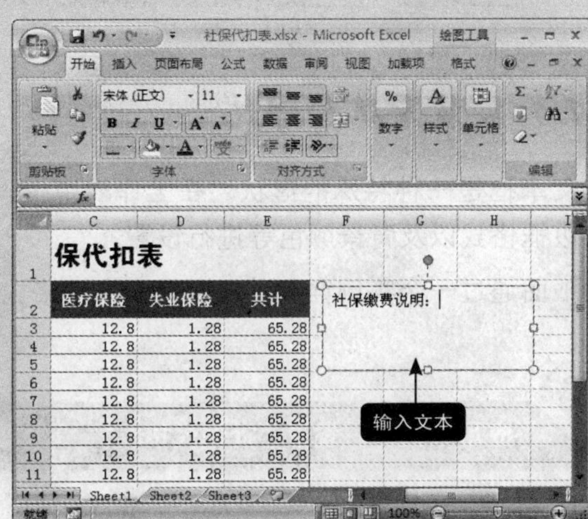

Step 03 在文本框上右击，在弹出的快捷菜单中选择“大小和属性”命令。

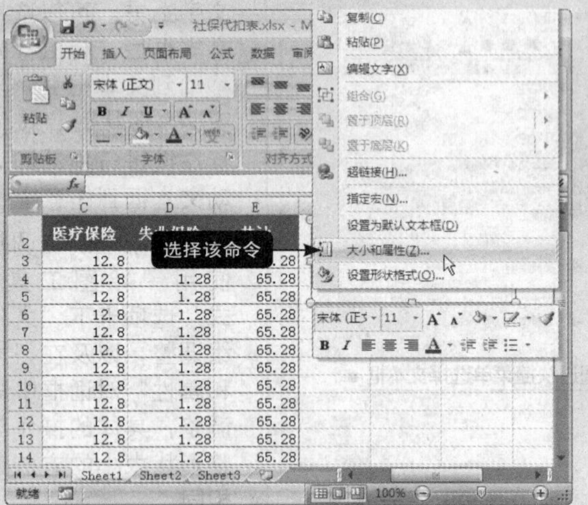

Step 04 在打开的“大小和属性”对话框的“大小”选项卡中，设置“尺寸和旋转”选项组的“高度”和“宽度”值，以调整文本框的大小，单击“关闭”按钮关闭该对话框。

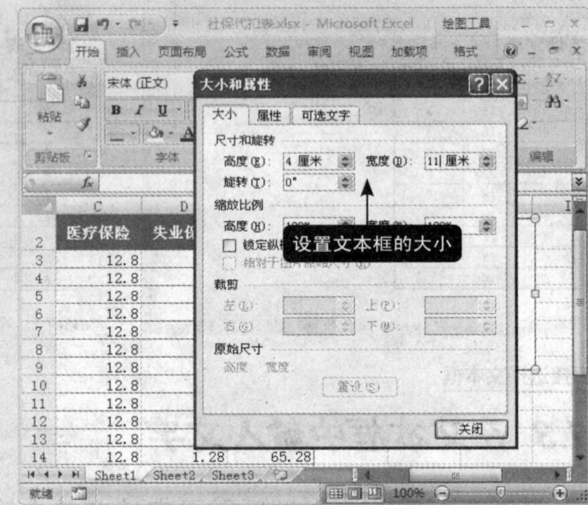

Step 05 返回到工作表中，将光标插入点定位到文本框中，继续在其中输入其他数据。

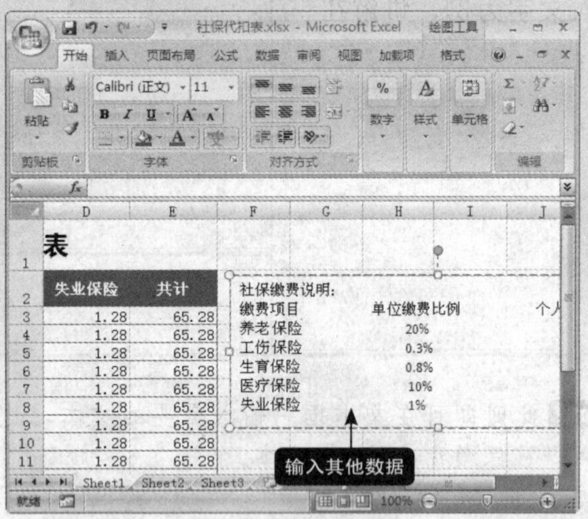

Step 06 选择文本框，将鼠标光标移动到文本框边框上，按住鼠标左键不放将其移动到F2单元格位置处。

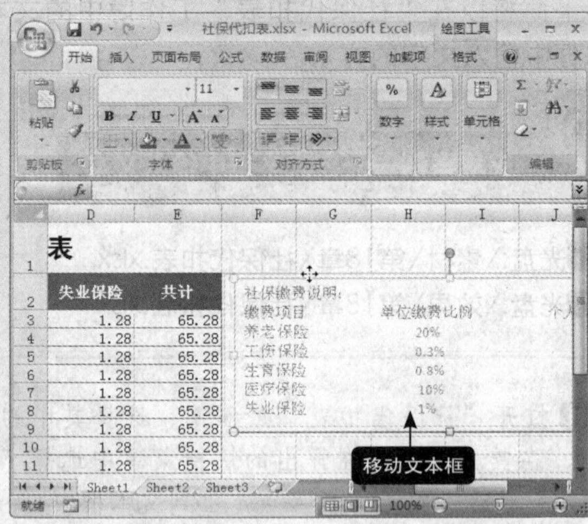

18.1.4 设置文本框格式

文本框是一种特殊的形状，在工作表中插入文本框后，可以根据需要对其中文本的字体格式、文本框的边框格式以及背景颜色等进行设置。

下面通过一个实例详细讲解设置文本框格式的具体操作。

应用案例——设置“社保代扣表1”工作簿中文本框的格式

素材 光盘:\素材\第18章\社保代扣表1.xlsx

效果 光盘:\效果\第18章\社保代扣表1.xlsx

Step 01 打开“社保代扣表1”工作簿，选择其中的文本框。在“绘图工具 格式”选项卡下“形状样式”组中单击“形状填充”按钮的下拉按钮，在弹出的下拉菜单中选择“渐变/其他渐变”命令。

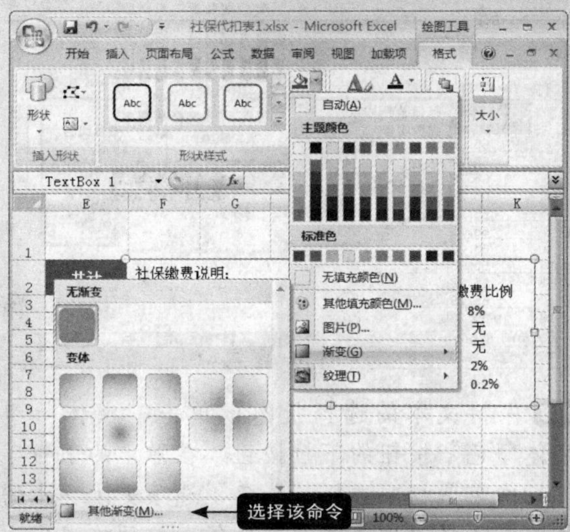

Step 02 在打开的“设置形状格式”对话框的左侧单击“填充”选项卡，在右侧选择“渐变填充”单选按钮，单击“预设颜色”按钮的下拉按钮，在弹出的下拉列表中选择“麦浪滚滚”选项，单击“关闭”按钮关闭该对话框。

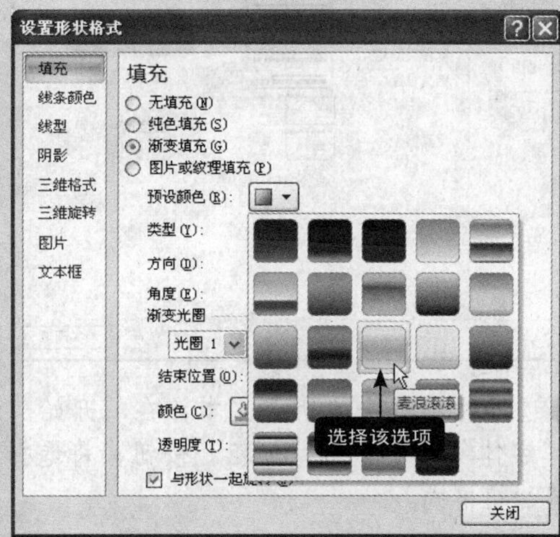

Step 03 在返回的工作簿中即可查看到为文本框设置的渐变填充背景。单击“形状轮廓”按钮的下拉按钮，在弹出的下拉菜单中选择“粗细”命令，再在弹出的子菜单中选择“3磅”选项。

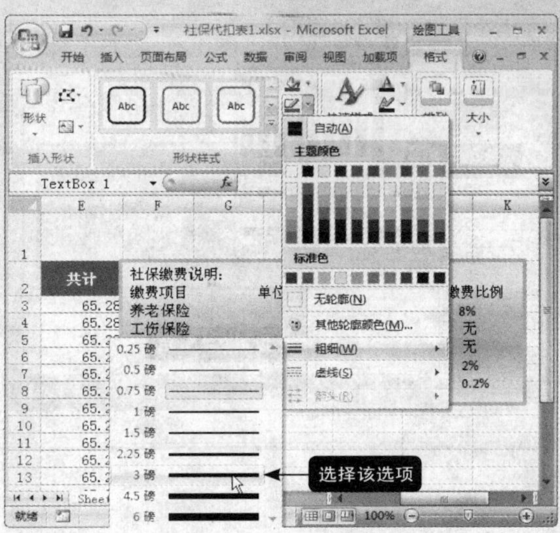

Step 04 再次单击“形状轮廓”按钮的下拉按钮，在弹出的下拉菜单中选择“虚线/其他线条”命令。

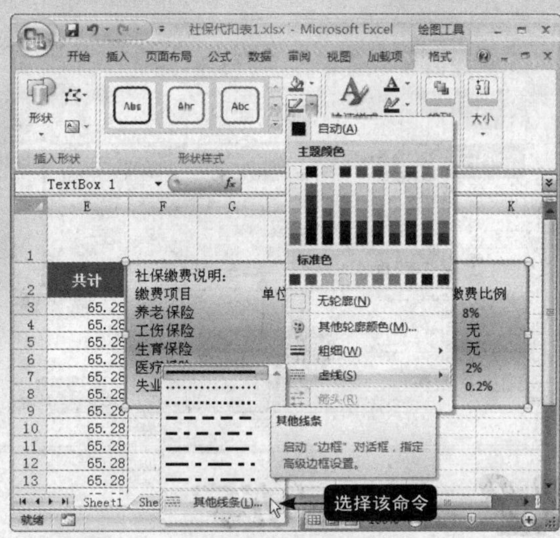

Step 05 在打开的“设置形状格式”对话框的左侧默认选择“线型”选项卡，在右侧单击“符合类型”按钮的下拉按钮，在弹出的下拉列表中选择“由粗到细”选项，单击“关闭”按钮应用设置的线型样式，并关闭该对话框。

Step 06 保持形状的选择状态，单击“形状轮廓”按钮的下拉按钮，在弹出的下拉菜单的“标准色”栏中选择“蓝色”选项设置文本框轮廓的颜色。

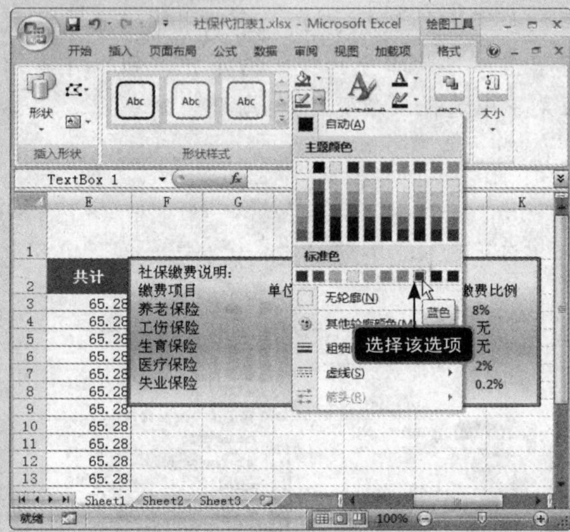

Step 07 选择文本框中的所有文本，在“开始”选项卡下“字体”组中单击“加粗”按钮，将选择的文本设置加粗格式。

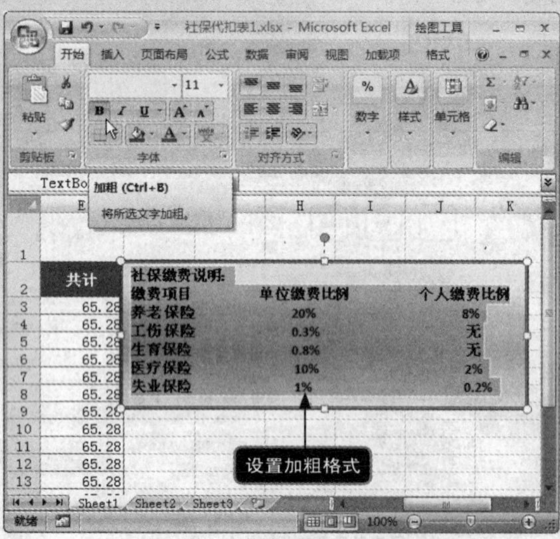

Step 08 保持文本的选择状态，单击“字体”组中“字体颜色”按钮的下拉按钮，在弹出的下拉菜单的“标准色”栏中选择“紫色”选项更改文本的字体颜色，选择工作表中的其他任意单元格退出文本框的选择状态，完成整个操作。

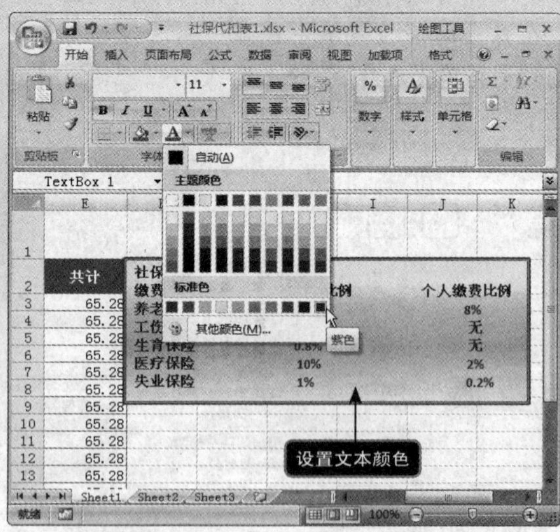

18.2 插入艺术字

Excel中的艺术字实质上是文字和图形的结合体，因此它同时拥有两种对象的属性。不仅可以任意修改其中的文字内容，而且还可以像图形一样设置其大小、边框以及内部填充等效果。因此在工作表中插入艺术字，增加了表格的实用性，也为数据增加了美观度。

18.2.1 创建艺术字

在Excel中制作表格标题或一些比较有提示性的文本时，可以通过“插入”选项卡下“文本”组创建艺术字来实现。

下面以在“面试人员评定表”工作簿中将工作表的标题文本制作为艺术字为例，讲解创建艺术字的具体操作。

应用案例——在“面试人员评定表”工作簿中创建艺术字

素材 光盘:\素材\第18章\面试人员评定表.xlsx

效果 光盘:\效果\第18章\面试人员评定表.xlsx

Step 01 打开“面试人员评定表”工作簿，在“插入”选项卡下“文本”组中单击“艺术字”按钮，在弹出的下拉菜单中选择需要创建的艺术字的样式。这里选择“填充-强调文字颜色1，金属棱台，映像”艺术字样式。

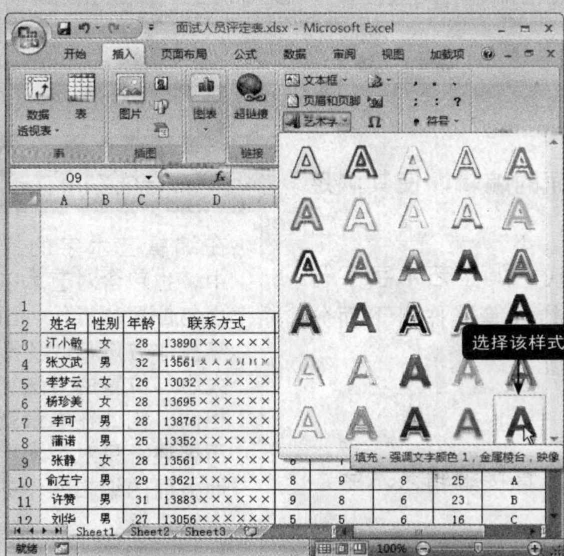

Step 02 此时系统自动在工作表中插入一个选择的艺术字样式，其中默认文本为“请在此键入您自己的内容”。

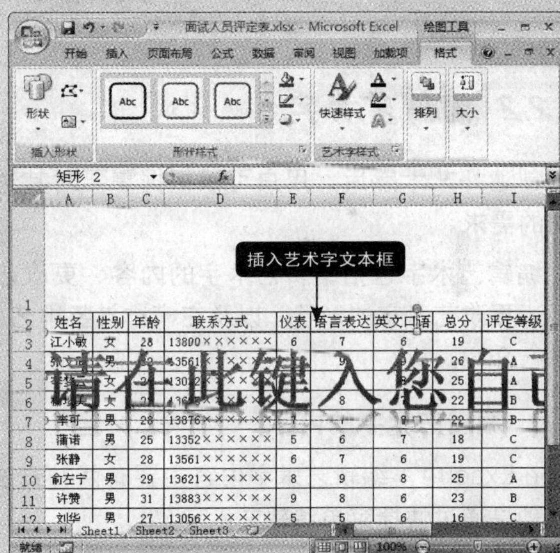

Step 03 将鼠标光标移动到添加的艺术字文本框上，单击将光标插入点定位到其中。然后3次单击默认的文本，按【Delete】键将其删除，在其中输入需要的文本，这里输入“启典文化公司面试人员评定表”文本。

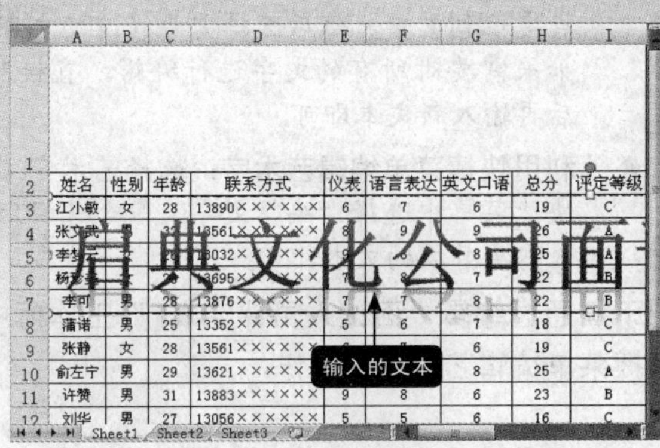

Step 04 将光标插入点定位到艺术字文本框中，然后3次单击输入的艺术字文本。在“开始”选项卡下“字体”组中单击“字号”下拉列表的下拉按钮，在弹出的下拉列表中选择“28”选项。

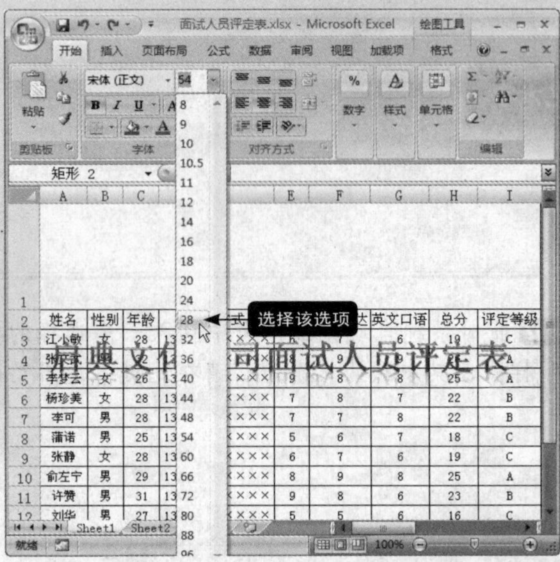

Step 05 此时系统自动选择艺术字文本框，将鼠标光标移动到文本框的边框上，按住鼠标左键不放将其移动到A1单元格的位置中，释放鼠标左键，单击工作表中的其他任意单元格退出文本框的选择状态，然后将修改过的工作簿进行保存即可。

18.2.2 编辑艺术字

创建好艺术字后，用户可以根据需要对其进行多方面的编辑，使其满足不同的需求。

编辑艺术字包括编辑艺术字的内容、更改艺术字样式、调整艺术字字符间距、更改艺术字的形状，以及在横排与竖排艺术字之间转换等操作。下面分别进行介绍。

1. 编辑艺术字的内容

在Excel中，编辑艺术字内容主要有两种方法，一种是直接编辑艺术字，另一种是通过快捷菜单编辑艺术字。

- **直接编辑艺术字**：将鼠标光标移动到艺术字文本框上，单击将光标插入点定位到其中。然后选择需要修改的文字，重新输入需要的文字即可。如果需要对所有的文字进行编辑，直接3次单击所有的艺术字文本，然后再输入新文本即可。
- **利用快捷菜单编辑艺术字**：选择艺术字文本框，在其上右击，在弹出的快捷菜单中选择“编辑文字”命令选择所有的艺术字文字，然后直接输入需要替换的文本即可。

下面通过编辑“面试人员评定表1”工作簿中的艺术字为例，具体讲解利用快捷菜单编辑艺术字的操作。

要点提示：改变艺术字的大小和位置

在编辑艺术字的操作中，也包含对艺术字大小与位置的操作，由于其操作方法与改变形状大小与位置的方法完全相同，因此在本章就不再赘述，只对艺术字其他方面的编辑操作进行详细讲解。

要点提示：退出艺术字的编辑状态

在艺术字文本框中右击，在弹出的快捷菜单中选择“退出文本编辑”命令也可退出艺术字的编辑状态。

应用案例——修改“面试人员评定表1”工作簿中的艺术字

素材 光盘:\素材\第18章\面试人员评定表1.xlsx

效果 光盘:\效果\第18章\面试人员评定表1.xlsx

Step 01 打开“面试人员评定表1”工作簿，选择艺术字文本框，在其上右击，在弹出的快捷菜单中选择“编辑文字”命令，并选择所有艺术字文本。

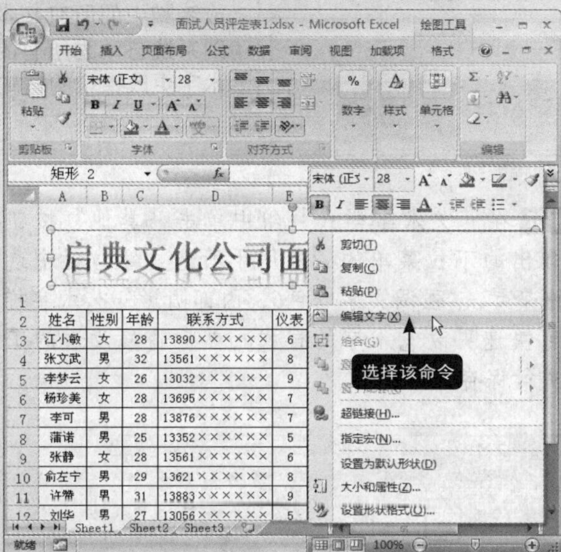

Step 02 此时即可直接输入新文本来替换原有的艺术字，这里输入“启典文化传播有限责任公司面试人员评定表”文本。

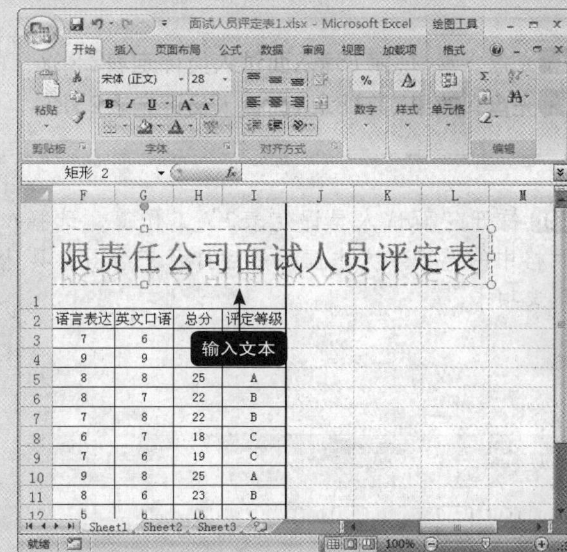

Step 03 选择输入的文本，将其字号修改为“20号”，然后右击，在弹出的快捷菜单中选择“退出文本编辑”命令完成艺术字文本的编辑操作。

Step 04 用鼠标拖动的方法调整第一行单元格的行高，选择编辑的艺术字，将其移动到A1单元格的合适位置，然后将修改过的工作簿进行保存即可。

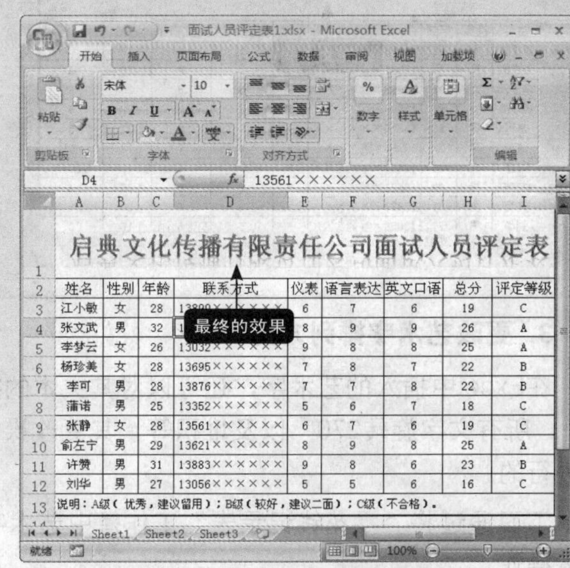

2. 更改艺术字样式

在Excel中，系统提供了各种艺术字样式。如果用户对创建好的艺术字样式不满意，可以对其样式进行更改，方法是：选择艺术字文本框或者将光标插入点定位到其中，在“绘图工具 格式”选项卡下“艺术字样式”组中即可进行更改。

下面通过更改“面试人员评定表2”工作簿中艺术字的样式为例，讲解具体操作。

要点提示：更改艺术字样式的方式

在更改艺术字样式时，如果将光标插入点定位到艺术字文本框中，系统自动更改光标插入点位置处的某个词组或者文本的艺术字样式。

如果选择艺术字文本框或者其中的所有文本，则系统自动为所有的艺术字更改指定的样式。

应用案例——更改“面试人员评定表2”工作簿中艺术字的样式

素材 光盘:\素材\第18章\面试人员评定表2.xlsx

效果 光盘:\效果\第18章\面试人员评定表2.xlsx

Step 01 打开“面试人员评定表2”工作簿，选择A1单元格中的艺术字文本框，然后打开“绘图工具 格式”选项卡。

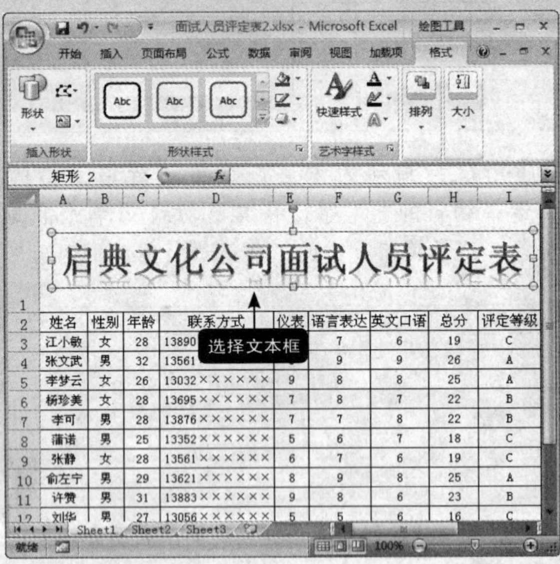

Step 02 在“艺术字样式”组中单击“其他”按钮，在弹出的下拉菜单的“应用于所选文字”栏中选择“渐变填充-强调文字颜色6，内部阴影”艺术字样式即可快速更改艺术字的样式。然后将修改过的工作簿进行保存即可。

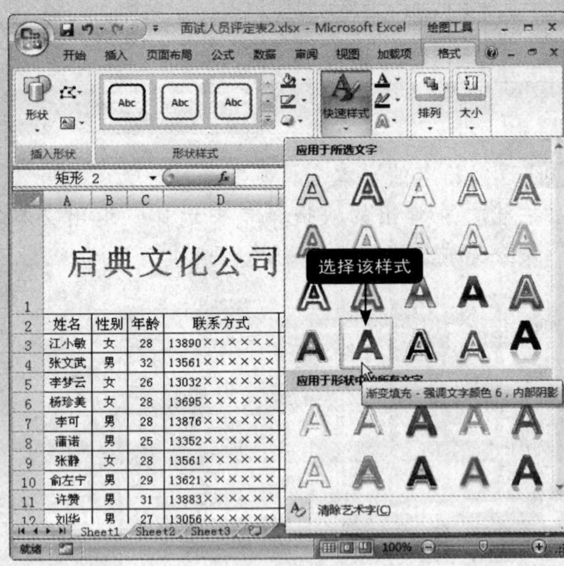

3. 更改艺术字排列方向

在Excel中插入的艺术字，还可以对其文本的排列方向进行更改，包括横排、竖排、所有文字需旋转90°、所有文字旋转270°以及堆积等。其更改操作都是在“设置形状格式”对话框的“文本框”选项卡中进行的。

下面通过将“零花钱记录表”工作簿中艺术字由横排转换为竖排为例，讲解更改艺术字排列方向的具体操作。

应用案例——更改“零花钱记录表”工作簿中艺术字的排列方向

素材 光盘:\素材\第18章\零花钱记录表.xlsx

效果 光盘:\效果\第18章\零花钱记录表.xlsx

Step 01 打开“零花钱记录表”工作簿，选择艺术字文本框，在其上右击，然后在弹出的快捷菜单中选择“设置形状格式”命令。

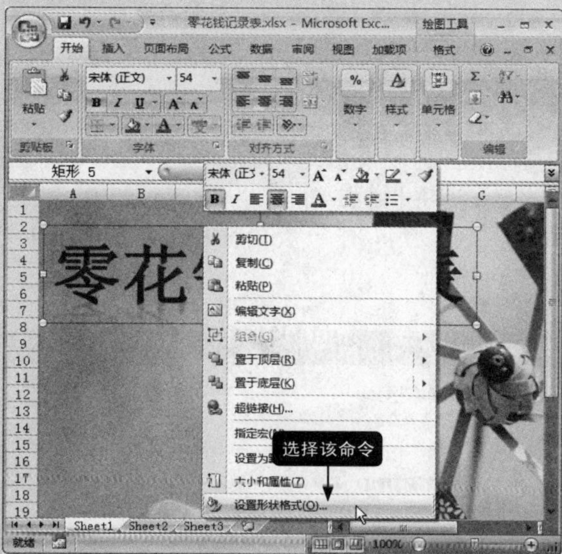

Step 02 打开的“设置形状格式”对话框系统默认选择“填充”选项卡，在该对话框的左侧单击“文本框”选项卡。

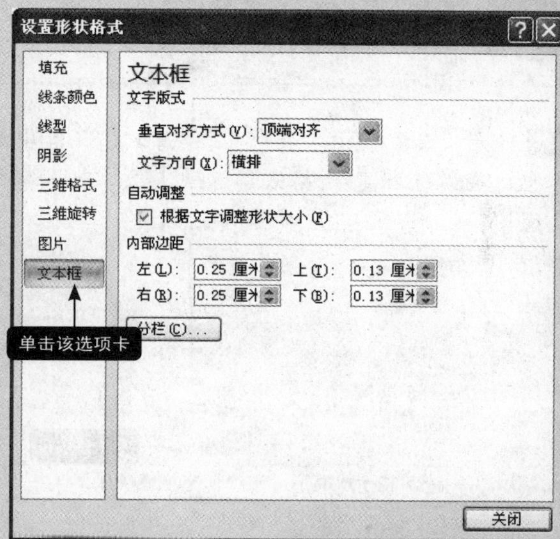

Step 03 在“文字版式”选项组中单击“文字方向”下拉列表的下拉按钮，在弹出的下拉列表中选择“竖排”选项。

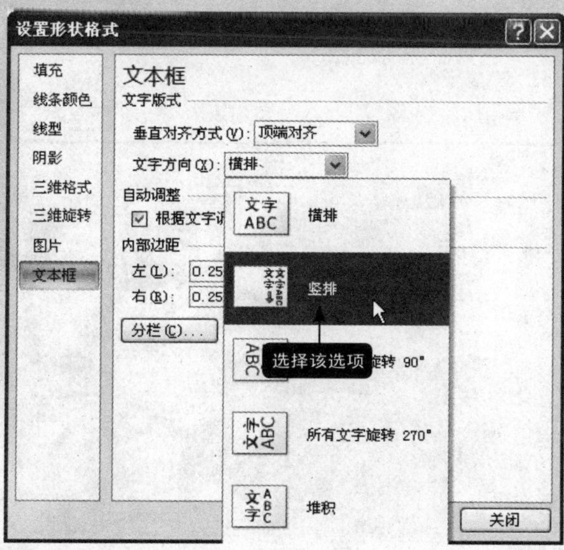

Step 04 单击“关闭”按钮关闭该对话框并应用设置的文字方向格式。返回工作表，将艺术字移动到适当的位置即可。

4. 调整艺术字文本与文本框的间距

默认情况下，在工作表中插入艺术字后，艺术字的文本与文本框之间的间距是固定的，用户可以根据需要对其进行修改，其修改操作也是在“设置形状格式”对话框的“文本框”选项卡中进行的。

下面将通过调整“零花钱记录表1”工作簿中艺术字文本与文本框的间距为例，讲解其具体操作。

> **使用技巧：设置艺术字对齐方式**
>
> 在“设置形状格式”对话框的“文本框”选项卡的“文字版式”选项组中单击对齐方式下拉列表的下拉按钮，在弹出的下拉列表中选择相应的选项可以设置艺术字文本相对于文本框的对齐方式。

应用案例——修改“零花钱记录表1”工作簿中的艺术字

素材 光盘:\素材\第18章\零花钱记录表1.xlsx

效果 光盘:\效果\第18章\零花钱记录表1.xlsx

Step 01 打开“零花钱记录表1”工作簿，选择其中的文本框。在“绘图工具 格式”选项卡下“艺术字样式”组中单击“对话框启动器”按钮。

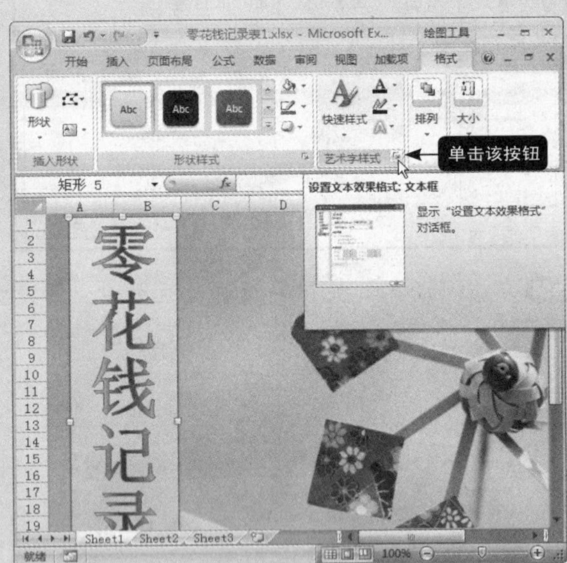

Step 02 在打开的“设置文本效果格式”对话框中单击“文本框”选项卡。在“内部边距”选项组的“左”、“右”、“上”和“下”数值框中分别输入“0.4厘米”、“0.4厘米”、“0.3厘米”和“0.3厘米”。

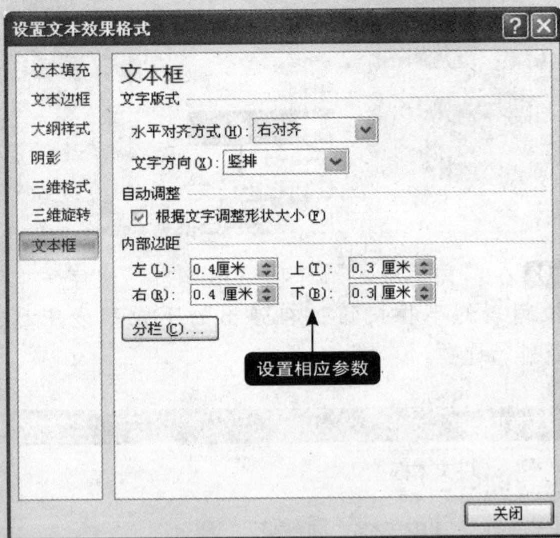

Step 03 单击“关闭”按钮关闭该对话框并应用设置的内部边距格式，返回工作表即可查看到设置的效果。单击工作表的任意单元格退出艺术字的选择状态，然后将修改过的工作簿进行保存即可。

18.2.3 设置艺术字文本格式

在Excel中，除了可以更改艺术字的样式以外，还可以对某种艺术字样式的文本填充、文本轮廓和文本效果等格式进行自定义，下面分别进行详细介绍。

要点提示：设置文本框格式的说明

在Excel中，通过快捷菜单打开的“设置形状格式”对话框的“文本框”选项卡和通过“对话框启动器”按钮打开的“设置文本效果格式”对话框的“文本框”选项卡都是一样的。

1. 设置文本的外观格式

在Excel中设置文本的填充、轮廓和效果格式与设置形状格式的操作相似，这里就不一一讲解了。下面只通过一个实例具体介绍一下设置文本外观格式的操作。

应用案例——更改“家庭账本”工作簿中艺术字的外观格式

素材 光盘:\素材\第18章\家庭账本.xlsx

效果 光盘:\效果\第18章\家庭账本.xlsx

Step 01 打开“家庭账本”工作簿，选择“从发薪日期开始，就可以开始计算了。”艺术字在“绘图工具 格式”选项卡下“艺术字样式”组中单击“文本填充”按钮右侧的下拉按钮，在弹出的下拉菜单中选择“渐变/其他渐变”命令。

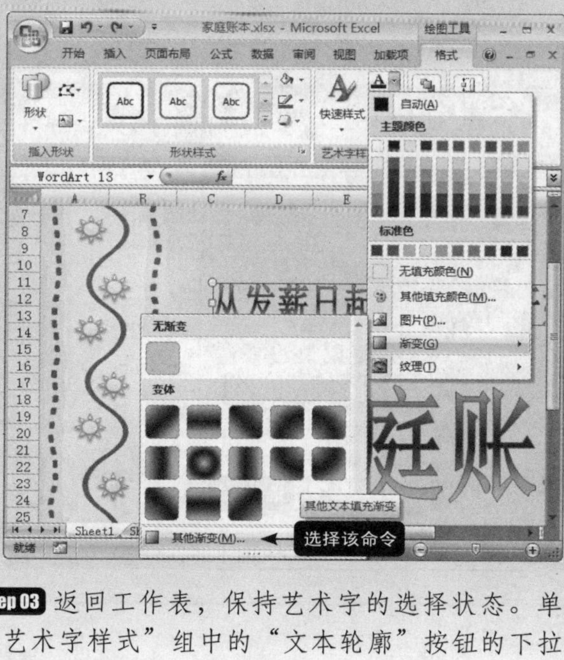

Step 02 在打开的“设置文本效果格式”对话框中默认选中“文本填充”选项卡的“渐变填充”单选按钮，单击“预设颜色”按钮的下拉按钮，在弹出的下拉列表中选择“碧海青天”选项，单击“确定”按钮关闭该对话框，并为选择的艺术字应用文本的渐变填充格式。

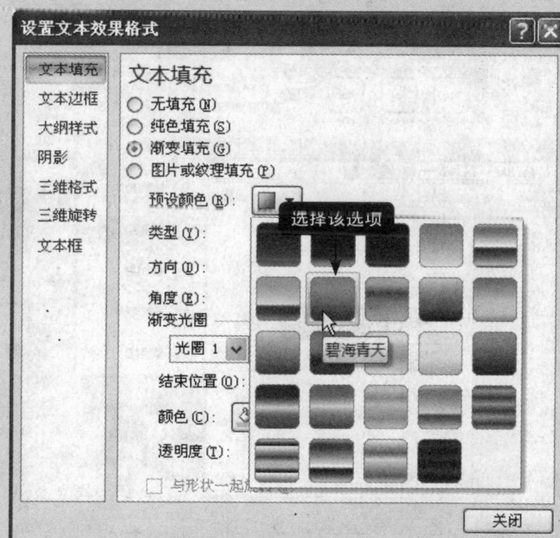

Step 03 返回工作表，保持艺术字的选择状态。单击“艺术字样式”组中的“文本轮廓”按钮的下拉按钮，在弹出的下拉菜单中选择“无轮廓”命令。

Step 04 选择“家庭账本”艺术字，单击“艺术字样式”组中的“文本效果”按钮，在弹出的下拉菜单中选择“阴影”命令，再在弹出的子菜单中选择“向左偏移”选项。

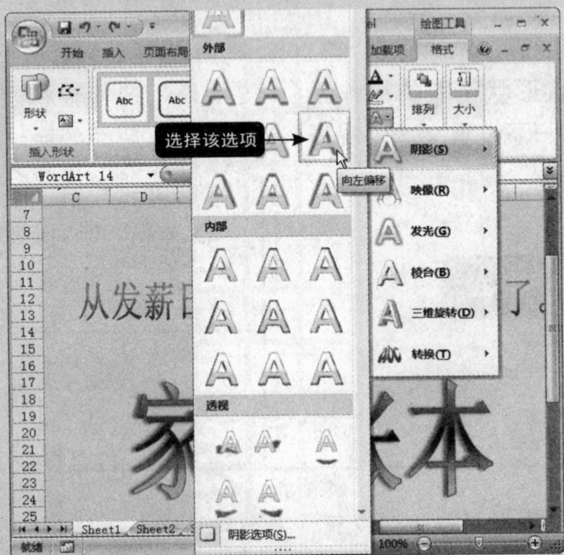

Step 05 保持艺术字的选择状态。单击“文本效果”按钮，在弹出的下拉菜单中选择“映像”命令，再在弹出子菜单的“映像变体”栏中选择“紧密映像，接触”选项。

Step 06 保持艺术字的选择状态。单击“文本效果”按钮，在弹出的下拉菜单中选择“发光”命令，再在弹出子菜单的“发光变体”栏中选择“强调文字颜色1，5pt发光”选项。

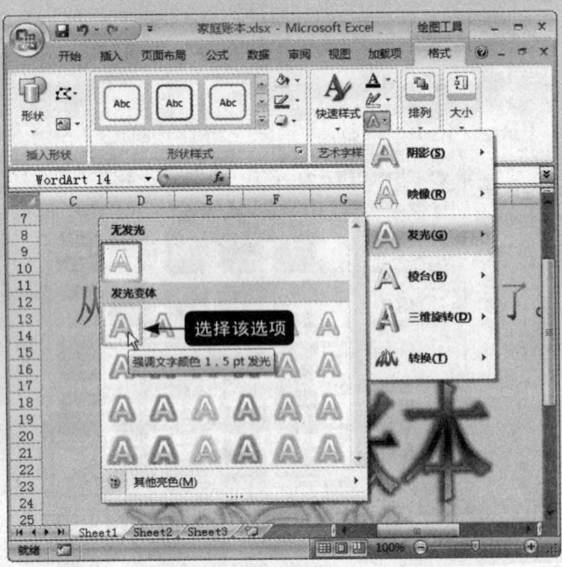

Step 07 保持艺术字的选择状态。单击“文本效果”按钮，在弹出的下拉菜单中选择“棱台”命令，再在弹出子菜单的“棱台”栏中选择“棱纹”选项。然后将修改过的工作簿进行保存即可。

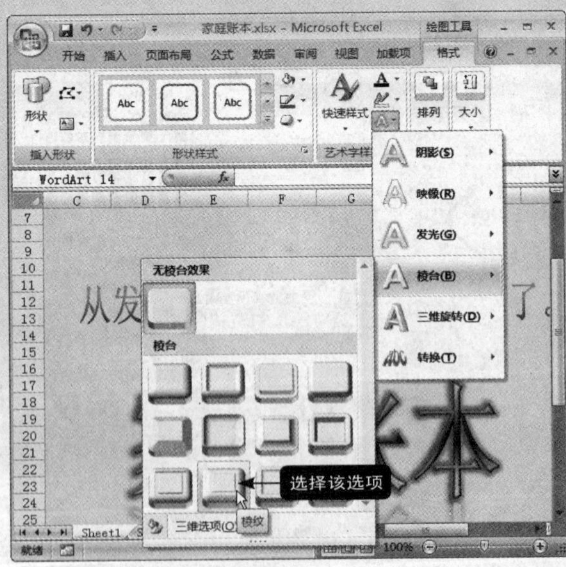

2. 设置艺术字路径效果

在设置艺术字的文本效果中，有一种效果是艺术字独有的，即转换效果，通过该效果。用户可以随意更改艺术字的路径效果。下面只通过一个实例具体介绍设置艺术字路径效果的具体操作。

应用案例——更改“零花钱记录表2”工作簿中艺术字的路径效果

素材 光盘:\素材\第18章\零花钱记录表2.xlsx

效果 光盘:\效果\第18章\零花钱记录表2.xlsx

Step 01 打开“零花钱记录表2”工作簿，选择艺术字文本框。在“绘图工具 格式”选项卡下“艺术字样式”组中单击“文本效果”按钮，在弹出的下拉菜单中选择“转换”命令，再在弹出的子菜单中选择“左领章”选项。

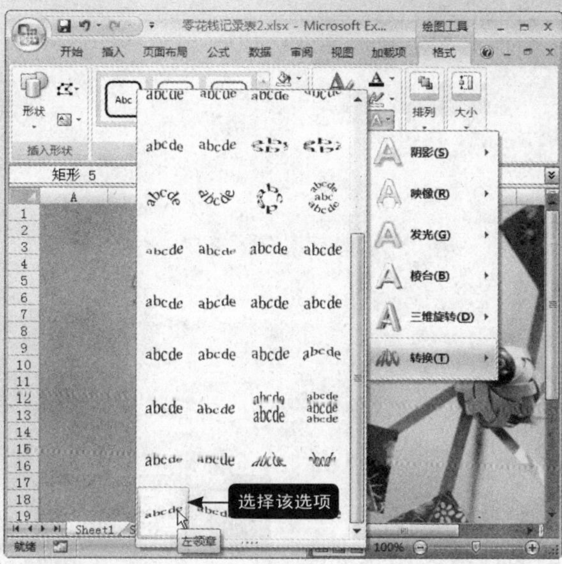

Step 02 返回工作表即可查看到艺术字应用的转换效果。单击工作表的其他任意位置退出艺术字的选择状态，然后将修改过的工作簿进行保存即可。

19 Chapter 使用图片与SmartArt图形

READERS' GUIDE

Excel表格的功能并不仅仅是显示数据，根据表格的需要，用户还可以在其中插入相应的图片来衬托表格。此外，用户还可以在工作表中插入SmartArt图形来解决数字不能说明的问题。

MAIN CASES

插入图片 P296
编辑图片 P299
设置图片样式 P305
对齐对象 P308
改变图片的叠放次序 P310

19.1 使用图片

在Excel中，用户可以根据需要在工作表中使用相应的图片来美化和丰富表格内容。下面分别介绍在工作表中插入图片、编辑图片以及设置图片样式的相关知识和操作。

19.1.1 插入图片

通常情况下，表格中都是一些枯燥的数字，为了丰富表格的内容，可以使用Excel提供的插入剪贴画和图片功能，在工作表中插入相应的剪贴画和图片。

1. 插入剪贴画

在Excel中自带了一些图片，称为剪贴画。在实际制作表格的过程中，有时也会在工作表中插入一些与表格相符的剪贴画，以陪衬出表格的美观。Excel中自带的剪贴画分为了保健、标志、地点、地图、动物以及符号等多个类别。在插入剪贴画时，可以根据表格的类别来选择插入相应的剪贴画。

下面将以在“宠物健康日记”工作簿中插入“动物”剪贴画为例，讲解在Excel中插入剪贴画的具体操作。

要点提示：调整图片的大小和位置

在Excel 2007中，调整图片大小的方法主要包括3种：一种是通过拖动控制点调整，一种是通过“大小”组调整，还有一种是通过打开“大小和属性”对话框来调整，其具体的操作与调整形状的方法相似，这里不再赘述。

此外，调整图片的位置也与调整形状的位置的方法相似。

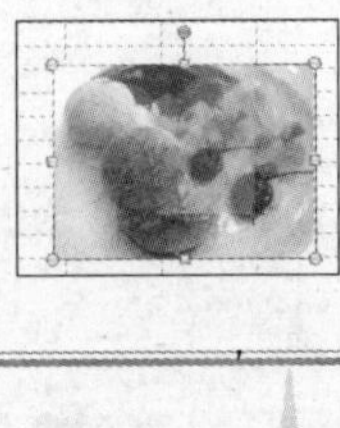

应用案例——在“宠物健康日记”工作簿中插入剪贴画

素材 光盘:\素材\第19章\宠物健康日记.xlsx

效果 光盘:\效果\第19章\宠物健康日记.xlsx

Step 01 打开“宠物健康日记”工作簿，在“插入”选项卡下“插图”组中单击“剪贴画”按钮。

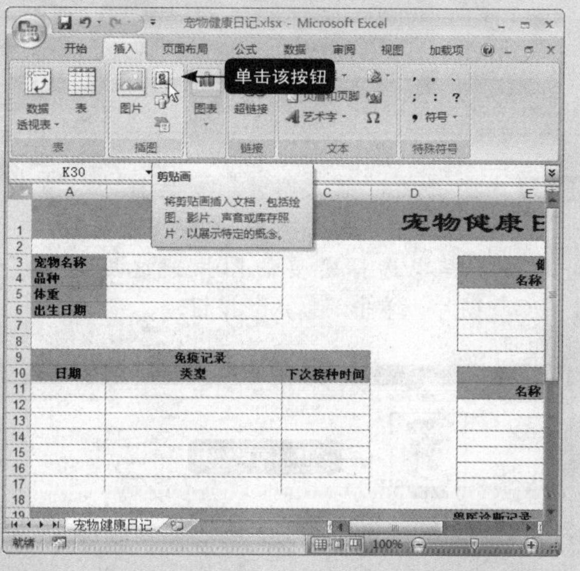

Step 02 此时系统自动在右侧打开“剪贴画”任务窗格。在“搜索文字”文本框中输入“动物”，单击“搜索”按钮搜索结果。

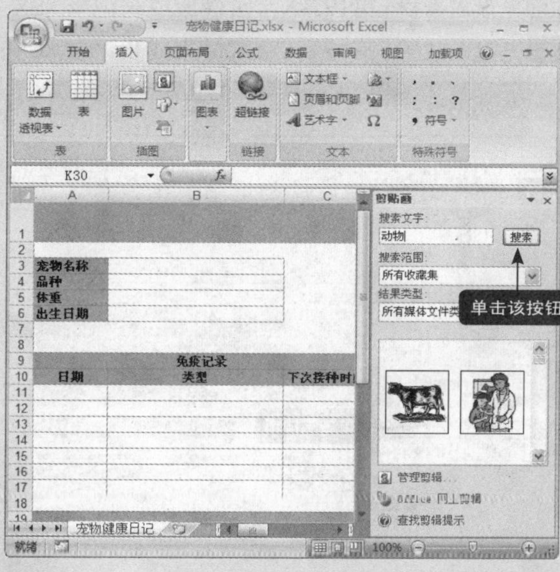

Step 03 在“结果类型”下拉列表框下方的列表框中选择需要插入的剪贴画，在其上单击即可将其插入到工作表中。

Step 04 选择插入的剪贴画，按住【Shift】键的同时拖动剪贴画右下角的控制点将其缩小。将调整后的剪贴画移动到工作表的适当位置，单击任意单元格退出选择状态，将修改过的工作簿进行保存即可。

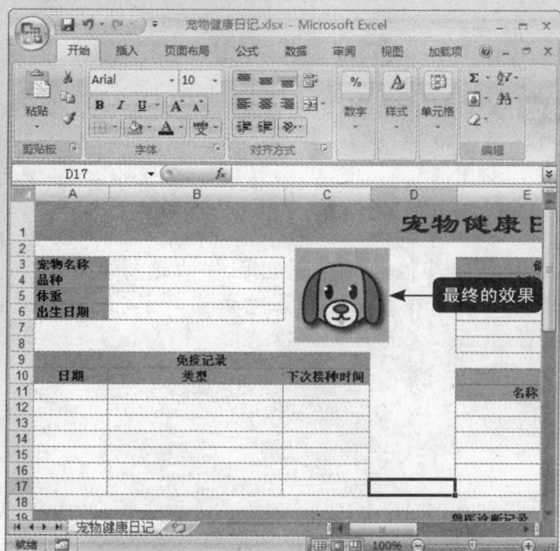

2. 插入电脑中保存的图片

在Excel中可以插入各种格式的图片。插入图片操作一般是通过Excel中的“插入”选项卡下“插图”组的“图片”按钮来进行的。虽然有时也可以通过复制粘贴的方法在工作表中插入图片，但是这种操作有时会造成应用程序死机。

下面通过在“宝宝健康成长记录”工作簿中插入图片为例，讲解在工作表中插入电脑中保存的图片的具体操作。

使用技巧：快速插入多张图片

在“插入图片”对话框中选择多张图片，单击“插入”按钮可同时插入多张图片。插入到工作表中的多张图片以层叠方式排列。

应用案例——在“宝宝健康成长记录”工作簿中插入图片

素材 光盘:\素材\第19章\宝宝健康成长记录.xlsx

效果 光盘:\效果\第19章\宝宝健康成长记录.xlsx

Step 01 打开“宝宝健康成长记录”工作簿。在“插入”选项卡下“插图”组中单击“图片”按钮。

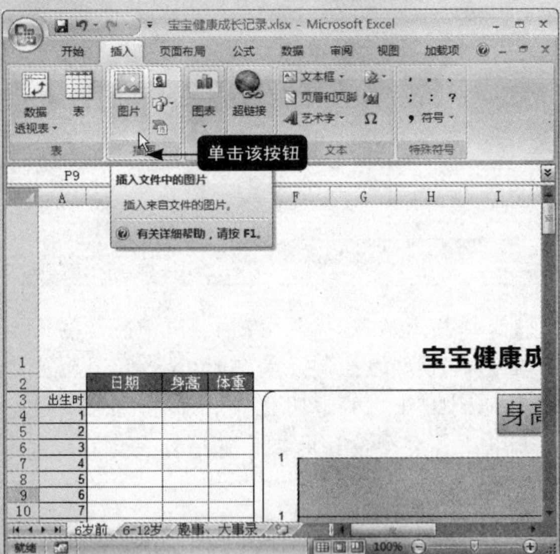

Step 02 在打开的“插入图片”对话框的“查找范围”下拉列表中选择图片文件的保存位置，在中间的列表框中选择需要的图片。这里选择“宝宝.JPG”图片，单击“插入”按钮。

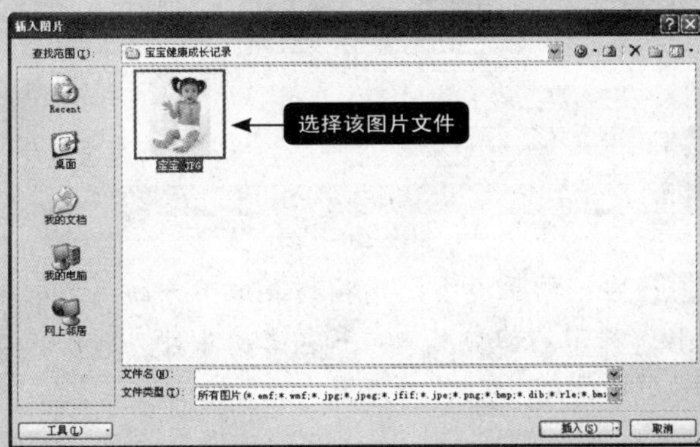

Step 03 返回工作表即可查看到插入的图片。选择图片，在“图片工具 格式”选项卡下“大小”组中将图片的高度设置为“4.15厘米”，宽度设置为“2.91厘米”，并将图片移动到A1单元格的适当位置。单击工作表中其他单元格退出图片的选择状态，然后将修改过的工作簿进行保存即可。

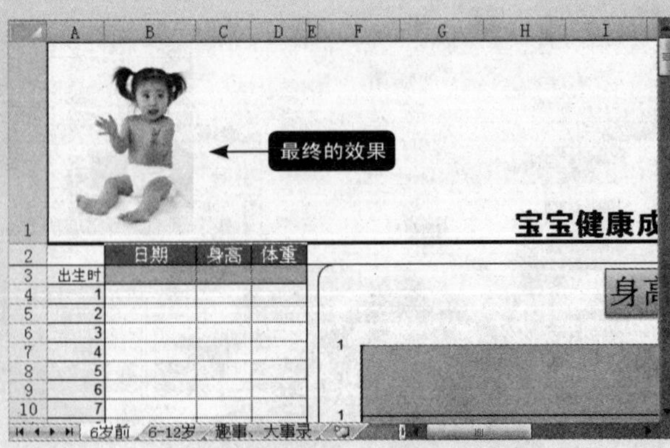

19.1.2 编辑图片

插入图片和剪贴画后，就可对其进行编辑操作。两者的操作方法是相同的，下面将以编辑插入保存在电脑中的图片为例，讲解编辑图片的操作。

1. 裁剪图片

图片中有的内容是不需要的，因此可通过裁剪的方法将其删除。不过这里的裁剪不是删除图片内容，而只是将不需要的部分隐藏起来。在Excel中，裁剪图片的方法有两种，一种是通过拖动控制点实现，另一种是通过“大小和属性”对话框来实现，下面分别对其进行介绍。

- **通过控制点进行裁剪**：选择需要裁剪的图片，单击“大小”组中的“裁剪”按钮。此时，鼠标光标变为形状，并且图片四周将出现裁剪控制点，拖动各控制点，即可实现图片的裁剪操作。

■拖动控制点裁剪图片

- **通过“大小和属性”对话框进行裁剪**：选择需要裁剪的图片，在其上右击，在弹出的快捷菜单中选择“大小和属性”命令，在打开的“大小和属性”对话框“大小”选项卡“裁剪”选项组的对应的数值框中进行设置。

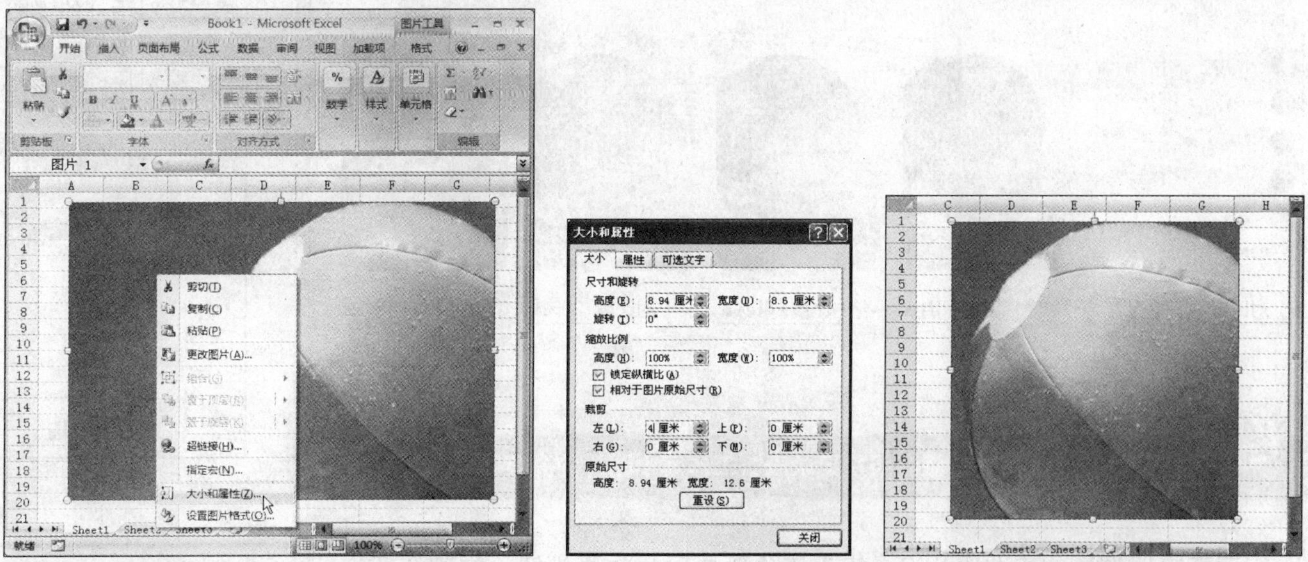

■通过菜单命令裁剪图片

要点提示：通过控制点裁剪图片的知识

在Excel中，图片的左右控制点可以裁剪图片的宽度；上下控制点可以裁剪图片的高度；顶角控制点可以同时裁剪图片宽度和高度。

要点提示：打开“大小和属性”对话框的另一种方法

在Excel中，在“图片工具 格式”选项卡下“大小”组中的“对话框启动器”按钮也可以打开“大小和属性”对话框，对图片进行更精确的裁剪。

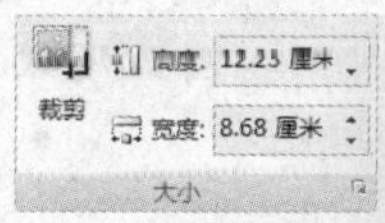

2. 调整图片的亮度与对比度

为了调整好工作表中图片的打印等效果，用户还可以根据需要调整图片的亮度和对比度，下面分别介绍其设置方法。

- 调整图片亮度：选择需要编辑的图片，在“图片工具 格式”选项卡下“调整”组中单击“亮度”按钮，在弹出的下拉列表中提供了亮度值从“-40%”到“+40%”的9个选项。选择不同的选项即可改变图片的亮度效果。

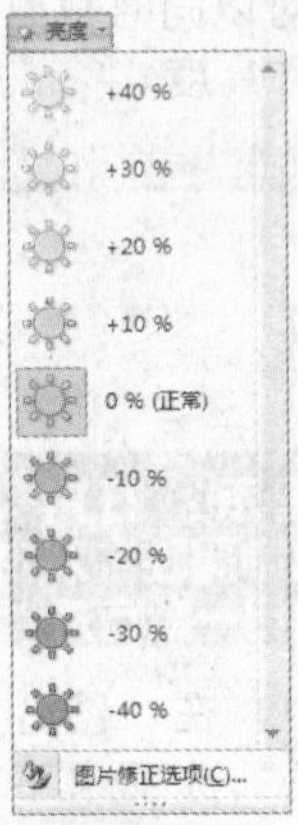

■“亮度”下拉列表

正常图片■

亮度+40%■

亮度-20%■

亮度-40%■

- 调整图片对比度：选择需要编辑的图片，在“图片工具 格式”选项卡下“调整”组中单击“对比度”按钮，在弹出的下拉列表中提供了对比度值从“-40%”到“+40%”的9个选项。选择不同的选项即可改变图片的对比度效果。

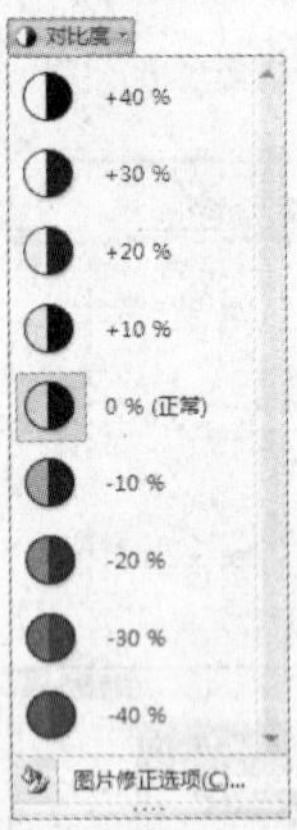

■“对比度”下拉列表

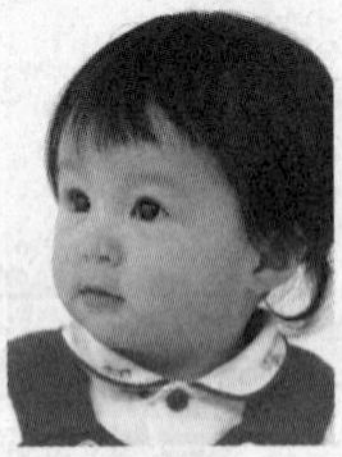

正常图片■

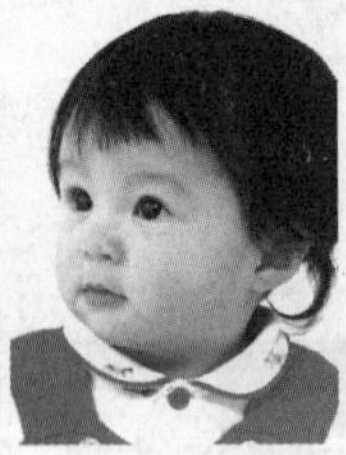

对比度+40%■

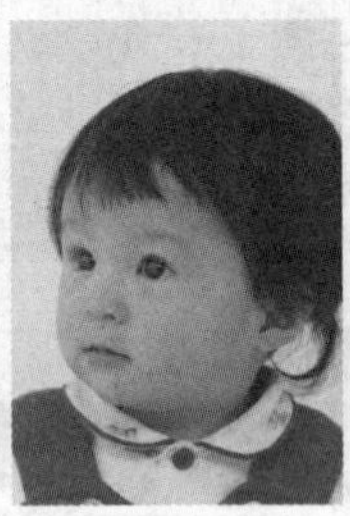

对比度-20%■

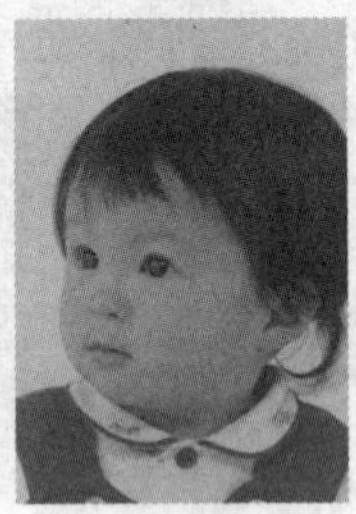

对比度-40%■

要点提示：图片的亮度与对比度解释

图片的亮度是指图片的相对明暗度，也称明度；对比度是指图片中最亮区域与最暗区域之间的差异度，差异越大对比度就越大，也就是明的越明，暗的越暗。

使用技巧：通过对话框调整图片亮度和对比度

在Excel中，还可以通过对话框调整图片的亮度和对比度，其方法是：选择需要编辑的图片，在其上右击，在弹出的快捷菜单中选择“设置图片格式”命令，在打开的“设置图片格式”对话框的“图片”选项卡中拖动亮度和对比度对应的滑块，即可调整相应的效果。

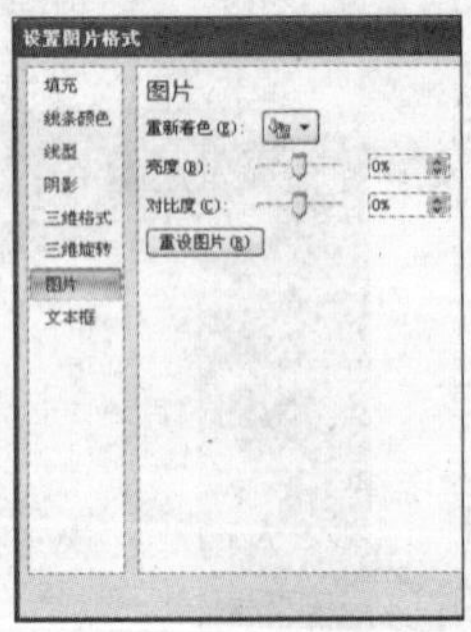

应用案例——调整“旅游照片记录表”工作簿中图片的亮度和对比度

下面将以调整“旅游照片记录表”工作簿中图片效果为例，详细介绍在工作簿中调整图片亮度和对比度的具体操作。

素材 光盘:\素材\第19章\旅游照片记录表.xlsx

效果 光盘:\效果\第19章\旅游照片记录表.xlsx

Step 01 打开“旅游照片记录表”工作簿，在按住【Shift】键的同时选择工作表中的两张图片，在“图片工具 格式”选项卡下“调整”组中单击“亮度”按钮，在弹出的下拉菜单中选择“-10%”选项调整图片的亮度。

Step 02 保持图片的选择状态，在“调整”组中单击“对比度”按钮，在弹出的下拉菜单中选择“-10%”选项调整图片的对比度。单击其他任意单元格退出图片选择状态，然后将修改过的工作簿进行保存即可。

3. 为图片重新着色

在Excel中插入图片后，如果对插入图片的颜色效果不满意，用户还可以使用系统提供的内置着色方案任意改变图片的颜色效果。其设置方法是：通过“图片工具 格式”选项卡下“调整”组中“重新着色”下拉列表进行操作，该下拉列表中包括4种颜色模式和深色变体、浅色变体等7种效果，选择相应的选项即可轻松改变图片的配色效果。

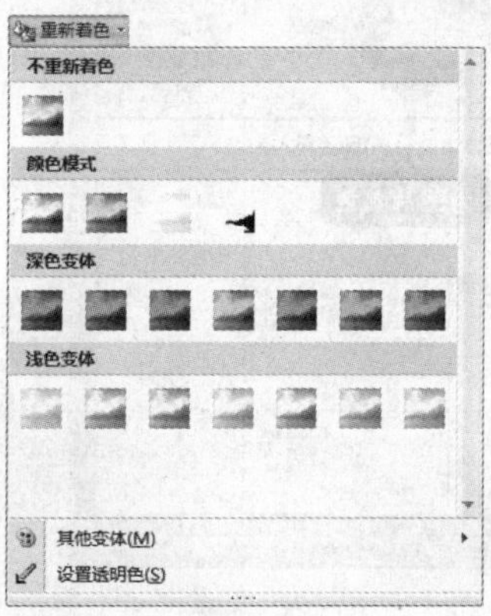

■“重新着色”下拉列表

正常图片■

“灰度”颜色模式■

“褐色”颜色模式■

使用技巧：通过对话框为图片重新着色

在打开的“设置图片格式”对话框的“图片”选项卡中，如果单击“重新着色”按钮的下拉按钮，在弹出的下拉菜单中选择相应的选项也可以为图片重新着色。

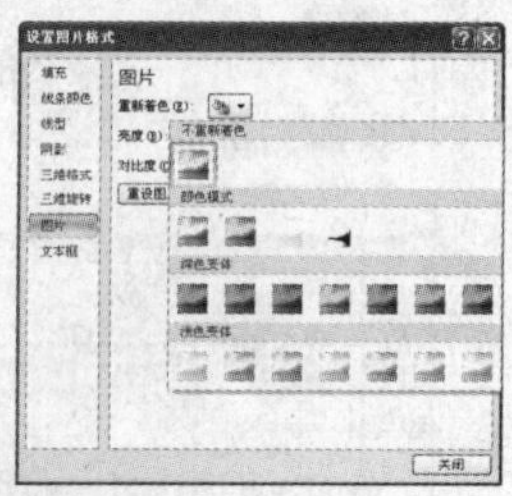

■深色变体2

■深色变体6

浅色变体2■

浅色变体6■

4. 设置图片的透明度

如果一幅图片的主体部分颜色与背景颜色相差较大，这时可通过选择“重新着色”下拉菜单中的“设置透明色”命令，然后再单击图片中的背景色将其设置为透明色。

下面通过一个实例详细讲解设置图片透明效果的具体操作。

使用技巧：还原设置的图片

在Excel中，对图片进行了各种效果以及操作后，如果需要快速回到设置之前的状态，可以选择需要还原的图片，在“图片工具 格式”选项卡下“调整”组中单击“重设图片”按钮。

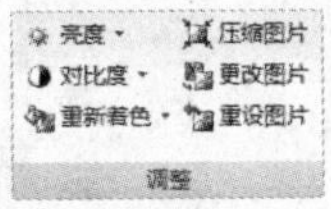

应用案例——更改“食谱”工作簿中图片的效果

素材 光盘:\素材\第19章\食谱.xlsx

效果 光盘:\效果\第19章\食谱.xlsx

Step 01 打开“食谱”工作簿，选择第一张图片。在“图片工具 格式”选项卡下“调整”组中单击“重新着色”按钮，在弹出下拉菜单的“颜色模式”栏中选择“灰度”选项为图片重新着色。

Step 02 用相同的方法为工作表中的其他3张图片分别设置相应的颜色效果。

Step 03 选择第一张图片，单击“重新着色”按钮，在弹出的下拉菜单中选择“设置透明色”命令。

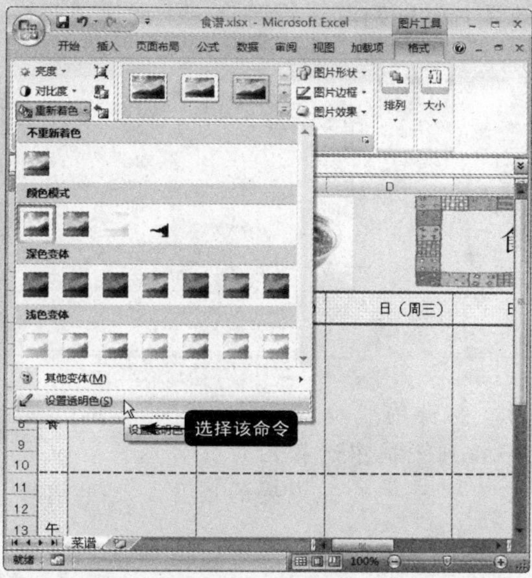

Step 04 此时鼠标光标变为形状，在第一张图片上单击即可取消图片的背景色，使之变为透明色。用相同的方法为其他图片设置透明色。

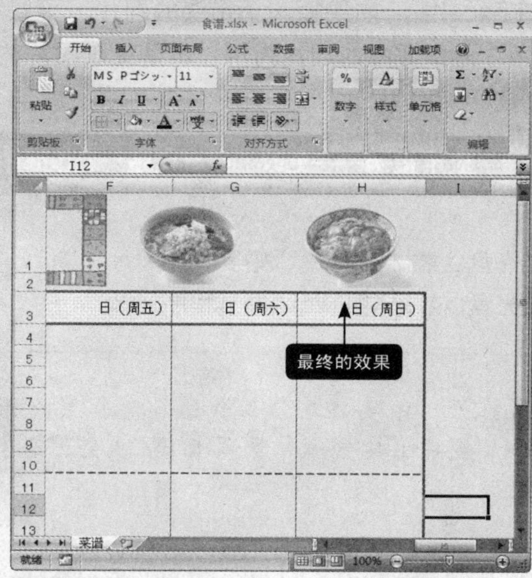

5. 压缩图片

在一个工作簿中插入了多张由数码相机拍摄的照片时，由于这类照片的分辨率和尺寸都较大，单张有时会达到1MB以上，所以就会使整个Excel文件变得很大，影响编辑图片时的速度。

这时可使用Excel中提供的图片压缩功能，该功能可以在不影响图片效果的前提下减小图片的大小。下面通过一个实例来介绍压缩图片的具体操作。

Step 01 选择要压缩的图片后在“图片工具 格式”选项卡下“调整”组中单击“压缩图片”按钮，打开“压缩图片”对话框。单击其中的“选项”按钮，打开“压缩设置”对话框。在这里可进行与图片压缩相关的设置，这里我们保持默认的设置，然后单击“确定”按钮。

Step 02 返回“压缩图片”对话框，在其中取消选中“仅应用于所选图片”复选框，即可对当前工作簿中的所有图片采用相同的压缩设置，最后单击“确定”按钮完成操作。

在以上实例中，如果在“压缩图片”对话框中选中“仅应用于所选图片”复选框，单击“确定”按钮后，系统自动只为当前选择的图片进行压缩，而其他图片的大小保持不变。

6. 更改图片

在Excel中，如果插入了错误的图片，可以利用快速更改图片功能对其进行替换。下面通过替换“婚宴程序”工作簿中的图片为例，讲解更改图片的具体操作。

应用案例——更改“婚宴程序”工作簿中的图片

素材 光盘:\素材\第19章\婚宴程序.xlsx

效果 光盘:\效果\第19章\婚宴程序.xlsx

Step 01 打开“婚宴程序”工作簿，选择第一张图片。在“图片工具 格式”选项卡下“调整”组中单击“更改图片”按钮。

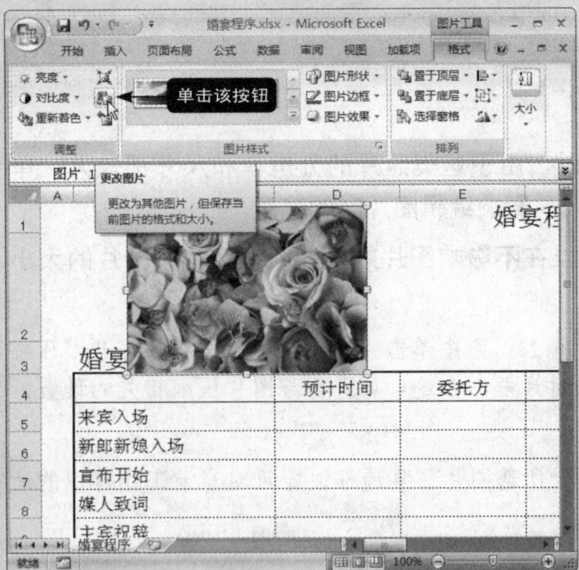

Step 02 在打开的“插入图片”对话框的“查找范围”下拉列表框中选择图片文件的保存位置，在中间的列表框中选择需要的图片。这里选择“图片.JPG”文件。

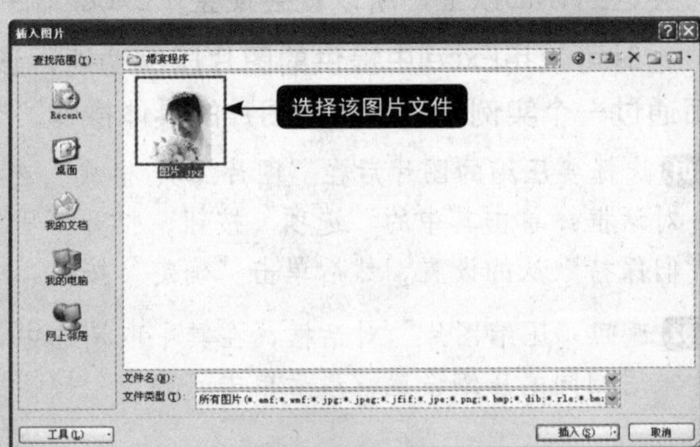

Step 03 单击“插入”按钮关闭该对话框，在返回的工作表中即可查看到更改的图片以原图片的格式和大小进行显示。单击其他任意单元格退出图片的选择状态，然后将修改过的图片进行保存即可。

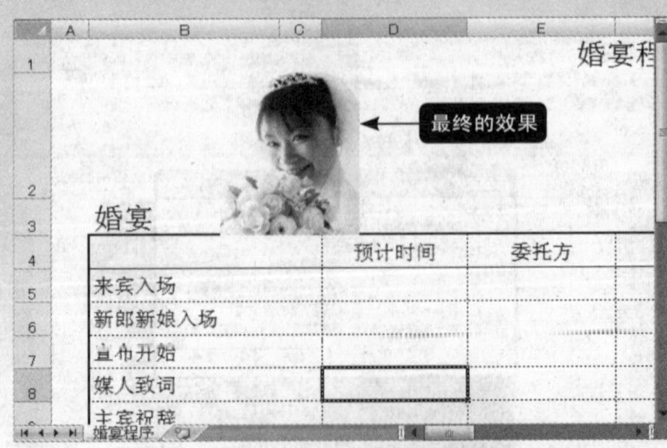

19.1.3 设置图片样式

在Excel中，用户可以根据需要对图片的样式进行设置，包括快速应用图片样式以及设置图片的外观效果，下面分别对其进行讲解。

1. 快速应用图片样式

在“图片工具 格式”选项卡下“调整”组旁边就是“图片样式”组，它是Office 2007的新增功能，其中预置了多种图片样式供用户选择，使用该功能可快速将插入的图片制作成专业的图像效果。

快速应用图片样式的方法是：选择图片后，展开“图片样式”组中的列表框，指向不同的样式缩略图，当前选择的图片即会变化外观样式，当找到适合的样式后单击进行确认即可。

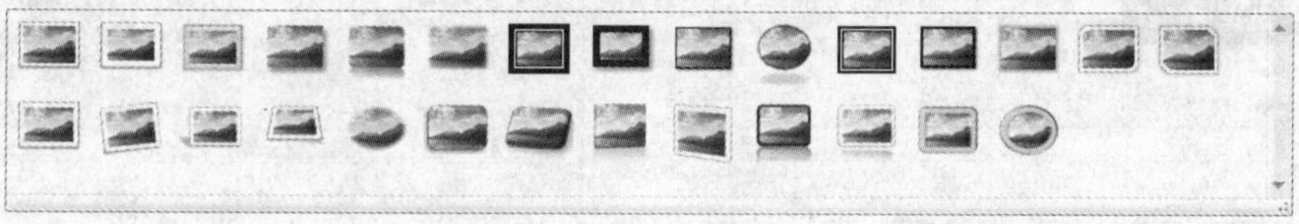

展开的“图片样式”列表框■

■原始图片

“简单框架，白色” 样式■

“金属框架” 样式■

■ “剪裁对角线，白色” 样式

■ “剪裁对角线，白色” 样式

“透视阴影，白色” 样式■

“复杂框架，黑色” 样式■

2. 设置图片的外观效果

如果预设样式不能满足工作的需要，用户还可通过单击该组右侧的“图片形状”、“图片边框”和“图片效果”按钮，分别设置图片的形状、边框样式和颜色以及其他图片效果，实现图片外观样式的自定义。

应用案例——美化“2009年日历”工作簿中的图片

下面以美化“2009年日历”工作簿中的图片格式为例，讲解设置图片外观效果的具体操作。

素材 光盘:\素材\第19章\2009年日历.xlsx

效果 光盘:\效果\第19章\2009年日历.xlsx

Step 01 打开“2009年日历”工作簿，选择1~3月对应的图片。在“图片工具 格式”选项卡下“图片样式”组中选择“简单框架，白色”选项为该图片应用预置的图片样式。

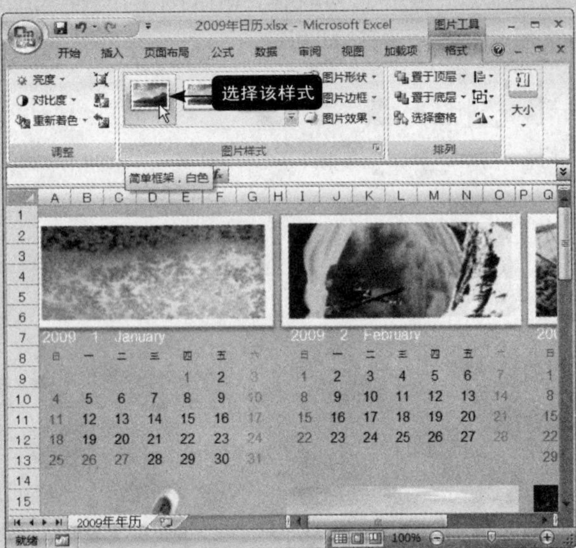

Step 02 用相同的方法分别为4~6月对应的图片应用“圆形对角，白色”样式，为7~9月对应的图片应用“映像棱台，白色”样式，为10~12月对应的图片应用“剪裁对角线，白色”样式。

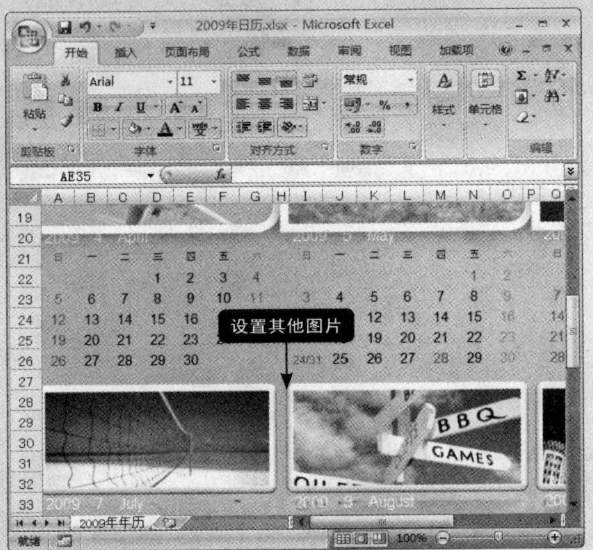

Step 03 选择1~3月对应的图片，单击“图片样式”组中的“图片形状”按钮，在弹出的下拉菜单的“矩形”栏中选择“圆角矩形”选项更改选择图片的外形。

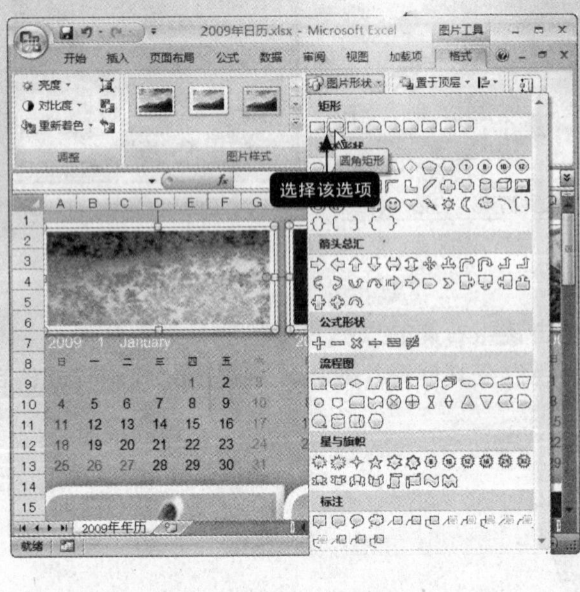

Step 04 选择工作表中的所有图片，单击“图片样式”组中的“图片边框”按钮的下拉按钮，在弹出的下拉菜单的“主题颜色”栏中选择“茶色，背景2，深色10%”选项，更改选择图片的边框颜色。

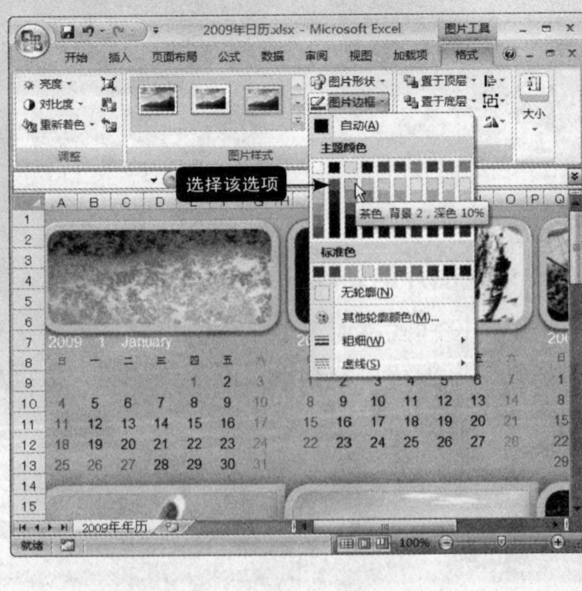

Step 05 选择工作表中的所有图片，单击“图片样式”组中的“图片效果”按钮，在弹出的下拉菜单中选择“阴影”命令，再在弹出的子菜单中选择“向上偏移”选项。

Step 06 保持图片的选择状态。单击“图片效果”按钮，在弹出的下拉菜单中选择“映像”命令，再在弹出子菜单的“映像变体”栏中选择“全映像，接触”选项。

Step 07 保持图片的选择状态。单击“图片效果”按钮，在弹出的下拉菜单中选择“发光”命令，再在弹出子菜单的“发光变体”栏中选择“强调文字颜色5，5pt发光”选项。

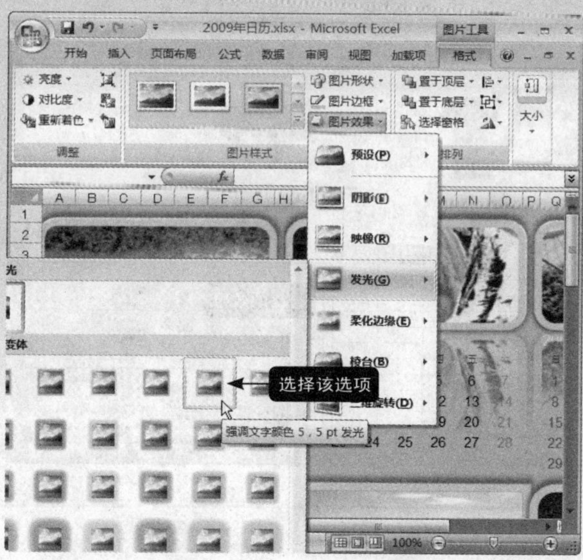

Step 08 保持图片的选择状态。单击“图片效果”按钮，在弹出的下拉菜单中选择“棱台”命令，再在弹出子菜单的“棱台”栏中选择“硬边缘”选项，然后将修改过的工作簿进行保存即可。

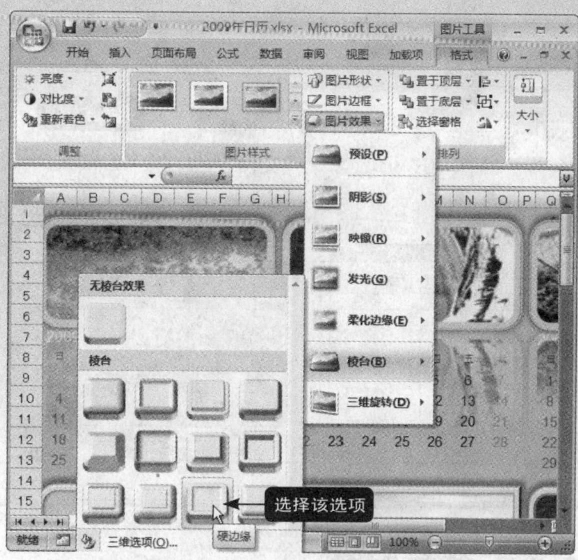

19.2 编排浮动对象

在Excel中插入的图片、形状和文本框都是浮动在工作表中的。本章以图片为例，讲解浮动对象的编排操作，包括对齐对象、旋转和翻转对象以及更改图片的叠放次序。

19.2.1 对齐对象

在Excel中插入了多张图片，如果需要将其对齐，手动调整不仅效率不高，而且也不能完全对齐。此时可以使用系统提供的对齐对象功能快速将其对齐。

下面以在“宝宝健康成长记录1”工作簿中对齐所有图片为例，讲解在Excel中对齐对象的具体操作。

要点提示：设置对象对齐的说明

如果当前工作表中只有一张图片，“对齐”下拉菜单中的“左对齐”、“水平对齐”等命令不可用。

应用案例——对齐“宝宝健康成长记录1”工作簿中的图片

素材 光盘:\素材\第19章\宝宝健康成长记录1.xlsx

效果 光盘:\效果\第19章\宝宝健康成长记录1.xlsx

Step 01 打开“宝宝健康成长记录1”工作簿，选择工作表中的所有图片。在“图片工具 格式”选项卡下“排列”组中单击“对齐”按钮，在弹出的下拉菜单中选择一种对齐方式，这里选择“顶端对齐”命令。

Step 02 系统自动以距离顶端最近的图片为基准，将其他图片对齐。单击工作表中的任意单元格取消选择图片的选择状态，然后将修改过的工作簿进行保存即可。

19.2.2 旋转对象

在Excel中，虽然能够通过旋转控制点来对图片进行自由旋转，但是如果需要精确旋转图片的角度，此时只能通过“图片工具 格式”选项卡下“排列”组的“旋转”下拉菜单进行。此外，在图片上右击，在弹出的快捷菜单中选择“大小和属性”命令，在打开的“大小和属性”对话框的“旋转”数值框中输入相应的数据，也可以对选择的图片进行旋转。

应用案例——编辑“婚宴程序1”工作簿中的图片

下面以编辑“婚宴程序1”工作簿中的图片为例，讲解在Excel中精确旋转或者翻转图片的具体操作。

素材 光盘:\素材\第19章\婚宴程序1.xlsx

效果 光盘:\效果\第19章\婚宴程序1.xlsx

Step 01 打开“婚宴程序1”工作簿，选择A2单元格中的图片。在“图片工具 格式”选项卡下“排列”组中单击“旋转”按钮，在弹出的下拉菜单中选择“其他旋转选项”命令。

Step 02 在打开的“大小和属性”对话框“大小”选项卡“尺寸和旋转”选项组的“旋转”数值框中输入“333”，单击“关闭”按钮为选择的图片应用设置的旋转效果。

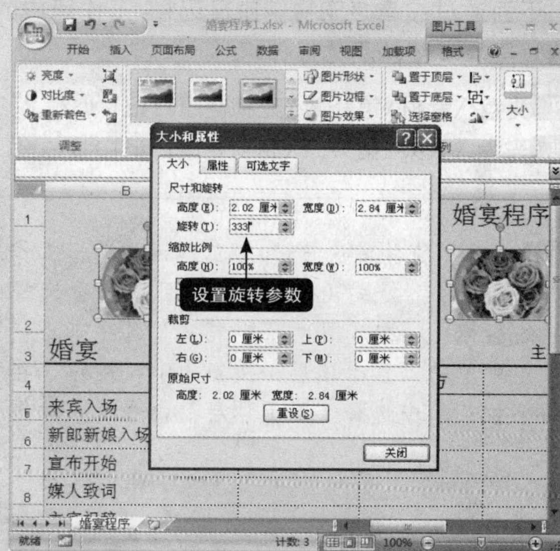

Step 03 再次单击“旋转”按钮，在弹出的下拉菜单中选择“垂直翻转”命令将图片垂直翻转。

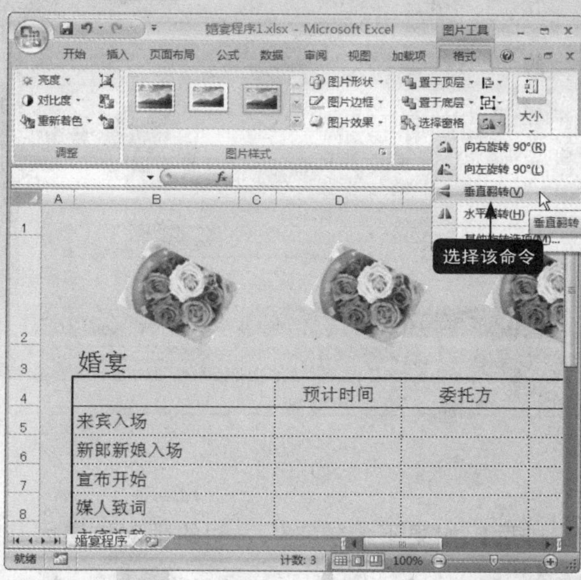

Step 04 选择垂直方向上的第一张图片，单击“旋转”按钮，在弹出的下拉菜单中选择“水平翻转”命令将图片水平翻转。

19.2.3 改变图片的叠放次序

工作表中的各图片就像是放置在同一白板上的不同图纸，当两张或多张图片重叠放置时，它们之间所处的层次关系就将决定着各张图片的内容是否被遮挡。

原则上是后插入的图片处于上层，当然用户也可根据需要自定义图片的层次关系，这就需要通过“图片工具 格式”选项卡下“排列”组中的“置于顶层”和“置于底层”两个按钮来控制。

要点提示：阵列复制图片

选择图片对象后多次按【Ctrl+D】组合键，可斜向下45° 复制出多个图片对象。

应用案例——编辑“宠物健康日记1”工作簿中的图片

下面通过编辑“宠物健康日记1”工作簿中的图片为例，讲解在Excel中设置图片层次关系的具体操作。

素材 光盘:\素材\第19章\宠物健康日记1.xlsx

效果 光盘:\效果\第19章\宠物健康日记1.xlsx

Step 01 打开“宠物健康日记1”工作簿，选择工作表中的“图片4”图片（在名称栏中可以查看选择的图片的名称）。在“图片工具 格式”选项卡下“排列”组中单击“置于顶层”按钮的下拉按钮，在弹出的下拉菜单中选择“置于顶层”命令将图片置于顶层。

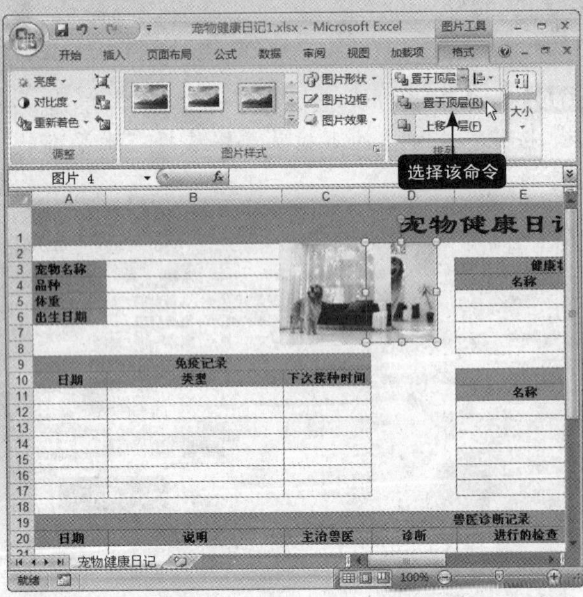

Step 02 选择工作表中的“图片2”图片。在“排列”组中单击“置于底层”按钮的下拉按钮，在弹出的下拉菜单中选择“置于底层”命令将图片置于底层。单击其他任意单元格退出图片的选择状态，然后将修改过的工作簿进行保存即可。

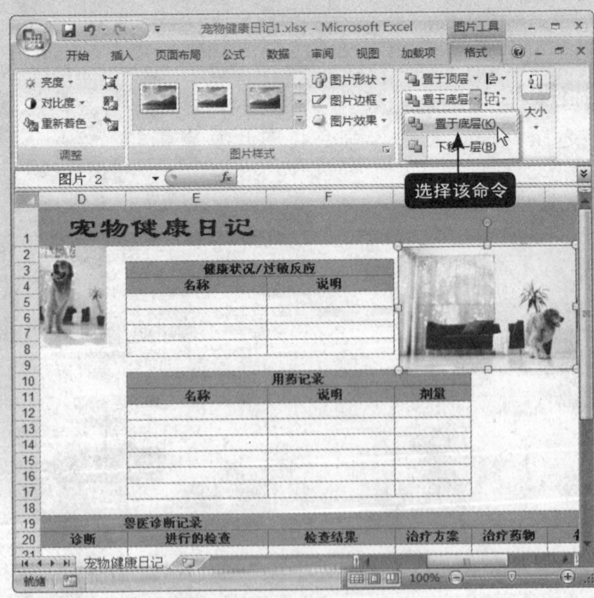

19.2.4 组合或解散对象

在Excel中，当对多张图片进行了编辑处理以及位置安排后，如果不希望它们之间的相对位置因其他误操作发生变化，可将多个图片对象组合成一个对象，以便进行整体的操作。

其方法是：选择多个对象后，单击“排列”组中的“组合”按钮，在弹出下拉菜单中选择“组合”命令，或者在选择的图片上右击，在弹出的快捷菜单中选择“组合”命令，通过组合前后图片的控制点可以看出区别来。

使用技巧：取消图片对象的组合

选择进行了组合的对象，再次单击“组合”按钮，在弹出的下拉菜单中选择“取消组合”命令，即可将其还原为单个对象。

应用案例——组合“婚宴程序2”工作簿中的图片

下面通过组合“婚宴程序2”工作簿中的图片为例，讲解在Excel中组合图片的两种方法的具体操作。

素材 光盘:\素材\第19章\婚宴程序2.xlsx

效果 光盘:\效果\第19章\婚宴程序2.xlsx

方法1：打开“婚宴程序2”工作簿，选择工作表中的“图片4”、“图片10”、“图片11”、“图片12”和“图片13”。在“图片工具 格式”选项卡下“排列”组中单击“组合”按钮，在弹出的下拉菜单中选择“组合”命令将选择的所有图片进行组合。

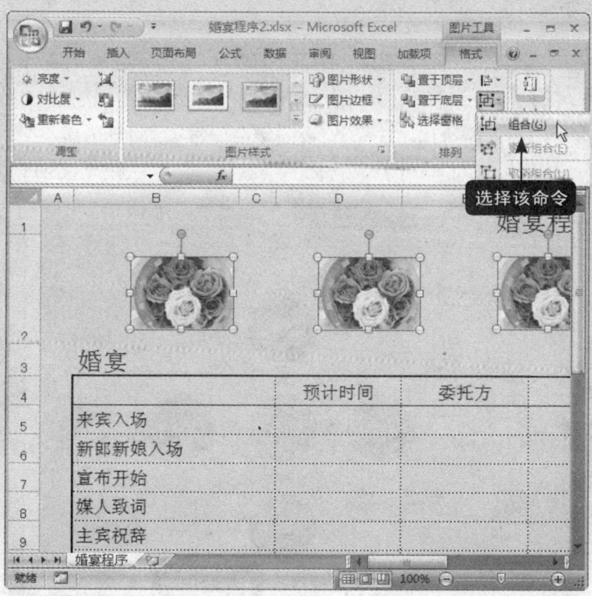

方法2：选择工作表中的“图片5”、“图片7”和“图片8”，在其上右击，在弹出的快捷菜单中选择“组合/组合”命令将选择的图片进行组合。单击其他任意单元格退出图片的选择状态，然后将修改过的工作簿进行保存即可。

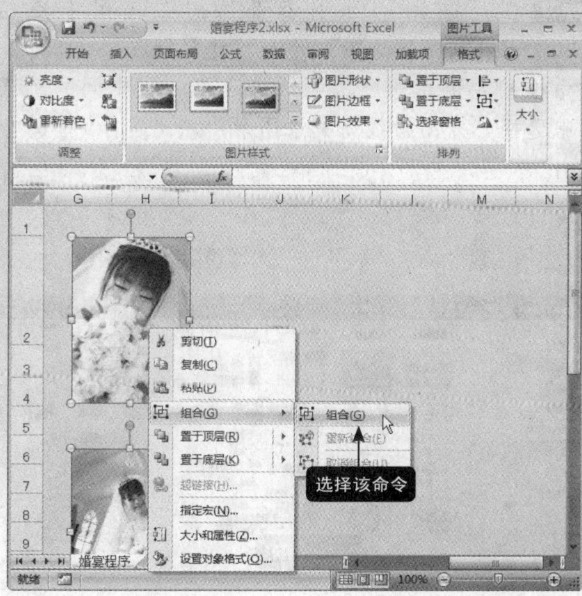

19.3 使用SmartArt图形

在Excel中，利用形状制作的图示可以表示图形之间的关系，从而展现主题。而除了使用形状来组成图示外，Excel 2007中还为用户提供了大量方便实用的快捷图示，称为SmartArt图形。使用该图形，可以快速创建出具有专业水准的图示。本节将对插入SmartArt图形、在SmartArt图形中输入文字以及设置其样式等相关知识进行详细讲解。

19.3.1 插入SmartArt图形

在Excel中，系统提供了多种类型的SmartArt图形，用户可以根据需要选择相应的图形进行插入。其方法是：在“插入”选项卡下“插图”组中单击“SmartArt”按钮，在打开的对话框中即可选择各类图示将其插入到当前Excel中。

要点提示：不同分类中也有相同的图示

在SmartArt图形的不同分类中有时会发现有相同的图示，这是因为该图示可表示几种不同的关系。如下图所示的图示分别出现在“列表”、“层次结构”和“关系”分类中。

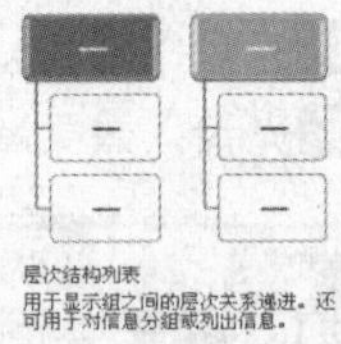

应用案例——在“职务说明”工作簿中插入SmartArt图形

下面将通过在“职务说明”工作簿中插入一个关系类型的SmartArt图形为例，讲解在Excel中插入SmartArt图形的具体操作。

效果 光盘:\效果\第19章\职务说明.xlsx

Step 01 新建一个“职务说明”空白文档。在“视图”选项卡下“显示/隐藏”组中取消选中“网格线”复选框，将工作表中的网格线取消。

Step 02 在“插入”选项卡下“插图”组中单击“SmartArt”按钮，在打开的“选择SmartArt图形”对话框的左侧单击“关系”选项卡，在中间的列表框中选择“分离射线”关系图形。

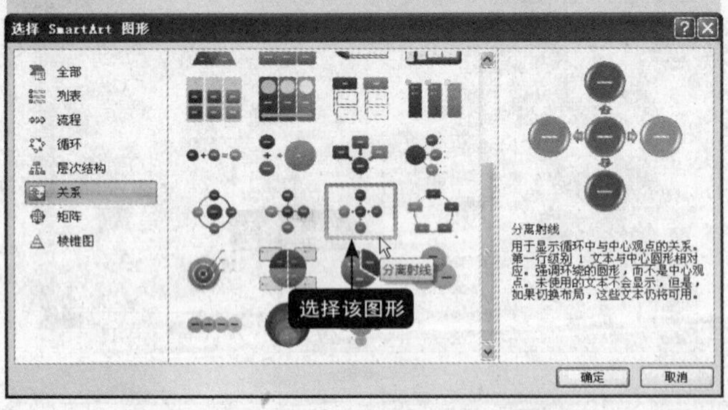

Step 03 单击“确定”按钮关闭对话框，在返回的工作表中即可查看到插入的SmartArt图形。单击“在此处键入文字”任务窗格中的“关闭”按钮将该任务窗格关闭，然后将修改过的工作簿进行保存即可。

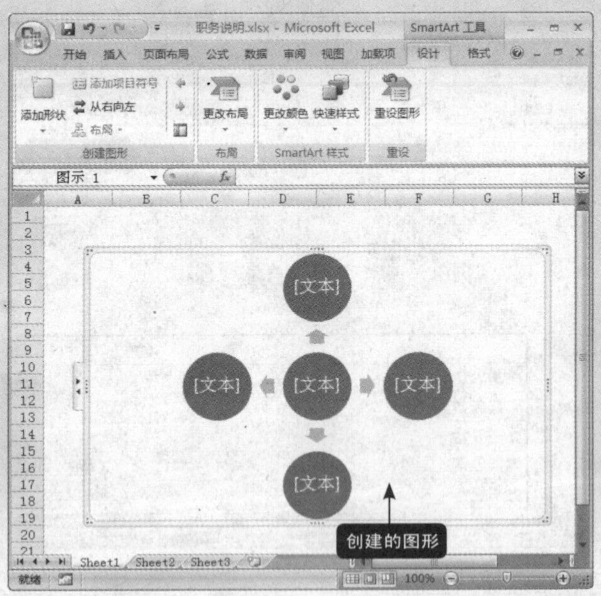

19.3.2 在SmartArt图形中添加文字

在工作表中插入SmartArt图形后即可在其中添加相应的说明文字了。其方法有两种：一种是直接单击插入图形中的形状将光标插入点定位到其中，然后进行输入；另一种是通过“在此处键入文字”任务窗格来添加文本。

下面通过在“职务说明1”工作簿中为插入的SmartArt图形并添加文本为例，讲解添加文本的具体操作。

应用案例——在“职务说明1”工作簿的SmartArt图形中添加文本

素材 光盘:\素材\第19章\职务说明1.xlsx

效果 光盘:\效果\第19章\职务说明1.xlsx

Step 01 打开“职务说明1”工作簿，选择中间的图形，单击将光标插入点定位到其中，然后输入相应的文本。

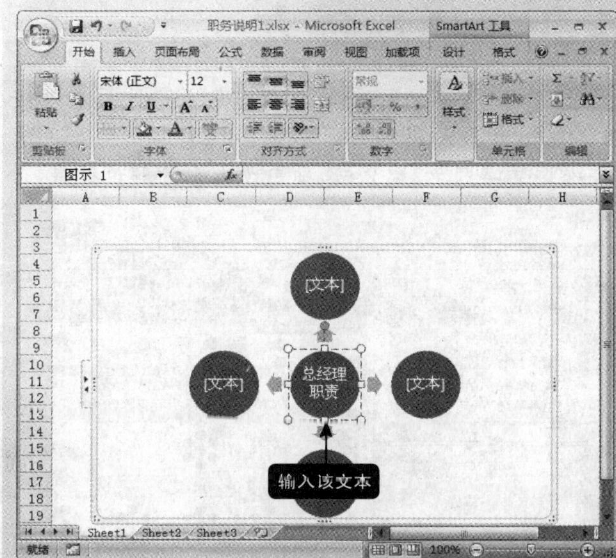

Step 02 调整SmartArt图形的位置，选择其正上方的形状，单击按钮将“在此处键入文字”任务窗格展开，在光标插入点位置输入相应的文本，单击其下方的文本框定位光标插入点。

Step 03 在其中直接输入相应的文本，然后用相同的方法在其他形状中添加相应的文本。

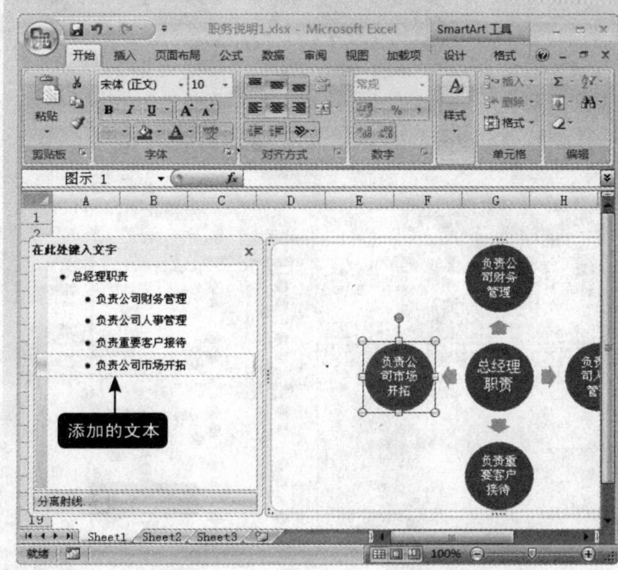

Step 04 单击任务窗格中的“关闭”按钮将其关闭，然后调整SmartArt图形的位置。

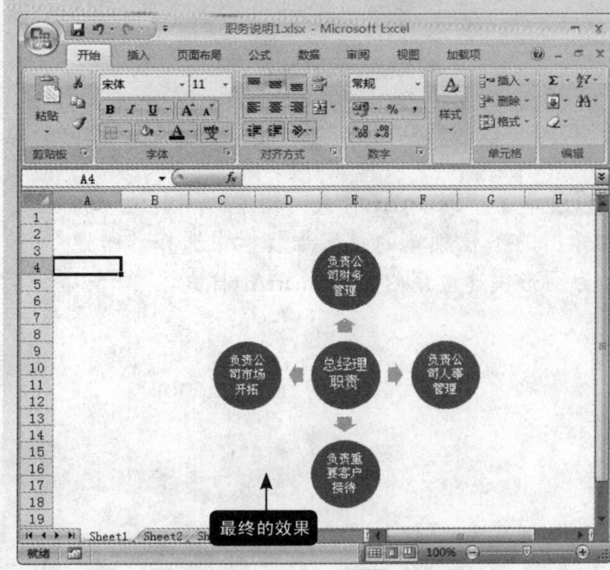

19.3.3 设置SmartArt图形格式

在Excel中插入SmartArt图形后，系统将自动打开“SmartArt工具 设计”选项卡和“SmartArt工具 格式”选项卡。通过这两个选项卡，用户可以对其格式进行设置，包括更改布局样式、更改SmartArt样式、设置形状样式等，其操作与设置图片、形状的样式相似。下面通过一个实例来具体介绍设置SmartArt图形格式的具体操作。

应用案例——在“职务说明2”工作簿中设置SmartArt图形格式

素材 光盘:\素材\第19章\职务说明2.xlsx

效果 光盘:\效果\第19章\职务说明2.xlsx

Step 01 打开“职务说明2”工作簿，选择其中的SmartArt形状。在“SmartArt工具 设计”选项卡下“布局”组的下拉菜单中选择“基本射线图”选项更改图形的布局格式。

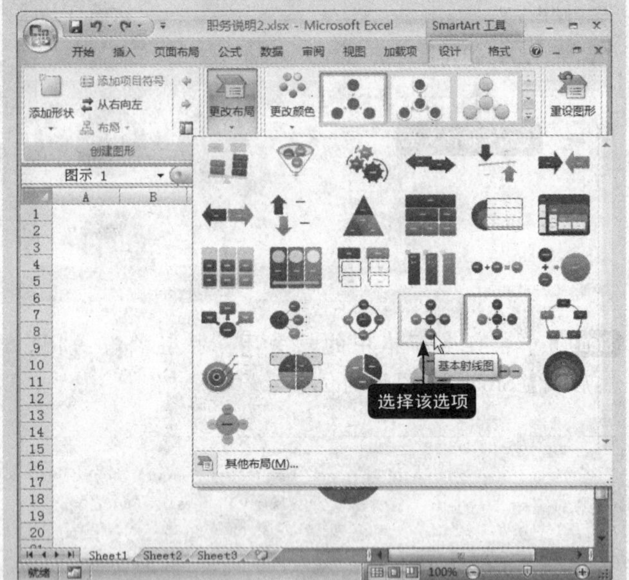

Step 02 单击“SmartArt样式”组中的“更改颜色”按钮，在弹出下拉菜单的“彩色”栏中选择“彩色范围-强调文字颜色2至3”选项更改图形的颜色效果。

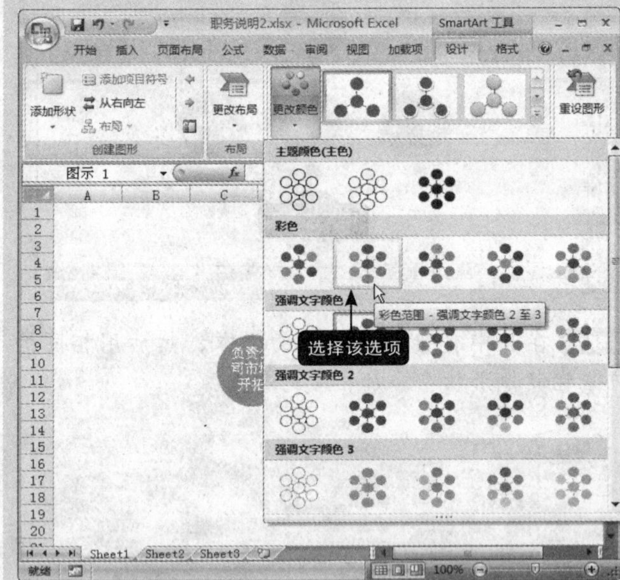

Step 03 单击“SmartArt样式”组中的“其他”按钮，在弹出的下拉菜单的“三维”栏中选择“卡通”选项为图形快速应用内置的SmartArt样式。

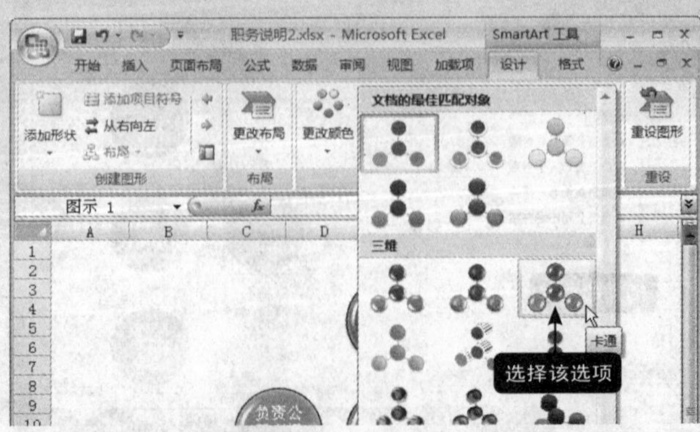

Step 04 在“SmartArt工具 格式”选项卡下“形状样式”组中单击“形状填充”按钮的下拉按钮，在弹出的下拉菜单的“标准色”栏中选择“绿色”选项为SmartArt图形应用形状填充效果。

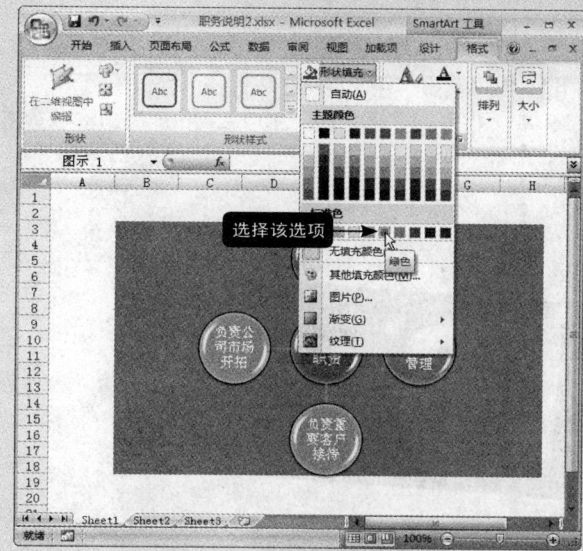

Step 05 单击“形状填充”按钮的下拉按钮，在弹出的下拉菜单中选择“虚线”命令，再在弹出的子菜单中选择“方点”选项。

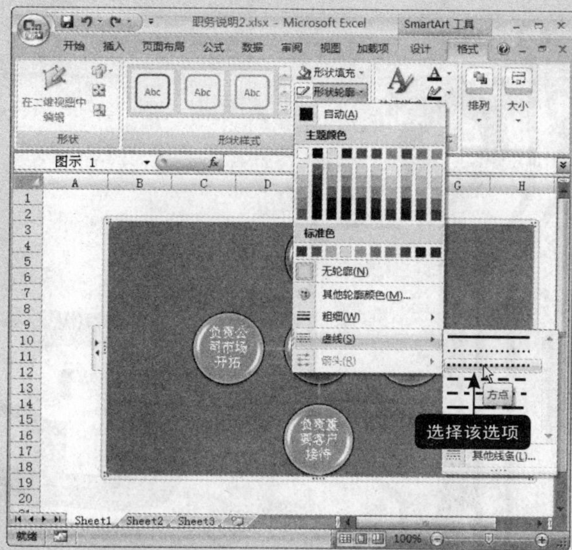

Step 06 将轮廓的粗细设置为“1.5磅”，再次单击“形状轮廓”按钮的下拉按钮，在弹出的下拉菜单的“标准色”栏中选择“红色”选项修改SmartArt图形的轮廓颜色。

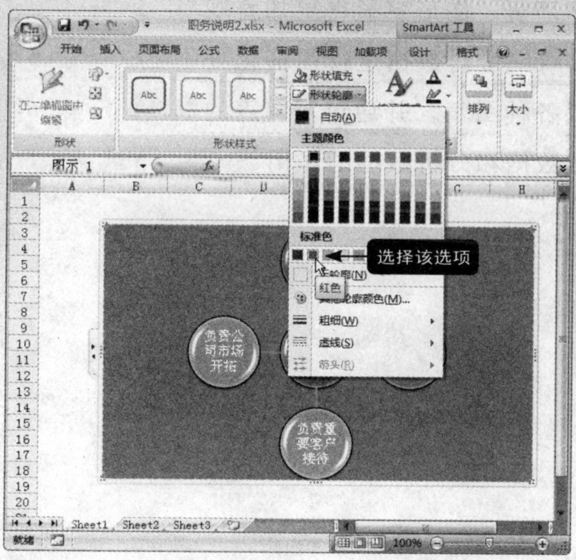

Step 07 单击“形状效果”按钮，在弹出的下拉菜单中选择“棱台”命令，再在弹出子菜单的“棱台”栏中选择“斜面”选项。然后将修改过的工作簿进行保存即可。

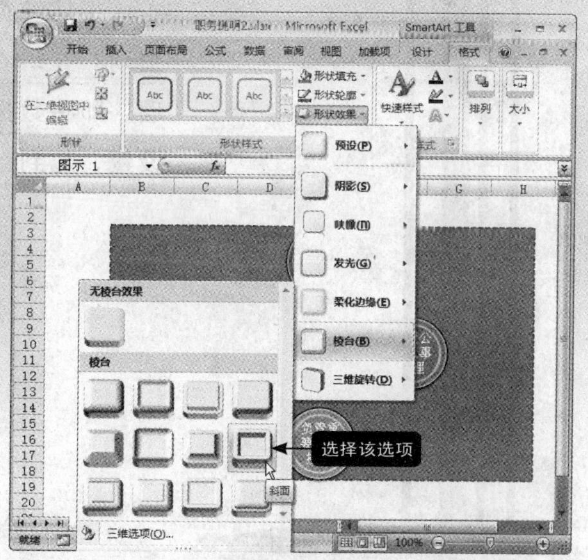

Part 6

数据图形化分析技术

相比纯粹的数字而言，图形将显得更加直观生动。在Excel中，用户可对数据进行图形化处理，即将数据转换成各种图表，并通过对图表的设置，起到直观表达数据和分析数据的作用。

20 Chapter 制作图表

READERS' GUIDE

对数据进行分析与处理是Excel软件最重要的功能，单纯由数字组成的文件却会使人感到枯燥，而使用Excel中重要的数据分析工具图表，则可以用直观的图形化方式展示数据。Excel软件中提供了多种类型的图表，下面讲解图表的创建与编辑方法。

MAIN CASES

创建常用功能图表 P318
创建特殊效果图表 P319
改变图表的位置和大小 P322
设计图表 P323

20.1 创建图表

若需要创建图表展示数据，首先应了解图表的基本组成部分及其创建方法。下面分别进行讲解。

20.1.1 了解图表的组成部分

通过图表可以更清楚地展示数据、分析数据、查看数据，图表还具有分析数据发展趋势这一功能。一张完整的图表，主要应包括图表标题、坐标轴（分类轴和数值轴）、绘图区、数据系列、网格线和图例等内容，如下图所示。

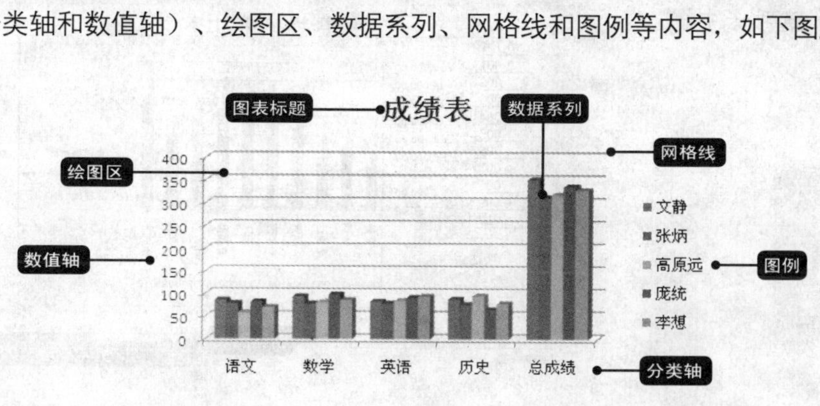

■图表的组成

要点提示：根据数据特点创建相应的图表

用户应该根据分析数据的目的，选择所需图表类型，创建相应的适合表达该数据的图表，从而更方便地展示处理数据。

20.1.2 创建常用功能图表

在了解了图表的基本结构之后即可进行图表的创建操作。在插入图表之前，应先在工作簿中输入所需数据，制作一个工作表作为创建图表的依据，然后通过“插入”选项卡就能轻松创建常规图表。

应用案例——在Excel中创建图表

素材 光盘:\素材\第20章\销售提成统计表.xlsx

效果 光盘:\效果\第20章\销售提成统计表.xlsx

Step 01 打开“销售提成统计表”工作簿，拖动鼠标选择除标题外的整个工作表。在“插入”选项卡下“图表”组中单击“对话框启动器”按钮。

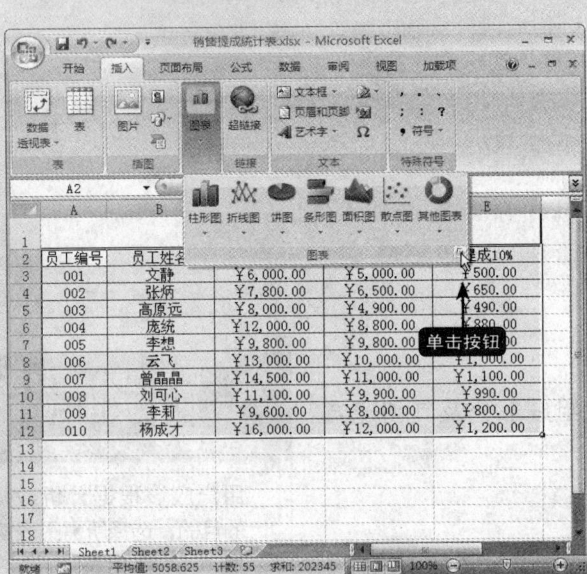

Step 02 打开“插入图表”对话框，在左侧选择图表的类型，这里选择“柱形图”图表类型。在对话框右侧的子图表类型列表框中选择所需子图表类型，然后单击“确定”按钮。

Step 03 此时即可根据工作表中的数据创建柱形图表，并自动切换到“图表工具 设计”选项卡中。

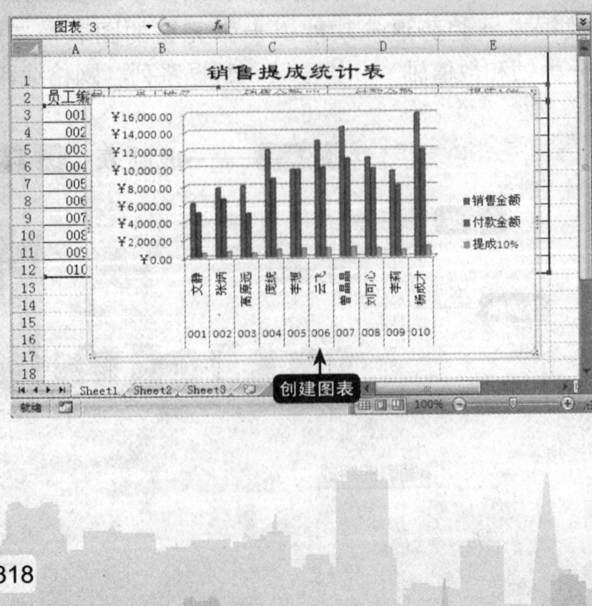

Step 04 在“图表工具 布局”选项卡下“标签”组中单击“图表标题”按钮，在弹出的下拉菜单中选择“图表上方”命令。

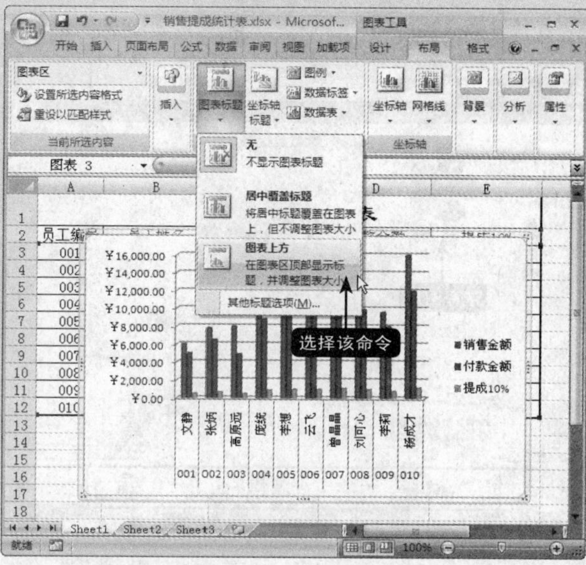

Step 05 在图表上方将创建一个图表标题框。将光标插入点定位到标题框中，输入“销售统计表”即完成图表的创建工作。

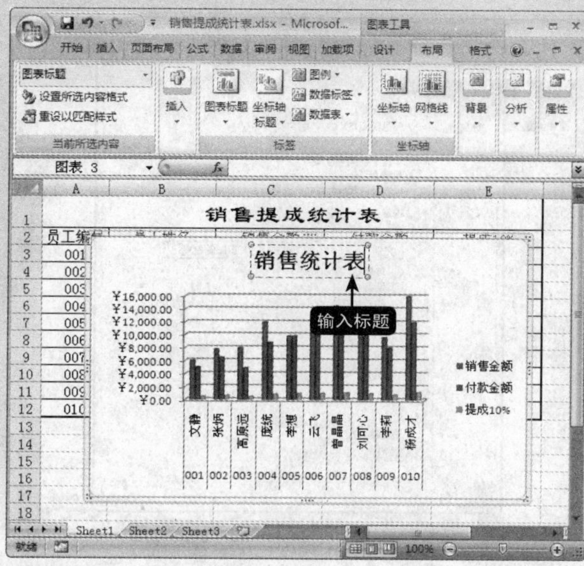

20.1.3 创建特殊效果图表

在Excel中，除了能创建常规图表之外，还可根据用户的个性化需求创建具有特殊效果的图表，如在图表中使用图片展示数据或创建误差线。

1. 使用图片显示数据

在Excel中，如果系统提供的图表样式不够美观，还需要更个性化的显示特定数据，可以按需要将图片中的数据大小用指定的图片来显示。

应用案例——使用图片显示数据

素材 光盘:\素材\第20章\各科成绩表.xlsx、小红花.png

效果 光盘:\效果\第20章\各科成绩表.xlsx

Step 01 打开“各科成绩表”工作表，在图表的任意一个数据系列上右击，在弹出的快捷菜单中选择“设置数据系列格式”命令。

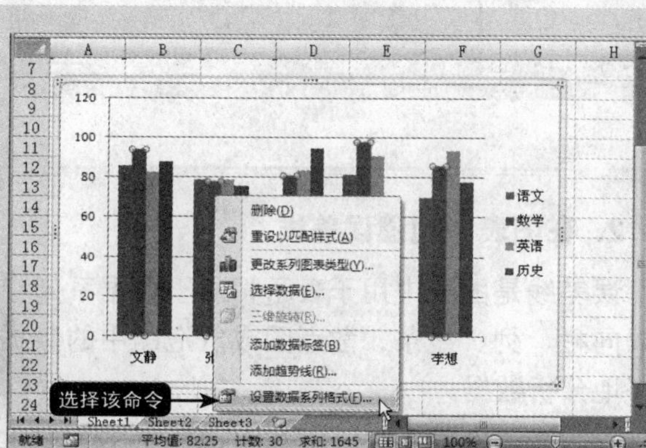

Step 02 在打开的“设置数据系列格式”对话框左侧选择“填充”选项卡，然后在右侧选择“图片或纹理填充”单选按钮，再单击“文件”按钮。

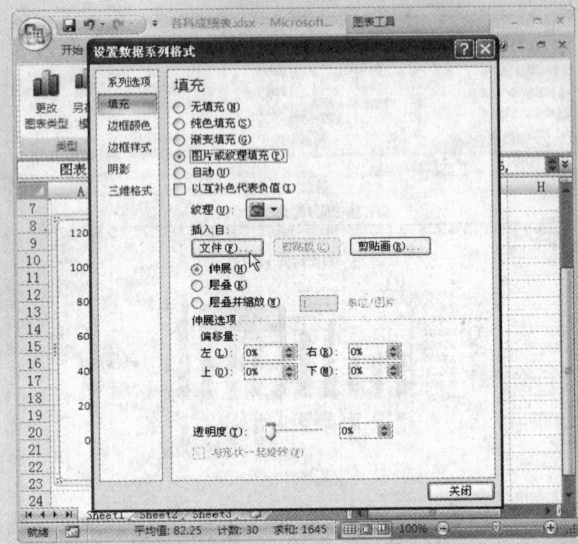

Step 03 在打开的“插入图片”对话框中选择合适的图片“小红花”，单击“插入”按钮。

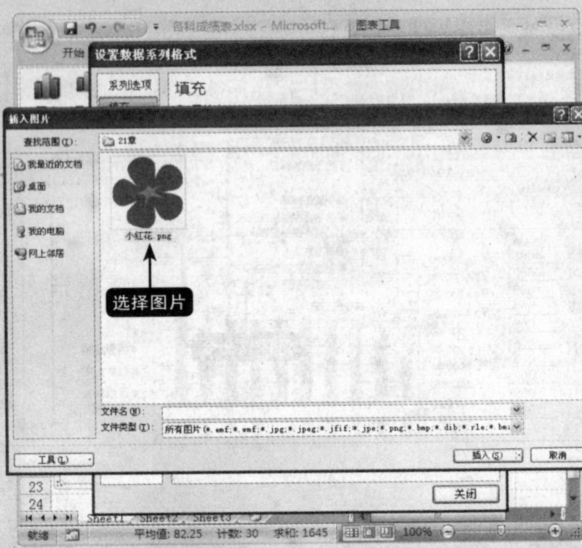

Step 04 此时图表中的数据系列被图片填充。在“设置数据系列格式”对话框中选择“层叠”单选按钮，设置图片的放置方式。

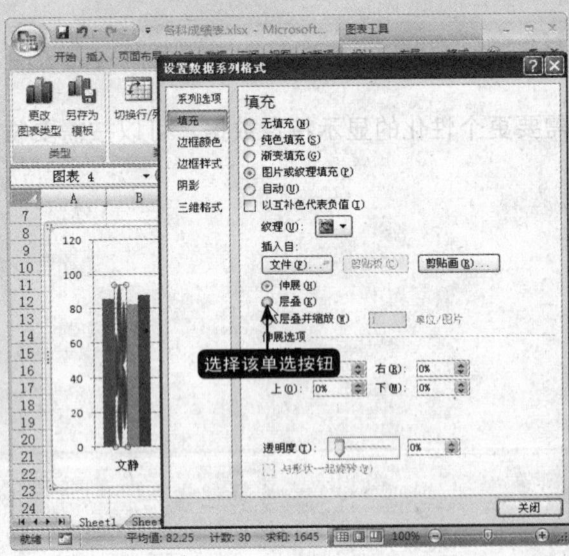

Step 05 单击“关闭”按钮，即可以图片的形式展示数据，保存工作表完成设置操作。

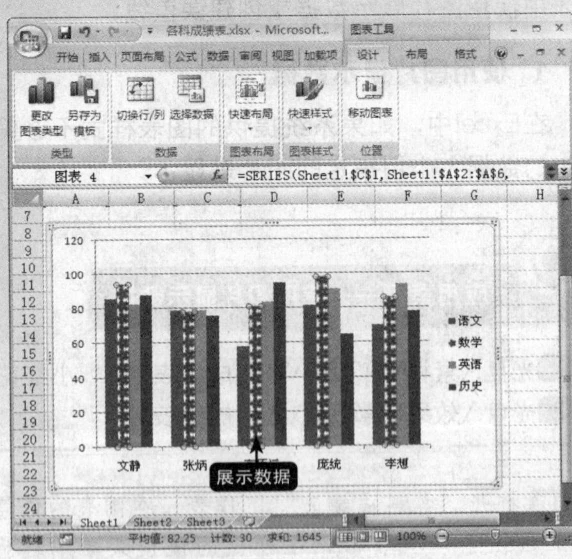

2. 在图表中创建误差线

误差线是图表中用于表示相对于数据系列中每个数据点或数据标记的潜在误差量的一种线段，用户可以向栏、列、线条、散点图或气泡图中的数据系列添加误差线。创建具有误差线的图表，可帮助用户更好地分析数据。

下面在“销量提成统计表1”中添加误差线。

素材 光盘:\素材\第20章\销售提成统计表1.xlsx

效果 光盘:\效果\第20章\销售提成统计表1.xlsx

Step 01 打开“销售提成统计表1”工作表，选择该表中的图表。

Step 02 在“图表工具 布局”选项卡下“当前所选内容”组中单击“图表区”下拉列表，在弹出的下拉菜单中选择“系列‘销售金额’”选项。

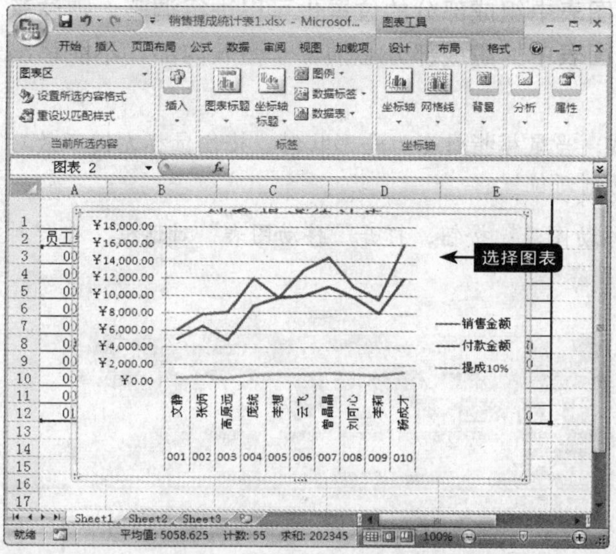

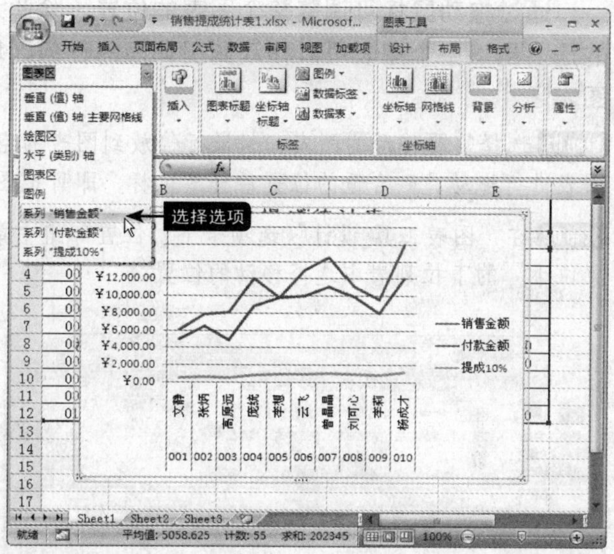

Step 03 在“图表工具 布局”选项卡下“分析”组中单击“误差线”按钮，在弹出的下拉菜单中选择“标准误差误差线”命令，给销售金额添加误差线。

Step 04 用同样的方法给付款金额添加误差线，保存图表完成编辑操作。

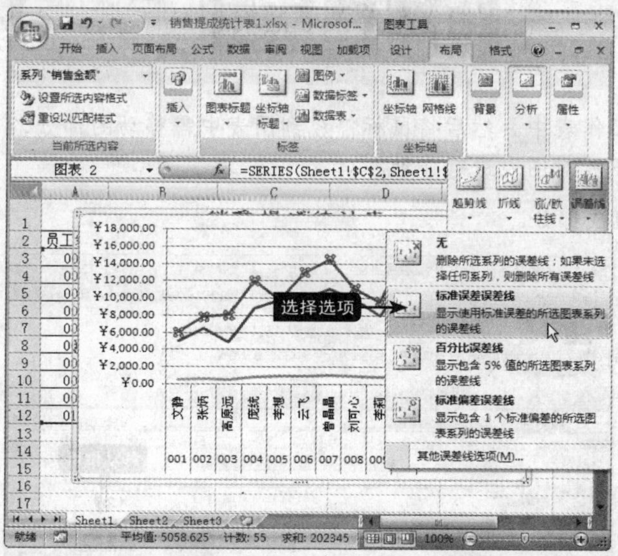

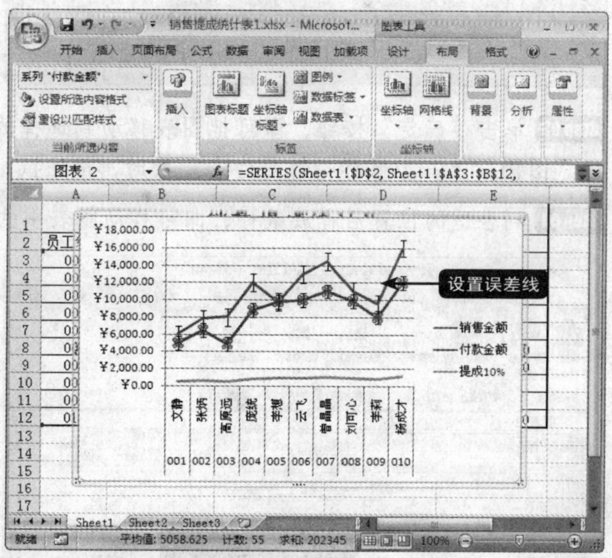

20.2 编辑与美化图表

图表创建后，还需要编辑和美化，包括设置图表的大小与位置、调整图表的各个组成部分的格式和属性、更改图表类型以及设置图表外观样式等。通过对图表的编辑与美化使其变得更加美观，数据信息更为完善。

20.2.1 改变图表的位置和大小

默认情况下，创建的图表的位置与大小并不是固定不变的，用户可以根据自己的需要通过拖动鼠标或设置参数的方式改变它们的位置与大小，使其变得更加符合工作需要。

1. 改变图表位置

通过拖动鼠标可调整整个图表的位置。除此之外，图表中组成部分的位置也可以进行调整。需注意的是，虽然整个图表可以移动到工作表的任何区域，但图表中的组成部分必须位于图表内部，不能移出图表区。

Step 01 选择需要移动的图表，将鼠标停放到图表的空白区域，当鼠标指针变为✥形状时，按住鼠标左键不放对图表进行拖动，到合适的位置后释放鼠标，即可把图表移动到新位置。

Step 02 在“图表工具 设计”选项卡下“位置”组中单击“移动图表”按钮，打开“移动图表”对话框，在“对象位于”的下拉列表中选择移动的位置。

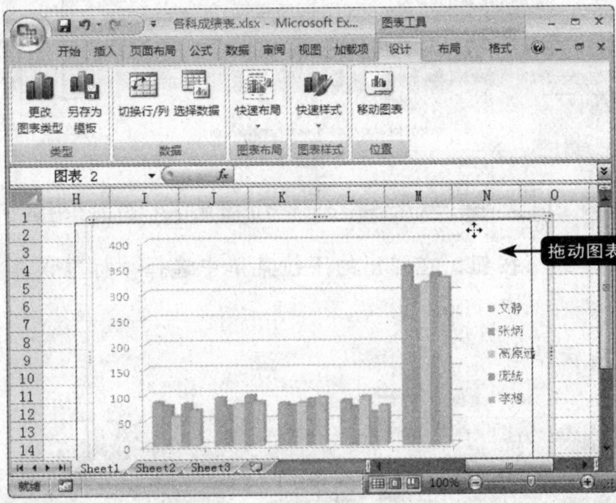

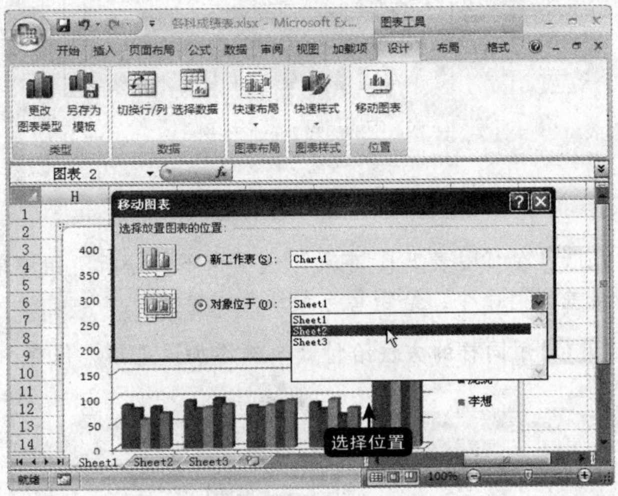

Step 03 单击“确定”按钮，即可把图表移动到选择的其他工作表中。然后将鼠标停放到图表中需移动的部分，如“图例”上，当鼠标指针变为✥形状时，按住鼠标左键不放对图表进行拖动。

Step 04 到合适的位置后释放鼠标，即可移动图表中的各个组成部分。

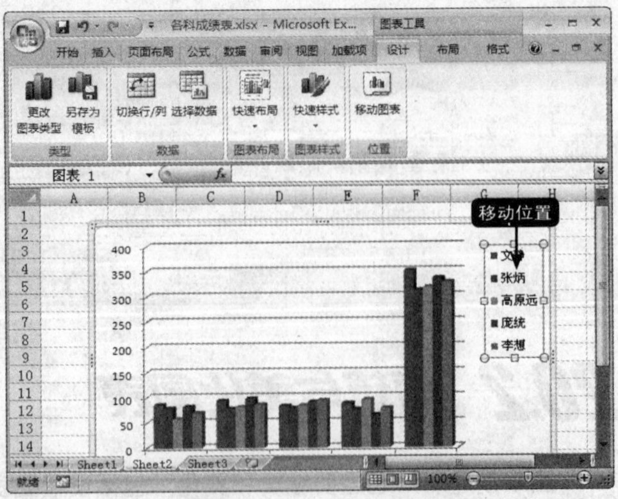

2. 改变图表大小

创建好图表后，如果图表过小，其中的数据将无法正常显示。这时用户可像调整图形对象一样调整图表的大小。图表中的各对象会跟随图表整体大小的变化等比例改变，在调整大小时需注意图表长宽比例的协调。改变图表大小的方法如下：

Step 01 用鼠标选择图表中需改变大小的部分，此时被选择的部分四周边框上将出现8个控制点，用鼠标拖动控制点就可以改变其大小。

Step 02 在“图表工具 格式”选项卡下“大小”组中的“高度”数值框和“宽度”数值框中输入数值，可设置图表或图表中各个部分的具体长宽数值。

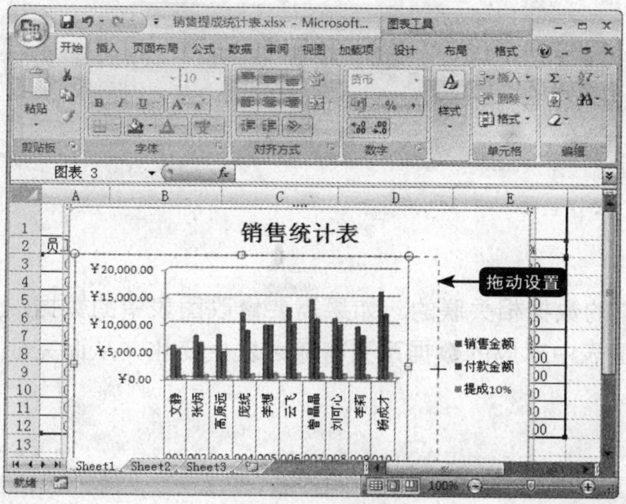

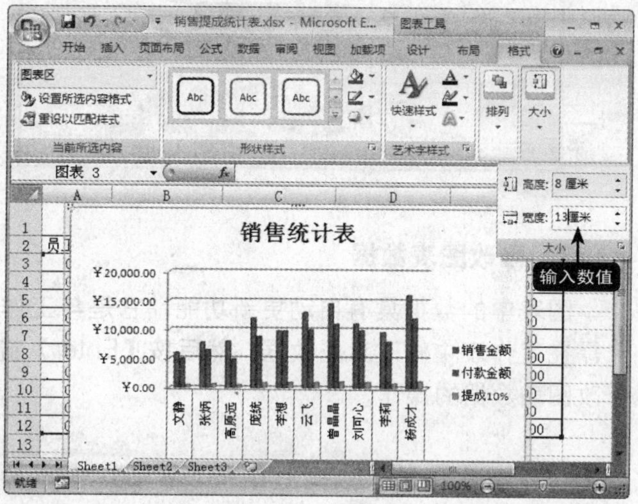

20.2.2 设计图表

用户除了可以简单地调整图表的大小和位置之外，还能对图表进行更改类型、修改数据系列、改变整体布局等设计操作，下面将进行详细讲解。

1. 更改图表类型

在创建好图表后，如果对创建的图表类型不满意，可以对其进行更改。

Step 01 选择整个图表，在“插入”选项卡下“图表”组中单击相应的图表类型按钮，在弹出的下拉菜单中选择所需的图表类型。

Step 02 图表区中的图表类型即可变成所选的图表类型。在“图表工具 设计”选项卡下“类型”组中单击“更改图表类型”按钮，打开“更改图表类型”对话框。

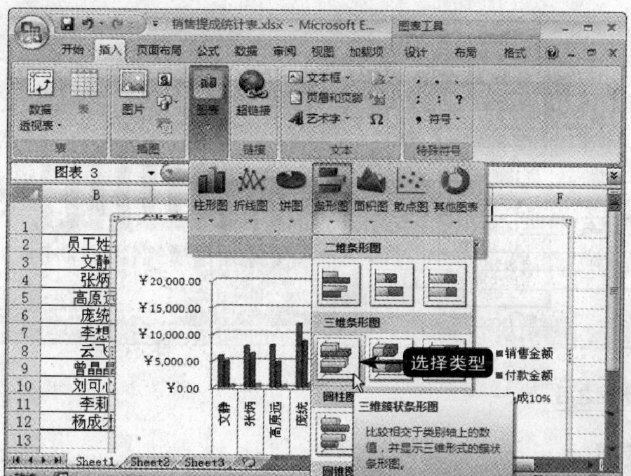

使用技巧：设置标题大小的方法

在图表中，图表区、绘图区和图例的大小都可以通过鼠标拖动控制点来调整。但图表标题、坐标轴标题的大小则应通过设置字号大小的方法来进行调整。

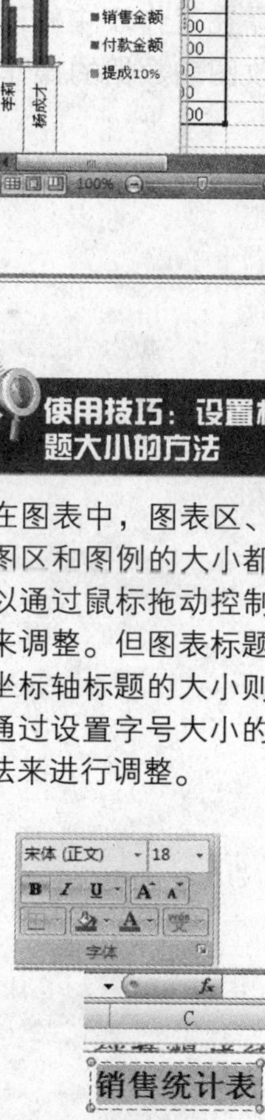

Step 03 在该对话框中选择合适的图表，单击“确定”按钮也可进行图表类型的更改。

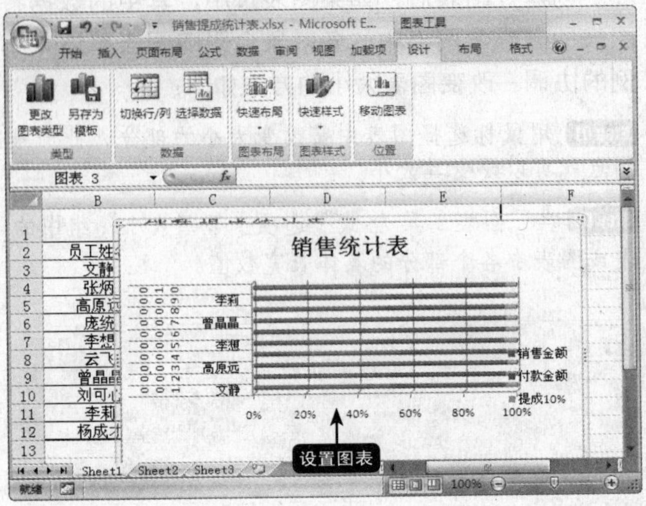

2. 修改图表数据

图表中的数据具有自动更新功能，它是与工作表中的数据相关联的。如果需要修改图表中的数据，只需在工作表中修改对应数据，然后按【Enter】键，图表中对应的数据系列将随之发生变化，从而完成修改图表数据的操作。

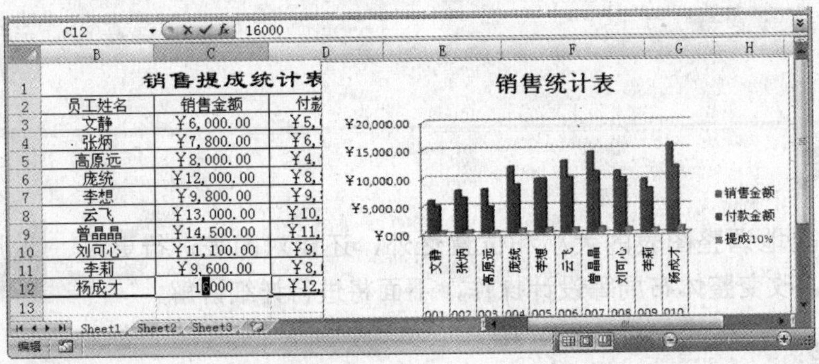

■修改数据之前

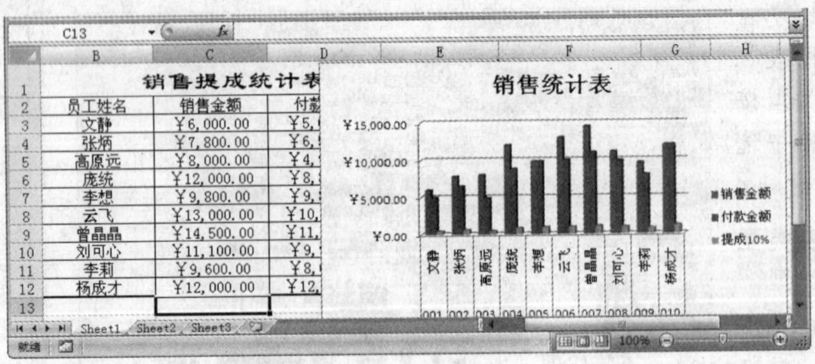

■修改数据之后

3. 删除或添加数据系列

在将Excel工作表制作为图表之后，其中的数据可能会发生变化，显示在图表中的数据系列需要根据这些更改进行删除或添加。通常情况下，用户可使用上一个问题所述的方法进行数据的调整，但若需要在不改变工作表数据的情况下在图表中删除或添加数据系列，就应采用以下介绍的方法。

Step 01 打开需要进行数据系列设置的图表，然后在“图表工具 设计”选项卡下“数据”组中单击“选择数据”按钮。

Step 02 打开“选择数据源”对话框，在该对话框的“图例项（系列）”列表框中选择需要暂时删除的系列名称。单击“删除”按钮，即可在图表中取消显示该系列。

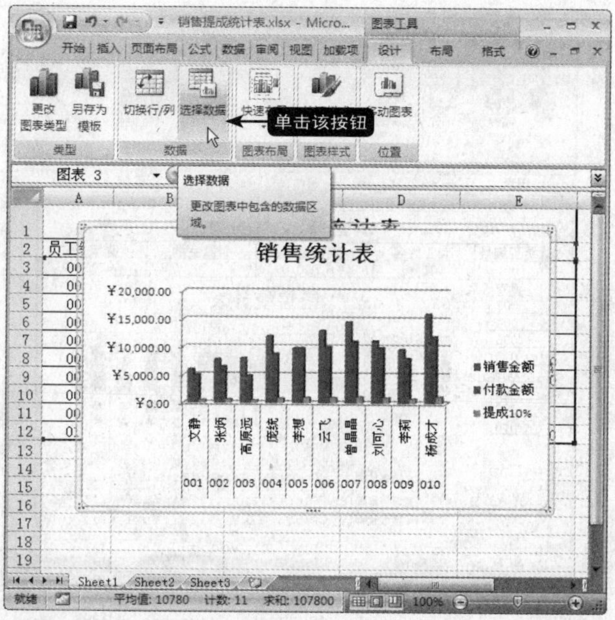

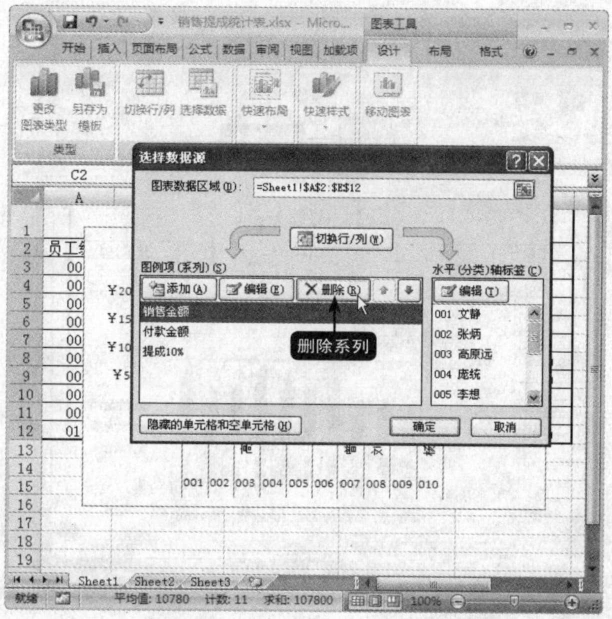

Step 03 若需要在图表中添加系列，需在“选择数据源”对话框中单击“添加”按钮。

Step 04 打开“编辑数据系列”对话框，在“系列名称”参数框中输入需选择系列所在的单元格名称，然后单击“确定”按钮，即可添加系列。

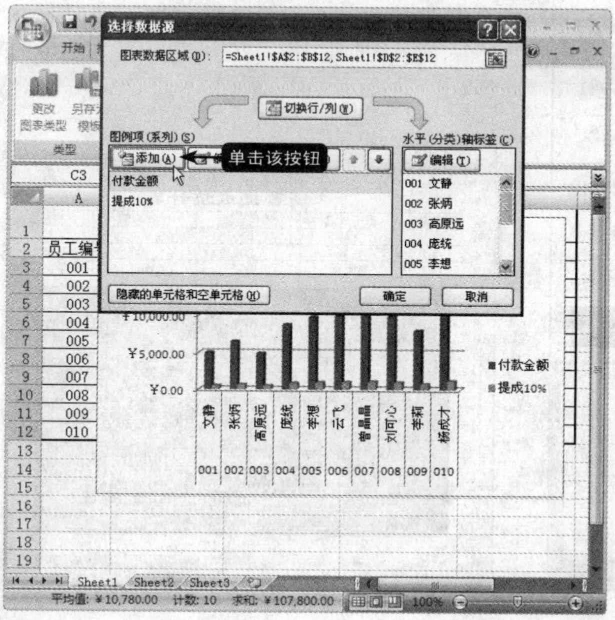

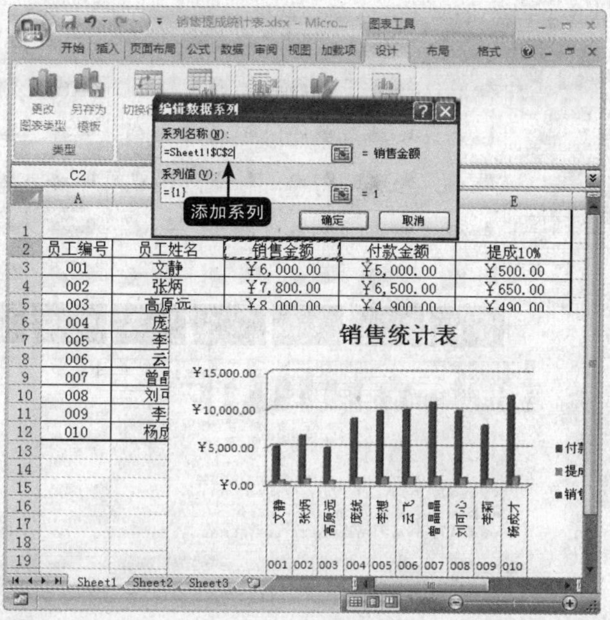

4. 改变图表的整体布局结构

在Excel 2007中，用户可以根据需要改变图表的整体布局结果，只需在“图表工具 设计”选项卡中的相关列表框中选择图表需要的布局结构即可。

Step 01 选择需要改变整体布局结构的图表，在“图表工具 设计”选项卡下“图表布局”组中单击“快速布局”按钮。

Step 02 在弹出的下拉菜单中选择需要的图表的布局结构即可进行整体布局的改变。

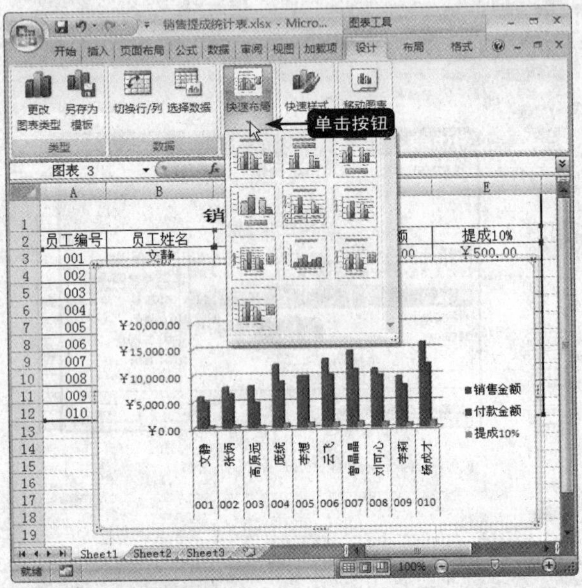

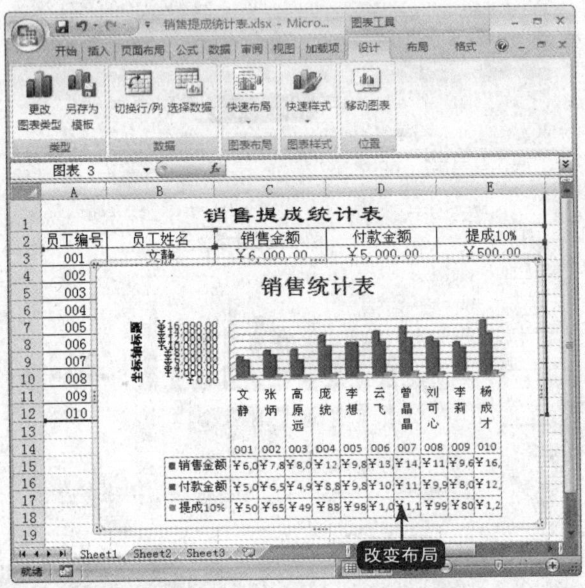

5. 应用图表样式

应用图表样式的方法和设置图片样式类似，只需在“图表工具 设计”选项卡下“图表样式”组中单击“其他”按钮，在弹出的列表框中选择需要的图表样式即可。

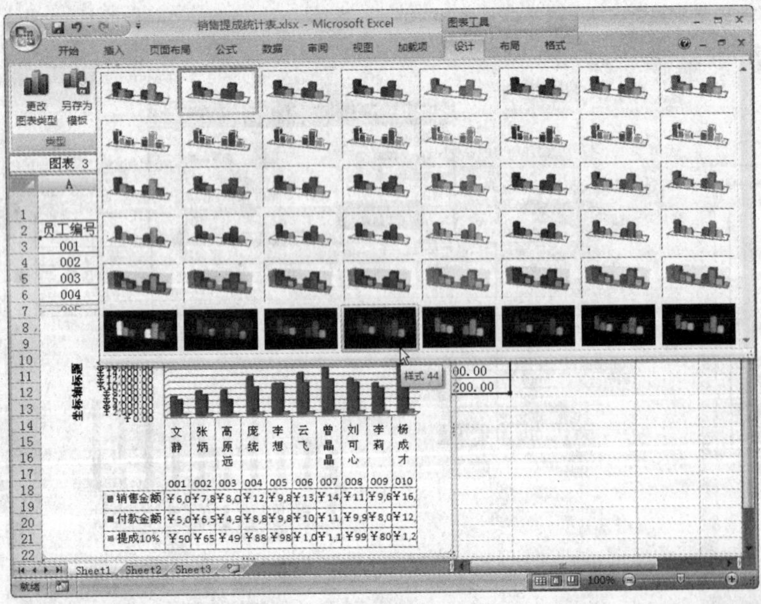

■选择图表样式

应用图表样式■

20.2.3 设置图表的具体布局

用户除了可以选择系统内置的整体布局样式进行应用外，还可通过“图表工具 布局”选项卡中的相关按钮和选项对图表的具体布局进行设置。

1. 设置图表中各标签位置

标签是图表中显示具体数据的一种提示符号，通常在默认图表中为了方便绘图内容的展示，标签是被隐藏的，用户可以将其设置为显示状态并调整其位置。

Step 01 在“图表工具 布局”选项卡的“标签”组中单击“数据标签”按钮，在弹出的下拉菜单中选择“显示”命令。

Step 02 在图表中可看到与当前数据系列有关的多个数据标签被显示出来，这里显示的数据标签因过多而影响了视线，应对其进行移动，只需在选择标签后按住鼠标左键不放进行拖动即可。

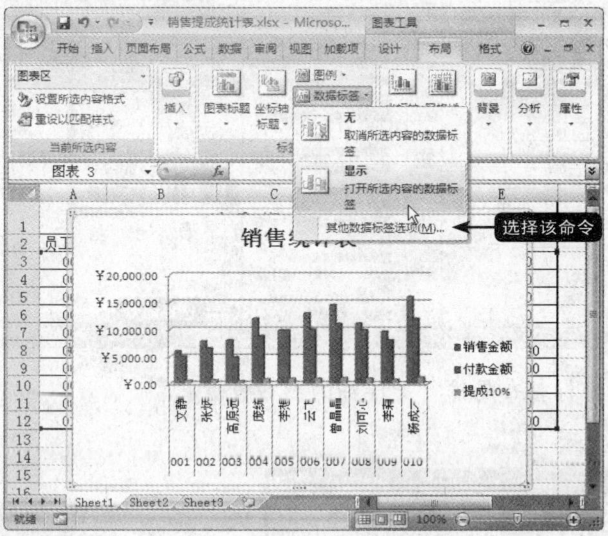

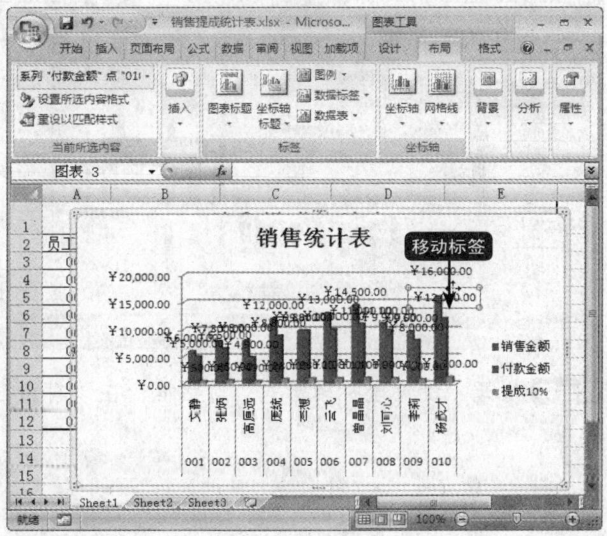

Step 03 若不再需要某些数据标签，只需在选择标签后按【Delete】键即可将其删除。用户可在图表中只保留重要的数据标签，以方便查看。

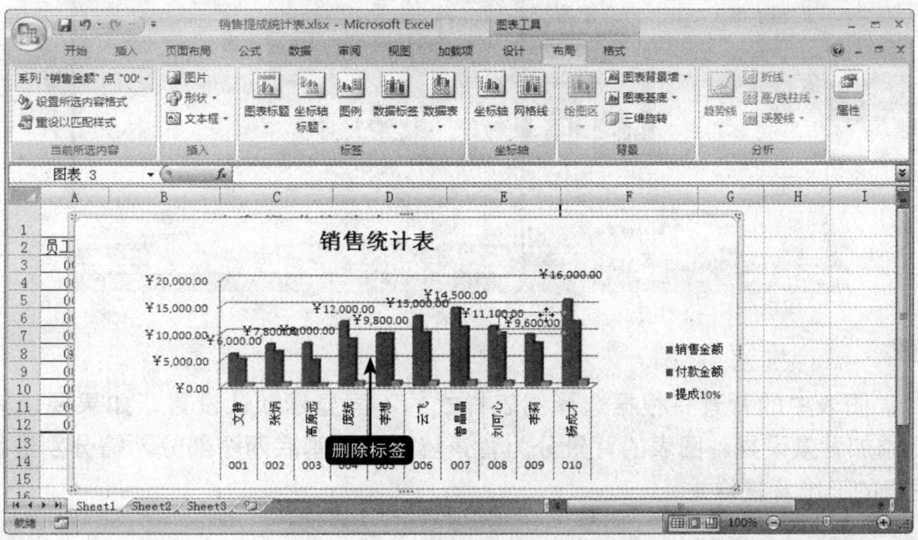

2. 布局坐标轴

图表中的坐标轴有数值轴与分类轴两种，在选择需设置格式的某类坐标轴后，可对其进行详细的布局设置。

Step 01 在“图表工具 布局”选项卡下“坐标轴”组中单击“坐标轴”按钮，在弹出的下拉菜单中选择“主要横坐标轴/显示从右向左坐标轴”命令。

Step 02 坐标轴即可按所选命令进行显示。单击“坐标轴”按钮，在弹出的下拉菜单中选择“主要纵坐标轴/其他主要纵坐标轴选项”命令。

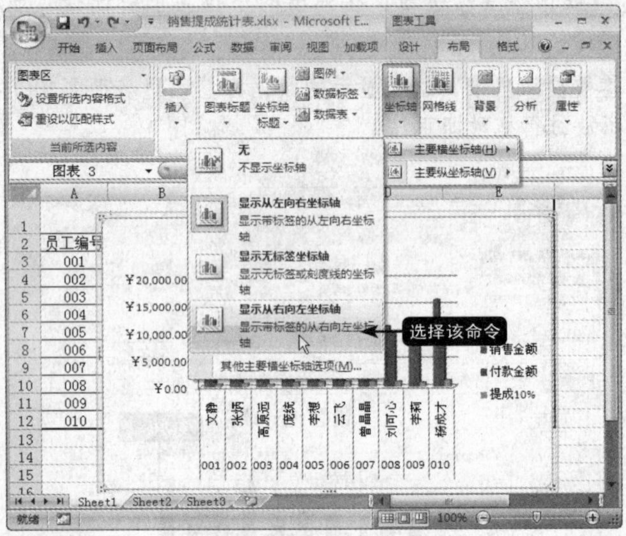

Step 03 打开“设置坐标轴格式”对话框，在该对话框中可对坐标轴布局进行更详细的参数设置。

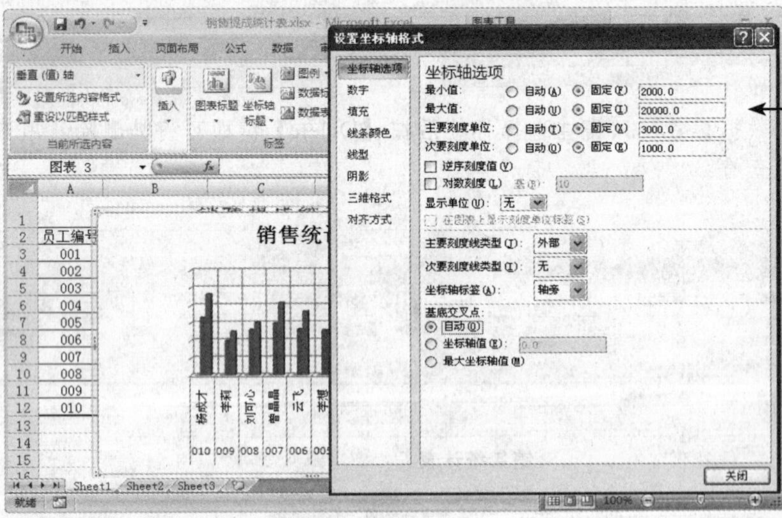

3. 添加背景

创建图表后，图表中的背景将根据选择图表样式的不同显示默认设置。如果要使其更具美观性，还需对图表进行添加背景设置。图表的背景分为背景墙与背景基底两个部分，需分别进行设置，除此之外，还可设置图表的三维背景样式。

Step 01 打开需要进行背景设置的图表，然后在“图表工具 布局”选项卡下“背景”组中单击“图表背景墙”按钮，在弹出的下拉菜单中选择“其他背景墙选项”命令。

Step 02 打开“设置背景墙格式”对话框，在该对话框中可设置背景墙的颜色、纹理等效果。这里选择“渐变填充”单选按钮，设置一个渐变颜色，单击“关闭”按钮。

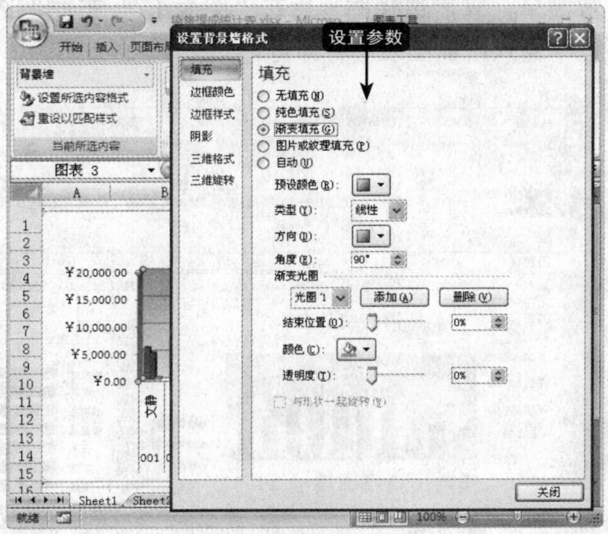

Step 03 在“背景”组中单击“图表基底”按钮，在弹出的下拉菜单中选择“其他基底选项”命令。

Step 04 打开“设置基底格式”对话框，在该对话框中可设置基底的颜色、纹理等效果，这里选择“纯色填充”单选按钮，设置一个较深的纯色，单击“关闭”按钮完成设置。

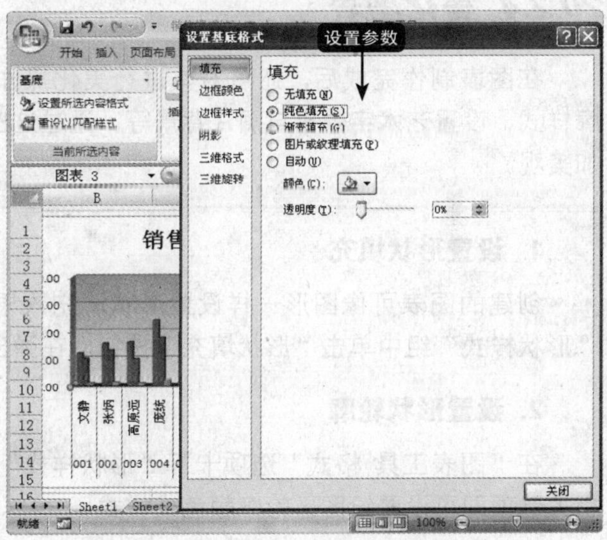

Step 05 在“背景”组中单击“三维旋转”按钮，在打开的“设置图表区格式”对话框中可设置图表的旋转角度，以便更好地查看图表的内容。

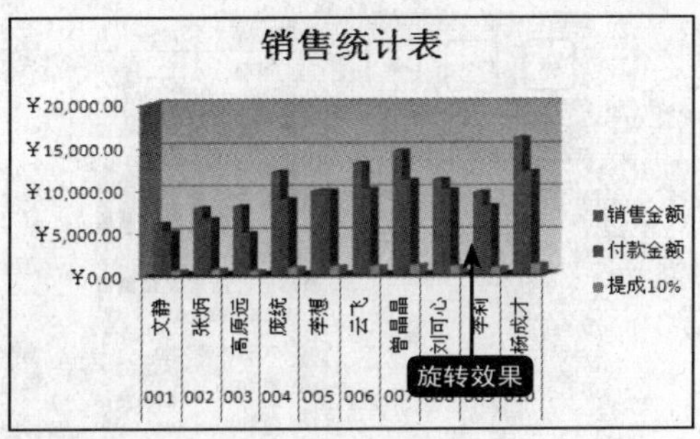

4. 更改图表名称

在工作表中插入图表之后，还可为插入的图表自定义图表名。其方法非常简单，只需选择图表后在“图表工具 布局”选项卡下“属性”组中的文本框中输入所需图表名称即可。

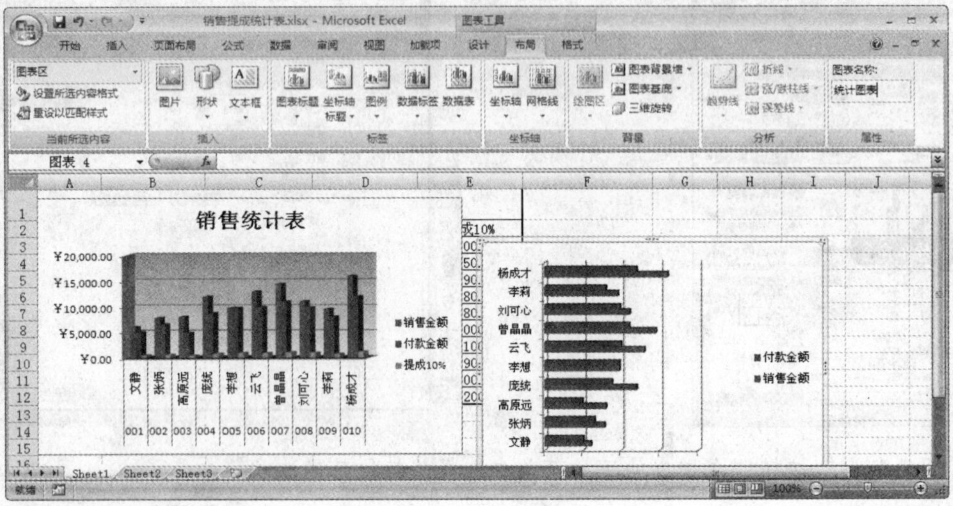

■更改图表名称

要点提示：创建图表的其他方法

如果在创建图表之前没有选择工作表中的数据，则在选择了图表的类型后，还需要在“图表工具 设计”选项卡下“数据”组中单击“选择数据”按钮，在打开的对话框中单击“图表数据区域”右侧的折叠按钮，再选择图表数据区域，最后单击“确定”按钮添加图表标题即可。

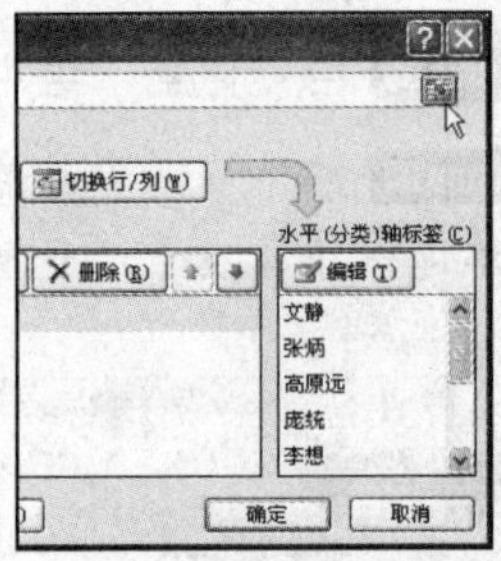

20.2.4 美化图表

在图表制作完成后，还可对其进行美化操作，如设置形状填充、设置轮廓样式、设置艺术字效果与图片背景等。通过这些设置，可以使制作的图表更加美观。

1. 设置形状填充

创建的图表可像图形一样设置形状填充效果，只需在选择图表后，在“图表工具 格式”选项卡下“形状样式”组中单击“形状填充”按钮，在弹出的下拉菜单中选择相关选项即可进行设置。

2. 设置形状轮廓

在“图表工具 格式”选项卡下“形状样式”组中单击“形状轮廓”按钮，在弹出的下拉菜单中选择相关选项即可设置绘图区轮廓颜色或样式。

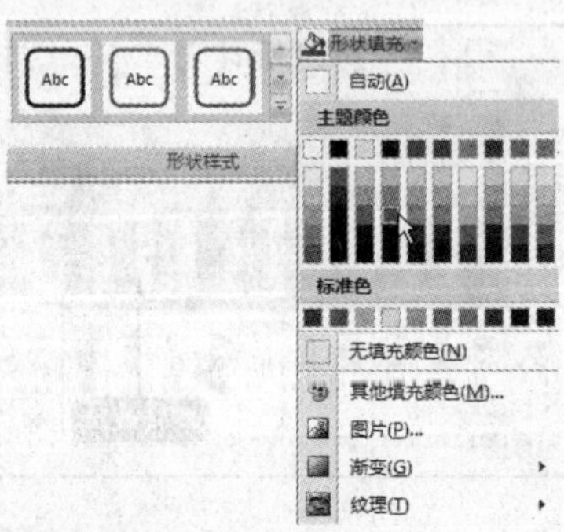

■设置图表填充颜色

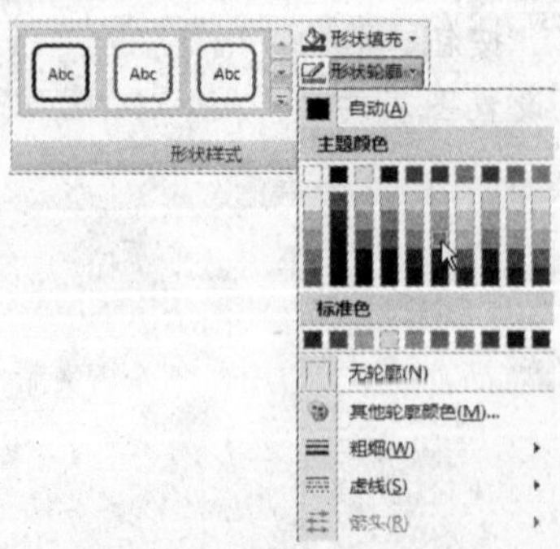

■设置图表轮廓颜色

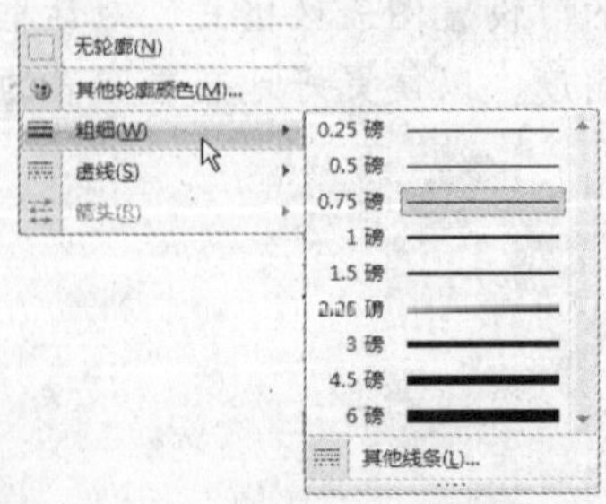

设置图表轮廓粗细■

3. 设置形状效果

在“图表工具 格式”选项卡下“形状样式”组中单击“形状效果”按钮，在弹出的下拉菜单及子菜单中选择相关选项即可设置整个图表的外观效果，例如发光、投影以及棱台等。

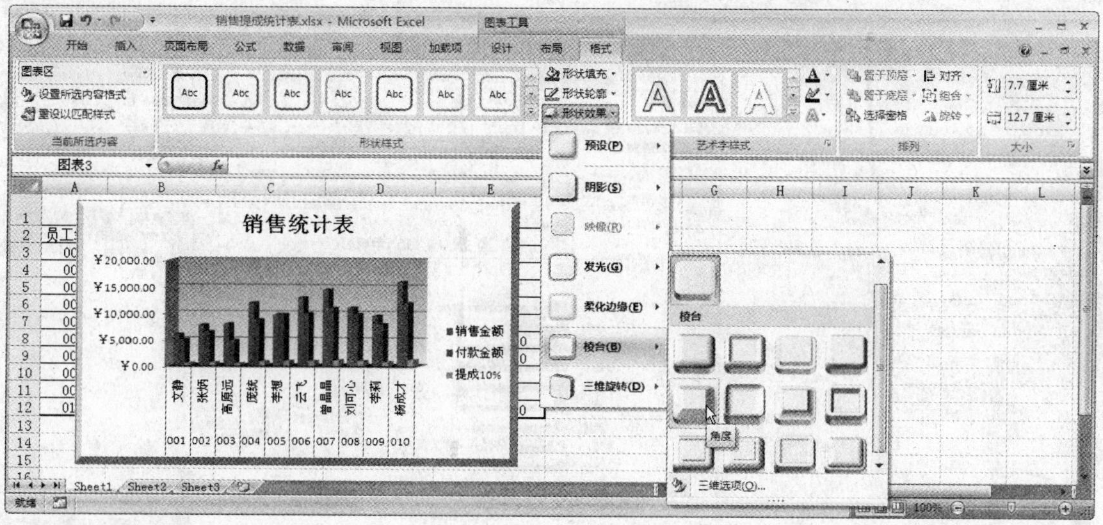

■设置图表形状效果

4. 设置艺术字效果

在“图表工具 格式”选项卡下“艺术字样式”组中可设置图表中各个文字的艺术字效果，只需选择图表中要设置艺术字效果的文字，然后在艺术字效果下拉菜单中进行选择即可。

■“艺术字样式”组

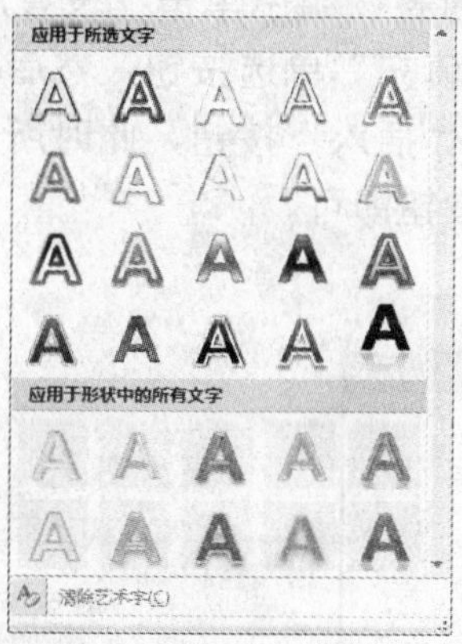

■艺术字效果下拉菜单

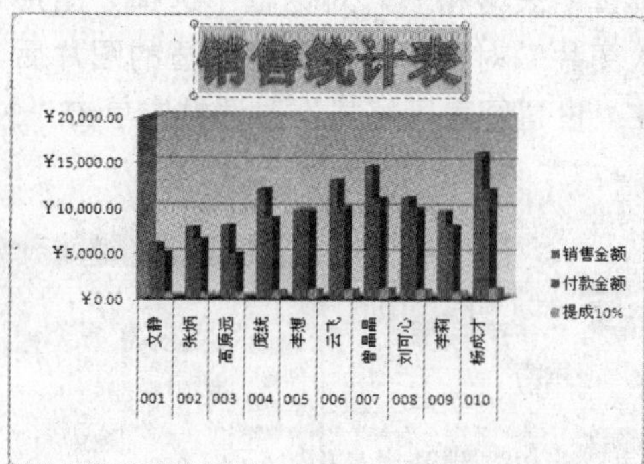

设置艺术字效果■

5. 设置图表的排列

在工作簿中创建了多张图表之后，常常需要将图表进行对齐放置，或将某张常见的图表放置在最上方或下方，在“图表工具 格式”选项卡下“排列”组中即可对图表进行相关设置。

- “置于顶层”按钮：选择某张图表后，单击该按钮可将图表置于顶层；若单击该按钮的下拉按钮，在弹出的下拉菜单中可选择将图表上移一层。
- “置于底层”按钮：选择某张图表后，单击该按钮可将图表置于底层；若单击该按钮的下拉按钮，在弹出的下拉菜单中可选择将图表下移一层。
- “对齐”按钮：按住【Shift】键选择多张图表后，可设置图表为左对齐、水平居中、底端对齐等各种对齐方式。

- “组合”按钮：按住【Shift】键选择多张图表后，单击该按钮可将图表编组。
- “选择窗格”按钮：单击该按钮将打开“选择和可见性”窗格，在窗格中选择图表选项后单击按钮即可隐藏工作簿中的图表；单击按钮，则可将隐藏的图表显示出来。若选择图表选项后单击该窗格底部的排序按钮，则可调整图表的层次。

■设置图表的对齐

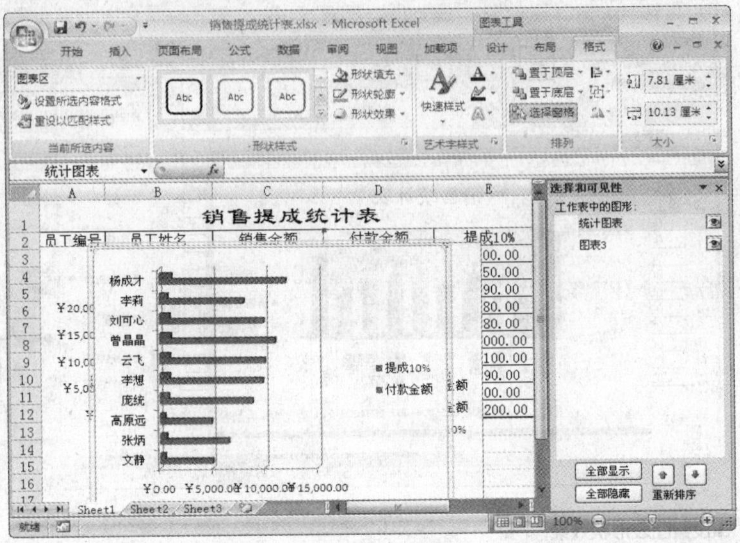

选择显示图表■

6. 设置图表的背景图片

在Excel中，除了可以为图表设置填充颜色以外，还可以为其设置背景图片。打开需要添加图片的图表，在“图表工具 格式”选项卡下“当前所选内容”组中单击“设置所选内容格式”按钮，在打开的“设置图表区格式”对话框中选择“图片或纹理填充”单选按钮，然后单击“文件”按钮。在打开的“插入图片”对话框中选择好合适的图片后，单击“插入”按钮，此时所选择的图片被添加到图表中。最后在“设置图表区格式”对话框中单击“关闭”按钮即可。

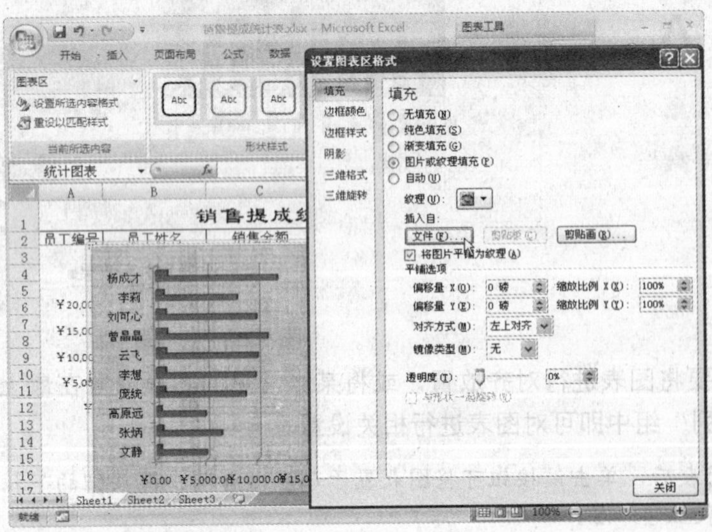

■选择单选按钮

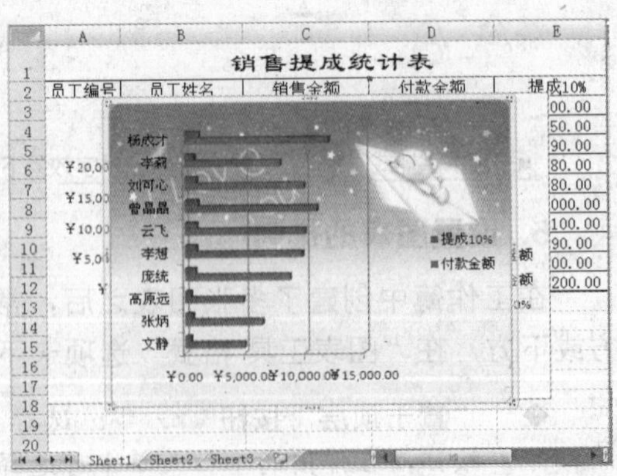

设置图表图片背景■

21 Chapter 各种图表的应用场合

READERS' GUIDE

图表作为Excel数据分析的重要工具，能简单、直观地向用户展示工作表各数据之间的关系及数据变化趋势 。在使用图表分析数据前，了解各种图表的应用场合是相当必要的。

MAIN CASES

柱形图的应用 P333
条形图的应用 P337
饼图的应用 P337
圆环图的应用 P339
折线图的应用 P339
其他类型图表的应用 P342

21.1 柱形图的应用

柱形图是Excel中使用最频繁的一种图表，主要用于比较数据区域中一段时间内各项数据的变化情况。如比较几类产品在几个月中的销售情况时，使用柱形图最为理想。在柱形图中，横坐标轴通常表示比较的类别，纵坐标轴通常表示此类别的具体的数值。

柱形图下包含了以下几种子类型。

◆ **簇状柱形图和三维簇状柱形图**：此类型柱形图主要用于比较多个类别的值。两者的区别在于簇状柱形图使用二维垂直矩形显示数据，而三维簇状柱形图使用三维透视效果显示数据，但不会使用竖坐标轴。

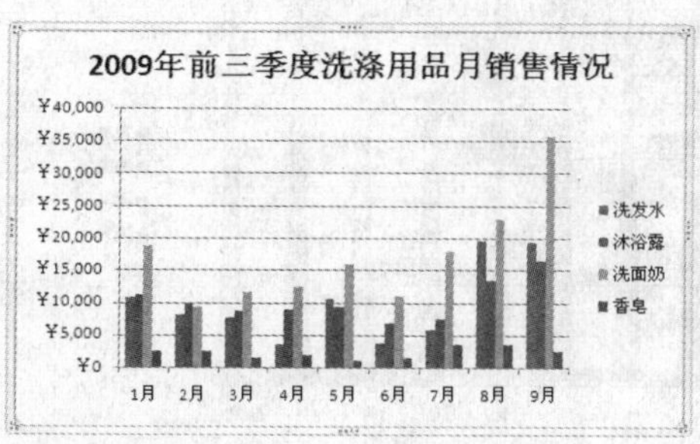

■簇状柱形图

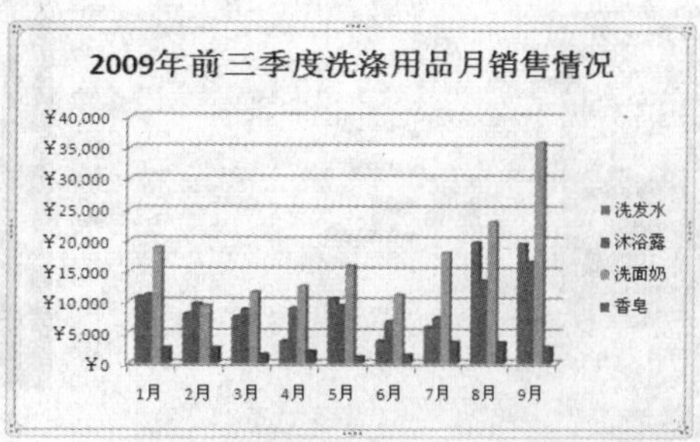

三维簇状柱形图■

疑难解答：三维簇状柱形图坐标的修改

问：为什么在工作表中插入的三维簇状柱形图不能修改坐标呢?

答：三维簇状柱形图仅仅使用三维透视效果显示数据，如要使用三维格式显示数据，并且希望能够修改3个坐标轴（横坐标轴、纵坐标轴和竖坐标轴），请改用三维柱形图子类型。

◆ **堆积柱形图**：堆积柱形图主要用于显示单一项目与总体的关系，也可跨类别比较单个值所占总体的百分比。

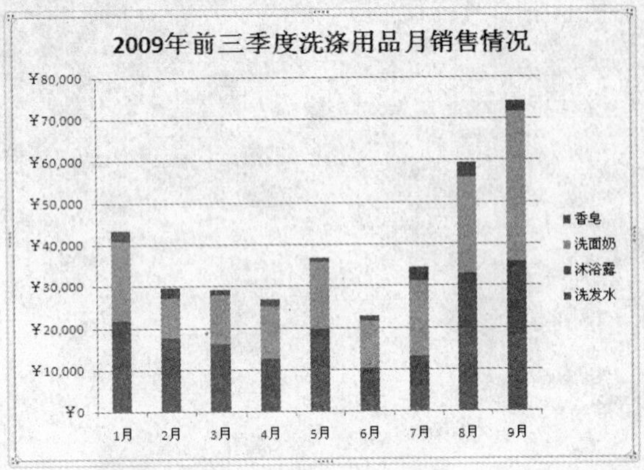

◆ **三维堆积柱形图**：此类型图表的功能与堆积柱形图相同，只是其使用三维透视效果显示各数值，不使用竖坐标轴。

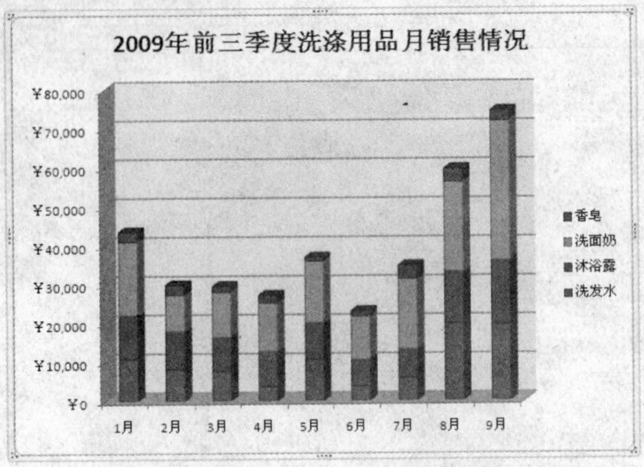

◆ **百分比堆积柱形图**：百分比堆积柱形图可用于跨类别比较每个值占总体的百分比。如果有3个或3个以上的数据进行比较，要强调每个值所占总体的百分比时，可用此类型图表。

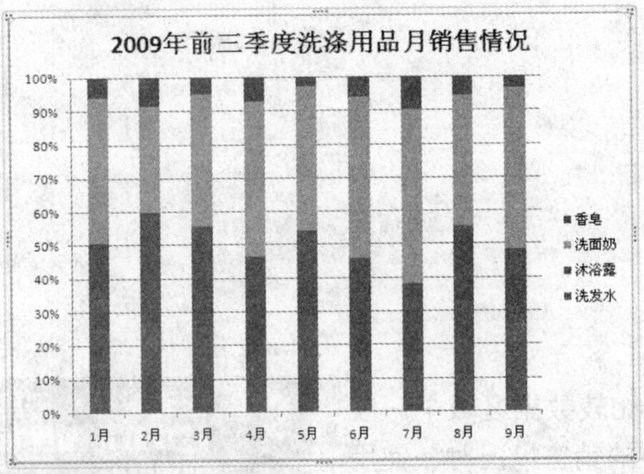

◆ **三维百分比堆积柱形图**：和百分比堆积柱形图的功能一样，也用于跨类别比较每个值占总体的百分比。不同的是，在显示上此类型图表采用三维透视效果。

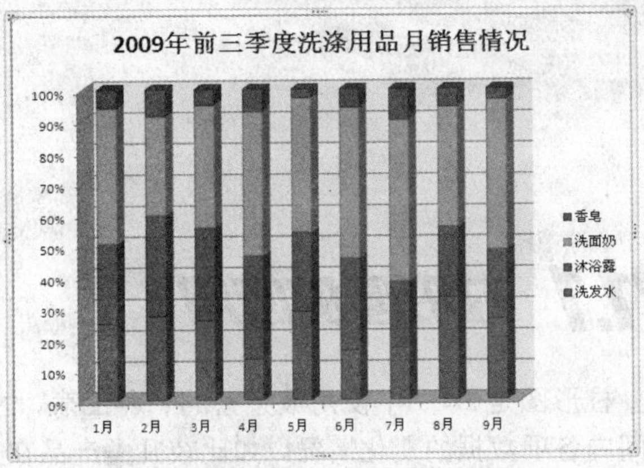

◆ **三维柱形图**：这种图表类型使用了3个可以修改的坐标轴沿横坐标轴和竖坐标轴显示类别，而沿纵坐标轴显示数值，适用于同时跨类别和系列比较数据。

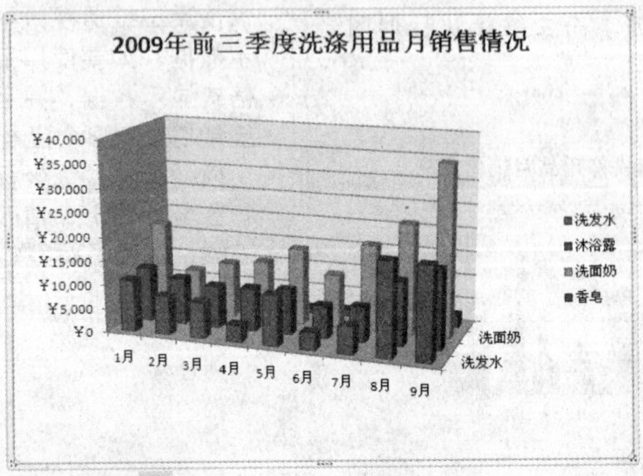

◆ **圆柱图、圆锥图和棱锥图**：这3种类型同样分为簇状、堆积、百分比堆积和三维图表几种类型。它们显示和比较数据的方式都一样，只是这些图表类型显示的是圆柱、圆锥和棱锥，而非矩形。

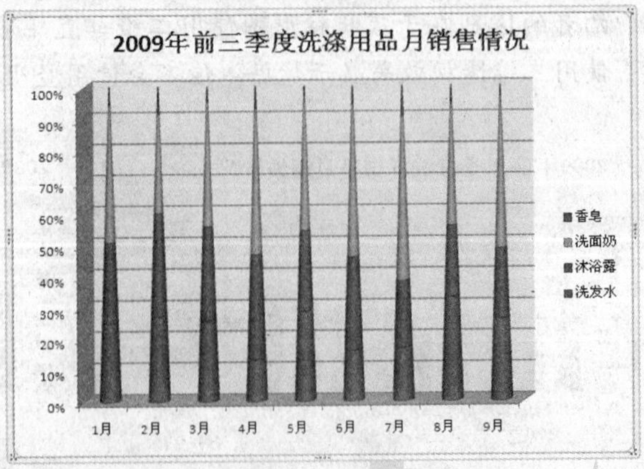

21.1.1 比较不同项目的数据

根据柱形图显示数据的特点，配合其下多种子类型图表，可用来比较分析不同项目数据。如现有“2009年前三季度洗涤用品月销售情况”相关数据，即可使用簇状柱形图分析不同产品在不同月份的销售情况。

使用技巧：快速删除数据系列

在图标区中单击要删除的数据系列，直接按【Delete】键可快速删除不需要的数据系列。

应用案例——比较不同产品月销售情况

素材 光盘:\素材\第21章\洗涤用品销售情况.xlsx

效果 光盘:\效果\第21章\洗涤用品销售情况.xlsx

Step 01 打开“洗涤用品销售情况”工作簿，选择其中的A2:E11单元格区域。在“插入”选项卡下“图表”组中单击“柱形图”按钮，在弹出的下拉菜单中选择“簇状柱形图”选项。

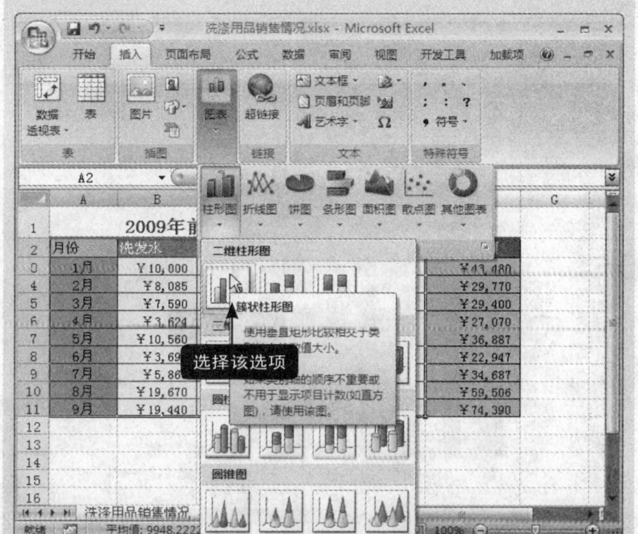

Step 02 选择插入的图表对象，在“图表工具 选项”选项卡下“标签”组中单击“图表标签”按钮，在弹出的下拉菜单中选择“图表上方”命令，为图表添加标题。

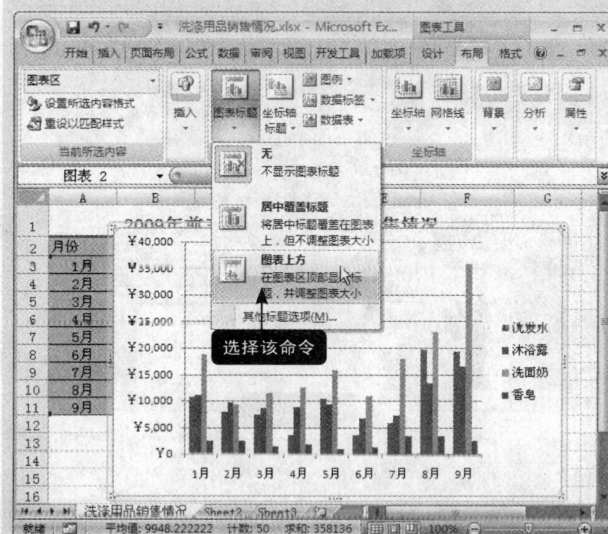

Step 03 选择不参与比较的数据系列，如“香皂”系列标签，在其上右击，在弹出的快捷菜单中选择“删除系列”命令。

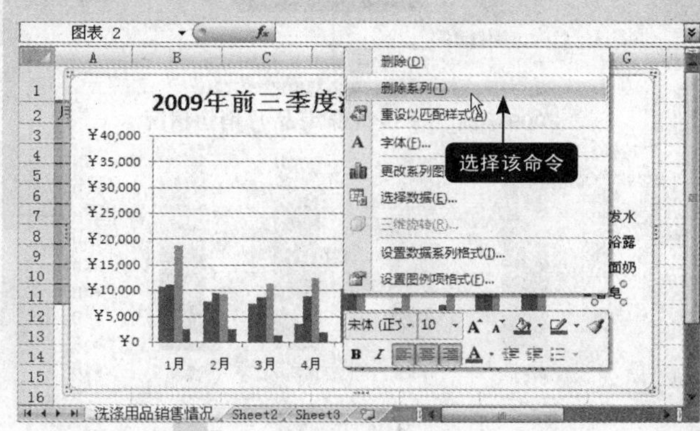

Step 04 选择要比较的数据系列，在其上右击，在弹出的快捷菜单中选择“添加数据标签”命令，在每个系列上方显示出实际数值以方便比较。

21.1.2 比较同类别数据

柱形图中的堆积柱形图和百分比柱形图都能直观地比较同类别数据与总体之间的关系。下面以“洗涤用品销售情况”相关数据为例，说明利用百分比柱形图比较同类别数据的方法。

要点提示：三维柱形图使用要点

三维柱形图可以直观地表现出各数据之间的关系，但如果比较的数据过多，则会显得很零乱。此类图表适合在需要比较的数据不多的情况下使用。

应用案例——利用百分比堆积柱形图比较同类别数据

素材 光盘:\素材\第21章\洗涤用品销售情况.xlsx

效果 光盘:\效果\第21章\洗涤用品销售情况1.xlsx

Step 01 选择A2:E11单元格区域。在“插入”选项卡下“图表”组中单击“柱形图”按钮，在弹出的下拉菜单中选择“二维柱形图”栏中的“百分比堆积柱形图”选项。

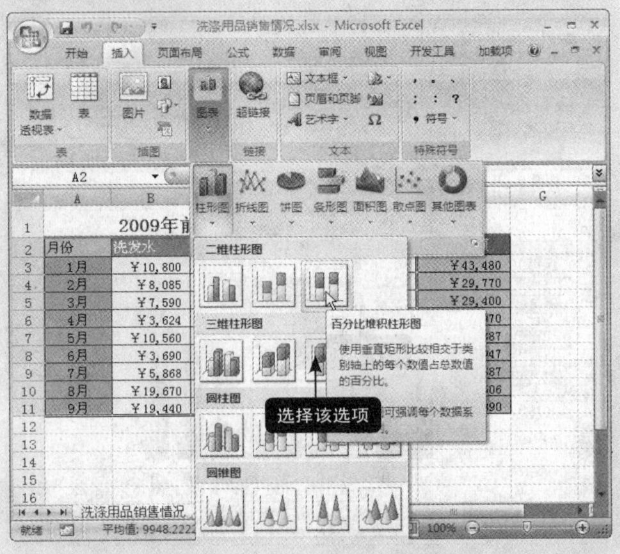

Step 02 为插入的图表添加相应的标题，完成后在图表区空白位置上右击，在弹出的快捷菜单中选择“选择数据”命令。

Step 03 在打开的“选择数据源”对话框中单击“切换行/列”按钮，改变图表的坐标显示方式，使同一类别的数据排列在一起。

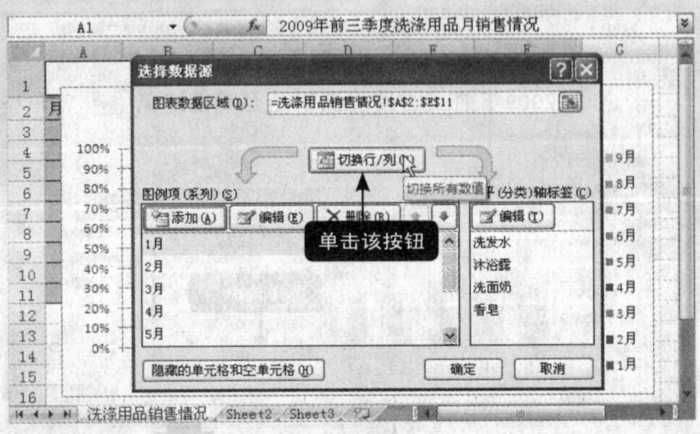

Step 04 单击“确定”按钮返回工作表界面，即可方便地查看到相同类型的数据在总体的分布情况。

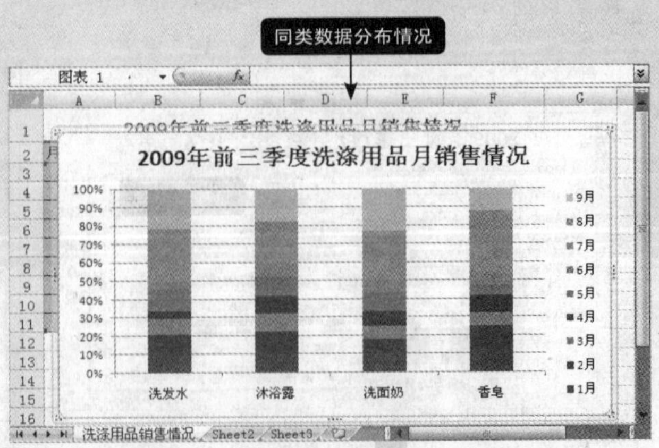

21.2 条形图的应用

条形图用于描绘各项目之间数据的差异，可应用于显示分类标签较长的数据的比较结果，以免出现柱形图中对长分类标签省略的情况。与柱形图类似，条形图也包含簇状条形图和三维簇状条形图、堆积条形图和三维堆积条形图、百分比堆积条形图和三维百分比堆积条形图、水平圆柱图、圆锥图和棱锥图等子类别，其功能与柱形图相似。

条形图也可以看做是顺时针旋转90°后的柱形图，但条形图不重视时间因素，而主要强调在特定时间点上分类轴和数值的比较。如可以使用堆积条形图来分析各员工在近几个月的销售情况。

要点提示：使用条形图的几个条件

为了更好地利用图表的功能，达到理想的数据分析的目的，在满足以下几个条件时可以考虑采用条形图分析数据。

- ◆ 要绘制一个或多个数据系列。
- ◆ 数据中包含正值、负值和零 (0) 值。
- ◆ 要比较多个类别的数据。
- ◆ 轴标签很长。
- ◆ 显示的值为工期。

应用案例——用堆积条形图显示数据关系

素材 光盘:\素材\第21章\个人销售统计.xlsx

效果 光盘:\效果\第21章\个人销售统计.xlsx

Step 01 打开“个人销售统计”工作簿，选择A2:D7单元格区域。在“插入”选项卡下“图表”组中单击“条形图”按钮，在弹出下拉菜单中的“圆柱图”栏中选择“堆积水平圆柱图”选项。

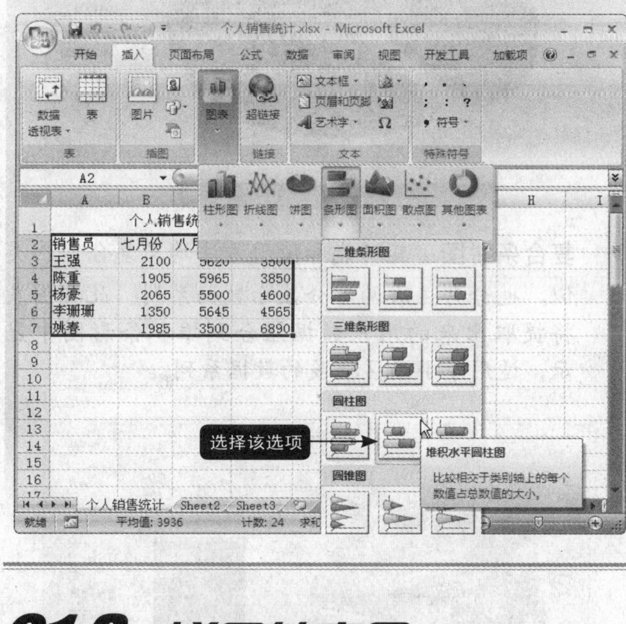

Step 02 为插入的图表添加图表标题，然后分别选择相应的数据系列标签，在其上右击，在弹出的快捷菜单中选择“添加数据标签”命令，将数据标签显示出来。

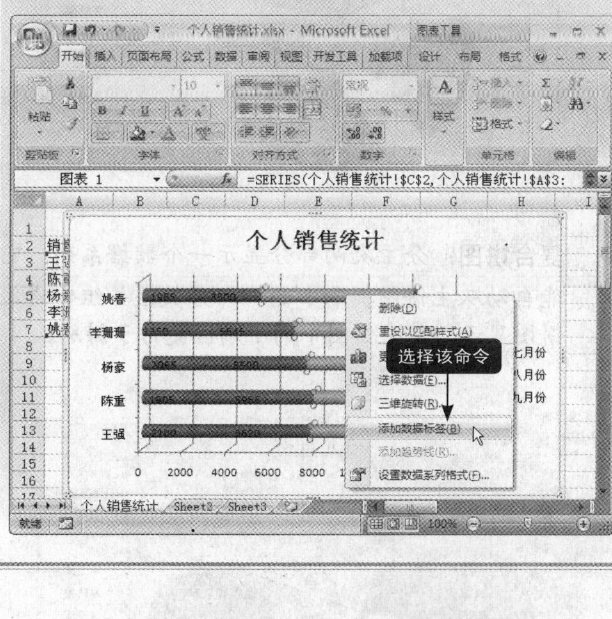

21.3 饼图的应用

饼图在Excel数据图表分析中也是比较常见的一种图表类型，一般用它来显示一个数据系列中各项的大小与各项总和的比例关系。饼图包含饼图和三维饼图、复合饼图和复合条饼图以及分离型饼图和三维分离型饼图几个子类别。

一个饼图仅能表达不超过7个类别的数据系列，且该系列的数值几乎没有零值，也不能有负值。饼图所包含的几个子类别分别介绍如下：

◆ **饼图**：用于显示每个数值所占总体的比例大小，在数据系列各值可以相加且各值大于零时使用。

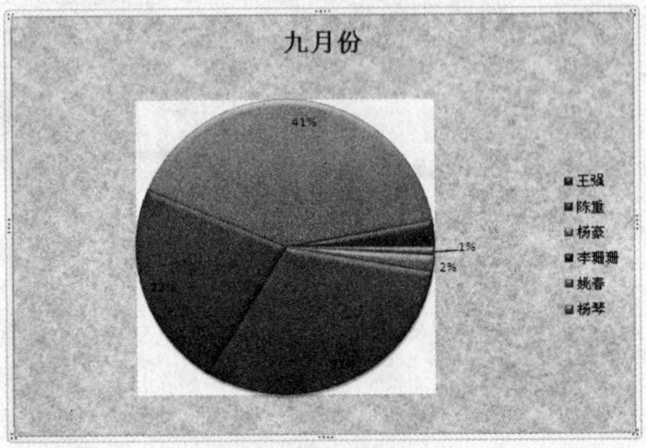

◆ **三维饼图**：采用三维透视图显示图表，其基本功能和使用方法均与饼图相同。

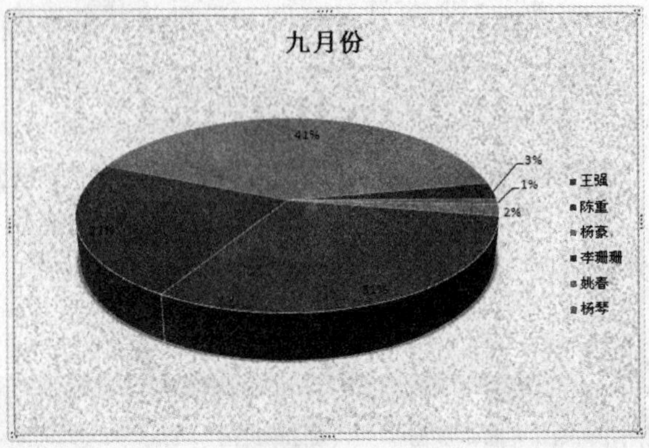

◆ **分离型饼图**：用于显示每个数值相对于总数值的分布情况及所占比例。与饼图不同的是，它还能同时强调单个数值。

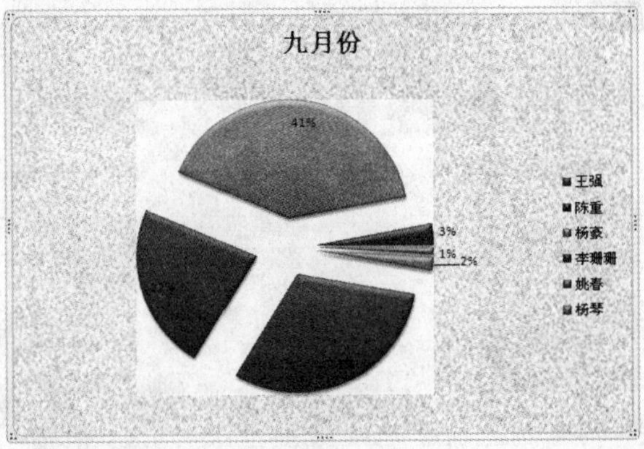

◆ **三维分离型饼图**：是分离型饼图的三维显示方式，可调整各扇区的分离程度，但不能手动移动分离的各扇区。

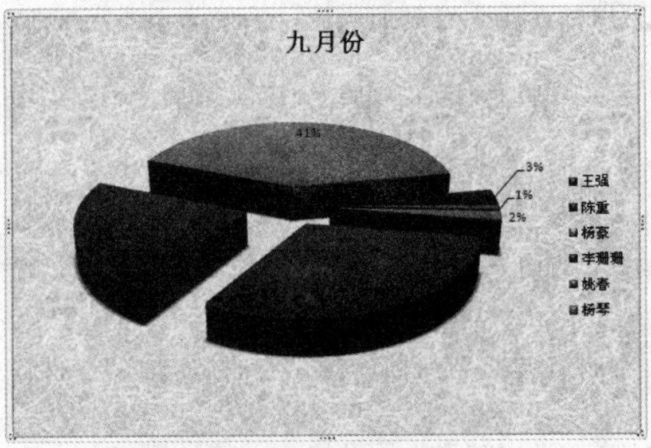

◆ **复合饼图**：分主次两部分显示一个数据系列。它能自动从主饼图提取小的一部分数值并组合进次饼图显示，使主饼图中的小扇区更易于辨别。

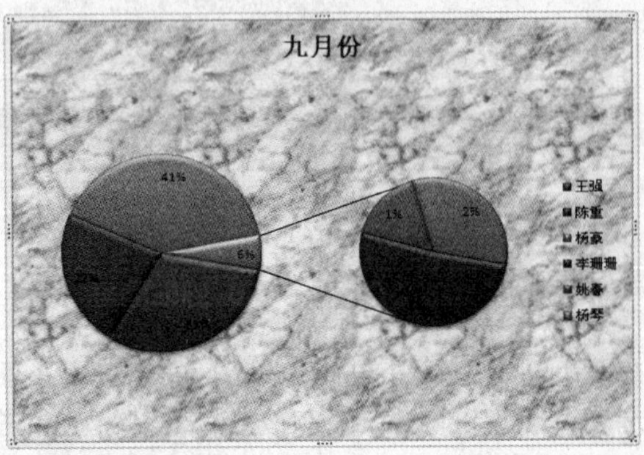

◆ **复合条饼图**：其功能和使用方法均与复合饼图类似，也分为主次两部分显示数据系列。此类图表将提取出来的用户数据组合到堆积条形图中显示，适用于小扇区较多的数据系列。

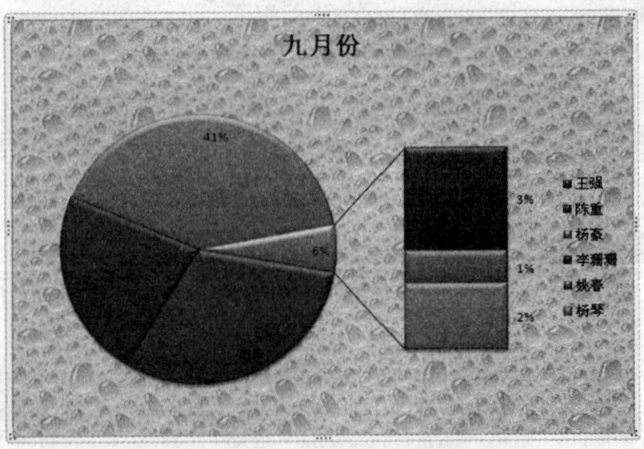

21.4 圆环图的应用

圆环图在Excel数据分析中的作用与饼图相似，用于显示各个部分与整体之间的关系，但是它可以包含多个数据系列。与饼图一样，圆环图所表示的数据也不能是负值或零，且一个系列中的类别不能超过7种。由于圆环图不太利于理解，所以在Excel中应用得不是很广泛。

圆环图仅包含圆环图和分离型圆环图两个子类别，其作用及形态如下：

- **圆环图**：圆环图的每个圆环分别代表一个数据系列，数据就显示在每个环的圆弧上。如果显示的是百分比数据，则每个圆环数据总和为100%。

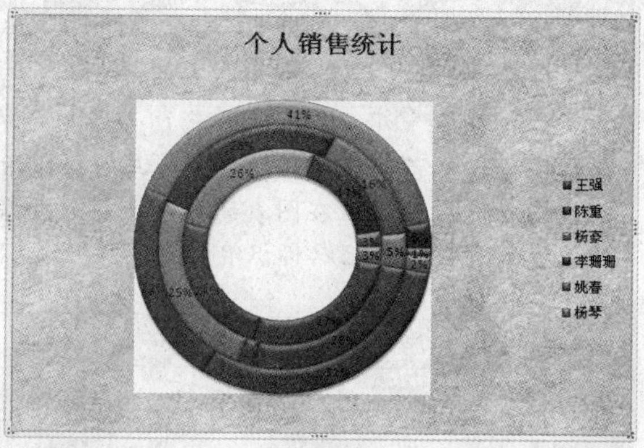

- **分离型圆环图**：与分离型饼图功能类似，显示单个数值在整个系列中所占的比例，同时强调单个值，支持多个数据系列显示。

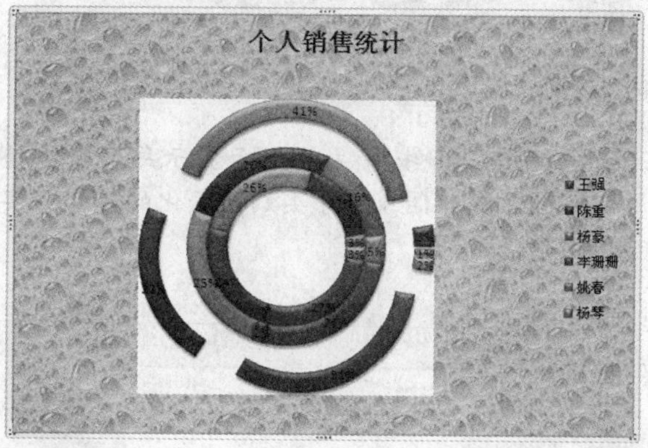

21.5 折线图的应用

折线图用于显示某一时间段内相关类别数据的变化趋势，强调的是时间性和变动率，而对变动量无强调说明。如果要表示数据的分类标签是文本并且数值的分布是均匀的，最适合采用折线图；如果有几个均匀分布的数值标签，也可以采用折线图来表示。

在折线图中，类别数据沿水平轴均匀分布，所有值数据沿垂直轴均匀分布，它也是Excel数据分析的常见图表之一。折线图具有下列几种图表子类别。

- **折线图**：显示随时间或类别而变化的趋势线。如果有许多数据点（如一年中的好几个月），且数据的顺序性很重要，则可采用此图表。

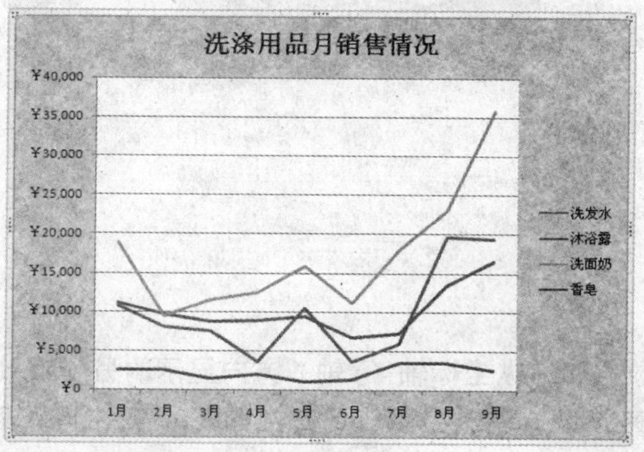

- **数据标记的折线图**：与折线图功能及使用相同。不同点在于显示数据的时候，在每个数据点上会显示一个数据标记点，对数据的显示更加清晰。

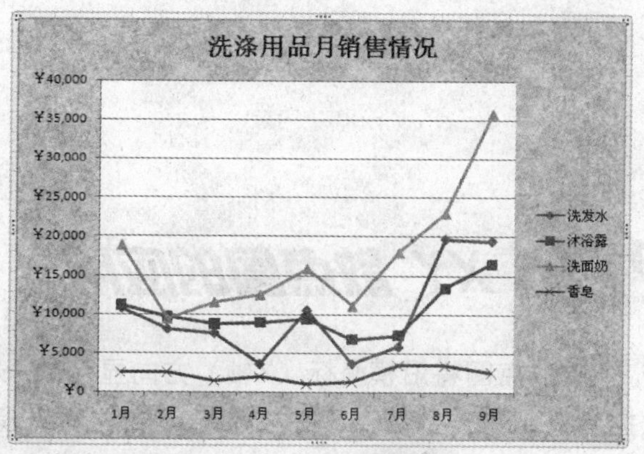

◆ **堆积折线图**：堆积折线图可用于显示各个值的分布随时间或排序类别的变化趋势。此类图表在工作表中并不常见，往往以其他图表代替。

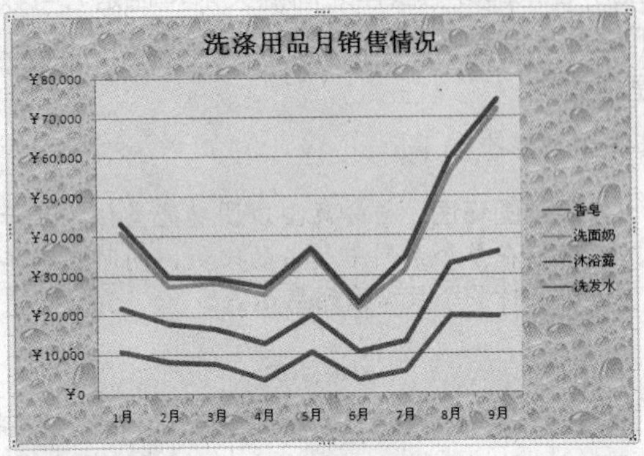

◆ **带数据标记的堆积折线图**：与堆积折线图功能相同。不同点在于显示数据的时候，在每个数据点上会显示一个数据标记点，对数据的显示更加清晰。

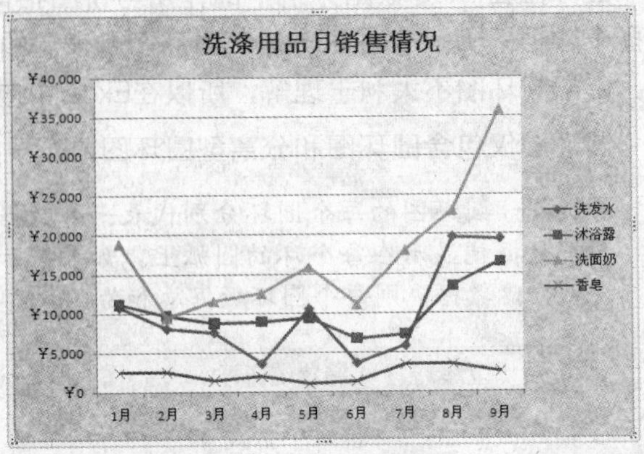

◆ **百分比堆积折线图**:主要用于显示每个数据值所占百分比随时间或排序类别而变化的趋势。实际中也很少用到。

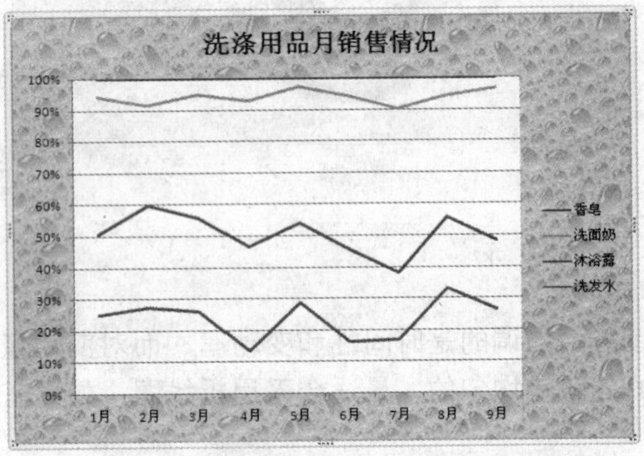

◆ **带数据标记的百分比堆积折线图**：与百分比堆积折线图功能相似，但在图表的折线上每个数据点的位置带有数据标记以标识单个值。

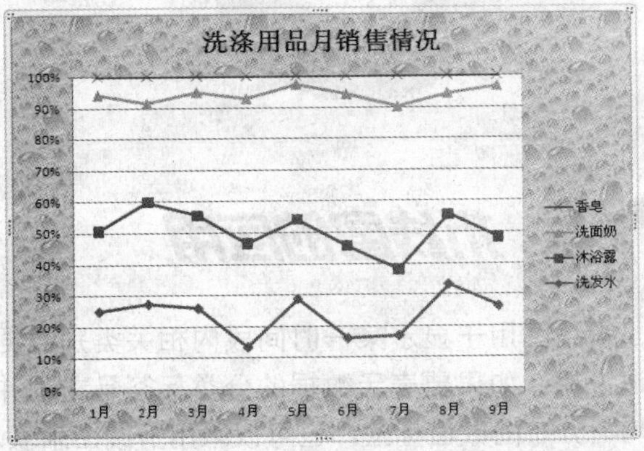

◆ **三维折线图**： 该类型图表在3个坐标轴上以三维条带的形式显示每个数据行和数据列。三维折线图具有可修改的水平轴、垂直轴和深度轴。

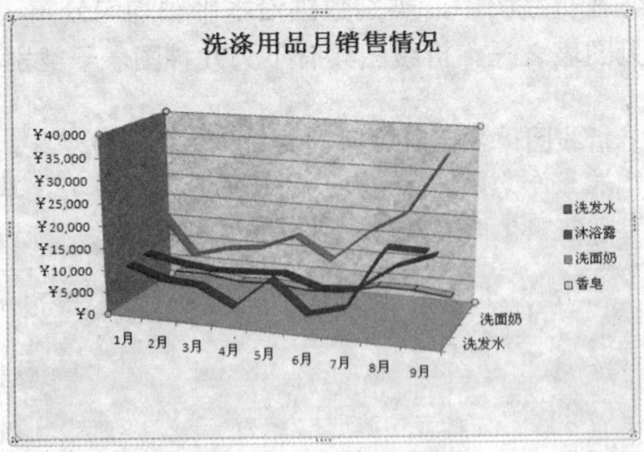

21.6 XY 散点图的应用

XY 散点图将沿横坐标（X轴）方向显示的一组数值数据和沿纵坐标轴（Y轴）方向显示的另一组数值数据合并到单一数据点，并按不均匀的间隔或簇显示出来，以方便进行比较。此类图表经常用于比较成对的一组数据，或者显示一些独立的数据点之间的关系。

在Excel中XY 散点图的使用比较普遍。若要分析的数据具有以下特点时，可考虑采用XY 散点图来显示和分析数据。

- 要更改水平轴的刻度。
- 要将轴的刻度转换为对数刻度。
- 水平轴的数值不是均匀分布的。
- 水平轴上有许多数据点。
- 要有效地显示包含成对或成组数值集的工作表数据，并调整散点图的独立刻度以显示关于成组数值的详细信息。
- 要显示大型数据集之间的相似性而非数据点之间的区别。
- 在不考虑时间的情况下比较大量数据点：在散点图中包含的数据越多，所进行比较的效果就越好。

要点提示：排列使用散点图的数据

要在工作表上排列使用散点图的数据，应将 X 值放在一行或一列，然后在相邻的行或列中输入对应的 Y 值。

XY 散点图包括仅带数据标记的散点图、带平滑线的散点图、带平滑线和数据标记的散点图、带直线的散点图以及带直线和数据标记的散点图5个子类型，分别介绍如下：

- **仅带数据标记的散点图**：此类型图表常在数据点较多，使用连接线更难于阅读的情况下使用。也可在不需要显示数据点连接线时使用。

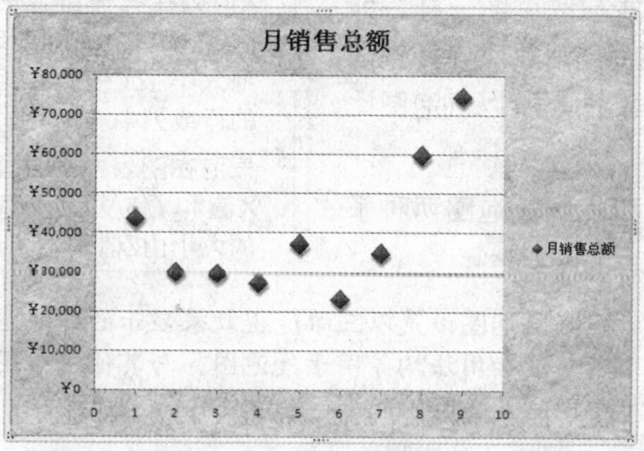

- **带平滑线的散点图**：此类型图表用于显示较多数据点下各数值的平滑曲线，这些数据点以X轴为序并能表示某种函数关系。

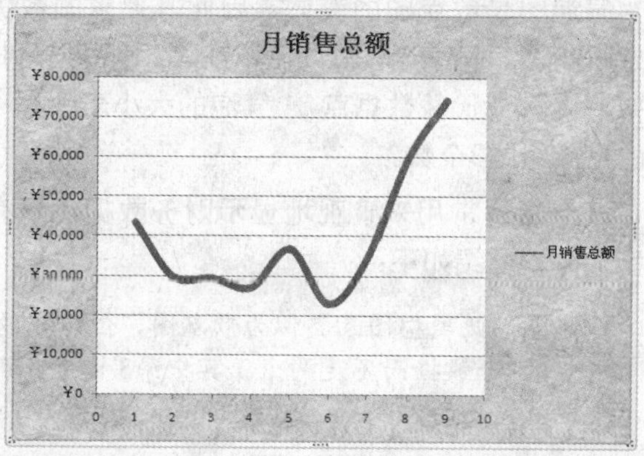

- **带平滑线和数据标记的散点图**:此类型图表与带平滑线的散点图类似，只是在各数据点位置带有数据标记，能更好地表现单个数据值，但不适合表现数据点很密集的数据。

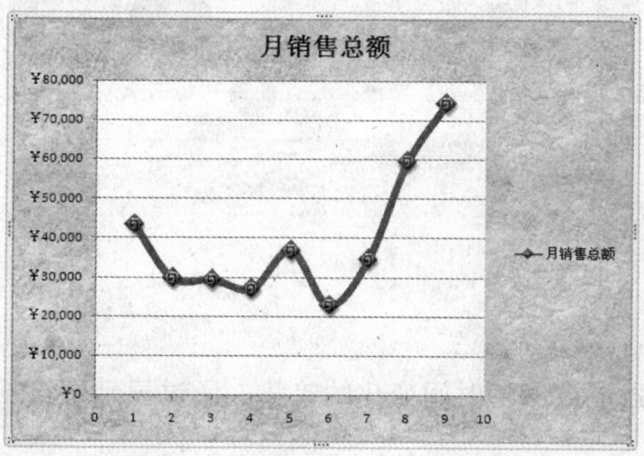

- **带直线的散点图**：如果有许多以X轴为顺序的数据点，并且这些数据表示独立的样本，则可使用该类型图表。

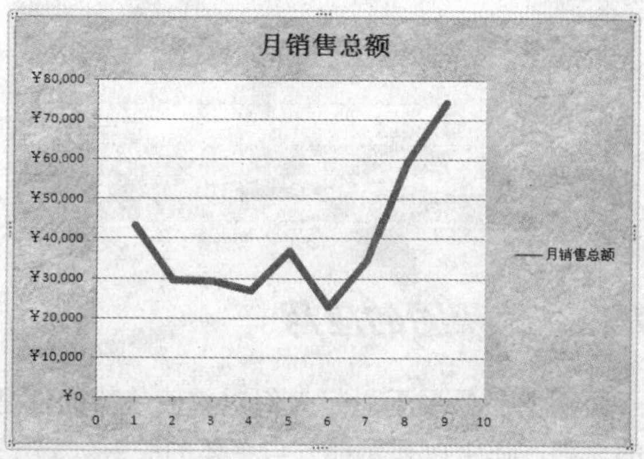

◆ 带直线和数据标记的散点图：此类型图表主要用于显示有多个以X轴为序，但又相互独立的数据点之间的关系，以直线将各标记连接起来，图形效果与带数据标记的折线图相似。

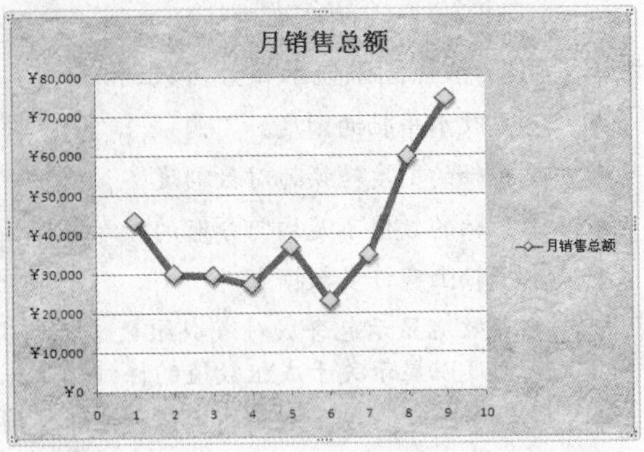

21.7 其他类型图表的应用

前面介绍了在Excel中常用的一些图表类型，基本上能满足大多数用户的使用需要。除此之外，Excel 2007还为用户提供了一些用于专业领域的图表类型，如气泡图、面积图、曲面图、雷达图以及股价图等。

要点提示：气泡图要求的数据排列方式

要绘制气泡图时，每组数据需要有3个值，且这3个值排列顺序为：X值列在第一行或第一列中，对应的Y值和气泡大小 (Z) 值列在相邻的行或列中。

气泡在图表中的位置由X值和Y值决定，气泡的大小由Z值决定。

21.7.1 气泡图的应用

气泡图是散点图的变体，因此其要求的数据排列方式与散点图一样，即确定一行或一列表示X轴数值，在其相邻的一列表示相应的Y轴数值。在气泡图中，以气泡代替数据点，气泡的大小表示另一个数据维度。所以气泡图比较的是成组的3个数。

气泡图通常用来直观地显示财务数据，只有气泡图和三维气泡图两种子类型，分别介绍如下：

◆ 气泡图：此类型图表类似为散点图，但比较的是成组的3个数据而不是两个。其中第3个数值确定气泡数据点的大小。

◆ 三维气泡图：是以三维透视效果显示的气泡图，其功能和用法均等同于气泡图。与其他三维图表不同的是，其不能进行三维旋转。

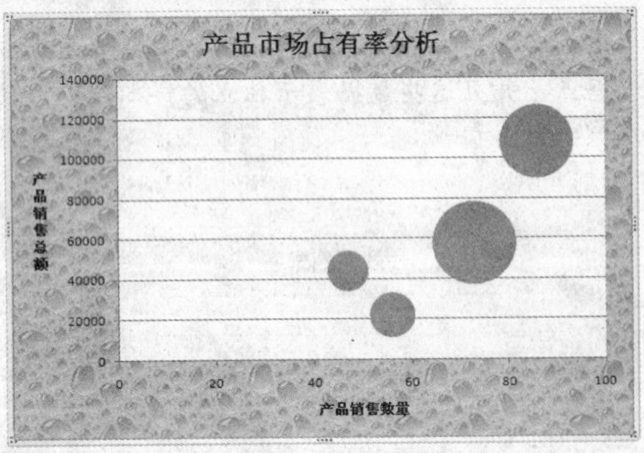

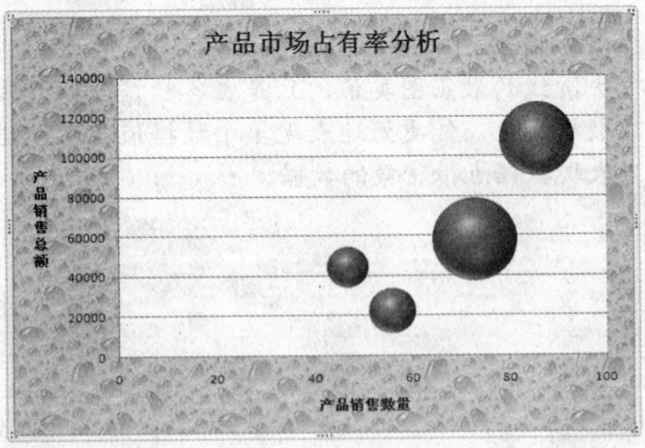

21.7.2 面积图的应用

面积图主要用于引起人们对总值趋势的注意，主要强调数值随时间变化的趋势。通过显示所绘制的值的总和，还可以显示部分与整体的关系。

面积图包含二维面积图和三维面积图、堆积面积图和三维堆积面积图以及百分比堆积面积图和三维百分比堆积面积图几种子类型，其简介分别如下：

◆ **面积图**：主要用于显示各种数值随时间或类型变化的趋势。由于数据可能存在相互遮挡的情况，通常使用折线图代替该类型的图表。

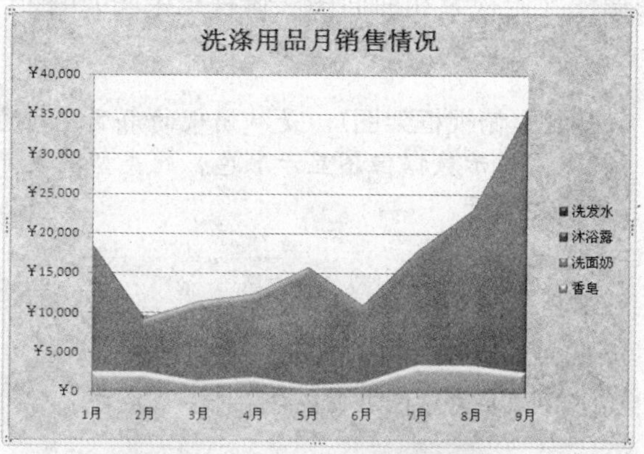

◆ **三维面积图**：在3个可修改的坐标轴上使用面积图，显示各数值随时间或类型变化的趋势线。可经过三维旋转最大限制减少数据的遮挡情况。

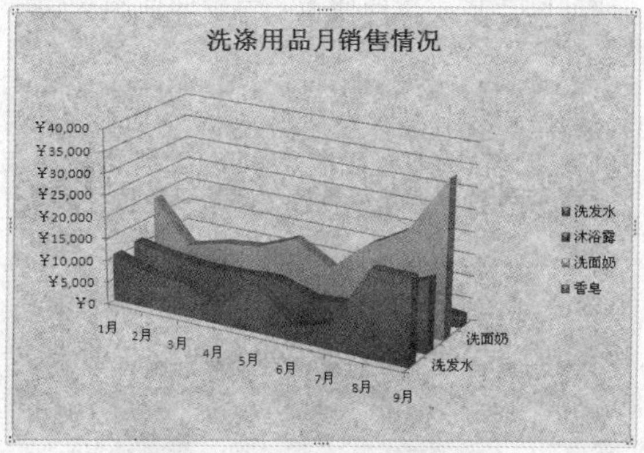

◆ **堆积面积图**：堆积面积图主要用于显示每个数值所占总体比例大小，随时间或其他类别数据变化而变化的趋势线。

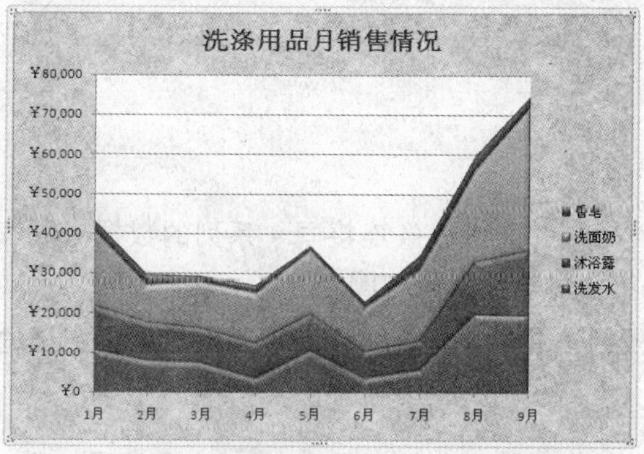

◆ **三维堆积面积图**：使用三维透视图显示的堆积面积图，作用与堆积面积相同。并未使用到第3个坐标轴（竖轴）。

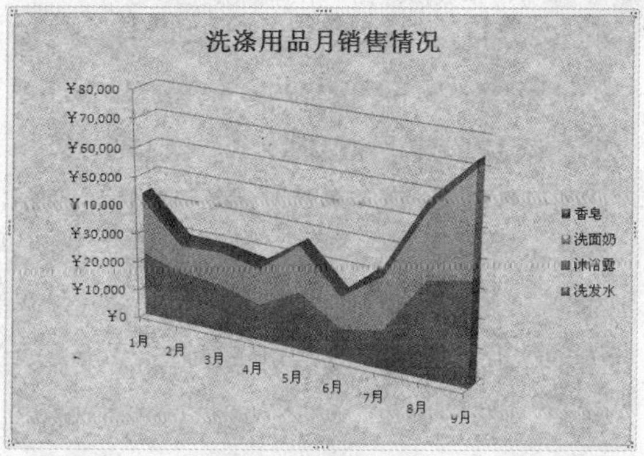

◆ **百分比堆积面积图**：百分比堆积面积图主要用于显示每个数值所占百分比随时间或其他类别数据变化的趋势。

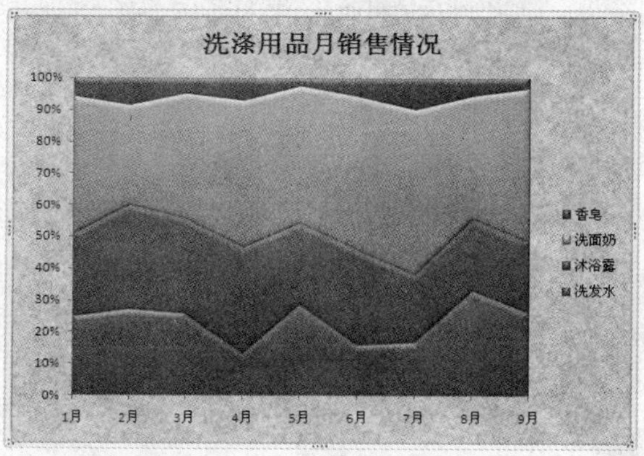

◆ **三维百分比堆积面积图**：是使用三维透视图显示的百分比堆积面积图，并未使用到第3个坐标轴（竖轴）。

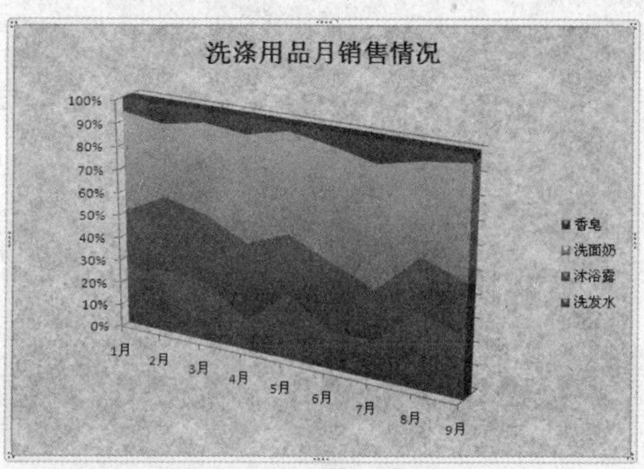

21.7.3 曲面图的应用

曲面图是连接一组数据点的三维曲面图，用来帮助用户找出两组数据之间的最佳组合。曲面图中的颜色和图案表示包含相同范围的区域。要增强曲面图的效果，可以更改颜色并使用透明度显示图表后面遮住的颜色带。

曲面图包含三维曲面图、三维曲面图（框架图）、曲面图（俯视）和曲面图（俯视框架图）4种子图表类型。

◆ 三维曲面圆：三维曲面图以连续曲面的形式跨两维显示数值的趋势线，通常用于显示其他图表难以显示的大量数据之间的关系。

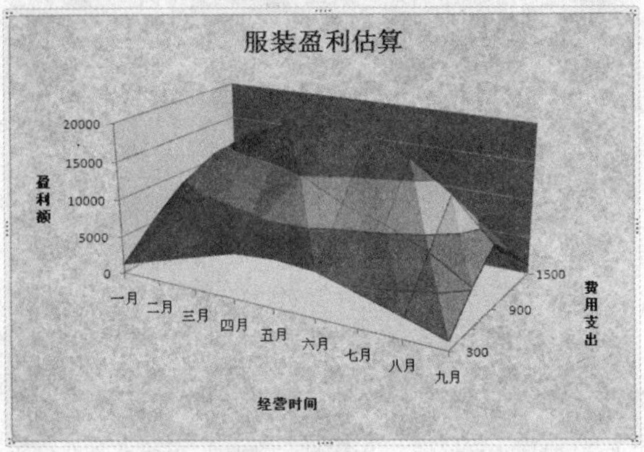

◆ 曲面图(俯视框架图)：是从俯视的角度看到的曲面图。显示数据但不显示颜色，此类型图表可观性不是很好。

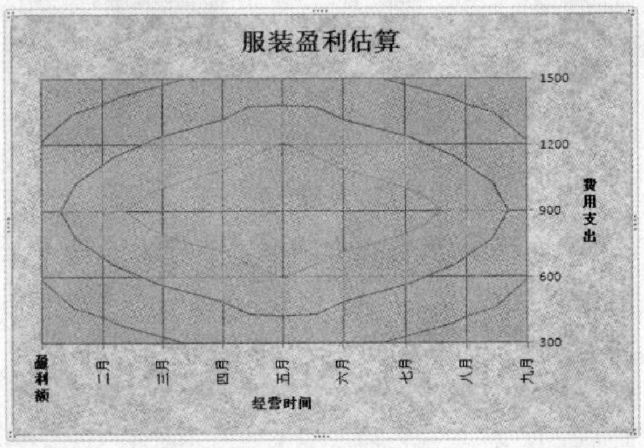

21.7.4 雷达图的应用

雷达图为每个数据系列分配一个由中心向外辐射的值轴，并通过线条连接同一系列的数据，以表现多个数据系列的聚合值。因其独特的结构特点，雷达图也称为蜘蛛图或星状图。

雷达图在数据表现方面的用途并不多，在Excel中的使用也并不广泛，共包含不带标记及带标记的雷达图和填充雷达图3个子类型。

◆ 雷达图：雷达图主要用于显示相对于中心数值的变化，通常在目标数据不能直接比较的情况下使用。

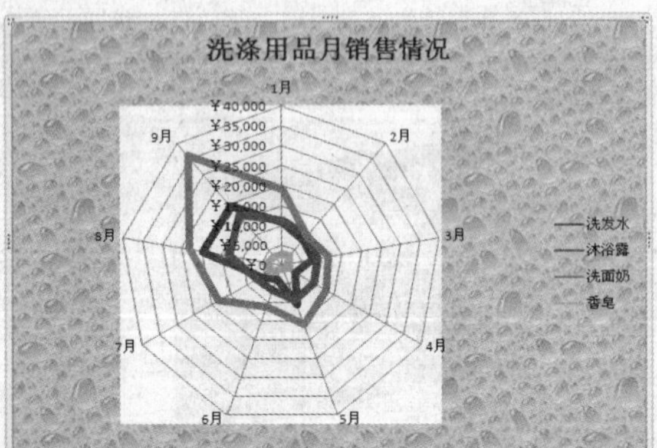

◆ 填充雷达图：其功能和用法均与雷达图相同，只在显示方式上，填充雷达图将有数据系列覆盖的区域填充了颜色。

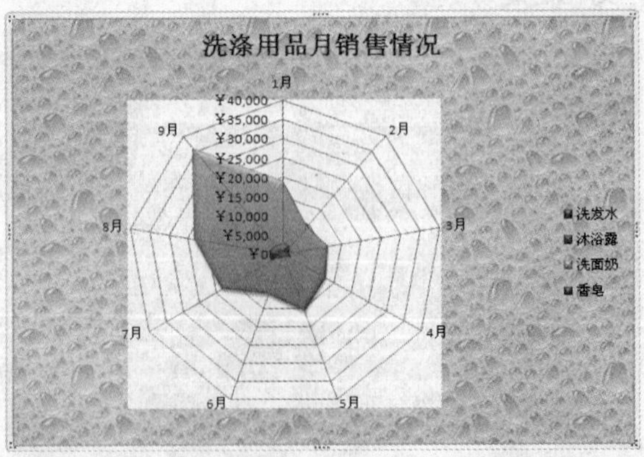

21.7.5 股价图的应用

股价图主要用于分析说明股票价格波动的情况，同时也可用于统计科学数据。若要在工作表中使用股价图，组织其数据的方式非常重要。例如，要创建简单的盘高-盘低-收盘股价图，应该按输入的“盘高”、“盘低”和“收盘”列标题的顺序来排列数据。

股价图也包括盘高—盘低—收盘、开盘—盘高—盘低—收盘、成交量—盘高—盘低—收盘和成交量—开盘—盘高—盘低—收盘4种子图表类型，分别介绍如下。

- **盘高—盘低—收盘**：这种类型的股价图要求有3个数值系列，且必需按盘高—盘低—收盘的顺序排列。

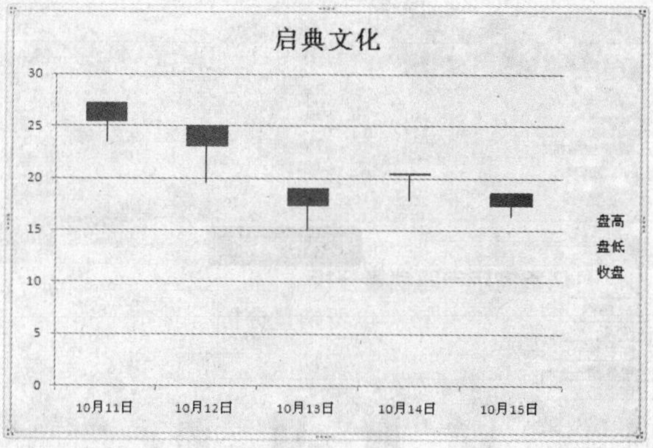

- **开盘—盘高—盘低—收盘**：这种类型的股价图要求有4个数值系列，并且必需按开盘—盘高—盘低—收盘的顺序排列。

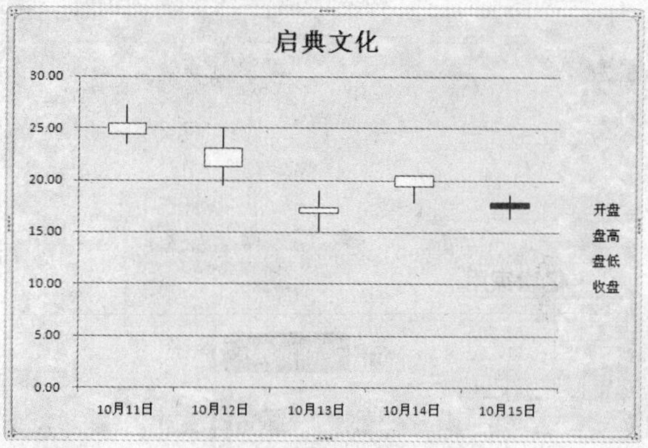

- **成交量—盘高—盘低—收盘**：这种类型的股价图要求有4个数值系列，按成交量—盘高—盘低—收盘的顺序排列。

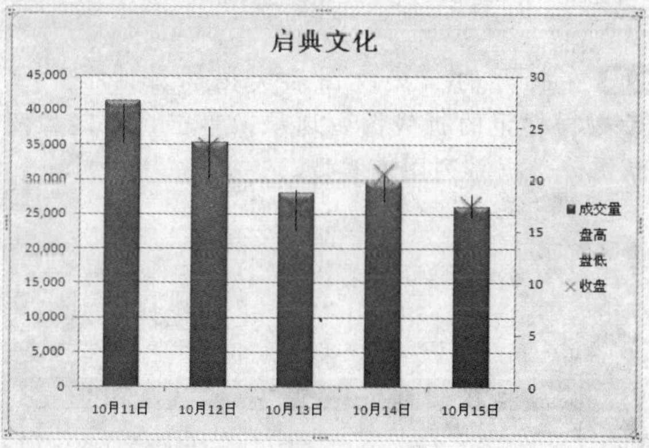

- **成交量—开盘—盘高—盘低—收盘**：这种类型的股价图要求有5个数值系列，按成交量—开盘—盘高—盘低—收盘的顺序排列。

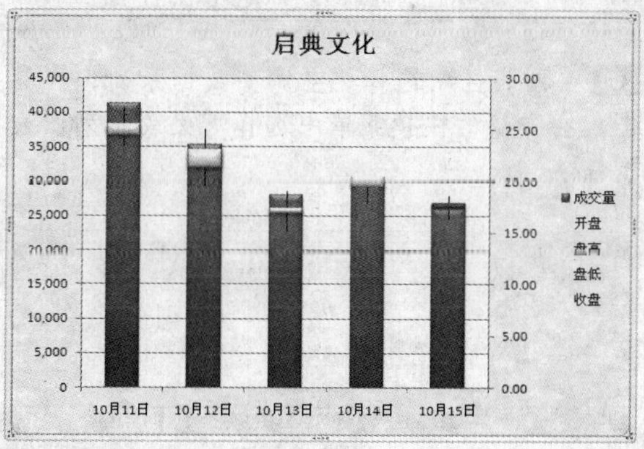

21.8 制作组合图表

在日常工作中，需要分析的数据表往往有很多数据系列，使用单一的图表分析还达不到突出显示多个数据系列的目的，此时可采用组合图表的方式，将需要突出表达的数据系列单独列举出来。

在Excel 2007中并不能直接插入组合图表，但其制作非常简单。下面以分析“电器销量”工作表相关数据为例，讲解组合图表的使用。

应用案例——使用组合图表显示不同数据系列

素材 光盘:\素材\第21章\电器销量.xlsx

效果 光盘:\效果\第21章\电器销量.xlsx

Step 01 打开“电器销量”工作簿，选择A2:E6单元格区域。在“插入”选项卡下“图表”组中单击“柱形图”按钮，在弹出的下拉菜单中选择“二维柱形图”栏中的“簇状柱形图”选项。

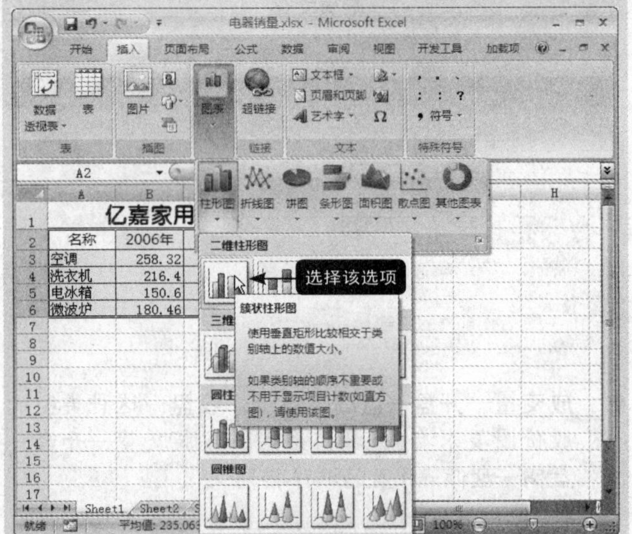

Step 02 在“图表工具 布局”选项卡下“标签”组中单击“图表标题”按钮，在弹出的下拉菜单中选择“图表上方”命令，为插入的图表添加标题“电器销量分析”。

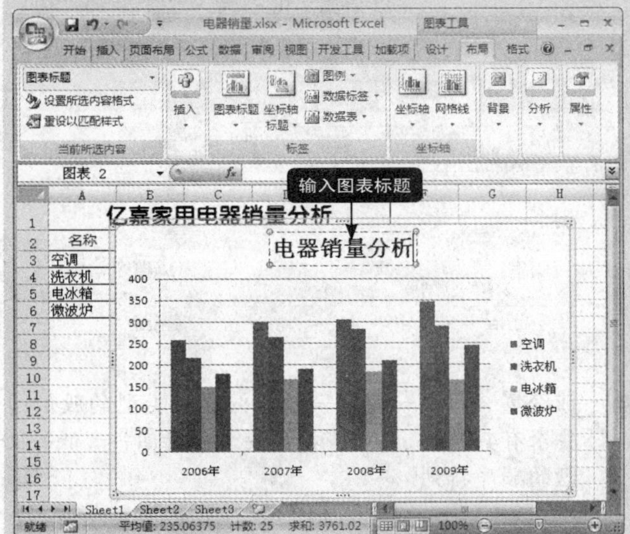

Step 03 在图表区中选择“空调”数据系列，在其上右击，在弹出的快捷菜单中选择“更改系列图表类型”命令。

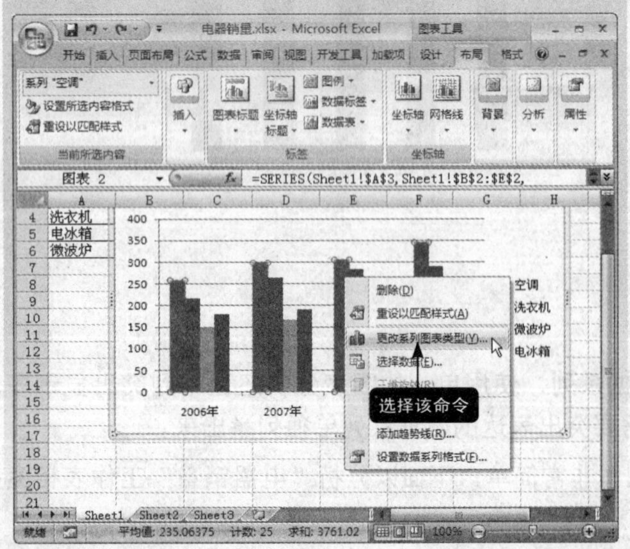

Step 04 在打开的“更改图表类型”对话框中选择“带数据标记的折线图”选项，单击“确定”按钮确认更改数据系列图表类型。

Step 05 用相同方法将“洗衣机”数据系列图表类型更改为“带平滑线和数据标记的散点图”。

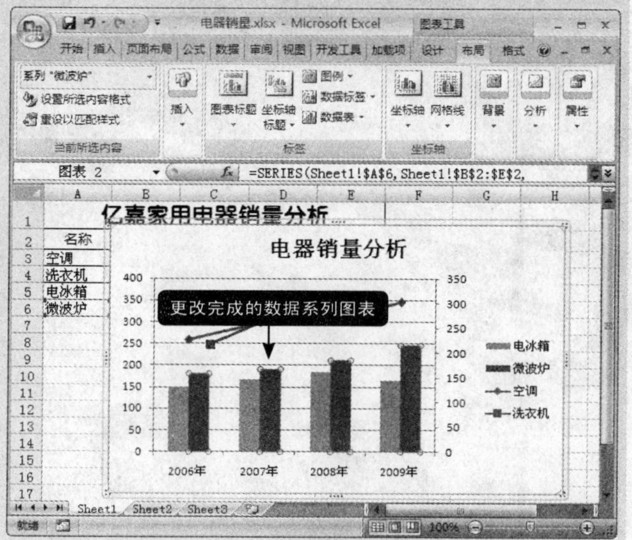

Step 06 选择“微波炉”数据系列，在其上右击，在弹出的快捷菜单中选择“添加数据标签”命令。

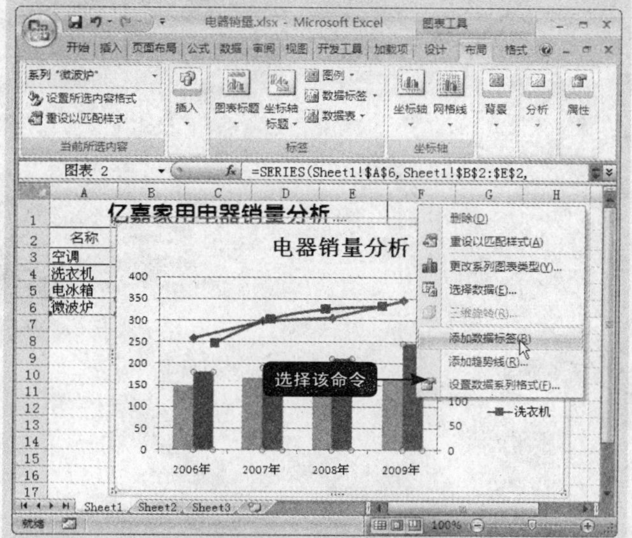

Step 07 在图表区空白位置上右击，在弹出的快捷菜单中选择“设置图表区域格式”命令，在打开的对话框中为图表设置纹理填充背影。

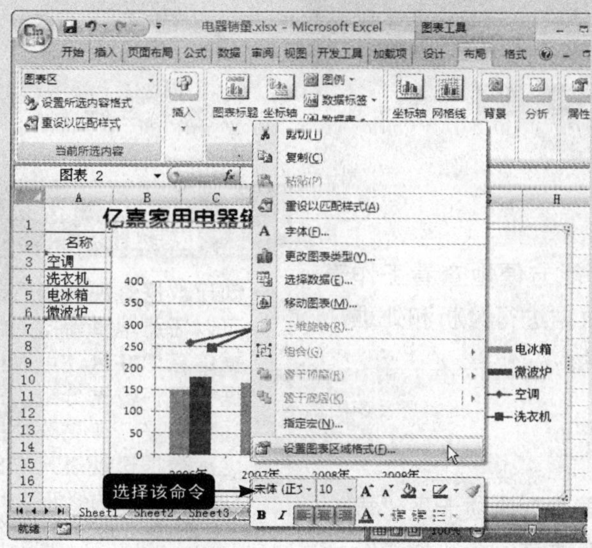

Step 08 关闭“设置图表区域格式”对话框，返回工作表中，完成组合工作表的添加及设置。

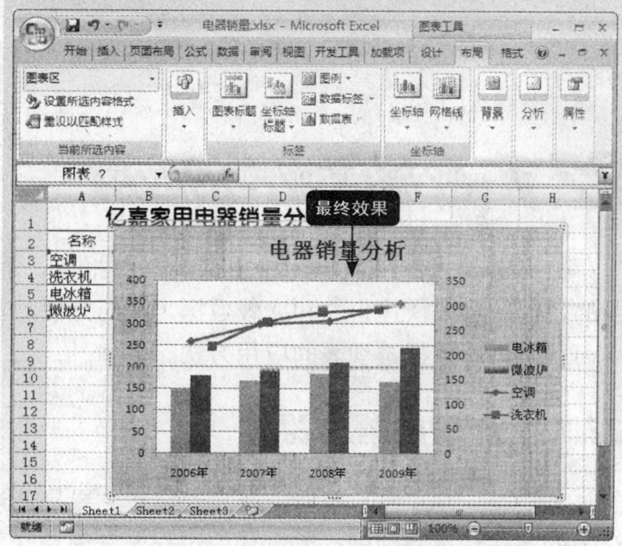

22 Chapter 制作数据透视图表

READERS' GUIDE

数据透视表和数据透视图是比图表更为准确展示数据的一种形式，在需要对工作表中的大量数据进行合计与对比时，可使用数据透视表进行分析。数据透视图是数据透视表的一个图形形式，能够准确地显示对应数据透视表中的数据。

MAIN CASES

数据透视表的应用 P348
数据透视图的应用 P354

22.1 数据透视表的应用

数据透视表即从数据库中生成的总结报告，通过它能方便地查看工作表中的数据，可以快速合并和比较数据，从而方便对这些数据进行分析和处理。下面就来讲解数据透视表的应用方法。

22.1.1 创建数据透视表

在Excel 2007中，数据透视表的创建主要是通过“插入”选项卡下“表”组中的各按钮来完成的。其创建的过程非常简单，下面就通过一个实例进行详细讲解。

应用案例——在Excel中创建数据透视表

素材 光盘:\素材\第22章\季度销售表.xlsx

效果 光盘:\效果\第22章\销售数据透视表.xlsx

要点提示：数据透视表的特点

创建数据透视表以后，可以任意地重新排列数据信息，并且还可以根据需要将数据分组。需注意的是，在更改数据之后数据透视表无法自动进行数据的修正。

Step 01 打开“季度销售表”工作簿，选择任意一个单元格，如A1单元格。在“插入”选项卡下“表”组中单击“数据透视表”按钮的下拉按钮，在弹出的下拉菜单中选择“数据透视表”命令。

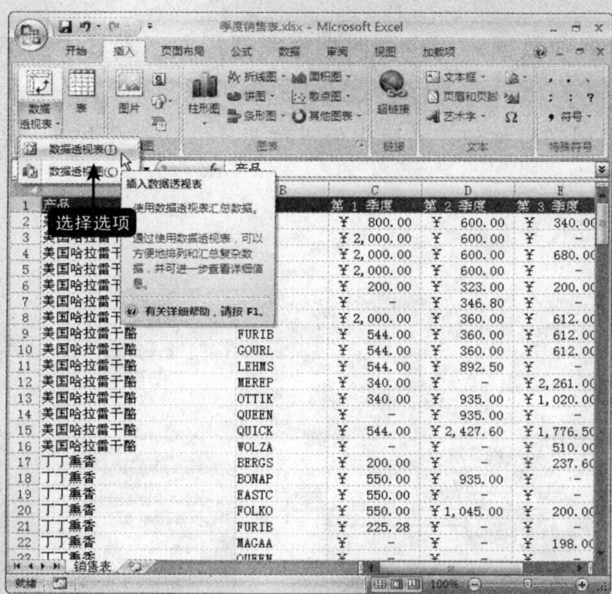

Step 02 打开“创建数据透视表”对话框，在该对话框中单击“表/区域”参数框右侧的“展开”按钮。

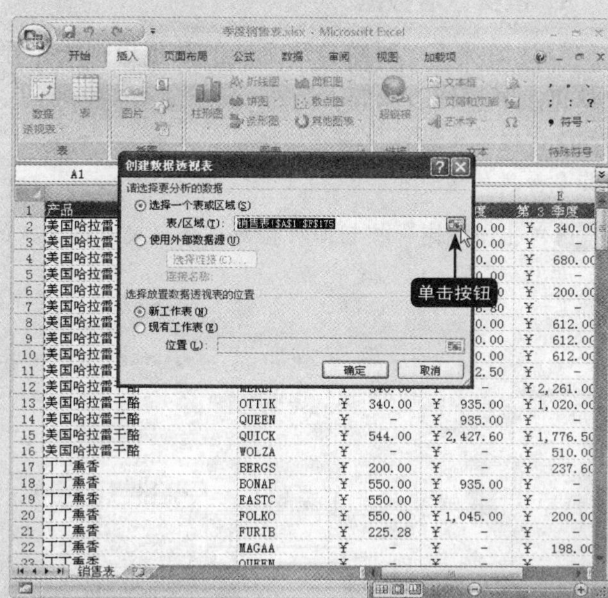

Step 03 在工作表中选择需创建透视表的单元格区域。单击“折叠”按钮返回到“创建数据透视表”对话框中，将“位置”参数框设置为工作表中之前选择的A1单元格，最后单击“确定”按钮。

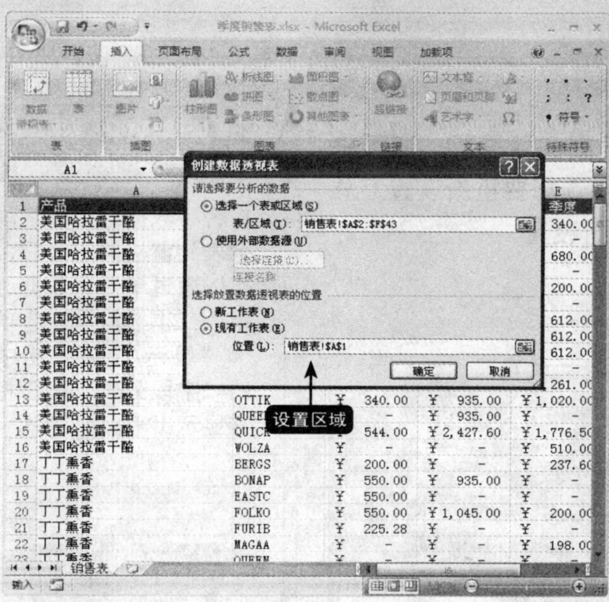

Step 04 在打开的“数据透视表字段列表”任务窗格中选中需要生成报表的复选框。添加了报表字段后，在A1单元格中将列举出所有添加字段的分析情况，保存文件为“销售数据透视表”即创建出的数据透视表。

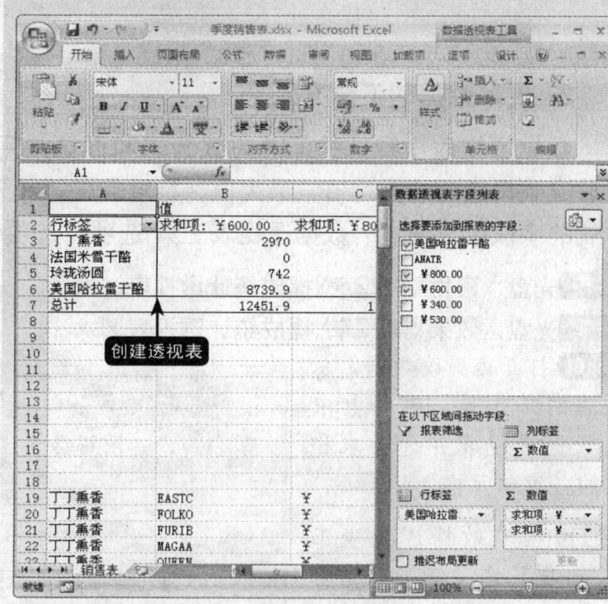

22.1.2 使用数据透视表

创建数据透视表后，就可以使用数据透视表方便地查看或者分析指定的数据了。如果对于创建的数据透视表不满意，还可以对数据透视表的汇总方式、布局等进行设置。

1. 按类查看数据

默认情况下，系统自动生成的数据透视表中显示了多项数据，用户可以根据需要指定查看其中的部分数据，其操作方法如下：

Step 01 选择需查看数据的数据透视表，单击“行标签”字段的下拉按钮，在弹出的下拉菜单中取消选中不需要的某个分类的复选框。

Step 02 单击“确定”按钮即可在数据透视表中按选定的类别进行查看。

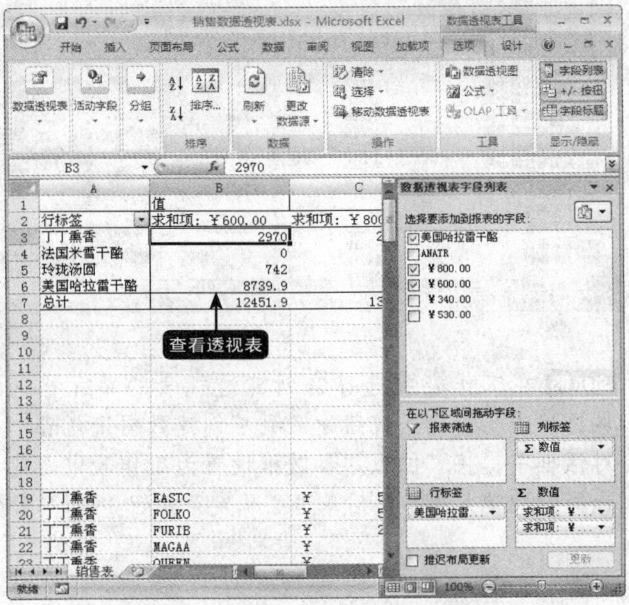

2. 更改数据的汇总方式

数据透视表中默认的汇总方式为求和汇总，用户根据实际需要，还可将汇总方式设置为求平均值、最大值、标准偏差等。只需在选择要重新设置汇总方式的字段后，通过“数据透视表工具 选项”选项卡进行设置。

素材 光盘:\素材\第22章\提成统计透视表.xlsx

效果 光盘:\效果\第22章\提成统计透视表.xlsx

Step 01 打开需更改数据汇总方式的工作簿，选择其中的数据透视表并选择求和项的任意单元格。

Step 02 在“数据透视表工具 选项”选项卡下“活动字段”组中单击“字段设置”按钮。

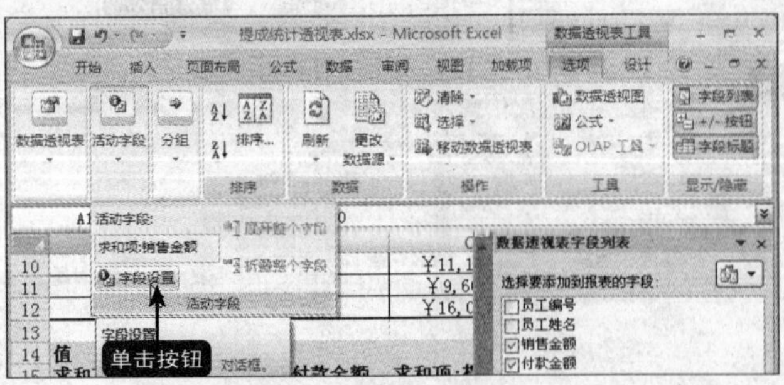

使用技巧：显示任务窗格的方法

在将“数据透视表字段列表”窗格关闭之后，可以通过单击“数据透视表工具 选项”选项卡“显示/隐藏”组中的“字段列表”按钮将其显示出来。

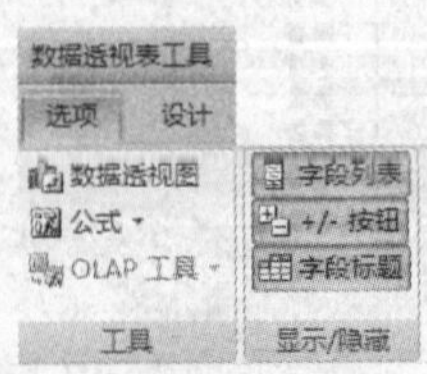

Step 03 在打开的“值字段设置”对话框中“汇总方式”选项卡的列表框中选择“最大值”选项。

Step 04 单击“确定”按钮就可得到该数据系列的最大值。

3. 更改数据透视表布局

创建完数据透视表后，用户还可根据需要调整其中各项的布局，设置以压缩形式、大纲形式或表格形式展示数据，其方法如下。

素材 光盘:\素材\第22章\提成统计透视表1.xlsx

效果 光盘:\效果\第22章\提成统计透视表1.xlsx

Step 01 打开“提成统计透视表”工作簿，在其中的数据透视表中选择任意单元格。在“数据透视表工具 设计”选项卡下“布局”组中单击“报表布局”按钮。

Step 02 在弹出的下拉菜单中选择“以表格形式显示”命令，即可以表格形式显示数据透视表。

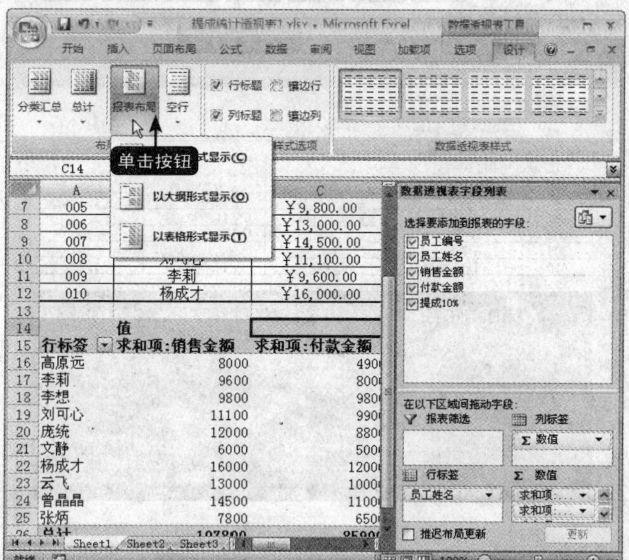

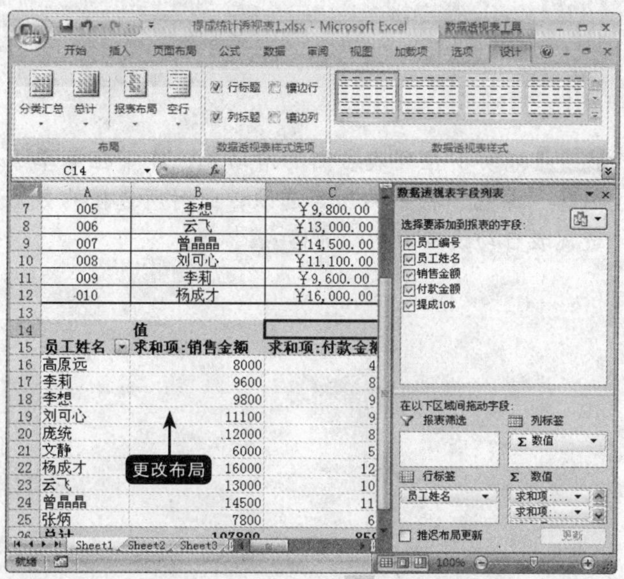

22.1.3 设置数据透视表的格式

系统为数据透视表提供了很多可直接套用的格式，其使用方法与设置工作表格式类似。如果用户需要美化数据透视表的外观，可以直接套用系统内置的格式。

要点提示：数据透视表的特点

在“数据透视表工具 设计”选项卡下“布局”组中单击“空行”按钮，在弹出的下拉菜单中选择“在每个项目后插入空行”命令可以在数据透视表每个项目后添加一个空行。

应用案例——设置数据透视表格式

素材 光盘:\素材\第22章\提成统计透视表2.xlsx

效果 光盘:\效果\第22章\提成统计透视表2.xlsx

Step 01 打开“提成统计透视表2”工作簿，在其中的数据透视表中选择任意一个单元格。

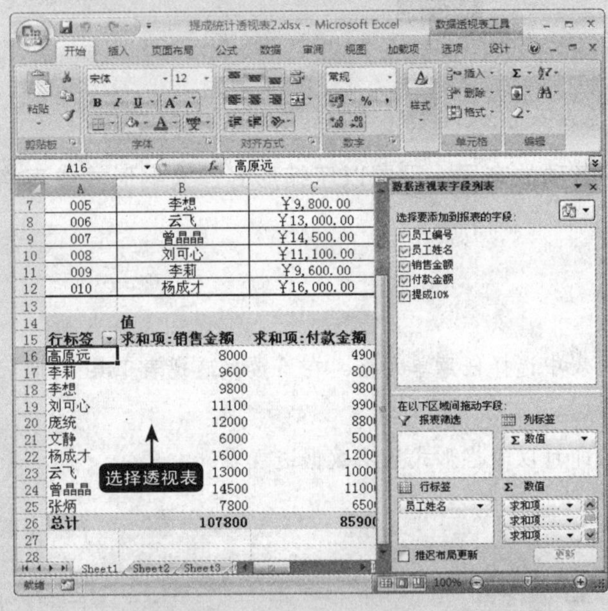

Step 02 在“数据透视表工具 设计”选项卡下“数据透视表样式”组中单击“其他”按钮，弹出套用格式的下拉菜单。

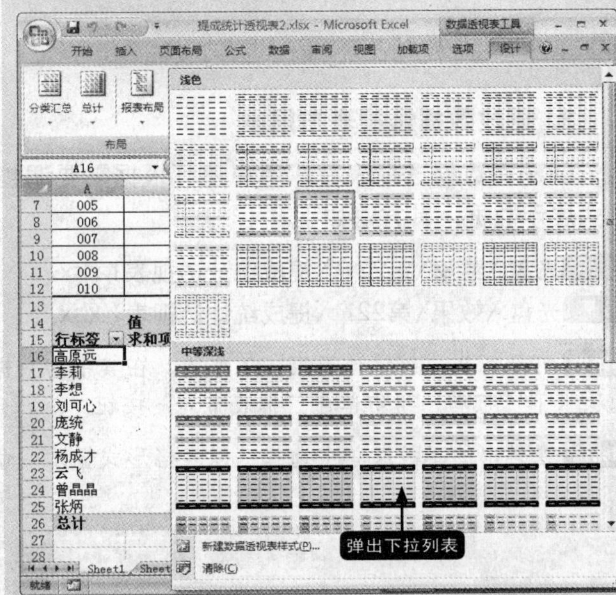

Step 03 拖动下拉列表右侧的滑动条，在下拉菜单中选择“深色”栏中的所需选项，此时所选择的数据透视表自动设置为所选的格式。

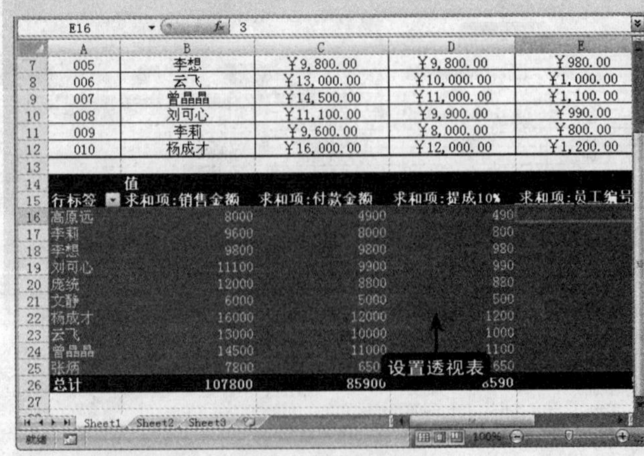

Step 04 在“数据透视表样式”组中单击“其他”按钮，在弹出的下拉菜单中选择“新建数据透视表样式”命令。

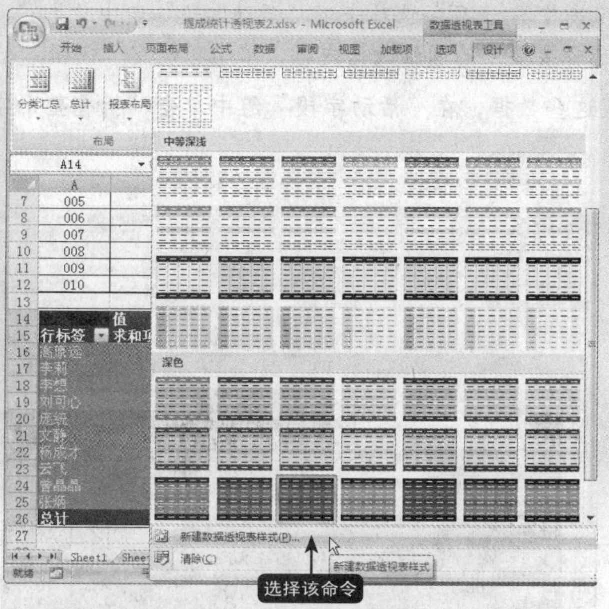

Step 05 打开“新建数据透视表快速样式”对话框，在该对话框中可对透视表的填充颜色、条纹样式等参数进行更详细的设置。

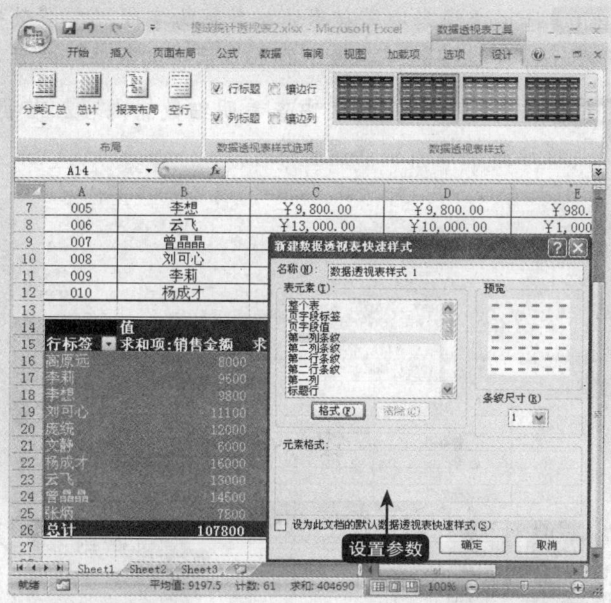

22.1.4 显示或隐藏数据

在数据透视表中，用户可以根据需要隐藏部分不需要的数据。隐藏某项目的数据后，会将该项目从透视表中取消显示，但该项目仍然保留在标签的下拉列表中。

Step 01 在数据透视表中选择需隐藏的项目，在其上右击，在弹出的快捷菜单中选择“筛选/隐藏所选项目”命令，此时将隐藏所选项目相关的数据。

Step 02 单击“行标签”的下拉按钮，在弹出的下拉菜单中选中被隐藏项目之前的复选框，然后单击“确定”按钮，即可重新显示该项目的相关数据。

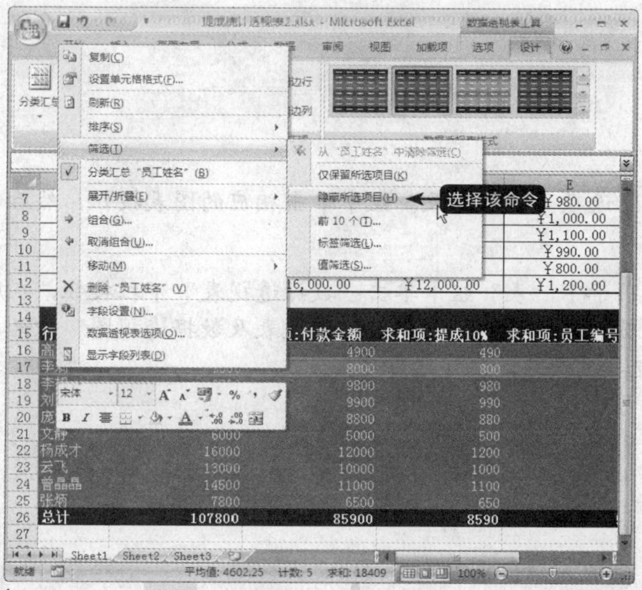

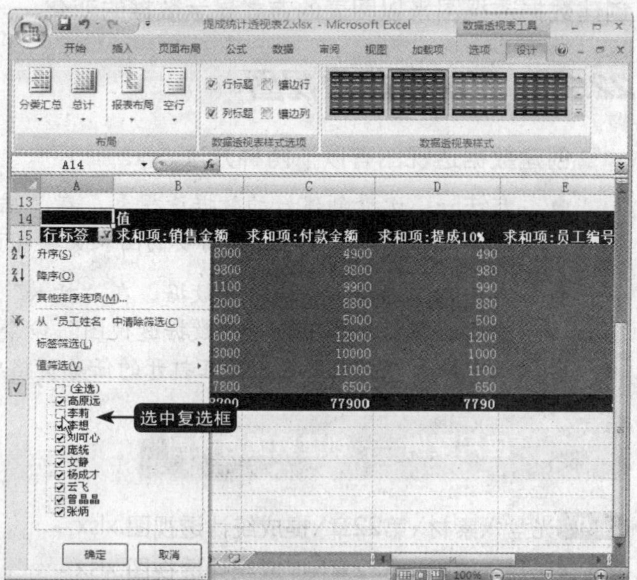

22.1.5 设置明细数据

用户可对数据透视表中的明细数据进行更灵活的显示或隐藏设置，使用折叠字段的方式可显示或隐藏明细数据，其方法如下。

Step 01 选择透视表中需显示明细数据的字段，在“数据透视表工具 选项”选项卡下“活动字段”组中单击“展开整个字段”按钮，在弹出的“显示明细数据”对话框中选择要显示的明细数据内容，单击“确定”按钮。

Step 02 这时即可在透视表中查看明细数据内容。若需隐藏这些数据，在“活动字段”组中单击“折叠整个字段”按钮就能将明细数据隐藏。

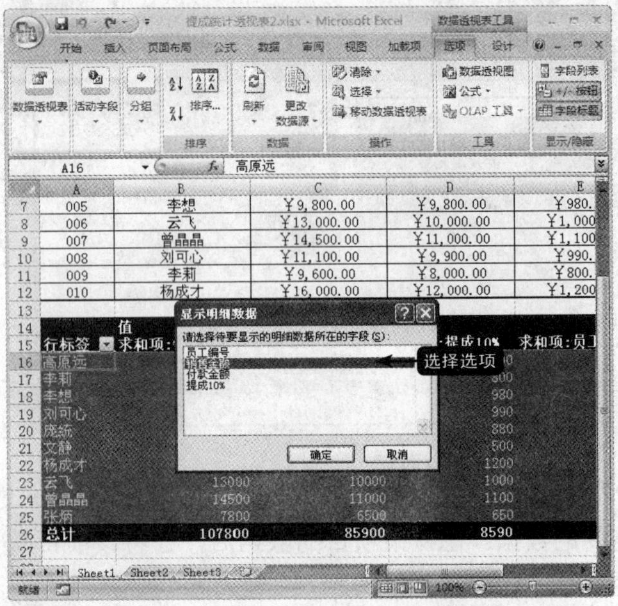

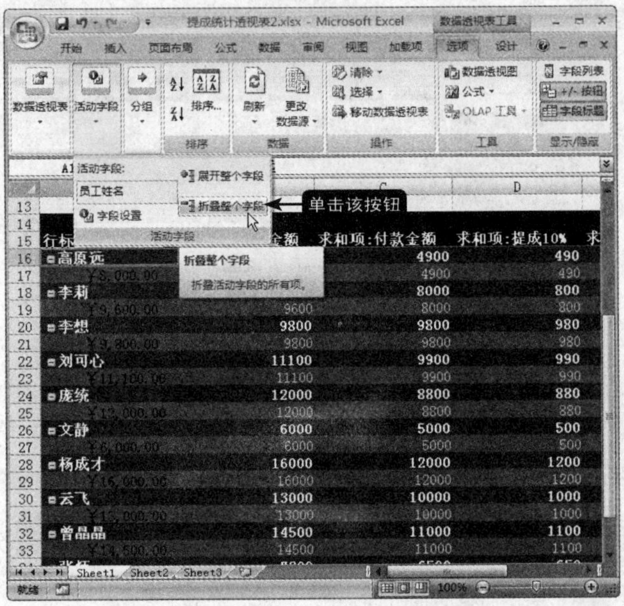

22.2 数据透视图的应用

数据透视图与图表类似，也可以直观表达数据之间的关系。当工作表中的汇总数据较多时，可通过创建数据透视图来以图表的方式显示数据的变化。

22.2.1 创建数据透视图

创建数据透视图有以下两种方法。

- 方法一：选择创建好的数据透视表，在“插入”选项卡下“图表”组中单击相应的图表按钮，然后在弹出的下拉列表中选择需要的图表类型即可。
- 方法二：选择工作表中的数据，在“插入”选项卡下“表”组中单击“数据透视表”下拉按钮，在弹出的下拉菜单中选择“数据透视图”命令，然后在打开的“创建数据透视表及数据透视图”对话框中设置好相关参数，并在打开的任务窗格中选择需要添加的字段即可。

应用案例——创建数据透视图

素材 光盘:\素材\第22章\提成统计透视图.xlsx

效果 光盘:\效果\第22章\提成统计透视图.xlsx

Step 01 打开“提成统计透视图”工作簿，选择其中的数据透视表。

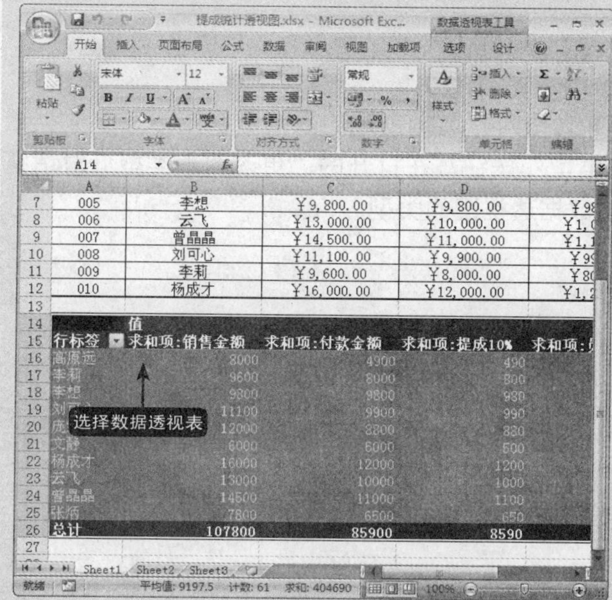

Step 02 在“插入”选项卡下“图表”组中单击“条形图”按钮，弹出下拉菜单。

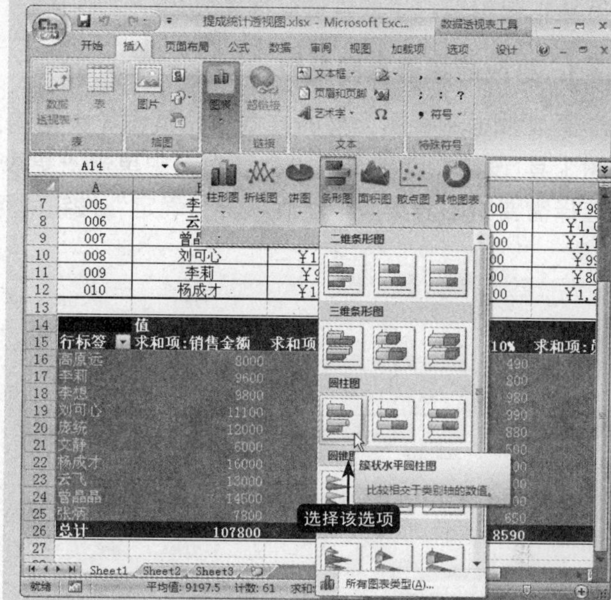

Step 03 在下拉菜单中选择所需图表，即可创建数据透视图，并打开“数据透视图筛选窗格”任务窗格。

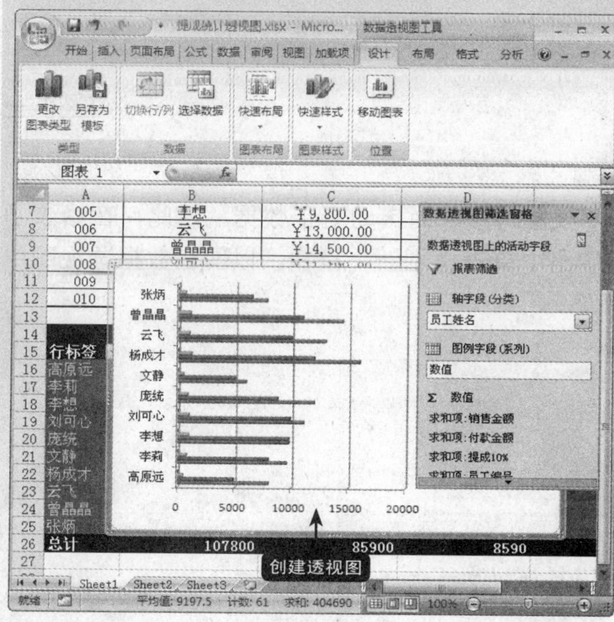

Step 04 在创建了数据透视图之后，可将鼠标定位到数据透视图边沿，按住鼠标即可拖动数据透视图到设置位的置上。

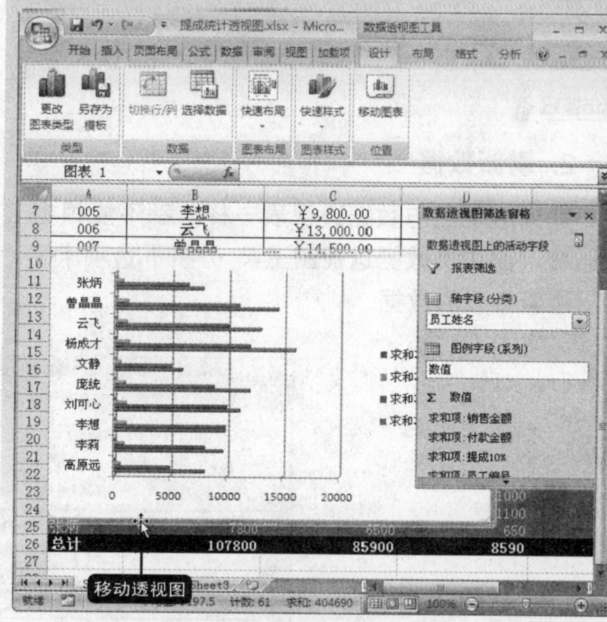

22.2.2 使用数据透视图

数据透视图与图表的结构类似，也有图表区、绘图区、坐标轴、图例和图表标题等元素，两者的操作方法也很相似，下面就进行简要介绍。

1. 更改数据透视图类型

更改数据透视图类型的方式与设置图表类型的更改方式相同。选择创建的数据透视图，在“数据透视图工具 设计”选项卡下“类型”组中单击“更改图表类型”按钮，在打开的“更改图表类型”对话框中选择需要的图表类型，然后单击“确定”按钮即可更改数据透视图的类型。

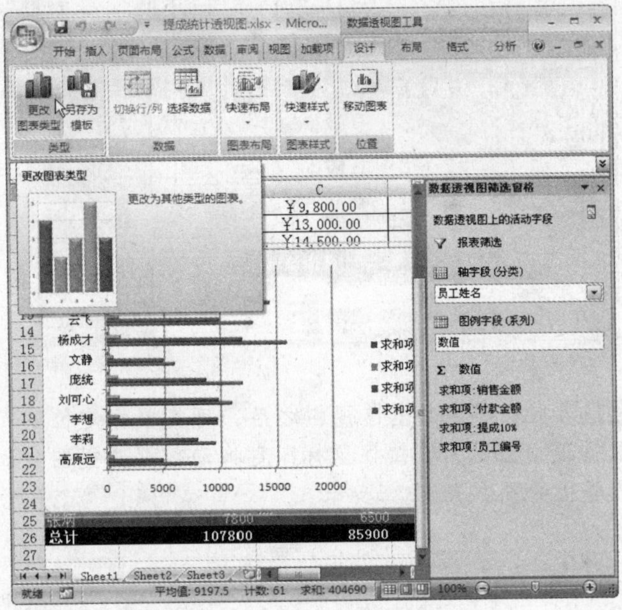

■单击按钮

更改类型■

2. 刷新数据

数据透视图与数据透视表一样，都不能根据工作表中数据的修改而自动更正数据。因此，在修改了数据后，需在“数据透视图工具 分析”选项卡下“数据”组中单击“刷新”按钮，以便在数据透视图中使用最新修改的数据。

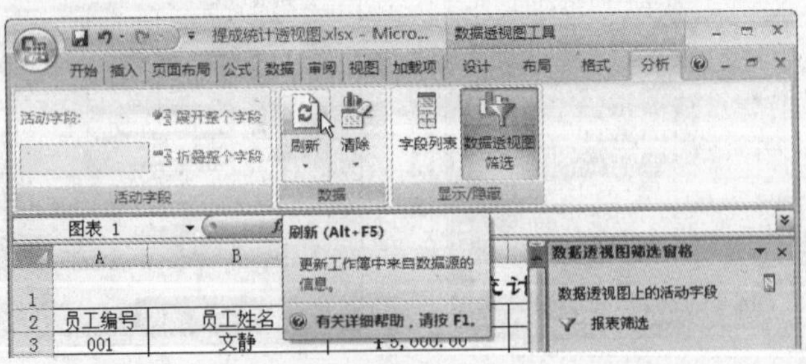

■单击“刷新”按钮

3. 清除数据透视图

在创建了数据透视图之后，若对该透视图中的内容不满意，可将其全部清除。在“数据透视图工具 分析”选项卡下“数据”组中单击“清除”按钮，即可进行该操作。在使用数据透视表时也可以使用简便的方法进行，即在“数据透视表工具 分析”选项卡下“操作”组中单击“清除”按钮即可。

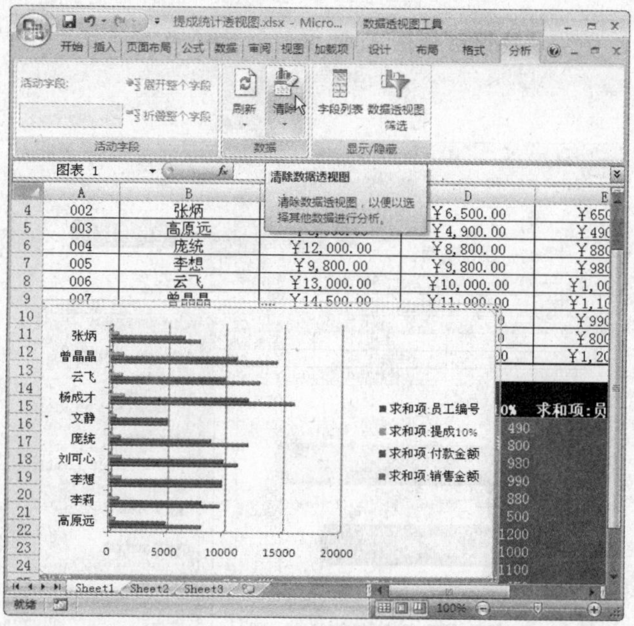

■清除透视图中的内容

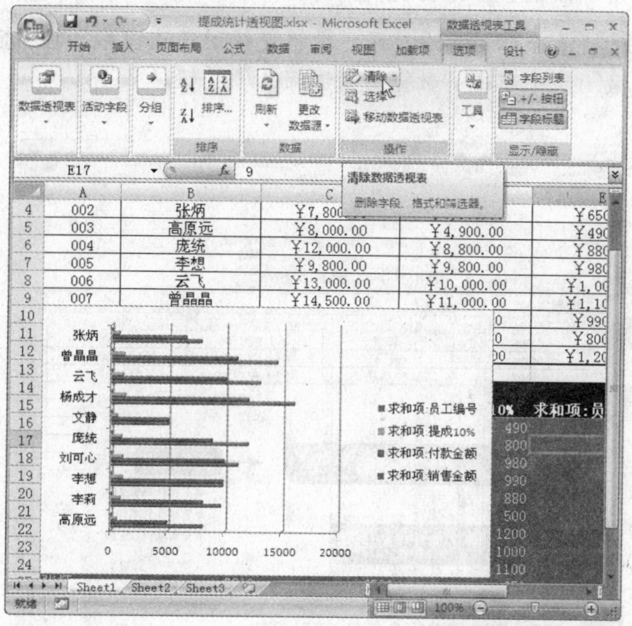

清除透视表中的内容■

4. 筛选数据透视图中的字段

同数据透视表类似的是，数据透视图也可以根据需要进行字段的筛选，以便显示需要的字段，隐藏不需要的内容。

Step 01 打开创建了数据透视图的工作簿，在“数据透视图筛选窗格”任务窗格中单击“数据透视图上的活动字段”按钮。

Step 02 打开“数据透视表字段列表”任务窗格，在该窗格中列举了各个可添加或隐藏的字段，选中某字段的复选框即可在数据透视图中显示该字段的内容。

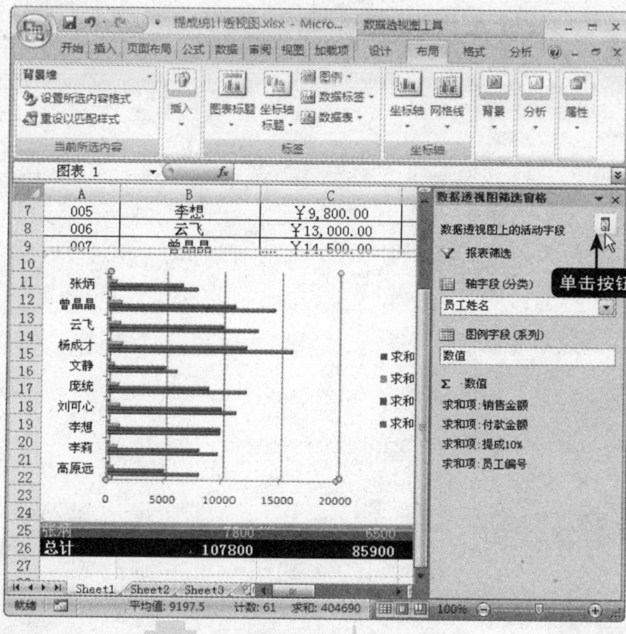

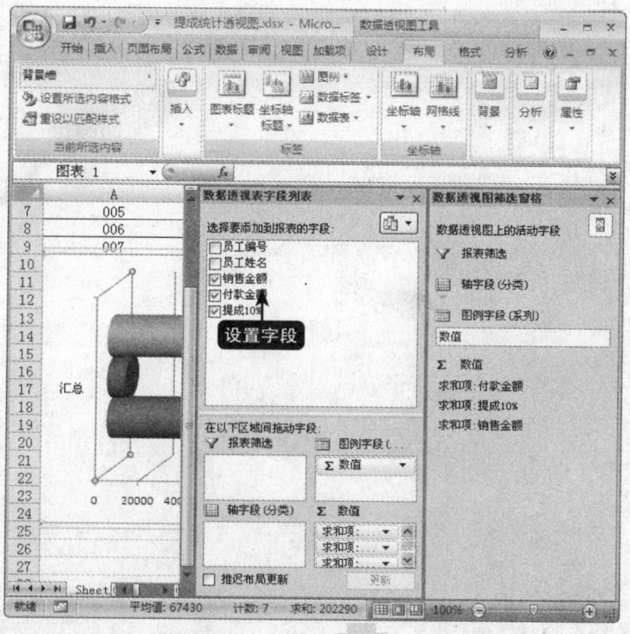

Step 03 设置完成后，单击“数据透视表字段列表”任务窗格和“数据透视图筛选窗格”任务窗格右上角的“关闭”按钮，即可将其关闭并查看数据透视图。

Step 04 若需要再次显示“数据透视图筛选窗格”任务窗格，可在“数据透视图工具 分析”选项卡下“显示/隐藏”组中单击“数据透视图筛选”按钮。

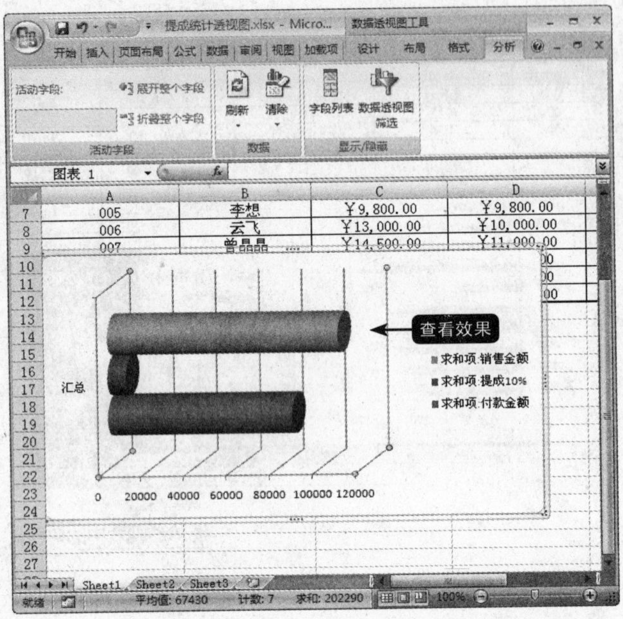

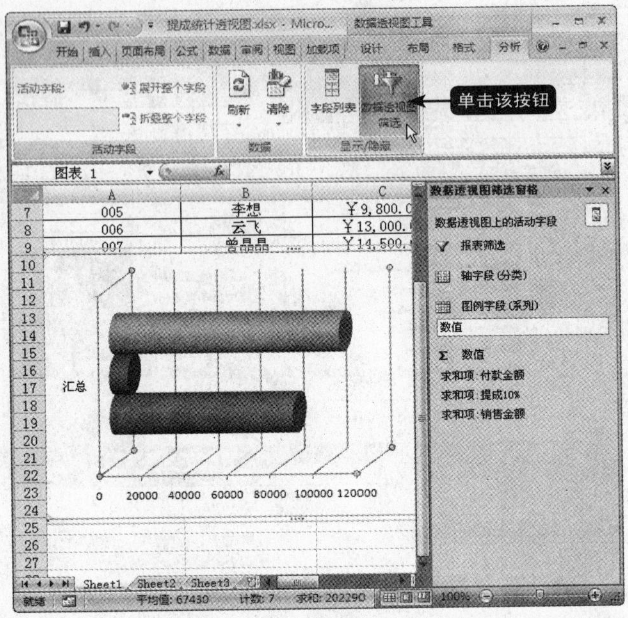

Part 7

开发与扩展应用技术

Excel虽然已经具有了强大、全面的功能，但仍然允许用户对其继续进行更深入的开发和功能扩展，让Excel更加适应不同用户的特定需求。本篇将对宏、控件和VBA等相关内容作简要介绍。

23 Chapter 宏与控件

READERS' GUIDE

在日常办公过程中，有时候为了使Excel等应用程序实现自动化工作，可以使用系统提供的宏功能将常用的操作录制为相应的宏，通过运行宏快速执行指定的操作，从而提高工作效率。此外还可以使用相应的控件来协助宏操作，本章将详细介绍宏与控件的一些基础知识。

MAIN CASES

宏的概念与功能 P360
录制宏 P361
编辑宏 P362
运行宏 P363
宏的安全性 P364
使用控件 P366

23.1 使用宏

随着社会信息化不断的发展，Office办公软件被广泛地应用在各行各业，尤其是具有强大分析与处理数据功能的Excel更是被应用于财务、审计、统计、金融等各个领域。为了扩充Excel的功能，提高办公效率，在Excel应用程序中引入了宏与控件的应用。

23.1.1 宏的概念与功能

在使用宏协助办公之前，首先需要了解宏的概念和功能，下面分别对其进行介绍。

1. 宏的概念

宏是Microsoft公司为Office办公软件提供的一项特殊功能，它主要是将执行一个操作所包含的一系列的命令和指令保存下来，如果下次需要再次大量执行相同操作时，只需运行该宏，系统即可自动完成相应的操作，从而实现工作的自动化。

2. 宏的功能

宏主要是对Excel中的各种对象进行控制，比如Excel应用程序、工作簿、

要点提示：Office中的宏

在Office 2007中，所有的组件都有宏功能。虽然宏只能完成一些比较简单的操作，但是也是Office中比较常用的一个功能。

对于比较复杂的应用程序的控制和开发，只能通过编写VBA代码来扩充宏的功能，其相关知识将在后面的章节进行详细介绍。

工作表、单元格以及图表等。通过对这些对象的控制，可以高效、快速地管理、分析与处理办公过程中产生的各种数据。此外，还可以结合窗体、控件的知识将这些操作集成一个可视化的用户界面（如下两图所示），从而形成一个完整的系统，方便地对工作表中的各种数据进行操作（对于控件的相关知识将在本章后面的内容中详细介绍）。

要点提示：宏的保存位置

在“保存在”下拉列表中有3个选项，其中“个人宏工作簿”表示将创建的宏保存在所有打开的Excel工作簿中；“新工作簿”表示将创建的宏保存在新建的Excel工作簿中；“当前工作簿”表示将创建的宏保存在当前的Excel工作簿中。

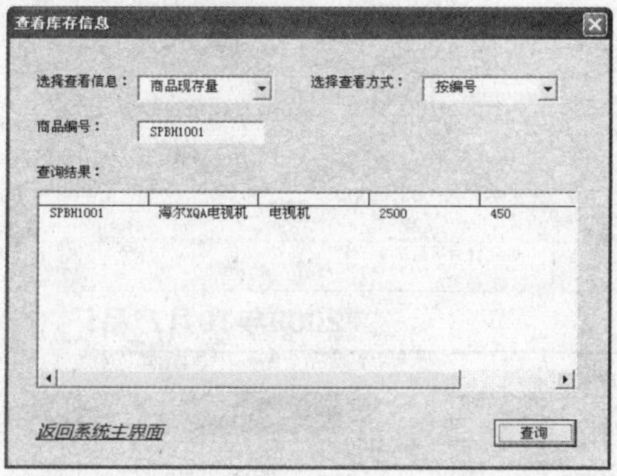

■ 商品库存管理系统

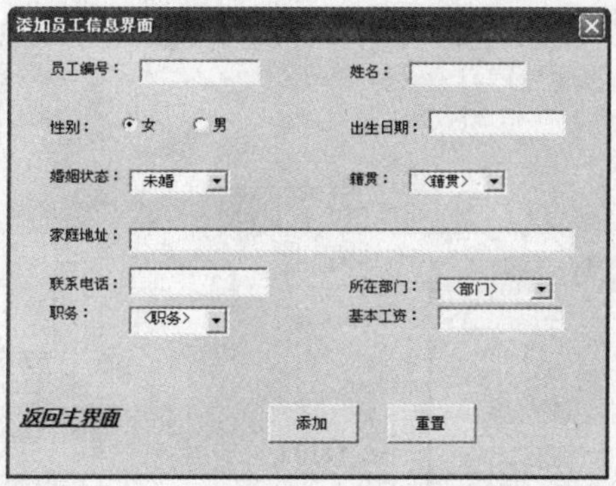

员工信息管理系统 ■

23.1.2 录制宏

在使用宏之前，首先需要创建宏。在Excel 2007中，通过宏录制器创建宏是最常用、也是简单的创建宏的方法。其具体操作是：在工作簿中添加“开发工具”选项卡，然后在“代码”组中单击“录制宏”按钮，在打开的对话框中设置相应的宏选项，单击“确定”按钮。此时“录制宏”按钮变为“停止录制”按钮，然后用户就可以在工作簿中执行相应的操作了。这些操作都是被宏录制器录制下来的，当操作完成后，只需单击“停止录制”按钮即可创建一个宏，并且如果需要保存录制的宏，必须将工作簿保存为XLSM格式的文件。

下面以为“产品订单表”工作簿创建一个“设置字体格式”的宏为例，讲解录制宏的具体操作。

应用案例——录制“设置字体格式”宏

素材 光盘:\素材\第23章\产品订单表.xlsx

效果 光盘:\效果\第23章\产品订单表.xlsm

Step 01 打开“产品订单表”工作簿，单击Office按钮，从弹出的菜单中单击“Excel选项”按钮，在打开的“Excel 选项”对话框中默认选择“常用”选项卡，在右侧的“使用Excel时采用的首选项”区域中选中“在功能区显示‘开发工具’选项卡”复选框，单击“确定”按钮。

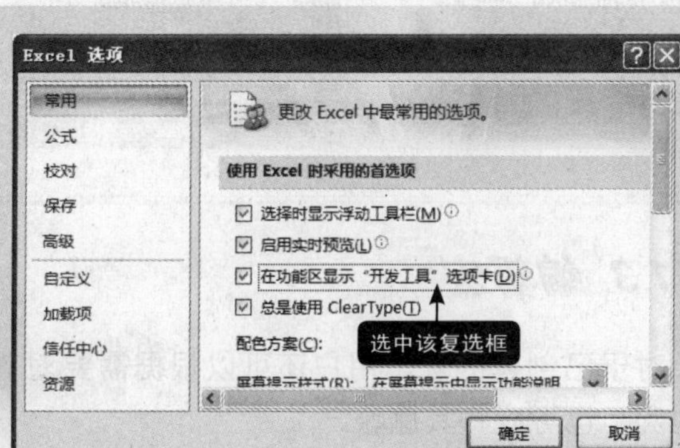

Step 02 返回工作簿，在选项卡组中即可查看到添加的“开发工具”选项卡。在该选项卡下“代码”组中单击“录制宏”按钮，在打开的“录制新宏”对话框的“宏名”文本框中输入“设置字体格式”文本，在“快捷键”文本框中输入“b”，单击“确定”按钮开始录制宏。

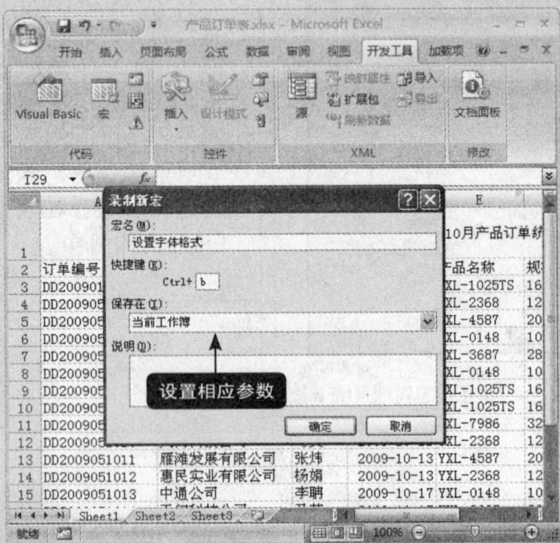

Step 03 选择A1单元格的文本。在“开始”选项卡下“字体”组中单击字体的下拉按钮，在弹出的下拉列表中选择“华文新魏”选项，单击字号的下拉按钮，在弹出的下拉菜单中选择“20”选项，单击“加粗”按钮为选择的文本设置加粗格式。

Step 04 在“开发工具”选项卡下“代码”组中单击“停止录制”按钮，完成“设置字体格式”宏的创建。

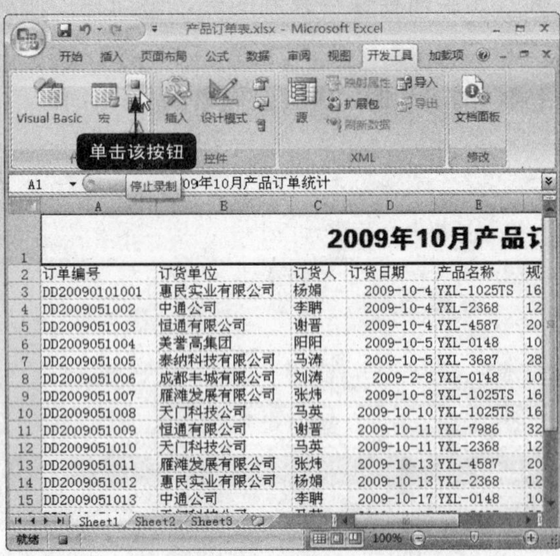

Step 05 单击Office按钮，从弹出的菜单中选择“另存为/启用宏的Excel工作簿”命令，在打开的“另存为”对话框中设置文件保存的位置和名称，即可将修改过的工作簿另存为启用宏的工作簿。

23.1.3 编辑宏

对于已创建的宏，用户还可以根据需要对其进行重新编辑，包括更改宏名称和内容。如果不需要创建的宏，也可以将其删除。

1. 更改宏名称和内容

在Excel 2007中，更改宏名称和内容的方法是：在“开发工具”选项卡下“代码”组中单击“宏”按钮，在打开的“宏”对话框中单击“编辑”按钮，在打开的VBE窗口中即可查看宏内容。其中“Sub 设置字体格式()”文本中的“设置字体格式”文本就是宏的名称，将其修改后单击“保存”按钮即可更改宏的名称（关于VBE窗口的相关知识将在后面的章节中详细介绍）。

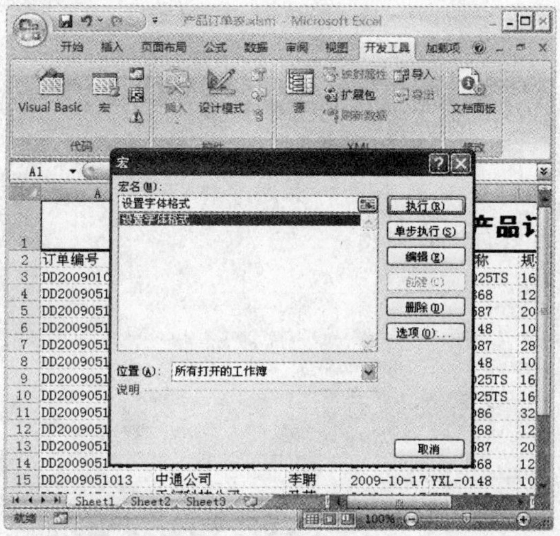

■ “宏”对话框

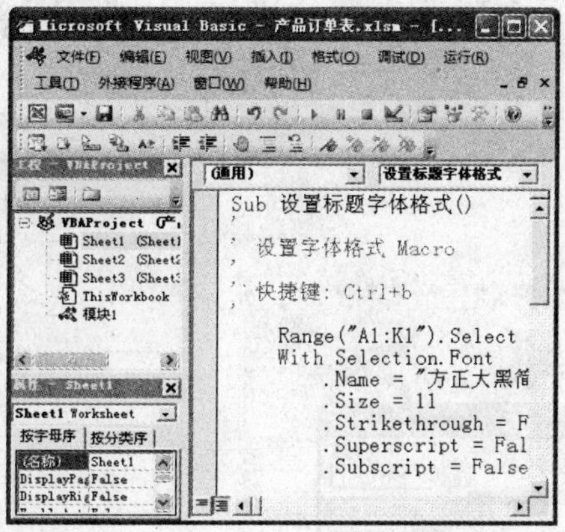

查看和编辑宏内容 ■

使用技巧：更改宏的快捷键和说明

在“宏”对话框中单击“选项”按钮，在打开的“宏选项”对话框中可以重新定义宏的快捷键和说明。

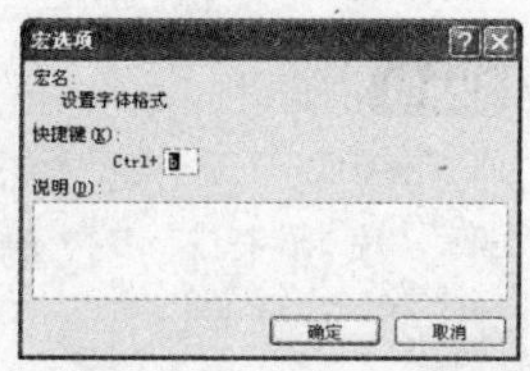

2. 删除宏

在Excel 2007中，删除宏的方法也是通过“宏”对话框来完成的。其具体操作是：打开“宏”对话框，在其中选择需要删除的宏，单击“删除”按钮，在打开的提示框中单击“是”按钮即可。

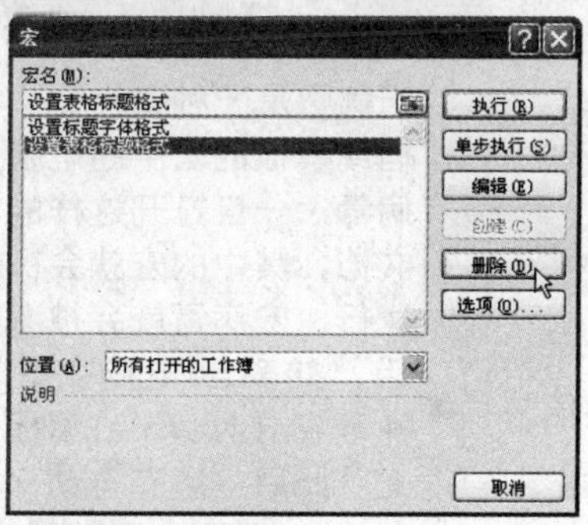

■ 选择需要删除的宏

删除宏的提示框 ■

使用技巧：快速打开“宏”对话框

在“视图”选项卡下“宏”组中单击“宏”按钮的下拉按钮，在弹出的下拉菜单中单击“查看宏”按钮也可以快速打开“宏”对话框。

23.1.4 运行宏

创建宏后，就可以运行宏了。在Excel 2007中，用户可以通过快捷键的方式，或者通过打开“宏”对话框，在其中单击“执行”按钮来运行宏。

下面将通过运行“产品订单表1”工作簿中的宏，快速为指定的文本设置预定义宏中的格式。

应用案例——运行“设置标题字体格式”宏

素材 光盘:\素材\第23章\产品订单表1.xlsm

效果 光盘:\效果\第23章\产品订单表1.xlsm

Step 01 打开“产品订单表1”工作簿，单击“Sheet2”工作表标签选择该工作表。在“开发工具”选项卡下“代码”组中单击“宏”按钮打开“宏”对话框。

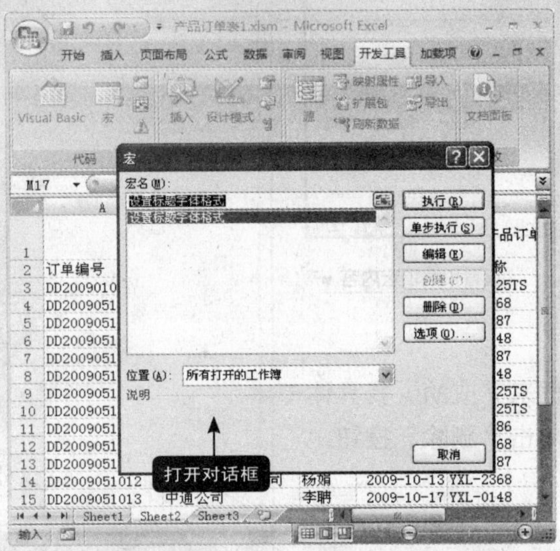

Step 02 在该对话框中间的列表框中选择“设置标题字体格式”选项，单击“执行”按钮运行该宏，返回工作表即可查看到设置的标题字体格式，将修改过的工作簿进行保存即可。

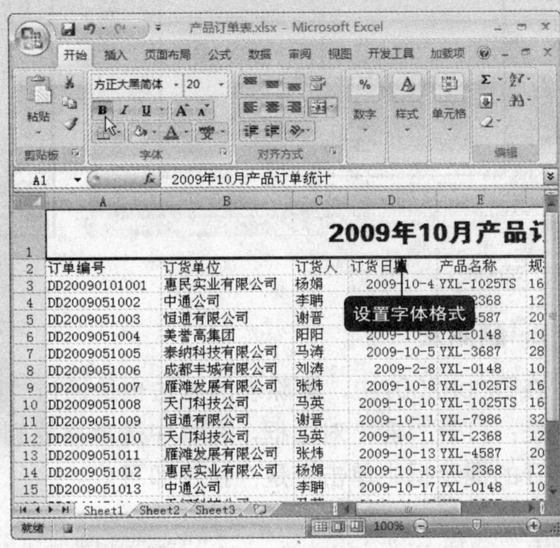

23.1.5 宏的安全性

在录制宏的过程中，为了避免感染宏病毒，Excel应用程序默认情况下将宏的安全性设置为禁用状态。但是在这种状态下打开带有宏的工作簿时，系统将提示宏禁用的信息，此时用户可以手动为宏设置安全性。下面将详细讲解宏的安全性级别、设置宏安全级别和受信任位置的相关知识和操作。

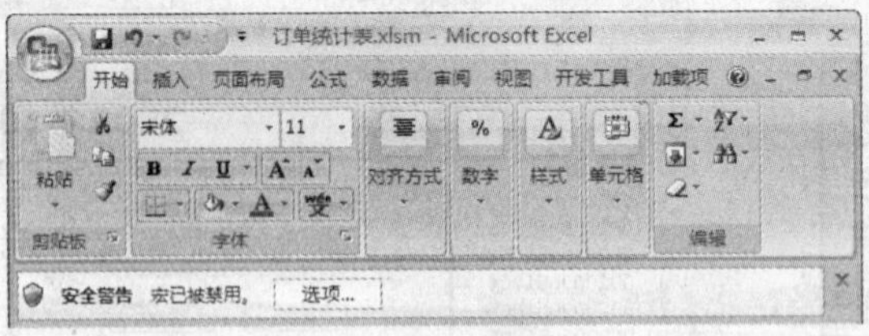

禁用宏信息

要点提示：什么是宏病毒

宏病毒是一种寄存在文档或模板的宏中的电脑病毒。一旦打开这样的文档，其中的宏就会被执行，宏病毒就会被激活，转移到电脑上，并驻留在Normal模板上。此后，所有自动保存的文档都会“感染”这种宏病毒，如果其他用户打开了感染病毒的文档，宏病毒又会转移到其他用户的电脑上。

1. 宏的安全级别

宏的安全级别设置主要是对工作簿中宏的使用进行约束。在Excel 2007中，宏的安全级别主要包括如下4种。

- **禁用所有宏，并且不通知**：在该安全级别下，所有的宏都不可使用，并且系统不会提示宏被禁用的信息。

◆ 禁用所有宏，并发出通知：该安全级别是Excel默认的宏的安全级别。它会提示用户当前打开的工作簿中的宏已经被禁用，此时可以单击提示信息右侧的“选项”按钮，在打开的“安全警告-宏”对话框中选择“启用此内容”单选按钮，单击“确定”按钮即可使用该工作簿中被禁用的宏。

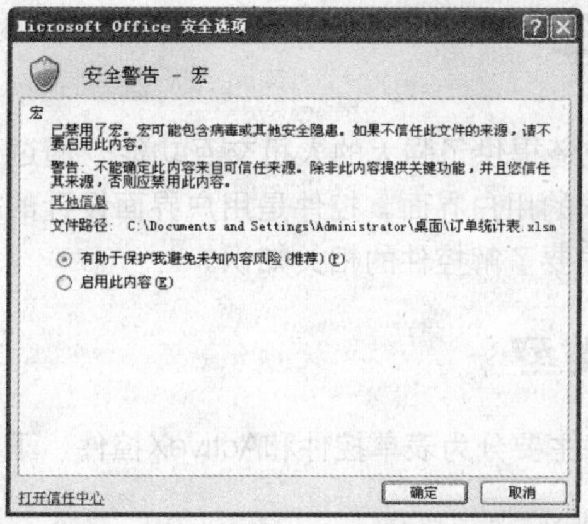

“安全禁告-宏”对话框

◆ 禁用无数字签署的所有宏：对于没有数字签署的带宏的工作簿，在该安全级别下，当用户运行工作簿中的宏的时候，系统会打开一个提示框提示工作簿中的宏被禁用。

◆ 启用所有宏：在该安全级别下，带有宏的工作簿最容易感染宏病毒。因此建议用户不要将Excel应用程序的宏安全级别永久设置为该级别。

使用技巧：快速打开“信任中心”对话框

打开工作簿，在“开发工具”选项卡下“代码”组中单击“宏安全性”按钮即可快速打开“信任中心”对话框，并且默认选择“宏设置”选项卡。

2. 设置宏安全级别

设置宏的安全级别主要是通过“信任中心”对话框来完成的。下面将把“产品订单表1”工作簿默认的“禁用所有宏，并发出通知”安全级别更改为“禁用无数字签署的所有宏”。

要点提示：使安全性生效

为工作簿设置了宏的安全性级别后，需要重新启动Excel应用程序才能使设置生效。

Step 01 打开“产品订单表1”工作簿，单击Office按钮，从弹出的菜单中单击“Excel选项”按钮，在打开的“Excel选项”对话框中选择“信任中心”选项卡，在右侧的“Microsoft Office Excel信任中心”区域中单击“信任中心设置”按钮。

Step 02 在打开的“信任中心”对话框中选择“宏设置”选项卡，在右侧的“宏设置”区域中选择“禁用无数字签署的所有宏”单选按钮，单击“确定”按钮。在返回的“Excel选项”对话框中单击“确定”按钮完成整个操作。

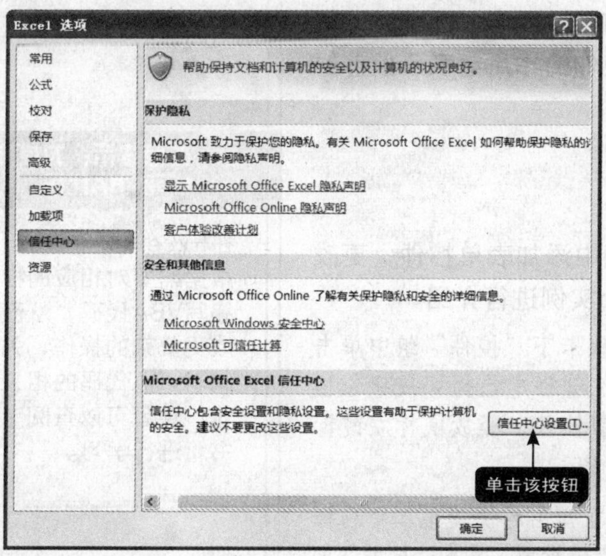

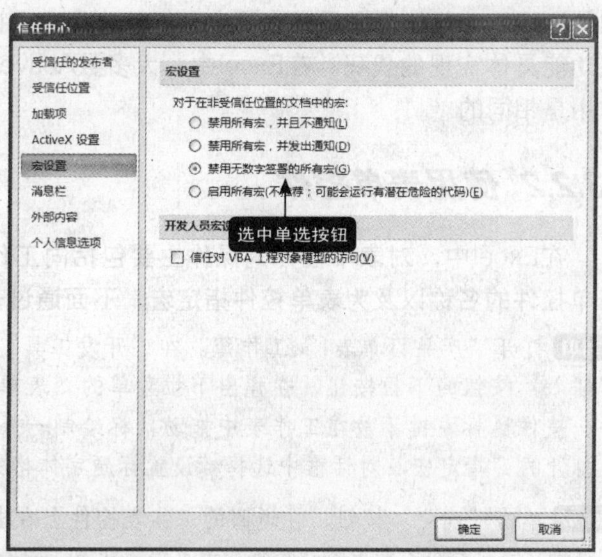

23.2 使用控件

在Excel 2007中，系统还提供了强大的人机交互功能。通过该功能，用户可以方便地设计出符合需求的用户界面。控件是用户界面设计的基本元素，因此，在设计界面之前，首先要了解控件的相关知识。

23.2.1 控件的基本类型

在Excel 2007中，控件主要分为表单控件和ActiveX控件，下面分别介绍具体的作用。

1. 表单控件

表单控件是用户界面设计中使用最频繁的一种控件，通过对指定表单控件指定相应的宏，即可快速执行录制和编写的宏，常用表单控件的名称及其作用如下。

- 按钮控件：在用户界面设计过程中，单击该控件可以完成指定的某一个操作。例如，"确定"按钮可以用于确定对工作表的操作；"取消"按钮可以取消对工作表的操作。
- 组合框控件：该控件的作用相当于Windows环境中的下拉列表，当单击该控件右侧的下拉按钮时，将弹出一个下拉列表，在其中可以选择设置的选项。
- 列表框控件：该控件也是用于选择选项的。它的作用和Windows环境中的列表框的作用是一样的，它与组合框控件的区别在于，该控件直接将所有的选项列举出来。
- 标签控件：该控件主要用于输入说明行的文本，例如设置标题和提示信息等。它是表单控件中比较常用的控件之一。

2. ActiveX控件

ActiveX控件是具有某种特定功能的控件，该控件可以重复使用，并且该控件完成的功能的代码是事先预定义好的，用户可以直接使用它，而不必了解该功能具体实现的代码。在Excel中，大多数ActiveX控件的作用与表单控件的作用是相同的。

23.2.2 使用表单控件

在Excel中，对表单控件的操作主要包括向工作表中添加表单控件、更改表单控件的名称以及为表单控件指定宏。下面通过一个实例进行介绍。

Step 01 打开"产品订单表1"工作簿。在"开发工具"选项卡下"控件"组中单击"插入"按钮的下拉按钮，在弹出下拉菜单的"表单控件"栏中选择"按钮"控件，按住鼠标左键不放在工作表中拖动鼠标绘制一个按钮控件，释放鼠标左键，在打开的"指定宏"对话框中选择"设置标题字体格式"宏。

Step 02 单击"确定"按钮，在返回的工作表控件上右击，在弹出的快捷菜单中选择"编辑文字"命令，此时按钮控件变为可编辑状态，输入"设置标题"文本，单击任意单元格退出可编辑状态，单击该控件即可执行指定的宏，从而设置标题的字体格式。

要点提示：表单控件和ActiveX控件的区别

在Excel中，有些表单控件与ActiveX控件的作用是相同的，但是二者仍是存在一定的区别的。表单控件的属性不能在VBE属性窗口中显示出来，而ActiveX控件的属性是可以通过属性窗口对其进行修改的（关于属性窗口的相关知识在后面的章节会详细介绍）。

如果需要为表单控件的格式进行设置，需要在表单控件上右击，在弹出的快捷菜单中选择"设置控件格式"命令，在打开的"设置控件格式"中即可为表单控件进行相应的设置。

要点提示：为控件编写VBA代码

在Excel中，用户可以根据需要对相应的控件编写VBA代码，从而完成更复杂的操作，关于编写VBA代码的相关操作，读者可以查阅专业书籍进行学习。

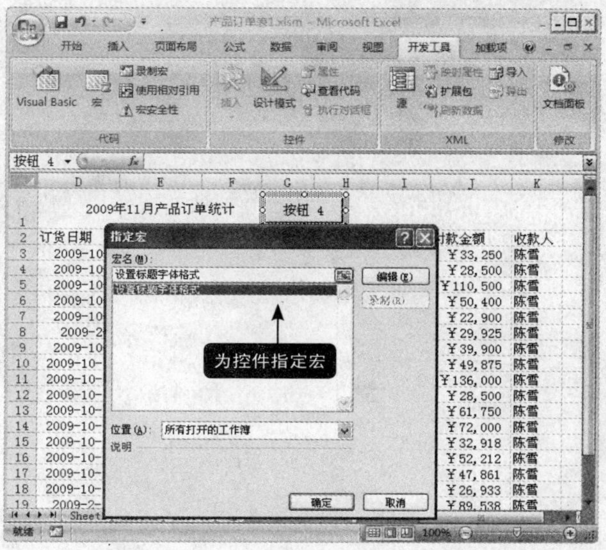

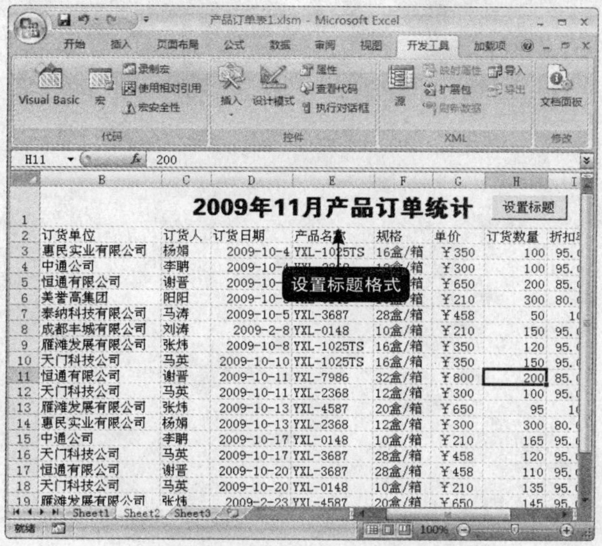

23.2.3 使用ActiveX控件

在Excel中，如果需要使用ActiveX控件，首先需要在手动添加的“开发工具”选项卡下“控件”组中单击“插入”按钮，在弹出的下拉菜单的“ActiveX控件”栏中选择相应的选项来添加对应的控件。添加ActiveX控件后，系统不会打开“指定宏”对话框，如果用户需要使插入的ActiveX控件起作用，可通过双击添加的控件，在打开的代码窗口中编写VBA代码来实现（关于VBA代码的相关语法格式将在本书后面的章节中进行讲解）。

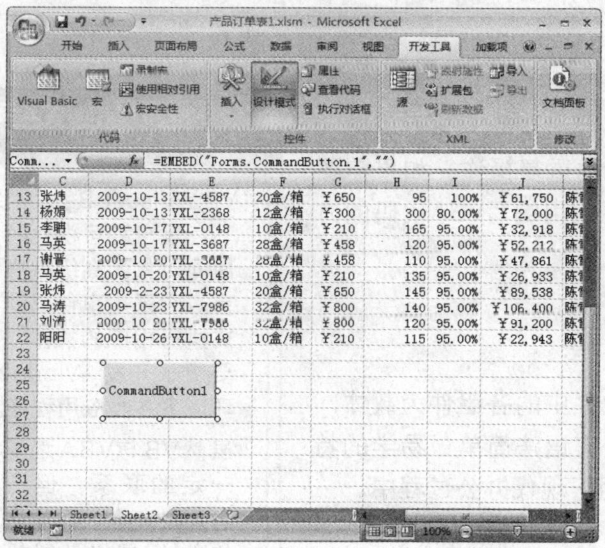

■ 使用ActiveX控件

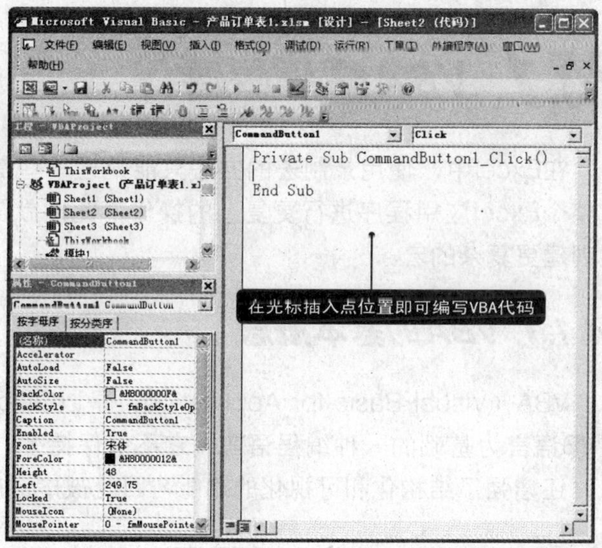

编写VBA代码 ■

24 Chapter VBA基础

READERS' GUIDE

VBA编程语言之所以是一种结构化的编程语言，是因为该程序中每一个功能的代码都是独立存在的。与其他的程序设计语言一样，VBA自动化编程语言也有其相应的语法规则。本章将详细介绍关于VBA基础方面的知识和相关操作。

MAIN CASES

VBA编程基础	P368
VBA中的过程	P372
常量和变量	P375
消息框函数与常用语句	P377
VBA中的对象和集合	P380

24.1 VBA编程基础

在Excel中，使用录制宏的方法只能处理一些简单的重复操作。如果需要对整个Excel应用程序进行更复杂的操作，此时就需要使用编写VBA代码的方式创建更复杂的宏。

24.1.1 VBA的基本概念

VBA（Visual Basic for Application）是以Office软件中的各组件为载体，以VB语言为基础的一种编程语言。它不仅保持了VB语言语法简单、易学的特点，还增强了结构化和可视化的功能，因此被广泛应用于现代办公过程中。

24.1.2 Visual Basic编辑器入门

在Excel中，Visual Basic编辑器也就是VBE（Visual Basic Editor）窗口，它是VBA程序的开发环境，其窗口与一般的Windows操作界面一样，也包括标题栏、菜单栏、工具栏、编辑栏等部分。但该窗口还有其特殊的组成部分，如代码窗口、工程资源管理器、对象窗口、立即窗口和属性窗口等。这几个窗口都可以通过“视图”菜单项来打开，下面分别对其进行详细介绍。

要点提示：VB与VBA的区别

VB是Visual Basic的缩写，是一种可视化的、面向对象的高级编程语言。它采用事件驱动方式执行相应的操作，主要用于开发 Windows 环境下各类应用程序。

虽然VB与VBA之间有一定的联系，但是二者还是存在一定的区别的。VB属于计算机编程语言，它拥有独立的开发环境，并且能够独立运行；VBA属于自动化的编程语言，它没有独立的开发环境，运行时需要依赖于其他的应用程序。

1. 代码窗口

代码窗口主要是用来编写、显示以及编辑VBA代码的区域，它主要由“对象”下拉列表、“过程/事件”下拉列表、“拆分”按钮、代码编辑区、“过程查看”按钮、“全模块查看”按钮以及边界标识7部分组成。

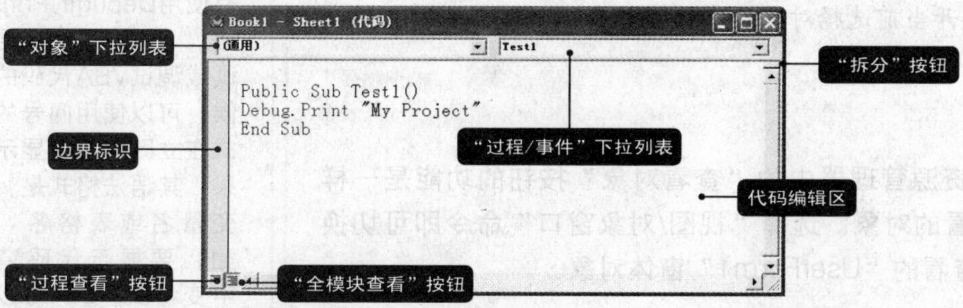

■ 代码窗口

其中常用组成部分的作用说明如下。

- **“对象”下拉列表**：该下拉列表主要显示当前工程中所使用到的对象。单击该下拉列表的下拉按钮，在弹出的下拉列表中选择相应的对象选项，系统将自动将光标插入点定位到对象对应的VBA代码中。
- **“过程/事件”下拉列表**：该下拉列表主要显示当前工程中所涉及到的所有的过程以及对象的事件。如果当前光标插入点所在位置属于过程VBA代码，则单击该下拉列表的下拉按钮，在弹出的下拉列表中将显示出当前工程的所有过程的名称；如果当前光标插入点所在位置属于对象的VBA代码，则单击该下拉列表的下拉按钮，在弹出的下拉列表中将显示出当前工程对象的所有事件名称。
- **“拆分”按钮**：单击该按钮，按住鼠标左键不放，拖动鼠标即可将代码窗口拆分为两个窗格，从而方便对代码的编辑和查看。
- **代码编辑区**：在该编辑区中可以编写和修改VBA代码。

要点提示：代码窗口其他组成部分的作用

“过程查看”按钮用于查看当前文本插入点所在位置的过程；“全模块查看”按钮用于查看当前工程中的所有过程，它是代码窗口的默认查看方式。

此外，单击每行VBA程序所对应的边界标识，可以快速地在该行设置断点，从而方便对程序的调试。如果该行已经被设置了断点，单击该行对应的边界标识可以清除设置的断点。

2. 工程资源管理器

工程资源管理器主要是保存对象的一个窗口。它主要由两部分组成，一部分是窗口最上方按钮组，包括“查看代码”按钮、“查看对象”按钮以及“切换文件夹”按钮；另一部分是窗口下方的工程显示区，在该区中以树突的方式显示Excel对象、窗体、模块和类模块。

要点提示：Excel中的工程

在Excel中，一个工作簿可以看做是一个工程。在工程中主要包含了当前工程中的所有对象，如果系统添加了加载宏，则在工程对象显示区中将自动显示加载宏的工程。

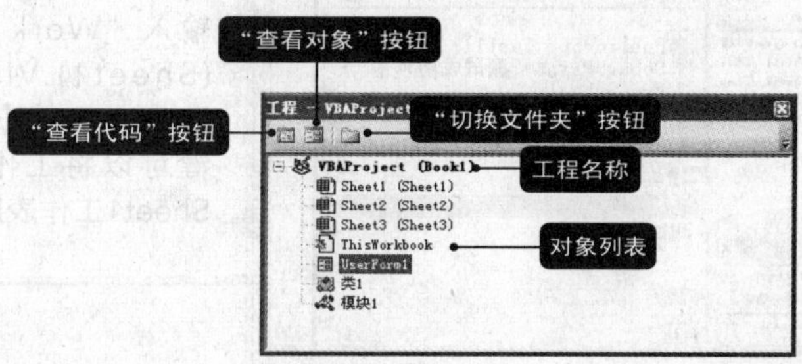

■ 工程资源管理器

其中常用组成部分的作用说明如下。

- **“查看代码”按钮**：选择需要查看VBA代码的对象，单击该按钮即可打开代码窗口并显示对应的VBA代码。此外，双击相应的对象也可以打开代码窗口查看VBA代码。

- “查看对象”按钮：该按钮只对工作簿、工作表和窗体起作用，选择相应的对象，单击该按钮即可切换到相应的对象。
- “切换文件夹”按钮：单击该按钮，系统自动将所有的对象按类别放到一个文件夹中，并展开当前选择对象所在的文件夹，隐藏其他对象所在的文件夹。

使用技巧：在立即窗口中使用问号

如果在代码窗口中没有使用Debug的Print方法，而用户又需要测试或调试VBA代码的时候，可以使用问号的方式在立即窗口中显示结果，其语法格式是：?变量名或表格名。例如，要显示代码窗口中变量a的值，可以在立即窗口中输入“?a”，然后按【Enter】键即可显示a的结果。

3. 对象窗口

对象窗口的功能与工程资源管理器中的“查看对象”按钮的功能是一样的，即在工程中选择需要查看的对象。选择“视图/对象窗口”命令即可切换到相应的对象，如图所示为查看的“UserForm1”窗体对象。

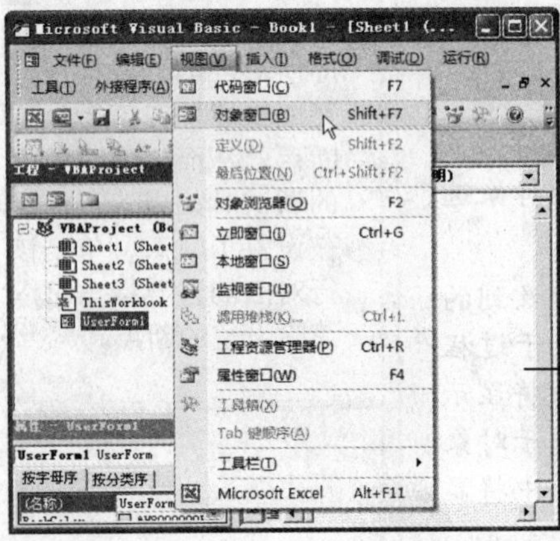

■ 查看对象

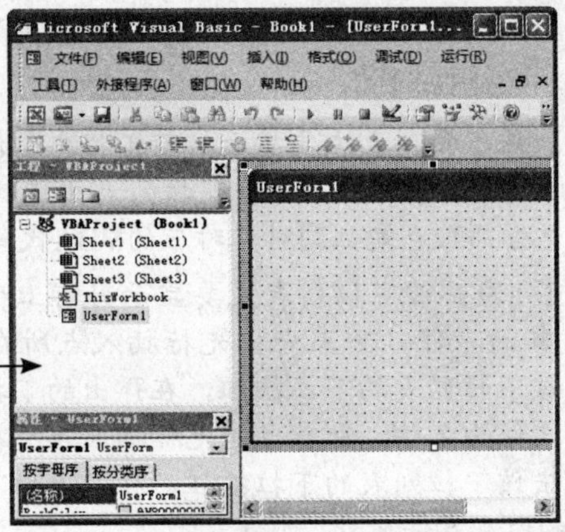

查看的窗体对象■

4. 立即窗口

在VBE开发环境中立即窗口是一个非常有用的窗口，它可以显示程序执行的中间结果和最终结果。常常利用该窗口来测试与调试编写的VBA代码，如图所示在立即窗口中显示程序执行的最终结果。

使用技巧：在立即窗口中运行代码

立即窗口除了可以测试和调试VBA代码以外，还可以在其中编写简单的代码。例如在立即窗口中输入“WorkSheets.Add”，按【Enter】键便可新建工作表；输入“Work sheets (Sheet1).Visible = False”，按【Enter】键可以将工作簿中的Sheet1工作表隐藏。

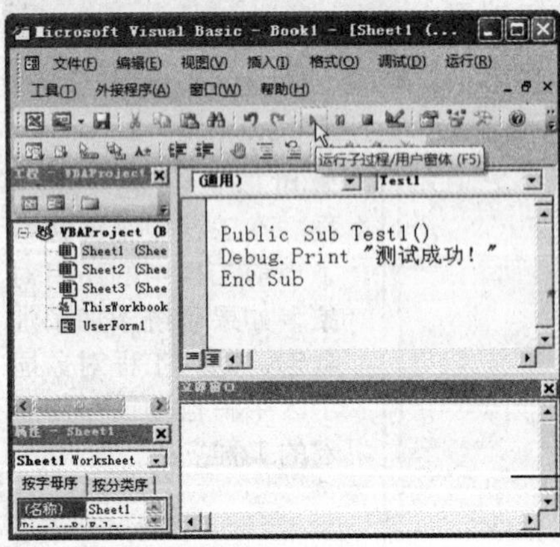

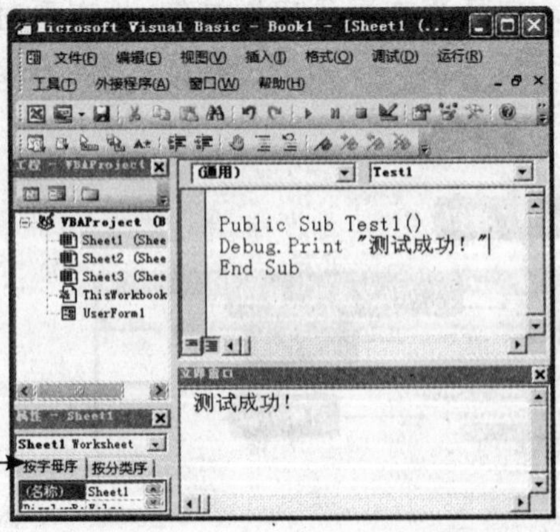

■ 在立即窗口显示结果

5. 属性窗口

在VBA编程中，每一个对象都有与之对应的属性，通过对对象属性的修改可以达到不同的效果。属性窗口集中显示了工程中每一个对象所对应的属性，该窗口可以“按字母序”和“按分类序”两种排序方式显示对象的属性。如图所示为“Sheet1”工作表的属性。

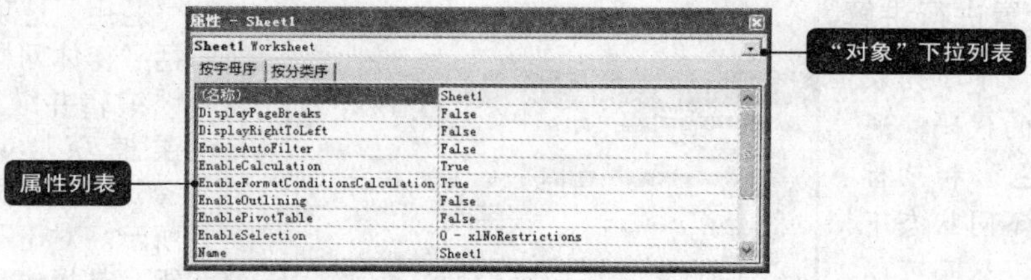

■ 属性窗口

其中常用的组成部分的作用如下。

◆ **“对象”下拉列表**：该下拉列表显示了当前选择对象的名称。如果当前选择的是窗体对象，在该下拉列表框中还将显示窗体上所有控件对象的名称。

◆ **属性列表**：每一个对象都有不同的属性，如果“对象”下拉列表中的对象发生了变化，其对应的属性列表也将发生相应的变化。

要点提示：VBE窗口中的本地窗口

在VBE窗口中，用户还可以通过本地窗口来查看程序运行的结果，并且还会显示变量的值以及数据类型。该窗口通常浮于VBE窗口的上面。但是需要注意的是，在使用本地窗口的时候，需要在VBA代码中对程序设置断点，否则本地窗口将不会显示任何信息。

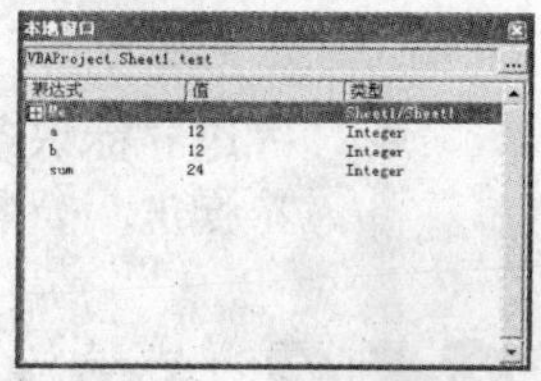

24.1.3 配置编辑器界面

在VBE窗口中选择“工具/选项”命令即可打开“选项”对话框，通过编辑该对话框中的4个选项卡可以对VBE开发环境进行设置。下面对常用的“编辑器”和“编辑器格式”选项卡进行讲解。

1. 设置“编辑器”选项卡

“编辑器”选项卡主要用于检测VBA代码和设置窗口。该选项卡包括“代码设置”选项组和“窗口设置”选项组，下面对其中常用的几个复选框进行讲解。

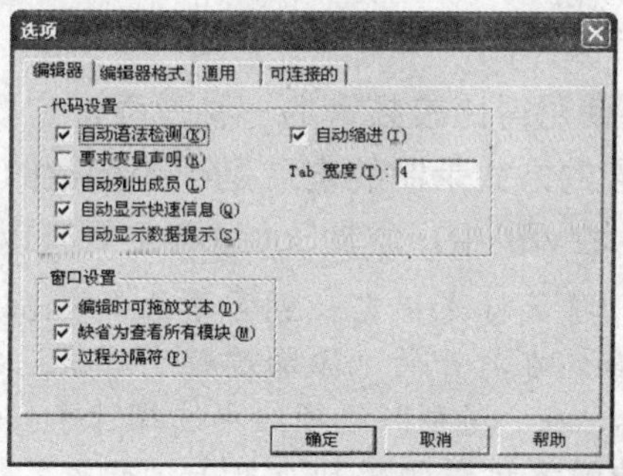

“编辑器”选项卡 ■

◆ **“自动语法检测”复选框**：选中该复选框，用户在编写VBA代码的过程中，系统会自动对编写的代码进行语法检测。如果出现如法错误，系统将打开对话框提示错误信息。

◆ **“要求变量声明”复选框**：默认情况下该复选框是没有被选中的。如果选中该复选框，在代码窗口的最上方将出现“Option Explicit”语句。如果模块中使用了“Option Explicit”语句表示强制显式声明模块中的所有变量，即必须使用Dim、Private、Public、ReDim或Static等关键字来显式声明所有的变量。

◆ **“自动列出成员”复选框**：选中该复选框后，当用户要使用某个对象的属性或者方法时，只需输入对象和“.”，系统将自动弹出一个列表，显示出当前对象的所有属性和方法，在该列表中选择需要的选项即可在代码窗口中输入对应的属性或者方法。

◆ **“自动显示快速信息”复选框**：选中该复选框，系统会自动显示函数相应的参数信息。

要点提示：“缺省为查看所有模块”复选框和“过程分隔符”复选框

选中“缺省为查看所有模块”复选框后会使代码窗口以“全模块视图”方式显示窗口中的VBA程序；如果取消选中该复选框，代码窗口将以“过程视图”方式显示窗口中的VBA程序。

选中“过程分隔符”复选框后，当代码窗口中的过程代码在两个或两个以上时，系统将自动插入过程分隔符将过程分隔开，从而方便代码的查阅。

2. 设置“编辑器格式”选项卡

“编辑器格式”选项卡主要用于对VBA代码的格式以及显示效果进行设置。该选项卡主要包括“代码颜色”列表框、“字体”下拉列表、“大小”下拉列表等，下面对其中常用的设置进行讲解。

- **“代码颜色”列表框：** 该下拉列表中主要列举了不同状态的代码，通过“前景色”、“背景色”和“标识色”下拉列表可以为不同状态下的代码进行颜色的设置，从而可以直观地区别于其他代码。
- **“字体”下拉列表：** 该下拉列表主要设置代码的字体。
- **“大小”下拉列表：** 通过该下拉列表可以为代码窗口中的代码设置相应的字号。

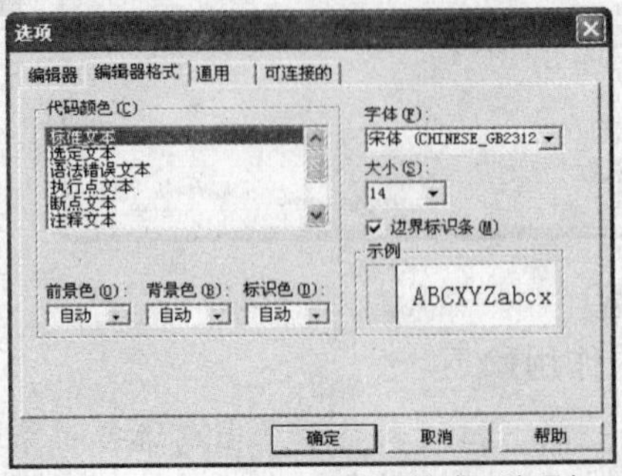

“编辑器格式”选项卡

- **“边界标识条”复选框：** 选中该复选框后，在代码窗口的左侧将显示边界标识；如果取消选中该复选框，系统将取消显示代码窗口边界标识。

要点提示：“通用”选项卡

“通用”选项卡主要包括“窗体网格设置”、“编辑并继续”、“错误捕获”以及“编译”4个选项组，如图所示。对于不同的选项组，其操作和处理的对象也是不一样的。一般情况下都是保持该选项卡中的默认设置。

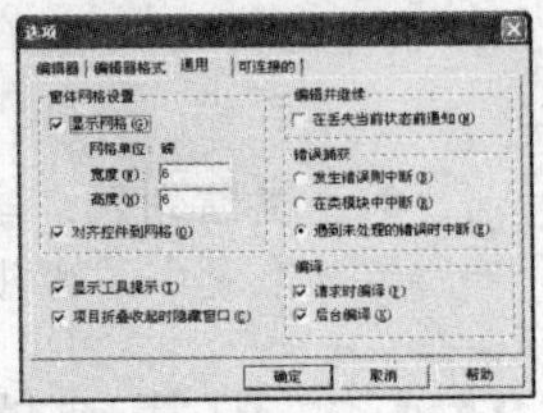

24.2 VBA中的过程

在VBA中，利用过程，可以将复杂的VBA程序以不同的功能划分为不同的单元，每一个单元就是一个功能。这样可很大程度地方便用户对程序的编写、阅读、调试以及维护。VBA的过程主要有3种，分别是Sub过程、Function过程和Property过程。

24.2.1 Sub过程

Sub过程是VBA编程中使用得比较频繁的一种过程，它既可以包含参数，也可以无参数，通过录制宏的方式录制的宏就是不带参数的Sub过程。Sub过程是一个无返回值的过程，在VBA中，添加Sub过程主要有以下两种方法。

- **通过对话框添加：** 将鼠标光标定位到需要添加Sub过程的地方，选择“插入/过程”命令，在打开的“添加过程”对话框的“名称”文本框中输入过程的名称，在“类型”选项组中选择“子程序”单选按钮，在“范围”选项组中设置过程的级别，单击“确定”按钮即可添加一个Sub过程。
- **通过编写VBA代码添加：** 在代码窗口中，直接根据Sub过程的语法结构也可以添加一个Sub过程，其具体语法格式如下。

```
[Public|Private|Static]Sub 过程名()
<过程代码>
End Sub
或者
[Public|Private|Static]Sub 过程名(参数1,参数2…)
<过程代码>
End Sub
```

要点提示：“可连接的”选项卡

“可连接的”选项卡主要是对VBE环境下的各个窗口进行操作。在该选项卡中选中相应的复选框，在VBE开发环境中将以默认的布局显示相应的窗口。

如果取消选中对应窗口的复选框，在VBE开发环境中该窗口将浮动在VBE窗口上。默认情况下，该选项卡中只有“对象浏览器”复选框是取消选中的，其他的窗口对应的复选框都呈选中状态。

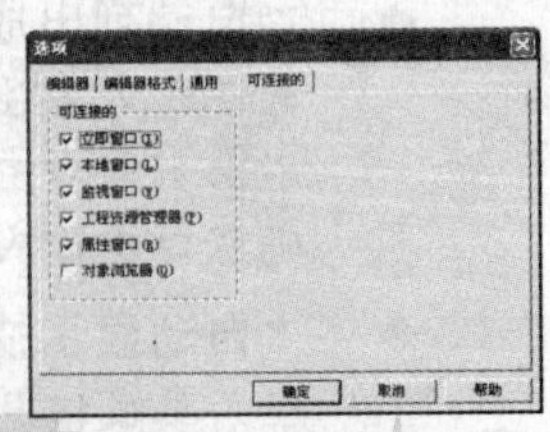

下面将通过对话框的方式在新建的工作簿的Sheet1工作表中添加“计算员工的实发工资”的Sub过程，其操作方法如下。

Step 01 新建一个空白工作簿，在“开发工具”选项卡下“代码”组中单击“Visual Basic”按钮。

Step 02 在打开的VBE开发环境的工程资源管理器中双击“Sheet1”对象，打开该对象的代码窗口，然后选择“插入/过程”命令。

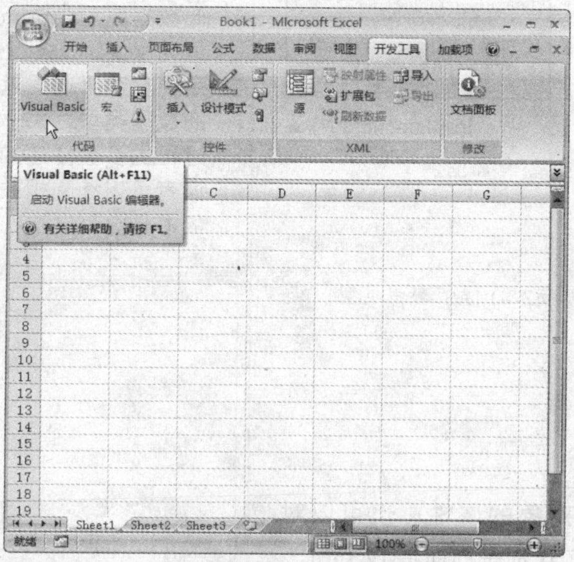

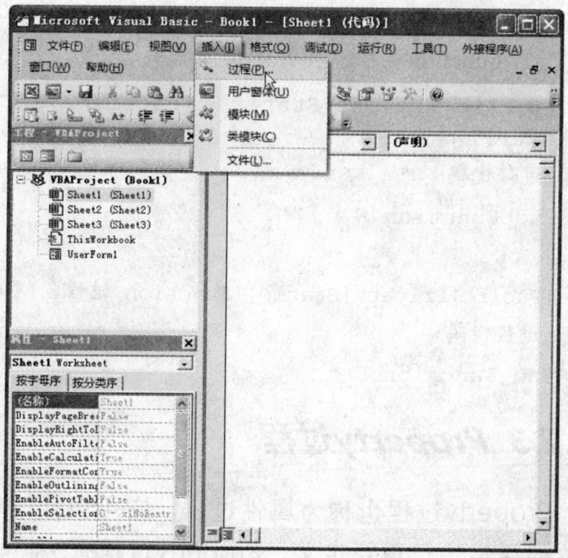

Step 03 在打开的“添加过程”对话框的“名称”文本框中输入“计算员工的实发工资”文本，在“类型”选项组中选择“子程序”单选按钮，在“范围”选项组中选择“公共的”单选按钮，单击“确定”按钮。

Step 04 返回VBE开发环境，在代码窗口中即可查看到创建的公有的“计算员工的实发工资”的Sub过程。单击“保存”按钮，在打开的提示框中单击“否”按钮，打开“另存为”对话框，在其中将修改过的工作簿保存为启用宏的工作簿。

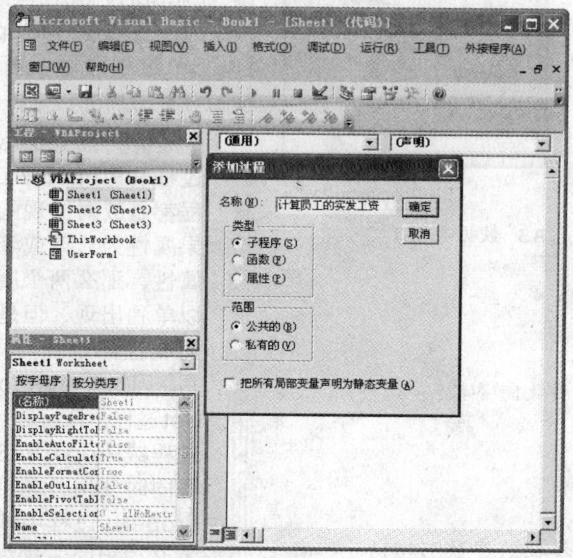

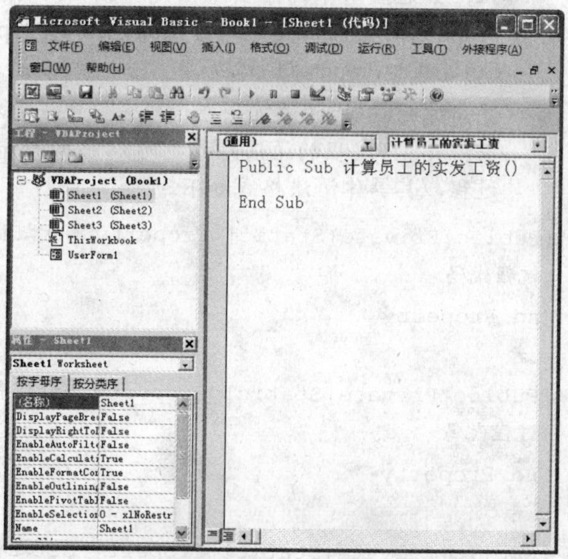

24.2.2 Function过程

Function过程和Sub过程一样，都是执行特定功能的代码块。但是，Function过程有返回值。Function

过程的添加方法也有两种，分别是通过对话框添加和通过编写VBA代码添加。

- **通过对话框添加：** 通过对话框添加Function过程的方法和添加Sub过程一样。如果添加Function过程时，在“类型”选项组中需要选择“函数”单选按钮。
- **通过编写VBA代码添加：** 在代码窗口中，直接根据Function过程的语法结构也可以添加一个Function过程，其具体语法格式如下。

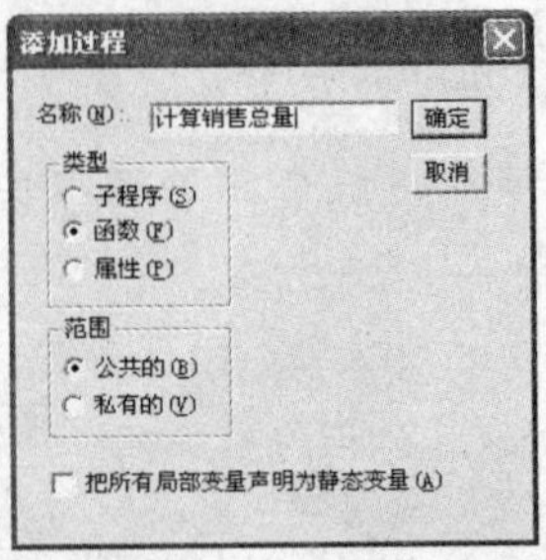

添加Function过程

```
[Public|Private|Static] Function 过程名()
[AS 数据类型]
<过程代码>
End Function
或者
[Public|Private|Static] Function 过程名(参数1,参数2…)[AS 数据类型]
<过程代码>
End Function
```

要点提示：Function过程的说明

每个Function过程都有数据类型，就和每个变量都有数据类型一样。此数据类型由Function语句中的AS关键字指定，它定义过程返回值的数据类型，关于函数过程的参数传递知识，读者可以参阅相关专业的书籍。

24.2.3 Property过程

Property过程也称为属性过程，它可以用于访问对象的属性，也可以对对象的属性进行重新定义。Property过程有3种结构，分别是Property Get、Property Let和Property Set。通过这些语句，用户可以为窗体等对象增加特别的属性。Property过程的添加方法有两种，分别是通过对话框添加和通过编写VBA代码添加。

- **通过对话框添加：** 打开“添加过程”对话框，在“类型”选项组中需要选择“属性”单选按钮，如右图所示。单击“确定”按钮即可添加Property过程。但是这种方法只能添加Property Get过程和Property Let过程。
- **通过编写VBA代码添加：** 在代码窗口中，直接根据Property过程的语法结构也可以添加Property过程，其具体语法格式如下。

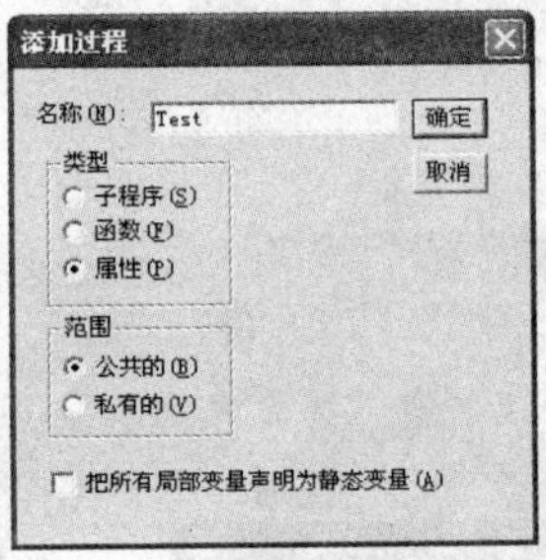

添加Property过程

```
[Public|Private|Static] Property Get过程名()[AS 数据类型]
<过程代码>
End Property
或者
[Public|Private|Static] Property Let过程名(参数1,参数2,…)
<过程代码>
End Property
或者
[Public|Private|Static] Property Set过程名(参数1,参数2,…)
<过程代码>
End Property
```

要点提示：Property过程的相关说明

Property Get过程可以获取一个属性的值；Property Let过程可以为属性赋值；Property Set过程可以设置一个对象引用。

一般情况下Property Get过程和Property Let过程都是成对出现的，如果属性为只读或者只写属性，那么两个属性可以单独出现，但是一般的属性都是既可读也可写。因此需要将Property Get过程、Property Let过程或Property Set过程同时使用，并且此时Property过程中的过程名必须相同，这样才能使这3个过程指向同一个属性。

24.3 常量和变量

在Excel VBA中，数据基本都是保存在常量和变量当中的，下面将具体介绍常量和变量的相关概念和定义方法。

要点提示：系统中的内置常量

内置常量即系统预定义的常量，在任何程序设计语言中都有内置常量。在VBA中，内置常量都是以vb开头的。

例如vbBlack表示黑色，vbRed表示红色，vbMonday表示星期一。这些常数的字母表格式和对应的值都可以通过VBE开发环境中的对象浏览器窗口进行浏览。

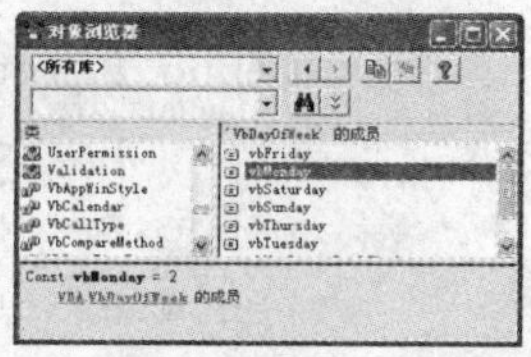

24.3.1 常量的概念

常量也是一块内存空间，它也可以保存如整数、字符串等数据类型的数据，在引用该内存空间的数据的时候，也是通过常量名称来引用的。它与变量的主要区别在于：常量保存的数据是一个固定不变的值，即使用户强制性地对声明的常量进行重新赋值，系统在编译程序的时候，也将提示“不允许为常数赋值”的信息。

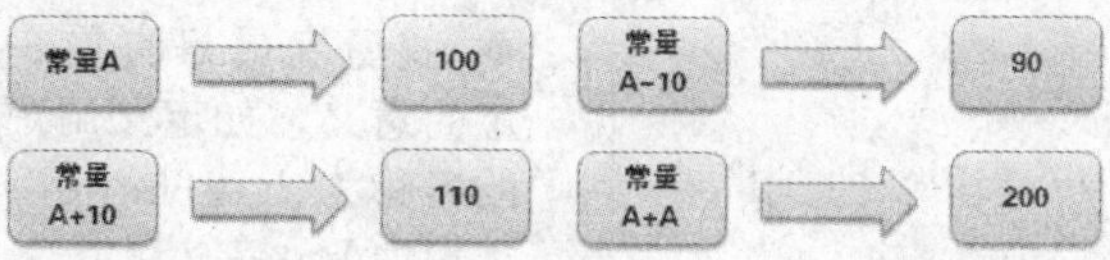

■ 常量数据

24.3.2 常量的使用

在VBA中，常量分为内置常量和自定义常量两种类型，因此常量的使用也分为两种类型，一种是内置常量的使用；另一种是自定义常量的使用。

1. 内置常量的使用

由于内置常量是系统事先预定义好的相应的值，用户在使用这类常量的时候可以直接使用。内置常量的使用有两种方式，一种是直接使用VBA常量的字母表达式，另一种是使用常量对应的数值。下面通过这两种方式使用内置的颜色常量vbRed，语法格式如下。

```
Public Sub Chang()
…
With Selection.Font
.Color = vbRed '直接使用字母表格式
'.Color = 0xFF '使用vbRed常量对应的值
End With
…
End Sub
```

使用技巧：VBA中的自定义常量

为了满足不同的需要，用户可以根据实际情况自定义常量。在VBA编程中，用户可以自定义的常量类型有6种，包括数值常量、字符常量、字符串常量、符号常量、逻辑常量和日期常量。

2. 自定义常量的使用

在使用自定义常量之前，首先需要对常量进行声明。在VBA中，常量在声明的时候就要赋值。常量的声明需要使用Const关键字，其具体的语法格式如下。

```
Const 常量 = 值
或者
```

```
Const 常量AS 数据类型= 值
或者
Const 常量1 AS 数据类型= 值,常量2 AS 数据类型= 值
或者
Const 常量1 = 值,常量2 = 值
```

例如，下面将应用不同语法格式声明常量，并且使用这些常量，其具体代码如下。

```
Public Sub PrintTest()
'声明常量
    Const a = "*****"
    Const b = #10/18/2009#
    Const c As String = "你好！"
    Const x = 10
'使用常量
    Dim sum As Integer
    sum = sum + x
    Debug.Print a
    Debug.Print c
    Debug.Print "你的当前值是: " & sum
    Debug.Print "查询日期为: " & b
End Sub
```

以上这段代码在运行后，系统将直接在立即窗口中显示程序运行结果。

程序运行结果

24.3.3 变量的概念

变量是数据的临时存储场所，它可以用于存放各种数据类型的数据，如整型、货币、日期等，以及属性的值或者数据计算的结果。在执行VBA程序的过程中，该内存空间的内容可以根据程序的运行而改变，如图所示。变量的名称是用户自定义的标识符，主要用于在程序中引用变量中的内容。例如，用户定义了一个变量UserName，并且为该变量赋值为wbz，如果要使用数据wbz，只需引用变量UserName即可。

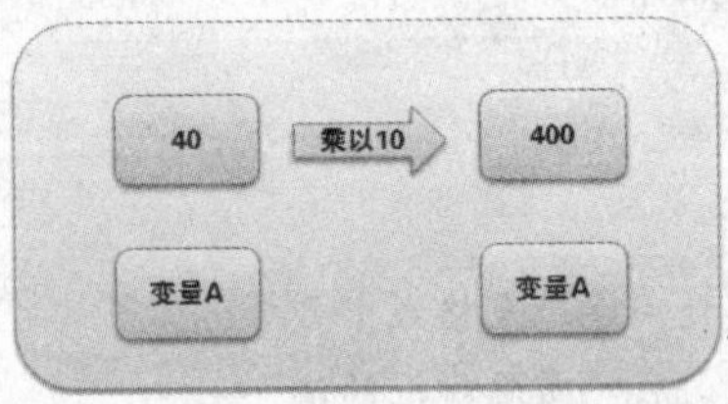

变量

24.3.4 变量的定义

在所有的程序设计语言中，在使用变量之前都需要定义变量。在VBA编程中，变量的定义可以利用Dim、Private、Public和Static关键字来完成。其声明方法都类似，下面以比较常用的Dim关键字定义变量为例子进行讲解。

在VBA编程过程中，变量的声明一般情况下都是采用Dim关键字来声明的。Dim关键字主要用来在内存中分配一块空间，并为该空间命名。在声明变量的时候，需要指定变量的名称、数据类型等信息。利用Dim关键字声明的变量只能在当前的过程或者模块中使用。

要点提示：变量的命名规则

变量的命名规则主要有以下3点。

◆ 变量必须以英文字母或者汉字开头，并且在标识符中不能包括空格、句号、感叹号、@、#等符号。

◆ 变量名不能与关键字相同。

◆ 变量名最好具有一定的意义，如定义用户的名称为UserName、年龄为Age等。

使用技巧：利用Private关键字定义变量

利用Private关键字可以在类模块中声明一个私有变量，它只能在当前的类模块中使用。它与利用Dim关键字在类模块中声明变量的效果是一样的。

其具体语法格式如下。

```
Private 变量名AS 数据类型
或者
Private 变量1,变量2,…变量n AS 数据类型
或者
Private 变量1 AS数据类型,变量2 As 数据类型,…变量n AS 数据类型
```

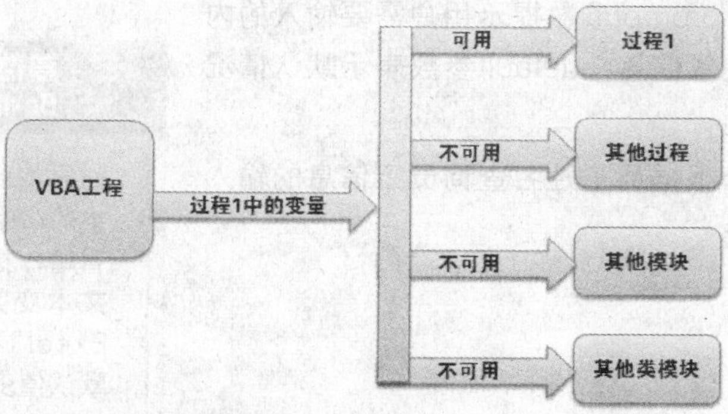

■ 使用Dim关键字定义的变量的使用范围

利用Dim关键字定义变量的语法格式如下。

```
Dim 变量名AS 数据类型
或者
Dim 变量1,变量2,…变量n AS 数据类型
或者
Dim 变量1 AS数据类型,变量2 As 数据类型,…变量n AS 数据类型
```

其中，在第二种语法格式中，变量n的数据类型为AS关键字后定义的数据类型，而变量1、变量2…的数据类型为变体型数据类型Variant。

例如，下面使用Dim的不同语法格式定义变量，其具体代码如下。

```
'定义变量UserName为字符串型数据类型
Dim UserName AS String
'定义变量UserName和Sex为变体型数据类型，Age为整型数据类型
Dim UserName,Sex,Age AS Integer
'定义变量UserName为字符串型数据类型，Age为整型数据类型，Address为字符串型数据类型，Tel为字符串型数据类型
Dim UserName AS String,Age AS Integer,Address AS String,Tel AS String
```

使用技巧：利用Public关键字定义变量

利用Dim和Private关键字定义的变量，在使用上都有一定的局限性。如果要使定义的变量在任何地方都能使用，此时可以使用Public关键字来实现。

其具体语法格式如下。

```
Pubilc 变量名AS 数据类型
或者
Pubilc 变量1,变量2,…变量n AS 数据类型
或者
Pubilc 变量1 AS数据类型,变量2 As 数据类型,…变量n AS 数据类型
```

24.4 消息框函数与常用语句

在了解了变量和常量的相关知识后，下面将介绍VBA中比较重要的消息框函数和常用语句的相关知识。

24.4.1 消息框函数

VBA中提供了两个可以在程序运行中提供输入数据和显示数据的函数，即InputBox()函数和MsgAge()函数。通过这两个函数，可以打开相应的对话框提示用户输入或者在对话框中显示相应的信息，从而实现VBA代码与用户的交互。

1. InputBox()函数

InputBox()函数主要用于获取用户当前输入的值，它的具体的语法格式

使用技巧：利用Static关键字定义变量

利用Static关键字定义的变量也称为静态变量，即变量的值在整个代码运行期间都能被保留。但是，Static关键字定义的变量只能在过程中使用。

其具体语法格式如下。

```
Static 变量名AS 数据类型
```

为：InputBox(prompt,title,default)。其中，prompt参数提示用户需要输入的内容；title参数表示对话框标题栏中显示的文本信息；default参数表示默认情况下，对话框中的文本框显示的内容。

例如下面将用InputBox()函数编写一个根据员工姓名查询员工信息的输入对话框，其代码如下。

```
Public Sub EmpTest()
Dim EmpName As String
'使用InputBox()函数
EmpName = InputBox("请输入需要查找的员工的姓名", "员工信息查询", "[请输入员工的姓名]")
End Sub
```

运行以上代码后，系统将打开如右图所示的提示框。

程序运行结果

2. MsgBox()函数

在程序运行过程中，除了使用Debug.Print方法将测试结果在立即窗口中显示以外，还可以使用MsgBox()函数将测试结果显示在对话框中，其语法格式为：MsgBox(prompt,buttons,title)。其中，prompt参数表示需要在提示对话框中显示的信息；buttons参数表示对话框显示按钮的类型（当你输入第一个参数后，再输入一个半角的逗号，系统将自动弹出一个列表，在其中显示了系统提供的按钮的类型）；title参数表示对话框标题栏中显示的文本信息。

例如下面将用MsgBox()函数编写一个提示用户登录的提示对话框，其代码如下。

```
Public Sub LoginTest()
Dim LoginInfo As String
'使用MsgBox()函数
LoginInfo = MsgBox("对不起！你还没有登录，是否马上进行登录？", vbYesNo, "登录")
End Sub
```

运行以上代码后，系统将打开如右图所示的提示框。

程序运行结果

24.4.2 VBA中的常用语句

程序的执行都会受语句的影响。在Excel VBA中，系统支持的语句格式很多，下面将详细讲解几个比较常用的语句的使用方法。

1. If…Then…Else语句

If…Then…Else语句的作用是：当指定的条件成立时，程序需要执行的指定的语句块；当条件不成立时，程序应该执行另一段语句块，然后才结束条件判断的程序。

例如，下面利用If…Then…Else…End If语句结构编写一段根据员工职务来判断该员工的基本工资的代码，其具体的代码如下。

要点提示：InputBox()函数的参数说明

如果将InputBox()函数中的title和default参数省略，标题栏中的提示文本变为“Microsoft Excel”，文本框中的默认值变为空。

使用技巧：在对话框中显示变量的值

如果要将变量的值利用MsgBox()函数显示在提示框中，则直接在函数后面输入变量的名称，或者使用“&”连接运算符将文本说明与变量连接起来。例如，MsgBox Sum，或MsgBox "员工的实发工资是："& Sum。

要点提示：If…Then…Else语句的语法

在VBA中，If…Then…Else…End If语句具体的语法格式如下。

```
If条件判断Then
语句块
Else
语句块
End If
```

```
Public Sub SalaryTest()
Dim Position As String
Dim salarys As Currency
salarys = 800
Position = InputBox("请输入员工的职务: ")
If Position = "经理" Then
salarys = salarys + 200
MsgBox "经理的基本工资是: " & salarys
Else
MsgBox "员工的基本工资是: " & salarys
End If
End Sub
```

以上这段代码在运行后，如果在打开的提示框中输入“经理”，单击“确定”按钮后，在打开的提示框中显示基本工资为1000，如右图所示。

程序运行结果

2. Do…Loop语句

Do…Loop语句主要是用于不知道具体次数的循环。该语句的类型有很多，下面以Do While…Loop语句为例讲解循环结构语句控制程序的过程。

Do While…Loop语句就是当While条件成立的时候才执行循环体中的语句；如果While条件不成立，则直接退出循环体，继续执行程序的其他语句。

例如，下面利用Do While…Loop语句结构编写一段计算前10个整数的和的代码，其具体的代码如下。

```
Public Sub Retirement()
Dim i, sum As Integer
i = 0
sum = 0
    Do While i <= 10
        sum = sum + i
        i = i + 1
    Loop
Debug.Print "前10个数的和为: " & sum
End Sub
```

以上这段代码在运行后，直接将在立即窗口中显示程序运行的结果。

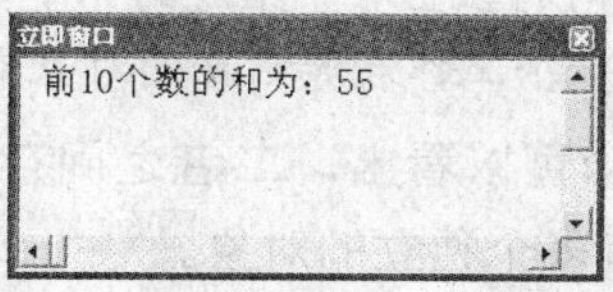

程序运行结果

3. For…Next语句

For…Next语句是一种计数器原理的循环结构。在该结构中需要有一个循环变量来计数循环语句执行的次数，并且该循环变量的值必须小于等于终止值。否则，当循环变量的值大于终止值的时候，程序将自动跳出循环体，继续执行循环体以外的程序。

例如，下面利用For…Next语句结构编写一段统计员工工资在2 000以上的员工的总人数和员工工资在2 000以下的员工的总人数的代码，其代码如下。

使用技巧：Do…Loop语句的类型

在VBA中，Do…Loop语句主要有4种格式，分别是Do While…Loop语句、Do…Loop While语句、Do Until…Loop语句和Do…Loop Until语句。

要点提示：Do While…Loop语句的语法

在VBA中，Do While…Loop语句具体的语法格式如下。

```
Do While 条件判断
循环体
Loop
```

要点提示：For…Next语句的语法

在VBA中，For…Next语句的具体语法格式如下。

```
For 循环变量 = 初始值 To 终止值 Step 步长
循环体
Next 循环变量
```

```
Public Sub CountSalary()
Dim count1 As Integer
Dim count2 As Integer
Dim EmpNo As Integer
Dim Salary As Currency
    For EmpNo = 1 To 3
        Salary = InputBox("请输入第" & EmpNo & "位员工的工资")
        If Salary >= 1500 Then
        count1 = count1 + 1
        Else
        count2 = count2 + 1
        End If
    Next EmpNo
    Debug.Print "员工工资在1500元以上的员工共有" & count1 & "位" &
vbCrLf & "员工工资在1500元以下的员工共有" & count2 & "位"
End Sub
```

以上这段代码在运行后，将连续3次打开输入工资的对话框。输入相应的工资后，系统自动在立即窗口中统计出最后的结果。

程序运行结果 ■

要点提示：For…Next语句中的步长

在For…Next语句中，步长可以是正数，也可以是负数。当步长为正数的时候，循环变量的值要小于等于终止值才能执行循环体中的程序；当步长为负数的时候，循环变量的值应该大于等于终止值。

此外，语法中的“Step 步长”部分还可以省略，此时步长为默认是1。

24.5 VBA中的对象和集合

由于VBA是基于面向对象的程序设计语言，因此在编写VBA代码来操作Excel应用程序之前，首先需要了解对象和集合的相关知识。

24.5.1 对象和集合的基本概念

对象和集合是Excel VBA中的基本操作元素，其相关的概念分别如下。

- **对象**：是讨论或研究的实体。在Excel中，每个元素都可以看作一个对象，如工作簿、工作表等，每个对象都有相应的属性和方法。
- **集合**：是由类型相同的独立对象组成的一个集合体。在Excel中，可以将多个工作簿，或者多个工作表等独立的对象看做一个集合。

根据对象和集合的概念可以看出，二者之间存在包含与被包含的关系，即集合中可以包括一个或者多个独立的对象。

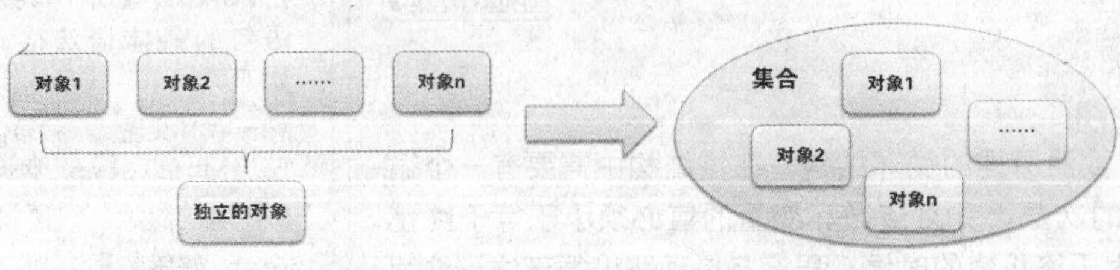

■ 对象与集合的关系

使用技巧：For Each…Next语句

For Each…Next语句也是一种计数器原理的循环结构，它主要是针对数组和集合而言的，需要使用In关键字判断循环变量是否在数组或者集合的范围内。

当循环变量没有超出数组或者集合范围的时候，执行循环体；当循环变量超出了数组或者集合范围的时候，退出循环体，并执行程序的其他语句。

24.5.2 对象的属性、方法和事件

在VBA中，操作Excel中的对象实质上就是通过操作对象所对应的属性、方法和事件来完成的。下面将详细讲解对象的属性、方法和事件的相关知识。

1. 对象的属性

属性是描述对象的外观特征的，如单元格对象的行高、列宽、颜色等特征，它是对象的静态表现。如果要改变某个对象特征，都是通过更改对象对应的属性值来完成的。在Excel VBA中，可以通过点操作符“.”来访问对象的属性，其具体的语法格式为：对象.属性。

例如，下面编写一段统计活动工作簿中窗口个数的代码，如下。

```
Public Sub WindowCount()
Dim Count As Integer
Count = ActiveWorkbook.Windows.Count
Debug.Print "当前活动工作簿中有" & Count & "个窗口"
End Sub
```

以上这段代码在运行后，系统将直接在立即窗口中显示程序运行结果。

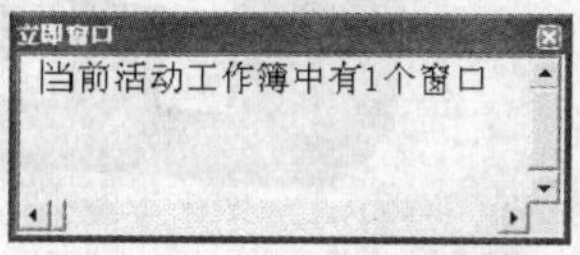

程序运行结果

2. 对象的方法

方法就是描述对象能够执行的动作，如工作簿的新建、打开、关闭等操作，它是对象的动态表现。在Excel VBA中，访问对象的方法也是用点操作符“.”来完成的，其具体的语法格式为：对象.方法。

例如，下面编写一段打开指定路径下的工作簿的代码，如下：

```
Public Sub OpenTest()
Workbooks.Open "E:\员工档案管理表.xlsx"
End Sub
```

以上这段代码在运行后，系统将打开E盘的“员工档案管理表”工作簿。

3. 对象的事件

VBA编程是事件驱动的编程模型，因此，对象在某个特定时候受到外界或者内部特殊刺激就会产生一定的反应，这种反应就叫做对象的事件。它没有时间的持续性，瞬间即可完成。

例如，下面编写一段通过单击按钮控件来触发按钮的Click事件，从而删除Sheet1工作表的代码，如下。

```
Private Sub Del_Click()
Worksheets(1).Delete
Debug.Print "Sheet1工作表被删除"
End Sub
```

以上这段代码在运行后，系统将打开一个提示框，单击“删除”按钮将指定的工作表删除，并且在立即窗口中显示被删除的信息。

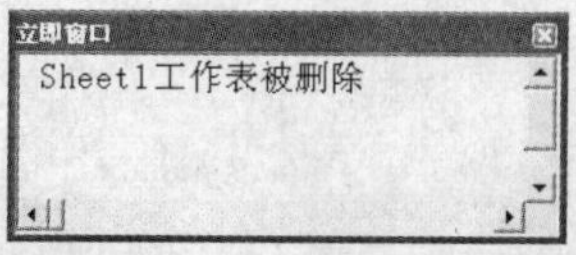

程序运行结果

要点提示：集合的Count属性

集合也属于对象，因此集合也有属于自己的属性和方法。通过操作对应的属性和方法，可以操作集合中的指定对象，集合的Count属性可以返回一个Integer类型的数据，它表示返回指定集合中对象的个数。该属性是一个只读的属性，例如“Application.Windows.Count”表示当前应用程序中打开工作簿的个数。

要点提示：集合的Item属性

在VBA中，如果要操作集合中指定的对象，就需要使用集合的Item属性，其具体的语法格式为：集合名.Item(Index)。

其中，Index参数表示需要指定对象的索引编号或者字符串。当Index参数为索引编号的时候，其取值范围在1到Count属性值之间；当Index参数为字符串的时候，它表示需要指定对象的对象名称，该名称必须用双引号引起来。

Part 8

Excel技术的综合应用

在完成所有知识的讲解后，本篇将通过对多个实用Excel案例的详细分析与制作，来巩固前面所学内容，以提升实际应用能力。其中包括企业宣传与培训、企业商务会议以及产品推广与销售3个分类下的多个精彩案例。

25 Chapter 人事行政管理表格

READERS' GUIDE

人事行政管理是每一个公司或企业都不可或缺的一项事务，充斥着公司的或企业的整个发展过程，从员工的招聘到员工的离职或退休均属人事行政管理范畴。

MAIN CASES

制作招聘人员登记表 P385
制作面试评分标准表 P388
制作新员工任用表 P391
制作转正申请表 P394
制作离职申请表 P395

25.1 案例最终效果

本章以制作一个中等规模公司人事行政管理所用Excel为例，讲解常规公司或中小企业使用Excel在人事行政管理方面的应用。本章制作的人事行政管理工作簿，包含从员工招聘、试用、转正到最后离职的全过程以及公司的组织结构图等相关表格，其最终效果如下图所示。

效果 光盘:\效果\第25章\人事行政管理.xlsx

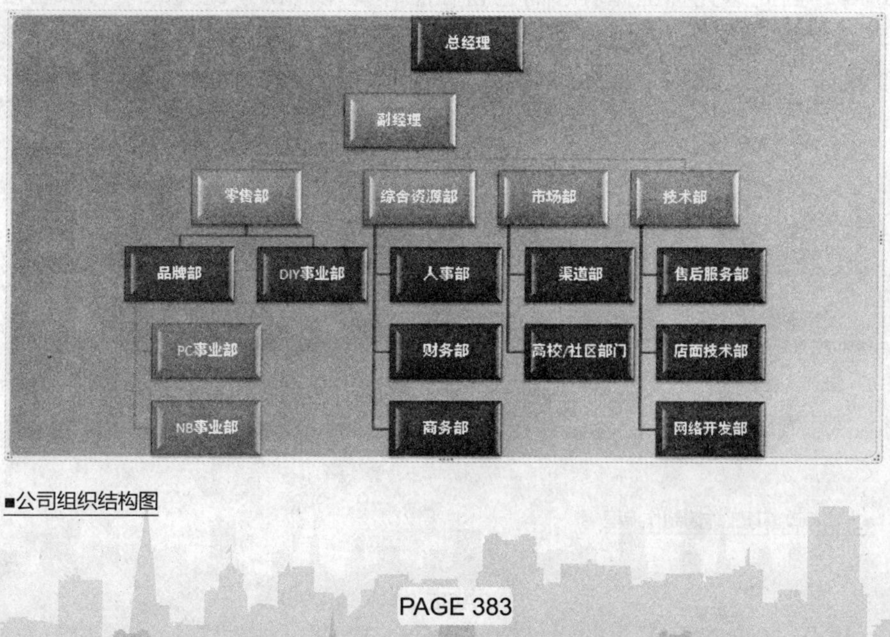

■公司组织结构图

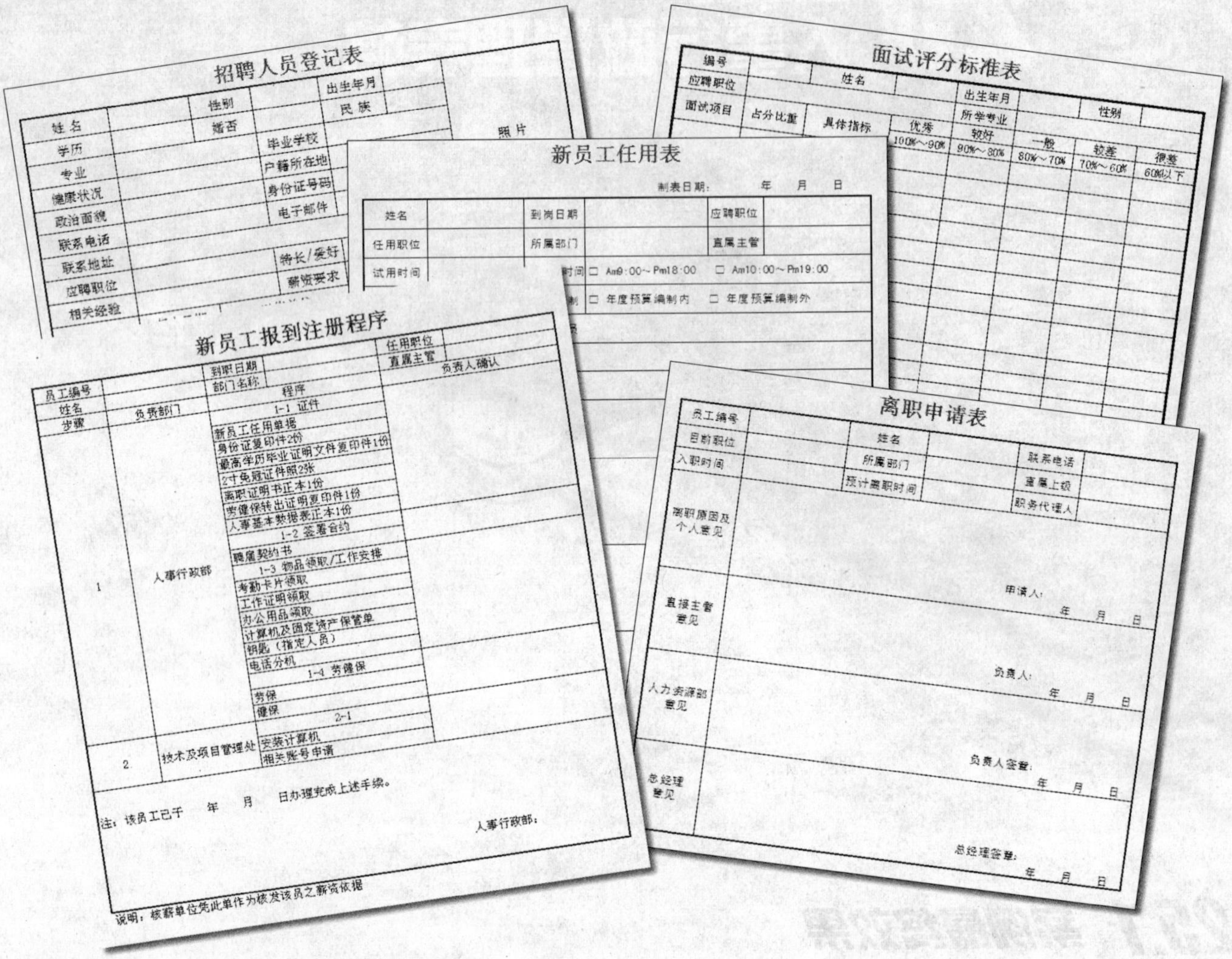

■人事行政管理工作簿的部分工作表

25.2 案例特点分析

简单的人事行政管理工作中，一般会涉及到人才的招聘、试用员工管理、员工转正、员工资料管理以及员工离职管理等，因此这几种工作表必需包含在工作簿中。由于此类人事行政管理相关表格是比较正式的表格方案，通常需要打印出来由相关人员手工填写，因此不必进行太多的美化修饰；同时也很少涉及到数据的计算操作，因此仅需一些基本的工作表即可完成制作，其制作流程如下。

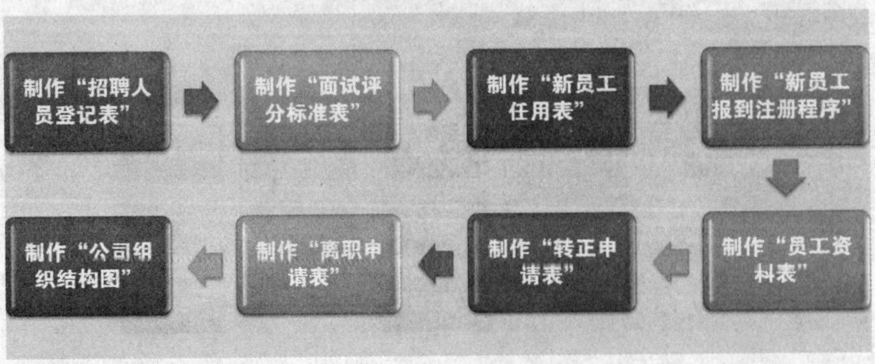

■人事行政管理工作簿制作流程

25.3 案例制作详解

根据案例特点分析，确定出该工作簿应包含的工作表有：招聘人员登记表、面试评分标准表、新员工任用表、新员工报到注册程序、员工资料表、转正申请表、离职申请表以及公司组织结构图。这些工作表在结构上没有任何联系，可以不分先后创建，但为保证制作的完整性，此例根据制作流程图逐一制作。

25.3.1 制作招聘人员登记表

人才是公司发展的基石，要不断吸纳相关专业的人才，才能保证公司的稳步发展，这也是人事部门的主要职责。招聘人员登记表是公司进行招聘工作的基础表格，用来收集广大应聘者的基本资料，为面试提供依据，表格内容根据各公司对人才要求条件的不同而不同。此例所制作的表格为通用型招聘登记表，制作比较简单，用户可根据需要从此基础上衍变成适合自己使用的表格，其制作方法如下。

Step 01 启动Excel 2007应用程序，把Sheet1工作表重命名为“招聘人员登记表”工作表，将自动建立的Book1工作簿另保存为“人事行政管理”。

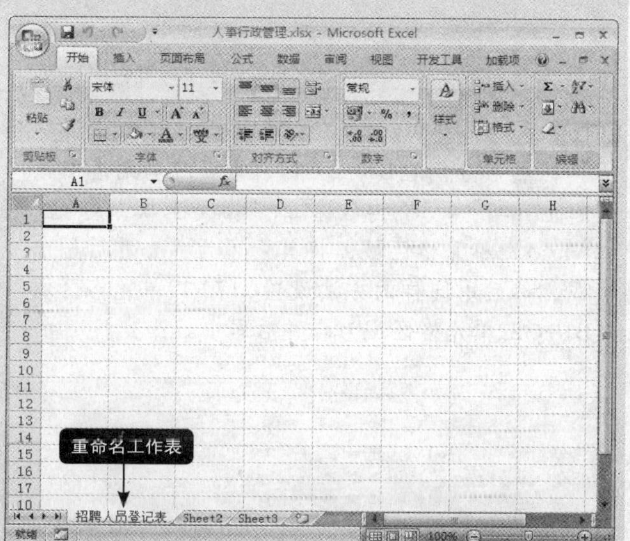

Step 02 选择A1单元格，输入“招聘人员登记表”文本，然后将A1:G1单元格区域合并后居中。在“开始”选项卡下“样式”组中单击“其他”按钮，在弹出的下拉菜单中选择“标题”样式。

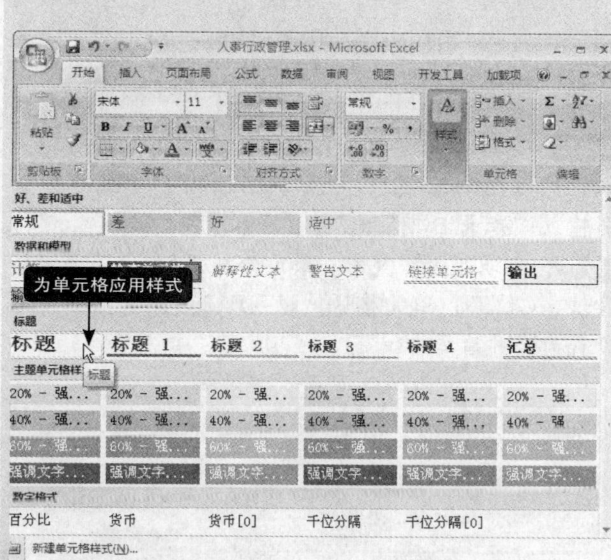

Step 03 在A2、C2、E2、A3、C3、E3单元格中分别输入“姓名”、“性别”、“出生年月”、“学历”、“婚否”、“民族”文本；在A4~A10单元格中分别输入“专业”、“健康状况”、“政治面貌”、“联系电话”、“联系地址”、“应聘职位”、“相关经验”文本；在D4~D7单元格中分别输入“毕业学校”、“户籍所在地”、“身份证号码”、“电子邮件”文本；在D9和D10单元格中分别输入“特长/爱好”、“薪资要求”文本；在G2单元格中输入“照片”文本，最后选择G9单元格，输入“有无介绍人”文本。

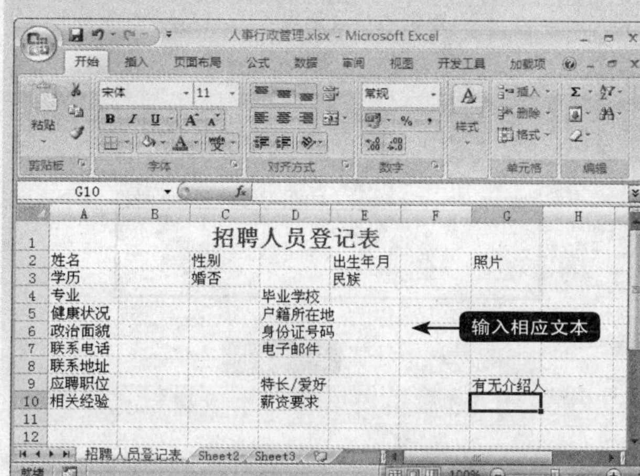

Step 04 选择B4:C7单元格区域。在“开始”选项卡下“对齐方式”组中单击“合并后居中”按钮的下拉按钮，在弹出的下拉菜单中选择“跨越合并”命令，在所选单元格区域中保持行号不变，合并同行的不同列单元格。

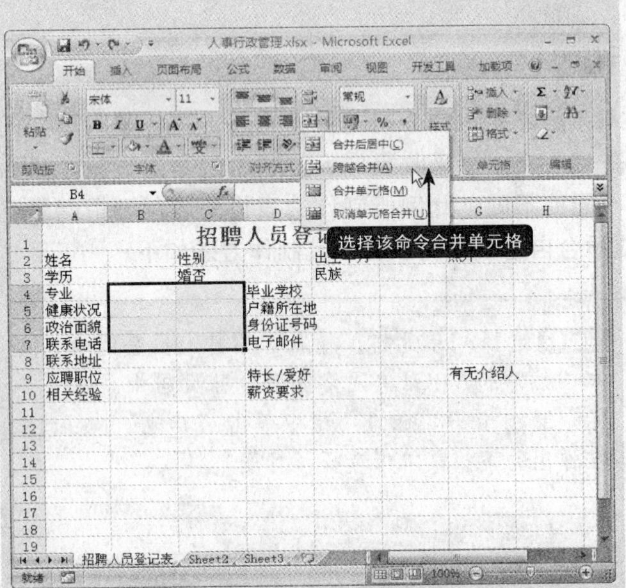

Step 05 用同样的方法分别将E4:F7单元格区域、B9:C10单元格区域以及E9:F10单元格区域进行合并，再分别选择B8:F8单元格区域和G2:G8单元格区域，在“对齐方式”组中直接单击“合并后居中”按钮将其合并后设置居中对齐。

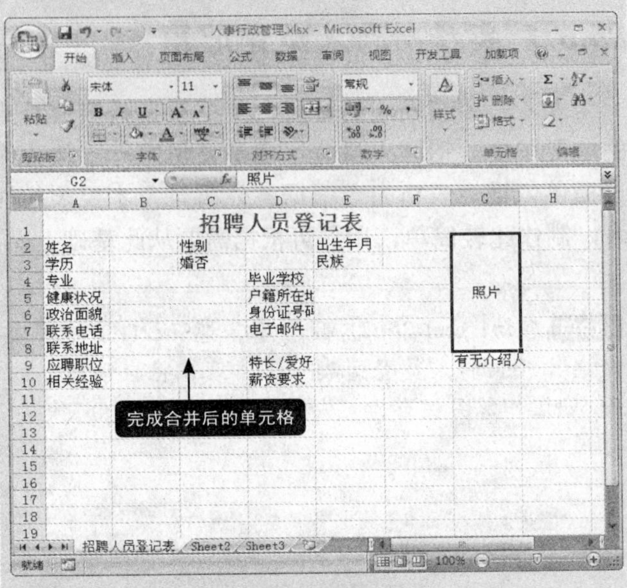

Step 06 选择A11单元格，在其中输入“工作经历”文本，然后在B11、C11、E11、F11和G11单元格中分别输入“起止日期”、“工作单位”、“职务”、“待遇”、“离职原因”文本，最后分别将A11:A16单元格区域、C11:D11单元格区域以及B12:G16单元格区域设置为合并后居中。

Step 07 选择A17单元格，在其中输入文本“学习经历”，然后分别在B17、C17以及G17单元格中输入“起止日期”、“机构名称”、“相关证书”文本。选择A17:A22单元格区域，将其设置为“合并后居中”格式，然后用同样的方法设置C17:F17单元格区域以及B18:G22单元格区域为合并后居中。

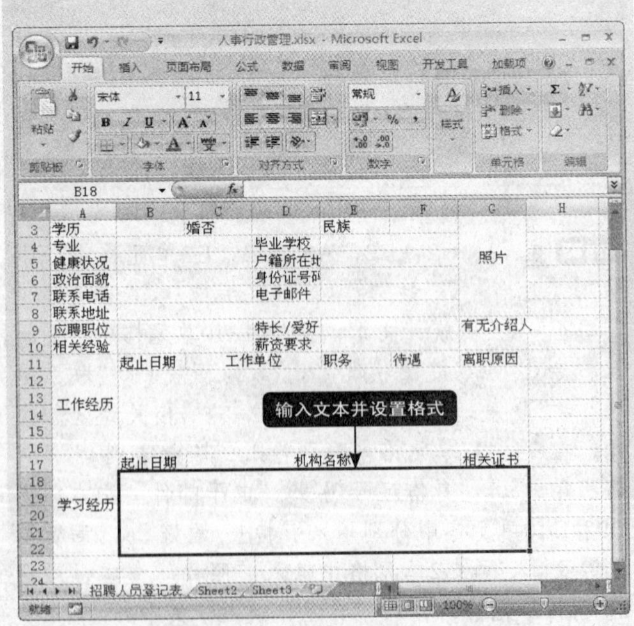

Step 08 选择A23单元格，在其中输入“自我评价”文本，然后将A23:A27单元格区域以及B23:G27均设置为合并后居中。在A28单元格中输入“特别提示”文本，再将A28:A30单元格区域设置为合并后居中。分别在B28、B29以及B30单元格中输入提示的文本。选择B28:G30单元格区域，以“跨越合并”的方式将它们按行合并。

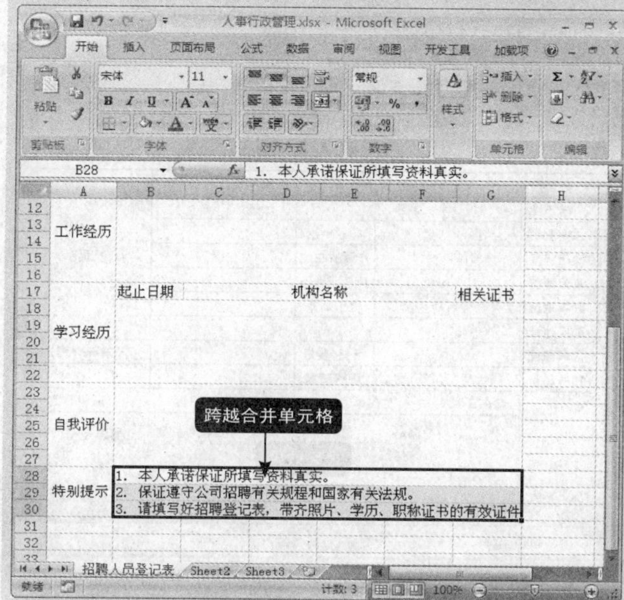

Step 09 选择A2:G30单元格区域。在“开始”选项卡下“对齐方式”组中单击右下角的“对话框启动器”按钮，打开“设置单元格格式”对话框。单击“边框”选项卡，在“线条”选项组的“样式”列表框中选择中等粗实线选项，然后单击“外边框”按钮为当前选中的单元格区域加上所选线条样式的外边框，单击“确定”按钮返回工作表中即可查看。

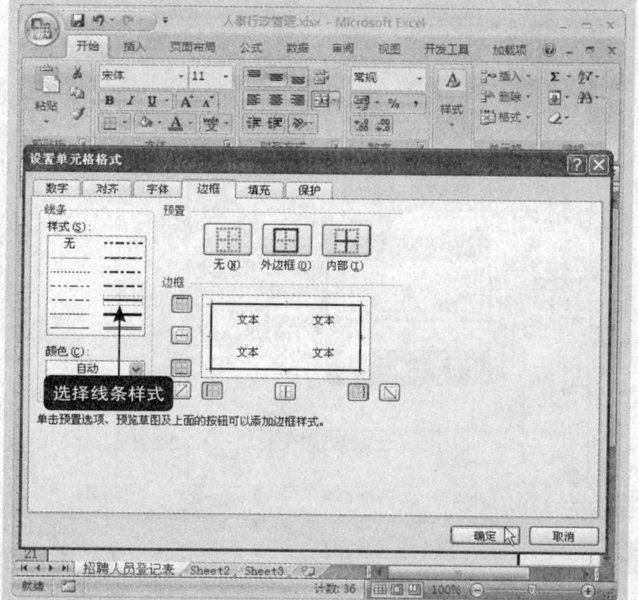

Step 10 保持A2:G30单元格区域的选择状态。再次打开“设置单元格格式”对话框的“边框”选项卡，在“线条”选项组的“样式”列表框中选择细实线选项，然后单击右侧的“内部”按钮，为单元格区域添加内部框线。

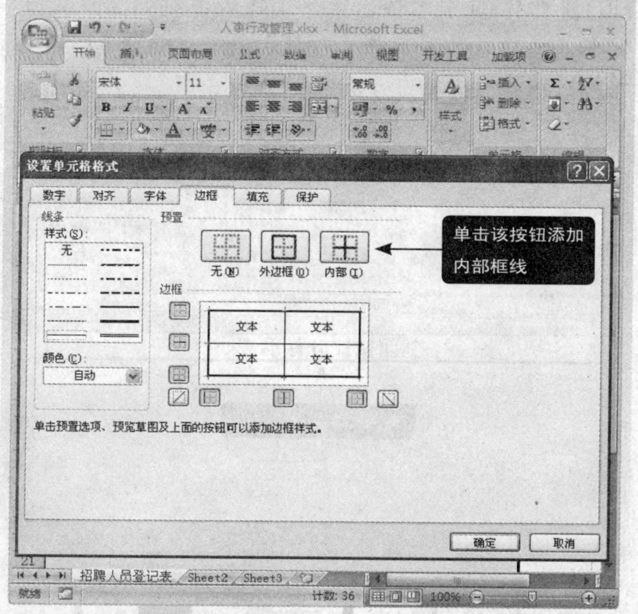

Step 11 单击“确定”按钮关闭对话框即可看到效果。继续保持单元格区域的选择状态，在“开始”选项卡下“对齐方式”组中设置单元格对齐方式为在垂直和水平方向均居中对齐，然后在“字体”组中设置字体为“华文中宋”。

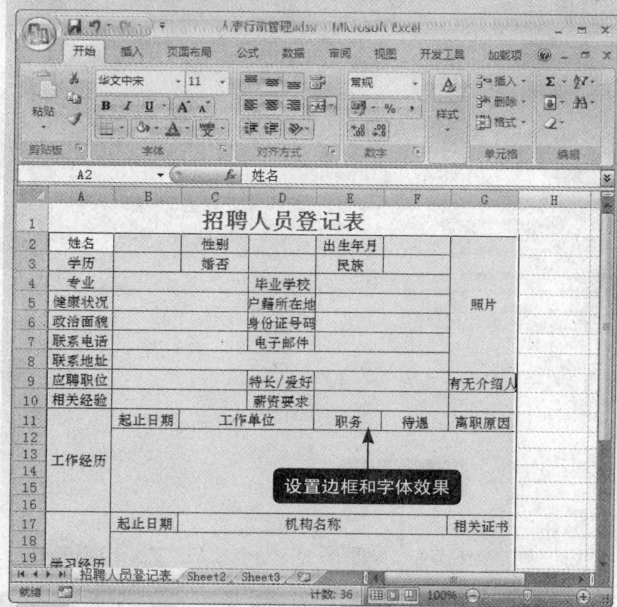

Step 12 在“开始”选项卡下“单元格”组中单击“格式”按钮，在弹出的下拉菜单中选择“行高”命令，打开“行高”对话框。在其中的文本框中输入数值“25”，单击“确定”按钮返回。然后将B28:B30单元格对齐方式设置为左对齐。

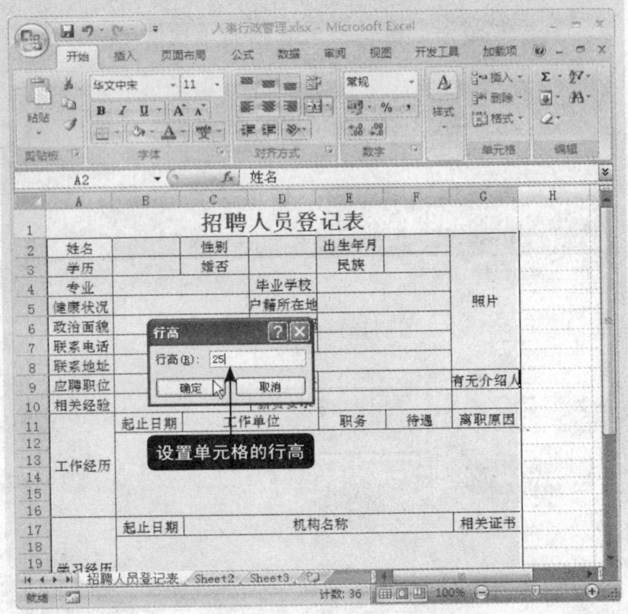

Step 13 将鼠标光标移动到单元格的列分界线上，当鼠标光标变为✛形状时，按住鼠标左键不放并左右拖动鼠标，调整单元格的列框到合适的位置后释放鼠标，得到本工作表的最终效果。单击保存按钮将工作表进行保存。

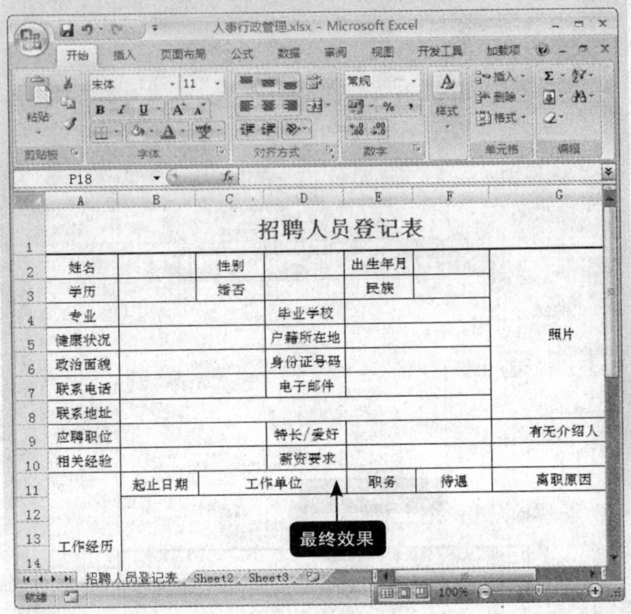

25.3.2 制作面试评分标准表

公司在筛选招聘人员登记表后，便会通知基本符合条件的人员前来面试。各公司面试的方法不一样，所使用的面试评分表也不一样，本节将制作一个比较通用的面试评分表，其制作过程如下。

Step 01 打开之前保存的“人事行政管理”工作簿，将其中的“Sheet2”工作表重命名为“面试评分标准表”，按【Ctrl+S】组合键保存工作簿。

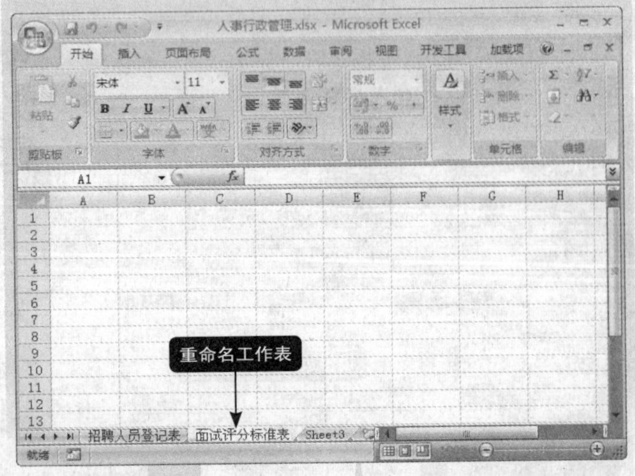

Step 02 选择A1单元格，输入工作表名称“面试评分标准表”，并为其应用“标题”样式，设置A1:H1单元格区域为合并后居中。

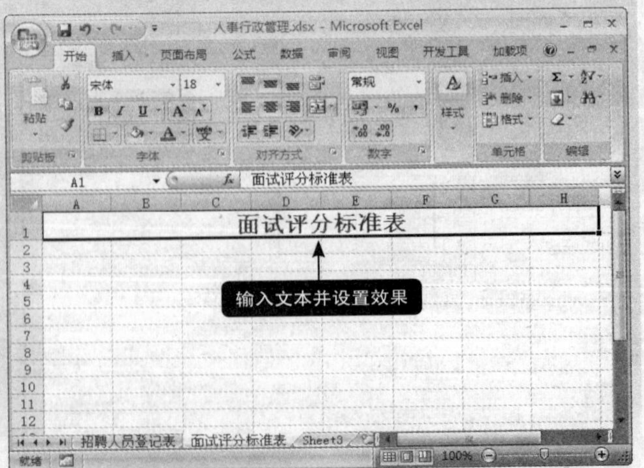

Step 03 分别在A2、C2、E2和G2单元格中输入“编号”、“姓名”、“出生年月”、“性别”文本，在A3单元格中输入“应聘职位”文本，在E3单元格中输入“所学专业”文本，分别将B3:D3单元格区域和F3:H3单元格区域合并后居中。

Step 05 在A6单元格中输入“身体外貌”文本，在B6单元格中输入“20分”文本，在C6单元格中输入“健康程度(10)”文本，在C7单元格中输入“气质(10)”文本。分别将A6:A7单元格区域和B6:B7单元格区域合并后居中。

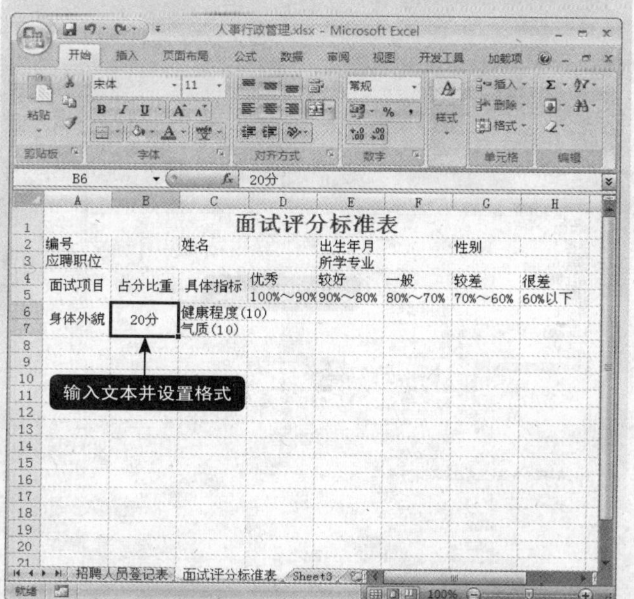

Step 04 在A4~H4单元格中分别输入“面试项目”、“占分比重”、“具体指标”、“优秀”、“较好”、“一般”、“较差”、“很差”文本。在对应的D5~H5单元格中分别输入“100%～90%”、“90%～80%”、“80%～70%”、“70%～60%”、“60%以下”文本，并分别设置A4:A5、B4:B5和C4:C5单元格区域为合并后居中。

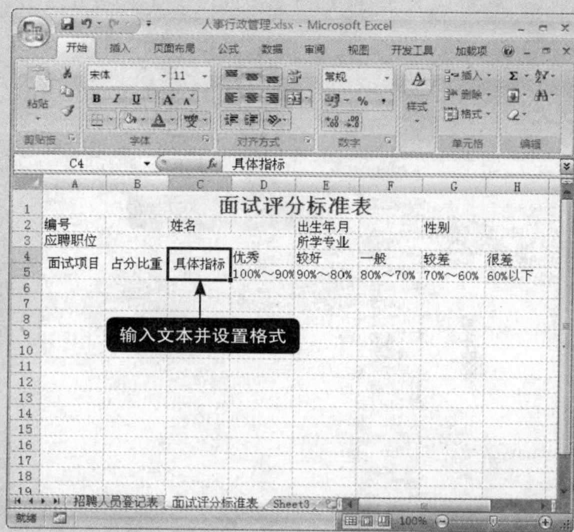

Step 06 用相同的方法分别在A8、A12和A17单元格中输入面试的相关项目，在B8、B12和B17单元格中输入相应项目的比重分，在C8~C20单元格中分别输入各具体面试项目及据点分值。分别将A8:A11、A12:A16和A17:A20单元格区域及其对应的B列单元格合并。

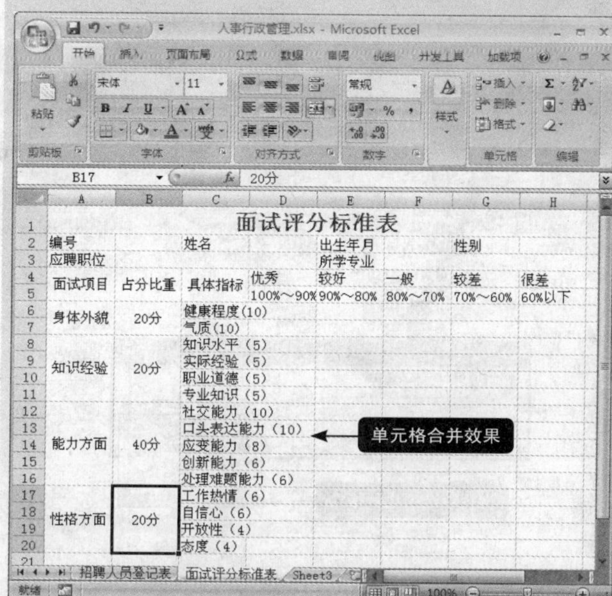

Step 07 在A21单元格中输入“综合得分”文本，在C21单元格中输入“小计”文本。选择D21单元格，将文本插入点定位到编辑栏中输入“=SUM(”文本，用鼠标拖动的方法在工作表中选择D6:D20单元格区域，完成后在编辑栏中输入“)”文本并按【Enter】键结束输入。

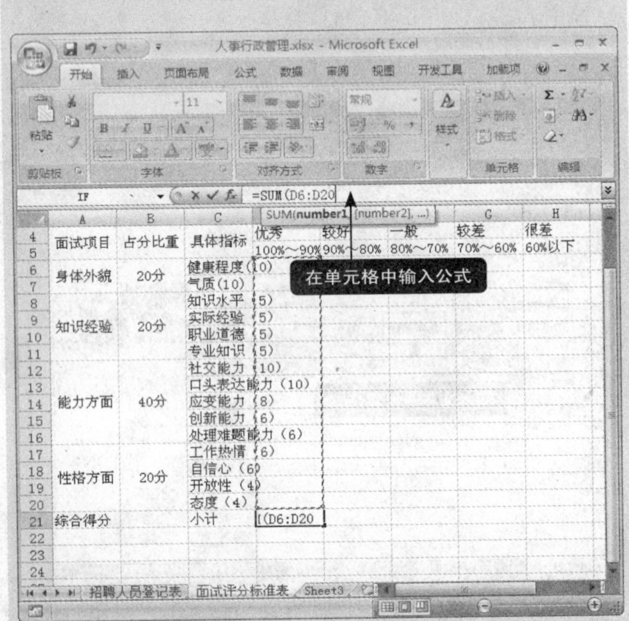

Step 08 选择D21单元格，将鼠标光标移动到单元格右下方，待鼠标光标变为**+**形状时，按住鼠标左键不放，向右拖动鼠标到H21单元格中释放鼠标，将该公式在E21:H21单元格区域中应用，完成后用上一步骤的方法在B21单元格中输入公式“=SUM(D21:H21)”，按【Enter】键完成输入。

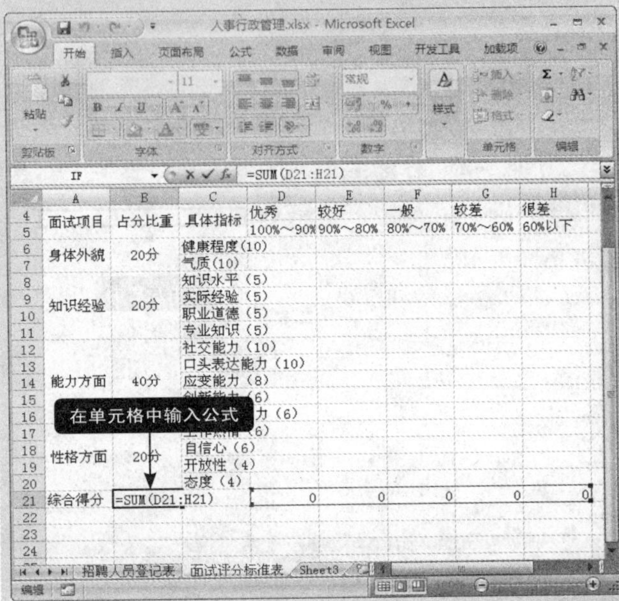

Step 09 按住【Ctrl】键不放，选择B21单元格和D21:H21单元格区域，在“样式”组中单击“条件格式”按钮，在弹出的下拉菜单中选择“突出显示单元格规则/等于”命令，在打开的“等于”对话框的参数框中输入“0”，在“设置为”下拉列表中选择“自定义格式”选项。

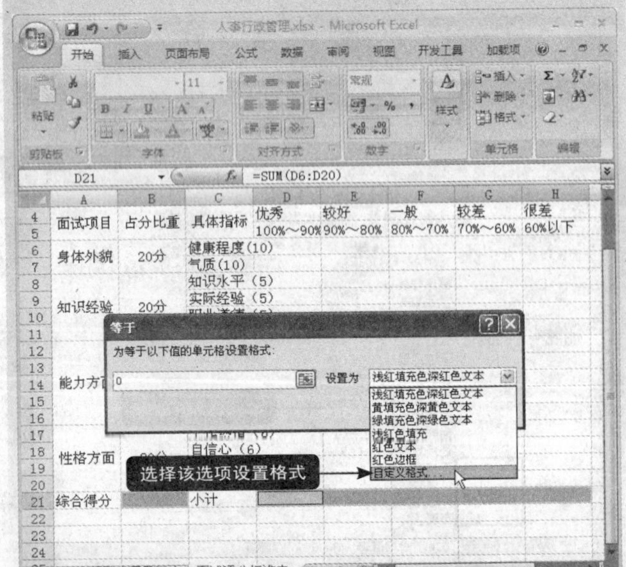

Step 10 在打开的“设置单元格格式”对话框的“数字”选项卡中，选择“分类”列表框中的“自定义”选项，在右侧的“类型”文本框中输入自定义格式“#”，单击“确定”按钮返回工作表中。当相关单元格值为0时，将显示为空，而不会显示数值“0”，方便打印使用。

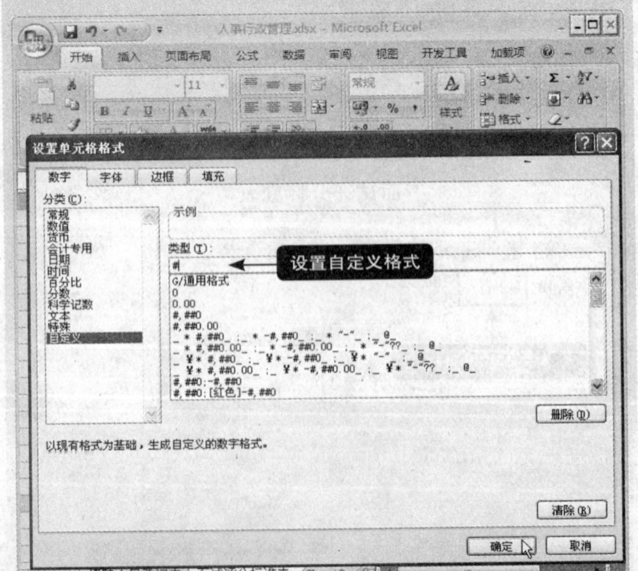

Step 11 分别在A22、A23和A25单元格中输入文本“主试评价意见”、“评委评价意见”、“录取与否的决定”文本，在B23和B24单元格中分别输入“评委甲”和“评委乙”文本，在C25单元格中输入“□录取 □ 不录取 □ 待定”文本，分别合并A23:A24、C22:H22、A25:B25、C23:H23、C24:H24及C25:H25单元格。

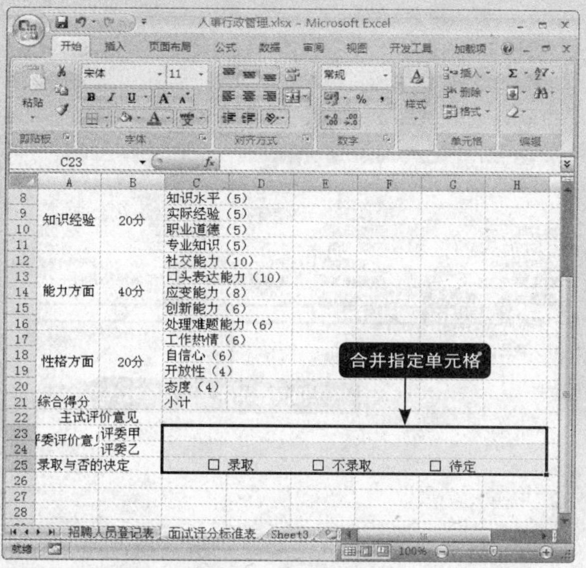

Step 12 用上一例的方法分别为工作表设置内框线和外框线，单元格对齐方式垂直水平方向均为居中对齐，C6:C20单元格区域及A23单元格设置为自动换行，C6:C20单元格区域行高设置为“25”，除标题文本外，其他字体格式为“宋体 10号”，调整其他行高和列宽即可达到效果。

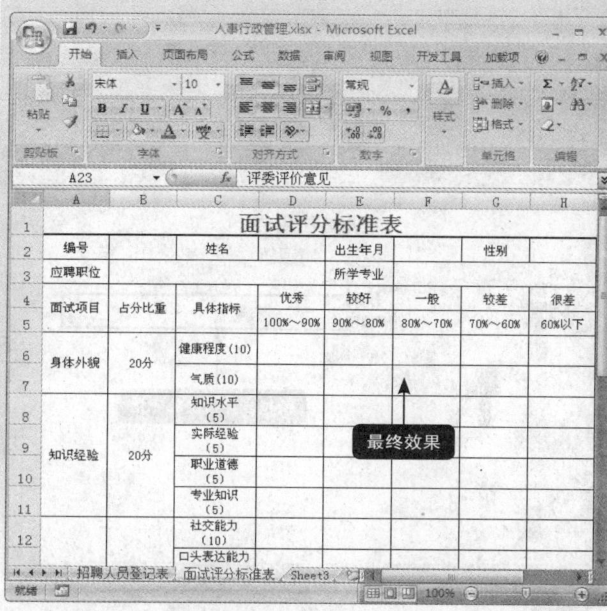

25.3.3 制作新员工任用表

当应聘者面试成功后，即被公司任用。新员工到新的工作岗位报到时，需要出示公司对其的录用证明方可办理相关手续，新员工任用表即是此证明文件，制作过程如下。

Step 01 打开“人事行政管理”工作簿，将“Sheet3”工作表重命名为“新员工任用表”，并在A1单元格中输入相应的表名，应用单元格样式为“标题”，将A1:I1单元格合并后居中并调整其行高。

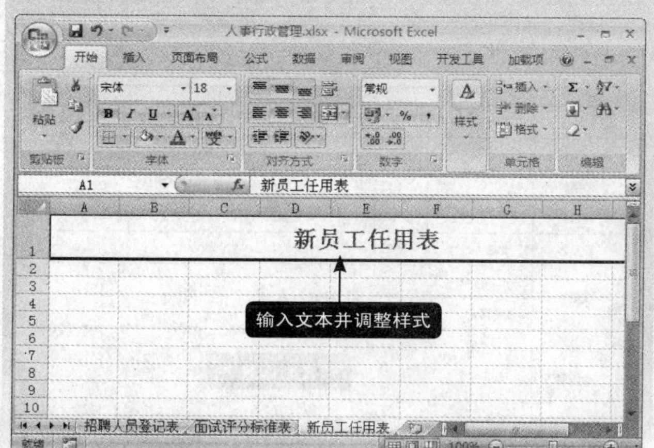

Step 02 在A2单元格中输入“制表日期：　年　月　日”文本。合并A2:I2单元格，将文本对齐方式设置为“垂直底端对齐、水平右对齐”。

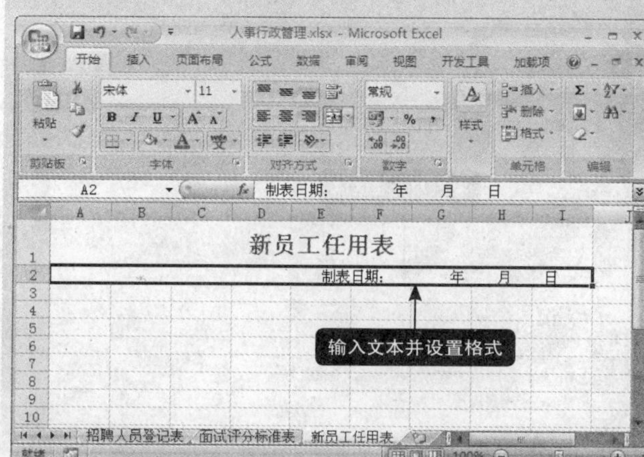

Step 03 分别在A3、D3、G3、A4、D4、G4、A5、D5、A6和D6单元格中输入文本“姓名”、“到岗日期”、“应聘职位”、“任用职位”、“所属部门”、“直属主管”、“试用时间”、“上下班时间”、“聘用薪资”、“预算编制”文本。分别使用“跨越合并”合并B3:C6、E3:F4、H3:I4以及E5:I6单元格。

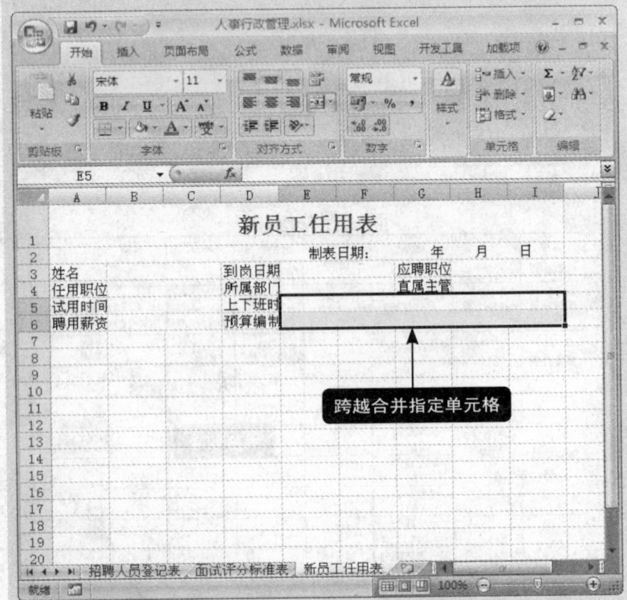

Step 04 在A7、A8、A10及B9单元格中分别输入“职员类别”、“核薪依据”、“个人意见”、“简述依据”文本。合并A8:A9单元格，跨越合并B7:I10单元格。分别在E5、E6、B7和B8单元格中输入对应的文本内容，然后设置其单元格对齐方式为“水平左对齐、垂直居中对齐”。

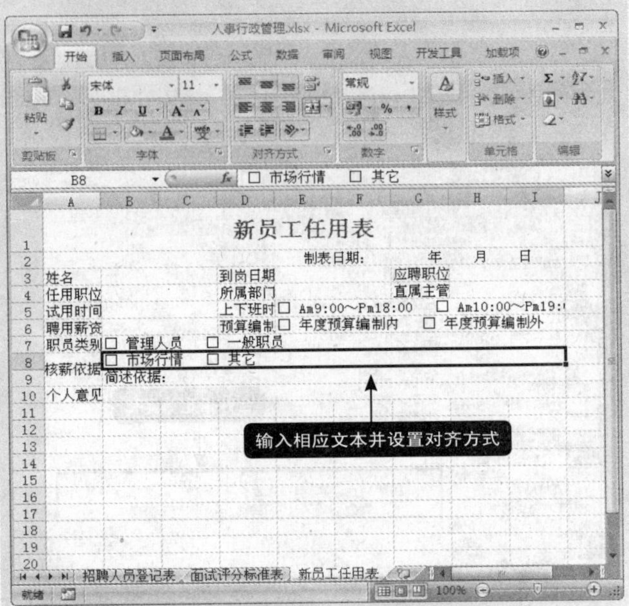

Step 05 选择B10单元格，输入“签名：”文本。调整单元格的高度到适当值，设置单元格对齐方式为“垂直底端对齐、水平右对齐”，将A10单元格设置为自动换行。选择第10行按【Ctrl+C】组合键复制，分别选择第11、12和第13行按【Ctrl+V】组合键键粘贴单元格区域，完成后在A14单元格中输入相应的说明文本。

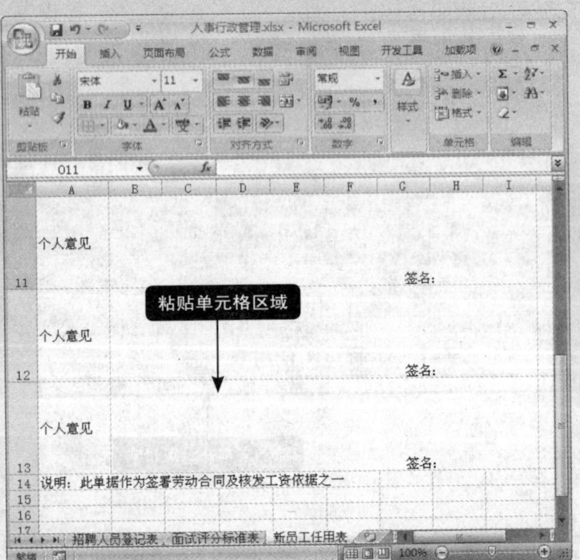

Step 06 分别更改A11、A12和A13单元格内容为“直属主管意见、人力资源部意见、总经理意见”文本。调整相应的行高及列宽到适合的位置。为A3:I13单元格区域加上内外框线。选择A2:I14单元格区域，设置字体格式为“黑体”，字号为“10”号，完成新员工任用表的制作过程。

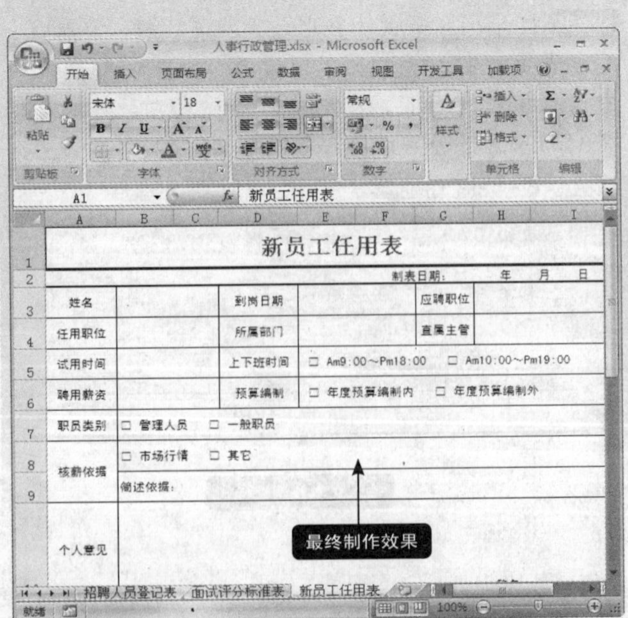

25.3.4 制作新员工报到注册程序

当应聘人员接到新员工任用表时，即可凭表前往公司报到注册，成为公司的一员。各公司报到注册程序各不相同，本例仅以最常用的表为例进行制作，其制作过程如下。

Step 01 打开“人事行政管理”工作簿，单击工作表标签栏右侧的“插入工作表”按钮插入一张空白工作表，并将其重命名为“新员工报到注册程序”，并在A1单元格中输入相应的表名称。合并A1:F1单元格，并为其应用“标题”单元格样式。

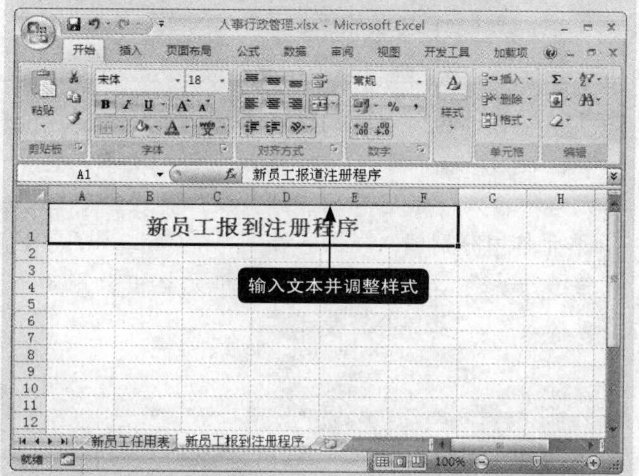

Step 02 在A2、C2、E2、A3、C3和E3单元格中分别输入“员工编号”、“到职日期”、“任用职位”、“姓名”、“部门名称”、“直属主管”文本，在A4、B4、C4和E4单元格中分别输入“步骤”、“负责部门”、“程序”、“负责人确认”文本，合并C4:D4单元格。

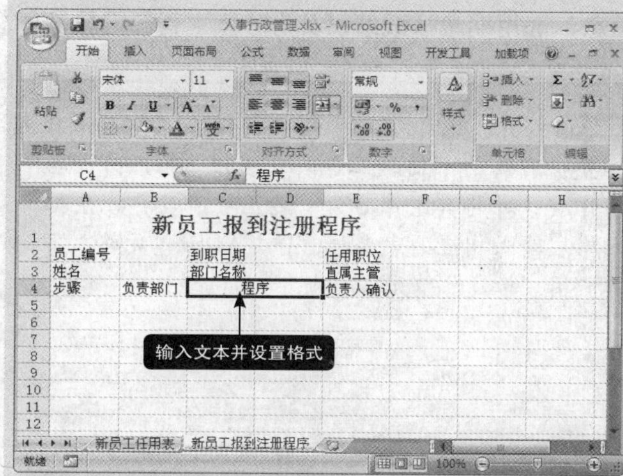

Step 03 在A5单元格中输入“1”，B5单元格中输入“人事行政部”；在A25单元格中输入“2”，B25单元格中输入“技术及项目管理处”；在C5~C27单元格中分别输入报到注册的各步骤详细内容。分别合并A5:A24、B5:B24、A25:A27、B25:B27、E5:F12、E13:F14、E15:F21、E22:F24以及E25:F27单元格。

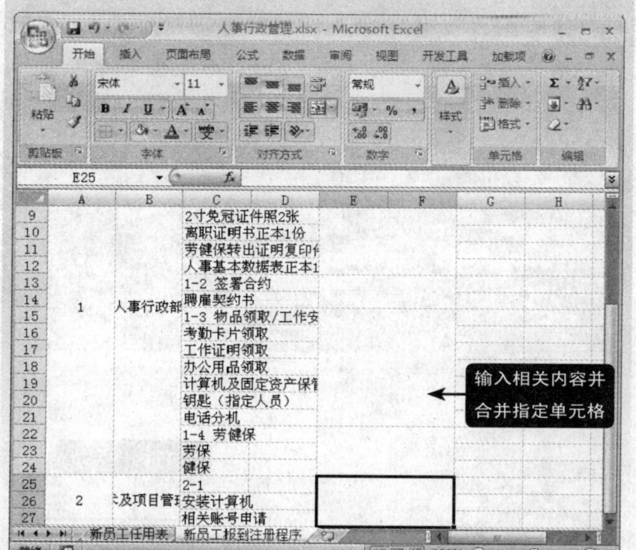

Step 04 在A28和A29单元格中分别输入相关说明文本，跨越合并C5:D27以及A28:F29单元格。为A2:F28单元格区域加上内框线，设置字体格式为“宋体 10号”。分别设置各单元格的对齐方式，调整其行高和列宽到适合的位置。设置好后保存工作簿，完成新员工报到注册程序工作表的制作。

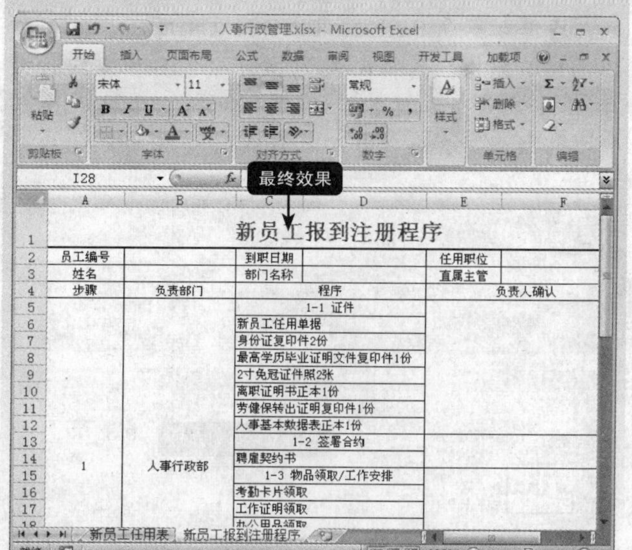

25.3.5 制作员工资料表

人事行政管理的最主要数据是所有员工的资料。各公司对员工资料要求的详细程序不同，制作的员工资料表也不相同。由于员工资料表的结构与招聘人员登记表相似，制作过程也基本相同，因此本节不再详细讲解，仅随光盘提供效果文件，用户可自行在此基础上更改，以制作适合自己公司使用的员工资料表。

25.3.6 制作转正申请表

新员工进入公司后，当达到试用期限或绩效达到一定的标准时，可申请转为正式员工以得到相应的福利待遇。此时需向上级部门递交转正申请表，经审批后即可转正。转正申请表主要应包含员工的基本信息、试用期考核成绩以及为各级主管部门预留的签署意见栏，其制作过程如下。

Step 01 打开“人事行政管理”工作簿，单击工作表标签栏右侧的“插入工作表”按钮插入一张空白工作表，并将其重命名为“转正申请表”。在A1单元格中输入相应的表名称，合并A1:F1单元格，并为其应用“标题”单元格样式。

Step 02 在A2、E2、A3和E3单元格中分别输入“编号”、“姓名”、“部门”、“直属上级”文本，在A4单元格中输入“试用考核成绩”文本，在C4、E4和G4单元格中分别输入“第一个月”、“第二个月”、“第三个月”文本，在B5和B6单元格中分别输入“考核人”、“总评分”文本。

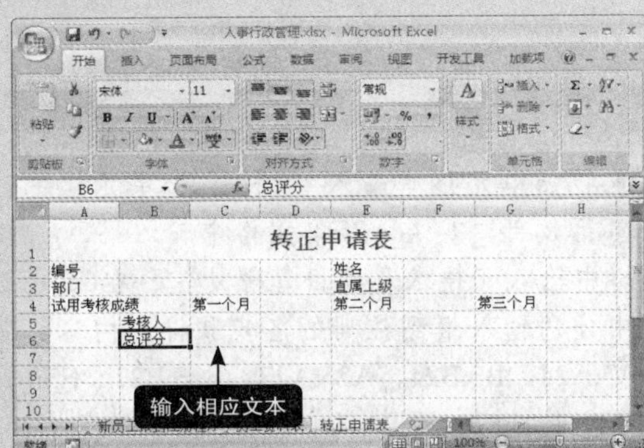

Step 03 跨越合并B2:D3、F2:G3、C4:D6、E4:F6和G4:H6单元格。选择A4单元格，在“对齐方式”组中单击“方向”按钮，在弹出的下拉菜单中选择“竖排文字”命令，设置文字方向。

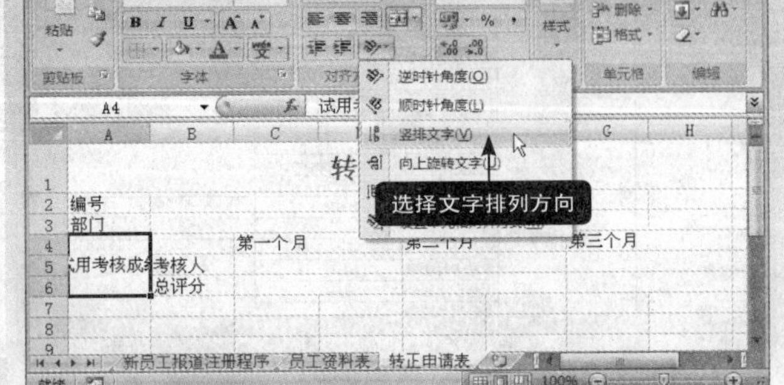

Step 04 在A7单元格中输入“员工自评”文本，在B12单元格中输入“签字”文本，在F12单元格中输入“年 月 日”文本。分别合并A7:A12、B7:H11、B12:E12和F12:H12单元格，并调整单元格的大小。

Step 05 选择第7行~第12行单元格区域，将其复制，再分别选择第13、19和25行单元格，按【Ctrl+V】组合键粘贴。分别将A13、A19和A25单元格中的内容改为“直属上级意见”、“人力资源部意见”，“总经理意见”文本。

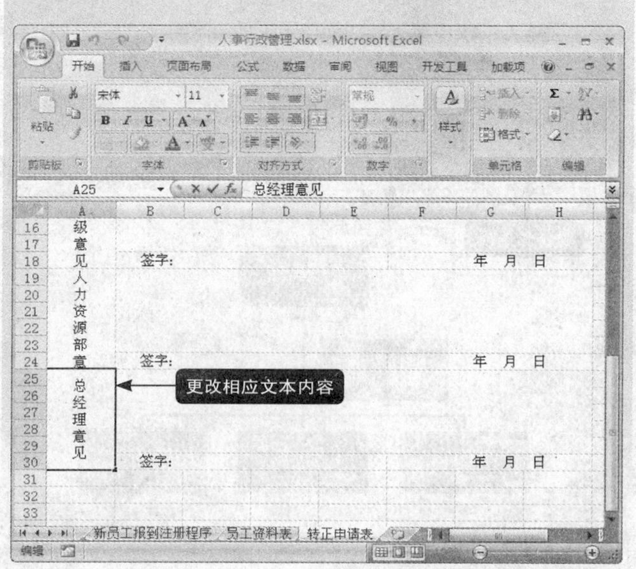

Step 06 选择A2:H30单元格区域，为其添加内框线，设置字体格式为“黑体 10号”；选择A2:H6单元格区域，设置行高为“25”。单击“保存”按钮，保存工作表，完成转正申请表的制作。

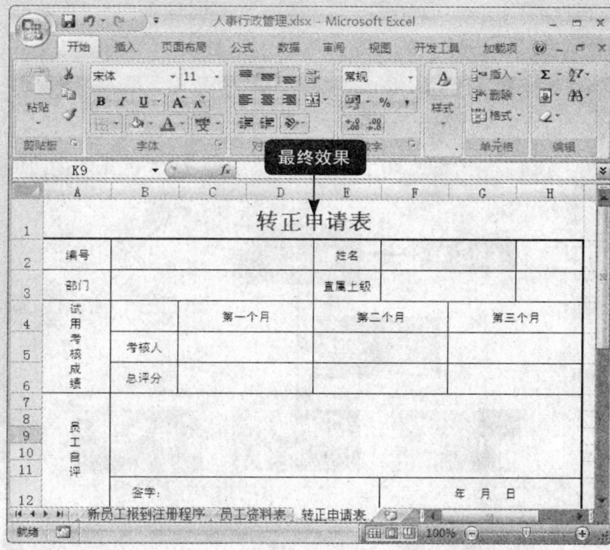

25.3.7 制作离职申请表

由于社会形势的不断变化，员工有可能对现有工作不满意，需要更换工作。此时一般需要向上级部门递交离职申请表。离职申请同样需要经过各级部门负责人签字确认，其结构与转正申请表类似，制作方法也一样，只需要在其中加入入职时间、预计离职时间以及是否指定职务代理人等信息即可。本小节将不再详细讲解制作过程，仅随光盘提供效果文件以供参考。

25.3.8 制作公司组织结构图

公司组织结构图是人事行政管理的基本依据，员工招聘、职能分配、人员调动等都需要根据公司组织结构进行相应操作。在Excel 2007中制作公司组织结构图，可以通过插入SmartArt图形简单实现。本章首页提供的组织结构图的详细制作过程如下。

Step 01 打开“人事行政管理”工作簿，按【Shift+F11】组合键插入一张空白工作表，并将其重命名为“公司组织结构图”。在“插入”选项卡下“插图”组中单击“SmartArt”按钮，打开“选择SmartArt 图形”对话框。单击“层次结构”选项卡，在中间的列表框中选择“组织结构图”选项，单击“确定”按钮。

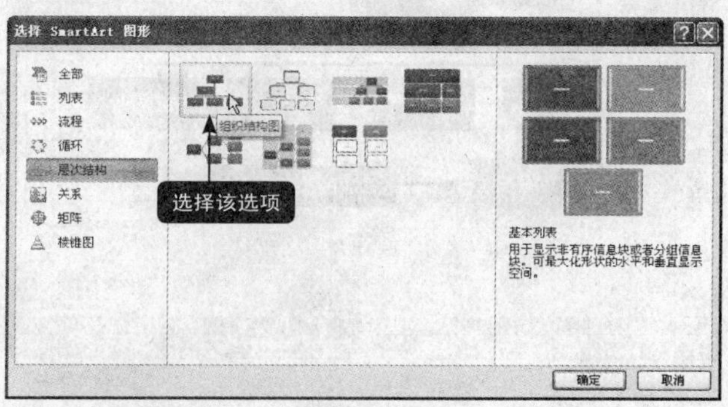

Step 02 单击最上方的一个形状文本框，文本插入点自动定位到其中，输入“总经理”文本。再单击其下方的形状文本框，在其中输入“副经理”文本。然后在最下从左到右依次输入“零售部”、“综合资源部”和“市场部”文本。

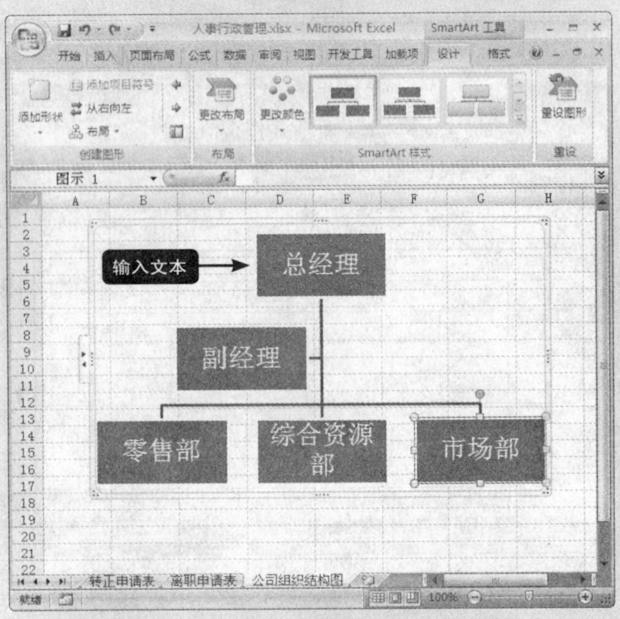

Step 03 选择“市场部”形状，在“SmartArt 工具 设计”选项卡下“创建图形”组中单击“添加形状”按钮的下拉按钮，在弹出的下拉菜单中选择“在后面添加形状”命令，在当前选择的形状后面添加一个同等级的形状。

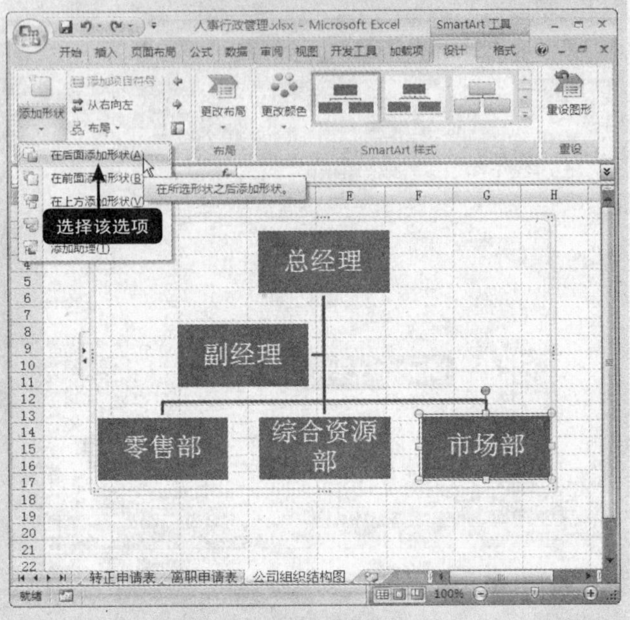

Step 04 在新添加的形状中输入“技术部”文本。选择“零售部”形状，单击“添加形状”按钮的下拉按钮，在弹出的下拉菜单中选择“在下方添加形状”命令，添加一个当前选择形状的下一等级形状，并在其中输入“品牌部”文本。

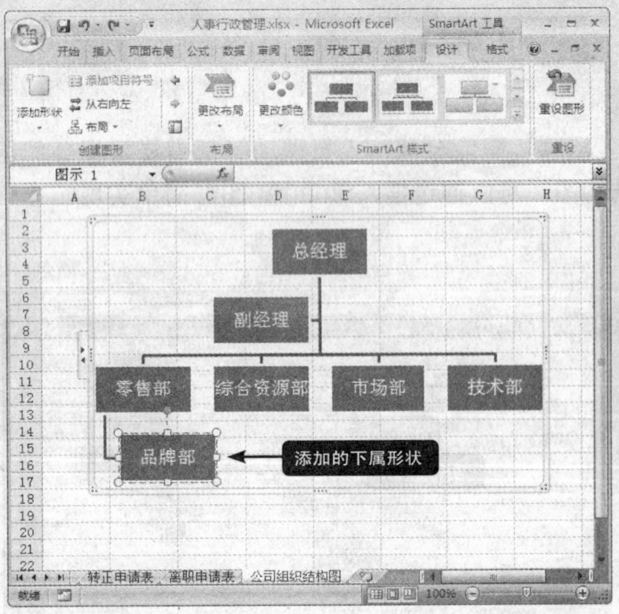

Step 05 选择“零售部”形状，在其上右击，在弹出的快捷菜单中选择“添加形状/在下方添加形状”命令，添加一个与“品牌部”同等级的形状，并在其中输入“DIY事业部”文本。

Step 06 用同样的方法分别为“综合资源部”添加“人事部”、“财务部”和“商务部”下属形状；为“市场部”添加“渠道部”和“高校/社区部门”下属形状；为“技术部”添加“售后服务部”、“店面技术部”和“网络开发部”下属形状。

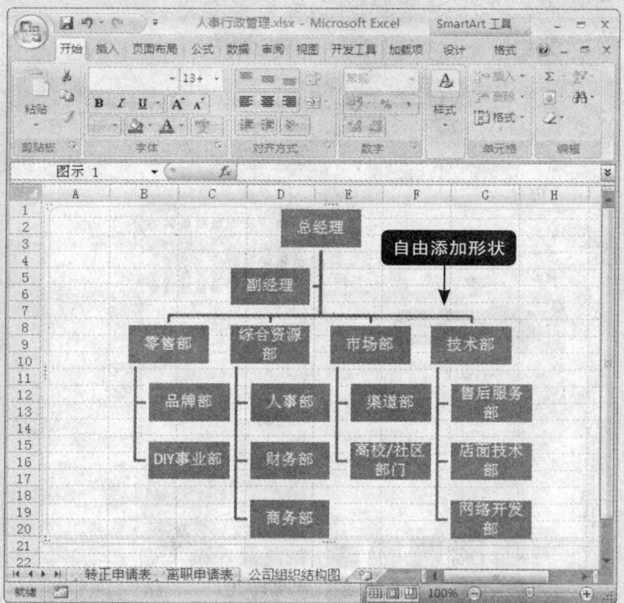

Step 07 选择“品牌部”形状，再为其添加“PC事业部”和“NB事业部”两个下属形状。系列根据组织结构图的改变自动更换排列样式，字体大小随形状多少的改变而改变。

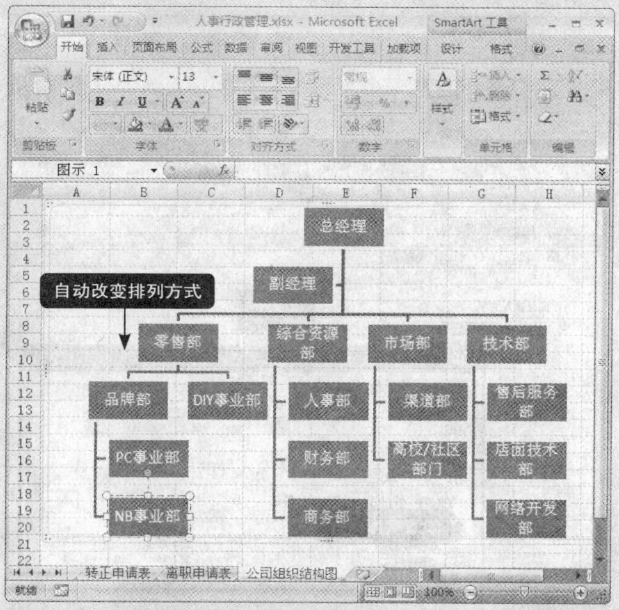

Step 08 选择整个图示，在“SmartArt 工具 设计”选项卡下“SmartArt 样式”组中单击“其他”按钮，在弹出下拉菜单中的“三维”栏中选择“嵌入”选项，为SmartArt图形应用新的外观样式。

Step 09 保持图示的选择状态。在“SmartArt 样式”组中单击“更改颜色”按钮，在弹出的下拉菜单中的“彩色”栏中选择“彩色范围 - 强调文字颜色 2 至 3”选项，为SmartArt图形更改整体颜色。

Step 10 在“创建图形”组中单击“文本窗格”按钮，在SmartArt图形的侧面将打开一个文本窗格。选中其中所有文本，在其上右击，在弹出的快捷菜单中选择“字体”命令，在打开的“字体”对话框中设置字体格式为“黑体”，字号为“14”号，关闭对话框后再关闭文本窗格。

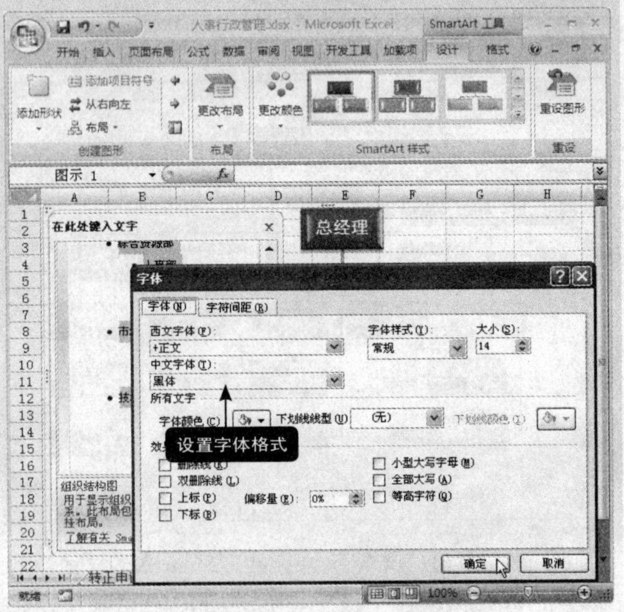

Step 11 选择整个图示。在“SmartArt 工具 格式”选项卡下“形状样式”组中单击“形状填充”按钮的下拉按钮，在弹出的下拉菜单中选择“渐变”命令，再在弹出的子菜单的“浅色变体”栏中选择“线性向下”选项，为SmartArt图形设置背影填充色。至此整个制作过程完成，效果如本章开头所示的效果图。

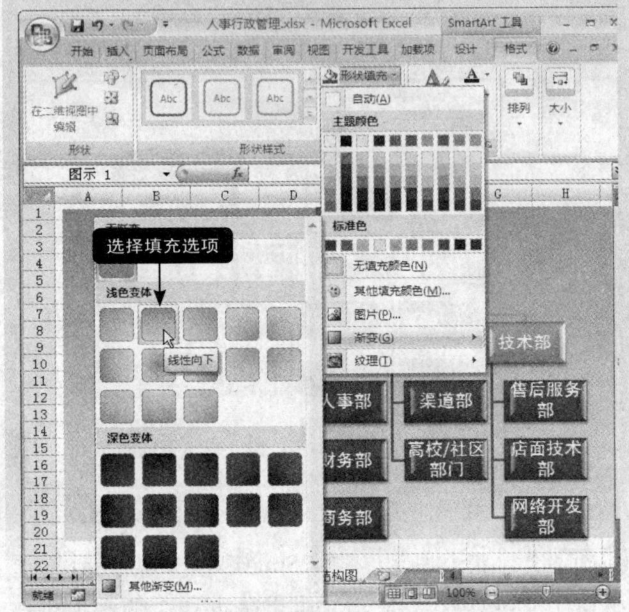

26 Chapter 企业生产管理

READERS' GUIDE

生产系统是生产性企业的主动脉，生产管理部门的重要职责包括制订生产计划、安排生产进度、分析生产效率、监督生产质量等。因此，企业必须拥有完善的生产管理制度，以实现企业的正常运作，保证产品质量，更好地适应市场竞争。

MAIN CASES

制作产品生产计划表 P401
制作生产进度监控表 P404
制作产品质量检验报告表 P407
制作产品库存管理表 P412

26.1 案例最终效果

生产系统是生产性企业的主动脉，生产管理部门的重要职责之一就是制订生产计划，督促生产进度，控制生产质量，做到事前有计划，产品按时按量生产。本章将制作用于生产管理系统的一系列表格，包括生产计划表、生产进度监控表、产品质量检验表和库存记录表等，其最终效果如下。

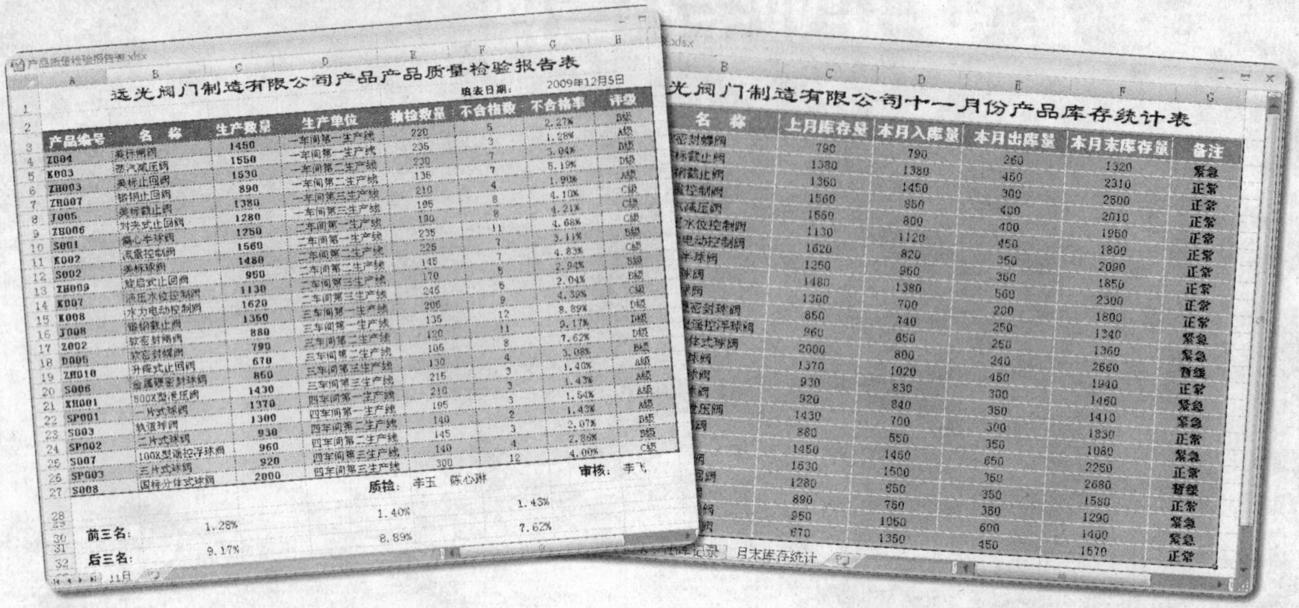

26.2 案例特点分析

本案例要完成生产管理系统中多个表格的制作，这些表格之间相互有一定的联系和制约关系，下面将对本例特点进行简要分析。

- 生产计划用于指导生产现场作业，事前有计划是保证产品按时按量生产的前提条件，因此本章将首先制作生产计划表。
- 生产进度监控表是对应于生产计划表的，它是用于监督生产进度，确保生产计划按时按量完成的一种手段。在整个生产任务结束后，可通过进度监控对没能按时按量完成的生产单位进行警示，对提前完成的生产单位予以嘉奖。当某生产单位多次出现不能完成任务的情况时，还应查找根本原因以及考试任务分配是否合理等。因此通过生产监控表既可以让生产单位引起重视，也利于后期生产任务的计划工作。
- 在竞争激烈的经济形势下，产品质量是企业的生命，也是企业与对手竞争市场的一个重要筹码。建立完善的质量体系必须依赖于生产，而生产过程则是保证产品质量的关键。在生产进行的过程中通常会随机抽检产品，以便及时让生产部门引起重视、纠正偏差，并填写检验记录，在一批任务完成之后会对整批生产任务填写综合报告表。本案例制作的产品质量检验报告表是在多批生产任务完成之后进行的统计报告，而不是生产过程中的同步报告，重在演示这类报表的统计方法。
- 一个企业有产品生产出来，自然就有库存管理。库管部门是生产与销售之间的中间环节，要保证销售处不断货，库管部门就要作好各类产品的存货统计，通过统计才能知道哪些产品热销，以后制订生产计划就可据此来进行，同时防止某类产品生产过多。

生产进度监控表和产品质量检验表发生在生产计划之后，它们对生产进行时间和质量的监控。库存管理发生在最后，但它却为下期生产计划提供参考，协调生产，既防止产能过剩又避免产量不足。当然，因为每个企业都有各自不同的情况，具体制作时可根据企业的实际情况增减或修改。

26.3 案例制作详解

经过了前面的相关分析，下面将开始本案例的详细制作，对于其中部分相同或相似的操作将只进行一次详细讲解，其他内容简略带过。

26.3.1 制作产品生产计划表

生产计划表是面向生产第一线的生产指导计划，应该有明确的生产任务、完工时间等。版式要整洁直观，整体风格要大方得体，易于阅读。下面制作2009年11月份的生产计划表，其制作过程如下。

效果 光盘:\效果\第26章\产品生产计划表.xlsx

Step 01 新建一个空白工作簿，将其保存成名为“产品生产计划表”的工作簿，将“Sheet1”工作表标签重命名为“11月”，然后按住【Ctrl+C】组合键不放选择另外两张空白工作表，在其上右击，在弹出的快捷菜单中选择“删除”命令将其删除。

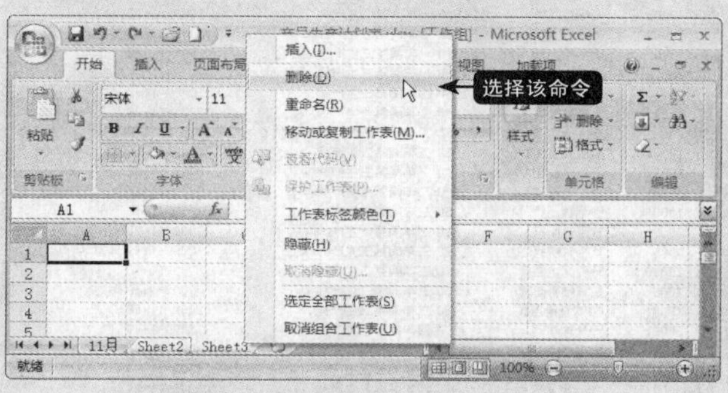

Step 02 在A2:F2单元格区域中输入列标签，在输入“名称”和“备注”标签时，在两字中间添加两个空格。选择A2:F2单元格区域，在“开始”选项卡下“对齐方式”组中单击水平方向上的“居中”按钮将其设为居中对齐，再单击“字体”组右下角的“对话框启动器”按钮。

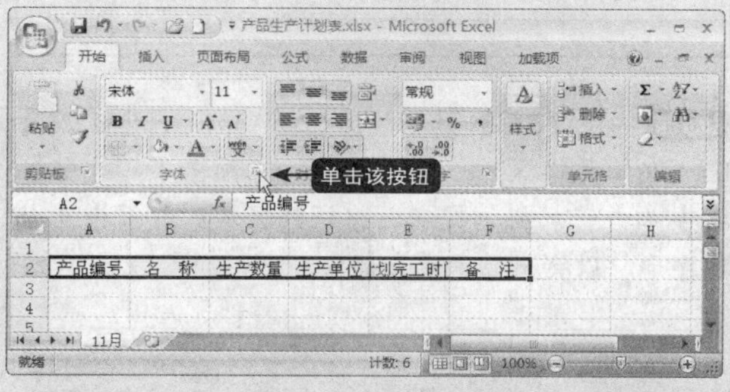

Step 03 打开“设置单元格格式”对话框的“字体”选项卡，将其字体设为“黑体”，将字号设为“12号”，将字体颜色设为白色。

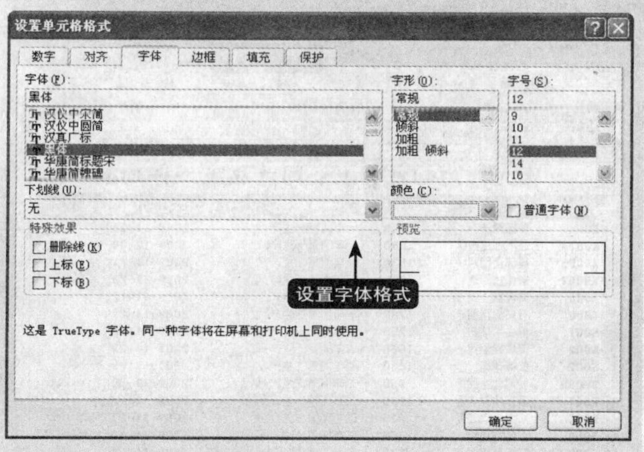

Step 04 单击“填充”选项卡，选择蓝色作为单元格的填充色，单击“确定”按钮应用设置。

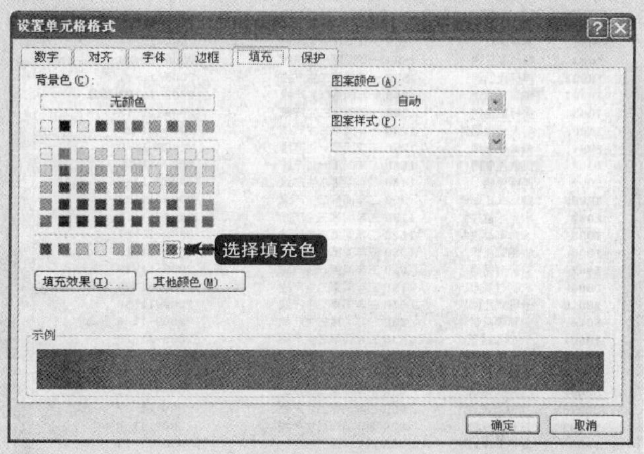

Step 05 选择A1:F1单元格区域。在“开始”选项下“对齐方式”组中单击“合并后居中”按钮将其合并，输入表格名称，然后单击“字体”组右下角的“对话框启动器”按钮。

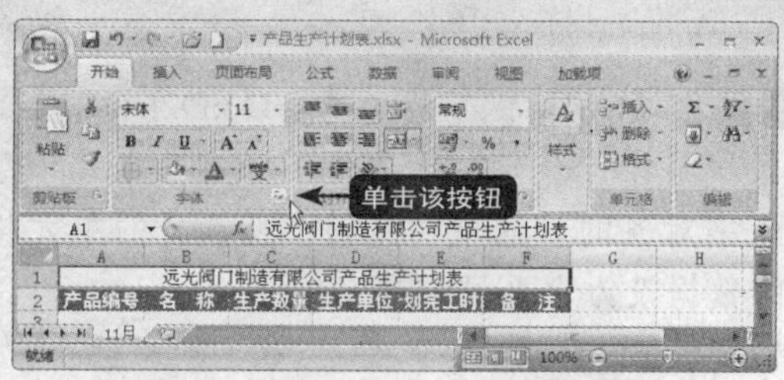

Step 06 打开“设置单元格格式”对话框的“字体”选项卡，将其设为20号大小的方正隶书简体，单击“确定”按钮应用设置。

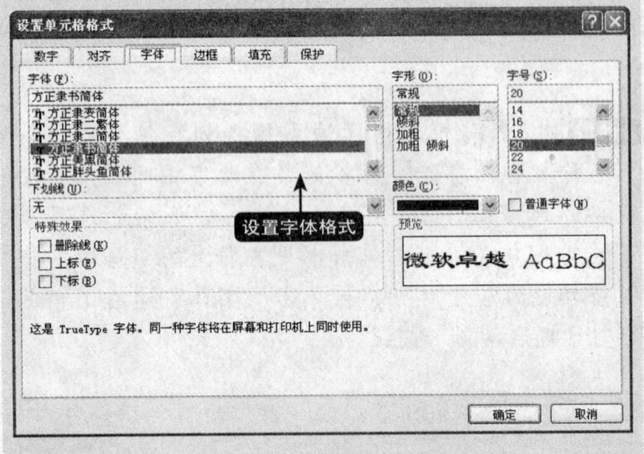

Step 08 按住【Ctrl】键不放，选择A3:A26、C3:C26和E3:F26单元格区域。在“开始”选项卡下“字体”组中单击“加粗”按钮，将所选区域的数据设为加粗字形，以突出显示重点部分。

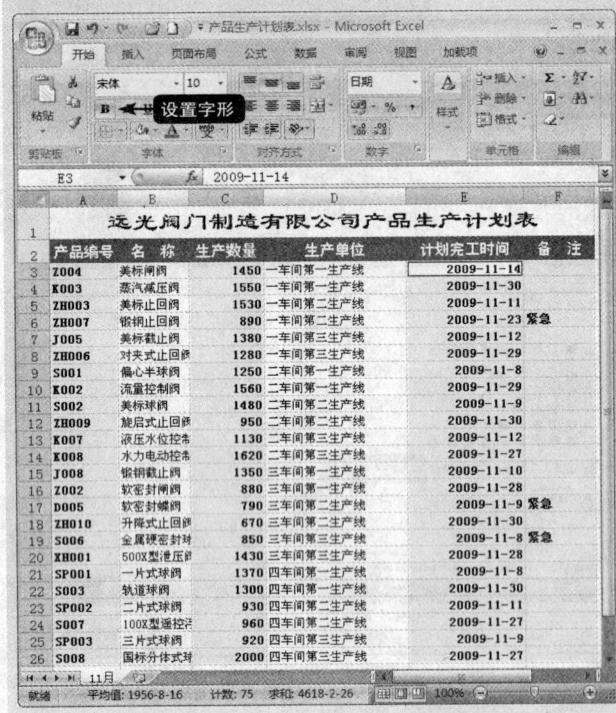

Step 09 按住【Ctrl】键不放，选择D3:D26和F3:F26单元格区域。在“开始”选项卡下“对齐方式”组中单击水平对齐的“居中”按钮，将选择的单元格区域中的数据设为水平居中对齐。

Step 07 根据制订的计划内容在各列标签下输入具体的数据。输入完毕后根据各列数据的宽度适当调整各列列宽与标题行、列标签行的行高。选择A3:F26单元格区域，在“开始”选项卡下“字体”组的“字号”下拉列表中选择“10”号字号。

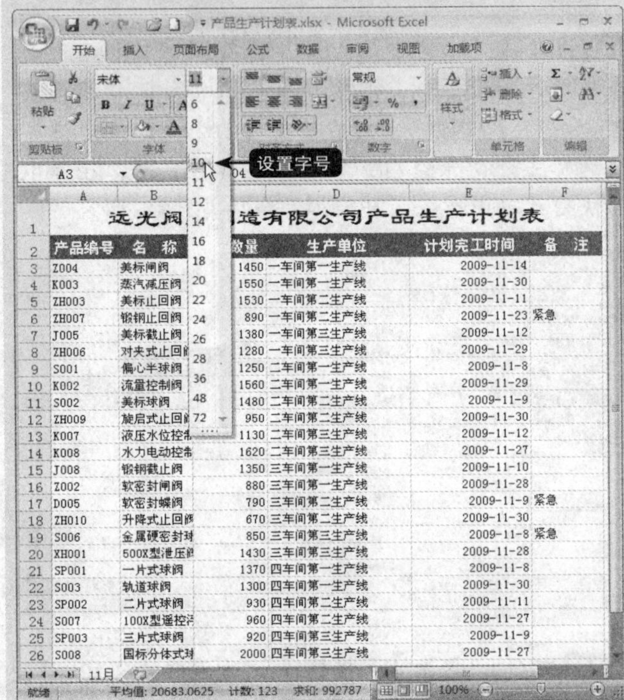

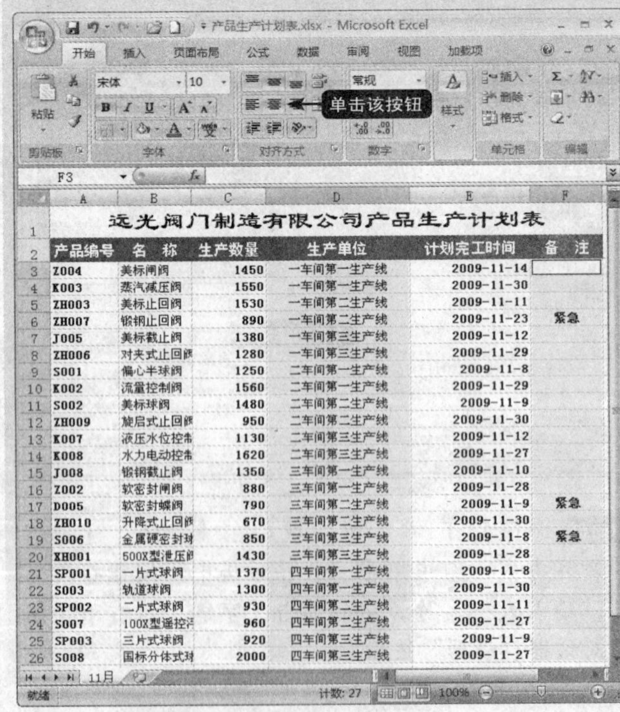

Step 10 选择E3:E26单元格区域。在“开始”选项卡下“数字”组中“数字格式”下拉列表中选择“长日期”选项。

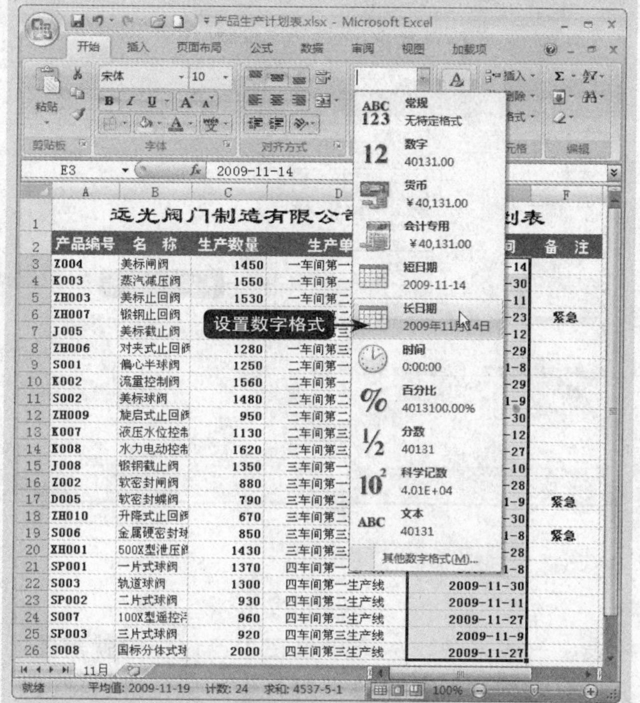

Step 11 选择F3:F26单元格区域。在“开始”选项卡下“字体”组中单击“字体颜色”按钮的下拉按钮，在弹出的下拉菜单中单击红色的色块，将这列单元格中的字符设为红色，以突出显示。

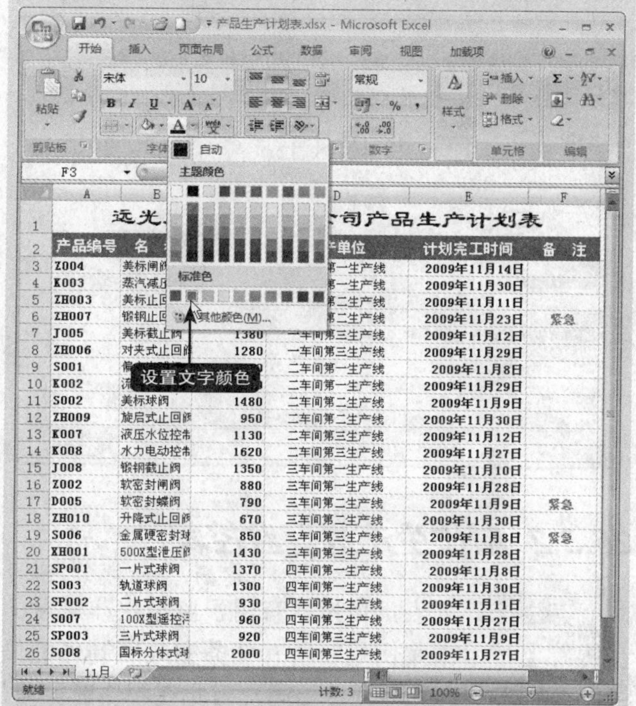

Step 12 选择A3:F26单元格区域。在“开始”选项卡下“字体”组中单击“填充颜色”按钮的下拉按钮，在弹出的下拉菜单中选择“橙色，强调文字颜色6，淡色80%”作为单元格的填充色。

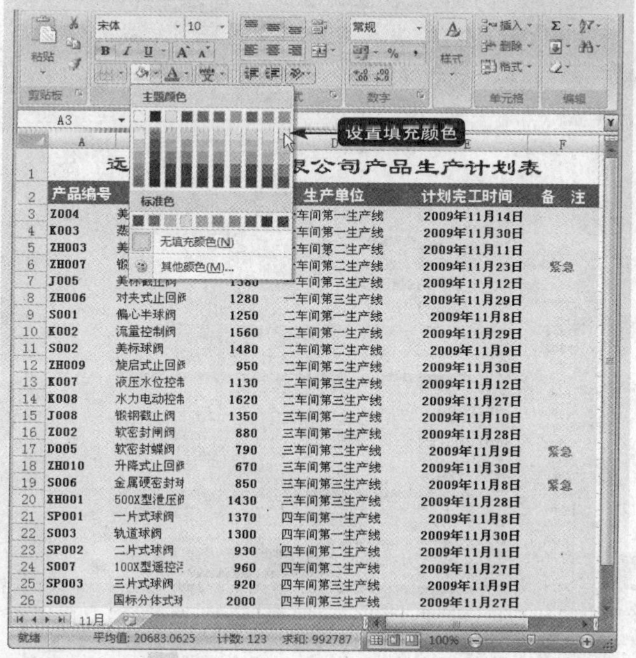

Step 13 选择C3:C26单元格区域。在“开始”选项卡下“对齐方式”组中单击右下角的“对话框启动器”按钮，打开“设置单元格格式”对话框的“对齐”选项卡。在“水平对齐”下拉列表中选择“靠右（缩进）”选项，然后在右侧的“缩进”数值框中输入“1”，单击“确定”按钮将该列数据设为靠右对齐且缩进1个字符。

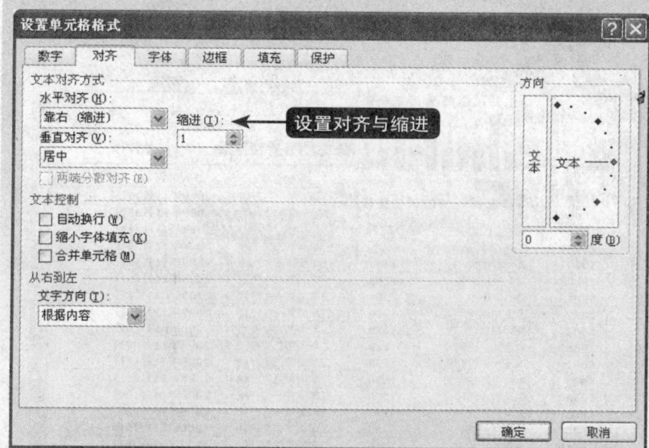

Step 14 选择A2:F26单元格区域。打开“设置单元格格式”对话框，单击“边框”选项卡，在“样式”列表框中选择短画线，在“颜色”下拉列表中选择紫色，单击“预置”选项组中的“内部”按钮为所选区域内的所有单元格添加紫色的短画线框线。

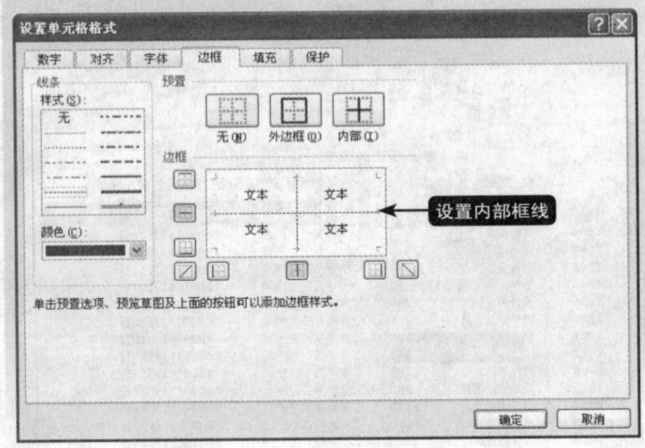

Step 15 在“样式”列表框中选择较粗的实线，然后单击“预置”选项组中的“外边框”按钮，为所选的整个单元格区域添加紫色的粗实线边框。设置完毕后单击“确定”按钮应用设置。最后适当调整各列列宽，完成11月份生产计划表的制作。

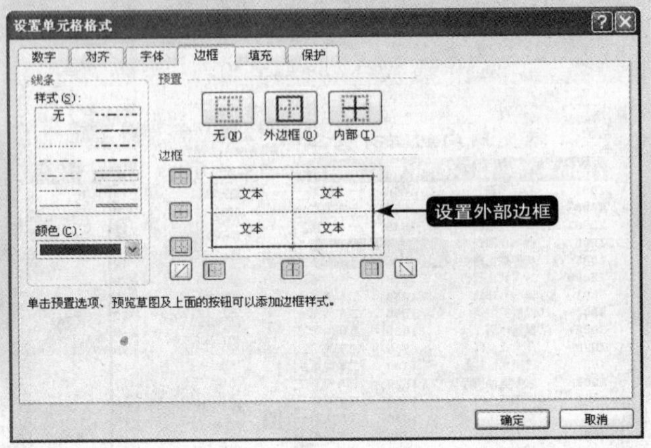

26.3.2 制作生产进度监控表

有生产计划表，自然就有用于监控生产进度的监控表。一般来说，生产单位在生产过程中就需要同步跟踪监控，本案例是在所有任务完成后制作的监控记录报表，并以此为依据对各生产单位进行评级。由于两张表中有许多项目相同，因此在制作时可复制生产计划表进行更改，其制作过程如下。

效果 光盘:\效果\第26章\生产进度监控表.xlsx

Step 01 打开前面制作的产品生产计划表，将其另存成名为“生产进度监控表”的工作簿。选择A2:F26单元格区域，在“开始”选项卡下“字体”组中单击“填充颜色”按钮的下拉按钮，在弹出的下拉菜单中选择“无填充颜色”命令取消所有填充效果。

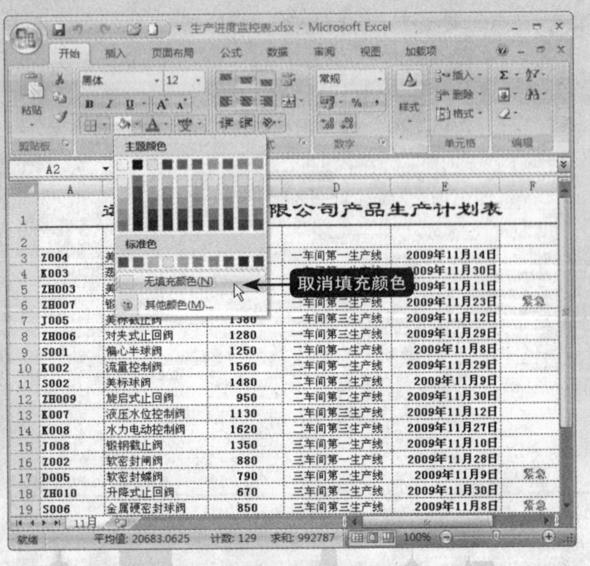

Step 02 在“开始”选项卡下“样式”组中单击“套用表格格式”按钮，在弹出的下拉菜单中选择“中等深浅”栏下的“表样式中等深浅13”样式。

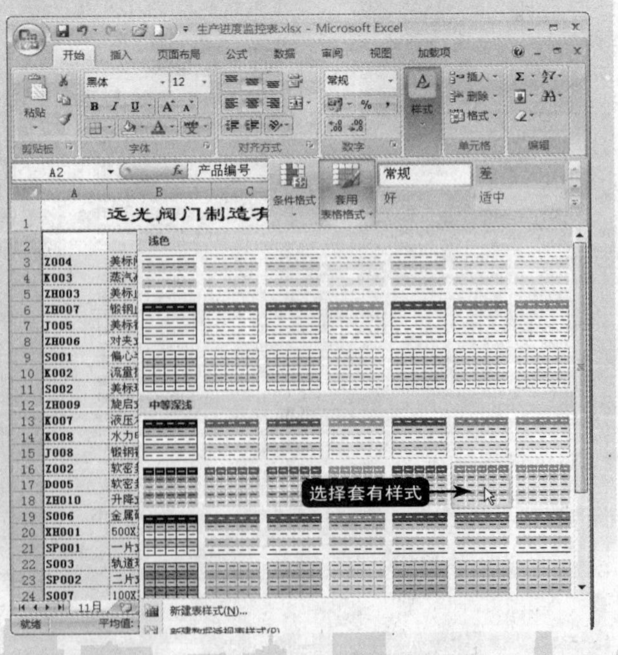

Step 03 打开“套用表格式”对话框，该对话框中显示了要套用该格式的数据来源区域。单击“确定”按钮，为A2:F26单元格区域套用“表样式中等深浅13”表格样式。

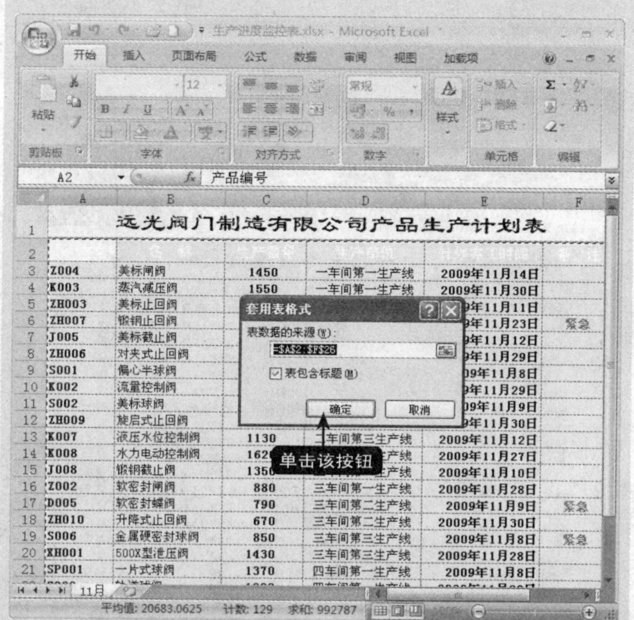

Step 04 在“开始”选项卡下“编辑”组中单击“排序和筛选”按钮，在弹出的下拉菜单中选择“筛选”命令取消所有列标签的下拉按钮，完成“生产进度监控表”格式的更改。

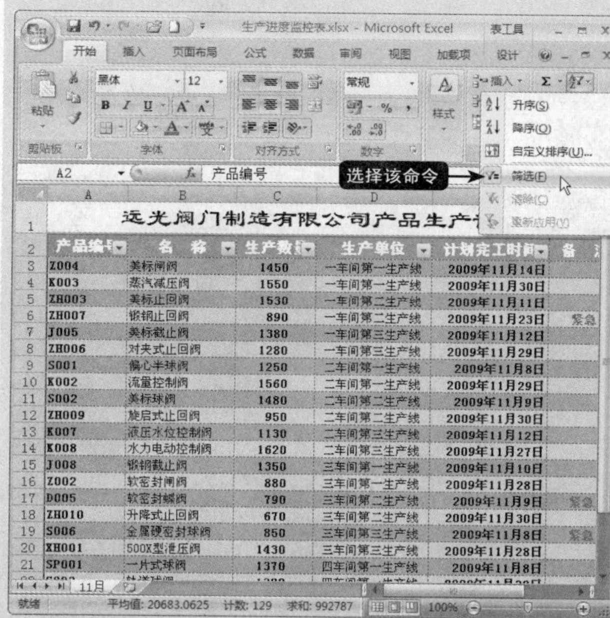

Step 05 在A1单元格中将表名更改为“远光阀门制造有限公司产品生产进度监控表”。然后选择F列，在F列中右击，在弹出的快捷菜单中选择“插入”命令在F列左侧插入一列单元格。

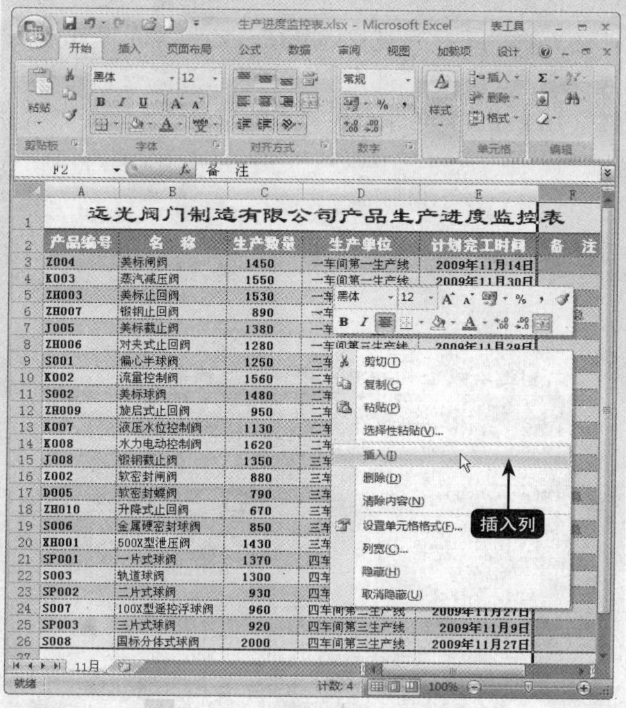

Step 06 原来的F列变为G列。在F2单元格中输入“实际完工时间”文本，将G2单元格中的标签改为“生产执行力”，并适当调整其列宽。然后选择G2:G26单元格区域，将该区域的字体颜色恢复为黑色。

Step 07 按【Delete】键删除G列中的内容，然后在F列中根据跟踪监控的记录输入各生产单位完成生产任务的实际时间（可以从E列复制时间到F列，再修改时间，以提高输入效率）。

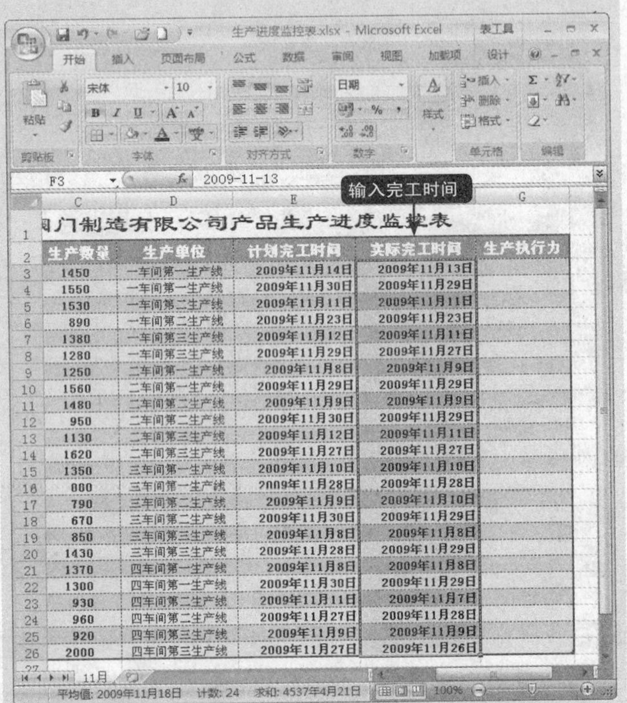

Step 08 单击G3单元格，输入公式“=IF(F3>E3,"差",IF(F3<E3,"优","良"))”，按【Enter】键返回一车间第一生产线的当期评定，同时系统在同列返回其他生产单位11月份的评定（套用表格格式后的数据表才有此功能，否则还需手动填充或复制公式）。

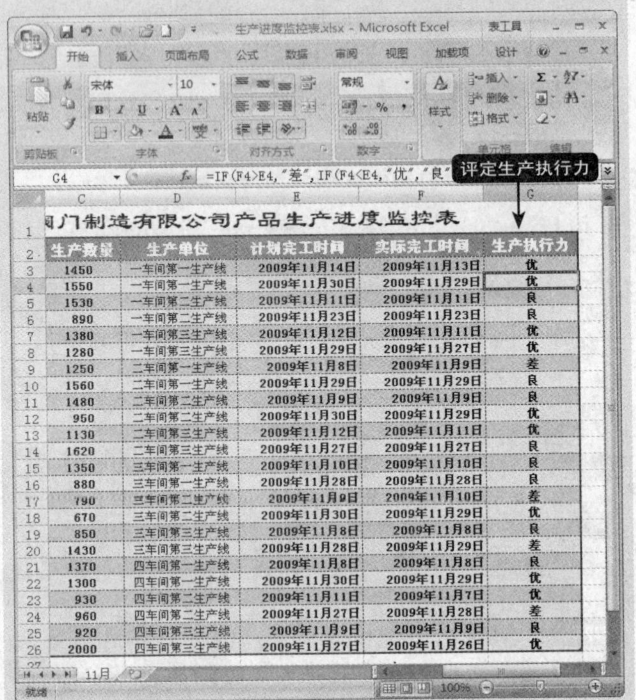

Step 09 选择G2:G26单元格区域。在“开始”选项卡下“样式”组中单击“条件格式”按钮，在弹出的下拉菜单中选择“突出显示单元格规则/等于”命令。

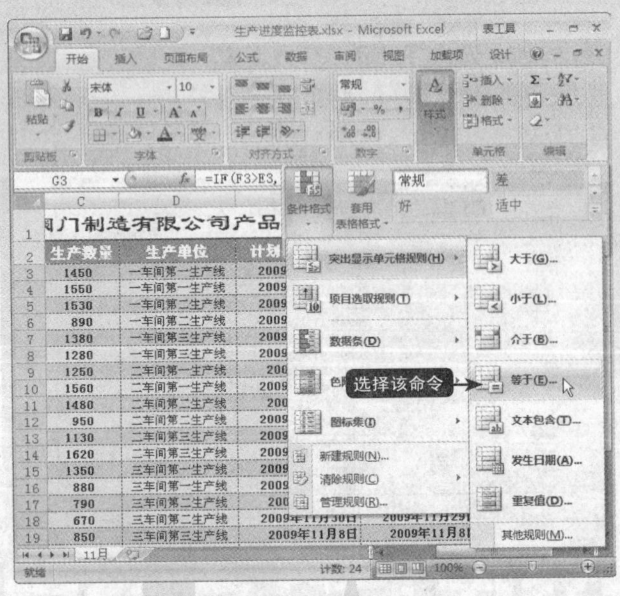

Step 10 打开“等于”对话框，在“为等于以下值的单元格设置格式”参数框中输入条件值“差”，在“设置为”下拉列表中选择“浅红填充色深红色文本”选项，单击“确定”按钮将值为“差”的单元格设为浅红填充色深红色文本效果。

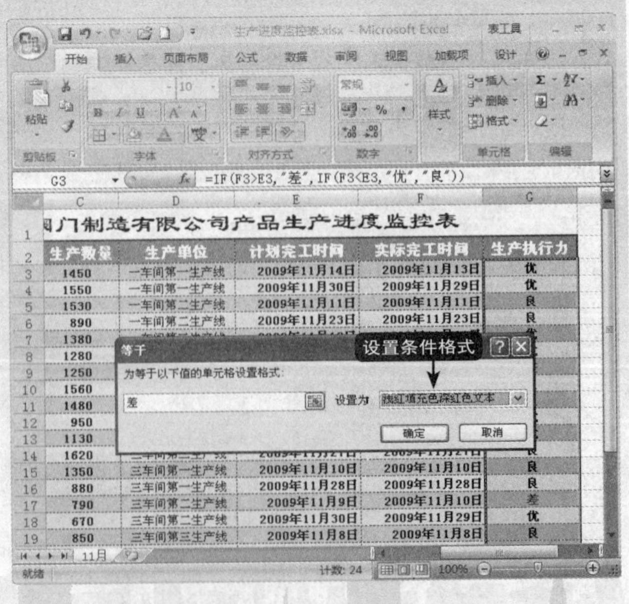

Step 11 再次打开“等于”对话框，在“为等于以下值的单元格设置格式”数值框中输入条件值“良”，在“设置为”下拉列表中选择“黄填充色深黄色文本”选项，单击“确定”按钮将值为“良”的单元格设为黄填充色深黄色文本效果。

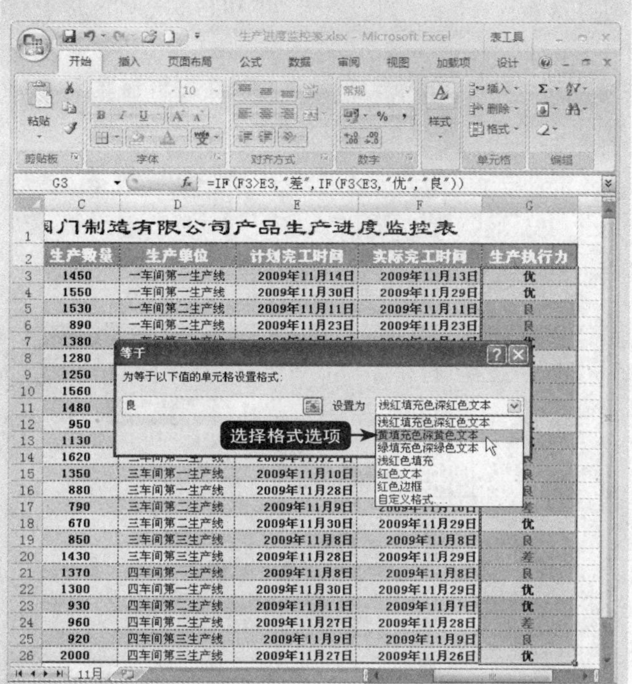

Step 12 再次打开“等于”对话框，在“为等于以下值的单元格设置格式”数值框中输入条件值“优”，在“设置为”下拉列表中选择“自定义格式”选项。

Step 13 在打开的“设置单元格格式”对话框中单击“字体”选项卡，在“颜色”下拉列表中选择紫色。

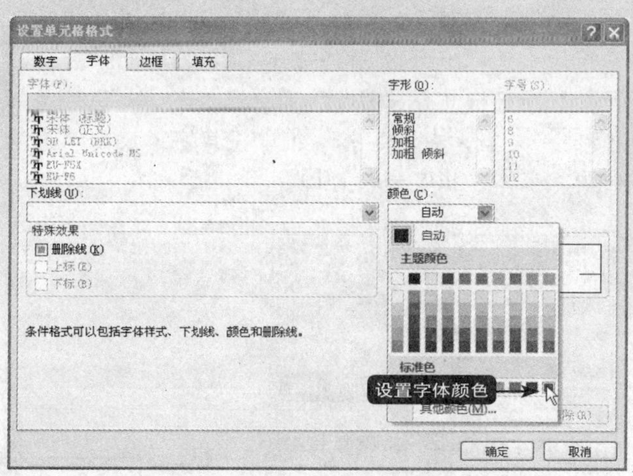

Step 14 在“填充”选项卡下“背景色”栏中选择绿色，单击“确定”按钮应用设置，完成11月份生产进度监控表的评定工作。

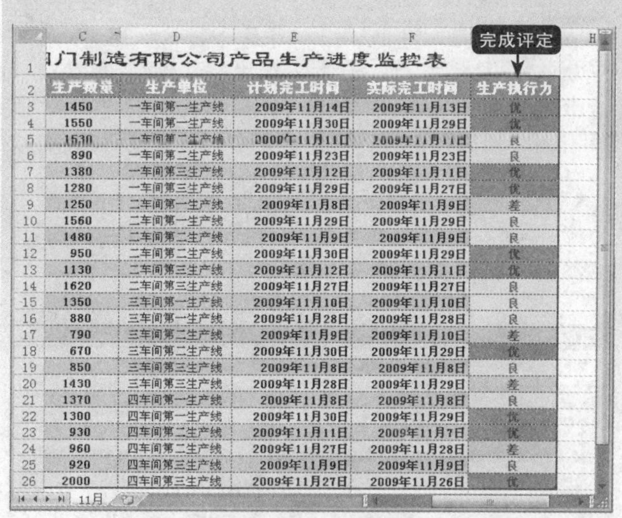

26.3.3 制作产品质量检验报告表

在生产过程中除了监控进度外，还要随时检测质量。本案例是在所有任务完成后制作的产品质量检验报表，并以此为依据对各生产单位进行评级。由于产品质量检验在许多项目上与生产计划表的数据相同（如产品编号、产品名称、完成时间等），这部分内容在制作时仍可采取更改或复制生产计划表的方法来获得，以提高工作效率。由于制作进度监控表时已经详细演示了该方法的过程，因此在制作质量检验报告表时只给出关键步骤，其制作过程如下。

效果 光盘:\效果\第26章\产品质量检验报告表.xlsx

Step 01 打开前面制作的产品生产计划表，将其另存成名为“产品质量检验报告表”的工作簿。在A1单元格中更改表格名称，再在第2行前面插入一行空白单元格，并适当缩小插入行的行高。

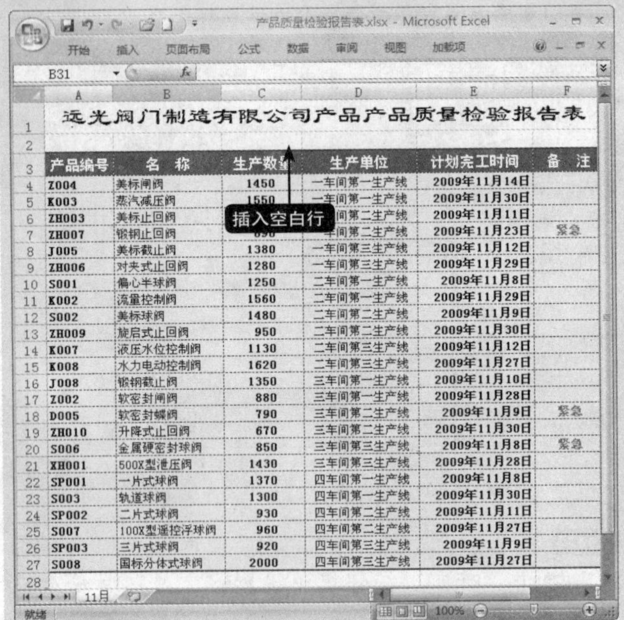

Step 02 删除E列和F列，然后在E3:H3单元格区域中输入列标签“抽检数量”、“不合格数”、“不合格率”和“评级”。输入后系统会自动应用前面单元格的字体、对齐和边框格式。

Step 03 在F2单元格中输入“填表日期：”，然后在“开始”选项卡下“字体”组中单击右下角的“对话框启动器”按钮，打开“设置单元格格式”对话框中的“字体”选项卡。在“字体”列表框中选择“黑体”字体，在“字形”列表框中选择“加粗”字形，在“字号”列表框中选择“10”号字号，其他参数保持默认，单击“确定”按钮。

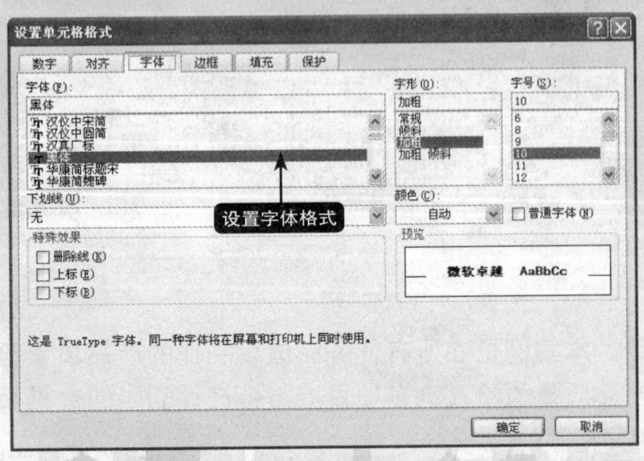

Step 04 在“对齐方式”组中将F2水平方向上的对齐方式设为靠右对齐，然后选择G2:H2单元格区域。在“开始”选项卡下“对齐方式”组中单击“合并后居中”按钮将其合并为一个单元格，输入“2009年12月5日”文本，在“字体”组中将其字体设为“微软雅黑”字体，将字号设为10号。

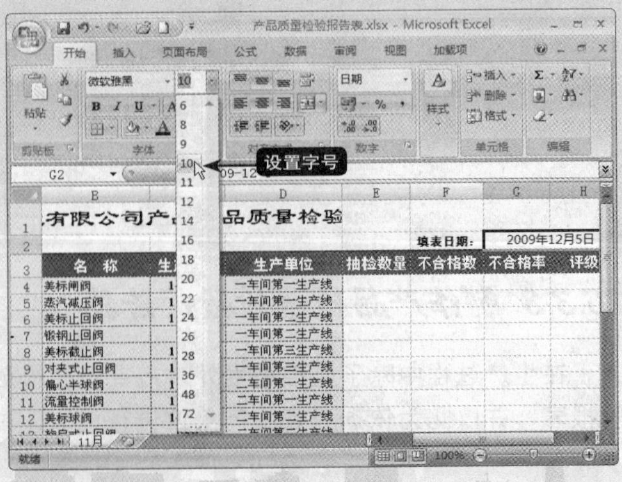

Step 05 用类似的方法在表格底部输入质检与审核人员的姓名。其中D28和G28单元格的格式为12号大小的加粗字形、靠右对齐，质检与审核人员姓名为默认的字体、字号与对齐方式。

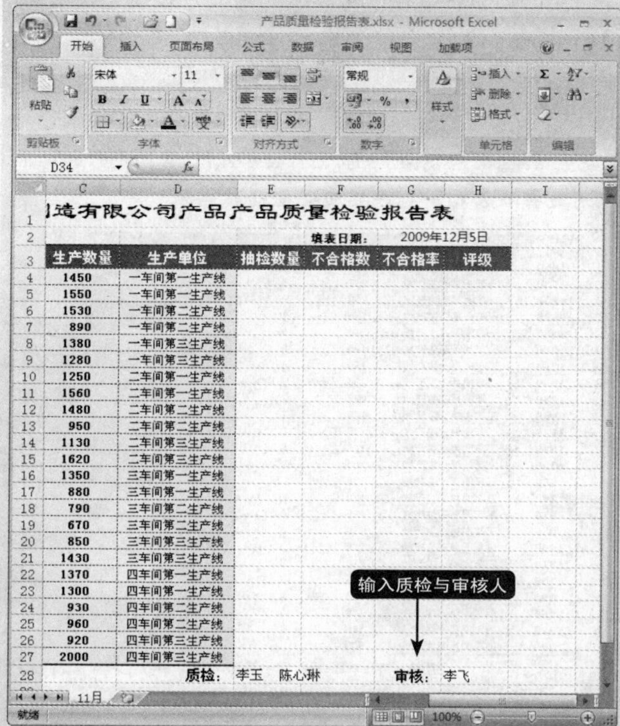

Step 06 下面计算要抽检的数量，计算的依据是该批产品总数的15%，计算结果向上取整到5的倍数。在E4单元格中输入公式“=CEILING(C4*15%,5)”，按【Ctrl+Enter】组合键计算出需要从美标闸阀中抽检出多少件产品进行质检。

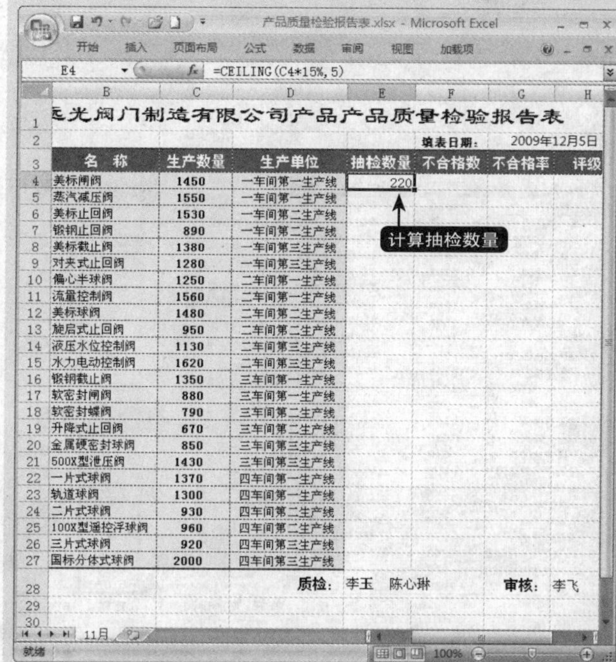

Step 07 用鼠标光标拖动E4单元格右下角的填充柄至E27单元格后释放，计算出需要从各种产品中进行抽检的数量。

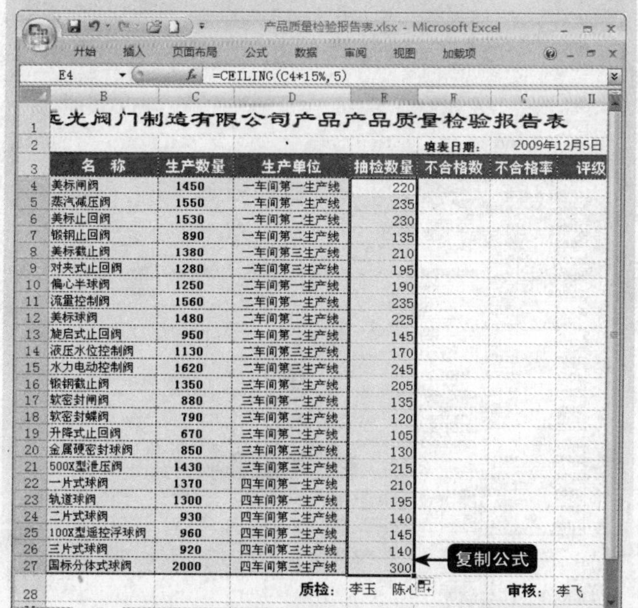

Step 08 在F列中输入抽检出的不合格数据，然后单击G4单元格，输入计算不合格率的公式“=F4/E4”，按【Ctrl+Enter】组合键计算出美标闸阀的不合格率。

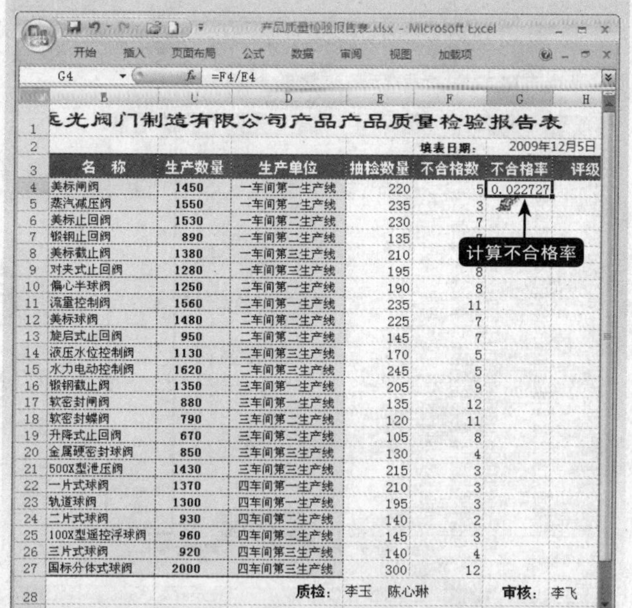

Step 09 用鼠标光标拖动E4单元格右下角的填充柄至E27单元格后释放，计算出其他产品的不合格率。此时在默认状态下计算出来的数值为小数。选择G4:G27单元格区域，在“开始”选项卡下“数字”组的下拉列表中选择“百分比”选项将该列数据以百分比形式显示。

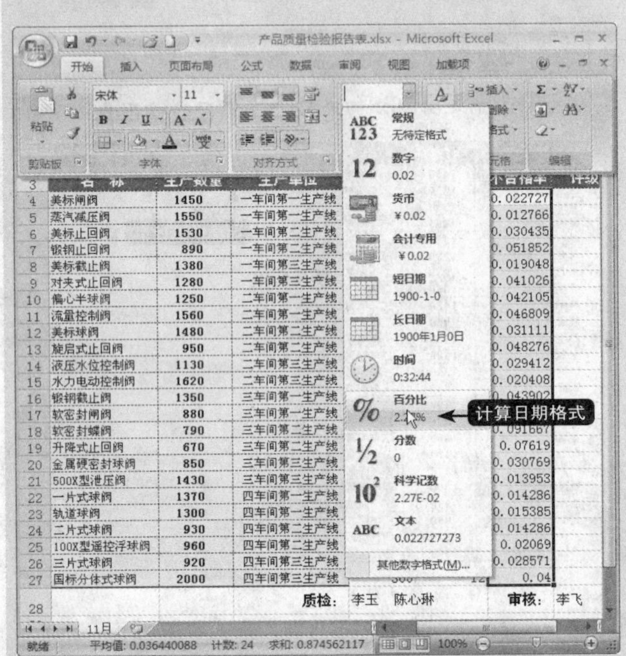

Step 10 选择E4:H27单元格区域。在“开始”选项卡下“对齐方式”组中将其对齐方式设为居中对齐，将字号设为10号。然后单击H4单元格，输入计算评定级别的公式“=IF(G4<=2%,"A级",IF(G4<=3.5%,"B级",IF(G4<=5%,"C级","D级")))”，按【Ctrl+Enter】组合键评定出第一批产品的级别。

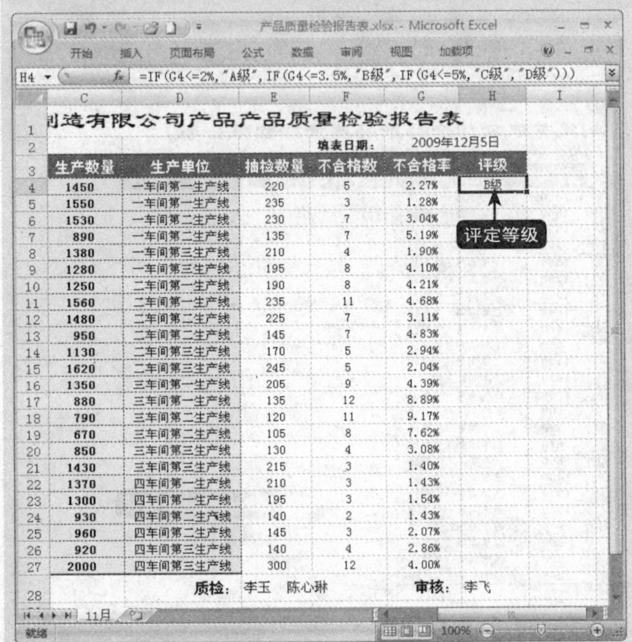

Step 11 用鼠标光标拖动H4单元格右下角的填充柄至H27单元格后释放，返回其他产品的级别。

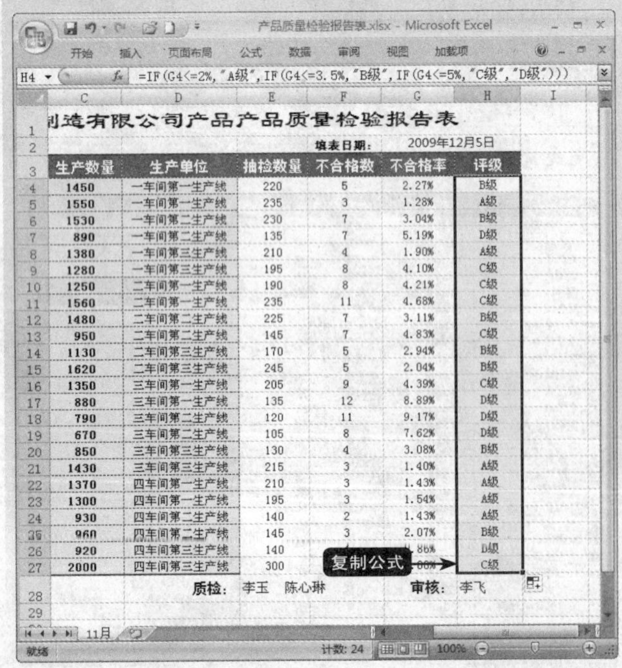

Step 12 选择A3:H27单元格区域，取消该区域的填充效果，然后为其套用“表样式中等深浅12”样式。

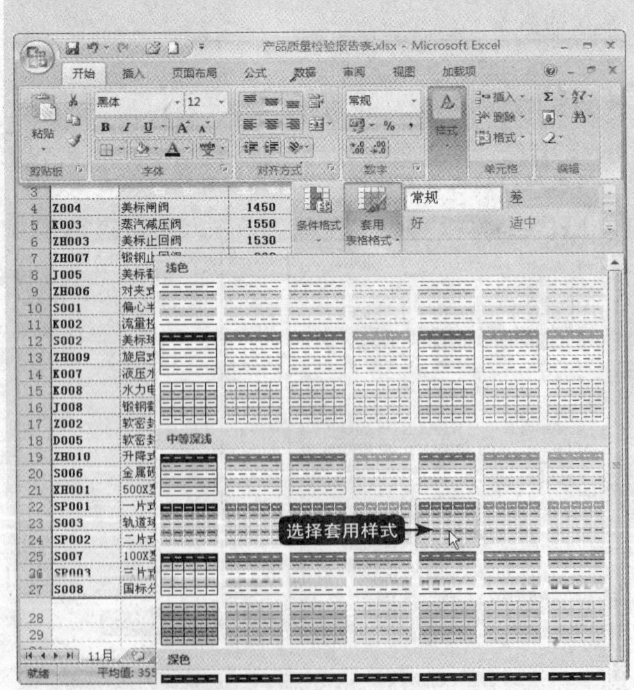

Step 13 适当调整各列列宽，然后将D28单元格复制到A30单元格中，将文字更改为“前三名”，在B30单元格中输入公式“=MIN(G4:G27)”，按【Ctrl+Enter】组合键返回不合格率最小的值（即第一名），并在“常规”选项卡下“数字”组中将其数字格式设为百分比格式。

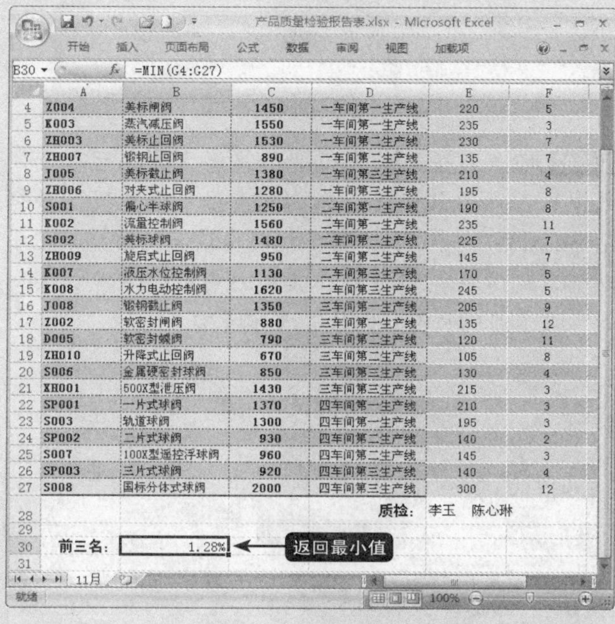

Step 14 选择G4:G27单元格区域，重新为其设置粗实线的紫色外边框和虚线内边线。然后在D30单元格中输入公式“=SMALL (G4:G27,2)”，按【Ctrl+Enter】组合键返回不合格率第二小的值（即第二名），并在“常规”选项卡下“数字”组中将其数字格式设为百分比格式。

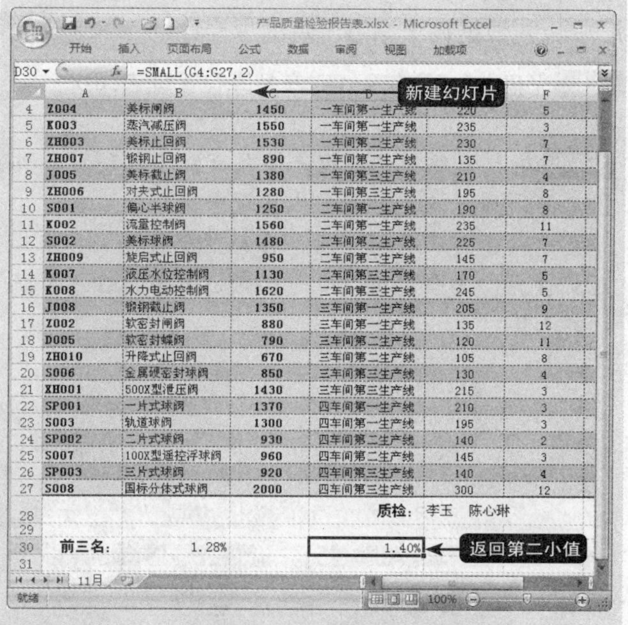

Step 15 在F30单元格中输入公式“=SMALL (G4:G27,3)”，按【Ctrl+Enter】组合键返回不合格率第三小的值（即第三名），并在“常规”选项卡下“数字”组中将其数字格式设为百分比格式。

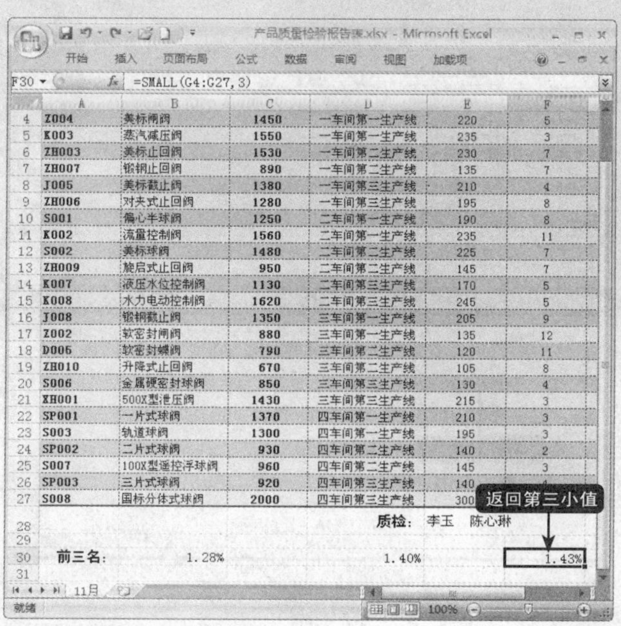

Step 16 将A30:F30单元格区域复制到A32:F32单元格区域中，将A32中的文字更改为“后三名”，然后分别在B32、D32和F32单元格中输入公式“=MIN(G4:G27)”、“=LARGE(G4:G27,2)”、“=LARGE(G4:G27,3)”，返回最差的前三名数值，完成整个报告表的制作。

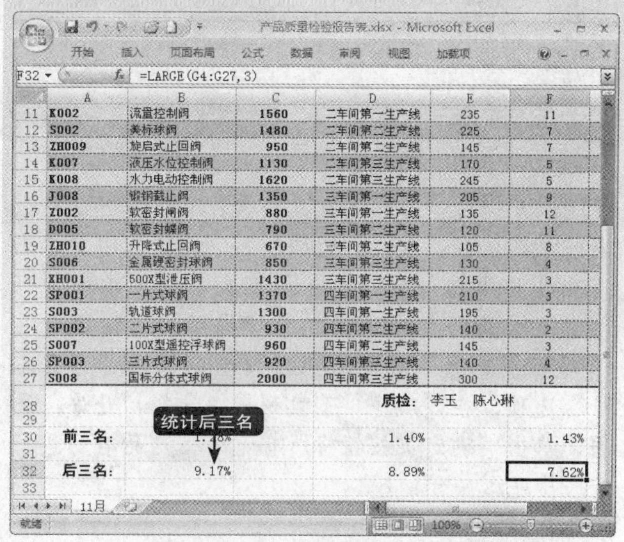

26.3.4 制作产品库存管理表

库管部门要做好产品的入库和出库记录，并且在每月统计出当月各类产品的库存数量，便于生产部门制订生产计划时有据可依。

如果产品名目较多，一般分开记录。本例就包括产品入库记录单、产品出库记录单和产品库存统计表3张表格。由于产品库存表中的许多项目也与生产计划表相同，因此也可采用另存后更改的方法进行制作，在此就不再赘述产品入库单和出库单的操作过程。下面直接在入库单和出库单的基础之上进行月末汇总，并根据存量指导下月的生产计划，其制作过程如下。

效果 光盘:\效果\第26章\产品库存管理表.xlsx

Step 01 用前面的方法根据产品入库和出库统计制作出产品入库记录单和产品出库记录单。然后将“出库记录”工作表复制一张，将其重命名为“月末库存统计”，更改表格标题与结构，制出符合库存统计的表格。

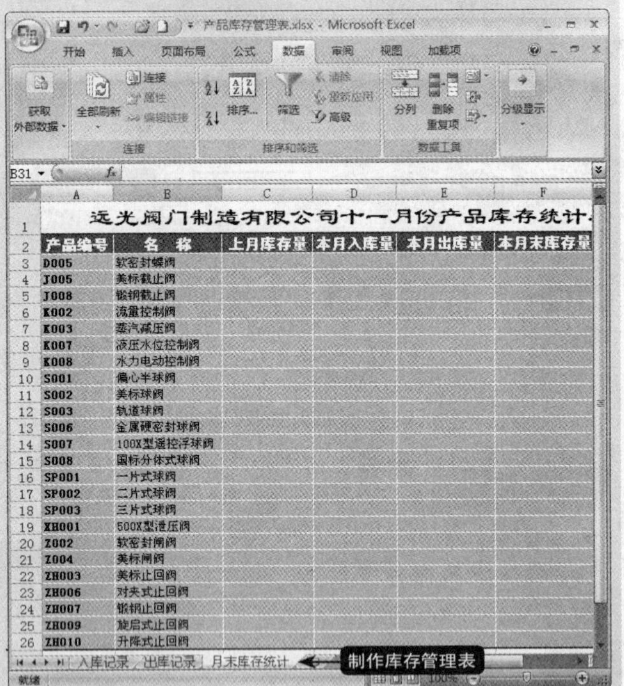

Step 02 将产品按编号进行升序排序（方便后面复制数据），然后从上月月末的库存统计表中复制数据粘贴到C列中（由于这里首次制作该表，因此采用手动输入的方法，以后制作其他月份的月末统计表时便可从上月的库存统计表中复制数据）。

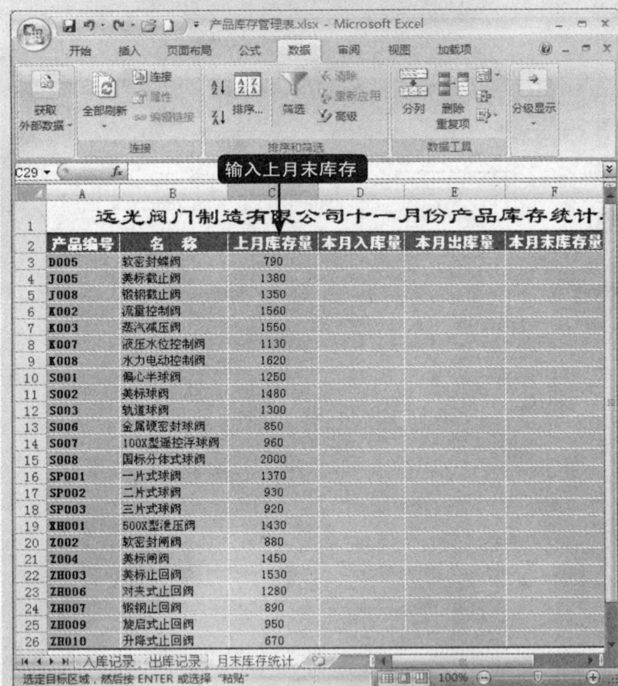

Step 03 切换到“入库记录”工作表中，单击任意数据单元格，在“开始”选项卡下“编辑”组中单击“排序和筛选”按钮，在弹出的下拉菜单中选择“自定义排序”命令，打开“排序”对话框。在“主要关键字”后面的下拉列表中选择“产品编号”选项，在“次序”下拉列表中选择“升序”选项，单击“确定”按钮将所有记录按产品名称进行升序排序。

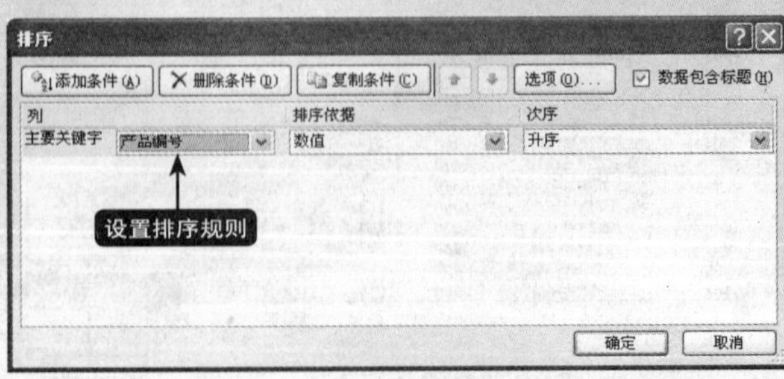

Step 04 在“数据”选项卡下“分级显示”组中单击“分类汇总”按钮打开“分类汇总”对话框，在“分类字段”下拉列表中选择“产品编号”选项，在“汇总方式”下拉列表中选择“求和”选项，在“选定汇总项”列表框中选中“入库数量”复选框。

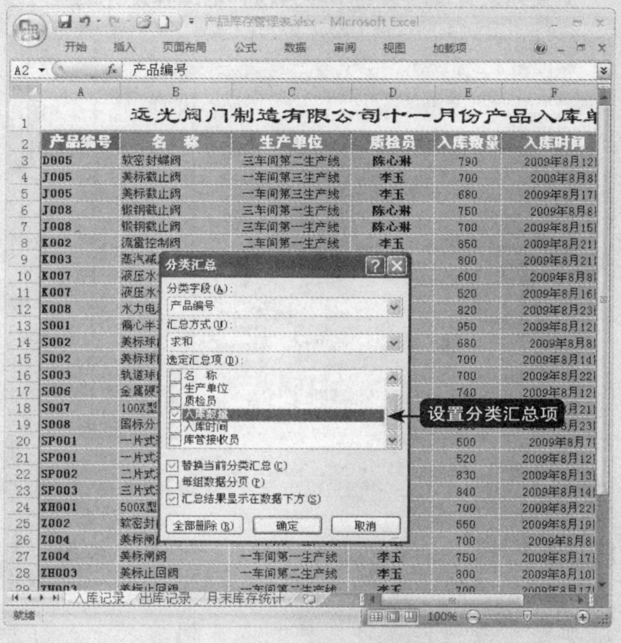

Step 05 单击“确定”按钮，将产品按编号进行分类汇总，在相同的产品下方将出现该类产品的“入库数量”的总和。单击左上角的2按钮隐藏明细项，只显示各产品的汇总项。然后按住【Ctrl】键不放，在E列依次单击各个产品的汇总数据所在的单元格，同时选择这些单元格，再按【Ctrl+C】组合键进行复制。

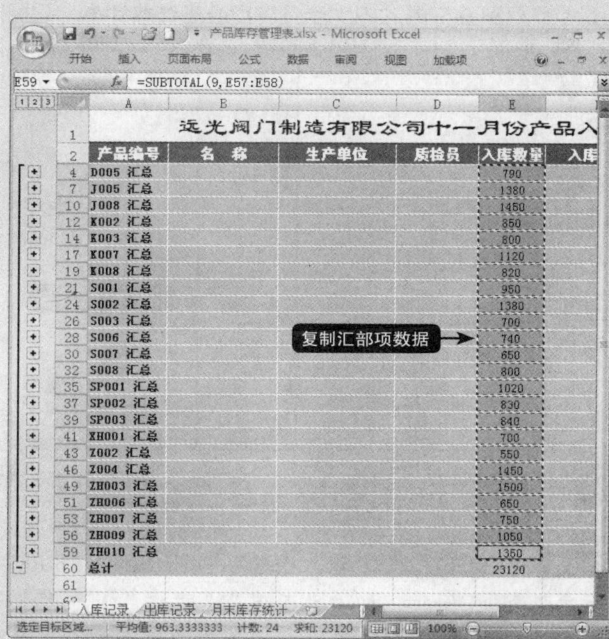

Step 06 切换到“月末库存统计”工作表中，单击D3单元格，按【Ctrl+V】组合键粘贴各个产品的当月入库量总和（由于拖动鼠标选择会将汇总后隐藏起来的数据也一同选择，因此必须用单击选择的方法）。

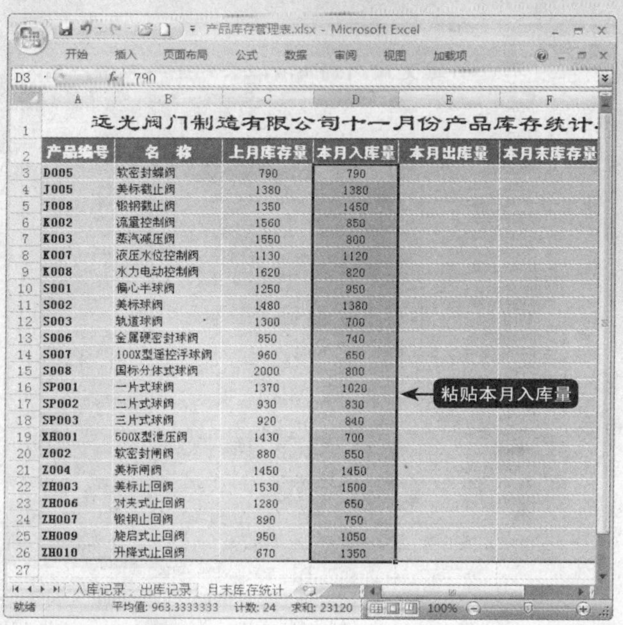

Step 07 切换到“出库记录”工作表中对该表中的数据按产品编号进行升序排序，然后打开“分类汇总”对话框对“出库数量”进行求和分类汇总。

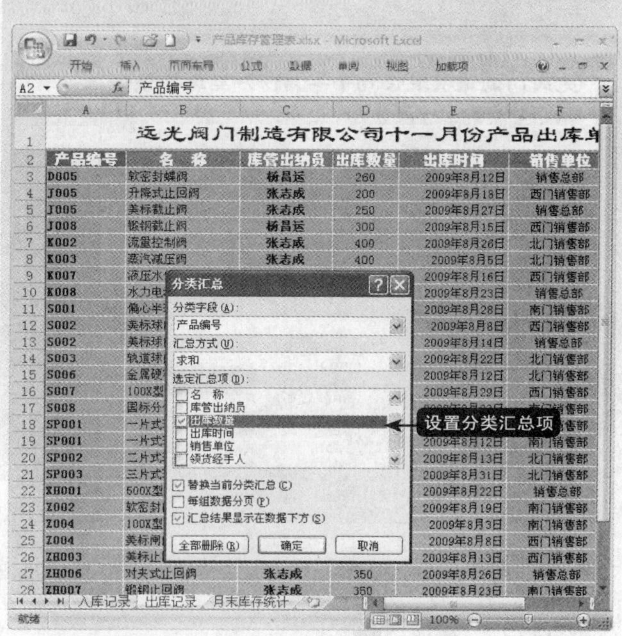

Step 08 用第5步和第6步的方法将各产品的出库汇总数据复制到“月末库存统计”工作表的E3:E26单元格区域中。

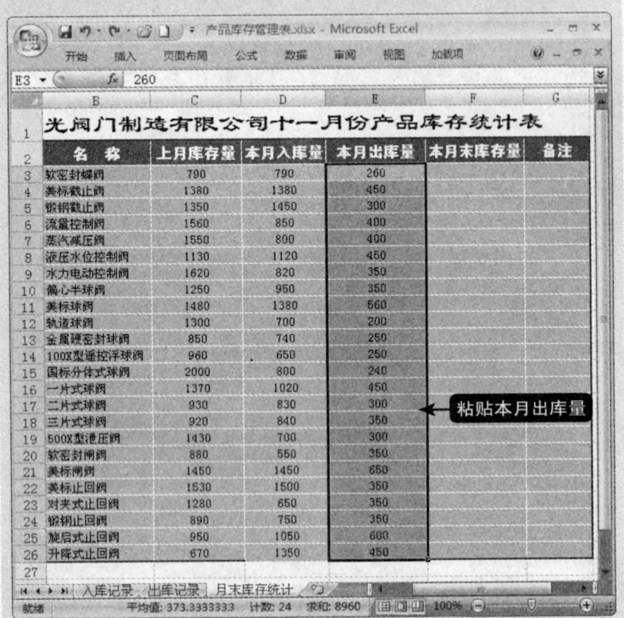

Step 09 在F3单元格中输入公式“=C3+D3-E3”，按【Ctrl+Enter】组合键计算出产品的本月库存量，再用填充法将该公式复制到同列的其他单元格中。

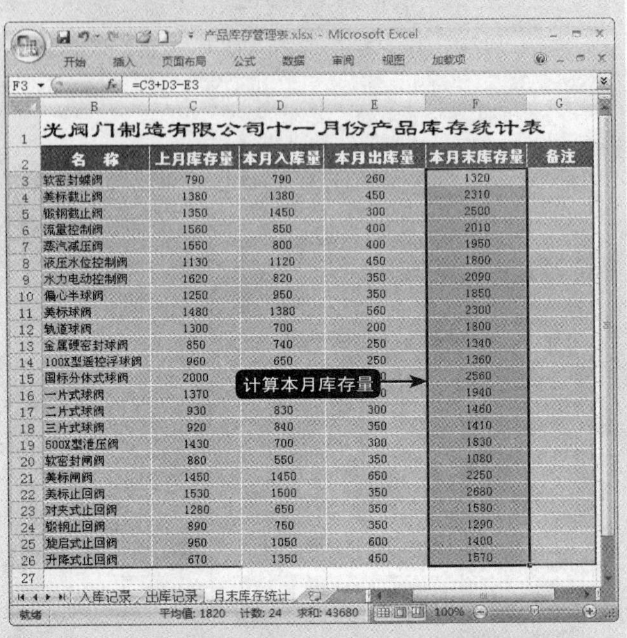

Step 10 在G3单元格中输入公式“=IF(F3<=1500,"紧急",IF(F3<=2500,"正常","暂缓"))”，按【Ctrl+Enter】组合键得出产品是否需要在下月紧急生产，再用填充法将该公式复制到G列的其他单元格，完成下月生产计划的指导。

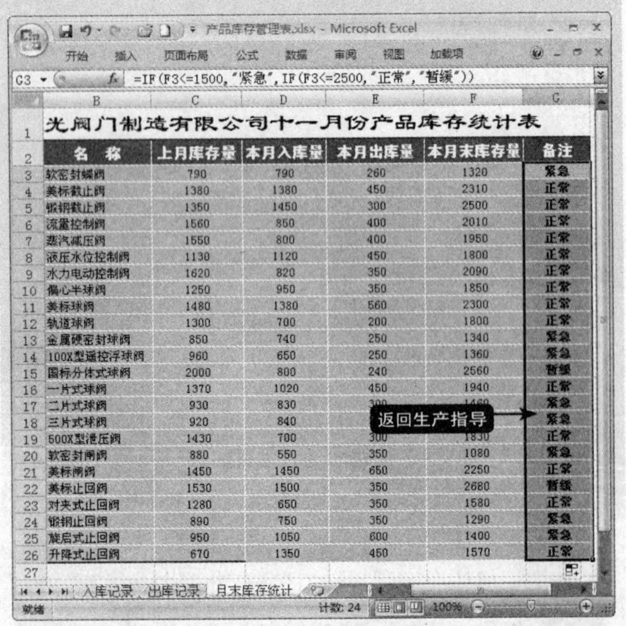

Step 11 复制公式将造成各列最后一个单元格的边框格式发生变化，用前面介绍的方法重新为最后一行添加粗实线边框。再切换到入库记录表中，打开“分类汇总”对话框，单击“全部删除”按钮删除该表中的分类汇总，将记录重新按日期进行升序排序，再对出库记录表进行相同的处理。

27 Chapter 产品年度销量统计表

READERS' GUIDE

一般情况下，在每年的年终，企业或者单位都会对当年产品的销售情况进行统计，并分析各产品的销量情况，以此掌握产品销售的趋势，从而为来年制订产品销售计划提供参考。

MAIN CASES

制作各季度和年度销售统计表 P417
统计季度各产品和各分店销售情况 P423
统计年度总销量 P425
制作产品年度总销售量图表 P428
制作分店年度销量总额比例图表 P430

27.1 案例最终效果

在本章制作的产品年度销量统计表中，主要是按季度统计产品的销售情况，然后根据各季度产品的销量和各分店的销售情况统计出产品在该年的年度销售总量。在本章的最后，还根据“年度总销量统计表”工作表制作相应的图表，直观地分析产品年度总销量和各分店年度销售总额比例，其最终效果如下图所示。

效果 光盘:\效果\第27章\产品年度销量统计表.xlsx

2009年各产品年度销量统计

产品名称	单价	销售总量	销售总额	销量排行
SPMC-QLK1001	￥1,850.00	2182	￥4,036,700.00	2
SPMC-QLK1002	￥2,475.00	1455	￥3,601,125.00	3
SPMC-QLK1003	￥1,729.00	2000	￥3,458,000.00	4
SPMC-QLK1004	￥1,650.00	1519	￥2,506,350.00	6
SPMC-QLK1005	￥1,489.00	2077	￥3,092,653.00	5
SPMC-QLK1006	￥3,705.00	1127	￥4,175,535.00	1

2009年各分店年度销售总额

分店	销售总额	排名
一分店	￥4,631,366.00	3
二分店	￥5,019,760.00	2
三分店	￥4,004,458.00	4
四分店	￥7,214,779.00	1

各分店年度销量占比分析图表 | 年度总销量统计表

■年度总销量统计表

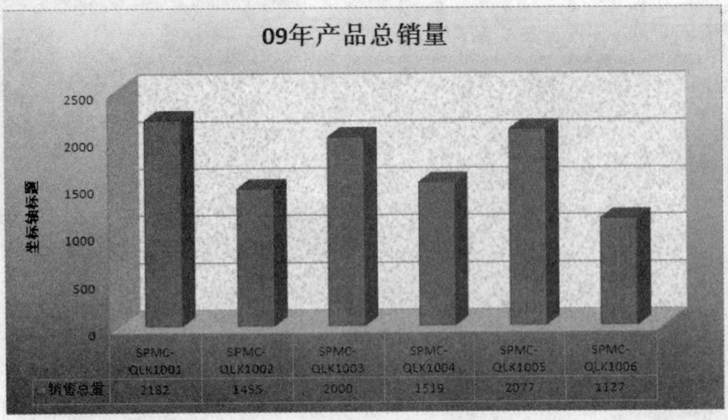

■年度总销量图表

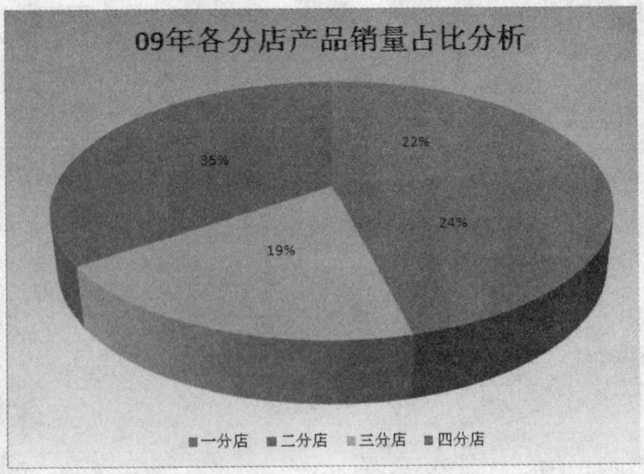

各分店销售总额比例图表■

27.2 案例特点分析

根据产品年度销量统计表可以分析出，在制作产品年度销量统计表之前，首先需要制作统计各季度产品销量的表格以及统计年度总销量的表格，并统计各季度、各年度产品和各分店的销售情况，再根据年度总销量统计表制作产品年度销量图表和各分店年度销量总额比例图表，其具体的制作流程如图所示。

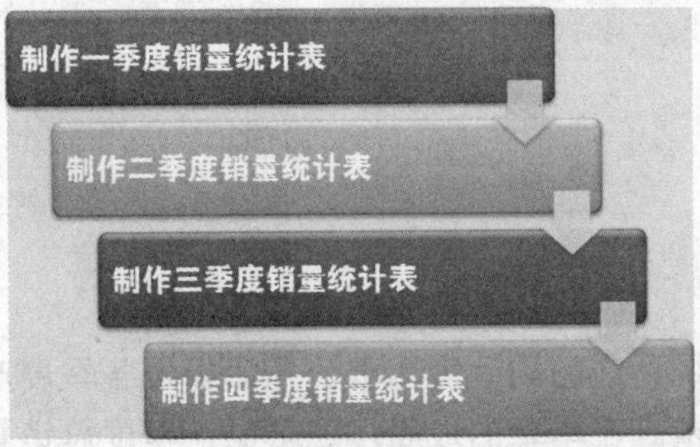

■制作季度销量统计表

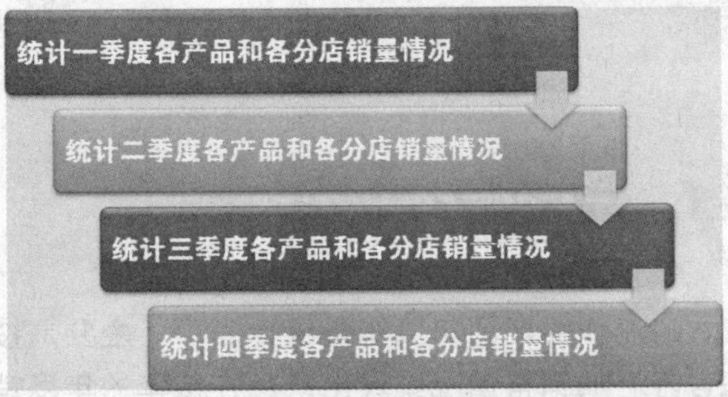

统计各季度各产品和各分店销量情况■

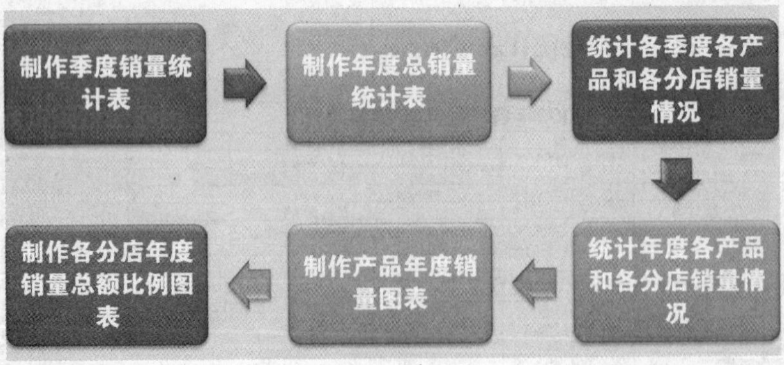

■产品年度销量统计表制作流程

27.3 案例制作详解

前面在对产品年度销量统计表进行了分析后，下面将根据其具体的制作流程图讲解如何制作产品年度销量统计表。

27.3.1 制作各季度和年度销售统计表

在统计产品年度销量情况之前，首先需要制作统计各季度销量的工作表，包括产品的各季度销售统计表和年度销售统计表，下面分别对这两张表进行制作。

1. 制作各季度销售统计表

在产品的年度销量统计表中，各季度销售统计表主要用于统计产品各季度的销量信息，包括产品销量统计、各产品销售情况和各分店销售情况，其最终的效果如下图所示。

■各季度销售统计表

下面新建一个“产品年度销量统计表”工作簿，并在该工作簿中分别制作各季度的销售统计表，其具体的操作方法如下。

Step 01 启动Excel 2007应用程序，将新建的“Book1”工作簿保存为“产品年度销量统计表”，并将“Sheet1”工作表重命名为“一季度销量统计表”工作表，“Sheet2”工作表重命名为“二季度销量统计表”工作表，“Sheet3”工作表重命名为“三季度销量统计表”工作表。

Step 02 单击“工作表标签组”右侧的“插入工作表”按钮在工作表标签组末尾插入一个“Sheet4”空白工作表，然后将其重命名为“四季度销量统计表”。

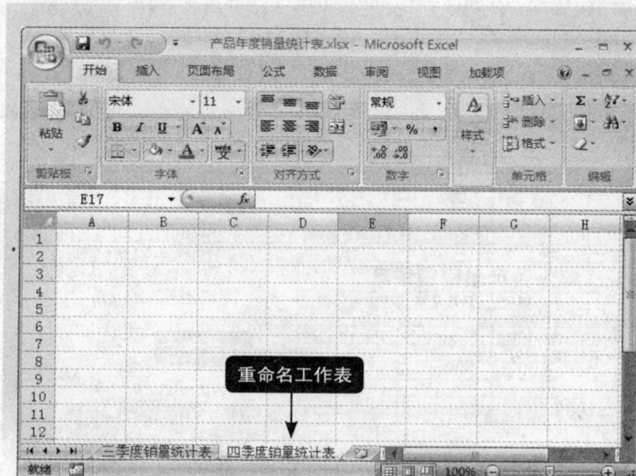

Step 03 选择“一季度销量统计表”工作表，将A1:G1单元格区域设置为合并后居中，并在其中输入“2009年1月－3月产品销量统计”文本。在A2:G2单元格区域中输入相应的表头文本，然后将文本的对齐方式设置为居中对齐，并使用鼠标拖动的方法调整单元格的列宽。将A19:E19单元格区域设置为合并后居中，并在其中输入“季度总销量和销售总额：”文本。

Step 04 选择A1:G19单元格区域，为其添加相应的边框线。选择E3:E18单元格区域和G3:G19单元格区域，将其单元格格式设置为货币格式。选择A1单元格中的文本，将其字体格式设置为方正大黑简体、18号。选择A2:G2单元格区域中的数据，将其文本的字体格式设置为加粗。

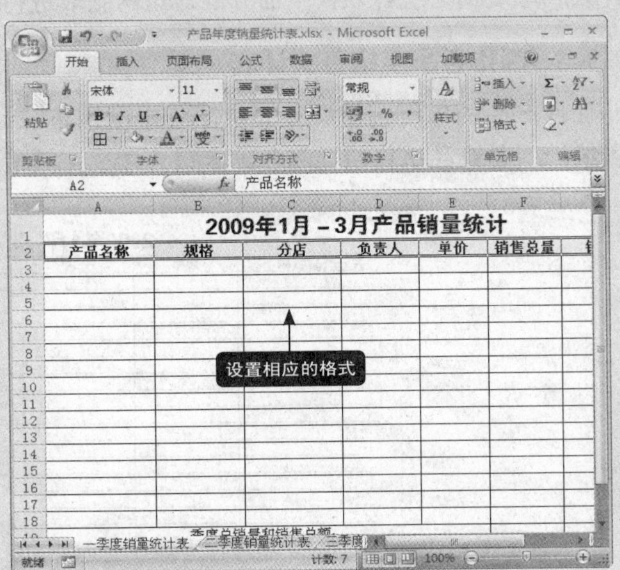

Step 05 将A21:C21单元格区域设置为合并后居中，并在其中输入“各产品销售情况”文本。在A22:C22单元格区域中输入相应的表头文本。在A23:A28单元格区域中填充相应的产品名称数据。为A21:C28单元格区域设置相应的表格格式，并将C23:C28单元格区域的单元格格式设置为货币格式。

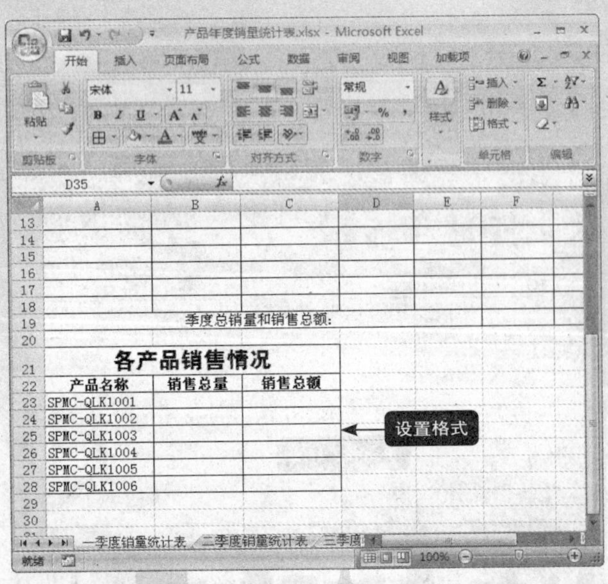

Step 06 将E21:G21单元格区域设置为合并后居中，并在其中输入“各分店销售情况”文本。在E22:G22单元格区域中输入相应的表头文本。在E23:E26单元格区域中填充相应的分店名称数据。为E23:G26单元格区域设置相应的表格格式，并将F23:F26单元格区域的单元格格式设置为货币格式。

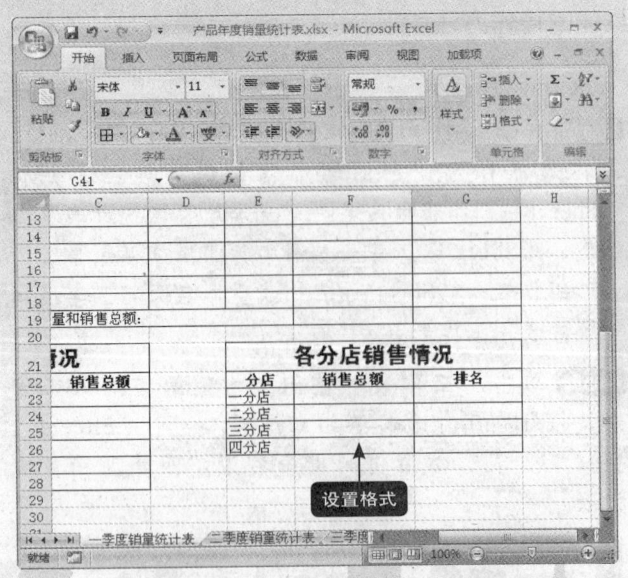

Step 07 选择A3:A18单元格区域。在“数据”选项卡下“数据工具”组中单击“数据有效性”按钮的下拉按钮，在弹出的下拉菜单中选择“数据有效性”命令，在打开的“数据有效性”对话框中默认选择“设置”选项卡。在其中的“有效性条件”选项组的“允许”下拉列表中选择“序列”选项，取消选中“忽略空值”复选框，并在“来源”文本框中输入“SPMC-QLK1001,SPMC-QLK1002,SPMC-QLK1003,SPMC-QLK1004,SPMC-QLK1005,SPMC-QLK1006”文本。

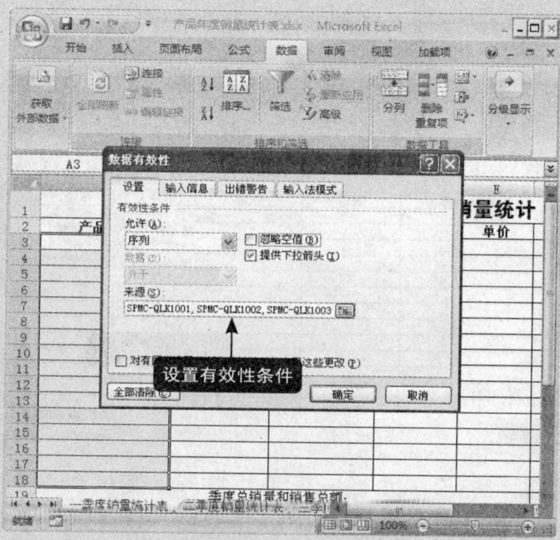

Step 08 单击“输入信息”选项卡，在“标题”文本框中输入“产品名称”文本，在“输入信息”文本框中输入“在下拉列表框中选择产品名称”文本。单击“出错警告”选项卡，在“样式”下拉列表中选择“信息”选项，在“标题”文本框中输入“产品名称数据错误”文本，在“错误信息”文本框中输入“设置的产品名称数据错误，或者还没有设置产品名称数据，请重新设置”文本。单击“确定”按钮关闭“数据有效性”对话框，完成数据有效性格式的设置。

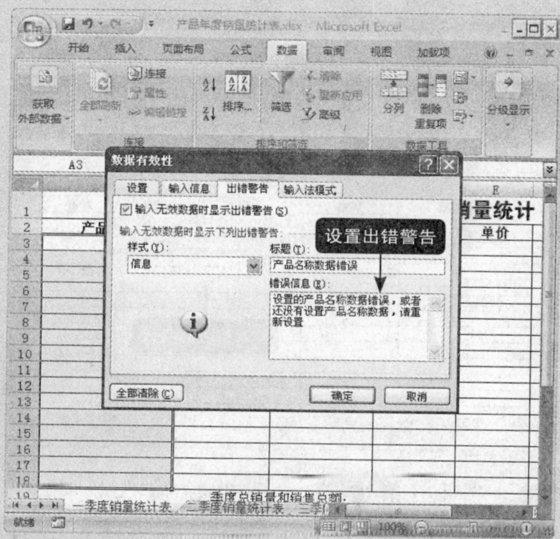

Step 09 选择C3:C18单元格区域，打开“数据有效性”对话框。在“设置”选项卡的“允许”下拉列表中选择“序列”选项，取消选中“忽略空值”复选框，在“来源”文本框中输入“一分店,二分店,三分店,四分店”文本。

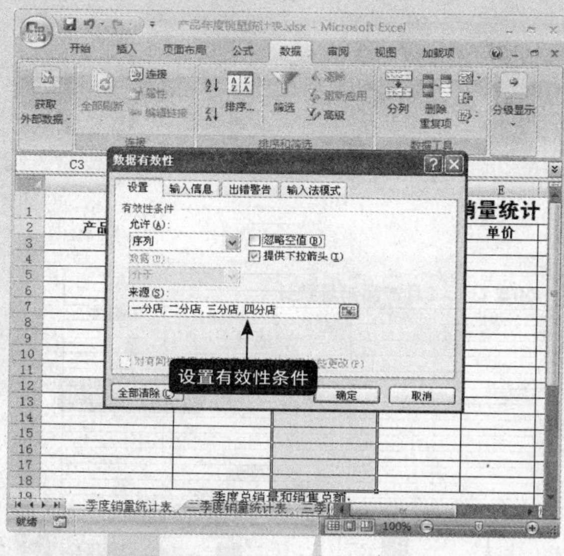

Step 10 分别在“输入信息”选项卡和“出错警告”选项卡中设置相应的信息，然后单击“确定”按钮关闭“数据有效性”对话框，完成数据有效性格式的设置。

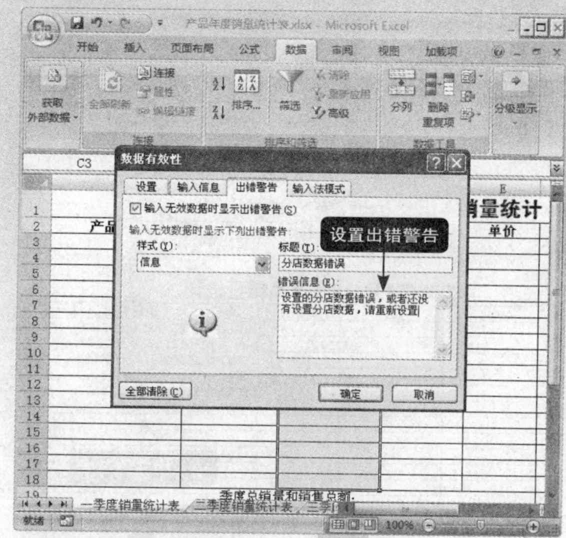

Step 11 选择B3单元格，将光标插入点定位到该单元格，并在其中输入“=IF(A3="SPMC-QLK1001","16件/箱",IF(A3="SPMC-QLK1002","20件/箱",IF(A3="SPMC-QLK1003","12件/箱",IF(A3="SPMC-QLK1004","28件/箱",IF(A3="SPMC-QLK1005","10件/箱",IF(A3="SPMC-QLK1006","32件/箱",""))))))”公式，按【Enter】键完成公式的输入，使用拖动鼠标的方法为B4:B18单元格区域复制该公式。

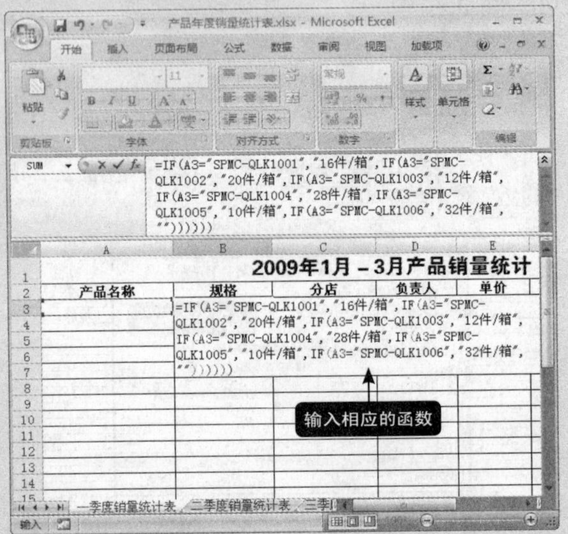

Step 12 选择D3单元格，将光标插入点定位到该单元格，并在其中输入“=IF(C3="一分店","马涛",IF(C3="二分店","薛敏",IF(C3="三分店","张伟",IF(C3="四分店","祝苗",""))))”公式，按【Enter】键完成公式的输入，使用拖动鼠标的方法为D4:D18单元格区域复制该公式。

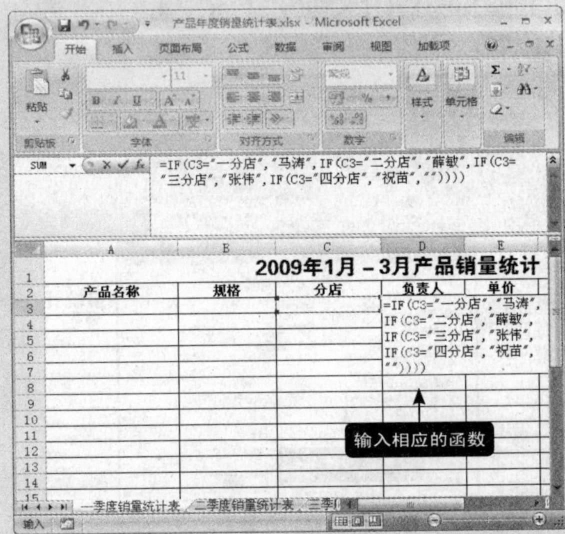

Step 13 选择E3单元格，将光标插入点定位到其中，并输入“=IF(A3="SPMC-QLK1001",1850,IF(A3="SPMC-QLK1002",2475,IF(A3="SPMC-QLK1003",1729,IF(A3="SPMC-QLK1004",1650,IF(A3="SPMC-QLK1005",1489,IF(A3="SPMC-QLK1006",3705,0))))))”公式，按【Enter】键完成公式的输入，使用拖动鼠标的方法为E4:E18单元格区域复制该公式。

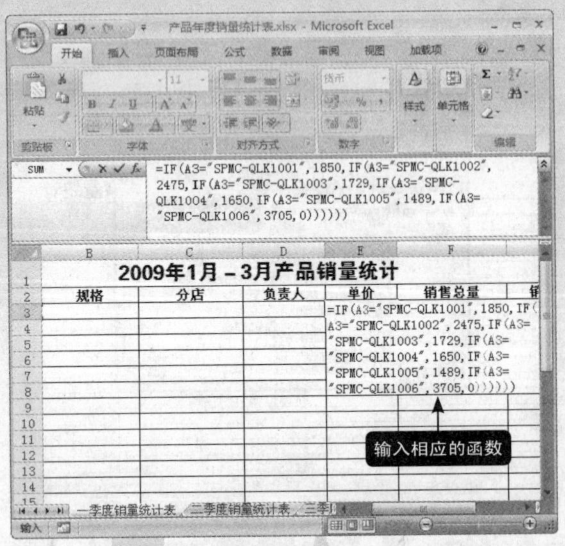

Step 14 选择G3单元格，将光标插入点定位到该单元格，并在其中输入“=E3*F3”公式，按【Enter】键完成公式的输入，使用拖动鼠标的方法为G4:G18单元格区域复制该公式。

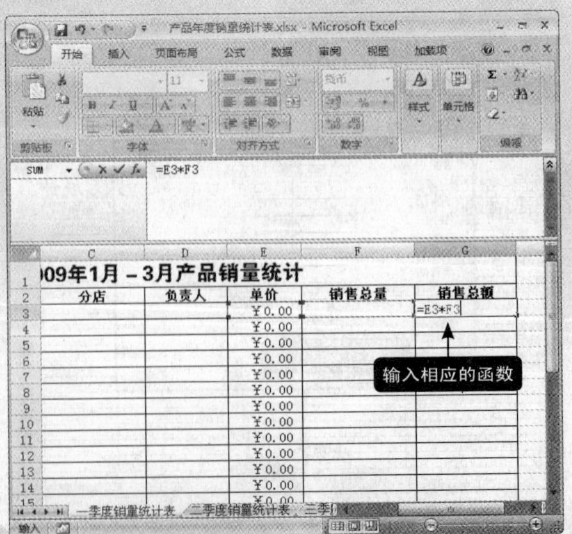

Step 15 选择F19单元格，将光标插入点定位到该单元格，并在其中输入“=SUM(F3:F18)”公式，按【Enter】键完成公式的输入，使用拖动鼠标的方法为G19单元格区域复制该公式，并将G19单元格格式设置为货币格式。

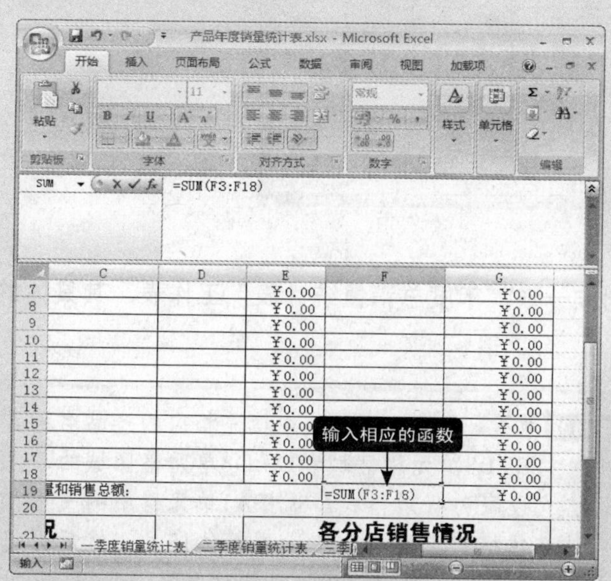

Step 16 选择A1:G28单元格区域，按【Ctrl+C】组合键，将工作表切换到“二季度销量统计表”。选择A1:G28单元格区域，按【Ctrl+V】组合键将复制的单元格区域粘贴到该单元格区域，并用鼠标拖动的方法调整单元格的列宽，将A1单元格的文本修改为“2009年4月－6月产品销量统计”文本。

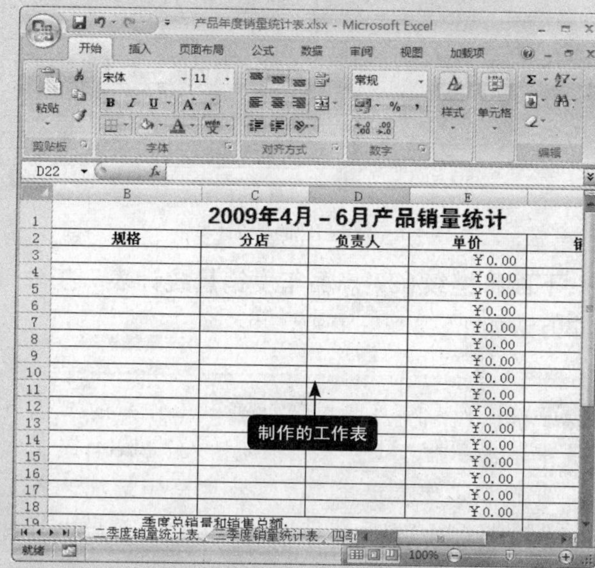

Step 17 用相同的方法将“一季度销量统计表”工作表中的数据复制到“三季度销量统计表”工作表中。用鼠标拖动的方法调整其中单元格的列宽，并将A1单元格的文本修改为“2009年7月－9月产品销量统计”文本。

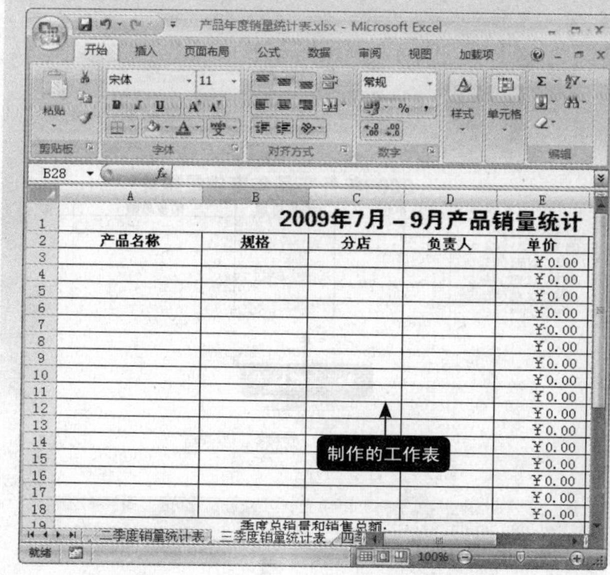

Step 18 用相同的方法将“一季度销量统计表”工作表中的数据复制到“四季度销量统计表”工作表中。用鼠标拖动的方法调整单元格的列宽，并将A1单元格的文本修改为“2009年10月－12月产品销量统计”文本。

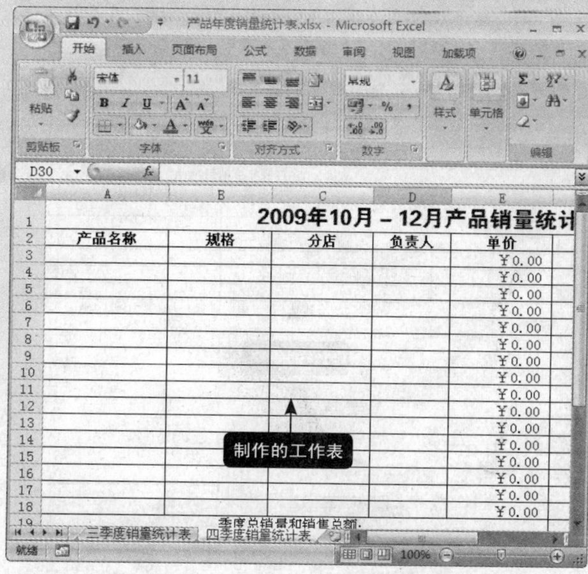

2. 制作年度总销量统计表

在“产品年度销量统计表”工作簿中，年度总销量统计表主要汇总各季度产品的销量情况，包括产品的年度销量统计和各分店年度销售总额，其最终的效果如下图所示。

2009年各产品年度销量统计

产品名称	单价	销售总量	销售总额	销量排行
SPMC-QLK1001	￥1,850.00			
SPMC-QLK1002	￥2,475.00			
SPMC-QLK1003	￥1,729.00			
SPMC-QLK1004	￥1,650.00			
SPMC-QLK1005	￥1,489.00			
SPMC-QLK1006	￥3,705.00			

2009年各分店年度销售总额

分店	销售总额	排名
一分店		
二分店		
三分店		
四分店		

■年度总销量统计表

下面将继续在“产品年度销量统计表”工作簿中制作一张“年度总销量统计表”工作表，其具体的操作方法如下。

Step 01 在“产品年度销量统计表”工作簿的工作表标签中单击“插入工作表”按钮插入“Sheet1”工作表。并将该工作表重命名为“年度总销量统计表”工作表。将A1:E1单元格区域设置为合并后居中，在其中输入“2009年各产品年度销量统计”文本。在A2:E8单元格区域中按如图所示的布局设置相应的表格数据和单元格格式。选择工作表中的所有使用过的单元格，在“开始”选项卡下“字体”组中单击“所有框线”按钮，为工作表添加边框。

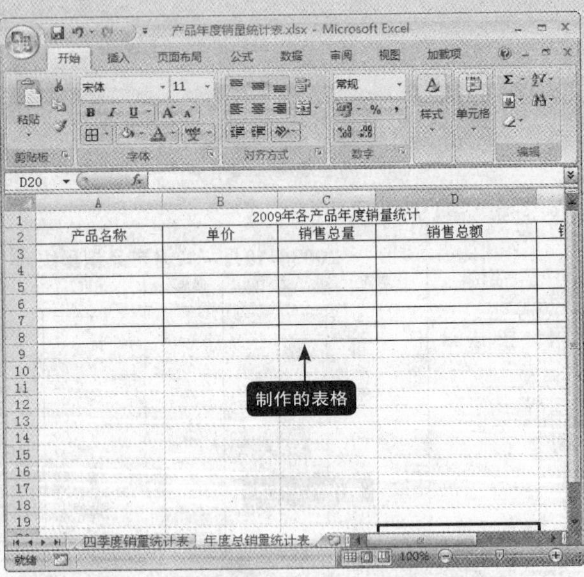

Step 02 在A3:A8单元格区域中填充相应的产品名称数据，将B3:B8单元格区域和D3:D8单元格区域的单元格格式设置为货币格式。选择A1单元格中的文本，将其字体格式设置为方正大黑简体18号。然后再将表头数据的字体格式设置为加粗格式。

Step 03 选择B3单元格，将光标插入点定位到该单元格中，并在其中输入“=IF(A3="SPMC-QLK1001",1850,IF(A3="SPMC-QLK1002",2475,IF(A3="SPMC-QLK1003",1729,IF(A3="SPMC-QLK1004",1650,IF(A3="SPMC-QLK1005",1489,IF(A3="SPMC-QLK1006",3705,0))))))”公式，按【Enter】键完成公式的输入，使用拖动鼠标的方法为B4:B8单元格区域复制该公式。

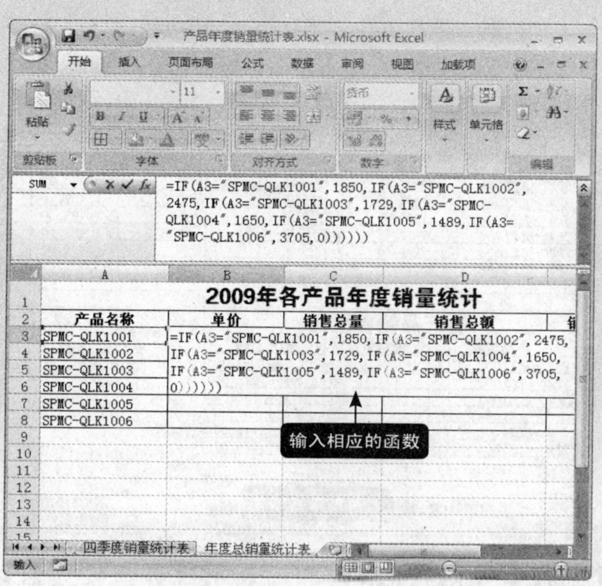

Step 04 将A10:C10单元格区域设置为合并后居中，并在其中输入“2009年各分店年度销售总额”文本。在A11:C11单元格区域中输入相应的表头文本。在A12:A15单元格区域中填充相应的分店数据，为A10:C15单元格区域设置相应的表格格式，并将B12:B15单元格区域的单元格格式设置为货币格式。

27.3.2 统计季度各产品和各分店销售情况

如果需要统计年度销量情况，首先应该获取各季度产品的销量情况，下面将在“产品年度销量统计表”工作簿的各季度销量统计表中统计各产品的销量情况以及各分店的销量情况，其操作方法如下。

Step 01 打开“一季度销量统计表”工作表，选择A3单元格，系统自动在单元格的右侧显示下拉按钮，并弹出相应的提示信息。单击下拉按钮，在弹出的下拉列表框中选择产品的名称，此时系统自动在B3和E3单元格中显示该产品对应的规格和单价信息。

Step 02 选择C3单元格，单击单元格右侧的下拉按钮，在弹出的下拉列表中选择分店的名称，这里选择“二分店”选项，此时系统自动在D3单元格中显示该分店对应的负责人的姓名。用相同的方法在A4:A18单元格区域中设置产品的名称，在D4:D18单元格区域中设置分店数据，此时系统自动在B4:B18单元格区域和D4:E18单元格区域中填充相应产品的规格、单价和分店负责人的相关信息。

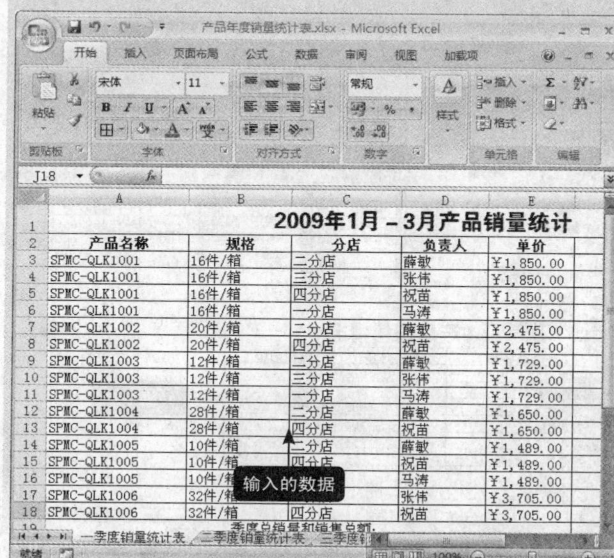

Step 03 在F3:F18单元格区域中输入相应产品在各分店的销售总量数据，此时系统自动在F19单元格中计算出一季度产品的总销量，在G19单元格中计算出一季度产品的销售总额。选择B23单元格，将光标插入点定位到该单元格中，并在其中输入“=SUM(F3:F6)”公式，按【Enter】键在该单元格中计算出SPMC-QLK1001产品的销售总量。

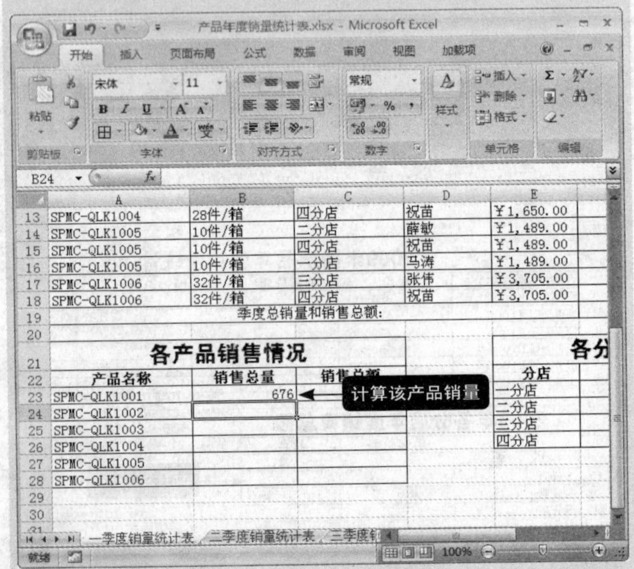

Step 04 用鼠标拖动的方式为C23单元格复制该公式，并在C23单元格中计算出该产品的销售总额。用相同的方法分别在B24:B28单元格区域中输入相应的公式，计算出其他产品一季度的销售总量，并复制相应的公式计算其他产品一季度的销售总额。最后将C23:C28单元格区域的单元格格式设置为货币格式。

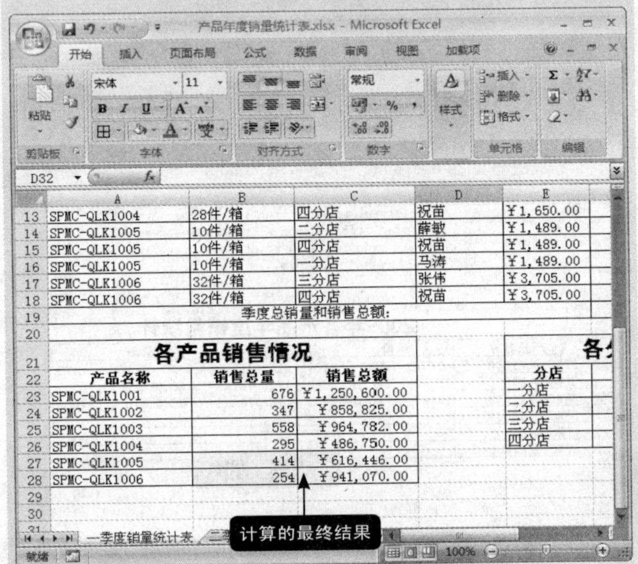

Step 05 选择B23:C28单元格区域，按【Ctrl+C】组合键复制该单元格区域中的数据。在“开始”选项卡下“剪贴板”组中单击“粘贴”按钮的下拉按钮，在弹出的下拉菜单中选择“粘贴值”命令，将B23:C28单元格区域中带公式格式的数据转换为不带公式格式的数据。

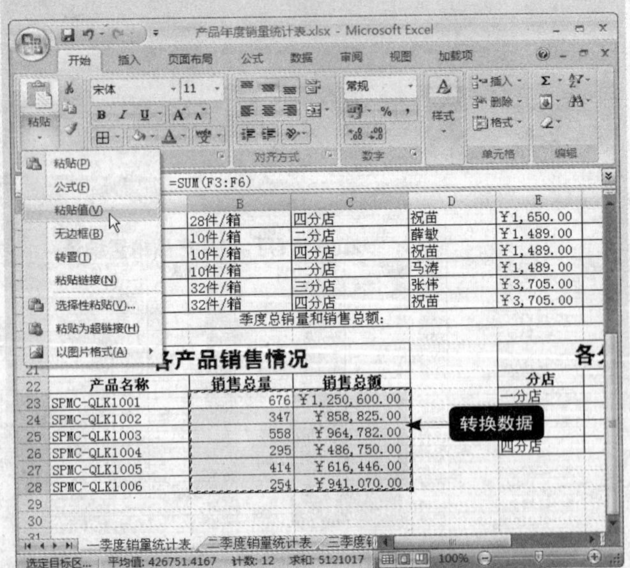

Step 06 将A3:G18单元格区域中的数据按分店数据的升序次序进行排列。选择F23单元格，将光标插入点定位到该单元格中，并在其中输入“=SUM(G16:G18)”公式，按【Enter】键在该单元格中计算出一季度一分店的销售总额。

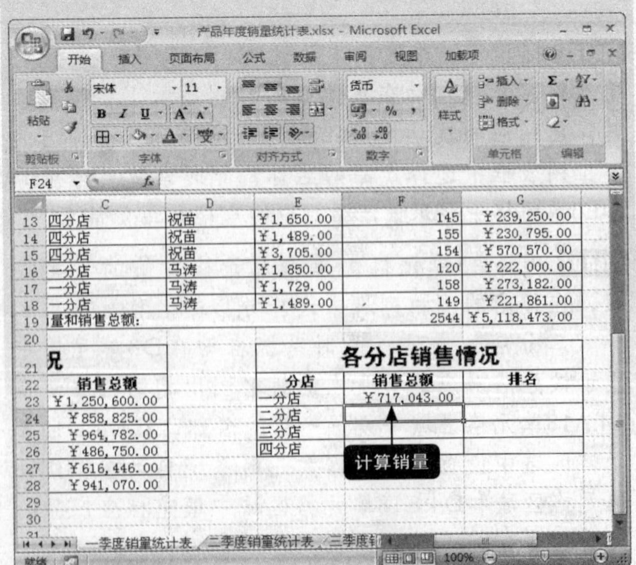

Step 07 用相同的方法在F24:F26单元格区域中输入相应的公式计算出其他分店在一季度的销售总额，并将F23:F26单元格区域中的数据转换为不带公式格式的数据。

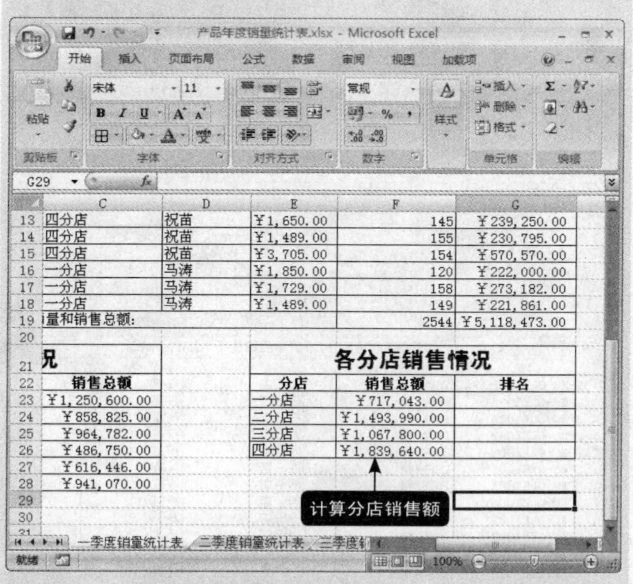

Step 08 选择G23单元格，将光标插入点定位到该单元格中，并在其中输入“=RANK(F23, $F$23:$F$26,0)”公式。

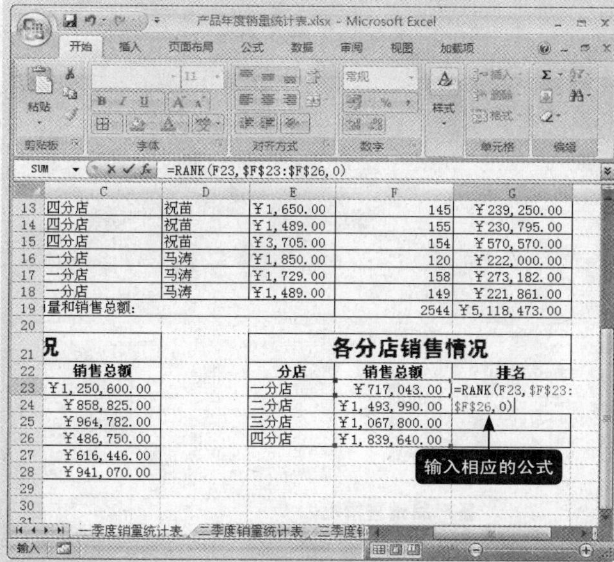

Step 09 按【Enter】键在G23单元格中计算出一分店在一季度中销售总额的排名，利用拖动鼠标的方式为G24:G26单元格复制该公式，并计算出其他分店在一季度中销售总额的排名。

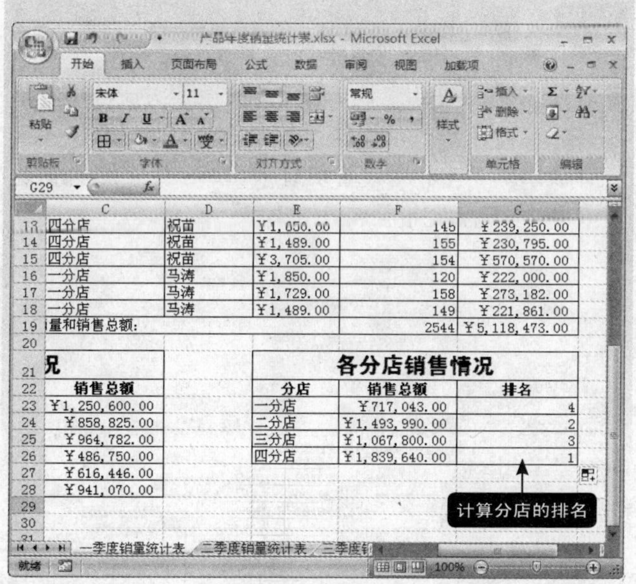

Step 10 用相同的方法分别在“二季度销量统计表”、“三季度销量统计表”和“四季度销量统计表”工作表中计算出相应季度的统计情况和分店销售情况数据。

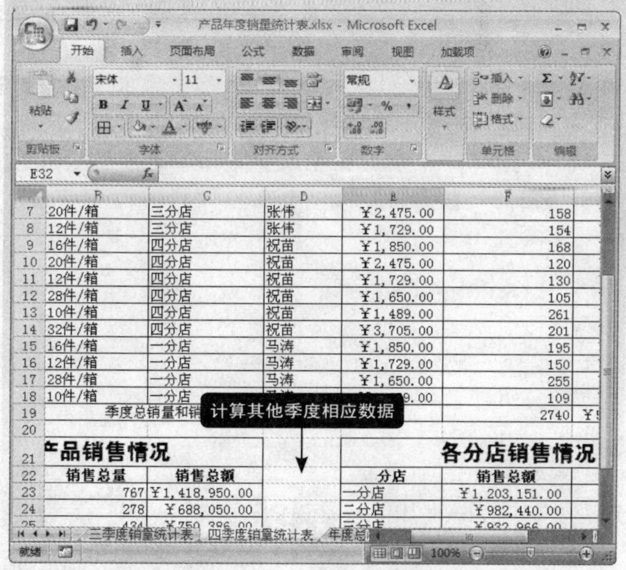

27.3.3 统计年度总销量

在统计出各季度各产品的销量情况和各分店销量情况后，就可以统计产品的年度总销量了，下面将在“产品年度销量统计表”工作簿中的“年度总销量统计表”工作表中统计各产品的年度总销量、销售总额和销量排行，以及各分店年度的销售总额和排名情况，其操作方法如下。

Step 01 选择“产品年度总销量统计表”工作表，选择C3单元格，将光标插入点定位到该单元格中，并在其中输入“=”，单击工作表标签中的“一季度销量统计表”工作表标签将工作表切换到该工作表中，并在该工作表中选择B23单元格。此时系统自动在编辑栏中显示“=一季度销量统计表!B23”公式。

Step 02 在编辑栏中的公式中输入“+”运算符，单击工作表标签中的“二季度销量统计表”工作表标签，将工作表切换到该工作表。在“二季度销量统计表”工作表中选择B23单元格。此时系统自动在编辑栏中显示“=一季度销量统计表!B23+二季度销量统计表!B23”公式。

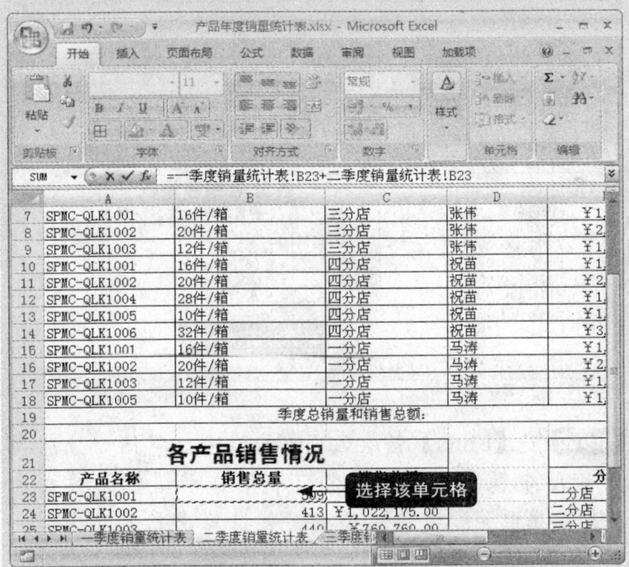

Step 03 在编辑栏中的公式中输入“+”运算符，单击工作表标签中的“三季度销量统计表”工作表标签，将工作表切换到该工作表，并在其中选择B23单元格。此时系统自动在编辑栏中显示“=一季度销量统计表!B23+二季度销量统计表!B23+三季度销量统计表!B23”公式。

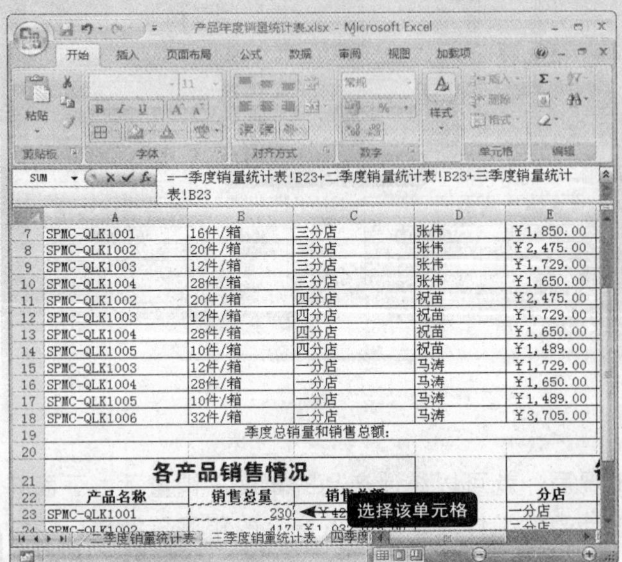

Step 04 在编辑栏中的公式中输入“+”运算符，单击工作表标签中的“四季度销量统计表”工作表标签，将工作表切换到该工作表，并在其中选择B23单元格。此时系统自动在编辑栏中显示“=一季度销量统计表!B23+二季度销量统计表!B23+三季度销量统计表!B23+四季度销量统计表!B23”公式。

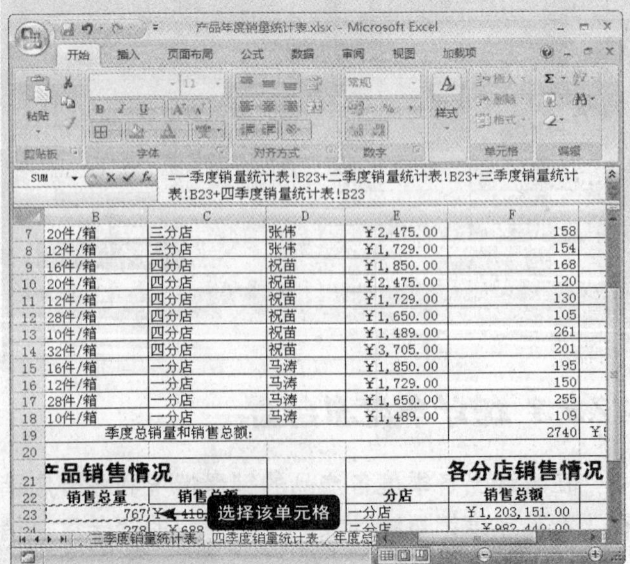

Step 05 按【Enter】键，系统自动将工作表切换到“年度总销量统计表”工作表中，并在该工作表的C3单元格中计算出SPMC-QLK1001产品的年度总销量。利用鼠标拖动的方法为C4:C8单元格区域复制C3单元格中的公式，计算出其他产品的年度总销量。

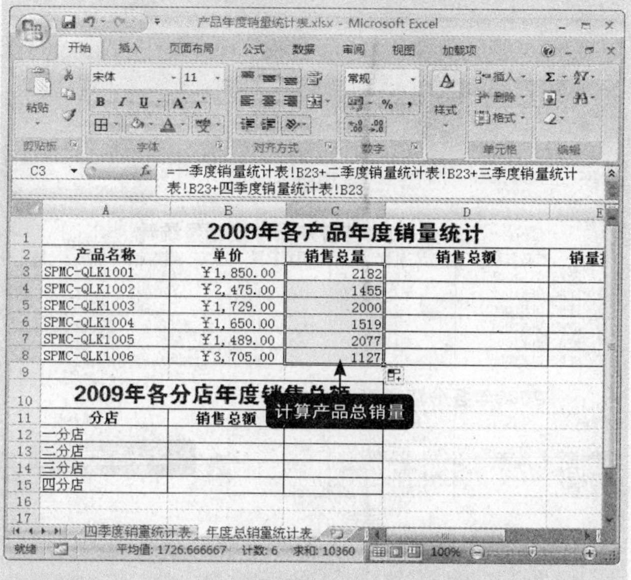

Step 06 选择D3单元格，将光标插入点定位到该单元格中，并在其中输入“=B3*C3”公式，按【Enter】键系统自动在D3单元格中计算出SPMC-QLK1001产品的年度销售总额。然后利用鼠标拖动的方法为D4:D8单元格区域复制该公式，计算出其他产品的年度销售总额。

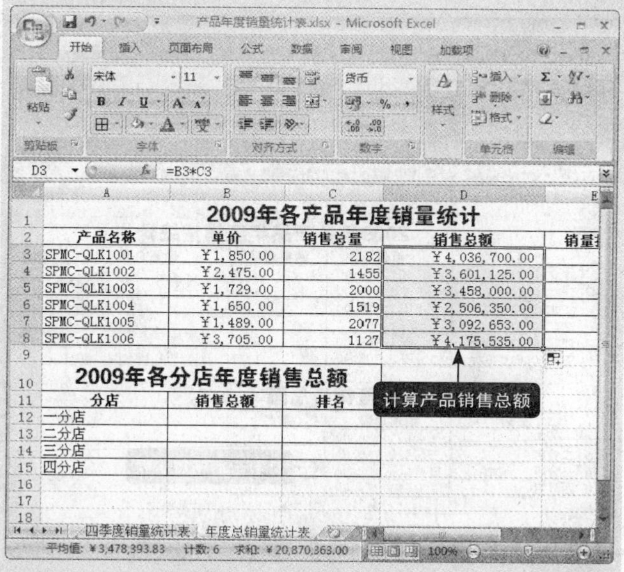

Step 07 选择E3单元格，将光标插入点定位到该单元格中，并在其中输入“=RANK(D3,＄D＄3:＄D＄8,0)”公式，按【Enter】键，系统自动在E3单元格中计算出SPMC-QLK1001产品在所有产品的年度销售总额中的销售排行。然后利用鼠标拖动的方法为E4:E8单元格区域复制该公式，计算出其他产品在所有产品的年度销售总额中的销售排行。

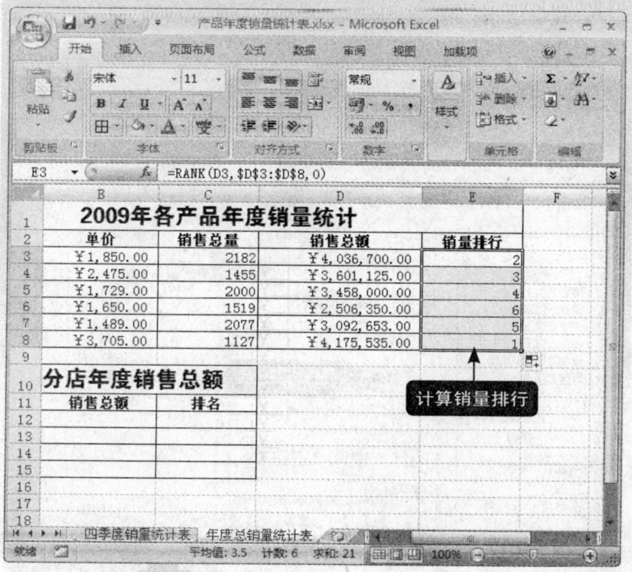

Step 08 利用设置产品年度销售总量的方法在B12单元格中为一分店年度销售总额设置“=一季度销量统计!F23+二季度销量统计!F23+三季度销量统计!F23+四季度销量统计!F23”公式。

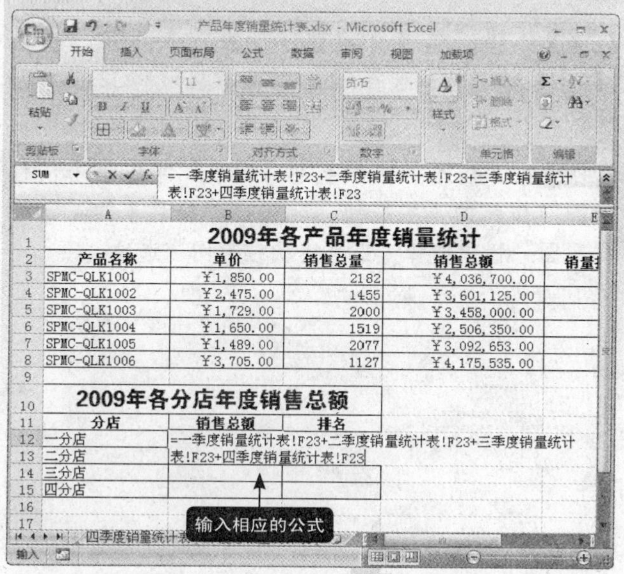

Step 09 按【Enter】键，在该工作表的B12单元格中计算出一分店的年度销售总额。利用鼠标拖动的方法为B13:B15单元格区域复制B12单元格中的公式，计算出其他分店的年度销售总额。

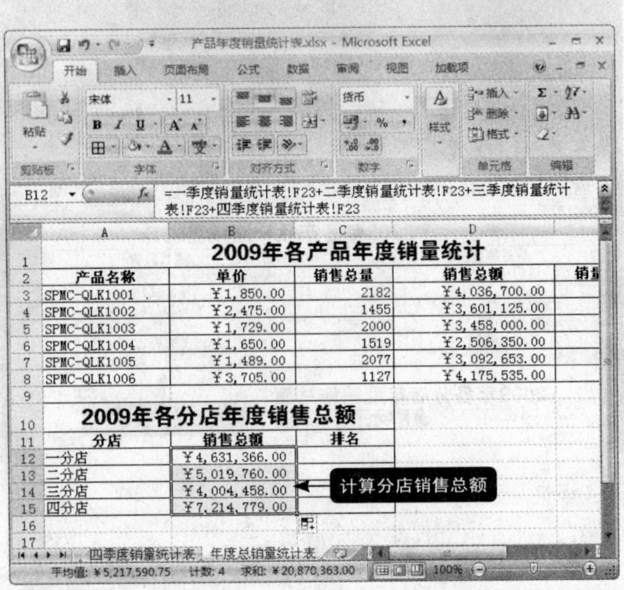

Step 10 选择C12单元格，将光标插入点定位到该单元格中，并在其中输入“=RANK(B12,$B$12:$B$15,0)”公式，按【Enter】键，系统自动在C12单元格中计算出一分店年度销售总额的排名。然后利用鼠标拖动的方法为C13:C15单元格区域复制该公式，计算出其他分店的年度销售总额的排名。

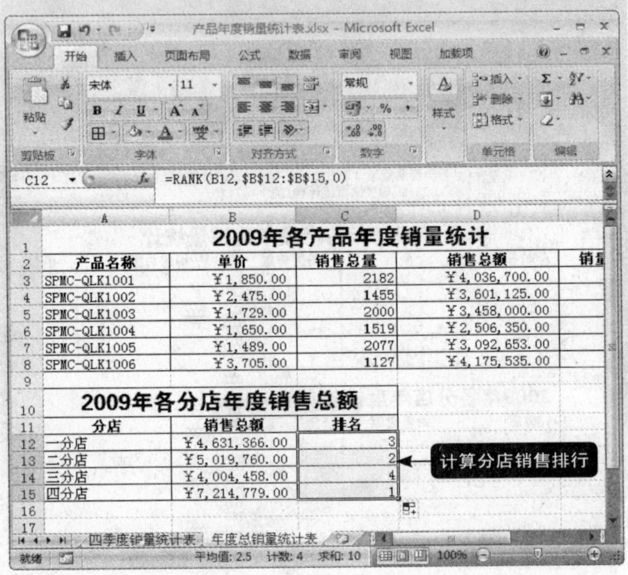

27.3.4 制作产品年度总销量图表

分析数据的过程中，用户可以根据实际情况为其创建相应的图表，从而更直观地查看和分析各产品的年度销售情况。下面将在“产品年度销售统计表”工作簿中根据“年度总销量统计表”工作表中的产品年度销量统计数据创建年度销量图表，其具体的操作方法如下。

Step 01 选择“年度总销量统计表”工作表，按住【Ctrl】键不放，选择A2:A8单元格区域和C2:C8单元格区域。

Step 02 在“插入”选项卡下“图表”组中单击“柱形图”按钮的下拉按钮，在弹出下拉菜单的“三维柱形图”栏中选择“三维簇状柱形图”选项。

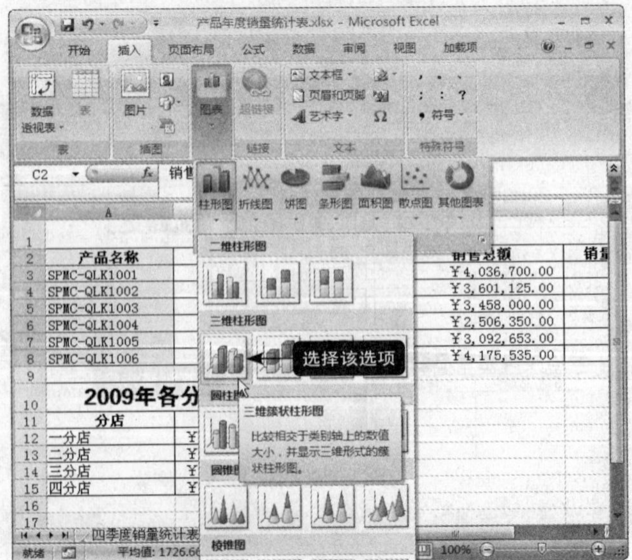

Step 03 系统自动在工作表中创建一个三维柱状类型的柱形图，并以“销售总量”为图表标题显示。此时在系统默认的“图表工具 设计”选项卡下“位置”组中单击“移动图表”按钮，在打开的“移动图表”对话框中选择“新工作表”单选按钮，在其后的文本框中输入“产品年度总销量图表”文本，单击“确定”按钮。

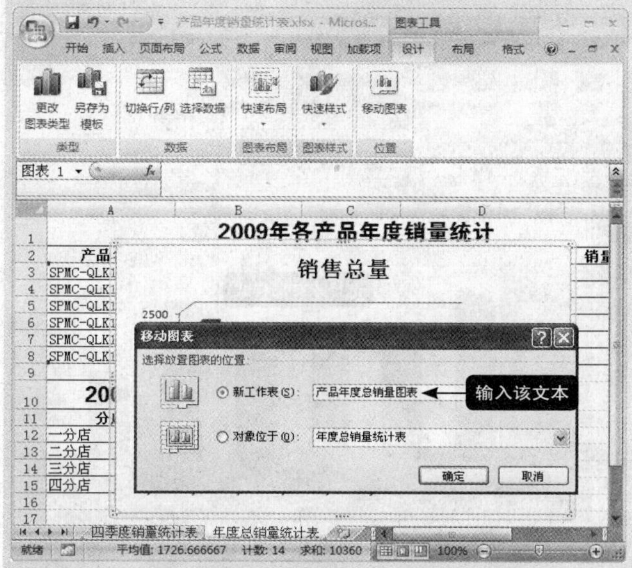

Step 04 系统自动将指定的图表移动到“产品年度总销量图表”工作表中。在“图表工具 格式”选项卡下“大小”组中将图表的高度设置为10厘米，宽度设置为18厘米，并将图表移动到工作表的适当位置。选择图表的标题文本，将其修改为“09年产品总销量”文本。

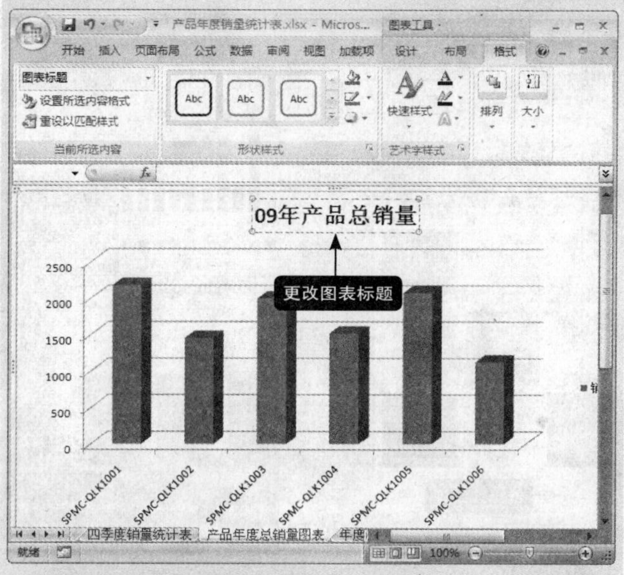

Step 05 选择图表，在“图表工具 设计”选项卡下“图表样式”组中单击“其他”按钮，在弹出的下拉菜单中选择需要的图表样式，这里选择“样式39”选项。

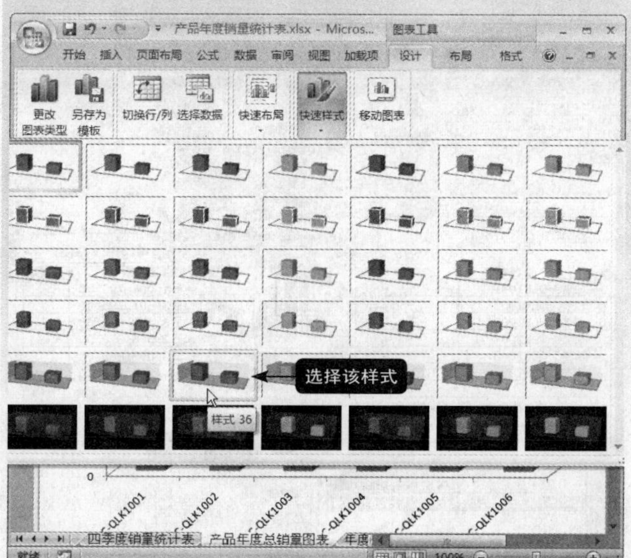

Step 06 保持图表的选择状态。在“图表工具 格式”选项卡下“形状样式”组中单击“形状填充”按钮的下拉按钮，在弹出的下拉菜单中选择“渐变/其他渐变”命令，在打开的“设置图表区格式”对话框的“填充”选项卡中选择“渐变填充”单选按钮，单击“预设颜色”按钮的下拉按钮，在弹出的下拉列表中选择“茵茵绿原”选项，单击“关闭”按钮关闭对话框。

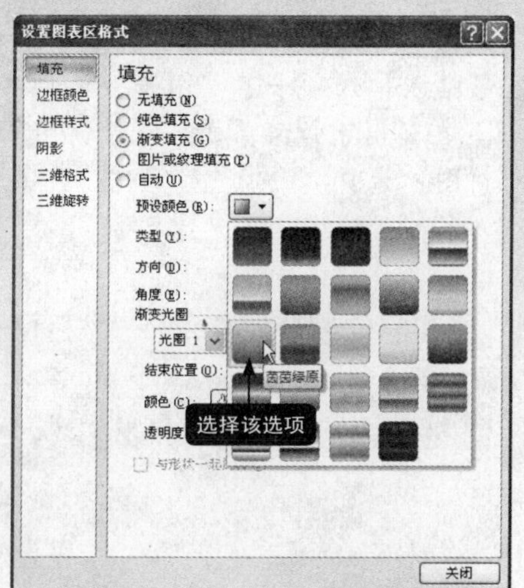

Step 07 在返回的图表中即可查看到图表区应用的渐变填充效果。选择图表的背面墙，单击“形状样式”组中“形状填充”按钮的下拉按钮，在弹出的下拉菜单中选择“纹理”命令，再在弹出的子菜单中选择“新闻纸”选项为其设置相应的纹理效果。用相同的方法为图表的基底设置相应的“新闻纸”纹理效果。

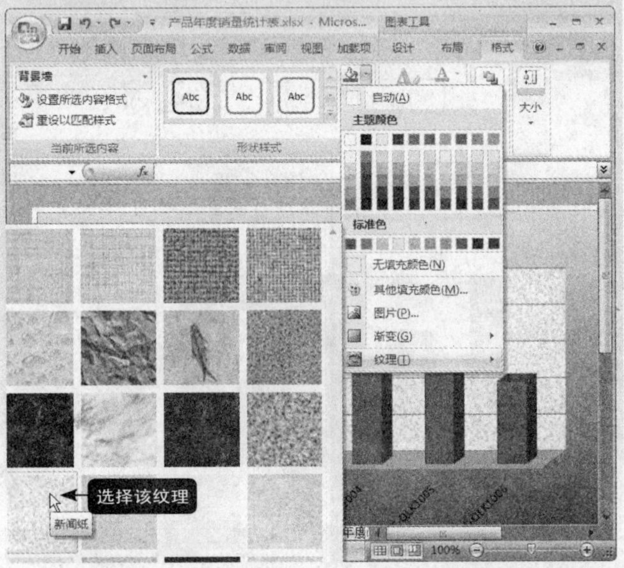

Step 08 返回图表，并选择图表。在“图表工具 设计”选项卡下“图表布局”组中单击“其他”按钮，在弹出的下拉菜单中选择需要的布局样式，这里选择“布局5”选项为图表应用相应的布局样式。

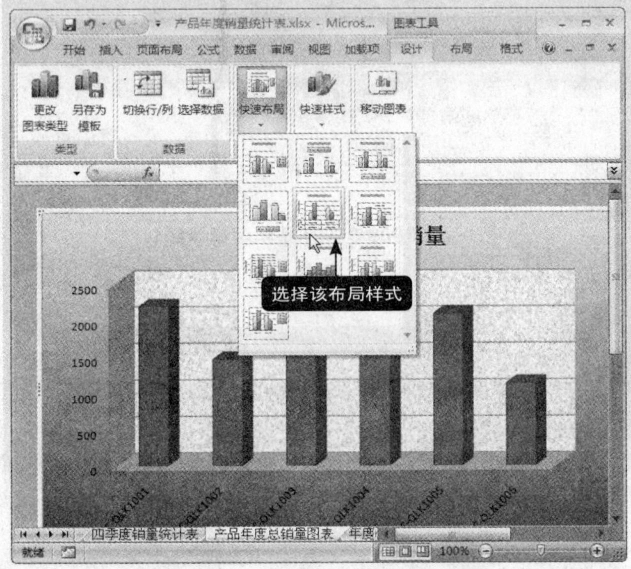

27.3.5 制作分店年度销量总额比例图表

在产品年度销量统计表中，除了对产品总销量进行分析以外，还需要对各分店的销售情况进行分析，以便对产品来年销售分配提供依据。下面将在“产品年度销量统计表”工作簿中根据“年度总销量统计”工作表中的各分店总销售额数据创建一个显示各分店销售比例的图表，其具体的操作方法如下。

Step 01 在“年度总销量统计表”工作表中选择A11:B15单元格区域。

Step 02 在“插入”选项卡下“图表”组中单击“饼图”按钮，在弹出下拉菜单的“三维饼图”栏中选择“三维饼图”选项。

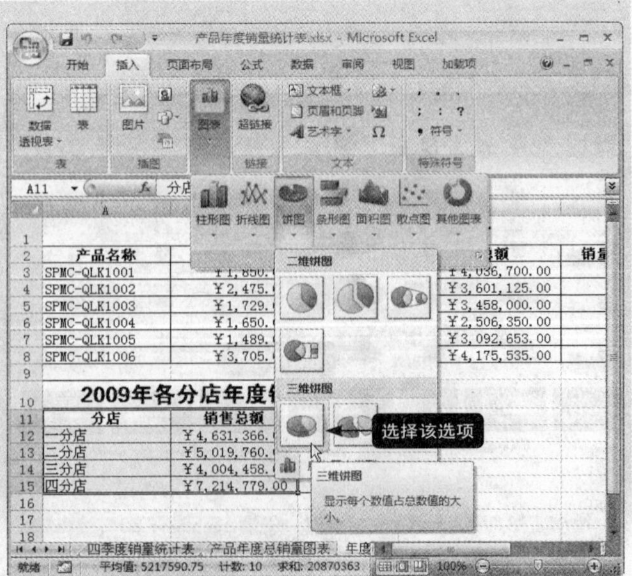

Step 03 系统自动在工作表中创建一个三维饼图的图表，并以“销售总额”为图表标题显示。在“图表工具 设计”选项卡下“位置”组中单击“移动图表”按钮，在打开的“移动图表”对话框中选择“新工作表”单选按钮，在其后的文本框中输入“各分店年度销量占比分析图表”文本，单击“确定”按钮。

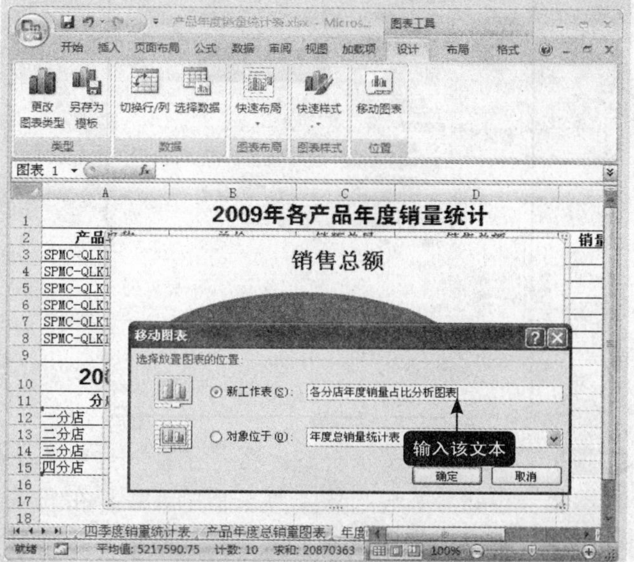

Step 04 系统自动将指定的图表移动到“各分店年度销量占比分析图表”工作表中。在“图表工具 格式”选项卡下“大小”组中将图表的高度设置为10厘米，宽度设置为14厘米，并将图表移动到工作表的适当位置。选择图表的标题文本，将其修改为“09年各分店产品销量占比分析”文本。

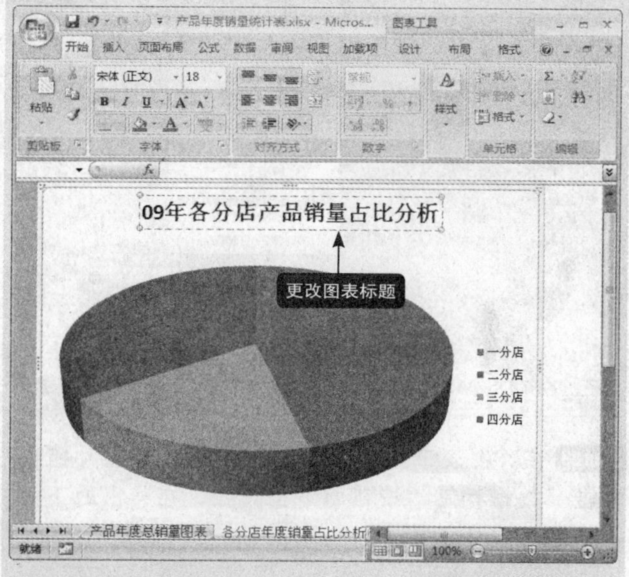

Step 05 选择图表。在“图表工具 设计”选项下“图表样式”组中单击“其他”按钮，在弹出的下拉菜单中选择需要的图表样式，这里选择“样式26”选项。

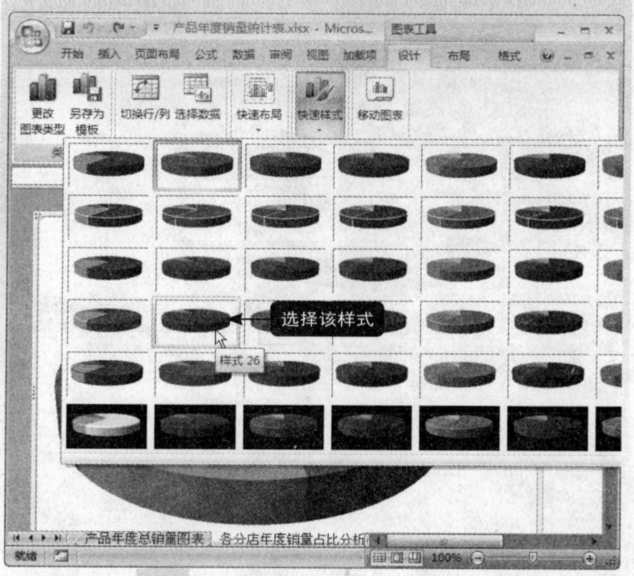

Step 06 保持图表的选择状态。在“图表工具 格式”选项卡下“形状样式”组中单击“形状填充”按钮的下拉按钮，在弹出的下拉菜单中选择“渐变/其他渐变”命令，在打开的“设置图表区格式”对话框的“填充”选项卡中选择“渐变填充”单选按钮，单击“预设颜色”按钮的下拉按钮，在弹出的下拉列表中选择“雨后初晴”选项，单击“关闭”按钮关闭对话框。

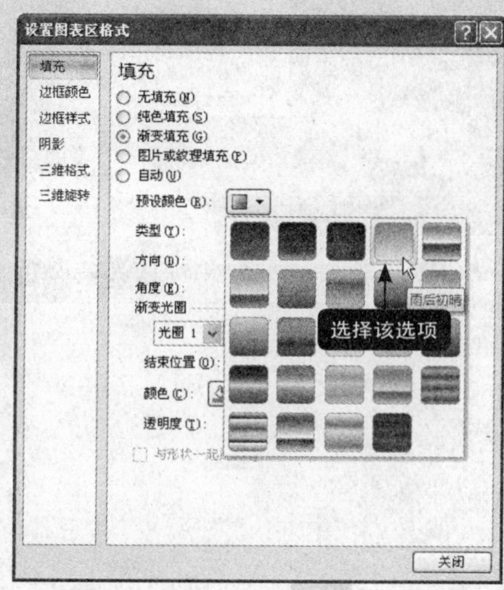

Step 07 在“图表工具 布局”选项卡下“标签”组中单击“数据标签”按钮的下拉按钮，在弹出的下拉菜单中选择“其他数据标签选项”命令。

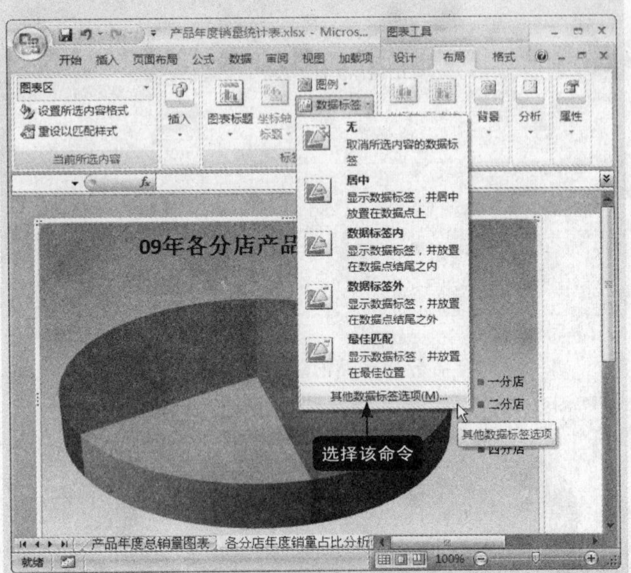

Step 08 在打开的“设置数据标签格式”对话框中默认选择“标签选项”选项卡。在对话框右侧的“标签包括”选项组中取消选中“值”复选框，选中“百分比”复选框，然后单击“关闭”按钮关闭该对话框，并为图表应用设置的标签选项。

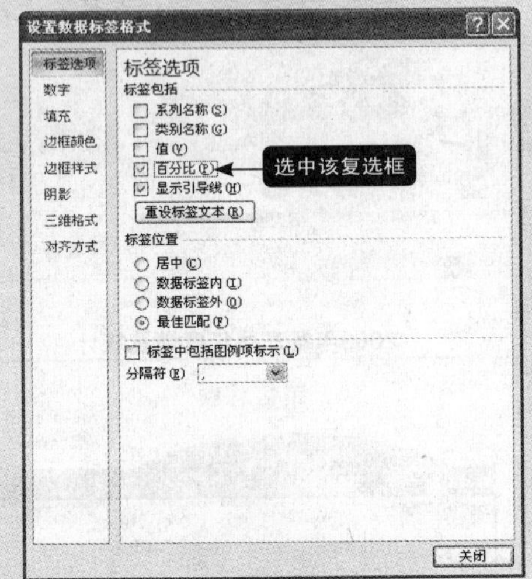

Step 09 在“图表工具 布局”选项卡下“标签”组中单击“数据标签”按钮的下拉按钮，在弹出的下拉菜单中选择“居中”命令。

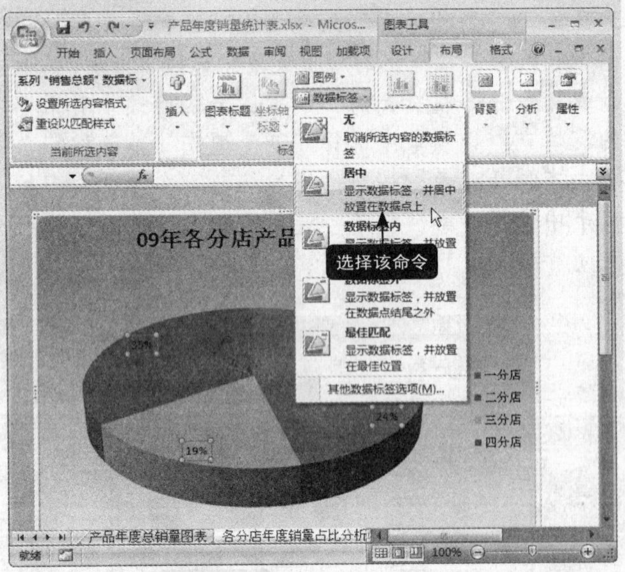

Step 10 保持图表的选择状态。在“标签”组中单击“图例”按钮，在弹出的下拉菜单中选择“在底部显示图例”命令更改图表中图例默认的位置，然后将编辑过的工作簿进行保存，完成整个操作。

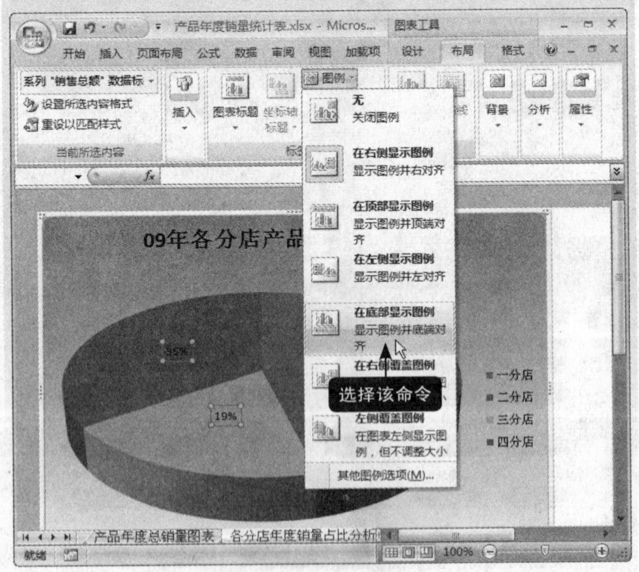

读者意见反馈表

亲爱的读者：

感谢您对中国铁道出版社的支持，您的建议是我们不断改进工作的信息来源，您的需求是我们不断开拓创新的基础。为了更好地服务读者，出版更多的精品图书，希望您能在百忙之中抽出时间填写这份意见反馈表发给我们。随书纸制表格请在填好后剪下寄到：北京市宣武区右安门西街8号中国铁道出版社计算机图书中心927室 苏茜 收（邮编：100054）。或者采用传真（010-63549458）方式发送。此外，读者也可以直接通过电子邮件把意见反馈给我们，E-mail地址是：suqian@tqbooks.net。我们将选出意见中肯的热心读者，赠送本社的其他图书作为奖励。同时，我们将充分考虑您的意见和建议，并尽可能地给您满意的答复。谢谢！

所购书名：______________________

个人资料：

姓名：__________ 性别：________ 年龄：________ 文化程度：__________

职业：______________ 电话：______________ E-mail：______________

通信地址：______________________________ 邮编：__________

您是如何得知本书的：

□书店宣传 □网络宣传 □展会促销 □出版社图书目录 □老师指定 □杂志、报纸等的介绍 □别人推荐

□其他（请指明）______________________

您从何处得到本书的：

□书店 □邮购 □商场、超市等卖场 □图书销售的网站 □培训学校 □其他

影响您购买本书的因素（可多选）：

□内容实用 □价格合理 □装帧设计精美 □带多媒体教学光盘 □优惠促销 □书评广告 □出版社知名度

□作者名气 □工作、生活和学习的需要 □其他

您对本书封面设计的满意程度：

□很满意 □比较满意 □一般 □不满意 □改进建议

您对本书的总体满意程度：

从文字的角度 □很满意 □比较满意 □一般 □不满意

从技术的角度 □很满意 □比较满意 □一般 □不满意

您希望书中图的比例是多少：

□少量的图片辅以大量的文字 □图文比例相当 □大量的图片辅以少量的文字

您希望本书的定价是多少：

本书最令您满意的是：

1.

2.

您在使用本书时遇到哪些困难：

1.

2.

您希望本书在哪些方面进行改进：

1.

2.

您需要购买哪些方面的图书？对我社现有图书有什么好的建议？

您更喜欢阅读哪些类型和层次的计算机书籍（可多选）？

□入门类 □精通类 □综合类 □问答类 □图解类 □查询手册类 □实例教程类

您在学习计算机的过程中有什么困难？

您的其他要求：